科学出版社"十三五"普通高等教育研究生规划教材·水产系列
国务院学位委员会学科评议组认定的水产学科核心教材

渔业资源学

严小军 俞存根 等 编著

科学出版社
北京

内 容 简 介

本书共十一章,主要分系统理论和实际应用两大部分。系统理论部分先从学科的角度介绍了渔业资源学的定义、研究内容及发展史;然后,从生物学的角度详细阐述了渔业资源生物学的基础知识;同时,从生态学的角度介绍了渔业资源食物链与食物网结构,渔业生物的环境与生理适应机制;另外,介绍了渔业资源种群数量变动规律及其影响因素。实际应用部分既系统介绍了我国内陆水域和四大海域的渔业生物群落结构特征及其演变态势,特别是以案例形式,重点介绍了带鱼、小黄鱼、蓝点马鲛等 8 种我国海洋重要渔业资源的生物学特性及种群数量变动趋势,以及大眼金枪鱼、长鳍金枪鱼、南极磷虾等 9 种世界重要渔业资源的生物学特性及资源开发利用状况;也系统介绍了渔业决策过程与渔业管理策略,以及渔业资源增殖放流、海洋牧场建设等养护技术;最后,介绍了今后一个时期渔业资源学重点研究方向及发展趋势等。

本书适合作为高等院校水产学、渔业发展领域硕士研究生的教材,也可作为从事渔业资源研究的科技人员,以及高等院校生态、生物类相关专业师生了解渔业资源的参考书。

审图号:GS 京(2023)1840 号

图书在版编目(CIP)数据

渔业资源学/严小军等编著. —北京:科学出版社,2024.1
ISBN 978-7-03-074355-8

Ⅰ.①渔… Ⅱ.①严… Ⅲ.①水产资源–中国 Ⅳ.①S922

中国版本图书馆 CIP 数据核字(2022)第 241482 号

责任编辑:李秀伟 高璐佳 薛 丽 / 责任校对:郑金红
责任印制:肖 兴 / 封面设计:蓝正设计

科学出版社出版
北京东黄城根北街 16 号
邮政编码:100717
http://www.sciencep.com

北京凌奇印刷有限责任公司印刷
科学出版社发行 各地新华书店经销

*

2024 年 1 月第 一 版 开本:787×1092 1/16
2025 年 1 月第二次印刷 印张:32 3/4
字数:776 000

定价:328.00 元
(如有印装质量问题,我社负责调换)

《渔业资源学》编著者名单

严小军　俞存根　许永久

张晓林　蔡丽娜　朱爱军

前　言

　　渔业资源学是一门以生物学、生态学为基础，以种群为研究单元，主要研究鱼类种群的自然生活史，如种群繁殖、摄食、生长、集群、洄游以及种群数量变动等，揭示其规律；应用数理统计学准确评估与预测渔业资源种群数量变动趋势，根据经济学、管理学等基本理论，提出科学有效的渔业资源繁殖保护措施与管理策略，以达到渔业可持续发展目标的综合性应用科学。

　　根据渔业资源分布水域的不同特点，可将渔业资源分为内陆水域渔业资源和海洋渔业资源两大类，其中，以海洋渔业资源占绝对优势地位。据联合国粮食及农业组织（FAO）统计数据，2018 年，全球捕捞产量为 9.640×10^7 t，其中，海洋捕捞产量为 8.440×10^7 t，占 87.6%，内陆水域捕捞产量为 1.200×10^7 t，占 12.4%。

　　进入 21 世纪以来，一方面，海洋资源开发利用以及海洋产业的发展得到了全球各沿海国家前所未有的重视，海洋渔业作为一种海洋传统产业，如何为海洋经济发展做出更大的贡献也成为世人关注的热点；另一方面，作为支撑海洋渔业发展的基础——渔业资源，继 20 世纪六七十年代出现由于过度捕捞引起近海渔业资源相继衰退的问题后，当前，又面临全球性近海水域环境污染加剧、鱼类栖息地破坏严重、生态系统功能持续退化、渔业资源普遍衰退、优势种更替变频繁等生态问题。这给渔业资源学科赋予了更加丰富的研究内容，譬如说，在我国，随着近海传统渔业资源的持续衰退，渔业生物群落结构的不断变化，需要我们在研究和掌握渔业资源种群自然生活史的同时，更多转向研究重要生物种类的群体组成变化和种群数量变动规律，以及渔业生物群落结构的演替趋势等，并从保持水域生态系统健康发展的角度上考虑有效的管理策略。随着水域生态环境不断恶化及栖息地碎片化加剧，我们不仅要研究种群亲体与补充量之间的关系，还要更多地关注栖息地环境变化对补充量和早期补充过程的影响及其机制，并利用现代的渔业资源重建技术，如通过海洋牧场建设来修复受损水域生态环境、恢复渔业资源等。同时，也给渔业资源的高级专业人才培养提出了更高的要求，譬如说，渔业资源学的基本理论、方法及其应用，作为支撑渔业持续、健康发展的基础，随着渔业科学、生物科学以及海洋科学突飞猛进的发展，其研究手段和水平也在不断提高；随着重要渔业资源种类群体组成变化、优势种更替、渔业生物群落结构演变，应按照生态系统的规律，利用渔业科学的新技术、新方法、新手段来研究，以达到恢复和重建渔业资源的目的。因此，也要求渔业资源学的课程内容必须根据海洋渔业资源的变化以及科学技术的进步进行持续更新。

　　研究生教育是培养高层次人才的主要途径，是我国人才和科技竞争力的主要支柱。为了更好地促进我国水产业的发展和科技创新，改革开放以来，我国的水产学科研究生教育取得了重大成就，培养了大批的高层次人才，为水产业健康发展做出了重大贡献。

如今，面对高等教育的发展趋势及水产业发展中出现的问题，水产学科研究生也面临着新的发展机遇和挑战。研究生教材作为研究生教育的重要知识载体，对确保研究生培养质量具有至关重要的作用。但是，尽管我国水产学科研究生培养历史悠久，可至今未有全国统编的研究生课程的配套教材——《渔业资源学》，鉴于此，在国务院学位办水产学科教学指导委员会和浙江海洋大学的大力支持下，我们着手编写了《渔业资源学》研究生教材。本书在我校俞存根老师等编写的《渔业资源与渔场学》本科教材的基础上，根据我国及世界渔业资源开发利用现状及今后渔业发展的趋势对该学科研究生教育所提出的新要求，吸纳了国内外近年来渔业资源的最新研究成果，结合编著者多年从事科研、教学实践的心得编撰而成。由于水平有限，书中内容不妥和疏漏之处在所难免，望读者批评指正。

最后，感谢浙江省海洋科学院陈冲、徐兵峰老师给予的大力帮助，为本书第七章绘制了带鱼、小黄鱼、大黄鱼、蓝点马鲛、鲐鱼、蓝圆鲹、鳀、三疣梭子蟹等重要渔业资源洄游分布图。感谢蒋巧丽、汪全硕士研究生帮助本书绘制历年捕捞产量分布图。

严小军

2022 年 5 月于舟山

目　录

第一章　绪论……………………………………………………………………………………1
　　第一节　渔业资源学的定义和研究内容……………………………………………………1
　　第二节　渔业生产的发展历程………………………………………………………………6
　　第三节　渔业资源学的研究简史……………………………………………………………15
　　第四节　渔业资源特性………………………………………………………………………23
第二章　渔业资源生物学………………………………………………………………………25
　　第一节　渔业资源结构………………………………………………………………………25
　　第二节　年龄与生长…………………………………………………………………………45
　　第三节　繁殖…………………………………………………………………………………72
　　第四节　食物保障和食物关系………………………………………………………………93
　　第五节　集群与洄游…………………………………………………………………………112
第三章　渔业资源食物链与食物网生态系统…………………………………………………137
　　第一节　食物链与食物网……………………………………………………………………137
　　第二节　食物链层级的分析方法……………………………………………………………140
　　第三节　食物链的能量传递…………………………………………………………………153
　　第四节　食物链的生态模型…………………………………………………………………156
　　第五节　食物网生态系统……………………………………………………………………158
第四章　渔业生物的环境适应与生理响应……………………………………………………163
　　第一节　渔业生物的环境适应………………………………………………………………163
　　第二节　环境胁迫下渔业生物的生理响应…………………………………………………169
　　第三节　捕食关系中的行为生理响应………………………………………………………175
　　第四节　环境因子的细胞识别和信号转导…………………………………………………179
　　第五节　利用生理响应机制的渔业生物技术………………………………………………186
第五章　渔业资源类型…………………………………………………………………………190
　　第一节　渔业资源分类………………………………………………………………………190
　　第二节　内陆水域渔业生物群落结构特征及演变…………………………………………192
　　第三节　渤海渔业生物群落结构特征及演变………………………………………………202
　　第四节　黄海渔业生物群落结构特征及演变………………………………………………208
　　第五节　东海渔业生物群落结构特征及演变………………………………………………214
　　第六节　南海渔业生物群落结构特征及演变………………………………………………225
第六章　渔业资源种群数量变动………………………………………………………………236
　　第一节　种群数量变动特征及基本规律……………………………………………………236
　　第二节　种群数量变动的影响因素…………………………………………………………241

第三节　捕捞强度对渔业资源种群数量的影响 247
　　第四节　环境变化对渔业资源种群数量的影响 249

第七章　世界重要渔业资源种群数量变动实例 259
　　第一节　带鱼 259
　　第二节　小黄鱼 269
　　第三节　大黄鱼 277
　　第四节　蓝点马鲛 288
　　第五节　鲐 294
　　第六节　蓝圆鲹 299
　　第七节　鳀 306
　　第八节　三疣梭子蟹 313
　　第九节　金枪鱼类 319
　　第十节　鳕类 335
　　第十一节　南极磷虾 341

第八章　渔业资源管理与养护技术 346
　　第一节　渔业决策与渔业管理 346
　　第二节　渔业资源增殖 365
　　第三节　海洋牧场 377
　　第四节　渔业资源调查与动态监测 389

第九章　典型海洋环境要素对渔场的影响 395
　　第一节　温度对渔场的影响 396
　　第二节　海流对渔场的影响 400
　　第三节　上升流对渔场的影响 404
　　第四节　叶绿素浓度对渔场的影响 409
　　第五节　盐度对渔场的影响 412
　　第六节　其他因素对渔场的影响 417
　　第七节　渔场研究案例 421

第十章　渔业资源学发展趋势及展望 445
　　第一节　基于生态系统水平的渔业资源监测、评估及管理研究 446
　　第二节　渔业资源补充量的动态及优势种演替机制研究 449
　　第三节　基于限额捕捞的渔业资源量评估方法与技术研究 453
　　第四节　渔业生物资源的可持续利用 457

第十一章　海洋渔业资源的调查方法 462
　　第一节　海洋渔业资源调查的基本概念及主要内容 462
　　第二节　海洋环境调查 466
　　第三节　海洋生物调查 486
　　第四节　游泳动物调查 490

主要参考文献 499

第一章 绪 论

本章提要：主要介绍渔业资源及渔业资源学的基本概念，渔业资源的特性，渔业资源学的主要研究内容、性质和地位；渔业生产发展历程，提出渔业资源衰退的问题，以及国内外围绕渔业资源问题开展相关研究的基本简史。

第一节 渔业资源学的定义和研究内容

一、渔业资源及渔业资源学的定义

在《英国大百科全书》（1974）中提出的自然资源是指"人类可以利用的自然生成物及生成这些成分的环境的功能"。在《中国大百科全书·地理学》（2004）中自然资源被表述为"广泛存在于自然界的能为人类利用的自然要素"。水产资源属于自然资源的重要组成部分，它是指水域中蕴藏着的各种有经济价值的动植物群体，包括鱼类、甲壳类、贝类、哺乳类、藻类等。其中将水域中蕴藏着的可以作为捕捞对象的各种有经济价值的动物群体称渔业资源。如今，也有将两者混合使用的，如在《中国农业百科全书（水产业卷）》（1994年）中称"水产资源是指天然水域中具有开发利用价值的经济动植物种类和数量的总称，又称为渔业资源"；在《农业大词典》（1998年）中称"水产资源，又称渔业资源，栖息于天然水域中具有开发利用价值的经济动植物的总称"。在《海洋渔业资源调查规范》（SC/T 9403—2012）中称"渔业资源指天然水域中具有开发利用价值的经济动植物种类和数量的总称，包括鱼类、甲壳类、头足类等游泳动物，贝类、棘皮类、星虫类等底栖无脊椎动物，固着性藻类，以及水母类浮游性动植物的成体、幼体、卵或种子"。产生以上不同定义的原因，可能是对"水产业"和"渔业"含义的理解不同。根据联合国粮食及农业组织（FAO）及国际社会往往采用"渔业与水产养殖（fishery and aquaculture）"的习惯表达，从狭义上讲，可以将"渔业（fishery）"认为是传统的捕捞业（fishing industry），因此，本书同意前一种渔业资源的定义，即渔业资源是指水域中蕴藏着的可以作为捕捞对象的各种有经济价值的动物群体。

为了解析渔业资源学的基本理论，并从渔业可持续发展角度出发，人们又将渔业资源分为渔获资源和预备资源两部分。渔获资源是指水域中已经达到性成熟或已经达到捕捞规格的有经济价值的动物群体；预备资源是指水域中性未成熟而将来可供捕捞与利用的有经济价值的动物群体。

目前，世界水产品总产量的90%左右来自海洋水域，其中海洋捕捞产量约占捕捞总产量的90%，因此，渔业资源一般多指海洋渔业资源。

渔业资源学也称渔业资源生物学、渔业生物学、水产资源学，它是一门以海洋生态学、海洋生物学以及鱼类生物学为基础，为合理开发利用、准确评估与预测渔业资源数量、科学管理渔业资源，以达到渔业可持续发展目标的综合性应用科学，是渔业生产发展和生物科学发展的产物。在不同的渔业生产发展时期，人类对渔业资源的认识不同、出现的渔业问题不同或者说是需要关注的问题不同，其名称含义以及研究的范畴与内容也在不断地变化与逐步完善。例如，Russell（1932）称之为 fishery research（渔业研究），并认为它是生态学的一个研究领域；Beverton 和 Holt（1957）称之为 dynamics of exploited fish populations（开发的鱼类种群数量变动）；Cushing（1968b）以 Fishery Biology（渔业生物学）为其专著的题目，并用 A Study in Population Dynamics（种群数量变动的研究）作为副标题，明确定义渔业生物学包括种群的自然生活史（繁殖、摄食、生长和洄游）和种群数量变动（死亡、补充、资源评估和管理）研究这两个领域，认为渔业生物学是从鱼类资源及资源动态的观点来描述各种渔业，而生态学又是种群动态研究所不可缺少的；Pitcher 和 Hart（1982）称之为 fishery ecology（渔业生态学）；Gulland（1983）称之为 fish stock assessment（鱼类资源评估）；相川广秋（1941）以"水产资源学"为名著书，1949 年更改为《水产资源学总论》，1960 年又更改为《资源生物学》；久保伊津男和吉原友吉（1957，1972）都使用"水产资源学"名称，并在 1969 年叙述道：水产资源学、渔业生物学、水产资源生物学是维持、培养水产动植物资源的科学知识的一个体系，是渔业科学的主要领域之一，其内容包括与生物学和数理科学关联的两个方面，但是其基础是生物，主体为在渔业中的水产资源生物的群落生态学。Ricker（1975）使用 fishery science（渔业科学）一词，主要是探讨捕捞力量和捕捞方式对渔获物的数量及重量的影响，也包括鱼类资源生产的机制和个体数量调节的过程等；川崎健（1982）则认为水产资源学是为合理的渔业生产提供科学基础的应用科学的一个领域，而不是单纯的生态学，因为它还包括了人为捕捞的问题。

在我国，关于渔业资源学的名称也不统一，如费鸿年和何宝全（1990）所著《水产资源学》一书，在比较历史上各国的专家学者对渔业资源学的定义、具体研究内容及目的的基础上，认为选择"水产资源学"较为妥当，同时给出了如下的定义：水产资源学是研究水产资源在自然环境中数量变动规律，以及加入人为作用的交互效应下的数量变动规律，并利用这些规律为合理的渔业生产提供依据的科学；邓景耀和赵传絪（1991）则以"海洋渔业生物学"名称著书，认为渔业生物学是以种群（种或种下群）为研究单元，主要是研究种群繁殖、摄食、生长、死亡、补充、洄游分布和数量变动及其与渔场环境和捕捞的关系，还可以包括资源量的评估、管理和增殖；陈大刚（1997）在出版的教材《渔业资源生物学》一书中认为渔业资源生物学是以鱼类种群为中心，属应用生态学范畴，研究渔业生物的生命周期中各个阶段的年龄组成、生长特性、性成熟、繁殖习性及早期发育特征、饵料食性以及洄游分布规律等种群生活史特征；而陈新军（2014）在编写的教材《渔业资源与渔场学》（第 2 版）中则认为渔业资源生物学是研究鱼类资源和其他水产经济动物群体生态的一门自然学科，是生物学的一个分支。

由此不难看出，一方面，不论是渔业资源学，还是水产资源学，或是渔业生物学，或是渔业资源生物学等，不同学者给出的定义，虽然说在文字表达上有所不同，但是，从具体研究内容上分析，可以说是大同小异的；另一方面，由于渔业资源学属于与渔业有关的应用科学范畴，其研究的主要目的是为合理开发和科学管理渔业资源，以获取渔业资源的最佳利用效率及达到可持续发展目标提供科学依据，不同学者根据渔业发展的不同阶段和渔业生产中需要研究解决的课题不同，给渔业资源学赋予了不同甚至是更加深刻的含义。当一种渔业资源处于初期开发阶段时，渔业资源学研究的目的侧重于探索种群洄游分布和数量变动的规律及其与外界环境之间的关系、世代数量与渔获量之间的关系、种群的持续产量与捕捞力量之间的关系，并据此进行渔业资源评估和渔获量预报。从基础生物学的角度对渔业资源种群的组成和结构、种群动态进行监测性调查研究以防止过度开发；当一种渔业资源处于充分甚至过度开发阶段时，渔业资源学研究将更加重视捕捞对资源的影响和亲体与补充量的相关关系研究，并为渔业资源的管理及合理利用提供参考依据；当一个渔业资源处于管理阶段时，主要是要在以上研究的基础上，制定渔业资源管理措施，有效地控制捕捞死亡或捕捞力量以持续获得稳定的产量和保持足够的资源量。而种群的生长、死亡、补充特性等渔业生物学的研究正是为渔业资源的评估提供必要的参数，根据种群资源动态确定最适捕捞死亡和捕捞配额而实施的渔业资源管理，以达到合理利用渔业资源的目的。

根据当今渔业生产发展以及渔业资源面临的问题，生态系统水平的渔业可持续发展需求，我们认为以下定义比较符合实际。即，渔业资源学是研究可捕捞生物种群的自然生活史（繁殖、摄食、生长、死亡、补充、洄游）和资源数量估算方法、种群数量变动规律和可能渔获量的预报方法以及渔业资源繁殖保护措施等，从而为进行合理的渔业生产、科学地管理渔业资源提供依据的科学。它既具有生物学属性，还有经济、社会等方面的属性，渔业生产不仅包含技术部分，还涉及政治、社会、经济等方面，因此我们研究渔业资源，除了主要从生物学属性角度考虑外，还需要从技术、政治、经济、社会等多方面进行研究。对于渔业资源生物学基础研究，要充分考虑水域生态系统的复杂性和系统性，不仅要研究个体和群体的数量变动规律，还要研究种类或群体之间的互相影响和它们之间的营养结构，研究加入人为作用而产生的渔业资源种群数量变动规律。

二、研究内容

渔业资源学的学习与研究目的是掌握渔业资源生物学的基本特征以及种群数量变动规律，为渔业生产和渔业资源管理以及渔业资源可持续利用提供科学依据，为此，主要研究内容如下。

（1）种群自然生活史的研究。主要是摸清个体的自然生活史和群体生物学特征，如繁殖、摄食、年龄、生长、死亡、洄游、分布及有关的形态特征、生理学指标、种群鉴定、群体组成分析等研究。

（2）群体数量变动规律的研究。如渔情状况、渔业资源变动规律、种群数量变动的原因及机制、资源量估算、最适渔获量确定，以及群体或种类之间的营养关系和相互影响等。

（3）渔业管理技术与措施的研究。收集主要渔获对象经济价值和渔业资源开发在社会生产中的重要性等资料，在不破坏渔业资源再生产能力的情况下，研究使渔业资源发挥最大经济和社会效益的策略。当今，需要关注得更多的是根据渔业资源种群的生物学特性、资源利用状况，围绕渔业可持续发展的目标，研究并制订最合理的繁殖保护措施，如禁渔期、禁渔区、可捕体长，配额捕捞制度以及增殖放流技术等。

图 1-1 为费鸿年和何宝全（1990）制作的渔业资源研究示意图，从宏观角度简明描述了渔业资源研究的主要内容、过程和目标。

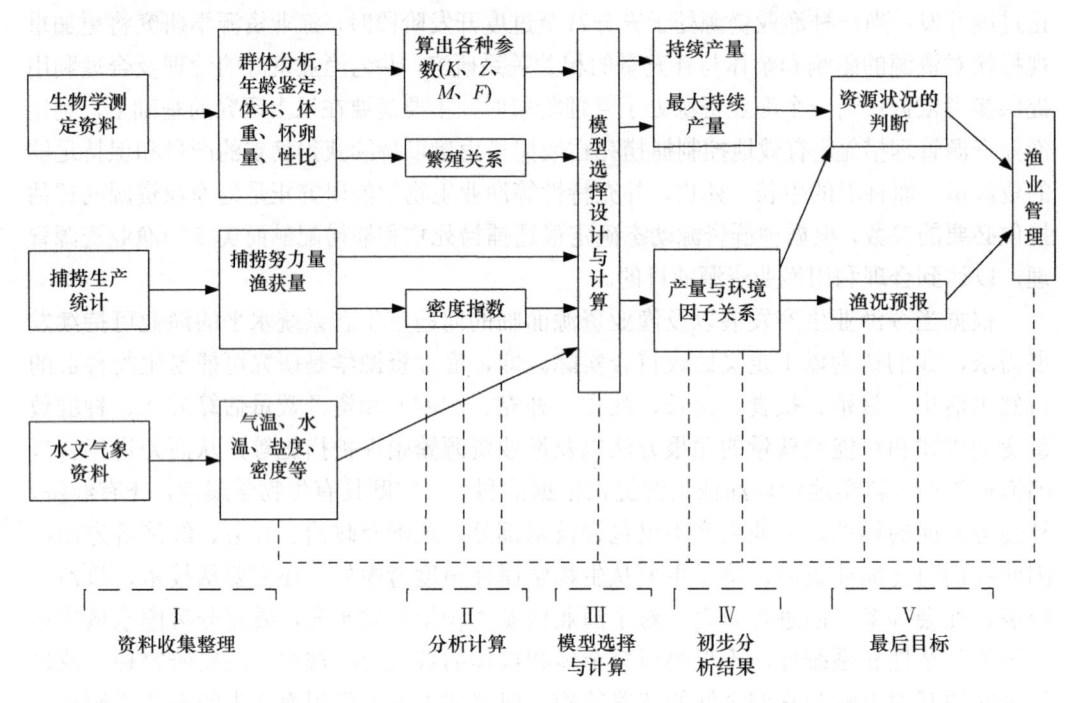

图 1-1 渔业资源研究内容、过程及目标示意图（引自费鸿年和何宝全，1990）
K 为环境容纳量；Z 为瞬时总死亡率；M 为瞬时自然死亡率；F 为瞬时捕捞死亡率

三、学科性质和地位

在占地球表面积 70.8%的广阔无垠的海洋水域中，渔业资源十分丰富，种类繁多，主要有鱼类、虾类、蟹类、头足类、鲸、海豚等。根据有关专家统计报道，到目前为止，已经发现的海洋生物有 20 多万种，其中动物超过 18 万种，植物 2 万多种，可以作为主要捕捞对象的有 200 多种，以鱼类占多数，单鱼种产量较高的有秘鲁鳀、狭鳕、远东拟沙丁鱼、毛鳞鱼、大西洋鳕、大西洋鲱等。据 FAO 统计报道，2010 年全世界水产品总产量为 $1.68×10^8$ 余吨，其中海洋捕捞产量为 $8.860×10^7$ 余吨。我国是一个渔业大国，水产品产量已连续 20 多年居世界第一位，2010 年的水产品总产量为 $6.349×10^7$ 余吨，其中海洋捕捞产量为 $1.540×10^7$ 余吨。

渔业资源作为发展水产业的物质基础，水产品作为人类食品的一个重要来源，对人类社会的可持续发展起着越来越重要的作用。首先，渔业资源支撑着以渔业资源为基础的捕捞业、水产品加工业等产业的发展，以及沿海的中小城市、渔村、岛屿等地区社会发展和地方国民经济活动的运行。其次，因为它是一种食物，并且是一种优质的动物性蛋白食品，不仅关系到人类可以填饱肚子，而且食品的稳定供给也是稳定国民生活、使社会安定和谐的重要基础条件，特别是在当今世界人口不断增加，陆地可耕种和放牧的面积越来越少的情况下，渔业资源对粮食安全的保障具有越来越重要的作用，人们对其在国民经济中的重要性也会有更进一步的认识。最后，它为从事捕捞活动的人们提供了就业机会、经济利益和社会福利。在许多沿海国家，鱼类是日常生活中重要的组成部分，为世界2/3的人口提供了40%的蛋白质，在亚洲有近10亿人将鱼类和海洋食物作为他们主要的动物蛋白质来源。因此，渔业资源在满足市场需求、粮食安全保障、渔民就业、社会和谐与稳定、国民经济发展、出口创汇等方面都起到了重要的作用。

但是，经过长期对渔业资源的开发利用之后，渔业已出现许多问题，并制约着渔业的可持续发展以及动物蛋白质的提供。如经过长期的过度捕捞，近海传统经济鱼类资源不断衰退，有的已几近绝迹，如何保护和合理利用渔业资源，达到渔业可持续发展的目标，是我们面临的重大挑战。当今许多沿海国家相继实施1982年通过的《联合国海洋法公约》，确立200海里专属经济区，促使沿海国家加强了其管辖区域内渔业资源的保护和管理，极力限制他国渔船在专属经济区内的捕捞活动，在此背景下，如何寻找新的可供开发利用的渔业资源种类，新的渔业资源对象特别是大洋水域的渔业资源种群数量、洄游分布规律、生物学特性以及开发前景如何？针对不断加剧的环境污染以及诸多海洋工程项目对渔业资源的影响问题如何评价？随着近海渔业资源的不断衰退，海洋渔业的发展已从狩猎式捕捞开发时代转向养护、管理型时代，为了恢复渔业资源，开展增殖放流成为一种世界渔业资源研究的热点，引起人们的普遍关注，可是哪些种类可供增养殖？它们的生物学特性及增养殖技术、方法和途径又怎么样？这些都对渔业资源学的研究提出了更高的要求，赋予了新的研究内容，渔业资源研究的领域更加广泛，内容更加复杂。要求我们不仅要查明渔业资源的生物学特性、了解和掌握有关渔业生物的种群及其生活史特征以及种群数量变动规律，更是要求我们在增殖放流之前，要摸清原有水域的生物种类组成、食物关系、群落结构以及增殖的基础和潜力，开展生态系统水平的渔业资源研究。因此，渔业资源学的研究重要性也日益增加。

渔业资源学主要是研究鱼类以及其他水产经济动物群体的生物学和种群数量变动规律以及渔业资源繁殖保护措施的一门综合性应用科学。由于本学科涉及的范围极其广泛，因而它既具有基础性，又具有应用性的综合学科的性质。本课程所研究的内容是海洋渔业生产、管理和研究的科技人员所必须具备的专业基本理论和基本技能。通过学习本课程，能够基本掌握鱼类以及其他水产经济动物的种群、繁殖、摄食、生长等基础生物学知识及研究的基本方法，掌握渔业资源调查的基本技术与基本方法，掌握渔情预报（包括掌握中心渔场的确定与侦察）的基本方法，了解种群数量变动的原因及机制，学会根据渔业资源利用状况制订渔业资源繁殖保护措施的方法，为今后海洋渔业生产、渔业资源管理以及教学科研工作打下扎实的基础，为渔业生产、渔业资源管理及其可持续利用提供科学方法和手段。

四、与其他学科之间的关系

渔业资源学作为渔业科学与生物科学交叉领域形成的一门基础学科，具有理论和管理科学的双重特征，作为基础学科，它为渔业资源管理的各个应用领域提供原理和方法，又从应用领域获取经验进而影响基础学科研究方向的发展。它与其他许多相关学科有着十分密切的关系，主要如下所述。

（1）鱼类学。众所周知，鱼类学是动物学的一个分支，是研究鱼类的形态、分类、生理、生态以及遗传进化的科学。由于鱼类是渔业的主要研究对象，因此鱼类学是渔业资源学的基础。

（2）海洋学。海洋学是研究海洋水文、化学及其他无机和有机环境因子的变化与相互作用规律的科学，因此海洋水域环境作为研究对象的载体，海洋学配合鱼类学共为本课程的基础学科。

（3）海洋生物学。除了鱼类以外，海洋水域中还蕴藏着大量的无脊椎动物资源，如虾类、蟹类、贝类等。海洋生物学是研究海洋浮游生物和底栖生物的生物学。一方面，由于浮游生物、底栖生物等与渔业资源学的研究对象关系密切，为鱼类的生长提供充足的饵料；另一方面，有一些浮游生物（如海蜇、毛虾）以及很多底栖生物本身就是渔业的主要利用对象，特别是传统的鱼类资源相继衰退之后，它们就更是成为渔业的主要研究对象，因此海洋生物学是本课程的基础学科。

（4）生态学。生态学是以研究生物与环境相互关系为主要内容的科学。由于渔业资源生物学自身就是应用生态学的一个分支，因此生态学的有关基本理论与方法已成为本课程的基本内容与核心，并引导着该学科前进的方向。

（5）渔业资源评估学。它由渔业生物学中的鱼类资源动态部分独立形成，是以研究渔业生物的死亡、补充、数量动态和资源管理为核心的科学，是渔业资源生物学的发展、服务对象和本专业的后继课程。

（6）环境生物学。近几十年来，随着环境质量下降并危及生物种质资源和鱼类自身，在此情况下，环境生物学逐步发展和兴起，是一门环境与生物学"联姻"的科学。它从生物学、生态学角度出发，侧重研究保护生物学、生物多样性和大海洋生态系统等重大课题，探讨环境变化与海洋生物资源变动的关系，从而为维持生物多样性和可持续利用生物资源提供科学依据。

此外，还有生理学、生化遗传学、增殖资源学、保护生物学、行为学、数理统计学等学科也与渔业资源学有着密切的关系，共同引导并促进渔业资源学的发展。

第二节 渔业生产的发展历程

在人类历史上，渔先于农。在人类未有文字记载之前，渔、猎并存，是人类谋生的主要手段。我国水域辽阔，渔业资源丰富，为渔业生产的发展提供了基础条件。早在距今170万～20万年前，旧石器时代的元谋人、蓝田人和北京人就开始了渔猎活动。古籍记载，上古之世，民食蚌蛤螺肉，长臂人两手捉鱼，现代考古工作特别是地下出土文物证明了这些记载的准确性。中华民族的祖先，从采集贝类和徒手捉鱼开始，接着是使用石器、木棒、骨制鱼叉、鱼钩、鱼镖、弓箭等工具进行捕鱼，渔业生产随着社会经济的发展和科学技术的进步不断取得发展。在漫长的历史发展过程中，我国渔业生产经历了原始渔业、古代渔业、近代渔业和现代渔业的发展阶段。

原始渔业（从远古到公元前21世纪）。根据考古结果，在元谋人的遗物中，有粗制石器，带人工痕迹的动物骨片；在蓝田人和北京人的遗物中，除石器外，还有骨器和木棒；在山顶洞人的遗址内有海贝壳，还有一块钻有小孔并涂了红色的草鱼上眶骨；半坡人遗址中发现在陶器图案中有方形网和圆锥形网等。在古代文献中，也有一些关于渔业生产的珍贵记述。例如，《易经·系辞下》记载，"古者，包（伏）羲氏之王天下也……作结绳而为网罟，以佃以渔"，猎鸟兽为佃，捕鱼鳖为渔。可以肯定，在远古时代，我们的祖先在以果实、坚果为食之外，也开始在水域里进行渔业捕捞活动。

原始渔业的生产特点是徒手或使用简陋的工具（如石器、木棒、骨制鱼叉、鱼钩、鱼镖、弓箭等），猎取水域里的鱼类、虾类和贝类等水栖生物。《山海经》记载，有一种长臂人可以单手捕捉鱼类，上岸时能两手各抓一条大鱼；用木棒敲打鱼则一直延续到近代。到了传说中包（伏）羲氏时期，人类开始"作结绳而为网罟"。网罟于鱼钩、鱼叉等简陋工具相比是一大进步，它提高了生产效率，可以猎取到更多的水产食物。7000年前，浙江余姚的河姆渡人开始用独木舟到杭州湾等海域进行海洋渔业资源捕捞，并且具有很高的捕鱼技术，能捕获长约50cm、游速极快的蓝点马鲛。

古代渔业（公元前21世纪至公元1840年）。公元前21世纪，中国进入奴隶制社会夏朝，夏人活动地区除了黄河、伊水、洛水、汾水、济水等河流之外，还有为数众多的湖泊和池沼，农业和渔业是夏朝的两个主要产业。《古本竹书纪年》记载，夏王"芒命九夷，狩于海，获大鱼"，夏文化遗址出土的骨鱼镖、骨鱼钩和网坠，都反映了当时的渔猎活动。到了商朝，其社会经济有了进一步发展，农业、畜牧业和手工业之间的分工更加明确，渔业生产也相应地进一步专业化。商代遗址出土有龟甲、鲸骨、海贝等，这些产于渤海、黄海、东海和南海的水生生物遗骸，说明渔业生产的范围也扩大了。周朝是渔业的重要发展时期，渔业生产范围进一步扩大，捕捞网具及其名称已趋于多样化，有罟、九罭、汕、罜、罾、钓、笱、罩、罶、㲋等。到了春秋时代，随着铁器的使用，捕捞工具得以进一步改进，如鱼钩开始用铁制造，捕鱼能力有了相应的提高，进而推动了钓渔业的发展。据《诗经》记载，当时捕食的有鲂、鳢、鳏、鲨、鲤、鳣、鲔、鲦、鳟、嘉鱼等10余种，《尔雅·释鱼》记载的更多，达20余种。汉朝捕鱼业比以前的朝代更加繁荣，班固《汉书·地理志》记载，辽东、楚、巴、蜀、广汉都是重要的鱼产区，市面上出现大量商品鱼。捕鱼技术也有进步，徐坚《初学记》引《风俗通义》说，罾网捕鱼时用轮轴起放，说明当时已经过渡到半机械操作。近海捕鱼也形成了一定规模，西汉政府专门设海丞一职，主管海上捕鱼生产。魏晋、南北朝至隋朝的三四百年间，黄河流域历经战乱，渔业生产力下降。在长江流域，东晋南渡后，经济得到开发，渔业继续发展。郭璞在《江赋》中记载，"舳舻相属，万里连樯。溯洄沿流，或渔或商"，说明了当时长江渔业生产盛况。在捕鱼技术上，也出现了一种叫鸣根的声诱渔法，捕鱼时用长木敲击船板发出声响，惊虾鱼类入网。上海还出现了一种叫沪的渔法，渔民在海滩上植竹，以绳编连，向岸边伸张两翼，潮来时鱼虾越过竹枝，潮退时被竹所阻而被捕获。唐朝主要渔业区在长江、珠江及其支流，唐朝除了承袭以前朝代的渔具、渔法外，还开始普遍驯养鸬鹚等进行捕鱼活动。到了宋朝，随着东南沿海地区经济发展和航海技术提高，大量海洋经济鱼类得到开发利用，最典型的如舟山渔场的洋山海域成为重要的石首鱼生产渔场，每年3~4月，大批渔船竞往捕捞，渔获物被盐腌后供常年食用。马鲛、带鱼也成为重要捕捞对象。捕捞渔具有莆网和帘，莆网是一种定置张网，帘即刺网。另外，在这一时期，中国北方的辽国，已有冬季冰下捕鱼活动。在明朝初期和后期，政府为了加强海防，多次实行海禁，出海捕鱼受到限制，但海禁开放后，渔业很快得以恢复和发展，生产规模比宋朝更大。明朝捕捞的大宗海洋鱼类仍是石首鱼，据王士性的《广志绎》记载，每年农历五月，浙江省宁波、台州、温州渔民，以大渔船前往洋山渔场捕捞石首鱼，宁波港停泊的渔船长达5km，可见当时的捕鱼盛况。当时渔民已观测到石首鱼的生活习性和洄游路线，利用石首鱼在生殖期会发声的特性，捕捞时先用竹筒探测鱼群，然后下网张捕。明朝中叶，出现大对渔船，其中一艘称网船，负责下网起网，另一艘称煨船，负责供应渔需物资、食品和储藏渔获物，这种作业方式后来发展成为浙江沿海的重要渔业方式。与此同时，东海还出现了延绳钓，后也发展成一种重要的海洋捕捞作业方式。到了清朝，不论是内陆水域还是海洋，其捕捞对象和生产规模都进一步扩大。海洋捕捞的大宗鱼类除了石首鱼外，还扩大到带鱼、鲻、比目鱼、鲳鱼等数十种。捕捞技术也得到了进一步提高，捕捞渔具有拖网、围网、刺网、敷网、陷阱、掩网、抄网、钓具、耙刺、笼壶等。

近代渔业（1840~1949年）。19世纪下半期，西方工业革命发明的动力机器应用到渔业生产渔船中，对海洋捕捞生产规模的扩大和作业海区的开拓都起了极大的推动作用。清光绪三十一年（1905年），翰林院修撰、江苏南通实业家张謇，看到这种渔业生产的巨大生产力，会同浙官商，集资在上海创办江浙渔业公司。同年，公司向德国购进一艘蒸汽机拖网渔船，取名"福海"，每年春秋两季，在东海捕鱼生产，成为我国机动船渔业的起点。1921年，山东烟台商人从日本引进另一种以柴油发动机为动力的双船拖网渔船，取名"富海""贵海"，在烟台外海生产。当时，单船拖网渔船为钢壳，一般吨位为200~300t，1905~1936年约有15艘，经营者多是小企业主，以在东海北部渔场捕捞为主。双船拖网渔船多为木壳，一般吨位为30~40t，主要在山东烟台外海生产。由于投资少、获利丰厚，引进后发展很快，至1936年，进出烟台港的双船拖网渔船约有190艘。1937年，抗日战争全面爆发后，沿海各省相继沦陷，机动渔船损失殆尽，沦陷区的渔业为日本所垄断，大量日本渔船到我国沿海掠夺捕捞渔业资源，最多时，在我国沿海捕捞的日本拖网渔轮曾达1200艘，致使我国近海渔业资源遭受了严重破坏。抗战胜利后，机动渔船得到了恢复和发展，当时的中华民国国民政府在上海成立中华水产公司，在青岛成立黄海水产公司，在台湾成立台湾水产公司，同时，国民政府行政院善后救济总署、农林部也成立了渔业善后物资管理处，这些单位共拥有机动渔船100艘左右。另外，在大连接管日本在华水产企业黄海水产株式会社，成立中苏合营渔业公司，有双拖渔船20余对。当时民营公司也有数十家，有机动渔船100多艘。

现代渔业（1949年至今）。新中国成立后我国的现代渔业获得了迅速发展。根据不同时期的渔业生产发展状况，又可把现代渔业阶段分为以下几个时期。

（1）渔业生产恢复与初步发展时期（1949~1957年）。新中国成立后，党和国家十分重视恢复和发展渔业生产，明确提出"以恢复为主"的渔业生产方针，主要通过国家发放渔业贷款、调拨渔民粮食和捕捞生产所需物资等措施，积极支持渔民恢复生产。经过3年努力，全国水产品总产量就由1949年的44万余吨，增加到1952年的166万余吨，超过了历史上最高年产量的150万t水平。

到1953~1957年的第一个五年计划时期，这一时期，我国一是针对近海渔业资源丰富的现状，大力发展渔业生产，增加水产品产量。二是逐步实施对渔业的社会主义改造，调整生产关系，以适应生产力发展的需要。在渔村通过互助组、初级渔业生产合作社、高级渔业生产合作社等渔业生产组织，以及对私营水产企业进行社会主义改造，实施公私合营，创建旅大、烟台、青岛、上海和南海等水产部直属国有渔业公司等，大大推动了渔业生产的发展。三是开始实施机帆渔船试验并取得成功。到1957年，我国渔轮发展到456艘（1950年为191艘），机帆船发展到1029艘（1953年为14艘），非机动渔船发展到135 187艘（1950年为78 030艘）。水产品总产量达到312万t，5年平均增长速度为13.3%，其中海洋捕捞产量达到181万t，比1950年增长2.38倍。

（2）渔业生产徘徊时期（1958~1965年）。这是我国国民经济发展第二个五年计划与"三年调整"时期。在渔业生产指导上，由于当时近海渔业资源丰富，且随着渔业科学技术的发展和渔船更新改造的推进，风帆船基本完成了机帆化，大幅度地提高了捕捞产量，因此，到处"放卫星、夺高产""昼夜苦战，分秒必争，以海洋为战场，以船网为刀枪"，加大捕捞强度，提出"淡季变旺季""打伏打秋"的口号，层层贯彻。违背自然规律，不惜冲垮禁渔期、禁渔区，在捕捞作业方式上盲目淘汰刺网、钓具等，集中发展底拖网作业，大鱼小鱼一起捕，致使渔业资源遭受严重破坏，渔业生产出现了曲折。1958年，全国水产品总产量为281.1万t，1962年下降为228.3万t，5年中有4年比上一年减产。

1961年，我国进入国民经济调整时期，渔业资源因为在50年代后期的盲目发展而受到重创，一些传统经济鱼类资源出现衰退，渔业生产也开始进行调整，主要解决集体渔业的体制、渔业购销政策问题，允许国有企业和集体渔业都有一定的鱼货进入自由市场。坚决贯彻"以养为主"和"养捕并举"方针，发布《关于禁止敲罟的命令》等，保护渔业资源；大力发展水产养殖业，海带南移养殖和淡水"四大家鱼"人工繁殖取得了突破，对我国渔业生产的逐步回升起到了重要作用。到1965年，全国水产品总产量达到298.4万t，比1962年增加70.1万t。

（3）渔业资源遭到破坏和渔业生产曲折前进时期（1966~1976年）。1966~1970年，政策上渔民只准捕鱼，不准搞其他副业、经营水产品加工运销等，在全国范围内严重影响了渔业生产。在20世纪70年代初期，一方面是大量增加小功率拖网渔船，另一方面是传统的有利于渔业资源繁殖保护的流、钓作业几乎全被淘汰。生产时间也从原来的鱼汛生产发展为常年追捕。作业渔场由于受马力、吨位和后方基地的限制，只能在禁渔线内或禁渔线附近的近海生产。捕捞对象也局限于少数经济鱼类。因此，经济鱼类资源越捕越少，渔业资源遭受严重破坏，从产量上看逐渐回升，实际上维持高产量的是低值鱼、小杂鱼和经济鱼类的幼鱼。1971年，全面推广辽宁省獐子岛20马力底拖网作业经验，机帆船底拖网作业在全国范围迅速发展。这种底拖网在夏秋季和早春作业渔获物中，以带鱼和大黄鱼为主的经济鱼类幼鱼占捕捞量的40%~50%，渔业资源损害十分严重。1974年春，以浙江省舟山市为主的1200对机帆船捕捞东海越冬大黄鱼达9万t，这种高强度、集中力量打"歼灭战"的捕捞方式，使大黄鱼资源一蹶不振。每年4~7月，拖网渔轮在东海捕捞产卵带鱼和幼带鱼达7.5万t，渔获物中幼带鱼比例高达60%~70%，有时达到90%。由于这种酷渔滥捕，10年中，8种经济鱼类的比例由原来占总产量的46%下降到28%。渔船也严重失修，在"文化大革命"后期，全国有10%的渔轮被迫停港，40%~50%的渔轮"带病"作业。

许多地方的水产养殖生产得不到人力、物力、财力上的必要支持，致使内陆水域和浅海滩涂大量荒废。尤其严重的是片面强调"以粮为纲"，盲目推行围海造田、围湖造田，不仅缩小了鱼类生栖水域，致使水生生物的栖息地碎片化，也破坏了海洋浅滩、内港、淡水湖区生态平衡以及鱼虾蟹的"三场一通道"。

为了恢复和保持渔业生产正常运转，在"文化大革命"后期，国家在渔业生产政策上做了部分调整，其中集体渔业和渔村推广了定产量、定工分、定成本、超产奖励的"三定一奖"制度，有力推动了渔业生产。1969年，以浙江省为主成立嵊山渔场指挥部，领导带鱼汛。以后每年黄鱼汛和冬季带鱼汛，都成立浙江渔场渔业生产委员会，领导和协调鱼汛生产，一直延续到20世纪80年代中期。之后，陆续开展了东海、黄海、渤海中上层鱼类资源调查、长江水产资源调查、中沙海域渔业资源调查和毛虾的资源调查及渔情预报等。特别是对东海、黄海、渤海中上层鱼类资源的调查，证实上述海域上层鱼类资源丰富，主要有蓝圆鲹、鲐、青鱼（太平洋鲱）、竹荚鱼、蓝点马鲛、鳓和其他小型的鳀、沙丁鱼等。其中尤以东海的鲐、蓝圆鲹资源最为丰富。这一调查结果为发展灯光围网渔业的决策提供了科学依据。1970年起，国家以年均两亿元的巨额财力投入发展水产事业，沿海各省（市）积极发展与建造灯光围网渔轮，填补了我国渔轮灯光围网作业的空白。1970年即建造和改装了60艘，1971年建造34艘、改装28艘，到1972年7月底，已完成270艘，其中新造200艘、改装70艘，涉及上海、山东、辽宁、浙江、江苏、福建、天津、河北等8个省（市）。随着灯光围网渔轮的建造与改装以及灯光围网作业的兴起，对改变国营渔业单一的拖网作业方式，合理利用海洋渔业资源，维护我国的海洋权益，都起到了一定的作用。同时，也带动了造船厂、水产品冷冻厂的发展，推动了渔业机械化水平的提高、渔获物冷冻保鲜技术的进步，以及渔港基础设施建设与改造。在浙江，宁波、舟山海域渔业公司逐步扩大，还新成立了温州海洋渔业公司。在渔业资源调查和试捕的基础上，发现了外海丰富的马面鲀资源。随后组织各渔业公司和群众大型机帆船前往捕捞生产，渔场不断扩大，产量连年上升。到1975年，全国水产品总产量达到448万t，比1966年的310万t增加了44.5%，其中，海洋捕捞产量达312万t，约占水产品总产量的70%。比1966年增加了51.8%。

在这一时期，还在全国兴起城郊养鱼业，建设了一批精养高产的商品鱼基地。到1975

年，有136个城市实现城郊养鱼，养鱼水面达335万亩[①]，产鱼7.5万余吨。另外，基本完成了内陆水域淡水捕捞的连家船改造，淡水渔业产量也连年增长。

（4）渔业改革和全面发展时期（1977～1996年）。1966～1976年，渔业生产违反自然规律，致使对渔业资源的利用极不合理，一方面是近海捕捞能力成倍增加，酷渔滥捕，利用过度，传统经济鱼类资源遭到严重破坏，产量急剧下降，如大黄鱼产量，最高的1974年为19.7万t，到1977年仅为9万t；小黄鱼产量，最高的1957年为16.3万t，到1977年仅为4.2万t；带鱼产量，最高的1974年为57.7万t，到1977年仅为39.3万t。另一方面是内陆养殖水面、浅海滩涂利用率不高，外海渔业资源利用不充分。1976年，各地渔业工作调整工作重点和发展方针，1978年12月中共十一届三中全会召开，确定把党和国家的工作着重点转移到社会主义现代化建设上来。次年2月，国家水产总局在北京召开了全国水产工作会议。这次会议根据近海渔业资源酷渔滥捕、外海渔业资源利用不足、养殖水面和滩涂利用率不高、保鲜加工落后、渔业政策不落实、集体经济薄弱等状况，制定了"大力保护资源，积极发展养殖，调整近海作业，开辟外海渔场，采用先进技术，加强科学管理，提高产品质量，改善市场供应"的方针，确定水产工作尤其要集中力量抓好三项工作：一是加强渔政管理，切实保护资源；二是充分利用水面，大力发展养殖；三是搞好保鲜加工，提高鱼货质量。

全国水产工作会议之后，国务院很快颁布了《水产资源繁殖保护条例》，并自上而下建立起各级渔政管理机构。全国各地各渔区一是积极开展捕捞作业结构调整，许多渔区减少了底拖网和定置网，恢复了围、流、钓，发展桁杆拖虾等作业，形成近海捕捞多种捕捞作业方式并存、捕捞多种鱼类的局面。二是发展多种经营，包括养殖业、水产加工业、农副业和运输业等。三是开发外海渔业资源，先后开发了对马海峡、澎湖、琉球等海域的马面鲀渔场，在20世纪80年代初，马面鲀生产成为仅次于带鱼的第二大鱼类。为了更好地开发利用外海渔业资源，先后发展扩建了连云港、北海、温州、广州、营口等市海洋渔业公司和中国水产联合总公司，每年投入捕捞马面鲀的渔轮，多时达200对，灯光围网捕捞鲐鲹鱼的船只也稳定在30组左右，经过约10年的努力，到1985年外海渔业产量提高到了20万t。

中共十一届三中全会后，围绕渔业生产发展而开展的另一件大事是渔业合作经济体制的改革。随着农业经济体制改革的发展，渔业作为大农业的重要组成部分，为了贯彻按劳分配原则，克服平均主义，调动渔民生产积极性，也逐步进行了渔业合作经济体制改革，至1985年，基本完成"大包干"为主要形式的生产责任制、淡水渔业联产承包等渔业经营体制改革，并逐步向以船核算、分散经营发展；放开了水面经营权和产品经销权发展。有效减少了吃"大锅饭"、搞平均主义的现象。同时，1985年，中央在农产品中率先放开水产品的价格，生产力得到极大的解放，渔民生产积极性空前高涨。1985年以后，全国渔业生产进入大发展时期。确定的渔业发展方针是"以养殖为主，养殖、捕捞、加工并举，因地制宜，各有侧重"。在渔业生产与发展过程中，具有标志性的举措与成效主要如下所述。

---

① 1亩≈666.7m²。

一是全国机动渔船拥有量大幅增加。从 1975 年的 33 701 艘，到 1985 年的 185 336 艘，再增加到 1994 年的 409 346 艘，比 1985 年增加了 121%；马力从 1975 年的 1 569 633kW，到 1985 年的 4 053 665kW，再增加到 1994 年的 9 495 549kW，比 1985 年增加了 134%。其中海洋渔业的渔船数，1975 年为 29 199 艘，1985 年为 132 785 艘，到 1994 年达 259 297 艘，比 1985 年增加了 95%，马力数 1975 年为 1 490 029kW，1985 年为 3 638 729kW，到 1994 年达 8 394 107kW，比 1985 年增加了 131%。

二是全国水产品产量快速上升。从 1975 年的 441 万 t，到 1985 年的 705 万 t，1988 年超过 1000 万 t，1989 年为 1152 万 t，首次位居世界第一位。1994 年达 2146 万 t，比 1985 年增加了约 2 倍。其中海水水产品产量，1975 年为 335 万 t，1985 年为 419 万 t，到 1994 年达 1241 万 t，也比 1985 年增加了约 2 倍，而海水养殖产量增加了约 4 倍。全国水产品总产量多年保持两位数的增长速度。

三是调整渔业作业结构，扩大生产渔场。由于多年来超强度的酷渔滥捕，到 20 世纪 80 年代初，近海传统底层经济鱼类资源已相继衰退，大黄鱼、乌贼等已几近绝迹，为了增加海洋捕捞产量，一方面进行捕捞作业结构调整，譬如，在东海区除了恢复围网、流刺网、钓作业外，还发展了桁杆拖虾、蟹笼、帆张网等作业。同时不断扩大生产渔场，开发利用外海渔业资源。其中，浙江的桁杆拖虾从 1979 年开始发展，到 1984 年大小拖虾船发展到 2100 多艘，拖虾产量达 11 000 多 t，利用对象以近海混合水区的哈氏仿对虾、葛氏长臂虾、中华管鞭虾、鹰抓虾等广温广盐种类为主，主要作业渔场在吕泗渔场、长江口渔场、舟山渔场 40~60m 水深一带海域。1985 年以后，进入拖虾作业生产发展盛期，随着拖虾生产的发展，显著的经济效益刺激了拖虾作业的进一步发展，浙江南部的台州、温州和福建省闽东地区的有关县市也相继发展拖虾生产，拖虾渔场扩大到鱼山、温台和闽东渔场，在东海北部则扩大到舟外、江外、沙外和鱼外渔场，拖虾渔船也逐渐大型化，从原先的 40 匹、80 匹发展到 120 匹、180 匹，90 年代以后，250 匹的钢质渔轮也投入拖虾生产，并开发利用了东海外海和南部海域的高温高盐虾类资源，如假长缝拟对虾、大管鞭虾、凹管鞭虾、须赤虾、菲赤虾等，东海区拖虾渔船数有近万艘，虾类产量（包括毛虾等近洋张网虾类）近 100 万 t，其中浙江省拖虾作业成为第一大作业，虾类产量仅次于带鱼，成为第二大捕捞品种。

四是组建远洋船队，发展远洋渔业。1985 年 3 月，由中国水产联合总公司组建的我国第一支远洋渔业船队，从福建马尾港起航，揭开了我国远洋渔业发展的篇章。这支船队由总公司所属的烟台、舟山、湛江 3 个渔业公司和福建省闽非渔业公司的 12 艘国产渔轮（600 匹马力、300 总吨位）和 1 艘冷藏加工运输船（1800 匹马力、2500 总吨位）组成，按照渔业协定，分别到几内亚比绍、塞内加尔、塞拉利昂等国沿海开展捕捞生产。之后，远洋渔业生产船队规模和远洋渔业产量不断提高。1986 年，全国远洋渔业产量为 19 894t，到 1994 年达 68.8 万 t。

五是渔业管理法制化正规化水平不断提升。随着 1986 年《中华人民共和国渔业法》的颁布与实施，标志着我国渔业生产正式进入法制化监督与管理时代。同时，为了保护日益衰退的近海渔业资源，减小不断增大的捕捞强度，1987 年，国务院办公厅批转农牧渔业部《关于近海捕捞机动渔船控制指标的意见》，实施海洋捕捞船网工具指标总量控制，下达给各省（自治区、直辖市），各省（自治区、直辖市）渔业行政主管部门审批发放的海洋捕捞许可证不得超过国家下达的船网工具控制指标。另外，国家及地方渔业主管部门都对捕捞作业渔船、作业渔场给出了相应的管理意见，如 1987 年，农牧渔业部发布《中华人民共和国渔业法实施细则》，确定东海外海和近海分界线，经批准只能到外海生产渔船不得到近海生产；1989 年，农业部（现农业农村部）发布的《渔业捕捞许可证管理办法》对捕捞许可证做出了明确规定；等等。

（5）渔业资源养护与绿色发展时期（1997 年至今）。自 20 世纪 80 年代初起，我国渔业的生产力逐步恢复，机帆船大型化和渔轮快速发展，作业渔场不断扩大，海洋捕捞产量稳步增长。以东海区为例，1980 年海洋捕捞产量为 114 万 t，到 1989 年达到 216 万 t，约增加了 89.5%。90 年代，东海区渔业结构发生了根本性的转变，国有渔轮逐渐退出东海近海渔场，转而从事远洋渔业生产。而群众渔业，通过 80 年代初以来的渔业经营体制改革，形成了以股份制和独立经营为主、多种经营方式并存的新格局后取得了迅猛发展，大批群众机轮和机帆船作业成为东海捕捞的主体，近海捕捞强度大大增强，东海区海洋捕捞产量又从 1991 年的 255 万 t 增加到 1994 年的 403 万 t，增幅超过 58%。但是，自 20 世纪 80 年代以来，我国近海渔业资源出现不断衰退的局面，为了缓解捕捞强度过大对海洋渔业资源造成的巨大伤害，有效养护和合理利用海洋渔业资源，促进海洋渔业可持续发展，经国务院同意，农业部决定自 1995 年起全面实施海洋伏季休渔制度，标志着我国全面进入海洋渔业资源养护与管理时期。

自 1996 年以来，我国渔业发展的指导思想和方针主要强调的是"以养为主""养护和合理利用近海渔业资源""积极发展和壮大远洋渔业""加强渔业资源保护和管理力度"等。1995 年我国实施伏季休渔制度后，海洋捕捞产量仍呈现出进一步逐年增长趋势，出现了水产品供给充裕、效益下滑而近海渔业资源严重衰退的情况。为了坚决遏制近海捕捞强度的增加，保护近海渔业资源，保持海洋渔业可持续发展，1997 年，农业部印发了《关于"九五"期间控制海洋捕捞强度指标的实施意见》。1998 年 12 月，全国农业工作会议渔业专业会明确提出：从 1999 年起海洋捕捞产量实行"零增长"。渔业发展必须从追求产量最大化的增长方式转向以提高质量、提高效益为目标的发展方式，处理好速度与效益、发展生产与保护资源和生态环境的关系。2000 年又提出海洋捕捞产量实现"负增长"的目标。

为了有序指导渔业产业结构调整，1999 年 12 月，农业部下发了《关于调整渔业产业结构的指导性意见》，确定了渔业产业结构调整的指导思想、基本原则和主要措施。养殖业大力推进原良种场建设、名特优新品种推广和病害防治等，水产养殖开始进入快速发展通道，成为渔业发展的主要领域，以市场为导向，不断改革养殖方式，不仅改变了我国渔业的面貌，也影响了世界渔业的发展格局。远洋渔业不断优化作业结构，重点发展公海作业和金枪鱼、鱿鱼等大洋性重点品种生产。近海捕捞调整作业结构，缩减对渔业资源损害大的作业，禁止使用电脉冲惊虾仪等助渔工具及多层囊网拖网等渔具，保护水产资源，降低捕捞强度。

渔业产业结构调整是一项系统工程，在 1999~2003 年，农业部先后出台了一系列配套政策与措施，主要包括：①制定渔民转产转业政策。2000 年前后，根据《联合国海洋法公约》精神和国家外交大局需要，我国先后与日本、韩国和越南签署了双边渔业协定，针对我国部分渔民将从周边国家海域渔场撤出等新情况，经国务院批准，中央财政设立了渔民转产转业专项资金，引导渔民转产转业，制定海洋捕捞渔船减船转产实施方案，确定从2002年起，5年内全国减少3万艘海洋捕捞渔船，同时探索建立渔船强制报废制度，2002年5月，农业部和国家安全生产监督局联合下发了《渔业船舶报废暂行规定》，海洋捕捞渔船控制制度由"总量控制"转入"总量缩减"。②编制《我国远洋渔业发展总体规划（2001—2010年）》。经国务院批准后组织实施，在稳定过洋性渔业的同时，加快开发金枪鱼、鱿鱼等大洋性渔业资源；加强公海渔业资源调查和探捕，将单一拖网捕捞改为钓、围为主；着力推广精深加工、超低温冷冻技术，延伸产业链条。③制定南沙渔业开发优惠政策。经国务院批准组织实施，加快了南沙渔业的发展。④完善伏季休渔制度。经国务院批准，调整延长东海和黄渤海伏季休渔作业类型和休渔时间，新设立南海伏季休渔制度和长江流域春季全面禁渔制度，鼓励各地利用减下来的旧船建设人工鱼礁，推进海洋牧场建设，进一步巩固休渔成果，得到党中央、国务院的充分肯定。⑤制定修订渔业质量标准。从1999年起，用3年时间制定修订250项渔业标准，重点加强渔业生产和管理急需的产品质量标准，尤其是安全卫生标准和有关方法标准的制定修订，并注意与国际标准接轨，有效提升水产品质量和安全水平。⑥确立限额捕捞制度。在2000年修订的《中华人民共和国渔业法》，将限额捕捞作为法律条文首次予以确立。"零增长"计划的实施，不仅有力地推进渔业产业结构调整，保持渔业持续健康发展和渔区经济社会稳定，而且促进了有关法律、法规和渔业资源保护各项措施的贯彻落实，在国际上树立起了中国作为一个负责任渔业大国的良好形象。

经过多年的努力，2020年的国内海洋捕捞产量比1998年减少了约36.7%，占水产品总产量的比重由37.4%下降到14.5%；2020年的养殖产量比1998年增长了139.4%，占水产品总产量的比重由54.6%上升到79.8%；2020年的远洋渔业产量231.7万t，比1998年增长了153.7%。

进入21世纪，渔业生产发展的重要举措是"加强渔业资源和渔业水域生态保护""提升水生生物资源养护水平"。2006年国务院印发了《中国水生生物资源养护行动纲要》，养护水生生物资源成为国家生态安全建设的重要内容，中央和地方财政大幅增加增殖放流的投入，增殖放流作为渔业资源养护的重要措施取得了历史性突破。增殖放流活动从区域性、小规模发展到全国性、大规模的资源养护行动，形成了政府主导、各界支持、群众参与的良好氛围。同时，人工鱼礁和海洋牧场建设进入大规模发展时期，在我国沿岸海域大量投放人工鱼礁。最典型的是，2001年12月，广东省第九届人大常委会第二十九次会议听取并审议了广东省人民政府《关于建设人工鱼礁保护海洋资源环境议案的办理方案报告》，并发布了《广东省人大常委会关于建设人工鱼礁保护海洋资源环境的决议》，5年投入8亿元开始在南海大规模建设人工鱼礁。另外，在全国各地海（淡水）域建立了各种国家级水产种质资源保护区（至2018年已建526个）、国家级海洋特别保护区（至2018年已建71个）等，为改善渔业水域生态环境和养护近海渔业资源提供了良好的基础条件。

经过多年的发展，我国水产品供给总量充足，但结构不合理，发展方式粗放，资源环境约束趋紧，传统渔业水域不断减少，渔业发展空间受限，水域环境污染严重，过度捕捞长期存在，涉海（水）工程建设不断增加，主要经济鱼类产卵场退化，渔业资源日趋衰退，珍稀水生野生动物濒危程度加剧，渔业可持续发展难度不断加大等矛盾集中显现，渔业生态安全问题亟待解决。因此，进入"十二五"之后，特别是党的十八大以来，党中央、国务院高度重视海洋渔业资源和生态环境保护、渔业供给侧结构性改革等工作。2013 年 7 月，习近平总书记在中共中央政治局第八次集体学习时指出："要下决心采取措施，全力遏制海洋生态环境不断恶化趋势，让我国海洋生态环境有一个明显改观，让人民群众吃上绿色、安全、放心的海产品"。习近平总书记还先后多次对海洋牧场建设、清理整治"绝户网"和涉渔"三无"船舶等工作做出重要指示。我国渔业生产进入绿色发展时期，更加重视调整水产品供给侧结构改革，更加重视保护渔业资源和水体生态环境，更加重视水产养殖方式转变。为了有效压减严重过剩的海洋捕捞强度，保护海洋生态环境，修复振兴浙江渔场，浙江省决定从 2014 开始，用三年左右时间，全面启动浙江渔场修复振兴计划和"一打三整治"专项执法行动。2015 年，国家开始建设海洋牧场示范区，至 2020 年，已批准国家级海洋牧场示范区 136 个。2017 年，农业部印发了《关于进一步加强国内渔船管控实施海洋渔业资源总量管理的通知》，同年，农业部批准在浙江省舟山市建设首个国家绿色渔业实验基地，探索渔业绿色发展的新路子、新模式。

第三节 渔业资源学的研究简史

一、国外渔业资源学研究简史

虽然人类在公元前就已经开始记载一些水生动植物的形态和生活习性，但是，渔业资源学作为一门科学萌芽于 19 世纪中叶，主要是因为当时以俄国为主的欧洲区域的一些河流、湖泊鱼类产量出现迅速下降现象，为了查明致使鱼类产量下降的原因以及制定抑制鱼类减产的相应措施，К.М.Бар 等在 1851~1870 年对楚德湖及波罗的海等水域的鱼类资源进行了调查，研究的热点与方向开始从初期的分类学、种类组成和生物学特性调查转向鱼类种群数量变动原因与机制的研究。到了 19 世纪后期，人类的捕捞已经影响了海洋鱼类资源，其中开发最早的北海出现鱼类产量明显下降趋势，从而促使北欧国家加强对海洋渔业资源及其种群数量变动规律的研究，以期提出使渔获量保持稳定的措施。1883 年英国著名生物学家 Huxley 受英国政府委托，主持调查了北海的鱼类资源，调查得出了捕捞对鱼类资源影响不大的结论，这一观点被相川广秋（1960b）称为"海洋鱼类资源无尽藏论"。

19 世纪末到 20 世纪 30 年代是鱼类数量变动早期研究最为活跃的时期，由于当时内陆以及海洋水域的鱼类产量陆续出现下降现象，查明鱼类资源数量变动的原因、防止鱼类产量下降是发展渔业生产向渔业科学提出的必然要求，因此，一些国家相继成立了国家或国际的渔业科技机构。如 1902 年，在丹麦首都哥本哈根正式成立了由西北欧各国参加的国际海洋考察理事会（International Council for the Exploration of the Sea，ICES），这是世界上最早的一个研究渔业资源问题的国际组织，专门研究北海经济鱼类渔获量下降的原因，而且还提出了有关保护渔业资源的理论、学说和具体措施。自此之后，渔业资源研究更加活跃，一些德国、挪威、丹麦、苏联和英国的学者根据各自占有的渔业生物学和渔捞统计资料，提出了各种互有异同的学说，从不同角度论述了环境变化特别是捕捞对鱼类资源数量变动的影响。

最早涉足鱼类数量变动的学者是德国的 Heincke，他早在 1898 年就通过对大西洋鲱的研究形成了鱼类数量变动的观点。他认为：由于种群分布区域的局限性以致种群数量和体长年龄组成的变化主要取决于捕捞强度，捕捞强度加大必然导致渔获量下降、鱼体小型化、低龄化。他是第一位将渔业生物学和渔捞统计资料结合起来研究种群数量变动的学者，并据此提出了"繁殖论"。认为某种鱼类的每一个个体在遭到捕捞之前只要有一次产卵的机会，渔业就会有足够的基础，就可以防止渔获量下降，因而提出了用限定最小可捕长度的方法保护渔业资源。

同时，丹麦学者 Petersen 提出了与"繁殖论"相反的"稀疏论"或"生长论"，他根据北海比目鱼研究的结果，特别重视决定鱼类生长速度变化的饵料基础的作用，认为比目鱼生长速度变慢是鱼群密度过大、饵料不足引起的，种群应该保持不妨碍其生长的适当的密度，捕捞可以人为调节鱼群密度，从而对鱼类生长有利，使鱼群稀疏借以改善鱼群的饵料条件。鱼类资源在很大程度上能适应捕捞，如果捕捞强度降低则鱼群密度增大，鱼类生长变慢；反之加强捕捞可使鱼群密度变小，个体生长加快，渔获量则相应地增加。总之，捕捞是引起种群数量变动的主导因素。

1918 年俄国学者 Ф.И.Варанов 发表了《论渔业生物学基础问题》，接受了 Petersen 上述观点并首次提出了"最适渔获量论"。他认为，水域的饵料生物可以维持一定数量的鱼类生存，捕捞可使鱼类资源数量减少，因此，空余的部分饵料可使新生鱼类得以增重，当渔获量等于群体的增长量时资源处于稳定（平衡）状态。在饵料基础和其他外界条件不变的情况下，捕捞是引起种群数量变动的主要原因，同时还提出建立合理渔业的原则。

1914 年挪威学者 Hjort 提出了"波动论"，他采用渔获量生物统计和分析法测定鱼的平均寿命和年龄组成，研究了挪威沿海鳕和鲱渔获量变动的原因。在捕捞群体生物学特性和洄游分布规律研究的基础上，发现渔获量的年间变动是数量众多的丰产世代波动的结果。渔业上出现的丰产世代对渔获量的影响会持续几年，世代数量越大持续时间越长。世代数量和幼鱼成活率取决于饵料数量和非生物因子（海流、水温、盐度等）。建立在鱼类生物学基础上的这种研究方法在世界各国得到了广泛的应用。

1931 年英国学者 Russell 进一步发展了 Ф.И.Варанов 的"最适渔获量"的观点。假定某一水域捕捞群体年初的资源量为 N_0，年末的资源量为 N_t，R 为补充量，G 为捕捞群体的年增长量，C 为渔获量，M 为自然死亡量，则捕捞群体年末的资源量可用下式表示：

$$N_t = N_0 + (R + G) - (C + M)$$

从式中可以看出，当

$$(R + G) < (C + M)\ \text{——}\ 资源量减少$$
$$(R + G) = (C + M)\ \text{——}\ 资源量稳定（平衡）$$
$$(R + G) > (C + M)\ \text{——}\ 资源量增加$$

上述参数至今均为渔业资源研究和评估中的重要渔业生物学参数，Russell 认为：在捕捞的影响下，R、G 和 M 以渔获量为转移，捕捞强度低时，资源量增加，鱼的生长速度减慢，补充量也少，自然死亡量增大；捕捞强度增大时，为剩余群体空出了较大空间，从而使生长和补充速度加快，自然死亡量减少；捕捞过度时，亲体数量减少，补充速度降低，自然死亡减少，渔获物组成低龄化。在一定的捕捞强度下，捕捞群体有足够的补充量，资源量处于平衡状态时，可以获取最大的渔获量。每一个种群应当都有相应的最大最适渔获量。

20 世纪 30 年代初期，Баранов 的名著《论渔业生物学基础问题》被 Ricker 和 Schaefer 同时翻译成英文后，在英国、美国和加拿大等国家得到了广泛应用。其中，1957 年 Beverton 和 Holt 出版的《经济鱼类数量变动》一书是对 Баранов 理论的概括和发展，他们把影响捕捞群体数量的补充、生长、捕捞死亡和自然死亡等四个因子或渔业生物学参数理论和模式化，建立了有名的评估种群资源量的动态综合模型或称分析模型。同样地，Schaefer（1954，1957）则假定一些种群的持续产量与捕捞努力量保持平衡关系，从而把种群的补充量、生长和死亡综合起来作为一个单函数进行分析，根据多年的渔获量和捕捞努力量资料建立了剩余产量模型。它们的共同特点是在假定每年的补充量基本相同的前提下，阐明了捕捞强度或网目尺寸大小对种群数量的影响。

1975 年 Ricker 的《鱼类种群生物统计量的计算和解析》一书问世，他概括了数十年来世界各国种群渔业生物学研究所取得的成果，解析和比较了渔业种群的生长、死亡、繁殖、补充、残存率、资源量、持续产量、捕捞努力量、亲体与补充关系以及外界环境的影响等各种基本概念和计算方法，是种群生物学研究的重要文献。

Beverton、Holt 和 Ricker 在研究了亲体和补充量之间的关系后认识到亲体也是决定种群数量变动的重要因素并建立了繁殖模型，用以表示一些种群的亲体和补充量之间的关系。繁殖曲线的形状因鱼类种类不同而不同，因产卵量大小和寿命长短不同而异，鉴于每年的补充量受产卵场环境变化的影响较大，1984 年 Gulland 提出用在不同的外界环境条件下的一簇繁殖曲线来描述亲体和补充量之间关系的设想。

到 20 世纪 60 年代，据此理论所建立的捕捞群体数量变动的数理模型得到了更大的发展和广泛的应用，成为国际渔业管理中渔业资源评估和制定渔业管理措施的主要方法和依据。

20 世纪 80 年代以后，各国水域的渔业资源在经过几十年超强度的捕捞后，纷纷出现传统经济鱼类渔获量下降和资源的不断衰退现象，国外的一些学者在上述研究的基础上，开始转向控制捕捞努力量、限额捕捞，建立合理的渔业资源管理体系，开展增殖放流等渔业资源养护型研究，以制止沿岸、近海渔业资源的进一步衰退，这成为渔业资源学研究的热点。1992 年 5 月，在墨西哥坎昆举行了国际负责任捕捞会议，会后发表《坎昆宣言》，提出"负责任捕捞"新概念，制定了《负责任渔业行为守则》等一系列有关渔业资源养护和管理的文件和协定，要求将渔业资源养护和管理与自然资源环境保护相结合，将渔业发展与世界贸易体系及人类健康、安全、福利相结合，并建议联合国将未来 10 年宣布为"负责任捕捞 10 年"。1992 年 6 月，《里约宣言》和《21 世纪议程》提出了"可持续发展"的概念，并很快被国际渔业管理与渔业法体系所采纳使用，制定了一系列渔业协定和行动计划。随着渔业管理从生产限制与调节型转向资源养护型，从传统的对渔业投入的管理转向对渔业产出的管理对渔业资源学科提出的要求，在 20 世纪 70 年代开始，美国、加拿大、挪威、澳大利亚、新西兰、法国、英国等就开展研究总可捕量制度（total allowable catch，TAC），以总许可渔获量作为渔业资源管理目标。到了 20 世纪 90 年代以后，新西兰、澳大利亚、加拿大、荷兰和美国等国家着手研究并广泛使用渔业配额制度的另一种形式——个体可转让渔获配额制度（individual transferable quota，ITQ），以提高渔获物质量和渔业效益。

当前，渔业资源学另一研究热点领域是渔业资源群体或种类之间的相互影响，如群体或种类之间的营养关系、群落结构、生物多样性、生物群落演替、水域增殖基础与增殖潜力、增殖放流技术等，以确保海洋渔业资源的可持续利用。并不断借用电子技术、卫星遥感技术来研究渔业资源的问题，从生态系统角度开辟渔业资源学研究的新领域。如 Laevastu 和 Larkin（1981）及 Beyer（1981）把研究的范围扩大到渔业生态系统和水域生态系统，并专题讨论了资源数量估计和管理的问题。Lewis（1982）还纳入对渔业资源影响较大的环境随机因素，建立了海洋渔业资源管理的随机性模型。Rothschild（1986）在《海洋鱼类种群动态》中，从多方面论述了数十种鱼类的亲体与补充量的动态关系。

20 世纪 80 年代中期的 1984 年，美国的生物海洋学家 K.Sherman 和海洋地理学家 L.M.Alexander 提出了大洋生态系统（large marine ecosystem，LME）的概念，把全球海洋划分为包括了全球 95%以上的海洋生物资源产量的 49 个大海洋生态系统，为发展新的海洋渔业资源管理和研究策略提供了理论依据，特别有利于解决海洋跨国管理的问题。通过大海洋生态系统监测及相应的技术研究及不同时空规模的取样调查和资料积累，从而可以找出影响各个特定生态系统变化的诸如过度捕捞、环境污染和全球气候变化等主导因素。其中水域生产力动态、食物链、种群动态、群落结构演替、受物理化学影响的生物学作用和生物多样性及其保护措施是其中的重要研究课题。

90 年代初，Rothschild 等一批渔业、生物、物理海洋科学家提出从全球变化的角度研究海洋生态系统的建议并制定了"全球海洋生态系统动力学研究计划"（GLOBEC）。海洋生态系统研究是跨学科的一个新科学命题，在全球范围内开展海洋生态系统动力学研究已成为 20 世纪末国际海洋科学中最活跃的领域。因此得到了世界海洋和渔业科学界的普遍关注，其主要研究目标是从全球变化的含义上，认识全球海洋生态系统及其主要亚系统的功能和结构以及它对物理压力的响应。重点研究与海洋生物资源补充量有关的浮游生物的种群动态，探索自然变化和人类活动对近海生态系统的影响，为渔业资源持续利用提供科学依据。

二、国内渔业资源学研究简史

在我国,新中国成立以前渔业资源的研究力量非常薄弱,除了王贻观教授等少数学者开展了真鲷年龄观察等研究外,朱元鼎、伍献文、王以康等许多学者则主要从事鱼类的形态与分类的基础研究工作,所做的渔业资源研究工作十分有限。有组织地开展大规模、系统的渔业资源调查研究开始于 20 世纪 50 年代初,即 1953 年开展的"烟威鲐鱼渔场综合调查",这是我国首次开展的全面、系统的海洋渔业资源调查。随后在渤海、黄海、东海、南海相继进行了各种不同规模和范围的渔业资源普查和专题调查,主要如下。

1957~1958 年我国和苏联合作对东海、黄海底层鱼类在越冬场的分布状况、集群规律和栖息条件进行了试捕调查,这是我国首次在东海、黄海开展的国际合作调查,调查结果明确指出了小黄鱼和比目鱼鱼类资源正面临着过度捕捞的危险。

1959~1961 年结合全国海洋普查在渤海、黄海和东海近海进行的鱼类资源大面积试捕调查和黄河口渔业综合调查,取得了系统的水文、海水化学、浮游生物、底栖生物和鱼类资源的数量分布与生物学资料,并在此基础上编绘了渤海、黄海、东海各种经济鱼类的渔捞海图。对黄海、渤海经济鱼虾类的主要产卵场,黄河口及其附近海域的生态环境、鱼卵、仔鱼和生物的数量分布的全面调查,其研究成果对繁殖保护和合理利用我国近海渔业资源具有十分重要的意义。

1964~1965 年开展了"南海北部(海南岛以东)底拖网鱼类资源调查"。这是我国首次在南海水域系统地进行渔业资源生物学的调查,取得了大量丰富的资料,对南海水域的渔业生产和管理具有十分重要的意义。

1972~1977 年进行了东海外海底层鱼类资源季节性调查,范围北自济州岛外海、南至钓鱼岛附近水域,获得了东海外海水文、生物、地形、鱼虾类资源、渔场变动等大量资料,通过调查,在 1974 年开发了东海南部的绿鳍马面鲀资源。之后,又进一步对绿鳍马面鲀的洄游分布、渔场渔期、产卵场和产卵习性等进行了调查研究,使东海外海渔业得以迅速发展。

1975~1978 年开展了闽南—台湾浅滩渔场调查,这是台湾海峡水域的综合渔业资源调查,第一次揭示了该海区的渔场海洋学特征与一些经济种类的渔业生物学特性,为区域渔业开发和保护提供了重要科学依据。

1979~1982 年先后在南海北部和东海大陆架外缘及大陆架斜坡水深在 120~1000m 的水域进行深海渔业资源调查,查明了我国南海和东海大陆坡水域的水深,地形,渔场环境,底层鱼虾类的种类组成、数量分布、群聚结构和可供开发的捕捞对象等。在南海北部 300~350m 水深的水域,发展了南海深水虾类渔业。

1980~1986 年在渤海、黄海、东海、南海诸海及全国内陆水域,进行了全国规模的渔业资源调查和区划研究。它涉及海洋和内陆水域的水生生物资源、增养殖、捕捞、加工、经济、渔业机械等各个领域,并陆续出版了"中国渔业资源调查和区划"丛书(共 14 分册)。这一丛书不仅总结了新中国成立 40 年来我国渔业生产、科研两条战线上两代人的劳动成果，且为进一步发展我国渔业生产和科研、持续利用水生生物资源提供了战略决策。

1982～1987年在渤海进行了渔业资源、生态环境及其增殖潜力的调查研究，阐明了渤海渔业资源的基本情况、理化环境和生物环境的综合特征，认为渤海具有很大的生产潜力，提出了在管好的基础上进行增殖，建立合理的生态系统结构，以增加渤海渔业资源的产量和质量的建议，这是我国首次以生态环境、资源增殖潜力为重要研究内容的渔业资源学研究。

1983～1987年又进行了东海北部毗邻海区绿鳍马面鲀等底层鱼类调查与探捕，取得了绿鳍马面鲀种群数量分布、渔场环境及形成条件等基础资料，用面积法和世代分析方法评估其资源量，为开发对马海峡以东海域的绿鳍马面鲀资源提供了重要的参考依据。

1984～1988年利用"北斗"号在黄海、东海进行了鳀资源和渔场调查，这次调查首次成功地借助先进的声学方法评估出黄海、东海鳀资源量为 $3.0×10^6$ t，可捕量为 $5.0×10^5$ t，摸清了秋冬季黄海、东海鳀的分布规律、渔场探察指标、渔期与环境的关系，为开发丰富的鳀资源提供了科学依据。此次调查评估方法使我国的渔业资源调查研究技术达到世界先进水平。

1985～1990年和1997～2000年先后在浙江渔场和东海北部渔场开展了虾蟹类资源调查，查明了该海域的虾蟹类种类组成、数量分布、生态习性以及群落结构特征，首次评估了调查海域的虾蟹类资源量、可捕量，出版了相关的著作，发展了东海虾蟹类渔业。

1987～1989年进行了闽南－台湾浅滩渔场上升流海区生态系的调查研究，通过地质、地貌、水文、气象、海水化学、海洋生物、渔业资源和渔业生物学等多学科的调查，取得了大量资料和多项研究成果，首次肯定了该海区为有多处上升流存在的上升流渔场。

1997～2000年进行了我国专属经济区生物资源与栖息环境调查，这是我国有史以来规模最大的一次海洋渔业资源综合调查。其首次在我国专属经济区内同步进行了生物资源与栖息环境调查，首次使用先进的渔业资源声学评估系统，对分布于我国专属经济区的生物资源进行了评估。通过调查，摸清了我国专属经济区生物资源及其环境状况，生物资源的群落结构、种类组成和数量分布；评估了主要生物资源种群的资源量、可捕量以及目前的开发水平对资源造成的影响；绘制了生物资源及栖息环境专业技术图件，建立了海洋生物资源和栖息环境信息库，编写出版了《中国专属经济区海洋生物资源与栖息环境》等著作。上述工作为今后渤海、黄海、东海、南海海洋生物资源与栖息环境研究提供了重要的基础资料，为海域划界、渔业资源合理开发利用和科学管理提供重要的参考依据。

2004～2009年由国家海洋局组织开展了我国近海海洋综合调查与评价（简称"908专项"），摸清了我国21世纪初期的海洋环境、生物资源、海域使用和社会经济学的基本状况及其变化趋势，掌握了海洋为国民经济和社会发展可提供的支撑和承载能力，海洋资源的可持续利用潜力，积累了大量的宝贵数据和资料，构建我国近海"数字海洋"

信息基础框架。这些工作为我国海洋经济可持续发展、海洋管理及海洋生态环境保护和海洋减灾防灾提供基础数据和科学依据，对我国近海渔业资源实施精准化、数字化管理也具有重要意义。

2006~2008年进行了地处浙、闽、台三地交界处的浙江南部外海渔业资源调查，查明了该海域渔业资源种类组成、数量分布、群落结构特征、主要经济种类以及渔场水文环境特点，评估了渔业资源量和可捕量，绘制了不同生物类群以及主要经济种类的数量分布图，出版了相关著作。

2006~2010年进行了舟山渔场生态系统综合调查，通过这次调查，摸清了舟山渔场经过几十年开发利用后的家底，掌握舟山渔场生态环境及渔业资源利用现状、群落结构演替规律与优势种种群动态变化趋势，建立生态环境基础数据库、物种资源数据库，并出版了相关著作。该成果对建立重点渔场可持续发展的海洋生态系统、合理的渔业管理体系，探索科技兴海，走耕海牧渔道路具有重要参考价值。

2014年以来，围绕沿岸近海渔场修复振兴事业，陆续在东海、浙江渔场等开展沿岸产卵场以及近海渔业资源本底调查。

在远洋渔业资源调查研究方面，我国起步较晚，远洋渔业资源研究工作多数都与远洋生产渔船的生产结合起来进行。1986年南海水产研究所派出两艘调查船到西南太平洋贝劳水域进行了金枪鱼资源调查。1988~1989年东海水产研究所所属的"东方"号应几内亚比绍共和国的邀请，到西非水域进行了资源与渔场环境调查。1989年上海水产大学"蒲苓"号赴日本海，进行了太平洋褶柔鱼的渔场与资源探捕调查，并取得了成功，从而拉开了我国远洋鱿钓渔业的序幕。1993年黄海水产研究所"北斗"号赴白令海和鄂霍次克进行了狭鳕资源评估及渔场环境调查。1993~1995年上海水产大学与舟山海洋渔业公司、上海海洋渔业公司、烟台海洋渔业公司、宁波海洋渔业公司等联合，先后派出了10多船次在西北太平洋海域进行柔鱼资源以及渔场环境调查，研究成果促进了我国远洋鱿钓渔业的迅速发展。1996~2001年，在农业部渔业主管部门的统一领导下，上海水产大学每年派遣2~4名科研人员参加北太平洋海域柔鱼资源调查与渔场探捕工作，调查与作业范围每年向东部拓展5个经度，到2000年在北太平洋的鱿钓作业渔场已经拓展到170°W海域。在此期间，在中国远洋渔业协会的领导和支持下，上海水产大学还与舟山海洋渔业公司、上海海洋渔业公司等联合，开展了西南大西洋阿根廷滑柔鱼、秘鲁外海茎柔鱼、新西兰双柔鱼等渔场开发和资源调查工作，为我国远洋鱿钓渔业实现全年性的生产提供了技术保障和基础资料。

随着近海传统渔业资源的不断衰退以及周边国家200海里专属经济区实施、海域划界的影响，国家积极将发展远洋渔业作为今后我国渔业的发展重点和国家的战略产业。从2001年起，农业部以及相关省（市）每年组织渔业企业和科研单位联合，在东南太平洋、东南大西洋、西南大西洋等海域开展"公海渔业资源探捕"项目。2009年，农业部科技专项"南极海洋生物资源开发利用"启动，由辽渔集团、上海开创两家企业和中国水产科学研究院东海水产研究所、黄海水产研究所、上海海洋大学三家科研教学单位共同承担首次南极磷虾探捕调查任务，"安兴海"轮和"开利"轮两艘远洋渔船首次驶入南极海开始南极磷虾的探捕，为我国远洋渔业发展寻找后备渔场。

在近海渔业资源种类的生物学和种群数量变动规律研究方面，自20世纪50年代开始，先后对渤海、黄海、东海、南海等四大海区的主要经济鱼虾类如大黄鱼、小黄鱼、带鱼、蓝点马鲛、鲐、黄海鲱、绿鳍马面鲀、蓝圆鲹、远东拟沙丁鱼、鳀、毛虾、中国对虾、鹰爪虾、海蜇、曼氏无针乌贼等种类的生物学特性、种类组成、数量分布、洄游习性、种群数量变动规律、渔情预报、资源评估和管理技术等方面进行了全面系统的研究，从而促进了我国近海渔业生产的发展。

我国的渔业资源研究工作方法与深度具有比较明显的阶段性，新中国成立初期的资源调查方法多数是以渔村、渔船调访、群众生产经验的总结为主，随后根据渔业生产发展需要进行了大面积的试捕、标志放流、重点渔场调查和渔港渔获物取样调查。20世纪60年代以后，由于近海底层鱼类资源出现明显衰退现象，同时，经过多年的渔业资源调查所取得的生物学、种类组成、数量分布和渔场环境资料，为深入开展渔业资源种群数量变动规律的研究和制定繁殖保护条例积累了资料，并提供重要依据，也为后来的渔业资源评估和管理打下了坚实的基础。因此，1964年，叶昌臣首先把国际渔业资源评估和管理中通用的模型用于辽东湾小黄鱼渔业生物学研究；20世纪70年代费鸿年广泛系统地介绍并应用了渔业资源评估和管理的各种主要模型，大大地推动该领域渔业生物学的研究工作。面对近海渔业资源普遍衰退的严重局面，用适当的模型定量、正确地估算渔业资源实际状况，对科学管理与合理利用近海渔业资源来说，无疑是十分重要的。

20世纪70年代以后，近海渔业资源的种类组成与群落结构发生显著变化，对一些传统的捕捞对象种群动态的研究面临着许多困难，因此，根据近海渔业资源管理和可持续发展的需要，1981~1985年我国先后在渤海、黄海进行了多鱼种的资源结构、生态系统和渔业管理及增殖基础的大面积调查，重点分析和研究了多鱼种的食物关系、补充特性和水域增殖潜力，为开展多种鱼虾资源增殖提供了依据。

20世纪80年代以后，即广泛开展渔业资源动态监测调查，这是在渔业资源普遍衰退、科研经费不足的情况下，为了掌握海洋渔业资源利用状况而开展的一项常规性调查工作，它对定量分析渔业资源状况、科学管理和合理利用近海渔业资源、发展渔业生产具有十分重要的意义。

内陆水域，在20世纪50年代末至60年代初，我国各地的有关科研机构对十三陵水库、白洋淀、太湖、洪泽湖、保安湖、滆湖、花园湖、云南高原湖泊、镜泊湖、兴凯湖等湖泊和水库，以及长江、黑龙江、黄河、淮河、闽江、珠江、澜沧江、松花江等河流和水系开展了渔业资源及其生态环境调查，1957~1958年我国和苏联合作进行了黑龙江的综合科学考察。

到了20世纪80年代初，全国又开展了内陆水域四大水系及重要湖泊、水库和近海大陆架海域渔业资源调查和区划研究工作，根据历次调查所取得的大量资料编写了中国渔业资源调查和区划等专著。综合评价我国内陆和海洋渔业的环境条件和资源状况，为保护和治理渔业环境、合理利用渔业资源提供科学依据。

第四节 渔业资源特性

渔业资源作为一种生物资源，具有和矿产资源、石油资源、森林资源、水资源等不同的属性，具体如下所述。

1. 移动性

在海洋里生活着的生物，虽然说有一定的分布范围，但是，各自都有移动洄游习性，它们根据不同的季节、不同的生长、发育阶段进行洄游或移动，以寻求适合的生活环境，有的种类洄游距离还很长，并且可以在海、淡水之间自由洄游，如大麻哈鱼、鳗鲡、金枪鱼等。即使是定着性的贝类，在其生活史的某个阶段也有一定的移动性或者随水流而漂流的流动性。一般来说，甲壳类、斧足类移动范围较小，而鱼类和哺乳类移动范围较大；在鱼类中，底栖鱼类移动范围较小，中上层鱼类移动范围较大。

2. 公有性

一般地说，海洋里的生物不是某人（集团或国家）投资放牧的，它是一种自然资源，也不同于矿产和森林资源，在未采获之前就能划归为某人（集团或国家）所有，渔业资源在未捕获上来之前，不可能属于任何人，因此，这种资源不具有排他性，人人都可以利用它，它只是捕获者的所有物，也就是说，海洋渔业资源既具有典型的公有性，又具有为利用者提供私利的私益性；由于这一公有特性，造成一种现象，即大量或超量的渔船集中在有限的水域中，竞争捕鱼，甚至酷渔滥捕，在渔业资源没有彻底衰退或渔业无利可图之前，竞争捕鱼就不会停止，海洋里的鱼越捕越少、越捕越小。

3. 自我更新性

渔业资源是一类生物资源，通过繁殖、生长、死亡等一系列生物学过程，不断地进行更新，同时又具有调节自身各种生活过程的能力，在一定的水域中，维持着一定的资源数量。如果一年间，捕捞量等于自然增长量，渔业资源数量不会减少，如果捕捞强度适当增加，资源数量下降，这时鱼类的生长速度加快，性成熟年龄提早，繁殖力增强，资源数量又会增加到一定水平。也就是说，生物资源群体本身具有一定的自我更新、自我调节能力，只要人们遵循生物的自然规律进行合理捕捞，就可以永续利用。但是，如果捕捞强度盲目增加，超过生物资源的自我调节能力，渔业资源就会衰退，直至枯竭。

4. 有限性

虽然说渔业资源能通过繁殖、生长使资源数量增加，但是增长量受环境系统的限制。任何一个环境系统只能容纳一定量的生物数量，海洋生态环境也是如此，某一种群的资源量不可能无限制地增长，限制因素有饵料、生存空间等，渔业资源数量是有限的，因此，对渔业资源的利用具有明显的竞争性，当某利用者捕捞渔业资源或者利用海域时就会影响其他人的利用效果。

5. 未知性

海洋的生物资源看不清、摸不着，某一鱼类资源刚被开发利用，直至过度捕捞之前，难以准确计算和测量其群体资源量和可捕量，政府部门也就很难合理安排捕捞力量，在资源状况良好时，人们也不会去注意这些问题，利用者追求的往往是自身利润的最大化，在实际渔业生产过程中进行掠夺式生产经营，并且越是渔业资源丰富的渔场，捕捞竞争越是激烈，越是经济价值高的种类资源，捕捞竞争越是激烈，直至渔获量和渔获率下降，受到自然界的惩罚，人们才开始注意资源基础，调整捕捞作业结构和压缩捕捞强度。

思 考 题

1. 试述渔业资源及渔业资源学的基本概念和研究内容。
2. 简述渔业生产的发展历史。
3. 试述海洋渔业资源衰退的现状。
4. 简述渔业资源学的研究简史及今后的发展方向。
5. 试述渔业资源的特性。

第二章 渔业资源生物学

本章提要：主要介绍鱼类种群鉴定方法、种群结构与种群演化规律；鱼类年龄鉴定方法，鱼类生长规律；鱼类繁殖习性及其繁殖力研究方法；食物保障及其摄食等研究方法；集群与洄游的基本规律、行为机制及研究鱼类洄游的主要方法等。

第一节 渔业资源结构

一、种群的基本概念

众所周知，地球上的任何一个区域都分布着多种生物，但生物在自然界中的分布并不是均匀的。即每种生物分布在与之相适应的特定区域，该区域与邻近区域相比较，存在明显可辨的差异，表现为存在环境因子的梯度变化或者是不可跨越的自然障碍，这种特定的区域从生态学的角度称生活小区。

在海洋某一特定的水域中，通常分布与栖息着多种鱼群，这些鱼群有的属于同一种类，有的属于不同种类。而有些鱼群，尽管在分类学上属于同一个种类或亚种，但是因为分布在不同的环境空间，在形态上或生态生理上存在不少差异。从渔业资源的角度来说，它们均是具有独立性质的鱼群。种群是指在同一生活环境中，具有相同的形态特征以及生理和生态特性、相同的产卵习性且进行同一生物学过程的群体。

从种群的定义我们可以看出，种群是由许多个体组成的一个生物集团，它们具有相同的形态特征、生理和生态特点，对于在海洋里的鱼类来说，每年在一定的季节，鱼类就会集成大群向特定的海域（相同的海况和地形等）洄游，譬如说洄游到邻近海域进行产卵，产卵后再洄游到其他海域进行索饵、育肥，到了秋末冬初，随着水温的下降进而游向越冬场。每年孵化后的仔稚鱼，是在相同的时间和同一海域发育成长起来的，因此，它们都具有共同的形态上和生理生态上的特性，同一个种的各个不同的种群之间虽然能进行杂交，但由于它们固有的生活环境或生物学过程存在着一定的差异和隔离，杂交的机会并不多，并且随着时间的推移，各种群之间的差异也就越来越明显。

在研究渔业资源数量变动问题时，种群是一个十分重要的概念，在许多描述和研究渔业资源数量变动的报告和论文中，我们可以看到在数量变动的前面，常常冠以某水域、某种群等。许多生物学家、生态学家、鱼类学家和渔业资源专家都十分重视种群的研究，并曾对种群给出过许多不同的名称和定义。如"population"这个词在生物学、生态学研究中被引入我国的初期（20世纪60年代），学者们将其翻译成"种群"，后来，陈世骧（1978）认为这一译法不好，对于一般的读者来讲，很容易误解成"一群物种"，因此建议改用"居群"，这个提法曾得到植物学界许多学者的赞成，而单国桢（1983）又从"population"一词的含义着眼，提出用"繁殖群"，简称"繁群"。

在渔业科学研究中，将"population"译成"种群"基本上没有什么异议，并被广泛采用，也有的学者称种族（race），种群与种族通常两者混用，如将大黄鱼岱衢洋地理种群称为岱衢族，将渤海、黄海的小黄鱼种群称为渤海、黄海地理族。种群与种族的鉴别方法和手段大同小异，可以通用。种群在生态学和渔业生物学范畴内较种族具有更广泛的内涵，因此后者已逐步被前者所替代。

但是，对种群或种族的定义却有很多。例如，Heincke（1898）通过对北欧大西洋鲱生活史的系统研究，认为该水域的鲱存在两个种族，即春汛鲱和秋汛鲱。在研究具体事例的基础上，他将种族的定义归纳为："在同一或极相似条件的水域及海底的、多多少少接近的产卵场所，在同一时期产卵，之后离去，并在翌年同一时期，又以同样的成熟度回来"的鱼类群体。他认为种族的各种形态特征和生态习性具有固定的遗传性，这样反过来，也可以通过测定形态特征来鉴定种族。Heincke 的这些实践和理论，是种族问题系统论述的开始。Ehrenbaum（1928）对 Heincke 上述种族定义又加以补充后指出，在一定的环境条件下产卵孵化的稚鱼群，每年在同一季节同一海区长大，而获得同一时期的特征，并能保持形态特征的共同性，对这样的鱼群，他称为同一种族。Linssne（1934）在研究东北大西洋的鲱时，将种族和地方型（local form）加以区别。他认为，种族为亚种"栖息于有限水域，包含着同一时期产卵的若干地方型"。他所定义的地方型与 Heincke 定义的种族是完全一样的。

在生物学和生态学的有关领域中，对种群的定义更多。如：Allee（1949）在《动物生态学原理》一书中就列出四个定义：①一个国家、一部分或一个区域中全部的居民（社会学）；②集体居住在一个区域内的生物（生物学）；③一群局限在时间和空间内的生物个体（生物学）；④全部的生物，从其中抽出一些样品来测量（统计学）。Odum（1971）则认为："种群指一群在同一地区、同一物种的集合体，或者其他能交换遗传信息的个体集合体。它具有许多特征，其中最好用统计函数表示，是集体特有而不是其中个体的特性。这些特征是密度、出生率、死亡率、年龄组成、生物潜能、分布和生长型等。种群又具有遗传特征，特别是与生态有关的，即适应性、生殖适应和持续性，如长期重产后代的能力"。Dempster（1975）概括为："一个种群是一群同物种的个体，可以十分明晰地在时间和空间上与其他同物种的群体分开……所有物种都是分布不均匀的，其所形成的种群，或多或少被不能生存的地域所分开。动物种群总是很少形成截然分立的单位，因为群中个体仍可以从一个种群到另一个种群，假定这种活动很少或者可以测定。一个种群可以当作一个单位，其特征如出生率、死亡率、年龄组成、遗传特质、密度和分布等是可以确定的"。Wilson（1975）则认为："种群指一群生物属于同一物种，在同一时间居住在同一局限的地区。这个单位有着遗传上的稳定性。在有性生殖的生物中，种群是一群地理上被局限的个体，在自然情况下，能彼此自由交配、繁殖"。Emmel（1976）提出："一个种群是由一群遗传相似而具一定时间和空间结构的个体所组成的"。Southworth 和 Hursh（1979）则指出："种群是一群同物种的生物个体，生活得能够接近而形成一个杂交繁殖的单位"。

我国学者方宗熙（1973）在《生物的进化》中也提到物种、种群和群落，并给种群下了一个简单的定义："种群是由同一物种的若干个体组成的，种群是生活在同一地点、属于同一物种的一群个体，个体跟种群的关系，好比树木跟森林的关系"。

遗传学上，认为种群是地理上分离的一组群体，有时称族。其可被定义为同一物种内遗传上有区别的群体。它的划分对人们认识地理群体在遗传上有某种程度的分化很有意义，因为它是对局部条件的适应和演变的结果。有时人们也可以用单个性状来鉴别种群或种族，如花纹、血型等。但种群是有一定区分的基因库的群体，其群间差异则涉及整个基因库，因此必定涉及许多基因座上的等位基因频率。即一个基因座或一个性状的差异可作为整个遗传分化的标志，但这不是种群间差别的唯一依据，例如，当基因座呈多态时，其双亲及其后代可能在该基因座上就有差别。

尽管不同的学者对种群的定义或文字表达有差异，但是一个自然种群，一般都具有以下 3 个主要特征。

（1）空间特征。种群都有一定的分布范围，在该范围内有适宜的种群生存条件。其分布中心通常条件最适宜，而边缘地区则波动较大。

（2）数量特征。种群的数量随时间而变动，有自己固定的数量变化规律。

（3）遗传特征。种群有一定的遗传性，即由一定的基因组成，同属于一个基因库。

由此不难看出，种群是一个相比较而区别、相鉴别而存在的物种实体。也正由于它是物种的真实存在，所以在分类学上它是种下分类的阶元；正因为种群有自己固有的结构特征和数量动态特点，从而也成为生态学和渔业资源学上研究的基本单元。此外，由于种群都有自己的遗传属性，因此它又是种群遗传学（population genetics）研究的基本单位。

二、亚种群、群体的基本概念

许多渔业资源专家都赞成以种群为基本单位研究渔业资源问题，并曾经做过大量的种群、种族的鉴定工作，为渔业生产和管理提供了科学依据。但是，自 20 世纪 70 年代以来，人们在理论研究和实践的基础上，认为将种族、族和种群作为水产资源的基本单位，对于有的渔业资源来说还是太大，并选用亚种群或称种下群（subpopulation）、群体（stock）作为渔业资源的基本单位。在 1980 年的"群体概念国际专题讨论会"上重点阐明群体概念及其鉴别方法，而且论述了地方种群的遗传离散性取决于基因流动、突变、自然选择和遗传漂移的相互作用，以实例说明由于基因流动受到地理、生态、行为和遗传的限制，鱼种或多或少地分化为地方种群，再分为群体（亚种群或种下群）的鱼种分化论点。

1. 亚种群

我国学者徐恭昭（1983）曾对种下群（亚种群）作如下解释："任何一种鱼，在物种分布区内并非均匀分布着，而是形成几个多少被隔离开并具有相对独立性的群体，这种群体是鱼类生存与活动的单位，也是我们渔业上开发利用鱼类资源的单位。它在鱼类生态学和水产资源学中被称为种下群。种下群内部可以充分杂交，从而与邻近地区（或空间）的种下群在形态、生态特性上彼此存在一定差异。各个种下群具有其独立的洄游系统并在一定的水域中进行产卵、索饵和越冬。各种下群间或者在地理上彼此不能发生基因交流，或者在同一地理区域内由于生殖季节的不同而不能发生基因交流"。仅仅从上面的描述，通常仍难以看出种群与亚种群的实质区别，最终的判断往往需要求助于统计学分析，方可得出明晰结论。

2. 群体

在渔业生物学中更加普遍使用的是群体这个概念或术语。关于群体的定义说法不一。Gulland 和 Carroz（1969）指出"能够满足一个渔业管理模式的那部分鱼，可定义为一个群体"。Larkin（1972）认为共有同一基因库的群体，有理由把它考虑为一个可以管理的独立系统。他把重点放在将群体作为生产或管理单位的实用方面，强调鱼类群体是渔业管理的单位。Ricker（1975）认为"群体是种群之下的一个研究单位"。Ihssen（1977）把重点放在遗传的离散性方面，并认为群体具有空间和时间上的完整性，是可以随机交配的种类个体群。Gulland（1975）也认为"群体就是一些学者所说的亚种群"。Gulland（1969，1983）还从渔业生产和研究需要出发，认为划分单位群体往往带有主观性，主要是为了便于分析或政策的制定，并随目的不同而变化。日本学者川崎健（1982）认为："重要的是以固有的个体数量变动形式为标准，通过对生活史的全面分析探讨确定鱼类群体"。我国学者张其永和蔡泽平（1983）认为："鱼类群体是由随机交配的个体群组成，在遗传离散性上保持着个体群的形态、生理和生态性状的相对稳定，也可作为渔业资源管理的基本单元"。

从上述诸多学者对群体所下的定义来看，他们的认识并不完全一致，但当前多数学者倾向于群体与亚种群是等同的概念，不过群体是更强调渔业生产与管理需求而定义的一个渔业资源研究单位，是在渔业资源评估、管理问题研究和实践中形成的。综上所述，我们可以将群体定义为：鱼类群体是由可充分随机交配的个体群所组成，在遗传离散性上保持着个体群的生态、形态、生理性状的相对稳定，是水产资源评估和管理的基本单元。

三、种群与种族、群体、亚种群的区别

我们认为资源单位——种族、种群、群体或亚种群是物种存在的具体形式。在种下分类的水平中，种族和种群属于同一水平，而群体和亚种群属于同一水平，这一水平比种群或种族低一级。也就是说：一个种族即为一个种群，一个群体也等同于一个亚种群，但一个种群（或种族）可以由一个或多个群体（或亚种群）所组成。

严格地说，种族在分类学上，是种或亚种以下的一个分类单位，偏重于遗传性状差异的比较。而种群是在生态学层面上，是有机体与群落之间的一个基本层次。群体则偏重于渔业管理的单元，即能够满足一个渔业管理模式的那部分鱼，是在渔业资源评估、渔业管理研究和实践中形成的，受到开发利用和管理的影响。我们认为，在种群和群体

之间，种群是客观的生物学单元，群体是渔业管理单元。两者关系密切，但并不存在从属关系。例如，某一生殖群体可能是种群之下的一个生物学繁殖单位。而对某一捕捞群体和开发利用和管理中的"群体"可能是种群之下的一个群体，也可能是一个种群，甚至是几个种群的集合。

实际上，我们很难找到严格定义的群体、亚种群（种下群），特别是对于那些广泛分布、数量大的鱼类，以及作长距离游动的大洋性鱼类。因此，Cushing（1968b）对渔业资源群体作了比较广泛的解释：理想的群体是具有单一产卵场，而成鱼每年返回产卵，由于产卵场保持在一个或几个海流系统中，因而又保持一定的地理位置。渔业遇到的大多都是单一特定的单位群体，但不是所有鱼类都是这样的，例如，关于如何确定太平洋鲑的群体问题曾引起广泛关注，这种鱼回到个别的产卵河流可能造成群体或种族遗传分离。因此，对这些不同群体需要采用不同的捕捞对策以获得最佳产量是有重大实际意义的。

在划分单位群体时，既要考虑生态、生理、形态和遗传异质性，又要辩证地考虑渔业管理等实际需要，从而确定出适当的单位群体。单位群体选的过大，会忽略一个单位群体中所存在的重要差别；选的过小，会使其与其他单位群体的相互关系变得突出，增加分析时的复杂性。不要被一些表面现象所蒙蔽，例如，有时虽然没有发现群体间的遗传性差异，但有可能存在不同的群体；或者即使发现存在遗传性差异，也有可能是群体内部的异质性所致。

四、研究种群的意义

由于种群是物种存在、生物遗传、进化、种间关系的基本单元，是生物群落和生态系统中的基本结构单元，同时也是渔业资源开发利用和管理的具体对象，因此，研究种群不仅在理论上具有十分重要的意义，而且在生产实践中也具有十分重要的作用。鉴定种群在渔业上直接关系到鱼类数量变动和生活习性的深入研究，只有在了解鱼类种群结构的基础上，才能对经济鱼类资源的合理利用和管理措施的制定提供科学的依据。

例如，每一个种群都处在某一区域某个生物群落的一定生态位中，同时，每个种群又各自有着固有的代谢、繁殖、洄游、生长、死亡等特征，所以对种群的研究有助于阐明物种之间相互关系及生态系统的能量流动转化和物质循环。从演化的观点来看，种群是物种的一个基因库，物种形成或新种诞生以及物种多样性的发展，都是物种基因库内的基因流受到某种隔离机制的破坏时发生的，因此对研究演化机制和过程以及物种形成等有很大关系。在群落生态学研究中，种群数量变动规律是其中心内容。从种群生态学的观点来研究渔业资源的合理利用与保护，可被认为是现代生态学最重要的研究内容之一，因为人们研究渔业资源的问题，就要先对构成资源的单元的生物学特性——形态、生态和生理特性，特别是形态和生态方面有充分的了解，才能获得论据以作为评估资源与合理利用资源的基础，否则容易导致错觉而模糊渔况的真实情况，甚至不合理地利用资源，促使渔业资源趋向枯竭或导致生产上的不利。在人类生产实践中，渔业资源被过度利用或破坏普遍存在，已危及人类对渔业资源的利用及其可持续性，所以为了可持续利用渔业资源，应用种群数量变动理论以指导渔业资源的开发和养护，具有十分重要的现实意义。

五、种群结构与种群演化规律

种群结构是指鱼类种群内部各年龄组和各体长组数量和生物量的比例，种群中性成熟鱼群数量的比例，高龄鱼与同种群中其余部分的比例，整个种群、各年龄组成、各种体长组中雌雄性别数量的比例，它是一个世代（或整个种群）形态异质性的状况。就渔业资源生物学而言，描述种群基本结构的主要特征为年龄组成、性别组成、长度组成（长度、重量）和性成熟组成等四个变量。

不同鱼种、不同种群，其群体结构不同，反映了种群与所栖息的环境条件相互作用的特点，因此，种群结构具有明显的稳定性。但由于种群是生活在不断变化的环境之中，因此种群结构同种群的其他属性一样，在一定限度内不断地变动着，以便适应于生活环境的变化。

（一）年龄结构及其变化

1. 年龄结构

不同的鱼类，其寿命极不相同。某些虾虎鱼只能生活几个月，而一些鲟可生活上百年。经济鱼类的寿命多在2龄至几十龄之间。根据对北半球中纬度177个鱼种的长度和104个鱼种年龄资料的分析，其年龄、长度有如下规律：年龄在5～15龄、长度在30～50cm的鱼种数量最多。赤道水域的鱼类，平均寿命要低一些。寿命最长、个体最大的鱼类，一般多属短期内剧烈捕食的大型凶猛鱼类。底栖生物食性的鱼类、部分草食性和肉食性鱼类基本上属于个体中等，年龄为30龄左右。短生命周期的小型鱼类中，浮游生物食性和小型底栖生物食性的鱼类占多数，几乎没有凶猛性的鱼类。

同一种鱼类的不同种群，其年龄范围和最大体长也极不相同，这反映了种群对生活环境的适应性。较长寿命和中等寿命的鱼类种群结构差别很大，短生命周期的鱼类也有差别，但要小一些。

在北半球，南部水域的鱼类种群的平均年龄和年龄变动范围较小，性成熟也较早，这首先与凶猛动物影响程度不同有关，同时也是保证种群有较强增殖能力的适应。

在同一水域，沿岸定居性种群同洄游性种群比较，一般具有生命周期较短和个体较小等特性。这种差异，首先同食物保障的差异有关，多数情况下同凶猛动物的影响程度无关。

年龄结构是种群的重要特征，因为种群包括各个不同年龄的个体。年龄结构是指鱼类种群各年龄级个体的百分比组成，即各年龄级的相对比率，又称年龄级比和年龄分布。

种群的出生率和死亡率对其年龄结构有很大影响。一个种群中具有繁殖能力的个体，往往仅限于某些年龄级，死亡率的大小也随年龄而不同。因此，通过年龄结构特征的分析，可以预测一个种群变化的动向。从理论上说，种群在一个较恒定的环境里，迁入及迁出保持平衡或甚至不存在，且当其出生率与死亡率相等时，各年龄级的个体数则基本保持不变。建立这种稳定年龄结构的概念，其重要性在于它可以帮助我们解决许多变量中的一个"常数",尽管在自然条件下,这种稳定通常是不可能长期存在的。

鱼类种群具有极高的潜在生长率,我们得以经常看到优势年龄组出现。例如,1945～1951年捕捞白鲑群体的年龄分布如图2-1所示。从图2-1中可以看出,白鲑的年龄分布在各年有很大变化,某些年龄组(如1944年出生的年龄组)可延续多年成为优势年龄组。同时,我们也可看到,紧跟在一个高存活率年龄组后面,往往可能有延续多年的低存活率年龄组,而前述这个高存活率的年龄组将持续多年成为该渔业的重要捕捞对象。鱼类生态学家现在正试图找出决定这种特殊优势年龄组产生的内外因素。

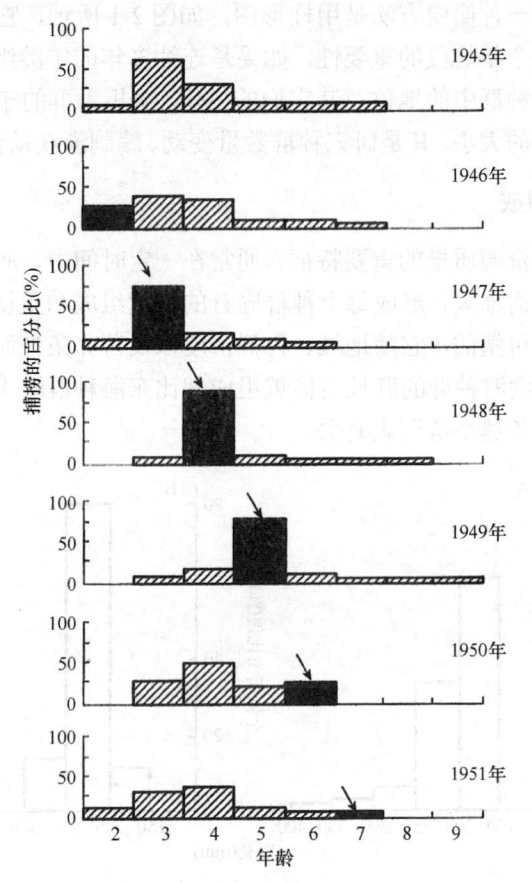

图 2-1　白鲑捕捞群体的年龄组成(引自 Krebs,1978)
斜纹柱状代表不同年龄组的鱼;黑色柱状代表优势年龄组的鱼,箭头表示年龄的逐年增加

种群的年龄组成既取决于种的遗传特性,又取决于其生存的环境条件,即表现为种群对环境的适应属性。渔业生物的年龄组成还常常与不同年龄个体被捕食的程度有关。例如,小型个体易被捕食,在这种情况下,种群幼龄个体和高龄个体的差别则特别显著。此外,海洋经济鱼类种群的年龄组成在很大程度上还取决于捕捞利用状况。捕捞作业的结果,通常是使高龄个体的相对数量降低和高龄组过早消亡。不过在消除捕捞压力之后,种群的年龄组成仍可望逐渐恢复至原来的状态。

一般来说,可以通过对在不同渔场和不同季节使用有代表性的渔具捕获的渔获物的年龄结构进行分析,从而具体了解种群的年龄结构。对一个未开发利用的自然种群,从其年龄结构的变化可以看出：①若是迅速增大的种群，有大量的补充个体，年龄组成偏低；②若是稳定的种群，年龄结构分布较为均匀；③若是资源量下降的种群，高龄个体的比例较大，年龄组成偏高。而对于一个已开发利用的种群，从其年龄组成结构的变化可以看出，①开发利用过度，即年龄组成明显偏低；②若是开发利用适中，则反映其自身的典型特征；③开发利用不足，即种群年龄序列长，年龄组成偏高。年龄结构反映了种群的繁殖、补充、死亡和数量的现存状况，预示着未来可能出现的情况。因此，不断收集年龄组成资料是种群动态研究的一项重要内容。

分析年龄组成的一种简便方法是用柱形图，如图 2-1 所示，它可以直观地反映出年龄结构的特点以及各个年龄段的重要性，如果是连续多年的年龄组成资料，便可以清楚地反映出各个世代在种群中的地位及其它们的变化。分析种群的年龄结构的重要意义在于据此判断捕捞强度的大小，其是研究种群数量变动、编制渔获量预报的重要基础资料。

2. 长度与重量组成

个体大小是种群资源质量的重要特征。通常在一定时间内，渔业生物的个体长度与重量均随年龄的增长而增大，形成每个种群固有的长度组成和重量组成特征，但这种特征在一定程度上又是可塑的，它随地域、种群密度以及营养条件而有变异。例如，同是我国近海的带鱼，黄渤海种群的肛长与体重组成却比东海种群略大（图 2-2），这与种群年龄组成、寿命、生长速率等因素有关。

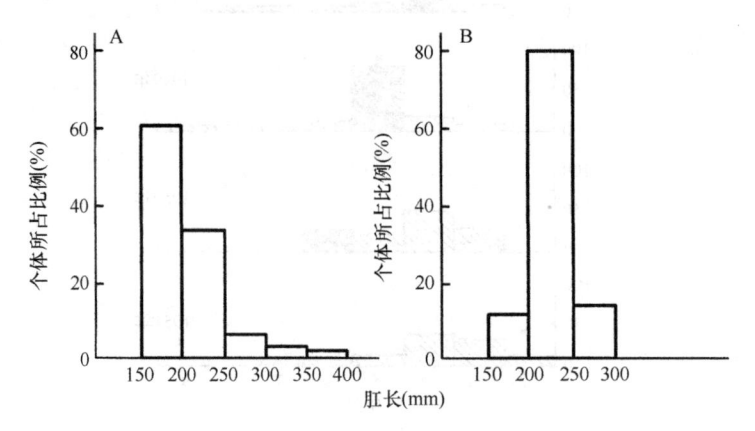

图 2-2　不同种群带鱼的肛长组成
A. 山东近海；B. 吕泗渔场

另外，群体长度、重量组成还与群体密度及饵料的丰盛度有关。例如，同是香鱼，其洄游性群体通常比陆封群体的个体大，这里除了环境因子外，主要还是取决于饵料保障程度。

长度和重量组成的变化反映着生活条件的改变，体长组组数的增加，使种群能够更广泛地利用各种饵料，扩大饵料基础，从而保障有更加稳定的补充群。体长组组数缩短，在食物保障提高的情况下，当繁殖条件相对稳定时可使其增殖强度提高。

此外，由于长度和重量组成的资料要比年龄组成资料容易获取，并可迅速给出百分比组成或柱形图等供分析使用，因而成为渔业生物学中广泛收集和使用的一项基本资料，特别是对于一些年龄鉴定困难又费时的种类或没有年龄标志的虾、蟹类等资源来说，分析长度和重量组成更有其重要意义，此时它不仅可用以表示种群结构的质量和数量的一般特征，同时还可用来概算年龄和死亡特性。

3. 性比与性成熟组成

种群是由不同性别个体组成的。按性别统计其雌雄个体数及相对比率，即为性比。种群性比组成是种群结构特点和变化的反映，这种变化是种群自身自然调节的一种方式，例如，鱼类种群在生活条件（主要是指营养条件）良好时期，将增加雌性个体的比例，以增强种群的繁殖力；反之，则雄性比例增加，群体繁殖力下降（但也有报道，在饵料保障条件恶化的情况下，有些鱼类采取优先保证雌鱼成熟的策略，以保证种族的延续），这也是种群对环境条件变化的一种反应。鱼类性比通常是通过改变代谢过程来调节的，可以用下式表达：

食物保障程度变化→物质代谢过程改变→内分泌作用的改变→性别形成

另外，某些鱼类种群的个体性别尚依不同发育年龄在一定条件下实行性转换，如黑鲷初次性成熟的低龄鱼，全部是雄性，随着发育进程推进逐步转化为雌鱼，高龄鱼以雌性占优势；石斑鱼则相反，低龄鱼皆为雌性，到高龄通过性逆转才变为雄性。所以这类鱼种的性比因年龄组成而异。还有一些鱼类在非繁殖期实行雌、雄分群栖息，如半滑舌鳎等，也导致性比组成随季节和地域而异，但这些也都是种群对环境条件变化的一种适应属性。

总的说来，海洋鱼类种群的性比组成多数为 1∶1 左右。当然鱼类的性比还与鱼体生长、年龄、季节及其他外界环境因子（如人为捕捞）有关，如比目鱼类，通常低龄鱼以雄鱼占优势，高龄鱼以雌鱼为主。大黄鱼的雌雄比甚至达到了 2∶1。东海黄鲷在个体较小时，雌性占到 70%，体长为 210~220mm 时，雌性占到 50%，而在高龄阶段时，雌性占到 10%~20%。东海小黄鱼在 2~3 月和 5 月时，雌性多于雄性，而在 10 月~翌年 1 月，雌性接近雄性。东海北部带鱼生殖群体的肛长在 220mm 以下时，雄鱼居多，220mm 以上则雌鱼多于雄鱼，这表明雌性的生命力高于雄性，但是捕捞强度的变化对种群的影响掩盖了这个特点。20 世纪 70~80 年代，随着捕捞强度增大，东海北部带鱼全年的性比改变，由 60 年代中期的雌性多于雄性变为 70~80 年代的雄性多于雌性（表 2-1）。

表 2-1　东海北部带鱼种群性组成的季节变化（引自罗秉征等，1983b）

月份	1	2	3	4	5	6	7	8	9	10	11	12	合计
雌（%）	60	56	59	46	49	38	38	42	45	54	55	54	48
雄（%）	40	40	41	41	51	51	62	58	55	55	45	45	46
样本数	193	198	836	994	1445	1305	317	502	866	345	231	347	7579

性成熟组成也是种群结构的一个重要内容。性腺开始发育并达到性成熟的年龄和持续时间因种类不同而异，这取决于种群不同的遗传特性。同一种群的个体性成熟早晚则明显地与生长速度和生活环境的变化有关，性腺成熟度能够反映出外界环境和捕捞对种

群的影响。如水温适宜,则生长好,性成熟快。同时性成熟作为种群数量调节的一种适应性,可因种群数量减少或增加而提早或推迟性成熟的年龄。目前我国近海小黄鱼、带鱼等种群性成熟年龄明显提前,充分反映出了其种群数量衰退的现实。

对于群体的性成熟组成,我们通常用补充部分和剩余部分(所谓"补充部分"指产卵群体中初次达到性成熟的那部分个体;"剩余部分"则指重复性成熟的那部分个体)的组成来表示。掌握和积累"补充"与"剩余"的组成资料,不仅可以及时了解种群结构的变化,而且对研究和分析种群数量动态也有着十分重要的意义。

此外,利用性比组成资料对于捕捞生殖群体来说关系更大,它能够间接地反映出渔场大致的发展趋势及其目前所处的状态。例如,在生殖期间,雄性与雌性数量差不多,但在生殖过程中的各个阶段稍有变化。其规律为:生殖初期雄性多于雌性个体,生殖旺期雄性个体与雌性个体差不多;而在生殖后期,雄性个体少于雌性个体。从渔场角度来说,对产卵场,性未成熟占多数时,说明渔场未到产卵阶段,鱼群不稳定;若性腺已成熟的占多数,说明接近产卵阶段,鱼群稳定;若渔获物中已产卵的个体占多数,说明产卵阶段接近尾声,鱼群不太稳定。

(二)种群遗传结构与遗传变异

遗传学是研究生物体的遗传和支配遗传信息世代相传规律的科学。种群遗传学则是研究种群的遗传组成及各世代遗传组成的变化,而逐代的遗传变化则构成了生物进化过程的基础。因此,所谓种群遗传学也可以认为是进化遗传学。当然二者是略有区别的,前者通常是以某一给定物种的群体为研究对象,后者则研究任何群体的遗传特征。

众所周知,生命物质最显而易见的单位是单个有机体,而进化中的有关单位则不是个体而是群体,这个群体是由交配和亲子关系相连的个体构成的集团,即同种个体的集团,这也是种群的基本定义。这里个体不能作为进化单位的理由是一个个体的基因型是一生中不变的,况且个体的生命是短促的。与此相反,一个种群则能世代相传,而且种群的遗传组成能逐代演变,也正是由于生物学上的遗传机制,才使得群体在时间上具有固有的连续性。

基因库是一个群体中所有个体的基因型的集合。对二倍体生物来说,有 N 个个体的一个群体的基因库,系由 $2N$ 个单倍体基因组所组成。基因组含有来自两个亲本的所有遗传信息。因此在一个有 N 个个体的群体基因库中,对每个基因座来说都有 $2N$ 个基因,具有 N 对同源染色体(当然,有一个重要的例外是性染色体和性连锁基因,它们在异型配子的个体中仅以单倍型存在)。遗传变异是进化的必要条件,这也是种群分化的基础。当一个群体的可变基因座越多,每个可变基因座上的等位基因越多,单位基因频率改变的可能性就越大。

关于群体的遗传结构,人们在 20 世纪 40~50 年代就已提出两个相互矛盾的假说,即经典模型认为遗传变异很少,而平衡模型则认为有大量的变异,但他们也都认为许多突变对其携带者是绝对有害的,这些有害的等位基因被自然选择或保持很低的频率,不过在一个自然群体中仍有相当多的遗传变异,当然这也依种而异。

（三）种群演化

生物进化与种群分化是生物随时间发生变化和多样化的过程。进化影响生物的所有方面——形态、生理、行为和生态。其中，遗传变化是基础，也就是与环境相互作用的遗传物质变化决定了生物体的生态。从遗传水平上来看，进化是由群体遗传组成的变化所造成的。它可分为两个过程，首先是突变和重组，由此过程产生遗传变化；然后为遗传演变和自然选择，通过该过程将遗传变异个体有区别地世代相传下去。也只有产生可遗传的变异，才会出现进化与分化。而所有遗传变异最根本的来源是突变过程，但是这种变异需要通过有性生殖过程，染色体的独立分配和交换方式才可以区分出来。当然这种由突变和重组产生的遗传变异并不是均等地从一代传到下一代，而是一些变异增加，一些变异减少。除了突变外，改变群体中等位基因频率的过程是使基因从一个群体迁移到另一个群体的自然选择和随机演变。

1. 突变

基因和染色体突变是所有遗传变异的根本来源，但其发生频率很低，通常突变是个很缓慢的过程，即以很慢的速率来改变群体的遗传组成。

2. 基因交流

当个体从一个群体移入到另一个群体，并随后与另一群体的个体交配时，便出现基因交流。对整个物种来说，基因交流并不改变等位基因的频率，但当迁移者的等位基因频率不同于栖居群体的等位基因频率时，则可以地区性地改变等位基因的频率，从而改变原群体的基因频率组成。而随机遗传漂变，则是由于不同基因型个体生育的子代个体数有所变动而导致基因频率的随机波动。群体中，不同基因型个体所生子代数目不尽相同，致使子代的等位基因数发生改变，在处于相对隔离状态的小群体中会产生基因频率的随机波动，甚至消失。

3. 自然选择

前已述及改变基因频率的三个过程，即突变、迁移和漂变，然而最重要的一个过程还是自然选择。我们只要知道突变率或迁移率及等位基因的频率，就可预知由突变或迁移引起的等位基因频率改变的方向和速率。对于漂变，在已知有效群体大小和等位基因频率后也可算出等位基因改变的预期量，但不是变化的方向，因为此种变化是随机的。

同时，突变、迁移和漂变还有一个共同的重要属性，它们在适应上都是不定向的。这些过程改变基因的频率，但这种改变与有机体对环境的适应的增减无关。也因为这些过程在适应上是随机的，故从自然选择本身来说，它会破坏生物的组织和固有适应特性。然而，自然选择的过程则又推动生物新的适应性，并阻止其他过程的破坏效应。从这个意义上来说，自然选择是最重要的进化过程，因为只有自然选择方可造就生物更强的适应性等。另外，自然选择才能更好地说明生物体多样性的真正原因，因为它促进了生物体适应不同的生活方式，促进了生物的进化。

种群的地理分化：环境条件是无限可变的，气候、物理化学等各种特化条件，食物，竞争对手，寄生生物和捕食者都有不同程度的变化。自然选择促进生物对局部环境的适应，这对于地理隔离的群体的形成、遗传学上的分布都起到重要作用。例如，大黄鱼分布于我国黄海、东海、南海近海的广阔水域，导致其在形态特征上也出现许多地理变异（表2-2）。

表2-2 大黄鱼三个种群形态特征的地理变异（引自田明诚等，1962）

种群	脊鳍棘数	幽门垂数	鳃支管数 左侧	鳃支管数 右侧	鳃耙数	脊椎骨数	臀鳍条数	胸鳍条数	背鳍条数	眼径/头长（%）	尾柄高/长(%)	体高/体长	DA/L（%）
岱衢族	9.91	15.12	29.81	29.65	28.52	26.00	8.07	16.82	32.53	20.20	27.80	25.29	46.31
闽-粤东族	9.96	15.20	30.57	30.46	28.02	25.99	8.04	16.78	32.64	19.19	28.42	25.58	46.46
硇洲族	9.96	12.25	31.74	31.42	27.39	25.58	8.01	16.68	32.27	19.40	28.97	25.96	47.02

注：L为体长，DA为背鳍起点至臀鳍起点之间的距离。

当然解释其形态特征变异的原因是一个极其复杂的问题，但对于其中某些特征的变异，不能不说是由地理环境变迁引起的，诸如脊椎骨的梯级变化，可能与孵化发育期的水温有关；眼径大小与分布海区的海水透明度有一定关系，如岱衢族种群的眼径最大，而分布海区的透明度最小，一般均<0.5m；尾柄高度则可能与渔场的流速大小有关，岱衢洋的流速通常较大，故其尾柄高相对较小等。

正是同一物种的地理分离、群体之间的遗传差异产生了种群。因此，种群中所包括的群体特征在遗传上很相似。相反，不同种群之间在遗传上却有差别，但这些差异通常不一定都能表达为可见的表型，如表2-2中的脊椎骨数、眼径大小等是遗传上表型的例子，而血型频率的差异或染色体排列频率等的差异则是隐性的遗传差异。这些"显性"与"隐性"的遗传差异共同塑造并维持着种群的相对稳定性。

随着种群的进一步演化，一旦出现完全的生殖隔离、种间成员失去互交的可能性时，则一个独立、不连续的进化单位——新的物种也随之诞生。因此，一个新种的形成经常包括种群的分化这一过渡阶段，但种群又不是新种形成必要的始端种，因为种群的分化过程是可逆的，种群差异既有可能随生殖隔离与间断，向更高阶段演化；也有可能而且经常随时间而减少，或者甚至消除，如人工的迁移即降低了种群的分化程度。

六、种群的研究方法

前已述及，生殖隔离及其程度是划分种、种群的基本标准，而生殖隔离又是生物为防止杂交而演化出的重要生物学特征。因此，种群鉴定的材料，一般应采用产卵群体，并在个别产卵场采样，方有可靠的代表性。此外，鱼体应新鲜、完整，尤其是生理、生化遗传学方法更要求现场鲜活采样，即使形态学方法也要求鱼体的鳞片、鳍条等完整无缺，以减少计测误差。至于采样的数量则依方法不同各有要求。总之，采集有足够代表性和符合数量要求的标样，是开展种群鉴别研究的前提。

鉴别种群的方法颇多，一般有形态学、生态学、生理学、渔获物统计、生物化学和遗传学等方法，其中以形态学方法最古老，应用也较广泛，生化电泳法最便捷，近来应用颇广，但最可靠的方法，还是借助生态学方法。本书拟根据实用性与可靠性相结合的原则，分别介绍几种常用的研究方法。

（一）形态学方法

形态学方法又称生物测定学方法，这是一种传统的种群鉴别方法。它主要是根据生物个体的形态特征及其相应性状进行种群鉴别。这里所谓"特征"，既包括生物个体"质"的描述，如鱼类体型，也包括"量"的计测，如分节和量度的特征参数。由于物种在形态和遗传学上的稳定性，种间在质和量特征上具有间断或显著差异，因此种的鉴别通常只需要对少数个体进行检索即可确定。而种群因为是种内的个体群，所以在其特征和性状上则往往呈现不同程度的连续与变异，这就要求通过对一定数量的群体进行样品计量与鉴定，然后利用这些样品的各项特征的差异程度作为种群鉴别的指标。具体方法如下。

1. 分节特征

分节特征主要是计数鱼体解剖学上的各项可计测的分节特征，并进行统计分析。一般地说，鱼体可计数测定的分节项目有脊椎骨（躯椎与尾椎骨）、鳞片、鳍条、幽门垂、鳃耙、鳃盖条、鳔支管、鳞相和耳石轮纹数等。因为不同的鱼类所具有的分节特征不同，如部分鱼类没有幽门垂，棱鳞只有鲱形鱼类有，鳔支管只有石首鱼类有，因此，对于不同鱼种进行分节测定的项目也不同。

（1）脊椎骨。脊椎骨分躯椎（位于胸腔部分）和尾椎两部分。尾椎末端连接尾杆骨（尾部棒状骨）。一般计算脊椎骨数目是由头骨后方的第一椎骨起进行计算，并算至尾杆骨，但也有不把尾杆骨计算在内的。这种情况往往应在记录中加以说明。

过去，在形态特征的计测中最常用的是计算脊椎骨总数，而且用这一指标来鉴别种群是行之有效的。在鉴别种群时，常常分别计算躯椎骨数和尾椎骨数。对于尾部十分发达的鱼，如绵鳚属，把躯椎骨数分开计算和鉴定十分必要。但在很多情况下，特别是鲱形鱼类，只计算椎骨总数较为适宜。总之，如何计算和鉴定，因不同的鱼类而异。如鉴定我国近海的带鱼种群时，林新濯等（1965b）用躯椎数和头后多髓棘椎骨数，而张其永等（1966）则采用腹椎进行计数。

国内外许多研究资料表明，相近的种和分布区内同一种鱼的椎骨数量的变化规律是北方类型的椎骨比南方类型的多，椎骨数自北向南逐渐减少。此现象也发生在峡湾和浅水区，且该处的鱼类椎骨数也少于外海的。值得注意的是，Tester（1938）指出各个年份椎骨数的变动会使其平均数发生显著差异。

在过去，为了获得脊椎骨数目，最常用的方法是解剖，而样本数量较少时，特别是遇到模式标本和稀有珍贵种类时，则要求标本保存完整无损不宜解剖。为了解决上述问题，人们也应用 X 射线技术，进行拍片观察和计测脊椎骨及其他骨骼的数目和形态。

（2）鳞片。通常计数侧线上的鳞片数目。侧线上鳞数是由背鳍基部斜向侧线计算其鳞片列数，侧线下鳞数则自臀鳍基底部斜向侧线计算其鳞片列数，并分别记录。而蓝圆鲹计数其体侧的棱鳞数，鲱则计数腹部的棱鳞数。

（3）鳍条。鱼类有背鳍、胸鳍、腹鳍、臀鳍和尾鳍等 5 种。鳍条数具有表现种群形态特征的性质，但其中多少有些变异。计数的鳍条和鳍棘数应分别记录。鉴定种群应采用何种鳍条应视不同鱼种而定。根据国内现有报道的资料，上述 5 种鳍条在种群鉴别研究中都曾有人用过。如田明诚等（1962）在探讨我国沿海大黄鱼的形态特征地理变异时，就把鳍条形态特征的比较放在重要的位置。Jensen（1939）对不同年度海鲽的臀鳍鳍条数变化进行了观察和研究后认为，臀鳍鳍条数的变化是水文因子作用的结果，平均温度变化1℃，臀鳍鳍条就会发生0.4条的变化。

（4）幽门垂。许多鱼类在幽门的附近长有许多须状的称为幽门垂的盲管。幽门垂的形状和数量因鱼的种类不同而异，有的很多，有的很少，1个至200个不等，有的仅留一个痕迹。在计数幽门垂的时候，应根据其基部的总数来测定，在计数时，用解剖针区别检查，以免发生计数上的误差。

（5）鳃耙。鱼类鳃弓朝口腔的一侧有鳃耙，在每一鳃弓上长有内外两列鳃耙，其中以第一鳃弓外鳃耙最长。在利用鳃耙数来鉴定种群时，一般利用第一鳃弓上的鳃耙数。鳃耙的形状和构造因鱼类的食性而不同。一般以浮游生物为食的鱼类的鳃耙细小，以动物性食物为饵料的鱼类其鳃耙稀疏而粗大。

（6）鳔支管。石首鱼类鳔的两侧常具侧肢多对。侧肢又向背腹方向分支，鳔两侧形成呈树枝状的分支。分支状态是鉴定石首鱼类种群的根据。鳔作复杂分支是石首鱼科的一种特有现象。如小黄鱼的每侧鳔支管，通常从大支又分出背腹支及许多小支。林新濯等（1965a）在计数时一般只计数其右侧的大支，在计数鳔支管时，需先将腹膜清除，再找出位于最前方的第一个大支，第一大支甚为粗大，而位于后面的鳔支管则往往有几个形状很小而不再分的小支，这些在计数时需要特别注意。

（7）鳞相。鳞片一般计测第一年轮与核部的距离（即第一年轮半径），以及在该距离中的轮纹数目，或判别其休止带的宽窄，也有将鱼类休止带系数的变异情况作为鉴定种群的参数的。休止带的系数为自鳞片的核部至各休止带的各个距离除以鳞片核部至最外侧的休止带外缘的距离所得的商。当然，还有根据鳞片的其他特征鉴定种群的。例如，为了易于划分各个种群，在挪威鲱中区分出四个年轮型，即轮纹明显的北方型年轮，轮纹模糊的南方型年轮、大洋型年轮和产卵型年轮。

2. 量度特征

量度特征又称体型特征，主要是测量鱼体各有关部位的长度和高度，计算它们之间的比值，并统计该比值的种群样品平均数和平均数误差。通常所求的项目有：体长/全长、头长/体长、体高/体长、吻长/头长、眼径/头长、尾柄高/尾柄长等。此外，还可根据具体鱼种的体型特征，测量上颌长、眼后头长、眼径、背鳍基长、肛长等，并分别计算各项比值。

在上述分节计量和量度比值测定基础上，分别算出种群样品的平均数（$\bar{X}$）和平均数误差（m）。当在划分两个群体各项特征的差异程度时，通常使用统计学上的平均数差异标准差（M.diff）公式进行计算：

$$\text{M.diff} = \frac{(\bar{X}_1 - \bar{X}_2)}{\sqrt{m_1^2 + m_2^2}}$$

式中，$\bar{X}_1$、$\bar{X}_2$表示同一指标的两个样品的算术平均数；m_1、m_2为相应的平均数误差。

根据统计学概率论原理，若平均数差异标准差 M.diff≥3，则说明两个样品在该指标上有着本质的差别，即差异显著，并借以判别可能为不同的种群；若 M.diff<3，则说明无显著差异，即从该指标分析两个样品没有成为不同群体的特征，但采用这一方法时应注意的是：一是尽可能采用同样长度或同一年龄的资料，且必须对雌、雄鱼分别进行比较，除非是已经弄清了无雌雄异形现象时才能运用混合资料；二是要用多种形态特征指标进行比较。如果仅仅用某一形态特征指标进行比较往往是不够的，可能看不出各种群之间有较大的差异，一般也不能据此鉴别是否是同一个种群，因此要广泛采用各个个体的多种形态特征的多项指标进行综合比较分析，然后才能准确鉴别是否属同一种群。

一般地说，在划分种群或群体时，不能完全不用量度特征，但在全部生物学特征测定中，应当偏重分节特征。现以大黄鱼为例，简单介绍采用形态学方法鉴别种群的问题。

我国大黄鱼分布在黄海中部、东海和南海近海水域，为了鉴别和全面了解大黄鱼的不同种群，田明诚等（1962）于 1958~1960 年自北向南分别选择并采集了有代表性的吕泗洋、岱衢洋、猫头洋、官井洋、南澳、汕尾和硇洲等 7 个产卵场的生殖鱼群的 3582 尾样本，并分别按统一标准进行了分节特征和量度特征的测定。

其中分节测定项目有背鳍棘数和背鳍条数、臀鳍条数、左侧胸鳍鳍条数、左侧第一鳃弓的鳃耙条数、幽门垂数、左右侧鳔支管数和脊椎骨数等 8 项；量度特征测定项目有体长，体高，尾柄高/尾柄长，吻端至背鳍、胸鳍、腹鳍起点间的距离，背鳍、胸鳍、腹鳍与臀鳍起点间的距离，背鳍基长，尾柄长，臀鳍基长，背鳍后长/尾柄长，胸鳍长，腹鳍长，吻长/头长，眼径/头长，眼后头长/头长，上颌长/头长等 19 项。将上述测量的数据按生物统计学方法进行处理，即应用 M.diff 公式分别测定 7 个鱼群间形态特征的差异系数值，并以下列两个指标作为判断鱼群间差异程度的依据：①前述鳃耙数、鳔侧支管数、眼径、尾柄高和体高等重要特征的差异程度；②综合形态性状（全部特征）的差异情况。

比较结果表明，7 个鱼群彼此间的形态性状都有或多或少的差异（表 2-3）。

表 2-3　大黄鱼 7 个产卵群体分节特征变异表（引自田明诚等，1962）

群体		背鳍棘数	胸鳍条数	幽门垂数	脊椎骨数	脊鳍条数	鳔支管数 左侧	鳔支管数 右侧	鳃耙条数	臀鳍条数
岱衢族	吕泗洋	9.90	16.79	15.35	26.00	32.47	29.65	29.74	28.14	8.03
	岱衢洋	9.92	16.80	15.16	26.01	32.65	29.94	30.11	28.67	8.11
	猫头洋	9.97	16.87	14.89	26.00	32.41	29.12	29.64	28.35	8.04
闽-粤东族	官井洋	9.97	16.89	15.40	26.00	32.75	30.69	30.97	28.01	8.03
	南澳	9.96	16.71	15.17	26.00	32.53	30.44	30.40	27.97	8.05
	汕尾	9.91	16.65	14.81	25.07	32.41	30.52	30.52	28.13	8.03
硇洲族	硇洲	9.96	16.68	15.29	25.98	32.37	31.42	31.74	27.39	8.01

其中，北部的吕泗洋和岱衢洋两群比较相近；猫头洋鱼群，一方面与吕泗洋在分节特征上相似，另一方面它与岱衢洋又有一定程度的差异，但根据主要形态生态特征的差异系数值来判断，这个鱼群仍可以归为一类——岱衢种群，称岱衢族。官井洋、南澳和汕尾三个鱼群的分布特征差异甚小，在体型性状上，除汕尾鱼群较特殊外，其他两个鱼

群极相似,即归闽–粤东种群,称闽–粤东族。硇洲鱼群与上述两类群显然有较大区别,可独立归为硇洲种群,称硇洲族。

从大黄鱼种群划分的实例可知,用 M.diff 值判别群体间的形态特征的差异,只能是单项地逐个指标进行对比。当单项比较差异不显著时,并不等于群体间的综合性没有差异。因此,还需要根据多项性状,应用判别函数的多元分析法,以综合检验群体间是否存在微小差别,即种下群的单位。张其永和蔡泽平(1983)研究了东南沿海的二长棘鲷的几个群体问题。其中,闽南–台湾浅滩和牛山–澎湖群体间的 M.diff 值,并未显示出两个群体间的显著差异,但经采用判别分析法,综合闽南–台湾浅滩与北部湾群体间的 11 项计数性状,所求得的 F 值为 2.553 58,均大于 $F_{0.05}$=1.870 和 $F_{0.01}$=2.405,属于种群间的显著差异;闽南–台湾浅滩与牛山–澎湖群体间的 11 项计数性状的 F 值为 2.327 05,虽小于 $F_{0.01}$ 的值,但已大于 $F_{0.05}$ 值(表 2-4),属于种下群之间的差异。这说明判别分析不仅可明晰地分辨种群,同时也是区分亚种群的有效手段,并将在渔业资源生物学研究中得到更广泛的应用。

表 2-4 二长棘鲷计数性状判别函数检验(引自张其永和蔡泽平,1983)

群体间	F 值	$\lambda_i d_i/D$(%)				
		背鳍棘	背鳍条	左胸鳍	右胸鳍	左腹鳍
闽南-台湾浅滩与北部湾	2.55358	0.323	7.019	24.467	20.414	1.931
闽南-台湾浅滩与牛山–澎湖	2.32705	0.763	0.033	0.047	1.604	0.360

群体间	$\lambda_i d_i/D$(%)					
	臀鳍棘	臀鳍条	幽门垂	上鳃耙	下鳃耙	尾椎骨
闽南-台湾浅滩与北部湾	2.085	0.018	0.037	29.521	12.323	1.931
闽南-台湾浅滩与牛山–澎湖	2.697	0.000	0.675	93.261	1.745	0.360

注:λ_i 为判别系数;d_i 为第 i 项计数性状的离均差;$D = \sum_{i=1}^{k} \lambda_i d_i$。

(二)生态学方法

生态学方法通常是划分种群最直观,也是最可靠的方法。因为种群乃至种的分化,实际上是种内个体不同程度隔离的产物。种群不同,其生态特点也不同。因此可根据鱼类的洄游分布,生殖时期、排卵类型、生殖力、卵径大小等生殖习性,食性、丰满度、生长速度、寄生虫种类、性比、年龄组成、性成熟年龄、寿命等群体结构特征作为判别种群的依据。例如,大黄鱼的三个种群在这些方面就各不相同。岱衢族大黄鱼寿命最长,性成熟较迟,年龄组成最复杂,种群数量相对较稳定,以春季为主要生殖期。硇洲族大黄鱼寿命最短,性成熟较早,年龄组成较简单,并以秋季为主要生殖期。闽–粤东族大黄鱼则介于两者之间,生殖期是北部以春季为主,南部以秋季为主。

通常用于鉴别种群的生态习性有以下几个方面。

1. 洄游分布

最直接的方法是用标志放流,同时,收集渔业生产统计,辅以系统的渔场调查。判断群体种类洄游的时间、路线和越冬场、产卵场、索饵场的分布范围；调查幼鱼与成鱼的洄游分布的差别等资料，进行综合分析予以判断。例如，日本学者根据西太平洋（30°N～40°N）鲥鱼标志放流重捕的结果，可以看出以 33°N 以北的潮岬为界，有各自向北部和南部的鲥鱼鱼群，依据鲥鱼的洄游范围的情况判断为不同的种群。

此外，我国黄渤海的真鲷，每年春季由黄海东南部集群游向海州湾和渤海的莱州湾产卵。海州湾的真鲷体长组成较小，年龄结构也较简单，以 3 岁以下的个体为主；而渤海的真鲷，其体长、年龄组成均偏大，以 3 龄以上的成鱼居多。所以曾经有人认为是两个群系，但经过 1951 年秋季在海州湾北部进行了真鲷标志放流试验，结果翌年春季在渤海湾被重捕，得以证明上述两个产卵群体在生殖上互有交流，故仍同属于黄渤海种群。

2. 生殖习性

鱼类生殖习性的差异是最有效隔离与间断的要素，其中以繁殖期的分异最常见。例如，同是一种真鲷，在黄渤海的产卵期是 5 月中下旬，日本的丰后水道和爱媛近海是从 2 月底到 3 月中旬，福建南部沿海则在 11～12 月，从而分属于不同种群。此外，即便是在同一产卵场，也可因生殖期的不同而隶属于不同生态宗（种下群），如我国近海的大黄鱼，同在猫头洋和官井洋等水域产卵的群体，既有春季产卵类型群体，也有秋季产卵类型群体，致使同一产卵场的不同群体间由于繁殖期错位失去生殖交流，渐而分离为不同生态种群（生态宗），分称春宗和秋宗。其他由于群体间的个体在色彩、斑纹等的差异，导致生殖上的隔离，这在珊瑚礁鱼类群落中亦不鲜见。

3. 寄生虫标志

栖息于不同水域的群体，往往有自己固有的寄生虫区系。因此，我们可以从一些鱼体身上找到某些指标生物而予以区别，如长江中的鲚鱼，有陆封和海陆洄游的群体。当它们混群时则可依鱼体上是否有海洋寄生甲壳类而相区别。同样，海洋栖息时期的大麻哈鱼，亦可根据鱼体内寄生生物的种类不同，而判别其不同出生河流区系的归属。

（三）渔获量统计法

在捕捞强度相近的前提下，可以根据各海区的长期渔获量统计资料来比较渔况的一致性、周期性和变动程度，以作为鱼类种群鉴别的依据。因为种群不同，其数量变动情况和程度也不一样。例如，库页岛鳟分布于堪察加半岛东岸和西岸，根据 1908～1941 年两岸各区流网的平均渔获量资料比较结果，两者各年间产量丰歉情况恰相反，从而被认为两岸的鱼群分属于不同的种群。当然，值得注意的是，应用这一方法时，一个假设条件是渔获量的丰歉不受人类捕捞和自然因素的影响。

（四）生化遗传学方法

近 30 多年来，应用生物化学、遗传学方法，特别是采用同工酶电泳、染色体变异、线粒体分类分析和 DNA 多态分析等高新技术来鉴别种群的研究取得了很大的发展，从而丰富了种群、群体的概念，提高了种群鉴别的准确性。

1. 血清凝集反应法

血清凝集反应法又称生理学方法，这种方法是根据许多生物在传染病源或某一异性蛋白（抗原）从肠道以外的路径侵入机体时，其血浆蛋白行使重要的保护作用，而使机体发生保护性反应的原理制定的。有机体的保护反应表现在：形成所谓抗体的特殊蛋白体，抗体进入血浆，与各种抗原相遇后使其变为无害。血清凝集反应法就是根据这一原理来鉴定鱼类种群的。

具体方法是：取鱼的蛋白质作抗原，注入兔或其他试验动物体内，使其产生抗体，经过一定的时间，抽取其血液制成血清，称为抗血清。由于这种血清含有抗体，因此在其上面滴入原来作为抗原的鱼的蛋白质时，便能产生浑浊沉淀。该反应称为血清凝集反应。种族关系（亲缘关系）近的鱼类的相应蛋白质对该抗血清有此反应，而且亲缘关系越远所产生的沉淀便越少，即抗原性越强。因此沉淀情况即作为鉴定鱼类种群的指标。铃木秋果（1961）对金枪鱼做了系统的血清凝集反应试验，结果得知黄鳍金枪鱼大体可分为 A、B、C 三种血型，A 型对人的各种血型都凝集，B 型仅对人血中的 B 型和 AB 型起反应，C 型对各型人血均无凝集反应。张其永等（1966）也曾使用这一方法作为鉴定我国东南沿海带鱼种群的依据之一。

2. 同工酶电泳方法

同工酶电泳方法是近 30 多年来取得很大研究进展的种群鉴别方法。进行同工酶电泳分析，且从电泳获得表现型及其频率，进而计算出等位基因频率和遗传距离。不同种群之间的遗传性差异，主要表现在基因频率不同，而同一种群不同个体之间的差异，一般在于等位基因的差异。近些年来，随着分子生物学的发展，具有高分辨力的电泳技术和组织化学、染色等新技术的应用，在电泳板上直接组化染色判读蛋白质或同工酶的多型现象，可以用较简单的多元分析法计算基因频率，进而识别不同种群。例如，美国科学家对大西洋西北部 8 个地点的鳕种群和格陵兰岛西部 5 个地点的鳕种群进行研究，根据遗传距离值的差异（$D''=0$ 时，则种群间无差异；$D''=1$ 时，则种群基因频率有明显差异），其结果表明：在格陵兰西部有 2 个种群，美国北部有 4 个种群，并明确这 6 个鳕种群的进化历史。

李思发等（1986）研究了长江、珠江、黑龙江水系鲢、鳙种群的生化遗传结构与变异，也采用平板电泳仪、聚丙烯酰胺凝胶电泳法进行测定。研究表明，同种鱼的不同水系种群间存在着明显的生化遗传变异，如长江、珠江、黑龙江鲢种群的多态位点的比例分别为 13.3%、26.7% 和 13.3%；平均杂合度分别是 0.0493、0.0484 和 0.0511，其密码子差数分别为 0.0506、0.0496 和 0.0525（表 2-5）。

表 2-5　三条江河鲢多态位点比例、平均杂合度及密码子差数（引自李思发等，1986）

种群	检查位点数	多态位点数	多态位点比例 P(%)	平均杂合度 H	密码子差数 D_X
珠江鲢	15	4	26.7	0.0484±0.0009	0.0496
长江鲢	15	2	13.3	0.0493±0.0010	0.0506
黑龙江鲢	15	2	13.3	0.0511±0.0011	0.0525

同时，南方种群的多态位点比例有比北方升高的趋势。长江鲢–珠江鲢、长江鲢–黑龙江鲢、珠江鲢–黑龙江鲢的遗传相似度与遗传距离依次为 0.9957、0.0043、0.9955、0.0045，以及 0.9696、0.0304（表 2-6）。可见长江与珠江两种群间的遗传差异较小，而黑龙江种群与上述两种群差异较大（图 2-3）。

表 2-6　三条江河鲢遗传相似度与遗传距离（引自李思发等，1986）

种群	珠江鲢	长江鲢	黑龙江鲢
珠江鲢	—	0.9957	0.9696
长江鲢	0.0043	—	0.9955
黑龙江鲢	0.0304	0.0045	—

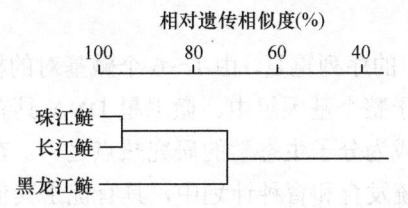

图 2-3　三条江河鲢种群的遗传相似度聚类分析（引自李思发等，1986）

3. 线粒体 DNA 酶切技术

线粒体 DNA（mtDNA）酶切技术在国外已被遗传学家用于鱼类种群遗传结构及品种鉴定的研究。国内研究者对哺乳动物 mtDNA 的研究做了许多工作，鱼类 mtDNA 的研究起步较晚，但已在海洋鱼类及淡水鱼类群体遗传结构研究方面取得了一些有益的结果。线粒体 DNA 酶切技术具有提取方便简单、无组织特异性、母系遗传、进化速度快等特点。

但是，国内类似的工作起步较晚，迄今只对草鱼、乌鱼、团头鱼、银鲫、白鲫、鲫、鲤、鲢、鳙、鲇、黄颡鱼、鳗鲡和黄鳝等 10 多种淡水鱼 mtDNA 作了限制性内切酶的酶切分析，且都限于少数几种菌的酶切图谱构建，还未应用于鱼类种群遗传结构研究方面。

4. 聚合酶链式反应

1971 年，Khorana 等提出聚合酶链式反应（polymerase chain reaction，PCR）基本概念之后，1983 年，Mullis 首先提出设想，1985 年，由其发明了聚合酶链反应，即简易 DNA 扩增法，意味着 PCR 技术的真正诞生。1988 年，Saiki 等从水生嗜热杆菌中提取的一种耐热 *Taq* DNA 聚合酶，从而使 PCR 能高效率地进行。PE-Cetus 公司推出了第一台 PCR 自动化热循环仪。在 PCR 技术的基础上，Williams 等于 1990 年采用一种新的分子标记——随机扩增多态性 DNA（random amplified polymorphic DNA，RAPD），即以一个寡核苷酸序列（通常为 10 个碱基）为引物，对基因组 DNA 进行随机扩增，从而得到多态性图谱作为遗传标记的方法。RAPD 技术具有简便、快速、准确、灵敏度高等特点，得到广泛重视和应用。

蒙子宁等（2003）采用 RAPD 技术对我国黄海、东海小黄鱼的遗传多样性进行分析，研究了其遗传背景，并从基因组 DNA 变异水平探讨小黄鱼的群体划分，以期为小黄鱼的资源保护和管理提供理论依据。宋林生等（2002）用 RAPD 技术对我国栉孔扇贝养殖群体和野生群体的遗传结构及其分化进行分析研究，旨在查清我国栉孔扇贝野生种质资源目前的状况，评估人工养殖条件下遗传多样性的变化，从而为我国栉孔扇贝种质资源的合理开发利用和保护提供理论依据。结果显示，栉孔扇贝野生群体和养殖群体的遗传多样性水平也较高，明显高于以往同工酶的报道，这与 RAPD 技术和同工酶技术本身所揭示的多态性有关。RAPD 方法与生化标记相比，可以揭示更多的核酸变异。

5. 微卫星技术

微卫星 DNA 又称单一的序列重复，由 1~6 个碱基对的核心序列串联重复而成，其位点数目巨大并随机分布于整个基因组中。微卫星 DNA 具有丰富的多态性和简单的孟德尔遗传方式，近年来已成为分子生态学的研究热点之一。在动物的种群遗传分析、亲本鉴定、基因组作图、系统发育和育种计划中，具有优于其他标记的明显优势。鱼类微卫星 DNA 的分离在 20 世纪 90 年代进展很快，仅在由 Wright 教授带领的加拿大达尔豪西（Dalhousie）大学海洋动物基因探针实验室就已研制出大量的包括大西洋鲑、虹鳟、大西洋鳕、罗非鱼、鲤和扇贝等海水及淡水动物的微卫星 DNA 标记，其中罗非鱼的微卫星 DNA 基因座已达 60 多个。

七、种群鉴定及其生物学取样注意事项

种群鉴别是一项复杂细致的基础研究，特别是采样和测定工作，要有代表性和统一性。为了避免由于条件限制或主观片面的判断而导致错误的结论，在取样和资料分析中应注意以下几点。

（1）由于渔业资源种群、群体的生殖特性，以及种群、群体概念所强调的生殖隔离的重要性，因此从产卵场取样是最理想的，所取样品必须是在不同产卵场上按同样的标准分组进行。特别是应从生殖期开始到结束的整个过程中进行采样。

（2）取样必须要考虑到网具的选择性和渔获量大小，一般应取拖网或围网的样品，最好是网获量大的样品。

（3）应当注意种群或群体中雌雄个体间的差异，除非已经经过检验两者间的差异可以忽略，否则就需要分开进行鉴定工作。

（4）进行形态特征分析的样品，要尽可能按体长组、年龄组分别进行比较。因为同种群的鱼往往因年龄不同也存在一些差异。但这些差异只是种的生物学特征，不能作为种群特征差异的指标。

（5）使用生态学指标作分析依据时，要充分考虑其世代和生活条件可能产生的变动。

（6）确定种群时应根据各种指标进行综合分析，以避免个别指标所产生的片面

性和偶然性。对统计学的分析要采取慎重的态度，在判断时要充分考虑到生物学的意义。

第二节　年龄与生长

一、鱼类年龄与生长研究在渔业上的意义

生长是使渔业资源种群数量增加的两大因子之一，研究鱼类的生长是分析渔业资源种群数量增减的依据。而所谓生长快慢是相对于某一阶段来说的，故而需要研究与鉴定鱼类的年龄，其并非仅是要了解其寿命的长短，主要目的是通过研究与鉴定鱼类年龄，了解和掌握鱼类种群结构及数量的状况以及被利用的程度，从而作为制定合理捕捞方案的基础资料和依据。因此，研究鱼类的年龄和生长可以说是渔业资源生物学的基础课题，是研究渔业资源时必须掌握的重要环节，在渔业生产上具有十分重要的现实意义。

1. 是估算渔业资源种群数量变动的基础

在前面一节我们就已经知道种群的年龄结构与种群数量变动的关系，通过年龄结构分析，可以预测一个种群的数量变动趋势。其实，鱼类的繁殖力与死亡率有关，这里的死亡率主要是指在卵子和仔稚鱼期的。因此，卵子和仔稚鱼期的成活率及幼鱼生长的速度，决定着世代的数量变动。为了查明各种鱼类数量变动的规律，必须对鱼类的发育、生长和年龄的情况及其受周围环境条件（如饵料、水温、盐度等）的影响，以及各世代数量的变动情况进行充分调查。一般来说，如果某一世代的鱼早期发育阶段死亡率低，且幼鱼的生长又迅速，则表明该年份的外界环境条件对它们的发育、生长有利，将使这一世代性成熟加快，并提前加入到产卵群体中来。反之，如果某一世代的鱼早期发育阶段死亡率高，而幼鱼生长又缓慢，则表明该年份的外界环境条件对它们的发育、生长不利，将使这一世代延迟性成熟，不能及时加入到产卵群体中去。这样，这一世代就与整个渔业资源种群数量的增减发生因果关系，因此，当我们积累了某种鱼历年的年龄组成及早期发育阶段的死亡率和生长速度的资料后，就能清楚地查明各世代数量的波动与变化情况，并作为预测渔业资源种群数量变动及编制渔获量预报的依据。

2. 有助于制定合理的捕捞规格

在捕捞水域限定捕捞对象的捕捞规格十分重要。鱼类第一次性成熟和第一次进入捕捞群体的大小，取决于鱼体生长速度。研究鱼类一生中各个时期的生长情况和出生后第几年达到性成熟、第几年加入产卵群体而成为捕捞对象等问题，可以帮助我们制定出合理的捕捞规格，以保护渔业资源。我们知道，高龄鱼数量过多，不利于水域饵料的合理利用，因为它们生长缓慢，不利于提高水域的生产力，可以加大对其捕捞强度。表 2-7 是伏尔加河鳊鱼的生长速率的一个典型例子。

表 2-7　伏尔加河鳊鱼的生长速率（引自陈大刚，1997）

年龄	1	2	3	4	5	6	7	8
平均体重（g）	9	93	347	580	782	993	1380	1490
增长（g）	9	84	254	203	232	211	387	110
增长率（%）		93.3	273.0	58.0	42.0	27.0	39.0	8.0

从表 2-7 可以看出，鳊鱼的生长盛期在 2～5 龄，其中生长速率最快的是 3 龄，生长盛期对饵料的消费合理，增长率最佳，这是养殖业提倡的原则，也是渔业资源管理的原则。

3. 可作为确定合理的捕捞强度的依据

渔业生产最主要的任务是能从水域中获取更合理和优质的渔获物。判断最佳渔获量的基本指标，一是渔获数量多、质量好，二是鱼体生长速度适宜，使其可较快地进入捕捞商品规格。一般认为在原始水域内，高龄鱼稍多，各年龄组的鱼类有一定的比例，未经充分利用的水域就会出现这种现象。相反地，已经充分利用的水域，特别是过度捕捞的水域，年龄组出现低龄化，第一次性成熟的长度小型化，高龄鱼的比例很少。研究并掌握鱼类的年龄组成、体长组成等，可以判断捕捞对渔业资源的影响以及在渔业生产上如何合理利用渔业资源。在渔获物中，若高龄鱼多于低龄鱼，表明该海域的资源利用不足，可以适当增加捕捞强度，反之，则表明捕捞过度，必须减小捕捞强度。另外，鱼类的生长速度和资源蕴藏量存在一定的关系，一般地说，如果水域中饵料没有变化，种群数量增加，势必影响鱼类的生长速度，使其性成熟推迟，体长变小，这对渔获量不利。反之，如果种群数量适当，则有利于合理觅食饵料，生长迅速，性成熟时体重增加，有利于渔获量的提高。

4. 提供编制渔获量预报的基础资料

在积累了某些鱼类历年的渔获量及该鱼种的年龄组成、生长规律等资料后，掌握不同鱼类的生物学特点，便可编制出渔获量预报。

5. 有利于拟定水域养殖种类的措施

通过鱼类的生长特点，特别是对饵料的需求状况、生长速率以及对环境条件的需求，从而判断水域中应该养殖鱼类的品种、数量、各品种间的合理搭配以及饵料供应等，提高养殖质量和产量。

6. 有利于提高水域中移殖和驯化的效果

查明影响鱼类的生长速度、规律以及对饵料的需求，进而改善环境条件，以适应鱼类的生长、发育和繁殖，可增加移殖和驯化的新品种，提高驯化效果，提高商品价值。

7. 作为鉴定鱼类种群的重要依据

年龄组成和生长速度是鉴别种群的两个重要的生物学指标，鱼类的生长特性与其栖息环境相适应，不同的种群其生长规律不同，因此，可以用其来鉴别种群。例如，太平洋西北部的狭鳕有白令海群、鄂霍次克海群和北日本海群等三个种群。北日本海群在春季到近海产卵，主要群体由 5~6 龄个体组成，体型也大于其他两个群体。

鉴于上述在渔业上的意义，过去，国内外在鱼类年龄与生长方面的研究比较普遍，历史也很悠久，积累的资料也很丰富。例如，1716 年荷兰学者 Leeuwenhoek 就采用鳞片观察了鲤的年龄。1898 年 Hoffbauer 发现了鲤鳞片上许多排列疏密相同的同心圈轮纹，并确定冬季所生长的环纹紧密，借此推测鲤的年龄。1910 年 Lea 提出鱼体长度与鳞片长度成正比的关系。20 世纪 30~40 年代，Selphin 曾在英国发表鲱的年龄和生长关系的论文，1943 年他又发表《怎样用鳞片研究鱼群》和《鲤、鲫脊椎骨数目与水温关系》。在我国，新中国成立前，寿振黄就发表了《数种食用鱼类年龄和生长之研究》。新中国成立后，我国学者更深入地开展研究，特别是近 30 多年来，已有大量文献报道我国近海主要渔业种类的年龄和生长的研究成果，如大黄鱼、小黄鱼、带鱼、鲱、日本鲐、蓝点马鲛、日本鳀、鲕、蓝圆鲹、绿鳍马面鲀、二长棘鲷、黄盖鲽、灰鲳、银鲳、黄鲫、赤点石斑鱼、曼氏无针乌贼等（崔青曼等，2008；朱建成，2007；刘勇等，2005；邱盛尧和叶懋中，1993；顾洪和李军，1992；戴庆年等，1988；朱德林等，1987；孟田湘和任胜民，1986；倪正雅和徐汉祥，1985；吴鹤洲等，1985；张杰和张其永，1985；张其永和张雅芝，1983；胡雅竹和钱世勤，1982；李培军等，1982；刘蝉馨，1981；刘蝉馨等，1982；洪秀云，1980；陈俅和李培军，1978；唐启升，1972，1980；刘效舜等，1965；王尧耕等，1965；叶昌臣和丁耕芜，1964；徐恭昭等，1962）。

二、渔业资源研究中常用的几个概念

（1）生物学测定：研究渔业资源必须着手进行的基础工作，通常包括雌雄鉴别，鉴定年龄，测定长度、体重，观察性腺成熟度、摄食强度，计测含脂量、繁殖力等。

（2）世代：某种鱼类或其他水生动物出生期的划分单位。同一时期出生的属于同一世代，以出生年份表示。

（3）年龄组：相同年龄的鱼群称为一个年龄组，或鱼类在同一年内孵出的全部个体称同年龄组。

（4）年龄组成：渔获物中同种类或同种群的鱼，各年龄组的个体数占全部个体数的百分比。

（5）体长组成：渔获物中同种类或同种群的鱼，各体长组的个体数占全部个体数的百分比。

（6）体重组成：渔获物中同种类或同种群的鱼，各体重组的个体数占全部个体数的百分比。

（7）渔获物组成：渔获物中各种鱼类的重量或个体数占全部渔获物重量或个体数的百分比。

（8）生长率：又称生长速度，生物体在一年中所增加的体长或体重。

三、鱼类的年龄与寿命

鱼类的年龄是指目前生活着的鱼类已存活的年数,而鱼类的寿命是指曾经生存过的最高年限,两者有着明显的不同。鱼类的年龄和寿命的高低与鱼种的体长、体重具有正相关关系,通常,鱼类的寿命越高,体长越长,体重也越大。Beverton 和 Holt(1959)等学者以北半球中纬度的鱼类为基础,对现代鱼类的年龄和体长分布状况作了估算(表2-8)。这个估算虽仅是一个大概数字,但仍可得出一些结论:存活不到 2 年的鱼只有 5%左右,大约有 76%的种类的寿命为 2~20 年,而 30 年以上的高寿命鱼也仅占 8%左右。

表 2-8　鱼类按年龄和体长分布状况(引自 Beverton 和 Holt,1959)

长度组(cm)	该长度鱼个体所占比例(%)	年龄(岁)	该年龄鱼个体所占比例(%)
1~10	8.5	1~2	5
10~20	13.5	2~5	17
20~30	12.0	5~10	32
30~50	30.0	10~20	27
50~70	10.0	20~30	11
70~100	7.0	30~40	5
100~150	7.5	40~50	1
150~200	6.0	>50	2
200~250	1.5		
>250	4.0	—	

通常,高纬度水域的鱼类寿命高于低纬度水域的鱼类,这是由于低纬度地区特别是赤道一带水域的鱼类新陈代谢非常旺盛,鱼类的摄食强度高,生长迅速,寿命短。而高纬度水域的鱼类在秋冬季由于水温低,新陈代谢缓慢,鱼类的摄食强度低,甚至停止摄食,此时的生长十分缓慢,而寿命相对长。

在自然水域中,我们有时可以发现,寿命很高的鱼类,其体长和体重相对突出。例如,生活在俄罗斯某些水域中的狗鱼可以活到 200 岁以上,体重达 35kg 以上;鳇寿命可超过 90 岁,体长可达 3.78m,体重可达 500kg;鲟寿命达 48 岁;咸海的真鲐可达 35岁。美国太平洋北部的大比目鱼寿命为 70 岁。我国黑龙江流域的鲟体长可达 3m,体重约 500kg;浙江沿海曾捕到一尾石斑鱼,体重达 130kg;新疆的哲罗鱼体长达 2m,体重达 50kg。美国在太平洋曾捕到一只大龙虾,体重为 10kg,寿命为 150 岁。我国水域有些重要经济鱼类的寿命也较长,如大黄鱼已鉴定出的雌鱼可达 30 龄,雄鱼达 27 龄;鳗鲡一般可活 20 多龄;海鳗为 17 龄;鳕为 13 龄;鲤和鲫少数个体可活 20~30 龄;带鱼、绿鳍马面鲀、日本鲐可活到 7 龄;远东拟沙丁鱼、竹荚鱼、蓝圆鲹等寿命为 5~6 龄;大麻哈鱼的寿命为 3~5 龄;短颌鲚、六丝鲚、香鱼等的寿命是 2~3 龄;但也有很多小型鱼类如大银鱼、发光鲷、天竺鲷、天竺鱼及七星鱼等,它们的寿命只有 1 龄左右。

四、鱼类年龄的鉴别

（一）年龄鉴定的方法

鱼类和无脊椎动物的年龄鉴定可通过饲养法、标志放流法、观察年轮及分析长度分布等方法进行。具体如下。

1. 饲养法

这是最原始、最直接的鱼类年龄鉴定方法。即将已知年龄的鱼饲养在人工环境里，定期检查生长状况，研究年轮的结构和年轮的形成时期，进一步探索年轮形成的原因以及环境因素对鱼类生长的影响。这种方法对于养殖鱼类是可靠的，但只能说明在养殖条件下的年轮和生长情况，还不能反映在自然条件下的真实情况，因为在大自然环境中远远比人为环境要复杂得多。

2. 标志放流法

采用这种方法鉴定鱼类的年龄，是比较有效和有说服力的，因为鱼类标志放流时鱼体长度和体重是经过测定的。根据重捕后测定，可以对年龄和生长作对比分析。这种方法可研究鱼类的年龄和生长的关系。标志的鱼类是生活在大自然条件下的，但是由于标志放流的技术不够完善，鱼体上带有标志牌，多少会影响其生长，而且放流相隔了一年或数年后再重捕的数量不多，会影响研究的效果。

3. Peterson（1895）的长度分布频率法

这是利用鱼体自然长度分布频率测定渔获物的年龄组成的方法。根据图 2-4 标本模式分析，一般而言，鱼类的年龄和体长之间存在着一定的联系，年龄越大，体长也越长，体重就越重。每相隔一年，其平均长度和体重相差一级。在自然海区中，由于自然死亡和捕捞死亡的影响，当年世代的鱼数量最多，以后逐年渐渐减少。即随着年龄的增加，鱼类个体数不断减少。在搜集大量体长与年龄之间关系的样品后，将各个长度组的数量绘制在坐标纸上，可以看出某些连续长度组的数量特别多，而某些长度组的数量特别少，或者没有，形成一系列的高峰与低谷。各个高峰可能代表着一个年龄组，每个高峰的长度组即代表该年龄组的体长范围。在渔具不具备选择性的条件下，长度组分布曲线的高峰一般是依次降低的，如冰岛东部鳕的长度分布曲线（图 2-5）。

用这种方法鉴定鱼类年龄有一定的局限性，渔具对渔获物有着一定程度的选择性，如拖网、围网、张网、钓具等，都有其限制性的一面，在所捕获的总渔获物中很难包括各个长度组（或年龄组）的鱼类，或者说每种捕捞作业方式，往往不可能将所有年龄组的鱼都捕到。鱼群在各个渔场，所处的季节或时期并不是按体长或年龄的自然数目成比例地混合着。当鱼进入衰老期，生长缓慢，甚至停止生长，因此不免出现长度分布的重叠现象，所以不容易根据长度分布曲线来确定高龄鱼的年龄组成。鱼类在生长发育过程中，饵料是否丰富，水温的适宜状况，都直接影响鱼体的大小。

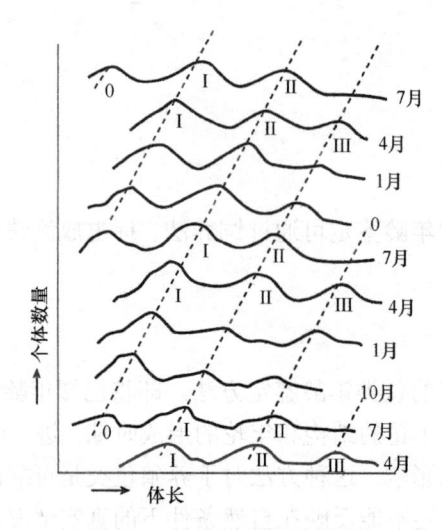

图 2-4　连续标本模式分布

0. 当龄鱼；Ⅰ.1 龄鱼；Ⅱ.2 龄鱼；Ⅲ.3 龄鱼

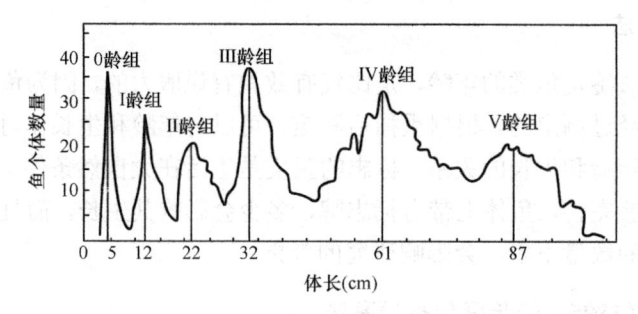

图 2-5　冰岛东部鳕的长度分布曲线（引自丘古诺娃，1956）

尽管这种方法具有精度不高的缺点，特别是那些年间生长差异小的种类和高龄鱼，在分布图上高峰极不明显，鱼类年龄越大，长度增长越缓慢，因此画出的曲线有可能重叠。但是，它仍可作为一种间接测定年龄的方法。尤其是对生命周期短、生长快、没有年轮标志的无脊椎动物和低龄鱼仍然是一种鉴定年龄的方法。鉴定鱼类群体的年龄组成时，需要对每一个个体进行仔细鉴定，然后分别计算出百分比。这样很费时，如果要及时整理出大量的资料，非少数人所能为，如果同时由多人分组进行鉴定，则会因人的鉴别能力的不同，鉴定的标准不能够保证完全一致，从而容易造成人为误差。而测定长度要比采集年龄鉴定材料、进行年轮鉴别方便得多，在需要大量采集群体组成样品的情况下，资料也容易处理。

4. 年轮法

在一个生长年度里，摄食的昼夜变化、季节变化、生理状况和栖息环境出现的周期性变化，将导致个体不规则的生长和代谢。这种不规则的变化会在钙质含量较高的硬组织中留下记录，在仔稚鱼硬组织上留下的记录可以日计数，在成鱼硬组织中留下的记录可以季节或年计数。我们通常把以年为单位的记录称为年轮，作为年龄的标志。年轮法是自 17 世纪首次应用该法记录年龄以来的主要年龄鉴定方法。

鉴定鱼类年龄是一项细致的工作，尤其是老龄鱼的年龄鉴定常常存在相当大的困难，因此，至今还没有一个人能自称对所有鱼类的年龄鉴定是绝对准确的。在上述四种方法中，较为适用的方法为年轮法和长度分布分析法。而年轮法又包括利用鳞片、耳石、脊椎骨鉴定年龄等。

（二）鱼类年轮法的基本步骤

利用年轮法鉴定鱼类年龄是一项既复杂、细致又十分重要的工作，这种年龄鉴定方法的一般步骤如下。

（1）根据不同鱼种确定用于年龄鉴定的材质，如鳞片、耳石、脊椎骨等。因此首先要研究并了解不同鱼类在不同材质上形成年轮的特征。

（2）选定用以鉴定年龄的鳞片、脊椎骨等材质的采集部位。鱼体的不同部位，鳞片等材质的形状及轮纹各不相同，要选择最具有代表性的部位采集鳞片或脊椎骨等。

（3）掌握鱼体长度与鳞片、耳石等的大小之间的关系，了解随着鱼体增长，鳞片、耳石等组织是否也同步增大。如果在鱼体增长的过程中某个组织没有增大，那么这个组织就不适合作为鉴定鱼类年龄的材质。

（4）掌握鳞片、耳石等材质的大小与鳞径之间的关系，计测鳞片、耳石等的中心到各年轮之间的距离。

（5）推算与验证年轮形成期及鱼类年轮。

（6）推算鱼类的年龄及各年龄期的鱼体长度。

（三）鱼类年轮的形成原理

鱼类的生长和大多数脊椎动物的生长一样，在生长过程中会发生两种变化，一是形状的生长，二是体质的发育。通常这两种生长现象是同时进行的，且是互补的。体形的生长是体长和体重增加的过程，而体质的生长则是性腺的发生和性成熟的过程。鱼类的生长不会因达到性成熟而终止，它的生命仍在不断延续下去，直至衰老死亡而终止。但也有例外，如鲑在产卵洄游期仅有形状上的生长，而在体积上则有缩小的现象，因此该鱼类的生长呈现不均衡性。鲑的寿命为2～4年，产完卵后，亲鱼则因体力衰竭而死亡。而多数鱼类的生长具有均衡性，即随着时间的推移，鱼类在体重方面也不断地增长下去。鱼类这一生长特点主要是营养条件起决定作用。

夏季鱼类大量摄取营养物质时，生长十分迅速，而在冬季鱼类不摄食饵料或缺少食物时，其生长速度就会缓慢下来，甚至停滞。鱼类的这种生长规律，具体反映在耳石、鳞片及骨骼的生长上，即春夏季节鱼类生长十分迅速，在耳石、鳞片或其他骨片上形成许多同心圈，且呈宽松状，称为"宽带"，也称"夏轮"；而到了秋冬季节，鱼类生长缓慢甚至停滞，这时在耳石、鳞片或骨骼上形成的同心圈较窄，称为"窄带"，也称"冬轮"。宽带与窄带结合起来构成生长带，这样，每年就形成一个生长轮带，也就是一个年龄带或一个年轮。因此鱼类年轮形成原理可以认为是：由于水域环境条件在年间的周期性变化，鱼类的生长具有周期性的变化，即生长的季节性快慢，从而导致在鱼类的硬组织（形质）上环片排列有疏松和紧密之分。疏松环片带（宽带，又称夏轮）和紧密环片带（窄带，又称冬轮）每年各长出一次，代表一年时间，这样在紧密、疏松环片带交界处形成的圆圈即为鱼类的年轮。

鱼类年轮的形成时间从早春开始到夏季的中期为止（丘古诺娃，1956）。东海、黄海的许多鱼类在春季或初夏产卵，在产卵之后出现年轮。但是，也有些鱼类并非如此。例如，黄鲷在春、秋两季各形成两个"年轮"，这与黄鲷在一年中产卵两次有密切关系。每一种鱼类并不是所有个体都同时形成年轮，而是延长 1~2 个月时间。黄鲷在 3 月下旬形成第一个轮圈者达 50%，9~11 月又可形成另一个轮圈。

鱼类的年轮形成的时间不同，甚至在同一水域中生长的同种鱼类也不同。在不同年龄的个体中，年轮的形成时间也不甚一致。东海的鮸可分为南方群系和北方群系，前者要比后者产卵期晚一个月。东海的白姑鱼也有这个现象，南方群系比北方群系晚一个月形成年轮。蛇鲻在年轮形成的时间也不同，未成熟的个体 11 月至翌年 3 月间形成年轮，成熟的个体则在产卵期 4~7 月形成年轮。鱼类的年轮形成的时间差别很显著，这和鱼类的生长特点相关，是遗传因子作用的结果。

鱼类的年轮因冬季低温生长缓慢了下来，而在春季水温回升后又迅速生长起来。但是，鱼类年轮的形成不应该看成只是由于季节性水温变化所致，而是鱼类在生长的过程中，由于外界环境的周期变化通过内部生理机制产生变化的结果，也就是鱼类的生理周期性变化的结果。

（四）鱼类年轮鉴定的材料

研究鱼类的年龄，一般用具有年轮标志的鳞片、耳石、鳃盖骨、脊椎骨、鳍条、匙骨等材料，然后配以现代化设备如显微镜、解剖镜等，根据其纹理进行推算。但不同的鱼类其理想的鉴定材料也不相同，所以在有条件的情况下，往往需要用几种材料来进行鉴定、对比分析后再确定鱼类的年龄。过去，中国海洋鱼类的年龄鉴定取材以鳞片、耳石及脊椎骨为主，其他如匙骨、支鳍骨使用不多，或仅辅助之。例如，大黄鱼、小黄鱼以耳石为主，鳞片为辅；带鱼以耳石为主，脊椎骨为辅；鲐鱼以耳石为主，脊椎骨和鳞片为辅；鲳以鳞片为主，耳石为辅；沙丁鱼以鳞片为主；太平洋鲱以鳞片为主，耳石为辅等。

（五）运用鳞片鉴定年龄的方法

1. 鳞片的形态结构

鳞片是鱼类皮肤的衍生物，是适应水域环境的一种构造。它作为鱼类的外骨骼，广泛存在于现生硬骨鱼类的体表。其形成特点是由间叶细胞先在生发层下集合形成突起，前端略嵌入表皮层内，之后变成骨细胞，且不断分泌骨质向外扩展。最先形成鳞片的中心（又称鳞焦或鳞核），是生长中心点，以后扩大到鳞片的边缘。每一鳞片可分为上下两层，上层脆而薄，由一层透明的骨质构成，使鳞片坚固定形；下层柔韧，由交叉错综的纤维结缔组织形成，使鳞片柔软而便于活动。上下两层的生长方式完全不同。下层生长是垂直方向一片一片的增长，后生的薄片衬托在早生的薄片之下，且略比早生的大一些。所以较老的鳞片，其下层愈靠近中心愈厚，像个扁矮的截顶圆锥体。上层生长是一环一环地水平方向增长，一般是后生的基片露于原有基片外边的边缘部分，形成小枕状的凸出物，排列成封闭或不封闭的形状，大的包围小的（只有鲱形目的鱼类例外），因此称为环片，环片因鱼体在不同季节生长的快慢不同而形成宽带与狭带的环片相间排列（图2-6）。

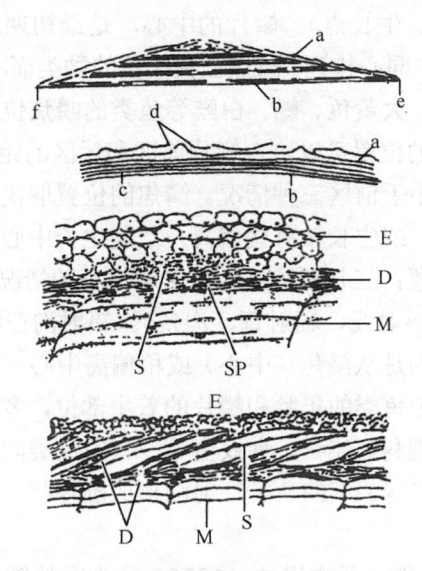

图2-6 鳞片的横断面以及雄鱼鳞片的早期形成
a. 环片；b. 基片；c. 底面；d. 背面；e. 后区；f. 前区；E. 表皮细胞；D. 真表皮；M. 皮下层；S. 鳞片；SP. 鳞囊

每个鳞片按其在鱼体的位置可划分为若干区（部）（图2-7）。

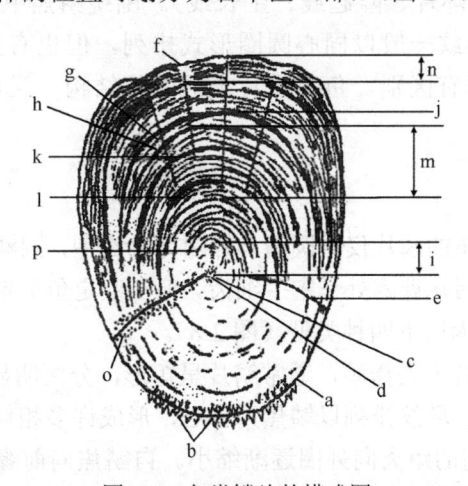

图2-7 鱼类鳞片的模式图
a. 后区；b. 栉齿；c. 鳞焦；d. 中心区；e. 侧区；f. 前区；g. 环片；h. 年轮；i. 幼轮间距；j. 生殖轮；k. 副轮；l. 第一年轮；m. 年龄间距；n. 边缘间距；o. 疣状突起；p. 幼轮

（1）前区（前部）：鳞片朝鱼头方向，掩埋在鳞囊内的部分。
（2）后区（后部、裸露部）：朝着鱼尾部方向，裸露在鳞囊外的部分。

（3）侧区（肩部）：位于前后两区之间的两侧部位。有些鱼类，如鲷、小黄鱼等的鳞片的两侧与前、后区之间有明显的分界，而有一些鱼类，如鲱、鳓等却没有清晰的分界。

鳞片的环轮生长同鱼体生长的快慢有密切的关系，鳞片的生长是宽带和窄带相间而构成的，鉴定鱼类的年龄时，主要是研究具有环片的鳞片的表层结构，一般鳞片表层具有四种构造。

（1）鳞焦（核、中心、生长点）。鳞片的中心，是最初期的鳞片细胞，它是块状的突起，环轮是以它为中心作同心排列。鳞焦位置因鱼的种类而不同，有的在鳞片的中心，有的偏在一边，如小黄鱼、大黄鱼、鳓、白鲢等鱼类的鳞焦位于鳞片正中心；而鳊的鳞焦位于鳞片的后区。鳞焦的位置可以决定鳞片前区和后区的距离，有前后区距离相等、后区大于前区，以及后区小于前区三种情况。鳞焦的位置取决于三种因素：一是鳞片的生长不在同一个生长轴上，或生长轴有些偏离；二是生长中心的原始条件不同，它可以决定鳞片大小和鳞焦的位置；三是鳞片进入前区时大小的情况有差别。

（2）辐射沟（鳞沟、辐射线、辐射管、沟条）。辐射沟在鳞片角质层里，由特殊的浅纹断裂而成。通常辐射沟是从鳞焦（中心）或稍偏离中心向鳞的边缘所放射出来的沟状物。辐射沟的数量取决于鱼类的年龄和鳞片的着生部位，多数鱼类辐射沟在鳞片的前区，如大黄鱼、小黄鱼、鲷科、鲭科、食蚊鱼等，有的鱼类向四周辐射，如鳕，有的鱼类则与中轴垂直，如鳓、鲱等。有的鱼类辐射沟形成圆环状，如泥鳅，而鲑的鳞片无辐射沟。

关于辐射沟的生理机能，丘古诺娃（1956）认为它使鳞片具有柔软性，对厚实的鳞片尤为重要。相川广秋（1949）认为其对鳞片起补充营养的功能，保护鳞片不受机械的冲击。

（3）环纹（轮纹、环片、隆起线、生长线）。围绕鳞焦中心排列着许多隆起线，这些隆起线称环纹。环纹一般以同心圆圈形式排列，但也有呈矩形或其他形状的，这主要依据鳞型不同而有区别。鱼类鳞片上的轮纹结构，又可分为年轮、幼轮、副轮和生殖轮。

2. 鳞片的类型

在鱼类学上，硬骨鱼的鳞片仅分圆鳞和栉鳞两种类型，圆鳞特征是后端裸露处呈圆形，光滑；栉鳞特征是后端裸露处呈密生细齿。但在鉴定鱼类年龄时，根据其轮纹结构不同，可以将鳞片划分为以下四种类型（图2-8）。

（1）鲷型。此类鳞片多为栉鳞，通常鳞片呈矩形，分区明显，前端左右略似直角，前区边缘具有许多缺刻。环纹排列以鳞焦为中心，形成许多相似的矩状圈。轮纹间有明显的"透明轮"。年轮间的距离向外圈逐渐缩小。自鳞焦向前缘形成辐射沟。这一类型鳞片的鱼有真鲷、黄鲷、大黄鱼、小黄鱼、黄鳍鲷、鲵等。

（2）鲱型。鳞片呈圆鳞，质薄而透亮，鳞片上密布微细的环纹，疏密排列与中轴几乎成直角相交。辐射沟从居中的半径上向两旁分出，如同白桦树枝状。年轮十分清晰，以同心圆环显示出来。这一类型鳞片的鱼有太平洋鲱、鳓、沙丁鱼、刀鲚、凤鲚等。

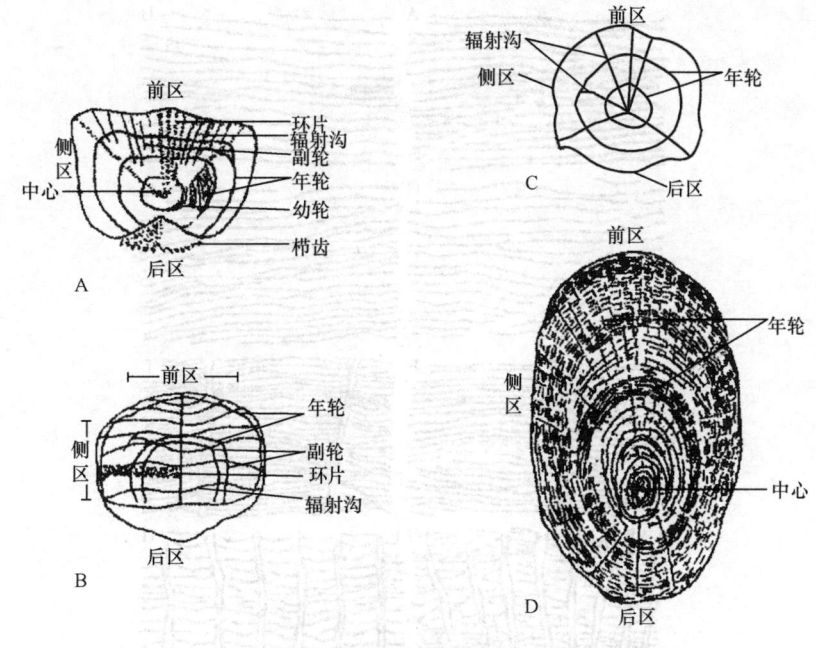

图 2-8　鱼类鳞片类型图
A. 小黄鱼（鲷型）；B. 太平洋鲱（鲱型）；C. 大麻哈鱼（鲑鳟型）；D. 狭鳕（鳕型）

（3）鲑鳟型。鳞片为圆鳞，以鳞焦为中心，环纹以同心圆圈排列。依鱼类不同，着生位置不同，鳞片的外形也略有差异。鳞片质薄，无辐射沟。环纹以疏密相间形式排列，规律性显著。这一类型鳞片的鱼有虹鳟、大西洋鲑、大麻哈鱼等。

（4）鳕型。鳞片细小呈椭圆状，环纹亦呈同心圆状排列于鳞片上，系由许多小枕状突起组成。其年轮的轮纹标志则以环片的疏密状排列，特别在鳞片的后区更为清晰。这一类型鳞片的鱼有大头鳕、狭鳕、大西洋鳕等。

3. 鳞片的年轮标志特征及种类

1）年轮（生长带、年带）

年轮（生长带、年带）由环纹有规律地排列而成，这种稀疏与紧密的排列情况，反映了过去相应时期鱼体的生长情况，是研究与鉴定鱼类年龄和生长的主要材料。

硬骨鱼类鳞片上的年轮形态因鱼种不同而异，常见的年轮标志特征主要有以下五种类型（图 2-9）。

（1）疏密型。环片形成宽而疏的生长带以及窄而密的生长带，窄带与宽带的交界处就是年轮。鱼类在春夏季期间，新陈代谢十分旺盛，生长迅速，在鳞片上形成宽的环纹，而在冬季期间生长减缓下来，形成密的环纹，二者相互交替。之后，第二年又是如此重复生长，在鳞片上留下第二年的宽、窄轮带。依此类推，延续几年、十几年。在最后十几年的年轮中，我们仍可在鳞片上找到这些轮纹，只是轮带间的距离愈来愈短，愈来愈紧密，直到难以判别为止。

鳞片上的这种疏、密，疏、密的排列特点，是绝大多数鱼类所具有的，如大黄鱼、小黄鱼、黄姑鱼、真鲷、刀鲚、牙鲆等。

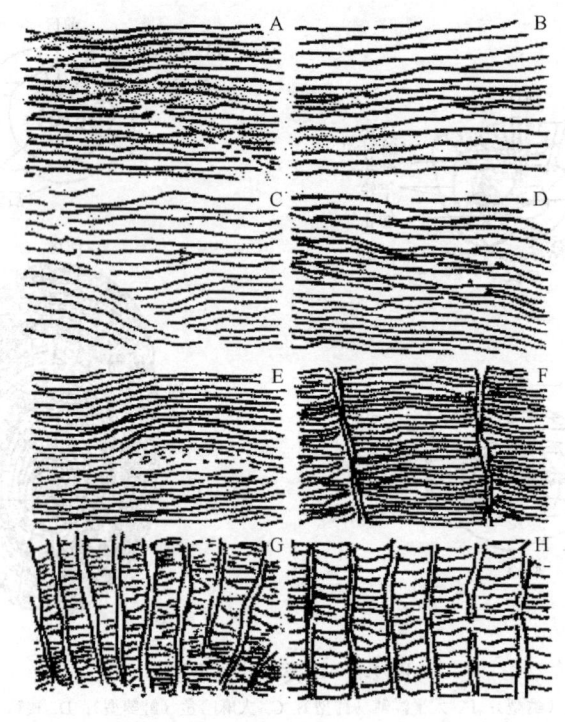

图 2-9　几种鱼类鳞片上年轮的形态（引自久保伊津男和吉原友吉，1957）
A. 鲱；B. 鲑；C. 鲐；D. 金眼鲷；E. 真鲷；F. 濑户鲷；G. 虫鲽；H. 鲈鱼

（2）切割型。在正常生长时，环纹呈同心圆排列，当生长缓慢时环纹不成圆形，而是逐渐缩短，其两端终止于鳞片后侧区的不同部位，当下一年恢复生长时，新生的环纹又沿鳞片的全缘生长，形成完整的环纹，引起环纹群走向的不同，即在一周年中环纹的排列都是互相平行的，在新的一周年开始时，前一周年的环纹群和新周年开始的第一条环纹相交而形成切割，该切割处即为年轮，一般在鳞片的顶区和侧区交界最清晰。此种类型的鱼类有蛇鲻、白鲢、鲤等。

（3）明亮型。由于鳞片上年轮上的环纹发育不全，往往出现 1~2 个环纹的消失或不连续，形成明亮带，其宽度有 1~2 个正常环纹的间隙。在透射光下进行观察，呈现明亮环节，此类型的鳞片多出现在前区，如鳓等。

（4）平直型。鳞片上环纹排列一般为弧形，在正常生长下突然出现 1~2 个呈平直的环纹排列，与相邻环纹截然不同，即将二个年度的环纹由平直排列隔开。这种类型的鳞片多发生于前区，如白姑鱼等。

（5）乱纹型。两个生长带之间环片排列方向杂乱，呈波纹状，有时断断续续，有时交叉、合并等。年轮表现为环纹的疏密和碎裂结构，间或也有疏密与切割的情形。第一个生长年带（有时也出现第二个生长年带）临近结束时，常有 2~3 个环纹彼此靠拢，在放大镜下观察，一般呈现粗黑的线状阴影，其余的生长带为环纹排列，凡出现破碎结构即为年轮。有的环纹为波浪状断断续续出现，有的出现交叉或合并为一些点状纹。这类特征在鳞片的前区或侧区出现较多，如赤眼鳟等。

2）产卵轮（产卵记号、产卵标志、生殖痕）

产卵轮（产卵记号、产卵标志、生殖痕）是由于生殖作用而形成的轮圈。它与性未成熟期所形成的年轮在外形上是不同的，由于生殖期受生殖机能和生殖行为的影响，鳞片腐蚀、磨损而成三角形或马蹄形等，生殖后重新恢复长出新的环纹，逐渐使鳞片又呈圆形，这样在生殖期间鳞片受伤的地方留有断裂和凌乱的痕迹，这就是产卵轮。其特征为：鳞片的侧区环片断裂、分歧（在环片之间有时形成白色细隙）和不规则排列，鳞片顶区常生成一个变粗了的暗黑环片，并常断裂成许多细小的弧形部分，环纹的边上常紧接一个无结构的光亮的间隙。并不是所有鱼类都有这种产卵标志，而且具有这种标志的鱼类，其清晰程度也是多有不同，其中以鲑科鱼类最为明显。

3）副轮（假轮、附加轮）

副轮（假轮、附加轮）是鱼类在生长过程中发生的非周期性的、偶然的变化引起的。鱼类在其正常生活中由于饵料不足、水温变化等外因和诸如发生疾病等内因，鱼的生长速度受到很大的影响，以致在鳞片上留下的痕迹，称副轮。一般来看，副轮没有年轮那么清晰，最常见的是不清晰的、支离破碎的轮圈。副轮通常不是在鱼体每个鳞片上都能见到，仅在某些鳞片上出现，而年轮则在鱼体每个鳞片上都能见到，但也有一些鱼类，它们体上的鳞片仅一部分能够看清年轮，其他部分不明显，遇到这种情况，需要依靠其他特征来进行鉴别。

还有一些副轮的明显程度及完整的封闭状态和年轮标志十分相像，要识别这些副轮，需要进行认真观察分析。正常的年轮带总是有很大部分为排列稀疏的环纹，仅在接近边缘时才有一些互相挨紧的环纹。当副轮出现时，就看不到这种正常的宽、窄轮带关系，宽带在副轮之前或之后都较正常的轮带狭窄。另外年轮是密集的内层环纹被稀疏的外层环纹所替代而构成，而副轮则相反，是稀疏的环纹过渡到密集的环纹。

4）幼轮（零轮）

幼轮（零轮）也是副轮之一，是有些鱼类的鳞片中心区的一个小环圈，最容易与第一年轮混淆。但仔细观察还是有区别的，幼轮不一定在某种鱼的每一个个体上都存在，有些个体上有幼轮，另一些则没有。判断幼轮的方法，一般是把秋季捕获的当年鱼或早春捕获的未满一周岁的鱼的长度，对照由鳞片推算出的 1 龄鱼的长度，这样可以很容易地找出第一个年轮和幼轮之间的区别。幼轮的形成往往与幼鱼的溯河降海、食性转变等情况有关。

需要特别注意的是，使用年轮法鉴定年龄时，特别需要仔细确认产卵轮、副轮和幼轮的特征，它们常常是导致年龄鉴定产生误差的主要原因。

5）再生鳞

由于机械损伤或其他一些原因使鳞片发生脱落，在原有部位又长出新鳞片。这种鳞片的中央部分已看不见有规则的环片，而全部是基片的纤维，这些纤维以多种不同的方向排列着，鳞片表层上正常的环纹是从鳞片已经重新形成的那一年开始发生的。例如，小黄鱼的再生鳞中央像是由许多个小圆球所组成。这种鳞片不适用于年龄鉴定。

（六）运用耳石鉴定年龄的方法

1. 耳石的构造及年轮

对于没有鳞片或鳞片不适合用于鉴定年龄的鱼类或老年鱼，可以根据耳石或骨骼等材料来鉴定其年龄。其中，耳石系由碳酸钙和纤维性质的有机物质构成，存在于大多数硬骨鱼类的内耳中，对于不同的鱼类，其耳石的形状和大小相差很大。例如，石首鱼科的鱼类耳石体积甚大，而日本鲐和带鱼等的耳石微小而薄。鱼类耳石的形状有圆形、椭圆形、扇形、棱形和方形等。耳石同鳞片一样，随着鱼类个体生长的季节性变化，在其组织结构上留下了明显的记录。由于其生长是从核心周围一层一层地向外增加，并在耳石的结构上形成了层次分明的纹理，依据这些纹理即可鉴定鱼类的年龄。

一般鱼类的耳石有核、隆起、角和缺刻等构造（图 2-10），将耳石置于透射光下观察时，可看到明亮的宽带和暗黑色的窄带相间的排列，但若是将耳石置于入射光下时，则可看到暗黑色的宽带和白色的窄带。宽带属于生长快的部分，窄带属于生长慢的部分。年轮就在内部的窄带和外部的宽带交界处。而耳石正中的中心核则在入射光下呈暗黑色，在透射光下则明亮。

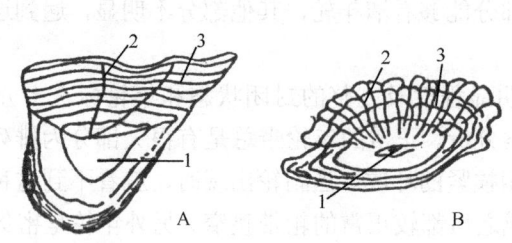

图 2-10 大黄鱼和梭鲈的耳石简图
A. 大黄鱼耳石；B. 梭鲈耳石
1. 核；2. 辐射线；3. 轮纹

通常耳石的冬带（窄带）和夏带（宽带）比较明显，但渐至高龄就逐渐表现成为细线条，所以需要对照鳞片、脊椎骨和其他骨骼材料参考鉴定。

对于小而透明的耳石，可把它们直接放入透明液，不必经过任何加工则可进行观察，如鳀、鳕和竹荚鱼等。大的或不透明的耳石，必须经过加工，沿耳石的纵轴或横轴将其劈开，磨成厚度为 0.3mm 左右的薄片，通常用锉刀和油石磨。洪秀云和丁耕芜（1977）采用牙钻车的磨片技术取得了较好的效果。将薄片装于载玻片上渍以甘油，即可见到耳石的生长线和年轮（图 2-10）。

过去，中国的鱼类研究工作者对于大黄鱼、小黄鱼、鲐、带鱼、高眼鲽等的年龄就是利用耳石进行鉴定的，或以其与鳞片观察的结果进行比较。

耳石不仅是鉴定年龄的好材料，同时，利用电子显微镜的观测，研究鱼类耳石的超微结构，还可以研究以一日为单位的日轮。

2. 耳石的日轮

（1）耳石日轮研究进展。1971 年，美国耶鲁大学地质和地球物理学系的潘内拉

（Pannella）首先提出了银无须鳕的耳石上存在日轮，之后一些学者陆续证实其他鱼类也具有耳石日轮。美国、加拿大、英国、日本等国诸多学者已采用多种方法研究报道了鲱形目、鲑形目、灯笼鱼目、鳗鲡目、鲤形目、鳉形目、鳕形目、鲈形目、鲽形目等百余种海水、淡水鱼类的耳石日轮，表明耳石日轮是鱼类普遍存在的现象。加拿大研究者用耳石日轮宽度（间距）与体重的线性关系推算红大麻哈鱼稚幼鱼的体重、生长。美国学者拉特克（Radtke）用电子微探针测定耳石日轮中铝和钙的含量比例，作为环境历史变化指标，来研究鱼类的生活史。耳石日轮的发现，是20世纪70年代以来世界鱼类生物学研究最重要的进展，它拓宽并深化了鱼类生物学研究领域，通常被用来鉴定鱼类（特别是海洋鱼类）的年龄或生态类群。

耳石日轮研究具有广阔的发展前景，特别是耳石的同位素分析，耳石日轮的化学组成和微细结构、耳石日轮与鱼类早期生活史等可能成为热门课题。但耳石日轮研究属新兴领域，尚有许多问题诸如亚日轮、过渡轮、多中心日轮的形成，日轮沉积速率，影响日轮形成的主要因子，日轮形成机理等，均有待深入研究。

耳石日轮揭示了鱼类能精细地调控和表达自身的生长发育与外界环境的关系，不仅具有理论意义，而且有重要的应用价值。第一，能精确研究鱼类的生长，以日龄为时间单位描述鱼类的生长能客观地反映出鱼类生长特性。拉特克（Radtke）等依据日龄推算体长很好地描述了南极银鳕日龄与生长之间的关系，建立了生长方程。第二，研究鱼类的生活史，耳石日轮具有一定的环境敏感性，可依日轮间距变化等追溯鱼类生境的变化。根据白仔鳗的日龄确定鳗鲡产卵期、变态期、漂移规律等，澄清了以往不确切的提法。第三，可促进鱼类种群生态学和渔业资源研究，用耳石日轮研究种群的补充率和死亡率，鉴别不同繁殖的群体等，均可获得更为准确可靠的结果。

（2）耳石日轮的形态特征。在鱼类内耳中的椭圆囊、球囊和听壶中，分别具有微耳石、矢耳石和星耳石3对耳石，其上均有日轮沉积。大多数鱼的矢耳石较大，因此一般采用矢耳石研究日轮。但一些学者报道鲤科鱼类的微耳石形态变化较稳定，更适于日轮生长研究。图2-11为梭鱼仔鱼耳石轮纹宽度测定示意图。

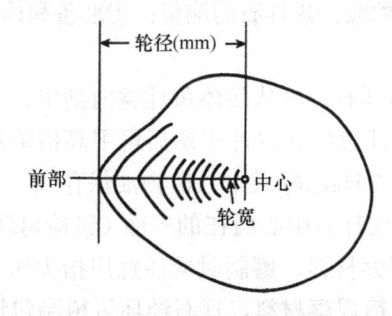

图2-11 梭鱼仔鱼耳石轮纹宽度测定示意图（引自李城华等，1993）

由于耳石形态随鱼体生长而发生变化，日轮形态也相应改变，一般由最初正圆形耳石的同心圆轮到最后稳定的梨形或长圆形耳石的同心梨形或长圆形轮。当耳石由正圆形变成一端圆一端稍尖的梨形或长圆形时，其中心位于偏近圆的一端，耳石形成长短半径。通常短半径日轮排列紧密、清晰，长半径日轮排列较疏且多有轮纹紊乱不清的区段，所以多以短半径计数测量日轮。在透射光镜下，一个日轮是由一条透明的增长带和一条暗色的间歇带组成。超微结构显示，增长带由针状碳酸钙晶体聚集而成，间歇带为有机填充物，而且这两个带互相穿插渗透。某些鱼类耳石上除有正常日轮外，还有由于鱼体发育阶段或生态条件变化产生的比日轮粗且明显的过渡轮，有些鱼类卵黄营养或混合营养期仔鱼日轮中出现纤细的亚日轮。

(3) 耳石日轮生长规律。耳石日轮研究首先要确证耳石上的轮纹是不是一天形成一轮，这一问题可采用饲养鱼日龄与日轮对照法、耳石日轮标记法（用化学印迹或环境刺激留在实验鱼耳石上）等来解决，但最简便可靠的方法是日龄与日轮对照法。从胚胎发育后期耳囊内出现耳石开始，连续跟踪观察第一个日轮出现时间，则可通过日龄与日轮对照确定耳石轮纹是否是日轮。从已研究报道的鱼类来看，大多数是孵出之后第二天开始形成第一个日轮（如遮目鱼、香鱼、草鱼、鳙等），或卵黄接近吸收完转为外源营养时形成第一轮，如大菱鲆、大西洋鲱等。第一轮形成之后，正常条件下一天形成一轮，即日轮。

耳石日轮间距随鱼体生长发育和环境条件变化而发生规律性变化。在自然条件下，通常前几个日轮间距放宽，之后间距稍窄，一月龄之后随着鱼体生长发育和鱼摄食活动能力增强而轮距增宽。夏秋季水温较高，食饵丰盛，轮距增宽，越冬期日轮间距变窄；鱼类生长期日轮间距放宽，性成熟产卵期间距变窄。当鱼类栖息环境（如盐度）发生变化时，耳石上会留下比日轮粗浅的过渡轮。美洲鳗、日本鳗鲡和香鱼的幼鱼由河口进入淡水时耳石上都有过渡轮。过渡轮是由生态生理因素造成日轮沉积暂时停止形成的，一般需 3~5 天。对于不同的鱼类来说，其耳石的形状和大小相差很大，如石首鱼科的耳石体积甚大，而鲐鱼和带鱼等的耳石比较小。

(4) 鱼类耳石日轮的观察研究方法。耳石材料应取自新鲜鱼。保存在福尔马林溶液中的鱼类耳石已变得极脆，而且丧失了透明性，因此，在大多数情况下，不适用于鉴定年轮。由于硬骨鱼类的种类较多，它们的生长方式多种多样，耳石的大小和形态也有不同。因此不可能有一个对所有的鱼类年龄鉴定研究的通用方法和程序，但一般来说包括：①耳石采集；②耳石的保存、固定和贮藏；③耳石的测量；④准备和检测；⑤摄影；⑥计数；⑦作标记使之有据可查等步骤。

胚胎后期和仔稚鱼期的耳石，可从活体鱼耳囊内剖出，用中性树胶封片，在透射光镜暗视野下观察为好。但需注意应在封片干涸后再用高倍镜观察，因为挤压会使耳石碎裂。幼鱼、成鱼的耳石可用 75%乙醇或中性矿物油保存。一般用 40~60nm 细度磨石或 700 粒度金相砂纸两面磨制成耳石中心所在的平面（镜检可清晰见到轮纹），清洗后，用中性树胶封片，制成光镜观察材料。磨制时应注意用指尖压平用力均匀地圆圈式湿磨，避免耳石破碎。而用扫描电镜观察材料，耳石经环氧树脂包埋，磨制成通过中心的矢切面，用乙二胺四乙酸（EDTA）液蚀、清洗、镀金后使用。可在光镜、扫描电镜下直接或在拍制的照片上测定耳石直径和各部比例，鉴定、计数日轮，测量轮距等。

目前国际上多采用计算机控制的显微照相系统，用图像处理软件进行清晰化处理，然后输出到视频打印机中制片，获得高清晰度的日轮图像，以提高研究工作的精度和质量。磨片时需注意切勿失去其中心。

（七）鳞片、耳石等的处理和观察方法

1. 鳞片的采集和处理

采集鳞片应注意部位和形状，因为鱼体鳞片的大小、形态及年轮都因部位不同而异，并且每一种鱼的情况也不一样。所以，用于鉴定鱼类年龄的鳞片一般要取自鱼体的中段近侧线上方到背鳍前半部下方的部位。如有第二背鳍，则在第一背鳍下方取鳞片，没有侧线的鱼则取鱼体侧的正中背鳍下方的鳞片。这个部位的鳞片多数形状正规、环纹清晰。有些鱼类的鳞片很容易脱落，则可选剩余部分采集，通常采胸鳍掩盖部分。每尾鱼采集鳞片 10~20 片，取鳞片应在测量鱼的体长和体重之后进行。取鳞片后，如果立即做片子，可将新鲜的鳞片浸泡在淡氨水或温水中数分钟，然后用牙刷或软布轻轻擦去表皮黏液，再放在清水中冲洗，拭干后夹在两个载玻片中，贴上注有鱼的编号、性别、体长、体重和采集日期等内容的标签。以橡皮圈或透明胶纸固定两载玻片后即可进行观察。

如果是在野外工作，暂不做片子，可将每尾鱼取下的鳞片分别装在约 5cm×8cm 的鳞片袋里，鳞片袋上要记录鱼的编号（与鱼类生物学测定记录表上的编号一致）、性别、体长、体重和采集日期等内容，带回实验室内整理时处理方法同上。

2. 鳞片的观察

观察鳞片一般用显微镜或解剖镜或在鳞片投影仪、幻灯机及照相放大机上进行，观察时以能看清环片群的大小和排列情况，视野大小须能包括整个鳞片为宜。有时还要用测微尺测量鳞径或轮径等。

3. 耳石和骨骼等的处理和观察方法

鳕、带鱼、日本鲐等的耳石薄，不需要特别加工，只要点渍些甘油或二甲苯，即可用扩大镜或双筒低倍显微镜等进行直接观察。大黄鱼、小黄鱼等石首鱼科鱼类的耳石体积较大，观察年轮时，需要沿耳石的纵轴或横轴将其劈开，然后用锉刀、油石或牙钻车将其磨成厚度为 0.3mm 左右的薄片，磨片时切勿磨失耳石中心。加工后的耳石薄片渍以甘油等即可观察到生长线和年轮。低龄鱼的耳石，冬带和夏带比较明显，而高龄鱼轮纹带密集为细线条，辨别较困难。

一般硬骨鱼类的椎骨在去净附着的肌肉放置干燥后，即可用来观察年轮。椎体呈双凹型的，椎体中央斜凹面有轮纹，用扩大镜即可检视。一般选用近头部基枕骨后十余节，但年轮显示在椎体上的清晰度因鱼种不同而不同，因此开始时，应将各椎体逐个进行检视，然后决定取用第几节脊椎骨最适宜。椎骨取出后，夏季要浸泡在 2% KOH 溶液中，冬季要浸泡在 0.5% KOH（或 NaOH）溶液中 1~2 天，再放入乙醇或乙醚中脱脂，然后待干燥后入袋存放。观察时可将椎骨放在蜡盘里。

有些鱼类的鳃盖骨、匙骨等骨片是鉴定年龄的主要材料，如鳜、鲟等。收集这些骨片可取新鲜鱼的头部，用开水烫 1~2 次或稍煮沸，将骨片取出，放在温水中用硬毛刷或擦布清除残留的组织，使其干燥，然后放在贴有标签的纸袋或盒子里。小的骨片不必加工即可观察年轮。有些骨片较厚需要用刮刀或锉刀刮薄，然后用乙醚或汽油或 1/3 汽

油的混合液来脱脂，有些小型鱼类的鳃盖骨薄而透明，则需要用稀释的紫墨水、印台用墨水或苦味酸洋红作染色剂染色后进行观察。

有些鱼类，尤其是一些无鳞的鱼类，可用鳍条来观察年轮，有些高龄鱼，鳍条切片上的年轮往往比鳞片上的年轮更清晰。取鳍条主要用背鳍、胸鳍、腹鳍的第一鳍棘或粗大鳍条，且从关节部分割裂，使之脱臼，全部完整取下，不要把鳍条折断。鳍条取下后洗净、晾干，然后存放于纸袋。鳍条需要切成薄片后才能观察。一般取离基部 0.5～1.0cm 处，用锯片截下厚 2～3mm 的片段，然后磨薄至 0.2～0.3mm，呈透明状态，最后洗净，装入两个载玻片中夹紧，注上标签以备查用。

（八）鱼类年龄的计算

鱼类的年龄一般根据完整年轮数的多少，用统计的方法，将其归纳成几个简单的同年龄组。记载年龄一般将鳞片（或耳石、骨质组织）上见到的轮纹数，以阿拉伯数字记录，如"2"表示有 2 个年轮，属于 2 龄鱼。

1. 当年鱼

当年鱼是已完全成形的小鱼，鳞片已具备（通常是以鱼的生命开始那一年的下半年或秋季起），鳞片上未出现年轮的痕迹。对这一组的鱼类用零龄组（0）来表示。

2. 一冬龄鱼

一冬龄鱼是已越冬的当年鱼，生长的第一期已完成。"一冬龄鱼"这个名称在春季也可以用于去年秋天孵化出的鱼，一冬龄鱼可能还不满一足岁，通常鳞片上有一个年轮痕迹。对于这一组的鱼也称为第一龄组（Ⅰ）。

3. 二夏龄鱼

二夏龄鱼是已度过两个夏季的鱼，自鱼的生命开始后的第二年的下半年和秋季起称之为二夏龄鱼。鳞片上有一个年轮痕迹，年轮外围或多或少有第二个增生的部分轮纹。二夏龄鱼同样也属于第一龄组（Ⅰ）的范畴。

4. 二冬龄鱼

二冬龄鱼是已越冬的二夏龄鱼，鳞片已有 2 个年龄，或是有一个年轮和差不多已完成了第二年的增生部分轮纹。但是增生部分轮纹的边缘上还没有出现第二个年轮。有时在第二个年轮的外围还有几个宽而亮的环纹所组成的第三年的增生部分轮纹。根据环纹的宽度和排列疏密的情况，以及整个生长带（狭窄轮纹）出现位置，这种新增生轮纹是很容易和上一年已完全长好了的轮纹区别开来的。

在第三年春季或上半年时，鳞片上具有两个年轮和少许第三年的增生部分轮纹的鱼，同样也称为二冬龄鱼。二冬龄鱼属于第二龄组（Ⅱ）。

3 龄、4 龄等依此类推。

一般来说，鱼的实际年龄往往很少是整数，但在研究鱼类种群年龄状况时，并不需要了解那么准确，因此习惯上用"n 龄鱼"或"n 龄组"等名称加以统计。为了表示年轮形成后，在轮纹外方又有新的增生部分，常在年轮数的右上角加上"+"号，如 1^+，2^+，3^+，…，n^+等。

5. 鱼类的年龄归并

鱼的年龄是指完成一个生命的年数或生活过的年数。鱼群中相同年龄的个体，称为同龄鱼。在统计中，把这些同龄鱼归在一起，称为同龄组，如当年出生的鱼称为0龄鱼，出生第二年的鱼称为1龄组，出生第三年的鱼称为2龄组，依此类推。一个鱼群，同一年或同一季节出生的全部个体，称为同一世代。一般以出生的年份来表示属于某一世代。若该世代的鱼发生量极充足，也就是亲鱼的数量丰富，产卵量很高，幼鱼的发育阶段环境良好，饵料丰盛，成活率高，就能构成丰富的可捕资源。可捕量高的世代称为强盛的世代。例如，1971年秘鲁鳀属于强盛世代，导致1972年鳀产量达到 1.2×10^7 t 的高水平。在同一种鱼的渔获物中，各年龄的个体数和全部个体数之间的比率，称为渔获物中的年龄组成。有的鱼类的年龄组数很多，可达到二十几个，如大黄鱼；有的鱼类的年龄组数很少，只有几个，如竹䇲鱼；有的鱼类的年龄数仅1～2年，如沙丁鱼、鳀。

对于各年龄组的大小比例，我们可以进行生物学测定，经过年龄鉴定后，就可以分出若干个年龄组。以年度为单位，求出各个世代的强弱程度。有的鱼类的世代强盛，可以由几个年龄组组成，使好几年的产量均处于丰渔的状态。有的鱼类只由1个强盛世代组成，如黄海鲱，只有1个强盛世代起作用。

（九）年轮形成期的测定

在鱼类的鳞片、耳石等硬组织上留下的年龄标志——年轮，其形成时期以及产生与否因鱼种不同而异，即使同一种鱼，也会有在性成熟前后不完全一致的现象。一般来说，鱼类是一年形成一个年轮，但也有一些鱼类（鳀、黄鲷等）一年却形成两个年轮。因此，单凭识别鱼类的年龄标志特征还是不能准确地鉴定鱼类的年龄。为了更加准确地判断鳞片、耳石或骨片上的轮纹是否就是年轮以及其形成周期，须同时进行年轮形成时期的研究。测定鱼类年轮形成时期，比较实用的方法主要有以下两种。

1. 葛莱汉姆法

通过常年分析渔获物组成状况，利用优势长度组成的生长，断定鳞片上（或耳石或骨片上）的轮纹是否每年生长一次，例如，某种鱼在前一年20cm体长组特别多，而今年30cm体长鱼鳞片上的年轮数比去年多一圈，这样鳞片上的轮圈尚属真的年轮。所以鱼类年复一年的生长周期，在骨骼、鳞片、耳石等材质上形成重复出现的轮圈。根据这些轮圈的出现，可鉴定鱼类的年龄。

运用这种方法的先决条件，是必须有一个鱼类群体的优势年龄组（优势体长组）的出现，也就是这种鱼类资源的每个世纪的波动数量在不太悬殊的情况下才可采用。按照蒙纳斯蒂尔斯基划分的产卵群体的类型来说，即该鱼种属于第二类型——补充群体经常比剩余群体占优势的种类。根据爱尔兰鳕耳石轮群组成资料，用连续数年占优势的轮群组（图2-12）来确定年龄。

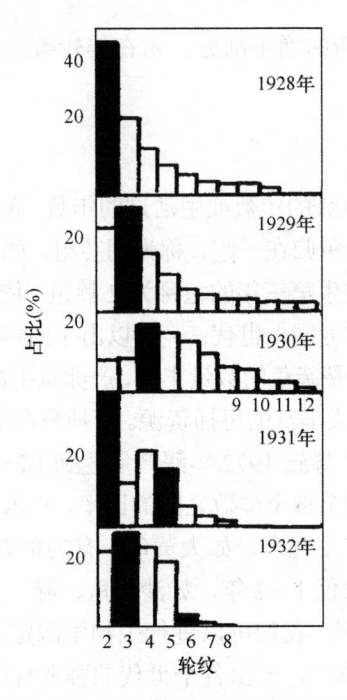

图 2-12　爱尔兰鳕的耳石轮群组成
（图中黑色条柱为优势年龄组）

2. 相对边缘测定法

在一周年内逐月从渔获物中采集一定数量的标本，并观察鳞片上轮纹在鳞片边缘成长的变化情况，即可证明鱼类年龄的形成周期和时间，测量鳞片边缘增长的方法有以下两种。

第一种是计算鳞片边缘增长幅度与鳞片长度的比值。

$$K = \frac{R - r_n}{R}$$

式中，r_n 为各轮距长度；R 为鳞片长度；K 为相对边缘增长值。

这个计算公式的缺点在于分母数值 R 因年龄增加而变大，以至于在愈高的年龄组中这个比值也愈小。

第二种是将鳞片边缘增长幅度（$R-r_n$）与鳞片最后两轮之间的距离（r_n-r_{n-1}）的比值 K 的变化，作为确定年轮形成周期和时间的指标。

$$K = \frac{R - r_n}{r_n - r_{n-1}}$$

鳞片边缘愈宽，K 值就愈大；反之，K 值就愈小。在新轮纹形成之初，K 值极小，几乎接近于 0；当 K 值逐渐增大，边缘幅度接近两个轮间的宽度时，则表明此时新轮即将出现和成形，如图 2-13 所示。

检查东海白姑鱼的第一个年轮在鳞片边缘恰好形成，绘制频率曲线，如图 2-14 所示。曲线下部表示第一个年轮在鳞片边缘形成的百分比，曲线上部表示未形成的百分比，中间疏密线部分表示年轮构成上有怀疑部分的百分比。图 2-14 表示一年中只有一次最高峰，因此只能形成一个年轮，于是即可确认为第一年年轮。

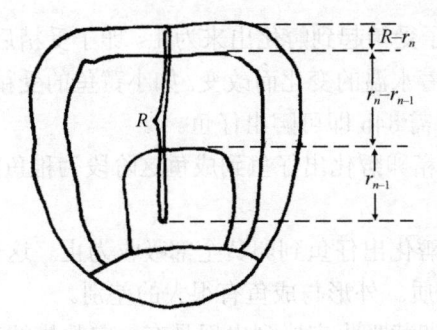

图 2-13　测量鳞片边缘增长的幅度（引自陈新军，2014）

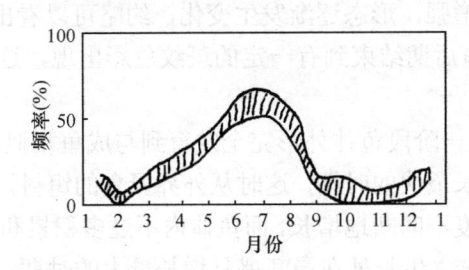

图 2-14　东海白姑鱼鳞片上的年轮出现频率（引自陈新军，2014）

五、鱼类的生长

生长是生物体摄食、吸收、同化有机物质贮藏于体内的一个过程，表现为在个体发育过程中体长和体重的增长，它是影响种群数量变动的主要因素之一。鱼类的生长在各个生长时期的情况各不相同。在一定的时期内生长速度较快，之后就会缓慢下来，而且每一种鱼都有一定的大小，也有不同的生长速度。有的鱼类孵化出来之后一年内，就可以长成和亲体一样的大小，而有的鱼类则需要经过许多年才能达到和亲体一样的大小。研究鱼类的生长就是要摸清各种经济鱼类的生长规律、变化类型，以及测定若干与渔业资源评估、渔业管理有关的参数，以便制定各种鱼类的捕捞规格，进行合理捕捞。

（一）鱼类生长的一般特性

在长期与复杂的环境斗争中，鱼类的生长形成了以下几个特点。

第一，鱼类在其适合生存的情况下，如果饵料充足、环境适宜，就可以继续不断地生长，直至衰老死亡为止。而一般高等脊椎动物达到性成熟后，身体就几乎停止生长。但鱼类的生长往往是长到某种长度或重量后，便减慢了生长的速度。

第二，鱼类的生长速度最快的阶段往往是在其性未成熟期，主要是为了保障鱼类较早达到性成熟和减少在达到性成熟之前被凶猛动物所捕食的危险，这是鱼类为防御凶猛动物而达到维持自身种群一定数量的一种与环境相适应的属性。

第三，鱼类生长的阶段性。鱼类从胚胎、稚鱼、成鱼到老年鱼的生长可分为以下四个阶段。

（1）胚胎阶段。从卵子受精起到孵化出来为止。卵子受精后至孵化出来所需的时间，依鱼种而不同，同时还随着水温的变化而改变。如小黄鱼的受精卵在培养顺利的条件下，水温为12.5～14℃时，约需84h即可孵出仔鱼。

（2）稚鱼阶段。从受精卵孵化出仔鱼到成鱼这阶段为稚鱼阶段，其又可分为以下四个时期。

A）仔鱼前期。即从孵化出仔鱼到卵黄全部吸收为止。这一阶段鱼体已开始从外界摄取其所能吸收的营养物质。外形与成鱼有很大的差别。

B）仔鱼后期。即从卵黄吸收完毕到出现具有一定数量的棘和软条的鳍为止。这一阶段鱼体生活能力逐渐增强，形态逐渐发生变化，约略可以看出许多类似成鱼的特点。

C）幼鱼期。从仔鱼后期结束到有一定的斑纹色彩出现，这一阶段鱼体外形与成鱼大致相似。

D）性未成熟期。这一阶段鱼体外形完全发育到与成鱼相似，仅生殖器官尚未成熟。这一阶段是鱼体长度增长最快的时期，这时从外界摄食的饵料，大部分的营养物质经过消化吸收后用于鱼体长度不间断地增长，而鱼体内不过多积累和储存脂肪等物质。例如，小黄鱼在生命最初的一年，生长处在最旺盛且增长最大的时期，东海北部小黄鱼第一年的增长量平均可达138mm（但尚未达到性成熟）。稚鱼阶段的迅速生长，是保证鱼类摆脱凶猛动物和不适环境条件，而达到维持自身种群一定数量的一种重要适应，因为小鱼被凶猛动物所捕食以及遭受恶劣环境条件折磨致死远比大鱼容易，因此，迅速生长是鱼类对外界环境适应的一种表现。

（3）成鱼阶段。即性器官成熟，每年在一定季节进行生殖和各个不同阶段的洄游移动。这一阶段鱼类的生长比较稳定，鱼类从外界所摄食饵料的营养物质，经消化吸收，除了一部分用于维持新陈代谢作用和发育增长外，大部分是用于性腺的发育和成熟过程，以保证生殖产物的成熟需要，提高种群的繁殖能力和后代的存活率，以及用于体重增加、越冬、生殖洄游的储备物质的积累上。所以，生长速度远没有稚鱼阶段快。例如，小黄鱼从出生后第二年至第六年，为性成熟以后生长变化不大的时期，各年间的增长量一般稳定在20mm左右。

（4）老年鱼阶段。即生殖器官和生理机能逐渐衰退而达到衰老的时期。这一阶段的鱼生长非常缓慢，鱼类摄食的饵料，经消化吸收后主要用于维持生命活动，而体长和体重的增加非常迟缓，甚至停滞。例如，小黄鱼从第六年开始即进入逐步衰老阶段。

第四，鱼类中一般是雌鱼个体大于雄鱼，雄鱼一般比雌鱼先达到性成熟，生长速度也提早减慢。

第五，鱼类在一年四季中的生长速度也是不一致的，即生长具有季节变化。另外，不同纬度地区的鱼的生长状况也不相同，总的来说，南方的鱼类生长速度快、个体小、性成熟早，北方则相反。

第六，鱼类生长的变异性，随着食物保障的改变而相应发生变化。营养条件恶化时，变异性提高，因而导致饵料基础扩大和鱼体初次性成熟年龄的差异变大。食物保障提高时，同龄鱼个体大小的变异性降低，因此鱼体初次性成熟年龄的差异缩短。

（二）影响鱼类生长的因素

鱼类的生长主要是受内在的遗传基础和外在的生活条件所制约。内在的遗传基础是生长发育的基础，而外在的生活条件又是一个不可缺少的条件，两者是互为条件的。生物学家一般对内在因子对生长的影响问题进行深入的研究，而渔业资源学研究往往仅讨论外界环境因子对鱼类生长的影响问题。

鱼类生活的外界环境因子又可分为生物因子和非生物因子两个方面。生物因子方面主要体现在捕食与被捕食的关系（即饵料）上。饵料生物是鱼类生长的能量来源，饵料基础的丰歉（包括饵料生物种类和数量）是直接影响鱼类生长速度和发育水平的重要因子之一。在水温适宜的情况下，充足的饵料供应是鱼类生长迅速的关键因素，特别是饵料的质量高和数量丰富。若饵料生物稀少，质量低，就会严重影响鱼类的生长和性腺的发育。在自然海区，食饵的丰歉由于季节、地区不同而有差异，在人工饲养的池塘里，投喂的饵料十分重要，是养鱼成败最关键的因素。

非生物因子方面，主要包括温度、盐度、溶解氧、光照等因子。鱼类对温度有一定的要求，水温能改变鱼类代谢过程的速度，进而影响鱼类的生长速度。不管生活在哪一阶段，水温都将直接或间接地影响到鱼类的生长。一般来说，在适宜的水温范围内，温度越高，鱼类生长代谢也越快。每一种鱼都具有最适的水温耐受范围，在此温度条件下鱼类的新陈代谢最活跃、最旺盛，生理反应能力最强，于是必然增加摄食强度，鱼体生长速度相应加快。若水温过高或过低，都能影响性腺的发育以及卵子或精子的成活率，甚至造成鱼体死亡。例如，鲑受精卵在水温 0～12℃时孵化，亲鱼能忍受 0～20℃的水温变化。野鲤在 0～20℃水温下生活，其中在 8～10℃条件下觅食旺盛；在 15～20℃条件下繁殖新一代，幼体发育良好；在 0～8℃时进入越冬阶段，在 0℃以下即死亡。一般来说，温水性鱼类比冷水性的鱼类生长快一些。冬天鱼类越冬期间，活动较少，生长也较缓慢，春天水温升高，鱼类进行索饵洄游，摄食量增加，生长速度就加快。

（三）研究鱼类生长的方法

1. 直接测定法

根据每批渔获物样品所测定的年轮和生长资料，按年轮组归并，计算出各年龄组的平均长度，即为直接观测鱼类的生长数值，进而计算出每年实际增长的长度。只要年龄的生长率在各个世代间没有显著差别，各个年龄组由随机样品组成，这些年龄的平均长度就可用来直接估计鱼类逐年的增长率。

研究表明，鱼类在生命的最初阶段，长度的绝对值迅速增加，体重的绝对值也呈正相关增加的趋势。之后随着年龄的增加，体长和体重的增加就会减缓下来。有的种类最初阶段可维持 3～5 年，有的 8～9 年，甚至更长一些。也就是说与鱼类寿命这个生物学特点相联系，短寿命的鱼类，最初的增长阶段在 1～2 年内完成，长寿命的鱼类最初的增长阶段可适当延长若干年，大多数经济鱼类的体长增长或体重增加均在最初 2～3 年内完成。

运用直接测定法研究鱼类生长所选择的采集样品时间，最好是在鱼类处于繁殖期或者是在冬季，或者在新年轮形成的季节，以便与逆算法得出的数据相对照。直接测定法的优点是最接近实际状况，最能反映事物的真实性。缺点是一次的数据不能反映全部所需要的年龄标本。不同渔场获得的标本，可能生长速度有差异，不能很好地了解同一世代鱼的生长情况，得到的数据只能反映不同世代鱼群以同样速度生长的状况。

2. 逆算鱼体长度的方法

这个方法是根据鱼体长度与鳞片长度成比例这一理论，利用几何学上两个相似三角形对应边成正比的定理，用年轮逆算鱼的生长，即根据某种鱼的鳞片或耳石或其他骨片上的年轮，推算出以前几年中鱼体的生长情况，由此间接求得生长率。

用鳞片逆算体长：1910 年，Walter 研究了鲤鱼的生长，首先发现鳞片的轮纹与鱼体长度成正比关系（图 2-15）。同年挪威学者 Lea 和 Dahl 发展了这一理论，他们认为鱼类鳞片的增长随年龄而增加，鳞片长度与鱼类体长成正比例，并创造了 Lea 比例板。其鱼体长度逆算公式如下：

$$L_t = \frac{r_t}{R} \times L$$

式中，L_t 为鱼在以往某年的长度；L 为鱼在被捕获时实测的长度；r_t 为与 L_t 相应年份的鳞片长度；R 为鱼在被捕获时实测的鳞片长度。

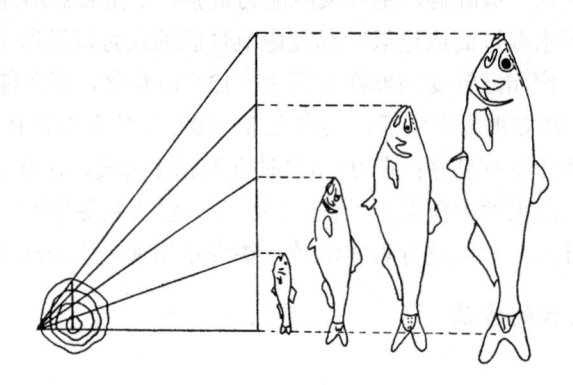

图 2-15　鱼体生长及其鳞片生长的相互关系（引自丘古诺娃，1956）

按照以上公式，当鳞片的总长度、各年轮的长度以及鱼的总长度已知时，就能推算出各年龄的鱼体长度。这里对鳞片的测量必须准确，测量时首先要找到鳞片的中心，然后自中心引出一条生长轴线，一般选年轮特别清楚的一个侧区，在同一批材料中所选定的生长轴线要一致。然后用显微镜或解剖镜内的目微尺进行测量，将目微尺的刻度正好放在沿中心的生长轴线上，仔细记录鳞片长度（R）的刻度格数及自中心到各年轮标志（r_t）的刻度格数。这样根据上述公式即可推算出某一年龄时的鱼体长度。

另外，用描绘器可以将显微镜和解剖镜下观察到的鳞片反映到坐标纸上，同样也可以数出各龄年轮及鳞片全长的格数。也可以用文献阅读仪或投影仪进行测量。

这个公式认为鳞片的生长与鱼体的生长呈直线关系，即鳞片的生长和鱼体的生长成正比例关系，且孵化出的幼鱼已有鳞片。这种生成类型称之为"相等生长"。

但是，在实际工作中，可以发现用上面公式推算求得的鱼体生长长度，与实测存在一定的误差，即往往会比直接测定的该年的鱼体长度要小一些。这种误差在老年鱼鱼体上表现得特别明显。这是因为鱼的鳞片不是在鱼刚出生的时候形成的，而是在鱼已达到一定长度时才开始长出的。为此，1920年，美国学者Rosa Lee提议将Lea提出的公式修正为

$$L_t = \frac{r_t}{R} \times (L-a) + a$$

式中，a表示鱼体开始出现鳞片时的鱼体长度。

Rosa Lee公式表示鳞片的生长与鱼的生长也呈直线相关，即

$$L = a + bR$$

式中，a、b为常数；a的生物学意义是相当于鱼体出现鳞片时的体长，b的生物学意义是相当于每单位鳞片的体长。

后来经过进一步研究，许多学者认为，有的鱼类鳞片与体长的增长并非是呈直线关系，而是存在着曲线相关关系，如蒙纳斯蒂尔斯基（Г. Н. Монастнрскии）详细研究了鳞片和体长的关系，得到的结论是鳞长对数值的增加与体长对数值的增加成比例关系。他认为鱼体长度与鳞片长度之间的关系为

$$L = aR^b$$
$$\lg L = \lg a + b \lg R$$

式中，a为系数，b为幂指数，求出a和b即可画出相应的幂函数曲线。

除了以上三种推算鱼体生长的公式外，许多学者在研究鱼类年龄和生长时，还采用了其他若干研究方法，如抛物线函数、双曲线函数等。但是，最常用的是上述三种公式，Lea公式虽有缺点，但是使用时比较简便，不少学者还是经常采用此法研究鱼类的生长，对数法虽复杂些，但用它算出的长度常比Lea公式算出的长度更接近实测数据。

每当我们对一种新的鱼类进行生长研究时，在还不清楚这种鱼是否适用Lea公式时，必须对照不同方法所算出的数值，并将它们和实测数值进行比较，如表2-9所示，以供检查。这种检查也可以在推算之前进行。进行这项工作必须找出每个长度组中鱼体长度和鳞片长度之间的比例（用鳞片的长度除以鱼体的长度）。如果这种鱼的这个比例是稳定的、差幅不大的话，则可用Lea公式来进行推算，当这个比例呈现不稳定时，就应该利用对数公式进行推算。

表2-9 不同计算公式推算鳕生长的比较（引自曹启华，1999）

项目	数值										
鳞片后部的长度（目微尺的刻度数）	41.8	44.5	48.9	52.9	56.6	57.9	61.9	64.9	68.2	71.9	73.4
鱼体的实测长度（cm）	37.5	42.5	47.5	52.5	57.5	62.5	67.5	72.5	77.5	82.5	87.5
用对数法算出的鱼体长度（cm）	39.0	42.5	48.5	54.0	59.5	61.5	68.0	72.5	78.0	84.5	87.5
用Lea公式算出的鱼体长度（cm）	49.9	53.0	58.2	63.0	67.5	69.0	73.5	77.3	81.5	85.5	87.5

3. 鱼类生长率类型与生长指数的计算

鱼类的生长可依据鱼体体长 L 或重量 W 描述，它们可以划分为以下几种。

（1）在某一年份的绝对增长率（或增重率）：L_2-L_1 或 W_2-W_1。

（2）相对增长率：$(L_2-L_1)/L_1$ 或 $(W_2-W_1)/W_1$（通常用百分比计算）。

（3）瞬时增长率：$\ln L_2-\ln L_1$ 或 $\ln W_2-\ln W_1$，代表各种形式的典型种群生长曲线。

在比较不同水域中同一种鱼的生长率或不同种类鱼的增长率时，大多数采用对比同龄鱼的长度或重量，以及对比它们在同一年龄上所增加的长度或重量的方法。

增长的绝对值不能用来比较不同种或不同属的鱼类生长速度。同一增长值在鱼体长度情况不同时可具有不同的意义，因此在决定鱼的生长速度时，不能等量齐观。

比较不同大小鱼体长或体重的增长时，往往不用增长的绝对值而是用相对值来表示，也就是用增长值和鱼在年初时的体长或体重两者之间的百分比来表示，如体长 L 的相对增长值为

$$C_e = \frac{L_2 - L_1}{L_1} \times 100\%$$

该数值表示一年的生长速度或一年之中的各段时期的平均生长速度，也把它称为"比速"。但是用这样的公式来表示生长的比速，并非完全恰当，因为在一年之中并非任何时间的增长都加到年初时原来的大小上，而是重新加到已经增长了一定的大小上。因此鱼的生长速率可用生长对数表示。Vasnctsov 的生长对数式如下：

$$C_e = \frac{\lg L_2 - \lg L_1}{0.4343(t_2 - t_1)}$$

式中，0.4343 为自然对数转换为以 10 为底数一般对数的系数；L_1 和 L_2 为计算生长比速的那一段时间开始和结束时的鱼体长度；t_1 和 t_2 为以鱼生长开始的时候（孵化时）起，即需要计算生长比速的那一段时期开始和结束的时间。

例如，不同水域的鲷鱼，成熟前的生长系数变动在 0.97~7.22，比值约为 8 倍，但成熟的鲷则在 0.9~4.0 变动，比值约为 4 倍。

但是鱼类生长拐点的出现以及生长比速的大小，并不是和生长开始以后所经历的时间相联系，而是与鱼体已达到的长度相联系。因此，可用生长指标来表示，如果以 1 年为期，则 t_2-t_1 总是 1。因而计算生长指标时可以将 (t_2-t_1) 从公式中省略去。

计算生长比速、生长对数（或相对生长速率）和生长指标时，在任何场合下所用的都是每个年龄的平均长度，而不是各个个体的长度。生长指标能用来划分某水域中该鱼类的生长阶段，例如，小黄鱼的生长特性，通过计算生长比速和生长指标，得知小黄鱼可分为三个生长阶段：第一个阶段属于生长旺盛阶段，为生命最初的第一年或第二年，此时，鱼体尚未达到性成熟，体长的增长迅速；第二个阶段属于生长稳定阶段，从第二年到第六年性腺逐渐成熟，在第二年还有部分鱼类的性腺尚未完全成熟或正在趋向成熟，故这一阶段生长稳定，第二年的增长量高达 53mm；第三个阶段为生长衰老期，从第六年开始生长缓慢下来，进入衰老阶段，年增长率变得很低（表 2-10）。

表 2-10　东海北部小黄鱼的生长状况（引自陈新军，2014）

年龄	体长（mm）	年增长量（L_2-L_1）（mm）	生长比率（L_2-L_1）/L_1（%）	生长指标（$\lg L_2 - \lg L_1$）/0.4343
1	139			
2	192	53	0.381	4.54
3	214	22	0.115	2.08
4	233	19	0.085	1.82
5	249	16	0.066	1.55
6	259	10	0.039	0.98
7	260	1	0.004	0.09
8	261	1		

相对增长率和瞬时增长率大多数用在鱼类的重量方面，长度的瞬时增长率和重量的瞬时增长率（G）是类似的统计量，它们的差别仅在于所用的常数。因此瞬时重量增长率为

$$G = \ln W_2 - \ln W_1 \\ = \ln a + b(\ln l_2) - \ln a - b(\ln l_1) \\ = b(\ln l_2 - \ln l_1)$$

式中，b 为重量–长度指数，乘以体长的自然对数的差，即为该年的瞬时重量增长率。式中只要 b 是已知的，就可提供一个根据鱼体体长资料估算 G 的简便方法。

4. 平均生长率的计算

计算平均生长率的顺序通常如下。

（1）以鳞片测定年龄，并对各个年龄进行测量。

（2）建立鳞片大小与鱼体大小的关系。

（3）对每一条鱼逆算鳞片上所代表的最后一个完整年份开始和结束时间的体长。

（4）计算各个鱼的函数斜率 b，其公式为

$$\ln W = \ln a + b \ln L$$

（5）取每尾鱼最后一个完整的生长年的起始长度和末期长度的自然对数，并相减，即可得到每尾鱼的长度瞬时增长率。

（6）将每一年龄组的长度瞬时增长率进行平均，其平均值乘以 b 便得到各年龄的重量平均瞬时增长率 G。

5. 鱼类体长与体重关系

在鱼类的早期发育过程中，要经过几个明显不同的生长阶段或生长环节，这些阶段或环节之间在鱼体的结构和生理上都会发生较大的变化。经过长期的研究发现，鱼类的一生中任何一个生长阶段，其重量均随长度的某一幂函数形式而变化。其计算公式为

$$W = a \times L^b$$
$$\ln W = \ln a + b \ln L$$

式中，W 为体重；L 为长度（如体长、肛长、叉长、胴长、壳长、头胸甲长等）；a、b 为两个待定的参数。

通常，b 值可由大量不同大小的鱼的重量对数对长度对数作图求得。

当 $b=3$ 时，表示等速生长，这种鱼具有体形不变和比重不变的特点。许多种类都接近这一"理想"值，虽然鱼类重量要受一年中的时间、胃含物、产卵等条件的影响。

当 $b \neq 3$ 时，表示异速生长。这种鱼的体形要发生变化，有时在同一种的不同种群或同一种群的不同生活阶段及雌雄个体之间存在一定差异，这可能与它们的营养条件有关。我国近海鱼类和无脊椎动物的 b 值分布在 2.4～3.2。淡水鱼类稍大一些，b 值为 2.5～4.0。华元渝和胡传林（1981）用数学的观点阐述了上式的生物学意义，认为当 b 值发生微小的变化时，a 值的变化比较明显，b 值的大小反映了不同种群或同一种群在不同生活阶段的变化。

第三节 繁　　殖

一、鱼类繁殖习性研究在渔业上的意义

渔业资源群体的繁殖活动是其生命活动的最主要组成部分之一，是增殖群体和保存物种的最主要活动，每一渔业资源群体所具有的独特繁殖特性是群体对水域生活条件的适应属性之一。这方面的内容不但重要，而且还因为其中包含着很复杂的机理，成为渔业资源学研究的难点之一。因此，研究渔业资源群体的繁殖习性，阐明其产卵类型、性成熟规律、繁殖力以及繁殖生态等，不仅具有理论价值，更重要的是对渔业生产实践具有重大的实际意义，如可以作为提高捕捞效益，以及合理捕捞、制定渔业管理措施的重要科学依据。同时对于研究人工繁殖、杂交育种，进而解决苗种来源问题，进行人工放流等都具有很大的作用。

1. 有助于判断渔期的迟早

掌握了解鱼类生殖腺的发育与渔期的关系，即可据此估计渔期的迟早，因此，它在决定开始生产与结束作业的时间和安排船只作业等方面，是一个很重要的参考依据。特别是在产卵洄游的中途和进入产卵期之前更为重要。这是由于鱼类在产卵洄游前性腺已有相当发育，而洄游过程中性腺起着较剧烈的变化。这种变化与渔期有着密切的关系。通常鱼群的性腺成熟提早，可引起产卵场的汛期提前，反之则延后。

2. 有利于探索新渔场和掌握中心渔场

根据鱼卵分布的密集情况，可以确定渔场中心，因为鱼卵密集的地方，往往是亲鱼产卵的场所，如烟台鲐和吕泗小黄鱼产卵场的鱼卵密集区与产卵群的中心渔场是颇为一致的。另外，在探索新渔场时，常常利用拖捕鱼卵的出现海区、时间和数量等，作为探索新的捕捞对象的依据。同样在某种鱼群的产卵洄游过程中，依据该鱼群的性腺成熟度分布情况，可以判断它们的洄游动态。

3. 可作为制定繁殖保护渔业资源措施的依据

鱼类繁殖是延续种族的唯一手段，如产卵季节因过度捕捞，即影响其生殖繁衍，致使

渔业资源种群陷于毁损。因此，为了合理利用海洋渔业资源，就必须了解鱼类种群的繁殖特性及早期发育规律，以便针对渔业资源种群的繁殖特点，制定合理科学的繁殖保护措施。

4. 可作为估计渔业资源蕴藏量的基础资料

可将鱼卵分布密度和数量作为估计渔业资源蕴藏量的基础资料。苏联在远东海区曾利用这一原理估测明太鱼的资源量和可捕量，获得相当良好的效果。根据鱼群不同世代的繁殖力和群体孵化率、幼鱼成活率等资料，可推测鱼类种群数量变动的趋势，这是世界各国研究鱼类种群数量变动的重要课题。

二、鱼类的雌雄性别鉴定及性比

（一）鱼类的雌雄性别鉴定

鱼类的雌雄性别并不都像哺乳动物那样，可以从外生殖器上区分出来，一般来说，鱼类的雌雄性别很难在外形上将其分辨开来，许多种类甚至需要通过解剖观察其性腺，才能确定其雌雄。然而，有些种类还是可以从其体形大小、鱼体的外部形态、体色以及生殖孔向外开口情况等一系列的外部特征差异来鉴别其雌雄，如板鳃鱼类的雄鱼，具有由腹鳍变化而来的鳍脚，鳉鲅鱼类的雌鱼具有由生殖乳突伸长而形成的产卵管，鱚的雄鱼具有由臀鳍前部的鳍条特化而形成的交配器（如生殖足）（图2-16）。尤其是在繁殖季节，有些鱼类的两性的性别差别特征表现得格外明显。

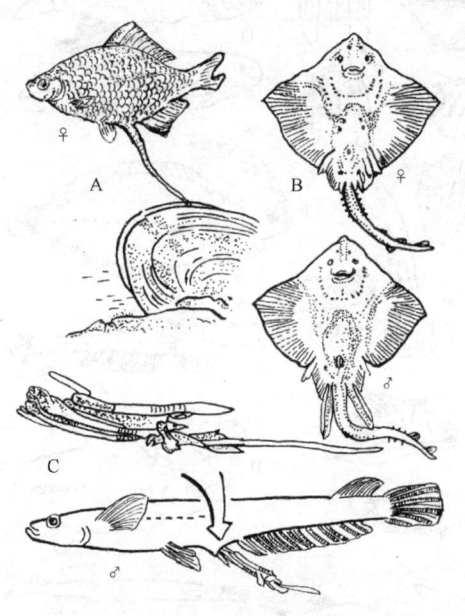

图 2-16　鱼类的外部生殖器官
A. 鳉鲅的产卵管；B. 鳐的鳍脚；C. 郝氏鱚的生殖足

1. 根据外部形态特征鉴别

（1）根据雌雄鱼体异形鉴别。对于硬骨鱼类来说，同龄的鱼，一般雌鱼个体比雄鱼大一些，以保证鱼群有较高的繁殖力，这种差异是由于雄鱼性成熟早和寿命稍短而引起的。如某些鲤科和鲟科的鱼类，其雌鱼平均体长只比雄鱼大若干厘米，性成熟的小黄鱼雌鱼比雄鱼的体长长 1~2cm；而有些种类则差别颇悬殊，如康吉鳗雌鱼体重可达 45kg，而雄鱼却不会超过 1.5kg；鮟鱇目角鮟鱇亚目的深海种类则更是表现出令人惊奇的雌雄两性异形现象，其雄鱼以口部固着在雌体上，并依赖雌鱼的体液摄取营养，同时雌雄两鱼的血管亦彼此相通，所以雄鱼的一切器官，除生殖器外，均已退化。1 尾雌鱼的腹部有时可能附着若干尾雄鱼，例如，体长 1030mm 的角鮟鱇雌鱼的腹部有时会附着 2 尾体长 85mm 和 88mm 的雄鱼。当然，也有相反的情况，有少数种类的雄鱼大于雌鱼，如 1 龄的鳕就是雌鱼小于雄鱼，还有黄颡鱼、棒花鱼等也是如此。一般来说，这种现象出现在雄鱼保护自己后嗣的鱼类身上。这是一种防御敌害侵袭的生物学特性。

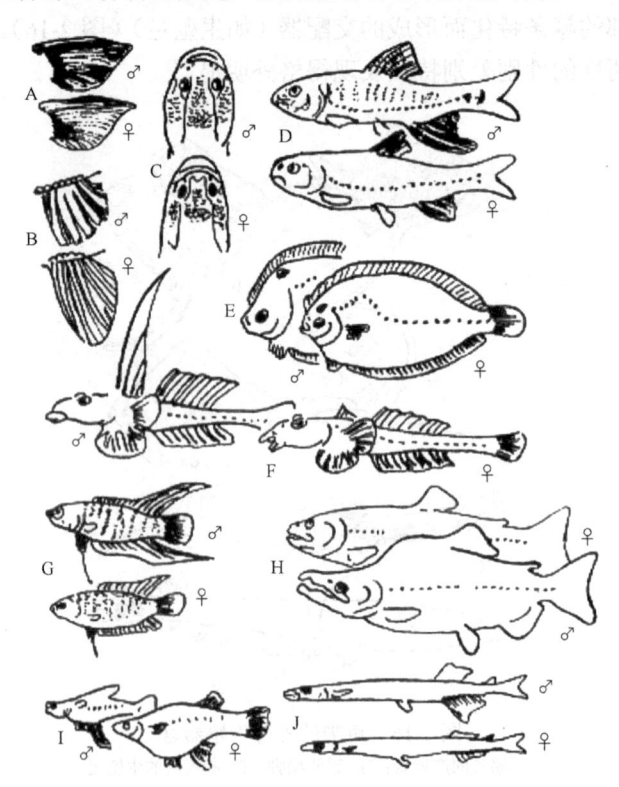

除此之外，还有雌雄鱼的形态异形。不少种类的背鳍和臀鳍出现雌雄差异，如美尾鲿雄鱼的第一至第二鳍棘特别延长。银鱼雄体的臀鳍基部上方两侧各有一列鳞片，而雌鱼则无此现象。板鳃鱼类的雄鱼有腹部变成的棒状交接器——鳍脚。鲯鳅的雌鱼头部正常为圆弧形，雄鱼的头部背方则隆起呈方形，光鲽的雌鱼被圆鳞，雄鱼被栉鳞。有些鱼类在繁殖季节雄鱼在体形上会发生很大变化，如大麻哈鱼在进行溯河产卵洄游期间，其头部背面向上耸起，吻和下颌显著变长，两颌弯曲成钩状，并长出巨齿（图 2-17），细鳞大麻哈鱼的雄鱼背部还有明显隆起，故又被称作驼背大麻哈鱼。

图 2-17 几种雌雄异形的鱼类（引自孟庆闻等，1987）
A. 白鲢的胸鳍；B. 青海湖裸鲤的臀鳍；C. 沙鳢的头部；D. 马口鱼；E. 海鲫；F. 鲻；G. 圆尾斗鱼；H. 驼背大麻哈鱼；I. 食蚊鱼；J. 银鱼

有些鱼类的雌雄泄殖孔的结构不同，如真鲷雌鱼在肛门之后有较短的生殖乳突和生殖孔，其后还有一泌尿孔；而雄鱼在肛门之后只有一较长的泄殖乳突，生殖、泌尿共开一尿殖孔。罗非鱼也是如此。两性差异不仅表现在外部构造上，而且在一些内部结构上也有差异，如拟鲅鳙雄鱼的嗅球比相同体长的雌鱼的嗅球大2~3倍，嗅板也多一倍。

通过鱼类的外部生殖器官可以很容易辨别鱼类的两性。但需要注意的是，多数鱼类的外部生殖器官并不存在。

（2）根据婚姻色（nuptial color）鉴别。很多鱼类在生殖期来临时，会发生体色的变异，或者颜色变深，或者出现鲜艳的色彩，这点一般在雄鱼中表现得比较突出，并且在生殖完毕即消失。通常我们称之为婚姻色（或称婚姻妆）。它的出现是生殖腺在血液中分布的性激素作用的结果。婚姻色出现期间，生殖腺显著扩大。生殖期间色彩激烈变异的情况在鲑科、鲤科、攀鲈科、刺鱼科、雀鲷科、隆头鱼科等鱼类中是常见的。例如，大麻哈鱼在海中生活时身体呈银色，繁殖季节进行溯河洄游时，体色变成棕色，而雄鱼鱼体的两侧还出现鲜红的斑点。

（3）根据追星（又称珠星）（nuptial tubercle）鉴别。在繁殖季节，一些鱼类的身上的个别部位（如鳃盖、鳍条、吻部、头背部等处）会出现白色坚硬的锥状突起，即为珠星（或追星），这是表皮细胞特别肥厚和角质化的结果。珠星大多只在雄鱼中出现，但有些种类雌雄鱼在生殖时皆有出现，只不过雄鱼的较为繁盛。这一特征在鲤科鱼类中较常见，如青、草、鲢、鳙四大家鱼都在胸鳍鳍条上出现珠星。

一般认为珠星可起到使雌雄亲鱼在产卵排精时兴奋和刺激的作用，发生产卵行为时，可以看到雌雄鱼身体接触的部分，多是珠星密集的地方。

总之，一般是根据外部形态特征区分雌雄两性，但要获取准确的结果，往往还需解剖，以了解鱼体内部的生殖系统，并区别出雌雄鱼体。

2. 根据内部特征鉴别

（1）根据鱼体解剖观察性腺进行鉴别。

（2）利用血液组成进行鉴别。一般性成熟的鱼类，雄鱼的红细胞和血色素都比雌鱼多，而未成熟的鱼，其血液组成雌雄鱼大致相同。

（二）性比

性比是指鱼群在自然条件下的雌雄鱼个体数的比例，主要通过渔获物中的雌雄鱼数量之比来表示。

适当的性比对繁殖的有效性来说是很重要的。保持一定的雌雄比，会使后代不断繁衍。因此，性比是生物学特性的具体表现之一。一般情况下，鱼类的性比接近1∶1。但是，不同鱼种或同种鱼在不同的生活阶段、不同的年龄、不同的水域及不同的季节，甚至不同的年份，其性比都会发生变化。例如，栖息于东海的海鳗，冬季雌鱼多于雄鱼，春季则雄鱼多于雌鱼，而春秋期间则相近，而栖息在日本九州地区的海鳗，冬春季节性比的变化也很大，但是恰与东海的海鳗相反。又如，大黄鱼春汛产卵期的性比，除了旺汛期之外，一般是雄鱼多于雌鱼。

性比亦随鱼群中个体大小的不同而变化。例如，东海的黄鲷在个体较小的阶段雌鱼占70%，体长达210~220mm时，雌鱼占50%，到高龄鱼阶段，雌鱼只占10%~20%。又如，大黄鱼平均体长小于280mm的鱼体中，雄鱼占多数；体长为280~360mm的鱼体中，性比等于1：1；大于360mm的鱼体中则雌鱼居多。

鱼类的性比还随着生活阶段不同而有变化，例如东海的小黄鱼，2~3月、5~8月，雌鱼比雄鱼多；10月至翌年的1月雌雄性比相接近。

生殖期间，鱼类的性比一般是接近于相等的，但在生殖过程中的各个阶段却稍有变化。生殖初期，一般是雄鱼占多数，生殖盛期性比基本相等，生殖后期雄鱼的比例又逐渐增加。在产卵群体中，往往是在小个体的鱼群中，雄鱼占多数，大个体者，以雌鱼居多。这是由于雄鱼性成熟早，因此加入产卵群体中也较雌鱼早，而寿命一般较短，所以在大个体鱼群（高龄鱼）中，雄鱼的数量较少，这对于种群繁衍来说，有着重要的意义，因为雄鱼死亡早，能保证后代和雌鱼得到大量的饵料。

总之，鱼类性比多种多样，它是不同鱼类对其生活环境多样性的适应结果，这在渔业资源的研究中具有重要意义。

三、鱼类的性成熟

（一）鱼类性成熟过程

鱼类开始性成熟的时间是种的属性，是各种鱼类在不同环境条件下，长期形成的一种适应性，它有较大的变化幅度，在一个种群范围内也有变化。同一种群内，鱼的性成熟的迟早首先同个体达到一定体长有关。有学者认为鱼类在鱼体达到最大长度的一半时才开始性成熟。因而鱼体生长越快，其性成熟的时间就越早，生长较快的个体与生长缓慢的个体相比，其性成熟年龄较低。因此，个体年龄不同，当大致达到性成熟体长时，就开始性成熟，现以东海带鱼为例，简述其性成熟过程的主要变化。

东海北部带鱼种群中的早春鱼群，在肛长180mm以下者主要为性未成熟个体，从肛长150mm开始出现正在性成熟鱼个体，3月份尚未发现有性成熟者。随着卵巢的发育，开始出现正在性成熟鱼的肛长组逐渐前移。在4月份，肛长200mm的鱼中，约有5%性成熟，大量性成熟的肛长组在240mm左右。龚启祥等（1984）对东海种群带鱼雌鱼的卵巢变化研究也表明，3~4月，第4期相卵母细胞成为卵巢中的主要组成部分。5~7月，性未成熟鱼（Ⅱ期）和正在性成熟鱼（Ⅲ期和Ⅳ期早期）减少，性成熟和产卵带鱼（Ⅳ期后期和Ⅴ期以及产后个体）大量增加，即6~7月，肛长170mm左右者约有15%开始性成熟，肛长200mm以上的全部为性成熟和正在性成熟的个体。从7月开始出现卵母细胞退化吸收的个体，8~10月逐月增多，性成熟率则逐月降低，8~9月分别为38%和18%，10月降到约为1%，说明生殖期即将结束。11月至翌年2月，残余的第Ⅲ、Ⅳ期相卵子经过退化、吸收后，卵巢进入Ⅱ期，不久发育为Ⅲ期。

带鱼开始性成熟的体重（纯体重）也具有非同时性，到一定重量时才能性成熟。3~6月开始出现正在性成熟的体重组为20~50g，7~10月增加至80~120g。性成熟鱼开始出现的体重组4~6月由80~100g延至100~120g，在此重量以上者为完全性成熟。

带鱼的世代成熟过程较短，当年较早出生的个体，同年8月（年龄约半年）部分个体即可达到性成熟。从1979年早生世代（1龄鱼早生群）的性成熟过程可看出（表2-11），它们到翌年春、夏季绝大多数个体已进入性成熟阶段或达到性成熟。1979年晚生世代（1龄鱼晚生群）到翌年7月出现性成熟个体。夏、秋季大多数个体达到性成熟。同一世代尽管出生的时间不同，但全部达到性成熟时所需要的时间却为1年左右。

表2-11　东海北部带鱼的世代成熟过程（引自罗秉征等，1983a）

世代	1980年				1979年							
年龄	当年生0龄				1龄早生群				1龄晚生群			
月份	性未成熟	正在成熟	性已成熟	标本数	性未成熟	正在成熟	性已成熟	标本数	性未成熟	正在成熟	性已成熟	标本数
4	—	—	—	—	3	97	—	198	96	4	—	55
5	100	—	—	6	11	83	6	393	82	18	—	115
6	100	—	—	7	1	39	60	205	57	43	—	69
7	100	—	—	4	—	5	95	114	25	25	50	12
8	86	7	7	104	—	15	85	82	5	12	83	41
9	82	2	16	176	3	4	93	147	8	4	88	50
10	59	—	41	105	—	—	100	56	—	—	100	16

在同年龄鱼的性成熟过程中，达到或将要达到性成熟的鱼体长度，均较性未成熟者大，不论年龄大小，各年龄鱼的性成熟比率均随鱼体的增长而逐月增加（图2-18）。带鱼的出生时间虽不同，但初次达到性成熟的鱼体大小却基本一致，约为180mm。可见，带鱼性成熟与长度的关系较之年龄更为密切。

（二）鱼类生物学最小型

卵子从受精到孵化出仔鱼之后，逐渐生长，生长到一定程度之后，体内的性腺开始发育成熟。各种鱼类开始性成熟时间不同，即便是同一种鱼类，由于生活的地点不同，其开始性成熟的时间也不相同。这种从幼鱼生长到一定程度之后，性腺开始发育成熟的时间一般称为初次性成熟时间。鱼类达到初次性成熟时的最小长度称为生物学最小型。

初次性成熟时间与鱼达到一定体长有关，而同其经历过的时间关系较小。也就是说，生长越快，达到性成熟的时间就越短，反之则越长。大多数分布广泛的鱼类，生活在高纬度水域的鱼群通常比生活在低纬度水域的鱼群开始性成熟的时间晚，而且雌雄性成熟时间也不同。例如，同是大黄鱼，生活在浙江沿海的鱼群，2龄开始成熟，大量性成熟的时间，雄鱼为3龄，雌鱼为3龄和4龄，到达5龄时不论雌雄鱼都已性成熟；而生活在海南岛东面硇洲近海的鱼群，1龄时便有少数个体开始性成熟，2龄和3龄时大量个体性成熟。由此可见，在北半球，大黄鱼初次性成熟时间由北而南逐渐提早。且雄性个体性成熟时间早于雌性，浙江近海的大黄鱼，雄鱼体长为250mm，体重达200g左右时大量开始性成熟，而雌鱼体长为280mm，体重300g左右时才大量开始性成熟，其性成熟的体长和体重，雄鱼均比雌鱼为小。又如绿鳍马面鲀，生活在日本海的鱼群，性成熟年龄为2龄，其生物学最小型为190mm左右。生活在钓鱼岛附近海域的鱼群，在1龄时就大部分个体达性成熟，其生物学最小型为128mm左右。

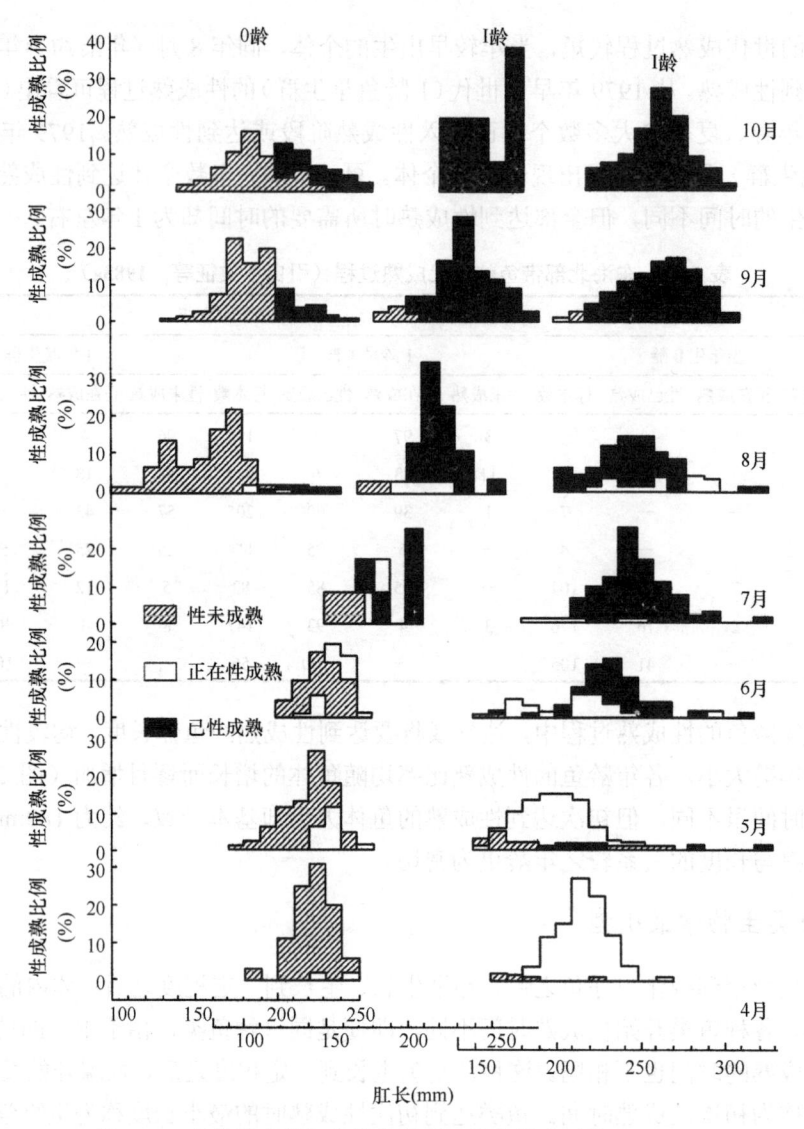

图 2-18　带鱼性成熟与生长的关系（引自罗秉征等，1983a）

规定最小可捕标准，一方面是为了保证有一定的亲鱼数量，使捕捞种群有足够的补充量，另一方面是为了使渔业资源达到最大的利用率，即能取得最大的生物量，因此在制定可捕标准时，有必要考虑捕捞对象的生物学特性，即掌握其生物学最小型，所以正确地测定生物学最小型对渔业资源的保护有着重要意义。

（三）鱼类性成熟与外界环境的关系

鱼类生长的好坏直接影响其性成熟。决定鱼类性成熟的因素是很复杂的，包括鱼类本身以及外界环境等多方面的因素。

1. 水温

同一种鱼，当生长在不同水温的海域中或虽在同一温度的海域但水体中的饵料基础及水质条件等不同时，也可以出现不同的性成熟年龄。一般来说，在平均温度高、光照时间长、食料丰富和水质条件（如溶解氧、PH 及某些营养盐类）优良的水域中，性成熟比较早。一般南方海域的鱼要比北方海域的早熟 1～2 年，如南海的大黄鱼，达到性成熟的最小个体年龄仅为 1 龄，而浙江沿海的大黄鱼开始性成熟的年龄为 2～5 龄，多数为 3 龄。这一特点与各地的气候对鱼类生长发育的影响有关系，南方海域的鱼生长速度快，性成熟也早。因此，温度与性成熟的迟早有关是不难理解的。在鱼类繁殖过程中最明显的温度关系是鱼类产卵的温度阈，每一种鱼在某一海域开始产卵的温度是一定的，一般低于这一温度时就不能产卵。

2. 饵料

当鱼类栖息的环境发生显著的恶化，如饵料不足、形成十分尖锐的饵料矛盾时，鱼类初次性成熟的年龄就会推迟。例如，在第二次世界大战期间因渔业停顿，里海的拟鲤群体数量大大增加，就产生了尖锐的饵料矛盾，鱼类生长逐渐迟缓，结果性成熟年龄由 3 龄推迟到 5 龄；后来渔业恢复，群体数量下降，营养条件有了改善，性成熟年龄又恢复到了 3 龄。由此可见，鱼类在良好的饵料条件下，由于生长迅速，会较快地达到性成熟，并会有较大的怀卵量，就是说鱼群会有较高的繁殖力；而在饵料条件恶化时，生长缓慢，性成熟延迟，怀卵量减少，从而使鱼群繁殖力降低。

浙江近海大黄鱼性腺发育与饵料基础的季节变化有很大关系。从大黄鱼成鱼的性腺成熟系数周年变动中可以看出，自 1 月至 6 月成熟系数逐月增大（1 月平均为 0.6%，6 月为 5.5%），性腺处于发育成熟阶段。在这一时期，鱼体的营养首先要满足性腺发育成熟的需要，所以这时摄食并不引起体重的增加，即生长速度呈缓慢状态，体重和丰满度一般也有下降。待入夏生殖期结束后，成熟系数迅速下降（7 月仅为 0.6%），排卵后性腺处于恢复时期，此时营养（摄食）使鱼体的生长速度迅速上升，体重有明显增加，秋季（10～11 月）性腺大部分处于恢复和缓慢发育阶段，但由于有部分生殖个体在成熟，因此这个季节食物保障程度高，摄食强度大，但体重仍增加不快。

3. 光照

光照时间的长短与鱼类卵母细胞的发育成熟也有密切关系。许多鱼类是在昼夜交接的清晨或傍晚开始产卵，也可以说明光线与产卵行为有密切关系。例如，鳗鲡的产卵时间都在清晨黎明之前。黑暗可使鱼类脑垂体的分泌机能衰退，性腺萎缩，就好像脑垂体切除后所引起的影响一样。但当恢复光亮时，脑垂体的机能很快恢复，而且往往显出机能亢进，性腺可加速发育。因此，光照对性腺的作用是通过脑垂体的分泌而引起的。Kuo 和 Nash（1975）通过光照和温度控制来诱导鲻卵巢成熟的研究成果，认为光照因子与鲻卵巢卵母细胞以及卵黄的形成有关系。

影响鱼类性成熟的因素除了以上几点外，水域的盐度、水流速度、水质、透明度等条件有时对性腺发育也是十分必需的。在咸淡水域生长的鲻每到生殖季节，都到近海进行产卵，在人工繁殖过程中，必须经过海水过渡的阶段，这是促使鲻性成熟必不可少的条件。即使温度、溶解氧等合适，但如果没有一定的水流刺激，大黄鱼也不会产卵。当然，各种促进鱼类性成熟的环境因素对鱼类的作用并非是单一的，而是若干因素的综合作用。

在鱼类的性成熟过程中，除了外界环境因素的影响外，还有一个十分重要的因素是鱼体本身神经系统和内分泌腺脑垂体的作用。脑垂体分泌的促性腺激素是性腺发育成熟的首要生理因素。许多外界环境因素对性腺发育成熟的影响，都是通过脑垂体的分泌作用完成的。

四、性腺成熟度

判断鱼类及其他水生动物的性腺成熟度是渔业资源调查研究最常规的项目之一，具体方法有目测等级法、性成熟系数法、卵径测定法、组织学划分法等。现将其分述如下。

（一）目测等级法

目测等级法主要是依靠目力，根据已经划定的性腺成熟度等级标准进行判断。这是判断鱼类性腺成熟度最常用和实用的方法，在渔业资源调查研究的实际工作中，目测等级法所观察的结果基本已经能够满足需要。

用目测等级法划分性腺成熟度等级，主要是根据性腺外形、色泽、血管分布、卵与精液的情况等特征进行判断。欧美国家、苏联和日本等国家所采用的标准并不完全相同，例如，欧美学者通常采用稍加改进的Hjort（1910）方法作为判断大西洋鲱性腺成熟度的标准，这一标准得到国际海洋考察理事会（ICES）的采纳，并被称为性腺成熟阶段的国际标准或Hjort标准[International（Hjort）Scale of Maturity Stages of the Gonad]。此标准将鱼类性腺成熟度划分为七个等级；苏联学者则采用六期划分法，而日本学者将鱼类的性腺成熟度划分为五期，即休止期、未成熟期、成熟期、完全成熟期和产卵后期。我国渔业资源研究中曾采用欧洲标准，但目前所采用的基本是鱼类的性腺成熟度六期划分标准，这一标准经过几十年的实际应用，效果不错，并做了一定的修改，编入《海洋水产资源调查手册》（黄海水产研究所，1981），在《海洋渔业资源调查规范》（SC/T 9403—2012）中也采用此标准。不过，无论用什么标准划分鱼类性腺成熟度，都应该考虑以下几点要求：一是性腺成熟度等级必须正确地反映鱼类性腺发育过程中的变化；二是性腺成熟度等级应该按照鱼类的生物学特性来制定；三是为了确定阶段的划分，在等级中必须估计到肉眼能看见的外部特征及肉眼看不到的内部特征的变异；四是划分等级不应过多，以适应野外工作。现将我国常用的划分鱼类性腺成熟度的六期标准分列如下：

Ⅰ期：性腺尚未发育的个体。性腺不发达，紧附于体壁内侧，呈细线状或细带状，肉眼不能识别雌雄。

Ⅱ期：性腺开始发育或产卵后重新发育的个体。细带状的性腺已增粗，能辨认出雌雄。卵巢呈细管状或扁带状，半透明，呈浅红肉色，但肉眼看不出卵粒。精巢扁平稍透明，呈灰白色或灰褐色。

Ⅲ期：性腺正在成熟的个体。性腺已较发达，卵巢体积占整个腹腔的 1/3～1/2，卵巢血管明显增粗，卵粒互相粘连成团状，肉眼可明显看出不透明的稍具白色或浅黄色的卵粒，但切开卵巢挑取卵粒时，卵粒很难从卵巢膜上脱落下来。精巢表面呈灰白色或稍具浅红色。挤压精巢无精液流出。

Ⅳ期：性腺即将成熟的个体。卵巢体积占腹腔的 2/3 左右，分枝血管可明显看出，卵粒明显，呈圆形，很容易使彼此分离，有时能看到半透明卵，卵巢呈橘黄色或橘红色，轻压鱼腹无成熟卵流出。精巢显著增大，呈白色。挑破精巢膜或轻压鱼腹有少量精液流出。

Ⅴ期：性腺完全成熟，即将或正在产卵的个体。性腺饱满，充满体腔，卵巢柔软而膨大，卵粒大而透明，且各自分离。对腹部稍加压力，卵粒即行流出。切开卵巢膜，卵粒就各个分离。精巢发育达最大，呈乳白色，充满精液，稍挤压精巢或对鱼腹稍加压力，精液即行流出。

Ⅵ期：产卵、排精后的个体。性腺萎缩、松弛、充血，卵巢呈暗红色，体积明显缩小，只占体腔一小部分，卵巢套膜增厚，卵巢和精巢内部常残留少数成熟或小型未成熟的卵粒或精液，末端有时出现淤血。

根据不同鱼类的情况和需要，还可以对某一期再划分为 A、B 期，如 V_A 期或 V_B 期。如果性腺成熟度处于相邻的两期之间，就可写出两期的数字，中间加一字线，如Ⅲ－Ⅵ期、Ⅳ－Ⅲ期等。比较接近于哪一期，就把那一期的数字写在前面。如Ⅳ－Ⅲ期，表明性腺成熟度介于Ⅳ期和Ⅲ期之间，但比较接近于第Ⅳ期，对于性腺中性细胞分批成熟，多次产卵的鱼类，性腺成熟度可根据已产过和余下的性细胞发育情况来记，如Ⅳ－Ⅲ期，表明产卵后卵巢内还有一部分卵粒处于Ⅲ期，但在卵巢外观上具有部分Ⅵ期的特征，也就是排过卵的卵巢特征。

另外，在这里也将《海洋渔业资源调查规范》（SC/T 9403—2012）中规定的虾类、蟹类以及头足类性腺成熟度六等级划分法介绍如下。

1. 虾类（以中国对虾为例）

Ⅰ期：尚未交配，卵巢未发育，无色透明。

Ⅱ期：已交配，卵巢开始发育，卵粒肉眼不能辨别，不能分离，卵巢呈白色或淡绿色。

Ⅲ期：肉眼已隐约可见卵粒，但仍不能分离，卵巢表面有龟裂花纹，呈绿色。

Ⅳ期：肉眼可辨卵粒，卵巢背面有棕色斑点，表面龟裂，呈淡绿色。

Ⅴ期：卵粒极为明显，卵巢膨大，背面的棕色斑点增多，表面龟裂突起，呈淡绿色或浅褐色。

Ⅵ期：已产过卵，卵巢萎缩，呈灰白色。

2. 蟹类（以梭子蟹为例）

Ⅰ期：幼蟹还未交配，腹部呈三角形，性腺未发育。

Ⅱ期：已交配，性腺开始发育，呈乳白色，细带状。

Ⅲ期：卵巢呈淡黄色或黄红色，带状。
Ⅳ期：卵巢发达，红色，扩展到头胸甲的两侧。
Ⅴ期：卵巢发达，红色，腹部抱卵。
Ⅵ期：卵巢退化，腹部抱卵。

3. 头足类（以乌贼为例）

Ⅰ期：卵巢很小，卵粒大小相近，卵粒全不透明。

Ⅱ期：卵巢较大，卵粒大小不一，小型的不透明卵占优势，有少数透明卵或半透明卵，并有花纹卵粒，输卵管内没有卵粒，缠卵腺较小。

Ⅲ期：卵巢大，约占外套腔的 1/4，卵粒大小不一，小型不透明卵很多，约占卵巢的 1/2，输卵管中有卵粒，卵粒彼此相连，大约占整个卵数的 1/3，有些卵粒还未成熟，缠卵腺较大。

Ⅳ期：卵巢很大，约占外套腔的 1/3，卵粒大小显著不同，小型不透明卵仍占多数，约占卵巢的 1/3，输卵管中卵粒很多，约占整个卵数的 1/2，缠卵腺很大，约占外套腔的 2/5。

Ⅴ期：卵巢十分膨大，约占外套腔的 1/2，小型不透明卵很少，其卵径也小，输卵管中卵粒多而大，约占整个卵数的 3/5，透明卵一般分离，呈草绿色，缠卵腺十分肥大，呈白色，其中充满黏液体，表面光滑发亮，约占外套腔的 1/2。

Ⅵ期：已产过卵，卵巢萎缩，其中有少量卵粒稍呈灰褐色，输卵管中尚有少数透明卵存在，缠卵腺干瘪、略呈黄色，表面皱纹很多，约占外套腔的 1/3。

（二）性成熟系数法

测定性腺成熟度，除了上述的目测等级法之外，性成熟系数也是衡量性腺发育的一个指标，它以性腺重量和鱼体纯体重的千分比来表示。其计算公式为

$$性成熟系数（‰）= \frac{性腺重量}{鱼体纯体重} \times 1000$$

一般来讲，性成熟系数越高，性腺发育越好。性成熟系数的周年变化能反映出性成熟的程度，如蓝圆鲹的繁殖习性，在每年的 10 月至翌年 7 月期间均有性成熟个体出现，产卵时间相当长，其中，以 2~5 月为产卵盛期。

一般认为，鱼类的初次性成熟迟早与其体长大小存在着最密切的关系。这是由于捕捞作用能够改变鱼类群体的结构，此外，还有资源密度、营养条件、凶猛鱼类等方面的因素影响，使得鱼类在性成熟之前的营养主要用于体长方面的生长等原因，使得鱼类性成熟年龄有所变动。例如，由于受到不断加大的捕捞力量的作用等影响，东海带鱼出现性成熟提前的现象。从 20 世纪 60 年代初期性成熟（当时性成熟Ⅳ期）的最小肛长为 238mm，至 20 世纪 70 年代末期（1978 年、1979 年）临产（性成熟度 V_B 期）的带鱼中，三次观察样品见到的性成熟最小肛长为 180mm，两个时期相比，减小 58mm（林景祺，1985）。

鱼类性成熟系数变化的一般规律，大致如下。

（1）每种鱼类都有自己的性成熟系数，不同种类的性成熟系数各不相同。

（2）性成熟系数个体变异甚大，且随着年龄及体长的增加而稍有增加，这说明大个体和小个体同阶段的性腺成熟系数可以相差很多。

（3）分批产卵鱼的最大性成熟系数一般都比一次性产卵鱼类的最大性成熟系数稍小一些。

（4）鱼类由性未成熟过渡到性成熟的转折阶段，由于卵巢的重量比鱼类体重增长得更迅速，因此，性成熟系数逐步上升。当卵巢长期处在单层滤泡期（Ⅱ期）时，即使鱼类的体长与体重增加，性成熟系数也不会发生多大变化（一般小于0）。

（5）大多数北半球的鱼类，在春季性成熟系数达到最大，夏季最小，秋季又开始升高，秋冬产卵的鱼类（鲑科和江鳕）最大性成熟系数出现在秋季。

（三）卵径测定法

从卵细胞发育情况来看，大多数硬骨鱼类的最初卵细胞很小，且呈不规则的三角形或椭圆形，以后随着卵巢的发育，卵细胞逐渐变大、变圆，到成熟时，卵细胞更加膨大，且变成透明的圆形。因此，如能逐月测定卵巢内的卵径大小，观察其频率分布的变化情况，便可推定鱼类的性成熟情况。测量卵径，一般在显微镜下利用目微尺进行，也可以采用显微照相放大后观测。

（四）组织学划分法

鱼类卵子的发生要经过增殖、生长和成熟这几个时期。随着季节的变化或周期性的运转，在卵巢的组织发育过程中，可以观察到处于不同发育阶段的生殖细胞。我们只要将鱼类的性腺制成切片，放在显微镜下观察，就可以鉴别性腺成熟度。但是，因为此法制片工序麻烦、时间长，因此，在渔业资源调查研究过程中一般不采用，仅在研究某些鱼类的早期发育、精卵不易区别时才采用。也故此在本书中略去对此法的介绍。

五、繁殖习性

（一）繁殖期

鱼类的繁殖期依种或种内的不同种群而异，它们各自选择在一定季节中进行产卵活动，以保证种或种族的延存。同时，产卵时间的早晚与性腺发育状况及栖息海域的环境因素（特别是水温）密切相关，也就是说鱼类的产卵时间具有较大的年间变化。如前所述，每一种鱼在某一海域开始产卵的温度是一定的，一般低于这一温度时就不能产卵，如中国对虾产卵的最低水温为13℃。

就黄渤海而言，一年四季都有产卵的种类存在，但是，产卵季节依种而异，产卵持续时间长短也不尽相同。现仅以比目鱼类为例，举例如下：油鲽、黄盖鲽的产卵期在2~4月，牙鲆、高眼鲽、尖吻黄盖鲽为4~5月，条鳎为5~6月，宽体舌鳎为6~7月，木叶鲽为8~9月，半滑舌鳎为9~10月，石鲽为11~12月，从而可以看出，在黄渤海，几乎周年都有比目鱼类在产卵。但从总体上而言，该海域中鱼类产卵期有两个高峰，一是在春、夏季，即升温型产卵的鱼种，在这一季节产卵的鱼类种类最多，数量最丰；二是在秋季，属降温型产卵的鱼种，但在这一季节产卵的鱼类无论是种类还是数量均不及春、夏季。余下的则是在盛夏或是隆冬季节产卵的鱼种，其种类很少。前者多属暖水性种类，后者则多为冷水性地域分布种。此外，就是同一鱼种的产卵期亦因地而异，如斑鰶，在黄渤海的产卵期为5~6月，福建沿海的为2~4月，南海北部的为11月~翌年1月，日本列岛的为5~6月。

（二）雌雄同体和性逆转

一般来说，多数鱼类是属于雌雄异体的，但也有些鱼类在同一鱼体内具有卵巢和精巢，这种现象称为"雌雄同体"。例如，鲐科、鲷科的某些鱼类均有这种现象。它们全是海水性鱼类，而且都生活于热带和亚热带海域中。

雌雄同体现象一般可分为同时性和非同时性两种类型。同时性雌雄同体的鱼类，性腺同时具有卵巢和精巢，它们能同时发育成熟。一般来说，这些鱼是不会发生自体受精的。在自然情况下，雌雄同体的鱼类，每个个体时而完成雌性的功能，时而完成雄性的功能。非同时性雌雄同体的鱼类，性腺同样分有卵巢和精巢。但不像同时性雌雄同体那样，其卵巢和精巢不是同时发育成熟、同时活动，而是存在性转换现象。有些鱼类在低龄阶段，卵巢部分达到最大发育，而雄性器官不发育。这种个体就像雌性一样，其卵巢经过一次或几次产卵活动之后即退化，而精巢则开始发育。脂科鱼类中的石斑鱼亚科、鲷科鱼类均属此类型，属雌性先熟的性转换性质。还有一些鱼类，是在低龄阶段像雄性那样，而在高龄时则转为雌性，这些鱼类性转换性质属雄性先熟。例如，鲷科鱼类中的柄斑双臼鲷、七带片牙鲷、横带双臼鲷就属此类型。

（三）体外受精与体内受精

体外受精是指雌、雄生殖细胞（精子与卵子）都排到体外（通常是淡水或海水），并在水中相结合而完成受精过程。这种受精方式不仅存在于无脊椎动物中，而且也存在于脊椎动物中，绝大多数鱼类的受精方式都属于这种。

保证体外受精顺利进行的条件，一般是：①精子和卵子必须在相同时间内排列于一定的空间；②由于精子在自然环境下维持受精能力的时间不长，因此它与卵子的结合必须在短时间内完成。

体内受精是指精子到雌体内与卵子相结合而完成受精过程。仅有少数鱼类采取这种方式。

（四）排卵方式

鱼类的生殖方式极其多样，归纳起来主要有下列三种基本类型。

1. 卵生（oviparity）

鱼类把成熟的卵直接产在水中，在体外进行受精和全部发育过程。有的种类，其亲体对产下的卵并不进行保护，所以卵就有大量被敌害吞食殆尽的可能性，因此这些鱼类具有较高的生殖力，以确保后裔"昌盛"。大多数海洋鱼类就属于这种类型，如翻车鲀的卵产的最多，可达3亿多粒。还有些鱼类是对卵进行保护的，这样能使鱼卵不遭受敌害吞食。进行护卵的方式也颇不相同，有些种类如刺鱼、斗鱼、乌鳢等在植物中、石头间、砂土中挖巢产卵，而后由雄鱼（偶尔也由雌鱼）进行护巢，直到小鱼孵出为止；有些种类如天竺鲷在口中育卵，直到小鱼孵出；还有些种类是在腹部进行孕卵的。另外，某些板鳃鱼类（如虎鲨、猫鲨、真鲨、鳐等）也是卵生的，但是卵是在雌鱼生殖道内进行体内受精，而后排卵至水中即可完成发育。

2. 卵胎生（ovoviviparity）

这种生殖方式的特点在于卵子不仅是在体内受精，而且还是在雌鱼生殖道内进行发育的，不过正在发育的胚体营养系依靠自身的卵黄而进行，母体不供应胚体营养，只是胚体的呼吸是依靠母体进行的。例如，白斑星鲨、鼠鲨、鲼等和硬骨鱼类中鳉形目的食蚊鱼、海鲫、剑尾鱼等就属于这种生殖方式。

3. 胎生（viviparity）

在鱼类中也有类似哺乳动物的胎生繁殖方式。胎体与母体发生循环上的关系，其营养不仅依靠本身卵黄，而且也靠母体来供应，如灰星鲨等。

（五）产卵类型

不同种类的卵巢内卵子发育状况差异很大，有的表现为同步性，有的表现为非同步性，反映出不同的产卵节律，因此形成了不同的产卵类型。鱼类的产卵类型，决定着渔业资源补充的性质，因此与鱼类种群的数量波动具有密切关系。如果按卵径组成和产卵次数划分，可把产卵类型分为：单峰，一次产卵型；单峰，数次产卵型；双峰，分批产卵型；多峰，一次产卵型和多峰连续产卵型（川崎健，1982）。通常是根据Ⅲ～Ⅵ期卵巢内卵径组成的频数分布及其变化来确定产卵类型（邱望春和蒋定和，1965；唐启升，1980）。由于卵巢内发育到一定大小的卵子（如有卵黄的第4时相的卵母细胞）仍有被吸收的可能，仅采用卵径频数法来确定产卵类型有时难以奏效，因此，还需要用组织学切片观察的办法来加以证实（吴佩秋，1981；朱德山，1982；李城华，1982；张其永等，1986）。

我国沿海的主要经济鱼类——带鱼的排卵类型，有些研究认为带鱼卵巢是一次成熟（三栖宽，1959；张镜海等，1966；朱德山，1982）；也有的根据生殖季节对卵巢组织学的观察，认为属多次排卵。一些研究者通过对带鱼卵母细胞发育的变化和细胞学观察，认为带鱼属多次排卵类型（双峰，分批产卵类型）（李城华，1982；杜金瑞等，1983；龚启祥等，1984）。

李富国（1987）根据性腺成熟度Ⅲ～Ⅵ期卵巢内卵径分布没有突出的高峰，认为鳀的卵细胞在卵巢内的发育是序列式的，而非是同步的、成批的，属多峰连续产卵型。其他还有黄海鲱和中国对虾属单峰一次产卵型（唐启升，1980；邓景耀等，1990）；渤海的三疣梭子蟹属于双峰两次产卵型（邓景耀等，1986）；东海的带鱼和南海的条尾绯鲤等属于双峰、分批产卵型（杜金瑞，1983）；南海北部的多齿蛇鲻属于多峰数次产卵型，真鲷属于多峰连续产卵型（南海水产研究所，1966）。

（六）产卵群体

对于不同的渔业资源群体来说，其体长和年龄组成、性比等是不同的，即使是同一群体，在开发的不同阶段往往也存在差异。对于产卵群体，即性腺已经成熟，在即将到来的生殖季节中参加繁殖活动的个体群包括两大部分，即过去已产过卵的群体，称为剩余群体；初次性成熟的群体，称为补充产卵群体。因此，研究产卵群体的组成，除了研究体长、年龄、性比外，还需要阐明产卵群体中剩余群体与补充产卵群体的比例。

蒙纳斯蒂尔斯基（1955）将鱼类的生殖群体分为三种类型：

第一种类型：$D=0$，$K=P$；

第二种类型：$D>0$，$K>D$，$K+D=P$；

第三种类型：$D>0$，$K<D$，$K+D=P$。

式中，D 表示剩余群体；K 表示补充产卵群体；P 表示产卵群体或生殖群体。

属于第一种类型的渔业资源群体是短寿命的鱼类和甲壳类等，如中国对虾、毛虾、香鱼、银鱼、大麻哈鱼等，它们首次产完卵后一般就会死亡。

属于第二种类型的渔业资源群体是中等寿命的鱼类、软体动物等，如带鱼等。

属于第三种类型的渔业资源群体是长寿命的鱼类和鲸类等，如大黄鱼和长须鲸等。

不过，渔业资源生殖群体属于哪种类型是相对的。过度捕捞对第二、三种类型的渔业资源影响很大，这是因为捕捞活动往往针对剩余群体，并随着捕捞强度的不断增加，使群体中的剩余部分不断减少。当达到捕捞过度时，生殖群体的类型往往也发生变化，如大黄鱼群体受到过度捕捞，其群体中的剩余部分不断减少，而补充部分逐渐增多，使原属于第三类型的生殖群体逐渐向第二类型转化。

六、繁殖力及其研究方法

（一）个体繁殖力的基本概念

繁殖力又称生殖力。其含义原指 1 尾雌鱼在一个生殖季节中可能排出卵子的绝对数量或相对数量。但因在调查研究中往往难以实测，故多采用相当于III期以上的卵巢（即卵子已经累积卵黄颗粒）的怀卵总数或其相对数量来代替。

鱼类的繁殖力可以分为个体绝对繁殖力和个体相对繁殖力。个体绝对繁殖力是指一个雌性个体在一个生殖季节可能排出的卵子数量。实际工作中常碰到两个有关的术语，即怀卵量与产卵量，前者是指产卵前夕卵巢中可看到的处在成熟过程中的卵数，后者是指即将产生或已产出的卵子数。两者实际数量值有所差别。如邱望春和蒋定和（1965）等认为，小黄鱼产卵量约为怀卵量的 90% 左右。从定义上来看，"产卵量"更接近于"绝对生殖力"。但是，在实际工作中，卵子计数多采用重量取样法，计算标准一般是由Ⅳ期或Ⅴ期卵巢中成熟过程中的卵子卵径来确定的，例如，大黄鱼卵子的卵径范围为 0.16~0.99mm，黄海鲱为 1.10mm 以上，绿鳍马面鲀为 0.35mm 以上（郑文莲和徐恭昭，1962；唐启升，1980；宓崇道等，1987），这样计算出的绝对生殖力又接近于"怀卵量"。可见，我们获得的"绝对生殖力"实际上是一个相对数值。这个相对数值接近实际个体绝对繁殖力的程度，取决于我们对产卵类型的研究程度，即对将要产出卵子的划分标准、产卵批次以及可能被吸收掉的卵子的百分比等问题的研究程度。

个体相对繁殖力是指一个雌性个体在一个生殖季节里，绝对繁殖力与体重或体长的比值，即单位重量（g）或单位长度（mm）所含有的可能排出的卵子数量。相对繁殖力并非是恒定的，在一定程度上会因生活环境变化或生长状况的变化而发生相应的变动。因此，它是种群个体增殖能力的重要指标，不仅可以用于种内不同种群的比较，也可用于种间的比较，比较单位重量或体长增长水平的差异。如表 2-12 所示，黄海、东海一些重要渔业资源种群单位重量的繁殖力有明显差别。

表 2-12　个体相对繁殖力比较（引自邓景耀和赵传纲，1991）

种群	单位重量卵子数量（粒/g）	作者
辽东湾小黄鱼	171~841	丁耕芜和贺先钦，1964
东海大黄鱼	268~1006	郑文莲等，1962
黄海鲱	210~379	唐启升，1980
东海带鱼	108~467	李城华，1983
东海马面鲀	674~2490	宓崇道等，1987

个体绝对繁殖力和个体相对繁殖力的计算公式如下：

$$绝对繁殖力 r = n 克样品的卵粒数 \times \frac{卵巢总重(g)}{n}$$

$$相对繁殖力 r/L(r/W) = \frac{绝对繁殖力 r}{鱼体长 L (或纯体重 W)}$$

（二）鱼类个体繁殖力的变化规律

从众多的研究中发现，鱼类的繁殖力是随着体重、体长和年龄的增长而变动的。例如，有关学者（邱望春和蒋定和，1965；朱德山，1982；李城华，1983；杜金瑞等，1983）的研究结果表明，带鱼个体绝对繁殖力随鱼体长度和体重的增长而提高，并随着肛长和体重的增长，繁殖力增加的幅度逐渐增大，即绝对繁殖力与肛长和体重呈幂函数增长关系。从图 2-19 可以看出，带鱼绝对繁殖力随体重增长而提高比随肛长增长而提高要显著得多，例如，肛长为 190~210mm 和体重 50~150g 的带鱼繁殖力基本一致，而在此以后繁殖力依体重的增幅逐渐大于依肛长的增幅。同时，从图中还可看出，同一年龄的带鱼绝对繁殖力随肛长与体重增长均比不同年龄的同一肛长和同一体重组的增长明显。即带鱼个体绝对繁殖力与体重最为密切，其次是鱼体肛长，再次为年龄。

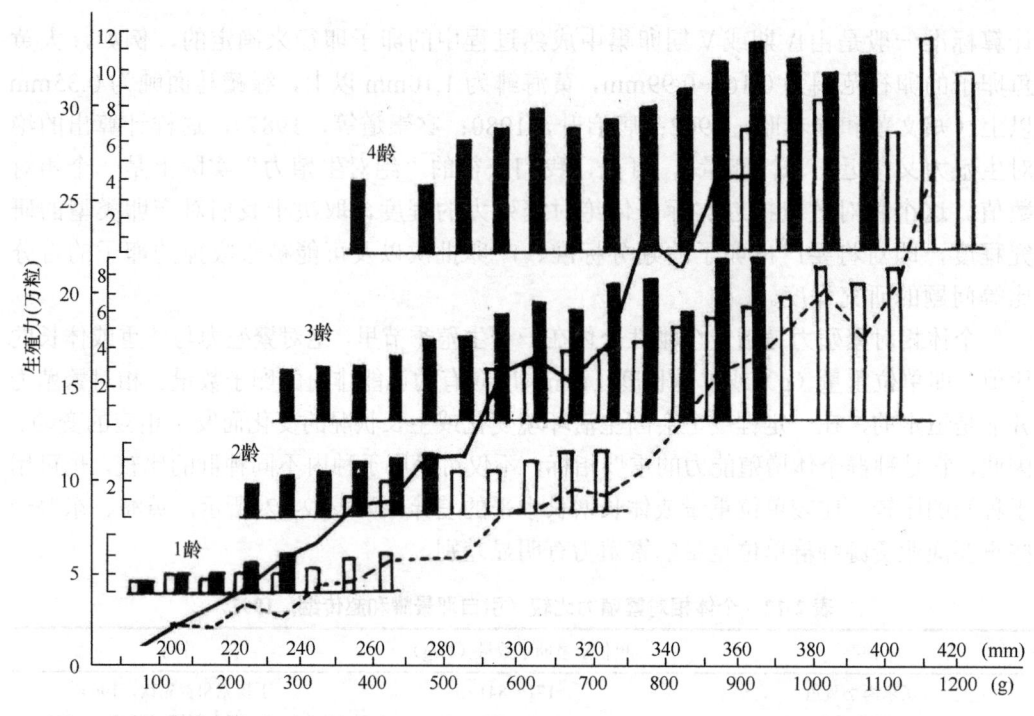

图 2-19　东海带鱼个体绝对繁殖力与肛长、体重和年龄的关系（引自邓景耀和赵传䌷，1991）
图中黑框表示肛长，白框表示体重，实折线表示生殖力随肛长增长的趋势，虚折线表示生殖力随体重增长的趋势

带鱼个体相对繁殖力 r/L 的变化规律与个体绝对繁殖力一样，均依肛长、体重和年龄的增加而增加，而 r/W 与肛长和体重的关系显然不同于 r/L 与肛长和体重的关系，后者呈不规则波状曲线，说明 r/W 并不随肛长或体重的增加而有明显变化，因此较稳定。带鱼系多次排卵类型，第一次绝对排卵量（r_1）也依长度、体重增加，但排卵量均少于第二次绝对排卵量（图 2-20A，B）。例如，台湾海峡西部海域带鱼的第一次绝对排卵量 r_1 变动范围为 15.3~117.6 千粒，平均为 37.4 千粒；第二次绝对排卵量 r_2 为 18.4~156.6 千粒，平均为 57.1 千粒（杜金瑞等，1983）。

对于许多鱼类来说，其不同种群或群体的繁殖力是不同的。同一种在不同季节生殖的鱼群其繁殖力通常也存在着差别。例如，分布在不同海域的带鱼种群繁殖力表现出明显的差异。从图 2-21 可以看出，以台湾海峡西部海域种群的繁殖力最高，东海北部海域带鱼次之，分布在渤海的种群其繁殖力最低。就上述三个海域的带鱼群体而言，可以代表三个不同类群，台湾海峡西部海域种群大致相当于台湾浅滩北部种群或定居性生态种群（朱耀光，1985），其他两类群分别为东海–粤东种群和黄渤海种群。

不同年份，带鱼繁殖力的变动也是很大的，1976 年个体绝对繁殖力的增长率是 1963~1964 年的 86%，而 1976 年的卵径则明显减少。

水柏年（2000）根据 1993~1995 年从吕泗渔场和舟山渔场采集的样品，对小黄鱼生殖力与体重、体长及年龄的关系进行了研究。并对小黄鱼的生殖力作了对比分析。研究结论认为，小黄鱼的绝对繁殖力与纯体重、体长和年龄有关，体长小于 210mm 的个体同体长组的生殖力比随纯体重的增重而增大明显，同纯体重组的个体绝对生殖力比随体长的生长而增大相对较不明显，即个体绝对生殖力与纯体重关系比与体长关系更为密切。同时，同体长组或同纯体重组的个体绝对生殖力随年龄增大而提高亦较为离散，但同年龄组的个体随体长和纯体重组的增长而提高却较为明显，由此可见，个体绝对生殖力与体长及纯体重的关系比与年龄的关系更为密切。

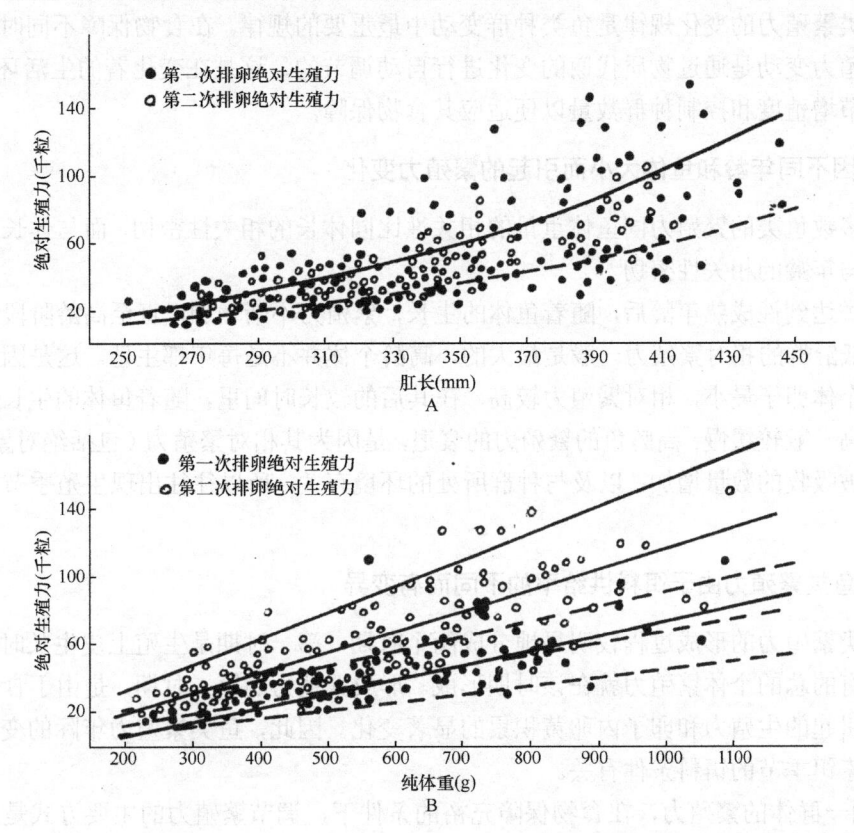

图 2-20　台湾海峡西部海域带鱼个体分次绝对繁殖力与肛长、纯体重的关系（引自杜金瑞等，1983）
A. 与肛长的关系；B. 与纯体重的关系；实线和虚线分别为根据第一次排卵绝对生殖力和第二次排卵绝对生殖力利用指数公式模拟出来的，表示变化趋势

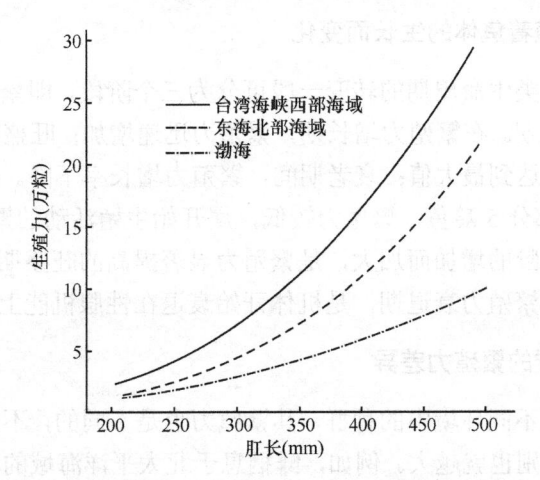

图 2-21　不同海域带鱼生殖力的比较（引自杜金瑞等，1983；邱望春和蒋定和，1965；张镜海等，1966）

鱼类生殖力的变化规律是种群变动的最主要指标，繁殖力在一定范围内适应性地变化着，它反映着种与环境的关系。

（三）鱼类个体繁殖力的调节机制

鱼类繁殖力的变化规律是鱼类种群变动中最重要的规律。在食物保障不同时，种和种群繁殖力变动是通过物质代谢的变化进行自动调节的，这是在变化着的生活环境中，通过调节增殖度和控制种群数量以便适应其食物保障。

1. 因不同年龄和鱼体大小而引起的繁殖力变化

大多数鱼类的繁殖力同鱼体重量的相关性比同体长的相关性密切，而与体长的相关性又比与年龄的相关性密切。

鱼类达到性成熟年龄后，随着鱼体的生长，繁殖力不断增加，直至高龄阶段才开始降低。低龄群的相对繁殖力一般是最大的，高龄个体并不是每年都生殖。这是因为初次生殖的个体卵子最小，相对繁殖力较高，在其后的较长时间里，随着鱼体的生长，繁殖力的提高一般较缓慢。高龄鱼的繁殖力的衰退，是因为其相对繁殖力（包括绝对繁殖力）和卵粒被吸收的数量增加，以及与种群所处的环境有关，所以往往出现生殖季节不产卵的现象。

2. 鱼类繁殖力由于饵料供给率的不同而有变异

鱼类繁殖力的形成过程较明显地分成两个时期，第一时期是生殖上皮生长时期，种群所具有的总的个体繁殖力就在该时期形成。形成繁殖力的第二时期，是由于食物保障变化所引起的生殖力和卵子内卵黄积累的显著变化。因此，鱼类繁殖力年际的变动，与生殖前索饵季节的饵料条件有关。

同一群体的繁殖力，在食物保障充裕的条件下，调节繁殖力的主要方式是加快生长，鱼体越肥满，卵细胞发育就越良好，卵数就越多，其繁殖力相对地提高。相反，当饵料贫乏时，部分卵细胞就萎缩而被吸收，其繁殖力就降低。

3. 个体繁殖力随着鱼体的生长而变化

个体繁殖力随鱼类生命周期的转变一般可分为三个阶段，即繁殖力增长期、繁殖力旺盛期和繁殖力衰退期。在繁殖力增长期，繁殖力迅速增加；旺盛期间繁殖力增长节律一般较稳定，繁殖力达到最大值；衰老期间，繁殖力增长率下降。例如，浙江岱衢洋的大黄鱼，2~4龄和部分5龄鱼，繁殖力较低，属开始生殖活动的繁殖力增长期；5~14龄鱼的繁殖力随着年龄的增加而加大，是繁殖力显著提高的旺盛期；约在15龄以后，繁殖力逐渐下降，是繁殖力衰退期，是机体开始衰退在性腺机能上的一种反映。

4. 同种不同种群的繁殖力差异

同一种类生活在不同环境中的种群，其繁殖力也是不同的，不同种群生活环境差异越大，其繁殖力的差别也就越大。例如，鲱栖息于北太平洋海域的种群和栖息于北大西洋的种群繁殖力迥然不同。

生活于同一海域，个体大小相同，或年龄相同的鱼，若生殖时间不同，其生殖力也会有变异。例如，浙江近海的大黄鱼，春季生殖鱼群的生殖力就比秋季生殖鱼群高。

对海水鱼类的相近种类来说，分布在偏南方的往往具有高繁殖力的特点。其种类繁殖力的增长，是通过提高每批排卵数量来达到的。因此相近种类繁殖力表现出从高纬度至低纬度方向而增加的现象，这一情况在非分批生殖的种类研究中很明显。

（四）鱼类个体繁殖力的测算方法

各种鱼类的繁殖力变化很大。例如，软骨鱼类的宽纹虎鲨、锯尾鲨只产2~3粒卵，而鲀形目的翻车鱼可产3亿粒卵。那些产卵后不进行护卵、受敌害和环境影响较大的鱼类一般怀卵量都比较大，如真鲷一般产100万卵左右，福建沿海的真鲷最高达234万粒，鲻290万~720万粒，鳗鲡700万~1500万粒。通常海洋鱼类的繁殖力比淡水鱼类和溯河洄游性鱼类大，洄游性鱼类比定居性鱼类大。同时，产浮性卵的鱼类繁殖力最大，其次是产沉性卵的鱼类，生殖后进行保护或卵胎生的鱼类，其繁殖力最小。

计算卵子的方法也有多种，如计数法、重量比例法、体积法、利比士（Reibish）法等，卵粒计数法多用于数量少的大型卵粒，如鲑鳟类、鲶类等，而渔业资源调查研究中通常采用的是重量比例法。

1. 重量比例法

在进行生物学测定以后，取出卵巢，称其重量，然后根据卵粒的大小，从整个卵巢中取出1g或少于1g的样品，计算卵粒数目，如果卵巢各部位的大小不一，则应从卵巢不同部位取出部分样品，并算出其平均值（如前、中、后的三部位各取0.2~0.5g），然后用比例法推算出整个卵巢中所含的卵粒数。计算公式为

$$E = \frac{W}{w} \times e$$

式中，E为绝对繁殖力（粒）；e为样品卵数（粒）；W为整个卵巢重量（g）；w为卵巢取样样品重量（g）。

鱼类相对繁殖力，是指单位体长或体重的怀卵量。

需要注意的是，计算个体繁殖力时，须用性腺成熟度为第Ⅳ期的卵巢，而不应采用第Ⅴ期的卵巢，因为第Ⅴ期的卵巢可能已有一部分卵子被排出体外。选取的一部分作为计算用的卵子，切需注意其代表性。另外，繁殖力的计算，最好是采用新鲜的标样，有困难时，也可以用浸制在5%甲醛溶液中的标样进行。

2. 体积比例法

利用局部卵巢体积与整个卵巢体积之比，乘以局部体积中的含卵量，即可求出总怀卵量来。求卵巢和局部卵巢的体积时用排水法。计算公式为

$$E_i = \frac{V}{U} \times e$$

式中，E_i为卵巢总怀卵量；V为卵巢的体积；U为卵巢样品体积；e为卵巢样品体积中的含卵量。

选取的卵巢样品 U 使用辛氏（Simpson）溶液浸渍，将卵全部分离吸出，计其数量。不过 e 常常因所取卵巢部位的不同而不同。因此要在卵巢上的不同部位采取几部分卵块，求 e 的平均值。

3. 鱼类种群繁殖力及其概算方法

由于生长状况、性成熟年龄、群体组成、亲体数量等因素的变化，个体繁殖力有时还不能准确地反映出种群的实际增殖能力，而需研究种群的繁殖力。种群繁殖力是指一个生殖季节里，所有雌鱼可能产出的卵子总数。只是迄今仍缺乏一个完善的估计方法，此处仅介绍种群繁殖力估算的近似公式并予以说明：

$$E_p = \sum N_x \times F_x$$

式中，E_p 为种群繁殖力；N_x 为某年龄组可能产卵的雌鱼数量（尾数）；F_x 为同年龄组的平均个体繁殖力（卵粒数）。

在单位重量繁殖力比较稳定的情况下，种群繁殖力也可用个体相对繁殖力与产卵雌鱼的生物量乘积来表示。

从黄海鲱的研究实例来看，黄海鲱 2 龄鱼基本达到全部性成熟（即 1、3 龄第一次性成熟所占比重甚小，可忽略不计），产卵群体的性比较接近 1∶1，其个体繁殖力随年龄而变化，结合逐年世代分析，列表计算如下（表 2-13）。

表 2-13　黄海鲱种群繁殖力（引自陈大刚，1991）

年龄	平均怀卵量 F_x（万粒）	1969 年 产卵雌鱼*（万尾）	1969 年 种群繁殖力（亿粒）	1970 年 产卵雌鱼（万尾）	1970 年 种群繁殖力（亿粒）	1972 年 产卵雌鱼（万尾）	1972 年 种群繁殖力（亿粒）
2	3.07	3 337.50	10 246.13	6 487.15	19 915.55	70 598	216 735.86
3	4.90	5 724.55	2 8050.30	1 996.60	19 783.34	493.8	2 419.62
4	5.45	302.45	1 648.35	3 215.05	17 522.02	585.25	3 189.61
以上	5.43			246.90	1 340.67	831.8	4 516.67
合计		9 364.50	39 944.78	1 1945.70	48 561.58	72 508.85	226 861.76

*各年产卵雌鱼数=（当年产卵群体资源量 N_x－产卵群体渔获量 C_x）/ 2。

从表 2-13 可见，黄海鲱的种群繁殖力依年份不同有很大波动，在 4 万亿～22.7 万亿粒，这是受产卵群体的优势世代强弱的影响，如 1972 年的 2 龄鱼即 1970 世代非常强盛，致使该年种群繁殖力猛增。其他鱼种亦皆有波动，其变幅则视鱼种而异。

徐恭昭等（1980）研究认为：种群繁殖力的计算方法和表示形式可以是多种多样的（表 2-14），其基本结构与个体繁殖力计算方法的区别在于个体繁殖力的平均值仅仅是依年龄、体长、体重分组统计数值或全部样本测定值的简单算术平均数；而种群繁殖力，则是在个体生殖力测定基础上，依种群结构、生殖鱼群的平均年龄、雌鱼一生中的产卵次数等予以加权平均计算所得几何平均数。对于在随机取样中获得的具有较好代表性的生物学测定样本来说，两者的计算结果理应相同，但往往限于随机采集生殖力群体样本相当困难，因而依种群结构和繁殖特征加权计算的种群繁殖力数值，较之个体繁殖力的算术平均数，更能了解种群的繁殖力特性。从表 2-14 中可以明显地看出，不论是种群绝对繁殖力还是相对繁殖力,都是岱衢洋繁殖群体高于官井洋繁殖群体,种群繁殖力指数或生殖系数则与之相反,不论哪一种方法的计算结果,均表明官井洋繁殖群体高于岱衢洋繁殖群体。此种差异的基本原因,可能在于两者的种群结构、性成熟特性、生长速度以及寿命等种群补充特性的地域差异所致。

表 2-14 大黄鱼种群生殖力特性(引自徐恭昭等,1980)

生殖种群		浙江岱衢洋	福建官井洋
种群绝对生殖力	$\sum r$(×1000)	10 357	5 444
	$\sum p \times r$(×1000)	39 814	24 160
种群相对生殖力	$\sum r/\sum q$(粒/g)	168	134
	$\sum r/\sum l$(粒/cm)	3 227	1 663
种群生殖系数	$\sum l \times \sum q/\sum r$(cm·g/粒)	19.1	24.4
种群生殖力指数	$\sum r/\bar{r} \times x$	1.12	2.50
	$\sum p \times r/\sum p \times t$	46.1	68.6
	$\bar{r} \times s_1/t_1$	12.3	16.5

第四节 食物保障和食物关系

一、鱼类食物保障的概念及含义

鱼类种群数量、生物量以及栖息水域中的所有鱼类的总生物量,在很大程度上取决于鱼类种群的食物保障。鱼类的食物保障取决于以下基本因素:水域中食物的数量、质量及其可获性,索饵季节的长短,以及进行索饵的鱼类种群的数量、生物量和质量,所有这些因素又都是相互联系着的。鱼类种群对饵料基础有一定影响;而饵料基础在保障鱼类种群生长、性成熟及生存时也对种群产生影响。然而,饵料基础的变动还取决于与摄食种群无关的其他许多因素。许多例子可以表明,鱼类结束索饵的时刻远在环境造成不可能索饵或是造成索饵困难之前。例如,秋冬季的东海带鱼是在达到一定的丰满度和含脂量之后停止摄食,并向浙江中南部外海进行越冬洄游的。亚速海浮游生物大量繁殖的年份,鳀结束索饵开始进入黑海越冬的时刻,大多在不能索饵的低温到来之前。但是,索饵季节的长短往往会由于不利环境条件的出现而受到限制。例如,浮游生物数量减少的年份,低温降临前,鳀仍不开始越冬洄游,而往往导致鳀的死亡。

在低温条件下索饵的江鳕,栖息于其分布区南部的个体生长比北部的差,而且索饵期也短。英格兰湖泊的鲈,在较暖和的年份生长比在寒冷年份为好(Le Cren,1958);波罗的海的鲽也有类似情况。当然,在饵料基础差的时候,索饵季节的长短对种群食物保障就会形成限制作用;而饵料基础好的时候,索饵季节的长短对鱼类种群食物保障的影响,通常表现在种的分布范围的边缘地带。在北半球,冷水性种类的边缘地带分布在其分布区的南部,而暖水性种类的边缘地带分布在其分布区的北部。

总之,鱼类食物保障取决于其生活环境中可捕食饵料的多寡,以及鱼体消化吸收后用以组成鱼体的情况。食物保障也根据索饵时间的非生物环境而转移，如温度、光照、影响饵料分布范围大小的水层变化以及其他许多因子，同时，食物保障在很大程度上也取决于索饵期间对敌害生物的防御程度。

在一年或一天内，鱼类总是在最容易获得饵料、消化饵料和避开敌害生物的时候进行摄食。评价鱼类种群食物保障主要是根据鱼体本身的状况，如生长速度、丰满度、含脂量、种群内个体的异质性以及其他指标。

二、鱼类的食性类型

众所周知，海洋中栖息着种类纷繁的动物和植物，其中除了个体较大、习性凶猛或具有特异性状的一些种类之外，绝大多数都可以成为海洋动物（以下以鱼类为例）的饵料基础，所以，鱼类所吃的食物也是多种多样的，也就是说鱼类的食饵是广谱性的。例如，甲壳类、腹足类、瓣鳃类、多毛类、蜘虫类、星虫类、箭虫类及藻类等，在不同程度上都是鱼类的饵料生物。但是，海绵动物、苔藓动物和大型的棘皮动物等，对鱼类来说没有什么饵料意义。当然，在海洋里并不存在某种鱼类能吃遍所有的动物、植物种类，也很难发现某种鱼类专吃同一种类个体。通常我们发现，有的鱼类吃这几种饵料生物，有的鱼类吃那几种饵料生物，有的鱼类能够吃几十种甚至上百种的饵料生物，而有的鱼类能吃的饵料生物种类就比较少。因此，依据鱼类摄食饵料生物的特点，可以将其食性划分为不同的类型。

（一）按照食物的种类性质划分

1. 草食性

摄食植物性饵料生物的鱼类为草食性鱼类，如以水草为食物的草鱼。同时，根据主食的对象不同又可将其分为以下三小类。

（1）以摄食浮游植物为主的鱼类：该类型的鱼鳃耙十分密集，适宜过滤浮游单细胞藻类，肠管发达便于吸收营养，如斑鲦、沙丁鱼、白鲢等。斑鲦的鳃耙约有285条，肠管长度为鱼体体长的3~8倍。

（2）以摄食周丛生物为主的鱼类：该类型的鱼口吻突出，便于摄食附着于礁岩上的丝状藻类，如突吻鱼、软口鱼等。

（3）以摄食高等水生维管束植物为主的鱼类：该类型的鱼咽喉齿坚硬发达，肠管较长，适宜啃食水草等，如草鱼，其咽喉齿呈栉状，与基枕骨三角骨垫进行研磨，能把植物茎叶磨碎、切割以利消化，肠管为体长的3~8倍甚至更多，且淀粉酶的活性高。

2. 肉食性

摄食动物性饵料生物的鱼类为肉食性鱼类，该类型的种类鳃耙稀疏，肠管较短。同时，根据主食的对象不同也可将其分为以下三小类。

（1）以摄食浮游动物为主的浮游动物食性鱼类：如太平洋鲱、鳀、黄鲫、日本鲐、姥鲨等，它们多以磷虾、桡足类、枝角类、端足类等浮游动物为食。

（2）以摄食底栖动物为主的温和肉食性鱼类：如鲆鲽类、舌鳎类、鲼鳐类，它们的饵料很丰富，该类型的鱼牙齿形态多样化，有铺石状、尖锥状、犬牙形、臼齿形或啄状。鳃耙数和肠管的长度介于食浮游动物与食游泳动物的鱼类之间。

（3）以摄食游泳动物为主的凶猛肉食性鱼类，如带鱼、蓝点马鲛、大黄鱼、鲨和狗鱼等，它们主食游泳虾类、小型鱼类等，甚至也吃本种类的幼小个体。该类型的鱼牙齿锐利，肠管较短，消化蛋白酶活性极高。

3. 杂食性

摄食植物性和动物性饵料生物的鱼类为杂食性鱼类。该类型的鱼口型中等，两颌牙齿呈圆锥形、窄扁形或臼齿状，鳃耙中等，消化管长度小于草食性鱼类，消化碳水化合物的淀粉酶和蛋白酶活性均较高，有利于消化生长。

4. 碎屑食性

摄食底层有机碎屑、残渣的鱼类为碎屑食性鱼类，如莫桑比克罗非鱼等。有的学者将这一类型的鱼类归为杂食性种类。

（二）按照饵料生物的生态类型划分

1. 浮游生物食性

主要摄食浮游生物的鱼类具有浮游生物食性。该类型的鱼类分布广泛，产量极高，体形以纺锤形为主，游泳速度快，消化能力强，生长迅速，如小黄鱼、刺鲳、天竺鲷、鲚、鲱、姥鲨等。

2. 底栖生物食性

主要摄食底栖生物或近底层游泳动物的鱼类具有底栖生物食性。该类型的鱼类鱼群分布松散，少见有形成密集分布的群体，但是，它们的牙齿变化较大，往往为了适应多样性的底栖动物而特化，如鲆鲽类、鳎类等。

3. 游泳动物食性

主要摄食游泳动物的鱼类具有游泳动物食性。该类型的鱼类个体较大，游泳能力较强，口型大，消化酶十分丰富，生长迅速，专门追逐与捕食比自己个体稍小的鱼类、头足类以及虾蟹类等，如大黄鱼、带鱼、蛇鲻等。

（三）按照摄食的食物种类数量多少划分

1. 广食性

摄食多种生态类群的动植物的鱼类具有广食性。如大黄鱼的摄食对象近100种，带鱼达40～60种，黄渤海习见鱼类的生态食性类型如表2-15所示。

表 2-15　黄渤海习见鱼类的生态食性类型（引自陈大刚，1991）

序号	鱼种	饵料类型占比（%）浮游生物	底栖生物	游泳生物	饵料生态习性类型
1	白斑星鲨		85.78	14.22	底栖生物
2	孔鳐	4.15	82.84	13.01	底栖生物
3	中国团扇鳐		86.96	13.04	底栖生物
4	光虹		90.91	9.09	底栖生物
5	鳓	5.49	34.07	60.44	游泳生物
6	青鳞鱼	87.81	12.19		浮游生物
7	斑鰶	94.34	5.66		浮游生物
8	鳀	100			浮游生物
9	赤鼻棱鳀	80	20		浮游生物
10	中颌棱鳀	75.51	24.49		浮游生物
11	黄鲫	67.99	76.75	5.26	底栖生物
12	刀鲚	33.33	52.38	14.29	底栖生物
13	大银鱼	58.33	25	16.67	浮游生物
14	长蛇鲻		12.12	87.88	游泳生物
15	海鳗		47.83	52.17	游泳生物
16	星鳗		33.08	66.92	游泳生物
17	小鳞鱵	93.75	6.25		浮游生物
18	油野		9.67	90.33	游泳生物
19	梭鱼		84.53	15.47	底栖生物
20	鲈		27.17	72.83	游泳生物
21	细条天竺鲷	29.41	64.71	5.88	底栖生物
22	褐菖鲉		71.43	28.57	底栖生物
23	单指鲉		92.86	7.14	底栖生物
24	日本鲉		36.36	63.64	游泳生物
25	绿鳍鱼		68.42	31.58	底栖生物
26	六线鱼	14.49	50.73	34.78	底栖生物
27	鲔		48.28	52.72	游泳生物
28	细纹狮子鱼		43.25	56.75	游泳生物
29	牙鲆		17.75	82.25	游泳生物
30	桂皮斑鲆		65.60	34.40	底栖生物
31	高眼鲽		49.06	50.94	游泳生物
32	虫鲽		77.50	22.50	底栖生物
33	星鲽		94.29	5.71	底栖生物
34	木叶鲽		97.60	2.40	底栖生物
35	黄盖鲽		81.82	18.18	底栖生物
36	油鲽		90.91	9.09	底栖生物
37	石鲽		73.92	26.08	底栖生物
38	条鳎		88.89	11.11	底栖生物
39	半滑舌鳎		75	25	底栖生物
40	焦氏舌鳎	7.89	89.48	2.63	底栖生物

续表

序号	鱼种	饵料类型占比（%） 浮游生物	饵料类型占比（%） 底栖生物	饵料类型占比（%） 游泳生物	饵料生态习性类型
41	短吻舌鳎		96.77	3.23	底栖生物
42	多鳞鱚		68.75	31.25	底栖生物
43	沟鲹	25.93	44.44	29.63	底栖生物
44	斜带髭鲷		46.33	53.67	游泳生物
45	横带髭鲷		91.31	8.69	底栖生物
46	棘头梅童		87.50	12.50	底栖生物
47	小黄鱼		80	20	底栖生物
48	白姑鱼		76	24	底栖生物
49	叫姑鱼		91.67	8.33	底栖生物
50	黄姑鱼		77.78	22.22	底栖生物
51	真鲷		73.34	24.66	底栖生物
52	黑鲷		83.83	16.67	底栖生物
53	条尾鲱鲤	28.56	57.16	14.28	底栖生物
54	日本䲢		17.78	82.22	游泳生物
55	云鳚	30	70		底栖生物
56	绵鳚	3.37	93.26	3.37	底栖生物
57	短鳍鲔	2.5	97.5		底栖生物
58	带鱼		23.08	76.92	游泳生物
59	鲐	8.82	17.64	73.54	游泳生物
60	蓝点马鲛		18.75	81.25	游泳生物
61	银鲳	68.18	30.33	1.52	浮游生物
62	矛尾刺虾虎鱼	16.67	58.33	25	底栖生物
63	钝尖尾刺虾虎鱼		97.96	2.04	底栖生物
64	黑鲉		71.43	28.57	底栖生物
65	三刺鲀		100		底栖生物
66	绿鳍马面鲀	12.5	75.0	12.5	底栖生物
67	铅点东方鲀		85.72	24.28	底栖生物
68	星点东方鲀		88.88	11.12	底栖生物
69	虫纹东方鲀		90	10	底栖生物
70	黄鮟鱇			100	游泳生物

当然，一般情况下，其中摄食的动植物种类、数量并不是一样多的，而是有主次之分，例如，南海北部的马六甲鲱鲤，其主要食物有长尾类、端足类等 7 类，次要食物有口足类、头足类等 8 类，还有偶食食物，如桡足类、等足类等 7 类。

2. 狭食性

摄食食物仅局限在植物或动物中的一种生物类群的鱼类具有狭食性。这是少数口器和消化功能较为特化的鱼类，难以适应外界环境条件的激烈变化，或分布在某一特定水域，专门摄食某些植物或动物种类，如烟管鱼、颌针鱼、海马、海龙等。

（四）按照鱼类的摄食方式划分

1. 滤食性

滤食性鱼类专门过滤细小的动、植物为食，该类型的鱼类以口型大、鳃耙细密、牙齿发育较弱为特点，食物直接从口咽处进入胃肠消化，如鳁、斑鲦、青鳞鱼、虱目鱼等。

2. 刮食性

刮食性鱼类以独特的牙齿和口腔结构，专门刮食岩石上的生物，特别是门牙较为发达，如鲀科、鹰嘴鱼等。

3. 捕食性

捕食性鱼类以其游泳迅速、牙齿锐利为特点，能迅速、准确追食猎物并一口吞入胃中，如带鱼、海鳗等。

4. 吸食性

吸食性鱼类以特化的口腔形成圆筒状，将食物和水一同吸入口腔中，造成吸引流，将小型的动植物饵料吸入胃中，如海龙、海马等。

5. 寄生性

寄生性鱼类以寄主的营养或排泄物来养育自己，如鲫专门吞食大型鱼类排泄物或未完全消化的食物为生。又如角鮟鱇的雄鱼寄生在雌鱼身上，以吸取雌鱼体液为营养而生存。

需要说明的是，鱼类或其他生物的食性，是生物对外界环境条件适应的产物。例如，由于低纬度水域的环境要比高纬度稳定，因此低纬度水域的鱼类的饵料基础也比较稳定，这就造成了高纬度动物区系中鱼类的食谱一般要比低纬度鱼类广。又如，根据费鸿年和郑修信（1982）研究报道，在鱼类长期的进化过程中，形成了具有一定特点的消化系统，从而决定了其一定的食性。当然，鱼类及其他渔业对象生物的摄食类型不是固定不变的，它除了具有一定的稳定性外，还具有可塑性，何况各摄食类型之间的界限也不是非常严格。

三、鱼类的摄食特性

鱼类在何时、何地摄食何种食物，不但与其本身的生命周期的各发育阶段、生命周期的不同时期等生物学特性有关，还受外界环境条件的强烈影响，因此鱼类在其整个生命周期的各个时期不可能摄食到同样的食物种类，即使是凶猛鱼类，其早期生活史阶段也只能摄食小型藻类和浮游动物等，也就是说鱼类食性一般会由于不同年龄、不同季节和不同海区而发生变化，同时，鱼类的摄食因其生理和生活的需要，有其各自的周期性和节律性，不少鱼类在繁殖期或越冬期会减少或停止摄食，在育肥初期，摄食强度大，肥满后，摄食强度逐渐降低。这是鱼类的重要摄食特性。

（一）同一种鱼在不同发育阶段的摄食习性不同

鱼类在其不同的发育阶段，摄食的对象往往是不同的。这一方面是由于其营养形式的改变和摄食器官的变化，另一方面是由于不同的发育阶段，其生活环境也往往发生变化。如渤海湾的小黄鱼，在仔鱼阶段摄食圆筛藻、角毛藻等，待卵黄囊消失之后，摄食类铃虫、桡足类幼体，全长在 20mm 时，改为摄食哲水蚤、箭虫、糠虾、磷虾等；全长在 26mm 以上时摄食小型毛虾；全长超过 60mm 至 1 龄时，摄食毛虾、细螯虾；2 龄鱼就可摄食鼓虾、鹰爪虾、虾蛄、虾虎鱼等；3 龄鱼时食物更加丰富，只要适合口器的鱼类、虾类均可被捕食。又如梭鱼，在早期的动物食性阶段，其消化道短，附属器官不发达，当食性转换时，消化道增长，屈曲增多，到以植物为主的食性阶段，消化道的长度则远远超过其体长的 2~3 倍，且幽门盲囊和砂囊也发育完全，增强了消化力，同时，它们的口型、口位、下颚及鳃耙等也发生了变化。还有如东海的带鱼，在带鱼肛长为 20cm 左右时，很明显是摄食浮游生物的，到了肛长 20~30cm 时，则转食底栖生物和游泳动物，兼食部分浮游生物等，如日本枪乌贼、天竺鲷、虾虎鱼、七星鱼等，到肛长 32cm 以上时，主要捕食游泳鱼类、头足类、虾蟹类等，其食饵达到 60 种之多。

（二）同一种鱼在不同季节的摄食习性不同

对于栖息在水域环境条件有明显季节变化情况下的鱼类，由于水域中的理化因子，如水温、盐度、营养盐等的季节性变化，必然会影响水域中的浮游生物、底栖生物以及游泳动物等的繁殖生长，而它们季节性的繁殖增长或衰减消失，又会引起鱼类摄食习性以及食物组成的改变。如烟台外海的鲐，其摄食习性的季节变化十分明显，首先，鲐的摄食强度与水温的高低有着密切联系。4 月下旬至 5 月中旬，中心渔场的表温一般为 3~12℃，鲐的摄食强度较低，饱满系数为 54.8%；到 6 月上旬至 7 月上旬，表温上升至 14~20℃，摄食强度逐渐增强，饱满系数达 374.1%。鲐食物组成也有相应变化，在春末夏初，主要摄食鳀、细长脚蜮和十腕类，夏末主要摄食太平洋磷虾，秋季则转食虾蛄幼体和青鳞鱼幼鱼。又如东海厦门的六丝鲚，是专门摄食浮游生物的鱼类，但是，不同季节的食物组成也发生明显的变化，春季主食桡足类，鱼卵次之，十足类很少，夏季觅食一些端足类和糠虾类，秋季兼食短尾类幼体，冬季亦以桡足类占优势，但种类却有不同，其摄食量从秋季的 80.4% 提高到 91.8%，此外还摄食磷虾和十足类。同样，分布在渤海和黄海的小黄鱼的食物组成，随着季节（月份）变化而有差异（表 2-16、表 2-17）。

（三）同一种鱼在不同生活周期的食物组成不同

在成鱼的不同生活周期中，其摄取的食物不仅在数量上是不同的，而且在种类组成上也不一样。在数量上的不同，这是众所周知的事实，如许多鱼类在生殖期、越冬期很少摄食，在索饵期则大量摄食。铃木智之（1967）对竹荚鱼食性特征进行研究，并将竹荚鱼成鱼生活年周期食物组成的变化归纳如下。

表 2-16　1958～1959 年渤海小黄鱼各月份饵料组成重量占比（%）（引自邓景耀和赵传絪，1991）

种类	月份					
	1	5	6	8	9	11
多毛目	0.8		1.6			
细长脚蛾	1.9		0.2			
太平洋磷虾	5.1		6.7			
鹰爪糙对虾		3.0			4.3	
葛氏长臂虾	0.2		26.7	5.3	2.9	
日本鼓虾	11.2	51.6		5.4		
脊腹褐虾	25.1	1.0	37.1			41.4
中国毛虾			11.3	3.3	29.7	2.2
其他甲壳动物	8.0		10.0	3.4	0.1	3.7
双喙耳乌贼				3.1		
日本枪乌贼	36.5			6.7	36.0	13.2
鳀		44.4			15.6	
虾虎鱼科	8					
玉筋鱼			5.8			
天竺鱼						1.2
其他鱼类	3.2		0.6	72.8	11.4	38.3

表 2-17　1958～1959 年黄海小黄鱼各月份饵料组成重量占比（%）（引自邓景耀和赵传絪，1991）

种类	月份									
	1	4	5	6	7	8	9	10	11	12
细长脚蛾		0.6				1.0	0.2			
太平洋磷虾	26.3	93.0	0.3	0.4		25.7	1.9			6.0
鹰爪糙对虾			50.4	7.3		1.3		8.6	18.7	0.5
细螯虾			2.5		4.3	0.3				0.3
日本鼓虾			9.8	3.9						
脊腹褐虾	3.5	0.3	10.6	8.2	13.1	12.7	64.8	24.7	5.5	25.5
双喙耳乌贼					0.3					
日本枪乌贼					5.7	22.4	2.8	7.4	11.1	23.9
鳀			18.3		13.1	6.2	11.4	52.0		
虾虎鱼科				26.7	5.2					
玉筋鱼				24.7					29.8	22.8
天竺鱼			3.3							
其他甲壳动物	24.0			12.1		0.1		2.6		
其他软体动物	0.3									
其他鱼类	45.9	6.1	4.8	16.7	63.8	24.8	18.9	4.7	34.9	21.0

（1）北上期（从生殖期至摄食的过渡期）。在寒、暖两流系交汇区，主要食物为桡足类、磷虾类、端足类、纽鳃樽类、日本鳀幼鱼和灯笼鱼类等。

（2）南下期（摄食期）。主要食物为无角大磷虾。

（3）越冬期。主要食物为暖水性桡足类、十足类幼体、纽鳃樽类、端足类、浮游性软体动物、夜光虫。

（4）产卵期（生殖期）。主要食物为桡足类、端足类、日本鳀幼鱼、海樽、纽鳃樽类、日本鳀卵等。

可以看出，一年中处在不同生活时期的鲐，其食物组成会发生较大的变化。

（四）同一种鱼在不同水域的食物组成不同

鱼类在长期的进化过程中，以其生物特征的改变来不断适应环境的变化，其中由于不同的水域其饵料生物组成不同，鱼类为了适应环境也不得不改变其食物组成。如鲣在各水域食物组成的变化就是典型的例子，其各水域的胃含物可归纳如下。

（1）东北、北海道东方水域。主要食物为日本鳀、日本鳀幼鱼、乌贼类、磷虾类。

（2）伊豆诸岛周围海域。主要食物为日本鳀、日本鳀幼鱼、乌贼类、鲐类、磷虾类、虾类。

（3）小笠原群岛周围水域。主要食物为飞鱼类、鲣幼鱼、乌贼类、篮子鱼类、金鳞鱼类。

（4）四国南岸水域。主要食物为竹荚鱼幼稚鱼、鲐类、乌贼类、虾类、钻光鱼类。

（5）巴林塘水域（台湾南方）。主要食物为乌贼类、鲹类。

（6）吐噶喇—冲绳水域。主要食物为鲐类、鲣幼鱼、飞鱼类等。

如上所述，鲣基本上是以鱼类为食，但在不同水域，其对象的种类也大不一样，从洄游性的到定居性的，广泛地捕食浮游生物和无脊椎动物等。

（五）鱼类摄食习性的昼夜变化

鱼类的摄食对象与摄食强度，在白天和晚上往往不一样。鱼类昼夜摄食的变化，一般取决于鱼类辨别食物方位的能力，但又与摄食对象的行为习性有着密切的联系。饵料对象的行动不仅在很大程度上决定着摄食行动，而且决定着食物组成的昼夜变动。

鱼类并非是昼夜之间均匀地摄食饵料，而是有规律地进行摄食，有的白天摄食强度大，有的夜间摄食强度大，昼夜间各时刻内也有差异。不同的鱼类借助不同的感觉器官来发现和追觅食饵，而且食饵本身有着明显的昼夜垂直活动。例如，黄海的小黄鱼昼夜间食物组成的变化是：从午夜前开始至翌日的清晨进食最为激烈，食物有小鱼、甲壳类和底栖无脊椎动物，白天进食量低于晚间。而中纬度地区大多数鱼类是白天进食大于晚间，如蓝点马鲛就属于这种类型。同时，外海鱼类的摄食习性也发生昼夜变化。例如，东海绿鳍马面鲀，昼夜内摄食强度在傍晚到上半夜最大（饱满系数为 69.9‰），下半夜到黎明次之（饱满系数为27.5‰），上午最小（饱满系数为16.9‰）；傍晚到夜里，其胃含物多以浮游甲壳类的桡足类、等足类和介形类为主；下半夜到黎明以吞食鱼卵为主；上午捕获的标本除了主要吞食鱼卵外，胃含物中还出现不少珊瑚。

（六）鱼类食物的选择性

一般来说，鱼类对于众多的饵料生物，并不具有均等的兴趣，而是有所偏好，即通常所说的，其对食物具有选择性。不过有的种类表现得明显些，有的表现得不那么明显。例如，在我国烟威渔场，春季在该渔场分布有中华哲镖蚤、细长脚蛾和太平洋磷虾，它们都是浮游甲壳类中较为优势的种类，都分布在盐度较高的水域，且昼夜垂直移动的情况基本相同。但是，分布在这里的鲐大量摄食细长脚蛾和太平洋磷虾，而个体较小的中华哲镖蚤（体长约为 2mm）在食物组成中却居于相当次要的地位。根据鲐的摄食器官分析，其鳃耙的密度达 2.5 根/mm，这样细密的鳃耙所构成的滤器，按理说足以把中华哲镖蚤过滤下来作为主要食物。从而也可以判断鲐在该渔场摄食浮游甲壳类时，是选择其中属于优势种且个体又较大的种类为食物饵料的。

一般判断某种鱼类对食物是否有选择性时，主要从两个方面进行调查分析，一是鱼类在某个季节吞食各种饵料生物的数量组成情况，二是该季节栖息环境中各种饵料生物的数量组成情况。将这两方面的情况加以对照分析，并通过以下公式计算选择指数来判断鱼类对食物的选择性。

$$E = \frac{r_i}{p_i}$$

式中，E 为选择指数；r_i 为鱼类食物中某一成分的百分比；p_i 为饵料基础中同一成分的百分比。

选择指数是一种数量指标，是鱼类消化道中某一食物的百分比与栖息地的饵料基础中这一食物成分的百分比的比值。从公式中可以看出，计算选择指数不仅需要了解鱼类消化道内各种食物的种类、数量、重量和体积百分比，还要了解栖息地各种饵料生物在水体中的种类、数量、重量和体积百分比。

如果某一种食物的选择指数 E 值等于 1，说明鱼类对这种食物没有选择性，如果 E 值大于 1，表明鱼类喜好这种食物或者说这是一种易得性食物，反之，如果 E 值小于 1，则表明鱼类对这种食物不喜好或不易获得。

有的学者采用以下计算公式计算选择指数：

$$E = \frac{r_i - p_i}{p_i}$$

当选择指数 E 值等于 0 时，表示鱼类对这种饵料生物没有选择性，当 E 值大于 0 时，表示这种饵料生物是该鱼类的选食对象，且 E 值越大，则表示选择性越强，反之，当 E 值小于 0 时，则表示鱼类对这种饵料生物不喜好。

有的学者还采用另一种选择指数公式：

$$E = \frac{r_i - p_i}{r_i + p_i}$$

根据这一公式计算结果，选择指数 E 值分布在-1.0 至 1.0 之间，当 E 值等于 0 时，表示没有选择性，当 E 值介于 0 到 1.0 之间时，表示有选择性，当 E 值介于 0 到-1.0 之间时，则表示鱼类对这种食物不喜好。

但是，利用选择性指数来判断鱼类食物的选择性时，不可以机械地处理，必须考虑排除那些不能真实反映真相的一系列因子。首先应注意的是调查饵料生物时采样工具的性能如何。例如，拖网的拖速小，能使浮游速度较快的种类从网中逸出，从而使生物群落中被捕食种类所占的比例失真，这样就必然会导致选择性指数不准确。其次，沉入海底的采泥器，往往会激起水流而驱散近底层的动物，其中主要是甲壳类，这也会影响饵料生物数量组成比例。但是，在许多情况下，利用选择性指数仍能取得符合客观实际的重要资料，有利于我们分析判断某种鱼类对饵料是否存在选择性的问题。

鱼类对食物有一定的选择性，同时，对食物又具有一定的可塑性。鱼类在得不到它所喜好的食物时，照样也能以其他饵料为食，特别是在仔鱼、幼鱼阶段，其可塑性更强些。因此，在确定某种鱼类对饵料生物是否有选择性时，一般还必须考虑以下几个因素：①摄食鱼类的密度和饵料生物的分布密度；②摄食鱼类的饥饿程度；③摄食鱼类本身与被摄食对象的相对大小及行动的灵活性和隐蔽性。

考虑到上述因素之后，就可以根据鱼类的偏好性和所得性，把食物分成下列几类。

（1）主要食物。鱼类经常摄食的对象，构成消化道中的主要组成部分，能完全满足生活需要。

（2）次要食物。经常在鱼类的消化道中见到，但数量不多，所占比重不大，不能完全满足生活需要。

（3）偶然性食物。在鱼类的消化道中不经常存在，而是偶然出现。

（4）应急食物。即有时由于环境条件的改变，缺乏主要食物时，被迫摄食的应急性食物。例如，鳕的胃含物中发现一般不太摄食的棘皮动物中的蛇尾类，这显然是由于缺乏食物而被迫吞食的现象。

从珠江口近海的春汛蓝圆鲹的食物组成中可以看出，其主要食物有长尾类、桡足类、端足类和鱼类，次要食物有毛颚类、介形类、等足类等，偶然性食物有瓣鳃类、涟虫类和短尾类幼体。

四、鱼类摄食的研究方法

一般来说，研究鱼类及其他水产动物的摄食情况，可以从观察其摄食强度和分析胃含物中的饵料组成这两方面开展研究工作，前者主要可以作为寻找和判断鱼类栖息分布的一个重要依据，后者主要用于阐明其饵料的质与量的组成情况，为研究鱼类及其他水产动物的饵料组成变化及环境利用程度，进一步研究种间食物关系、群落结构中的营养结构以及每一种鱼类或其他水产动物在群落中的营养水平提供依据。

（一）摄食强度观察法

在进行渔业资源生物学测定过程中，对鱼类及其他水产动物的胃肠饱满度的观察定级是一项非常重要且必须要测定的内容。过去摄食强度观察法多数采用目测法，但从方法上讲，还有用称重法的，即称取消化道重量，计算其占鱼体纯体重的千分比，即摄食系数（‰）。关于摄食强度等级划分，苏联学者 М.В.Желтенкова 于 1961 年在《鱼类食性研究方法指南》一书中有详细的论述。现将其介绍如下。

（1）Cylopob 的摄食等级划分如下。

00 级：无论在胃内或肠中均无食物；

0级：胃中无食物，但肠内有食物；

1级：胃中有少量的食物；

2级：胃中有中等程度的食物，约占1/2；

3级：胃囊食物饱满，但胃壁未膨大；

4级：胃囊充满食物，胃壁膨大。

（2）Eotopob对浮游生物食性鱼类的摄食等级划分如下。

A级：胃膨大；

B级：满胃；

C级：中等饱满；

D级：少量；

E级：空胃。

（3）B.A.Ъронкод对底栖生物食性鱼类的摄食等级划分如下。

0级：空胃；

1级：极少；

2级：少量；

3级：多量；

4级：极大量。

现在，我们使用较多的鱼类摄食强度等级划分依据是《海洋渔业资源调查规范》（SC/T 9403—2012）中规定的五等级划分法，如下。

0级：空胃；

1级：胃内有少量的食物，其体积不超过胃腔的1/2；

2级：胃内食物较多，体体积超过胃腔的1/2；

3级：胃内充满食物，但胃壁不膨胀；

4级：胃内食物饱满，胃壁膨胀变薄。

同时，随着近海传统经济鱼类资源的不断衰退，其他经济无脊椎动物资源数量增加，需要我们不断对新开发利用的对象开展渔业资源生物学基础研究，因此，在这里也将《海洋生物资源与环境调查规范》1997年为了"126"项目（我国专属经济区和大陆架勘测专项）而制作的内部印刷资料中规定的虾类、蟹类以及头足类摄食强度四等级划分法介绍如下。

0级：空胃；

1级：胃内仅有少量食物（少胃）；

2级：胃内食物饱满，但胃壁不膨大（半胃）；

3级：胃内食物饱满，且胃壁胀大（饱胃）。

（二）胃含物分析法

1. 样品的采集

用于研究分析用的鱼类肠胃样品必须严格要求标准化，以保证分析结果的可靠性。

为此必须做到以下几点。

（1）样品应力求新鲜，要取自当场捕获的刚死亡的个体。即当捕到鱼类后，就立即进行样品的采集，以免时间过长，胃含物继续酶解而影响分析精度。

（2）样品要具有较强的代表性，采用能真正代表所研究目标群体的样品。在进行鱼类的胃含物分析时，取样要个体大小齐全。在捕捞工具方面，一般来说，利用定置网、鱼笼、延绳钓等工具取得的样品比较缺乏代表性，这类样品仅可供参考。而拖网、围网、流网等的样品则较有代表性，可选用。因为定置网或鱼笼等工具捕获的胃肠样品，由于相隔时间较长，胃肠内的食物饵料大部分已消化或排泄，严重影响食物分析的精确度，而延绳钓等工具所捕获的样品，鱼类的空胃率较高，据比较，钓具的空胃率比拖网要高2~4倍。在大量的鱼群中取样，一般以流动性的渔具为佳，如拖网、围网以及流网。

（3）样品的数量。在渔业资源调查研究中，通常从渔获物总数中抽取1/4~1/8的胃肠样品，以每网采样数为一个单元，然后加以编号，放进标签，用5%~8%的福尔马林溶液固定。在胃肠样品采集时，一并记录鱼的体长、体重、性别、性腺成熟度等项目，以便对照。

2. 胃含物的处理

胃含物的处理是一项需要操作者十分认真、仔细的工作。由于鱼类的消化能力很强，我们要及时分析胃含物处于未消化或半消化状态之前的状况，这样我们才能较好地进行后续的饵料生物种类、数量的分析工作。因此，鱼类的胃肠样品采集回来之后，应将其逐个剖开，取出胃含物，用吸水纸吸取多余水分，使其达到一定的干湿度，然后立即称取其重量，并取出全部或部分样品放在解剖镜或显微镜下计数。如果计数的仅是一部分，那么计数后，还应乘以相应的倍数，换算为全部数量。

3. 胃含物的分析鉴定

胃含物的分析鉴定包括定性和定量两种方法。

1）定性分析法

定性分析主要是鉴定饵料的种类，要较好地开展与完成这项工作，在分析鉴定胃含物之前，需要先熟悉调查海域的饵料生物的形态特征，特别是生物身上难以消化的那部分。这可以帮助我们从尚未被鱼类消化的残骸肢体中，鉴定出其原属于哪类饵料生物。例如，肉食性的鱼类可依据鳞片、耳石、舌颌骨、匙骨、鳃盖骨、咽喉齿、颌骨、鳍条的形状和大小鉴定饵料生物的种类。草食性鱼类或以浮游生物为食的鱼类，可依据水草的茎、叶、果实、种子，浮游动物的外形、附肢、口器、刚毛等的大小、数量分别鉴定其原来的饵料生物。进行饵料生物的鉴定工作，可由浅入深，逐步深化，切勿粗糙从事。一般除了被消化得无法利用残余肢体特征进行识别的样品外，要尽可能鉴定到种或属，但也有粗略鉴定到科或目，甚至纲的。

2）定量分析法

（1）计数法。也称为个数法，即以个数为单位，计算鱼类所吞食的各种饵料生物的数量，然后计算每一种饵料生物在总个数中所占的百分比。即胃含物中某一种（或类）食物成分的个体数占胃含物中食物组成总个体数的百分比。例如，蓝圆鲹的胃中有桡足类生物 100 个、磷虾类 75 个、糠虾类 50 个、长尾类 20 个、介形类 5 个，那么每一类饵料生物在总个数中所占的百分比分别为 40%、30%、20%、8%和 2%。

当然，计数法亦不能单独全面反映鱼类食物成分，主要受以下因素限制：①计数法过分夸大了被大量摄食的小型生物的重要性，而在有些情况下，因为小型生物被消化得迅速，可能在食物组成中会被忽略；②因为很多生物如原生动物等在到达胃囊之前已成糊状，所以很难计数获得所有食物成分的个体数；③没有考虑到鱼体大小的影响；④这种方法不适用于联合体食物如大型藻及碎屑等；⑤这种方法求算的只是饵料生物出现的次数，而忽视了个体大小和重量，它是把一切大小不同的饵料生物在营养价值上等量齐观的，这其实是不尽合理的，如一只毛虾与一只桡足类，两者的体重相差约 300 倍，如果把它们的营养价值同等看待，显然不符合实际情况。因此，多数学者不是单纯地依靠此法，而是通常将其与其他方法，特别是重量法配合起来使用。

所以，以往比较简单的表示方法是以"+"表示存在，"++"表示较多，"+++"表示很多，"++++"表示极多。

（2）重量法。以食物团为单位，测定食物各成分的百分比。重量法又可分为两种：一种是当场重量法，即将食物团中的各种成分分别放至小型天平上直接称出重量来，再依据称出的各成分重量求算百分比（表 2-18）。

表 2-18 东海带鱼的食饵重量百分比（引自陈大刚，1997）

饵料种类	饵料数	饵料重量（g）	含重量的百分比（%）
小型鱼类	2	15	15
虾类	3	25	25
贝类	4	58	58
蟹类	1	2	2

另一种是更正重量法。首先统计出全部食物团中各成分个体数（残余个体也按完整个体计之），然后按预先测定的各成分每个个体的平均重量，换算出该种成分全部个体的重量——更正重量。最后，根据各种食物成分的更正重量总和分别计算它们各自所占的百分比。更正重量常大于当场的重量，这是由于更正重量是将食物的残体也当作完整个体来计算重量。由此可见，更正重量更接近于吞食饵料的实际重量。

这种方法既顾及不同种类间个体大小的差别，也顾及同种间个体大小的差别。用这种方法所测得的结果，可与水域环境中浮游生物或底栖动物的生物量进行对照分析。

苏联鱼类工作者在分析食物组成时，常采用此方法。

$$更正重量百分比（\%）=\frac{该成分更正重量\times 100}{食物团更正重量}$$

（3）饱满指数。除了重量百分比这一指标外，饱满指数也可帮助我们分析胃含物的重量。饱满指数分饱满总指数和饱满分指数,所谓饱满总指数是指鱼类胃含物的当场重量(或换算更正重量)乘以 10 000,除以鱼的纯体重所得的万分比;同时,还可以用更正重量乘以 10 000,除以鱼的纯体重得出更正饱满总指数。如果把胃含物中的各个成分分门别类,把各个成分称出当场重量,分别乘以 10 000,除以鱼的纯体重,所得的万分比数值则为某成分的饱满分指数;还可以进一步用更正重量乘以 10 000,除以鱼的纯体重,得出更正饱满分指数。同样地,更正饱满分指数比根据当场的重量求出的饱满分指数更为可信。相关公式为

$$饱满总指数 = \frac{食物团总重量}{鱼的体重} \times 10\,000$$

$$饱满分指数 = \frac{食物团某成分的重量}{鱼的体重} \times 10\,000$$

$$更正饱满总指数 = \frac{食物团更正总重量}{鱼的体重} \times 10\,000$$

$$更正饱满分指数 = \frac{食物团某成分的更正重量}{鱼的体重} \times 10\,000$$

(4)体积法。鱼类食物体积组成是指某一种(或类)食物的体积占胃含物总体积的百分比。一般采用排水法测定胃含物的总体积或分体积,求出各种类型食物所占的百分比。通常用有刻度的小型试管或离心管,先装上 5~10ml 清水,然后把食物团放于滤纸上吸干,待至潮湿为止。再将食物团放入已知刻度的试管内,这样很多多余的水就会排出,从而就能精确求出所排出的水。食物团中各大类饵料食物的成分组成,以出现频率百分数或以个数数量的百分比求之。

这种方法比较复杂,分析时手续烦琐,但能较准确确定体积的大小,再求出重量来。由于繁杂,故采用此法的人不多。

(5)出现频率法。这是最为简单和最常用的测定饵料成分的方法之一。出现频率是指某一食物成分的胃数占总胃数的百分比。其具体的计算公式为

$$出现频率 = \frac{含有该成分的实胃数}{总胃数} \times 100\%$$

出现频率法的优点是测定快速而且需要应用的仪器少,但是这种方法不能反映胃含物中各类饵料的相对数量或相对体积。尽管如此,此法还是能够提供饵料种类的定性分析。

(6)综合性指数法。针对上述几种方法的缺陷,Pinkas 等(1971)提出了相对重要性指数(IRI):

$$IRI = F(W+N) 或 IRI = F(N+V)$$

式中,W 为某种饵料生物重量占总生物量的百分比(%);N 为某种饵料生物个体数占总个体数的百分比(%);V 为某种饵料生物体积或所占据的空间占总生物体积或所占的空间的百分比(%);F 为某种饵料生物在总取样次数中出现的频率。

也有学者提出了基于绝对重要性指数(AI)的相对重要性指数(RI),计算公式为

$$AI = F+N+W$$

$$RI = 100AI \sum AI$$

Hyslop 对 *RI* 指数进行研究，指出这些方法未必是衡量食物饵料重要性的较准确的指标。因为其中 2 个指标对判别饵料重叠所起作用不大，出现频率和数量百分比受小型食物种类的影响都很大，而这些小型食物仅占鱼类食物重量中很小的一部分。为此，提出了综合指标优势指数（index of preponderance），把重量百分比和出现频率综合成一个指标 I_P。计算公式为

$$I_P = (W_i \cdot F_i) / \sum (W_i \cdot F_i)$$

式中，W_i 为饵料 i 的重量百分比，F_i 为饵料 i 的出现率。

该方法可根据饵料组成中各饵料数值排序，适合于度量饵料组成中的主要饵料。然而这种方法的缺点是不能通过重量百分比或出现率来区分饵料类别的重要性。

（7）图示法。一般来说，数据结果以图表示更易于理解。有的学者提出了能够用以图示的二维复合指标。还有的学者提出一种以饵料的出现频率和相对丰度为坐标的图示法，这种图示法克服了以往许多摄食生态学的野外研究结果往往局限于对饵料的描述而没有对摄食者的摄食策略作进一步分析的缺点，它能更直接地描述饵料组成、饵料的相对重要性（主要食物或是偶然性食物）以及摄食者中对食物选择的均匀性。

Amundsen 等（1996）在 Costello 图示法基础上，提出了相应的改进方法（图 2-22）。这种方法以特定饵料丰度和饵料出现频率共同构成二维图，可显示饵料的重要性、摄食者的摄食策略以及生态位宽度和个体间的组成成分。

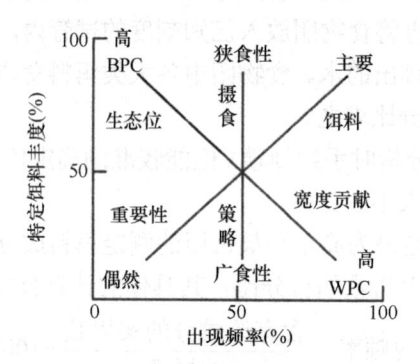

图 2-22 Costello 改进法解释摄食策略、生态位宽度贡献和饵料的重要性（引自陈新军，2004）
BPC. 种群间杂交；WPC. 种群内杂交

改进的 Costello 图示法以特定饵料丰度和出现频率为指标构成二维图（图 2-23a）。特定饵料丰度 P_i 及出现频率用分数表示。

$$P_i = (\sum S_i / \sum S_{ti}) \times 100\%$$

式中，S_i 是饵料 i 在胃含物中的含量（体积、重量、数量）；S_{ti} 是胃内有饵料 i 的摄食者胃含量。

特定饵料丰度和出现频率的乘积相当于饵料丰度，可由与坐标轴共同围起来的方框表示（图 2-23b），所有饵料种的方框面积总和等于图的总面积（100%的丰度），任一特定饵料丰度与出现频率的乘积代表某一饵料丰度，饵料丰度的不同值可以在图中用等值线表示（图 2-23c）。

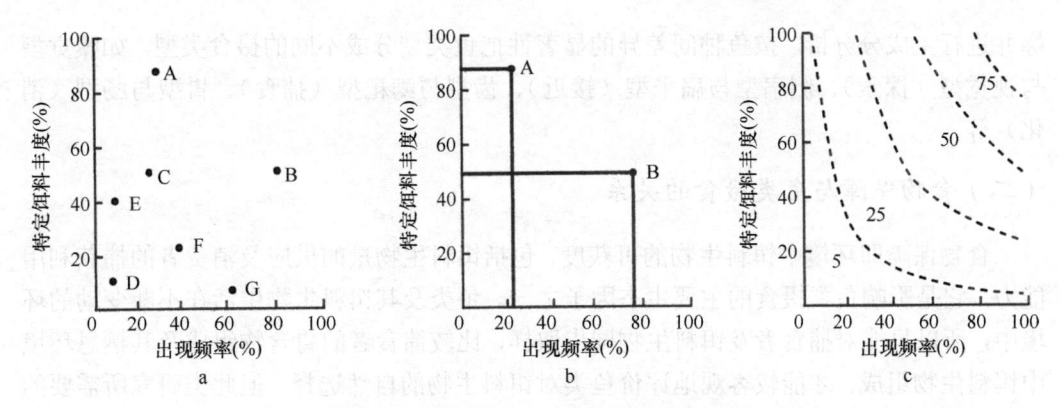

图 2-23 摄食策略（引自陈新军，2004）

a. 假设的例子（A、B、C 等为不同的饵料种类）；b. A 和 B 的饵料丰度以封闭的方框表示；c. 不同等值线代表不同的饵料丰度

运用 Costello 改进图示法，摄食者的摄食策略和饵料重要性可以通过观察沿着对角线和坐标轴分布的散点来推知（图 2-22）。在纵轴中，根据广食性或是狭食性来阐明摄食者的摄食策略，摄食者种群的生态位宽度可以通过观察值在图中的位置来判明。沿对角线从左下角到右上角增加的丰度百分比用以衡量饵料的重要性，重要的饵料（主要食物）在顶端，而非重要的饵料（次要食物或偶然性食物）在下面。

图示法的优点在于在作进一步的数理统计分析之前能在图中对数据作一个迅速而直观的比较。与其他综合指标（如 IRI、RI、I_p）相比，图示法没有把重量百分比和出现频率简单地相加或是相乘，却可以通过重量百分比和出现频率从许多鱼的小型饵料中区分出仅存在于少数鱼中的大型饵料，对结果进行更细致的分析，以便更好地比较结果。

五、影响鱼类摄食的主要因素

（一）摄食器官的形态特征与鱼类摄食的关系

鱼类的摄食习性受其摄食器官的形态特征、环境因子，如食物保障、水文环境因子（如水温）等影响。鱼类的生理活动（如产卵、越冬等）以及鱼类摄食器官的形态特征与其摄食方式密切相关。但这方面的研究很少，尚未形成系统的理论与研究方法。主要是 Groot（1971）比较分析了世界 132 种比目鱼的消化器官的主要形态特征及其与食性的关系，并依此把鱼类划分成不同摄食方式的生态类群。陈大刚等（1981）利用生物数学方法研究了鱼类的消化器官的形态特征与其食性的关系。其具体方法是：选择鱼类消化器官中典型的定量指标，如吻、头、口、肠、幽门垂等（平均值）及性状指标，如牙齿、鳃耙、胃、肛门等（用数字之间的距离表示各种鱼类之间的差异），由此得到鱼类形态学指标的资料矩阵 x，然后计算各鱼种之间的欧氏距离（标本点距离）d_{ij}：

$$d_{ij} = \left\{ \sum \left[(x_{ij1} - x_{ij2}) / s_i \right] \right\}^{1/2}$$

式中，s_i 是行的标准差。按标本点距离聚类分析划分鱼类的摄食生态类型。三尾真一等（1984）研究了鱼类与捕食相关的探索器官（嗅囊、眼、视叶等）、感触器官（侧线、鳍、小脑等）、捕食器官（口、齿、鳃耙等）以及消化器官（胃、肠、幽门垂等）的形态指标并进行主成分分析，按鱼种间差异的显著性把鱼类划分成不同的摄食类型，如嗅觉型与视觉型（探索）、侧扁型与扁平型（接近）、齿型与鳃耙型（捕食）、胃型与肠型（消化）等。

（二）食物保障与鱼类摄食的关系

食物保障即环境中饵料生物的可获度，包括饵料生物量的供应及消费者的捕获利用能力，它是影响鱼类摄食的主要生态因子之一。鱼类及其饵料生物生活在不断变动的环境中，所以只能对捕食者及饵料生物同步取样，比较捕食者的胃含物组成及其栖息环境中饵料生物组成，才能较客观地评价鱼类对饵料生物的自然选择。但此类研究所需要的很多测试手段尚不完备或方法不成熟，加之取样中存在的一些困难，不易获得充分的精确的定量资料，所以人们往往借助于实验生态学中的食物选择指数来研究鱼类对饵料生物的选择性问题。

六、肥满度和含脂量

（一）肥满度

鱼类肥满度（丰满度）是鱼体重量增减的一个量度，它是反映鱼体在不同时期和不同水域摄食情况的一个指标。Fulton（1902）提出了肥满度的计算公式为

$$Q = \frac{W \times 100}{L^3}$$

式中，Q 为肥满度；W 为体重（g）；L 为鱼体长度（cm）。

肥满度是用鱼体重量与体长立方的关系表示鱼类生长情况的一个指标。这一指标是假定鱼类不随着它们的生长而改变体型。因此，具有同种肥满度的鱼，不管它们的大小如何，肥满度应该是同样的数值。肥满度的改变，说明鱼体长度和重量之间的关系改变了。在体长不变的情况下，随着体重的增加，肥满度提高；相反地，体重减少则肥满度降低。

肥满度实际上就是两个量度的比例，即鱼体的重量与鱼体长度立方之比。但是，鱼在生长着，它的长度增加，体积也增加。长度、高度和宽度是决定体积的基本量度，假如这一数值之间的比例是维持不变的，那么，随着其中的一个量度的增大，其余两个量度也将按比例增大，且这种体重与长度立方之间的比值也将同样保持不变。但是，实际上鱼体的基本量度并不是按比例均匀地生长的，这就导致了鱼体体重与其长度立方之间的比例发生变化，从而使肥满度数值发生变动。因此，在比较不同时期和不同水域鱼类的肥满度时，应分别就每个年龄组或每个长度组分别进行计算，并以同龄组、同长度组的数值进行比较。

此外，鱼类性腺成熟度情况和肠胃饱满度情况等，也会影响鱼类的肥满度，并使之产生误差和变动。为了消除这一影响，Clark（1928）提出了去除内脏，利用纯体重来计算肥满度。但是，在去除内脏后，体内的脂肪也将有一部分被去掉，从而影响到肥满度的正确性。为了解决这一问题，最好同时计算 Fulton 肥满度和克拉克肥满度两个数值，以便修正。

（二）含脂量

含脂量是鱼体内储存脂肪的含量，也是反映鱼类在不同时期和不同水域摄食营养情况与生长好坏的一个指标，它比肥满度更为准确。在研究鱼类的生态、行动和行为时，经常要用到它。因为鱼类生长的好坏直接影响到其成活率、世代的成熟过程以及生殖鱼群的补充速度等问题，从合理利用渔业资源以及提高水域生产力角度来说，在鱼类生长开始转慢的阶段开始进行捕捞才是最合理的。因此，研究鱼类的肥满度和含脂量在渔业上具有十分重要的意义。

鱼体内的脂肪是鱼类摄取的食物经同化吸收作用后，在体内逐渐积累起来的营养物质，有的分布在肌肉和肝脏中，有的分布在体腔膜和内脏周围。鱼类体内脂肪的积累，会随着个体的发育和不同生活阶段而有变化。性未成熟的幼鱼，生长迅速，这时从外界摄食的食物，经同化吸收后主要用于发育、生长，体内脂肪积累很少。随着鱼体的逐渐长大，体内脂肪逐渐积累。性成熟前后的鱼，体内含脂量高且常随性腺的发育而变化，一般当产卵结束并恢复摄食后，性腺与脂肪量同时增长。但从摄食停止起，脂肪量逐渐减少，而性腺继续增长，因此在产卵期前后，含脂量降低，这是由于摄食减少，营养来源短缺，而体内积存的营养转化用于性腺发育。鱼类的含脂量还与季节变化有关，一般在索饵后期，体内含脂量增加，越冬期因停止或减少摄食，体内的脂肪不断转化为能量而消耗和用于性腺的发育，所以含脂量逐渐减少。

相近种类和同一种类的含脂量，除了因生理状况和生活阶段的不同而不同外，还与其生活习性等特点有关，凡洄游路线长的群体，其含脂量较高。而越冬生活的群体，因其在一定季节停止摄食，所以其代谢强度相应降低，于是其体内的含脂量仍较高。

鱼类含脂量的测定方法通常有目测法（含脂量等级）和化学测定法。

1. 目测法

目测法是野外现场工作时采用的方法，它是依据鱼类消化道上附着的脂肪层分布量的多少将含脂量划分为若干等级，观察时，采用解剖方法，观察消化道上附着的脂肪层分布量的多少来确定含脂量等级。苏联学者 Prozorovskaya（1952）在研究里海斜齿鳊的含脂量时，将其消化道上分布的脂肪层分为 6 个等级（0、1、2、3、4、5），并对每一等级所含的脂肪性状加以描述。我国在《海洋水产资源调查手册》（黄海水产研究所，1981）中将含脂量划分为以下四个等级。

0 级：内脏表面及体腔壁无脂肪层；

1 级：胃表面有薄的脂肪层，其覆盖面积不超过胃表面的 1/2，肠表面无脂肪或有少量脂肪；

2 级：胃肠表面 1/2 以上的面积被脂肪层覆盖；

3 级：整个肠胃被脂肪层覆盖，脂肪充满体腔。

2. 化学测定法

测定鱼体含脂量的最准确的方法是化学测定法。

（1）取样要求。一般测定鱼类含脂量，多用鱼体肌肉作为分析样品，但是，由于脂肪含量在鱼体各部位的分布不尽相同，主要分布于皮下组织、红褐肌、背部和腹部的肌肉、结缔组织和内脏器官中，且各处之间的含脂量也有差异，因此，在采样前应事先了解鱼类含脂量在各组织器官的分布情况，从含脂量多、取材方便的部位着手。

（2）测定。由于脂肪不溶于水而溶于各种有机溶剂，如乙醚、甲苯、丙酮和氯仿等，因此，可以利用脂肪的这一性质进行分析测定。测定方法如下：取绞碎的样品数克，置于索氏脂肪提取器的提取瓶内，加入乙醚至刻度，加热提取。通常需要 6～8h，以使样品长时间反复被乙醚抽取，提取完毕后，将乙醚全部蒸发、冷却后，把提取瓶置于 100～105℃烘箱中，干燥至恒重为止，最后按下列公式计算：

$$F = \frac{a-b}{W} \times 100\%$$

式中，F 为含脂率（%）；a 为提取瓶和残留物的重量；b 为提取瓶的重量；W 为样品的重量。

第五节　集群与洄游

栖息在海洋中的鱼类，一般都有集群和洄游的生活习性，这是鱼类生理上与生态习性上的条件反射，是鱼类在长期生活过程中对环境（包括生物和非生物环境）条件变化适应的结果。

鱼类出于生理上的要求和保存其种族延存的需要，通过集群以及产卵洄游，达到其繁殖后代的目的；由于季节变化而导致水温逐渐下降，作为变温动物的鱼类，为了避开不适宜生活的低温水域，于是集结成群，进行越冬（或适温）洄游，寻找适合其生存的水域环境；由于鱼类在生殖或越冬洄游过程中消耗了大量的能量，为了维持其生命的需要，集群向富有饵料生物的海域进行索饵洄游，以补充其生存所需的营养。

在鱼类生活环境中，经常遇到敌害的突然袭击或天气的突然变化，于是集结成群以逃避敌害；受到环境的刺激（如声、光、电等）时也会集结成群。当然，鱼类集群的时间有长有短，集群的鱼群也有大有小，集群的鱼种有单一种类的，也有几个种类混杂的；另外，有些集群有规律性，有些却没有规律性。但是，不论如何，鱼类集群与洄游都是其对自然环境条件的适应与选择，它是一种较为复杂的鱼类行为反应现象。

我们研究鱼类的集群与洄游，是要掌握鱼类集群与洄游的规律，目的是了解鱼类究竟是在什么时间、什么海区、哪个水层集群，有哪些种类集群，集群的鱼群大小（包括鱼群广度、厚度和密度），集群所持续的时间等，然后据此确定渔具渔法、生产时间，以实现合理开发利用海洋渔业资源，提高渔业生产的效益，也为更好地制定渔业资源繁殖保护措施提供科学依据。同时，通过对鱼类集群行为的研究，可以找到人为聚集鱼群或控制鱼群行为的方法，从而大大地提高捕捞效率和经济效益。

一、鱼类的集群

（一）鱼类集群的一般规律

鱼类在其生活过程中，除了少数凶猛性鱼类外，多数鱼类均有集群生活的习性。集群不仅有利于鱼类摄食、防御敌害，而且有利于繁衍后代，保障鱼种的生存。鱼类集群的一般规律是：在幼鱼时期，主要是在同一海区同一时期出生的同种鱼类的各个个体集合成群，群中每一个个体的生物学状态基本相同，生物学过程的节奏也基本一致，这就是鱼类的基本种群。此后，随着个体的发育生长和性腺成熟的程度产生不同，基本种群就会发生分化改组；由于幼鱼的生长速度在个体间并不完全相同，其中有的摄食充足、营养吸收好、生长较快且性腺成熟早的个体，常常会脱离原来群体而优先加入到较其出生早而性腺已成熟的群体；在基本种群中，那些生长较慢而性腺成熟较迟的个体，则与较其出生晚而性腺成熟状况接近的群体汇成一群；在基本种群中，大多数个体生长一般，性腺成熟度状况较为相近的个体仍维持着原来的那个基本群体。

由基本种群分化而改组重新组合的鱼类集合体，我们称之为鱼群。在这一鱼群中，鱼类各个个体的年龄不一定相同，但生物学状况相近，行动统一，长时间结合在一起。同一鱼群的鱼类，有时因为追逐食物或逃避敌害，可能临时分散成若干个小群，但这些小群是临时结合的，一旦有适宜的环境条件，它们就会自动汇合。而鱼类个体是组成鱼群的基本单元。

（二）鱼类集群的类型

鱼类集群是为满足其在生理上的要求和在生活上的需要，一些在生理状况相同又有共同生活需要的个体集合成群而共同生活的一种现象。根据鱼类集群产生原因的不同，一般可将其分为四种类型。

1. 产卵集群

又称生殖集群，性成熟的鱼由于性成熟的生理刺激和外界环境因子变化的刺激，由性腺已成熟的个体聚集在一起，为产卵而集结成群的鱼群，称为产卵集群。由于性成熟与鱼的体长密切相关，体长不同，性成熟状况和对外界环境刺激的反应也不同，因此，产卵集群的鱼群结构一般为：体长基本一致，性腺发育程度也基本一致，但其年龄则不一定完全相同。另外，产卵鱼群的密度较大，分布也较为集中和稳定。

由于产卵集群是依群体的体长和性成熟状况而分别聚集而成的，因此，鱼类从幼鱼到成鱼，特别是在性成熟后的生长过程中，鱼群常在不断分化改组，如在幼鱼鱼群中，如果有一部分达到性成熟，则原来的鱼群就分化为成熟的和未成熟的独立鱼群，而成鱼鱼群则依性腺发育状况不断地重新分化改组，一直到把原来的鱼群分化成各自不同性腺成熟程度的若干小群。

鱼类的性腺发育成熟，一般是个体大的鱼，其性腺成熟较早，个体小的鱼，其性腺成熟较迟，雄鱼性成熟早于雌鱼，由此形成在产卵洄游过程中的大小顺序和先雄后雌的顺序的现象。

产卵鱼群在产卵后，其原有的集群鱼群即行分散，这是因为多数个体由于体质亏虚，需要进行强烈摄食，从而逐渐形成索饵集群。

2. 索饵集群

根据鱼类的食性，有共同摄食需要，为追食其嗜好的饵料生物而聚集成群的鱼群，称为索饵集群。凡是食性相同，嗜食的饵料生物也相同的鱼，不分体长、年龄、性别，甚至不分种类，都聚集在同一索饵场一起共同索饵，因此，索饵鱼群的结构（年龄、体长）组成比较复杂。一般来说，由于食性相同的同种鱼中的性成熟鱼、幼鱼及仔稚鱼饵料对象不同，故通常不共同聚集在一起索饵，而不同种的鱼却往往为了要摄食共同的饵料聚集在一起。索饵鱼群的大小和密度往往取决于饵料生物的分布、数量大小以及环境条件。但是，相对来说，一般都比较分散。

通过索饵，随着鱼类肥满度的增大以及环境条件的改变，索饵鱼群就会发生改组，有些进入性腺成熟或重复成熟阶段，形成产卵集群，有些随着水温的变化，形成越冬集群。

3. 越冬集群

由于环境条件，特别是水温条件的改变而聚集到一起，共同寻找适合其生活的新的生活环境的鱼群，称为越冬集群。这是分布在寒带、亚热带和温带海域而适温范围又较狭窄的鱼类的特有的适应属性。凡是肥满度（含脂量）相近的同种鱼类，不分雌雄，也不一定属于同一年龄和同一体长的个体，都会聚集成群。但是，由于不同年龄、不同体长的鱼，其生理状况不同，对外界环境变化，尤其是对水温变化刺激的反应也不同，因此，往往会根据鱼类的体长、年龄、肥满度等不同而组成若干不同的越冬小群体，进行分批越冬洄游。但是，达到越冬场后，则多数小群聚集成较大的群团，因此，越冬集群的鱼群是群体大而密集的。

4. 临时集群

在鱼类生活过程中，当环境条件发生突变，形成环境障碍或遇到凶猛鱼类时，迫使鱼类暂时性大量聚集在一起的鱼群，称为临时集群。例如，1959年春季渤海海峡一带水域温度很低，游向渤海产卵的小黄鱼被阻于这一带水域，形成鱼群大量聚集，从而造成拖网生产的有利时机。不同水系交汇处，发生上升流的地方，由于温度梯度大，也会经常诱集大量鱼群聚集。一般来说，不论鱼类处于哪一生活阶段，当遇到环境条件突然变化时，特别是温度、盐度梯度的急剧变化或遇有凶猛鱼类出现时，往往都会引起鱼群的暂时集中，而当环境条件恢复正常时，它们即行分散。

（三）鱼类集群的生态学意义

不同年龄、不同大小、不同性别，甚至不同种类的鱼，为什么要聚集在一起？鱼类的集群到底有什么作用和生态学意义？人们对这些问题至今尚未完全了解，但是，普遍认为鱼类集群在以下几方面具有重要的生态学意义。

1. 有利于鱼类防御敌害

在鱼类集群行为的作用和生态学意义中，最具说服力的就是饵料鱼群对捕食的防御作用。现在普遍认为，集群行为不仅可以减少饵料鱼被捕食鱼发现的概率，而且还可以减少已被发现的饵料鱼遭到捕食鱼成功捕杀的概率，提高其防御敌害的能力。由几千尾甚至几百万尾鱼汇集的鱼群看来也许十分显眼，但实际上，在海洋中一个鱼群并不比一个单独的个体更容易被捕食鱼发现。由于海水中悬浮微粒对光线的吸收和散射等原因，物体在水中的可见距离都是非常有限的，即便是在特别清澈的水中，物体的最大可见距离也只有200m左右，并且，这个距离与物体的大小无关。实际上，最大可见距离还要小得多。但是，在长期的进化过程中，作为一种社会形式而发展起来的鱼群，不仅可以减少饵料鱼被发现的概率，而且必然还有其他形式的防御作用，以减小已被发现的饵料鱼遭到捕食鱼成功捕杀的概率。有人在水族箱里作过试验，试验结果表明：单独行动的绿鳕稚鱼平均26s就被鳕吃掉，而集群的绿鳕稚鱼平均需要2min 15s才被鳕吃掉一尾。

此外，集群行为也有助于鱼类逃离移动中的网具。当鱼群只有一部分被网具围住时，往往全部都可逃脱。有经验的渔民懂得，只有把全部鱼群围起来，才可能获得好的捕捞效果。这是因为鱼群中的个体都十分敏感，反应极快，只要一尾鱼受惊而改变方向，整个鱼群几乎在同时产生转向的协调运动。通过上述分析可得出，鱼类的集群可以减少危险性，以便及早地发现敌害。

2. 有利于鱼类索饵

食物关系是生物种间和种内生物联系的基本形式。由于海洋中的饵料生物（特别是浮游生物）往往是呈非均匀的团块状分布，鱼类的集群使得它们更容易发现和寻找到食物，也能提高鱼类对饵料生物的利用率。人们在研究中发现，不仅饵料鱼会集结成群，而且某些捕食鱼也是集群的。由此可以断定，集群行为在捕食鱼生活中也有一定的作用。但是，至今为止，对这个问题的研究仍然很少。

有人认为，捕食鱼形成群体之后，不仅感觉器官总数会增加，而且可以增加搜索面积。鱼群中的一个成员找到了食物，其他成员也可以捕食。如果鱼群中的成员之间的距离勉强保持在各自的视线之内，则搜索面积最大。因此，鱼类在群体中比单独行动时能更多更快地找到食物。

3. 有利于鱼类生殖

性腺成熟的个体，为了产卵聚集在一起，形成生殖鱼群，以提高繁殖效果。由于繁殖鱼群对水温有特别高的要求，往往限制在一定的水温范围内，因此集群密度大，有效地提高了繁殖力。对于大多数鱼来说，集群成了产卵的必要条件，而且，许多个体聚集在一起进行产卵、交配，在遗传因子扩散方面也起到了某些作用。毫无疑问，这对于鱼类繁衍后代、维持种族有着决定性的意义。

此外，大量的研究已经表明，鱼类集群除了防御、捕食和生殖等方面的作用和生态学意义外，在鱼类生活中还具有其他各种各样的作用。有研究认为，与单独个体鱼相比，鱼群对不利环境变化有较强的抵抗能力，集群行为不但能够增强鱼类对毒物的抵抗，而且还能降低鱼的耗氧量。还有研究认为，从水动力学方面来看，在水中集群游泳可以节省每个个体的能量消耗，正在游泳的鱼所产生的涡流能量可以被紧跟其后的其他鱼所利用，因而群体中的每个个体就可减少一定的游动阻力而不断前进。

（四）鱼类集群行为机制及其结构

1. 鱼类集群行为机制

鱼是通过什么机制来形成群体并使之维持下去的呢？研究表明，鱼的信息主要是通过声音、姿态、水流、化学物质、光闪烁和电场等来传递的。因此，视觉、侧线感觉、听觉、嗅觉及电感觉等在鱼群形成和维持中均起到重要的作用。但是鱼类集群的行为机制目前还没有一个较为统一的说法和理解。

（1）视觉在鱼类集群行为中的作用。许多学说断言视觉是使鱼类集群的最重要感觉器官，甚至有的学说还断言视觉是与集群行为有关的唯一感觉器官。但是，现在我们已经知道这些看法是片面的，因为除视觉之外，听觉、侧线感觉、嗅觉等也都与集群行为有着密切的关系，而且，它们的作用也未必就不如视觉。不过，视觉的确在集群行为中发挥了重要的作用。

视觉在集群行为中的作用主要有两方面：一是各个个体通过视觉诱引同伴，二是通过视觉使群体的游泳方向得到统一。诱引力是集群的第一阶段，起着使分散于任意方向的个体集中于一处的作用，主要在群体静止状态下发挥作用。方向的统一性则起着使聚集在一块的各个个体朝向同一方向，使各个个体周围保持充分的空间，使其行为统一的作用，主要在群体移动状态下发挥作用。

（2）侧线感觉在鱼类集群行为中的作用。多数鱼类在身体的两侧都具有侧线系统。虽然过去人们曾提到侧线在鱼群形成过程中能发挥一定的作用，但多数研究者都认为视觉比侧线更为重要。但也有研究认为，侧线感觉在鱼类集群行为中具有与视觉同等重要的作用。有学者通过进一步的研究指出，视觉系统是一种用以保持与最邻近鱼之间的距离和方位的重要感觉器官，而侧线看来则是一种用以确定邻近鱼的速度和方向的最重要感觉器官。有充分的证据证明，在游动时鱼类同时利用了这两种感觉器官。

（3）嗅觉在鱼类集群行为中的作用。Hemmings（1966）研究了嗅觉在鱼类集群行为中的作用，结果发现，活泥鳅和死泥鳅的皮肤渗出液给予同伴的诱引效果是相同的，泥鳅皮肤渗出液没有使同伴发生恐慌反应。Kleerekoper（1967）通过对脂鲦的研究发现，在视觉不能起到集群作用时，嗅觉作用对集群至少是重要的。

通过上述分析，我们可以看到，鱼类的集群行为是通过把不止一个感觉来源的信息加以比较而实现的。这种情况也许只能从进化上找原因，即自然选择势必有利于能够利用多种信息的动物。可以相信，除了视觉、侧线感觉和嗅觉以外，当鱼群的复杂行为被人们充分了解之后，或许还会发现有另外的感觉系统参与集群这一行为并发挥作用。例如，近年来已有人提出听觉、电感觉也与集群行为有关，但有关这方面的研究还很少。

2. 鱼群的结构

研究鱼群的结构，对于进一步阐明鱼类集群行为和侦察鱼群，进行渔情预报有着重要的意义。我们研究鱼群的结构，可以从两个方面对鱼群的结构加以考虑：一为外部结构，如鱼群的形状、大小等；二为内部结构，如鱼群的种类组成、体长组成、各个个体的游泳方式、间距及速度等。在鱼群的外部结构方面，对于不同种的鱼类，其鱼群的形状、大小都是不同的。即使同一种类的鱼，鱼群的这些外部构造也将会随时间、地点、鱼的生理状态及环境条件等变化而改变。

但是在鱼群侦察中，我们主要从鱼群的形态方面来考虑。鱼群的形态在不同种类、不同生活时期、不同环境条件和中上层与底层鱼类之间均不相同，主要表现在形状、大小、群体颜色等方面，特别是中上层鱼类。例如，分布在我国黄海北部的鲐鱼群，以及南海北部大陆架海域的蓝圆鲹和金色小沙丁鱼鱼群。这些鱼群的形状可归为9种：三角形、一字形、月牙形、三尖形、齐头形、鸭蛋形、方形、圆形、哑铃形（图2-24和图2-25）。

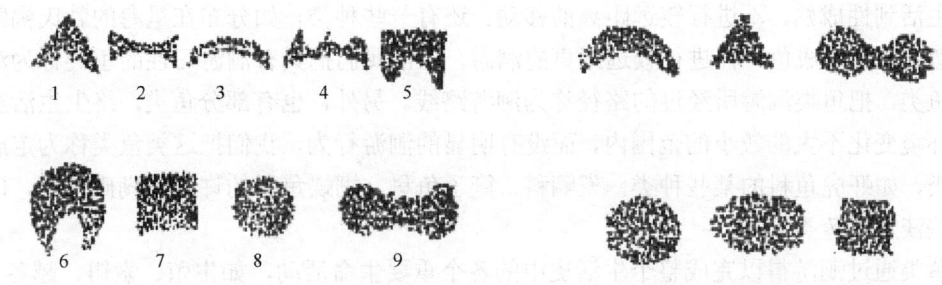

图2-24 黄海北部鲐鱼群形状图
（引自陈新军，2014）

图2-25 蓝圆鲹、金色小沙丁鱼群形状图
（引自陈新军，2014）

对中上层鱼类的鱼群来说，一般可根据其群体形状、大小、群色和游泳速度来推测鱼群的数量。从鱼群的游速来说，游泳速度快的鱼群，其群体规模较小；游泳速度较慢的群体，其群体数量大。从鱼群的颜色来看，群体的颜色越深，说明鱼群的规模较大，群体的颜色较浅，说明鱼群的规模较小。图2-24的鲐鱼群，前三种群形的鱼群，一般群体小或较小，通常无群色，行动迅速，天气晴朗风浪小时，常可看到水面掀起一片水波；第1、2种群形数百尾，至多不过一二千尾，第3种群体较大，游动稍迟缓；第4、5、6种群形群体稍大；第7种方形群，群体较第4、5、6种为大，游动也较缓慢，其数量视群色而定，一般有数千尾至万余尾；第8种圆形群，海面看起来起群不大，群色深红或紫黑，深度越大群体越大，估计一般二三万尾以上，甚至可达六七万尾，鱼群移动极缓慢，便于围捕；第9种哑铃形群又称扁担群，群体最大，一般不达水面，移动最缓，也不受干扰，如船只在其上通过，鱼群立即分开，船过后，鱼群又合拢，估计一般在三四万尾以上，如群色深紫或深黑可达十余万尾，但是，这样的鱼

群并不常见。

群色反映于海面,色泽深浅依群体密度而异。群色一般分黄、红、紫、紫黑4种,色泽越浓群体越大,也越稳定。有时鱼群接近底层,海面仅几尾起水,像吹起的波纹,如群色呈深紫或紫黑色,则为大群体。

二、鱼类的洄游

(一)鱼类洄游的概念

所谓洄游,即鱼类在一定的时间内所进行的周期性、集群性、定向性的长距离移动。鱼类的这一行为是鱼类群体能够得到有利的生存条件和繁殖条件的重要习性,是鱼类在长期的进化过程中所形成的,因而具有一定的延续性和规律性,并不是轻易可以改变的。栖息在海洋中的多数鱼类、哺乳动物等水生动物均有这种习性。

洄游是从一个环境(海区)到另外一个环境(海区)的一种社会性行为,目的是扩大鱼类的分布区和生存空间,以保证种群的生存和增加种群数量。但是,由于鱼类的生存环境及其本身的生物学特性存在差异,因此鱼的洄游距离及洄游规律存在差异,如鳗鲡的洄游距离可达几千千米,而一些小型鱼类的洄游距离则只有几十千米,有些种类(如鲑)只有已达到性成熟的成鱼才会进行洄游,幼鱼从产卵场游到索饵场后就在那里一直生活到性成熟,不进行较远距离的移动。还有一些种类,如分布在里海的勃氏褐鳕等幼鱼,却会像成鱼一样进行较远距离的洄游。通常我们把具有洄游习性的鱼类称为洄游性鱼类,把鱼类洄游所经过的路径称为洄游路线。另外,也有部分鱼类,终生生活在自然环境变化不大的较小的范围内,而没有明显的洄游行为,我们把这类鱼类称为定居性鱼类,如虾虎鱼科的某些种类,雀鲷科、篮子鱼科、蝴蝶鱼科的许多珊瑚礁鱼类,以及一些淡水性鱼类。

鱼类通过洄游得以完成整个生活史中的各个重要生命活动,如生殖、索饵、越冬、生长等。广阔的海洋不是任何海域都可以成为渔场的,只有在经济鱼类洄游或栖息密集的海域,才能形成捕捞作业的渔场。洄游现象在很多鱼类中,特别是大多数海洋鱼类,溯河性、降海性鱼类中表现得尤其明显。因为它们在生命活动的不同时期,要求着明显不同的生活条件,而洄游正是为寻找适宜的生活环境而进行的有效运动。同时,由于洄游而使鱼类集合成群,定期地在一定的地点大量出现,从而形成了鱼群密集的渔场,鱼类洄游的进行就表现为渔场的移动变化。因此,研究鱼类洄游,找出其洄游规律性,对渔业生产具有十分重要的实践意义。

(二)鱼类洄游的类型

由于造成鱼类洄游的动因不同,对生态环境的需求以及外界的影响等方面存在差异,一些学者对鱼类的洄游类型的划分采用不同的标准和方法。例如,有的学者根据鱼类洄游动力不同将其划分主动洄游和被动洄游。主动洄游是鱼类凭借自身的运动能力所进行的洄游,如由海洋游向江河的溯河洄游,鱼类接近性成熟时向产卵场的洄游,达到一定肥满度时向越冬场的洄游,生殖或越冬后向索饵场的洄游等基本都属于这种类型。被动洄游是生物体在运动中不消耗能量，随水体流动而移动的洄游。如各种浮游生物的随波逐流的移动，美洲鳗鲡入海产卵后，其幼鳗被墨西哥暖流带到欧洲海岸一带，鲑幼鱼在河流中孵化后也随水顺流入海，还有很多鱼类的浮性卵、仔鱼或幼鱼由于运动能力微弱，常会被水流携带到很远的地方等，基本属于这种类型。

有的学者以鱼类生活史不同阶段的洄游为划分标准，将鱼类的洄游分为成鱼洄游和幼鱼洄游。Meek（1916）则根据鱼类洄游的方向将其分为向陆洄游和离陆洄游。但是，凡此种种划分方法，都不足以说明鱼类各种洄游的特点及其在生命活动中所起的作用。

在国际上，被多数学者支持和广泛采用的是按照鱼类不同的生理需求，将其划分为产卵洄游、索饵洄游和越冬洄游三种洄游类型，其实鱼类的产卵、索饵、越冬这些行为是相互联系的（图2-26）。鱼类生活周期的前一环节为后一环节做好准备。过渡到洄游状态是与鱼类的一定生物学状态相联系的，如丰满度、含脂量、性腺发育、血液渗透压等。洄游的开始主要取决于鱼类的生物学状态，但也取决于环境条件的变化。

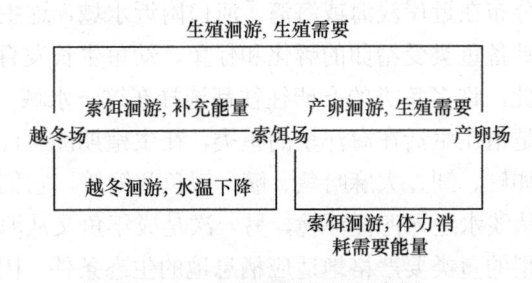

图 2-26　鱼类洄游周期示意图

但是并非一切洄游性鱼类都进行这三种洄游，某些鱼类只有生殖洄游和索饵洄游，但没有越冬洄游。还有些鱼类这三种洄游不能截然分开，而是有不同程度的交叉。例如，分批产卵的鱼类，小规模的索饵洄游就已经在产卵场范围内进行了；在索饵洄游中，由于饵料生物量或季节发生变动，有可能和越冬洄游交织在一起。

另外，还有一种分法是按照鱼类所处不同生态环境将其分为海洋鱼类洄游、溯河性鱼类洄游、降海性鱼类洄游和淡水鱼类洄游四种类型。现将按照鱼类不同的生理需求划分的产卵洄游、索饵洄游和越冬洄游介绍如下。

1. 产卵洄游

产卵洄游又称生殖洄游。所谓产卵（生殖）洄游就是当鱼类生殖腺发育成熟时，由于生殖腺分泌性激素到血液中，刺激神经系统而导致鱼类产生排卵繁殖的要求，并常集合成群，去寻找有利于亲体产卵、后代生长、发育和栖息的水域而进行产卵活动的洄游。

通常，根据产卵洄游路径和产卵场的生态环境不同，又可将鱼类的产卵洄游分为以下三种类型。

（1）向陆洄游。是指从深水处向浅水区或近岸的洄游。一般来说，多数海洋鱼类均属于这一类型，如金色小沙丁鱼、蓝圆鲹、蓝点马鲛、带鱼、大黄鱼、小黄鱼、鳓、黄鳍马面鲀等。譬如说带鱼，它是广泛分布在我国四大海区的暖水性、洄游性鱼类，南自南海北部湾，北至渤海辽东湾均有分布。每年的春季，分布在黄海的济州岛西南 100m 左右水深和东海的浙江中南部外海 100m 左右水深越冬的鱼群，即要开始向陆洄游，在黄海的济州岛西南越冬的鱼群游到渤海的辽东湾、莱州湾及渤海湾 20m 左右水深海域，以及黄海的海州湾、乳山湾、鸭绿江口及烟威渔场进行产卵，在东海浙江中南部外海越冬的鱼群游到浙江、福建沿岸近海 30m 以内水深海域进行产卵。又如，东海、黄海、渤海的蓝点马鲛的产卵洄游，根据韦晟（1980b）等研究，蓝点马鲛于 1~2 月在水深 60~85m 和 70~95m 的两个越冬场越冬，每年 3 月鱼群开始陆续游离越冬场，开始作北上产卵洄游。北上洄游鱼群分为两支：一支向东偏北游向朝鲜西海岸，于 4 月下旬到达黄海北部的海洋岛渔场产卵；另一支沿 20~40m 等深线北进，鱼群由东南向西北进入连青石渔场西南部海域。进入连青石渔场西南海域的鱼群又分为两部分：一部分进入海州湾、连青石及石岛等渔场产卵，另一部分进入渤海的莱州湾、渤海湾和辽东湾等渔场产卵。还有南海北部主要经济鱼类产卵的分布水深都在 30m 以内的近岸浅海或河口附近。可见，它们的产卵场均分布在近岸浅海或海湾、河口附近水域，这主要是由于这一水域的天然饵料丰富，并且具备鱼类受精卵的孵化和仔鱼、幼鱼生长发育的适宜温度、盐度等有利的生态环境，因此，许多鱼类的产卵往往都选择在这一水域。

（2）溯河洄游。是指在生活在海洋里的鱼类，在生殖期溯至江河（包括河口）中进行产卵繁殖的洄游，如鲑、鳟、大麻哈鱼、鲟、银鱼和鲥等。它们一生要经历两次重大变化，一次是其幼鱼从淡水迁入海洋环境，另一次是成年鱼又从海洋回到淡水环境中进行繁殖活动。这一类型的鱼类要严格地适应栖息地的生态条件，因此，它们在生理上要发生有效的适应，特别是要适应水域中的盐度，也就是说要克服洄游过程中所遇到的最大问题——渗透压的调节。所有溯河鱼类都具有很好的调节机能。例如，大鳞大麻哈鱼在海洋中生活的时期，血液冰点为$-0.762℃$，在咸淡水中生活一段时间后则为$-0.737℃$，在到达江河上游产卵场时则为$-0.628℃$，血液中的盐分显然减少了，同时，其鳃部的分泌细胞功能也显著加强了。溯河洄游的一个典型例子是北太平洋的大麻哈鱼，这种鱼平时生活在海洋之中，一到生殖期，就集群溯河而上，溯河时不摄食，每天还要在逆差几十千米的河流中上溯数十千米，有时遇到像瀑布那样的障碍时，也会奋力跳跃，越过有一定落差的瀑布，直至到达目的地。大麻哈鱼产卵洄游的另一个特点是"回归"性特别强，世世代代都不会忘记从海洋再回到原来出生的淡水河流中进行产卵繁殖。由于大麻哈鱼在溯河洄游过程中消耗了大量的能量，到达产卵场时鱼体已很消瘦，生殖后亲体即相继死亡，幼鱼则在当年或第二年入海。

（3）降海洄游。是指绝大多数时间生活在淡水里的鱼类，在生殖期从江河游向海洋进行产卵繁殖的洄游。属于这一类型的鱼类有鳗鲡、松江鲈等。其中以鳗鲡最具代表性，它们平时生活在江河湖泊的淡水里，性成熟后开始离开其索饵、生长的水域，向江河下游移动，在河口聚集成大群，游向深海。由于鳗鲡洄游距离很长以及它们生活史的特殊性，要摸清它们的洄游路径往往是很困难的，尤其是在我国各江河流域生活并入海的鳗鲡，产卵时究竟游往何处？产卵场的具体位置在哪里？生态环境条件如何？至今尚未完全搞清楚。有人说其是在琉球群岛附近产卵，现在更多人认为是在菲律宾的小吕宋岛一带200~300m深海区。降海洄游规律研究得比较清楚的是欧洲鳗鲡，在20世纪20年代初，丹麦鱼类学家Schmidt曾对大西洋的鳗鲡产卵场进行了多年有效的调查，发现欧洲鳗和美洲鳗的产卵场均在大西洋百慕大以南的水深400m左右的海区产卵，只是前者产卵场略为偏东，后者略为偏西，但都位于一个高盐度的暖水区。鳗鲡的性成熟期较长，雄性需8~9年，雌性则更长。鳗鲡的洄游，一般多在夜间进行，降海后一般不摄食，但它们的洄游距离长达几千千米，如欧洲鳗和美洲鳗分别要洄游5000~6000km与1000~2000km后到达产卵场，在长距离的洄游过程中，消耗了大量的能量，因此，尽管刚开始入海洄游时身体肥满，但到达产卵场时体质已极消瘦，生殖后亲鱼即陆续死亡。孵化出来后的幼体逐渐向原来的栖息地洄游，此时的幼体头呈白色、尖细，形如柳叶状，故称柳叶鳗，它漂泊在海洋中随波逐流，欧洲鳗从产卵场回到淡水水域需要3年时间，美洲鳗洄游距离短一些，只需1年。在进入淡水水域之前，鱼体已开始变为鳗形的线鳗。

我国的青、草、鲢、鳙四大家鱼的产卵洄游不属于上述的三种类型。它们在产卵前由下游及支游洄游到河流的中上游产卵，有的行程达500~1000km甚至更远。

产卵洄游的特点是鱼类聚集成大群，在一定的时期内，沿着一定的路线，向着一定方向的洄游移动。由于产卵洄游的动因是鱼类自身性腺的发育成熟，鱼类在性腺激素刺激下，有产卵的要求，因此，往往以极快的游速游向特定的产卵场，而此时外界环境因素对鱼类的影响相对较弱，当然，如果遇到环境条件发生突变，如温度的突变，也将会导致产卵洄游群体的暂时停留。由于越冬场往往分布在水深较深的外海或外侧海区，而产卵场往往分布在近岸浅海、河口及海湾，故产卵洄游的距离较长。同时，鱼类对产卵场的环境条件要求严格，一般来说，同一种鱼类的产卵场位置年际变化不大，且产卵场的鱼群密度最高，这也就是世界各国的渔业生产大多数以捕捞产卵群体为主的原因。另外，鱼类在越冬期间，一般是不分个体大小而混栖在一起的，但是，在产卵群体形成之前会开始组群，即按同一体长的性成熟个体组合成群游向产卵场，而性未成熟的个体一般不进入产卵场，也就是说鱼类是分批进入产卵场产卵的。还有鱼类在产卵洄游过程中，一般不摄食或仅是少量摄食，如大黄鱼，但是也有某些鱼类在产卵洄游中仍有摄食，仅在临产阶段才停止摄食行为，如烟台的鲐等。

2. 索饵洄游

索饵洄游又称摄食洄游或肥育洄游。所谓索饵洄游是指鱼类为了追随或寻找饵料，从产卵场向索饵场的洄游。鱼类经过长途洄游到达产卵场后，又经产卵活动，体力消耗极大，鱼体消瘦，除了一些一年生的种类，如对虾、乌贼等；还有一些一生只产一次卵的种类，如鳗鲡、鲑等，产卵后即相继死亡；绝大多数鱼类产卵后，出于恢复体力的需要，则开始大量摄食，以补充产卵洄游和生殖过程中所消耗的能量，同时，也为体内积累大量的营养物质，以提供鱼类生长、越冬及性腺再次发育所必需的物质基础。

由于索饵洄游的动因是鱼类产卵后需要加大食物摄取，增加营养，因此，其洄游状况主要受饵料状况所左右，因此，其洄游路线、时间和方向变动较大，远不如产卵洄游那样具有比较稳定的范围。也就是说鱼类索饵洄游距离的远近基本取决于饵料生物的分布和密度，饵料生物群离产卵场或越冬场愈近，鱼类索饵洄游的距离就愈短，反之则长。当然，鱼类经过产卵以后，一般都比较虚弱，所以鱼类的索饵洄游距离一般都比较短。我国大多数鱼类产卵后即分散在产卵场周围附近海域进行索饵，且一般有明显的索饵期，但没有明显的索饵场，如大黄鱼、小黄鱼、带鱼等，这与我国所处的地理位置在温带和亚热带有关，也因为我国海岸线曲折，近岸岛屿众多，入海河流多、径流量大，港湾多，故饵料生物丰富。

索饵鱼群在索饵场摄食大量饵料后，将导致该索饵场的饵料密度下降，当降至某一最低限度时（对不同鱼类和不同饵料生物是不同的），即索饵鱼群在此不能满足补充和积累能量之需时，就要转移索饵场地继续寻找新的饵料生物群。因此，索饵洄游的特点是索饵鱼群的洄游路线与方向、在索饵场的停留时间等均受饵料生物群的变化状况所支配。索饵阶段的鱼群，一般游动速度较小，洄游距离也较短。同时，索饵的鱼群较分散，一般不集成大群。另外，由于饵料生物垂直分布的变化，往往会引起鱼类追逐饵料生物而产生垂直移动。例如，鲐及其幼鱼，在表层浮游生物最丰富时就上浮至表层索饵，当浮游生物下降到较深水层时也随之下降，带鱼在索饵场黄昏时到上层捕食，黎明时又重新下沉至底层，则通常所说的鱼类垂直移动。鱼类索饵时成鱼与幼鱼往往栖息在一起，但是，有些鱼类的幼鱼索饵场与成鱼的索饵场之间要发生转移。

鱼类在索饵场主要是摄食饵料生物，因此，一旦知道某一鱼类喜食的某一种饵料生物的一些情况，就可以推断出索饵鱼群的相应状况。测知索饵鱼群的所在，对于渔业生产具有现实意义。例如，南海北部的蓝圆鲹的主要饵料为细鳌虾，那么就可以通过调查细鳌虾出现的时间、数量变动和分布规律来预测蓝圆鲹鱼群的所在。

3. 越冬洄游

越冬洄游又称季节洄游或适温洄游。所谓越冬洄游是指因水温的下降而引起的，鱼类从索饵场向越冬场的洄游。因为鱼类是变温动物，对于水温的变化甚为敏感，当水温下降至不能适合鱼类生活对水温的要求时，迫使它们洄游至水温等环境条件适合其生活的海区。当然，并不是每一种鱼类对水温的要求都是一样的，不同的鱼类其适温范围各不相同。

秋冬季节，随着水温的不断下降，鱼类代谢强度也随之下降，摄食强度也变小，甚至停止摄食活动，鱼体活动能力下降，有时还处于休眠状态。鱼类为了生存，不能继续停留在索饵场这种近岸浅海区过冬，因为这些海域随着冬季气温的下降将直接影响水温变化，因此，必须主动选择其所适宜生存的海域进行集群性洄游，游至海底地形、底质和温度等环境条件均适合其过冬的深海区。这种越冬洄游多数只见于中纬度温带海域的暖水性鱼类，如我国渤海、黄海、东海的鱼类较明显，但是，南海的鱼类就只是作深浅移动。

鱼类在越冬洄游之前，往往需要摄食足够的饵料，除了部分用以维持其正常的代谢之外，多余部分将转变为脂肪或以蛋白质形式贮存在组织中，即越冬鱼类必须达到一定的肥满度和含脂量，才能保证其顺利地越冬。这时，当栖息海区的水温降至一定限度时，刺激了具备越冬条件的鱼体，鱼类就开始越冬洄游。

鱼类的越冬洄游通常是在索饵洄游之后进行，一般都减少或停止摄食。但是，也有由于外界环境的反常变化，如水温下降比往年快，这就迫使鱼类无法在获得足够的饵料营养之后进行洄游，因此，就有一些鱼类一边向暖水区移动，一边继续摄食。

越冬洄游的特点是越冬洄游期间多数鱼类要减少摄食或停止摄食，主要依靠索饵期体内所积累的营养来供应其生存所需的能量，所以越冬洄游之前鱼类的肥满度和含脂量需要达到一定的程度，因此在这个时期，饵料生物的分布和变动在一定程度上并不支配鱼类的行动。因为越冬洄游的目标是游向温暖的海域过冬，它们的洄游路线总是沿着一定的等温线范围内前进。越冬场多分布在较深的海域或偏南部海域，故从近岸浅海的索饵场向越冬场洄游的距离也较长，同时，各种鱼类均有其一定的适温范围，也有其一定的越冬水温。在整个越冬期间，鱼类的集群性较强，鱼群密度较大，所以越冬场常常是捕捞作业的良好场所。越冬鱼群的组成在不同的年份或不同的越冬场会产生很大的差异，有的群体是以成鱼为主，有的群体是以幼鱼为主，也有的是成鱼、幼鱼混栖一起过冬，这主要取决于成鱼、幼鱼的适温范围以及越冬场的水温状况。

（三）鱼类洄游的机制及影响因素

在长期的生产实践活动过程中，虽然人们早就对鱼类周而复始的洄游现象有所了解，但是，鱼类洄游的机制及影响因素，至今还没有十分明了。普遍认为洄游是鱼类长期适应环境的一种本能反应，是鱼类内部生理上的要求与外界环境相适应的结果。

1. 外部环境因素的影响

影响鱼类洄游的外界环境因素很多，但各种环境因素对鱼类洄游的作用各不相同，同一个环境因子对不同洄游阶段的鱼类所起的作用也不相同，现将影响鱼类洄游的主要环境因子分述如下。

（1）水温。水温对于鱼类洄游的影响很大，首先，鱼类的生长、发育和性成熟与水温有密切的关系，因为鱼类的生长、发育、性成熟和产卵均在一定的水温条件下进行，每一种鱼类都有其一定的适温范围，在适温范围内，鱼体的生长、发育最为顺利。水温过高或过低均会直接影响到鱼类的性成熟、产卵、鱼卵孵化、仔鱼及幼鱼的生长等，甚至导致死亡。水温条件发生变化，鱼体就要追求适宜的水温环境。所以，产卵洄游的开始与水温条件直接相关，因为性成熟鱼要求适宜的水温，同时水温也是产卵的主要条件，鱼卵、幼鱼需要在水温适宜的环境中发育。其次，水温的变化会影响海区饵料生物的发生与变动，从而间接影响鱼类的索饵洄游及摄食活动。至于越冬洄游，水温更是起着决定性的作用，秋冬季，水温的下降情况直接影响到鱼类越冬洄游的时间和速度。我国许多海洋鱼类，从秋季开始的越冬洄游，是随着当年水温的情况而结束索饵阶段，向高温海域游动的。如果某一年寒流提前影响我国，鱼类向高温海域的游动也将提前，并且速度也加快，所以水温变化是引起鱼类洄游的一个十分重要的外界环境因素。当然，鱼类对于水温的敏感性依种类、生活阶段和水温变化的情况而不同。一般是大洋性鱼类对水温变化的敏感性比沿岸性鱼类强，小鱼比成鱼敏感。水温渐变，鱼类可以徐缓适应，但突变则促进鱼类的集群与移动。

（2）盐度。盐度也是引起鱼类洄游的重要因素。鱼类对于周围环境盐度变化非常敏感，海水盐度的变化，将引起鱼体渗透压的变化，进而导致它们血液内盐分的减少或增加，血液成分和血液性质发生变化，进而影响整个鱼体的生理变化，引起神经系统的兴奋而产生体内的某种反应。一般溯河性鱼类，在进入淡水河流之前，都要先在河口咸淡水区内过渡一段时期，以逐渐适应在淡水中的生活，且调整自身体内的化学因素。降海性鱼类鳗鲡在向产卵场洄游时，"引导"因素也可能与水中盐度增高和温度有关。

（3）水流。鱼类的侧线有感流能力，水在体侧流动时，由于水对侧线神经末梢给予连续的刺激，鱼体便能感觉到流速，在左右水流不均衡时，侧线能使鱼类获知水流的方向，即使是弱流也可以感觉到。因此，通过侧线的感流刺激，在多数情况下可以提示鱼的运动方向。另外，海洋中的浮性鱼卵、仔鱼的被动洄游完全取决于海流的作用，海流常常把它们输送到远离发生地的海区。

鱼类对水流常表现为"正趋流性"（逆流运动）和"负趋流性"（顺流运动），不同的鱼种对水流的刺激感受能力也不相同，一般栖息在江河和中上层的鱼类对水流刺激敏感，而栖息在暖流或静水中的鱼类对水流的刺激感受要迟缓一些。

（4）水深。海水深浅直接影响着海区的各种水文要素，特别是水温、盐度、水色、透明度、水系分布、海流流向、流速等的空间和时间变化，从而间接影响生物的分布和鱼类的聚集与洄游。

海洋鱼类根据其生理和生活的要求，在不同的生活阶段对于水域环境有不同的要求，我国主要经济鱼类多分布在近海大陆架范围内。产卵场多分布在水深30m以内的沿岸浅海，越冬场多分布在开阔的水深为50~80m的外侧海区，如黄海中央、济州岛西北与西南、舟山正东一带是多数洄游于渤海、黄海、东海鱼类的越冬场。小黄鱼、带鱼等的分布一般都不超过100m等深线，除产卵季节聚集在水深30m以浅海区外，它们的密集分布区多在40~80m的水深范围内。

在不同的生活阶段或不同季节，同一种鱼，其分布的水深有所不同。例如，浙江近海的大黄鱼在产卵期间栖息水深一般都在5~20m，索饵期间栖息水深为20~40m，很少超过50m，冬季主要栖息水深为40~80m。其他鱼类也是如此，不同的生活阶段栖息水深有差异。另外，同一种鱼类在同一生活阶段，但在不同的海区，其栖息水深也是不同的。例如，越冬期的小黄鱼在东海栖息的水深为30~70m，在黄海为55~75m。

（5）宇宙因子。水文因素对洄游方向起着重要影响，是影响鱼类洄游的基本因子，特别是海流周期性的变化，导致鱼类的周期性洄游。海流的周期性变化是与地球物理和宇宙间的周期变化相关的，首先是与从太阳所获得的热量的变化有关。太阳热量的辐射与太阳黑子的活动有关，太阳黑子活动有11年的周期性。太阳黑子活动增强，热能辐射也增强，海洋吸收巨大热量，水温升高，从而影响到该年度的暖流温度与流势，使栖息在海洋中的所有生物的发育、生长以及洄游都受到影响。

2. 内部因素的影响

鱼类的内部因素对洄游的影响也是很复杂的，而且常与外界其他因素有着密切的联系。这方面最为显著的是性激素对产卵洄游的巨大影响，鱼类为了维持其后代的延续，进行产卵繁殖，在其性腺发育过程中，由于脑下垂体性激素的分泌，促使性腺发育，从而使鱼类有生殖求偶的要求，于是开始产卵洄游。鱼类为了维持其生命和身体各部分机能的新陈代谢，不断寻找食物并摄食，这样由于内部生理上的要求，鱼类便向富有饵料生物的海域进行索饵洄游。尤其是鱼类在产卵后，要求强烈摄食以恢复体力。每年秋末冬初，由于水温不断下降，原索饵场的环境已不适宜鱼类生存，于是它们集群寻找适合于自身过冬的栖息环境，进行越冬洄游。

鱼类在洄游过程中，体内血液的化学成分、渗透压调节机制的改变，以及鱼类生长发育的好坏及年龄等生理状况均会影响其洄游。因此，内部因素的生理活动状况是个重要因素。

3. 历史遗传因素的影响

鱼类的洄游是具有遗传性的，鱼类自身在其物种的发展史上就决定了它们洄游的一系列特性，这就是我们看到的年复一年的鱼群有规律地游向产卵场、索饵场、越冬场的主要原因之一。这种遗传性是在各种鱼类甚至同一种鱼类的不同种群中所特有的，是从物种形成开始就进行不断的选择并经过许多世代之后被后代继承下来的特性，当然，长期的环境条件的变迁所引起的变异也参与遗传性的形成过程。

所以，研究鱼类洄游时，必须掌握物种在其发展历史中所受的一系列影响，这样才可能更好地理解鱼类洄游的基本规律以及引起洄游变动的机制。例如，地质年代的冰川期曾对鱼类的洄游发生过重大影响，溯河性鱼类洄游的形成与冰川时期以后的环境条件有关，当融化的冰川变成强大的水流倾注入海时，使得河口广大海区被冲淡，造成鱼类游入冰川的有利的过渡地带。又如，现代大西洋鳕的长距离洄游应当是在短距离洄游中逐渐产生的，其洄游途径也是在冰川期以后所形成的。冰川期的盛期鳕被冰块挤向南方，以后冰川逐渐消失，大西洋暖流向北移动，鳕就向北洄游进行索饵，而产卵场仍留在南方海域。

（四）鱼类洄游的生物学意义

鱼类的洄游是在漫长的进化过程中逐渐形成的，是鱼类对外界环境长期斗争与适应的结果。关于鱼类洄游的生物学意义，现在普遍认为，鱼类通过洄游能够保证种群得到有利的生存条件和繁殖条件。其中，产卵洄游是为了保证鱼卵和仔鱼得到最好发育条件，尤其是为了在早期发育阶段防御凶猛动物而形成的；索饵洄游有利于鱼类得到丰富的饵料生物，从而使个体能得以迅速地生长、发育，并使种群得以维持较大的数量；越冬洄游是营越冬生活的种类所特有的，能保证越冬鱼类在活动力和代谢强度低的情况下具备最有利的非生物性条件并充分地防御敌害。越冬是保证种群在不利于积极活动的季节生存下去的一种适应。越冬的特点是活动力降低，摄食完全停止或强度大大减弱，新陈代谢强度下降，主要依靠体内积累的能量维持代谢。

先以海洋上层鱼类的洄游为例。这类鱼群的索饵、产卵洄游一般是从外海到沿岸区。沿岸区水温较高，营养物质丰富，饵料有保障。由于沿岸海区适合产卵繁殖的区域较狭窄，对于鱼类繁殖时雌雄相遇来说较之无边的海洋要好得多。因温度升高较快，鱼卵发育期可以缩短，可以更早地摆脱危险期，孵出仔鱼，同时有充足的饵料，有利于仔鱼、幼鱼生长。此外，从大陆流到海洋的水流对这些鱼也会有影响。然而沿岸区并不是各个时期对鱼都是有利的。寒潮来临，水温会迅速下降，食物也会减少。这样就有所谓的越冬洄游，鱼类到一定深度的温暖海区去越冬。

鲑科鱼类溯河洄游的生物学意义也很明显。如果在河川中出生的鲑科鱼类长期留在河川中索饵而不入海肥育，那么，由于河川中饵料生物的不足，其种群数量必然会受到很大的限制，这对种群的生存和繁衍都将是不利的。显然，它们通过洄游到达饵料生物丰富的海洋，能够得到良好的营养条件，从而使种群得以维持较大的数量。此外，鲑科鱼类有埋卵于河床石砾中缓慢发育的习性，由于海洋深处比较缺氧，而靠岸的石砾又受到海浪的冲击，因此这种生殖习性如果在海洋中是不利的。由此看来，鲑科鱼类溯河洄游到河川中产卵生殖，能够保证其幼体有较大的成活率，也是鱼类为维持较大种群数量的一种适应。既然河川中具有对鱼卵及仔鱼而言良好的发育、生长条件，为什么鳗鲡却到海洋中产卵呢？据目前的研究，欧洲鳗鲡产卵场正是大西洋中吞食鱼卵、仔鱼的凶猛动物最少的海区，而且那里盐度高，是最适合鳗鲡卵子发育的海区。

三、鱼类的垂直移动

（一）垂直移动的形式

不少鱼类具有昼夜在上下水层之间移动的习性，称为垂直移动。各种鱼类垂直移动的时间往往是定时的（昼夜 24h 有节律性）。垂直移动到达水层范围也随种而异，概括起来有以下几种。

（1）不少底层鱼类和中上层鱼类均有明显的昼夜垂直移动的习性，一般黄昏时聚集上升至水面或中上层，黎明时下降。

（2）鱼类多为小群垂直移动，早晨由水表层下降之前和傍晚到水表层之前，鱼类分成小群，并以此小群做垂直移动。

（3）许多食浮游生物的外海鱼类不在晚上摄食，而在早晨和黄昏摄食。所以，晚上不一定上升到水表层。从饵料适应意义看，一般昼夜两次（晚上和早上）鱼类改变栖息条件，转移到当时饵料生物集中的水层。

（4）许多种鱼类垂直移动的幅度在一定程度上受温度的影响，黄海、东海鲐、蓝圆鲹的集群与温跃层的强度及深度的关系密切。鱼类在寒冷的冬季一般游向深水层。

（5）遇风暴时，鱼群分散，下降到很深的水层，且停留于深层。有时潮汐也影响垂直移动。

（6）在两极，在一天之内无昼夜交替或冬季的厚冰所覆盖的海区，光线不能透入的浅海中，鱼群不做垂直移动。

引起垂直移动的原因至今尚无定论，众说纷纭，有的认为上层鱼类的垂直移动是追随浮游生物的移动所引起的；有的认为鱼类白天移到水底是为了避开光线；还有的认为鱼类每天夜间起浮到上层索饵或者夜间索饵后游向下水层，这是对白天以鱼类为食的海鸟类及其他肉食性动物的防御适应性；也有的认为，肉食性的鸟类和海豚迫使鱼类（如鳀等）降到水底层，冬季当上层凶猛动物的影响减弱时，鱼群即浮到水表层；甚至有的认为鱼类在黑暗时起浮到水上层与食物的消化条件有关，因为在水上层温度较高，消化过程进行较快。有人实验证明：温度变化在 0.03~0.07℃，盐度变化 0.5 时，就成为鱼类移动的有效刺激条件。还有的认为引起水温及其他水文要素周期变化的潮汐内波也直接促成一些大洋性上层鱼类全日或半日垂直移动。

总之，鱼类垂直移动取决于鱼类的生理状态（特别是性成熟度和肥满度），也取决于栖息环境和海况，如风、海流、水温等，并取决于饵料和凶猛动物的分布及鱼类本身分布的纬度。垂直移动有昼夜变化，甚至改变了昼夜垂直移动的一般规律，如挪威海鲱在白天上升到表层的现象。

（二）不同纬度区的鱼类垂直移动规律不同

在两极和热带海域，鱼类垂直移动的性质均有一系列独特的规律性。寒温带和热带鱼类的昼夜垂直移动有着极大的差异。寒温带食浮游生物的经济鱼类进行深达 500m 的垂直移动，垂直移动的昼夜节律也随季节而变化，并与一年各季节的日出与日落的时间、鱼的生理状况有关。在热带，大多数食浮游生物的经济鱼类的垂直移动幅度达 150~200m，垂直移动的昼夜节律无季节性，因该海区日出和日落的时间几乎不变，在南热带的大陆架海区，草食性鱼类的昼夜垂直移动的幅度不超过 15m。

在某些季节各纬度上的食浮游生物的鱼类在同一光照下，随着黄昏的开始而上升至表层，夜晚也分散栖息于表层，白天鱼群下降到中下层。每昼夜就这样重复出现，致使鱼类产生条件反射。实验证明，索饵是"生物钟"形成的主要原因，鱼类为了追随饵料生物而进行垂直移动。在产卵期，产卵条件是引起垂直移动的信号，如产卵场的水深（太平洋鲱）、附着鱼卵的附着物（秋刀鱼）、温度和盐度、卵和仔鱼发育的条件等，产卵期的鳀和太平洋鲱常在白天上升到表层，以便促进性腺成熟。

鱼类的垂直移动速度不是固定不变的，一般在开始上升或下降时较快，上升或下降快结束时则较慢，鳀的上升速度是 8cm/s，而鲱又比鳀快 1~2 倍。

寒带的鱼类垂直移动几乎不取决于鱼类的种类、体长和分布的深度，例如，大西洋黍鲱从水深 18m 上升到表层要持续 3h（游速为 0.05cm/s）；同样时间内，春季产卵的挪威鲱可以从水深 350~500m 处游到表层（游速为 1.9~4.3cm/s），而热带沙丁鱼从 100~120m 水深处上升到 20~30m 水层，仅需要 10min，可见食浮游生物的鱼类的垂直移动全过程所需时间，北方鱼类为 2.5~3h，南寒温带鱼类为 1~1.5h，而热带鱼类仅需几分钟。

（三）垂直移动与捕捞的关系

鱼类的垂直移动直接关系到捕捞效果。底层鱼类移动离开海底到中上层时，不利于底拖网的捕捞生产，而有利于围网和中层拖网捕捞。中上层鱼类下沉到海底时，除非围网高度达到鱼群移动所达到的海底深度，否则就无法捕捞。光诱作业实践证明，有些鱼类有趋光性，但栖息在较深海底时，如单纯用水上灯不用辅助的水下灯，则很难将鱼群诱至中上层，捕捞效果便很差。根据调查，在东海、黄海底层鱼类离海底 20~30m 处作垂直移动时，底拖网网口即使能张到 10m，也达不到捕捞效果。所以，如何使拖网网口扩张度与鱼群分布的高度相适应，这是关系到捕捞生产效果的一个重要课题。要解决这个问题，一方面要调查了解捕捞对象的垂直移动规律（因纬度、海区、鱼种、潮汛和时间而不同），另一方面要了解网口实际扩张的高度（利用网位仪）。

东海带鱼的昼夜垂直移动也不一致，如越冬季节，在黄海济州岛西面附近拖网捕捞作业中，夜间鱼群沉在海底层，白天多在中上层。但在近岸产卵期则相反，白天栖息于底层便于拖网作业，夜间起浮于水面不利于拖网作业。东海的绿鳍马面鲀夜间在海底层，白天在上层；而东海的大眼鲷的昼夜垂直移动情况正好相反，夜间在上层，白天在海底层。底层拖网夜间可以拖捕绿鳍马面鲀，白天可以拖捕大眼鲷；中层拖网白天拖捕绿鳍马面鲀，夜间可以拖捕大眼鲷。虽然目前了解到不少鱼类有昼夜垂直移动的现象，其对渔业生产的影响很大，但是，至今对其研究的效果还不显著，主要原因是还没有可靠的渔具能够完全捕捞到栖息在中上层的鱼类。

当前作业渔船上都装有探鱼仪，这对探索鱼群的昼夜垂直移动是很有利的条件，只要用探鱼仪定时记录昼夜的鱼群活动动态，就可以看出鱼群昼夜垂直移动的全部过程、起浮时间、起浮高度和下沉时间等。

四、鱼类洄游的研究方法

由于鱼类的洄游范围往往较大，这就决定了洄游的调查研究也需要有相应的较大规模。当然，在开展鱼类洄游的调查研究之前，首先要根据不同鱼类的生态习性，制订出具体的调查研究方法。

过去，研究鱼类洄游的方法通常有标志放流法、探捕调查法、渔获物统计分析法、鱼类生物学分析法、水声学法等。其中标志放流法是最有效的。

所谓标志放流法即在活鱼身上安上有编号的标志牌或做上其他各种记号再放回水中，然后根据重捕情况即可大致推知某种鱼的洄游方向、距离和速度。这一方法对于生命力较强的鱼类更为有效。

探捕调查法是根据各种鱼类的生活习性，使用不同渔具（拖网、围网和流网等）在一定海区中进行定点或非定点的探捕。这一方法所获得的调查区内的鱼类洄游分布的资料更为准确，但往往由于预先不知道洄游的路径和分布范围，调查海区划分得过大或过小。实际上，探捕调查不单是针对洄游分布这一项内容而设计，而是针对鱼类群体密度探测、饵料生物、水文和化学等内容综合地进行调查。

渔获物统计分析法是通过渔捞日志等途径长期、大量地收集生产作业船只实际生产资料，并据此进行统计分析有关鱼类的洄游路线和分布范围的方法。这种方法的优点是成本低、具有代表性，缺点是需要长时间或者说长序列的渔捞日志、特别精确的作业船位和各种类的产量。同时，该方法还难以分析出鱼类洄游与环境之间的关系等。因此，采用此法的先决条件是必须得到渔业生产和管理部门的配合与支持。实际上，采用此法时收集准确的渔业生产资料是比较困难的，这一方面要求渔业科研人员深入生产第一线，另一方面也需要渔业生产和管理部门制定出相应的制度，更需要渔民群众负责任地、积极地配合。

从获取渔业资源群体的洄游分布的信息这一角度看，进行探捕调查和渔捞日志所用的方法是一样的。一般是先记上各月份在各渔区调查或生产所获得的渔获量或单位捕捞努力量的渔获量，然后作图，这样就可基本上看出主要鱼群各月份的移动情况。

鱼类生物学分析法即利用不同海区鱼类群体本身的形态特征（如鳍条、侧线鳞、幽门盲囊、脊椎骨等）或观察某些寄生虫的出现情况，来推断鱼类群体的洄游分布范围，但这一方法对于某些种内各群体形态变异较小的鱼类较难适用。

随着科学技术的发展，利用卫星、遥感和空中摄影等空中侦察方法，利用探鱼仪和水声学方法，利用水下电视和潜水器等水下侦察的方法来调查研究鱼类的洄游分布不断增多，用这些方法观察某水域的所有鱼类群体的总体分布可能还比较有效，但试图单独分析某一种鱼类群体的洄游分布就较为困难，当然，随着科学技术的发展和仪器设备分辨能力的提高，今后这些方法将是研究鱼类洄游分布的一个重要方向。

除此之外，还有根据海兽、海鸟和饵料生物的数量及行动来分析判断鱼类的洄游分布的方法，以及生理学和生物化学方法等。

下面我们重点阐述一下标志放流法。

1. 研究标志放流法的意义

所谓标志放流是指在天然水域中捕获的生物体身上做上标记（如拴上一个标志牌或做上记号或装上电子标志）再放回原水域，让其自由生活，然后通过渔业生产船等进行重捕的过程。我们根据标志放流的重捕记录，就可以分析鱼类或其他水生动物的洄游分布规律。

标志放流在渔业资源研究中占有十分重要的地位，在渔业生产上也具有很重要的意义。通过标志放流，可以达到以下目的。

（1）了解鱼类洄游的方向、路线、速度和范围。标志放流的鱼类或其他水生生物体放回原水域后，伴随其鱼群移动，在某时间某海区被重捕，这样，通过和原来放流的时间、地点相比较，就可以推测出它的移动方向、路线、范围和速度。这是判断鱼类洄游最直接、有效的方法。不过根据放流到重捕地点的距离，推算洄游速度，仅能作概念性的参考，不能确定为绝对的洄游速度。

（2）推算鱼类体长、体重的增长率。根据放流时标志鱼类的体长和体重的测定记录，与经过相当时间后被重捕的标志鱼类体长和体重作比较分析，就可以推算出该鱼类的体长和体重的增长率，掌握鱼类的生长情况。

（3）估算渔业资源蕴藏量。这主要是基于海区里蕴藏的渔业资源量（尾数）和捕捞渔获量（尾数）之间的关系与标志放流鱼的尾数和重捕尾数之间的关系是相近似的这一原则。如果标志放流鱼的数量具有相当规模，标志鱼游动返回原群的尾数可能就较多，被重捕的机会也就可能较大。因此，以鱼汛期间在某一渔场标志放流的鱼类总尾数和全面收集重捕的标志鱼尾数作基础，并对放流的结果加以各种修正，同时，结合捕捞渔获量，我们就可以利用以下公式计算出渔业资源蕴藏量。

$$N = F \cdot X / x$$

式中，N 为某一种鱼类的渔业资源蕴藏量（尾）；F 为某一种鱼类的捕捞渔获量（尾）；X 为某一种鱼类的标志放流鱼尾数；x 为某一种鱼类的标志鱼重捕尾数。

当然，采用这种方法估算得出的渔业资源蕴藏量是一个近似值，因为应用这一方法的前提假设条件是：标志鱼不会因为标志损伤而死亡；标志放流鱼和原水域中的自然鱼群的死亡率相等；标志鱼鱼体上的标记（如标志牌）不脱落或不会失去痕迹；标志鱼和原水域中的自然鱼群充分混栖；标志鱼和原有自然鱼群的捕获率相同；重捕的标志鱼全部被发现和回收等。但事实上，无法完全达到以上条件，一般来说，估算出的数值要比实际的渔业资源蕴藏量偏低。

（4）可以用于分析研究鱼类洄游与海洋环境之间的关系，探讨渔场形成的指标等。

因此，标志放流的研究工作早在16世纪就已经开始（久保伊津男和吉原友吉，1972），至今已有400多年的历史。标志放流的对象不断增加，用途不断扩大，除了经济鱼类外，还进行了蟹、虾、贝类和鲸类等各种水产动物的标志放流。我国自新中国成立以来，对真鲷、带鱼、大黄鱼、小黄鱼、鲐、蓝点马鲛、蓝圆鲹、中国对虾、鲍、黑鲷、石斑鱼等先后进行了大量的标志放流。

2. 标志放流的方法

按所采用的方法不同，标志放流主要可分为两大类，即标记法（marking method）和加标法（tagging method）。

标记法是最早使用的以损伤生物某一部位作为标志的方法，即在鱼体原有的器官上做标志，如全部或部分地切除鱼鳍或身体的某一部分作为标志，然后放回原水域中。放流时将切除部分的形状、部位、时间、地点分别进行记录，以作为重捕时的比对依据。这一种方法的优点是操作迅速、简便，可以节省大量的放流经费；缺点是用于稚鱼标记时，操作需要特别谨慎和迅速，以免引起大量的额外死亡，影响放流效果。为了避免鱼体长大后重捕时产生差错或把先天畸形的个体当作标志鱼，可以采用同时切除脂鳍、背鳍和臀鳍的一部分的方法。研究表明，鱼体越小，鳍条的再生能力越强，保留切鳍痕迹的时间越短。因此，在切除鳍条时，一定要连同基骨除去，以防鳍条重新长出。鲑的脂鳍完全不能再生，所以，切除鳍法通常用于鲑类。

加标法是把特别的标志物附加在鱼体身上，标志物上一般注明标志单位、放流日期和地点等，这是现代标志放流工作采用的最主要方法，根据其加标的方式和部位不同又可以将其分为体外标志法、体表记号法、体内标志法、示踪原子标志法和声电遥测跟踪标志法等。现分述如下。

1）体外标志法

体外标志法是最古老和最常用的标志方法，它是将标志牌直接刺（系）挂在鱼体某些部位（如尾柄、背部或鳃盖部等）上的技术方法。根据鱼类的体型不同和生态特点不同，所采用的标志牌形状和刺（系）挂的部位有所不同，并且随着标志技术的发展，标志牌的种类也不断增加，过去采用较多的主要有以下几种（图 2-27）。

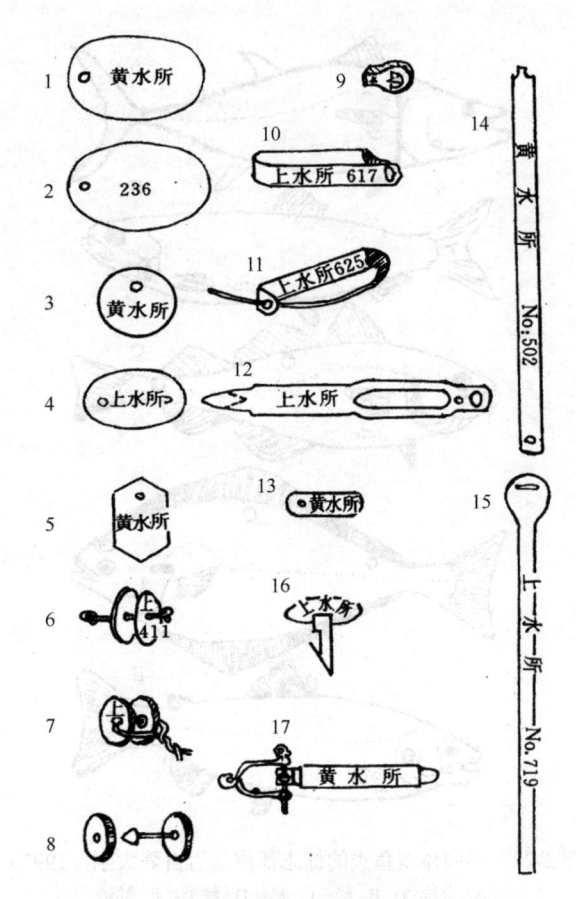

图 2-27 标志牌的种类（引自陈大刚，1997）

1～5. 挂牌型；6～8. 扣子型；9～12. 夹扣型；13. 体内标志；14～15. 带型；16. 掀扣型；17. 静水力学型

（1）挂牌型。以金属或塑料材料制成圆形、椭圆形、方形或多角形等薄片形的标志牌，在标志牌的一端或两端有孔，可以利用 0.5mm 细银丝或塑料线穿结在鱼体上。标志牌的大小可以根据鱼体的大小和体型制作。

（2）扣子型。这是由两片圆形薄片中间穿孔用金属丝夹附于鱼体鳃盖或背鳍基部或尾柄上的标志牌。

（3）夹扣型。采用具有韧性的金属制成的长方形薄片，夹钳在鳃盖上。

（4）针带型。一端稍呈扁形，中间有孔，放流时将其绕附鱼体尾柄，将另一端插入孔中折返固定。

（5）图钉型。外形和大小如同普通图钉，但尖端有倒钩，以便刺入鱼体后固定。

（6）钓钩型。在钓钩上刻入标志放流单位、编号，利用延绳钓，故意使钓钩上端的线脆弱易断。

（7）管子型。采用一根管壁很薄、直径约 0.5cm 的尼龙管，内放置标有放流单位、编号等的标签纸，加热封口制成。

不同体型鱼类标牌刺（系）挂部位如图 2-28 所示。

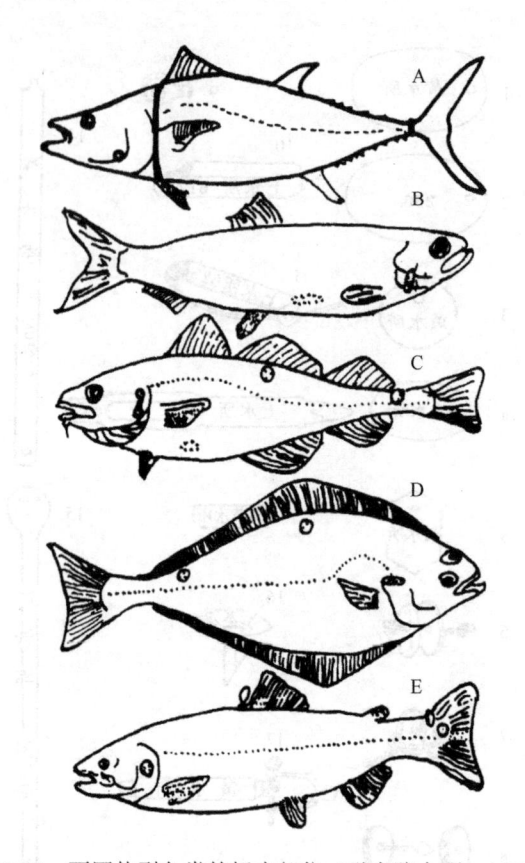

图 2-28　不同体型鱼类的标志部位（引自陈大刚，1997）
A. 金枪鱼；B. 鲱；C. 鳕；D. 鲽类；E. 鲑鳟

一般来说，在使用体外标志法时，应当考虑的是鱼类在水中运动时所受阻力的大小和标牌材料腐蚀等问题。同时，所用标牌均应刻印放流单位代表字号和标签号次，并在放流时，将放流地点和时间顺次记入标志放流的记录中，以便重捕后作为查对的依据。

许多大型和凶猛性鱼类（如金枪鱼、鲨等）标志时会强烈地挣扎，不但鱼体易受损伤，而且标志人员也会发生危险；另有些鱼类（如鳗）因为体滑，标志时极易从手中溜逃，很难把标志牌置于所希望的鱼体部位上，而且其牙齿锋利，容易伤着标志人员。因此，常采用磺酸间氨基苯甲酸和季戊醇等麻醉剂，先将标志对象麻醉，然后再行标志，以保证标志工作顺利进行。

体外标志法简单易行，实施费用低廉，在鱼类或其他水生动物的任何部位和任何环境下都可以使用，标志牌又容易被发现和回收。因此，在鱼类、甲壳类等渔业资源标志放流工作中被广泛应用。如 McFarlane 等在 1990 年收集了有关标志放流的 900 篇文章，其中 2/3 的文章是利用体外标志法的。我国的关金藏等（1984）于 1981 年采用挂牌、活体染色、切除眼柄及剪尾扇等 4 种不同标志方法对中国对虾和长毛对虾进行了对比试验，认为挂牌标志是对虾标志放流的好办法。目前，我国所进行的标志放流种类，多数都采用体外挂牌法。

2）体表记号法

体表记号法主要包括染色法和烙印法，有些人把这种标志法也归属于体外标志法。所谓染色法是将无害的生物染料注射入鱼体皮下，使鱼皮显出明显的与鱼体体色不同的花斑，并可保持数月或数年，过去，对鳗、石斑鱼、黑鲷等都曾采用此法。烙印法是在鱼体的皮肤组织烙上明显不同的图案，如把装满丙酮与干冰的冷液（−78℃）或液氮（−96℃）的金属管紧压在鱼体上 1~2s，使之产生"冷伤"痕迹，一般可保持几个月。

3）体内标志法

体内标志法是为弥补体外标志法对标志个体的行动产生影响，容易被网具或水中植物挂缠等缺陷所采用的一种方法。由于该法是将标志牌植入标志生物体内，因此标志个体在渔获中难以发现，只能通过电磁装置等仪器来加以检测。故标志牌应以传导率高的金属为材料。过去，该法多在大型鱼类、兽类中适用，如将标志用渔炮或枪射入鲸鱼体内，而对小型的鱼类，则往往是割开肛门前方，将标志牌通过肛门塞入体内。但是，随着标志放流技术的不断发展，现在也出现了适用于小型生物或生物幼体的体内标志法，如数字式线码标记（coded wire tag，CWT）。这是一种短小的磁性金属丝（长度在 1.1mm 左右），通过激光在上面打上数字标记。这种标记可以直接注入生物的体内，然后通过仪器检测进行跟踪。该标志法适用于小型生物或生物幼体，它对生物的生长发育影响小，并且有很高的保存率和编码能力（它由六位编码组成）；它的标注和检测可以通过自动仪器进行，便于大规模的标志和检测。现在，这种标志法正广泛地应用于渔业研究中。譬如说，在爱尔兰，Wilkins 等（2001）在 1996~1997 年放流了 CWT 标记的 54 000 尾二倍体和三倍体的大西洋鲑幼体。另外还有一种体内标志法是被动式整合雷达标志法（passive integrated transponder，PIT）。Mahapatra 等（2001）在南亚野鲮选择育种中应用 PIT 标记，回捕率取决于野外南亚野鲮的存活率，南亚野鲮对 PIT 的排斥率只有 0.05%，通过有效的管理，标志鱼的存活率可以提高到 95%，从而可以减少标志的丢失。

另外，过去对蟹类做了大量体内标志放流试验，特别是对蟹类各部位的标志效果与重捕率的关系做了深入的研究。

4）示踪原子标志法

示踪原子标志法也称同位素标志法，这是将放射性周期较长（1~2 年）而对生物体无害的放射性同位素（如磷、锌、钙的同位素）通过混入鱼饵中使鱼食用或将鱼投放在含有同位素的特制鱼池之中，让鱼体直接感染带有同位素，然后进行放流，当标志放流鱼被重捕时，用同位素检测器检测。但是，因为同位素的感染时间较短，过去这种方法多用于淡水鱼类上。

5）声电遥测跟踪法

声电遥测跟踪法主要是应用超声波或无线电技术进行标志与跟踪的方法。这种方法是将超声波标志牌（ultrasonic tag）或无线电标志牌（radio tag）安置在生物体的体内或体外，该标志牌是一种能产生声波的微型装置，标志牌有一电池，能够产生电然后转换成选定的波长、频率等并发射出来，工作人员通过在远处的接收机就能够接收该仪器发射的信号，对生物体的行动加以跟踪，并且效果较好。此法是美国科学家于 1957 年试将小型超声波发射器安放在大鳞大麻哈鱼背部,放入哥伦比亚海中,在距离250m的船上通过接收器记录到了超声波信号,从而获得大鳞大麻哈鱼溯河洄游17h游泳10n mile[①]的路线。之后,在20世纪70年代中期该法使用非常普遍。

超声波标志牌产生的声波频率是20~30kHz,这种声波同可听见的声波一样,在水中传播的距离远,强度损伤小。无线电标志牌产生的电磁波频率是27~300MHz,无线电波在水中传播的效果差,能量损失迅速,但是传到水表面后,在空气中传播的能力损失少,传播远,且可以被天线接收。

超声波标志牌和无线电标志牌主要通过三种方法附着在水生物体内:体外标志(external tag)、胃内标志(stomach tag)和体腔内标志(body cavity tag)。体外标志是将标志牌附着在生物体的背部;胃内标志即将标志牌用外力放入胃腔内;体腔内标志是利用外科手术将标志牌放入腹腔内。随着电子技术的不断进步,声电遥测标志牌的体积越来越小,功能越来越强,日本科学家使用的无线电标志牌仅为17mm,0.2g,这些标志牌对于动物的影响越来越低。

声电遥测跟踪法能够监测生物大范围的洄游运动状况,研究动物的行为和生理状况,研究动物的生长和死亡参数,是评估渔业资源与评价增殖放流效果的有效工具,也是今后标志放流工作的发展趋势。过去,对于该标志方法也进行了很多的研究,如Henderson等(1966)通过对大鳞大麻哈鱼、银大麻哈鱼、硬头鳟所做的溯河追踪和对红大麻哈鱼所做的产卵洄游行动追踪试验得出,超声波发射器不妨碍鱼的正常游泳行动的最佳负荷条件为:体重比8%以下,有效重7%以下,漂浮压力0.3ml/g以上。

Stasko和Pincock(1977)曾对将无线电和超声波的监测技术应用于水生生物的研究做过评述,Tesch(1978)总结了在西欧大陆架用超声跟踪探测仪遥测鳗鲡在海洋里产卵洄游的研究工作。最近这些年,应用声电遥测跟踪法开展标志放流研究的也不少,如用无线电标记研究大鳞大麻哈鱼和虹鳟幼鱼通过水坝鱼道时的索饵行为和停留时间(Morris et al.,2003);遥测密西西比河中匙吻鲟迁移和栖息地(Zigler et al.,2003);研究湖鲟群体迁移规律(Borkholder et al.,2002);等等。对于植入标记的效果,也有相关的研究,如Connor等(2002)植入无线标志研究其对野生鲑幼体行为的影响。对移殖前后鲑的侵略行为、领域行为和与同伴及底质的距离进行比较,发现基本没有差异,只有领域行为有较大变化。Jepsen等(2002)则探讨了不同手术方法、鱼体大小、形态、行为及环境条件对遥测标志植入成功的影响。

6) 体内档案式标志牌

档案式标志牌是一种电子储存数据的仪器,它通过感光器测定光强度来记录每天鱼体运动的位置,它还能够记录鱼类游泳的深度、鱼体的体温,这些信息可以保存几年。这种标志牌一般使用在大型鱼类上,如金枪鱼(tuna)、大型旗鱼类(billfish)以及大型鲨。

但是,由于档案式标志牌价格昂贵,目前仅仅由美国和加拿大的科学家在北大西洋的蓝鳍金枪鱼研究中所应用。放流数据储存标志需配合广泛宣传和一定的回收渠道,以确保较高的回收率。

---

① 1n mile≈1852m。

Morris 等（2003）将档案式标志牌用于研究大眼金枪鱼伴随小岛、漂浮物、海山的垂直运动方式。共标记了 20 尾鱼，回捕了 13 尾，其中收回了 11 个档案式标志牌，共有 10 个有效的标志，代表了 474 天的数据。最大的鱼有 44.5kg，最小的为 2.8kg，最深达 817m，最冷处水温为–4.7℃，最小的含氧量为 1ml/L。大眼金枪鱼有跟随声散层（sound scattering layer，SSL）生活的习惯。另外，该标志牌还应用于单线多鳍鱼的昼夜垂直移动（Nichol and Somerton，2002），大眼金枪鱼在东赤道太平洋的运动、行为及气息的选择（Schaefer and Fuller，2002）等研究工作中。

7）分离式卫星定位标志法

分离式卫星定位标志法也属于一种体外标志牌，但是这种标志牌能够自动发出信号，并用卫星能够跟踪该鱼，到一定时期，标志牌自动脱落。分离式卫星定位标志由一个带天线的流线型环氧羟基树脂耐压壳、腐蚀分离装置、浮圈（能在标志脱离鱼体时使天线竖立）等构成，内装有一个微处理器，可记录多达 61 天的平均水温（按小时抽样记录），能连续 30 天同时传送记录水温和海表面实时温度。由 Arogs 卫星确定标志的位置，并把信号传送到地面接收站。

该方法已广泛用于研究海洋动物的大规模移动（洄游）及其栖息的物理特性（如水温等），如海洋哺乳动物、海鸟、海龟、鲨及金枪鱼类等，并取得了成功。1997 年 9~10 月在北大西洋海域首次进行了金枪鱼类的卫星标志放流（Lutcavage et al.，1999），20 尾蓝鳍金枪鱼被拴上 PTT-100 卫星标志牌后放流，并设定于 1998 年 3~7 月释放数据。其中 17 尾被回收并成功地释放了采集的数据，回收率达到 85%。每个标志平均记录数据为 61 天。通过此次放流，获得一些宝贵的资料，如金枪鱼不同时段的垂直分布与水平分布、洄游方向及其路线、栖息水温等。

为了研究地中海和大西洋蓝鳍金枪鱼的洄游移动、产卵场以及肥育场分布，1998~2000 年，欧盟资助了一个为期三年的蓝鳍金枪鱼研究项目 TUNASAT，参与者包括意大利、西班牙、希腊和英国的有关科学家。1998 年 6 月至 2000 年 9 月，该项目标志放流了 84 尾蓝鳍金枪鱼（52 尾为大型、17 尾为小型成体、15 尾为幼体），其中 61 尾采用了 PTT-100 卫星标志牌（Mictowave Telemetry Inc），23 尾采用了另一种 PAT 卫星标志牌（Wildlife Computers Inc）。在放流的 61 个 PTT-100 卫星标志牌中回收率只有 20.3%，其中 12 个成功释放了数据，2 个在未释放之前被商业性捕捞。在 23 个 PAT 标志牌中，回收率为 61.9%。标志总体回收率为 31.3%。

通过卫星标志放流，可以获得放流对象的洄游分布以及移动速度、昼夜垂直移动规律、在不同水层的栖息规律以及最适水层、栖息分布与温度的关系以及适宜水温和最适水温等，同时也可为准确评估鱼类的资源量提供科学依据。

思 考 题

1. 试述种群与种族、群体、亚种群的区别。
2. 试述种群结构与种群演化的基本特征。
3. 简述几种常用的鉴别鱼类种群的方法并比较其优缺点。

4. 试述种群鉴定及其生物学取样的注意事项。
5. 简述鱼类年龄形成的一般原理及其年轮鉴别材料。
6. 简述鳞片、耳石等的处理和观察方法。
7. 简述鱼类生长的一般特性及其影响因素。
8. 试述鱼类性成熟过程的一般规律及影响鱼类性成熟的主要因素。
9. 简述鱼类的繁殖习性及其主要特征。
10. 何谓鱼类生物学最小型？它对渔业资源的保护有何重要意义？
11. 简述鱼类个体和种群繁殖力的定义及繁殖力的测算方法。
12. 简述鱼类性腺成熟度目测等级及其具体内容。
13. 鱼类排卵方式有哪些？请说出具体鱼类种类。
14. 简述鱼类的产卵群体的三种类型并说出代表种类。
15. 简述鱼类食物保障的概念及与鱼类摄食的关系。
16. 简述鱼类的食性类型及其摄食特性。
17. 简述研究鱼类摄食的几种方法。
18. 简述影响鱼类摄食的主要因素。
19. 试述目测鱼类摄食等级的划分标准及其具体内容。
20. 简述鱼类集群、洄游的概念及其类型。
21. 简述鱼类集群、洄游的作用及其生物学意义。
22. 试述鱼类集群行为机制及鱼群的结构。
23. 简述鱼类产卵洄游、索饵洄游、越冬洄游的影响因素。
24. 研究鱼类洄游的主要方法有哪些？
25. 举例说明鱼类溯河、降海洄游行为及其意义。
26. 简述标志放流的概念、类型及其作用与意义。

第三章　渔业资源食物链与食物网生态系统

本章提要：本章节主要从食物链和食物网角度阐述生物资源各功能群关系和食物链等级，介绍研究此问题的多种重要技术：传统的食性分析、脂肪酸分析、稳定同位素分析、生态结构分析以及鱼类环境 DNA 分析。阐述渔业生物资源变动的底层驱动因素，如浮游植物和浮游动物等饵料来源丰度与结构对渔业资源的影响。

第一节　食物链与食物网

一、食物链与食物网的基本概念

食物链（food chain）一词最早是由英国动物生态学家 Charles Sutherland Elton（1900—1991）于 1927 年提出的，食物链又称"营养链"，是生态系统中各种生物为维持其基本生命活动，必须以其他生物为食物的一种由生物联结起来的链状关系。例如，池塘中的藻类是水蚤的食物，水蚤又是鱼类的食物，鱼类又是人类和水鸟的食物，于是，藻类、水蚤、鱼与人或水鸟之间便形成了一种食物链。食物链反映的是生产者和消费者之间"吃"与"被吃"的关系，这种摄食关系，实际上是太阳能从一种生物转到另一种生物的关系，也即物质能量通过食物链的方式流动和转换。食物链就像一条链子，一环扣一环，把各种生物通过由食物而产生的关系紧密地联系起来。一个食物链一般包括 3~5 个环节：一个植物、一个以植物为食物的动物和一个或更多的肉食动物。食物链中不同环节的生物其数量相对恒定，以保持自然平衡。

在生态系统中的生物成分之间通过能量传递存在着一种错综复杂的普遍联系，这种联系像是一个无形的网把所有生物都包括在内，使它们彼此之间都有着某种直接或间接的关系，这就是食物网（food web），又称食物链网或食物循环。实际在自然界中，多数动物的食物不是单一的，因此食物链之间又可以相互交错相连，构成复杂网状关系。在生态系统中生物之间实际的取食和被取食关系并不像食物链所表达的那么简单，食虫鸟不仅捕食瓢虫，还捕食蝶蛾等多种无脊椎动物，而且食虫鸟本身不仅被鹰隼捕食，而且也是猫头鹰的捕食对象，甚至鸟卵也常常成为鼠类或其他动物的食物。食物网能直观地描述生态系统的营养结构，是进一步研究生态系统功能的基础。例如，为杀灭害虫而使用滴滴涕（DDT）等农药，对生态系统中可能波及的生物及 DDT 在系统中的转移，就可通过食物网结构进行预估。

二、食物链与食物网的分类及特点

1. 食物链的书写要领

食物链的开始通常是绿色植物（生产者），从绿色植物开始至少要有三个营养级。

书写食物链是从生态系统中能量传递起始的那种生物（生产者）开始，而不是从非生物的成分（如太阳）开始。不同生物之间要用向右的箭头表示出物质和能量的流动方向，一条完整食物链的最后往往是相关叙述或者事实上的最高营养级，没有别的生物取食它。如根据谚语"螳螂捕蝉，黄雀在后"可以书写出一条食物链：树→蝉→螳螂→黄雀。捕食食物链的第二个环节通常是植食性动物，第三个或其他环节的生物一般都是肉食性动物。

2. 食物链的分类

生态系统中，按照生物与生物之间的关系可将食物链分为捕食食物链（predatory food chain）、腐食食物链（碎食食物链）（detrital food chain）和寄生食物链（parasite food chain）。

（1）捕食食物链是由生态系统中的生产者与消费者之间、消费者与消费者之间通过捕食与被捕食的关系形成的，能量通常由弱小生物流向强大的生物体内，该食物链是生态系统中最重要的食物链形式。捕食食物链以活的动植物为起点，由绿色植物→食草动物→肉食动物组成，水体中的捕食食物链大多起始于浮游植物，如绿藻→浮游动物→虾米→小鱼→大鱼。

（2）腐食食物链是营腐生生活的生物通过分解作用在不同生物尸体的分解过程中形成的相互联系，以死亡的动植物残体为基础，从真菌、细菌和某些土壤动物开始的食物链，能量流动是由死物流向小生物体并最终流向大生物体。腐食食物链在生态系统中有着重要作用，是生态系统物质循环不可缺少的部分。其特点在于有分解者参加，如树叶碎片及小藻类→虾（蟹）→鱼→食鱼的鸟类。

（3）寄生食物链是指生态系统中一些营寄生生活的生物之间存在的营养关系，以活的动植物有机体及大型生物为基础，由小型生物寄生到大型生物身上构成。

3. 食物链和食物网的特点

食物链是一种食物路径，以生物种群为单位联系着生态系统中不同的物种。食物链中的能量在不同生物间传递表现为生物富集、单向传递和逐级递减的特点。

（1）生物富集。如果一种有毒物质被食物链的低级部分吸收，如被草吸收，虽然浓度很低，不影响草的生长，但兔子吃草后有毒物质很难排泄，当它经常吃草时，有毒物质会逐渐在它体内积累，鹰吃大量的兔子，不易分解也难以排出的有毒物质会在鹰体内进一步积累。因此食物链有累积和放大的效应，称为生物富集。有报告显示，杀虫剂DDT在海水中含量为 5.0×10^{-11}，浮游植物中为 4.0×10^{-8}，蛤中为 4.2×10^{-7}，到银鸥中达 7.55×10^{-5}，扩大了百万倍。食物链中的营养级别越高，积累剂量越大。

（2）能量单向流动，逐级递减。食物链中的捕食关系是长期自然选择形成的、不会倒转，因此箭头一定是由上一营养级指向下一营养级，即能量流动是单向的。一条食物链一般包括 3~5 个环节，由于食物链传递效率为 10%~20%，因而无法无限延伸，存在极限。食物链很少包括 6 个以上的物种，因为传递的能量每经过一阶段或一个食性层次就会减少一点。

此外，生态系统中的食物链不是固定不变的，它不仅在进化历史上有改变，在短时间内也有改变。动物在个体发育的不同阶段里，食物的改变就会引起食物链的改变。由于动物食性具有季节性变化的特点，且自然界的食物组成也会随时间的改变而存在差异，因此，食物链往往具有暂时的性质，只有在生物群落组成中成为核心的、数量上占优势的种类，其食物联系才是比较稳定的。

一般来说，具有复杂食物网的生态系统，某种生物的消失不会导致整个生态系统的不均衡，但是在食物网的简单系统，特别是在生态系统功能中发挥重要作用的物种，一旦消失或受到严重损害，就会引起系统的急剧变动。例如，形成苔藓原生态食物链基础的地衣，由于大气中的二氧化硫含量超标，会导致生产效率的毁灭性破坏，并可能损害整个系统。因此，食物链会对环境产生巨大影响，如果缺少一个食物链的环节，可能会导致生态系统失衡。

4. 微型生物食物环（网）

过去，人们认为水生食物链的基本模式是浮游植物→桡足类→鱼类。随着检测技术的进步，海洋中大量的异养细菌不仅是有机物质的分解者，也是有机颗粒物质的重要生产者。异养细菌可以大量溶解有机质（DOM），增加其种群生物量，即所谓的细菌的次生产（bacterial secondary production）。异养浮游细菌是原生动物鞭毛虫等微型异养浮游动物的主要食物来源，后者主要被纤毛虫等个体较大的原生动物利用，这些纤毛虫又是桡足类等中型浮游动物的重要食物来源。因此，它们的摄食关系进入后生动物食物网（metazoan food web）。于是，溶解有机物被异养浮游细菌摄取，进行微生物二次生产，形成异养浮游细菌→原生动物→桡足类的摄食关系，也被称为微型生物食物环（microbial food loop）或简称为微食物环，也可称为微生物环（microbial loop）。

微型生物食物环的结构如图 3-1 所示。从图中可以看出，异养以及微微型、微型浮游植物同样都被鞭毛虫、纤毛虫所利用，这些原生动物再被桡足类等浮游动物摄食，从而与经典食物链连接起来。

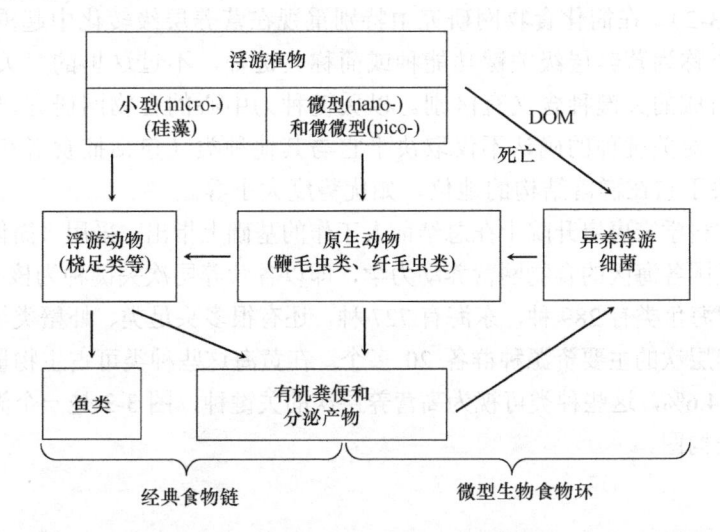

图 3-1 微型生物食物环的结构及其与经典食物链关系示意图（引自宁修仁，1997）

上述微型生物食物环中各个类别的生物组成是很复杂的，同一类生物包含很多种类，它们可能分别被不同层次的消费者所利用。例如，微微型浮游植物除了大部分被异养鞭毛虫摄食外，也被一些纤毛虫甚至桡足类所摄食，不过在微型生物食物环中，摄食者和被摄食者的个体大小是有一定比例的，通常摄食者与被食者的个体大小（标准粒径）之比约为 10∶1，因此，个体大于 200μm 的桡足类就不可能摄食细胞小于 2μm 的异养细菌或蓝细菌，它们之间需要增加原生动物这一过渡环节。

第二节　食物链层级的分析方法

一、营养级的概念

食物链的起点是初级生产者（如绿色植物），终点则是最高级的消费者，这一线路上的一个个环节被称为营养级（trophic level），一个营养级是指处于食物链某一环节上的所有生物种的总和。营养层次以功能地位划分，不同于生物学分类上的物种，而是由营养级上处于相同地位的一类物种所组成。例如，将所有小型单细胞浮游植物（包括碎屑）归为第一营养级，浮游动物或摄食浮游植物的鱼类或其他无脊椎动物的幼体归为第二营养级，所有摄食第二级营养层级的捕食者归为第三营养级，以此类推。每一营养层级划分为若干功能群或称同资源种团，功能群中各物种取食同类猎物或被相同捕食者猎食。功能群是由一群生态学特征上很相似的物种组成，彼此之间生态位有明显重叠，因而同一功能群内种间竞争很激烈，而与其他功能群之间的关系则较为松散，种间竞争也较不明显。功能群内物种是可以相互取代的，在不同年份或季节中功能群可以由不同的种类组合，但它们的功能作用没有改变。这种分析方法就可将复杂的食物网能流结构简化为"具有相互作用的简单食物链"加以研究。

Steele（1974）最早以这种观点与方法进行北海食物网的能流分析，包括 4 个营养层级（图 3-2）。在简化食物网研究中特别重视在营养层级转化中起重要作用的种类，这些种类称为营养层级关键功能种或简称关键种，不过这里的"关键种"与决定群落种类组成的关键种含义有区别。以关键种为中心的食物网研究已成为一种新的研究趋势，对关键种的确认不仅取决于它与其他种类（包括捕食者和被食者）的关系，也取决于它在群落结构的地位，如优势度大小等。

我国海洋科学家唐启升院士在总结前人工作的基础上指出，采用"简化食物网"的策略来研究我国各海区的食物网营养动力学，即以各营养层次关键种为核心展开研究。例如，我国黄海鱼类有 289 种，东海有 727 种，还有很多头足类、虾蟹类等，从中找出这些较高营养层次的主要资源种群各 20 多个。在黄海这些种类可占生物量的 91.9%，占渔获量的 34.6%，这些种类可视为高营养层次的关键种，图 3-3 是一个简化的黄海食物网和营养结构图。

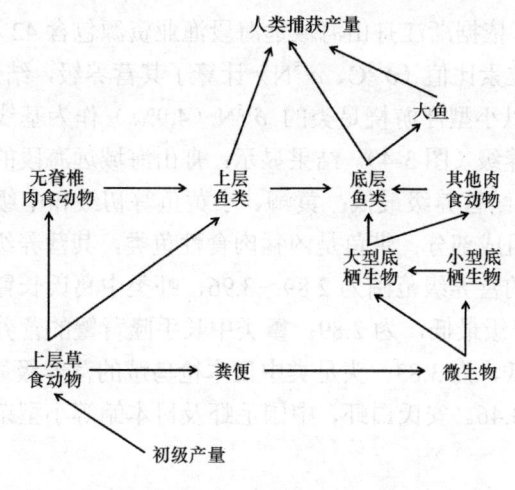

图 3-2 根据主要生物类群绘制的北海食物网（引自 Steele，1974）

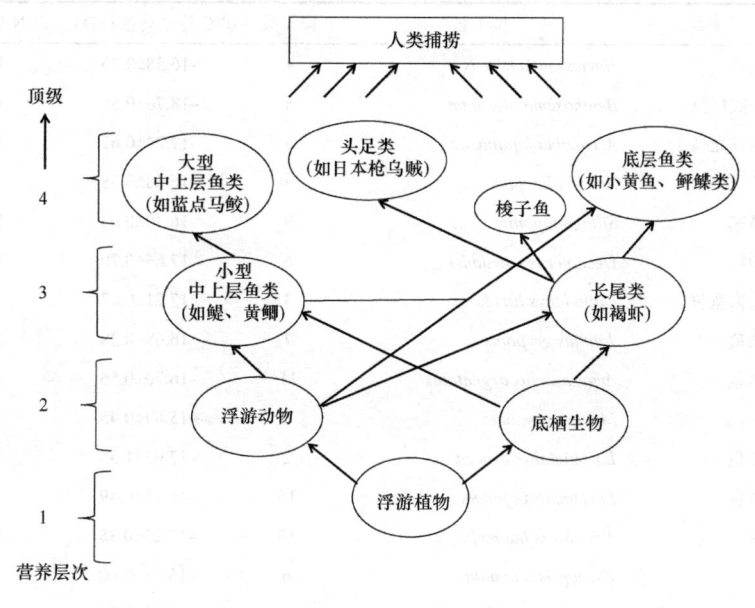

图 3-3 黄海简化食物网和营养结构（引自 Tang，1993）

二、营养级的计算方法

营养级是海洋食物网结构研究的重要内容，鱼类营养级的变化能够反映出鱼类摄食饵料的生物种类和数量变化情况，鱼类群落平均营养级的变化能够反映鱼类群落结构的变化情况，渔获物的平均营养级还可以作为评价海洋生态系统可持续利用的生态指标。营养级计算公式如下：

$$TL = (\delta^{15}N \text{消费者} - \delta^{15}N \text{基准生物})/TEF + \lambda$$

式中，TL 为所计算生物的营养级；$\delta^{15}N$ 消费者为该系统消费者 $\delta^{15}N$ 同位素比值；$\delta^{15}N$ 基准生物为该系统基准生物 $\delta^{15}N$ 同位素比值；TEF 为相邻营养级的 $\delta^{15}N$ 同位素富集度；λ 为基准生物营养级。

刘小琳等（2021）依据浙江舟山海域远海段渔业资源包含 42 种鱼类和 21 种无脊椎动物的碳、氮稳定同位素比值（$\delta^{13}C$、$\delta^{15}N$）计算了其营养级，结果如表 3-1，并选择浮游动物为基准生物，以小型浮游桡足类的 $\delta^{15}N$（4.9‰）作为基线值计算了舟山海域远海段主要消费者的营养级（图 3-4）。结果显示：舟山海域远海段的鱼类的营养级范围为 2.93～4.24，其中日本鲭营养级最低；黄鲫、小黄鱼等初级和中级肉食性鱼类营养级居中，是食物网的重要组成部分；带鱼是凶猛肉食性鱼类，其营养级最高，是食物链的顶端生物。无脊椎动物的营养级范围为 2.89～3.96，虾类中葛氏长臂虾的营养级最高，为 3.96，安氏白虾的营养级最低，为 2.89；蟹类中长手隆背蟹的营养级最高，为 3.94，三疣梭子蟹的营养级最低，为 3.83；头足类中日本枪乌贼的营养级最高，为 3.85，神户乌贼的营养级最低，为 3.46。安氏白虾、中国毛虾及日本鲭等小型杂食性生物为食物链的低端生物。

表 3-1　舟山海域远海段主要渔业资源 $\delta^{13}C$ 和 $\delta^{15}N$ 稳定同位素比值

类别	种类	拉丁名	样本数	$\delta^{13}C$ 值（均值±SD）	$\delta^{15}N$ 值（均值±SD）
鱼类	龙头鱼	Harpodon nehereus	4	−16.58±0.76	10.37±0.33
	七星底灯鱼	Benthosema pterotum	4	−18.76±0.58	11.34±0.38
	日本发光鲷	Acropoma japonicum	3	−17.24±0.62	11.35±0.70
	细条天竺鲷	Apogon lineatus	10	−16.68±0.38	11.59±0.32
	少鳞鱚	Sillago japonica	9	−16.20±0.64	11.70±0.86
	蓝圆鲹	Decapterus maruadsi	6	−17.66±0.70	11.50±0.38
	棘头梅童鱼	Collichthys lucidus	3	−17.21±0.67	9.53±0.28
	叫姑鱼	Johnius grypotus	7	−16.68±0.38	12.04±0.42
	白姑鱼	Argyrosomus argentatus	11	−16.70±0.56	11.94±0.71
	鮸	Miichthys miiuy	6	−15.69±0.45	11.21±0.85
	大黄鱼	Larimichthys crocea	2	−17.02±1.38	11.29±0.25
	小黄鱼	Larimichthys polyactis	10	−16.15±0.49	10.99±0.37
	带鱼	Trichiurus haumela	10	−17.23±0.35	12.53±0.30
	刺鲳	Psenopsis anomala	6	−16.87±0.60	12.49±0.27
	六丝钝尾虾虎鱼	Amblychaeturichthys hexanema	8	−16.80±0.52	10.96±0.65
	六带拟鲈	Parapercis sexfasciata	5	−17.19±0.45	11.56±0.65
	桂皮斑鲆	Pseudorhombus cinnamomeus	6	−16.81±0.37	11.12±0.20
	焦氏舌鳎	Cynoglossus joyneri	6	−15.98±0.54	10.78±0.50
	短吻三线舌鳎	Cynoglossus abbreviatus	6	−15.47±0.40	10.80±0.39
	食蟹豆齿鳗	Pisoodonophis cancrivorus	6	−15.73±0.90	11.29±1.35
	海鳗	Muraenesox cinereus	7	−16.04±0.44	11.44±0.87
	带纹蹙鱼	Antennarius striatus	4	−16.61±0.93	12.25±0.57
	单指虎鲉	Minous monodactylus	8	−16.40±0.78	11.37±0.72
	绿鳍鱼	Chelidonichthys kumu	5	−15.93±0.38	11.36±0.56
	日本鲲	Engraulis japonicus	1	−16.20	9.39
	黄鲫	Setipnna taty	2	−19.21±0.10	10.86±0.59

续表

类别	种类	拉丁名	样本数	$\delta^{13}C$ 值（均值±SD）	$\delta^{15}N$ 值（均值±SD）
鱼类	花斑蛇鲻	*Saurida undosquamis*	2	−17.71±0.76	11.12±0.90
	小口多指马鲅	*Polydactylus microstoma*	1	−15.84	11.54
	六带石斑鱼	*Epinephelus sexfasciatus*	1	−15.98	8.83
	斑鳍天竺鲷	*Apogon carinatus*	1	−16.98	11.15
	竹荚鱼	*Trachurus japonicus*	1	−17.49	12.01
	尖头黄鳍牙䱛	*Chrysochir aureus*	1	−15.01	12.26
	鮸状黄姑鱼	*Nibea miichthioides*	1	−17.27	11.06
	二长棘犁齿鲷	*Evynnis cardinalis*	1	−17.30	11.86
	横带髭鲷	*Hapalogenys mucronatus*	1	−17.28	11.44
	日本绯鲤	*Upeneus japonicus*	1	−16.92	12.43
	日本鲭	*Pneumatophorus japonicus*	1	−16.98	8.05
	灰鲳	*Pampus cinereus*	1	−17.15	12.31
	舌虾虎鱼	*Glossogobius giuris*	1	−16.69	10.34
	长丝虾虎鱼	*Cryptocentrus filifer*	1	−17.05	10.34
	鳄齿鱼	*Champsodon capensis*	1	−18.51	9.18
	短鳄齿鱼	*Champsodon snyderi*	1	−18.32	10.11
虾类	须赤虾	*Metapenaeopsis barbata*	7	−16.89±0.39	10.71±0.47
	哈氏仿对虾	*Parapenaeopsis hardwickii*	9	−16.08±0.60	10.55±0.58
	细巧仿对虾	*Parapenaeopsis tenella*	8	−15.81±0.55	10.40±0.88
	刀额仿对虾	*Parapenaeopsis cultrirostris*	9	−15.77±0.32	11.09±0.57
	鹰爪虾	*Trachysalambria curvirostris*	7	−15.48±0.34	10.65±0.40
	中华管鞭虾	*Solenocera crassicornis*	11	−15.89±0.74	10.36±1.01
	日本鼓虾	*Alpheus japonicus*	7	−16.50±1.08	10.03±0.96
	扁足异对虾	*Atypopenaeus stenodactylus*	1	−15.94	8.80
	日本囊对虾	*Marsupenaeus japonicus*	1	−15.20	9.78
	中国毛虾	*Acetes chinensis*	1	−17.70	8.54
	安氏白虾	*Exopalaemon annandalei*	1	−18.18	7.92
	葛氏长臂虾	*Palaemon gravieri*	1	−15.59	11.55
蟹类	日本蟳	*Charybdis japonica*	7	−17.34±0.39	11.15±0.56
	三疣梭子蟹	*Portunus trituberculatus*	9	−16.94±0.84	11.13±0.74
	细点圆趾蟹	*Ovalipes punctatus*	3	−16.60±0.70	11.43±1.01
	长手隆背蟹	*Carcinoplax longimana*	6	−17.21±0.98	11.49±0.60
头足类	日本枪乌贼	*Loliolus japonica*	10	−17.09±0.59	11.18±0.94
	中国枪乌贼	*Uroteuthis chinensis*	1	−18.56	10.80
	神户乌贼	*Sepia Kobiensis*	1	−16.32	9.87
	朴氏乌贼	*Sepia prashadi*	1	−16.98	10.90
	日本耳乌贼	*Sepiola nipponensis*	1	−17.91	10.94

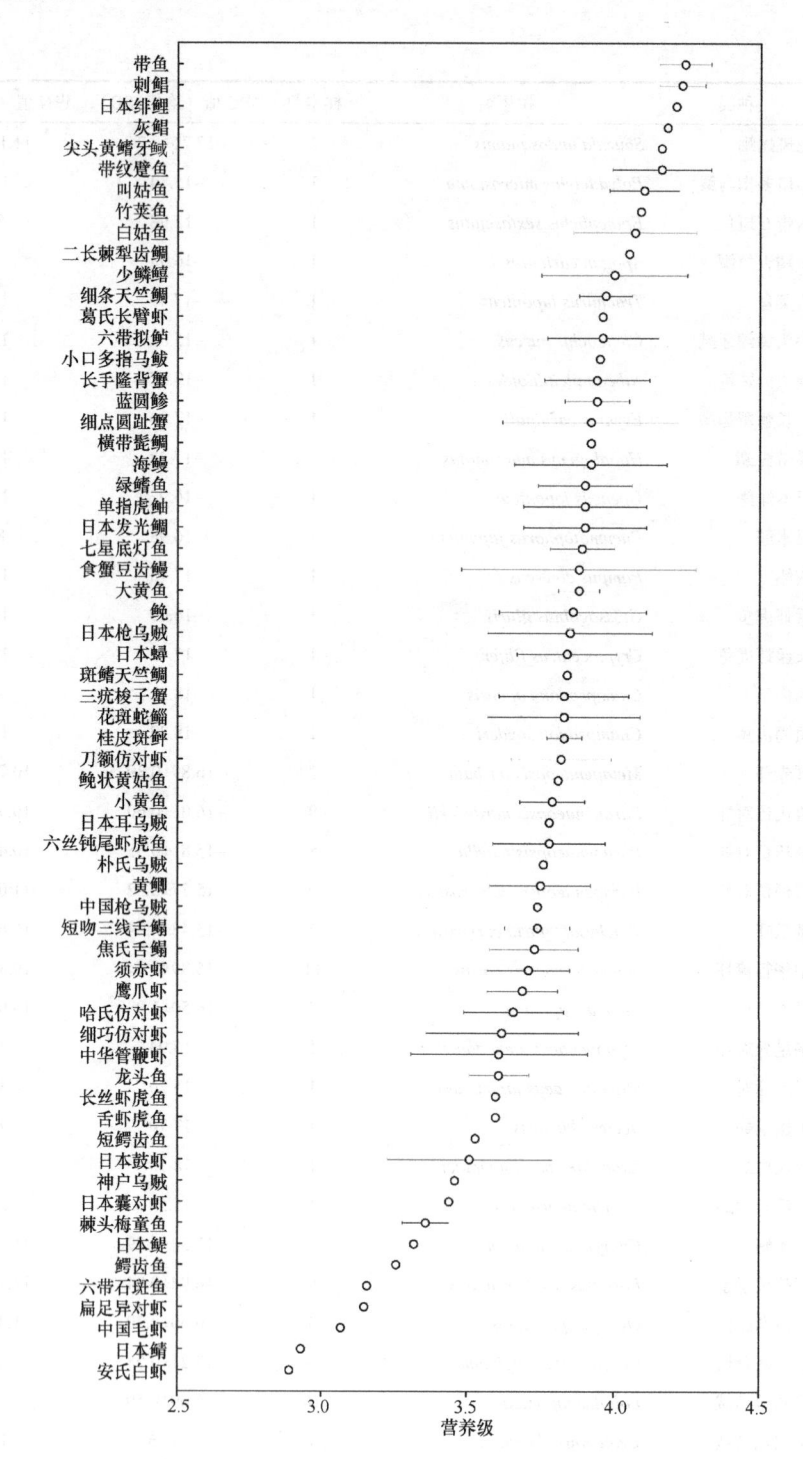

图 3-4 舟山海域远海段主要生物营养级（引自刘小琳等，2021）

三、食性分析法

食性分析法是分析生物被捕捞前摄取的食物，即消化道内未被消化食物的生物种群组成和数量，从而确定该食物网的基本结构和摄食关系。目前在我国海洋食物网研究中，食性分析法已经广泛应用于渔业资源考察。林龙山等（2005，2006）根据 2002 年 12 月~2003 年 11 月收集到的带鱼胃含物样品，对其摄食习性的季节变化进行了研究，认为带鱼全年摄食的饵料种类数共有 60 余种，鱼类和甲壳类为其主要饵料类群。之后根据 2003 年 3~12 月东海区渔业资源监测调查的渔获样品，对小黄鱼胃含物进行分析，指出小黄鱼食物以甲壳类为主，其次为鱼类，其摄食强度存在季节变化（林龙山，2007）。张波等（2005）以东海、黄海的重要生物种类中的鱼类为研究对象，分析其胃含物，获得各饵料成分的重量百分比，从而了解东海和黄海主要鱼类的食物竞争关系。

食性分析法的优点是直观、成本低，缺点是该方法分析的是生物被捕捞前所摄食物，不能代表生物长期的食性，且短期摄食存在偶然性，需要进行大量的统计观察以减小误差。此外，不同种类、不同大小的生物对所摄取食物的消化吸收能力不同，消化道内含物更多残留的是难消化的部分，导致研究结果中此类难消化种类占食源总量的比例偏高。此外，对消化道内残余物的观察存在不确定性，也成为鉴定生物食性的障碍。食性分析法比较适用于较高营养层次（个体较大）的消费者，对低营养层次的分析则有较大难度。

四、脂肪酸分析

脂肪酸、氨基酸、单糖类等特殊化合物在生物摄食活动中相对稳定，比较难以变化，可用于确定生物饵料的来源，称为生物标志物。脂肪酸是所有生物的重要成分，是迄今已知的细菌、微藻类、陆地高等植物、海洋动物中含量最高的脂质物质，主要以甘油三酯和磷脂的形式存在。作为生物标志物，脂肪酸具有若干优点：首先，生物脂肪酸的组成和积累是长期摄食活动的结果，基于脂肪酸判断生物食性的偶然性很小；其次，脂肪酸在生物代谢过程中比较稳定，生物消化吸收后的结构基本恒定；此外，体内甘油三酯中的脂肪酸主要来自所摄取的食物，以这类脂肪酸作为生物标志物得到国内外的普遍认同。

脂肪酸是水生生物的重要组成部分，一般占到干重的 2%~15%。海洋生态系统的生物体中的脂肪酸，碳原子数 12~24，分成饱和脂肪酸和不饱和脂肪酸两大类，往往以不饱和脂肪酸为主。水生生物的 n-3 和 n-6 系列多不饱和脂肪酸只能从饵料中获取，不能自身合成，因此被称为必需脂肪酸，经常作为指示食物来源的生物标志物。到目前为止，已被研究的鱼类毫无例外都需要至少一种多不饱和脂肪酸。利用脂肪酸作为生物标志物，要求脂肪酸在生物体内的代谢过程中非常稳定，或者是经生物消化吸收后基本结构保持不变。由于生物三羧酸甘油酯中的脂肪酸主要来自所摄入的食物，因此其被认为是合适的生物标志物，但是肝脏所含有的脂肪酸除外，因为在该器官中脂肪酸可经碳链增长或者脱氢生成新的脂肪酸。

海洋生态系统中，脂肪酸是所有生物体的重要组分，在初级生产者藻类中，脂肪酸占总有机质的 5%~25%。浮游植物中的多不饱和脂肪酸（PUFA），如 20:5, n-5 和 22:6, n-3 是脂类物质的重要成分，能够影响浮游动物的繁殖。如果初级生产者的 20:5, n-5 含量很低，则由生产者至消费者的能量转换效率也很低。因此在水域生态系统中，20: 5, n-5 对于能量物质的输送是非常重要的组分。

浮游桡足类在海洋生态系统中具有上行控制和下行控制的双重作用，其种类多、数量大、分布广，在海洋浮游生物中占有很重要的位置，是海洋食物网中的一个承前启后的中间环节，对其脂肪酸组成的研究是食物网研究非常重要的环节。浮游动物体内的脂类物质绝大部分来源于摄食，自身几乎不合成脂类。一般认为，多不饱和脂肪酸（PUFA）来自藻类，奇数链/支链脂肪酸（BAFA）来自细菌，了解浮游动物体内脂肪酸的组成和百分含量就能指示其摄食过程和食物选择。图 3-5 为植食性桡足类浮游动物体内脂肪酸和脂肪醇的合成路径，其中脂肪酸 20: 1 和 22: 1 被认为是浮游动物自身合成的特征脂肪酸，不存在于所摄食的藻类，因此生物体中 20: 1 和 22: 1 就可被认为是浮游动物的贡献。分析不同生物体中 20: 1 和 22: 1 的百分含量，就能计算出其相对营养等级的高低。

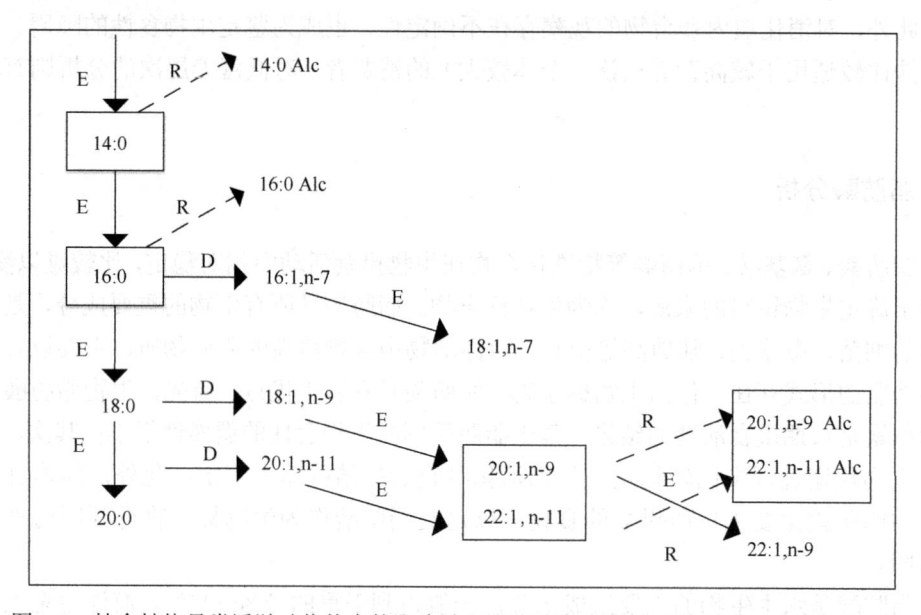

图 3-5 植食性桡足类浮游动物体内的脂肪酸和脂肪醇合成路径（引自 Graeve 等，2002）
R, Reduction, 还原；D, Desaturase, 去饱和；E, Elongation, 碳链延长；Alc: 醇

采用脂肪酸作为生态系统中的分子标志物，在近几十年得到了迅猛的发展。通过对比生物之间脂肪酸的组成，可追踪物质在食物网中的传递过程，指示食物网的有机质来源，有助于生物之间营养关系的确定。生物的脂肪酸组成是生物长期摄食活动的结果。Bourdier 和 Amblard(1989)通过喂养实验，研究饥饿的桡足类浮游动物 *Acanthodiaptomus denticomis* 的脂肪酸组成，实验结果表明浮游动物脂肪的恢复速率取决于所摄食的藻类，进食后第二天脂肪总量没有显著的增加，他们还观察到桡足类浮游动物进食前后体内磷脂的脂肪酸组成没有显著变化，经过 20 天的喂养，体内脂肪组织的部分脂肪酸（如 16: 1, n-7 和 18: 1, n-7）显示出与食物来源相同的特征；Zhang 等（2022）利用脂肪酸含量不同的 4 种饵料微藻长期投喂厚壳贻贝后，通过检测脂肪酸发现，利用自身二十碳五烯

酸（EPA）含量较高的牟氏角毛藻喂养厚壳贻贝后其软组织中 EPA 的含量也显著地提高（表 3-2），由此说明，EPA 可以通过食物链的传递在贻贝体内积累。

表 3-2 四种微藻及不同微藻喂养下贻贝的脂肪酸组成

脂肪酸	小球藻	小球藻喂食	牟氏角毛藻	牟氏角毛藻喂食	青岛大扁藻	青岛大扁藻喂食	湛江等鞭金藻	湛江等鞭金藻喂食
14:0	0.69 ± 0.03	2.72±0.15	18.10 ± 0.04	3.10±0.48	1.12 ± 0.02	3.10±0.24	13.75 ± 0.06	2.43±0.43
16:0	18.42 ± 0.28	26.5±0.99	9.00 ± 0.19	24.10±0.68	22.22 ± 0.17	25.67±0.44	10.26 ± 0.07	26.5±2.03
18:0	5.57 ± 0.24	4.82±0.1	2.93 ± 0.03	6.20±1.08	6.54 ± 0.33	5.16±0.18	—	5.97±0.31
20:0	8.37 ± 0.19	0.24±0.02	—	0.49±0.59	5.17 ± 0.10	0.45±0.06	—	0.30±0.09
22:0	0.48 ± 0.04	16.78±0.11	0.51 ± 0.01	14.45±1.08	0.35 ± 0.02	13.97±0.19	0.60 ± 0.01	12.91±0.25
ΣSFA	33.53 ± 0.72	51.91±2.13	30.55 ± 0.16	48.34±1.24	35.39 ± 0.45	48.35±0.71	24.61 ± 0.19	48.81±1.98
14:1	—	0.18±0.09	1.34 ± 0.00	0.60±0.44	—	0.31±0.08	0.12 ± 0.01	0.46±0.38
16:1	6.20 ± 0.23	5.37±0.37	20.69 ± 0.08	6.15±0.60	5.95 ± 0.19	5.16±0.12	10.41 ± 0.04	4.19±0.55
18:1	3.32 ± 0.18	2.69±0.05	4.91 ± 0.05	2.25±0.11	17.78 ± 0.22	2.02±0.06	12.92 ± 0.13	2.00±0.07
ΣMUFA	9.53 ± 0.22	14.13±0.49	26.94 ± 0.03	15.96±1.26	23.73 ± 0.08	13.11±0.25	23.45 ± 0.12	13.97±0.75
18:2	12.39 ± 0.31	3.65±0.22	2.75 ± 0.07	4.56±1.82	13.04 ± 0.20	3.68±0.10	16.87 ± 0.03	3.92±0.32
18:3	21.02 ± 1.12	2.45±0.04	2.43 ± 0.03	2.85±0.59	19.14 ± 0.48	2.85±0.05	11.91 ± 0.13	2.51±0.09
20:3	—	0.37±0.04	1.10 ± 0.02	0.64±0.34	—	0.36±0.09	—	0.39±0.06
ARA	0.11 ± 0.01	0.13±0.01	11.82 ± 0.16	0.23±0.08	1.22 ± 0.02	0.17±0.04	0.31 ± 0.21	0.15±0.00
EPA	0.21 ± 0.02	3.06±0.07	7.52 ± 0.02	4.39±0.40	6.25 ± 0.05	1.80±0.12	0.71 ± 0.02	3.12±0.05
DHA	0.20 ± 0.02	23.39±1.76	0.60 ± 0.02	21.26±3.86	—	28.27±1.08	9.81 ± 0.09	27.04±1.85
ΣPUFA	33.94 ± 0.86	33.96±2.19	26.23 ± 0.07	35.70±1.18	39.65 ± 0.56	38.54±0.91	39.61 ± 0.15	37.23±2.21
ΣTUFA	43.47 ± 0.67	48.09±2.13	53.17 ± 0.04	51.66±1.24	63.38 ± 0.50	51.65±0.71	63.05 ± 0.06	51.19±1.98

注：ARA，20:4，n-6，花生四烯酸；EPA，20:5，n-3，二十碳五烯酸；DHA，22:6，n-3，二十二碳六烯酸；ΣSFA，总饱和脂肪酸；ΣMUFA，总单不饱和脂肪；ΣPUFA，总多不饱和脂肪酸；ΣTUFA，总不饱和脂肪酸；"—"表示未检测到。

但是，利用脂肪酸作为生物标志物不能解释生物个体的特征，而是在物种水平上提供生物间的营养关系和物质传递的信息。以浮游动物为食的鱼类，其不饱和脂肪酸组成与所摄食的桡足类浮游动物类似，这种特征通过摄食活动沿食物链向上传递，而生物之间脂肪酸组成的相似性是评估脂肪酸在食物链中传递的主要障碍，区别主要集中在不饱和脂肪酸，为了能够区分这些差别，找到合适的脂肪酸分子作为生物标志物，往往需要使用复杂的统计方法，如聚类分析、主成分分析等。

五、稳定同位素分析

同位素是同一元素中具有相同质子数和不同中子数的不同核素之间的互称，即具有相同原子序数和不同质量数的元素。在元素周期表内，这些元素占据的位置一样，同时化学性质基本一致。稳定同位素则是指自核合成后一直保持稳定的元素同位素，其半衰期大于 10^{15} 年。稳定同位素分析法的原理是生命体新陈代谢作用引发的同位素分馏效应，即同位素沿着食物链传递，生物体易于富集较重的稳定同位素。例如，富集 ^{13}C 和 ^{12}C 中较重的稳定同位素 ^{13}C，富集 ^{15}N 和 ^{14}N 中较重的稳定同位素 ^{15}N。生态系统中从初级生产者到消费者，δ^{13}C 的相对丰度变化很小（约 1‰），生物体基本保存了食物来源的 δ^{13}C 特征，所以 δ^{13}C 经常用于指示和区分食物的来源，而 δ^{15}N 随营养级升高而富集（约 3.4‰），δ^{15}N 的变化量可用于划分食物链的营养等级，构建食物网的营养结构。将稳定同位素分析和食性分析法相结合，可以得到关于生物营养关系和摄食、栖息地等方面重要的信息。

同位素之比 R 通常被定义为某一种元素的重同位素丰度与轻同位素丰度之比，目前常用的稳定同位素主要有 ^{13}C/^{12}C、^{15}N/^{14}N、^{2}H/^{1}H、^{18}O/^{16}O、^{34}S/^{32}S 和 ^{87}Sr/^{86}Sr 等。在实际操作中对 R 值的测量具有一定难度，一方面是因为同位素比值变化较小，另一方面是因为在质谱仪测量同位素值时会有一定的分馏效应。目前，通常采用相对测量法来定性表示 R 值，即用待测样品的同位素比值 R_{sa} 与一标准物质的同位素比值 R_{st} 相比较，其结果称为样品的 δ 值，定义式为

$$\delta = [(R_{sa} - R_{st})/ R_{st}] \times 10^3$$

一般得到的结果以 δ^{13}C 和 δ^{15}N 形式表示，δ 值的增加表示重同位素分量的增加，反之减小。对同位素标准物质的要求是：①组成均一，性质稳定；②数量较多，以便长期使用；③化学制备和同位素测量的方法简便；④大致为天然同位素比值变化范围的中值，以便用于绝大多数样品的测定；⑤可以作为世界范围的零点。通常情况下，碳稳定同位素参照的国际通用标准为美国南卡罗来纳州白垩纪皮狄组层位中的芝加哥箭石（Peedee belemnite，PDB），其 ^{13}C/^{12}C = (11 237.2 ± 90)×10^{-6}，氮稳定同位素的国际通用标准为空气中的氮气（N_2），其 ^{15}N/^{14}N = (3 676.5 ± 8.1)×10^{-6}。

大部分杂食性动物存在较为复杂的食物来源，导致判别难度极大提高，故而初期研究人员提出采用食源贡献比例来计算。之后，Phillips 等根据质量守恒定理研发了 IsoSource 模型软件，能够基于 n 种同位素，对 $n+1$ 种食物来源展开求解。相应的公式为

$$\delta N_{Consumer} = F_A \delta N_A + F_B \delta N_B + F_C \delta N_C$$
$$1 = F_A + F_B + F_C$$

式中，$\delta N_{Consumer}$ 代表了消费者某一稳定同位素的比值；δN_A、δN_B 和 δN_C 分别代表了生物 A、B 和 C 的某一稳定同位素的比值；F_A、F_B 和 F_C 代表了三种可能的食物来源 A、B、C 的贡献比。

之后，Phillips 等学者为了改进 IsoSource 模型，又建立了贝叶斯稳定同位素混合模型（Baysian stable isotope mixing model）。此模型现已被研究人员广为使用，这使得计算消费者食性来源数据更为简便。例如，Qu 等（2016）基于 IsoSource 模型对渤海湾重要鱼类的食性与摄食来源展开分析，提出应尽早对此海域鱼类资源实施有效修复，减少其敌害物种，改善食源分配结构；彭士明等（2011）对东海银鲳（*Pampus argenteus*）的研究表明，其拥有广泛的摄食来源，包括箭虫属（*Sagitta*）、仔稚鱼、水母类、虾类、头足类和浮游动物等。

稳定同位素分析的样品是生物体的一部分或全部，能反映生物长期生命活动的结果。利用稳定同位素还能对低营养级或个体较小生物的营养来源进行准确测定，进而确定生物种群间的相互关系及对整个生态系统的能量流动进行准确定位。表 3-3 列出了海洋生物可能的食物来源，即海洋和陆地植物的 δ^{13}C 特征。稳定同位素分析方法已广泛应用于陆地生态系统、淡水生态系统、河口生态系统以及海洋生态系统的物质能量来源示

踪的研究，特别是当碳来源相对简单且同位素值相差很大时，应用同位素分析是非常有效的。Møller（2006）利用碳、氮同位素将西格陵兰食物网中的生物划分为近岸浮游、远洋深海及底栖三个生态群落。对来自两个不同地理种群大黄鱼的碳、氮稳定同位素分析显示，这两个不同地理种群的大黄鱼的 $\delta^{13}C$ 值差异较大，来源于不同地理种群的大黄鱼可通过碳、氮稳定同位素组成明显区分（图3-6）。

表3-3　海洋和陆地植物的 $\delta^{13}C$ 特征

植物类型	$\delta^{13}C$（‰）	平均值
海草	[-3，-15]	-10
陆地C4植物	[-7，-16]	-13
陆地CAM植物（夜间开型）	[-10，-14]	
底栖和附生藻类	[-8，-27]	-13
温带海洋浮游植物	[-18，-24]	-21
陆地CAM植物（昼开夜闭型）	[-24，-30]	
河口区浮游植物	[-19，-30]	
陆地C3植物	[-20，-35]	-27

注：C4植物为通过C4、C3两种途径碳同化的植物；C3植物为只通过C3途径同化的植物；CAM植物为通过景天酸代谢途径与C3途径碳同化的植物。

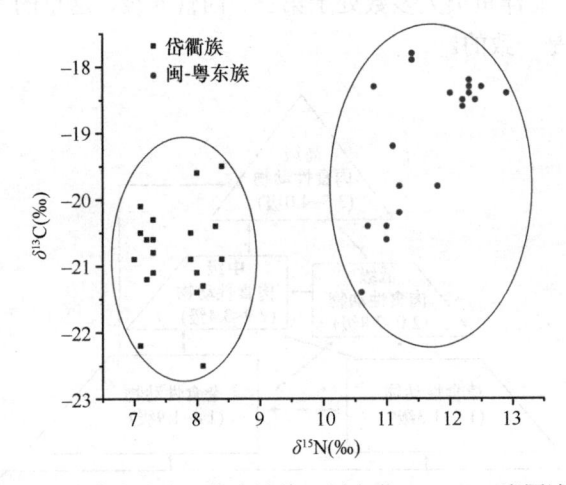

图3-6　不同地理种群大黄鱼稳定同位素比值（刘小琳，2022）（彩图请扫封底二维码）

当运用稳定同位素技术研究海洋生物的食物来源时，常常可以对测定的样品材料进行再回顾分析，这是其他研究消费者食物来源的方法所不具备的。并且可以通过建立同位素质量平衡方程，对消费者食物来源进行准确的定量定性分析。生物的稳定同位素组成同时受到食物来源和自身新陈代谢作用的影响。通过分析生物体个别器官或整体的稳定同位素组成，可以获得其食性和食物来源的信息。但是稳定同位素法只能对"简化食物网"进行研究，突出主要资源种的营养成分和食物质量转换关系。从原理上讲，碳氮稳定同位素的结果反映的是捕食者在一个相对较长的生命阶段中所摄取的食物经新陈代谢消化吸收累积的结果，所以必须校正消除捕食者消化吸收的影响，才能正确地反映食物网的信息。

六、生态结构分析

生态系统的营养结构是指生态系统中的无机环境与生物群落之间，以及生产者、消费者与分解者之间，通过营养或食物传递形成的一种组织形式，它是生态系统最本质的结构特征。生态系统的营养结构以营养为纽带，把生物和非生物紧密结合起来，构成以生产者、消费者和分解者为中心的三大功能类群，与环境之间发生密切的物质循环和能量流动。

一个特定种群所处的营养级是按其实际同化的能源而确定的。以军曹鱼所处营养级为例，该种鱼混合食料的营养级大小=Σ(鱼类各种食料生物类群的营养级大小×其出现频率百分组成)。军曹鱼摄食70.8%的鱼类（3.0级）、25%的头足类（2.5级）以及4.2%短尾类（1.6级），其混合食料的营养级大小=70.8%×3.0+25%×2.5+4.2%×1.6≈2.8级。因此，军曹鱼的营养级应为2.8级（张其永等，1981）。图3-7示浅海食物网中各营养级的关系，其中第一营养级（图中为0级）由海洋植物构成；第二营养级包括植食性动物（1.0~1.3级）和杂食性动物（1.4~1.9级），如毛虾、桡足类和贝类等；第三营养级包括低级肉食性动物（2.0~2.8级）和中级肉食性动物（2.9~3.4级）；第四营养级为高级肉食性动物（3.5~4.0级）。海洋鱼类大多数处于第三、四营养级，这里的"营养级"实际上与"营养层次"的概念是一致的。

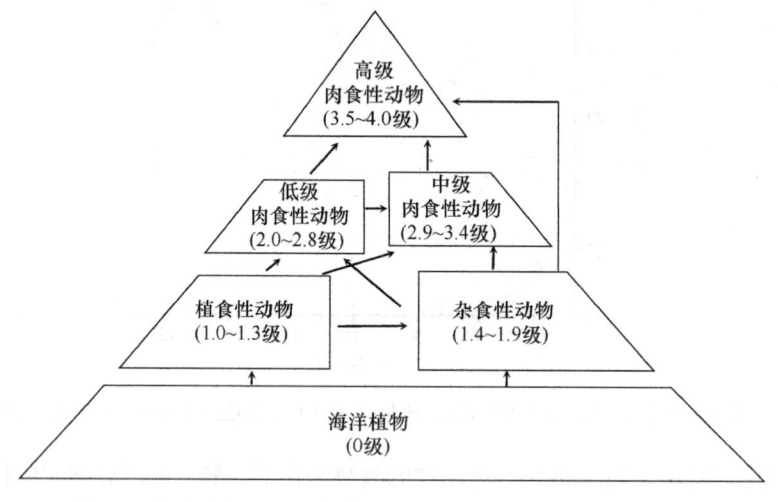

图3-7 浅海食物网中各营养级的关系（引自邓景耀等，1986）

七、环境DNA分析技术

传统的动物遗传学分析技术是通过对组织样本的DNA进行分析，以获取物种信息、种群结构以及性状的遗传基础。近年来，一种新的DNA来源被用于分析大型物种，即环境DNA（environmental DNA，eDNA）分析技术。eDNA是生物体通过生理过程或由机械作用释放到环境中的游离DNA分子，它可以在环境中保存一段时间，并可以收集用于分析。就鱼类而言，eDNA 主要来源于废弃物、鱼体的皮肤或组织、鳞片、卵子和精子、黏液、血液及尸体。与从组织样本中提取的 DNA 或从整个生物体中提取的 DNA 不同，eDNA 不需要对目标生物体进行采样，只需简单地在无菌容器中取样，就可以收集 eDNA。然后通过具有极细滤网的无菌过滤器过滤即可以保留遗传物质，然后，在实验室中提取过滤器中保留的 DNA。根据研究的目的，这些样本可以用于针对特定的生物体或整个群落，或两者兼而有之。在任何一种情况下，提取的 DNA 都会被处理成不同的"DNA 谱"，通过比对参考数据库，这些"DNA 谱"可以与它们的来源物种相匹配。

鱼类 eDNA 分析技术主要包括 4 个步骤：首先是样品收集和处理，目前采用简单取样和混合采样两种方法收集水样，采样量的大小与水中鱼类 eDNA 的丰度有关，一般收集的水样体积在 15ml 到 5L，小溪、河流、池塘和海水的标准采样量为 1～2L。此外，采样过程中要充分考虑到阴性对照样品的采集以监测污染情况。水样收集后需要过滤来富集样品中的 eDNA，也可以通过沉淀或者离心，但过滤法在处理较大水体（0.5～2L）时具有优势，可以获得更高的 eDNA 产量。一般采用孔径为 0.22～3.0μm 的滤膜过滤，其中 0.45μm 和 0.7μm 使用相对较多。样品最好在采样后 24h 内及时过滤，无法及时过滤的样品最多可置于冰箱冷藏保存 5 天。其次是 eDNA 的抽提和定量，eDNA 的提取一般采用商品化的试剂盒进行，或者通过液相分离方法抽提，如十六烷基三甲基溴化铵（CTAB）法或苯酚-氯仿-异戊醇（PCI）抽提法。eDNA 的定量主要利用以下四种方法：①常规 PCR（cPCR）扩增子凝胶电泳；②定量 PCR（qPCR）；③巢式 PCR（nPCR）；④数字 PCR（dPCR）。常用的鱼类 eDNA 扩增的通用引物见表 3-4。值得注意的是，无论采用哪种定量方法，都应同时设置阳性对照以减小假阴性和增加检测率的置信度。鱼类 eDNA 分析最关键的是数据的分析和模型的建立，因为 eDNA 的数量在一定程度上可以反映鱼类物种丰度/生物量的信息。目前，与鱼类 eDNA 相关的统计模型可分为三类：①eDNA 浓度模型；②生物量定量估算模型；③时空分布预测模型。此外，获得的 eDNA 序列需要选择合适的数据库进行比对，目前通用的数据库主要有：NCBI 数据库（http://www.ncbi.nlm.nih.gov）、BOLD 数据库（http://v4.boldsystems.org/index.php/Public_BarcodeIndexNumber_Home）、PR2 数据库（https://github.com/vaulot/pr2_database）、鱼类线粒体基因组数据库 mitogenomes（http://mitofish.aori.u-tokyo.ac.jp/download.html）以及 iBOL 真核生物 18S 数据库（The International Barcode of Life (iBOL) project, http://v4.boldsystems.org/）等。另外，一些鱼类的 DNA 条形码序列也可以用来建立本地参考序列数据库，譬如，Hänfling 等（2016）开发了一个定制的英国淡水鱼参考数据库；Cilleros 等（2019）开发了法国圭亚那淡水鱼的参考数据库；Shen 等（2019）建立了中国长江流域鱼类的 DNA 条形码参考数据库，这些数据能为长江流域鱼类 eDNA 研究，以及渔业资源保护和管理提供有用的帮助。通过丰富本地参考数据库来扩充现有的公共参考数据库是充分利用 eDNA 分析方法进行鱼类物种检测的必要条件。

表 3-4　用于鱼类 eDNA 分析的通用引物及序列（引自 Wang 等，2021）

引物名称	序列（5'-3'）	扩增鱼类	扩增片段
MiFish-U-F	GTCGGTAAAACTCGTGCCAGC	淡水鱼和海水鱼	12S rDNA（~170bp）
MiFish-U-R	CATAGTGGGGTATCTAATCCCAGTTTG		
MiFish-E-F	GTTGGTAAATCTCGTGCCAGC	软骨鱼	12S rDNA（~170bp）
MiFish-E2-R	CATAGTAGGGTATCTAATCCTAGTTTG		
Taberlet-tele02-F	AAACTCGTGCCAGCCACC	淡水鱼和海水鱼	12S rDNA（~167bp）
Taberlet-tele02-R	GGGTATCTAATCCCAGTTTG		
L14735	AAAAACCACCGTTGTTATTCAACTA	淡水鱼	Cytb（~413bp）
H15149c	GCCCCTCAGAATGATATTTGTCCTCA		
L14912	TTCCTAGCCATACAYTAYAC	淡水鱼和海水鱼	Cytb（~285bp）
H15149	GGTGGCKCCTCAGAAGGACATTTGKCCYCA		
Ac12S-F	ACTGGGATTAGATACCCCACTATG	淡水鱼	12S rDNA（~385bp）
Ac12S-R	GAGAGTGACGGGCGGTGT		
Am12S-F	AGCCACCGCGGTTATACG	淡水鱼	12S rDNA（~241bp）
Am12S-R	CAAGTCCTTTGGGTTTTAAGC		
Ac16S-F	CCTTTTGCATCATGATTTAGC	淡水鱼	16S rDNA（~330bp）
Ac16S-R	CAGGTGGCTGCTTTTAGGC		
Ve16s-F	CGAGAAGACCCTATGGAGCTTA	淡水鱼	16S rDNA（~310bp）
Ve16s-R	AATCGTTGAACAAACGAACC		
L2513	GCCTGTTTACCAAAAACATCAC	淡水鱼	16S rDNA（~202bp）
H2714	CTCCATAGGGTCTTCTCGTCTT		
Teleo Rdeg	CTTCCGGTACACTTACCRTG	淡水和海水鱼	12S rDNA（~100bp）
Teleo F	ACACCGCCCGTCACTCT		
Fish2bCBR	GATGGCGTAGGCAAACAAGA	海水鱼	Cytb（~80bp）
Fish2CBL	ACAACTTCACCCCTGCAAAC		
Fish2degCBL	ACAACTTCACCCCTGCRAAY	海水鱼	Cytb（~80bp）
Fish2CBR	GATGGCGTAGGCAAATAGGA		
FishCBL	TCCTTTTGAGGCGCTACAGT	淡水鱼	Cytb（~130bp）
FishCBR	GGAATGCGAAGAATCGTGTT		
12S_F1	ACTGGGATTAGATACCCC	海洋硬骨鱼类	12S rDNA（~106bp）
12S_R1	TAGAACAGGCTCCTCTAG		
Cytb_L14841	AAAAACCACCGTTGTTATTCAACTA	淡水鱼	Cytb（~413bp）
Cytb_15149R	GCDCCTCARAATGAYATTTGTCCTCA		
Fish_18S_1F	GAATCAGGGTTCGATTCC	普遍的鱼类	18S rDNA（~271bp）
Fish_18S_3R	CAACTACGAGCTTTTTAACTGC		
16S fish-specific F	GGTCGCCCCAACCRAAG	普遍的鱼类	16S rDNA（~100bp）
16S fish-specific R	CGAGAAGACCCTWTGGAGCTTIAG		
Vert-12SV5-F	TTAGATACCCCACTATGC	脊椎动物	12 rDNA（~106bp）
Vert-12SV5-R	TAGAACAGGCTCCTCTAG		
teleo_F	ACACCGCCCGTCACTCT	真骨鱼类	12S rDNA（~100bp）
teleo_R	CTTCCGGTACACTTACCATG		

续表

引物名称	序列（5′-3′）	扩增鱼类	扩增片段
Vert-16S-eDNAF1 Vert-16SeDNA-R1	AGACGAGAAGACCCYdTGGAGCTT GATCCAACATCGAGGTCGTAA	脊椎动物	16S rDNA （~250bp）
Actinopterygii16SLRpcr_F Actinopterygii16SLRpcr_R	CAGGACATCCTAATGGTGCAG ATCCAACATCGAGGTCGTAAAC	辐鳍鱼类	Mitogenomes （~16 kb）
16SF/D 16S2R-degenerate	GACCCTATGGAGCTTTAGAC CGCTGTTATCCCTADRGTAACT	海水鱼	16S rDNA （~219bp）
PS1-F PS1-R	ACCTGCCTGCCGTATTTGGYGCYTGRGCCGGRATAGT ACGCCACCGAGCCARAARCTYATRTTRTTYATTCG	五大湖鱼类	COI （~247bp）
AcMDB07-F AcMDB07-R	GCCTATATACCGCCGTCG GTACACTTACCATGTTACGACTT	淡水鱼	12S rDNA （~300bp）

注：Cytb 为细胞色素 b 基因；COI 为细胞色素 c 氧化酶 I 基因。

环境 DNA 和传统的形态学分析方法相互补充，而不是相互替代。许多研究表明，eDNA 在评估生物多样性和群落组成方面具有更快捷且成本低的优点。eDNA 适合于快速鉴定入侵物种以及使用传统采样方法容易被低估或由于样本量不足不具代表性的物种，同时也有助于评估相关物种的小规模迁移，利用 eDNA 分析技术，可以迅速评估生活在底栖或远洋水域的物种组成及其影响。

第三节　食物链的能量传递

一、能量传递的特点

生态系统中的物质和能量是沿着食物链和食物网流动的，食物链中的能量和营养素在不同生物间传递着，能量在食物链的传递表现为单向传导、逐级递减的特点。单向传导是指生态系统的能量流动只能从第一营养级流向第二营养级，再依次流向后面的各个营养级，一般不能逆向流动。这是由生物长期进化所形成的营养结构所决定的。例如，在生态系统中，食物链：草→兔→鹰，兔吃草，草进行光合作用储存的物质和能量就进入了兔的体内，鹰吃兔，兔体内储存的物质和能量就到了鹰的体内，反过来兔就不能捕食鹰。逐级递减是指输入到一个营养级的能量不可能百分之百地流入到后一个营养级，能量在沿食物链流动的过程中是逐级减少的。能量沿食物网传递的平均效率为 10%~20%，即一个营养级中的能量只有 10%~20% 的能量被下一个营养级所利用，会有一部分能量被呼吸作用消耗，或以粪便形式流失，一部分被分解者分解。

生物群落及在其中的各种生物之所以能维持有序的状态，就得依赖这些能量的传递消耗，即生态系统中要维持正常的功能，必须有永恒不断的能量的输入，用以平衡各营养级生物维持生命活动的消耗，只要这个输入中断，生态系统便会丧失其功能。能量通过营养级逐级减少，这些营养级的能流量，由低到高画成图，就成为一个金字塔形。

二、能量金字塔

能量金字塔是指将单位时间内各个营养级所得到的能量数值，按营养级由低到高绘制成的图形呈金字塔形，称为能量金字塔（又称为营养级金字塔或生物量金字塔）。塔基为生产者，往上为较少的初级消费者（植食动物），再往上为更少的次级消费者（一级食肉动物），再往上为更少的三级消费者（二级食肉动物），塔顶是数量最少的顶级消费者（图 3-8）。

图 3-8 能量金字塔示意图

能量金字塔呈正锥形，而生物数量金字塔和生物量金字塔一般也为正锥形，但有些情况会表现为倒锥形。例如，在海洋生态系统中，由于生产者（浮游植物）的个体小、寿命短，又会不断地被浮游动物吃掉，因此某一时刻调查到的浮游植物的生物量（用质量来表示），可能低于浮游动物的生物量（用质量来表示），这时生物量金字塔的塔形就颠倒过来了。当然，这不是说流过生产者这一环节的能量要比流过消费者这一环节的能量少。事实上，一年中流过浮游植物的总能量还是比流过浮游动物的要多。与此同理，成千上万只昆虫生活在一株大树上时，该数量金字塔的塔形也会发生倒置。但能量金字塔则不可能出现倒置的情形。

能量金字塔形象地说明了生态系统中能量传递的规律。从能量金字塔可以看出：在生态系统中，营养级越多，在能量流动过程中损耗的能量也就越多；营养级越高，得到的能量也就越少。在食物链中营养级一般不超过 5 个，这是由能量流动规律所决定的。

三、能量传递效率

能量传递效率是指能量通过食物链逐级传递的效率，即能流过程中各个不同点上的能量之比值。Odum 曾称之为生态效率，但一般把林德曼效率称为生态效率。由于对生态效率曾经给过不少定义，而且名词比较混乱，Kozlovsky（1969）曾加以评述，提出最重要的几个，并说明其相互关系。为了便于比较，首先要对能流参数加以明确。

其次要指出的是，生态效率是无维的，在不同营养级间各个能量参数应该以相同的单位来表示。

1. 摄食量

摄食量（I）表示一个生物所摄取的能量。对于植物来说，它代表光合作用所吸收的日光能；对于动物来说，它代表动物吃进的食物的能量。

2. 同化量

同化量（A）对于动物来说，是指消化后吸收的能量，对于分解者来说，是指从细胞外吸收的能量；对于植物来说，它是指在光合作用中所固定的能量，常常以总初级生产量表示。

3. 呼吸量

呼吸量（R）指生物在呼吸等新陈代谢和各种活动中消耗的全部能量。

4. 生产量

生产量（P）指生物在呼吸消耗后净剩的同化能量值，它以有机物质的形式累积在生物体内或生态系统中。对于植物来说，它是净初级生产量。对于动物来说，它是同化量扣除呼吸量以后净剩的能量值，即 $P=A-R$。

用以上这些参数就可以计算生态系统能流的各种生态效率。最重要的是下面 4 个参数。

（1）同化效率

同化效率（assimilation efficiency）指植物吸收的日光能中被光合作用所固定的能量比例，或被动物摄食的能量中被消化吸收的能量比例。

　　同化效率 ＝ 被植物固定的能量/植物吸收的日光能

　　或　　　 ＝ 被动物消化吸收的能量/动物摄食的能量

　　即　　　　　　　　　　$A_e = A_n / I_n$

式中，n 为营养级数；A_e 为同化效率；A_n 为 n 营养级消化吸收的能量；I_n 为 n 营养级摄食的能量。

（2）生产效率

生产效率（production efficiency）指形成新生物量的生产能量占同化能量的百分比。

　　　　生产效率 ＝ n 营养级的净生产量 / n 营养级的同化能量

　　即　　　　　　　　$P_e = P_n / A_n$

式中，P_e 为生产效率；P_n 为 n 营养级的净生产量；A_n 为 n 营养级的同化能量。

有时人们还分别使用组织生产效率（即前面所指的生产效率）和生态生产效率，则

　　　　生态生产效率 ＝ n 营养级的净生产量 / n 营养级的摄入能量

（3）消费效率

消费效率（consumption efficiency）指 $n+1$ 营养级消费（即摄食）的能量占 n 营养级净生产能量的比例。

消费效率 = n+1 营养级的消费能量 / n 营养级的净生产量。
即
$$C_e = I_{n+1} / P_n$$
式中，C_e 为消费效率，I_{n+1} 为 n+1 营养级的消费能量，P_n 为 n 营养级的净生产量。

（4）林德曼效率

所谓林德曼效率（Lindeman's efficiency），是指 n+1 营养级所获得的能量占 n 营养级获得能量之比，这是 Lindeman 的经典能流研究所提出的，它相当于同化效率、生产效率和消费效率的乘积，即

林德曼效率 = n+1 营养级摄取的食物 / n 营养级摄取的食物

$$L_e = \frac{I_{n+1}}{I_n} = \frac{A_n}{I_n} \times \frac{P_n}{A_n} \times \frac{I_{n+1}}{P_n}$$

也有学者把营养级间的同化能量比值，即 A_{n+1}/A_n 视为标准效率（Krebs et al.，1985）。

第四节 食物链的生态模型

海洋生态系统模型是一种将各"阶层"的营养物质和生物的分布与变化、有机物的产生与摄食条件、摄食与环境变化互相关联的方法，该系统模型提供了一种将关键物理过程、生物过程进行定量化研究的途径，是对实际海洋生态系统的一种数学抽象化的简化描述，是定量描述和分析海洋生态系统中各级资源量行之有效的科学工具。

海洋生态动力学模型的研究，国外始于 20 世纪 40 年代，Riley（1949）建立了第一代生态动力学模型，对浮游植物和浮游动物进行了模拟。随着计算条件的改善，生态模型有了较大的发展，考虑的状态变量逐渐增多，时间分辨率也有显著提高，相继出现了 NP（营养盐–浮游植物）、NPZ（营养盐–浮游植物–浮游动物）、NPD（营养盐–浮游植物–碎屑）、NPZD（营养盐–浮游植物–浮游动物–碎屑）、NPZDB（营养盐–浮游植物–浮游动物–碎屑–细菌）等模型。

海洋生态动力学模型的分类可以依据科学目的、研究对象的时间与空间特征，以及数值求解方法等的不同予以区别和划分。从所研究生态系统的空间特征出发，可分为：箱式模型、一维模型、二维模型（包括水柱模型）和三维模型。

一、箱式模型

箱式模型是指针对所研究的区域，按照其相应的水文及生态特性，在空间上划分为一个或多个箱子。箱子内部所有生态变量是均一的，箱子之间及箱子与外界可以有物质交换。箱式模型的优点是简便易行，便于为区域海洋生态系统的管理提供科学依据。缺点是不便于进行动力机制研究，且一般空间分辨率缺失或较低，这一方法一般适用于半封闭海湾或区域海洋等。这种模型中，较有代表性的是欧洲区域海洋生态模型，它将整个北海分成 15 个箱，深水区分上下两个箱，考虑了 2 种浮游植物、5 种营养盐，以及浮游动物、鱼类、底栖生物等共 51 个状态变量。Varela 等（1995）用海洋生物地球化学与生态系统模型计算了北海 15 个箱 4 个季节的生物量和硅藻、鞭毛藻的初级生产力，营

养盐的模拟结果与实测吻合良好，并指出北海初级生产力受硅藻和鞭毛藻对无机氮的竞争及浮游动物的摄食作用影响较大。Lenhart 等（1997）进行了更深入的研究，将北海细分成个 137 个箱，且引入了河流和大气等外源的界面输入，生物过程更加复杂，他们以北海实际的周边河流通量和大气沉降模式驱动 ERSEM 第二代模型进行分析，发现近岸区河流营养盐的输入量减半，最大能使初级生产力减少 15%，而远岸区域则以大气输入为主要来源；同时发现太阳辐射较大且河流营养盐输入较小的 1989 年，其初级生产力大于太阳辐射较小、营养盐输入较大的 1988 年。

二、一维模型

一维模型一般指对于某特定海域建立其海洋生态系统沿水深变化的垂向模式。一维模型不考虑水平输运引起的生态系统变化，重点着眼于分辨生态要素的垂直结构及变化，特别适宜于生态系统变量水平方向变化不甚明显的海区或开阔的大洋区域，常用于研究年际变化。Riley（1949）最早建立的模型就是一维模型。Radach 和 Moll（1993）用实际气象条件驱动，模拟了北海中部 25 年间（1962～1986 年）生产力的变化，重点对温暖少风的 1963 年和寒冷多风的 1967 年进行对比，分析了各自年份的物理环境变化对初级生产力的影响。Ji 等（2002）运用耦合生物和物理过程的垂直一维模型，对位于美国乔治沙洲海岸春季浮游植物的暴发与低营养级食物网动力学进行了研究，指出春季水华的暴发与光照强度及其向水下的穿透深度紧密相关，水华的强度则受控于营养盐的初始浓度和浮游动物的摄食压力。Leonard 等（1999）用一个含铁限制的一维模式，包含 2 种浮游植物、2 种浮游动物、2 种碎屑和 2 种营养盐，模拟太平洋中部和东赤道太平洋 1990～1994 年浮游生态系统，其中包括一个厄尔尼诺-南方涛动（ENSO）事件，很好地再现了 ENSO 期间初级生产力的下降。

三、二维模型

二维模型通常指在水平二维空间内所建立的模型，也可包括像河口宽度平均的模型，或断面的二维模型。海洋生态系统的水平变化特征一般是十分显著的，如浮游植物的斑块分布，使用二维模型对此类问题非常有效。Franks 和 Chen（1996）建立 X-Z 方向的二维 NPZ 生态模型，研究了美国乔治沙洲海岸代表性断面夏季的垂向扩散及潮流变化对浮游植物生长的影响。

四、三维模型

三维模型用来模拟生态系统在三维空间的分布特征，对基础资料和生物过程认识的要求都比较高，模拟的难度也相对较大。目前，三维模型多仅考虑简单的生物过程（如只包括生产、呼吸、死亡的 NPZD 模型），而重点考虑在实际气象条件驱动下的较完整的物理过程。Walsh 等（2005）用三维海洋生态动力学模型，研究了北极楚科奇海/波弗特海 2002 年浮游生物的变化和氮、硅及溶解有机碳的循环。Hanse 和 Samuelsen（2009）

耦合混合坐标海洋模型（Hybrid Coordinate Ocean Model）水动力模型和三维海洋生态动力学模型挪威生态模型（NORWegian Ecological Model），对中尺度涡旋活动频繁的挪威西海岸 1995 年初级生产力的变化过程进行模拟，并讨论了不同水平网格分辨率的模拟条件对初级生产力变化的影响。Fennel 等（2008）耦合区域海洋数值模型（Regional Ocean model system）和包含底质反硝化作用的生态模型，模拟海底反硝化过程对美国东海岸陆架海域海-气界面碳通量的贡献，研究表明反硝化作用减少了初级生产力，使得海水 CO_2 分压增加、碱度降低，不利于海水吸收大气中的 CO_2，反硝化作用的增强将使海水酸化变强。Chai 等（2002）耦合 ROMS 和海洋碳循环模式（CoSINE）模拟南海海-气碳通量的季节变化，发现南海在春、夏、秋季是大气 CO_2 的源，而冬季是大气 CO_2 的汇。陈长胜（2003）耦合海洋环流与生态模型（Finite-Volume Coastal Ocean Model）水动力学模型和营养盐–浮游植物–浮游动物–碎屑（NPZD）模型，研究生态系统自身过程和外部负荷对乔治浅滩氮的营养盐年循环和初级生产力的影响，发现夏季自身的物质循环是主要的，氮需求量的 80%源于自身的物质循环。

第五节 食物网生态系统

一、食物网生态系统的结构和分类

一个完整的生态系统由非生物的物质和能量、生产者、消费者和分解者组成，而食物链和食物网则组成了生态系统的营养结构。食物网是生态系统之间相互作用的表征，整个生物体都包含在彼此依赖的食物网中。地球上的生物分为两类，即自养生物和异养生物，自养生物是生产食物的生物体，自养生物的一个例子就是植物；异养生物是依赖自养生物作为食物来源的一类生物，自养生物构成了食物网的基础，它们将无机物如氧气、二氧化碳和水转化为有机物质，这些有机物再进入食物网的流动（图 3-9）。

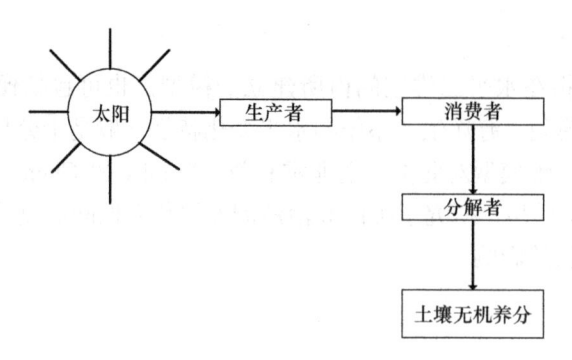

图 3-9 食物网生态系统示意图

食物网生态系统主要有两大类：草食性食物网（grazing web）和腐食性食物网（detrital web）。前者始于绿色植物、藻类，或有光合作用的浮游生物，并传递向植食性动物、肉食性动物；后者始于有机物碎屑（来自动植物），传递向细菌、真菌等分解者，也可以传向腐食者及其肉食动物捕食者。

二、食物网生态系统的上行控制和下行控制

食物网生态系统的控制机制分为上行控制和下行控制两种。上行控制（bottom-up control）是指浮游植物等低营养水平的物种其组成和生物量对浮游动物及鱼类等高营养水平的物种组成和生物量起到控制作用，即所谓的资源控制。下行控制（top-down control）是指更高的营养水平（捕食者）的种类组成和生物量影响低营养水平（被捕食者）的种类和丰度，即所谓的捕食者控制。这两种控制都影响系统的动力学，但资源控制可能占主导地位。有关海洋生态系统的动态变化研究表明，浮游生物无论在上行控制还是下行控制中都起着重要的作用。

1. 对初级生产力的控制

初级生产者（浮游植物）的生命周期短、繁殖快，初级产品如不迅速被次级生产者（浮游动物）利用将形成积累，产生所谓水华，严重时将形成赤潮。初级产品通过浮游动物迅速转化是维持高初级生产力和高生态转换效率的重要条件。

2. 对营养级间生态转换效率的调控

浮游动物通常对初级生产力的高低做出反应。当初级生产力高时，为了提高转换效率，经常是大型桡足类（如哲水蚤 *Calanus* spp.）占优势，相应的浮游动物捕食者的粒径（ESD）也加大。这种加大粒径、减少营养级的响应称为功能响应（functional response）。或者当大型浮游动物的种群数量不能做出及时响应时，迅速增加小型浮游动物（如小型枝角类）的个体数量，以达到迅速转化的目的，即所谓数量响应（numerical response）。

3. 对高层捕食者的控制作用

对高层捕食者的控制作用主要包括以下三个方面。①浮游动物是鱼类（特别是上层鱼类）的食物。对于经济鱼类来讲，资源变动主要取决于补充群体的大小，即幼鱼的存活率。而幼鱼的存活率在很大程度上取决于食物保障。不管是上层鱼类还是底层鱼类，它们的幼鱼多以浮游动物为食。Parsons（1973）也证实，浮游动物数量变动与北太平洋鲑幼鱼的生长和成活有着直接的关系；②某些肉食性浮游动物（水母、毛颚类）又是幼鱼的竞争者，甚至捕食鱼卵和仔、稚鱼。③由于人为和自然原因，浮游动物种群会发生结构变化，如地中海和黑海都报道过浮游动物从甲壳动物占优势转换为栉水母和钵水母占优势。如果发生这种情况，鱼类等经济动物所需能量将大部分被截留。

4. 对水层底栖耦合（pelagic benthic coupling）关系的控制作用

底栖动物所需能量来自水层，即水层的初级生产。在大洋，初级产品绝大部分在真光层被消费，即便有剩余也在未到达底层时即被利用或分解。浮游动物的粪便颗粒和一些大的有机聚集体（"海雪"）是底栖动物能获得的主要能源。在浅海，由于有较强的垂直混合，相当一部分初级产品可以到达底层直接被底栖滤食性动物利用，而这个份额的

大小就是由浮游动物所控制的。反之，沉积有机颗粒的再悬浮在某些场合也为水层内的浮游动物提供了补充能源。

金显仕和唐启升（1998）总结了渤海食物网营养动力学及资源优势种交替的研究，认为近海食物网各营养层次的上行和下行控制作用还受环境变化和人类活动的影响。近几十年来，渤海生态系统从初级生产到次级生产再到顶级生产表现出一种下降趋势。由于渤海盐度升高，营养盐状况发生了很大变化，其中 N 含量有较大幅度增加，而 P 和 Si 含量呈下降趋势或处于较低水平。这种营养盐比例的失调导致浮游植物生长受到限制，从而影响初级生产，并在系统的生产中产生连锁反应，次级生产和顶级生产也有下降趋势，从而表现出"上行控制"的效应。但是，由于过度捕捞使顶级生物量减少或因优势种更替，就会产生"下行控制"的效应。例如，1998 年捕食浮游动物的小型中上层鱼类鳀数量非常少，浮游动物承受的捕食压力小，剩余产量高。浮游动物生物量的大量上升，一方面可能制约初级生产力，另一方面又可向上提供更多食物，提高高营养层次消费者的补充量。这两方面的变化又同时对浮游动物数量产生制约作用，即所谓浮游动物在生态系统生物生产中所起的"蜂腰控制（wasp-waist control）作用"。

三、食物网结构和多样性对生态系统的影响

食物网的复杂结构为生态系统内的物质和能量流动提供了多种渠道，影响着生态系统的功能。分析食物网对生态系统的结构和多样性的控制作用是了解生态系统运行机制的关键，也是群落生态学和生态系统生态学相结合的重要方法。

1. 食物网结构与生态系统功能

在生物、社会、经济等各个领域的网络中，网络结构与食物网一样，对于维持相应系统的功能至关重要。关于营养级联的早期研究为理解食物网的结构如何影响生态系统功能提供了重要的见解。营养级联描述了顶级捕食者对食物链中低营养水平物种的间接影响。特别是，顶级捕食者可能会通过下行级联效应影响初级生产者，后者会通过上行控制效应为高营养物种生成反馈。过去数十年间对营养级联的广泛研究，涵盖了水生生态系和陆生生态系中营养级联的存在及强度等几个重要问题，以及生态系统内及不同生态系统之间的营养级联作用机制，还有顶级捕食者的灭绝会带来什么样的级联效果等。

食物链模型通常支持营养级联效应，但在复杂的食物网中，杂食性可能会显著降低营养级联效应。杂食性允许顶级捕食者和低营养物种之间存在多条连接路径，不同路径的级联作用相互抵消，从而削弱对低营养水平捕食者的控制。特别是杂食性可以改变生物量的分布。食物链中顶级捕食者的跨营养级取食，可能引起生物量从金字塔形向"沙漏"形的分布。复杂食物网中的集体捕食（杂食结构）减弱了高营养水平的下行效应，促进了低营养级物种的生物量积累，后者通过上行效应增加高营养级物种的总生物量。但是，外界生产力或营养水平低时，群体内的捕食会对能量和物质向高营养水平传递有害，从而导致高营养水平的总生物量减少。杂食性以捕食者垂直方向的生态位幅度为特

征，但水平方向的生态位幅度由广食性来描述。捕食者的广食性可以强化猎物在群落内的似然竞争，改变种群动态和生态系统功能。在单营养级群落中，种间竞争对维持生态系统功能起不到作用，会削弱生态位的互补作用。Poisot 等（2013）发现，类似于利用性竞争，多营养级系统中的似然竞争对生态系统功能有类似的负作用，提出了营养互补假说（trophic complementarity hypothesis）。具体地，给定一个植物群落，食草动物的广食性越高，则植物种之间的似然竞争越强，最终植物群落的生物量和生产力越低。

2. 食物网多样性与生态系统功能

生物多样性和生态系统功能是过去 30 年生态学的研究热点，相关研究为理解生物多样性丧失的生态后果提供了重要的认知。虽然最早的生物多样性实验之一就研究了多营养级系统中的生物多样性对生态系统过程的影响，但后期多样性实验大多考虑单营养级系统，尤其是植物群落。这些实验表明，植物的多样性促进了生态系统的初级生产力，其作用机制可以概括为生态位互补或竞争产生的选择效应。但是，为了解自然界物种丧失的潜在后果，自然生态系统的物种一方面受到营养级间的相互作用，另一方面高营养水平物种灭绝的风险很高，因此有必要在食物网框架内研究生物多样性和功能的关系。早期的食物网研究并不重视多样性和生态系统功能之间的关系，但从水平多样性和垂直多样性的观点来看，在过去的 20 年里，该问题取得了重大进展。

（1）水平方向上，近期研究主要从资源获取和抵抗能力两方面探讨了营养级内的水平多样性的作用。首先，高营养级内的水平多样性可促进该营养级的能量获取效率和生物量，降低资源营养级的生物量。然而，相比于植物多样性，高营养级内的水平多样性对功能的促进作用可能较弱，这是因为不同于植物对非生物资源的获取，高营养级对低营养级的取食会产生较强的下行调控，从而引起种群波动，甚至导致低营养级物种的灭绝。Cardinale 等（2006）基于 111 项生物多样性实验的整合分析表明，植物、食草动物、捕食者、分解者等不同营养类群的水平多样性均具有正作用，即提高自身营养级的生产力和生物量并降低其资源营养级的浓度或生物量，与植物多样性相比，其他三个营养级的水平多样性具有相同强度的正作用。这可能是由于该整合分析中的动物群落大多是下行作用相对较弱的无脊椎动物类群，也可能是由于营养级内多样性的增加引起了更多的集团内捕食，从而减弱了对低营养级的下行调控。此外，高营养级的存在可定性或定量地改变营养级内水平多样性的作用，但以往的理论和实验结果并未得出一致性结论，而是发现高营养级的作用受水平和垂直生态位幅度、物种在种群增长和抵抗捕食上是否存在权衡关系等因素影响。此外，营养级内的水平多样性可增强该营养级对其捕食者群落的抵抗能力。比如，多样性更高的植物群落有更大的概率含有对食草动物抵抗力强的物种，从而降低食草动物的取食压力。对于寄主-寄生物系统而言，寄主的多样性可通过降低寄生物的传播速率、抑制被感染的寄主种群等方式产生"稀释效应"（dilution effect），降低寄主被感染的风险。总而言之，对某一特定营养级而言，水平多样性可提高其对低营养级的资源获取效率以及对高营养级的抵抗力。这一作用可通过级联作用传递到更高或更低的营养级，但由于杂食性的存在和中间营养级行为方式的调整，多样性作用的强度可能随营养级间的距离增加而大大减弱。

（2）垂直方向上，食物网的最高营养级（即顶级捕食者）可通过直接或间接的下行作用影响整个食物网中的种群动态并最终影响初级生产者的生产力。经典的营养级联理论预测，顶级捕食者抑制其猎物营养级以及其他与其距离为奇数的营养级，而释放与其距离为偶数的营养级。因此，随食物链长度增加，初级生产者的生产力和生物量呈上升与下降交替的波动变化。近期研究探讨了复杂食物网模型中垂直多样性的作用，得出了不同的预测结果。Wang 和 Brose（2018）发现在复杂食物网中，初级生产力随最高营养级增加呈单调的指数增长，提出了"垂直多样性假说"（vertical diversity hypothesis）。食物链和复杂食物网模型之所以给出了不一致的预测结果，是因为食物链中存在较强的营养级联作用，而复杂食物网中的杂食性使得营养级联的作用大大减弱。在复杂食物网中，垂直多样性的作用机制可从两方面理解：一方面，复杂的营养结构可为植物物种提供更多样的生态位，促进了营养互补效应，进而增强植物群落的营养吸收效率；另一方面，动物群落的捕食作用可改变植物群落的性状组成，从而通过选择效应影响植物多样性与初级生产力的关系。特别是，更高的垂直多样性选择个体更大的植物种，而由于单位质量的新陈代谢速率随个体大小增加而减小，因此动物群落的选择作用可提高植物群落的营养利用效率。

综上所述，水平多样性有助于相应的营养级更有效地从低营养级获取资源，抵抗高营养级的捕食，垂直多样性可以通过下行控制效应来促进初级生产力。与单营养级系统中多样性的作用一样，食物网中的水平和垂直多样性的作用机制也可以通过互补效应和选择效应来理解，但两种效应的具体实现机制必须从营养调节的角度来理解。

思 考 题

1. 什么叫食物链、食物网和营养级？食物链和食物网可以分为哪几类？
2. 什么叫营养级，哪几种方法可以进行食物网种不同生物的营养级判定？
3. 什么是 eDNA，鱼类 eDNA 分析技术流程是什么，其应用如何？
4. 食物链能量传递有哪些特征？能量金字塔在什么情况下会出现倒锥形，什么情况下出现沙漏形？
5. 请说明同化效率、生产效率、消费效率和林德曼效率的关系。
6. 假设某海区的浮游植物的净产量是 230g C/(m^2·a)，食植性浮游动物的产量是 50g C/(m^2·a)，计算浮游植物和浮游动物之间传递的效率（生产效率），并说明传递效率与哪些因素有关。
7. 食物网的结构对生态系统的功能有什么影响？

第四章　渔业生物的环境适应与生理响应

本章提要：主要介绍渔业资源生物，尤其是鱼类，对主要环境因子的适应机制；应对环境剧烈变化引起的缺氧、水质酸化、温度、盐度及重金属胁迫的生理响应；应对捕食关系中捕食胁迫、饥饿胁迫等的行为生理响应；环境因子的细胞识别和常见的信号转导通路；利用生理响应机制的渔业生物技术和生物防治的实例。

第一节　渔业生物的环境适应

水生生物的外界环境包括非生物环境和生物环境两个方面。非生物环境包括温度、盐度、光照、溶解氧、海流、地形、底质和气象等。生物环境是指与其栖居在一起的各种动植物和微生物，包括饵料生物、种间关系等。外界环境是水生生物生存和活动的必要条件和限制因素，生物为了在复杂多变的生活环境中生存、生长和繁殖，往往表现出不同的适应性反应。

适应（adaptation）是指在复杂多变的环境中，生物体从分子到细胞、组织甚至整个机体对环境产生的有利于缓解生理紧张状态的反应。适应可以分为表型适应和遗传适应。表型适应一般是生物在个体生命过程中所产生的能够缓解环境中某些因素所引起的生理紧张状态的一些外部性状（包括形态、结构、生产性能、繁殖性能、抗逆性能以及其他生理机能等）的反应。这些反应可以是短暂数小时、数天或数月，也可以持续数年甚至终生。遗传适应，又称基因型适应，指生物在特定环境长期定向选择作用下而产生的有利于种群生存的基因型改变，是生物种群在自然选择或人工选择作用下进化改变的本质。换言之，生物可以通过调控基因表达影响表型性状，并将这一改变传递到下一代，进而影响下一代的表型性状，从而达到适应环境的目的。

水生动物的表型适应以行为、生理和形态适应为主，分别是指动物利用行为、生理功能（神经、内分泌、循环、呼吸、消化、代谢等）及形体和结构的调节来应对外界环境的变化，进而适应新的环境，并继续生存。本节主要介绍水生生物对主要环境因子温度、光照和盐度的适应。

一、温度适应

温度是生命活动中不可或缺的因素，任何生物都需在一定温度环境中生存，并受温度的高低、极端温度、积温、变温（温差）、温度节律变化等的影响。温度在水生生物的生长、发育及生殖中发挥至关重要的作用，而水生生物也进化出对环境温度的适应机制。

（一）温度适应范围

许多水生动物为变温动物，其种群结构、生长与繁殖等活动都受水温的制约与影响，而其中以鱼类对水温的反应最为敏感和迅速。鱼类对温度的变化和影响具有一定的适应能力；但适应性有一定的限度，如超出了适应能力的限度，就会引起机体机能活动的损害，甚至造成死亡。

不同生物体对环境温度的耐受范围各不相同，以鱼类为例，狭温性鱼类生活于稳定气候地区；广温性鱼类生活在全年温度变化范围较大的区域；而生活在赤道或两极的鱼类多为耐高/低温鱼类。根据适应温度的高低，鱼类可以分为暖水种、温水种和冷水种。暖水种一般生长、生殖适温高于20℃，自然分布区月平均水温高于15℃，主要分布在赤道附近的热带海区。温水种一般生长、生殖适温范围为4~20℃；自然分布区月平均水温变化幅度较大，为0~25℃，在南北半球中纬度的温带海域广泛分布。冷水种一般生长、生殖适温低于4℃，其自然分布区的月平均水温不高于10℃，冷水种主要在极地海洋及邻近寒冷海区出现。水生生物的温度适应范围并不是一成不变的，经过不同水温耐受性驯化后，其耐受温度范围会有所变化，致死温度会相应地升高或降低。例如，研究表明，长期生活在低温环境中的罗非鱼对低温环境的耐受能力较强，不易受到低温的影响；高温驯化则会提高大黄鱼的半致死温度。

此外，在温度适宜范围内，有时变温比恒温更有利于生物的生长发育。例如，大型水蚤的发育和生长以及种群的增长率，在（20±5）℃的变温条件下显著高于20℃的恒温条件。短期小幅的升温可加速对虾苗种蜕皮。此外，变温可以刺激一些海产经济软体动物产卵。变温作用的机制有待深入研究，但一般认为变温可以提高能量的利用率。例如，大型水蚤在20℃时从食物同化的能量中有40%用于生长，在（20±5）℃变温下用于生长的能量则可提高到68%。

（二）极端温度的适应

一些生物会通过特殊的行为或生理方式应对不适宜的环境温度。例如，部分海洋动物，如大黄鱼、小黄鱼、带鱼、蓝点马鲛、中国对虾等，会通过季节性洄游获得温度更适宜的生存环境，因此，水温可以作为渔期、渔区预报的重要指标之一。某些淡水鱼类则会通过休眠的方式度过严寒或酷暑，如鲤的冬眠和攀鲈、乌鳢等的夏眠；生活在北极和南极的硬骨鱼类则进化出抗冻蛋白和抗冻糖蛋白，使机体在−1.73℃的低温中也不会结冰。有研究发现高纬度海域的许多鱼类比生活在低纬度海域的同种个体的脊椎骨数目更多，个体也更大，即符合乔丹定律（Jordan's rule）。虽然具体机理有待进一步研究，但推测这可能是鱼类适应低温的一种策略。

二、光适应

光是一个十分复杂的生态因子，包括光照强度、光质和光周期。光是太阳辐射的一种辐射能形态，是一切生命活动的能源。在全部太阳辐射中，红外光占50%~60%，紫外光约占 1%，其余的是可见光。只有可见光才能在光合作用中被植物所利用并转化为化学能。

（一）光照强度适应

光照强度对水生生物的生长发育有重要的作用。光照强度会影响水生植物在水体的分布，还与植物细胞的增长和分化、体积的增长及重量的增加关系密切。光饱和点和光补偿点的差异可反映水生植物对光照强度的适应。光照强度小于光饱和点时，光合作用的效率与光强成正比；如果光强超过光饱和点，光合作用会因光照过度而受到抑制，光合作用速率将下降。浮游植物的光饱和点表现出从低纬度热带海域向高纬度递减的趋势，表明浮游植物对太阳辐射有纬度和季节两方面的适应。根据光饱和点和补偿点的高低，可把植物分为阳生植物和阴生植物。阳生植物适应于强光照地区生活，其光饱和点和补偿点较高，光合速率和代谢速率亦较高；阴生植物能够利用弱光进行光合作用，其光饱和点及补偿点相对较低，光合速率和代谢速率亦相对较低；中生植物介于两者之间。

发育时期、生长部位等因素会影响水生植物对光照强度的适应。植物在苗期和生育后期光饱和点低，而在生长盛期光饱和点高。例如，海带幼龄期饱和光强为 8000～10 000lx，到凹凸期则能忍耐 20 000～25 000lx 光强，至薄嫩期能忍受更高的光强（沈国英和施并章，2002）。同时，其在快速生长期不同部位适宜光强也不相同。例如，植物生长部不适应强烈光线，因此对生长部进行人工遮光可提高海带等的生长速度。

水产动物正常的生长和发育也离不开光照，并且大部分水产动物都有一定的趋光性或避光性。一般而言，水产动物正常的生长发育需要一定的光照阈值，低于这个阈值，水产动物不能正常地摄食与生长；而过强的光照强度还会造成鱼类产生应激反应，甚至导致某些鱼类的死亡。一般，在光照阈值范围内，提高光照强度能够提高水产动物的生长性能。例如，随着光照强度由 100lx 增加到 400lx 时，花鲈（*Lateolabrax maculatus*）的摄食强度不断增加（姜志强和谭淑荣，2002）。但是也有研究表明，过高的光照强度则会抑制水产动物的摄食和生长。当光照强度由 100lx 增加到 400lx 时，团头鲂的末重、增重、特定生长率以及采食量显著上升，当光照强度继续增加到 1600lx 时，各指标又显著下降（田红艳，2018）。对点带石斑鱼（*Epinephelus coioides*）的研究表明，随着光照强度由 0 增加到 1150lx，其增重率由 23.91%显著增加到 71.84%，但当光照强度继续增加到 3000～3500lx 时，增重率又显著下降到 44.57%（Wang et al.，2013）。

鱼类的趋光性随着生长发育阶段的不同而表现出差别，幼鱼的趋光性普遍较高。光照影响幼鱼的生长发育，适宜的光照强度可以将幼鱼吸引至溶氧状况好、水温适宜和其他条件优良的地方，过高的光强照度则会导致鱼类死亡。太平洋鲱（*Clupea pallasi*）幼鱼生活水层会随其不断生长而变深，其对于光的敏感性也不断变高，从明适应变成暗适应。光照强度不仅可以通过影响视觉进而影响捕食、游泳、争斗等，还能促进水生动物组织和器官的分化，影响器官的生长发育速度等。例如，鲑卵在有光情况下孵化快，发育也快；而贻贝和生活在海洋深处的浮游生物则在黑暗情况下生长更快。

(二)光质适应

不同光质在水中的传播能力各异,造成了自然水域中复杂的光环境。到达海面的太阳总辐射能一部分因海面反射而损失,一部分被海水吸收(变为热能)。射入海水中的日光强度随深度增加而减弱,同时光谱组成也发生变化:波长大于 780nm 的红外辐射及少量波长小于 380nm 的紫外辐射进入海水后被迅速吸收;其余 50%左右的可见光(400~700nm)可透入较深水层,这是光合作用所需的波长,称为光合有效辐射。在光合有效辐射中红光很快被海水吸收(在清澈的海水中 10m 深处只剩 1%左右),蓝光穿透最深(在 150m 深处仍有 1%)。

水生植物通过自身颜色反映其对光质的适应。一般植物进行光合作用时,日光光谱中被利用得最多的是该植物本身颜色(取决于所含的植物色素,如叶绿素等)的补色光。绿色植物或绿藻类对红、橙光吸收得最多,但由于红光等长波长的光在海水中的穿透力较弱,因而绿藻主要生长在潮间带上部。红藻等主要利用波长较短、穿透力强的蓝绿光,因而分布水层较深。褐藻大多介于绿藻和红藻两者之间。因此,生活于浅水区的各种大型定生藻类表现出依据水深顺序分布的现象,即潮间带上部主要生长绿藻,中部褐藻占优势,下部则是红藻占优势。

与水生植物相似,鱼类有其特定的光质偏好性,但在不同发育阶段对光质的偏好存在差异显著。如随着鳜(*Siniperca chuatsi*)的生长发育,其在强光区的适宜光质由红、橙、黄光改为绿光;大菱鲆(*Scophthalmus maximus*)变态前响应全光谱,变态后转为对蓝光响应。研究表明适宜的光照条件可以提高水产动物摄食率。如舌齿鲈(*Dicentrarchus labrax*)仔鱼在蓝光下可发现并捕获更多的食物,暴露在黑暗和红光中的幼体则表现出较低的游动和摄食活力,以及较高的聚集倾向。不同光质对水产动物的生长性能、消化系统和免疫系统存在显著性差异。例如,改良品种吉富罗非鱼(*Oreochromis niloticus*, GIFT strain)幼鱼偏好黄光环境,且黄光可以提高不同发育阶段吉富罗非鱼的生长性能及免疫力,而白光、绿光、蓝光对稚鱼生理反应有一定负面影响(翟婉婷,2021)。

(三)光周期适应

光照周期是指昼夜周期中光照期和黑暗期长短的交替变化。自然界中大部分基本节律都与光照的周期性有关。大部分生物(包括水产动物)的活动及行为都存在一定的日周期性或季节周期性。根据对日照长度的要求,可将生物分为长日照生物、短日照生物和中间日照生物。长日照生物通常要求每天日照长度超过 12~14h,且日照时间超过一定数值才会开花、生殖、迁移、冬眠和换毛换羽等;短日照生物则要求每天日照在 8~10h 时以内;而中间日照生物对日照时间无要求。

国内外许多研究表明,光照周期能够显著影响水产动物的摄食行为、生长性能以及对饲料的利用率。一般而言,增加光照时间有利于水产动物的摄食和生长性能的提高。相比于每日 12h 光照,条石鲷(*Oplegnathus fasciatus*)的每日光照时间延长至 16h 或 24h,增重率由 71.8%显著增加到 94.8%或 104.8%(Biswas et al.,2008)。每天接受长时间的光照（L∶D=16∶8）的团头鲂幼鱼相比于接受短时间的光照（L∶D=8∶16）的个体，能够获得更高的末体长、末体重和增重（田红艳，2018）。

光照周期对鱼类的繁殖产生重要影响。根据鱼类产卵对光照期的适应，可以将其分为以下三种类型。①长光照期型：产卵期在春末、夏初，此期的自然光照较长，一般可达每日14h左右，如青鳞沙丁鱼、太平洋鲱、鲻、银鲳、鲐、真鲷、黑鲷、梭鱼、竹䇲鱼、带鱼、褐牙鲆等。②短光照期型：产卵期在秋季，多在秋分之后，此期的自然光照时间逐日缩短，鲑科鱼类、香鱼、花鲈、鲻、六线鱼等。有的鱼类有春秋两个产卵群体，如我国近海的大黄鱼就分为"春宗"和"秋宗"两个产卵类群。③周年产卵或一年多次产卵类型：这些鱼类生长在热带地区，周年内的日光照时间变化不大，产卵期的季节变化不明显。海马、罗非鱼和多数珊瑚礁鱼类属于这一类型。

三、盐度适应

对于鱼类和其他的水生生物而言，盐度是影响其生长代谢等各种生理活动的重要环境因素。鱼类需要通过一系列行为及生理反应去调节渗透压平衡，保证体内外的稳态和正常的生理机能。不同的鱼类对水域环境中盐度的耐受性是不同的；即使同一种鱼类在整个生长周期中，不同时期对盐度的适应性也存在差异。为了适应不同盐度的水环境，鱼类进化出多种适应盐度变化的调节方式。

（一）渗透压调节

各种天然水体及生物体液均具有一定的渗透压。渗透压取决于溶液中的溶质的浓度，浓度越高其渗透压也越高。生物体液与周围水环境的渗透压存在差异时，水由浓度低的一侧通过半透膜向浓度高的一侧渗透，直至两边的渗透压相等，即达到渗透平衡。若缺乏渗透压的调节，生物就会不断吸水或失水，出现细胞膨胀或质壁分离现象，进而代谢失调甚至死亡。水生生物通过代谢维持体液渗透压稳定的过程称为渗透压调节。水生生物渗透调节机制非常多样化，如海洋单胞藻及大型藻类一般通过光合物质（如氨基酸及糖类等）浓度的改变来调节渗透压，而水生动物主要通过不同类型的水盐代谢来实现渗透调节。

（二）渗透调节的方式

淡水的渗透压约为 $1.0×10^{-4}$ 渗mol/kg，海水的渗透压约为1.0渗mol/kg，而一般硬骨鱼类渗透压为0.25～0.50渗mol/kg。因此，不论在淡水还是海水中，鱼类都需要进行渗透压的调节。鱼类渗透压的调节主要通过鳃、肾脏、肠等器官来完成。这些器官的上皮细胞存在特定的离子通道，通过对离子的分泌及选择性吸收，以及对水分的吸收或排出，来维持体液盐度的平衡。

1. 淡水鱼类的渗透调节

淡水鱼类通过数量众多的肾小球滤过作用，增大泌尿量来排出体内多余水分。葡萄糖和一些无机盐分别在近端小管和远端小管被重新吸收，膀胱也能吸收部分离子，生成的尿液含盐量很低,因此由尿液排泄损失的盐分很少。丢失的盐分主要通过食物摄取和鳃的主动吸收来平衡。Na^+和Cl^-内流主要通过鳃小片上的氯细胞主动转运,而Ca^{2+}则通过鳃丝上皮渗入。进入体内多余的Ca^{2+}最后由肾脏排出。为了避免水分渗透进入体内,保持体内渗透压平衡,部分淡水动物还会产生形态适应,如具有几丁质、角质的外皮或黏液。

2. 海水鱼类的渗透调节

海水对于海洋鱼类来说是高渗溶液,因此为了维持体内水分和盐平衡,海洋鱼类需要采用不同于淡水鱼类的渗透调节机制。海水硬骨鱼类一般采取低渗调节机制,即"排盐保水"。除了从食物获取水分外,大多数种类主要通过大量吞饮海水来进行补偿。补偿量因种类的不同而异,对于同一种类则随水体含盐度的增高而增大。研究表明,海水硬骨鱼类每天吞饮的海水量可达到体重的 7%~35%,吞饮的海水大部分通过肠道吸收并渗入血液中。随海水一同吸入的多余盐分(Na^+、K^+和Cl^-等)则由鳃上的泌盐细胞(氯细胞)排出。另外,海洋硬骨鱼类肾脏内肾小球的数量远少于淡水鱼类,在有些海水种类中甚至完全消失。这样,肾脏的泌尿量大大减少,肾脏失水降至最低。肾小球的滤出液中,大部分水分被肾小管重新吸收。海洋硬骨鱼类的尿流量非常少,一般每天仅排出占体重 1%~2%的尿液。

海水软骨鱼类主要通过调节血液中尿素的含量来维持体内水分和盐分的平衡。典型海洋板鳃鱼类总摩尔渗透压浓度高于海水,倾向于通过体表扩散吸水,水分主要通过鳃进入。进水量的增加稀释了血液的浓度,排尿量随之增加,因而尿素流失增多。当血液内尿素含量降低到一定程度时,进水量又减少,排尿量相应递减,尿素含量又逐渐升高。所以尿素是海洋板鳃鱼类保持体内水盐动态平衡的主要因子。海洋板鳃鱼类的体液比介质的盐浓度低,所以盐分主要通过扩散和食物摄入,其排泄主要通过尿、直肠腺排出,另外鳃也能排出少量的钠。

3. 洄游性鱼类的渗透调节

洄游性鱼类可以在盐度变化很大的环境中生存。其由淡水进入海水的渗透压调节方式如下:一是吞饮海水。一般洄游性鱼类进入海水后几小时内饮水量显著增大,并在 1~2 天内补偿失水,从而使体内的水分代谢达到平衡,饮水量随之下降并趋于稳定。二是减少排尿。在垂体分泌的抗利尿激素的作用下,肾小球的血管收缩,使肾小球的过滤率降低;与此同时,肾小管壁对水的渗透性增强,使大量水分从滤过液中被重吸收,导致尿量减少。三是排出 Na^+和 Cl^-。鳃上皮氯细胞直径增大,形成顶隐窝,线粒体数量增加,Na^+/K^+-ATP 酶活性增加等均为洄游性鱼类在海水中大量排出 NaCl 提供能量;而且血浆中皮质醇升高,促使鳃上皮氯细胞数量增加,导致较多的 Cl^-由氯细胞的顶隐窝排出,Na^+通过氯细胞与辅助细胞之间的细胞旁道排出。

由海水进入淡水的渗透压调节:一是停止吞饮水,大量排尿。开始进入淡水的几个小时,鱼体重因水分渗入体内而有所增加;但之后 1~2 天内,垂体分泌的激素促使肾小球滤过率增大,肾小管对水的渗透性降低,从而减少水分的重吸收,使肾脏排出大量稀薄的尿液。二是排泄盐分转变为贮存盐分。首先是鳃上皮细胞对 Na^+、Cl^- 的通透性降低，水中 Na^+ 含量很低，顶隐窝对 Cl^- 的可通透性降低，细胞旁道关闭，抑制 Na^+ 扩散，氯细胞不能将 NaCl 排出体外；此外，洄游性鱼类还能通过 Na^+/NH_4^+、Na^+/H^+ 和 Cl^-/HCO_3^- 离子主动转换系统从低渗的水环境中吸收 Na^+ 和 Cl^-。

第二节 环境胁迫下渔业生物的生理响应

外界环境的变化必定会引起生物的生理响应，亚致死强度的胁迫可使生物产生应激反应，高强度胁迫可以直接造成生物死亡。美国研究者 Barton（2002）把鱼类应对环境压力产生的应激响应分为三个阶段：第一阶段是下丘脑感受到胁迫后，激活垂体-肾间组织轴，分泌皮质醇和儿茶酚胺等激素；第二阶段是第一阶段产生的激素引起的一系列代谢、血液和免疫方面的变化；第三阶段是在第二阶段生理变化的基础上，鱼类产生行为变化、抗病能力下降、生长速率减缓等症状，甚至会导致死亡。

近年来，水体富营养化、海洋酸化、全球气候变暖、臭氧层变化等全球环境问题不断涌现，导致溶氧、pH、温度、盐度及重金属等环境因子发生改变，进而对渔业资源生物产生胁迫，并引发生理、生态、行为等的变化，严重者会导致生物的大量死亡。因此，本节将重点关注鱼类对环境剧烈变化引起的低氧/缺氧、海洋酸化、高温/低温、盐度及重金属胁迫下渔业资源生物的生理响应。

一、低氧/缺氧胁迫

水体中的溶解氧浓度变化严重影响水生生物的生命活动。由于环境污染等的影响，现在很多水域普遍存在着溶解氧减少的情况，不同程度的缺氧会导致渔业资源生物不同的反应。水中溶解氧浓度降低，首先使鱼类呼吸和摄氧能力下降，进而影响鱼类细胞的存活和信号传递（如 HIF 信号通路）等，最终影响鱼类的产卵、交配、生长、发育等一系列生命活动，严重时还会导致死亡。

部分水生生物长期生活在低氧环境中，通过基因突变等产生相应的生理、生化变化，或组织器官形态结构的改变，从而使其能够适应低氧环境。肖武汉（2014）总结鱼类对低氧环境的长期适应策略，将其分为：①改变呼吸器官结构或发展鳃以外的器官辅助呼吸。例如，泥鳅（*Misgurnus anguillicaudatus*）除鳃外，还发展了皮肤和肠来进行辅助呼吸；黄鳝（*Monopterus albus*）发展出口腔及喉腔的内壁表皮作为呼吸的辅助器官。②改变代谢途径和代谢方式。黑鲫（*Carassius carassius*）是目前已知最能耐受低氧的鱼类物种，在低温低氧条件下可以生存数月。在极度缺氧的条件下，黑鲫可行无氧代谢，能够将无氧糖酵解过程中产生的乳酸直接转化为乙醇，并分泌到水中。因此，代谢率的抑制被认为是鲫能够生存的关键。③通过增加红细胞的数量和提高血红蛋白的载氧能力，也是鱼类长期适应低氧环境的策略之一。

由于水体成分、温度或季节的改变，特别是在较高密度的养殖水体中，短期急性缺氧现象经常发生。鱼类对于短期急性缺氧会产生强烈的行为和生理应激反应：①鱼类会试图跃到水面直接用嘴巴呼吸，即常见的鱼类"浮头"现象，通过鳃形态和结构的改变，提高呼吸频率等提高氧气摄取；②通过减少自身运动量、主动游动躲避转移等策略降低新陈代谢率，最大限度地减少氧的消耗；③能够避免或修复在复氧过程（reoxygeneration）中导致的细胞损伤；④改变心肌ATP敏感钾离子通道、代谢速率以及增加红细胞的数量，以增加氧气的利用效率。

短期急性低氧或者长期的慢性低氧，都会对鱼类造成多方面的影响，这些影响广泛涉及鱼类消化生长代谢、免疫、氧化损伤、胚胎发育、组织形态结构改变等生理生化过程。①低氧胁迫会抑制鱼类生长。例如，大菱鲆、斑点叉尾鮰（*Ictalurus Punctatus*）和金头鲷（*Sparus aurata*）等的生长都会受到低氧胁迫的抑制，低氧胁迫使鲻幼鱼的体重与特定生长率均显著降低。②低氧胁迫会降低鱼类的免疫反应。例如，缺氧会显著抑制金头鲷头肾中的白细胞呼吸爆发活性，降低其免疫力。③低氧胁迫使鱼体产生明显的氧化损伤。低氧胁迫能够使花鲈幼鱼肝脏超氧化物歧化酶（SOD）和谷胱甘肽巯基转移酶（GST）活力先升后降，鳃组织中SOD、过氧化氢酶（CAT）、GST活力和丙二醛（MDA）含量均升高，肌组织中SOD和CAT活力显著降低，MDA含量显著升高。④在一定程度上影响鱼类胚胎正常发育过程，甚至会引发幼体的死亡。例如，在斑马鱼（*Danio rerio*）低氧实验中研究发现低氧使斑马鱼胚胎发育时间滞后，仔鱼孵出时出现畸形。⑤在组织学研究上还发现，低氧使得鱼类肝脏、鳃组织形态结构发生了改变。例如，卵形鲳鲹（*Trachinotus ovatus*）幼鱼急性和慢性缺氧应激的实验结果表明，幼鱼鳃器官和肝组织出现一定程度的氧化损伤，并且慢性胁迫比急性更加严重。

二、海洋酸化胁迫

自然水体的pH一般为7~9，由于人为或自然因素导致水体pH显著降低，即出现水质酸化。海水中的水分子能够与溶解到海水中的CO_2发生化学反应，产生H_2CO_3，而H_2CO_3可以发生一级反应解离出H^+和HCO_3^-（二级反应产生更少量的CO_3^{2-}），H^+浓度和海水的酸度因溶解过量的二氧化碳而升高，海水酸化的现象因此发生。国内外研究发现海洋酸化不仅可以改变碳酸盐的状态，还可以影响各种海洋生物繁殖、发育、生理功能，以及生长和行为等。

近年来，越来越多的研究关注海洋酸化对海洋生物的影响。当海水中CO_2浓度升高时，海水中的CO_2可通过海洋生物的表皮进入生物体内，引起体内碳酸盐化学平衡的变化。生物体内的CO_2会和体液或血液中的H_2O反应生成H_2CO_3，H_2CO_3进一步解离生成HCO_3^-和H^+，引起生物体内H^+和HCO_3^-含量升高，OH^-浓度和CO_3^{2-}浓度下降。体液和细胞内pH降低，细胞内外的酸平衡发生紊乱，导致$CaCO_3$解离和许多离子浓度发生变化，进而影响海洋生物的钙化和矿化作用。因此，为了维持机体的内稳态以及相对正常的生长，海洋动物通过启动酸碱调节、代谢调控、胁迫应激、蛋白修饰等调控机制，调控自身的生理平衡、能量分配，使生物体的免疫反应、生长发育等过程发生不同程度的改变，促进对酸化环境的适应性。例如，对香港牡蛎（*Crassostrea hongkongensis*）幼虫酸化响应机制的研究发现，其幼虫差异表达的蛋白质中，上调表达的蛋白质主要与钙化过程、代谢过程、氧化应激等过程相关，下调表达的蛋白质主要参与细胞骨架的构成和信号转导通路（Dineshram et al., 2012）。

酸碱平衡调节和离子运输等生理过程需要消耗大量的能量，因此机体用于其他生理功能的能量相应减少，进一步影响海洋生物（尤其是在其早期生活阶段）的繁殖发育、生长存活、抗氧化防御功能、免疫应答和生物矿化等诸多生命过程（图4-1）。①海水酸化影响海洋生物的胚胎发育，造成胚胎孵化时间延长，孵化率降低；胚胎发育缓慢或畸形、发育停止甚至死亡。一是海水酸化通过影响海洋生物的受精和胚胎发育，进而影响其繁殖孵化和早期生长存活。CO_2是非极性分子，通过渗透作用穿过细胞膜或胚胎的外层保护膜，造成膜内pH下降，影响各种生理生化过程，进而影响胚胎发育和存活。二是海水酸化会通过抑制钙化生物的发育并诱导发育畸形，进而直接影响其存活能力。海水酸化导致硬壳蛤、扇贝、牡蛎、海胆等钙化生物早期畸形、生长减缓和死亡率升高。②海水酸化会引起海洋生物氧化损伤，并影响抗氧化防御系统中抗氧化剂的活性或含量。如研究表明，海洋酸化会诱导多种海洋生物体内的SOD、CAT和GST酶活性被诱导或抑制。③海洋生物在酸化的海水中，其自身的免疫能力下降。具体表现为生物体抑菌能力下降、吞噬能力降低、免疫相关基因表达量失调、溶菌酶等相关酶的活性改变和细胞凋亡率升高等。④海洋酸化能够降低海水中CO_3^{2-}的可利用性，降低碳酸钙（文石和方解石）的溶解度，从而削弱钙化生物（珊瑚、颗石藻、有孔虫、钙化藻和贝类等）形成碳酸钙骨架或外壳的能力，致使生物体抵御捕食者、耐干露和保护自身等方面的能力下降，进而影响其存活和生长。除钙化生物外，非钙化生物生长发育过程中的生物矿化作用同样受海水酸化的影响。例如，海水中CO_2的升高会影响鱼类耳石大小和密度，从而影响其听觉。

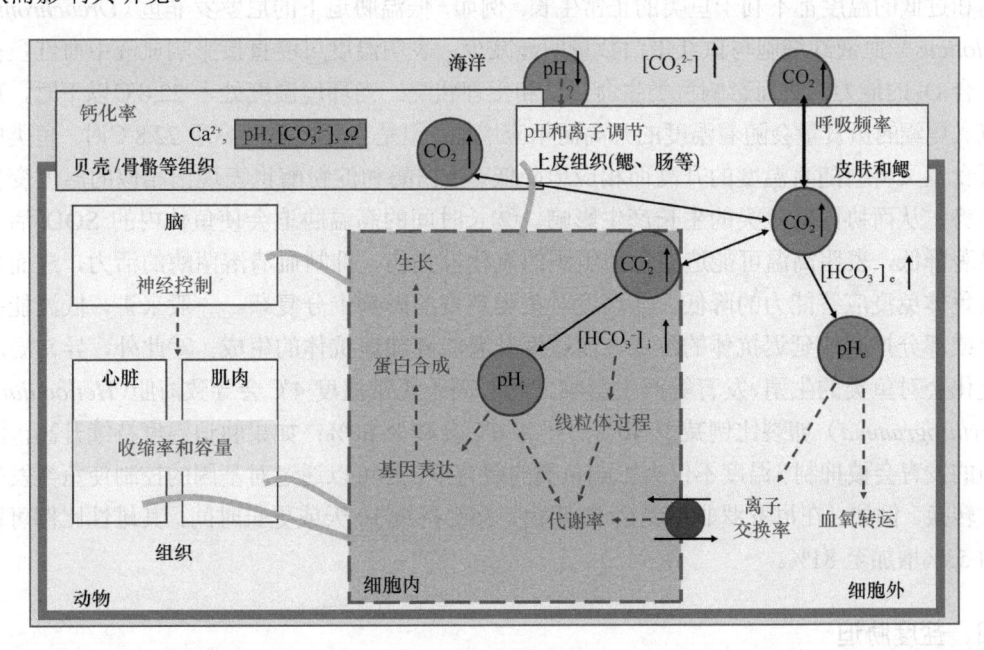

图4-1 海洋酸化对海洋动物的影响示意图（改编自Wittmann和Pörtner，2013）（彩图请扫封底二维码）
Ω代表碳酸钙饱和状态

渔业资源的变动会导致渔业产量、利润的变化，最终影响整个渔业产业。一般，将预测渔业资源变动及产量变化的相关研究结果与经济社会学知识相结合，由此推断渔业资源未来的变化。例如，Cooley 和 Doney（2009）将 2060 年海洋酸化预计造成的美国东北部软体动物渔获损失设定为减少 10%～25%（分别对应于不同程度的海洋酸化情况），在假定 0～4%的贴现率下，海洋酸化会造成软体动物渔业净现值损失 3.24 亿～51.44 亿美元。因此，虽然海洋酸化可能会促进极少渔业生物的产量提高（如加利福尼亚的海胆渔业），但从总体的结果来看，海洋酸化对未来渔业产业的影响是负面的。

三、高温/低温胁迫

近年来，由于温室效应等影响，地球平均气温已上升 0.5～1℃，这对世界渔业产生重大影响。首先，水温的升高会使浮游植物和浮游动物的时空分布和群落结构发生变化，最终导致以浮游生物为饵料食物的上层食物网发生结构性的改变；由于原有栖息水域水温升高和饵料食物的改变，鱼类时空分布范围和地理种群量发生变化。部分鱼类的分布空间严重缩减、洄游路线增长等导致世界渔业的衰退，并且很难恢复。

环境温度变化对生物个体的刺激率先作用于中枢神经系统。当鱼类受到外界温度突变刺激后，其下丘脑-垂体-肾间组织轴激活，会迅速促进促肾上腺皮质激素的释放，从而导致头肾细胞皮质醇激素的合成并释放到血液中。实验证明，经 33℃高温胁迫 2h 后，大黄鱼幼鱼血清中皮质醇从 7.16ng/ml 升高到 14.9ng/ml，从而提高中枢神经系统的兴奋性，促进机体血糖升高等代谢应激反应。

鱼类的生长、氧化损伤、免疫、生殖发育等生理活动都受到温度的影响和制约。①过高和过低的温度都不利于鱼类的正常生长。例如，低温胁迫下的尼罗罗非鱼（*Oreochromis niloticus*）血液红细胞与血红蛋白数量明显减少，表明温度可能直接影响血液中血红蛋白结合 O_2 的能力，进而影响鱼类生命活动和生理状况。当环境温度处于 22.8℃以下时，斑点叉尾鮰的摄食量会随着温度的升高而相应增加；但是当环境温度高于 22.8℃时，鱼类的摄食量又将会随着温度的升高而相应地降低。蛋白酶和淀粉酶也表现出相似的温度变化趋势，从而协同对鱼类的生长产生影响。②长时间的高温胁迫会使鱼体内的 SOD 活力显著降低，表明高温可能造成鱼体组织的氧化性损伤，抑制血清溶菌酶的活力，进而导致鱼体免疫应答能力的降低。③温度对鱼类免疫的影响十分复杂。一般来讲，低温能完全或部分抑制或延迟抗体的生成，而适度升温能够加速抗体的生成。④此外，异常温度变化会对鱼类的生殖、发育等产生影响。例如，高于正常温度 4℃会导致海胆（*Heliocidaris erythrogramma*）卵裂比例减少 40%，升高 6℃会减少 60%；如果胁迫温度持续升高，海胆的发育会被抑制。温度不仅会影响鱼类的孵育率，还可以通过对基因的控制使鱼类发生性转换。例如，在尼罗罗非鱼受精 13 天内，36℃持续 10 天或更长时间，其雄性比例可以由 53%增加至 81%。

四、盐度胁迫

盐度不仅是水体重要的理化性质，同时也是制约水生生物分布、生长和存活的非生物因素之一。伴随着季节性降水、潮汐、洋流及海水蒸发等，水体盐度都会产生较为剧烈的变化。

当水体盐度发生变化时，高盐或低盐都会对鱼类产生胁迫，进而对鱼类的呼吸代谢、生长、免疫、氧化损伤等生理生化过程产生影响。①研究表明盐度胁迫对鱼类的呼吸代谢影响显著。鲻幼鱼的耗氧率和排氨率受盐度影响显著，在 5～30 盐度范围内，随着盐度升高，耗氧率呈现先降后升再降的趋势；排氨率则先上升后下降。②盐度过高或过低都会对鱼的生长存活产生抑制作用。从生物能量平衡角度来看，距等渗点越远，鱼类用于调节渗透压的能量越多，而用于生长的能量就越少。例如，高盐度下暗纹东方鲀幼鱼死亡率显著升高，相对增长率和相对增重率随盐度升高逐渐降低，显著抑制鱼体生长增重。③盐度胁迫影响多种鱼类免疫功能，主要通过调节抗氧化酶、补体、免疫因子、溶菌酶和酸（碱）性磷酸酶等来实现。例如，与对照组比较，低盐处理的军曹鱼和许氏平鲉溶菌酶活性均呈现先升高后逐渐降低，最后降低至正常水平的趋势。④盐度胁迫还会影响鱼类的抗氧化系统。急性低盐胁迫 96h 后，许氏平鲉血液 SOD 和 CAT 活力下降；低盐度胁迫一个月后，SOD 和 CAT 活力显著上升。暗纹东方鲀经高盐处理后，SOD 和 CAT 呈现先增加后降低的趋势。⑤此外，还有研究表明盐度可能通过影响肠道菌群进而影响鱼类健康状况。例如，黄姑鱼高盐处理组，致病性弧菌量显著升高，益生菌则显著减少。

五、重金属胁迫

重金属污染是指不被水生生物所必需，不参与生物代谢活动的 Cd、Pb、Hg、Cr 等，以及如 Cu、Zn 等在高离子浓度下具有明显毒性的金属元素造成的污染。重金属污染具有来源广、残留时间长、积累性、沿食物链转移浓缩、污染后不易发觉及难以恢复等特点。农业、工业等各种人类活动都在向环境释放重金属，通过不同途径和方式进入水体并在藻类和沉积物中累积，甚至被鱼类、贝类等吸附，经过食物链转运最终在生物体内聚集积累，从而影响渔业资源。此外，重金属通过相应食物链的转运聚集和放大作用，最终在人体内蓄积，破坏人体新陈代谢活动，威胁人类身体健康。

重金属对鱼类的致毒效应取决于重金属的不同形态及存在形式、金属的化学本质、环境的理化因素、生物的生长条件以及鱼类对重金属的适应过程等。有关学者已经对重金属对鱼类的毒性机理和致毒机制做了大量的研究，重金属的毒性与其进入生物体内的金属剂量、溶解度、氧化态等相关。在水体中，鱼类对重金属的吸收途径主要有三个：①鱼的鳃不断吸收溶解在水体中的重金属离子，然后通过血液循环运送到身体各部位；②在摄食时，水体或残留在饵料中的重金属会进入消化道内；③体表与水体的渗透交换作用也可能是水体中重金属进入体内的一个途径。重金属对鱼类的致毒机制可分为：重金属吸附在器官表面，直接影响器官的正常生理功能；重金属会诱发细胞畸形，以致细胞凋亡等；重金属会使酶、功能蛋白质等结构发生破坏和失活，使遗传、代谢等功能遭到破坏；重金属离子在鱼体内产生活性氧自由基，使 DNA 链发生断裂，并通过降低 DNA 修复酶与合成酶活性阻止断裂 DNA 的修复和复制；也可能改变 DNA 总甲基化水平，导致基因沉默。

重金属离子对鱼类的毒性作用分为急性毒性、亚急性毒性和慢性毒性。目前,国内外关于单一重金属对鱼类的急性毒性研究较多。通常,几种常见重金属对鱼类的毒性依次为:Hg>Cu>Cd>Zn>Pb>Cr。但这不是绝对的,不同鱼的种类对金属离子的毒性顺序也可能产生影响。例如,对鲫、真鲷、鮸状黄姑鱼而言,Cu 的毒性大于 Cd;但对大麻哈鱼而言,Cd 的毒性大于 Cu。另外,在鱼类不同生长发育阶段,重金属对鱼类的毒性也不一样。利用重金属对鱼类的急性毒性实验,可以快速得出该物质的半致死浓度(median lethal concentration,LC_{50})和安全浓度,直观评价出被测物质的生物毒性水平。几种常见重金属对鱼类的 LC_{50} 值和安全浓度见表 4-1。

表 4-1 几种常见重金属对鱼类的 LC_{50} 值和安全浓度(引自张彩明,2013)

重金属离子	种类	24h LC_{50} (mg/L)	48h LC_{50} (mg/L)	96h LC_{50} (mg/L)	安全浓度 (mg/L)
Cu^{2+}	真鲷 Pagrosomus major			0.31	0.031
	黑鲷 Sparus macrocephalus			0.2	0.02
	鲤 Cyprinus carpio	1.67	1.25	0.77	0.077
	草鱼 Ctenopharyngodon idellus	0.31	0.21	0.16	0.03
	军曹鱼 Rachycentron canadum	2.22	1.98	1.86	0.186
	鮸状黄姑鱼 Nibea miichthioides	0.141	0.079	0.063	0.006
	中华鳑鲏 Rhodeus sinensis	0.344	0.279	0.236	0.00236
	麦穗鱼 Pseudorasbora parva	0.283	0.186	0.147	0.00147
	淡水石斑 Cichlasomn mangguense	3.413	1.489	0.978	0.00978
	唐鱼 Tanichthys albonubes	0.166	0.079	0.039	0.004
	日本黄姑鱼 Argyrosomus japonicus	3.178	2.924	2.63	0.0263
Zn^{2+}	真鲷 Pagrosomus major			3.6	0.36
	黑鲷 Sparus macrocephalus			1.8	0.18
	草鱼 Ctenopharyngodon idellus	8.18	7.36	5.73	1.79
	军曹鱼 Rachycentron canadum	12.38	10.41	8.91	0.891
	鮸状黄姑鱼 Nibea miichthioides	31.62	3.715	2.57	0.257
	鲫 Carassius aruatus	17.12	15.88	12.24	1.22
	麦穗鱼 Pseudorasbora parva	23.65	18.29	14.08	0.148
	唐鱼 Tanichthys albonubes	35.43	26.53		1.63
Pb^{2+}	鲫 Carassius aruatus	105.15	96.09	83.11	8.3
	淡水石斑 Cichlasomn mangguense	6.17	4.47	3.421	0.0342
Cd^{2+}	真鲷 Pagrosomus major			0.53	0.053
	黑鲷 Sparus macrocephalus			0.3	0.03
	草鱼 Ctenopharyngodon idellus	5.86	4.53	3.49	0.81
	军曹鱼 Rachycentron canadum	22.54	19.87	17.38	0.174
	中华鳑鲏 Rhodeus sinensis Gunther	10.36	8.82	7.27	0.0727
	麦穗鱼 Pseudorasbora parva	16.2	9.33	5.17	0.0517

在自然水体中,单一重金属污染胁迫比较少见,鱼类往往同时受到多种重金属的共同胁迫。重金属之间存在着协同、拮抗、相加和独立作用。多种重金属共存于同一环境

中，相互作用机理非常复杂。例如，在研究重金属离子对斑马鱼的联合毒性时发现，当As^{3+}、Cd^{2+}和Zn^{2+}三种毒物联合时其毒性为拮抗作用；As^{3+}与Cd^{2+}，以及As^{3+}与Zn^{2+}共存时的联合毒性均为拮抗作用，而Cd^{2+}与Zn^{2+}的联合毒性主要为毒性剧增的协同作用。

重金属对水生生物的毒性不仅与生物的种类、个体大小、摄食水平等生物因素有关，而且与pH、硬度、无机和有机配位体、固体悬浮物等水质因素有关。通常，重金属污染物的毒性随温度升高而增强。溶解氧含量降低，金属污染物对生物的毒性也往往增强。在pH升高时，水中游离金属离子浓度降低，毒性减弱，反之亦然。碱度增大，水中游离金属离子可能形成碳酸盐沉淀，从而降低水中游离金属离子的浓度，毒性因此降低。即多数重金属离子在软水中的毒性往往比在硬水中大。

总之，环境胁迫会对鱼体的生理机制产生重要影响。短期的环境胁迫，鱼体通过激素水平升高抵抗外界胁迫因子对鱼体造成的侵害；但随应激作用程度的加深和作用时间的延长，血液激素含量也长时间保持较高水平，使鱼体出现体重下降、生长减缓、对疾病敏感性增加等负面作用。胁迫种类繁多，不同种类的胁迫因子都会对鱼体造成一定程度的伤害，各种胁迫因子之间存在的耦合作用加大了胁迫的危害性。另外，鱼类在不同生长发育阶段抵抗外界胁迫的能力不同，不同鱼种甚至相同鱼种的不同个体对胁迫的抵抗能力都有较大的差异。因此，深入研究环境胁迫对渔业资源生物生理机能影响的过程与机制，依旧是一个重大课题。

第三节 捕食关系中的行为生理响应

在生态系统中，不同营养等级的生物借助捕食与被捕食的关系联系在一起，通过物质循环、能量流动和信息传递，使生态系统成为一个有机的整体。可以说，捕食关系是生物与生物之间最重要的种间关系。在长期的进化过程中，捕食胁迫下被捕食鱼类产生了一定的生理、行为和形态上的适应；捕食者的捕食、消化吸收、饥饿胁迫及补偿生长的过程中均会产生不同的生理生化响应。

一、捕食胁迫

捕食者对被捕食者的捕食胁迫表现在两个方面：直接的捕食作用和间接的生理胁迫。直接的捕食作用会导致被捕食者的逃逸、受伤或被摄食。有研究认为，捕食者对被捕食者产生的间接生理胁迫的影响可占捕食作用整体影响的51%。捕食胁迫可能导致被捕食者的行为方式、生理状态以及对栖息地环境的选择发生改变。例如，周围环境中存在捕食者时，无论捕食者是否对被捕食者有直接的攻击行为，都会使被捕食者产生恐惧心理，进而影响其行为和生理状态。通常被捕食者会减少冒险的摄食、求偶行为等，进而影响其生长和繁殖。

捕食者或因被捕食而受伤的同种鱼类的气味都可视为捕食胁迫，均可引起被捕食者的生理状态的改变。例如，在存在捕食者气味的情况下，巴西珠母丽鱼（*Geophagus brasiliensis*）通过加快呼吸的频率和深度，增加氧气的摄取，提高血氧含量，从而让身体为突发活动（如逃跑）做准备。银鲑幼鱼则会产生巨大的生理应激反应，特别是伴随作用于心脏和血管的儿茶酚胺的分泌，可提高警惕性并作出快速逃逸反应。高体雅罗鱼暴露于同种鱼警报物质 10min 内，肌肉乳酸、丙酮酸、葡萄糖-6-磷酸和葡萄糖含量增加约 200%。在东方蝾螈中，当检测到同种鱼类的报警物质后，其血浆钾浓度升高，钠浓度降低长达 24h。上述鱼类的生理响应与其他生物的捕食生理胁迫效应相似，即捕食者产生的生理胁迫可以诱导被捕食者体内激素水平（如皮质醇等）的提高，从而提高被捕食者的新陈代谢和呼吸耗氧，进而引发逃避或抵抗行为。

为应对捕食胁迫，被捕食者在行为上进化出不同的反捕食策略。反捕食行为对捕食胁迫响应较为迅速和有效，因此多数鱼类遭遇捕食胁迫时会表现出反捕食行为，进而形成多种多样的行为响应策略。①当发现有捕食者时，鱼类会表现出快速逃离危险区域、减少活动并在遮蔽处躲避等行为。因为减少自发活动和冒险行为可降低猎物鱼与捕食者相遇的概率，且一般情况下，运动状态下的猎物鱼往往比静止状态更容易遭受捕食者的攻击。②当鱼类觉察到捕食风险时，猎物鱼会减少觅食、求偶等行为，因为保持良好的警惕性必须注意力集中，猎物鱼通过牺牲部分摄食、繁殖相关活动以换取对捕食者较高的警惕性。③很多鱼类通过增加集群行为来应对捕食胁迫。已有研究发现几乎超过一半的鱼类在其生活史某些阶段中会出现集群现象。并且集群生活所产生的"多眼效应"（many-eyes effect：对捕食者的集体警惕）和"稀释效应"（dilution effect：个体被捕食者捕获的风险随着个体数量的增加而减少），有助于降低生活在群体中的个体被捕食的风险。④此外，应对捕食胁迫时，很多鱼类还会表现出背鳍勃起的防御行为，以此来吓退捕食者，或保持高度防御警觉，随时准备逃离或战斗。

此外，在长期的适应进化过程中，被捕食鱼会通过形态的变化来抵御捕食者，降低被捕食的风险，如随环境改变体色（保护色），以此来减少被捕食者发现和捕食的概率。再者，捕食者的长期存在，会导致被捕食鱼产生适应性进化的特征，提高其逃逸运动能力。被捕食鱼还会通过增大体高值来提高非持续游泳能力和对捕食者形成口裂限制。例如，有研究发现，高捕食压力的鲫种群的体高值比低捕食压力的种群的体高值更大，这是由于大面积产生的高推力和高肌肉力量显著提高加速度及转向速度，从而可以保障鱼类在短时间内逃离危险。

二、捕食行为和消化生理

当捕食者接收到猎物的视觉、嗅觉或听觉信号，判断周围环境适宜后则可以发动攻击进行捕食。鱼类捕食成功后，经过一系列理化作用将食物分解成小分子物质而被机体消化和吸收。由于捕食者食性差异，鱼类也相应产生形态结构和生理上的适应性。

（一）捕食行为

生物体在其生命阶段中需要不断地获取和摄入食物，为自身的生命活动提供基础物质和能量。摄食行为是由于感觉器官受内外环境刺激而产生的行为，可大致分为觅食、捕食和摄入3个步骤。在觅食过程中需要多种感觉器官共同作用，不同鱼类所使用的器官不尽相同。鱼类经过觅食对目标食物进行定位后，进入捕食阶段，在此期间会根据目标状况的不同而做出一系列的反应。

觅食主要指鱼类寻找、发现食物并精准定位，这是捕食成功的关键。研究发现，绝大部分鱼类依靠视觉、嗅觉、味觉、听觉以及侧线等感觉器官进行觅食。在鱼类捕食过程中常采用潜伏、追踪、攻击的行为。鱼类最频繁的攻击距离为2~3倍躯体长，发动攻击时常伴有体色变深、身体收缩等特征。鱼类捕食时的攻击方式可分为"S"形攻击型和咬食攻击型。"S"形攻击型特征主要为发现食物后，立即注视并产生摄食意图，然后划动胸鳍，调整身体与食物的位置，同时身体弯成"S"形的攻击态。咬食攻击型即调整身体与食物的位置，然后前冲捕食，吞咽，后退，整个过程身体不再呈现摄食姿势。鱼类在捕食成功后便可享用食物，其间因水动力因素、鳃盖及口腔的剧烈运动以及咀嚼时牙齿摩擦而发出声音。

（二）消化生理

食物在消化道（包括口咽腔、食道、胃和肠等）内进行消化和吸收，不同鱼类根据其食性特点具有相应的消化道适应。肉食性的鱼类口裂很大，牙齿尖利；植食性的鱼类口裂相对较小，牙齿多为咀嚼型；而以浮游生物为食的鱼类鳃耙长而密，数量多且结构复杂。胃的大小与其食性有关，捕获大型食物的鱼类胃一般比较大；而食物较小的鱼类一般胃也较小；有的甚至无胃，如鲤科鱼类。一些鱼类在胃和肠之间有幽门盲囊，起到扩大肠表面积的作用。肠的形状和食性密切相关。植食性鱼类肠较长，且常盘曲于腹腔中，可增加消化时间，使得植物性食物能更充分地消化吸收；肉食性鱼类肠较短，多为一直管，无盘曲；杂食性鱼类肠管长度介于两者之间。

消化液一般包括胃液、胰液、胆汁和肠液，分别包含在消化过程中起重要作用的胃蛋白酶、胰消化酶（蛋白酶、淀粉酶、脂肪酶等）、胆汁盐、肠分泌酶（肽酶、核苷酶、酯酶等）。消化液的分泌受到交感神经和激素的调节。消化液的种类和分泌量也因食性的不同而存在差异。通常，肉食性鱼类的消化道短，蛋白酶活性高；植食性鱼类的消化道长，淀粉酶活性高；杂食性鱼类的消化道长度和消化酶活性都介于两者之间。从消化酶的种类来看，肉食性鱼类主要分泌蛋白酶；植食性鱼类则主要分泌淀粉类消化酶。从消化酶的分泌量和活性来看，肉食性鱼类的蛋白酶多且活性高，而淀粉酶活性则很低；植食性鱼类与此相反；杂食性鱼类则居中。

三、饥饿胁迫

由于自然活动如繁殖、发育、冬眠、夏眠、迁徙以及进食习惯等的影响，饥饿胁迫成为许多生物常常面临的环境压力。长期的饥饿胁迫不仅会导致体内能源物质利用方式的改变，而且会造成生物体新陈代谢水平降低，资源优先分配给即时维持生命的活动，而支持免疫性能的活动受到抑制。因此，由于免疫防御的降低，饥饿胁迫下的机体更易受到病原体的侵害，进而影响机体的代谢活动和生长性能。

许多鱼类可以忍受数周甚至数月的饥饿胁迫而不死亡,但食物匮乏会对其生理产生严重影响(林浩然,2011)。①影响鱼类激素的合成与分泌。例如,饥饿会提高草鱼、黑鲷、大麻哈鱼等多种鱼类血浆中生长激素水平;褐牙鲆、戈泰墨头鱼、长腭泥虾虎鱼等在饥饿后,血液皮质醇浓度均显著升高。鱼体长时间处于饥饿状态时,可能通过分泌生长激素和/或皮质醇激素,促进肝脏糖异生作用,从而提升血糖水平,以维持正常能量代谢水平。②改变能量利用策略。在饥饿期间,大多数鱼类主要利用糖原和脂肪,或者饥饿过程中首先利用脂肪,一般在脂肪和糖原被大量消耗以后,构成机体结构的框架物质——蛋白质才会被利用。例如,饥饿 28 天后,南方鲇和草鱼粗脂肪含量均显著降低,而粗蛋白含量变化不显著。③调节代谢水平以应对能量供需的变化。研究表明,斑点石鲈、红鳍东方鲀、泥鳅、黄颡鱼、日本黄姑鱼等很多鱼类在饥饿后,耗氧率或代谢率均有不同程度的下降。线粒体主要通过调控氧化磷酸化速率来应对细胞活动对 ATP 需求的变化,研究发现饥饿 23 天后,黑鲷肝脏线粒体中涉及氧化磷酸化作用关键酶的基因表达水平发生明显改变,从而对肝脏线粒体水平进行调控。④影响抗氧化能力和免疫系统。饥饿会引起鱼体内过量活性氧(ROS)的产生,体内自由基快速蓄积,造成组织氧化受损,而鱼体抗氧化酶(如 SOD、CAT、GPX)防御系统可防止 ROS 的产生。饥饿过久可能导致机体抗氧化防御失败,使细胞对氧化性损伤更为敏感。饥饿胁迫还可能导致肠道菌群的失衡,从而降低机体消化代谢能力,增加对病原菌感染的敏感性,引起异常的免疫反应。例如,饥饿胁迫处理的尖吻鲈肠道菌群中微生物群落发生变化,同时与免疫反应相关基因的表达普遍上调。

除了生理响应,饥饿胁迫还会造成鱼类组织形态、行为等的变化。例如,研究发现,饥饿胁迫后,鱼体出现身体发黑、头大身瘦、肝脏体积减小、消化管长度增速减慢和消化管组织学结构与功能明显衰退。很多鱼类胃、肠、幽门盲囊等器官的皱襞的高度降低,上皮细胞高度减小,细胞界限模糊,分泌物减少等。长期的饥饿胁迫会导致身体重量和能量储备的减少,降低酶活性和代谢能力,从而影响其游泳、摄食、繁殖等行为。

四、补偿生长

鱼体在受到环境胁迫的条件下,经过一段时间的生长抑制后,当恢复有利的生长条件时,鱼体可能出现加速生长的现象,即鱼体发生补偿生长。由于受到鱼的种类、鱼体成熟度、饥饿胁迫程度、饥饿的时间、恢复投喂时间等的影响,鱼体重量和特定生长率表现出不同程度的增长。根据鱼类补偿总量与正常饲养鱼类体重增长的对比,可将补偿生长分为四种类型:超补偿生长、完全补偿生长、部分补偿生长和不能补偿生长。

超补偿生长:鱼体经过一段时间的饥饿处理或限制食物摄入后再恢复喂食一段时间,鱼体体重的增加量超过了不进行饥饿处理的鱼体体重增加量。例如,杂交太阳鱼在经过 2~14 天的饥饿后恢复喂食,经受饥饿胁迫后的太阳鱼体质量比一直投喂饲料的太阳鱼体重高一倍,这明显地反映出超补偿生长现象。

完全补偿生长:鱼体经过一段时间的饥饿处理或限制食物摄入后再恢复喂食一段时间,鱼体体重的增加量达到或接近不进行饥饿处理的鱼体体重增加量。例如,岩原鲤仔鱼、许氏平鲉、牙鲆等在经过短期饥饿处理后，再恢复喂食的鱼体体重增加量与持续喂食的鱼体体重增加量差异不显著，均表现出完全补偿现象。

部分补偿生长：鱼体经过一段时间的饥饿处理或限制食物摄入后再恢复喂食一段时间，但最终鱼体体重增加量仅部分达到不进行饥饿处理的鱼体体重增加量。如饥饿处理 7 天、14 天、21 天的小锯盖鱼（*Centropomus parallelus*）再恢复投喂至 190 天后，鱼体体重净增加量分别只达到不饥饿处理组的 84.4%、80.7%和 74.2%，仅获得了部分补偿生长。

不能补偿生长：鱼体经过一段时间的饥饿处理或限制食物摄入后再恢复喂食一段时间，但最终鱼体体重增加量不能达到不进行饥饿处理的鱼体体重增加量。采用饥饿 4 天再投喂 6 天循环投喂模式对中华鲟幼鱼（*Acipenser sinensis*）进行实验，与持续投喂饲料 60 天的对照组相比，中华鲟幼鱼没有出现补偿生长效应，原因可能是鱼类饥饿或限食太过严重，一定程度地损害了鱼体组织器官，完全超出鱼体自身生理机能的恢复能力。

关于水生动物补偿生长的生理机制尚不清楚，目前主要有以下三种观点：①通过提高食物转化率来实现补偿生长。当水生生物遭受饥饿或限食胁迫时，机体为了适应这种状态代谢水平会降低，食物的消耗率下降，恢复正常摄食时这种低水平的代谢状态会维持一段时间，这样水生生物摄入的食物中用于积累的比例增加，在形态指标上表现为补偿生长。②通过增加摄食量来实现补偿生长。由于在饥饿状态下，水生生物仅利用机体储存的物质来维持生长和发育，因此在恢复正常摄食时，水生生物体内将快速地进行合成作用，快速的合成作用必然导致代谢水平迅速升高，通过食欲增强，摄食水平提高来实现补偿生长。③增加摄食水平同时改善食物转化率。水生生物在恢复喂食阶段不仅食欲增加，摄食水平提高，同时食物转化率也相应提高。因此，补偿生长可能是这两种生理因素共同作用的结果。

第四节 环境因子的细胞识别和信号转导

生物接收外界环境的信号并做出反应是生命体的基本能力。眼、耳、鼻、舌等是感知环境因子变化的重要感觉器官，在各种感觉器官中都有大量感受器的分布。感受器（sensory receptor）是指分布在体表或组织内部的一些专门感受机体内、外环境变化的结构或装置。根据感受刺激的不同，可以将生物体的感受器分为五类：化学感受器、温度感受器、机械刺激感受器、光感受器和伤害性感受器（表 4-2）。

化学物质、温度、压力、光照等环境信号均不能直接穿过细胞质膜，只能与靶细胞受体结合，经过信号转导转化为胞内信号，从而引起生物体的应答反应，如趋向食物或逃避敌害的运动，或通过生理响应来适应环境变化。其中，受体（receptor）是指位于细胞质膜或亚细胞组分中能特异性识别并结合信号的物质，可在细胞内放大、传递信号并启动一系列生理生化反应，最终导致特定的细胞反应。相应的信号分子称为配体（ligand）。根据在细胞的分布位置不同，受体分为细胞膜受体和细胞内受体，前者位于细胞质膜上，后者则位于细胞内的亚细胞组分上。由于环境因子是由细胞膜上的受体进行识别响应，因此本章仅关注细胞膜受体。根据结构、接收信号的种类和转换信号的

表 4-2　按照刺激类型感受器的分类

刺激类型	感受器类型	亚型
化学物质	化学感受器（chemoreceptor）	呼吸受体（respiratory receptor），感知氧气/二氧化碳等；嗅觉受体（olfactory receptor），包括气味受体（odorants receptor，OR）、犁鼻器受体（vomeronasal type receptor，VR）、痕量胺相关受体（trace amine associated receptor，TAAR）、甲酰肽受体（formyl peptide receptor，FPR）和鸟苷酸环化酶 D 型（guanylate cyclase type D，GCD）等；味觉受体（taste receptor），包括 I 型受体（感知甜味/鲜味）和 II 型受体（感知苦味）。
温度	温度感受器（thermoreceptor）	冷觉感受器（cold receptor）和热觉感受器（thermal receptor）。
压力	机械刺激感受器（mechanoreceptor）	压力感受器（baroceptor），触觉感受器（touch receptor），牵张感受器（stretch receptor）和听觉感受器（auditory receptor）。
光照	光感受器（photoreceptor）	视紫红质（rhodopsin）为视蛋白和视黄醛复合体，4 种视蛋白（opsin）分别感知红光、蓝光、绿光和非可见光。
伤害性刺激	伤害性感受器（nociceptor）	C 纤维机械热敏感伤害性感受器（C-fiber mechano-heat-sensitive nociceptor，CMH）和 A 纤维机械热敏感伤害性感受器（A-fiber mechano-heat-sensitive nociceptor，AMH）等感知机械、热、化学、电等伤害性刺激。

方式，细胞膜受体可分为三类（图 4-2）：G 蛋白偶联受体（G protein coupled receptor，GPCR）、酶联受体（enzyme-linked receptor）和离子通道型受体（ion channel receptor，又被称为配体门控通道 ligand gated channel）。

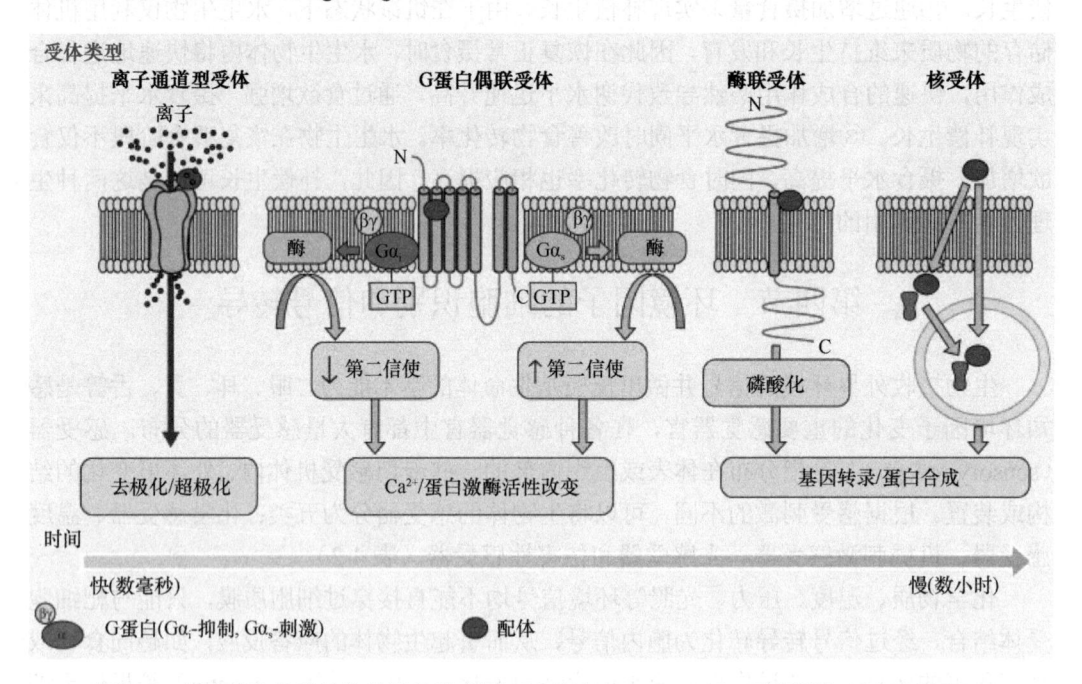

图 4-2　细胞受体分类及信号转导模式图（改编自 Weir，2010）（彩图请扫封底二维码）

一、G 蛋白偶联受体

G 蛋白偶联受体（GPCR）形成细胞膜受体的最大家族，是目前针对治疗大多数疾病药物研发的靶点。信号分子与 GPCR 结合后，可通过环磷酸腺苷（cAMP）、环磷酸鸟苷（cGMP）、三磷酸肌醇（IP3）、二酰甘油（DAG）或 Ca^{2+} 等第二信使将细胞外信号转变为胞内生化机器可识别的信号，从而诱发细胞应答反应。

（一）G 蛋白

G 蛋白是指能与鸟苷酸结合，具有 GTP 水解酶活性的一类信号转导蛋白，由 α、β、γ 三个亚基组成。在各种类型的 G 蛋白中，α 亚基差别最大，β 和 γ 亚基通常结合在一起。在动物中已经鉴定出至少 20 种 α 亚基、6 种 β 亚基和 12 种 γ 亚基，理论上可以组成 1000 种以上异源三聚体 G 蛋白，从而增加了转导信号的多样性。20 世纪 80 年代 G 蛋白的发现，阐明了胞外信号如何转变为胞内信号，人类才揭开了细胞如何接受外界信号并做出相应反应的面纱。

GPCR 的信号转导途径中的第一个信号传递分子是 G 蛋白，其活化过程称为 G 蛋白循环。当物理或化学信号刺激受体时，受体活化 G 蛋白使之发生构象改变。α 亚基与 GDP 的亲和力下降，结合的 GDP 为 GTP 所取代。α 亚基结合了 GTP 后即与 βγ 亚基发生解离，成为活化状态的 α 亚基。活化了的 α 亚基此时可以作用于下游效应分子（如腺苷酸环化酶等），这种活化状态将一直持续到 GTP 被 α 亚基自身具有的 GTP 酶水解为 GDP。一旦发生 GTP 的水解，α 亚基又再次与 βγ 亚基形成复合体，回到静息状态，等待重新接受新的信号刺激。

（二）GPCR 的种类和功能

尽管 GPCR 结合的信号分子多种多样，但是所有的 GPCR 都具有相似的结构，即跨膜区由 7 个 α 螺旋组成，整个肽链的 N 端位于胞外，C 端位于胞内；且肽链的 C 端和连接（从肽链 N 端数起）第 5 和第 6 个跨膜螺旋的胞内环（第三个胞内环）上都有 G 蛋白（鸟苷酸结合蛋白）的结合位点。GPCR 广泛参与生物对环境信号（如光、化学物质、食物、捕食者或竞争者信号等）的感知和应答，根据序列和结构相似性，GPCR 分为以下 5 个主要家族（图 4-3）。

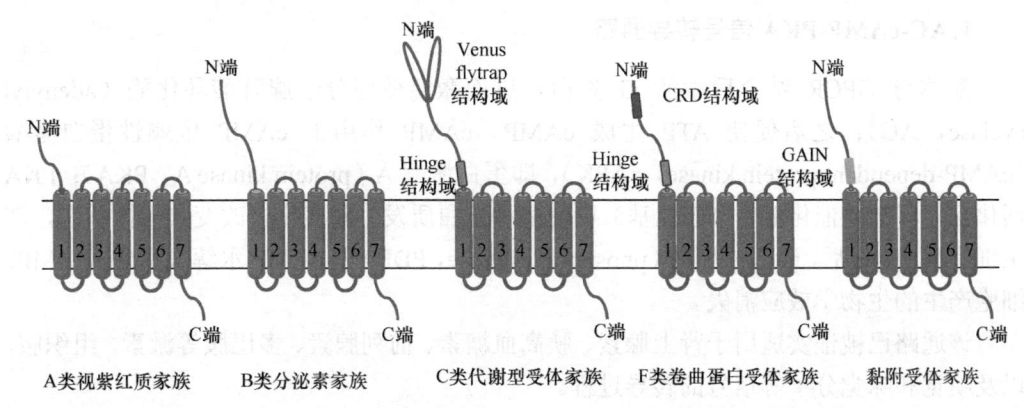

图 4-3 5 个主要的 G 蛋白偶联受体家族示意图（彩图请扫封底二维码）

A 类视紫红质（Rhodopsin）家族是迄今为止最大的 GPCR 家族，包括趋化因子受体和现有最大的药物靶标群。对于大部分该家族成员而言，其主要的结构特点是N端较短，它们的天然配体直接与跨膜区结合或者通过与胞外环（loop）结构结合间接影响其构象。但是，趋化因子和糖蛋白激素受体具有较长的N端结构域。

B类分泌素（Secretin）家族被肽类激素激活，具有较大的N端结构域。其以代谢作用而闻名，B类GPCR协调体内代谢平衡、调节神经和内分泌活动。

C类代谢型受体家族成员有一个更大的双瓣N端，位于跨膜结构域（TMD）的远端，被称为venus flytrap结构域。这种GPCR家族的另一个显著特征是能够形成具有独特激活模式的二聚体结构。C类GPCR在中枢神经系统和钙稳态中起重要作用，包括代谢型谷氨酸受体、γ-氨基丁酸B受体（GABAB受体）、钙敏感受体、甜味和鲜味味觉受体等。

F类卷曲蛋白受体家族（Frizzled GPCR）成员拥有一个约120个氨基酸的胞外结构域，称为fz结构域。fz结构域也被称为CRD（富含半胱氨酸结构域），因为它包含10个高度保守的半胱氨酸残基。该类受体被称为Wnt蛋白的富含半胱氨酸的脂糖蛋白激活，并通过Wnt途径传递信号参与个体发育和组织内稳态。

黏附受体家族（Adhesion GPCR，aGPCR）与B类GPCR相似，具有较大N端结构域。这个N端结构域与细胞外基质蛋白和其他细胞表面标记物相互作用。aGPCR的一个显著特征是在TMD附近具有一个独特的高度保守的结构域，即GPCR自动蛋白水解诱导域（GAIN结构域），从TMD中自动催化裂解ECD，从而生成一个"栓系"配体，激活aGPCR。aGPCR复合物N端的其他结构域也参与细胞黏附、细胞间信号传递，被认为在胚胎发育中起重要作用，也有人认为其是机械感受器。

（三）GPCR介导的信号转导通路

由GPCR介导的细胞信号转导通路，按照其效应器蛋白的不同，可分为3类：AC-cAMP-PKA信号转导通路，PLC-IP3/DAG-PKC信号转导通路和PLC-IP3-Ca^{2+}-CaM-PK信号转导通路。

1. AC-cAMP-PKA信号转导通路

配体与GPCR结合后激活G蛋白，进而激活效应分子腺苷酸环化酶（adenylyl cyclase，AC）；之后促使ATP生成cAMP，cAMP作用于cAMP依赖性蛋白激酶（cAMP-dependent protein kinase，cAPK），即蛋白激酶A（protein kinase A，PKA）；PKA活化后，释放的催化亚基（C亚基）可使多种蛋白质发生磷酸化，改变其活性状态，产生细胞反应。最后，磷酸二酯酶（phosphodiesterase，PDE）使cAMP水解失活生成AMP，细胞产生的生物学效应消失。

该通路已被证实适用于肾上腺素、胰高血糖素、前列腺素、多巴胺等激素，组织胺，以及嗅觉和味觉分子等信号的转导过程。

2. PLC-IP3/DAG-PKC信号转导通路

该通路是配体与GPCR结合后激活G蛋白，进而激活效应分子磷脂酶C（phospholipase

C，PLC），之后将磷脂酰肌醇 4,5 二磷酸（phosphatidylinositol-4,5-bisphosphate，PIP2）水解成三磷酸肌醇（inositol 1, 4, 5 triphosphate，IP3）和二酰甘油（diacylglycerol，DAG）；IP3 会打开内质网 Ca^{2+} 通道（IP3R），胞内 Ca^{2+} 增加，Ca^{2+} 不仅可以单独作用使蛋白质、酶等结构发生改变，引发细胞反应，还可以和 DAG、磷脂结合为蛋白激酶 C（protein kinase C，PKC）复合物，使 PKC 激活，从而对某些蛋白或酶类进行磷酸化，参与基因表达调控、细胞增殖、平滑肌收缩等众多的生理活动。

由于该信号转导过程有 IP3 和 DAG 两个第二信使共同参与，分别启动两个信号传递途径，即 IP3-Ca^{2+} 和 DAG-PKC 途径，因此又称为双信使系统。大多数情况下，IP3-Ca^{2+} 和 DAG-PKC 通路相互协同作用。利用该信号转导通路的信号分子有乙酰胆碱、ATP、谷氨酸、组织胺、促性腺激素释放激素、促甲状腺激素释放激素、光等。

3. PLC-IP3-Ca^{2+}-CaM-PK 信号转导通路

乙酰胆碱、儿茶酚胺、加压素、血管紧张素和胰高血糖素等配体和受体结合后激活 PLC，产生的 IP3 打开内质网 Ca^{2+} 通道，导致胞内 Ca^{2+} 浓度升高，Ca^{2+} 和钙调蛋白（calmodulin，CaM）一起激活 CaM 激酶（CaM-K），磷酸化多种功能蛋白质或酶，从而影响其他细胞过程。例如，在哺乳动物脑的突触内大量存在着一种特殊类型的 CaM 激酶，被认为对认知和记忆起作用，缺乏该种激酶的基因突变小鼠记忆力显著下降。

（四）GPCR 实例——嗅觉的产生

嗅觉受体是表达于嗅觉系统中嗅觉感觉神经元表面的跨膜蛋白家族，能够与气味分子结合，而且一个嗅觉受体只能结合特定类型的气味分子，所结合的气味分子称为该嗅觉受体的配体。脊椎动物的嗅觉受体包括气味受体、痕量胺相关受体、犁鼻器 1 型受体（V1R）、犁鼻器 2 型受体（V2R）、甲酰肽受体、鸟苷酸环化酶 D 型和鸟苷酸环化酶 G 型（guanylate cyclase type G，GCG），共 7 种。截至目前，鱼类中仅发现前 5 类，即气味受体、痕量胺相关受体、犁鼻器 1 型受体、犁鼻器 2 型受体和甲酰肽受体，这些嗅觉受体均属 7 次跨膜 GPCR。嗅觉系统通过嗅觉受体的组合来编码气味特征，即一个气味能够激活多种嗅觉受体，一个嗅觉受体能够检测多种类型的配体，正是通过不同的受体与配体的组合，动物从而可以检测到环境中成千上万的气味分子。

cAMP 依赖的嗅觉级联反应是气味受体和痕量胺受体经典的嗅觉信号转导通路。图 4-4 所示为 cAMP 信号通路介导的嗅觉形成和消失过程：第一步，嗅觉受体与配体结合后激活 G 蛋白，进而激活腺苷酸环化酶 AC，将细胞质中 ATP 转变成 cAMP；第二步，cAMP 到达细胞内环核苷酸通道（cyclic nucleotide-gated channel，CNG 通道）后，导致 Ca^{2+} 和 Na^+ 从胞外进入胞内，进入胞质中的 Ca^{2+} 激活 Ca^{2+} 依赖型 Cl^- 通道（Cl^- channel），使 Cl^- 流向细胞外；第三步，细胞去极化产生动作电位，将气味分子的化学信号转化为电信号，电信号通过嗅觉感觉神经元的轴突传递到嗅球中的嗅小球，嗅小球再通过僧帽细胞传递到更高级的大脑区域，从而产生嗅觉感知；第四步，在细胞质内 cAMP 的含量增加激活蛋白激酶（PKA）和嗅觉受体激酶（ORK），使嗅觉受体磷酸化并与化合物分离，嗅觉消失。

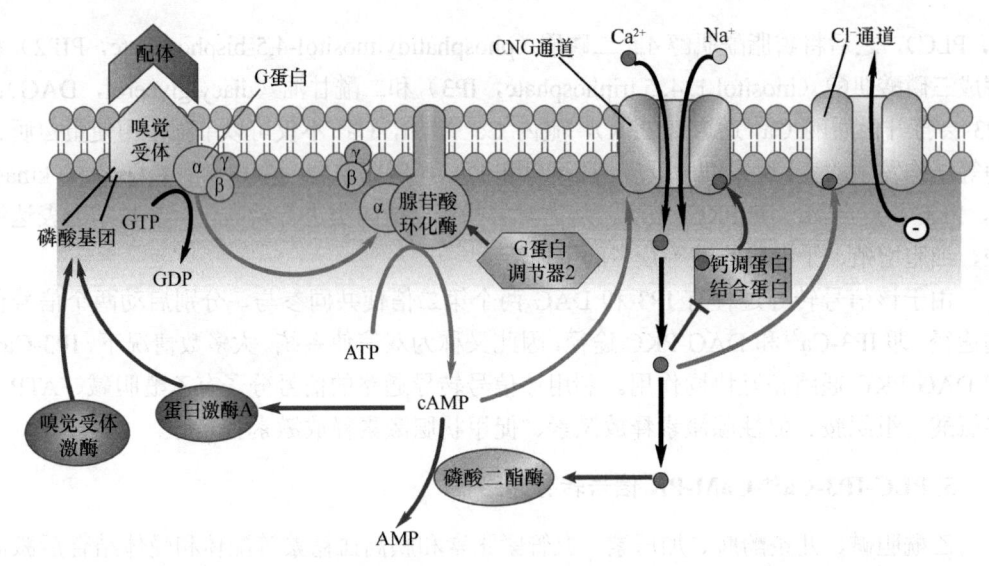

图 4-4 嗅觉信号转导模式图（改编自 Firestein，2001）（彩图请扫封底二维码）
绿色箭头表示刺激通路；红色表示抑制

二、酶联受体

酶联受体（enzyme-linked receptor）指其自身具有酶活性或能与酶结合的受体。酶联受体分子只一次穿膜，其结合配体的结构域位于质膜的外表面，面向胞质的结构域有酶活性，或者能与膜内其他分子直接结合，调控后者的功能而完成信号转导。酶联受体可分为酪氨酸激酶受体、酪氨酸激酶结合型受体、鸟氨酸环化酶受体、丝氨酸/苏氨酸激酶受体等。

蛋白激酶偶联受体介导的信号转导通路比较复杂，一般会分为以下几个阶段：细胞信号分子与受体结合，导致第一个蛋白激酶被激活；通过蛋白质-蛋白质相互作用或蛋白激酶的磷酸化修饰作用激活下游信号转导分子；蛋白激酶通过磷酸化修饰激活代谢途径中的关键酶、转录调控因子等，影响代谢通路、基因表达、细胞运动、细胞增殖等。常见的有 JAK-STAT 通路、MAPK 通路、Smad 通路、PI-3K 通路、NF-κB 通路等。

在 JAK-STAT 通路中，与细胞因子（如干扰素、生长激素、白介素等）结合的细胞因子受体不具有激酶结构域，而是通过 JAK 激酶（janus kinase）等酪氨酸蛋白激酶的作用使受体自身和胞内底物磷酸化。JAK 的底物是信号转导和转录激活蛋白（signal transducer and activator of transcription，STAT），二者所构成的 JAK-STAT 通路是细胞因子信息内传最重要的信号转导通路。一般过程如下：细胞因子结合受体并诱导受体聚合和激活；受体将 JAK 激活，JAK 将 STAT 磷酸化，使其产生 SH2（Src homology 2）功能域结合位点，磷酸化的 STAT 分子彼此间通过 SH2 结合位点和 SH2 结构域结合形成二聚体，暴露出入核信号；磷酸化的 STAT 同源二聚体转移到核内，调控基因表达。

三、离子通道型受体

离子通道型受体（ion channel receptor）是一类兼具通道和受体功能的蛋白质，其开放和关闭直接受化学物质（配体）的调控，又被称为配体门控通道（ligand-gated channel）。该受体是神经系统和其他电兴奋细胞（如肌细胞）所特有的，其信号分子是神经递质，信号转导的最终作用是导致细胞膜电位改变，即通过将化学信号转变为电信号而影响细胞功能。离子通道型受体可以是阳离子通道，如乙酰胆碱、谷氨酸和五羟色胺受体；也可以是阴离子通道，如γ-氨基丁酸、甘氨酸受体等。

信号转导一般途径如下：动作电位到达突触末端，引起暂时性的去极化；去极化作用打开了电位门控 Ca^{2+} 通道，导致 Ca^{2+} 进入突触球；Ca^{2+} 浓度提高诱导分泌泡分泌神经递质；Ca^{2+} 引起储存小泡分泌释放神经递质；分泌的神经递质分子扩散到突触后细胞的表面受体；神经递质与受体的结合，改变受体的性质；离子通道开放，离子得以进入突触后细胞；突触后细胞中产生动作电位。

四、信号通路的相互作用

将细胞膜受体相关的信号级联反应的各个阶段描述清楚需要很长时间，但是这些步骤的执行常常只需要几秒钟，如视网膜对突然的闪光响应最快的感光细胞产生电反应只需 20ms。信号不仅会通过信号通路传递和不断级联放大，而且还会产生适应作用。如光照暗淡时，视网膜吸收 12 个光子就可引起一个可察觉的信号被传送到大脑；光照强烈时，光子洪流以每秒数十亿的速率抵达每一个感光细胞，信号级联反应放大作用则会降低到万分之一以下，从而防止感光细胞过度刺激，使其仍能探测到强光的增强和减弱。

每条信号通路都与其他的通路有所不同，但又使用很多相同的成分来传递各自的信号。由于所有的通路最后都激活蛋白激酶，似乎每条通路原则上都能调节细胞的任何过程，但事实上远非如此简单。首先，还存在很多我们尚未讨论和尚未发现的其他细胞内信号途径；更为重要的是，大部分的信号转导途径以我们尚未叙述的方式相互作用。它们被多种形式的相互作用所连接，但最广泛的是存在于每一条途径中的蛋白激酶介导的相互作用。这些激酶常常通过磷酸化调节其信号通路中的成分以及其他信号途径中的成分，于是不同信号通路间发生了一定量的相互沟通。

细胞必须综合许多不同来源的信息并做出适当反应——生或死、分裂或是分化、改变形状、迁移、分泌化学物质等。通过信号通路间的相互沟通，细胞能把多方面的信息归置在一起并对组合的信息做出反应。因此，某些胞内蛋白常由于具有一些潜在的磷酸化位点而被用作信号的整合装置，每一个位点都能被不同的蛋白激酶磷酸化。接收到的不同来源的信息因此能汇合在这些蛋白上，它们再把输入信号转换成单个输出的信号。整合的蛋白接着能把一个信号传递给许多下游靶分子。通过这种方式，细胞内信号系统可以对复杂的信息进行解释并产生复杂的反应。

在动植物中，揭开这些细胞信号转导途径的面纱，是众多活跃的研究领域之一，每天都有新的发现。基因组测序工程一直为众多生物中的信号转导提供大量的候选成分。即便有一天所有的成分都被鉴定出来，探究这些成分是如何相互配合，使得细胞整合外界环境的多种信号并以合适的方式做出回应，这依旧是一个重大的挑战。

第五节 利用生理响应机制的渔业生物技术

渔业资源生物对复杂的外界环境会产生形态、生理、行为和生活方式等不同的反应，我们通过了解和认识渔业资源生物对环境的生理响应机制，不仅可以对渔业生物增养殖中营养饲料和养殖环境条件进行合理的调控，而且可以借助声、光、电和化学物质等改良捕捞技术，以及利用信息素等进行入侵生物的治理等。

一、诱捕技术

动物会对周围环境中的光、电、声、化学物质等产生不同的反应，趋性是其中重要的一种。趋性是指单向的环境刺激下动物的定向行为反应，依靠动物的神经系统和肌肉共同完成，是本能行为中最简单的一种。鱼类的趋性行为包括趋光性、趋电性、趋声性、趋化性和趋触性等（白艳勤等，2013；黄晓龙等，2021；殷勇勤等，2017）。

（一）光诱驱鱼技术

鱼类的趋光反应有两种：一是正趋光，指趋向光源或向光强高的区域运动，中上层鱼类大多表现为该种反应，如沙丁鱼、鳀、鲐、竹荚鱼等；二是负趋光，即背离光源或向远离光源区域运动，底栖和昼伏夜出的鱼类多具有该特点，如鳗鲡、大麻哈鱼等。渔业生产上的灯光诱捕就是根据鱼类的这种特性用集鱼灯将鱼诱集到预定水域进行捕捞。为提高灯光诱捕的效果，需要根据被捕捞对象的视觉和趋光性行为特征设计集鱼灯和渔具。灯光诱捕在渔业中很早就被应用，我国有40多种经济鱼类具有趋光性，大多数幼鱼有趋光性，但经济价值低，属捕捞对象的主要有乌贼、鱿、鲐、马鲛等。

基于鱼类趋光性的光诱鱼捕鱼技术在水产养殖行业内被普遍应用，适宜的光照强度和光质可以吸引或驱赶特定的鱼类。光诱驱鱼技术的优势在于设备成本较低，但在浑浊度较高的水中作用较弱，在强光下明显不起作用。

（二）电驱鱼技术

趋电性是指鱼类在电场中的行为反应，包括感电、趋阳、麻痹等反应，鱼类将背离阳极或向与电力线垂直的方向游动等。鱼类进入电场后，受电刺激而惊恐不安、四处逃逸，力求使其体轴与电流方向平行，并表现为呼吸频率加快。趋阳反应属于鱼类趋电性，有学者推测海洋洄游鱼类是以大地的微弱电流来定向的。但当电场强度增高，超过鱼类的耐受极限，则出现呼吸微弱或停止，甚至发生电麻痹导致死亡，因而目前电捕鱼已被禁止使用。但较弱的电流和脉冲可用于拦鱼装置。

交流电往往会导致鱼类的过度死亡，因此逐渐被淘汰。但脉冲直流电不仅对七鳃鳗具有阻拦和引导作用，还可用于阻拦或引导普通鲤、草鱼、梅花鲈、黑口新虾虎鱼、玻璃梭鲈和虹鳟等鱼类。2006年，声呐探测结合高压电脉冲驱赶的方法成功应用于三峡围堰爆破前的鱼群驱赶保护。电驱鱼技术利用鱼类在电场中的行为特征对鱼类进行驱赶，具有适用范围广、抗干扰能力强、驱鱼效果显著等特点。

（三）声诱驱鱼技术

鱼类对于声音刺激的行为反应有两种：一是正趋音性，即鱼类向声源趋集，如鲤会向播放鲤游泳和吞食饵料时声音的发射器游去，并聚集在约3m的水域处；二是负趋音性，即鱼类产生逃避反应。如鲐听到长鳍鲸的声音会出现惊恐反应，逃离声源。声诱捕鱼就是利用鱼类对声音的反应将其诱集到预定的水域进行捕捞。常用的方法有模拟同种鱼的摄食声，将其诱集捕捞，如沙丁鱼、鲐、金枪鱼等；也可以利用声音使其产生惊恐反应，将鱼驱赶到特定水域进行捕捞，如大黄鱼等。

声诱驱鱼技术利用趋音性对鱼类进行引导，其引导效果受声音类型和声音频率影响。声诱驱鱼技术的优势在于声信号在水中传播距离远，影响范围广，但频率选择较为困难，需要为每种鱼都选择特定频率。

（四）化学诱驱鱼技术

趋化性是指以水环境中的化学物质浓度差为刺激源，使鱼类产生定向运动的特性。鱼类通过嗅觉器官，感受化学刺激源浓度的空间和时间变化，从而获得食物、敌害、同类个体等信息，从而做出相应的行为反应，其中以诱食剂的研究最为广泛和深入。

所谓诱食剂，又称引诱剂，主要是用来改善鱼、虾等水产养殖动物人工饲料的适口性，在鱼虾摄食的食物中添加的一种特殊添加剂（如氨基酸、甜菜碱、核苷、核苷酸、动物提取物等），能够有效提升动物的摄食量以及饲料利用率，减轻水体出现污染情况，减少动物发病和死亡概率，切实增加经济收益。诱食剂不仅在日常养殖生产中广泛应用，而且在游钓产业和竞技钓鱼中的作用也日益凸显。

（五）接触诱驱鱼技术

趋触性是指鱼类接触海底、湖底或珊瑚礁等固体，抵制水流保持位置的行为习性，底栖和岩礁性鱼类最为典型。鱼类的趋触性是人工鱼礁设计的主要依据之一。人工鱼礁不仅可以诱集鱼类，而且可以给鱼类提供一个良好的生息繁殖场所，起到保护、培育及增殖生物资源的作用，在现代海洋牧场建设中发挥重要作用。

二、生物防治——以海七鳃鳗为例

生物入侵是指入侵生物对入侵地的生物多样性、农林牧渔业生产以及人类健康造成经济损失或生态灾难的过程。由于入侵生物大多没有天敌而肆意繁殖生长，其治理难度非常大。水生生物入侵是生物入侵的一部分，主要作用区域为海洋、江河、湖畔、滩涂等水域。而近年来信息素的发现和应用，给水生生物入侵的防治提供了新的思路。

信息素（pheromone）是由生物个体释放到环境中被同种个体感知后，促使后者产生一系列特定的生理或行为反应的活性物质。根据作用，信息素可分为性信息素、聚集信息素、示踪信息素、告警信息素等。昆虫性信息素是昆虫在繁殖阶段释放到周围环境中吸引异性的信息物质，具有高效专一的特点。通过昆虫性信息素或性信息素类物质诱杀害虫已经得到广泛应用。该技术在应用过程中，不接触植物和农产品，没有农药残留之忧，是现代农业生态防治害虫的首选方法之一。

利用信息素对鱼类吸引、介导生殖等的作用，通过诱捕、驱逐，干扰和降低繁殖成功率，干扰鱼群移动和迁徙等进而可以达到控制鱼类数量的目的。信息素在水生生物入侵物种治理中最成功的案例是海七鳃鳗。海七鳃鳗（*Petromyzon marinus*）是一种古老的寄生鱼类，一个世纪前入侵了美国五大湖，对当地渔业造成了毁灭性的影响。有实验表明，以排精期的雄性为诱饵的陷阱捕获了多达87%的排卵期的雌性，而空白对照组和非排精期的雄性为诱饵的陷阱均没有捕获到任何雌性。上述实验证实了法国渔民使用雄性海七鳃鳗作为诱饵来捕获雌性海七鳃鳗的做法是正确无误的。2002年，李伟明团队鉴定海七鳃鳗雄性性信息素主要成分为胆盐，首次揭示胆盐除参与脊椎动物体内代谢外，也可作为信息素引导繁殖行为（Li et al.，2002）。目前已知的成熟雄性海七鳃鳗向水中释放的胆盐有 3kPZS（3-keto-petromyzonolsulfate）和 DkPES（3,12-diketo- 4,6-petromyzonene-24- sulfate）（图4-5）等。实验表明，3kPZS 是雄性海七鳃鳗的信息素的主要成分。雄性海七鳃鳗性成熟前，3kPZS 在肝脏合成量即开始上调，并通过心血管系统流入鳃部，在雄性海七鳃鳗完全性成熟后由鳃的腺细胞释放，速度约为 0.5mg/h。进一步实验表明，3kPZS 可以作为诱饵，把雌性海七鳃鳗从其生存的水流中吸引至陷阱中，从而减少这种能攻击和杀死五大湖地区大型鱼类的寄生物种的数量。因为在海七鳃鳗的种群控制中发挥了极大的应用价值，3kPZS 在 2016 年被注册为美国第一个脊椎动物的"生物驱虫剂"。

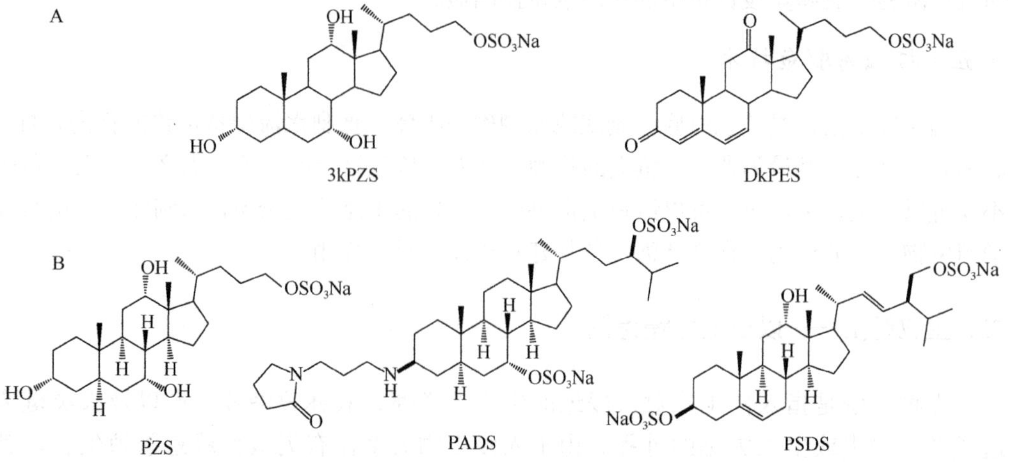

图4-5 海七鳃鳗性信息素（A）和迁徙信息素（B）主要成分

此外，张哲（2018）继续鉴定了性信息素 3kPZS 的嗅觉受体及其功能的探究。利用 cAMP 响应元件的萤光素酶（cAMP response element-luciferase）报告基因系统，发现 3kPZS 只能激活 OR320a 和 OR320b，同时 OR320a 和 OR320b 只对 3kPZS 及类似物有反应，说明 OR320a 和 OR320b 是 3kPZS 的特异性同源嗅觉受体。而细胞内 cAMP 浓度检测实验也进一步说明 3kPZS 通过细胞内 cAMP 信号通路激活 OR320a 和 OR320b。利用跨膜区重组和定点突变，发现位于受体 TM2 的第 79 位氨基酸残基通过影响受体对配体的亲和力，决定了 OR320a 和 OR320b 功能不同。

海七鳃鳗还存在一个有趣的现象，即迁徙期的海七鳃鳗通过识别海七鳃鳗幼鱼所释放的特定气味定位繁殖产卵的溪流。李伟明团队鉴定得到这些能够引导海七鳃鳗迁徙定位的海七鳃鳗幼鱼的气味，即迁徙信息素的主要成分为三种胆盐：PZS（petromyzonol sulfate）、PADS（petromyzonamine disulfate）和 PSDS（petromyzosterol disulfate）（图 4-5）（Sorensen et al.，2005）。迁徙信息素在海七鳃鳗幼鱼的肝脏中合成，在胆囊中储存，通过胆道分泌入肠道，最后与肠道内容物一起释放入水中，释放速度约为 10ng/h。然而，虽然在实验室测试中，PADS、PSDS 和 PZS 的混合物引起海七鳃鳗的行为反应最接近幼鱼气味引起的海七鳃鳗的行为反应，也会在野外河流分叉处影响海七鳃鳗的寻觅行为，但是在野地测试中，并不能重现幼鱼气味导致的溯游行为和河道选择行为，这提示至关重要的迁徙信息素还有待进一步研究。

思 考 题

1. 简述水生生物对温度、光照和盐度适应的表现和特点。
2. 简述水生动物渗透调节的方式。
3. 以缺氧、水质酸化、温度、盐度或重金属胁迫为例，简述鱼类应对环境压力产生的应激响应的三个阶段。
4. 简述捕食胁迫和饥饿胁迫引起的鱼类的行为生理响应。
5. 简述细胞膜受体分类，并举例说明细胞识别和信号转导过程。
6. 简述利用生理响应机制的渔业生物技术。

第五章 渔业资源类型

本章提要：主要从整个渔业生物分布水域、生活习性及作业方式等角度对渔业资源进行分类。重点介绍我国内陆水域及渤海、黄海、东海和南海四大海域渔业生物的生态类群、群落结构特点、渔业资源开发利用及其生物群落结构动态变化状况。

第一节 渔业资源分类

我国水域面积辽阔，其中内陆水域约为 $2.70×10^5 km^2$，渤海、黄海、东海和南海四大海域的管辖面积约为 $3.00×10^6 km^2$。复杂的自然地理环境条件和辽阔的水域生栖有种类繁多的生物资源。根据刘瑞玉（2008）报道，海洋生物种类有2.2万余种，其中鱼类有3200多种，虾类有820余种，蟹类有1070余种，头足类有125种。根据张春光等（2016）报道，我国内陆水域鱼类种类有1384种（含21种引入种）；另外，据相关文献记载，我国内陆水域的渔业资源，主要有经济鱼类140多种、虾蟹类60多种、贝类170多种。但是，从产量上来看，内陆水域的渔业资源以鱼类为主，占95%以上。

由于渔业资源的栖息环境包括内陆淡水环境和海洋海水环境，为了研究渔业资源问题和安排渔业生产的方便，通常根据渔业资源分布的水域特点，将渔业资源分为内陆水域渔业资源和海洋渔业资源两大类。

1. 内陆水域渔业资源

内陆水域渔业资源是指分布在江河、湖泊、水库、池塘等内陆水域中的可以作为捕捞对象的各种有经济价值的动物群体，或者说是分布在内陆水域的渔业资源，包括生活在内陆含盐量较高的咸水湖的生物种类。

2. 海洋渔业资源

海洋渔业资源是指分布在海洋水域中的可以作为捕捞对象的各种有经济价值的动物群体，或者说是分布在海洋水域中的渔业资源。按照不同海洋渔业资源的分布区域、水层、生态习性以及作业方式等，又可以将其作如下划分。

1）按渔业资源分布区域距渔业基地的远近划分

（1）沿岸渔业资源：是指分布在水深30m以内的河口、港湾、岛礁和沿岸浅海水域的渔业资源。属于这一类型的种类多数是移动范围不大，不作长距离洄游的土著种类，以小型鱼类和岛礁型鱼类占多数，如龙头鱼、凤鲚、四指马鲅、石斑鱼、六线鱼、棘头梅童鱼、叫姑鱼、横带髭鲷等。

（2）近海渔业资源：是指分布在水深30~100m海域的渔业资源。属于这一类型的种类不多，但往往个体较大，群体数量也较大，并且具有明显的洄游习性，如带鱼、大黄鱼、小黄鱼、银鲳、鳓、海鳗、二长棘鲷、红鳍笛鲷、黄鳍马面鲀、高眼鲽等。

(3) 外海渔业资源：是指分布在水深100～200m海域的渔业资源。属于这一类型的种类绝大多数移动范围很小，不作长距离洄游，终生栖居在外海的局部区域，如绿鳍马面鲀、水珍鱼、日本方头鱼、多齿蛇鲻、长尾大眼鲷、短尾大眼鲷、深水金线鱼、鳞首方头鲳等。

(4) 大洋渔业资源：是指分布在超出大陆架范围的大洋（公海）水域的渔业资源。属于这一类型的种类多数是大洋性洄游种类，如大洋金枪鱼类、鱿鱼类等。

(5) 跨界渔业资源：是指出现在两个或两个以上沿海国专属经济区内，或者出现在专属经济区内又出现在专属经济区外的渔业资源，如太平洋褶柔鱼等。

2) 按渔业资源分布水层、生物类群、作业方式划分

(1) 底层、近底层鱼类资源：是指一生中主要栖息于底层或近底层水域的鱼类资源。包括沿岸、近海和外海的底层或近底层水域，这是我国四大海域最重要的一个生物资源类群，种类繁多，在渔业生产中占有重要地位，如带鱼、大黄鱼、小黄鱼、绿鳍马面鲀、海鳗、鮸、黄姑鱼、棘头梅童鱼、鳕、鲆鲽类等。

(2) 中上层鱼类资源：是指一生中主要栖息于中层或上层水域的鱼类资源。包括沿岸、近海、外海和大洋的中层或上层水域。其中，栖息于外海或大洋200～1000m水层内的鱼类资源也称"中层大洋鱼类资源"。中上层鱼类种类数不如底层鱼类多，但是，全球中上层鱼类总渔获量却远超过底层鱼类，如鲐、蓝圆鲹、蓝点马鲛、鳓、银鲳、竹荚鱼、远东拟沙丁鱼、日本鳀、秘鲁鳀、金枪鱼类等。

(3) 虾蟹类资源：是指由甲壳动物中具有经济价值的虾蟹类所组成的渔业资源。一般来说，可以形成渔业生产的虾蟹类资源，除毛虾外，几乎都栖息于水域底层。在我国，虾蟹类种类繁多，资源丰富，从20世纪80年代起，由于近海传统底层经济鱼类资源相继衰退，虾蟹类资源发生量增加，逐渐得以开发利用并成为一大重要作业。主要种类有中国对虾、日本对虾、长毛对虾、斑节对虾、哈氏仿对虾、中华管鞭虾、鹰爪虾、大管鞭虾、毛虾、三疣梭子蟹、红星梭子蟹、日本蟳、锈斑蟳等。

(4) 头足类资源：是指由软体动物中具有经济价值的头足类所组成的渔业资源。这是自20世纪70年代以来世界捕捞产量年增长率最快的重要捕捞对象。主要种类有柔鱼科、枪乌贼科、乌贼科和蛸科等。

(5) 贝类资源：是指由软体动物中具有经济价值的双壳类和腹足类所组成的渔业资源。它们主要分布在广阔的潮间带或沿岸、近海的海底和沉积物中，主要种类有牡蛎、缢蛏、毛蚶、泥蚶、贻贝、文蛤、蛤蜊、扇贝、鲍鱼、马氏珠母贝等。

3) 按渔业资源生活与洄游习性划分

(1) 定居性渔业资源：是指终生生活在某一特定水域或者没有明显迁移活动的渔业资源。属于这一类型的种类多是岛礁性鱼类、定着性贝类等，如石斑鱼、褐菖鲉、黑鲷、六线鱼、牡蛎、扇贝、鲍鱼等。

(2) 洄游性渔业资源：是指由于生活环境变化的影响和生理习性的要求，每年要进行周期性、集群性、定向性长距离移动的渔业资源，按鱼类等水生生物不同的生理需求

可分为产卵洄游（生殖洄游）、索饵洄游和越冬洄游3种方式。主要种类有带鱼、大黄鱼、小黄鱼、鲐、蓝圆鲹、蓝点马鲛、鰤、绿鳍马面鲀、中国对虾、三疣梭子蟹等。

（3）溯河洄游性渔业资源：是指生活在海洋里的鱼类，在生殖期由海洋进入内陆江河中进行产卵繁殖的渔业资源，如鲑、鳟、大麻哈鱼、刀鲚、凤鲚、中华鲟等。

（4）降海洄游性渔业资源：是指生活在内陆水域里的鱼类，在生殖期由内陆江河降海进入海洋进行产卵繁殖的渔业资源，如日本鳗鲡、欧洲鳗鲡和松江鲈等。

4）按捕捞种类的产量高低划分

根据FAO的统计，全球海洋捕捞对象约有800种，按实际年渔获量划分捕捞对象的产量等级。具体产量级及渔业资源种类如表5-1所示。

根据中国渔业统计数据，我国尚无特级渔业资源种类，年渔获量曾超过1.0×10^6t的只有日本鳀1种，年渔获量曾超过1.0×10^4t的有40多种，如带鱼、绿鳍马面鲀、大黄鱼、小黄鱼、鲐、蓝圆鲹、银鲳、蓝点马鲛、多齿蛇鲻、长尾大眼鲷、棘头梅童鱼、白姑鱼、马六甲鲱鲤、太平洋鲱、金色小沙丁鱼、远东拟沙丁鱼、斑鰶、黄鲫、海鳗、鰤、竹荚鱼、鳕、真鲷、中国对虾、鹰爪虾、中国毛虾、三疣梭子蟹、海蜇、曼氏无针乌贼、毛蚶、文蛤等。

表5-1 全球海洋捕捞对象产量级及渔业资源种类（引自陈新军和周应祺，2018）

产量级	实际年渔获量（×10⁴t）	渔业资源种类	渔业规模
特级	>1000	秘鲁鳀（1970年产量为1.306×10^7t）	特大规模渔业
Ⅰ级	100~1000	狭鳕、远东拟沙丁鱼、鲐等10多种	大规模渔业
Ⅱ级	10~100	黄鳍金枪鱼、带鱼、中国毛虾等60多种	中等规模渔业
Ⅲ级	1~10	银鲳、三疣梭子蟹、曼氏无针乌贼等280多种	小规模渔业
Ⅳ级	0.1~1	黄姑鱼、鮸、口虾蛄等300多种	地方性渔业
Ⅴ级	<0.1	黑鲷、大菱鲆、龙虾等150多种	兼捕性渔业

第二节　内陆水域渔业生物群落结构特征及演变

我国幅员辽阔，南北纵贯49个纬度、东西横跨62个经度，在广袤的土地上分布着众多的江河、湖泊、水库、池塘等内陆水域，生栖有丰富的内陆水域渔业资源，是世界上内陆水域面积最大且内陆渔业资源最为丰富的国家之一。

一、内陆水域自然环境

（一）江河水系

在我国境内，江河众多，面积约有1.2×10^5km²，占内陆水域总面积的44.5%，其中河流长度超过1000km的有22条，超过300km的有104条。根据我国河流起源及地理分布，可将我国的河流分为七大水系。从北到南依次为松花江水系、辽河水系、海河水系、黄河水系、淮河水系、长江水系、珠江水系。

1. 松花江水系

松花江是黑龙江水系在我国境内的最大支流，长度 2309km，北源嫩江长度 1490 多千米，南源第二松花江长度 800 多千米，两源交汇后的松花江干流长度 800 多千米。松花江水系流域面积约为 $5.57×10^5km^2$，地跨吉林、黑龙江两省。其主要支流有嫩江、呼兰河、牡丹江、汤旺河、倭肯河、拉林河等。在佳木斯以下，为广阔的三江平原，沿岸是一片土地肥沃的草原，多沼泽湿地。松花江水系是我国东北地区淡水鱼的重要产地，盛产鲤、银鲫、草鱼、青鱼、鲢、鳙、长春鳊、三角鲂、翘嘴红鲌、蒙古红鲌、红鳍鲌、鳡鱼、银鲴、雅罗鱼、鳜鱼、鲶、哲罗鱼、大麻哈鱼、鳇、乌鳢、江鳕等。

2. 辽河水系

辽河发源于七老图山脉北麓的光头山，为辽宁省第一大河，长度约为 1390km，流域面积为 $2.19×10^5km^2$，地跨河北、内蒙古、吉林、辽宁 4 省（自治区）。东、西辽河在辽宁省昌图县福德店附近汇合后始称辽河。辽河干流河谷开阔，河道迂回曲折，沿途支流主要有招苏台河、清河、秀水河。辽河向南至六间房附近分为两股，一股向南称外辽河，在汇入辽河最大支流——浑河后又称大辽河，在营口入海；另一股向西流，称双台子河，在盘山湾入海。辽河水系经济价值较大的鱼类有 10 多种，主要有鲤、鲫、草鱼、鲢、鳙、长春鳊、三角鲂、红鳍鲌、翘嘴红鲌、南方马口鱼、赤眼鳟、黄颡鱼、鲶鱼及乌苏拟鲿等。

3. 海河水系

海河发源于天津金钢桥附近的三岔河口，东至大沽口流入渤海。海河干流长度仅有 73km，流域面积为 $3.18×10^5km^2$，地跨北京、天津、河北、山西、河南、山东、内蒙古等 7 省（自治区、直辖市）。海河干流虽然不长，但是，海河是由来自上游的北、西、南三面的北运河、永定河、大清河、子牙河、南运河 5 条河流和 300 多条大小支流构成的我国华北地区的最大水系。海河水系的经济鱼类主要有鲤、鲫、草鱼、鲶、鲌、鲢、鳙、三角鲂、乌鳢、鳜、赤眼鳟等。另外还有河口性的梭鱼、鳗鲡等。

4. 黄河水系

黄河为我国第二长河，全长 5464km，年均径流量约为 $5.70×10^{10}m^3$。黄河发源于青藏高原巴颜喀拉山北麓的约古宗列盆地，地跨青海、四川、甘肃、宁夏、内蒙古、山西、陕西、河南、山东等 9 省（自治区），最后流入渤海。黄河流域主要支流有白河、黑河、湟水、祖厉河、清水河、大黑河、窟野河、无定河、汾河、渭河、洛河、沁河、大汶河等 40 多条，并有 1000 多条溪川汇入，流域总面积为 $7.95×10^5km^2$。黄河流域幅员辽阔，地形复杂，各地气候差异较大，鱼类种类组成也有明显的地域差异。上游段（河源至贵德）鱼类种类组成简单，以裂腹鱼亚科、条鳅鱼类为主，多与新疆、西藏、四川西北部等鱼类近缘或同种；中下游鱼类种类较多，有 70 多种，以鲌亚科、鮈亚科、鳔鳅亚科、鲴亚科和雅罗鱼亚科的鱼类为主。下游流域面积小，流入的支流少，而鱼类的种类和数量较多，尚有多种河口性和半咸水性鱼类。黄河水系特有种类有鮈亚科的大鼻吻鮈、鳅科的金黄薄鳅、黄河高原鳅，鲶科的兰州鲶，以及虾虎鱼亚科的暗纹缟虾虎鱼、波氏栉虾虎鱼等。主要经济种类有鲤、鲫、赤眼鳟、黄颡鱼、刀鲚、乌鳢、鳜鱼、长春鳊、红鳍鲌、翘嘴红鲌、花斑裸鲤、极扁咽齿鱼、北方铜鱼、鲶鱼等。但是，随着三门峡大坝建设以及渔业发展，黄河水系的渔业资源种类组成发生了较大的变化，如鳗鲡等种类在中游河段已经绝迹，而在内蒙古、宁夏、甘肃等河段，移入了鲢、鳙、草鱼、长春鳊、团头鲂等江河平原性鱼类等。

5. 淮河水系

淮河发源于河南与湖北交界的桐柏山，位于长江与黄河之间，由淮河与泗沂沭水系两大水系组成，通过京杭大运河、淮沭新河和徐洪河贯通，地跨河南、安徽、江苏、山东、湖北5省，于扬州的三江营流入长江。干流全长约1000km，流域面积为$1.87×10^5 km^2$，年径流量$6.2×10^{10}m^3$，是我国东部的一条重要河流。淮河流域的支流南北不对称，北岸支流多而长，流经黄淮平原，南岸支流少而短，流经山地和丘陵。淮河地处我国南北气候过渡地带，是我国亚热带湿润区和暖温带半湿润区的分界线。鱼类组成具有华北冲积平原与长江中下游冲积平原之间的过渡性质，除具有华北平原共有的鱼类外，还有长江中下游平原常见的种类，如鲢、鳙、草鱼、青鱼、鳊、鲂、鳡、短颌鲚、银鱼等，其区系组成介于黄河与长江之间，但更多的与长江中下游鱼类区系相似。在淮河干流的上中游是鲢、鳙、青鱼、草鱼、鳊等多种江河平原性鱼类的产卵场。淮河水系的主要经济鱼类以鲢、鳙、青鱼、草鱼为最多，其次是鲤、鲫，另外捕捞的鱼类还有长春鳊、翘嘴红鲌、赤眼鳟、黄颡鱼、花鲴等。

6. 长江水系

长江为我国第一大河，全长6363km，仅次于非洲的尼罗河和南美洲的亚马孙河，居世界第三位。长江发源于唐古拉山，地跨青海、西藏、四川、云南、重庆、湖北、湖南、江西、安徽、江苏、上海等11个省（自治区、直辖市），支流延至甘肃、陕西、贵州、河南、浙江、广西、福建、广东等8省（自治区）。长江水系庞大，浩荡的长江干流加上沿途700多条支流，纵贯南北，年均径流量近$1.0×10^{12}m^3$。长江的河源支流仅有少数几种冷水性鱼类生栖，没有渔业生产。金沙江段全长3481km，滩多流急，落差很大，为冷水性鱼类和冷温性交替地带，屏山至宜宾区段为重要的渔业水域。位于四川盆地的宜宾至宜昌的川江段全长1000多千米，汇入支流众多，水量大增，鱼类资源丰富，山区和平原性鱼类兼有之，渔业生产十分发达。宜昌至湖口的中游段全长也为1000多千米，河道曲折蜿蜒，两岸湖泊汇集，以平原性鱼类为主，江湖半洄游性鱼类居重要地位，渔业发达。湖口至江阴为下游段，全长近700km，江面广阔，水流缓慢，两岸湖泊较多，除江河平原性鱼类外，刀鲚、鲥鱼、鳗鲡、河蟹等洄游性种类在渔业中占有重要地位。江阴以下为河口性水域，长约200km，受海潮倒灌影响，为广阔的半咸水水域，是淡水、半咸水鱼类交汇分布区，又是溯河、降海性洄游鱼类的必经之路，鱼类资源特别丰富。长江水系的主要经济鱼类有草鱼、鲤、长春鳊、鲢、长吻鮠、圆口铜鱼、鳤鱼、青鱼、铜鱼、鳙、鲶、翘嘴红鲌、鳜、赤眼鳟、黄颡鱼、刀鲚、短颌鲚、鲫、鲥、鳗鲡等44种。

7. 珠江水系

珠江为我国第四大河，全长 2214km，由西江、北江和东江三条独立的水系在三角洲汇集而成，流域面积约为 $4.537\times10^5km^2$，地跨云南、贵州、广西、广东、湖南、江西以及香港、澳门 8 省（自治区、特别行政区）。其中，珠江的主干——西江发源于云南省乌蒙山脉中的马雄山，河水径流特别丰富，年均径流量约为 $1.144\times10^{11}m^3$，水量仅次于长江。珠江水系支流众多，但下游没有湖泊，主要干道分汊甚多，大小河汊百余条，时分时合，形成纵横交错、港汊纷杂的网状水系，有 8 处入海口。我国境内上游云贵江段河道窄，水流急，少有鱼类分布；下游两广江段鱼类资源丰富，左江、右江等 7 条支流是青鱼、草鱼、鲢、鳙四大家鱼的天然产卵场。珠江水系主要经济鱼类有鲤、广东鲂、鲮、赤眼鳟、海南红鲌、黄尾密鲴、鲥、鳗鲡、草鱼、青鱼、鲢、鳙、鲫、须鲫、刺鲃、唇鱼、大眼鳜、斑鳢、黄颡鱼、鲶、胡子鲶、鲈等 30 多种。

（二）湖泊

我国湖泊星罗棋布，共有大小湖泊 24 800 多个，其中面积在 $1.0km^2$ 以上的天然湖泊就有 2800 多个，总面积为 $8.0\times10^4km^2$，占内陆水域面积的 29.6%。包括与外流河相通的外流湖泊，称淡水湖，如鄱阳湖、洞庭湖、太湖、洪泽湖、巢湖等。主要经济鱼类有鲤、鲫、鳊、鳜、鲶、鲥、银鱼、青鱼、草鱼、鲢、鳙、赤眼鳟、团头鲂、花鲴、铜鱼、黄颡鱼等。湖水只能流进而不能流出的内流湖泊，大多为内流河的归宿，又因蒸发旺盛、盐分较多而形成咸水湖，也称非排水湖，如青海湖、纳木错等。主要经济鱼类有青海湖裸鲤、花裸鲤、极扁咽齿鱼、裸重唇鱼、瓦氏雅罗鱼、银色颌须鮈，以及青鱼、鲤、鲫、草鱼、鲢、鳙、团头鲂等人工移入的养殖鱼类。我国湖泊数量多，且在地区分布上很不均匀，总的来说，东部季风区，特别是长江中下游地区，分布着我国最大的淡水湖群；西部以青藏高原湖泊较为集中，多为内陆咸水湖。

（三）水库

水库是用于拦洪蓄水和调节水流的人工水利工程，也是内陆渔业水域的重要组成部分，2019 年，我国共有大中小型水库 9.8 万多座，其中以小型水库为最多，共有 93 390 座，中型水库次之，共有 3978 座，大型水库较少，共有 744 座，总库容近 $9.0\times10^{11}m^3$。水库的分布以丘陵山区多，平原地区少。全国水库数量最多的是湖南省，水库数量为 14 047 座，总库容量为 $5.14\times10^{10}m^3$；其次为江西省，水库数量为 10 685 座，总库容量为 $3.279\times10^{10}m^3$；广东排名第三，水库数量为 8352 座，总库容量为 $4.556\times10^{10}m^3$。水库是发展水产养殖的重要水域，特别是一些中小型水库，有利于开展集约化养殖生产。

（四）池塘

池塘一般是指面积小于 100 亩的小型止水水体。池塘又可分为人工池塘、加工修整的半人工池塘以及天然池塘。2019 年，我国的池塘养殖总面积为 $2.64\times10^6km^2$，占内陆水域养殖面积的 51.7%。池塘面积较小，生态环境易于人工调控，便于进行集约化养殖，我国池塘养殖的总产量、养殖面积及集中连片鱼池平均单产方面均居世界首位。

二、内陆水域渔业生物种类组成及分布特点

（一）内陆水域鱼类组成

我国内陆水域的渔业资源主要由鱼类、虾蟹类和贝类组成，其中以鱼类种类最多，数量最大。根据相关文献报道，我国内陆水域现有鱼类1384种（包括亚种），含引入种21种，隶属于18目54科316属，去除引入种，原产的鱼类共有1363种（包括亚种），隶属于17目47科303属。

在土著种中，以鲤形目为最多，共有1032种，占总数的75.7%；其次是鲇形目，共有145种，占总数的10.6%；鲈形目居第三，共有107种，占总数的7.9%。此外，鲑形目有18种，占总数的1.3%；胡瓜鱼目有9种，占总数的0.7%；鲟形目、合鳃鱼目和鲉形目各有7种，各占总数的0.5%；鳗鲡目4种，占总数的0.3%；鲱形目和七鳃鳗目各3种，各占总数的0.2%；鲾形目、狗鱼目和刺鱼目各有2种，各占总数的0.1%；鳕形目和鳉形目各有1种，各占总数的0.07%。

主要经济鱼类有140多种，其中，长江水系有44种，黄河水系有22种，珠江水系有30多种，松花江水系有40多种。并且，根据这些种类的分布区域、范围以及经济价值等，可将其分为以下几种类型。

（1）分布广且在渔业产量中占有重要地位的鱼类。有50多种，以鲤科鱼类占绝对优势，主要有鲢、鳙、青鱼、草鱼、鲤、鲫、鳊、鲌、鲴、鲇、鲂等，这些种类都是广布性种类，属于适应能力强、个体大、生长快、产量高的江河湖泊水域的普生性鱼类，是内陆水域的主要捕捞对象，也是水库、池塘等淡水水域的放养品种。

（2）在内陆水域分布广、产量较大的常见经济鱼类。主要有中小型的鲇、黄颡鱼、乌鳢、黄鳝和泥鳅等。

（3）分布在一些地区流域性的重要经济种类。如江西的铜鱼、中华倒刺鲃等，珠江的鲮、卷口鱼，黄河的花斑裸鲤、扁咽齿鱼，黑龙江的大麻哈鱼，乌苏里的白鲑，青海湖的裸鲤等。

（4）珍稀特有种类。如白鳍豚、中华鲟、白鲟、胭脂鱼、勃氏哲罗鱼、大理裂腹鱼等。

（5）降海（溯河）洄游性鱼类。多数属于珍稀或名贵鱼类，不同种类分布区域也不同。其中，日本七鳃鳗分布于黑龙江和图们江；中华鲟分布于长江、钱塘江、闽江和珠江；白鲟只产于长江水系；鲥的分布范围与中华鲟相同，但也产于澎湖；花鰶主产于珠江及海南；凤鲚分布于黄河、长江、闽江和珠江；日本鳗鲡分布较广，从辽河到海南及台湾均有生产；花鳗鲡分布范围与日本鳗鲡相同；鲤科唯一洄游性的滩头雅罗鱼仅产于绥芬河和图们江；松江鲈主要产于长江及钱塘江；赤魟常见于珠江水系；大麻哈鱼产于黑龙江、绥芬河及图们江。

（6）河口半咸水鱼类。主要是指生活于江河入海处咸淡水水域的鱼类。这一生态习性的鱼类中，有分布于全国沿海各河口的鲻科的鲻、鲮，鮨科的花鲈，石首鱼科的梅童鱼，鳗虾虎鱼科的红狼牙虾虎鱼，鲬科的鲬等。也有分布于东海和南海各河口的尖吻鲈科的尖吻鲈，鲷科的黄鳍鲷等。其中有的种类还是重要的养殖对象或捕捞对象。

在我国内陆水域中，除了鱼类，还有贝、虾蟹等水生动物的丰富度也较高，其中，包含很多经济价值高、被广泛养殖或捕捞的种类，如中华绒螯蟹、青虾、沼虾、河蚌、甲鱼等。

（二）内陆水域鱼类分布

我国内陆水域辽阔，江河湖泊众多，但是，由于南北纬度跨度大，从北至南跨越冷温带、亚热带和热带，大部分地区属于温带和亚热带，气候多样。地形也复杂，有巍峨的高山、巨大的盆地、宽广的平原，不同的地理地貌和不同纬度区域的气候条件，形成了各自内陆水域的鱼类分布特点。

1. 华南渔区

华南渔区是我国低纬度的亚热带区域。河流纵横交错，水库、池塘星罗棋布，水域面积约为 $1.9×10^4km^2$，占全国内陆水域总面积的10.8%。珠江是本渔区的主要水系，由西江、北江、东江及珠江三角洲河网组成，流域面积为 $4.537×10^5km^2$，主要支流有郁江、柳江、桂江、贺江、连江、绥江、增江和新丰江等。本渔区在福建境内还有全长559km的闽江和258km的九龙江。此外本渔区还有漠阳江、南江、榕江、钦江、南流江、防城河、南渡江、万泉河、昌化江等河流直接流入南海和东海。本渔区自然条件优越，渔业资源十分丰富，鱼类资源种类繁多，共有300多种，以鲤形目占优势，主要包括鲢、鳙、鲮、草鱼、青鱼、鲤、鲫、鳊、鲂等。其中，鲈形目和鲱形目的鱼类主要分布在珠江水系的下游，特别是珠江口一带，如尖吻鲈、鲻、梭鱼、鲥、鲚等。而在珠江水系的中上游，高山峡谷，水流湍急，在这种特定的生态环境条件下，主要分布的是鳅科、腹吸鳅科和平鳍鳅科鱼类。淡水赤魟、中华鲟、无眼平鳅和桂林波罗鱼是分布在珠江水系的珍稀鱼类和熔岩地区的特有种类。

2. 西南渔区

西南渔区为我国的内陆地区，本渔区的水域面积为 $1.05×10^4km^2$，以江河为主，江河湖泊水域面积为 $7400km^2$，占本渔区水域总面积的70%以上。本渔区为长江水系和珠江水系及国际江河的上游，长江水系上游包括金沙江水系和川江水系，以及其主流嘉陵江、沱江、岷江、大渡河、乌江、双江等，珠江水系上游包括南盘江、红水河、柳江等主要支流；国际江河有红河上游的元江、湄公河上游的澜沧江、萨尔温江上游的怒江等。西南渔区的江河地处高原地带，海拔高，河床坡度大，河谷狭窄深邃，多暗礁险滩，水流湍急。湖泊主要集中在云贵高原，多数为断陷湖和岩溶湖，是海拔高、纬度低、无冰期的中小型浅水富营养的湖泊，鱼类区系组成简单，其中，以滇池的种类为最多，也仅有26种，而在海拔2700m的泸沽湖，只有4种。本渔区的鱼类以鲃亚科鱼类为最多，主要经济鱼类有鲢、鳙、草鱼、鲤、鲫、元江鲤、团头鲂、鳊、鱇浪白鱼、鲶、乌鳢、鮈、鲌、鳜、鯮、铜鱼、裂腹鱼等40多种。此外，本渔区特有种有四鳃孔鱼、大头鲤、鱇浪白鱼、金线鲃、大理裂腹鱼、中国结鱼、宜良墨头鱼等。

3. 长江中下游渔区

长江中下游渔区水域广阔，江河湖泊类型众多，水域面积有 $6.8×10^4 km^2$，占全国内陆水域总面积的38.6%。其中，河流和沟渠水域面积为 $3.4×10^4 km^2$，占全国内陆河道面积的43.9%。本渔区以长江、淮河和钱塘江为主要水系，区域内分布有洞庭湖、鄱阳湖、太湖、洪泽湖和巢湖等五大淡水湖，以及上万个中小型湖泊。此外，本渔区还有水库面积 $7.0×10^4$ 多平方千米，约占全国水库面积的34.4%，是我国江河鱼类资源的最重要分布区，鱼类种类组成复杂，生物多样性水平高。鱼类组成上，不同区域鱼类组成区系不同，其中，长江、淮河水系以江河平原区系为主体，瓯江、灵江以南有许多暖水性鱼类，如温州的厚唇鲃，福建的华鳈，天台的薄鳅、鳗尾鮗等。按生态习性来分，本渔区分布有鲃、鮈、虾虎鱼等山区流水性鱼类，青鱼、草鱼、鲢、鳙、鳡、鳊等半洄游性鱼类，鲤、鲫、乌鳢、鲂、鲌、鮰、太湖新银鱼、湖鲚等湖泊定居性鱼类，鲥、刀鲚、鳗鲡、香鱼、中华鲟、河豚等降海（溯河）洄游性鱼类，梭鱼、鲻、凤鲚等河口咸淡水交汇区鱼类。同时，本渔区还是青鱼、草鱼、鲢、鳙的天然鱼苗产区。

4. 华北渔区

华北渔区的内陆水域面积不足 $1.0×10^4 km^2$，占全国内陆水域总面积的5.3%。本渔区河流较少，除黄河外，主要有渭河、汾河、海河和淮河等，几乎全部为雨源性河流，雨季水丰，旱季缺水，河水断流为鱼类带来毁灭性灾难。湖泊水库不少但多数面积较小，鱼类资源特别是江河渔业资源数量少，利用价值不大，以地方定居性鱼类为主，少有过河口进行降海（溯河）洄游的鱼类和半咸水种类。

5. 东北渔区

东北渔区横跨暖温带、温带和寒带三个气候带，河流众多，湖库棋布，水域面积为 $2.3×10^4 km^2$，占全国内陆水域总面积的13.1%。主要是由黑龙江、乌苏里江、松花江、牡丹江和嫩江五大河流组成的松花江水系（也称黑龙江水系）、辽河水系、图们江水系及鸭绿江水系。此外，还有绥芬河、碧流河、大洋河、大凌河和小凌河等直接入海的小型河流。同时，有达赉湖、贝尔湖、大兴凯湖、小兴凯湖、镜泊湖，水丰水库、二龙山水库等大型湖库。江河湖泊的鱼类资源也比较丰富。本渔区水域由日本七鳃鳗、鲤、施氏鲟、大麻哈鱼、马苏大麻哈鱼、驼背大麻哈鱼、花羔红点鲑、乌苏里白鲑、黑龙江茴鱼、胡瓜鱼等55种特有的鱼类，其中冷水性鱼类有近30种，占我国冷水性鱼类的80%。本渔区是冷水性鱼类资源的主要分布区，鲑科鱼类是大型冷水性鱼类，经济价值高，其中，回归性的大麻哈鱼是世界性人工增殖放流的主要种类。

6. 西北渔区

西北渔区的内陆水域面积不足 $1.0×10^4 km^2$，约占全国内陆水域总面积的5%，内流河水系分布较广，共有 700 多条河流注入内陆湖泊和消失在沙漠中，最主要的有乌尔盖河、乌伦古河、伊犁河、塔里木河等。外流水系则主要有从渤海入海的黄河、滦河、永定河，以及我国唯一的一条最终流入北冰洋的河流——额尔齐斯河。大型湖泊有乌梁素海、岱海、黄旗海、博斯腾湖和乌伦古湖。本渔区的鱼类资源有 100 多种，虾蟹类 4 种，软体动物近 20 种，其中土著鱼类有 50 种，如属于中亚高山复合体的扁吻鱼、斑黄瓜鱼、裸黄瓜鱼、西藏裂尻鱼、臀鳞鱼和条鳅等，属于北方平原复合体的花丁鲄、银鲫、雅罗鱼、须鳅、白斑狗鱼、伊犁鲈等，属于北方山麓复合体的细鳞鱼、哲罗鱼、北极茴鱼、阿尔泰鳅、阿尔泰杜父鱼等，属于第三纪早期复合体的小体鲟、鲤、鲫等，还有属于北极淡水复合体的江鳕、长颌白鲑。此外，还有从国外和长江流域引入的养殖种类。

7. 青藏渔区

青藏渔区位于亚洲大陆内部，是东亚、南亚和中亚许多大江河的分水岭和发源地，除向东流的长江、黄河，向西流的印度河，向南流的澜沧江、怒江、雅鲁藏布江等外流河水系外，绝大多数为内流河湖水系。河流靠冰雪融化水补充，河湖水文特征属于季节变化很大、年际变化很小的多季节性河湖。本渔区拥有世界上最大的高原湖泊群，大小湖泊共有 1000 多个，面积为 $3.8 \times 10^4 km^2$，占全国湖泊总面积的 48.4%，大于 $1000 km^2$ 的湖泊有青海湖、纳木错、奇林错和塔热错，大于 $100 km^2$ 的湖泊有 53 个，海拔 5000m 以上的湖泊有 73 个，除了玛旁雍错、鄂陵湖、扎陵湖等外流湖为淡水湖外，多数内陆湖泊为含盐高低不同的盐湖、咸水湖和半咸水湖。本渔区有鱼类 60 多种，主要是裂腹鱼亚科有近 50 种，条鳅科近 20 种。土著经济鱼类主要有青海湖裸鲤、花斑裸鲤、极边扁咽齿鱼、羊卓雍湖裸鲤、纳木错小头裸裂尻鱼等中小型鱼类。

总体来说，我国内陆水域的渔业资源有些种类分布范围很大，而有些种类只能在局部区域生栖。如鳙的野生群体只限于长江和珠江流域，青海湖裸鲤仅是青海湖和库尔雷克湖的优势种群，施氏鲟、鳇只分布在东北渔区的黑龙江流段。而鲇、黄颡鱼、乌鳢、黄鳝和泥鳅等分布范围较广，鲚、鳗鲡、银鱼、香鱼则北起辽河，南至珠江水系均有分布。而我国内陆的淡水鱼类以鲤科鱼类为主，种类数最多，分布最广泛，并可将现生鲤科鱼类在我国的分布划分为以下 6 种类型。

（1）广布型种类：主要分布在黑龙江、松花江、长江、珠江等水系，部分种类甚至分布到日本和韩国，如中华细鲫、鳊等。

（2）分布在长江以北种类：主要分布在黑龙江、黄河、额尔齐斯河等水系，如鲬属、雅罗鱼属的鱼类。

（3）分布在长江及其以南种类：主要分布在长江及其以南、红河以东的地区，如倒刺鲃属、圆吻鲴属等鱼类。

（4）分布在珠江流域种类：主要分布在包括浙、闽地区的珠江流域，如瑶山鲤、唐鱼等。

（5）分布在西南地区种类：主要分布在红河及其以西的水系，如野鲮亚科的一些属种鱼类。

（6）区域性种类：主要分布在云贵高原、青藏高原湖泊，如四鳃孔鱼、青海湖裸鲤、裂腹鱼等。

（三）内陆水域鱼类物种多样性特点

1. 物种多样性水平高，鱼类种类以鲤科为主

根据张春光等（2016）研究报道，全世界共有内陆鱼类 11 952 种（Nelson，2006），我国内陆水域鱼类种类占世界总数的 11.32%。比较与我国所处纬度相近或高于我国，但国土面积大于我国的俄罗斯、美国、加拿大和欧洲整体的内陆鱼类种数（Froese and Pauly，2014），结果显示，我国内陆水域鱼类种数明显多于以上这些国家和地区，从每百万平方千米分布的内陆鱼类种数看，我国 141 种，美国 99 种，欧洲 51 种，俄罗斯和加拿大分别有 15 种和 24 种。由此可以看出，我国内陆水域鱼类物种多样性水平较高。

在内陆水域鱼类中，鲤形目鱼类有 1032 种（包括亚目），占内陆鱼类总数的 75.7%。在鲤形目中，以鲤科鱼类为最多，共有 660 种（含亚种），占鲤科鱼类的 64.0%，说明我国内陆水域的鱼类种类组成以鲤形目和鲤科为主，表现出东亚内陆鱼类组成的共同特点。

2. 物种多样性分布格局呈现明显的区域性特征

Begon 等（1990）在 *Ecology: Individuals, Populations and Communities*（《生态学：个体、种群和群落》）中提出：物种多样性具有梯度特征，即物种多样性水平随某一方向有规律地变化，这种变化可以表现为经度、纬度、海拔、深度，也可以表现为时间上的梯度，如演替。根据张春光等（2016）研究结果，我国内陆水域鱼类物种多样性表现出随纬度升高而下降、随海拔升高而下降的趋势。

不同水系的鱼类种类组成是长江和珠江两大水系明显高于其他水系。不同地理区域的鱼类物种多样性分布格局表现为东南部高于其他地区，特别是秦岭—淮河以南和横断山以东地区的鱼类物种多样性明显高于其他地区。进一步分析又得知，在秦岭—淮河以南和横断山以东地区鱼类物种多样性分布呈现出 4 个最高的区域，即长江上游的四川盆地、长江中下游及其邻近水系、珠江水系及海南岛。

究其原因，主要是与环境因子有关。首先，从我国地形来看，秦岭—淮河以南和横断山以东地区广泛分布着不同类型的山地、丘陵、盆地和高原，还有海南和台湾两个岛屿生态系统，生境类型多样。根据生境异质性假说（Shmida and Wilson，1985），生境类型越多越复杂，生态位就越丰富，物种多样性水平也就越高。秦岭—淮河以南和横断山以东地区的地形地貌复杂，能够为内陆鱼类的生存提供更多的生态位，使得物种多样性水平高于其他地区。相比之下，秦岭—淮河以北和横断山以西地区存在着大面积的高原，鱼类物种多样性水平也随着向北、向西海拔的升高而明显降低。

四川盆地和珠江水系的物种多样性水平最高，也与其复杂的地形特点有关。四川盆地内发育有长江上游的岷江—嘉陵江，属于我国阶梯形地势的"一级阶梯"与"二级阶梯"的过渡带，地貌上表现为底部海拔 300～700m 的丘陵与平原及周围海拔 1000～3000m 的山地。珠江水系是我国南方的第一大河，由西江、北江和东江组成，其中鱼类

物种多样性以西江为最高。西江水系主源南盘江，源头在云南省，与来自黔西南的北盘江汇合后称为红水河，至石龙附近北岸纳柳江，改称黔江，到桂平与郁江相会，其上游为右江和左江。黔江与郁江汇合口以下又称浔江，至广西梧州与桂江汇合后始称西江，东流进入珠江三角洲。西江沿途峡谷和广谷地段多，生境复杂多样，因此，鱼类物种多样性水平高。

其次，从我国水系分布来看，秦岭—淮河以南和横断山以东地区与其他地区相比，分布着更为丰富的水系，拥有长江、珠江两大流域面积较大的河流。这两条大河发源于高原，流经高山峡谷和丘陵盆地，穿过冲积平原达到宽阔的河口，上、中、下游流经地区生境变化较大，急流、缓流相间，为形成较高的鱼类物种多样性创造了不同类型的生态条件。东部地区还有众多的湖泊，如洞庭湖、鄱阳湖、太湖、洪泽湖等，沿海地区分布着许多自流入海的河流，如钱塘江、灵江、瓯江、闽江等。海南和台湾也分布着岛屿淡水河系，为内陆鱼类的生存提供了大范围的适宜生栖场所。另外，秦岭—淮河以南和横断山以东地区属于温度和降水量高或较高的地区，具有更好的水热条件，水域的流量也较其他地区充沛，能容纳更多的鱼类种类生存，而秦岭—淮河以北和横断山以西地区，气候干燥，降水量少，在气候干旱条件下，该地区的河流断流现象严重，导致鱼类物种多样性水平降低。

（四）内陆水域鱼类资源开发利用及生物群落结构演变

我国内陆水域渔业资源的开发利用历史悠久，新中国成立以后，20 世纪 50～60 年代，我国水产品的年均总产量为 2.50×10^6t，其中淡水渔业产量占 34.7%，50 年代以淡水捕捞产量为主，占淡水渔业总产量的 62.4%；60 年代淡水捕捞产量稍有下降，淡水养殖产量增至与捕捞产量相当的水平。70 年代全国水产品总产量较 50～60 年代增加了 65%，但是，淡水渔业产量增幅不大，只增加了 17.2%，而淡水捕捞产量反而下降了 35%。80 年代淡水捕捞产量恢复到 50～60 年代的平均水平，但其在淡水渔业总产量中所占的比重则由 56.3% 下降至 17.4%。90 年代淡水捕捞产量较之历史最高水平的 50 年代翻了一番，但其在淡水渔业总产量中所占比重则再次降至 13.6%。进入 21 世纪以后，我国淡水捕捞产量在淡水渔业总产量中所占比重更是逐年下降，至 2008 年，所占比重不足 10%，2020 年，淡水捕捞产量仅为 1.458×10^6t，占淡水渔业总产量的 4.5%，而淡水养殖产量则逐年上升，2020 年，淡水养殖产量达到 3.089×10^7t，占淡水渔业总产量的 95.5%。

产生这种现象的原因，一方面是得益于淡水养殖业的迅猛发展，另一方面是因过度捕捞、围湖造田、修闸建坝、水域环境污染等人类活动干扰致使内陆水域的渔业资源不断衰退、枯竭甚至濒危。譬如，水工设施，近二三十年来，随着我国国民经济的迅速发展，越来越多的水利设施已建、在建或处于规划建设中。仅长江上游就规划有 417 座大、中型水电站。在各大江河的干流和支流修建了大量的水利水电设施，层层阻隔了洄游鱼类的通道，以致洄游性鱼类不能完成正常的生活史，大量洄游性鱼类在建有水利水电设施的上游江（河）段消失（张春光等，2016）。柯福恩等（1984）研究了葛洲坝修建对中华鲟种群的影响，显示水坝阻隔了中华鲟的洄游路线，使其不能完成繁殖活动，以致种群数量下降。石振广等（2002）统计了长江中华鲟捕捞量，也反映长江葛洲坝截流，阻隔了中华鲟洄游路线，使得长江中华鲟性比失调，雄性补充群体严重不足，繁殖种群退化。同时，多数江河都程度不同地成为城市工业和生活污水的排污河，尤其是一些径流量不大的河流，水域本身的自净能力很差，污染对面积不大的湖泊和库容不大的水库造成的危害特别突出。更有多年的过度捕捞直接导致内陆水域的渔业资源的衰退。至今，我国内陆水域鱼类20%已处于濒危状态（张春光等，2016）。

长江在内陆水域渔业生产中占据极其重要的地位，但是由于多年来的过度捕捞、水域环境污染以及水工设施建设等，导致半洄游性特别是降海（溯河）洄游性鱼类资源急剧下降；渔获物组成日趋小型和低龄化，主要湖泊的湖鲚、鳑鲏等小型鱼类取代了大型经济种类，鲤、鲫等经济鱼类日趋低龄化，以当年生幼鱼和1龄鱼为主。鄱阳湖的鲤鱼小于2龄的个体占渔获物组成的比重由1963年的66.6%增至1973年的75.4%；而某些湖区和江段的小型鱼类产量大幅度增加，1952年太湖和巢湖的湖鲚在总产量中的比重为15.8%和28.6%，到20世纪90年代末，分别上升至50%和80%以上；如今，长江里最常见的青鱼、草鱼、鲢和鳙四大家鱼已经接近濒危，为了修复长江水生态环境，保护渔业资源，从2021年开始，国家实行了长江流域的重点水域10年禁渔措施。

根据太湖水域较为系统的调查研究资料，可以看出近50年来太湖渔业资源种类组成及其结构的动态演替趋势。20世纪50年代初期，太湖以大中型鱼类为主，除鲫、鲤、乌鳢、鳜等湖泊定居性鱼类以外，还有诸如青鱼、草鱼、鳡、鳤、鳊、鲢、鳙等河湖洄游性鱼类，以及鲚、银鱼等降海（溯河）洄游性鱼类，其中，四大家鱼和鲤、鲫、鳊的产量占41%，鲚和银鱼的产量分别为15.3%和12.9%，红鳍鲌、乌鳢、鳡、鳜等凶猛鱼类在整个太湖鱼类相互关系中起主导作用（伍献文，1962a，1962b）。

60年代，随着农田水利建设的发展，修闸建坝、江湖阻隔致使湖泊中鱼类群落结构发生了显著变化，江湖、降海（溯河）洄游性鱼类明显减少，出现了以小型鱼类为主（占58.4%），鲚和湖鲚并存的局面（中国科学院南京地理研究所，1965；殷名称和缪学祖，1991）。60年代后期，借助四大家鱼的增殖放流以维持和增加湖泊中江湖洄游性经济鱼类的数量。

70年代，湖滩和草滩被围垦，破坏了鲤、鲫等草上产卵鱼类的产卵场和栖息地，湖泊定居性种类的资源随之锐减，形成了以湖鲚、银鱼等敞水性鱼虾类和小型鲤科鱼类为主（占70%）的渔业资源结构（谷庆义和仇潜如，1987）。80年代洄游性鱼类业已罕见或绝迹，湖鲚、银鱼和低值小型鲤科鱼类占绝对优势。群体结构呈现早熟、低龄和小型化。小型低值鱼类的产量由50年代的8%增至80年代末的18.6%和90年代初的20.7%。90年代初的调查结果（邓思明等，1997）表明，湖鲚所占的比重增至36.8%，银鱼占11.3%，四大家鱼和鲫、鲤、鳊的产量依赖增殖放流维持在20.7%的水平上。

第三节 渤海渔业生物群落结构特征及演变

我国海疆辽阔，总面积为$4.73 \times 10^6 \text{km}^2$，其中，大陆架面积为$1.4 \times 10^6 \text{km}^2$，占全球的4.9%，海岸线长约$1.8 \times 10^4 \text{km}$。地跨热带、亚热带和温带三个气候带，渤海、黄海、东海和南海四大海域均属于典型的陆缘海，海域内岛屿星罗棋布，有7600个，岛屿岸线长达

1.4×10⁴ 多千米。四大海域均有各自的环流系统，但是缺乏大洋寒、暖流的分布与影响，从而造就了我国四大海域的渔业资源特点：①各个海域渔业资源具有一定的独立性和局限性（特别是底层、近底层鱼类大部分是由地方性种群组成）；②缺乏世界广布种的分布；③单一种类资源数量有限，高产种类不多，但是渔业资源种类数众多。因此，要发展渔业，就不能依靠某一种生物资源，而是必须综合利用一切生物资源，包括鱼类、甲壳类、头足类和贝类等，组织大规模的复合渔业。实际上我国海洋捕捞业历来就是由多种渔业生产方式所组成的，如拖网、围网、张网、刺网、钓等。渔业资源主要由鱼类、甲壳类、头足类和贝类4个类群的生物群落所组成。并且依靠海域的水文环境和饵料条件，以贝类、甲壳类、底层鱼类和头足类、中上层鱼类为顺序垂直分布排列。各个生物类群根据各自在产卵、索饵、越冬等3个时期生物学特性的需要，在一定空间内移动、洄游、不断分化调节，并随着内外界因子的变化（如人类活动干扰）发生渔业生物群落演替。

渤海是一个内海属性较强的生境单位，根据林景祺（1996）报道，历史上，渤海渔业生物群落主要由贝类、甲壳类、鱼类3个类群垂直分布形成。

一、贝类类群

渤海滩涂面积大，沿岸河流众多，径流量充沛，盐度较低，因此，适宜低盐贝类的栖息分布。贝类类群的主要种类有毛蚶、近江牡蛎、长牡蛎、文蛤、四角蛤蜊、缢蛏等，不同种类的栖息海区如下。

（1）河口区：沿岸入海河口，水流通畅，盐度低，多有近江牡蛎和长牡蛎等大型种类栖息。渤海底质多为泥沙，无附着基，故贝类只有依附于母贝上，堆集群生，形成贝壳礁，俗称"牡蛎山"。

（2）中潮区：四角蛤蜊、缢蛏等以中潮区为主要栖息区，有时广泛分布于浅海泥沙滩。

（3）低潮区：文蛤主要栖息于低潮区较平坦的细砂或泥沙滩中。

（4）浅海：毛蚶主要分布于低潮线以下至水深10m的浅海。

以上各种贝类虽然表现出按不同潮带区分布的趋势，但其共同点一是栖息地必须是受到淡水影响的海域，二是共同滤食浮游和底栖硅藻类。

在贝类类群中以毛蚶的经济价值最大，其主要渔场分布在辽东湾的 40°22′N～40°55′N，120°36′E～121°38′E；渤海湾的39°05′N～39°09′N，117°52′E～117°58′E；莱州湾的37°15′N～37°48′N，119°00′E～119°29′E。渤海毛蚶的产量以 1976 年为最高（7.7×10⁴t），后趋下降。以常见的饵料贝类经济价值最低，但也有集中分布区。例如，光滑蓝蛤主要分布于中潮区；水彩短齿蛤则是群栖于潮间带的泥沙底质的滩涂上。此外，某些经济价值很高的种类，其分布区却极为有限。如紫贻贝和栉孔扇贝等，仅限于渤海海峡的岛屿岩礁处有分布。

二、甲壳类类群

渤海是我国四大海域甲壳类动物种类最少的海域，甲壳类类群主要由中国对虾、鹰爪虾、中国毛虾、葛氏长臂虾、日本鼓虾、鲜明鼓虾、口虾蛄、三疣梭子蟹、泥脚隆背蟹、绒螯细足蟹、隆线强蟹、日本鲟，以及潮间带的天津厚蟹、三齿厚蟹和日本大眼蟹等种类所组成。中国对虾和鹰爪虾是进入渤海的暖水性虾类的代表。渤海成为我国对虾主要渔场主要有三方面的因素：①渤海位置偏北，远离黑潮暖流高盐水体的影响；②渤海 $7.7\times10^4\mathrm{km}^2$ 的封闭海区内充满盐度不足 31.00 的低盐水体；③对虾幼体摄食的多甲藻、舟形藻、斜纹藻（也称曲舟藻）和圆筛藻等和作为对虾幼虾、成虾主要饵料的底栖甲壳类、瓣鳃类、头足类、多毛类、蛇尾类、海参类以及小鱼等均极为丰富。中国对虾的产卵场和索饵肥育场均在莱州湾、渤海湾、辽东湾的近岸浅水区和河口附近海域。

鹰爪虾虾群于 5 月渤海海峡底层水温达到 9～13℃时大量进入渤海，分别游向辽东湾、渤海湾和莱州湾近岸聚集，6 月下旬前后游抵各河口产卵场。主要产卵场在渤海南部的莱州湾和金州湾。成虾的饵料种类为腹足类、瓣鳃类、甲壳类和多毛类。11 月，对虾和鹰爪虾游离渤海。

渤海的中国毛虾分为两群：一为辽东湾群，二为渤海西部群。两群的分布和产卵都是各自独立的。辽东湾群的越冬场位于 39°00′N～40°10′N、水深 25～30m 的水域内。6 月，第一次产卵高峰的产卵场位于辽河、大凌河和小凌河的河口区 5m 等深线以内。8 月，夏一代性成熟产卵，产卵场位于东南起自辽南的复州湾，北至辽东葫芦岛外海的广阔海域。渤海西部群在 38°00′N～39°00′N、119°00′E～119°30′E 及其附近海域越冬，5 月中旬以后游向沿岸产卵。6 月是越年群的产卵盛期，产卵场位于河北的南堡和大口河海口（老黄河口）、天津的海河口及山东的莱州湾西部近岸海域。7 月上旬以后，越年虾群的残余和夏一代幼虾均离开近岸浅水区向深水区转移，8 月、9 月扩大范围进行产卵。12 月至翌年 1 月，辽东湾虾群和渤海西部虾群又分别进入越冬场。中国毛虾的主要饵料为甲藻、圆筛藻和具槽直链藻等。

葛氏长臂虾、日本鼓虾和鲜明鼓虾均为低盐性虾类。葛氏长臂虾越冬期分布范围遍布整个渤海湾和辽东湾中、南部深水区。5～8 月为其产卵期，产卵群体主要分布在黄河口附近海区。主要饵料为介形类、糠虾、端足类、双壳类、多毛类、蛇尾类以及小型鱼类。日本鼓虾冬季分布在整个渤海，6 月底至 8 月为产卵期，产卵场在近岸海域，主要饵料为介形类、端足类、糠虾、多毛类、小型贝类、海参类、蛇尾类以及小型鱼类。鲜明鼓虾越冬期主要分布在渤海中部深水区，6 月游向近岸河口附近产卵场，7～8 月为产卵期，主要饵料为介形类、端足类、蛇尾类、小型贝类以及小型鱼类等。渤海褐虾主要分布在莱州湾，主要摄食多毛类、小型双壳类、腹足类以及底栖端足类等。

渤海梭子蟹主要分布在渤海湾和莱州湾，4 月底开始在水深 10m 以下浅水区河口附近产卵场产卵，以各种底栖动物和小型鱼类为食。梭子蟹同分布在潮间带高潮区的天津厚蟹、三齿厚蟹和日本大眼蟹等滩涂蟹类，以及分布在浅水区的泥脚隆背蟹、绒螯细足蟹、隆线强蟹、日本鲟等构成共同的类群。

此外，口虾蛄也在这个类群内。口虾蛄分布遍布整个渤海，穴居越冬。5～7 月到近岸浅水区产卵，杂食性，以介形类、端足类、瓣鳃类、头足类、多毛类、蛇尾类以及小型鱼类为食。

虾蟹类和虾蛄等类群，除了毛虾和虾蟹幼体为草食性外，整个类群成员的成体均为杂食性。这些种类沿滩涂、浅水、渤海中部深水依次分布，并因为均依靠低盐水体，共同食用多毛类、介形类、端足类、瓣鳃类、头足类、蛇尾类、海参类以及小型鱼类等而构成类群。

三、鱼类类群

渤海鱼类类群主要由黄鲫、青鳞鱼、斑鲦、蓝点马鲛、梭鱼、小鳞鱵、多鳞鱚、黑鳃梅童、棘头梅童、小黄鱼、叫姑鱼、白姑鱼、黄姑鱼、半滑舌鳎、钝吻黄盖鲽等种类所组成。黄鲫、青鳞鱼、斑鲦和蓝点马鲛等为从渤海以外海域前来渤海产卵的中上层鱼类。黄鲫主要分布在莱州湾、秦皇岛外海和辽东湾，主要饵料为毛虾、糠虾、底栖虾类和钩虾。青鳞鱼产卵场主要在莱州湾、秦皇岛外海和辽东湾，以桡足类、箭虫、糠虾、毛虾等为食，属浮游动物食性。斑鲦5～7月主要分布在莱州湾，以摄食浮游植物为主，兼食浮游动物以及腐殖质。蓝点马鲛主要产卵场在莱州湾、滦河口外海和辽东湾，主要摄食鱼类。从中上层鱼类群落看，该类群内部成鱼的摄食习性分化很明显，从摄食浮游植物、浮游动物、糠虾、毛虾、底栖端足类和虾类，直至鱼类。

渤海底层鱼类中有近岸性鱼类，如梭鱼，其大部分时间栖息在近岸浅水区，摄食浮游植物及底栖硅藻，冬季在湾口或沿岸深水区越冬。小鳞鱵大部分在莱州湾，部分在金州湾，喜栖息于水质清、藻类多的水域，在产卵季节更喜欢海藻丛生的环境，以利于卵子附着。产卵场水深多在 5～15m。多鳞鱚分布在莱州湾的群体数量大于渤海湾和辽东湾。其产卵场一般分布在近岸水深 5～17m，水质澄清，且底质多为沙底或泥沙底的海区。石首鱼科中的小黄鱼已很少，常见的有黑鳃梅童和棘头梅童。它们均以浮游动物为食，主要种类有糠虾、桡足类、毛虾、箭虫等，间或也摄食底栖动物，如褐虾、细螯虾、涟虫和端足类等。叫姑鱼幼鱼以多种浮游动物为食；成鱼主要摄食小鱼、细螯虾、褐虾、日本鼓虾、枪乌贼、沙蚕、钩虾、涟虫和蛤蜊幼体等，其中以细螯虾、小眼端足类为主，其次是小型短尾类、褐虾、鼓虾和小鱼等。白姑鱼 5 月至 6 月上旬分布在各大河口外侧产卵，以莱州湾为其主要产卵场，以底栖生物为食，如日本鼓虾、鲜明鼓虾、鹰爪虾、褐虾、对虾、虾虎鱼等。黄姑鱼主群 5 月上、中旬分布在黄河口海域产卵，另有一部分鱼群分布在辽东湾大凌河口及滦河口附近海域产卵，以多种底栖生物为主要饵料，如鹰爪虾、褐虾、鼓虾、虾蛄等，以及鳀、虾虎鱼、青鳞鱼、黄鲫、多鳞鱚等。比目鱼类中半滑舌鳎冬季主要分布在渤海中部，4 月开始向莱州湾、渤海湾、辽东湾近岸移动，9 月下旬产卵，主要摄食日本鼓虾、细螯虾、泥脚隆背蟹、绒螯细足蟹和隆线强蟹等，其次摄食鱼类，其中有钝尖尾虾虎鱼、尖尾虾虎鱼、天竺鲷和鳀等，以及少量贝类。在渤海，钝吻黄盖鲽终年均有分布，主要摄食腔肠动物、贝类和多毛类，少量摄食棘皮动物。牙鲆 5 月开始游向近岸产卵，冬季一部分群体游出渤海，饵料以鱼类为主，其他很少。纵观底层鱼类，从近岸浅水到深水均有分布，而且不论整个底层鱼类类群，还是各个群团（近岸性鱼类、石首鱼类、比目鱼类等）内部，均有从浮游动物食性、底栖生物食性直到鱼类食性的明显分化现象，从而调节和减缓各类群之间的食物竞争的激烈程度。

四、各类群间的相互关系

在渤海的渔业生物群落中，3个生物类群之间存在着相互依存关系。其分布格局是：贝类位于底层，甲壳类位于中层，鱼类位于上层。甲壳类和贝类的关系是，贝类中腹足类、瓣鳃类为甲壳类提供部分饵料基础。如黄河口附近海域，对虾索饵群体在后顶蛤密集区索饵，聚集而形成中心渔场；秋汛梭子蟹索饵群体集中分布区刚好是主要饵料水彩短齿蛤分布密度特别大的海区。鱼类和甲壳类的关系是，浮游和底栖的端足类、涟虫类、中小型虾蟹类是鱼类的饵料，而甲壳类有时也以小型鱼类为食。贝类与鱼类的关系是，部分比目鱼，如半滑舌鳎和钝尾黄盖鲽摄食贝类，它们之间的关系是相互依存、相互交错。

五、渔业资源开发利用及生物群落结构演变

渤海渔业历史悠久，早在距今5000~6000年前就已采用网具捕鱼。在漫长的历史长河中，沿海渔民不断探索实践，用自己的聪明才智了解鱼虾习性，逐步改革和创新了许多行之有效的渔具渔法。特别是新中国成立以后，在党和政府的大力支持下，海洋渔业生产的渔具渔法不断改进，捕捞效率迅速提高。在20世纪60年代以前，捕捞生产以木帆渔船在沿岸渔场进行季节性生产为主，渔业资源开发利用程度较低，资源水平与捕捞强度基本适应，海洋捕捞生产基本维持着以传统鱼汛生产和木帆渔船为主、以少量中小型机帆船力辅的生产格局，作业渔场基本稳定在沿岸渔场，主要捕捞对象为中国对虾、带鱼、鲐、银鲳、蓝点马鲛、鳓等。60年代，流刺网和机帆船轻拖网发展很快，作业渔场推进到水深30~40m海域。70年代后，机帆船向大中型化快速发展，作业方式主要有拖网、流刺网、定置网等，渔获量不断提高。但是，单位捕捞努力量渔获量（CPUE）持续下降，渔获物种类组成、品质结构变化明显。进入2000年之后，渤海捕捞产量出现持续下降趋势，如图5-1所示。

图5-1　1979~2020年渤海捕捞产量变动趋势

另外，根据唐启升（2006）报道，黄渤海区不同生物类群资源利用状况、资源密度及渔获种类组成变化如下。

（一）不同生物类群资源利用状况

1. 鱼类

鱼类是黄渤海的主要捕捞对象，一般占北方三省一市（辽宁省、河北省、山东省、天津市）海洋捕捞总产量的50%以上，在1964~1966年超过80%，随后鱼类所占比例呈下降趋势，在90年代末约占60%。1950~1970年，鱼类的产量在$2.5×10^5$~$4.0×10^5$t波动，产量变化不大，主要捕捞对象为小黄鱼、带鱼、大头鳕、鲆鲽类等底层经济鱼类；1971~1985年产量在$4.8×10^5$~$7.2×10^5$t波动，主要种类为鲱、蓝点马鲛、鲐等中上层鱼类；之后到1996年为平稳增长期，从1996年开始呈快速增长，1999年达到$3.01×10^6$t，2000年为$2.99×10^6$t，主要鱼类为鳀、竹荚鱼以及玉筋鱼等。进入21世纪之后，鳀产量又因为过度利用出现下降，鱼类捕捞产量也在波动中下降，至2007年下降到$2.5×10^6$t以下（仅为$2.28×10^6$t），到2017年，北方三省一市的海洋鱼类捕捞产量降至$2.0×10^6$t以下，仅为$1.7×10^6$t，2020年为$1.56×10^6$t。

2. 虾蟹类

黄渤海的经济虾蟹类主要有对虾、毛虾、鹰爪虾、口虾蛄和三疣梭子蟹等，其中毛虾主要分布于渤海。1974年以前北方三省一市虾蟹类的产量在$1.0×10^5$~$2.0×10^5$t波动，1974~1987年产量在$2.0×10^5$~$3.0×10^5$t波动，之后进入快速增长期，1988年超过$3.0×10^5$t，1993年达到$4.7×10^5$t，1994年超过$5.0×10^5$t，1996年超过$6.0×10^5$t，1998年为$8.4×10^5$t，2000年达到$9.39×10^5$t。虾蟹类产量增长主要原因是渤海中国毛虾产量的增长，而中国对虾的产量却大幅度下降。进入21世纪以后，黄渤海虾蟹类捕捞产量也出现持续下降，到2020年，北方三省一市虾蟹类捕捞产量仅为$3.36×10^5$t。

3. 头足类

黄渤海头足类资源较少，主要渔获种类为日本枪乌贼、火枪乌贼、太平洋褶柔鱼、曼氏无针乌贼、短蛸和长蛸等。头足类产量在黄渤海渔业产量中所占比例较低，其年产量一般在$3.0×10^4$t以下，1996年首次超过$3.0×10^4$t，特别是进入21世纪之后，黄渤海头足类捕捞产量曾一度快速上升，到2004年，北方三省一市（辽宁省、河北省、山东省、天津市）的头足类捕捞产量达到历史最高水平，为$3.24×10^5$t。之后，黄渤海头足类捕捞产量也出现持续下降趋势，到2020年，北方三省一市的头足类捕捞产量为$1.22×10^5$t。

（二）渔业资源密度的变化

捕捞作业渔船的单产能大致反映渔业资源密度的变化情况。黄渤海机动渔船的年均单位功率产量在60年代为4.5t/kW，70年代已下降为2.2t/kW，80年代以来一直稳定在1.0~1.3t/kW的低水平上。单产的变化情况表明，70年代前后该海区的传统渔业资源就已过度利用。1998~2000年"北斗"号在黄海底拖网调查的年均渔获率为104kg/h，高于1985~1986年的45kg/h，但渔获率的增加是由鳀等小型中上层鱼类资源的上升而引起，中上层鱼类的年均渔获率从1985~1986年的19kg/h上升到1998~2000年的81kg/h，而底层鱼类和头足类的渔获率基本呈下降趋势。90 年代以来，渤海渔业资源生物量与 80 年代初相比已明显下降，根据底拖网调查渔获率估算的资源密度从 1983 年的 1.31t/km² 下降到 1993 年的 1.02t/km²。

（三）渔获物种类组成的变化

随着人类捕捞活动的加剧和环境条件的变化，渤海的渔业生物种类发生了较大变化，资源的质量也大为降低。与 20 世纪 80 年代初相比，到 90 年代末，在渤海，经济价值低的小型中上层鱼类已经成为渔业资源的主要组成部分。鳀和黄鲫这两种小型中上层鱼类优势种占总生物量的比例，已从 1983 年的 36%上升到 1993 年的 59%和 1998 年的 78%，而主要经济鱼类小黄鱼和蓝点马鲛所占比例，从 1983 年的 10%下降到 1993 年的 3.6%及 1998 年的 4.1%。

从渤海捕捞生产的渔获物组成也反映出捕捞过度已使渔业资源种类组成发生了明显变化。20 世纪 50～60 年代，渤海的底层渔获种类以小黄鱼、带鱼、鲆鲽类和鲷类等优质鱼类为主。在 70 年代以前，蓝点马鲛和中国对虾等也是主要捕捞对象，但由于过度捕捞及水域环境污染，70 年代以后，上述优质底层鱼类、蓝点马鲛和中国对虾等的渔获量明显下降，有的种类几乎在渔获物中消失，捕捞数量较大的为玉筋鱼、海蜇、毛虾等个体较小、生命周期较短的种类。

第四节　黄海渔业生物群落结构特征及演变

以黄海区内黄海槽我国一侧斜坡附近海域作为一个生境单位，观察其渔业生物群落结构。在这个生境单位内分布有如下 5 个主要生物类群。

一、贝类类群

黄海沿岸贝类种类多，资源丰富。从地理位置划分，黄海沿岸可分为辽东半岛东岸、山东半岛（包括烟台、威海沿岸、胶东半岛、青岛—连云港沿岸）和江苏沿岸等 3 个岸段。每个岸段有其各自的生物群体，它们由主要代表种与次要种类所组成。

辽东半岛东岸有鸭绿江、大洋河、碧流河等，每年径流量近 3.0×10¹⁰m³。贝类以蛤仔为主，其次为褶牡蛎和魁蚶等。蛤仔分布在有淡水注入的中、低潮区滩涂上，属广温性贝类，摄食重轮藻、圆筛藻、舟形藻和菱形藻等。

山东半岛没有大河流入海，只有位于胶东半岛上的乳山河、五龙河等，故山东半岛径流很小，且主要是来自渤海内的渤南沿岸水。该水系流出渤海海峡后，经烟台、威海沿岸，绕过成山头，终年南流。胶东半岛滩涂以泥蚶为主，其次为魁蚶和褶牡蛎等。泥蚶分布在潮流通畅的内湾及河口附近泥多砂少的中、低潮区，摄食硅藻和水中的有机碎屑等。

江苏沿岸有灌河和射阳河（径流近 1.0×10¹⁰m³）等小河流，加上灌溉总渠径流量还是很小，但受长江冲淡水影响大。贝类以文蛤为主，其次为青蛤和四角蛤蜊等。文蛤在吕泗、嵊泗近海蕴藏量很大，分布在较平坦的砂质海滩中，幼贝多分布在高潮下部，随着生长逐渐向中、低潮区移动；成贝分布在中潮区下部直到低潮线以下 5~6m，以摄食底栖硅藻为主。

贝类形成类群的基础为分布在受淡水影响的中、低潮区和共同食用底栖硅藻类。

二、甲壳类类群

黄海的甲壳类动物种类比渤海多，但比东海、南海少。甲壳类类群主要由中国毛虾、中国对虾、鹰爪虾、脊尾白虾、葛氏长臂虾、脊腹褐虾、口虾蛄、三疣梭子蟹等种类所组成。到 20 世纪 90 年代，黄海中国毛虾现存数量不多，仅在射阳河口一带还有毛虾渔业，其他海域均早已消失。辽东半岛东岸分布有对虾，1973 年产量曾达 5000t。山东半岛北岸烟威渔场和半岛南岸沿海，对虾数量均较少，但烟威渔场在渤海对虾丰产年，虾群外泛早时，可形成丰产；山东半岛南岸石岛—青岛外海经过对虾人工增殖放流也能高产，如 1984 年从多年平均产量的 200t 跃升到 1200t。黄海鹰爪虾在石岛东南水深 60~80m 处有一个越冬场，另在江苏外海 70~80m 处还有一个越冬场。产卵时期虾群趋向高温低盐的河口和内湾，如胶州湾、乳山湾、烟台和威海沿岸、鸭绿江口，主群逗留在烟台、威海沿岸时间较长，以腹足类、瓣鳃类、甲壳类和多毛类为食。葛氏长臂虾主要分布在黄海南部且连接东海处。脊腹褐虾为冷温性种类，整个黄海区均有分布，但更紧邻冷水团或深水低温区，摄食多毛类的虹霓欧努菲虫、索沙蚕、日本海蛹，以及钩虾、涟虫、樱蛤、真蛇尾、金氏真蛇尾、紫蛇尾等饵料生物。

黄海区的大型蟹类较少，例如，梭子蟹只在吕泗渔场秋汛，有来自长江口渔场的索饵群体，其他渔场则没有分布。虾蛄只分布于山东半岛沿岸浅水区。从整个甲壳类类群分布格局来看，对虾、鹰爪虾、虾蛄等与沿岸径流关系密切，故在产卵、索饵时期分布偏于近岸海区；脊腹褐虾紧靠冷水团和低温区，故偏向于深水；葛氏长臂虾显然与长江冲淡水关系密切，因此，分布在黄海南部且连接东海处。形成该类群的基础则为共同食用小型底栖腹足类、瓣鳃类、甲壳类和多毛类动物。

三、头足类类群

黄海头足类类群主要由日本枪乌贼、金乌贼、曼氏无针乌贼等种类所组成。日本枪乌贼是黄海重要的中下层无脊椎动物，群体数量较大，年产量曾达 $1.0×10^5$t（1973 年）。从海州湾、烟威渔场到海洋岛均有其产卵场，日本枪乌贼产卵场多在浅水岩礁以及海藻和海草丛生处。与日本枪乌贼一起构成头足类类群的还有金乌贼、曼氏无针乌贼等，主要摄食糠虾、太平洋磷虾、桡足类、小型虾类和幼鱼等。以日本枪乌贼为主的头足类类群于 12 月至翌年 2 月分布在黄海中部水深 50m 以深海域越冬。

四、底层鱼类类群

黄海底层鱼类类群主要由梭鱼、条鳎、焦氏条鳎、短吻条鳎、长鲽、木叶鲽、钝吻黄盖鲽、油鲽、石鲽、小黄鱼、白姑鱼、叫姑鱼、黄姑鱼、带鱼、梅童等种类所组成。

黄海沿岸浅水盛产梭鱼，其著名产地有临洪河口、胶州湾和丁字湾等。梭鱼为黄海近海鱼类的代表，以浮游和底栖硅藻类为食。

比目鱼中的条鳎、焦氏条鳎、短吻条鳎，分布在沿岸浅水区，多为定置网作业的渔获物。这些鳎类以底栖动物和有机碎屑为食，常见饵料种类为端足类和沙蚕，并带有大量泥沙和有机碎屑。长鲽、木叶鲽、钝吻黄盖鲽、油鲽、石鲽等分布较深，饵料种类有沙蚕、蛇尾、褐虾、端足类等。高眼鲽分布最大水深可达70～80m，秋汛分布在冷水团边缘索饵，以蛇尾、鳀、玉筋鱼、脊腹褐虾等为食。黄海的比目鱼类洄游方式为深水、浅水区移动，但各个种类有按水深分布的趋势，因此，其饵料类型也各有特征，如沿岸种类以摄食有机碎屑为特征，深水种类以摄食玉筋鱼、太平洋磷虾和蛇尾类为特征。

石首鱼类中大黄鱼只限于大沙渔场和吕泗渔场，其产卵场位于20m以浅水域，因系广食性和捕食性鱼类，故饵料种类有近百种，其中以鱼类和甲壳类为主。20世纪50～60年代，小黄鱼遍布黄海沿岸，重要产卵场有吕泗、乳山湾、鸭绿江口、烟台、威海等处，从沿岸浅水到大沙渔场深水区均有分布，摄食种类很广，包括底栖生物、浮游生物和鱼类。白姑鱼主要产卵场分布在临洪河口和乳山湾外海，饵料为鼓虾、褐虾、鳀、虾虎鱼等。黄姑鱼主要产卵场分布在海州湾、丁字湾和乳山湾等处。饵料为鼓虾、褐虾、虾蛄、虾虎鱼等。叫姑鱼产卵场分布在鸭绿江口到辽宁的庄河近海和江苏外海。越冬场分别在山东的石岛东南60～80m和黄海南部济州岛西部80～100m处。饵料以细螯虾、小眼端足类为主，其次为褐虾、鼓虾和小鱼等。石首鱼科中只有小黄鱼、白姑鱼、黄姑鱼等洄游路线略为长些，饵料包括浮游生物、底栖生物和鱼类；其余的为小型石首鱼类，如梅童、叫姑鱼等都是在深水、浅水区之间移动，也是以浮游动物、底栖生物和鱼类为食。

黄海的带鱼有2个种群，一是黄渤海种群，沿黄海槽我国一侧斜坡分布，这个鱼群可划分为鸭绿江口、乳山湾、海州湾等3个产卵群，经过多年过度捕捞，从20世纪90年代起，其残余群体数量已不多，不能形成鱼汛。二是东海种群，这是一支索饵群体，资源数量也已持续下降多年。带鱼饵料种类广泛，有60多种，包括底栖生物、浮游动物和鱼类等，与大黄鱼和小黄鱼的摄食种类略有相似。

从以上的分布格局来看，黄海底层鱼类类群中只有梭鱼分布在沿岸浅水区；比目鱼类因与冷水团关系密切，分布偏于黄海北部；石首鱼科中以大黄鱼、小黄鱼为代表的种类分布偏于黄海南部；带鱼因与大黄鱼、小黄鱼的摄食种类略为相似，故分布偏于黄海中、北部，而与以大黄鱼、小黄鱼为代表的石首鱼类群体分开。这3个群体虽然资源均已衰退，但是分布格局的痕迹仍然存在。

五、中上层鱼类类群

黄海中上层鱼类类群主要由鲐、太平洋鲱、蓝点马鲛、远东拟沙丁鱼、鳀、青鳞鱼和黄鲫等种类所组成。烟威渔场、连青石渔场以及海州湾均有鲐鱼产卵场。产卵后鱼群在黄海中、北部进行索饵，9月以后黄海北部鱼群沿朝鲜半岛西岸南下，与黄海南部鱼群汇合，在济州岛西南形成稳定密集鱼群，逐渐向东南移动，游往东海越冬场。主要摄食鳀、强壮箭虫、太平洋哲水蚤、太平洋磷虾和细长脚䗄等。

太平洋鲱产卵场位于烟台、威海沿岸岩礁、海藻、海草丛生的海域，产卵后分批游往黄海中、北部深水区索饵、育肥，索饵场水深范围 50～90m，底层水温 6～10℃。11月，随着冷水团范围的缩小，太平洋鲱分布范围缩小，开始越冬洄游。饵料以太平洋磷虾为主，其次为细长脚䗄、太平洋哲水蚤和强壮箭虫等。

蓝点马鲛 5～6 月自长江口外海沿着 20～40m 等深线北上黄海沿岸各个产卵场进行产卵。产卵后，鱼群分布在产卵场附近海域分散索饵，主要摄食鳀。当年生马鲛幼鱼也同期在索饵场内索饵。

1976 年，日本海的远东拟沙丁鱼资源数量猛增后，黄海的远东拟沙丁鱼数量也逐渐增多。其分布面广，主要以浮游动物和浮游植物为食。

鳀在 5～7 月分布在海州湾、青岛外海、乳山湾、海洋岛、大洋河口和烟台、威海等处沿岸浅水区产卵；产卵后亲鱼分散在附近海域索饵并逐渐向较深水域移动。主要摄食太平洋哲水蚤和小虾幼体，约占 2/3，其次是桡足类及其本身的卵子。

鳀在沿岸浅水区产卵，并就地索饵。蓝点马鲛产卵场在 40m 水深以内，产卵后追逐鳀而食。鲐、太平洋鲱产卵场在浅水区，但索饵场在深水区，摄食太平洋磷虾和细长脚䗄等。远东拟沙丁鱼分布面广，与鳀、蓝点马鲛、鲐、太平洋鲱分布范围有重叠趋势，故以上种类可看作是一个群团类群。

青鳞鱼为栖息于沿岸浅水区的中、上层鱼类，摄食浮游动物，如桡足类、瓣鳃类幼体、腹足类幼体及短尾类幼体等。黄鲫为近海的中下层鱼类，栖息于泥沙海域，摄食糠虾、底栖虾类和钩虾，5～6 月，沿黄海近海北上产卵洄游。主要产卵场分布在海州湾外海，这同时也是青鳞鱼的产卵场。黄鲫产卵后游往吕泗、大沙渔场索饵，7～10 月鱼群密集，形成秋汛重要渔场。

由以上分析可以看出，中上层鱼类类群，根据习性可分为两个群团，一是鳀、鲐、太平洋鲱、远东拟沙丁鱼、蓝点马鲛群团，二是青鳞鱼、黄鲫群团。这两个群团的形成以共同食用浮游动物、浮游植物和鳀为基础。

六、各类群间的相互关系

上述 5 个生物类群垂直分布的格局是贝类分布在最底层，甲壳类位于其上，底层鱼类中的近海鱼类、比目鱼类、带鱼、石首鱼类等各群团和头足类类群位于第三层，最后是中上层鱼类中的鳀、鲐、太平洋鲱、远东拟沙丁鱼、蓝点马鲛等群团和青鳞鱼、黄鲫群团。它们由下而上并沿黄海槽由浅而深向外依次排开。

5 个生物类群之间存在着食物链关系。甲壳类与贝类之间的关系是，甲壳类以贝类为饵料，如鹰爪虾摄食腹足类、瓣鳃类；脊腹褐虾摄食樱蛤。鱼类与甲壳类的关系是，鱼类以甲壳类为饵料，与此相反，大型甲壳类也噬食小鱼。鱼类与乌贼类的关系类似于鱼类与甲壳类的关系，即鱼类以乌贼类为饵料，而乌贼类也吞食小鱼。鱼类类群内部的关系是，大型鱼类捕食小型鱼类。由此可见，5 个生物类群之间的关系是错综复杂的。

为缓解 5 个生物类群内部的矛盾，鱼类、甲壳类、贝类等又将其摄食范围扩展到 5 个生物类群以外的多毛类、蛇尾类和海参类，以及一切可供食用的浮游生物，以使群团内部食性分化，加上渔业生物群落内外的调节，使得 5 个生物类群之间的关系更为协调。

七、渔业资源开发利用及生物群落结构演变

黄海是黄渤海区三省一市（辽宁省、河北省、山东省、天津市）渔业生产的主要海域。主要作业方式有拖网、围网、流刺网、定置网和钓等，其中以拖网为主，这与黄海海底地势比较平坦，底质多为砂泥，中下层渔业资源和鱼群较分散有关；其次为定置网，这与黄海沿岸近河口区，水质肥沃，小型鱼、虾类资源丰富有关；围网历史悠久，烟台鲐凤网早以结构简单和捕捞效率高而闻名全国，当今机轮使用的有环围网就是在风网基础上改进而成的，在我国渔业史上具有重要地位；分布面广的流刺网随着网目与作业水层和渔法的不同，可以拦捕各种大小的渔业资源，并因流刺网具有选择性强的独特特点，是保护和充分利用渔业资源的较为理想的工具；钓具为黄渤海区沿海各地都有的作业工具，除渔业生产外，也是一种娱乐活动。前些年，因钓捕资源（如东方鲀、带鱼、鳓）的衰退，加上大型机动渔具的发展，钓业较长时间被迫歇业。近年来黄海外海作业的金枪鱼、鱿鱼钓在少数地区有所发展（金显仕等，2006）。

黄海的渔业资源开发利用与渤海类似，在 20 世纪 50 年代，捕捞生产以木帆渔船在沿岸渔场进行季节性生产为主，机动渔船刚刚起步，数量很少。主要捕捞对象为中国对虾、带鱼、鲐、银鲳、蓝点马鲛、鳓等。60 年代，海洋渔业生产发展很快，群众渔业机帆船的作业渔场推进到水深 30～40m 海域。国营渔业增添了 183.8～294kW 钢质渔轮，渔场逐步向外延伸，并开始到东海作业。70 年代，为了适应外海捕捞和多种生产作业的需要，群众渔业又相应建造了一大批 44.1kW 以上渔船，其中以 99.2～147kW 的渔船为主，渔船动力逐步被柴油机取代，从事海洋捕捞的渔船基本实现动力化，渔船操作基本实现了机械化和半机械化，助渔导航和渔业通讯开始向现代化发展。国营渔业公司组建了灯光围网船队，大功率机动渔船作业渔场推进到 80～100m 水深海域。开发了外海的绿鳍马面鲀资源，同时，鲐、蓝圆鲹等中上层鱼类资源在 70 年代后期也得到了一定程度的开发。80 年代中期，随着我国社会经济体制改革，国营渔业和集体渔业被民营渔业所取代，捕捞力量急剧增加，作业方式转为以拖网为主，季节性生产转为常年生产。在外海渔船的生产能力不断拓展，我国渔船开始进入日本和韩国附近的海域生产，外海捕捞产量比例逐年提高。90 年代，由于渔轮和大机帆船继续大量增加，巩固了其作为捕捞主体的地位，捕捞强度进一步提高，作业渔场不断向外推进。随着国营渔轮逐步退出东海、黄海、渤海渔场，群众机动渔船成为黄海渔业生产的主体。同时，由于近海高经济价值的渔业资源严重衰退，鳀和玉筋鱼等小型鱼类资源被大力开发利用。作业渔场不断东扩，主要分布在东海、黄海东部以及中日韩三国的中间海域。如今，拖网、深水流网、灯光围网主要集中在东海、黄海的东侧海域。

图 5-2 为 1979～2020 年黄海捕捞产量变动趋势。根据金显仕等（2006）的研究报道，1980～2000 年，黄海年渔获量为 3.563×10^5～3.439×10^6t，年平均为 1.262×10^6t，占

黄渤海总渔获量的 44.2%～69.6%，年平均占 50.7%。20 世纪 80 年代，黄海的渔获量为 $3.563×10^5$～$7.303×10^5$t，年平均为 $5.072×10^5$t，占黄渤海总渔获量的比例在 44.2%～51.3% 波动，年平均占 46.6%。90 年代以后，黄海的年渔获量逐渐增加，于 $8.925×10^5$～$3.439×10^6$t 波动，年平均为 $1.949×10^6$t。由于拖网全面退出渤海，并随着在东海作业规模的缩小，黄海渔获量所占比例逐渐增加为 44.2%～69.6%，年平均为 54.3%，比 20 世纪 80 年代提高了 7.7 个百分点。同时，20 世纪 50 年代以来，渔获物的质量不断下降，以山东渔业生产情况为例进行分析，在黄渤海的主要渔业种类中，小黄鱼、鲷类、蓝点马鲛、鲻、银鲳、海鳗、中国对虾、鹰爪虾、乌贼和三疣梭子蟹等为优质种类；带鱼、鳕、鲆鲽类、太平洋鲱、斑点莎瑙鱼、毛虾和魁蚶等为一般经济种类；鳀、玉筋鱼、黄鲫、青鳞沙丁鱼、斑鲦、枪乌贼、太平洋磷虾等为低质种类。50 年代的渔业生产以优质种类和一般经济种类为主，其次为低质种类，它们分别占平均总渔获量的 34.5%、58.3% 和 7.1%。在 60 年代的渔业生产中，仍以优质种类和一般经济种类为主，分别占年平均渔获量的 40.8% 和 31.3%，但低质种类占的比例有所增加，占 27.9%。到 70 年代，优质种类占的比例下降，一般经济种类上升，分别占 29.7% 和 49.6%，低质种类占 20.6%。进入 80 年代，优质种类和一般经济种类占的比例均下降，分别占 34.1% 和 29.3%，低质种类占的比例上升更为明显，占年平均总渔获量的 36.6%。90 年代，低质种类占的比例进一步上升，达到 59.5%。到了 21 世纪，黄海捕捞产量曾保持在高位波动，2000～2016 年，捕捞产量在 $2.888×10^6$～$3.453×10^6$t 波动。之后，出现下降，2020 年为 $2.268×10^6$t。

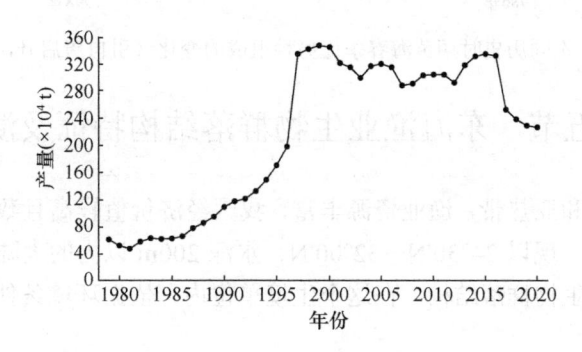

图 5-2　1979～2020 年黄海捕捞产量变动趋势

另据唐启升（2006）报道，不同历史时期的底拖网调查结果表明，黄海渔获物种类组成发生了明显变化（如图 5-3 所示），总体上呈现底层鱼类资源下降，中上层鱼类资源上升的趋势。1959 年进行底拖网调查时，优势种有小黄鱼、鲆鲽类、鳐类、大头鳕以及绿鳍鱼等底层鱼类，其中小黄鱼占有较大优势，是海洋渔业的主要利用对象；1981 年开展底拖网调查的渔获样品中，优势种不明显，生物量最高的三疣梭子蟹仅占总渔获量的 12%；其次是黄鲫，占 11%；小黄鱼、银鲳、鲱和鳀等占总渔获的比例都在 10% 以下；1986 年和 1998 年两次调查，鳀占总渔获的比例都超过 50%，已成为生物量最高的优势种；而在 1986 年的调查中小黄鱼的资源密度降至历次调查的最低水平，到 20 世纪 90 年代末，小黄鱼虽有所恢复，但所占比例仅有 3%；同时，中上层鱼类中的优势种鳀的数量也开始下降。

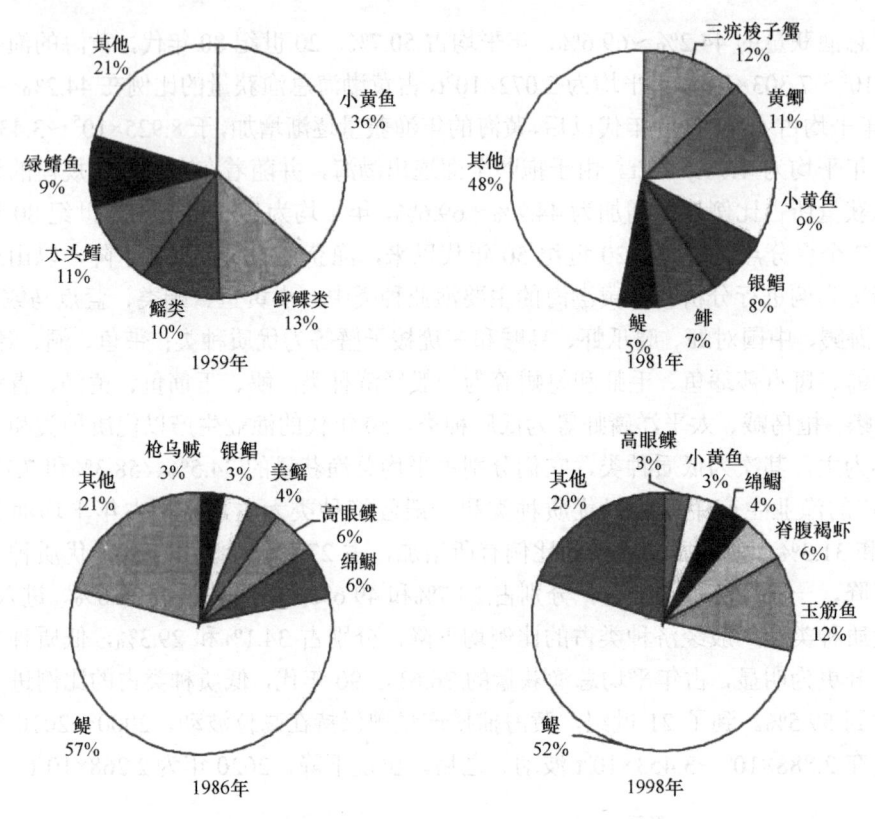

图 5-3 不同历史时期黄海春季优势种组成的变化（引自唐启升，2006）

第五节 东海渔业生物群落结构特征及演变

东海地处温带和亚热带，渔业资源丰富，我国经济价值较高且数量较大的一些生物种类大多分布于此。现以 24°30′N～32°00′N、水深 200m 以内的大陆架海域作为一生境单位，观察其渔业生物群落结构。在这个生境单位内，依据环境条件，聚集栖息着 5 个生物类群。

一、贝类类群

东海西部的浙江、福建两省贝类资源丰富，种类繁多，其中产量较大的有缢蛏、牡蛎、泥蚶和菲律宾蛤仔等，并以它们为代表组成东海贝类类群。

缢蛏分布在风浪平静、潮流疏通、有淡水注入的内湾和中、低潮区的滩涂上。这些又都是缢蛏繁殖、生长不可或缺的场所。缢蛏用足在滩涂上掘一管状孔穴，过着穴居生活。硅藻是缢蛏的主要饵料，占饵料总数的 80%以上，其中，小环藻最为常见，其次为圆筛藻、舟形藻、菱形藻和中肋骨条藻。在缢蛏栖息的滩涂上，凡是能下沉的浮游硅藻（包括个体和群体）和能浮游上来的底栖硅藻都是缢蛏的饵料。

牡蛎，如近江牡蛎，仅栖息于河口附近盐度较低的内湾和低潮线附近至水深 10 多米海域。另外，如狭温狭盐性种类的大连湾牡蛎，栖息在远离河口高盐度和低潮线附近水深 10 多米的海域。牡蛎主要饵料为部分浮游硅藻和极大部分底栖硅藻。这些底栖硅藻经常被潮水冲刷而离开泥土，并浮游在蚝床附近，当进入牡蛎鳃上纤毛里，即随水流流入体内作为饵料。饵料种类以直链藻、圆筛藻、海链藻、舟形藻、菱形藻和小环藻等最为重要。

泥蚶分布在潮水通畅、风平浪静的内湾和风浪比较平静的海滩上。因无出入水管，故其摄食完全靠鳃上纤毛摆动形成水流，裹携饵料，被鳃过滤来完成。饵料种类包括水层中浮游且易沉的小环藻、圆筛藻和底栖的舟形藻、菱形藻等。

菲律宾蛤仔分布在风浪较小的内湾和有淡水注入的中、低潮区的滩涂上，有时数米深的潮下带也有其分布。终年摄食且摄食量较大的主要种类为底栖硅藻的辐射圆筛藻和虹彩圆筛藻两种。

以缢蛏、牡蛎、泥蚶和菲律宾蛤仔为代表的贝类类群，一靠有淡水注入、风平浪静的内湾和滩涂作为栖息地；二靠丰富的硅藻，如圆筛藻、直链藻、舟形藻、菱形藻和小环藻等一部分浮游种类和大部分底栖种类作为饵料而聚集在一起。

二、甲壳类类群

东海虾蟹类资源丰富，种类繁多，虾类种类数仅次于南海。因此，自 20 世纪 80 年代以来，随着拖虾作业、流网、蟹笼作业的发展，虾蟹产量逐年提高，到 21 世纪初，东海区三省一市（江苏省、浙江省、福建省、上海市）的虾蟹产量达到了 1.20×10^6 t，虾蟹类成为海洋捕捞重要的渔获对象。

（一）虾类

根据宋海棠等（2006）调查，东海虾类共有 121 种，其中经济价值较高、数量较多、成为捕捞对象的常见种有 40 种。在 40 种常见经济虾类中，以对虾科、管鞭虾科的种类最多，共有 35 种，它们大都为大中型虾类，此外，还有长臂虾科、樱虾科中的一些种类，其他科的种类较少，群体数量也少。而成为东海重要的渔业捕捞对象的有 10 多种，如假长缝拟对虾、葛氏长臂虾、长角赤虾、须赤虾、鹰爪虾、中华管鞭虾、凹管鞭虾、大管鞭虾、哈氏仿对虾、东海红虾、高脊管鞭虾、戴氏赤虾、细巧仿对虾、周氏新对虾、脊尾白虾、日本对虾、中国毛虾等。

不同虾类，因其生态属性不同，在地理分布上有一定的区域性。不同海域，虾类主要种类的组成明显不同，根据宋海棠等（2006）报道，在北部海域（31°00′N～33°00′N、122°00′E～127°00′E），以葛氏长臂虾占绝对优势，占虾类总量的 45.4%，其次是哈氏仿对虾、中华管鞭虾、鹰爪虾、细巧仿对虾和脊腹褐虾。中部海域（28°00′N～31°00′N、122°00′E～127°00′E），以须赤虾、假长缝拟对虾和东海红虾为主，占虾类总量的 45.0%，其次是凹管鞭虾、大管鞭虾、长角赤虾、鹰爪虾和戴氏赤虾。南部海域（26°00′N～28°00′N、120°00′E～125°30′E），以长角赤虾、假长缝拟对虾为主，占虾类总量的 55.3%，其次是鹰爪虾、中华管鞭虾、凹管鞭虾、高脊管鞭虾和九齿扇虾。可以看出，在北部海域的优势种葛氏长臂虾、脊腹褐虾，在南部海域很少或没有出现；相反，中、南部海域出现较多的种类，如假长缝拟对虾、须赤虾、长角赤虾、凹管鞭虾、大管鞭虾、高脊管鞭虾等，在北部海域很少或没有出现，这反映出虾类的分布和海洋环境的关系十分密切。

在东海，沿岸海域受长江、钱塘江、甬江、瓯江等江河径流注入的影响，形成广温低盐的沿岸水系；东部受黑潮暖流及其分支台湾暖流、黄海暖流的影响，分布着高温高盐水系，以及由上述两股水系交汇混合变性而成的混合水，其性质为广温广盐；北部还有低温高盐的南黄海深层冷水楔入。根据虾类的分布水深、分布海域的温盐度性质，可将东海大陆架的虾类划分为3种生态类群。

(1) 广温低盐生态类群。分布在30m水深以浅的河口、港湾、岛屿周围的沿岸水域，该水域在沿岸低盐水控制下，底层盐度在25.00以下，底层水温变化幅度较大，在6~26℃，这一海域是广温低盐虾类的分布区。属于本生态类群的虾类主要有安氏白虾、脊尾白虾、细螯虾、鞭腕虾、锯齿长臂虾、巨指长臂虾、敖氏长臂虾、中国对虾、长毛对虾、鲜明鼓虾、中国毛虾等。其中中国毛虾、脊尾白虾、安氏白虾是沿岸低盐水域的优势种，是沿岸渔业的重要捕捞对象。

(2) 广温广盐生态类群。这一生态类群的虾类分布比较广，从沿岸10m水深至外侧60m水深区都有分布，但主要分布在30~60m水深海域，该海域为沿岸低盐水和外海高盐水的混合水域，尤其在30°N以北海域，因受长江冲淡水影响，混合水区广阔，该海域盐度为25.00~33.50，周年水温变化幅度为8~24℃，分布在这一海域的虾类适温适盐范围较广，主要有葛氏长臂虾、中华管鞭虾、哈氏仿对虾、细巧仿对虾、周氏新对虾、刀额新对虾、日本对虾等。还有一些对盐度要求略偏高，主要分布在40~70m水深海域的虾类，如鹰爪虾、戴氏赤虾、扁足异对虾、滑脊等腕虾等也属于这一生态类群。

(3) 高温高盐生态类群。分布在60~120m水深高盐水控制的海域，该海域盐度在34.00以上，周年水温变化幅度为15~24℃，分布在该海域的虾类为高温高盐属性。主要有凹管鞭虾、大管鞭虾、高脊管鞭虾、假长缝拟对虾、须赤虾、长角赤虾、脊单肢虾、日本单肢虾、拉氏爱琴虾、东方扁虾、毛缘扇虾、九齿扇虾、脊龙虾等。

东海虾类资源丰富，优势种类多，不同海域、不同虾类种类交替出现并形成了六大拖虾生产鱼汛。

(1) 春、秋季葛氏长臂虾汛：春季以捕捞葛氏长臂虾生殖群体为主，渔期为3~5月，渔场在吕泗、长江口渔场及舟山渔场近岸水域。秋季以捕捞葛氏长臂虾当年生的索饵群体为主，同时兼捕中华管鞭虾、哈氏仿对虾，渔场在30°N以北外侧海域。

(2) 夏季鹰爪虾汛：主要捕捞鹰爪虾的生殖群体，也兼捕戴氏赤虾，渔期5~8月，渔场在近海40~65m水深海域。

(3) 夏、秋季管鞭虾汛：以捕捞凹管鞭虾、大管鞭虾、高脊管鞭虾为主，也捕假长缝拟对虾、须赤虾，渔期6~9月，渔场在60m水深以东海域，是全年最大的捕虾汛期。

(4) 秋季日本对虾汛：以捕日本对虾为主，也兼捕中华管鞭虾，渔期8~11月，渔场在长江口以南的东海近海40~70m水深海域。

(5) 秋、冬季哈氏仿对虾汛：以捕哈氏仿对虾为主，也兼捕鹰爪虾、葛氏长臂虾、中华管鞭虾，渔期10月至翌年2月，渔场在近海40~60m水深海域。

(6) 冬、春季拟对虾汛：以捕假长缝拟对虾和长角赤虾为主，渔期 12 月至翌年 4 月，渔场在温台、闽东渔场 60m 水深以东海域。

小型虾类如中国毛虾主要摄食硅藻、小型浮游动物和有机碎屑；大中型虾类摄食多种饵料生物，如鹰爪虾摄食腹足类、瓣鳃类、甲壳类和多毛类等。

（二）蟹类

分布在东海的蟹类种类繁多。根据宋海棠等（2006）报道，从潮间带到潮下带约有蟹类 321 种，有大型蟹类如三疣梭子蟹，也有小型蟹类如豆形细眼蟹，它们共同组成东海蟹类群团。其中，在潮下带区域（以下同），群体数量较大、经济价值较高的有三疣梭子蟹、红星梭子蟹、锈斑蟳、细点圆趾蟹、日本蟳、武士蟳、光掌蟳，以及分布在河口、港湾的锯缘青蟹、中华绒螯蟹，分布在福建海区的拥剑梭子蟹、善泳蟳等。经济价值不高，但有一定资源数量的有长手隆背蟹、卷折馒头蟹、双斑蟳、纤手梭子蟹等。其余种类数量少，经济价值也不高。成为渔业重要捕捞对象的主要有三疣梭子蟹、细点圆趾蟹、红星梭子蟹、日本蟳、锈斑蟳、武士蟳、光掌蟳等。

不同海域，蟹类种类组成明显不同，根据宋海棠等（2006）报道，在北部海域（31°00′N～33°00′N、122°00′E～127°00′E），以细点圆趾蟹为优势种，占蟹类总量的 60.7%，其次是三疣梭子蟹、日本蟳和双斑蟳。中部海域（28°00′N～31°00′N，122°00′E～127°00′E），以双斑蟳、银光梭子蟹、细点圆趾蟹、武士蟳、三疣梭子蟹和锈斑蟳占优势。其中前两种小型蟹类分别占 32.0%、15.4%，居第一、二位，而经济价值较高的 4 种蟹类仅占 28.2%。南部海域（26°00′N～28°00′N、120°00′E～125°30′E），以细点圆趾蟹占优势，占蟹类总量的 54.0%，其次是光掌蟳、锈斑蟳和武士蟳。从上述可以看出，细点圆趾蟹为整个东海的优势种，主要分布在北部和南部海域，三疣梭子蟹是北部和中部海域的优势种，锈斑蟳、武士蟳是中部和南部海域的优势种，日本蟳是北部海域的优势种，光掌蟳是南部海域的优势种。

就潮下带来说，不同蟹类对海域的温盐度适应性要求各不相同，根据东海水文环境结构特征及蟹类的分布水深、分布海域的温盐度性质，也可将东海蟹类划分为以下 3 种生态类群。

（1）广温广盐生态类群。这一类群蟹类主要分布在水深 10～60m 的沿岸及近海内侧的沿岸水及混合水区，在该海域，年间底层水温分布范围为 8～24℃，底层盐度分布范围为 25.00～33.50，这是东海蟹类种类和生物量都较庞大的生态类群，主要有三疣梭子蟹、红星梭子蟹、细点圆趾蟹、日本蟳、双斑蟳、纤手梭子蟹、变态蟳、绵蟹、七刺栗壳蟹、十一刺栗壳蟹、红线黎明蟹、隆线强蟹等。

（2）高温广盐生态类群。这是一些对温度要求较高，而对盐度适应性较宽的热带性种类，它们在长江口以南海区的分布基本上与第一生态类群蟹类相同，主要分布在近海，但一般不越过长江口，这可能与长江口以北存在黄海冷水团，水文环境条件与长江口以南存在差异有关。主要有锈斑蟳、武士蟳、菜花银杏蟹等。

（3）高温高盐生态类群。这一类群蟹类对温盐度适应性比较狭窄，要求有较高的温盐度，一般栖息在 60～100m 水深海域，在该海域，年间盐度一般在 34.00 或以上，底层水温为 14~24℃，主要有光掌蟳、卷折馒头蟹、长手隆背蟹、银光梭子蟹、艾氏牛角蟹等。

根据调查，东海 20m 水深以下海域具有捕捞价值的经济蟹类有 7 种，不同种类的渔场渔期是：三疣梭子蟹、红星梭子蟹鱼汛期为 9~12 月，渔场分布在大沙、长江口和舟山渔场；细点圆趾蟹鱼汛期为 3~6 月，渔场分布在大沙、长江口、舟外、闽东渔场；锈斑蟳鱼汛期为 11 月至翌年 2 月，渔场分布在长江口以南的近海内侧海域；武士蟳的鱼汛期为 12 月至翌年 4 月，渔场分布在 31°N 以南 60~100m 水深海域；光掌蟳鱼汛期为 5~8 月，渔场分布在 30°N 以南外侧 80m 以深海域；日本蟳鱼汛期 9~12 月，渔场分布在 31°N 以北 20~60m 水深及东海中、南部 10~20m 水深沿岸岛礁周围。

东海的虾蛄，自沿岸至外侧较深水域均有分布，优势种为口虾蛄。

三、头足类类群

从浙北到闽东水深 20~40m 的海域岛屿星罗棋布，其中岛屿岩礁、海草和柳珊瑚等均为乌贼类产卵的附着基，所以该海域为乌贼类产卵的良好场所。

东海头足类类群主要由微鳍乌贼、双喙耳乌贼、日本枪乌贼、台湾枪乌贼、曼氏无针乌贼等种类所组成。其中以曼氏无针乌贼的群体数量为最大。在浙江和福建近海的曼氏无针乌贼可分为两个种群，一是浙北种群，该种群每年 4 月下旬至 5 月上旬分布在大陈、鱼山、韭山、中街山列岛及马鞍列岛产卵场产卵。冬季分布在舟山、舟外和鱼外渔场的台湾暖流和沿岸水混合水区水深 60~80m 处越冬。二是浙南闽东种群，该种群 3 月下旬由越冬场自南而北，随台湾暖流增强而进入福建的浮鹰、大嵛山和台山，以及浙江的南麂、北麂和洞头等产卵场进行产卵，冬季分布在浙南至闽东东引以东台湾暖流和沿岸水混合水区水深 60~80m 处越冬。

曼氏无针乌贼依靠角质颚啄食龙头鱼、幼带鱼、鳀等，习性相当凶猛。浙北种群以毛颚类、鱼类、端足类、长尾类、磷虾类等为食；浙南闽东种群以珊瑚类、糠虾类、长尾类、毛颚类和鱼类为食。两个种群的饵料种类略有差别，但其摄食方式却相同，既捕食小型鱼虾也直接吞食浮游动物（箭虫、中华假磷虾等）。头足类依据沿岸水（产卵场）、台湾暖流与沿岸水的混合区（越冬场），以及小型鱼虾、浮游动物而聚集一起。

四、底层鱼类类群

东海底层鱼类种类繁多，底层鱼类类群主要由梭鱼、鲻、鳎类、大黄鱼、小黄鱼、带鱼、海鳗、绿鳍马面鲀、短尾大眼鲷和黄鲷等种类组成。并且，根据其分布格局，可将其分为沿岸、近海、外海海域底层鱼类 3 个群团。

沿岸海域底层鱼类主要有梭鱼、鲻和鳎类。鲻充分利用底栖硅藻，繁衍后代。以宽体舌鳎、半滑舌鳎等为代表的鳎类，分布在沿岸浅水区，充分利用沿岸水域的豆形细眼蟹、虾蛄、日本蛄蝓、多毛类的不倒翁虫、金氏真蛇尾等饵料生物。

近海海域底层鱼类主要有大黄鱼、小黄鱼、带鱼和海鳗等。大黄鱼 4~6 月在近岸岛屿间或接近岛屿的 10~20m 浅水区产卵。越冬期间分别在江外、舟外渔场水深 50~

100m、浙江中南部水深 50~80m，以及福建沿海台山、东引到东山外侧水深 60~80m 等 3 处海域进行越冬。大黄鱼属于广食性和捕食性鱼类，饵料种类有近百种，其中以鱼类和甲壳类为主。东海种群小黄鱼 2~4 月逐渐洄游到近岸 20~40m 浅水区进行产卵，冬季在浙江中南部近海 60~80m 海域进行越冬。小黄鱼饵料种类以鱼类和甲壳类为主。东海带鱼种群 3~4 月逐渐向鱼山和舟山近海移动，5~6 月为主要产卵期，中心产卵场分布在韭山到海礁以东海域，水深 50~70m。带鱼广泛分布在水深 200m 以浅的大陆架，其分布海域的中心在浙江近海。从浙江近海带鱼饵料种类来看，主要为头足类、长尾类和鱼类等。东海近海的大黄鱼、小黄鱼和带鱼等的饵料种类有很多相同之处。为了避免或缓解种间食物竞争，它们的产卵场水深范围分别为 10~20m、20~40m、50~70m，越冬场也不在一处。带鱼、大黄鱼和小黄鱼是东海最重要的三大主导种类，但是大黄鱼资源已严重衰退，小黄鱼、带鱼的资源基础也大不如前，其分布格局发生了一系列的变化。东海海鳗主要在浙闽近海作南北洄游，5~6 月主要在鱼山、舟山近海产卵，冬季在温台渔场外海越冬。饵料种类以中小型蟹类和鱼类为主，随着个体增长，食鱼比例急剧增加。

外海海域底层鱼类主要有绿鳍马面鲀、短尾大眼鲷和黄鲷等。绿鳍马面鲀的越冬场在对马海峡五岛列岛附近海域，其中心产卵场分布在钓鱼岛附近水深 100~200m 海域，鱼群分布在越冬场和产卵场之间 80~130m 等深线海域。绿鳍马面鲀主要摄食桡足类、介形类和端足类，其次吞食角贝和扁卷螺并啄食珊瑚等。短尾大眼鲷仅次于绿鳍马面鲀，也为外海重要鱼种之一，鱼群集中分布海域是在温台渔场和闽东渔场交接处，水深 100m 左右。鱼群比较集中的时间在 2~4 月，但从全年看，短尾大眼鲷移动性不大，基本稳定在温台渔场一带。主要捕食小乌贼和浮游甲壳类、虾类等，其次为小鱼和短尾类。

五、中上层鱼类类群

东海中上层鱼类类群主要由鲐、蓝圆鲹、鳓、银鲳、灰鲳、蓝点马鲛和黄鲫等种类组成。

春汛，东海鲐鱼产卵群体在鱼山和温台近海产卵后，部分产卵群体北上黄海继续产卵。11~12 月，随着冷空气活动频繁，水温下降，黄海混合水势力增强，并从黄海伸入到东海，鲐鱼从沙外、江外渔场沿黑潮暖流一侧游向东海中部越冬，越冬场范围为东界陆架 100m 等深线，南界彭佳屿和钓鱼岛附近海域 200m 等深线。东海鲐鱼的饵料种类有 30 多种，以甲壳类的太平洋磷虾占优势，其次为中华哲水蚤和细长脚虊等。

东海的蓝圆鲹 3 月开始向内、向北进行产卵洄游，4~5 月在浙江的南麂和北麂，5~6 月在鱼山和大陈，6~7 月在舟山等处进行产卵，一直到 9 月。摄食饵料以磷虾类（太平洋磷虾和宽额假磷虾）和毛颚类为主要种类，其次为翼足类（笔帽螺和龟螺）、端足类和鱼类，此外，还有桡足类和口足类。

东海的鳓分布范围较广，南自闽东渔场，北到济州岛西北，水深 40~100m 海域。5~7 月分布在台山、洞头洋、大陈洋、猫头洋、大目洋、岱衢洋和大戢洋等处进行产卵。冬季 1~3 月分布在大沙（50~80m）、东海北部（60~100m）、闽浙近海（60~90m）

等处进行越冬。饵料种类组成以头足类为最多，多毛类和瓣鳃类最少；叉长小的个体较多摄食浮游动物（箭虫和桡足类），叉长大的个体则以摄食底栖生物为主。

东海的银鲳 4~5 月在闽东、浙南、浙北及杭州湾等海域进行产卵；冬季从浅水区向深水区移动，分布在水深 80~100m 海域越冬。银鲳主要摄食被囊类。

东海的蓝点马鲛 3~6 月在闽东的马祖、东引、官井洋和浙江近海的洞头洋、猫头洋、大目洋、岱衢洋和大戢洋等处进行产卵，概位与大黄鱼、鳓、银鲳等大致相同。冬季在沙外、江外 80~100m 和浙江中南部到闽南 80m 一带海域越冬。蓝点马鲛主要追食鳀。

东海的黄鲫在秋季 10~11 月分布在鱼山至温台一带渔场。这时，鱼群比较密集，为渔业生产的主要季节。

东海的上层鱼类依靠沿岸水与台湾暖流之间的海洋锋而成为一个类群，聚集于近海。其中鲐的分布偏于上层，以摄食浮游动物为主；鳓的分布偏于底层，个体较大的鳓以摄食底栖生物为主；蓝圆鲹和黄鲫主要分布于中下层；蓝点马鲛因为追食鳀而垂直移动。

六、各类群间的相互关系

以上 5 个类群分布于东海的沿岸、近海，以贝类位于最底层，其上为甲壳类，位于第三层的是底层鱼类和头足类，最上面的是中上层鱼类；在水深 80m 以外的外海区，则是甲壳类居底层，底层鱼类和头足类居中层，中上层鱼类位于最上层。上述两个互为联系的生物群落又构成了一个统一的东海渔业生物群落。在这个群落中，贝类为甲壳类提供部分饵料，如梭子蟹摄食腹足类和瓣鳃类；甲壳类是鱼类（包括底层鱼类和上层鱼类）的重要饵料，与此同时，大型甲壳类如梭子蟹等也摄食小鱼；乌贼类为鱼类的饵料，但大型乌贼如曼氏无针乌贼也啄食龙头鱼和幼带鱼等；甲壳类为乌贼类的饵料，大型乌贼直接捕食小型虾类，同时吞食浮游甲壳动物。以上任何两个类群之间，均存在着某种捕食关系。但这种情况并不妨碍它们共栖于同一生境构成渔业生物群落。为了减缓群落内部摄食上的矛盾，饵料生物也扩大到东海渔业生物群落以外的各个类群，如多毛类、蛇尾类和海参类等。

七、渔业资源开发利用及生物群落结构演变

东海自然条件优越，渔业资源丰富，是我国渔业资源生产力最高的海域。根据杨纪明（1985）评估结果，认为东海区鱼类生产量为 3.378×10^6t，宁修仁和刘子琳（1995）评估认为东海区的渔业资源为 3.631×10^6t，最大持续产量为 1.82×10^6t。在《东海区渔业资源调查和区划》（农牧渔业部水产局和农牧渔业部东海区渔业指挥部，1987）中对该海区的渔业资源量的评估结果认为，在 20 世纪 80 年代初期的资源量为 5.0×10^6t 左右，可捕量约为 2.4×10^6t。丘书院在 1997 年采用生态效率转换法和碳鱼比例法，对该海区的渔业资源量进行重新评估，提出东海潜在鱼类年生产量为 6.162×10^6t，持续渔获量为 3.081×10^6t。吴家骕（1997）在丘书院评估的基础上，根据东海区 34 种鱼类的平均营养

级从2.61级降为2.46级,评估该海区的渔业资源量约为$8.0×10^6$t,持续渔获量为$4.0×10^6$t。可见东海区渔业资源是十分丰富的。但是,经过几十年的超强度捕捞后,东海区的渔业资源发生了显著的变化。如捕捞对象营养级明显下降,一些生命周期短和一年生生物代替了高营养级鱼类成为重要的捕捞对象。传统底层经济鱼类从20世纪70年代开始先后衰退,大黄鱼、曼氏无针乌贼和鲨鳐类至今仍然处于衰竭状态之中;鲆鲽类等至今仍处于严重衰退中;70年代初期被开发的资源量较高的绿鳍马面鲀资源,只经过近20年的利用后也于90年代初期急速衰退,目前处于严重衰退中;80年代开始开发利用的近海虾蟹类资源也大不如前;小黄鱼和带鱼明显衰退后经过长期的保护,特别是1995年以来的伏季休渔后,取得良好的保护效果,小黄鱼于90年代初开始呈现资源量明显回升,捕捞产量持续增长,带鱼一直尚能维持生产,但是,也一直存在其渔获物组成明显小型化、低龄化和性成熟提前的资源过度利用现象。如今,东海区的捕捞产量增加主要是依靠捕捞力量的大量增加、作业渔场不断扩大以及捕捞大量的幼鱼等。纵观新中国成立以来东海区的渔业资源开发利用,大致经历了以下几个阶段。

(1) 中等开发利用阶段(1950~1958年)。在新中国成立初期,海洋捕捞的主力军是群众渔业的木帆船。本阶段东海机动渔船从33艘、4181kW发展到548艘、$2.99×10^4$kW,年平均机动渔船仅161艘、功率仅为$1.15×10^4$kW。海洋捕捞产量从1950年的$1.824×10^5$t提高到1957年的$8.244×10^5$t,年均捕捞产量仅为$5.273×10^5$t,均处于各阶段的最低水平。其中,群众渔业机帆船从1954年起开始发展,到1958年发展到440艘、7000kW,其渔获量仅为$1.9×10^4$t,连同国营渔轮的产量共计$6.0×10^4$t,仅占当年海洋捕捞总产量的8.0%。捕捞力量和捕捞能力低下,主要作业渔场在沿海一带,捕捞对象以沿海性种类和到沿海产卵的群体为主,而对于外海性种类和在外海越冬鱼群的利用很少。本阶段中的1957年、1958年机动渔船(不包含木帆船)的平均单位功率产量为2.24t/kW和2.02t/kW,年平均为2.13t/kW,居各阶段最高水平。据浙江省历年渔获资源总体营养级水平的计算(吴家骐,1997),1956~1958年平均营养级水平为2.70级,表明中、高级肉食性资源比例较大。海域渔业资源总体状况属于利用不足阶段,尤其是外海性和中上层鱼类资源具有较大的开发潜力。

(2) 充分开发利用阶段(1959~1974年)。本阶段海洋机动渔船从1959年的1320艘、$6.41×10^4$kW发展到1974年的11 002艘、$6.711×10^5$kW,年平均5530艘、$3.15×10^5$kW,分别是上一阶段的34倍和27倍。年捕捞产量从1961年的$6.61×10^5$t上升到1974年的$1.42×10^6$t,年平均为$9.893×10^5$t,比上一阶段增长了87.62%,占全国海洋捕捞总产量的比例达49.36%,为各阶段最高值。其中,群众机帆船产量的发展尤其迅速,从$4.6×10^4$t上升到$8.339×10^5$t,提高了17.13倍,1974年机帆船的产量占海洋捕捞总产量的58.68%,若加上国营渔轮产量,则比例达到了72.72%,机动渔船已成为东海捕捞作业的主力军。通过20世纪50年代末期及60年代初期的海域普查和渔业资源调查、探捕,已经初步掌握了大黄鱼、小黄鱼、带鱼和鳓等经济鱼种的越冬场及其洄游分布规律,使作业渔场向东发展,在东海北部拓展到125°E~126°E海区,作业效率和产量迅速提高。本阶段机动渔船平均单位功率产量范围为1.42~1.86t/kW,年平均为1.63t/kW,虽然比上一阶段的2.13t/kW已明显下降,但仍居历史次高水平。渔获资源的营养级范围为2.61~2.90

级，年平均为2.76级，为各阶段最高值。这一情况一方面表明海洋里具有较丰富的中高级肉食性的鱼类资源，另一方面也体现了对中高级肉食性鱼类的利用达到比较高的水平，如1974年大批机帆渔船到江外渔场、舟外渔场捕捞了$1.1×10^5$t的越冬大黄鱼群体，使该年的渔获量创下了大黄鱼年产量历史最高纪录（$1.97×10^5$t），鳓渔获量也同时创造了历史最高纪录（$2.65×10^4$t），带鱼渔获量也达到1993年以前的最高纪录（$5.281×10^5$t）。然而，小黄鱼和乌贼产量则明显下降，小黄鱼产量从上一阶段年均$8.37×10^4$t降低到本阶段的年均$3.59×10^4$t，仅为上一阶段的42.89%；乌贼产量从前13年平均年产的$5.09×10^4$t降低到后3年的平均年产$2.83×10^4$t，下降了44.40%。这些情况表明，到本阶段的后期，东海的"四大渔产"等传统捕捞对象已达到充分利用程度。

总体来说，本阶段总渔获量基本上是随着捕捞力量的增加而上升，机动渔船平均单位功率产量虽比上一阶段明显下降，但基本上稳定在1.42~1.86t/kW的历史较高水平，海区一些经济鱼类产量已达到历史最高水平，少数种类已出现下降，东海渔业资源基本上已得到充分利用。

（3）过度捕捞，一些传统经济鱼类资源出现衰退阶段（1975~1983年）。本阶段捕捞力量继续年年上升，海洋机动渔船从12 380艘、$7.542×10^5$kW上升到1983年的41 305艘、$1.507×10^6$kW。年捕捞产量范围为$1.313×10^6$~$1.530×10^6$t，年均为$1.424×10^6$t，比上一阶段仅增长44%，多数年份产量停留在上阶段末期的水平上，其中带鱼、大黄鱼、小黄鱼、鳓和乌贼的产量全面下降，而且渔获物组成的小型化逐渐明显。机动渔船年平均单位功率产量降至0.80~1.32t/kW，年平均为1.04t/kW，比上一阶段下降了36.20%。海洋捕捞产量占全国海洋捕捞总产量的比例也比上一阶段下降了2个百分点，在全国的地位已开始下降。本阶段中渔获物营养级的范围为2.63~2.81级，年平均为2.7级，比上一阶段低了0.06级，表明中高级肉食性鱼类在减少。因为有新开发的绿鳍马面鲀、一年生的虾蟹类和中上层鱼类产量的迅速上升，总产量才仍比上一阶段略有上升。总体来说，本阶段东海渔业资源已呈现过度捕捞，多数经济鱼类资源已出现衰退。

（4）严重过度捕捞，海区资源总体状况趋于衰退阶段（1984~1996年）。本阶段海洋机动渔船从49 751艘、$1.612×10^6$kW发展到1996年的117 797艘、$5.602×10^6$kW。年渔获量从$1.601×10^6$t上升至$5.047×10^6$t，年平均为$3.547×10^6$t，比上一阶段增长了1.49倍。但是，它占全国海洋捕捞总产量的比例仅为42.70%，比上一阶段下降了4.66个百分点。表明本阶段海区渔业的有关指标比全国的指标明显偏低，在全国渔业中的地位进一步下降，过度捕捞的状况比全国其他海区严重。而且在20世纪80年代末期，大黄鱼、小黄鱼和鳓的年产量均降至历年最低值，乌贼仅比1957年稍高，带鱼的产量也降至70年代以来的最低值。更有甚者的是，在20世纪70年代初期刚开发利用的绿鳍马面鲀的产量也在90年代初期衰退到几乎无鱼汛可言，而鲆鲽类和鲨鳐类等典型底层鱼类更是处于接近枯竭的地步。本阶段机动渔船年平均单位功率产量为0.61~0.94t/kW，年平均为0.79t/kW，又比上一阶段下降了24.04%。从渔获物的营养级来看，1984~1994年降为2.40~2.56级，平均为2.48级。另外，传统捕捞对象渔获物的小型化、低龄化和性成熟提早的现象日趋严重。海区渔业处于严重过度捕捞状态之中，其中，小黄鱼、带鱼的年产量虽然在20世纪90年代末期创下了历史最高纪录，但均以补充群体和鱿鱼为主，尽管资源尾数多了，但是资源的质量显著降低，东海渔业资源总体状况趋向于衰退。

（5）实施渔业资源保护阶段（1997年至今）。为了遏制我国近海渔业资源的持续衰退，继1995年首次在东海实施伏季休渔之后，由于1997年我国宣布实施200海里专属经济区制度，我国近海渔业资源保护开始走上新征途。1997年农业部印发了《农业部关于"九五"期间控制海域捕捞强度指标的实施意见》；1999年提出实施海洋捕捞产量实行"零增长"计划；2000年又提出实行"负增长"计划。进入21世纪后，保护近海渔业资源，修复受损的海洋生态环境，开展增殖放流和海洋牧场建设，以恢复和重建渔业资源更是受到了政府的高度重视。控制海洋捕捞力量和捕捞产量增长的措施更加严厉。本阶段海洋机动渔船从1997年116 499艘减少到2020年的78 783艘，减少了32.4%，但是，功率数却从5.789×10^6kW上升到8.207×10^6kW，增加了41.8%。年产量在高位小幅波动中呈下降趋势（图5-4），从1998年的5.538×10^6t下降到2020年的3.808×10^6t，年平均4.841×10^6t，比上一阶段增长约36.5%倍，占全国海洋捕捞总产量的比例进一步降低，仅为37.38%。本阶段机动渔船年平均单位功率产量为0.46~0.90t/kW，年平均为0.67t/kW，比上一阶段下降了15.19%，为各阶段最低。

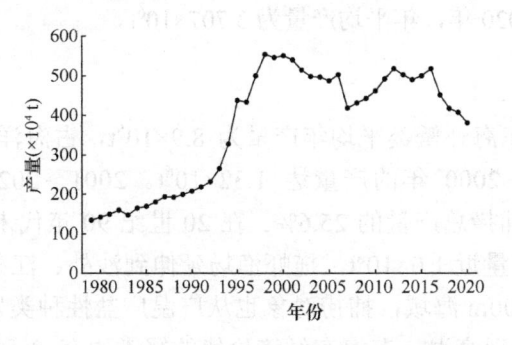

图5-4　1979~2020年东海捕捞产量变动趋势

另外，根据唐启升（2006）报道，不同生物类群资源利用状况、资源密度及渔获种类组成变化如下。

（一）不同生物类群资源利用状况

1. 鱼类

东海中上层鱼类1984~2000年的产量为3.63×10^5~2.376×10^6t，平均年产量为1.187×10^6t，占东海海洋捕捞产量的比例为19.3%~55.8%。其中，1990~2000年年平均产量为1.568×10^6t，比20世纪80年代增长了2.2倍。在90年代，东海中上层鱼类捕捞强度有所下降，机轮灯光围网船组由1990年的146组降至1999年的105组，其中韩国一直维持在48组左右，我国台湾省保持在8组，我国大陆地区在东海的围网船由28组降至18组，日本由62组降至31组。围网船的平均组产仍维持在较高水平。在1997~2000年调查中，东海中上层鱼类渔获量为11 033kg，占东海四季鱼类渔获量的40.1%，特别是春季的渔获量（3598.82kg）还超过底层鱼类渔获量（3145.34kg），占春季鱼类渔获量的 53.4%；在夏季占 46.5%；秋季和冬季也分别占 25%左右。

东海底层种类（含虾蟹类和乌贼类）的年产量 1984～1993 年波动在 $1.1×10^6$～$1.77×10^6$t，1994 年以来从 $2.28×10^6$t 上升到 2000 年的 $4.41×10^6$t，但占东海海洋捕捞总产量的比例从 1984～1986 年的 72%～78%下降到 90 年代的 62%，表明该海区底层鱼类在海洋捕捞业中的地位正在下降，资源的衰退比其他类别严重。从捕捞作业的情况看，作业渔场面积缩小、鱼发时间缩短，甚至出现传统渔场鱼汛消失的情况。生产渔船平均网产显著降低，渔获物中传统经济鱼种的比例从 50～70 年代的 50%～67%下降到 80 年代的 30%及 90 年代的 25%。与此相反，低值小型鱼类和一年生种类所占比例却从 20 世纪 50 年代的 19%上升到 90 年代的 52%。在主要经济种类生物学特性方面，渔获物小型化和性成熟提早的现象普遍存在且日趋严重，例如，夏季带鱼的平均肛长从 60 年代的 253mm 减少到 90 年代的 195mm，性成熟最小肛长也从 70 年代的 160mm 减少到 90 年代的 140mm；小黄鱼平均体长从 70 年代的 192mm 下降到 90 年代的 144mm，性成熟最小体长也从 1959 年的 140mm 下降为 1981 年的 120mm。

2001～2020 年，东海鱼类产量为 $4.247×10^6$～$3.037×10^6$t，呈逐年下降趋势，年平均产量为 $3.829×10^6$t，占海洋捕捞产量的 80.88%。其中 2001～2010 年，年平均产量为 $3.951×10^6$t，2011～2020 年，年平均产量为 $3.707×10^6$t。

2. 虾蟹类

1990～2000 年东海虾蟹类平均年产量为 $8.9×10^5$t，占海洋捕捞总产量的 20%，主要为浙江省所捕，2000 年的产量达 $1.32×10^6$t。2001～2020 年，年平均产量为 $1.214×10^6$t。占海洋捕捞总产量的 25.6%。在 20 世纪 90 年代末，东海区有拖虾渔船 10 000 余艘，虾类产量近 $1.0×10^6$t，拖虾渔场延伸到沙外、江外、舟外和渔外渔场，作业水深可达 80～100m 海域，捕捞对象也从广温广盐性种类发展到高温高盐性种，但近海虾类资源已出现衰退，东海有经济价值的蟹类约有 8 种，其中三疣梭子蟹是传统的捕捞对象，也是最重要的蟹类资源。在 20 世纪 90 年代，东海蟹类年产量为 $1.5×10^5$～$2.0×10^5$t，以浙江省的产量最高，在 20 世纪 90 年代末，该省有蟹类捕捞渔船 5000 多艘。但也是在那时，蟹类产量已开始下降，捕捞对象也由主要三疣梭子蟹扩展到其他蟹类，三疣梭子蟹产量在蟹类中的比例已明显下降，从 1994 年的 70.5%下降到 1999 年的 42.5%，而其他蟹类资源有所增加，这些情况说明，东海蟹类资源已经过度利用。

3. 头足类

东海头足类渔获海域几乎遍及大陆架，不同种类各有其渔期和中心渔场，渔场范围相当广泛。20 世纪 90 年代初以前，东海仅以墨鱼笼和拖网渔船在近海一带捕捞头足类；50～70 年代，在浙江渔场主捕曼氏无针乌贼；70～80 年代在长江口及其邻近渔场捕捞太平洋褶柔鱼和神户枪乌贼；而在闽南渔场和台湾浅滩，中国枪乌贼一直是主要的捕捞对象。90 年代初期，浙江省引入单拖渔船后，头足类成为单拖渔船的主要捕捞对象之一，剑尖枪乌贼也成为追捕对象，渔场拓展到东海南部外海、东海中部外海和五岛对马渔场，金乌贼和其他一些乌贼在 27°30′～29°30′N（渔期为 8～12 月）和沙外渔场的一些渔区（渔期为 1～3 月）也成为主要捕捞对象。2003～2020 年，东海头足类产量在 4.858×10^5～2.188×10^5 t 波动，年平均为 3.087×10^5 t，占同期海洋捕捞产量的 6.6%。

（二）渔业资源密度的变化

东海机动渔船的年均单产 1957～1967 年在 1.4～2.2t/kW 波动；1968～1974 年，单产与 1967 年相比有所下降，但仍保持在 1.3～1.6t/kW；1975～1988 年，随着该海区捕捞强度的急剧增加，单产从 1975 年的 1.3t/kW 下降到 1988 年的 0.6t/kW；90 年代，年均单产回升至 0.9t/kW 左右；2000 年之后，又进一步下降，1997～2020 年年均单产为 0.67t/kW，2020 年仅为 0.46t/kW。80 年代以来虽然作业渔船的单产没有明显的下降趋势，但这是作业渔场向外扩展、捕捞对象更替和营养级明显下降的结果，该海区的渔业资源一直处于衰退状态之中。

（三）渔获物种类组成的变化

随着捕捞强度的增加和产量的持续增长，东海的渔获组成发生了明显的变化。在 20 世纪 60 年代，大黄鱼、小黄鱼、带鱼、银鲳、鳓等优质鱼类的产量约占总产量的 51%；70 年代这些种类所占比例下降至 46%；80 年代下降至 18%，从 70 年代中期开始，一些传统的底层捕捞对象就先后衰退，包括大黄鱼、曼氏无针乌贼、鲨鳐类和鲆鲽类等，并且至今仍然处在衰竭状态中。70 年代中期开始开发的外海绿鳍马面鲀资源，经过 10 多年超强度的利用后，也于 90 年代初期急速衰退。小黄鱼和带鱼资源明显衰退后，经过长期和有力的保护，于 90 年代中期呈现明显回升的趋势，但渔获物以幼鱼为主，小型化、低龄化和性成熟提早的情况仍然十分严重，资源尚未得到真正恢复。

在传统底层经济种类资源衰退的同时，中上层鱼类和低营养级种类的渔获量明显增加。鲐、蓝圆鲹和虾蟹类的渔获量从 1980 年的 2.89×10^5 t（占 20%）增加至 1995 年的 1.356×10^6 t（占 28%）。除曼氏无针乌贼以外的多种头足类产量明显上升。其他杂鱼类所占比例也从 80 年代初的低于 30%，上升至 90 年代初的 40% 以上，1995 年杂鱼类的产量达 1.842×10^6 t，占总产量的 38.2%。根据近年来的评估，东海鲐和台湾浅滩海域蓝圆鲹群体也已达到充分利用，多种头足类资源接近充分利用，沿海和近海虾类过度利用的情况已经出现，三疣梭子蟹已有衰退的迹象。目前东海竹筴鱼、大甲鲹、金枪鱼等中上层鱼类资源尚有进一步利用的潜力，其他尚可进一步利用的资源还有外海虾类、细点圆趾蟹和锈斑蟳等，以及分布在水域中上层的鸢乌贼和尤氏枪乌贼等小型枪乌贼。

第六节　南海渔业生物群落结构特征及演变

南海北部陆架区因地处热带和亚热带，且深受从巴士海峡进入南海的黑潮暖流影响，其渔业生物群落结构特征也与渤海、黄海、东海有显著不同。

一、贝类类群

南海北部贝类可分为两个群团。一是依靠沿岸水和底栖、浮游硅藻的群团；二是依靠南海外海水系和小型游泳动物、底栖生物的群团。

（一）滩涂贝类

南海北部浅海滩涂处在沿岸水团之中，盐度小于32.50，可供增养殖的种类共有190种，其中主要种类有近江牡蛎、泥蚶、缢蛏、文蛤、翡翠贻贝、华贵栉孔扇贝、马氏珠母贝、大珠母贝、黑珠母贝和企鹅珠母贝等。以近江牡蛎、翡翠贻贝、大珠母贝和马氏珠母贝为滩涂贝类类群的代表。

近江牡蛎属于广温广盐性贝类，分布在江河入海海湾的附近直到水深10多米海域，能利用鳃纤毛运动造成水流，使各种微型饵料随水流进入鳃腔从而完成摄食。饵料种类有直链藻、圆筛藻、海链藻、舟形藻以及有机碎屑。翡翠贻贝属于暖水性贝类，主要分布在南海，以足丝营附着生活，有群聚习性，通常附着在低潮线下水流通畅处，对高温适应能力强，较高盐度对其生长有利。摄食浮游硅藻、有机碎屑和原生动物，以及无节幼体等。被摄食的硅藻主要有舟形藻、圆筛藻和菱形藻，其中，最容易消化的为舟形藻和圆筛藻。大珠母贝分布在珊瑚礁、贝壳、岩礁、砂砾等底质的海区，以舟形藻、菱形藻、辐杆藻、角毛藻等浮游硅藻类为食。马氏珠母贝为温水性贝类，适温范围为15~27℃，最适温度为23~25℃。一般分布在浅海潮下带4~6m，浪大流急的石砾岩礁、珊瑚礁、贝壳砂砾及砂泥底质海区，营附着生活。以较小型的浮游植物如圆筛藻、菱形藻、针杆藻和甲藻，以及无节幼虫、担轮幼虫、面盘幼虫、有机碎屑和浮泥为食。

（二）近海贝类

广东珠江口以东沉积物主要为细砂和粉砂质黏土软泥；珠江口以西主要为细粉砂和黏土质堆积，东西形成带状分布。在这个带状区以外为较粗粒的砂质堆积。之上覆盖着盐度为32.50~34.50的南海表层水和次表层水。在这一区域主要分布有单壳类中的织纹螺、笋螺科、骨螺科、塔螺科、玉螺科、蛙螺科、笔螺科等和双壳类中的蚶科、帘蛤科、胡桃蛤科、樱蛤科等贝类。

二、甲壳类类群

南海北部陆架甲壳类动物种类繁多，为四大海区之首。有介形类、桡足类、糠虾类、涟虫类、等足类、异足类、端足类、磷虾类、长尾类、短尾类、蝉虾类、歪尾类和口足类等13个类群。不仅在浮游生物组成中和底栖生物组成中客观存在，而且在鱼、虾饵料的种类组成中经常出现。

（一）虾类

南海北部虾类资源丰富，在200m以内的大陆架水域有200多种，具有一定经济地位的有 30 多种。南海北部水深 60m 以内的海域虾类资源丰富，主要由墨吉对虾、刀额新对虾、鹰爪虾、短沟对虾、长毛对虾、须赤虾、中型对虾、近缘新对虾和假长缝拟对虾等组成南海北部虾类类群。而 60～200m 的近海海域，虾类分布稀少，只有拟对虾属、鹰爪虾属和赤虾属的部分种类在 60m 以深海域有分布。

墨吉对虾主要分布在 20m 水深以内，幼虾阶段摄食小型浮游植物，成虾阶段摄食底栖生物，如腹足类、双壳类、头足类、短尾类、桡足类、端足类、介形类和涟虫类等。刀额新对虾主要分布在 20～40m 的水深区，幼虾生活在低盐的河口和内湾，随着个体长大，逐渐向较深海域移动。主要饵料有多毛类、端足类、双壳类、长尾类、有孔虫类、腹足类和短尾类，次要饵料有鱼类、桡足类、涟虫类、介形类和珊瑚类等。鹰爪虾主要分布在 40～60m 水深区，以腹足类、瓣鳃类、甲壳类和多毛类为食。近缘新对虾为近岸浅水种类，栖息于沿岸港湾和河口区。主要饵料有多毛类、有孔虫类、端足类、双壳类、腹足类和介形类等，次要饵料有桡足类、长尾类、短尾类、涟虫类、头足类、鱼类和珊瑚类等，偶尔还以掘足类和棘皮动物为食。

虾类食性广，对食物无选择性，因此，各种虾类的食物没有明显差异，其食物组成一般与所在海域分布的饵料生物种类有关。

（二）蟹类

南海北部的蟹类为热带性种类，其生物量以粤东海域为最高，其次是粤西和珠江口。在底栖生物种类组成中占重要地位的有梭子蟹属、蟳属、玉蟹科、长脚蟹科、黎明蟹属、关公蟹科和磁蟹科的种类。南海北部潮间带和珊瑚礁的蟹类，以扇蟹科的种类占绝对优势。在近海鱼类饵料组成中，经常出现的有蛙蟹科、梭子蟹科（银光梭子蟹和丽纹梭子蟹）、玉蟹科（栗壳蟹属）、蜘蛛蟹科、扇蟹科（红纹斗蟹）、长脚蟹科、豆蟹科和沙蟹科的种类。

三、头足类类群

南海北部的头足类类群主要由章鱼类中的长蛸、短蛸和真蛸等，乌贼类中的虎斑乌贼、金乌贼和曼氏无针乌贼等，枪乌贼类中的中国枪乌贼、剑尖枪乌贼和杜氏枪乌贼等种类组成。

（一）章鱼类

南海北部章鱼的主要种类为长蛸、短蛸和真蛸等。这些章鱼主要生活在近海，常潜伏在泥沙和岩石缝中，营爬行底栖或钻穴生活。短蛸个体小，主要分布在沿岸低盐水海域，长蛸个体较大，能分布到外海，用腕捕捉底栖蟹类、双壳类和头足类而食之。

（二）乌贼类

南海北部乌贼的主要种类有虎斑乌贼、金乌贼和曼氏无针乌贼等，其中以曼氏无针乌贼为最多。曼氏无针乌贼适温范围为 16～24℃，适盐范围在 30.00～33.00，产卵时栖息于海藻和柳珊瑚附近，卵产在海藻基部和柳珊瑚上。乌贼类用角质颚吞食鱼、虾类和头足类。

（三）枪乌贼类

南海北部枪乌贼的主要种类有中国枪乌贼、剑尖枪乌贼和杜氏枪乌贼。这些种类分布在北部湾到台湾浅滩的广大海域。其中，中国枪乌贼占枪乌贼产量的90%左右，占整个头足类产量的70%左右。每年4月以后，随着西南季风增强，南海暖流逐渐向北部靠近，直到7月，中国枪乌贼在北部湾、海南岛东部及南澎列岛近海形成密集区。10月以后，由于北方冷空气南下，饵料生物减少，中国枪乌贼等逐渐向外海洄游。枪乌贼幼体摄食浮游生物，成体为肉食性，捕食甲壳类、鱼类和头足类。

四、底层鱼类类群

南海北部的底层鱼类类群主要由马六甲鲱鲤、金线鱼、二长棘鲷、长尾大眼鲷、短尾大眼鲷、黄鳍马面鲀、多齿蛇鲻、红鳍笛鲷、带鱼等种类组成。

马六甲鲱鲤属于暖水性底层鱼类，主要分布在60~100m水深海域，适于生活在高盐海域，以底层盐度34.10~34.78的海域产量为最高。摄食种类约有22个生物类群，其中大多数属底栖生物，如长尾类（细鳌虾）、短尾类（银光梭子蟹、丽纹梭子蟹）、蝉虾类、歪尾类（铠甲虾）、端足类、涟虫类、口足类、多毛类、腹足类和双壳类等。马六甲鲱鲤属于以摄食底栖生物为主，兼食浮游生物（介形类和糠虾类）和游泳生物（小型耳乌贼）的广食性鱼类。

金线鱼属于暖温性底层鱼类，主要分布在30~120m水深区，适宜生活在温度变化幅度较广、盐度较高的海域。盐度在33.50以下的海域渔获甚低。金线鱼主要饵料有短尾类（梭子蟹科和长脚蟹科）、长尾类（鼓虾科、对虾科、玻璃虾科）、口足类（虾蛄属）、歪尾类（蝼蛄虾科、铠甲虾科）、端足类（小眼亚目）和鱼类（鳗鲡科、天竺鲷科和鰕科）；次要饵料有介形类、多毛类、腹足类、双壳类、蝉虾类、头足类和有孔虫类。即金线鱼属于以摄食底栖生物为主，兼食浮游生物和游泳动物的广食性鱼类。

二长棘鲷属于暖水性底层鱼类，广泛分布在北部湾和海南岛以东的浅、近海水域，分布水深一般不超过120m。饵料种类包括22个生物类群，饵料组成以短尾类、蛇尾类、端足类和长尾类等底栖生物为主。也就是说，二长棘鲷属于以摄食底栖生物为主，兼食浮游生物和游泳动物的广食性鱼类。

长尾大眼鲷分布范围较广，以水深40~90m的近海区域鱼群较为密集，分布水深一般不超过150m。短尾大眼鲷则分布范围更广，从水深10多米的浅海到400多米的大陆坡上缘均有分布，其中，以水深90~150m海域分布密度最大。这两种暖水性近底层鱼类饵料种类包括从硅藻到鱼类的22个生物类群，有120种左右，因此，长尾大眼鲷和短尾大眼鲷是属于以摄食底栖生物和浮游生物为主，兼食游泳动物的鱼类。

黄鳍马面鲀属于暖温性近底层鱼类，营集群性生活，栖息海域水深一般不超过50m。在珠江口近海和粤西近海所摄食的饵料约有25个生物类群，其中，主要饵料有端足类、桡足类、介形类、有孔虫类、腹足类、多毛类、翼足类、长尾类、双壳类、短尾类幼体、苔藓虫类、薮枝螅类等，次要饵料为毛颚类、等足类、虾蛄类、水母类、鱼卵、仔鱼、被囊类、硅藻等。因此,黄鳍马面鲀是属于以摄食浮游生物为主,兼食底栖生物和固着生物的广食性鱼类。

多齿蛇鲻属于暖水性近底层鱼类,分布范围广泛,水深20~180m的海域内都有其产卵亲鱼分布,主要分布水深为50~90m。饵料生物类群包括多毛类、海鳃类、头足类、甲壳类和鱼类等。鱼类在其饵料组成中居首位,包括鳀科、鲾科、金线鱼科、羊鱼科、狗母鱼科、天竺鲷科、犀鳕科、颚齿䲢科、鮃科、带鱼科、鲷科、鲬科、鲽科、鲱科、石首鱼科、鳞鲀科、康吉鳗科、魟鲱科、乌鲳科、鳀科、篮子鱼科、烟管鱼科、鲻科、鳎科、双鳍鲳科、水珍鱼科、舒科、舌鳎科、虾虎鱼科等的种类。多齿蛇鲻的主要饵料种类有蓝圆鲹、细纹鲾、黄肚金线鱼、中线天竺鲷、颚齿䲢、枪乌贼、细螯虾等。从中可以看出,多齿蛇鲻为凶猛的肉食性鱼类,以捕食鱼类为主,兼食头足类、长尾类和短尾类。

红鳍笛鲷属于暖水性的近底层鱼类,主要分布在珠江口以西,水深60~90m海域。饵料种类包括有16个生物类群,其中鱼类13个科。红鳍笛鲷是以捕食鱼类为主,兼食底栖生物的鱼类。

带鱼在南海北部分布十分广泛,粤东南澳至汕头南部水深50m以浅,珠江口南部水深30~70m,海南岛东南部水深40~150m和粤西外海水深100~150m等海域,周年都有带鱼渔获。带鱼为凶猛的肉食性鱼类,主要捕食蛇鲻、金线鱼、大眼鲷、蓝圆鲹、鲱鲤、鲾、枪乌贼、毛虾和其他虾类。

南海北部海域底层鱼类摄食种类广泛,并且根据其食性可分为温和性鱼类和凶猛性鱼类。温和性种类以摄食底栖生物为主,兼食浮游生物和游泳动物。但事实上,各个种的摄食习性也有很大分化。例如,马六甲鲱鲤、金线鱼和二长棘鲷等,摄食种类以底栖生物为主;而长尾大眼鲷和短尾大眼鲷却以底栖生物和浮游生物并重;黄鳍马面鲀则转变为以浮游生物为主。凶猛性种类属于肉食性,捕食大量中、小型鱼类。例如,多齿蛇鲻的饵料组成中鱼类居首位,包括30个科;红鳍笛鲷也是如此,只是科的数量少于多齿蛇鲻,只有13个,另有其他生物类群16个。此外,底层鱼类中又分化出中下层鱼类,如带鱼从底层上浮到中下层,捕食蛇鲻、金线鱼、大眼鲷、鲱鲤和鲾等鱼类,以及甲壳类和头足类等。

五、中上层鱼类类群

南海北部的中上层鱼类类群主要由青鳞鱼、金色小沙丁鱼、蓝圆鲹、竹䇲鱼和鲐等种类组成。青鳞鱼分布在60m以浅的海域,主要摄食浮游生物。在饵料种类组成中,浮游生物出现频率为55.2%,底栖生物为12.8%。

金色小沙丁鱼主要分布在粤东和闽南近海,即在海丰和陆丰两县的浅、近海到台湾浅滩水深80m附近海域。其摄食习性,成鱼和幼鱼之间有很大差别。成鱼(叉长范围160~256mm)的饵料包括22个生物类群的100多个种类,其中以桡足类、短尾类幼体和糠虾类为最重要,磷虾类、被囊类、长尾类幼体、虾蛄幼体、头足类幼体、幼鱼、介形类、多毛类、瓣鳃类、腹足类、莹虾、硅藻和卵粒次之。幼鱼(叉长范围38~159mm)

饵料也有 19 个生物类群，未发现有大型的浮游甲壳动物，如糠虾和磷虾等，但却有甲藻、枝角类和甲壳类无节幼体等。其主要饵料为硅藻和小型桡足类，其次是鳍藻、甲壳类无节幼体、蔓足类幼体、长尾类幼体、介形类、端足类、枝角类、短尾类幼体、莹虾、幼鱼和鱼卵等。

蓝圆鲹主要分布在浅海和近海，初冬，随着沿岸水势力减弱，外海水势力逐渐增强，并向近岸逼近，蓝圆鲹随外海水向近岸游来，先在深海集群，至冬末春初，再从深海向近海和沿岸浅海区进行产卵洄游，4～8月，分别在广东的甲子和万山，以及海南清澜沿海一带集群产卵，在浅海、近海停留时间可达 5 个月之久。夏末秋初，随着沿岸水势力增大，外海水逐步收缩，产卵后的蓝圆鲹离开浅海和近海向外海进行索饵洄游。蓝圆鲹摄食种类约有 16 个生物类群，主要饵料包括桡足类、磷虾类、长尾类、小型鱼类、介形类等 5 个生物类群。春汛期间，蓝圆鲹主要摄食桡足类、端足类、磷虾类、犀鳕、糠虾、细螯虾和甲壳类幼体。

竹荚鱼和鲐主要分布在 90～200m 水深的外海。在粤东外海，竹荚鱼索饵群体的洄游分布与东沙群岛外海高盐水团的消长关系密切。竹荚鱼以摄食浮游生物为主，兼食小型游泳动物和底栖生物。粤东甲子外海至台湾浅滩 60～100m 水深区，12 月至翌年 2 月鲐鱼群数量较多，3～5 月在粤东浅海和近海产卵，常与蓝圆鲹、竹荚鱼等中上层鱼类的产卵群体混栖。鲐以摄食浮游生物为主，兼食底栖生物。

南海北部的中上层鱼类依水系分别分布在沿岸、近海和外海 3 个区域，由于昼夜垂直移动明显，不论上浮表层还是下沉底层都在进行摄食，因此在胃含物中饵料成分很复杂，从有孔虫、多毛类、腹足类、双壳类、甲壳类等直到鱼类，生物类群达十几个至二十几个。但是，南海北部中上层鱼类的摄食习性，仅为以摄食浮游生物为主，兼食底栖生物有 1 种，未发现其他类型的分化现象。

六、各类群间的相互关系

根据 1959～1960 年全国海洋普查结果，南海北部饵料浮游动物平均总生物量为 66mg/m³，底栖生物年平均生物量为 12.35g/m³，这些数值较渤海、黄海、东海低。这反映出南海北部地处热带海域，生物种类繁多而单一种类的群体数量较少的特点。因此，南海北部海域鱼、虾、头足类等在长期演化过程中形成食性广、对摄食对象没有严格选择的特性，即多以饵料生物的优势种为食。南海北部渔业生物群落以贝类、甲壳类、底层鱼类、中上层鱼类和头足类为序垂直分布。不同生物类群之间既协调、稳定，又竞争、波动，同处在一个生态系统之中。

七、渔业资源开发利用及生物群落结构演变

南海地处热带、亚热带，岛屿众多，珊瑚礁群星罗棋布，自然环境优越，渔业资源十分丰富。分布在南海的渔业生物既有南海特有的岛礁性鱼类、深海鱼类（虾蟹类、头足类），也有与东海、黄海、渤海相似的沿岸近海鱼类。海洋捕捞作业方式主要有拖网、围网、刺网和钓等。1979～2020 年南海捕捞产量变动情况如图 5-5 所示。

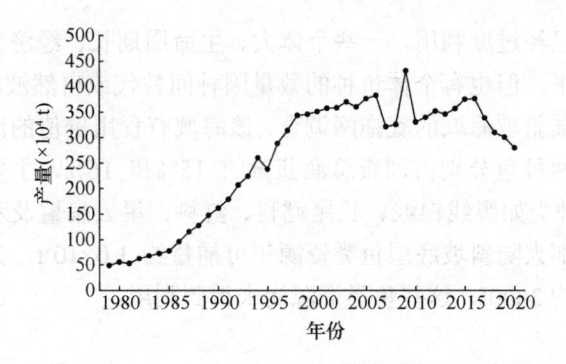

图 5-5　1979～2020 年南海捕捞产量变动趋势

从图中可以看出，2006 年之前，南海海洋捕捞产量持续上升，之后呈波动下降趋势，最高的是 2009 年，达 4.31×10^6t，占全国海洋捕捞产量的 36.6%；到 2020 年，捕捞产量下降到 2.795×10^6t，占全国海洋捕捞产量的 29.5%。

另外，根据唐启升（2006）报道，不同生物类群资源利用状况、资源密度及渔获种类组成变化如下。

（一）不同生物类群资源利用状况

1. 鱼类

沿岸分布的中上层经济鱼类有鲳类、鳓、鲻、四指马鲅、鲥、斑鰶、小沙丁鱼类和小公鱼类等。这些种类主要分布在水深 40m 以浅的近岸和河口水域。由于其分布范围处在捕捞强度最大的沿岸海域，为沿海多种作业方式所捕捞，其资源均处于捕捞过度的状态，有的种类如鲥、鳓、鲻等已面临资源枯竭。大陆架分布的中上层鱼类主要有蓝圆鲹、竹荚鱼、鲐等。这些种类主要出现在水深 40～100m 的大陆架海域，只能被底拖网和围网捕捞。但其中有些种类在其生活的幼鱼阶段或洄游至近岸海域产卵、索饵期间，也为沿岸渔民捕捞。栖息于大陆架海域的中上层经济鱼类分布范围广、数量大，是南海中上层渔业资源的主体，但多数种群已过度利用或充分利用。

沿岸性底层经济鱼类主要有大黄鱼及其他各种石首鱼类、凤鲚、鲈、尖吻鲈、平鲷、黑鲷、黄鳍鲷、日本金线鱼、银鲈科、海鲶属、鳎科、舌鳎类和鳐类等。这些鱼类主要出现在水深 40m 以浅的沿岸水和河口水分布范围。沿岸性底层鱼类经济价值高，历来为沿海多种作业所捕捞，承受的捕捞强度最大，在 20 世纪 70 年代多数种类就已过度利用，目前一些个体大、价值高的种类，如大黄鱼、鮸、尖吻鲈、海鲶和鲷类等已面临资源枯竭。

大陆架广泛分布的底层鱼类种类繁多，目前数量较多且经济价值较高的种类有金线鱼属 2 种、带鱼属 3 种、二长棘鲷、大眼鲷属 2 种、蛇鲻属 2 种、印度无齿鲳、刺鲳、篮子鱼、黄带绯鲤、海鳗、油魣和黄鳍马面鲀等。一些 70 年代常见的、经济价值较高的鱼类，如红笛鲷、马拉巴裸胸鲹、灰裸顶鲷、断斑石鲈和黄鲷等，到 90 年代，数量已经很少。大陆架底层鱼类一般广泛分布在水深 40～200m 海域，主要被底拖网所捕捞，但大多数种类的幼鱼阶段出现在沿海，因此也很容易受到沿海高强度捕捞的损害。该类群渔业资源总体上已经过度利用，一些个体大、生命周期长、经济价值高的种类，其数量已下降到很低水平，但也有个体鱼种的数量因种间替代或自然波动而有所上升。

据南海北部大陆斜坡海域的底拖网调查，该海域有食用价值的深海鱼类为鳞首方头鲳和瓦氏软鱼，这两种鱼分别占调查总渔获量的 15% 和 16%，主要分布在水深 200~400m 海域。其他种类如黑线银鲛、长尾鳕科、魟科、星云扁鲨及双鳍鲳科鱼类也有一定的数量。南海北部大陆斜坡底层鱼类资源年可捕量约 1.0×10^4t，其中鳞首方头鲳和瓦氏软鱼的年可捕量约 3000t，这些鱼类资源尚未得到利用。

2. 虾蟹类

南海北部的虾蟹类中，虾类的数量占优势且经济价值较高。沿岸性虾蟹类分布在水深 40m 以浅的河口和近岸海域，主要经济种类有对虾属和新对虾属的种类、锯缘青蟹、三疣梭子蟹、远海梭子蟹及虾蛄类。这些沿岸性虾蟹类是沿海传统捕虾业的利用对象，捕捞方法有拖网类的扒罾网、单拖、双拖和桁双拖及底层刺网、定置网、笼捕等。沿岸经济虾蟹类已经严重过度捕捞，但虾蟹类生命周期短、资源更新快，加上沿岸经济鱼类数量的减少为虾蟹类的繁衍提供了机会，因此沿海捕虾业仍维持一定规模。

一些个体小的虾类，如假长缝拟对虾、滑脊等腕虾、凹管鞭虾、长足鹰爪虾和须赤虾等，广泛分布在南海北部海域，这些虾类资源密度较低，但分布范围广，因此仍具有相当的数量。该类群虾类为底拖网所兼捕，未能形成一定规模的捕虾业，如有合适的渔具渔法，这些虾类仍可进一步开发利用。分布在南海北部大陆斜坡海域的经济虾类也是有待开发利用的渔业资源。这些虾类主要分布在水深 400~700m 范围，经济价值较高的优势种为拟须虾及长带近对虾，这两种合占虾类调查总渔获的 93%。

3. 头足类

目前南海北部头足类数量以枪形目种类占绝对优势，约占 90%，主要优势种为剑尖枪乌贼、中国枪乌贼和杜氏枪乌贼。剑尖枪乌贼和中国枪乌贼主要分布于水深 40~200m 海域，以水深 80~170m 范围的数量最多，是外海的主要经济种类；杜氏枪乌贼则主要分布在水深 40m 以浅的沿岸水域。头足类主要被底拖网和手工鱿鱼钓所捕捞。80 年代以前，枪乌贼的捕捞方式以手工鱿鱼钓为主。目前鱿鱼钓作业几乎被底拖网所取代。底拖网是捕捞头足类的高效作业方式，但在粗糙海底如台湾浅滩海域进行底拖网，对头足类产卵场具有明显的破坏作用。80 年代以来头足类的资源密度和渔获量呈上升的趋势，这可能是因传统经济鱼类资源衰退而出现种类替代的结果。头足类优势种剑尖枪乌贼主要分布在 100m 等深线以外的海域，其资源可能尚未被充分利用。其他一些广泛分布在外海水域的中上层种类，如鸢乌贼、太平洋褶柔鱼、飞柔鱼等也未得到充分利用。

（二）渔业资源密度的变化

1. 南海北部陆架区

不同时期的底拖网调查结果表明，南海北部陆架区的渔业资源逐渐衰退，目前已处于严重的捕捞过度状态。为阐明该海区渔业资源的变化趋势，表 5-2 将 1997~1999 年的资源密度评估与以往调查的评估结果作一比较。从资源密度的变化即可清楚地看出，陆架区的底层渔业资源密度已下降至很低水平；浅海区的捕捞过度现象在 70 年代前后就已出现，目前情况尤为严重，现存资源密度 0.2t/km^2，仅相当于原始资源密度的 1/20 和最适密度的 1/10；近海和外海的现存资源密度为 0.3t/km^2，仅为原始资源密度的 1/7 和最适密度的 1/3。

表 5-2　南海北部陆架区不同历史时期底层渔业资源密度的变化（单位：t/km^2）（引自邱永松等，2008）

海域	全陆架区	浅海	近海和外海
原始密度	2.8	4.0	2.0
最适密度	1.4	2.0	1.0
1931~1938 年	2.7		
1956 年	1.5		
1960~1973 年	1.1	1.0	1.1
1973 年			0.7
1983 年			0.5
1997~1999 年	0.3	0.2	0.3

底拖网渔轮在大陆架海域作业的渔获率也显示，80 年代以来陆架区底拖网渔获率一直呈下降趋势，90 年代末的渔获率大致只有 80 年代初的 1/6~1/5；1983~1987 年，国营单拖渔轮的渔获率下降了 60%，1987~1992 年渔获率则稳定在较低水平上；1990 年以来由于单拖作业的渔获状况差，大量渔船改用双拖作业，以捕捞分布水层较高的中上层种类；但 1992 年以后，双拖渔轮的渔获率又呈明显下降趋势。这表明大陆架海域的渔业资源已处于严重的衰退状态。其中，浅海和近海水域承受的捕捞强度最大，渔获率早在 80 年代初就已明显下降，90 年代初的渔获率更低；外海区承受的捕捞强度相对较低，渔获率在 80 年代中期才明显下降。如今，南海浅海和近海渔业资源衰退比外海更严重。

2. 北部湾

北部湾是南中国海范围内渔业资源生产力最高的海域之一，另外其西部海域渔业资源利用程度相对较低，因此目前北部湾的现存资源密度高于南海北部大陆架，但该海域的渔业资源也处于严重的捕捞过度状态。表 5-3 为不同时期底层渔业资源密度的评估结果，表明北部湾沿岸海域的渔业资源在 70 年代就已达到充分利用状态，而中南部海域在 90 年代也已充分利用，目前全湾的渔业资源均处捕捞过度状态，沿岸海域资源衰退情况更为严重，其现存资源密度大致只有最适密度的 1/4。2006 年资源水平有所好转，尤其是中南部海域的资源密度为 1.71t/km^2，是最适密度的 1.3 倍，其资源水平略高于 20 世纪 90 年代初，表明该海域的渔业资源大致处于适度开发状态，可以保持当前的开发利用水平。而在沿岸区域，其资源水平虽然与 2001~2002 年相比，资源密度有所提高，但仅为最适密度的 41.2%，显示出该海域仍处于严重的捕捞过度状态。

表 5-3　北部湾海域不同历史时期底层渔业资源密度的变化（引自邱永松等，2008）

海域	全湾	沿岸	中南部
原始密度	4.1	5.0	2.5
最适密度	2.1	2.5	1.3
1962 年	2.9	3.0	2.8
1960~1973 年	2.3	2.3	2.2
1992~1993 年	1.3	1.0（东部）	1.4
1997~1999 年	0.5	0.6（东部）	0.5
2001~2002 年	0.8	0.7（东部）	0.9
2006 年	1.42	1.03（东部）	1.71

渔业生产的单位功率渔获量及渔获率也显示，70 年代以来北部湾的资源密度呈明显下降趋势，90 年代初的资源密度大致只有 70 年代初的 1/3。特别是在沿岸海域，捕捞强度大大高于北部湾中南部，因此沿岸海域的渔业资源衰退的状况更为严重。而在北部湾中南部海域，在 2000~2007 年，渔获率呈显著的上升趋势。

（三）渔获物种类组成的变化

1. 南海北部陆架区

渔获物组成向小型化和低值化转变，在 70 年代底拖网渔获物组成中，经济种类占 60%~70%；1973 年和 1983 年的底拖网调查中，陆架区的经济种类渔获量分别占总渔获量的 68%和 66%，而在 1997~1999 年底拖网调查的渔获物样品中，经济种类的渔获量仅占总渔获量的 51%，并且这些经济种类的渔获物主要由年龄不满 1 周岁的幼鱼所组成，若扣除幼鱼中明显未达到食用规格的部分，则渔获物样品中可食用部分约占 40%。

种类变化还表现在优势种类渔获率的明显下降。80 年代以来的主要捕捞对象是一些陆架区广泛分布的小型中上层鱼类和生命周期较短的底层鱼类，但其中大多数种类也已过度利用，渔获率呈明显下降趋势。从 1983 年以来底拖网渔轮主要捕捞对象渔获率的变化情况看，蓝圆鲹、黄鳍马面鲀、蛇鲻属和大眼鲷属是底拖网的主要渔获物，除蛇鲻属渔获状态较稳定外，其他 3 个类别的渔获率均已下降至很低水平；在经济价值较高的捕捞对象中，刺鲳、印度无齿鲳、二长棘鲷和头足类的渔获率呈明显下降趋势，只有金线鱼仍有一定数量；在进行渔获量统计的 14 个类别中，只有带鱼属和石首鱼科的渔获率在波动中有所上升。

2. 北部湾

20 世纪 80 年代以来，北部湾底拖网的经济渔获物以蓝圆鲹、蛇鲻类及石首鱼类为主，经济价值较高的种类，如红笛鲷、二长棘鲷和金线鱼等的资源密度又进一步下降，同时资源结构更不稳定，优势经济种类经常发生变化，多数种类资源密度呈下降趋势，但也有一些寿命短的种类，如头足类、深水金线鱼等，资源密度又呈明显上升趋势。

进入 20 世纪 90 年代以来，绝大多数传统经济鱼类的资源密度已下降到很低水平，许多优质鱼类几乎在渔获物中消失，而一些经济价值低、个体小、寿命短的种类在渔获物中的比例有所上升。

思 考 题

1. 简述我国内陆水域自然环境特点。
2. 简述我国内陆水域渔业生物群落结构特征及演变状况。
3. 简述渤海渔业生物群落结构特点。
4. 简述黄海渔业生物群落结构特点。
5. 简述黄渤海渔业资源开发利用状况及其群落结构动态变化趋势。
6. 简述东海渔业生物群落结构特点。
7. 简述东海渔业资源开发利用状况及其群落结构动态变化趋势。
8. 简述南海渔业生物群落结构特点。
9. 简述南海渔业资源开发利用状况及其群落结构动态变化趋势。
10. 根据我国渤海、黄海、东海、南海四大海域的渔业生物群落结构特点及利用现状，请思考渔业资源保护与渔业管理的策略。

第六章 渔业资源种群数量变动

本章提要：主要介绍渔业资源种群数量变动的基本规律及影响种群数量变动的原因等，重点介绍种群数量统计的基本参数、种群数量变动的数学模型，以及关于渔业资源种群数量变动学说的观点与主张；厄尔尼诺、拉尼娜及ENSO的基本概念，以及它们与水体富营养化、全球气候变暖和气候异常对海洋渔业资源带来的影响。

第一节 种群数量变动特征及基本规律

渔业资源种群数量变动，又称种群动态，是指鱼类（虾类、蟹类、头足类等）在外界环境（如食物保障、非生物环境因子、人类捕捞活动等）以及种群自身生物学特性（如生殖类型、性成熟速度、繁殖力、生长、补充、死亡等）等各种因素直接或间接影响下的种群数量变化过程及其变动规律。它是鱼类的适应属性与外界环境相互作用引起的自身调节，以及对人类捕捞活动影响作出的反应。

一、种群数量变动中的问题

种群数量变动是生物种群普遍存在的一种自然现象。当一种生物进入和占领新的栖息地，首先要经过种群数量的增长和建立属于自己的种群，之后可能会出现周期性的或非周期性的数量波动，也可能比较长期地表现为相对稳定性；许多种类有时还会出现骤然的数量猛增，生态学上称为大发生，随后又是大崩溃；有时种群数量会出现长时期的下降，称为衰落，甚至灭亡。每一种生物的生存过程都是种群的增殖及其对变化着的生活环境适应的连续过程，因此，种群数量都不是固定不变的，随着生活环境的变化，周年中的不同时期或者是在不同年间，种群数量均在一定范围内变化着。而其数量的变动幅度，即变幅，是依据种群和生存条件的不同而不同的。正如上面所说的，各种生物具有自身特有的种群结构和种群特征，种群自身数量变动的形式及其绝对数量和相对数量，当然也随着生活条件的改变而不断变化着。

对于渔业资源种群，由于人为捕捞活动对种群数量的影响，种群数量的变动机制变得更为复杂。渔业生产的无数事实证明，由于渔业生产者普遍存在着单纯追求渔业产量和生产效益，同时渔业资源（特别是海洋渔业资源）又是典型的公有性资源。因此，由于盲目的增加捕捞强度和酷渔滥捕，多种渔业资源种群数量下降、资源衰退甚至枯竭。针对上述种群数量动态变化现象，就渔业生物种群来说，人们自然会提出以下这些问题。

（1）在水域环境里，为什么有些鱼类种群数量颇为稀少，而有些鱼类相当丰富，是哪些因素决定了这种差异？

（2）同一种鱼，为什么在相同捕捞强度（甚至捕捞强度很小）的情况下，有的年份渔获量很高，有的则很低？渔获量高的年份比低的年份可高出几倍甚至几十倍。

（3）什么原因使有些鱼有的世代数量很多，有的世代数量却很少？我们怎样或者依据什么才能预报鱼类世代数量的变动？

（4）东海带鱼种群的捕捞量应是多少才不会使其数量严重减少？这是由什么因素决定的？

（5）捕捞强度要限制在什么水平，才能避免各种鱼类资源衰退乃至枯竭的危险？

（6）多年来的渔业资源衰退是种群结构引起的，还是生活环境变化了，或是捕捞因素导致的？或是三者兼而有之？

当然，要回答以上这些问题，通常是十分困难的，需要理论和现实支撑。就海洋渔业资源种群动态来说，一方面需要人们进行长期的野外调查，详细观察真实的种群动态变化状况，然后使用归纳法，试图对所得结果或出现事件的影响因素及其机制作出解释；另一方面种群动态的研究通常要以数学的形式进行，可能需要根据渔业资源调查或渔业生产的实绩，即获取渔获量资料，建立复杂的数学模型，运用数学逻辑来描述其变化规律并预测变化趋势，使研究的问题从理论上不断深入与提高。同时，这种模型的假设和关联性要常常根据野外调查和实际的渔业生产情况进行检验并加以修正，这也是一件非常复杂和困难的工作。幸运的是，现代计算机技术的发展，不仅使复杂的数学模型建立与使用问题简单化了，而且成为一个重要的研究方向。数学模型可以阐述鱼类种群数量波动的基本特征，可以借此预报渔获量的波动，把模型用计算程序按人的意愿做好，也可以将某一水域的鱼类种群密度和种群数量模拟并置于人为规划之中，使人类能更好地利用和保护渔业资源。

二、种群数量变动的基本规律

（一）种群数量增长

种群具有个体所不具备的各种种群特征，这些特征多为种群数量统计指标，具体可分为以下三类。

1. 种群密度

种群密度是种群的基本特征，它是表示种群数量大小的最常用指标，通常用单位面积（或体积）上的个体数量来表示。

2. 出生率、死亡率、迁入和迁出

出生率、死亡率、迁入和迁出是影响种群密度变化的主要因素，可以称为初级种群参数。出生和迁入使种群数量增加，死亡和迁出使种群数量减少。这些因子相互作用，从一个时期到另一个时期，种群的数量变化可以用以下式子来表达：

$$\Delta N = N_{t+1} - N_t = R + I - M - U$$

式中，R、I、M、U 分别为在时间 t 到 $t+1$ 期间的出生、迁入、死亡和迁出的种群个体数；N_t、N_{t+1} 分别为在 t 和 $t+1$ 时的种群数量。在研究渔业资源种群数量动态变化时，因为许多生物呈大面积的连续分布,种群边界不是很清楚,加之渔业生物是会游动的,譬如说东海带鱼,对舟山渔场可能是迁出,但对于长江口渔场来说,可能又是迁入,所以在实际工作中往往认为种群的迁入和迁出是保持平衡的或者不存在的,特别是对单一种群来说,可以考虑 I、U 的取值为 0,则上式为

$$N_{t+1} - N_t = R - M$$

种群中出生和死亡的总数均为种群个体数量的函数,因而有 $R = bN_t$ 和 $M = dN_t$,其中 b 和 d 分别为种群的出生率和死亡率,上式则又可变为

$$N_{t+1} - N_t = (b-d)N_t$$

从而可以看出,如果出生率大于死亡率,则种群数量将增加,如果死亡率大于出生率,则种群数量将减少。

3. 性比、年龄分布和种群增长率

性比、年龄分布和种群增长率是从上述这些特征中导出的次级种群参数,它最初出现在人口数量统计上,现今应用于一切生物。种群数量动态变化就是种群的出生、死亡、迁移、性比、年龄结构变化等。

譬如说,年龄结构对种群数量动态变化的影响。鱼类种群具有极高的潜在出生率,常可见到有优势年龄组,如在第三章所述的 1945~1951 年捕捞白鲑的年龄分布,其年龄组成在各年间的变化很大,某些年龄组(如 1944 年出生的年龄组)连续多年成为优势年龄组。对东北大西洋鲱的研究也表明,1950 年出生的年龄组是后来几年捕捞产量的主要组成。也就是说,紧跟一个高存活率年龄以后,很可能又延续多年的低存活率年,而这个高存活率的年龄组成为以后多年的重要捕捞对象。鱼类生态学家现在正试图找出决定这种特别重要的优势年龄组的内外因素,尽管至今还一直没有完全搞清楚。

种群的年龄结构既取决于种的遗传特性,同时,也取决于具体的环境条件,表现出对环境的适应关系。海洋动物的年龄组成常与不同年龄个体被捕食的程度有关。例如,小型个体易被捕食,在这种情况下,种群中幼龄个体数和老龄个体数的差别特别显著。应当指出,海洋经济鱼类种群的年龄组成在很大程度上取决于捕捞特点,对于一个被开发利用了的种群来说,通常是高年龄个体的相对数量小。例如,我国东海的大黄鱼由于被过度捕捞而导致资源衰退,年龄结构就发生明显变化(表 6-1),其变化特征表现为高龄鱼消失,因而种群的年龄结构趋于简单。

表 6-1　东海大黄鱼的种群数量与年龄结构(引自沈国英和施并章,2002)

年份	资源生物量 ($\times 10^4$t)	资源尾数 (亿元)	年龄范围 (a)	优势年龄组 (a)	平均年龄 (a)	产量 (t)
1957	57.6	14.96	1~14(95.2%)	2~8(79.6%)	5.5	1.78×10^5
1967	49.9	13.28	1~14(97.8%)	2~7(81.8%)	4.5	1.96×10^5
1977	15.6	3.78	1~14(99.7%)	1~4(96.9%)	2.7	8.9×10^4

如果将不同年龄组以不同宽度的横柱从上到下配置,就可形成年龄锥体图(图 6-1)。

横柱高低的位置表示由幼体到老龄个体的不同年龄组，宽度表示各年龄组的个体数或百分比。按锥体形状，年龄锥体可划分为以下三种基本类型。

（1）增长型种群。锥体呈典型的金字塔形，基部宽，顶部狭。表示种群中有大量幼体，而老龄个体较少。种群的出生率大于死亡率，是迅速增长的种群。

（2）稳定型种群。锥体形状和老、中、幼体比例介于增长型种群和下降型种群之间。出生率和死亡率大致相平衡，种群稳定。

（3）下降型种群。锥体基部比较狭，而顶部比较宽。种群中幼体比例减少而老龄个体比例增大，种群的死亡率大于出生率。

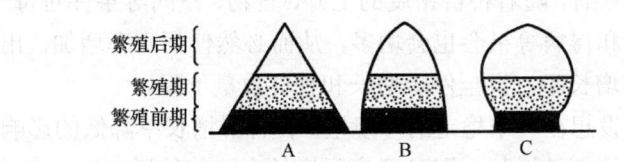

图 6-1　年龄锥体的三种基本类型（引自孙儒泳等，2000）
A. 增长型种群；B. 稳定型种群；C. 下降型种群

性比也是如此，渔业资源由于捕捞也会影响种群的性别组成。例如，根据罗秉征等（1983a）研究报道，20 世纪 60 年代中期，我国东海北部带鱼全年性比组成是雌多于雄。以后由于捕捞增大，大个体带鱼数量减少，至 70~80 年代，全年性比组成则是雄多于雌。

（二）种群增长率

在自然界里，种群的数量是不断变化着的，种群的增长率与出生率、死亡率有直接联系。当条件有利时，种群数量增加，增长率是正值；当条件不利时，种群数量下降，增长率是负值。种群的瞬时增长率是瞬时出生率与瞬时死亡率之差。当种群处于最适条件下（食物、空间不受限制，理化环境处于最佳状态，没有天敌出现，等等），种群的瞬时增长率称为内禀增长率，也即种群的最大增长率。一般地说，内禀增长率只有在实验室条件下，可以观察到或者说可以近似地测出。

（三）种群数量增长模型

1. 种群的指数式增长模型

这是一个理想种群在无限环境下的增长模型。假设该种群在开始时（t_0）的个体数为 N_0，经过一个世代（或一个单位时间，如一年）后，其个体数增加 λ 倍，即在 1，2，3，…，n 个世代的种群个体数为

$$N_t = N_0 \lambda^t$$

这里的 λ 即为每经过一个世代（或一个单位时间）的增长倍数，称为周限增长率。

这是世代不相重叠的种群数量增长模型，如果世代之间有重叠，则种群的数量以连续的方式改变，可用微分方程来描述这种指数增长过程：

$$dN/dt = rN$$

积分后得出：
$$N_t = N_0 e^{rt}$$
式中，N_t 为 t 时的种群数量；N_0 为 t_0 时的种群数量；r 为瞬时增长率。

2. 种群的逻辑斯谛增长模型

实际上，由于各种环境因素的限制，没有一个自然种群是能无限制增长的，也就是说，种群数量的增长实际上是有限的。如果种群数量是按照指数式增长的，那么这种增长现象就不可能长久，随后而来的必然是种群的大幅度下降。因此，无限的增长是暂时的，有限的增长是必然的。随着种群密度的上升，食物、空间等条件对每一个个体来说，将日益恶化，被捕食和得病等机会也会增多，从而必然使死亡率增加，出生率降低，最后是降低种群的实际增长率，直至停止增长和种群数量下降。

根据以上分析，设想在一个稳定的环境里，使种群增长率降低的影响是随着种群密度上升而逐渐地、按比例地增加，即种群实际增长率随种群密度本身的提高而降低。同时，设想有一个环境资源可能容纳的最大种群值，称为环境负载能力，通常用 K 表示。当种群达到 K 值时，种群将不再增长，即 $dN/dt = 0$。逻辑斯谛方程就是用来描述这种增长的模型。

逻辑斯谛方程的微分形式为
$$dN/dt = rN[(K-N)/K] = rN[1-N/K]$$

从上式中可以看出，种群数量（N）越接近环境负载量（K）时，$(K-N)/K$ 的值越小，增长速度下降，当 $N = K$ 时，增长率等于 0，种群数量保持稳定。

逻辑斯谛增长模型描述的是这样的一种机制，当种群密度上升时，种群能实现的有效增长率逐渐减低。

3. 有时滞影响的种群增长模型

当种群在一个有限的空间中增长时，随着种群密度上升而引起种群增长率下降的这种自我调节能力往往不是立即就起作用的。负反馈信息的传递和调节机制生效都需要一段时间，这就是种群调节的时滞，如有机体以改变出生率和死亡率应对不利的拥挤情况所需的时间，它是种群数量产生波动的一个重要因素。

上面讨论的逻辑斯谛增长并没有考虑到时滞的影响。如果我们在模型中加入反应时滞（即从环境条件改变到相应的种群增长率改变之间的时滞），则有时滞影响的种群增长模型为
$$dN/dt = rN[(K - N_{t-T})/K]$$

式中，T 为反应时滞。加入反应时滞后的逻辑斯谛方程，Nicholson（1954）称之为"延滞性密度调节型"。

由于时滞影响，种群在开始时的增长速率比没有时滞影响时更慢，但是，在超过平衡点以后还会继续增长，称为"超越"。然后，高密度的拥挤效应引起种群密度下降，但同样由于时滞的影响，会下降到平衡点以下，这称为"超补偿"。如果超越和超补偿继续出现，就形成种群数量的波动或振荡。

第二节　种群数量变动的影响因素

一、渔业资源种群数量变动研究中的几大学派

渔业资源种群数量变动问题早在 19 世纪末就已经提出来了。当时"捕捞过度"问题曾被认为是鱼类学家必须解决的主要问题，Heincke、Peternson 以及其他学者曾提出关于北海鲽的"捕捞过度"问题，并且发表了关于经济鱼类数量变动的各种不同的观点。到底是什么因素导致鱼类种群数量变动的？也就是从那时起，许许多多的鱼类学家及渔业资源专家曾经致力于并且现在还在致力于这个问题的研究，并提出了各自的观点和解决问题的方法，归纳起来，可以将他们的观点分为以下三个学派。

（一）捕捞过度论，也称繁殖论

在 19 世纪末叶，以德国学者 Heincke（1852—1929）为代表，他提出鱼类有其自己的种族，它们栖息于面积有限的海域，在同一季节于一定地点产卵，因此，对它们的数量变动应按独立的种群来观察。他在面临某些鱼类数量波动时，认为由于鱼类分布区域的局限性，种群数量和组成的变化在很大程度上取决于捕捞强度。捕捞强度提高，往往造成以渔获量下降、鱼体变小和年龄组成"低龄化"为特点的"捕捞过度"现象，他主张要使渔获量保持理想的水平，只有在鱼类基本资源不受侵犯的前提下才有可能实现。

他把鱼类资源比作本金，而渔获量好比人类所得的利息，他认为应这样规定捕捞定额，使捕捞不触及本金，捕捞不影响资源量（本金）的减少，即证明了捕捞不过度，根据这种理论，他主张适当地调整捕捞，规定被捕时的鱼体起码长度，使鱼类能够产卵，哪怕一生只有一次也好。在 20 世纪 20～30 年代，欧洲不少学者信奉这个学说，并且在这一学派的基础上研究了估计渔业资源蕴藏量的方法。这种方法主要通过测定渔获物的年龄组成与平均体长并进行比较。如果鱼类高龄组占多数，那么就被认为是鱼类资源"利用不足"的标志，而如果高龄组数量下降，幼年鱼占优势，则认为是鱼类资源已"捕捞过度"，表明资源已经衰退。

（二）稀疏论或生长论

这是 20 世纪初丹麦学者 Peternson（1860—1928）提出的，他研究了北海比目鱼栖息条件，并特别重视作为决定鱼类生长速度变化因素的饵料基础的作用。他观察到利姆峡海湾中鱼类密度大时，生长就缓慢。他把这种现象解释为峡湾饵料基础有限，即认为生长速度减慢是比目鱼营养不足——挨饿的结果，为了验证这一看法，他把大量鱼从峡湾移殖到鱼类栖息少的中部海区。移殖结果证明，中部海区由于生物稀疏、饵料丰富，鱼类生长迅速。因此，他得出了结论：鱼群应该保持这样的状况，其密度不能妨碍其生长，且饵料主要应用于鱼体增长，捕捞使鱼群稀疏，腾出一部分饵料，借此改善未捕出鱼类的饵料条件，也即捕捞对鱼群有利，而渔业本身又受经济因素的影响，捕捞强度减

弱,会造成鱼群密度增大,生长速度减慢,因而使鱼群的生产力下降。换句话说,Peternson认为鱼类资源在很大程度上能适应捕捞,如果捕捞减弱,则资源变密,鱼的生长就变慢,反之则快,年渔获量就能增加,但稀疏有一定限度,如果稀疏过分,渔业就会得不偿失,他的上述论点,后经20世纪20年代前后的苏联学者巴拉诺夫发展为"海洋渔业变动论"与"最适渔获论",进一步发展了这一理论。

(三)世代波动论

以挪威鱼类学家Hjort为首提出了世代波动论,这一理论研究组成渔获种群的世代的数量波动,并以这种波动作为渔业预报的依据。该理论后来为欧洲大陆不少学者接受并加以发展,而成为世界上广泛流行的估计鱼类资源数量变动与进行渔业预报的理论根据。

Hjort利用生物统计查明鲱和鳕的年龄组成、种群和其分布区域与洄游路线后,于1914年进一步发现渔获物中往往有一个独特的年级群(某一世代)连续在若干年内数量占优势,由于这个优势年级群出现,而使渔获量连年获得丰收,当由捕捞或其他原因所引起的死亡(包括达到高年龄的自然死亡),使其数量激减而优势不能保持时,则渔获量随之减少,只有在一个新的数量众多的优势世代再出现于捕捞群体时,渔获量才又增多。

Hjort学派通过历年鱼类年龄和生物学调查取得的资料,利用生物统计,进行各年渔获物组成和长度分布曲线比较,查明各世代的数量波动,他们认为查明新的低龄世代进行补充的情况是解决鱼类数量变动问题中的一个重要环节。世代的波动乃是决定渔获量波动的主要因子。当代的波动是幼鱼成活所产生的结果。波动并不取决于产出卵子的数量,而是与鱼在早期发育阶段的适宜饵料保障与成活率的大小有密切关系。另外,渔业资源在高度和长期利用下,捕捞强度达到一定程度就要形成制约渔业资源变动的主要因素,必须禁止捕捞大量具有经济价值的种类的幼鱼,毁灭幼龄世代必然导致资源衰退。如果幼鱼不能足够地补充渔获资源,强度捕捞亲鱼也将导致繁殖力削弱而使资源遭到破坏。

以上三大学派的共同缺点是,他们把鱼类种群数量的波动仅仅看作是一种外界因素(捕捞、水温、饵料基础、自然现象等)的片面作用的结果,而对鱼类有机体在与环境的相互作用中的积极作用则估计不足,也即是对鱼类种群的内部特性以及其对环境条件的选择性缺乏考虑。

二、波动的原因及其规律

因为不同种群的生物学特性不同,其数量的变动规律也不相同,导致鱼类种群数量变动的因素很多,概括起来,可以分为以下5个方面。

(1)鱼类种群自身的生物学特性;
(2)水域中鱼类的饵料数量;
(3)水域环境条件对于鱼类繁殖、仔稚鱼及幼鱼成活率的影响;
(4)自然现象(异常气候、环境污染、缺氧、不利的越冬条件等)、敌害生物及致病生物的影响;

（5）捕捞的影响。

自然，对于不同种或者同一种但是栖息于不同条件中的个体，在其不同的发育阶段，上述因素的作用是不一致的。它们之间呈现着颇为错综复杂的依存关系，从而形成了种群生存与环境影响干涉的尖锐矛盾，最终以数量波动的综合形式表现出来。但必须明确鱼类种群的数量变动不仅是环境因素对群体片面影响的结果，也是种群的适应属性与外界环境因素交互作用的综合结果。因此，在分析鱼类种群数量变动问题时，必须进行周密的调查研究，然后才能弄清引起鱼类种群数量变动的真相。

（一）鱼类产卵群体的类型不同，其变动的频率和幅度也不同

调查证明，鱼类种群数量的波动是补充程度和减少强度对比实际变化的结果。因此，具有不同补充和减少情况的产卵群体，其种群数量的变动是不同的。

苏联学者 Г.Н.Монастырский 在20世纪40年代研究了海洋鱼类中带有产卵标志的种类的产卵群体组成以后，确定了产卵群体由两部分组成，一部分是由初次性成熟产卵的个体所组成的，称为补充群体，另一部分则是第二次或重复多次进行生殖产卵的个体所组成的，称为剩余群体。

Г.Н.Монастырский 根据产卵鱼群的产卵形式，与第一次参加产卵的补充群体的数量多少，以及以后各世代的剩余群体的数量及比例等的研究结果，首先提出鱼类产卵群体可分为三种类型。

设 P 为产卵群体数量，K 为补充群体数量，D 为剩余群体数量。

在一般情况下，整个种群的数量要包括补充群体和剩余群体，即 $P = D + K$，但由于生物学特性不同，可以分为以下三种类型。

第一种类型：$D = 0$，从而 $P = K$，因此 K 的变动即等于 P 的变动；

第二种类型：$D \neq 0$，从而 $P = K + D$，其中 $K > D$，因此 K 的变动很大程度地影响 P 的变动；

第三种类型：$D \neq 0$，从而 $P = K + D$，其中 $K < D$，因此 D 的变动很大程度地影响 P 的变动。

第一种产卵类型的群体组成简单，整个产卵群体纯粹是补充群体。群体的年龄组成取决于整个世代成熟期的长短，也就是说，新生的个体，由于生长速度的不同，因而年龄组成情况也出现不同，如不在同一年内成熟，其年龄组成就有几个，但每一个体一生中仅产卵一次，产卵后即死亡。整个群体中幼体生长一般较快，等到它们达到性成熟或接近性成熟，便取代老龄鱼的地位。因此幼鱼能够成熟的数量多少，决定着整个种群的数量。这种类型的种群资源特点是数量波动幅度很大，波动较频繁，稳定性差，但波动周期短，恢复快。如我国东北的大麻哈鱼、渤海的对虾、东海的曼氏无针乌贼等都属于这一类型。

过去，在浙江近海捕到的乌贼年龄大的并不常见，几乎都是一年生的个体，所以它的生殖群体基本上均由补充群体所组成。其特点是世代单纯，数量波动大，种群数量取决于上一年成活的数量，即如果乌贼产卵群体不被捕捞过度，乌贼汛后期，自然环境条件又好，孵化出来的幼体死亡率小，则第二年可供捕捞的乌贼就多；反之，如果自然环

境条件不适宜，乌贼得不到适当的繁殖机会，幼体成活率小，甚至受到自然或人为的摧残严重，则第二年可以供捕捞的乌贼资源就要急剧减少，导致渔业生产歉收。乌贼的产卵场在岛屿岩礁附近受暖流影响的清水水域，孵化出的幼体在沿岸水域活动，游动力很小，容易被定置网具张捕，遇到大风浪常被冲到岩石上死亡。1956 年 8 月 1 日强台风在浙江沿海登陆，风力在 12 级以上，风暴过后，大量的乌贼幼体死伤，岛屿岩礁附近沙滩上死乌贼到处可见，从而引起 1957 年浙江近海乌贼大幅度减产，其产量仅为 1956 年的 1/5。由于 1957 年自然条件较好，产卵群体得到恢复，1958 年乌贼又得到较好的收成。历史生产实践证明，凡是沿海受强台风影响较大，或底拖网、定置网具捕捞乌贼幼体较多的年份，其第二年乌贼必然减产。这就说明乌贼资源会受到自然或人为因素的严重影响，但是，波动的周期短、恢复快、波动频繁、稳定性差。其根本原因是产卵群体主要是由补充群体组成，补充群体受到大量的损害，就要招致歉收或减产。

第二种产卵类型的群体组成比较复杂，整个产卵群体中，除了补充群体外，还有剩余群体，但后者少于前者。通常这一类型的性成熟个体一生要重复产卵几次，但寿命较短，产卵次数也不太多，一般繁殖力较大，幼鱼生长也较快，但加入产卵群体的年龄并不一致，低龄鱼在群体中占绝对优势，因而低龄鱼的数量决定着整个种群的数量。这一类型的种群资源特点是种群数量的波动较大（由于不同世代成活的数量不同），恢复也较快，但波动的周期比第一种产卵类型稍长，波动的频率也比第一种产卵类型较小，稳定性比第一种产卵类型稍大。我国近海不少经济鱼类如带鱼、太平洋鲱及鲐鲹类等都属于这一类型。

东海的带鱼生命周期短，已查明的最高年龄为 7 龄，性成熟早，多数个体在 2 龄即可达性成熟，渔获群体的年龄组成简单，以 1、2 龄鱼占绝对优势，高龄鱼的比例极小。带鱼的世代更新快，资源数量主要由低龄鱼（补充群体）的数量来决定。由于带鱼在我国近海分布广，而且繁殖和摄食习性方面对自然环境条件有较良好的适应，产卵期长，摄食的饵料种类多，不会出现饵料食物匮乏，因此，各个世代的群体能达到较高的数量水平。

第三种产卵类型的群体组成更为复杂。整个产卵群体中以剩余群体为主，也就是产卵群体中大部分是已经产过几次卵的剩余群体，补充群体仅占一小部分。产卵群体的各世代进行多次重复产卵，并且世代的成熟期常延长几年，产卵群体中世代成分复杂，常有优势世代较明显地出现，群体数量波动较缓和，稳定性高。某些生长慢而成熟期较长的种类，在种群衰落期中，数量的波动往往消失。这一类型的鱼除具上述特点之外，一般个体生长较慢，寿命较长，性成熟较迟，补充群体在整个群体中所占比重小，因此，资源遭到破坏后，恢复比较迟缓。我国主要经济鱼类真正属于这一类型的较少，主要是大黄鱼和这一类型比较接近。

当然，上述各种产卵类型的划分是相对的，在实际工作中，有时常会遇到一种捕捞对象不能肯定究竟是属于哪种类型的情况，就是说，从某些特点来看，可能属于这一类型，而从另一些特点来判断，可能属于那一类型。例如，我国近海的大黄鱼、小黄鱼的特点是：

（1）寿命较长（根据以往测定，大黄鱼最高年龄为 27～30 龄，小黄鱼最高年龄为 23～25 龄）；

（2）年龄组成比较复杂；

（3）都有较明显的强盛世代在几年间保持一定的优势；

（4）生长较快；

（5）性成熟较早、成熟期限不长（大黄鱼2龄开始性成熟，大多数个体到3~4龄都已成熟；小黄鱼1龄开始性成熟，3龄全部达到性成熟）；

（6）繁殖力强。

从前三个特点来衡量，大黄鱼、小黄鱼应属于第三种类型，其特征是各世代延存力较强，种群的数量波动较缓和，稳定性较高；从后三个特点来衡量，大黄鱼、小黄鱼尤其是小黄鱼又具有第二种类型的特征，其属性是繁殖力大，幼鱼生长较快，低龄鱼的数量决定着整个种群的数量，从而其种群数量波动的幅度较大，恢复也较快。

产卵群体的第二种类型与第三种类型中的补充群体与剩余群体的比例不是固定不变的，它们在不大的范围内时常发生变动，当种群数量发生波动时，剩余群体的数量便发生波动。由于剩余群体数量发生剧烈的变化，使产卵群体由复杂的类型转变为简单的类型，这时群体的外部表现是：

（1）高龄鱼的数量逐渐减少；

（2）个体的生长速度达到最高值；

（3）补充群体的相对数量有很大增加；

（4）幼鱼数量大大减少；

（5）种群密度急剧降低。

基于以上所述，在探讨鱼类的种群数量波动时，对于具体讨论对象的产卵群体类型，必须予以充分的调查研究，然后结合繁殖条件与幼鱼成活情况等生物学特性，进行仔细分析，才能获得正确的论断。

（二）水域中鱼类的饵料数量，在充分利用或发生饵料竞争的情况下，可以影响种群数量的波动

产卵群体或捕捞群体数量变动的主要原因，除世代大小、补充量和减少量以外，还有生长速度，也就是说，鱼类的生长也是引起资源变化的主要原因之一。生长速度的变化与索饵场的饵料条件有密切关系。因此，经济鱼类种群的数量常决定于索饵场的饵料条件，特别是栖息水域较狭小，或底栖鱼类在充分利用或发生饵料竞争的情况下，种群数量的最高值一般受饵料资源的限制。这就是说，鱼类只能繁殖到能为种群找到相应食物的一定数量；而种群数量的变动不仅取决于食物保障程度，并且还随着饵料资源的变化而变化。

在饵料已被充分利用并且没有过剩现象发生时，如果饵料基础固定不变，在出现强盛后代时，种群食物保障程度就要恶化，从而导致种群数量在一定时间后发生剧烈的减少；在出现数量较少的世代时，则食物保障获得好转，从而导致种群数量在一定时间后获得上升。鱼类食物保障程度变化而改变其补充群体的数量，其机制是营养条件的改善引起生长加快（生长最快速的时期是在开始性成熟以前），被残食的机会变少，开始性成熟时间提早，从而缩短了世代成熟期，使种群较早地获得较多数量的补充，第二年的

亲鱼数量就要大为增多，提高了种群繁殖力，相反，如果营养条件恶化，鱼类的生长速度就会变得缓慢，开始性成熟的时间延迟，从而使种群获得补充较慢，降低了种群繁殖力，由于补充群体的减少和繁殖力的降低，使得种群密度减少，个体的营养条件得到改善，从而生长速度加快，性成熟提早，导致种群及早得到补充，种群数量相对增加，而增殖能力相对增大，恢复的速度相对加快。恢复和生长是一个现象的两个方面，快速的生长促进恢复速度的加强；相反，群体恢复速度加强，鱼类的生长速度就会变慢。因此，鱼类数量的变动是阻止群体数量和防止争夺食物与产卵场斗争加剧的一种适应属性。

（三）鱼类的繁殖、早期发育和幼鱼的成活条件是决定鱼类种群数量的重要条件

从生物学的观点来看，鱼类种群数量的波动是群体增殖和减少情况所引起的结果，而增殖效果则反映在幼鱼的成活数量上（补充群体的第一级的多寡和生长情况就是成活数量的相对指标）。在不同的年份中，幼鱼的成活数量是不一致的，随着幼鱼成活数量的变化，出现种群的不同世代有丰有歉。因此，种群各世代的丰歉不取决于卵子产生的多少，而取决于鱼类的繁殖、早期发育和幼鱼的成活率。然而，鱼类在早期发育阶段的死亡率是巨大的，这时其成活率不仅受温度、风、水流、水化学环境、洪水等非生物因素的影响，而且与鱼卵的发育和幼鱼在其生活最早阶段的摄食和被吞食相联系的许多生物学因素密切相关，如饵料生物的数量、凶猛动物的伤害，鱼类对敌斗争的程度，以及产卵区和索饵区的范围及可利用情况等。

产卵群体的类型不同，反映了它们各自的产卵属性和延存后代的适应能力不同。在有利的繁殖条件下，简单的产卵群体的数量波峰急剧上升，而复杂的产卵群体则由于世代成熟期的延长，数量波峰逐渐上升；在不利的繁殖条件下，前者数量急剧降低，后者缓慢降低，这也就是产卵一次的鱼类数量波动幅度较大的原因。研究鱼类的生长发育阶段，并估计到它对周围环境条件的适应情况，以阐明不同阶段的减损问题，在调查研究鱼类种群数量波动的原因时是特别重要的。

（四）敌害生物对鱼类种群数量的影响

广义来说，敌害生物包括凶猛动物、寄生生物、致病生物等，对鱼类来说包括植物、原生动物至哺乳动物的所有生物类群。但是，鱼类主要的敌害是鱼类本身及某些危害鱼类幼体的无脊椎动物。鱼类被其他生物吞食（尤其是被鱼类吞食）是最重要的死亡原因之一。在鱼个体早期发育阶段，凶猛动物一般是使其种群数量减少的最重要的环境因素之一，而不同的鱼类对其适应也极为不同。其实，有些鱼类繁殖力较大，保护后代，保护色，各种防卫适应（刺、棘、毒性等）和保护性行为均是保障鱼类在防御凶猛动物等一定压力条件下生存下来的适应形式。

尽管文献很少记载有关凶猛动物捕食导致种群数量波动的资料，因为人们很难成功地确定被捕食鱼类种群或是捕食它们的凶猛动物的总数量。但是，在自然界，任何一种鱼类都是置身于凶猛动物或大或小的影响之下。这些影响对有些鱼类的危害较甚，受害涉及个体发育各个阶段，如鳀（特别是幼鱼阶段）、鲱、虾虎鱼等。有些鱼类则受危害较轻，如鲟、某些鲤科鱼类等。还有一些鱼类从个体早期发育阶段以来就很少死亡于凶

猛鱼类，如鲨鱼、魟鳐等。

凶猛动物对被捕食鱼类数量的影响多数只发生在周年和昼夜间较短的一段时间之内，而其影响程度主要取决于被捕食鱼类和凶猛动物接触时间的长短，以及凶猛动物的数量和活动性；取决于被捕食鱼类的数量和凶猛动物的数量；取决于被捕食鱼类有无必要的隐避所。

当然，鱼类为了降低凶猛动物对其的危害程度，也形成了与自身相应的防御和补偿保护适应机制。例如，有些鱼类为了适应于凶猛动物大量捕食的压力，其繁殖能力就较大。也正因为如此，分布在不同水域的同一种鱼类，因为水域中凶猛动物的捕食压力不同，其繁殖力也不同。一般来说，低纬度种群的繁殖力高于高纬度，相近种类太平洋的繁殖力比大西洋的高；远东河流的鱼类，其繁殖力比欧洲和西伯利亚河流的高。而有些鱼类通过集群来防卫凶猛动物的捕食，因为集群的鱼类能在较远的距离上发现凶猛动物而避开它；此外，集群的鱼类对凶猛动物具有一定的体力防御能力；被捕食者数量上占多数，再加上结群迂回运动，从而可能使这些捕食动物在捕食过程中迷失方向而难以捕食。还有些鱼类用自身形态上的各种各样的刺和棘或者体色等从而起到防御凶猛动物捕食的作用。

第三节 捕捞强度对渔业资源种群数量的影响

在高度和长期的渔业资源开发利用状态下，捕捞是决定鱼类种群数量变动的主要因素。特别是自 20 世纪 70 年代以来，捕捞已成为深刻影响许多海洋经济鱼类资源变动乃至使其衰退的最直接、最重要因素。捕捞对经济鱼类种群的影响是多方面的，一般情况下，捕捞大量的产卵亲鱼，将导致处于繁殖阶段的鱼群数量减少，影响下一代个体的数量，但是，由于捕捞消耗而稀疏了种群密度，因而提高了剩余群体的食物保障，而这又关系到鱼类个体的生长速度、性成熟年龄的变化。如果是选择性捕捞了种群中的某一部分群体，还将引起种群结构的改变，从而影响其增殖能力。

一般地说，那些寿命短、性成熟早，补充群体大于剩余群体，并且适应于凶猛动物对其性成熟部分有较严重危害的鱼，能经受得住较大的捕捞强度的压力，而那些群体年龄结构复杂，性成熟迟，补充群体相对小于剩余群体，凶猛动物对高龄鱼伤害较少的鱼，则只能捕捞群体整个性成熟的较小部分。因此，每一种鱼在一定的捕捞强度下，种群的增殖不会受破坏，捕捞所消耗的数量可以通过鱼类种群调节机制予以补偿。在这样的捕捞强度下，如果产卵和幼鱼发育条件都不受破坏，种群就能长期生息繁衍下来，捕捞不会经常引起鱼类各世代再生产的不足，而且每年将持续提供一定的生产量。或者说，在资源未达到过度利用的程度时，捕捞强度与作业次数的增加对资源数量的变动是不会发生明显影响的。捕捞对鱼类种群的作用，很像凶猛动物，而种群对捕捞的反应，在许多方面也很像对凶猛动物的反应，其差别在于捕捞主要作用于鱼群中的性成熟部分，而凶猛动物则主要危害性未成熟部分。

但是，对所有的鱼类种群，只能在一定限度内强化捕捞才能加快生长节律和提高其增殖力。当资源利用达到一定的限度后，如果过度捕捞，将破坏种群的调节机制，群体过度稀疏，调节反应也就不复存在。则捕捞对于种群的数量就要发生显著的影响，这时捕捞强度增加，可使渔获量增加，但增加到一定限度后，再提高捕捞强度，不仅渔获量不再增加，反而随着捕捞强度的提高，渔获量不断下降。这时，无论在渔获量上或鱼类种群的结构上都会发生明显的变化，其现象是总渔获量与单位捕捞努力量渔获量降低，高龄鱼减少，低龄鱼增多，年龄组成范围缩小，鱼体的平均长度和平均重量减少。出现的现象是鱼群的密度变小，某些鱼的饵料紧张程度获得缓和，从而鱼体的生长加快，性成熟提早，繁殖力也发生变化。

我国近海有不少渔业资源，由于无限制地增加捕捞强度，而使资源趋于衰退或遭受破坏，例如，黄海、渤海的真鲷，东海的黄鲷，资源数量原来都相当丰富，但由于日本自1909年以舷拖网进行大量的捕捞，1920年后又增加了新发展的对拖网的捕捞，并不断地增加其捕捞强度（增加捕捞船、吨位、改进工具），几年后，鲷类的产量便大幅减少。就舷拖网的情况看，1908～1921年每一网次的平均渔获量为490kg，其中鲷类270kg，占总渔获量的55%；1923～1925年平均网次渔获量减至300kg，其中鲷类仅为45kg，占总渔获量的15%，鲷类渔获量减少了83%；到1929～1933年平均网次渔获量再减至220kg，仅占初期的45%，而其中鲷类平均网次渔获量则锐减至3.7kg（仅占1.7%）。真鲷资源被破坏最严重，1925年以前，真鲷尚在渔获量中占10%，以后逐年减少，至1931年便减少到不足0.6%，至1933年便减少到不足0.3%，至今这种资源尚未恢复。黄鲷经日本拖网大量捕捞后，于1921年开始减少，当时黄鲷在总渔获量中占19%弱，以后逐年减少，至1924年锐减至占总渔获量的5.6%，至1927年又锐减至1%左右。第二次世界大战期间，渔轮几乎停止作业，捕捞强度减轻，黄鲷资源得到滋息恢复。但经战后再度捕捞，又重复发生了第一次世界大战后的情况。如从渔轮捕捞情况看，1958年比1947年捕捞强度增加了3.4倍，总渔获量却减少了1/2强，而平均网次渔获量更是减少了85%。黄鲷在渔获物组成中也由原来的占15.5%下降到2.7%。再从战后所捕捞的黄鲷的生物学资料来看，1954年与1958年相比，小型鱼增加了（0龄、1龄鱼由45%增加到57%），而高龄鱼却显著减少了（3～7龄鱼由30%减少到17.5%），但2龄鱼的比重则没有多大变化。这反映黄鲷资源因捕捞强度的激增，已属捕捞过度的状况。

再就浙江近海的大黄鱼资源来看，新中国成立后，渔业生产随着集体化而逐渐发展，特别明显的是1950～1957年的产量几乎呈直线上升（仅1954年因遭受自然灾害的影响而稍有下降），如以1955年的产量为基准，则1957年递增1倍以上。但由于捕捞强度的过度提高（其中危害较严重的是敲罟作业，其次是渔轮侵入禁渔区滥捕、机帆船密集拦捕进港产卵的鱼群）。自1958年以后便出现大幅度下降，在1958年就下降了70%以上。

具有危害性的捕捞方式能消灭个体大的小鱼，破坏种群的生物学类群的自然组成；毁灭性地大量捕捞未产卵的亲鱼或妨碍亲鱼进入产卵场不使其充分利用繁殖条件；在索饵场中消灭大量鱼群使其不能充分利用育肥条件；完全破坏越冬场使鱼类不能顺利越冬，以及在幼鱼聚集场所，特别是在沿岸浅海水域以及捕捞其他鱼种时大量兼捕幼鱼，也会直接影响到捕捞群体的补充、恢复与更新，而导致某些种群整个数量相对地大幅度减少。

移动性不强、繁殖力小、恢复速度慢的底层鱼类，容易受到高强度捕捞的威胁，有着辽阔的索饵场所、洄游性强，但其生命周期长且性成熟较晚的鱼类，也容易受到捕捞的很大影响。由于这些种类往往生长较快，但尚未达到性成熟时就被大量捕捞上来，以致它们无法进行繁殖，从而影响了资源数量的补充。生长迅速、补充快，且以补充群体为主要组成的鱼类，较少受到捕捞的影响，但是如果有其他因素造成阻碍它们对于繁殖场所和繁殖条件的利用，也会引起资源数量大幅度波动。栖息于较狭小水域、活动力不强、基本蕴藏量不大的种群，也比较容易受到捕捞威胁。

第四节 环境变化对渔业资源种群数量的影响

一、厄尔尼诺与渔业的关系

（一）厄尔尼诺、拉尼娜及 ENSO 的基本概念

1. 厄尔尼诺

厄尔尼诺为西班牙语"El Niño"的音译。在南美厄瓜多尔和秘鲁沿岸，每年的圣诞节前后，由于暖水涌入，海水会出现季节性的增暖现象，在海水增暖期间，渔民捕不到鱼。因为这种现象发生在圣诞节前后，渔民就把它称为"El Niño"，是"圣婴（上帝之子）"的意思，音译为中文即为厄尔尼诺。后来，科学家发现有些年份海水增暖异常激烈，暖水区一直发展到赤道中太平洋，持续的时间也很长，它不仅严重扰乱了渔民的正常生产和生活，也引起当地气候反常，还会给全球气候带来重大影响。

现在，厄尔尼诺一词已被气象和海洋学家用来专门指这些发生在赤道太平洋东部和中部的海水大范围持续的异常偏暖现象。这种现象一般 2～7 年发生一次，持续时间为半年到一年半。20 世纪 80 年代以来，厄尔尼诺发生频率明显增加，强度明显加强，1982～1983 年和 1997～1998 年发生了 20 世纪最强的两次厄尔尼诺事件。其中，规模最大的为 1982～1983 年，海水增温海域超过 180°经度线，一直扩延至 120°W 的赤道海域，海面水温要比常年高出 5℃（图 6-2）。

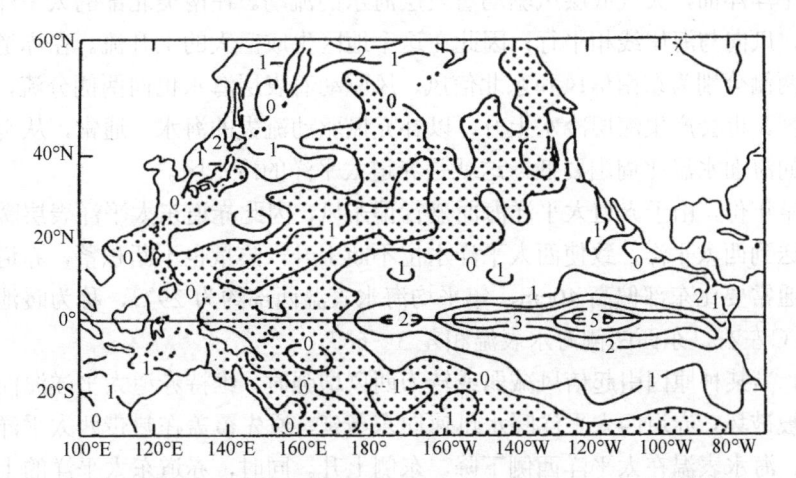

图 6-2　1982 年 12 月太平洋月平均海面水温与常年的偏差（℃）（引自陈新军，2004）
图中数字为该海域范围的升高值

2. 拉尼娜及 ENSO

与厄尔尼诺相关联的还有拉尼娜、南方涛动（Southern oscillation SO）和 ENSO（El Nino and Southern oscillation）。拉尼娜是西班牙语"La Niña"的音译，是"小女孩"的意思；与厄尔尼诺相反，它是指赤道太平洋东部和中部海水大范围持续异常偏冷的现象，也可称反厄尔尼诺现象。

厄尔尼诺和拉尼娜现象与全球大气环流尤其是热带大气环流异常紧密相连，其中最直接的联系就是东南太平洋与西太平洋-印度洋上的海平面气压之间跷跷板式的反相关关系，即南方涛动现象（SO）。

在拉尼娜期间，东南太平洋气压明显升高，印度尼西亚和澳大利亚的气压减弱，而厄尔尼诺期间的情况正好相反。鉴于厄尔尼诺与南方涛动之间的密切关系，气象学上把两者合称为 ENSO（音译为"恩索"）。这种全球大尺度的气候振荡被称为 ENSO 循环。厄尔尼诺和拉尼娜则是 ENSO 循环过程中冷暖两种不同位相的异常状态。因此厄尔尼诺也称 ENSO 暖事件，拉尼娜也称 ENSO 冷事件。

1920 年英国 Gilbert Walker 在观察全球气压分布时，发现东西太平洋的气压变化，有如跷跷板般的一高一低，具有一定规律，故称之为南方涛动。之后便以社会群岛塔希提岛（Tahiti）与澳大利亚达尔文（Darwin）的气压差值，作为除海温外的另一种指标，称为南方涛动指数。直到 1960 年 Jacob Bjerknes 将厄尔尼诺/反厄尔尼诺现象与南方涛动连在一起，合理地解释海-气之间的互动关系，之后科学家把这两种现象称为厄尔尼诺/南方涛动现象（El Nino/Southern oscillation）。

（二）厄尔尼诺现象产生原因

目前，科学家还没有完全弄清楚厄尔尼诺现象发生的原因和机制，但比较一致的认识是，厄尔尼诺并非是孤立的海洋现象，它是热带海洋和大气相互作用的产物。由海洋和大气构成的耦合系统内部的动力学过程决定了厄尔尼诺的爆发与结束。

在太平洋洋面，大气低层风驱动着表层海水的流动。在南美北部的太平洋沿岸，盛行偏东风，风向与海岸线相平行，因此在这个地区生成巨大的上升流。在赤道附近，沿赤道南北两侧分别为东南信风和东北信风，风驱动着表层海水也向两侧分流，沿东太平洋赤道地区，也会产生深层冷水上升，以补充风驱动流失的海水。通常，从南美沿岸到东太平洋的海面水温比周围要低，这就是赤道太平洋的冷水区。

在正常年份，由于赤道太平洋海面盛行偏东风，因此赤道东太平洋表层暖水被源源不断地输送到西太平洋，致使西太平洋水位不断上升，热量也不断积蓄，赤道西太平洋的海平面通常要比东部偏高 40cm，年平均海水表温西部约为 29℃，称为暖池区，而东部仅为 24℃左右，东西两侧海水表温相差 3~6℃。

但是，当某种原因引起信风减弱或转为西风增强时，维持赤道太平洋海面东高西低的局面将被破坏，赤道西太平洋暖水迅速向东蔓延，原先覆盖在热带西太平洋海域的暖水层变薄，海水表温在太平洋西侧下降，东侧上升。同时，赤道东太平洋的上升流也随信风减弱而减弱，暖水逐步占据了赤道中、东太平洋海域，并从海面一直可以到达 100m

深处。赤道中、东太平洋的海水温度升高，使得东太平洋的气压进一步下降，赤道信风更为削弱，更有利于海水温度上升。当赤道中、东太平洋表层海温异常偏高持续 6 个月以上时，即被认为厄尔尼诺现象发生。

（三）厄尔尼诺对渔业的影响

在没有厄尔尼诺现象发生的时候，太平洋东部的海域由于受到上升流的影响，深层营养盐丰富的海水会上升到上层，加上拥有充足的阳光，因而浮游植物光合作用强烈，饵料生物丰富，渔业资源大量繁殖，致使秘鲁渔场成为世界上最为著名的渔场之一，1970 年的秘鲁鳀渔获量高达 $1.306×10^7$t，秘鲁上升流渔场面积仅占世界海洋面积的 0.06%，但渔获量却曾占世界海洋捕捞渔获量的 16%。

而厄尔尼诺现象发生时，随着表层海水温度的升高，上升流势力减弱，深层营养盐丰富的海水无法上升至上层，结果浮游植物光合作用减弱，饵料生物减少，大小鱼虾也因为缺乏食物和海水温度改变而死亡或迁移，造成渔获量急剧下降。在 1972～1973 年的厄尔尼诺现象发生时，1973 年，秘鲁鳀渔获量仅为 $1.50×10^6$t，致使秘鲁渔业全面崩溃。同时，在厄尔尼诺现象发生时，以鱼为食的海鸟，也因饵料食物的减少与对气候的不适应而大量死亡或迁徙。当地居民赖以生存的资源突然枯竭，很多人因此失业或被迫迁移到远方的城市，造成整个国家社会的不安。秘鲁鳀的主要用途是用来加工成鱼粉，厄尔尼诺现象发生后，由于鳀大量减产，世界鱼粉供应不足，只好以大量粮食来补充，结果造成世界性的粮价上涨，也影响了一些国家的经济发展。

又如，太平洋东部海域是肥壮金枪鱼的重要分布海区，历来是日本金枪鱼延绳钓作业的重要渔场。在发生厄尔尼诺的年份，北半球的渔场与常年一样，没有发生什么变化。但是，在南半球的马克萨斯群岛（10°S、140°W）周围渔场渔业资源出现衰退，金枪鱼向东移动，在正常年份没有渔获的以 100°W 为中心的赤道海域，却形成了金枪鱼渔场，渔获主要集中在以上渔场，以及秘鲁、智利近海的一些海域。日本学者还查明，当发生厄尔尼诺现象时，太平洋的肥壮金枪鱼具有资源量指数升高、渔获效率提高的趋势。

关于厄尔尼诺现象发生时，金枪鱼渔场产生移动的原因，日本有学者认为，这是因为在太平洋东部热带海域，在厄尔尼诺现象发生时，表层暖水层厚度加大，肥壮金枪鱼适温（10～15℃）水层加深，从而肥壮金枪鱼的垂直分布也变深，结果渔场位置发生了变化，延绳钓的钓获效率变好。另一个原因是，在正常年份，赤道海域金枪鱼适温水层为 50～100m，当发生厄尔尼诺现象时，适温水层变深，从而与延绳钓钓钩设置深度相吻合。在提高钓获效率的同时，由于赤道潜流势力减弱，使延绳钓钓钩容易进行正常投放，金枪鱼也容易钓获。此外，据日本学者研究，在赤道海域低温年不能形成渔场，而当厄尔尼诺现象发生时的高温年可以形成渔场的原因是：在正常年份，上升流势力强盛，温跃层抬升，而温跃层下的溶解氧含量偏低。

在厄尔尼诺现象发生时，太平洋中西部混合层深度较浅，黄鳍金枪鱼延绳钓、围网（包括鲣）的渔获率较高，而在太平洋东部，混合层深度较深，因此渔获效率变差。其原因主要是温跃层起屏障作用，影响鱼类高密度分布区域。但是在太平洋东部，因为水温和溶解氧的跃层深度是一致的,而氧含量在温跃层下急减至 1ml/L 以下,故溶解氧对金枪鱼分布的影响比水温因素更大。

据日本学者研究认为,在发生厄尔尼诺现象时,因为北太平洋的中央和西南海域表层水温比正常年份低,因此在该海域长鳍金枪鱼的钓获率低,而在其周围海域,由于水温高,其钓获率也变高,结果在发生厄尔尼诺现象时,生产渔场扩大到整个北太平洋。

有不少学者研究了金枪鱼资源数量的变动规律,据日本学者研究认为:肥壮金枪鱼的优势世代多出现在发生厄尔尼诺现象的年份或其前一年。还有学者认为,在发生厄尔尼诺现象的年份,往往是金枪鱼达到主要捕捞年龄的年份,因此常常会有较好的产量。此外,黄鳍金枪鱼的优势世代,多发生在表层混合层深、东部海域水温低的年份。这是因为产卵场的水温和饵料生物是直接影响鱼类初期减耗以及资源数量的重要因素,因此,金枪鱼的资源变动很大程度上是受厄尔尼诺现象影响的。

根据上述各种结论,有关太平洋东部的肥壮金枪鱼资源变动情况,正如有学者所指出的,当拉尼娜发生时,由于上升流势力强盛,因此表层营养盐丰富,浮游植物大量繁殖。尔后由于发生厄尔尼诺现象,水温升高,它们共同组成肥壮金枪鱼鱼卵及稚仔鱼的发育、生长环境。因此,当厄尔尼诺、拉尼娜适时连同发生时,将会给肥壮金枪鱼带来良好的捕捞效果。

厄尔尼诺和拉尼娜现象的发生和发展,同样给中西太平洋海域金枪鱼围网作业带来影响。当 ENSO 现象发生时,直接引起热带太平洋海域水温的大规模变化,对有高度洄游移动能力的鲣来讲,ENSO 所引起的水温结构的变化可能影响其分布空间及其洄游。中西太平洋海域鲣分布移动与 ENSO 之间的关系是近年来研究的重大发现,引起资源生物学家与海洋学家的高度关注。目前已经证实,当厄尔尼诺现象发生时,鲣群体往东迁移约 4000km,反之,当拉尼娜现象发生时,则反向迁移 4000km(Lehodey,1997)。在中西太平洋海域作业的各国船队已经充分了解了此现象。例如,1996 年和 2000 年,在典型的拉尼娜年份中,在中西太平洋海域,韩国和我国台湾省围网渔船的作业渔场向西中太平洋的西部迁移。

二、水体富营养化与渔业关系

人类行为污染已经遍及地球的每个角落。据统计,人类现在每年排放到大气中的各种废气有近百亿吨,工业废水及生活污水总量更是高达 2.0×10^8t 以上。废水和污水除了一小部分残留于江河湖泊,其余的绝大部分最后都要汇入海洋。排到大气里的废物(包括温室气体在内)通过下雨、降雪和空气对流等多种渠道,最后也大多汇入大海。人类活动造成的污染多种多样,其中水体富营养化是造成水域生态系统构造发生量变和质变,并最终导致渔业资源衰退,尤其是具有重要经济价值的名优水产品种产量下降的重要原因之一。

在人类活动对自然环境未产生明显影响之前,自然界中的营养盐收支基本上是处于一种相对平衡的状态。例如,自然界中的氮来源于固氮生物和闪电的作用,而具还原作用的微生物又会将其还原，返回给自然界，两者之间互相制约，使自然界的氮保持在一个合理的平衡状态。20 世纪中期起，化学肥料的使用和矿物的燃烧开始破坏这种长期以来形成的平衡，氮、磷等营养盐在河川湖泊和港湾开始大量积累，绝大部分最后都流入海洋。在最近的 30~40 年里，海洋里的氮含量已经增加了 2~3 倍，磷的增加幅度较小，但也非常明显。

石油燃料的过度使用使得大量氮废气进入大气层，这些含氮物质的相当一部分通过直接沉降或经河川流入海洋，在远离工业区或大城市的偏远海域，水体中的氮约有 10%是来源于空气的，而在工业区或大城市的下风区及周边水域，这个比例可高达 50%以上。另外，沿海人口的剧增也加速了沿岸水域的富营养化。氮、磷在近海水域的大量增加，大幅度地提高了近海水体中的氮与硅和磷与硅的比率，使海洋生物群落结构从需要硅的硅藻主导群落向不需要硅的鞭毛藻、蓝藻等主导群落转移。这些不需要硅的浮游植物的个体普遍较小，其在整个基础生产量中所占比例的增加，改变了海洋食物链最低级个体大小的构成与分布，经过以摄食关系为衔接基础的食物链的传递，最终整个海洋生物群落的构成及时空分布也随之发生本质上的变化。有学者比较了日本 2 个最有名的富营养化海湾（东京湾和大阪湾，包括湾外的纪尹水道）的水体富营养化程度与渔获量之间的关系（表 6-2）。在大阪湾，湾外纪尹水道的水交换条件好，营养盐含量低，浮游动物不仅生物量高，而且主要由大型桡足类的中华哲水蚤所组成，个体平均大小比湾内大一个数量级以上。而东京湾湾内个别站位的营养盐含量虽比大阪湾的低，但整体富营养化水平比大阪湾高，尤其是限制因子无机磷在湾中心水域的含量明显高过大阪湾。因此，东京湾浮游植物的数量并不比大阪湾的低，但浮游动物的生物量却明显比大阪湾的低，而且主要由小型桡足类（如拟哲水蚤 *Paracalanus* sp.）构成，平均个体重量要比大阪湾的小 1~2 个数量级。分析其原因，有学者认为水体中氮、磷含量越高，一些不需要硅的微小和超微小鞭毛藻的生长竞争优势越大，在浮游植物群落中所占的份额也越高。这样，适宜摄食这些微小和超微小鞭毛藻的小型浮游动物的数量也相应增加，而大、中型浮游动物的比例却因饵料限制而下降。浮游动物个体的小型化，导致以大、中型浮游动物为饵料的一些具有重要经济价值的鱼群（如日本鳀）的数量剧减，而以小型饵料为主却无经济价值的无脊椎动物（如水母）的数量却相应增加，造成渔业资源衰退，产量大幅下降。这种由富营养化引发水域食物链结构改变而导致海洋渔业产量下降的现象在其他海域也同样存在（如黑海）。

表 6-2 日本东京湾和大阪湾（包括纪尹水道）的环境数据比较（引自陈新军，2004）

海湾	面积（km²）	水体面积（km²）	淡水注入量（km³/月）	氮输入（kt/月）	淡水的停留时间（月）	氮的停留时间（月）	日本鳀的年产量（t）
东京湾	1 500	46.7	0.67	9.2	1.6	1.1	6 849
大阪湾	1 400	14.8	0.77	6.7	1.5	2.5	61 706

水体富营养化会直接导致水中浮游植物数量的增加，提高水域的基础生产力，从而使一些渔业品种的产量增加。但浮游植物，尤其是鞭毛藻、褐胞藻和定鞭金藻等数量的过度增加，往往造成有害有毒赤潮的频繁发生。赤潮则对海洋渔业具有严

重的危害。

浮游植物的过度增殖还会造成水体缺氧，成为导致水产动物死亡的直接因素，尤其是在海水网箱养殖中影响特别明显。例如，日本丰后水道东侧的宇和岛周边水域是日本的一个大型增养殖基地，1994年，一种以多纹膝沟藻（*Gonyaulax polygramma*）为主的有毒赤潮发生，给海水养殖业带来了沉重的打击，专家调查后认为，1994年养殖海水产品因赤潮致死的原因是缺氧和无氧水块大规模形成并伴有高浓度硫化物和氮生成。在水体缺氧期间，湾内养殖的珍珠贝大量死亡。

在我国，浙江中部近海、辽东湾、渤海湾、杭州湾、珠江口、厦门近岸、黄海北部近岸等是赤潮多发区。据统计，有害赤潮给我国海洋渔业带来的经济损失每年要达数十亿元。日趋严重的海洋环境污染已不同程度地破坏了沿岸和近海渔场的生态环境，使河口及沿岸海域传统渔业资源衰退，渔场外移，鱼类产卵场消失。

三、全球气候变暖和气候异常与渔业的关系

（一）全球气候变暖与渔业的关系

政府间气候变化专业委员会认为在过去一个世纪中，由于温室效应的影响，地球平均气温已上升 0.5~1℃，包括渔业在内的地球生态圈无论在结构与功能上都受到极为显著的影响，而在未来50年或100年间，气候变化对世界渔业的影响甚至可能超过过度捕捞。鱼类是一种变温动物，它们适应环境温度变化的方法是改变栖息水域。如果其原有栖息水域水温升高，鱼类往往选择向水温较低的更高纬度或外海水域迁移。全球气候变暖对生活在中、低纬度鱼群的产量影响较小，因为中、低纬度在全球气候变暖过程中温度变化幅度相对较小；同时，中、低纬度的渔业产量的限制因子往往以饵料、赤潮和病害为主。相对而言，以光和温度作为主要限制因子的高纬度海域的渔业生产受全球气候变暖的影响要比中、低纬度大得多，这也与在全球气候变暖过程中高纬度海域的水温、风、海流等物理因子的变化更为显著有关。加拿大、日本、英国和美国等国家的科学家分析了在20世纪后半期的近40年来，北半球寒温带的海水温度与红大麻哈鱼栖息范围的动态关系，发现未来海洋表层水温变暖的趋势将使极具经济价值的红大麻哈鱼从北太平洋的绝大部分水域消失。如果到21世纪中叶，海水表温上升1~2℃，即红大麻哈鱼的栖息水域将缩小到只剩下白令海（图6-3）。栖息范围的缩小同时意味着这种洄游性鱼类的繁殖洄游距离将大幅度延长，结果将使产卵亲鱼的个体变小，产卵数量下降。

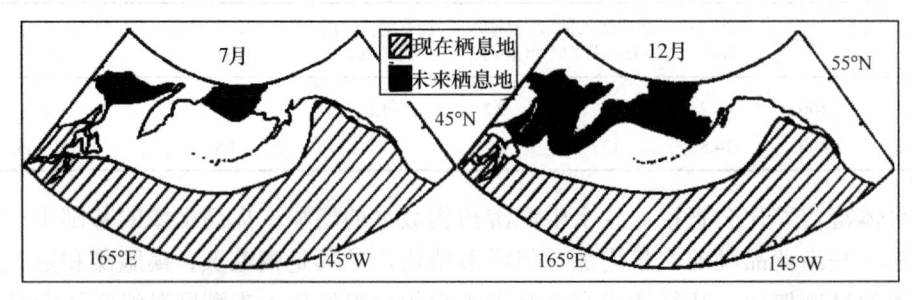

图6-3 CO_2 增加导致海洋温度上升后红大麻哈鱼栖息范围缩小示意图（引自陈新军，2004）

水温的升高使鱼类时空分布范围和地理种群量发生变化，同样也会使海域的浮游植物和浮游动物的时空分布和群落结构发生长期趋势性的变化，最终导致以浮游生物为饵料食物的上层食物网发生结构性的改变，从而对渔业产生深远的影响。有专家分析了1948~1995年北海及大西洋东北部3个海域浮游植物数量的历年变动，发现由于全球气温升高的影响，52°N~58°N两个海域的浮游植物的丰度及峰值季节长度呈现逐年增加和变长的趋势，这种趋势在20世纪80年代以后显得尤为明显，并与80年代以来全球气候变暖加剧的趋势相吻合。而大西洋59°N以北海域的浮游植物的丰度和峰值季节长度却呈现相反的逐年下降的趋势，这与北极圈温度升高，格陵兰冰融加快或大气-海洋作用引起的环北极表层冷水流加强的影响有关。

有学者对时间跨度为70年的英吉利海峡西部浮游动物和潮间带生物数量的时空变动进行研究发现，全球气候变暖使暖水种类的种群数量增加，栖息范围扩大，而冷水种类的种群数量下降，栖息范围缩小。从20世纪20~90年代，暖水性浮游动物和潮间带生物栖息分布的北限已向北移动了222.24km，物种数量增减的幅度达2~3个数量级。Southward等预测，到21世纪中叶，如果海水温度上升2℃，那么浮游生物、底栖生物和鱼类栖息分布范围的变动幅度将达到370.4~740.8km，北海浮游生物、底栖生物和鱼类的群落结构都将重组，现在比斯开（Biscay）湾的常见种，今后将成为英吉利海峡的常见种，那些现在分布北限只限于英吉利海峡西部的物种将出现在爱尔兰海域。浮游生物地理群落组成的变化和数量的增加将使直接以此为食的一些较低等的小型鱼类的种群数量增加，但一些处于食物链较上层的大型经济鱼类由于自身生理条件的限制，无法迅速改变自己的生存区域或饵料对象，其种群数量最终将因饵料的缺乏而下降。这可能也是近年来世界渔业总产量并没有显著下降，而一些典型的重要经济渔业却一蹶不振的主要原因之一。而且这种因生物群落结构性的变化引起的渔业衰退往往比捕捞过度更加缓慢与长久，往往用禁渔、休渔等渔业管理措施也无法奏效。

全球气候变暖的另一主要结果是海平面的上升。海岸带是世界人口最为密集和经济活动最为活跃的地带，在巨大的人口压力面前，人类必将用加固海防建设而不是向内地退却的方法来消除海平面上升带来的诸如淹浸等的影响。这样，势必导致许多湿地和浅滩被淹没，并使生活在这些地区的红树林、珊瑚和海藻等的面积下降，而红树林、海藻和珊瑚等是许多鱼类繁殖的理想场所，其面积的减少也对渔业生产带来巨大的负面影响。据预测，到2100年，海平面如果上升50cm，美国周边的沿岸湿地将失去10 360km^2。世界上约70%的鱼类至少在其生活史的某个阶段依赖于近岸或内湾水域，海平面上升造成的近岸和内湾水域物理构造的重大改变必将给渔业带来巨大的影响，虽然在短时间内，渔业产量可能因海平面上升带来的近岸水体营养盐含量增加而受益，但最终将因沿岸生态系构造的改变而下降。据推算，海平面平均上升25cm，将使美国湾岸的褐对虾（brown shrimp）产量下降25%；海平面平均上升34cm，则产量将下降40%。

（二）气候异常与渔业的关系

海洋渔业资源量的长期变化在近一个多世纪以来一直是一个具有争议和令人关注

的问题。渔业科学家首先对这种变化给予了极大关注，同时，随着世界渔业发展和能够获得的渔获量长期记录资料的增多，海洋渔业资源量的长期变化对渔业的影响也开始引起渔民、渔业管理者、决策者以及普通公众的关注。

第一个关于鲱资源量长期波动的科学报告发表于 1879 年，它是以 16 世纪以来的观察资料为基础的。该报告描述了瑞典波乎斯兰（Bohuslän）群岛持续长达 30～60 年的所谓的"鲱期"。自那个时期起，出现了更多关于海洋捕捞产量波动的报告。由于世界渔业的扩大和出现了更多的鱼类资源量长期变化的证据，许多科学家将渔获量周期性波动与气候长期变化信号相联系起来考虑，以期探索与确定可能造成鱼类种群数量产生波动的机制。

全球气候变暖还会影响海洋的信风、洋流、上升流、海冰的分布及径流量等，这些因素都直接与海洋生物群落结构及生物栖息密切相关，并成为世界渔业不稳定的重要因素。如气温的升高和季风的改变会影响南极海冰的出现季节和分布范围，而南极海冰的时空分布对于南极磷虾等海洋生物的分布、数量、群集和繁殖是至关重要的因素。南极磷虾既是一种重要的渔业资源，又是南极海域食物网的基础环节，它支持着包括鲸在内的众多重要的经济生物种类。可以肯定，如果南极磷虾的分布与数量受到影响，南半球的渔业也将随之发生变化。

世界上著名的渔场绝大多数分布在上升流势力强盛的大陆架水域，全球气候变化引发的信风位移或加强将会引起上升流发生的水域和强弱的明显改变，从而影响传统鱼汛的渔场地点和渔获产量。

在过去的 20 多年时间里，许多学者和研究机构都进行了相关研究，联合国粮食及农业组织（FAO）也给予了大力的支持，大家都致力于描述和分析商业性种类的产量长期波动和海洋气候变化之间的可能关系。许多种类的渔获量表现出长期性波动，如日本沙丁鱼和加利福尼亚沙丁鱼的渔获量，显示了与气候指数的某种相互关系。通过对日本沙丁鱼激增和大气温度指数的长期观测，得出了日本沙丁鱼长期、有规律的变化可以用气候变化周期来解释的建议。最近分析了 FAO 及其他组织关于世界渔业上岸量的数据组，以期找出不同气候指数与若干鱼类种群产量之间的关系。根据公认的主要气候周期，建立一组时间系列模式，以便预测未来 5～15 年主要海洋商业鱼类产量的可能趋势。有学者对此作了较为深入的研究，并建立了一些理论和研究成果，如参照年产量与气候指标间可能的关系来反映鱼类资源量的指数。在这一点上，"气候变化"这一术语是指大规模、长期的影响（或从一种气候状态转移到另一种气候状态）表现出定数论的周期，而不是单个气候事例（如厄尔尼诺现象）或长期趋势（如全球变暖）。Klyashtorin 分析的大多数鱼类资源量长期周期变化的生成机制尚不清楚，一些成果仍属于假设。但是，出现在其理论中的气候指数信号和趋势以及与鱼类历年上岸量之间的关系是极为有趣的，便于更好地理解导致气候和长期鱼类产量变化的机制并能用于渔业管理之目标。

一些学者认为，鱼类上岸量与相应区域气候指数要比其与较多的全球指数相互关系更显著。然而，目前得到的结果表明，主要太平洋商业种类（太平洋鲑、秘鲁鳀、阿拉斯加狭鳕和智利竹荚鱼）的捕捞能力与全球气候指数、时间系列和大气循环指数要比其与相应区域指数有更紧密的相互关系。目前尚没有对这一点的满意解释。

四、臭氧层与渔业关系

在距离地表 20～25km 高空的平流层中，大气中臭氧气体的浓度约占所有气体的 90%，称为臭氧层。臭氧层主要的作用，在于功能性地吸收 90%的紫外线，防止过量的紫外线入侵地球。由于受到臭氧层的保护，地球上的生命才得以存活下来，相反地，若是臭氧层遭到破坏，那么地球上的生命将不可避免地面临浩劫。

1986 年英国科学家惊奇地发现在南极上空有一个臭氧空洞。自此以来，南极的臭氧空洞面积有增无减，至 1996 年已扩展至 $2.5×10^7 km^2$。虽然在人类对氟利昂等直接破坏臭氧层的物质加以使用限制或取消后，南极臭氧空洞在 21 世纪初达到最大后可能慢慢缩小。但遗憾的是，最近科学家发现北极的臭氧空洞已经形成，并呈不断扩大之势。最令人担心的臭氧空洞的形成并不只是与氟利昂和氧化氮等使用有关。温室气体在加热低空大气的同时将更多的热辐射反射回太空，改变了大气的热传导而使高空平流的大气变冷，导致臭氧层破坏。有学者认为随着温室气体排放的增加，冬季北极上空平流层的气温会继续下降 8～10℃，北极上空的臭氧空洞将急速扩大，即使人类从现在开始严格控制温室气体的排放，北极上空的臭氧空洞也会继续扩大，并预测可能将在 2010 年左右达到最大，其臭氧含量最多可减少 65%，严重程度甚至超过南极。

臭氧层破洞的危机，虽然不像环境污染那样显而易见，但是少了臭氧层就等于让太阳光线中的紫外线轻易地入侵地球，造成了自然生态甚至于人类本身的一场大灾难。例如，紫外线辐射的能量相当强，会对植物的生长造成致命的伤害，影响陆地上的生态。过强的紫外线辐射同时也会杀死海洋表层的浮游生物，而这些位于食物链底层的生物一旦死亡，也会影响到整个海洋生态系统的平衡。

例如，紫外线会让农作物减产，造成粮食短缺问题。科学家就曾观察发现，臭氧层浓度减少百分之一时，紫外线的辐射量增加，大豆的产量将减产百分之一，所产出的大豆品质也会较差。所以，紫外线破坏陆地及海洋中植物基础生产的能力，使得赖以为生的动物因缺乏食物而死亡，进而造成生态系统的失衡。

臭氧的作用在于能够吸收太阳光里的紫外辐射。当平流层臭氧层受到破坏，到达地球表面的紫外辐射自然随之增强。在 1989～1993 年，由于臭氧的持续减少，加拿大多伦多地面紫外辐射以每年冬季 35%、夏季 7%的速率递增。许多研究已经表明，紫外辐射对包括浮游植物在内的水生微小生物的生长和繁殖具损伤作用，导致水域基础生产力下降。紫外辐射主要通过影响生物细胞的结构和 DNA 等遗传物质来杀伤细胞。生物细胞存在多种保护机制——光保护色素、DNA 修复和逃避，但紫外辐射在相对浑浊的近岸或内湾水域的穿透能力较弱，在水深 1m 处辐射强度可减至水面的 1%，但在清澈的外海或两极水域却有很强的穿透能力。在南极 5～25m 深处，紫外辐射强度仍可达 10%。有学者研究认为，南极水域的初级生产力至少有 6%～12%的损失是由紫外辐射引起的。也有学者推测，臭氧含量减少 16%将使全球基础生产量损失 5%，相当于每年渔业产量

少了 $7.0×10^6$ t。

这样长此以往，那些对紫外辐射敏感的生物的种群数量必然受到抑制，而不敏感的或修复能力强的生物的种间竞争能力将会得到加强，最终导致水生生态群落发生结构性的变化。目前尚不知这种生态群落结构性改变对渔业生产的影响有多大，但从长期趋势来看，完全可能超过紫外辐射对基础生产力的直接抑制作用。

思 考 题

1. 简述渔业资源种群数量变动的基本概念及研究意义。
2. 简述研究鱼类种群数量动态变化的基本方法。
3. 试述种群数量增长指标特征及类型。
4. 举例说明渔业资源种群数量变动的情况。
5. 简述渔业资源种群数量变动的原因及其一般规律。
6. 繁殖论、稀疏论、世代波动论的观点和主张各是什么？
7. 简述厄尔尼诺、拉尼娜及 ENSO 的基本概念。
8. 简述厄尔尼诺现象产生原因及其对渔业的影响。
9. 简述水体富营养化与渔业的关系。
10. 简述全球气候变暖和气候异常与渔业的关系。

第七章 世界重要渔业资源种群数量变动实例

本章提要：主要以案例形式，重点介绍带鱼、小黄鱼、大黄鱼、蓝点马鲛、鲐、蓝圆鲹、鳀、三疣梭子蟹等 8 种我国海洋重要渔业资源的生物学特性、捕捞群体结构组成的动态变化，以及种群数量变动规律及其变动趋势；同时，介绍了世界重要渔业资源金枪鱼类（4 种）、鳕类（4 种）及南极磷虾的生物学特性与资源开发利用状况。

第一节 带 鱼

一、生物学特性

（一）种群

带鱼（*Trichiurus haumela*）属暖水性中下层鱼类，广泛分布于我国的渤海、黄海、东海和南海，国外还分布在日本、朝鲜、印度尼西亚、菲律宾、印度、非洲东岸及红海等海域。以我国四大海区的渔获量为最高，占世界带鱼渔获量的 70%～80%。带鱼为我国单鱼种渔获量最高的一种重要经济鱼类，在我国海洋渔业生产中占有重要地位。

针对分布在我国近海的带鱼种群问题，国内外学者进行了广泛的研究和探讨。三栖宽（1961）根据带鱼的洄游分布与渔获统计及某些形态指标，认为渤海、黄海和东海北部的带鱼为两个独立种群，而东海南部带鱼的分布中心不很明显，划分为亚群系较妥当。我国学者林新濯等（1965b）通过形态特征和体节数量分析，将我国近海带鱼分成 5 个群系，即渤海-黄海、东海-粤东、粤西、北部湾近岸和北部湾外海等。张其永等（1966）根据形态特征和肌肉蛋白沉淀反应，认为海礁、大陈、牛头山、兄弟岛和竭石的生殖鱼群之间，不存在统计学上的明显地理变异，应属于同一地方种群。罗秉征等（1981）应用带鱼耳石与鱼体相对生长的地理变异，认为中国近海带鱼可划分为 4 个种群，即黄渤海种群、东海北部种群、东海南部-粤东种群（台湾海峡南部至珠江口以东海域）及南海种群（珠江口以西至海南省和北部湾海域），并指出带鱼种群较为复杂，即使在同一海域中也会出现长体型和短体型两种截然不同的个体，所以认为在南海的带鱼群体中可能存在种群以上的分类单元。江素菲等（1980）和卢继武等（1983）研究提出了台湾浅滩南部与北部的带鱼生殖群体在体节数量及耳石生长等特征上均具有明显差异，应分为两个不同的种群。林景祺（1991）根据带鱼生态习性和形态特征等，将分布在我国的带鱼划分为 3 个种群，即黄渤海种群、东海种群和南海种群。

在对我国近海的带鱼种群划分上，以上学者对于黄渤海的带鱼属于同一种群的观点比较一致。而对东海和南海带鱼种群的划分，其观点不尽相同，1996 年，"东海外海与近海带鱼的关系及资源合理利用的研究"课题组经过对东海近海及外海带鱼的形态性状观察、计测和差异统计比较，结合有关资源进行了综合分析，确定了东海外海和近海的带鱼之间关系甚为密切，系同一种群。但在舟山以南外海的带鱼可能存在着不同的独立种群。也就是说带鱼的种群问题仍需进一步观察与研究。

（二）洄游分布

黄渤海种群带鱼的越冬场分布在济州岛西南水深100m左右，在34°00′N～32°00′N、124°00′E～127°00′E范围内，该海域受黄海暖流影响，终年底层水温为14～18℃，盐度33.00～34.50，越冬时间为1～3月。产卵场位于黄海的海州湾、乳山近海、鸭绿江口近海、烟威近海，以及渤海的莱州湾、渤海湾、辽东湾等，水深为20m左右，底层水温14～19℃，盐度27.00～31.00的河口一带，水深较浅、受气候影响较大的海域，产卵时间为5～6月。索饵场在渤海的带鱼，一部分在渤海中部同小黄鱼、鲆鲽类等共同索饵，一部分游出渤海海峡到烟威近海索饵，在鸭绿江口产卵的带鱼沿辽东半岛东岸一直索饵到烟威渔场；在黄海的海州湾、乳山近海，即在产卵场外围索饵。索饵时间为7～11月。

每年的3～4月，随着水温上升，带鱼自济州岛西南部的越冬场开始向西北方向移动到大沙渔场，分成两个支群，一群游往海州湾、乳山近海、石岛渔场产卵，产卵后分布在产卵场附近索饵，12月，随着水温下降，离开沿岸索饵场，集中返回越冬场；另一群（主群）北上到山东高角后又分成两个支群，一群到黄海北部的海洋岛渔场的鸭绿江口近海产卵；另一群向西游往烟威渔场，一部分在烟威渔场产卵，还有一部分游向渤海，进入渤海后又分成两个支群，一群游向渤海中部和辽东湾东、西沿岸产卵，还有一群游向莱州湾产卵，产卵中心在黄河口东北，水深20m处。产卵时间为5～6月。夏、秋季，渤海的产卵群体产卵后，一部分索饵群体向渤海中部和滦河口近海进行索饵，其余部分索饵群体游出渤海海峡到烟威渔场索饵。在黄海北部的带鱼产卵后，即在产卵场附近及烟威渔场进行索饵。在黄海的海州湾、乳山近海产卵的带鱼，产卵后分散在产卵场附近进行索饵。秋末冬初，随着渔场水温的迅速下降，在渤海索饵的带鱼开始集结，于11月前离开渤海，并在11月与在黄海北部的索饵群体一起结群向南移动，沿途同海州湾、乳山近海的索饵鱼群汇合，12月底前后离开黄海北部、中部，从大沙渔场进入济州岛西南部越冬场越冬。

东海种群的带鱼越冬场，位于30°N以南的浙江中南部水深60～100m海域，越冬期1～3月。另外，在福建近海到粤东近海，冬季也有南下鱼群分布，但越冬性状不明显。产卵场主要分布在福建近海、浙江近海，产卵期为3～8月，不同产卵场产卵时间有差异。索饵场主要位于海礁、长江口及黄海中南部海域，索饵期为8～10月。

3～4月，随着水温升高，分布在浙江中南部外海的越冬鱼群，其性腺开始发育，逐渐集群向近海靠拢，并陆续向北移动进行生殖洄游；5月起经鱼山渔场进入舟山渔场及长江口渔场产卵，产卵期为5～8月，盛期在5～7月。产卵后继续北上，8～10月分布在黄海南部海域索饵，分布偏北的鱼群最北可达35°N附近并可与黄渤海群相混。但是，自从20世纪80年代中期以后，随着带鱼资源的衰退，索饵场的北界明显南移，主要分布在东海北部至吕泗、大沙渔场的南部。10月以后，随着天气转冷，沿岸水温下降，鱼群开始南下进行越冬洄游,此时的鱼群主要栖息于沿岸低盐水系与外海高盐水系相交汇的混合水区,历史上曾形成了著名的浙江近海冬季嵊山带鱼渔场,其鱼汛的长短或者说带鱼南下移动速度的快慢主要取决于外海高盐水的消退和水温下降的速度。12月底至1月,带鱼逐渐游向越冬场。

分布在福建和粤东近海的越冬带鱼在2~3月就开始北上,3月就有少数鱼群在福建近海产卵场开始产卵繁殖,产卵盛期为4~5月,但群体不大,产卵后进入浙江南部,并随台湾暖流继续北上,秋季分散在浙江近海索饵,如图7-1所示。

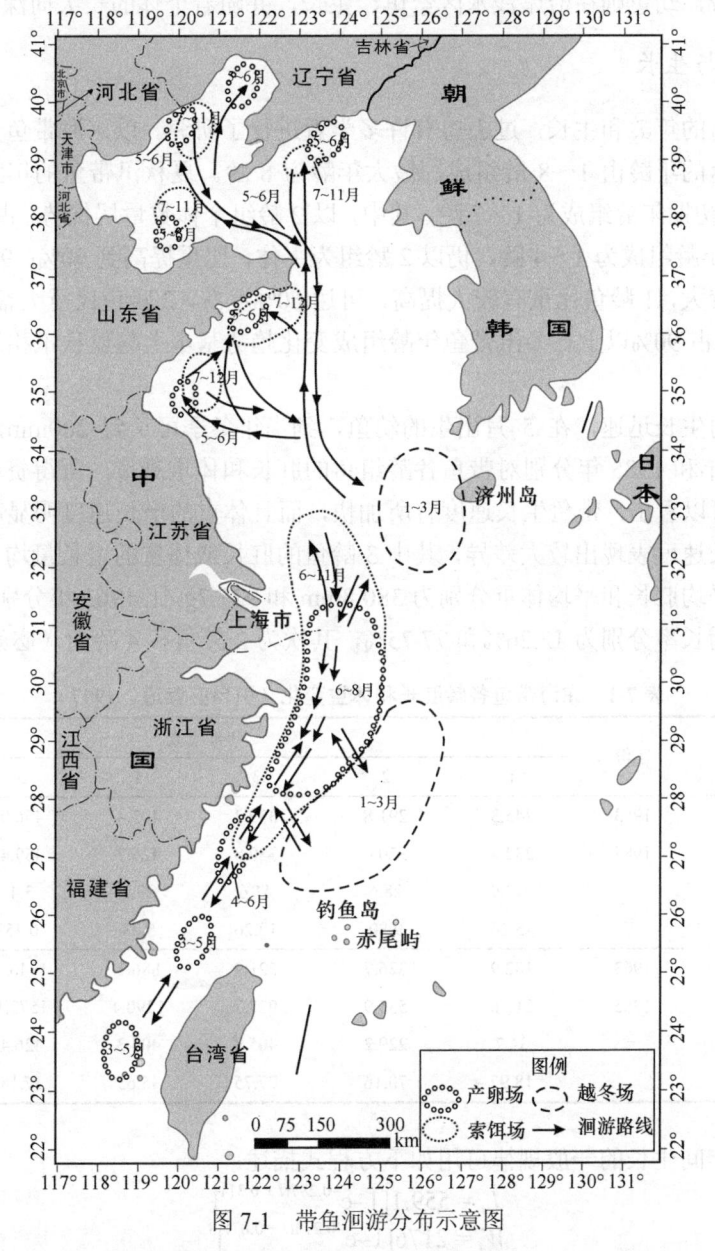

图7-1 带鱼洄游分布示意图

南海种群带鱼在南海北部和北部湾均有分布。在南海北部,从珠江口海区及水深3~

5m 浅海、海湾至水深 175m 的大陆架外缘都有带鱼出现，但一般多栖息在大陆架浅海，以水深 30m 左右海域为带鱼密集区，水深 60m 附近则明显稀疏。数量最多的密集区分布在珠江口东、西两侧，其次是海南岛东南海域和粤西海域，而在大陆架外海分布较少。成鱼较多地分布在水深 25～50m 海域，幼鱼则主要分布在沿岸浅水区。一般不做长距离的洄游，仅在深、浅水之间的东西方向上移动。

北部湾的带鱼随着季节的变化，也只作深、浅水间的移动。秋冬季带鱼主要栖息于水深 40～60m 海区，鱼群较分散。春夏季，带鱼开始集群游向近岸浅水区产卵，产卵后又返回原海域，幼鱼则在沿岸浅水区索饵、生长，并随着个体的长大向深水区移动。

（三）年龄与生长

关于带鱼的年龄和生长，过去曾有许多学者进行了研究。以东海带鱼为例，根据报道，东海带鱼的年龄由 1～8 龄组成，最大年龄为 8 龄。夏秋汛带鱼的年龄组成是：20 世纪 60 年代初期年龄组成为 1～7 龄，其中，以 2 龄组个体数量居优势，占 64%～82%；70 年代初期年龄组成为 1～4 龄，仍以 2 龄组为主体，比重提高到 90%；90 年代初期年龄组成变动较大，1 龄鱼比重有较大提高，可达 60%左右，2 龄鱼比重大幅度降低，1～2 龄鱼比重共占 90%以上。冬汛带鱼年龄组成变化趋势基本上与夏秋汛相近（宓崇道，1997）。

带鱼年内生长迅速，在 5 月出生的幼鱼，到当年冬季可长到 200mm，体重可超过 100g。1963 年和 1985 年分别对带鱼各龄组鱼的肛长和体重测量，所得资料如表 7-1 所示，从表中可以看出，带鱼生长速度有所加快，而且体重的增长速度明显高于肛长。各龄组带鱼生长速度表现出较大差异，其中 3 龄鱼的肛长或体重的增长量均为最大，1985 年 3 龄鱼的平均肛长和平均体重分别为 380.8mm 和 927.7g，比 1963 年分别增加 41.6mm 和 405.8g，增长率分别为 12.26%和 77.75%，其次为 2 龄鱼和 4 龄鱼（宓崇道，1997）。

表 7-1 东海带鱼各龄肛长和体重变化（引自宓崇道，1997）

项目	年份	年龄组成					
		1	2	3	4	5	6
平均肛长（mm）	1963	245.3	291.8	339.2	403.4	456.0	477.0
	1985	232.4	320.4	380.8	426.7	459.4	485.4
增长值（mm）		−12.9	28.6	41.6	23.3	3.4	8.4
增长率（%）		−5.26	9.80	12.26	5.78	0.75	1.76
平均体重（g）	1963	182.9	326.7	521.9	886.1	1146.7	1180.0
	1985	217.6	555.9	927.7	1290.4	1573.1	1804.2
增长值（mm）		34.7	229.2	405.8	404.3	426.4	624.2
增长率（%）		18.97	70.16	77.75	45.63	37.18	52.90

带鱼各年间生长的一般规律可用如下方程式描述：

$$L_t = 559.1[1-e^{-0.287(t+0.31)}]$$
$$W_t = 2176[1-e^{-0.274(t+0.87)}]^3$$

式中，L_t 为年龄 t 的体长；W_t 为年龄 t 的体重；t 为年龄。

带鱼的生长是随着年龄增加而增加的，其长度曲线是一条不具拐点而趋近渐近值的曲线，而体重生长曲线则是一条具有拐点的"S"形曲线，拐点位于3.14龄处（赵传细等，1990）。

（四）繁殖

带鱼性成熟早，从出生到性成熟生殖，大多只需要1年左右的时间，即在前一年春夏季出生的个体到第二年的春夏季便可达到性成熟进行产卵。在同龄鱼的性成熟过程中，达到或将要达到成熟的鱼体长度，均较性未成熟者大。无论出生时间的早晚、长短，带鱼初次达到性成熟的鱼体大小基本一致，也就是说，带鱼性成熟与长度的关系较之年龄更为密切。

带鱼产卵期较长，东海带鱼早的个体在3~4月开始产卵，个别晚的延续至10月以后，产卵盛期为5~7月，约2个月时间。产卵场范围分布比较广，从福建沿海到浙江近外海几乎均有分布，带鱼产卵场位置比小黄鱼、大黄鱼的产卵场要偏外，鱼群相对分散。从诸多产卵场的比较来看，东海北部的嵊山、海礁产卵场，生殖鱼群较为集中，产卵期比较长，一般为5~8月，盛期为5月下旬至7月上旬，是我国盛名的带鱼产卵场。

根据罗秉征等（1983a）对东海北部带鱼性成熟过程研究，东海北部带鱼种群，3月尚未出现生殖个体，就雌性个体而言，大约有75%的个体卵巢处于Ⅲ期和Ⅳ期早期阶段，即主要为正在成熟个体。4月出现的成熟个体，约占18%，5~7月，未成熟（Ⅱ期）鱼和正在成熟鱼（Ⅲ期和Ⅳ期）减少，成熟和产卵带鱼（Ⅳ期后期和Ⅴ期以及产后个体）大量增加，约占群体的74%，产卵后个体约占13%。在这期间带鱼卵巢的形态比较复杂，除Ⅱ、Ⅲ、Ⅳ、Ⅴ、Ⅵ期外，还有Ⅵ~Ⅲ期，重复Ⅳ期和Ⅴ期。Ⅵ~Ⅲ期卵巢系排卵后的卵巢，但卵巢中还存在大量的第3时相卵母细胞，其特征是可在卵巢切面上见到许多空滤泡存在。第3时相的卵母细胞可继续发育为第4和第5时相卵母细胞，此时卵巢发育成为重复Ⅳ和Ⅴ期卵巢，以致再次成熟排卵。8~10月为全年带鱼卵巢发育状况最复杂的时期，除上述卵巢发育期外，还具有两个明显的特征，一是Ⅱ期卵巢（当年生性未成熟个体）大量出现，二是卵巢处于恢复期（产卵后）的个体大量出现。11月至翌年2月，残余的第3、4时相卵子经过退化、吸收后，卵巢进入Ⅱ期，不久发育成为Ⅲ期。

带鱼的个体生殖力在不同海域具有差异，根据历史资料，1961~1962年5~6月海州湾产卵场的黄渤海种群带鱼的个体怀卵量与年龄有关，1龄为0.89万粒，2龄为2.0万粒，3龄为2.3万粒，4龄为3.7万粒，5龄可达5.0万粒（金显仕等，2006）。而东海带鱼个体生殖力，在不同年份由于某些因素的作用引起自身调节或生活环境的变化，使其个体生殖力也会发生明显变化。有关资料反映，1963~1964年东海带鱼个体怀卵量为1.28万~33.09万粒，一般为3.0万~5.0万粒。而1976年带鱼个体怀卵量为1.22万~43.59万粒，一般为5.0万~20.0万粒，有较大幅度提高。

带鱼的卵系漂浮性：鱼卵的主要漂浮水层为5~25m，在20℃的状况下，鱼卵孵化时间约3.5d。1963~1964年带鱼成熟卵的卵径范围为1.53~1.83mm，而1976年为0.90~1.30mm，说明带鱼成熟卵的卵径趋小，趋小率为30%~40%。

如今，黄渤海种群带鱼资源已严重衰退，不存在产卵群体，分布在黄海的带鱼大多数为东海种群北上索饵的个体，所以性腺成熟度多为II期。东海带鱼随着资源的逐渐衰退，带鱼性成熟呈逐渐提前的趋势，据郑元甲等（2003）报道，在20世纪60年代初期，带鱼肛长在240mm以上的个体，才大部分达到性成熟，而肛长为200mm以下的个体基本上均未达到性成熟。至80年代中期，带鱼肛长在200mm以上的个体，大多数能够性成熟，而且肛长为180～190mm的个体，也有相当数量能够性成熟，肛长为150～160mm以下的个体，基本上未达性成熟。带鱼性成熟的最小肛长逐渐趋小，20世纪60年代初期为200mm，1975年为170～180mm，1979年为160mm，80年代末期以后仅为140mm，带鱼初次性成熟的最小肛长估计比60年代初期要小60mm以上。

（五）食性

带鱼摄食种类甚多，属于广食性凶猛鱼类。据研究（韦晟，1980a；陈亚瞿和朱启琴，1984；林景祺，1985；王复振，1965），黄渤海带鱼摄食对象有8类54种，东海带鱼摄食对象有19类84种，主要以鱼类、甲壳类和头足类为主，其余类群和种类所占比例很少。在带鱼食物组成中，以鱼类的所占比例最大，黄渤海带鱼种群食物组成中的鱼类重量占50.4%，出现频率为49.7%，已查明的种类有22种；东海种群鱼类重量所占比例和出现频率分别为38.0%、34.2%，已知种类有26种。其中，主要有鳀、天竺鲷、黄鲫、凤鲚、梅童鱼、七星鱼、带鱼与青鳞鱼等。甲壳类在食物组成中居第二位，其中均以长尾类与磷虾类的种类居多，主要有中国毛虾、脊腹褐虾、戴氏赤虾、细螯虾、太平洋磷虾和鹰爪虾等。头足类在带鱼食物重量组成中占37%，主要有日本枪乌贼、双喙耳乌贼、无针乌贼等；头足类食物在黄海带鱼重量组成中仅占1.1%，明显低于东海带鱼，但出现频率在两海区相似，均在10%左右。其他食物类群，如水母类、毛颚类、腹足类、瓣鳃类、枝角类、桡足类、短尾类、异尾类只在东海带鱼食物组成中有发现，这些种类所占比重不大。

带鱼还有食性转换和就地摄食的特点，并且有种内互相残食的现象。在生命周期中的不同阶段其食物组成也有所不同，如在肛长200mm以下的个体，以糠虾、浮游动物及小鱼为主，肛长200mm以上者以鱼类、长尾类为主。带鱼的饵料种类因栖息海区饵料种类不同，其食谱也会发生改变，例如，在黄海区当年生幼带鱼在河口区时以糠虾、毛虾、虾蛄幼体和小鱼为主要饵料，在浅水区主要摄食毛虾、脊腹褐虾、鹰爪虾、长臂虾、口虾蛄、鳀、青鳞鱼、黄鲫、梅童鱼、天竺鲷、日本枪乌贼、太平洋磷虾等。

从带鱼摄食周年出现的种类来看，可以分为三个基本类型（韦晟，1980a），即常见种类，如鳀、黄鲫、七星鱼、凤鲚、长颌棱鳀、双喙耳乌贼、戴氏赤虾、太平洋磷虾、细螯虾、中国毛虾等；其次为阶段性种类，如天竺鲷、六丝毛尾虾虎鱼、鹰爪虾、葛氏长臂虾、细脚拟长蛾、小黄鱼和带鱼幼鱼等；再次为不常见种类，如方氏云鳚、鳡幼体、金乌贼幼体、褐虾、萨氏真蛇尾、柯氏双鳞蛇尾以及短尾类大眼幼体等，带鱼摄食强度的昼夜变化较为明显，一般是白天高于夜间。并且无论是越冬期间或生殖期间都要进行摄食，但不同季节的摄食强度不同，一般是越冬期和产卵盛期，带鱼的摄食强度要低于其他时期。

（六）群体组成变动趋势

以东海种群带鱼为例，观察带鱼群体组成的变动趋势。表 7-2、表 7-3、表 7-4 分别为 20 世纪各年代东海带鱼肛长、体重、年龄组成的变化状况。从表 7-2 中可以看出，自 20 世纪 60 年代以来，带鱼肛长组成发生了较大变化，无论是夏、秋季或冬季带鱼肛长分布均呈逐年小型化。从 20 世纪各年代夏、秋季带鱼平均肛长变动情况来看，90 年代末带鱼平均肛长为 180.1mm，比 60 年代初期偏小 72.5mm；比 70 年代初期偏小 58.0mm；比 80 年代初期偏小 46.7mm；比 90 年代初期偏小 14.8mm。平均肛长趋小现象较为明显。从表 7-2 中还可反映出，在 80 年代初及之前以中型鱼（肛长 211～280mm，下同）为主，其在总渔获尾数中的比例在 60%以上，90 年代初，中型鱼的比例降至 30%以下，而 90 年代末中型鱼的比例又下降至 20%以下。相反地，小型鱼（肛长 210mm 以下，下同）的比例逐渐增大，在 80 年代以前，小型鱼的比例在 10%～30%，90 年代初小型鱼比例增至 70%左右，而 90 年代末小型鱼的比例又增至 80%以上。大型鱼（肛长为 281mm 以上，下同）的比例呈逐年减小趋势，由 23.3%降至 0.6%。20 世纪各年代冬季带鱼的平均肛长与小、中、大型组鱼成比例的变化趋势与夏、秋季基本相似。

表 7-2 20 世纪各年代东海带鱼肛长组成的变化（引自唐启升，2006）

年代	季节	分布范围 (mm)	优势组 范围 (mm)	占比 (%)	组成分档比例 (%) 210mm 以下	221～280mm	281mm 以上	平均肛长 (mm)
60 年代初 (1960～1962 年)	夏、秋季	110～490	200～290	71.3	16.5	60.2	23.3	252.6
	冬季	90～420	210～290	79.7	12.9	73.5	13.6	249.7
70 年代初 (1972～1974 年)	夏、秋季	100～390	210～270	79.6	10.4	82.6	7.0	238.1
	冬季	100～340	230～280	70.1	18.0	76.5	5.5	237.6
80 年代初 (1980～1982 年)	夏、秋季	60～510	200～270	72.6	26.1	68.8	5.1	226.8
	冬季	70～360	190～260	78.1	33.1	62.1	4.8	226.7
90 年代初 (1990～1992 年)	夏、秋季	90～370	140～240	71.5	67.7	28.8	3.5	194.9
	冬季	40～360	170～240	60.3	64.8	34.5	0.7	188.5
90 年代末 (1997～1999 年)	夏、秋季	40～340	150～220	70.0	83.0	16.4	0.6	180.1
	冬季	40～390	160～230	66.6	68.6	29.0	2.4	192.0

从 20 世纪各年代夏、秋季带鱼平均体重变化趋势来看（表 7-3），90 年代末带鱼平均体重为 95.2g，比 60 年代初期偏小 147g；比 70 年代初期偏小 108.7g；比 80 年代初期偏小 15.8g；比 90 年代初期偏小 18.6g；平均体重偏小现象亦十分明显。从表 7-3 中还可反映出，80 年代以前，大型鱼（体重在 200g 以上，下同）比重为 35%～57%；中型鱼（体重为 125～199g，下同）比重为 26%～43%；小型鱼（体重为 124g 以下，下同）比重为 10%～27%。90 年代初，大型鱼比重降至 12.6%；中型鱼比重降至 19.7%；小型鱼比重增至 67.7%。而 90 年代末，大型鱼比重又降至 3.7%；中型鱼比重再降至 17.7%；小型鱼比重再增至 78.6%。可见大型鱼数量明显减少，而小型鱼数量显著增加，鱼体小

型化十分突出。20 世纪各年代冬季带鱼的平均体重，以及小、中、大型鱼组成的比例变化趋势亦与夏、秋季基本雷同。

表 7-3　20 世纪各年代东海带鱼体重组成的变化（引自唐启升，2006）

年代	季节	组成分档比例（%）			平均体重（g）
		124g 以下	125～199g	200g 以上	
60 年代初 （1960～1962 年）	夏、秋季	16.5	26.6	56.9	242.2
	冬季	9.7	10.7	79.6	243.7
70 年代初 （1972～1974 年）	夏、秋季	10.4	42.1	47.5	203.9
	冬季	13.2	16.4	70.4	211.7
80 年代初 （1980～1982 年）	夏、秋季	26.1	38.3	35.6	111.0
	冬季	20.9	35.3	43.8	185.3
90 年代初 （1990～1992 年）	夏、秋季	67.7	19.7	12.6	113.8
	冬季	52.3	32.4	15.3	109.8
90 年代末 （1997～1999 年）	夏、秋季	78.6	17.7	3.7	95.2
	冬季	67.3	24.5	8.2	111.3

根据带鱼的肛长与年龄关系，对东海 4274 尾带鱼个体进行年龄换算，计算结果得出 20 世纪末春季渔获带鱼的年龄组成为 1～4 龄，主要为 1 龄，占 87.9%，平均年龄为 1.12 龄，20 世纪各年代东海带鱼年龄组成变化如表 7-4 所示。90 年代末夏季主要为 1～3 龄，主要龄组为 1 龄，占 85.4%，平均年龄为 1.15。秋季主要为 1～3 龄，主要为 1 龄，占 62.6%，而 2 龄数量有所增加，占 37.2%，平均年龄为 1.38 龄。冬季主要为 1～4 龄，主要为 1 龄与 2 龄，其比例分别为 56.1% 与 42.5%，平均年龄为 1.45 龄。全年年龄组由 1～4 龄组成，其中 1 龄鱼占 73.8%、2 龄鱼占 25.9%、3 龄鱼占 0.3%、4 龄鱼占 0.04%。与历史比较，90 年代末带鱼平均年龄趋小，大龄鱼比重越来越低，主要年龄组由 1 龄替代了 2 龄，其比例达 70% 以上。从表 7-4 中可以看出，无论夏、秋季或冬季带鱼年龄均呈现逐年低龄化。从 20 世纪各年代夏、秋季带鱼平均年龄变化来看：90 年

表 7-4　20 世纪各年代东海带鱼年龄组成的变化（引自唐启升，2006）

年代	季节	年龄组范围	主要年龄组		平均年龄
			年龄	占比（%）	
60 年代初 （1960～1962 年）	夏、秋季	1～7	2	75.5	2.08
	冬季	1～5	2	86.2	1.94
70 年代初 （1972～1974 年）	夏、秋季	1～4	2	88.9	1.83
	冬季	1～3	2	85.9	1.88
80 年代初 （1980～1982 年）	夏、秋季	1～8	2	78.6	1.84
	冬季	1～4	2	79.8	1.81
90 年代初 （1990～1992 年）	夏、秋季	1～4	1、2	58.2、40.4	1.43
	冬季	1～4	1、2	99.9	1.48
90 年代末 （1997～1999 年）	夏、秋季	1～3	1	71.7	1.29
	冬季	1～3	1、2	98.6	1.45

代末带鱼平均年龄为 1.29 龄，比 60 年代初期偏小 0.79 龄；比 70 年代初期偏小 0.54 龄；比 80 年代初期偏小 0.55 龄；比 90 年代初期偏小 0.14 龄。除了 70 年代与 80 年代变动不大之外，其余年代均呈逐年趋小趋势。从表 7-4 中还可以看出，在 80 年代以前主要年龄组均以 2 龄为主，其比重为 75.5%~88.9%，而 3、4 龄的比重不足 2%；而 90 年代末期主要年龄组为 1 龄，其比重由 58.2%增至 71.7%。可见带鱼年龄组成低龄化十分明显。20 世纪各年代冬季带鱼年龄组成的变动趋势基本上与夏、秋季相似。

二、种群数量变动

带鱼是在我国渤海、黄海、东海和南海均有分布的一种最重要的鱼类资源，经过几十年的开发利用，目前，不同海区和不同种群的资源状况也各不相同。

1. 黄渤海

带鱼在黄渤海主要为拖网捕捞对象，群众渔业的钓业也捕捞一小部分。1962 年以前，黄渤海种群带鱼产量在 $4.0×10^4$~$6.5×10^4$t，1964 年大幅度下降到 $2.5×10^4$t。1965 年更下降到 $1.6×10^4$t。以后每况愈下，20 世纪 70 年代以后，黄渤海种群带鱼渔业基本消失，仅为兼捕对象。对春汛带鱼产卵群体和秋汛带鱼索饵群体的过度捕捞，是最终造成黄渤海种群带鱼衰败的重要原因之一。

2. 东海

过去，在东海，捕捞带鱼的主要作业方式有对网、拖网和钓业。群众机帆船拖网产生于 20 世纪 60 年代中期，7~10 月，大部分渔船在机轮底拖网禁渔区线附近海域生产，当时投入生产的渔船仅几百对，渔获量在 10 000t 以下。70 年代初开始渔船数量迅速增加，出海渔船增至近 2000 对，带鱼渔获量达 $1.0×10^5$t 左右。80 年代初期，东海区拥有 8 个国营渔业公司，拥有相当于 183.75kW 以上的拖网渔轮 300 对左右，每年捕捞带鱼 $7.0×10^4$~$8.0×10^4$t。从 20 世纪 90 年代初、中期起，国营渔业公司拖网逐渐退出在东海捕捞带鱼的作业，改装成鱿鱼钓船赴北太平洋进行鱿鱼钓作业。但群众渔业的机动渔船在 90 年代中期又进一步加速发展，至目前为止东海区拖网渔船已达近万艘。

在东海带鱼是具有举足轻重作用的一种经济鱼类，无论是过去还是现在，对东海乃至全国海洋渔业生产均起着重要作用。东海区带鱼的年产量自 20 世纪 50 年代初至 1974 年，一直呈上升趋势，1974 年达到最高，年产量为 $5.3×10^5$t，其中，50 年代为 $1.0×10^5$~$1.7×10^5$t，年平均为 $1.348×10^5$t，占该年代全国带鱼年平均渔获量的 70.7%；60 年代为 $1.5×10^5$~$3.7×10^5$t，年平均为 $2.772×10^5$t，占该年代全国带鱼年平均渔获量的 85.7%；70 年代为 $3.2×10^5$~$5.3×10^5$t，年平均 $4.143×10^5$t，占该年代全国带鱼年平均渔获量的 90.2%；70 年代中期开始，带鱼渔获量有所下降，至 1988 年降到 $2.9×10^5$t。1989 年以来，由于采取 5 月 1 日至 6 月 30 日在沿岸禁止捕捞产卵亲鱼的管理措施，带鱼产卵出现明显回升。1999 年产量升至 $8.5×10^5$t，达历史最高水平。其中 80 年代为 $2.9×10^5$~$3.7×10^5$t，年平均 $3.626×10^5$t，占该年代全国带鱼年平均渔获量的 82.3%；90 年代为 $3.8×10^5$~$8.5×10^5$t，年平均 $6.36×10^5$t，占该年代全国带鱼年平均渔获量的 73.8%。全国及东海带鱼历年捕捞产量变动趋势如图 7-2 所示。

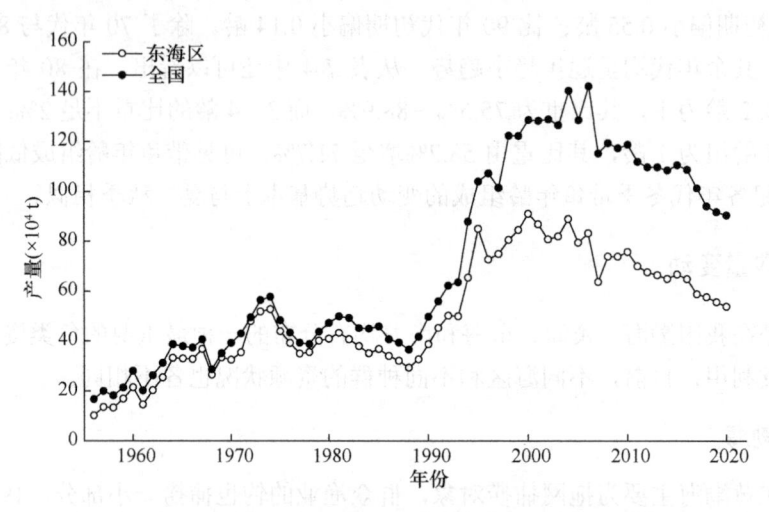

图 7-2 全国及东海带鱼历年捕捞产量变动趋势

东海带鱼生产原来主要有两大鱼汛：冬汛和夏秋汛。带鱼冬汛是全国规模最大的鱼汛。冬汛生产的著名渔场——嵊山渔场是我国冬汛最大的带鱼生产中心，渔期长达两个多月。夏秋汛，东海带鱼以国营渔轮生产为主，捕捞带鱼的产卵群体。主要产卵场在大陈、鱼山及舟山近海一带，作业时间为 5～6 月，在东海海礁附近海域形成产卵高峰，产卵活动可延续至 10 月，8～10 月除了少数鱼群仍在产卵外，大批鱼群产卵后游向长江口近海或继续北上进行索饵。产卵场鱼群分布密集，因此形成了夏秋汛渔轮捕捞带鱼的良好渔场。作业时间为 5～10 月，生产盛期为 5～7 月。在 20 世纪 80 年代中期以前，超过 50% 的带鱼产量捕自冬季鱼汛，生产渔期可达 4～5 个月，但自 80 年代中期以后，嵊山渔场已逐渐形不成鱼汛，产量比例下降至约 25%。

3. 南海

带鱼在南海主要为底拖网捕捞，同时，也被手钓、延绳钓、刺网等作业所兼捕，但产量均不高。20 世纪 80 年代以前，带鱼的年产量估计在 5.0×10^3～1.3×10^4 t，80 年代期间呈下降趋势，90 年代其数量又有明显回升，但群体组成以不满 1 龄的幼鱼占绝对优势。由于补充群体的增加，带鱼资源并没有呈现明显衰退的趋势，但从群体组成变化及数量的明显波动判断，南海北部带鱼资源已得到充分利用，在大陆架海域可能存在捕捞过度。

根据历史资料和 1997～2000 年的调查结果，在南海北部大陆架浅海和近海区可分为珠江近海、粤西近海和海南岛东南部近海三个带鱼渔场。珠江口近海渔场，汛期为 3～6 月；粤西近海渔场，汛期为 5～7 月；海南岛东南部近海渔场，汛期为 2～5 月。

总的来说，我国四大海区的带鱼资源在 20 世纪 80 年代以前比较丰富，虽然现在的年产量也比较高，可达 8.0×10^5～9.0×10^5 t，但从捕捞群体组成来看，带鱼资源从 20 世纪 70 年代后期开始已出现逐渐衰退的现象，单位捕捞努力量渔获量（CPUE）明显下降，鱼汛与中心渔场逐渐不明显，鱼发面积和时间不断缩小、缩短；渔获物组成不断低龄化、小型化，80 年代以前捕捞的当龄鱼占 60%～70%，如今是占 80% 以上；90 年代夏季和冬季带鱼的平均肛长为 195mm 和 189mm, 比 80 年代分别减少了 32mm 和 38mm, 近年带鱼的平均肛长仅为 176mm。

第二节 小 黄 鱼

一、生物学特性

（一）种群

小黄鱼为一种暖温性底层鱼类，广泛分布于渤海、黄海、东海，是我国最重要的传统海洋经济鱼类之一，曾与大黄鱼、带鱼、墨鱼并称为我国"四大渔业"，历来是中、日、韩三国的主要捕捞对象之一。

过去，对于小黄鱼的种群问题，中日两国曾做过较多的研究，基本上可将小黄鱼划分为四个群系，即黄海北部-渤海群系、黄海中部群系、黄海南部群系、东海群系，每个群系之下又包括几个不同的生态群。林新濯等（1965a）则根据东海、黄海、渤海小黄鱼的分布特征，将其以 34°N 与 32°N 作为北、中和南三个群系的分界线，分为三个地理族，即黄渤海族（黄渤海群）、南黄海族（南黄海群）和东海族（东海群）。

（二）洄游分布

根据唐启升（2006）调查结果表明，我国小黄鱼的季节性洄游分布情况没有发生变化。其中，黄海北部-渤海群系主要分布于黄海 34°N 以北的黄海北部和渤海水域。越冬场在黄海中部水深 60~80m 海域，底质为泥砂、砂泥或软泥，底层水温最低为 8℃，盐度为 33.00~34.00，越冬期为 1~3 月。之后，随着水温的升高，小黄鱼从越冬场向北洄游，经成山头分为两群，一群游向北，另一群经烟威渔场进入渤海，分别在渤海沿岸、鸭绿江口等海区产卵。另外，朝鲜西海岸的延平岛水域也是小黄鱼的产卵场，产卵期主要为 5 月。产卵后鱼群就近分散索饵。10~11 月，随着水温的下降，小黄鱼逐渐游经成山头以东，124°E 以西海区向越冬场洄游。

黄海中部群系是黄海、东海小黄鱼种群数量最小的一个群系，冬季主要分布在 35°N 附近的越冬场，于 5 月上旬在海州湾、乳山外海产卵，产卵后就近分散索饵，11 月，开始向越冬场洄游。

黄海南部群系一般仅限于吕泗渔场与黄海东南部越冬场之间进行东、西向的洄游移动。4~5 月，在江苏沿岸的吕泗渔场进行产卵，产卵后鱼群分散索饵，从 10 月下旬开始向东进行越冬洄游，越冬期为 1~3 月。

东海群系越冬场主要在温州至台州外海水深 60~80m 海域，越冬期 1~3 月。该越冬场的小黄鱼于春季游向浙江与福建近海产卵，主要产卵场在浙江北部沿海和长江口外的海域，亦有在佘山、海礁一带浅海区产卵的，产卵期为 3 月底至 5 月初。产卵后的鱼群分散在长江口一带索饵。11 月前后随水温下降，向温州至台州外海作越冬洄游。东海群系的产卵和越冬属定向洄游，一般仅限于东海范围，我国小黄鱼洄游分布如图 7-3 所示。

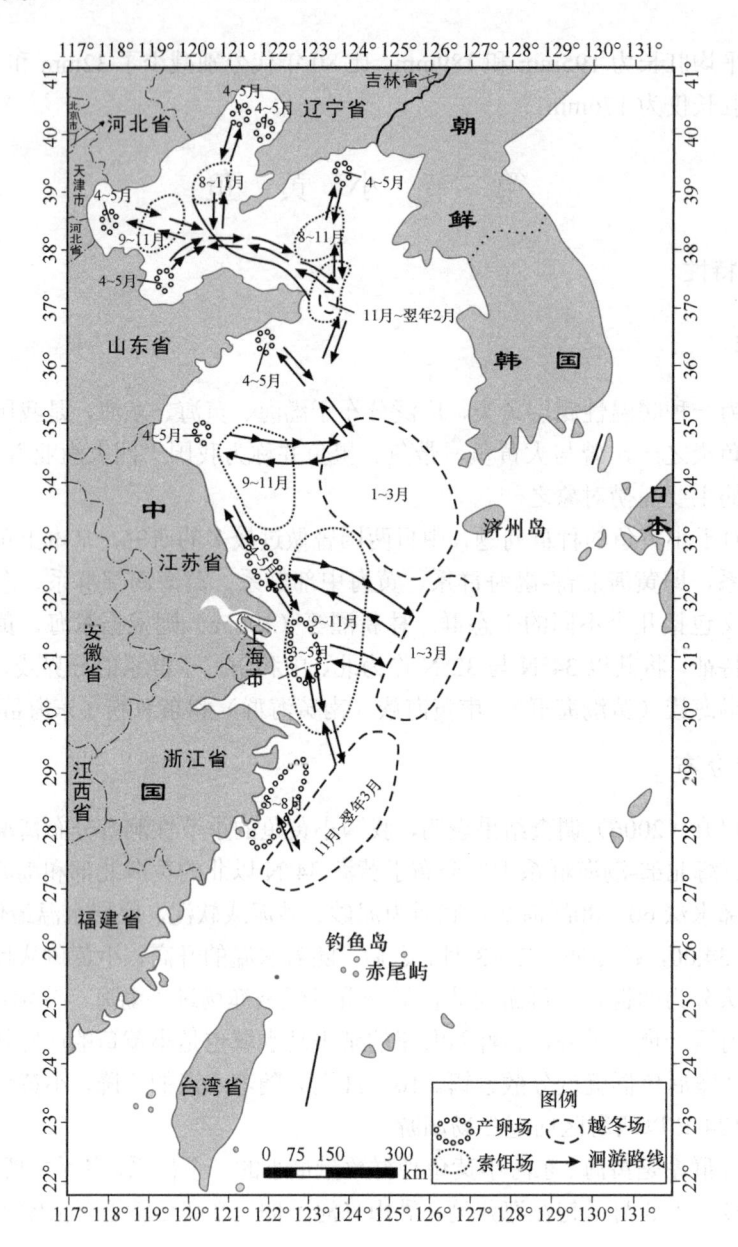

图 7-3　小黄鱼洄游分布示意图

（三）年龄与生长

通常用耳石和鳞片测定小黄鱼的年龄，根据研究，小黄鱼属于寿命较长，且为多年龄组结构的种群（1～23 龄组），在 20 世纪 80 年代以前，小黄鱼性成熟年龄以 2 龄鱼为主，资源属于补充群体和剩余群体相均衡的类型。在资源正常情况下，其年龄、体长和体重指标，在各个群系之间具有较为明显的区别。例如，渤海与鸭绿江口西侧地理族年龄序列为 1～15 龄，从 16 龄开始有严重缺龄组现象，优势年龄组为 2、3、4 龄鱼，所占比例一般不少于 50%；黄海南部群系的小黄鱼年龄序列一般可达

20 龄，最大年龄 23 龄，从 21 龄开始才出现严重缺龄组现象，优势年龄组也为 2、3、4 龄，所占比例一般在 50% 左右，到 20 世纪 80 年代降到 2 龄左右，90 年代以后再降到 1 龄左右。东海群系的年龄序列一般部超过 10 个年龄组，以 2、3 龄鱼占优势，90 年代以后也以 1 龄鱼为主。

从 20 世纪 60 年代中期以后，小黄鱼由于被过度捕捞，出现资源密度明显减少、年龄序列缩短、生长速度随着资源水平的下降而加快、捕捞群体年龄组成趋小的现象。渔业生产实践表明，70 年代以后，在东黄海拖网生产的中外渔轮的渔获物中，小黄鱼幼鱼占总渔获量的 70%，甚至还有达到 90% 以上者，大型鱼稀少。这一情况亦同时反映在沿海群众渔业生产中，1 龄鱼在产卵群体中大量增加，一般达到 20%~40%。根据唐启升（2006）报道，吕泗渔场小黄鱼历年年龄组成如表 7-5 所示。

表 7-5　吕泗渔场小黄鱼年龄组成（引自唐启升，2006）

年份	1	2	3	4	5	6	7	8	9	10 以上	平均年龄
1956	—	3.6	15.4	2.5	26.4	9.0	7.7	4.2	1.9	9.3	5.43
1957	—	14.5	22.0	17.8	14.7	6.5	5.6	5.6	7.9	5.2	4.94
1958	1.1	24.9	24.9	6.8	8.2	5.7	5.9	2.8	5.3	14.4	5.19
1959	0.3	20.5	35.5	4.7	4.7	7.7	5.2	4.5	2.7	14.2	5.12
1960	0.9	16.4	33.6	23.2	6.2	2.6	3.8	3.8	2.0	7.5	4.49
1961	0.3	14.8	16.3	13.7	12.9	7.3	5.5	4.8	5.5	19.0	6.19
1962	2.7	20.6	34.7	10.3	10.8	3.5	2.0	2.0	2.2	11.2	4.60
1963	0.1	8.3	26.5	21.8	9.5	6.7	5.8	3.9	2.7	14.7	5.66
1964	1.0	8.5	17.4	17.1	10.8	9.5	6.5	5.7	4.0	19.5	5.71
1966		1.0	15.0	19.8	12.5	14.2	8.8	7.7	7.0	14.0	6.28
1967		2.4	25.2	36.2	15.7	6.5	5.4	2.9	1.5	4.2	4.66
1968	0.7	8.4	48.7	25.6	7.0	4.0	1.9	1.0	0.9	1.8	3.78
1975	0.5	94.0	5.0	0.5							2.10
1981	64.8	27.3	3.9	3.2	0.8						1.48
1982	29.6	57.3	8.1	4.0	1.0						1.90
1983	28.8	55.5	8.7	3.3	2.6		0.2				1.99
1990	85.29	13.77	0.77	0.17							1.16
1991	88.33	11.00	0.67								1.12
1992	87.40	11.60	1.00								1.14
1993	84.86	14.36	0.78								1.16
1994	91.33	7.83	0.83								1.10
1995	87.00	12.25	0.75								1.14
1996	73.33	24.87	1.80								1.28
1997	69.40	28.12	2.48								1.33
1998	97.60	2.36	0.04								1.02
1999	91.5	8.5									1.09

注："—"表示无数据。

从表 7-5 中可以看出，1956~1960 年，小黄鱼的资源基础最好，以 3~5 龄为优势年龄组，平均年龄为 4.94~5.43 龄，10 龄以上的高龄鱼占 5.2%~14.4%；60 年代，也以 3~5 龄为优势年龄组，平均年龄为 3.78~6.28 龄，10 龄以上的占 1.8%~19.5%；1975 年，平均年龄为 2.10 龄，2 龄鱼占 94.0%；80 年代前期，则以 1~2 龄为优势年龄组，平均年龄为 1.48~1.99 龄，1983 年 7 龄鱼仅占 0.2%；90 年代，以 1 龄鱼为绝对优势年龄组，最高年龄为 4 龄（且仅出现在 1990 年），且 4 龄鱼仅占 0.17%，1 龄鱼占 69.40%~97.60%；1991 年以后，4 龄以上的小黄鱼就没有再出现了。

到 21 世纪初，根据严利平等（2006a）对南黄海族群小黄鱼的周年年龄观察，得知当龄鱼所占比例为 37.03%，1 龄鱼为 44.36%，2 龄鱼为 15.98%，3 龄鱼为 2.26%，4 龄鱼为 0.37%。通过分析比较可知，小黄鱼的年龄组成在过去的 50 年间发生了明显变化，低龄化趋势十分明显，虽然自 20 世纪 90 年代后，小黄鱼资源总体好转，渔获数量呈现逐年上升趋势，但是渔获物的年龄组成以当龄鱼和 1 龄鱼为主，低龄化现象没有改变，且有加重趋势。

另外，根据罗秉征等（1993）研究报道，小黄鱼的性成熟年龄已从 1951~1960 年的 2 龄鱼性成熟者所占比例很小，3 龄鱼约为 70%，4 龄鱼全部达到性成熟；到 1968 年 2 龄鱼性成熟者高达 90%，3 龄鱼全部成为产卵亲鱼，至 20 世纪 90 年代，1 龄鱼几乎全部达到性成熟。

小黄鱼年间生长的一般规律，可用生长方程来描述，不同种群之间的生长有明显区别，如在 20 世纪 80 年代以前，不同种群的小黄鱼生长方程式如下。

渤海区：$W = 3.2737 \times 10^{-5} L^{2.88}$
$$L_t = 272[1 - e^{-0.29(t + 1.72)}]$$
$$W_t = 335[1 - e^{-0.29(t + 1.72)}]^3$$

黄海区：$W = 1.4835 \times 10^{-5} L^{3.03}$
$$L_t = 330[1 - e^{-0.17(t + 2.5)}]$$
$$W_t = 634[1 - e^{-0.17(t + 2.5)}]^3$$

黄海南部（吕泗渔场）：
$$L_t = 292[1 - e^{-0.45(t + 0.59)}]$$
$$W_t = 435.2[1 - e^{-0.45(t + 0.59)}]^{2.915}$$

东海区：$W = 3.6689 \times 10^{-5} L^{2.88}$

随着对小黄鱼资源利用程度的加强及其资源水平的下降，小黄鱼的生长情况在不同年代也发生了明显的变化。以黄海南部和东海北部小黄鱼为例，根据水柏年（2003）利用 1993~1998 年在吕泗渔场和舟山渔场取样的小黄鱼样本，研究 20 世纪 90 年代小黄鱼生长情况，其生长方程式为

$$L_t = 366[1 - e^{-0.117\,77(t + 1.764\,29)}]$$
$$W_t = 1005[1 - e^{-0.117\,77(t + 1.764\,29)}]^3$$

严利平等（2006a）利用 2002~2003 年在 31°N~34°N、126°E 以西取样的小黄鱼样本，用非线性回归方法研究的 21 世纪初小黄鱼生长方程式为

$$L_t = 233.23[1 - e^{-0.29(t + 1.40)}]$$
$$W_t = 168.73[1 - e^{-0.29(t + 1.40)}]^{3.1161}$$

式中，L 为体长；L_t 为年龄 t 的体长；W 为体重；W_t 为年龄 t 的体重。

据严利平（2006a）报道，就不同年代的南黄海族群小黄鱼生长速度变化而言，21

世纪初，小黄鱼的生长速度比 20 世纪 80 年代明显变慢；较 20 世纪 90 年代在低年龄段（1.6 龄前）生长过程中的生长速度变快，至 1.6 龄后，生长速度变慢，但幅度不大。南黄海族群小黄鱼的资源变动状况是，从 20 世纪 70 年代初，小黄鱼资源遭受了生长型和补充型两种形式的过度捕捞，资源迅速衰退；20 世纪 80 年代的小黄鱼生长速度较 20 世纪 60 年代变快；然而，可能由于 1981 年起对吕泗渔场实施休渔保护，1985 年以来小黄鱼幼鱼数量明显增多，鱼卵和仔鱼数量也有所增加；1990 年以后，资源状况呈现恢复迹象，但渔获物仍以幼鱼为主；20 世纪 90 年代的小黄鱼生长速度较 20 世纪 80 年代变慢，证实了日本学者的研究结论，即小黄鱼的生长和体重变化成为资源变动的指标，其生长随着资源的减少而好转。若以小黄鱼个体生长快慢作为资源变动的指标，那么，20 世纪 90 年代初以后，小黄鱼的资源状况总体趋于好转。

（四）繁殖

关于小黄鱼繁殖习性的研究，过去有很多学者都曾做过研究，文献资料也比较多。根据历史资料，小黄鱼性成熟速度在各地理种群之间存在一定的差异，以南黄海族吕泗产卵鱼群性成熟速度最慢，黄渤海族次之，东海族最快。并且，3 个族群小黄鱼均表现出雄鱼较雌鱼先成熟的特点。

黄、渤海区的小黄鱼主要产卵期为 4～5 月，由南向北略推迟。产卵场一般分布在河口区和受入海径流影响较大的沿海区，底质为泥砂质、砂泥质或软泥质。产卵场主要范围一般在低盐水与高盐水混合区的偏高温区。

东海区的小黄鱼主要产卵期为 3～5 月，主要产卵场分布在浙江北部沿海和长江口外的海域。小黄鱼昼夜产卵，主要产卵时间在 17～22 时，以 19 时左右为产卵高峰。小黄鱼产卵场的底层适温为 11～14℃。小黄鱼鱼卵为浮性，在渤海和黄海中北部产卵场的鱼卵卵径为 1.30～1.60mm，在黄海南部产卵场的鱼卵卵径为 1.28～1.65mm。卵子孵化时间随水温的变化而不同，通常为 63～90h。

小黄鱼的性腺成熟度，雌鱼以 9 月为最低，10 月至翌年 2 月增长缓慢，3～4 月增长迅速，5 月达到高峰；雄鱼以 9 月为最低，3～4 月为最高，5 月稍低。小黄鱼的怀卵量与年龄有关，繁殖力大致可分为 3 个阶段，2～4 龄鱼处于怀卵渐盛期，怀卵量为 3.2 万～7.2 万粒；5～9 龄鱼处于怀卵高峰期，怀卵数为 8.3 万～12.5 万粒；10 龄鱼开始为渐衰期，怀卵量开始下降，平均怀卵量为 6.6 万～12.3 万粒。

大量观察结果表明，小黄鱼性成熟速度以及繁殖力的变化与个体的生长速度以及种群数量有关，随着捕捞强度的加大，小黄鱼种群数量的减少，饵料保障条件的改善，个体生长率、性成熟速度和繁殖力发生变化，呈现出初次性成熟年龄提前、体长变小的趋势。

（五）食性

小黄鱼属广食性鱼类，过去有很多学者都曾对小黄鱼摄食习性进行了研究，如林景祺（1962）、洪惠馨等（1962）、刘效舜等（1990）、堀川搏史等（2001）、薛莹等（2004a，2004b）和严利平等（2006b）。据林景祺（1962）研究报道，小黄鱼幼鱼和成鱼食物组成差异明显，并且幼鱼在各个发育阶段食物转换现象十分明显。根据研究，小黄鱼食性具有海域性差异，在渤海主要以小型虾类和鱼类为食；在黄海北部以脊腹褐虾、玉筋鱼、鳀和浮游甲壳类为主；在同一海域不同年间小黄鱼的食性也存在差异，如在黄海南部、东海北部海域，洪惠馨等（1962）根据1959~1961年调查资料发现，黄海南部、东海北部的小黄鱼是以浮游甲壳类（磷虾、糠虾、端足类及桡足类等）为主要食物，也捕食虾类和其他鱼类的小鱼；而严利平等（2006b）根据2001~2004年的调查研究发现，黄海南部、东海北部小黄鱼是以游泳动物为主的广食性鱼类，甲壳类（糠虾类、虾类和磷虾类）、鱼类（七星底灯鱼）和头足类（四盘耳乌贼）均是其主要的饵料生物，这表明21世纪初小黄鱼的饵料组成较20世纪60年代初发生了一定的变化，同时，也表明小黄鱼的摄食对象在很大程度上取决于栖息环境饵料种类的分布情况，同时也与鱼体不同的生活阶段密切相关。

（六）群体组成变动趋势

根据唐启升（2006）报道，小黄鱼群体组成变动趋势如下。

黄海北部烟威渔场小黄鱼群体组成的年间变化如表7-6所示，在20世纪50年代，小黄鱼主要由体长200mm左右、平均体重150g以上、年龄组为2~5龄的群体组成，体长小于160mm的个体在产卵群体中所占比例很低。特别是在1955~1957年，仅占1.0%~3.9%，而体长超过190mm个体占51.2%~85.8%，表明在50年代可重复产卵的高龄鱼是主要生殖群体，其性成熟年龄主要为2龄。到80年代中期，平均体长为151~166mm，平均体重为59~80g，其中，体长小于160mm的个体比例超过50%，而体长大于190mm的个体比例不足18%，到90年代后期，平均体长仅为123mm，平均体重仅为28g，全部为160mm以下个体，表明小黄鱼群体结构更趋简单，2龄以上的鱼很少捕到。

表7-6　黄海北部烟威渔场小黄鱼群体组成的年间变化（引自唐启升，2006）

年份	平均体长（mm）	平均体重（g）	主要年龄组	尾数（%）≤160mm	170~190mm	>190mm
1955	219	199	3~5	1.0	13.2	85.8
1956	217	191	2~5	2.4	22.2	75.4
1957	208	163	2~4	3.9	35.4	60.7
1958	197	157	2~3	14.9	33.9	51.2
1959	198	150	2~4	17.7	27.6	53.9
1985	151	59	1~2	76.5	15.0	8.5
1986	166	80	1~2	54.3	28.7	17.0
1988	165	78	1~2	54.5	28.3	17.2
1998	123	28	1	100	0	0

黄海南部小黄鱼春季群体组成的年间变化如表7-7所示。

表7-7　黄海南部小黄鱼春季群体组成的年间变化（引自唐启升，2006）

项目	20世纪50年代	20世纪60年代	20世纪70年代	1980年	1985年	1986年	1987年	1988年	1998年
平均体长（mm）	221	227	179	164	127	159	121	123	118
平均体重（g）	203	218	102	77	35	70	30	31	30

东海小黄鱼群体体长、体重组成及年产量的年间变化如表 7-8 所示。

表 7-8　东海小黄鱼群体体长、体重组成及年产量的年间变化（引自唐启升，2006）

年代	年份	优势体长组（mm）	优势体长（mm）	平均体重（g）	东海年产量（t）
20 世纪 50 年代	1956	180~240	219.9	192	86 291
20 世纪 60 年代	1966	分散	244.2	318	27 969
20 世纪 70 年代	1975	150~190	171.4	91.6	44 107
20 世纪 80 年代	1987	120~160	147.7	57.6	5 438
20 世纪 90 年代初	1990	110~140、160~180	144.6	44.2	9 223
20 世纪 90 年代末	1998	110~150	134.8	35.5	107 800
20 世纪 90 年代后期	1997~2000	100~160	126.6	37.9	125 055

二、种群数量变动

我国及东海区历年小黄鱼捕捞产量变动趋势如图 7-4 所示。总体来说，在 20 世纪 60 年代中期以前，小黄鱼资源数量丰富，之后，不同种群不同海域的小黄鱼资源相继出现衰退，1990 年之后出现数量上升趋势，至 2010 年，达历史最高纪录，全国小黄鱼产量为 4.07×10^5 t。

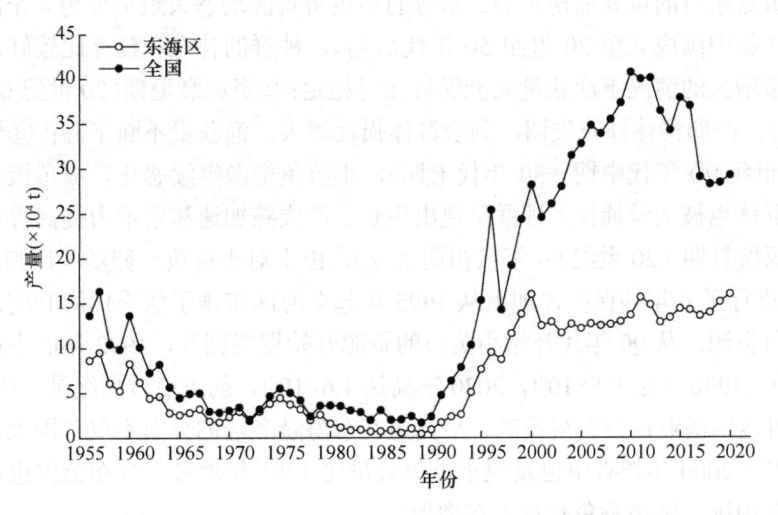

图 7-4　全国及东海区历年小黄鱼捕捞产量变动趋势

1. 黄渤海

20 世纪 50 年代为小黄鱼的兴盛期，1963 年之前北方三省一市（辽宁省、河北省、山东省、天津市）的小黄鱼产量占其海洋捕捞鱼类总产量的 9.3%~20.2%，1957 年产量高达 5.9×10^4 t，占 20.2%。20 世纪 60 年代初，我国北方三省一市小黄鱼产量持续下降。伴随着其他渔业（如黄海鲱）的兴起，至 1972 年小黄鱼产量仅为 1500t 余，占海洋捕捞鱼类总产量的比例下降至 0.3%，在我国北方海洋渔业中已经占次要地位。直到 80 年代末期，小黄鱼资源一直处于低谷，没有明显的恢复，北方三省一市小黄鱼的产量一直徘

徊在 $2.0×10^4$t 以下。自 90 年代初开始，小黄鱼产量开始增长，并且超过了历史最高水平，但是由于海洋捕捞总产量的增加，小黄鱼在北方三省一市海洋渔业中所占比例自 70 年代以来一直在 5%以下。而且，1964 年之前小黄鱼渔获物组成以 2 龄以上鱼为主，幼鱼比例平均不足 40%，之后，小黄鱼幼鱼在渔获物中的比例不断上升，甚至超过 90%，而成鱼数量则微乎其微。目前小黄鱼产量主要靠幼鱼来维持，由于过度捕捞导致小黄鱼资源群体结构简单、生长加快、性成熟提前的现象并没有改观，符合农业部 1991 年颁布的《渤海区渔业资源繁殖保护规定》体长 18cm 规格的鱼仍然很少。

小黄鱼资源除中国外，日本和韩国也是主要捕捞国家，日本在 20 世纪 70 年代以前，在黄海、东海小黄鱼的产量占小黄鱼总产量的比例为 25%~46%，随后开始下降，至 90 年代仅有几百吨的产量；韩国小黄鱼的产量和所占比例在 80 年代以前基本呈增长趋势，1974 年达到 $5.4×10^4$t 的最高产量，1980 年占总产量的比例最高，为 57%。在 80 年代，三国小黄鱼产量都处于较低水平，在 90 年代，韩国小黄鱼产量在 $1.3×10^4$~$4.0×10^4$t 波动，但总体呈下降趋势。

历史上，黄海、渤海的小黄鱼作业渔场主要有辽东湾渔场、莱州湾渔场、烟威渔场和海州湾渔场等。

2. 东海

小黄鱼是东海的重要捕捞种类。东海的小黄鱼资源动态大致可分为 4 个阶段：①资源兴盛期（新中国成立至 20 世纪 50 年代后期），种群的补充和延存比较好，即使在捕捞强度不断增大的情况下渔获量尚能保持相对稳定；②资源衰退期（20 世纪 60 年代初~70 年代初），产卵群体补充失调，剩余群体损耗增大，渔获量不断下降；③资源严重衰退期（20 世纪 70 年代中期~80 年代末期），小黄鱼资源继续恶化，成鱼极少，数量不多的补充群体也被大量捕捞，种群呈现出生长、性成熟加速和繁殖力提高等自动调节现象；④资源恢复期（20 世纪 90 年代初期至今），由于对小黄鱼产卵场（吕泗渔场，每年 4~7 月）进行了 6 年的保护，加上从 1995 年起东海区实施了伏季休渔制度，有力地保护了小黄鱼资源。从 90 年代开始小黄鱼的资源开始慢慢回升，1992 年的小黄鱼年产量为 $2.4×10^4$t，1996 年达 $9.5×10^4$t，2020 年高达 $1.6×10^5$t，创历史最高纪录。1991 年 1~2 月，中、日两国渔业调查资料反映，小黄鱼在东海越冬场的分布不仅范围大，而且数量也多。1997~2000 年调查中也发现小黄鱼数量比 1991 年增多，分布范围也在扩大。日本也认为在中国一侧小黄鱼数量正在增加。

小黄鱼产量在东海区海洋捕捞产量中的比例，在 1956 年高达 12.5%，占全国海洋捕捞产量的 5.2%。1962 年起小黄鱼在东海区和全国海洋捕捞产量中所占比例开始下降，1987 年小黄鱼所占比例分别跌至 0.2%和 0.1%。1990 年起这个比例开始渐增，1999 年小黄鱼所占的比例分别增至 2.2%和 0.9%。

东海区的小黄鱼主要渔场有：闽东-温台、鱼山-舟山、长江口-吕泗、大沙渔场、沙外渔场、江外渔场和舟外渔场等。

浙江中南部小黄鱼渔期为 2 月下旬~4 月上旬，浙江北部小黄鱼的渔期为 4 月初~5 月上旬，长江口以北诸渔场，渔期一般始于 4 月中旬，结束于 5 月下旬。

江苏近海的吕泗渔场，曾经是我国近海小黄鱼的最大产卵场，1956～1961年，吕泗渔场群众渔业的小黄鱼产量，占全国群众渔业小黄鱼捕捞的50%以上。1962年起小黄鱼资源在不断增大的捕捞压力下开始衰退，吕泗渔场的小黄鱼产量开始大幅度下降，至1979年吕泗渔场已几乎无小黄鱼鱼汛了。1985年以后，吕泗渔场小黄鱼产量较前几年有所改观。1990年起小黄鱼资源衰退的趋势得以缓解。

大沙渔场南部海域是小黄鱼产卵、索饵和越冬洄游的必经之地。调查资料显示：春、秋季在大沙渔场南部海域有较多的小黄鱼分布。吕泗渔场产卵鱼汛结束后，产卵后的小黄鱼亲体便在这一海域索饵，因而在秋季形成大沙渔场小黄鱼鱼汛。

沙外、江外和舟外渔场的西部海域是小黄鱼的越冬分布区，因而这些海域成了秋冬季的小黄鱼渔场。目前，小黄鱼已成为可以全年作业的鱼种之一。

第三节 大 黄 鱼

一、生物学特性

（一）种群

大黄鱼也是一种暖温性底层鱼类，主要分布区在我国北起黄海中南部、南至南海的雷州半岛东侧，80m以浅的广阔沿岸近海水域，此外，仅在朝鲜半岛南部西岸的岩泰岛附近有少量分布（中国科学院海洋研究所，1959，1962；朱元鼎，1957；田明诚等，1962；徐恭昭等，1963；洪港船等，1983；陈必哲等，1983，1984；农牧渔业部水产局和农牧渔业部东海区渔业指挥部，1987）。

关于大黄鱼种群及其生物学方面的研究，在20世纪80年代以前报道得比较多，80年代中期以后随着大黄鱼资源的衰退，对大黄鱼资源方面的研究及其报道也骤减，其研究的侧重点转为大黄鱼苗种繁殖技术以及增殖放流技术方面。

以往对大黄鱼形态和生态地理学的研究表明，我国沿岸近海的大黄鱼存在三个地理种群。分布在黄海南部和东海北部沿岸浅海的鱼群（包括吕泗洋、岱衢洋、大目洋、猫头洋等产卵场的生殖鱼群）属岱衢族；分布在东海南部和南海西北部沿岸浅海的鱼群（包括官井洋、南澳、汕尾等产卵场的生殖鱼群）属闽-粤东族；分布在南海东北部珠江口以西到琼州海峡以东沿岸浅海的鱼群（包括硇洲岛附近产卵场的生殖鱼群）属硇洲族。

不同地理种群大黄鱼的形态特征、寿命、种群结构、分布区和资源数量均有明显差异。其中以硇洲族寿命最短，种群结构最简单，数量最小；岱衢族寿命最长，种群结构最复杂，数量最多，闽-粤东族则介于两者之间。大黄鱼在一年内有两次生殖高峰，其一出现在春、夏季，其二出现在秋季。黄海和东海鱼群以春、夏季生殖为主，秋季生殖为次；南海鱼群以秋季生殖为主，春、夏季生殖为次。浙江岱衢洋春季生殖鱼群的臀鳍鳍条数和鳃耙数较秋季生殖鱼群略为偏多，广东硇洲秋季生殖鱼群的鳔支管数较春季生殖鱼群略为偏多。徐恭昭等（1963）依据繁殖季节的差别，将春季生殖鱼群和秋季生殖鱼群划分为不同生物学种群类型中的"春宗"与"秋宗"两个类群。但因为春季生殖鱼群与秋季生殖鱼群的子代及亲代之间的生殖隔离问题未能查清，且两者的多项形态特征和生态特征均差异显著,看来春季生殖鱼群和秋季生殖鱼群并非各自独立的资源单位,其分类单元乃属仅具繁殖生态级差的同一地理种群下属的生态群,可称之为春季繁生群和秋季繁生群。

（二）洄游分布

根据以往调查研究报道,黄海、东海大黄鱼越冬场有三个,一是在 32°30′N～34°30′N、123°00′E～124°00′E 范围内,这个越冬场变动较大,如果海况条件不适合,鱼群会向东南移动。二是在 30°00′N～32°00′N、124°00′E～126°00′E 范围内,越冬鱼群相对比较稳定；另外在江苏南部到浙江南部水深 40m 左右的弧形带,有时也有越冬鱼群分布。三是在闽东、闽中海域,即 24°40′N～27°00′N、120°00′E～123°30′E,水深为 30～60m 一带海域。这三处越冬场具有各自的独立性,但鱼群之间仍有一定交错。越冬期在 12 月至翌年 3 月。

越冬期后,鱼群进入产卵洄游阶段。第一越冬场的主群游向吕泗洋产卵场,另一分支则游向海州湾,但这一越冬鱼群的行动规律并不明显。第二越冬场的主群约在 4 月下旬到达吕泗洋产卵场外围,5 月中旬前后相继进入产卵场；有部分越冬鱼群西游进入舟山群岛北部,和浙江沿海越冬的北上鱼群混合,达到岱衢洋、大戢洋产卵；分布在浙江中南部越冬的鱼群也向就近的岱衢洋、大目洋、猫头洋等产卵场洄游。第三越冬场鱼群,主要进入福建的东引、官井洋等产卵场,分布在偏北的鱼群也进入浙江的猫头洋等产卵场产卵。大黄鱼进入各产卵场的时间,福建东引渔场、岱衢洋和吕泗渔场均为 4～5 月,秋季产卵期为 9～10 月。

产卵结束后,鱼群就近分散于岛屿、河口及产卵场外围,8～10 月除少数秋宗大黄鱼产卵外,大部分鱼群已处于索饵阶段,没有明显的洄游路线,直到冬季,分布进入各越冬场越冬,如图 7-5 所示。

南海大黄鱼的分布面较广,但仅在雷州半岛以东,湛江口外一带,相对比较集中,洄游路线不明显,仅随季节变化做深水区和浅水区之间的移动。春季产卵期在 2～4 月,秋季产卵期在 10～11 月。

大黄鱼越冬场处于冷、暖水的交汇处,水温为 9～11℃,盐度为 33.00 左右；产卵场偏靠大陆,水深不超过 20m,水色混浊、潮流较急的海区,春宗产卵的鱼群处于海水升温过程中,秋宗产卵的鱼群则处于降温过程中,以岱衢洋春季产卵为例,产卵水温为 16～24℃,盐度在 17.00～33.00,流速为 2～4n mile/h,最高可达 6n mile/h。

（三）年龄与生长

大黄鱼属于寿命较长、生长较快和年龄组成较为复杂的重要经济鱼类。根据在资源状况较佳的历史年代（20 世纪 60 年代前后）对各个种群生殖群体的生物学特性研究结果,大黄鱼的寿命以浙江岱衢洋鱼群最长,已发现雌鱼的最高年龄可达 30 龄,雄鱼的最高年龄为 27 龄。广东西部硇洲近海鱼群的寿命最短,雌鱼和雄鱼的最高年龄仅为 9 龄和 8 龄。黄海南部和东海北部各鱼群（吕泗洋、岱衢洋、猫头洋、洞头洋等鱼群）的寿命与浙江岱衢洋鱼群相近,雌鱼最高年龄为 18～30 龄,雄鱼为 21～27 龄。东海南部

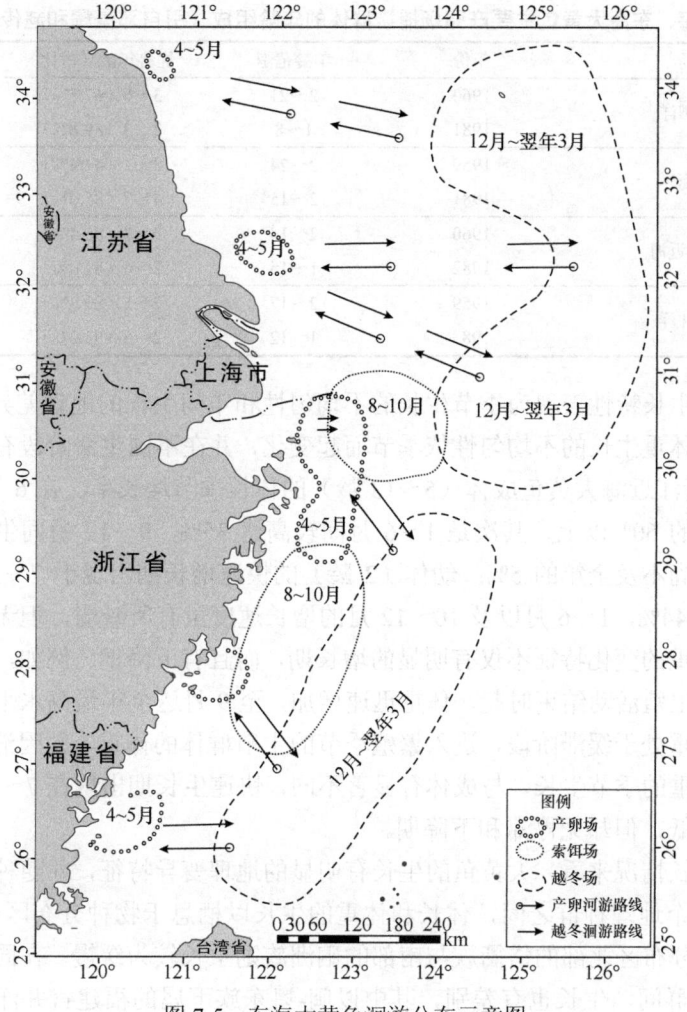

图 7-5　东海大黄鱼洄游分布示意图

和南海东北部各鱼群（厦门、南澳、汕尾等近海鱼群），则与福建官井洋鱼群的寿命相近，鱼群中雌鱼最高寿命为 9~13 龄，雄鱼为 9~17 龄。虽较黄海南部和东海北部各鱼群的寿命为短，但较南海西北部硇洲近海鱼群为长（徐恭昭等，1962）。

在 20 世纪 60 年代前后，大黄鱼捕捞群体的年龄范围为 1~25 龄，其地域差异特征表现为分布南部的鱼群年龄组成较北部的简单，年龄组成由南向北呈逐渐增加的规律性变化（徐恭昭等，1962）。浙江北部岱衢洋鱼群的年龄组成最多，雄鱼由 20~24 个世代组成，雌鱼由 17~24 个世代组成；广东西部硇洲近海鱼群最少，雌鱼和雄鱼分别由 7 个和 8 个世代组成；而福建官井洋鱼群则介于两者之间，年龄组成较少，雄鱼由 8~16 个世代组成，雌鱼由 8~12 个世代组成。70 年代中期以后，随着捕捞强度的增大，大黄鱼资源处于明显衰退的状况，其年龄结构也发生显著变化，具体表现为年龄范围缩小，优势年龄和平均年龄降低等低龄化现象。黄海、东海大黄鱼主要产卵场捕捞群体的年龄组成如表 7-9 所示。

表 7-9　黄海、东海大黄鱼主要产卵场捕捞群体的年龄组成（引自邓景耀和赵传䌷，1991）

产卵场	年份	年龄范围	优势年龄（占比）	平均年龄
江苏吕泗洋	1960	2～21	3～6（67.5%）	6.17
	1981	1～8	2～3（89.8%）	2.53
浙江岱衢洋	1959	2～24	3～7（44.4%）	8.72
	1981	2～15	4～7（85.0%）	5.20
福建厦门近海	1960	2～14	3～7（86.4%）	4.83
	1982	1～15	2～6（81.0%）	4.55
福建官井洋	1959	2～17	2～5（89.3%）	3.96
	1983	1～12	2～5（93.2%）	3.60

大黄鱼的生长特性表现为季节生长的不均匀性和年间生长的地理差异。大黄鱼在年周期内体长和体重生长的不均匀性依季节而起变化，并在不同生命阶段有所差异（罗秉征，1966）。浙江近海大黄鱼成体（5～13 龄）的体长季节增长率，在 6～9 月间最高可达全年增长量的 60% 以上，其次是 1～6 月间较高达 35%，9～12 月间生长处于缓滞阶段，其增长量尚不及全年的 5%；幼体（2 龄）的快速增长期出现于 7～10 月，其增长量约占全年的 44%，1～6 月以及 10～12 月的增长速度虽有所减弱，但无停滞现象。

大黄鱼体重的变化特征不仅有明显的增长期，而且有下降期。例如，浙江近海春季生殖鱼群，自生殖活动结束时起，体重迅速增加，至 9 月达全年最高水平，冬季及春季洄游阶段的体重处于缓滞阶段，进入繁殖季节的生殖群体的体重，则因消耗较大，明显下降。幼鱼体重的季节生长，与成体有显著不同，快速生长期出现在 7～10 月，其他季节虽增长率稍低，但却无停滞和下降期。

从年间生长情况来看，大黄鱼的生长有明显的地理变异特征，并随种群数量的变动而变动。在三个地理种群之间，体长和体重的生长以栖息于物种分布区中部的闽-粤东族生长最快，分布区北部的岱衢族与南部的硇洲族则生长较为缓慢。在同一地理种群下属的几个繁生群间，生长也有差别，其中以闽-粤东族下属的福建官井洋繁生群与广东汕尾外海繁生群间的生长差别最为明显（徐恭昭等，1963，1984b）。

徐恭昭等（1984a）根据我国近海各地（江苏吕泗洋，浙江岱衢洋、猫头洋、洞头洋，福建官井洋和厦门近海，广东南澳、汕尾、硇洲近海）9 个繁生群混合样本的体长生长实测值拟合的大黄鱼物种体长生长方程为

$$L_t = 414.8[1-e^{-0.3722(t+0.686)}]$$
$$W_t = 899.8[1-e^{-0.3722(t+0.686)}]^{2.5233}$$

式中，W_t 为年龄 t 的体重；L_t 为年龄 t 的体长。

大黄鱼 9 个繁生群中体长生长的地理变异，表现为种群数量最大的东海北部岱衢洋繁生群的体长生长最为缓慢，种群数量较小的南海东北部汕尾近海繁生群的体长生长最快，而东海南部官井洋繁生群的体长生长介于两者之间。其体重生长的地理变异基本上与体长生长相似，以南海珠江口东侧的汕尾近海繁生群的体重生长最快，东海北部岱衢洋繁生群生长最为缓慢。

大黄鱼一生中的生长特征表现为性成熟以前的体长年生长速度最高，性成熟过程中的体长生长速度显著降低，10 龄鱼的体长已经生长到渐近值的 98%，高龄鱼阶段的体

长增量极其微小。两性之间的体长生长也有较明显的差异,一般是低龄时雄鱼的体长大于雌鱼,高龄时则雌鱼的体长大于雄鱼。

大黄鱼体长、体重生长的年间变化,表现为因过度捕捞引起种群数量的减少,从而导致体长生长的加速和体长生长渐近值的增大(孔祥雨,1985;农牧渔业部水产局和农牧渔业部东海区渔业指挥部,1987;洪港船等,1985),以变化最为显著的浙江近海大黄鱼种群的体长生长为例,其种群数量在 20 世纪 50 年代中期为 5.82 亿尾,体长生长渐近值为 369mm;60 年代中期种群数量微降为 5.6 亿尾,体长生长渐近值微升为 388mm;70 年代中期种群数量下降到 1.63 亿尾,体长生长渐近值明显升高至 462mm;至 80 年代初期种群数量更锐减至 0.86 亿尾,而体长生长渐近值又激增到 608mm。种群数量(N)与体长生长渐近值(L_∞)之间呈现显著的负相关(孔祥雨,1985),其直线回归方程为

$$L_\infty = 574.9 - 0.003\,697N \quad (r = -0.8917)$$

(四)繁殖

分布在我国沿岸近海的大黄鱼存在着"春宗"和"秋宗"两个生殖群体,两个生殖群体的性腺发育、体长组成和形态特征有差异,但其性腺发育均具有冬季低温停止繁育的特征,"春宗"群体在 5 月进入生殖盛期,6 月进入性腺恢复发育期;"秋宗"群体在 9~11 月进入产卵盛期,秋末冬初进入性腺发育恢复期。也就是说,我国沿岸近海大黄鱼的产卵期长达 8 个月(3~11 月),但主要繁殖期则集中在春季和秋季。徐恭昭等(1963)根据同一海区的大黄鱼一年中有两个生殖盛期,以及不同季节生殖群体的长度组成和臀鳍鳍条、鳃耙数等形态分节特征,认为春、秋季鱼群属于生物学种群类型中各自具有不同生殖期的"春宗"与"秋宗"之别的两个种群,并指出春季生殖鱼群和秋季生殖鱼群,虽然在同一年中存在着生殖隔离,但不能排除两者在不同年份及其后裔之间的相互交配,看来,春季生殖鱼群与秋季生殖渔群乃属同一资源单位的生态群。

根据徐恭昭和吴鹤洲(1962)及徐恭昭等(1963)研究报道,大黄鱼开始性成熟的年龄为 1~5 龄,不同分布区的种群性成熟年龄不同,随纬度高低而呈梯度变化。分布在南海东北部的硇洲族开始性成熟的年龄最低为 1 龄,大量性成熟的年龄为 2 龄;分布在东海南部和南海西北部的闽-粤东族开始性成熟的最低年龄为 1~2 龄,大量性成熟的年龄为 2~3 龄;分布在东海北部的岱衢族开始性成熟的最低年龄为 2 龄,大量性成熟的年龄为 3~4 龄。同时,大黄鱼性成熟的开始和世代性成熟的过程与个体的年龄、体长和体重等因素均显著相关(吴鹤洲,1965;徐恭昭和吴鹤洲,1962)。即表现为同一世代的个体并非在同一年龄达到性成熟,首先开始性成熟的总是世代中那些生长较快并在长度和重量上达到一定大小的个体,并且具有两性差异;不同世代之间,则一般是生长较迅速,而且达到一定大小的个体数较多的世代,性成熟速度较快。另外,大黄鱼性成熟速度和生长的变动与过度捕捞引起的种群数量波动有关,即生长和性成熟速度的加快预示着大黄鱼资源数量的下降乃至衰退。

根据农牧渔业部水产局和农牧渔业部东海区渔业指挥部(1987)报道,大黄鱼产卵场位于河口附近、港湾和岛屿之间的近岸浅水区,水深一般在 30m 之内,水色浑浊,透明度低,流速较大,海底平坦,以泥砂和软泥为主,并要求一定的温盐度范围。由于

产卵场所处的纬度不同，渔场增温时间不一致，因此产卵汛期和鱼群的适温范围也不一样，通常是低纬度汛期偏早，适温范围偏高；高纬度汛期偏迟，适温范围偏低，如官井洋汛期为 5 月上旬至 6 月中旬，适温为 18~24℃；岱衢洋汛期为 5 月上中旬至 6 月中下旬，适温为 15~22℃。由于产卵鱼群分布在沿岸低盐水系区域，在产卵场内，盐度分布一般是外侧高于内侧，底层高于表层，不同产卵场的适盐范围也不相同。如官井洋、吕泗洋适盐范围为 28.00~31.00；岱衢洋、大戢洋因受长江、钱塘江冲淡水影响，盐度偏低，适盐范围则为 17.00~28.00。秋季产卵鱼群由于渔场位置偏外，受外海高盐水影响较大，适盐范围偏高，一般为 26.00~33.00，盐度分布可影响鱼群产卵的中心位置和汛期的迟早。在温盐适宜范围内，流速增加可以加速大黄鱼性腺发育，促进大黄鱼将精卵排出体外，并使排出的精子和卵子在急流中增加接触的机会，提高受精率。大黄鱼产卵所需要的流速一般是 2~4kn[①]，最高可达 6kn。

大黄鱼的繁殖力，不仅在个体之间波动幅度很大，而且在不同生活区域繁生群之间的差异也较显著，并具有年代变化（农牧渔业部水产局和农牧渔业部东海区渔业指挥部，1987；郑文莲和徐恭昭，1962，1964；徐恭昭等，1980）。其中，江苏吕泗洋繁生群的个体绝对生殖力分布在 4.57 万~89.11 万粒，平均为 29.15 万粒。个体生殖力随鱼体长度和重量的增长而增大，但随着年龄增长而增大的现象仅在 5 龄之前较为明显，6 龄以后则趋于下降。浙江岱衢洋大黄鱼的个体绝对生殖力在春季繁生群和秋季繁生群之间及不同年代之间的测定结果都不尽相同，如 1979~1981 年，春季繁生群个体绝对生殖力分布在 7.01 万~141.32 万粒，平均为 47.64 万粒；而 1959 年测定的个体绝对生殖力分布在 5.22 万~161.68 万粒，平均为 37.62 万粒；1958 年测定的秋季繁生群的个体绝对生殖力分布在 15.61 万~60.12 万粒，平均为 28.68 万粒。大黄鱼个体生殖力与年龄之间表现出三个显著不同的阶段性：①青年期（包含大量初届性成熟个体的 2~4 龄）的生殖力较低，随着年龄增长而微升；②壮盛期（重复性成熟的 5~14 龄）的生殖力随年龄的增长而显著升高；③衰老期（生长缓慢的 15 龄以上的高龄鱼）的个体生殖力渐趋下降。福建官井洋大黄鱼的个体绝对生殖力分布在 3.99 万~90.06 万粒，平均为 25.68 万粒。个体生殖力随鱼体长度、重量及年龄的变化趋势与吕泗洋、岱衢洋繁生群相似。

另外，大黄鱼具有雄性个体多于雌性个体的显著特征，主要生殖群体中的雌性个体约占 30%，雄性个体约占 70%。看来这对其在水流较急的繁殖条件下保证卵子受精有利，因而可视为大黄鱼种群的适应属性之一。

自 20 世纪 70 年代以来，随着过度捕捞而出现大黄鱼资源衰退，导致大黄鱼生殖群体的年龄组成分布范围缩小，组数减少，平均年龄下降，最小性成熟年龄提前，个体小型化的现象出现。以岱衢族大黄鱼为例，在资源正常时期（1961 年），雌雄性比为 1:2，各年龄鱼的性成熟比例，雌鱼 2 龄（周岁）占 2%，3 龄占 42%，4 龄占 96%，5 龄为 100%；雄鱼 2~4 龄各占 11%、91%和 98%，5 龄全部性成熟。开始达到性成熟的最小体长和最小纯体重，雌鱼分别为 200~240mm、200g，雄鱼分别为 200~220mm、150g，大量性成熟的体长和纯体重，雌鱼为 280mm 和 300g 左右，雄

---

① $1\text{kn}=\dfrac{1852}{3600}\text{m/s}$。

鱼为 280mm 和 200g 左右。到了 1978 年，资源发生较大变动后，雌雄性比趋近 1:1，各龄鱼的性成熟比例发生明显变化，性成熟的雌鱼 2 龄占 91%，4 龄全部性成熟；性成熟雄鱼 2 龄占 93%，3 龄全部性成熟。开始性成熟的体长，雌鱼和雄鱼分别都提前到 200mm，220mm 以上者大量性成熟。

（五）食性

大黄鱼的摄食对象，因不同发育阶段而发生明显的转换。

仔鱼（体长 3~6mm），在体长 3mm 以下时，未开口的初孵仔鱼，完全以卵黄为营养源；体长到达 3mm 后已开口仔鱼，以内部剩余卵黄和外界微型食物进行混合营养，卵黄囊消失后的个体则完全以外界食物为营养。仔鱼的摄食对象主要有小拟哲水蚤、日本大眼剑水蚤、磷虾原蚤状幼体、多毛类海稚虫科幼虫、圆筛藻、有机碎屑、瓣鳃类幼体等 11 种。摄食的饵料生物的个体长度范围为 0.05~1.5mm，平均为 0.78mm。

稚鱼（体长 6~16mm）的摄食对象主要有小拟哲水蚤、中华哲镖水蚤、百陶箭虫、蔓足类幼体、磷虾幼体、刺糠虾、日本大眼剑水蚤、多毛类幼体等 17 种。摄食的食物个体的平均长度增大到 1.68mm。

幼鱼（体长 16~200mm）的摄食对象为中华假磷虾、中华哲水蚤、中国毛虾、细螯虾、中华管鞭虾、虾蛄、七星鱼等 50 多种。摄食的食物个体平均长度达到 9.6mm。

成鱼（体长在 200mm 以上）的食谱广泛，摄食对象以鱼类和甲壳类为主，以头足类和水螅类为次，外加多毛类、星虫类、毛颚类和腹足类共 8 个生物类群，食物种类近 100 种。较重要的饵料种类为龙头鱼、七星鱼、神仙青鳞鱼、刀鲚、凤鲚、黄鲫、皮氏叫姑鱼、黑鳃梅童鱼、棘头梅童鱼、小黄鱼、大黄鱼幼鱼、六丝钝尾虾虎鱼等 12 种鱼类，以及中国毛虾、细螯虾、中华管鞭虾、哈氏仿对虾、葛氏长臂虾、虾蛄、无刺虾蛄、豆形短眼蟹等 8 种游泳甲壳类。摄食的食物个体大小为 1~240mm，一般为 10~100mm。

从上述可以看出，大黄鱼在各个生命阶段的食性转换：由浮游生物转变为游泳动物，由狭食性转变为广食性，食物的个体大小随体长的增加而增加。成鱼的摄食对象因季节环境的不同而出现明显的更替现象，其摄食强度除生殖期外，其他季节变化不大。白天摄食量比夜间高。

（六）群体组成变动趋势

我国近海大黄鱼资源随着捕捞强度的加大而严重衰退乃至枯竭，其群体组成也发生了一系列的变化。以东海区大黄鱼为例，根据郑元甲等（2003）报道，20 世纪 50~80 年代，大黄鱼的生物学特性表现为生长加快，性成熟提早，群体结构趋向小型化、低龄化，渔获物组成由 20 世纪 60 年代以剩余群体为主转变为 70 年代后期以补充群体为主，到 90 年代以后补充群体的数量已极少，资源处于枯竭状态之中。大黄鱼的群体组成情况如下。

1. 种群结构

从岱衢族群体体长组成的结构变化可以看出，20 世纪 50 年代至 60 年代中期，大黄鱼体长组成属较为稳定时期，优势体长为 250~380mm；1965 年至 70 年代初期，群体的个体组成开始小型化，总体平均体长也开始下降，优势体长为 220~350mm；70 年代中期至 80 年代初期，群体个体组成和平均体长均超过稳定时期的水平，优势体长为 290~450mm。这种现象与 1974 年后酷渔滥捕大黄鱼越冬场鱼群密切相关，至 90 年代，东海大黄鱼群体优势体长为 140~160mm。

从年龄组成看，东海区大黄鱼的年龄组成呈现年龄组减少、高龄鱼减少、平均年龄下降的趋势，如表 7-10 所示。

表 7-10 东海区大黄鱼年龄组成结构的变化趋势（引自郑元甲等，2003）

年份	年龄组范围	优势年龄组	11 龄以上比例（%）	平均年龄	平均体长（mm）
1958	2~25	3~6	15.4	6.8	312.9
1965	2~17	3~6	14.2	6.2	321.6
1975	2~15	4~7	1.4	4.3	342.4
1985	1~7	1	0	1.5	222.4
1993	1~3	1	0	1	

2. 生长速度

大黄鱼种群的生长参数变化如表 7-11 所示，从表中可以看出，1965 年以后，L_∞ 值、W_∞ 值和 k 值均表现为逐渐增大的趋势，即鱼体生长速度加快，增长率提高，性成熟提前。大黄鱼 2 龄开始性成熟，以雌鱼为例，1957 年 2 龄鱼性成熟个体占 4%，到 80 年代初，2 龄鱼性成熟个体占比增长到 88%，4 龄鱼几乎全部达到性成熟，如表 7-12 所示。上述变化与种群数量的减少密切相关，如岱衢族种群，50 年代中期为 5.82×10^8 尾，L_∞ 值为 369mm；1965 年种群数降为 5.6×10^8 尾，L_∞ 值提高到 388mm；1974 年明显下降到 1.63×10^8 尾，L_∞ 值为 462mm；到 1985 年，种群数量锐减到 0.86×10^8 尾，L_∞ 值急增到 608mm。由此可见，20 世纪 50~80 年代，大黄鱼的种群数量减少了，而生长速度却加快了（孔祥雨，1985）。

表 7-11 东海区大黄鱼种群生长参数变化（引自郑元甲等，2003）

年份	性别	体长（mm） L_∞	体长（mm） k	体重（g） W_∞	体重（g） k
1965	♀	432	0.22	957	0.19
	♂	420	0.17	874	0.20
1974	♀	528	0.23	1479	0.22
	♂	471	0.23	1362	0.20
1985	♀	608	0.24	3329	0.24
	♂	539	0.24	3262	0.24
1993	♀	611	0.25	3410	0.25
	♂	520	0.28	3295	0.26

注：L_∞ 为渐近体长，W_∞ 为渐近体重，k 为生长参数。

表 7-12 东海区大黄鱼（♀）初次性成熟年龄变化（%）（引自郑元甲等，2003）

年份	2龄	3龄	4龄	5龄
1957	4	46	93	100
1961	2	48	96	100
1979	30	89	96	100
1982	88	97	98	100
1993	93	100		100

3. 性成熟个体

20 世纪 60 年代初，大黄鱼开始达到性成熟的最小体长，雌性个体为 220~240mm、体重为 200g，雄性个体为 200~220mm、体重为 150g；大量性成熟的雌性个体为 280mm、300g，雄性个体为 250mm、200g；全部达到性成熟的体长（上限），雌性个体为 310mm、体重为 400g，雄性个体为 280mm、体重为 300g；但是，到 80~90 年代，初次达到性成熟的最小个体减少为雌性 195~216mm、体重 81g，雄性 178~203mm、体重 130g。

二、种群数量变动

历史上对大黄鱼资源的利用起步较早，作业种类也很多，群众渔业有围网、张网、拖网、流刺网以及钓业，机轮渔业有围网、拖网，除此之外，在 20 世纪 50 年代至 60 年代初期，在南海、福建和浙南近海还有敲罟作业。在 20 世纪 70 年代以前，大黄鱼是我国近海的最重要底层经济鱼类之一，是海洋渔业的主要捕捞对象，我国大黄鱼的年平均捕捞产量，在 1956~1982 年约为 1.19×10^5t，其中，东海及黄海南部海区的产量为 1.15×10^5t，占全国大黄鱼总产量的 96.4%。但是，由于不合理的利用方式和过度的捕捞强度，到 70 年代中期以后，东海大黄鱼资源急剧衰退，捕捞产量大幅下降，80 年代又继续锐减，从 1984 年的 3.6×10^4t 降至 1990 年的最低 1681t。不足最高年产量（1974 年的 1.97×10^5t）的 1%。90 年代后期开始，全国大黄鱼捕捞产量略有上升，但是，东海区的捕捞产量一直较低，如图 7-6 所示。近几年虽然大黄鱼频繁重现东海，在东海捕捞到以及捕到大黄鱼大网头的新闻也时见于报端，如 2020 年 11 月 28 日，宁波奉化莼湖两条渔船在 159 渔区捕获 750kg 以上的大网头；2022 年 1 月 14 日，宁波象山石浦镇东门村两条渔船又在 165 渔区捕获 2450kg 以上的大网头。但是，从捕捞统计产量以及生产状况来说，东海大黄鱼资源数量仍非常少，仅仅有零星渔获，资源仍然处于枯竭状态。

针对大黄鱼资源种群数量变动，过去曾有学者以舟山市（赵盛龙等，2002）和东海区（郑元甲等，2003；胡银茂，2006；徐开达和刘子藩，2007）大黄鱼产量为依据进行研究分析，也有学者分析了基于生长和死亡参数变化的官井洋大黄鱼资源状况（叶金清等，2012）。而俞存根等（2022）以大黄鱼三个种群中数量最多的岱衢族，以及岱衢族大黄鱼主要分布区和生产渔场的浙江省 1950~2020 年捕捞产量（其产量占东海区的 60%~95%）为依据，分析大黄鱼种群数量的变动趋势，如下所述。

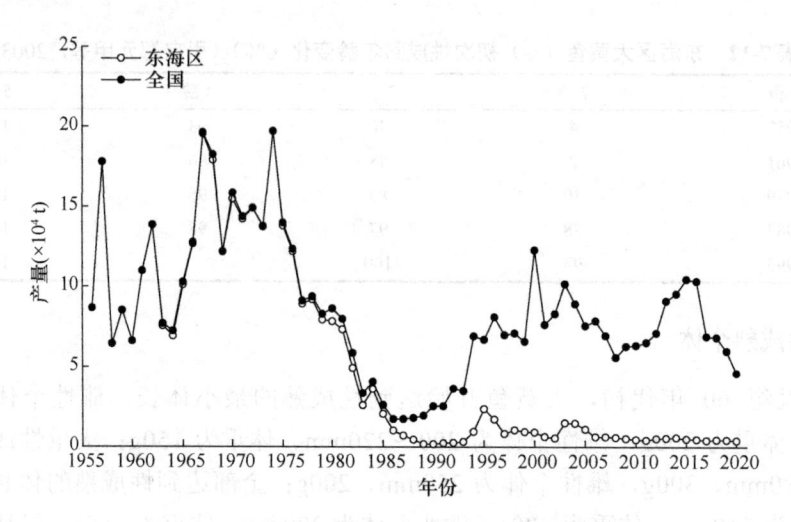

图 7-6　全国及东海区历年大黄鱼产量变动趋势

1950~2020 年浙江省大黄鱼捕捞产量波动趋势如图 7-7 所示。追溯历史，浙江渔场大黄鱼产量波动及其资源衰退主要与几次渔业重大事件有关，并据此可将浙江渔场大黄鱼开发利用及年产量变化分为 5 个阶段。

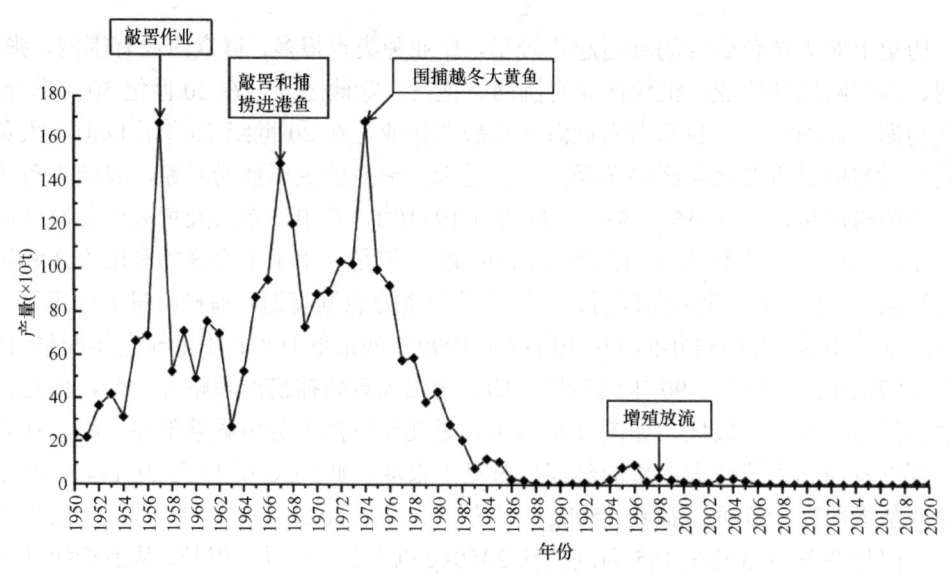

图 7-7　1950~2020 年浙江省大黄鱼捕捞产量变化与渔业重大事件

第一阶段（1950~1957 年）：大黄鱼资源基础好，即从数量上来看，群体数量多，捕捞产量随捕捞强度增加呈持续上升趋势；从质量上来看，大黄鱼的年龄、体长组成等群体结构合理，大黄鱼资源处在正常生长和补充状态。当时，主要是在春夏汛（4 月下旬~6 月下旬）用木帆船在沿岸水深 10~25m 的产卵场捕捞大黄鱼生殖群体。1956 年秋季起，敲罟作业从福建传入温州，开始在浙南沿岸渔场敲罟大黄鱼生产。初试成功后，1957 年，温州地区放弃原来的多种作业方式，集中了 60%以上的渔民投入发展敲罟作业捕捞大黄鱼。至当年年底，全区投产敲罟作业渔船达到 162 艘，大黄鱼产量增加了 20

倍，达 1.0×10^5 t。因此，由于敲罟作业的发展使浙江省大黄鱼产量急剧增加，达到第一次高峰，为 1.67×10^5 t。

第二阶段（1958～1967 年）：大黄鱼资源得以恢复，捕捞产量在波动中上升。敲罟作业对大黄鱼幼鱼损害严重，据报道，当年在洞头渔场，4～7 月敲罟捕获的大黄鱼中幼鱼占 70%，初步估算，一艚敲罟年捕获幼鱼约有 1.85×10^6 尾，全区共达 3×10^8 尾。这引起了各级领导以及专家学者的高度关注，很多专家和渔业干部大声疾呼，"为大黄鱼请命"，要求采取措施，坚决取缔敲罟作业。1958 年秋季，敲罟作业基本得以禁止；1963 年，国务院发布《关于禁止敲罟的命令》。因此，受敲罟作业影响的大黄鱼资源逐渐得以恢复，捕捞产量经 1958～1963 年波动下降后出现快速回升。但是，到 1966 年，敲罟作业死灰复燃，又陆续出海生产，同时，随着机帆船的发展，作业渔场逐渐扩大到产卵场外围，捕捞大黄鱼进港产卵群体，作业水深扩大到 80 m，作业时间也相应延长 1 倍。到 1967 年，由于敲罟作业和捕捞进港鱼，浙江省大黄鱼产量达到第二次高峰，为 1.49×10^5 t。

第三阶段（1968～1974 年）：大黄鱼资源基础尚好，捕捞产量随着捕捞强度增加而稳定上升。1968 年以后，大黄鱼产量虽然受敲罟和捕捞进港鱼影响，在 1968～1969 年有所下降。但是，随着捕捞大黄鱼的机帆船数量迅速增加、作业时间延长、作业范围扩大、探鱼仪等助渔设备的推广使用，自 1970 年起，产量逐年小幅上升。到 1974 年初春，浙江渔民发现了在"中央渔场"，即江外、舟外渔场存在大黄鱼越冬场，并开始大规模捕捞大黄鱼越冬群体，全省有近 2000 对机帆船及一批渔轮集中在江外、舟外渔场围捕越冬大黄鱼，使浙江省大黄鱼产量达到第三次高峰，为 1.68×10^5 t。

第四阶段（1975～1997 年）：大黄鱼资源遭到破坏而衰退，捕捞产量呈直线下降乃至绝迹。自 1974 年以来，经过连续 4 年开辟外海越冬场，捕捞大黄鱼越冬群体，不仅使江外、舟外渔场大黄鱼生产彻底荒废，同时使进入沿岸产卵场繁衍后代的亲体大大减少。1979 年起，岱衢洋、吕泗渔场已形不成大黄鱼生产鱼汛，大黄鱼资源基础遭受严重破坏而逐年衰退，浙江省大黄鱼捕捞产量自 1975 年后直线下降，至 90 年代初，资源走向枯竭状态。

第五阶段（1998 年至今）：开展大黄鱼增殖放流，恢复和重建自然海区的大黄鱼资源。为了恢复浙江渔场大黄鱼资源，1998 年，浙江省引进福建宁德大黄鱼，在宁波象山港口部的万礁至野龙山水域首次投放 1.43×10^5 尾闽-粤东族大黄鱼鱼苗。但是，闽-粤东族大黄鱼品质和性状远不如本地岱衢族大黄鱼，且经过多代繁殖后性状退化严重。之后，随着岱衢族大黄鱼人工育苗技术取得成功，进一步扩大增殖放流海域，相继在舟山、宁波等地海域开展了岱衢族大黄鱼增殖放流试验，表明大黄鱼放流鱼能够在放流区域附近海域存活、生长，并进行索饵、产卵洄游。进入 21 世纪后，大黄鱼作为浙江生产性增殖放流的一个重要种类，其放流的数量规模和区域不断扩大。据不完全统计，仅 2018～2020 年，全省就放流大黄鱼育苗 $2.785\,77\times10^8$ 尾。近些年，渔民普遍反映自然海区大黄鱼日渐增多，在东海捕到野生大黄鱼的新闻也时见报端。但是，总体来说，大黄鱼资源没有得以根本好转，浙江省捕捞产量一直不足千吨，大黄鱼资源仍处于枯竭状态。

综上，浙江渔场大黄鱼资源衰退乃至枯竭的主要原因是敲罟作业、拦捕进港鱼和捕捞越冬群体这几种不合理的开发利用方式。在 20 世纪 50 年代后期至 60 年代初，发展敲罟作业对大黄鱼幼鱼造成严重损害，导致大黄鱼资源受损，捕捞产量下降。1967年后，除了敲罟作业，更多的是由于大规模捕捞进港鱼群（包括产卵亲体和1～2龄的幼鱼），严重影响大黄鱼产卵繁衍和补充群体数量。尤其是1974～1977年利用了"中央渔场"越冬大黄鱼后，使大黄鱼资源彻底遭到破坏，捕捞产量直线下降直至难觅踪迹。虽然政府采取大黄鱼保护、开展增殖放流等各种措施，但是，至今为止，大黄鱼资源恢复效果并不明显。究其原因，根据俞存根等（2022）研究报道，主要有以下几个方面：一是大黄鱼属于寿命长、性成熟晚（生殖力的盛期更晚）、生长周期长、群体结构复杂，生殖鱼群以剩余群体为主的鱼类，这种鱼类的特点是资源比较稳定，但是一旦遭受破坏或衰退，资源恢复能力较差。二是虽然随着大黄鱼资源的严重衰退，引起了种群性成熟年龄提前的适应性调节，较低龄大黄鱼性成熟所占比例呈现上升趋势，但是，全部达到性成熟仍然在3龄及以上，至今未见有1龄鱼达到性成熟的报道。与当前的带鱼、小黄鱼1龄鱼即可全部达到性成熟相比，大黄鱼的生活史型虽然也偏离了原来的选择位置，但仍然属于K对策者。三是由于大黄鱼属于集群性较强的鱼类，特别是在产卵场和越冬场，具有较高的集群性，因此，与其他鱼类相比，一旦加强捕捞强度，大黄鱼更容易产生资源严重衰退的后果。四是大黄鱼对栖息地环境条件有特殊的要求，如在生殖期间，在温盐适宜范围内，流速增大可以加速大黄鱼性腺发育，促进大黄鱼精子、卵子排出体外，并使排出的精卵在急流中增加接触机会，提高受精率，因此大黄鱼产卵场一般选择在流速为2～4kn，最高为6kn的海域。一旦产卵场的流态（水动力环境）因外界因素（如围海造地等海洋工程）影响而发生改变，将使大黄鱼不能适应其产卵对流速刺激的需求，因此，大黄鱼资源恢复要比带鱼、小黄鱼更困难。

第四节 蓝点马鲛

一、生物学特性

（一）种群

蓝点马鲛属暖水性大型长距离洄游性中上层鱼类，分布于太平洋西北部的中国、朝鲜、日本、菲律宾和印度洋的印度、印度尼西亚近海，在我国的渤海、黄海、东海、南海均有分布。蓝点马鲛是我国常见的经济鱼种，为我国群众渔业的重要捕捞对象之一，是流刺网的专捕对象，拖网、围网和定置网的兼捕对象。

在我国近海，以渤海、黄海、东海的数量较多，南海虽有分布，但数量很少。根据研究，可将分布在渤海、黄海、东海的蓝点马鲛划分为两个种群，即黄渤海种群和东海、南黄海种群。过去，对于蓝点马鲛的繁殖、摄食、年龄与生长等生物学特性，以及洄游分布、渔场、渔期及渔业管理措施等都曾有学者做过比较系统的研究（韦晟，1980b，1986；韦晟和周彬彬，1988a，1988b；刘蝉馨，1981；刘蝉馨等，1982；朱德山和韦晟，1983；郑元甲等，2003；唐启升，2006）。

（二）洄游分布

黄渤海种群蓝点马鲛越冬场主要位于沙外和江外渔场，该种群从越冬场经大沙渔场，4 月下旬由东南抵达 33°00′N~34°30′N、122°00′E~123°00′E 范围的江苏射阳河口东部海域后，鱼群再游向西北，进入海州湾和山东半岛南岸的各产卵场，产卵期在 5~6 月。主群则沿 122°30′E 附近海域北上，首批鱼群于 4 月底越过山东高角，向西进入烟威近海产卵场以及渤海的莱州湾、辽东湾、渤海湾及滦河口等主要产卵场，产卵期为 5~6 月。在山东高角处主群的另一支继续北上，抵达黄海北部的海洋岛渔场，产卵期为 5 月中旬到 6 月初。9 月上旬前后，鱼群开始陆续游离渤海，9 月中旬黄海索饵群体主要集中在烟威、海洋岛及连青石渔场，10 月中上旬，主群向东南移动经海州湾外围海域，与在海州湾索饵的鱼群汇合，在 11 月上旬迅速向东南洄游，经大沙渔场的西北部返回沙外及江外渔场越冬，如图 7-8 所示。

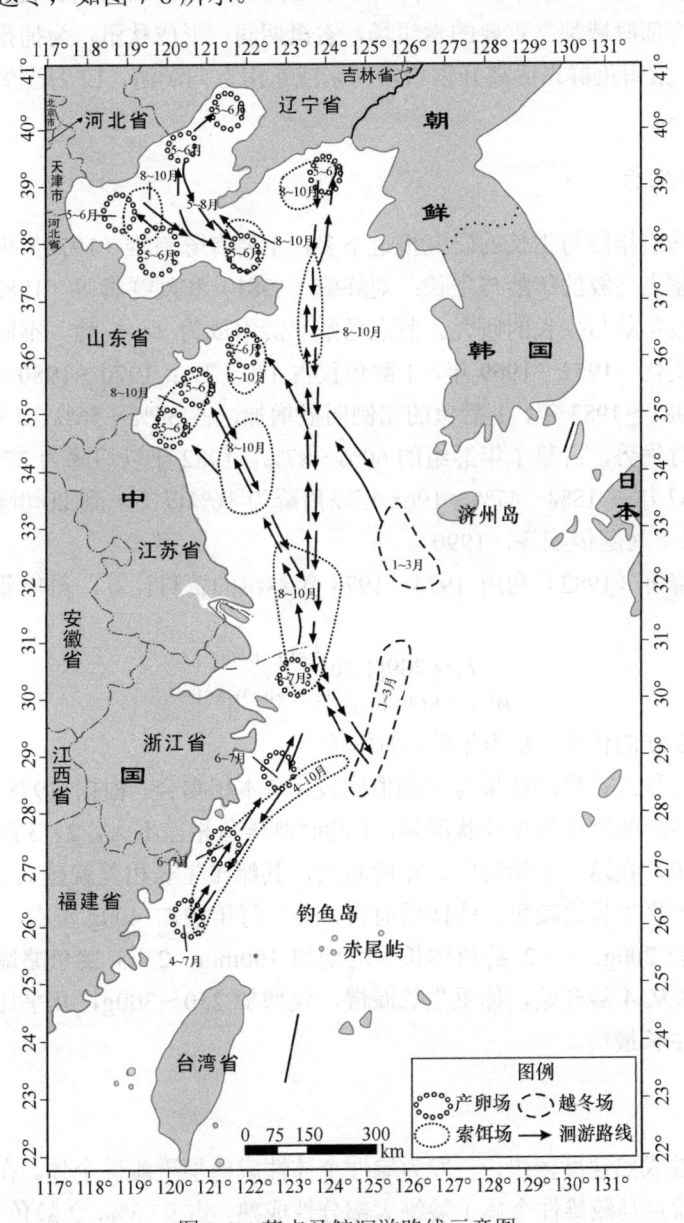

图 7-8　蓝点马鲛洄游路线示意图

东海、南黄海种群蓝点马鲛 1~3 月在东海外海越冬，越冬场范围相当广泛，南起 28°00'N，北至 33°00'N，西自禁渔区线附近，东迄 120m 等深线附近海区，其中从舟山渔场东部至舟外渔场西部海区是其主要越冬场。4 月，在近海越冬的鱼群先期进入沿海产卵，在外海越冬的鱼群陆续向西或西北方向洄游，相继到达浙江、上海和江苏南部沿海河口、港湾、海岛周围海域产卵。主要产卵场分布在机轮底拖网禁渔区线以内海域，产卵期因不同海域而有迟早，以福建南部沿海较早，为 3~6 月，以 5 月中旬至 6 月中旬为盛期，浙江至江苏南部沿海稍迟，为 4~6 月，以 5 月为盛期，产卵期间形成沿海蓝点马鲛春汛。产卵后的亲体一部分留在产卵场附近海域与当年生幼鱼一起索饵，另一部分亲体向北洄游索饵，敖江口、三门湾、象山港、舟山群岛周围、长江口、吕泗渔场和大沙渔场西南部海域都是重要的索饵场，索饵期间，形成秋汛，为捕捞蓝点马鲛的上好季节。秋末，索饵鱼群先后离开索饵场向东或东南方向洄游，12 月至翌年 1 月相继返回到越冬场越冬。

（三）年龄与生长

关于蓝点马鲛年龄与生长的研究报道不多，主要有陈宗雄（1974）报道过通过耳石研究台湾海峡蓝点马鲛的年龄与生长；刘蝉馨（1981）和刘蝉馨等（1982）进行过黄海和渤海蓝点马鲛年龄与生长的研究。蓝点马鲛年龄组成为 1~6 龄，不同年份其主要年龄组成有明显变化。1952~1969 年，1 龄鱼仅占 1%~7%；1970~1980 年，1 龄鱼增至 10%~27%；1981~1983 年，1 龄鱼的比例明显增加，占 36%~56%。1982 年以前 2 龄鱼一直保持绝对优势，占整个年龄组的 60%~87%，1982 年以后降为 27%~32%。3 龄鱼，1952~1967 年占 18%~47%，1968 年以后降为 16% 以下，到 20 世纪 70 年代后期已经降为 5% 以下（赵传绷等，1990）。

根据刘蝉馨等（1982）利用 1974~1978 年春汛的资料计算，得出蓝点马鲛的生长方程如下：

$$L_t = 709[1 - e^{-0.53(t + 0.70)}]$$
$$W_t = 2669[1 - e^{-0.51(t + 0.63)}]^{2.8159}$$

式中，W_t 为年龄 t 的体重；L_t 为年龄 t 的体长。

根据上述方程式计算的结果与实测值比较，基本相吻合。根据 1978 年春汛资料逆算结果，不同年龄的雌雄鱼生长状况是：1 龄时雌雄鱼相差不大，2、3 龄鱼雌鱼迅速长大，并超过雄鱼，在这三个年龄中，年龄越大，其雌雄生长相差就越大。另外，1 龄以后，生长快者一直生长比较快。就体重而言，雄鱼每年增加 400g 左右，雌鱼增加 600g 以上，两者相差 200g。1~2 龄鱼体长平均增加 100mm，2~3 龄鱼略减。有些雄鱼从 3 龄开始，雌鱼从 4 龄开始，体重生长减慢，仅增加 250~300g，几乎比前减少一半。年内则以秋季生长最快。

（四）繁殖

蓝点马鲛性成熟速度较快，一般为雄性个体性成熟早于雌性个体。在 20 世纪 70 年代末，黄渤海蓝点马鲛雄性个体 1 龄绝大部分性成熟，占 97.5%，2 龄鱼全部达性成熟；

雌性个体 1 龄鱼 10.5%左右性成熟，2 龄鱼 96.1%性成熟，3 龄鱼全部达性成熟。雄鱼性成熟的最小叉长为 350mm、最小体重为 350g，达到性成熟的叉长上限为 450mm 左右、体重上限为 500g；雌鱼性成熟的最小叉长为 420mm、最小体重为 680g，达到全部性成熟的叉长上限为 500mm、体重上限为 800g。由于过度捕捞，蓝点马鲛的群体组成迅速小型化，当前以 1 龄鱼占绝对主体的产卵群体，雌、雄鱼在 2 龄全部达到性成熟。而 1 龄鱼中，除春汛极少部分体重在 250g 左右的小型鱼性腺没有发育外，其他雌鱼全部达性成熟。个体绝对生殖力为 28 万～120 万粒，怀卵量随着年龄的增大而逐渐增加。

东海蓝点马鲛 1 龄鱼开始达到性成熟的占 70%左右，性成熟最小叉长为 345mm、最小体重为 510g；雌鱼也有 30%左右个体达性成熟，性成熟最小叉长为 405mm、最小体重为 600g。2 龄鱼中，无论雄鱼或是雌鱼均达性成熟，并构成产卵群体主体。

蓝点马鲛的产卵期，南北差异很大，福建沿海的产卵期为 3～4 月，黄海中部各产卵场为 5 月上旬末期至 6 月中旬，盛期在 5 月中旬末期至 6 月上旬中期，黄海北部和渤海各产卵场为 5 月下旬前期至 6 月中旬末期，盛期在 5 月下旬末期至 6 月上旬中期，但是，当前黄渤海各产卵场的产卵期较 20 世纪 80 年代以前明显滞后，以海州湾为例，5 月中旬产卵鱼群的主体 1 龄鱼性腺尚在Ⅲ期及Ⅲ～Ⅳ期。各产卵场产卵初期水温一般为 9～10℃，盛期为 14～18℃，末期为 20℃以上；盐度范围在 28～31。

（五）食性

蓝点马鲛为肉食性的凶猛鱼类，食谱较单纯，主要为一些小型鱼类，此外还有数量较少的头足类和甲壳类等。鳀是蓝点马鲛常年摄取的最主要鱼种；此外还有玉筋鱼、青鳞鱼、天竺鲷、黄鲫、斑鲦、日本枪乌贼、曼氏无针乌贼幼体、鹰爪虾等。

蓝点马鲛的摄食强度有明显的季节变化。春季的摄食强度最低，零级占 72%，3～4 级仅占 8%；秋季摄食强度最高，3～4 级占 45%，零级仅占 3%；夏季和冬季摄食强度均较低，夏季空胃达 22%，3～4 级占 36%，而冬季空胃达 42%，3～4 级占 24%。

（六）群体组成变动趋势

根据金显仕等（2006）报道，黄渤海蓝点马鲛春季叉长范围为 275～803mm，平均叉长为 496mm。夏季叉长范围为 184～540mm，平均叉长为 244mm，优势叉长组为 230～250mm，占 78.11%。秋季叉长范围为 320～500mm，平均叉长为 369mm。冬季叉长范围为 316～443mm，平均叉长为 372mm。春季体重范围为 160～3900g，平均体重为 1540g。夏季体重范围为 80～1250g，平均体重为 107g，优势体重组为 100～120g，占 72.7%。秋季体重范围为 160～500g。冬季体重范围为 255～760g，平均体重为 458.8g。

东海的蓝点马鲛群体组成随海域、水深及季节变化而变化。根据郑元甲等（2003）报道，蓝点马鲛一般以水深 60～100m 海域的渔获个体平均体重为最高，大于 700g；而栖息于 60m 以浅海域的蓝点马鲛群体的平均体重则相对较低。蓝点马鲛的群体组成有明显的季节变化，秋季的渔获个体以成鱼为主；而春、冬两季的群体中，当年生幼鱼比例较秋季有所上升。渔获个体大小也存在昼夜差异，夜间的渔获个体一般大于昼间。1997～2000 年东海蓝点马鲛平均体重的海域、水深、昼夜及季节变化如表 7-13 所示。

表 7-13　东海蓝点马鲛平均体重的海域、水深、昼夜及季节变化（单位：g/尾）（引自唐启升，2006）

海域、水深、昼夜	春季	夏季	秋季	冬季	四季
全海域	594.77	4.17	744.55	597.59	584.31
北部近海	396.67	0.00	670.00	489.06	504.75
北部外海	589.83	0.00	915.00	696.78	597.19
南部近海	847.85	0.00	752.50	515.00	717.96
南部外海	687.50	0.00	0.00	350.00	650.00
台湾海峡	0.00	4.17	0.00	0.00	4.17
水深≤60m	396.67	4.17	670.00	450.00	187.59
水深60~100m	830.05	0.00	752.50	626.97	709.75
水深100~150m	579.67	0.00	915.00	516.32	578.90
水深>150m	775.00	0.00	0.00	350.00	633.33
白天	579.41	0.00	605.00	555.37	577.24
夜间	763.50	4.17	775.56	748.68	632.92

　　蓝点马鲛不同季节的叉长、体重组成如表 7-14 所示。春季、秋季和冬季的渔获个体较大，平均叉长分布在 407~451mm，比较接近，基本以成鱼为主，其中以春季的平均叉长最大；但夏季渔获的个体均为幼鱼，此时的亲体可能在中上层索饵，几乎没有被捕获。体重组成的变化趋势与叉长基本一致，仍然以春季的平均体重为最高。

表 7-14　东海蓝点马鲛群体不同季节的叉长、体重组成（引自唐启升，2006）

季节	叉长范围（mm）	平均（mm）	优势范围（mm）	优势组占比（%）	体重范围（g）	平均（g）	优势范围（g）	优势组占比（%）	样品数（尾）
春季	237~776	451.6	410~480	79.15	625~2115	736.4	650~800	74.85	31
夏季	63~76	69.5	—	—	2~5	3.4	—	—	18
秋季	425~440	432.7	—	—	643~656	651.7	—	—	11
冬季	260~748	407.3	390~430	69.85	300~3000	648.7	590~730	68.43	70
合计	63~776	420.6	390~450	71.62	2~3000	671.6	490~720	73.57	130

注："—"表示无数据。

　　自蓝点马鲛渔业被开发以来，其群体组成发生了很大变化，大致可分为三个阶段：①1952~1964 年为未充分利用时期，其叉长在 450mm 以下的个体数占 6%左右，600mm 以上大型个体占 13%~23%；②1965~1980 年为资源充分利用时期，其叉长在 450mm 以下的个体增多，约为 10%，而 600mm 以上者下降至 10%左右；③1981~1986 年为资源过度利用时期，450mm 以下个体数量增至 20%以上，600mm 以上个体显著减少。从群体平均叉长看，20 世纪 50 年代为 570mm，到 80 年代下降为 510mm 左右。蓝点马鲛的平均年龄也逐渐降低，第一阶段平均年龄为 3.0 龄，第二阶段平均年龄为 2.1 龄，第三阶段平均年龄仅为 1.9 龄。1991~1994 年与 1997~2020 年东海水产研究所等单位在东海调查的蓝点马鲛生物学测定资料比较结果如表 7-15 所示，从表中可以看出蓝点马鲛的叉长、体重均呈减小的趋势。

表 7-15 东海生物学测定结果对比（引自唐启升，2006）

季节	1991~1994 年 平均叉长/mm	1991~1994 年 平均体重/g	1997~2000 年 平均叉长/mm	1997~2000 年 平均体重/g
春季	504.01	1118	154.57	736.4
秋季	497.18	837.7	432.7	651.7
冬季	504.54	1038.5	407.27	648.7
全年	503.67	1023.7	420.55	671.6

二、种群数量变动

在黄渤海区，蓝点马鲛的主要作业渔具有机轮拖网、浮拖网、流刺网、定置张网等。20 世纪 60 年代初，胶丝流刺网作业获得成功后，流刺网作业规模逐年扩大，主要鱼汛在春夏季，成为黄渤海一项规模较大的流刺网渔业。70 年代后期，浮拖网数量逐年增多，并成为蓝点马鲛的主要捕捞作业方式。我国蓝点马鲛历年捕捞产量变动趋势如图 7-9 所示。

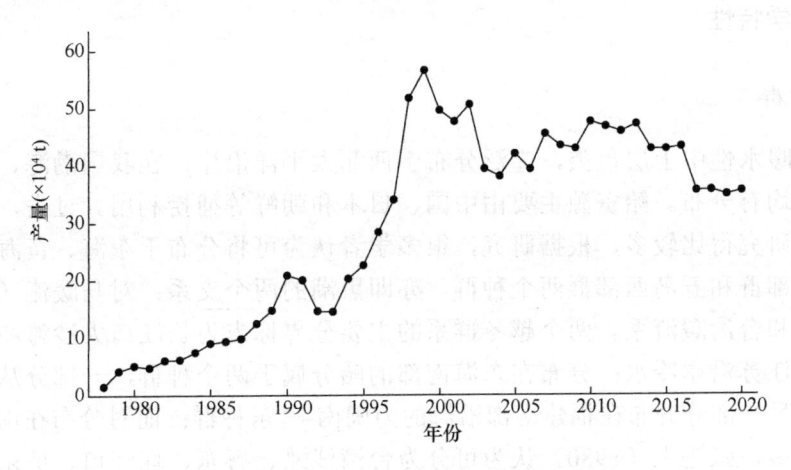

图 7-9 全国蓝点马鲛历年捕捞产量变动趋势

不同海区的蓝点马鲛种群数量变动趋势如下。

20 世纪 60 年代前，黄渤海流刺网网具落后，鱼汛以春汛为主，年产量在 3000t 以下。60 年代末，产量在 $2 \times 10^4 \sim 3 \times 10^4$t。70 年代末期，产量达到 4×10^4t，鱼汛仍以春汛为主，占全年的 70%以上，而秋汛产量所占比例已有所上升。70 年代后期，黄渤海底拖网开始捕捞秋季蓝点马鲛的补充群体，捕捞强度迅速增加，渔获量逐年提高。此后，蓝点马鲛上、下半年产量比与 70 年代发生倒置，即秋、冬季鱼汛已取代春汛的地位，自疏目浮拖网大量使用后，以捕捞秋冬季的补充群体为主，使蓝点马鲛的渔获量更是稳步上升，黄渤海区 20 世纪末的年渔获量已近 3.0×10^5t。捕捞强度无限增长是渔获量增长的主要原因之一。由于过度捕捞，蓝点马鲛鱼群出现生殖群体低龄化、CPUE 逐年下降、性成熟提前、渔获物组成小型化等现象。

东海捕捞蓝点马鲛的主要作业渔具有底拖网、浮拖网、流刺网和对网等。过去，国营渔业以底拖网为主，群众渔业以流刺网为主。20世纪80年代末、90年代初，浮拖网迅速推广，使东海蓝点马鲛渔业发生显著变化。1993年以后，东海蓝点马鲛的渔获量出现了连续两年的下降，后来，产量仍呈上升趋势，主要是捕捞力量的增加、作业时间的延长所带来的产量增长。从东海近40年来蓝点马鲛的捕捞产量看，除了1992～1994年稍有波动外，20年来蓝点马鲛的产量基本呈稳步上升趋势，占东海海洋捕捞总产量比例在近几年也有明显上升，占全国蓝点马鲛海洋捕捞总产量的比例基本维持在20%左右。

近几十年来，虽然蓝点马鲛的产量呈稳步上升趋势，但其CPUE却呈逐年下降趋势，主要作业渔场范围缩小，初次性成熟年龄提前，渔获物组成趋于小型化、低龄化，蓝点马鲛的资源状况不容乐观，已处于充分利用及过度利用之中。今后，应加强蓝点马鲛资源的繁殖保护，控制捕捞强度，避免过度捕捞产卵亲体和大量损害幼鱼，以达到可持续利用蓝点马鲛资源的目标。

第五节 鲐

一、生物学特性

（一）种群

鲐为暖水性中上层鱼类，广泛分布于西北太平洋沿岸，在我国渤海、黄海、东海、南海均有分布。鲐资源主要由中国、日本和朝鲜等捕捞利用。过去，对东海、黄海的鲐研究得比较多，根据研究，很多学者认为可将分布于东海、黄海的鲐划分为东海西部群和五岛西部群两个种群，亦即黑潮的两个支系：对马暖流（包括黄海暖流）系和台湾暖流系。两个越冬群系的主要分界标志为长江口大沙滩和由此向东南伸展的江苏沿岸冷水；分布在东海南部的鲐分属于两个种群，一部分从属于东海西部群，另一部分分布在福建南部沿海的为闽南-粤东种群；而对分布在南海北部的鲐研究不多，张进上（1980）认为可分为台湾浅滩、粤东、珠江口、琼东、北部湾和南海北部外海6个种群。

（二）洄游分布

东海西部群的越冬场位于东海中南部至钓鱼岛北部100～150m水深海域，越冬场水温为15～23℃、盐度为34.00～35.00。每年春、夏季向东海北部近海、黄海近海进行产卵洄游，产卵后即分散在产卵场附近索饵，秋、冬季返回越冬场越冬，如图7-10所示。

五岛西部群的越冬场位于日本五岛西部至韩国的济州岛西南部、水深80～100m的海域，越冬场水温为14～20℃、盐度为34.00～34.50。春季鱼群分成两支，一支穿过对马海峡游向日本海，另一支进入我国的黄海进行产卵洄游。

在东海中南部至钓鱼岛北部越冬场越冬的鲐，每年3月底至4月初，随着暖流势力增强，水温回升，鱼群分批由南向北游向鱼山、舟山和长江口渔场。性腺已成熟的鱼即在上述海域产卵，性腺未成熟的鱼则继续向北进入黄海，5～6月先后到达青岛-石岛渔场、海洋岛渔场、烟威渔场产卵，小部分鱼群穿过渤海海峡进入渤海产卵。

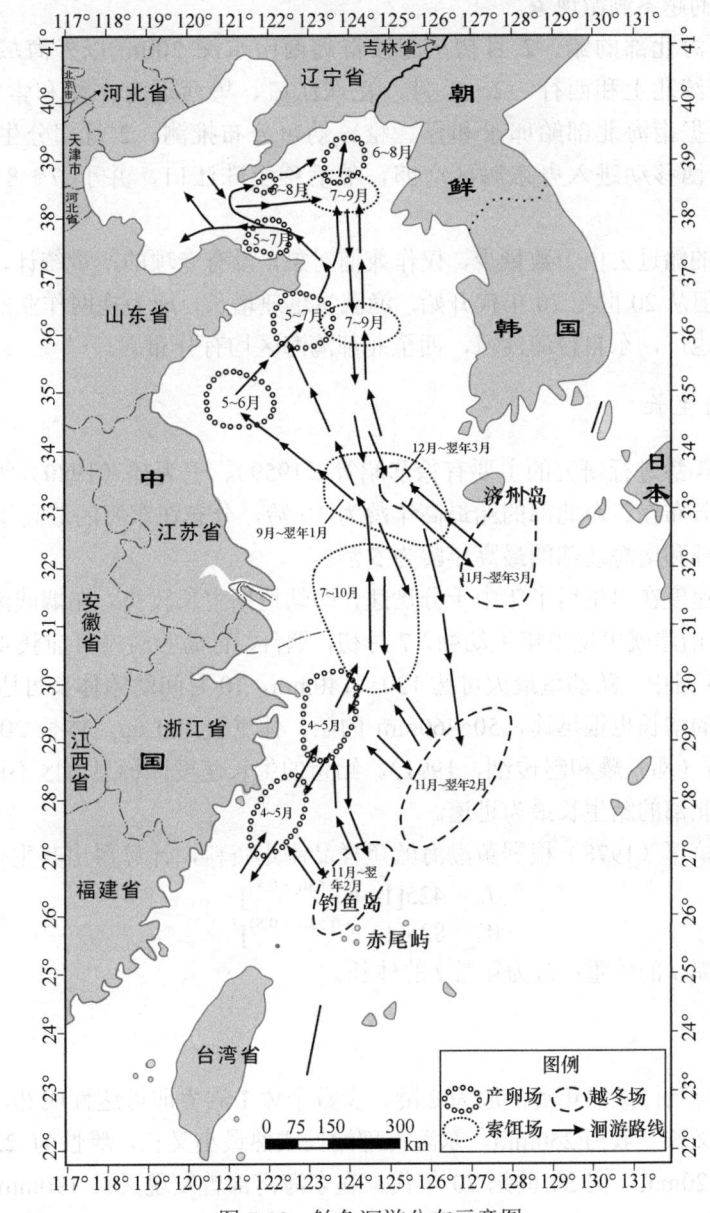

图 7-10 鲐鱼洄游分布示意图

在五岛西部至济州岛西南部越冬场越冬的鲐，4月底至5月初，沿32°30′N～33°30′N向西北方向洄游并进入黄海，时间一般迟于东海中南部越冬群。5～6月主要在青岛-石岛渔场产卵，部分鱼群亦进入黄海北部产卵，一般不进入渤海。7～9月，鲐主要分散在海洋岛和石岛东南部较深水域索饵。9月以后随着海区的水温下降，鱼群陆续沿124°00′E～125°00′E深水区南下向越冬场洄游。部分高龄鱼群直接南下，返回东海中南部越冬场，大部分低龄鱼群（包括当年生仔、稚、幼鱼）于9～11月在大、小黑山岛西部至济州岛西部停留、进行索饵，11月以后返回越冬场。

闽南-粤东种群的特点是整个生命周期基本上都在福建南部沿海度过，不作长距离洄游，无明显的越冬洄游现象。

分布在南海北部的鲐，2月初从东沙群岛西南水深200m以外海域向珠江口外海集聚后，陆续北上和西行，2～8月，在珠江口、粤西近海产卵和索饵，11月后返回外海。根据南海北部鲐卵子和仔、稚、幼鱼分布推测，2月部分生殖鱼群由台湾浅滩一带向西移动进入粤东海区产卵，然后移至珠江口，并于7～8月进入粤西海区。

南海北部的鲐过去由于数量少，仅作兼捕对象，没有专项的产量统计，也没有专门的调查研究。但从20世纪70年代开始，渔获量迅速增长，成为拖网作业的主要捕捞对象。分布范围也广，东自台湾浅滩，西至北部湾海区均有分布。

（三）年龄与生长

我国对鲐年龄进行研究的主要有徐恭昭等（1959）、王为祥（1980）等。根据以往的研究报道，分布在黄海北部的鲐最高年龄为10龄，分布在东海的最高年龄为8龄，分布在东海南部和南海北部的最高年龄为5龄。

鲐的生长速度在出生后半年中十分迅速，即幼鱼期生长较快。在烟威渔场，鲐产卵期后约40天，沿岸就出现当年生幼鲐，7月初，烟台、青岛等沿岸可捕获40～60mm的当年生幼鲐，8月中，鲐幼鱼最大可达120～140mm，10月间幼鲐体长可达200mm。当年生幼鱼体重的增长也很迅速，50～60mm的鲐，体重仅为1.6g，体长200mm时，体重达100g左右（邓景耀和赵传䌷，1991）。鲐鱼的生长速度因栖息海区不同而有差异，其中，以黄海北部的鲐生长最为迅速。

陈俅和李培军（1978）根据黄渤海鲐鱼样品测定资料，计算得出其生长方程为

$$L_t = 425[1 - e^{-0.53(t+0.8)}]$$
$$W_t = 825[1 - e^{-0.53(t+0.8)}]^3$$

式中，W_t为年龄t的体重；L_t为年龄t的体长。

（四）繁殖

黄海、东海鲐性成熟年龄一般为2龄。少数个体1周岁即可达性成熟。在黄海，鲐初次性成熟的叉长一般为250mm。东海南部鲐性成熟最小叉长，雌性为220～230mm，雄性为210～220mm。在20世纪70年代，在东海南部曾发现叉长190mm已达性成熟的个体，从历年产卵群体组成变化看，鲐性成熟开始时间并不取决于年龄，而是体长需达到一定长度后才会性成熟。如果个体的生长速度快，性成熟就比较早，否则性成熟时间会推迟。徐恭昭等（1959）还曾做过鲐开始达到性成熟的重量研究，认为烟台外海的鲐长到200g以上才开始性成熟。同时，根据研究，鲐雄鱼的性成熟年龄较雌鱼早，而雌鱼的寿命高于雄鱼。

关于鲐鱼的个体怀卵量，由于栖息海区的不同、个体大小的不同及计数起算标准的不同而存在差异。黄海鲐的个体怀卵量为20万～110万粒，平均约70万粒；东海南部的鲐为5.3万～35.5万粒；闽南渔场叉长235mm鲐的怀卵量为15.9万粒；日本北海道

近海鲐的怀卵量为 21 万~114 万粒，平均为 50 万~60 万粒，与黄海鲐的怀卵量相近（邓景耀和赵传䌷，1991）。

鲐在一个产卵期中多次产卵，卵为浮性。产卵期因海区和个体大小不同而有差异，亲鱼个体越大，性腺成熟越早，产卵期也越早，具体见鲐的洄游分布所述，在此不再赘述。鲐喜栖息在水清、透明度大的海区。黄海产卵场水深为 10~60m，烟威外海产卵场位于盐度水平梯度较大的水系交汇区，产卵期初期水温为 12℃，水温达 22~23℃时，仍可发现鲐鱼卵。东海鲐产卵场水深在 20~100m，一般水温为 15~21℃，盐度为 29.0~34.5。南海北部鲐产卵场水深为 80~200m，水温为 20~30℃，盐度为 29.0~34.0。

（五）食性

鲐食性很广，摄食种类涉及 24 个类群 50 余种，主要摄食浮游动物和小型鱼类。因海区不同，饵料基础不同，鲐对饵料可获性不同，其食物组成也有所差异，并有食性转换现象。黄海叉长 35mm 以上当年生幼鲐的饵料以鱼类、头足类和甲壳类为主，三者的比例分别为 39.5%、38.6%和 16.2%，其次为多毛类、毛颚类、瓣鳃类、虾蟹幼体及海藻碎屑等；成鱼的饵料以细脚蛾、太平洋磷虾和鳀为主。东海北部的鲐食性，根据宋海棠等（1995）对鲐胃含物的观察，桡足类、磷虾、莹虾、端足类、箭虫和虾蛄幼体均有出现，优势种类为浮游甲壳动物和毛颚动物，基础饵料以太平洋磷虾为主，其次是鳀等小型鱼类和桡足类、端足类。东海南部台湾海峡鲐的摄食，从出现频率来看，比例最高的为桡足类（36.97%），第二是端足类（32.81%），第三是鱼类（10.0%），主要是各种幼鱼。此外，藻类、被囊类、等足类和糠虾类等也有出现。南海北部鲐摄食的饵料种类十分广泛，主要种类和出现频率分别为有孔虫类（70.33%）、被囊类（64.84%）、端足类（56.04%）、翼足类（46.15%）、桡足类（29.67%）、介形类（27.47%）、甲壳虫幼体（21.98%）、异足类（16.48%）、单壳类（16.48%）、双壳类（14.29%）等。

日本学者认为，一般在仔稚鱼和幼鱼时期，初期以桡足类的无节幼体和桡足幼体为食，以后以小型桡足类、夜光虫、尾虫类、纽鳃樽类为食，进一步生长后则以糠虾、磷虾类、沙丁鱼幼体为食。

春夏产卵期摄食强度一般以 2 级为主，秋季索饵期以 2~3 级为主。晚秋（12 月）鲐已陆续进入越冬区，摄食等级以 0~1 级为主，仅有少量个体达 2~4 级。

（六）群体组成变动趋势

根据金显仕等（2006）报道，在 21 世纪初，黄海鲐的最高年龄为 3 龄，以 1 龄鱼为优势组。而在 20 世纪 60 年代初，鲐的群体是以 2 龄鱼为主，50 年代后期，群体优势组为 3 龄；50 年代初期则为 3~7 龄（王为祥，1991）。50 年代中后期，由于捕捞力量的发展，鲐的优势叉长组连年下降（王为祥和朱德山，1984）。

二、种群数量变动

我国在东海捕捞鲐鱼的历史较早，早在 150 年前，浙江金塘的流网作业就已有捕捞鲐鱼，渔场北起济州岛东南，南到台湾东北海域。福建大围缯在闽、浙沿海捕捞鲐鱼也有六七十年的历史，从 20 世纪 70 年代起，随着灯光围网作业的发展，我国主要利用灯光围网捕捞鲐。由于灯光围网的迅速发展，我国东海鲐产量自 20 世纪 70 年代起上升很快。20 世纪 80 年代以后，随着近海底层鱼类资源的衰退，鲐也成了底拖网渔船的兼捕对象。近年，我国东海区鲐的产量在 $2.0×10^5$t 左右波动。黄海区（北方三省一市）的鲐产量也从 20 世纪 80 年代的 $3.0×10^4$t 提高到 1998~2001 年的 $1.1×10^5$~$1.2×10^5$t，到 2008 年达 $2.5×10^5$t。鲐已成为我国主要的经济鱼种之一，在我国的海洋渔业中占有重要地位。

我国历年鲐捕捞产量变动趋势如图 7-11 所示。不同海区的鲐种群数量变动趋势如下。

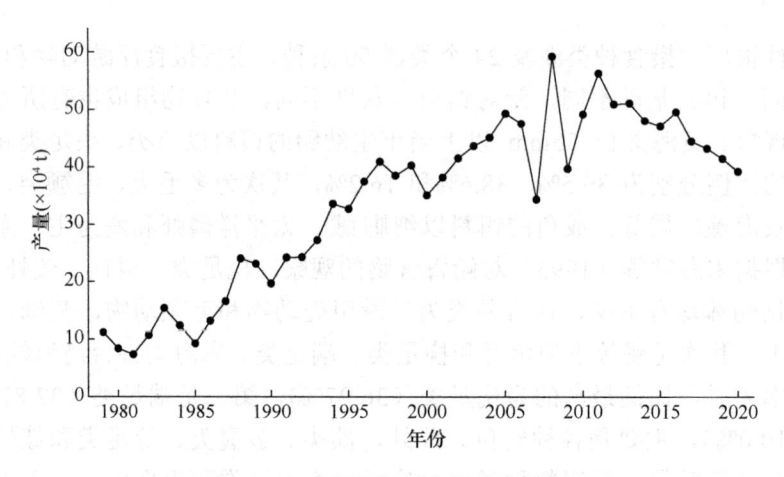

图 7-11　全国历年鲐产量变动趋势

黄海在 20 世纪 80 年代以前，对鲐资源的利用以近岸产卵、索饵群体的围网瞄准捕捞和春季流网捕捞为主。90 年代以后随着东海北上群的衰落，黄海西部的春季流网专捕渔业也随之消亡。剩下的鲐专捕渔业完全移至秋季的黄海中东部。在黄海作业的大型围网船主要为中国和韩国所有。20 世纪 70 年代中期，由于鲐资源的回升，产量有大幅度提高，黄海鲐产量在 1974 年达到最高 $7.2×10^4$t，但自 70 年代后期起，CPUE 大幅度下降，总产量靠捕捞力量的大量投入维持，1982 年开始产量急剧下降到 5000t 以下，1985 年起黄海鲐鱼春汛围网停产，仅秋、冬季在济州岛西-西南一带捕捞越冬群体。整个 80 年代和 90 年代前期，鲐资源处于低水平期。90 年代中期鲐资源又有所恢复，北方三省一市的年产量达到 $1.2×10^5$t 以上。同时 CPUE 也有所提高。从渔获群体组成看，50 年代前期，黄海群体的年龄组成为 3~7 龄，以 4~5 龄为主，50 年代后期群体组成即发生明显变化，4、5 龄鱼骤减，优势年龄降至 3 龄，至 60 年代初又以 2 龄鱼为主，目前捕捞群体以 1 龄鱼为主。

东海，由于底层鱼类资源的衰退，鲐已成为重要捕捞对象。20 世纪 70 年代随着机轮灯光围网渔船的加入，鲐的利用初具规模，1975 年产量为 $6.0×10^4$t，1978 年达到 $1.13×10^5$t，其后产量又逐年下降，1985 年只有 $8.7×10^4$t。随着五岛西部渔场、东海中南部渔场和对马五岛渔场的相继开发，鲐产量又趋上升，1988 年上升到 $1.73×10^5$t，但从

1989 年起又开始下降，1989~1993 年波动于 $1.1×10^5$~$1.5×10^5$t，1994~1999 年其资源有所恢复，年产量在 $1.7×10^5$~$1.9×10^5$t，2000 年又再一次下降至 $1.43×10^5$t，近几年则稳定在近 $2.0×10^5$t 的较高水平。

东海鲐的捕捞渔场主要以东海北部、黄海南部外海、长江口海区和福建沿海为主，每年 12 月到翌年 2 月分布于东海北部和黄海南部外海的不足 1 龄的鲐是我国机轮围网的主要捕捞对象。分布于长江口海域的鲐当年生幼鱼则是机帆船灯光围网主捕对象及拖网兼捕的对象。日本大中型围网在东海的鲐渔获量 1982 年为 $2.0×10^5$t 左右，以后逐渐减少，到 1990 年已减至 $9.0×10^4$t，以后又逐年增加，1994 年恢复到 $2.0×10^5$t，但 1995 年又减至 $1.0×10^5$t，1996 年为近年最高，达 $2.9×10^5$t 左右。

第六节 蓝圆鲹

一、生物学特性

（一）种群

根据国内外学者的研究，东海的蓝圆鲹可划分为三个种群，即九州西岸种群、东海种群和闽南-粤东种群（闽粤种群）。南海的蓝圆鲹主要分布在南海北部的大陆架区，范围很广，东部与闽粤种群相连，西部可达北部湾。

（二）洄游分布

九州西部种群的蓝圆鲹分布于日本山口县沿岸至五岛近海，冬季在东海中部的口美堆附近越冬。夏季在日本九州西岸的沿岸水域索饵，然后在日本的大村湾、八代海等 10~30m 的浅海产卵，产卵盛期在 7~8 月。

东海种群分布于台湾海峡中部到济州岛附近海域，最东可达 126°30′E，和鲐混栖，但偏于西南，东海种群蓝圆鲹有两个越冬场：一个在台湾西侧、闽中和闽南外海，有时和闽粤北部鱼群相混；另一个在台湾以北，水深 100~150m 的海域。4~7 月经闽东渔场进入浙江南部近海，尔后继续向北洄游。第二越冬场鱼群在 3~4 月分批游向浙江近海，5~6 月，经鱼山渔场进入舟山渔场，7~10 月，分布在浙江中部、北部近海和长江口渔场索饵。10~11 月随水温下降，分别向南返回各自的越冬场，如图 7-12 所示。

闽粤种群分布于闽南和粤东海域，该种群的蓝圆鲹没有固定的洄游路线，移动距离也不长，只是进行深、浅水之间的移动，表现出地域性分布的特点。但是，在冬季仍有两个相对集中的分布区：一个在甲子以南，即 22°00′N~22°30′N、116°00′E~116°40′E 海域；另一个在 22°10′N~22°40′N、117°30′E~118°10′E 海域。每年 3 月由深水向浅海移动，进行春季生殖活动。春末夏初可达闽中、闽东沿海，8 月折向南游，于秋末返回冬季分布区。

在南海，东起台湾浅滩，西至北部湾的广阔大陆架海域内均有蓝圆鲹分布，尤以水深 180m 以内较为密集，水深 180m 以外鱼群较分散。有关南海蓝圆鲹的洄游分布问题，至今还没有定论，众说不一，近年来比较一致的看法是：蓝圆鲹不作长距离洄游，仅作深水和浅水之间的往复移动。也就是说蓝圆鲹从深水区到浅水区产卵，产卵后又回到深水区。

每年冬末春初，随着沿岸水势力减弱，外海水势力增强，蓝圆鲹由外海深水区（水深 90~200m）向近岸浅海区作产卵洄游，鱼群先后进入珠江口万山岛附近海域，在粤东的碣石至台湾浅滩一带集结产卵，从而形成一年一度的灯光围网鱼汛。初夏，另一支鱼群自外海深水区向西北方向移动，在海南岛东北部沿岸水域集结产卵，形成了清澜围网鱼汛。鱼汛期，在上述几个海域生产的灯光围网渔船可以捕捞到大量性成熟蓝圆鲹群

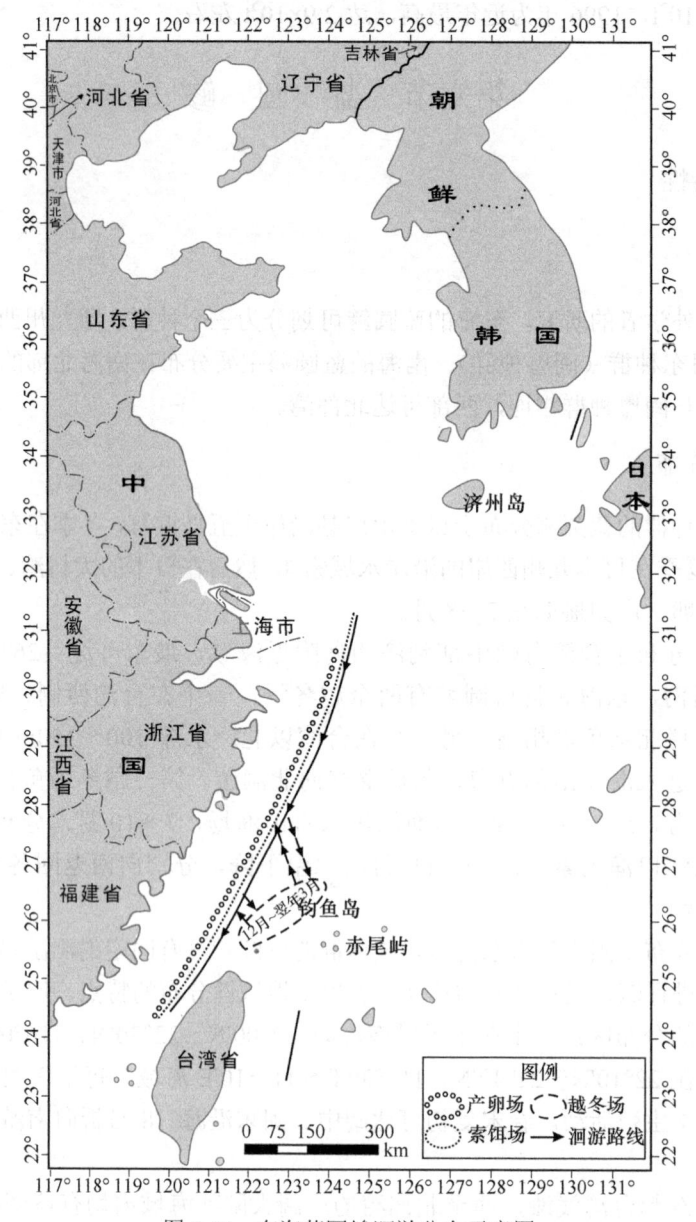

图 7-12 东海蓝圆鲹洄游分布示意图

体。夏末秋初，随着沿岸水势力增大，产完卵的群体分散索饵，游向外海深水区，尚有部分未产卵的蓝圆鲹仍继续排卵。到冬末春初时，蓝圆鲹重新随外海水移动而进入近海、浅海、沿岸产卵场。

在北部湾的蓝圆鲹每年 12 月到翌年 1 月，从湾的南部向涠洲至雾水洲一带海域作索饵洄游，此时性腺开始发育。至 3~4 月，性腺成熟，在水深 15~20m 的泥沙底质海域产卵。产卵结束后，鱼群逐渐分散于湾内各海区栖息。至 5 月间，在涠洲岛附近海区皆可发现蓝圆鲹幼鱼，这些幼鱼继续在产卵场附近索饵生长，随后转移至湾内各水域，如图 7-13 所示。

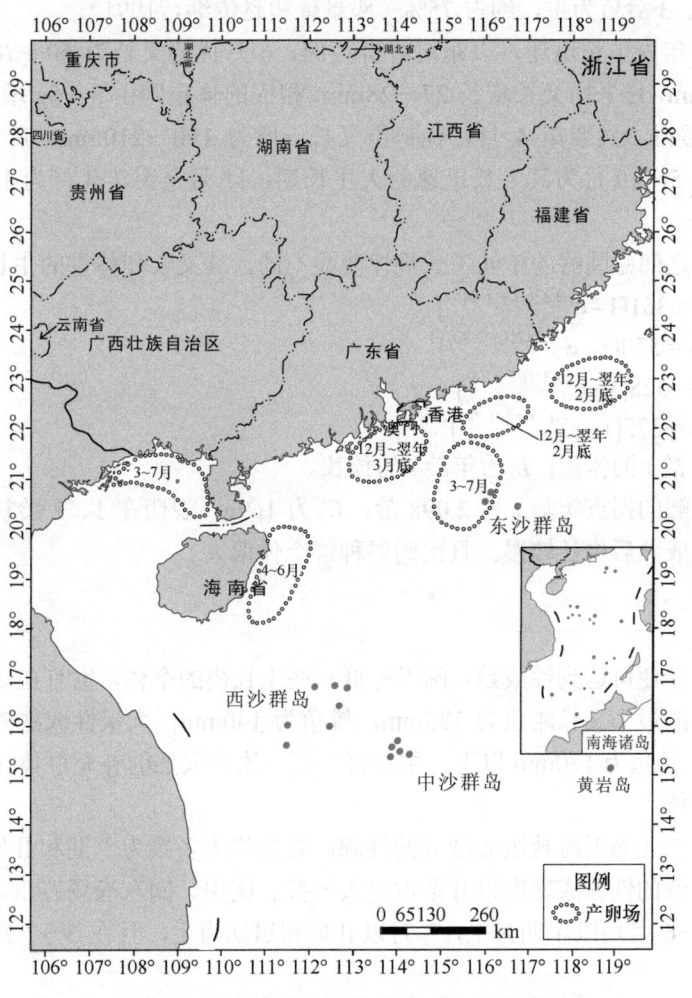

图 7-13 南海蓝圆鲹产卵场分布示意图

蓝圆鲹的仔稚鱼，每当夏季的西南风盛行时，随着风海流漂移到沿岸浅海海湾，在南澳岛至台湾浅滩，大亚湾、大鹏湾、红海湾、海南岛东北的七洲列岛一带及北部湾沿岸浅海区，都有大量幼鱼索饵群的分布。通常与其他中上层鱼类的幼鱼共同构成夏季鱼汛，成为近海围网、定置网渔业的捕捞对象。

（三）年龄与生长

相关研究表明，蓝圆鲹的年龄结构比较简单，东海蓝圆鲹已知最高年龄为 5 龄。不同种群的年龄组成有较大区别，根据赵传絪等（1990）报道，在 20 世纪 80 年代前，东海种群优势年龄组以 1、2 龄为主，3 龄次之，平均年龄在 2 龄以上；闽粤种群优势年龄组以 1 龄为主，2 龄次之，平均年龄小于 2 龄。而南海北部蓝圆鲹的最大年龄为 9 龄，群体组成以 1、2 龄鱼为主，但各群系的群体组成有着明显差异。例如，在近海区，春汛围网捕获的蓝圆鲹以 1、2 龄鱼为主，约占 80%，而在外海区，拖网捕获的蓝圆鲹产卵群体则以 2、3 龄鱼为主，约占 75%（邓景耀和赵传絪，1991）。

蓝圆鲹的年内生长迅速，以东海种群为例，6 月优势叉长为 60～70mm，10 月可达 170～180mm，月平均叉长增长 27～28mm，相应的体重则由 3～5g 增加到 60～70g。10 月后生长缓慢，到翌年 4 月，优势组叉长一般为 190～210mm，后半年仅增加 20 余毫米。可见 5～10 月为其生长迅速的大生长期，11 月至翌年 4 月为生长缓慢的小生长期。

不同海区之间蓝圆鲹的年间生长规律明显不同。其叉长和体重的生长方程为

东海：$L_t = 361[1- e^{-0.276(t + 1.846)}]$

$W_t = 570[1- e^{-0.282(t + 1.80)}]^3$

闽粤：$L_t = 328[1- e^{-0.31(t + 1.74)}]$

$W_t = 375[1- e^{-0.31(t + 1.74)}]^{2.7126}$

式中，W_t 为年龄 t 的体重；L_t 为年龄 t 的体长。

东海蓝圆鲹的拐点年龄 t 为 2.098 龄，W_t 为 169g，表明在 1、2 龄初届性成熟时的生长较快，性成熟后生长转慢。且比闽粤种群个体偏大。

（四）繁殖

蓝圆鲹 1 龄便可达到性成熟，闽粤种群有些生长快的个体，也有在 0 龄参加生殖活动的。性成熟的最小叉长雌鱼为 135mm，雄鱼为 140mm，大量性成熟的叉长，雌鱼为 160mm 以上，雄鱼为 170mm 以上。生殖群体第一次性成熟的补充群体往往大于重复性成熟的剩余群体。

分布在浙江北部近海秋汛蓝圆鲹的性腺成熟度绝大多数为 I 期和 II 期，分布在闽东渔场冬汛蓝圆鲹的性腺成熟度以 II 期占绝大多数。闽中、闽东渔场春汛，4 月以 III 期和 IV 期为主，5～6 月均以 IV 期为主，7 月以 II 期和 VI 期为主，且在 5～7 月均有渔获 V 期的亲鱼。

闽粤种群蓝圆鲹性腺成熟度分布，周年以 II 期出现时间最长，各月均有分布，而以 8 月至翌年 1 月为多，均占绝对优势；III 期除 10 月外，其他 11 个月均有出现，而以 2～7 月所占比例较大；IV 期出现于 12 月至翌年 8 月，以 IV～VI 期居多；V 期和 VI 期分别出现于 2～8 月和 3～9 月。V 期和 VI 期样品少的原因与蓝圆鲹产卵时不趋光和产卵后分散退离作业区，往深水区索饵育肥有关。

根据汪伟洋（1980）研究，在一个生殖季节中，闽粤种群雌鱼个体绝对繁殖力分布

在2.52万～21.88万粒，平均为8.92万粒。个体绝对繁殖力因年龄、体长和体重的不同而有差异，在年龄组成中，以1^+龄组最低，2^+龄组最高，从3^+龄至5^+龄，个体绝对繁殖力呈衰退的趋势，即随着年龄的增长而降低。在各叉长组中，以230～240mm组为最高，180～190mm组为最低，其变化趋势是叉长在240mm以下的鱼，个体绝对繁殖力随叉长的增长而增高，叉长在240mm以上的鱼，个体绝对繁殖力基本上是随着叉长的增长而降低。在各纯体重组中，以180～200g组为最高，以60～80g组为最低。其变化趋势是纯体重160g以下的鱼个体绝对繁殖力随纯体重的增加而增高，纯体重在180～200g的鱼，个体繁殖力最高，纯体重在200g以上的鱼，个体繁殖力虽有波动，但总的来说是趋于衰退的趋势。

（五）食性

蓝圆鲹属广食性鱼类。浙江北部近海索饵鱼群的饵料生物种类有10多种，其中以磷虾类（太平洋磷虾和宽额假磷虾）和毛颚类（箭虫）为主，其次为翼足类、端足类和其他鱼类，还有桡足类、十足类（细螯虾）、头足类、短尾类、口足类、瓣鳃类幼虫、等足类和长尾类等。闽中、闽东产卵渔场主要饵料有：桡足类、圆腹鲱幼鱼、端足类、腹足类、十足类和磷虾类，其次是浮游幼虫、被囊类、多毛类、毛颚类、水母类、硅藻类和原生动物，还有偶然性饵料——枝角类和双壳类。

闽粤种群的蓝圆鲹对饵料选择性不大，在不同时间和不同海域，饵料组成各有不同，常随着海域饵料生物优势种类的变化而变化。饵料组成主要有犀鳕、鳀科幼鱼、桡足类、翼足类、毛颚类、端足类、糠虾类和短尾类等。其中，成鱼饵料以小型鱼类和翼足类为主，幼鱼饵料则以桡足类、小型鱼类、端足类、毛颚类和仔虾居多。

在南海北部大陆架水深90～200m海域的蓝圆鲹，其主要饵料有长尾类、介形类、桡足类、鱼类、软体动物、端足类、磷虾类；其次是甲壳类幼体、有孔虫类、毛颚类、糠虾类。

（六）群体组成变动趋势

根据1997～2000年海洋勘测生物资源调查结果，东海春季蓝圆鲹叉长范围为160～190mm，优势叉长组为170～190mm，占春季测定尾数的83.3%，平均叉长为178.3mm；体重范围为50～100g，优势体重组为60～90g，占86.7%，平均体重为69.0g，与20世纪80年代初调查结果相比，蓝圆鲹的春季产卵群体个体明显小型化。夏季索饵群体既有成鱼，又有幼鱼，叉长范围为100～150mm，优势叉长组出现两个高峰，分别为100～120mm和130～150mm，各占夏季测定尾数的42.2%和44.4%，平均为124.5mm；体重分布范围为10～50g，优势体重组为10～40g，约占84.4%，平均体重27.5g，属全年最小。秋季蓝圆鲹叉长范围为140～200mm，优势叉长组为160～190mm，占秋季测定尾数的82%。蓝圆鲹经过夏、秋两季的索饵育肥，生长很快，平均叉长由夏季的124.5mm增至173.3mm。冬季越冬群体叉长范围为139～217mm，平均叉长为178mm。与历史资料相比，一年四季的蓝圆鲹都显示出明显小型化的趋势。南海也是如此，蓝圆鲹渔获个体逐渐偏小，在20世纪90年代末，优势体重组不超过50g，平均体重也是在50g左右。

二、种群数量变动

蓝圆鲹属近海暖水性中上层鱼类,在我国南海、东海、黄海均有分布,以南海数量为最多,东海次之,黄海很少。国外还分布到日本和朝鲜。蓝圆鲹喜集群、有趋光习性。但有时也栖息于近底层,底拖网全年均有渔获。因此,蓝圆鲹既是灯光围网作业的主要捕捞对象,又是底拖网作业的重要渔获物,在我国中上层鱼类中占有重要地位。全国历年蓝圆鲹捕捞产量变动趋势如图 7-14 所示。

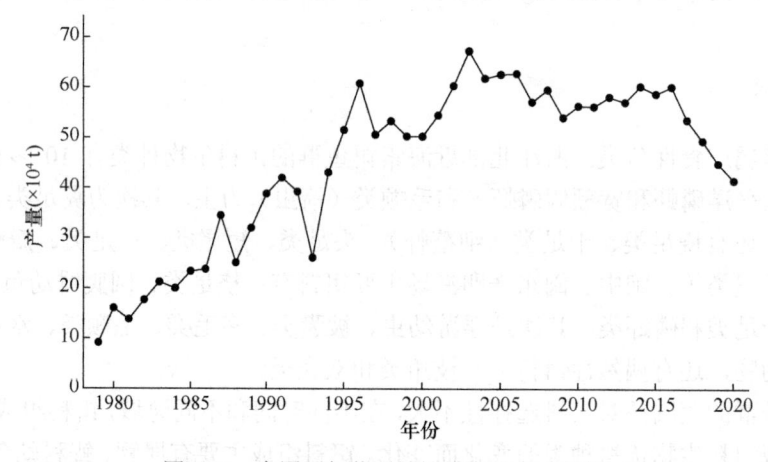

图 7-14 全国历年蓝圆鲹捕捞产量变动趋势

东海捕捞蓝圆鲹的主要渔具除灯光围网外,还有大围缯、夏缯、鲲树缯、箕网、驶缯、竹排缯、红头缯、对拖、地曳网、延绳钓、流刺网等。20 世纪 80 年代初期,东海的蓝圆鲹产量一直比较低,1980～1985 年,蓝圆鲹的年产量波动于 $3.5×10^4$～$6.9×10^4$t,20 世纪 80 年代中期,一方面由于底层主要鱼类资源衰退后加强了对蓝圆鲹的利用,另一方面作业区域逐步东扩,作业渔场不断扩大,蓝圆鲹的年产量开始逐年增加,1987 年达 $1.53×10^5$t,1988～1991 年蓝圆鲹年产量波动于 $1.03×10^5$～$1.98×10^5$t,1992 年突破 $2.0×10^5$t 大关,达 $2.13×10^5$t。1993～1999 年蓝圆鲹年产量波动不大,大致在 $2.0×10^5$t 上下波动。蓝圆鲹年产量占东海区年海洋捕捞产量的比例,以 1992 年为最高,达 7.7%,1997～1999 年所占比例为 3.0%～3.7%,比较稳定。东海的蓝圆鲹主要为福建所捕获,近年来占东海蓝圆鲹产量的 93%,其中大部分捕自闽粤交界处的闽南-台湾浅滩渔场。

东海的蓝圆鲹渔场主要有以下几个:①闽南-台湾浅滩渔场:灯光围网可以周年作业。蓝圆鲹经常与金色小沙丁鱼、脂眼鲱混栖,在灯光围网产量中,蓝圆鲹年产量占 24.4%～58.4%,平均占 44.9%。除灯光围网作业外,在春汛每年还有拖网作业,在夏汛有驶缯在沿岸作业。我国台湾省的小型灯光围网等在澎湖列岛附近海区作业,旺汛在 4～5 月和 8～9 月。②闽中、闽东渔场:几乎全年可以捕到蓝圆鲹,但目前夏季只有夏缯、鲲树缯等在沿岸作业。冬、春汛主要是大围缯作业。此外,我国台湾省的机轮灯光围网和巾着网每年在台湾北部海区捕获蓝圆鲹估计有万余吨。③浙江北部近海：目前主要是夏汛和秋汛生产，以机轮灯光围网和机帆船灯光围网为主。作业渔场分布在海礁、浪岗、东福山、韭山和鱼山列岛以东近海。机轮灯光围网作业偏外，机帆船灯光围网作业靠内，日本机轮灯光围网在海礁外海。此外，过去还有大围缯和对网在此围捕起水鱼和瞄准捕捞。渔期 6～10 月，旺汛 8～9 月。④东海中南部渔场：该渔场包括两个主要渔场，一是钓鱼岛东北部渔场，其水深范围在 100m 左右；另一个是台湾省北部的彭佳屿渔场，水深范围在 100～200m。主要由日本的围网、中国的机轮围网捕捞。蓝圆鲹是这些机轮围网的主要捕捞鱼种之一。以日本以西围网的产量为最高，我国台湾省 1994 年的机轮围网年产量（下同）中蓝圆鲹产量为 3356t，1998 年为 12 090t。我国机轮围网产量中没有将蓝圆鲹产量分出来专门统计，渔期为 6 月中旬至 12 月。旺汛为 6 月下旬和 9 月中旬至 10 月。⑤九州西部渔场：该渔场主要由日本中型围网所利用，在九州近海周年可以捕到蓝圆鲹；在九州西部外海，冬季蓝圆鲹渔获量比较多，主渔场在五岛滩和五岛西部外海。在日本九州沿岸海域，有敷网类、定置网等作业。

在南海，蓝圆鲹为主要经济鱼类之一，丰富的蓝圆鲹资源为我国广东、广西、海南、福建、台湾、香港、澳门等地区渔民所利用。主要作业方式为拖网、围网，同时，定置网、大拉网、刺网和钓具等也能捕到，但渔获量低。20 世纪 70 年代是南海围网渔业的黄金时代，不但围网渔船数连年增加，就是原来传统拖网作业的渔民也一反常态，改拖为围，或是拖围结合。据广东省海洋渔业生产统计资料报道，1970～1979 年，以蓝圆鲹为主要捕捞对象的围网作业和拖网作业的动力渔船，合计为 2636～6008 艘，平均为 4168 艘，蓝圆鲹的年产量均在 5.0×10^4t 以上，最高为 1977 年的 1.73×10^5t，平均为 1.0×10^5t。20 世纪 80 年代，动力渔船仍不断增加，是 70 年代的 8.4 倍，蓝圆鲹的年产量均在 5.5×10^4t 以上，最高为 1987 年的 1.68×10^5t，平均为 1.19×10^5t。渔船数在迅速增加，而蓝圆鲹的年产量却增长不多，说明蓝圆鲹的资源已得到充分利用，甚至已遭到破坏，表现为渔场缩小，渔期缩短。直到 20 世纪 90 年代中期，渔政部门采取了许多保护措施，加强了执法力度，以期蓝圆鲹资源得到恢复。目前，几个传统灯光围网渔场情况已有所好转，蓝圆鲹仍然是主要的渔获物之一。

南海北部蓝圆鲹的渔场主要有：珠江口围网渔场、粤东围网渔场、海南岛东部近岸海区拖网渔场、北部湾中部渔场。其他区域也有少量蓝圆鲹分布，但难以形成渔场。珠江口围网渔场是蓝圆鲹的主要分布区，主要分布在 30～60m 海域，主要作业方式是围网和拖网，该渔场渔期较长，为 10 月到翌年 4 月中旬，以 12 月为旺汛期，是蓝圆鲹从外海游向近海河口产卵的必经场所。粤东渔场范围较大，但渔获率没有其他渔场高，该渔场的渔期比较短，为 2 月到 3 月，2 月为旺汛期。在"北斗"号对南海北部进行底拖网的调查中，发现春季调查时在海南岛东部所捕获的蓝圆鲹性腺成熟度较高，并且渔获率不少。该渔场的渔期为 2～6 月和 10 月，4 月为旺汛期，渔场范围稍小些。北部湾中部渔场主要出现在夏季和秋季。近年来，台湾浅滩灯光围网渔场的蓝圆鲹资源比较稳定，但已经被充分利用，而南海北部其他灯光围网渔场的蓝圆鲹资源早已出现捕捞过度的情况。

第七节 鲐

一、生物学特性

（一）种群

鲐广泛分布于太平洋西北部即黑潮水系向岸一侧与各沿岸水交汇的水域，南起台湾海峡，北至库页岛南部。其中包括东海的西部和北部、黄海、渤海、日本海、日本九州西部近海、濑户内海和日本列岛太平洋沿海。黄海、东海的鲐在分布上相接并互有消长。除 2 月之外，一年中的数量分布均以黄海居多。鲐的越冬场主要在黄海区内，但冬季有部分鲐进入对马海峡和东海海域。上述三个海域的鲐分布区相连，其数量随季节变化而互有消长。因此很难说黄海、东海的鲐和对马海峡水域、日本近海的鲐是不同的种群。日本的研究者也认为整个黑潮水系的鲐是相通的。本州西岸的鲐与日本海的相通，但与黄海、东海的鲐之间的关系尚未弄清。周边水域是否有不同的种群还有待进一步研究。

（二）洄游分布

鲐与其他中上层鱼类一样，对温度反应非常敏感。在不同的生活阶段和不同的季节，它们会根据自身对温度条件的适应能力进行洄游，同时也随着水温的变化不断地改变自身的适应力。东海、黄海鲐分布区周年的水温范围一般为 7～28℃，冬季适温低，夏季适温高。根据资料记载，每年秋末冬初，随着水温下降至 15℃ 左右，鲐离开沿岸逐渐游向深水区，并在 11 月初开始南下进行越冬洄游。11 月中下旬鱼群主要分布在 35°N～39°N、122°E～125°E 海域，主群集中在水温 10～13℃ 的海域。1 月时，主要分布区向南移动约 2 个纬度，即在 33°N～37°N、122°E～125°E 海域。3 月和 4 月初，鲐主要分布在 26°30′N～36°N、121°E～125°E 海域。4 月中旬前后，随着海水温度的回升，鲐开始北上作产卵洄游。在 4 月中旬至 6 月上旬的近 2 个月时间里，先南后北地陆续游向浙江近海、海州湾、乳山-石岛近海、朝鲜近海、黄海北部近海和渤海各湾产卵场。

12 月初至翌年 3 月初为黄海鲐在黄海的越冬期。越冬场的范围大致在黄海中南部西起 40m 等深线附近，东至大、小黑山一带，北起 35°N 附近，南至黄海暖流 5m 层水温 13℃ 等温线舌锋附近。12 月初越冬场先是形成于北部 35°N 两侧、123°E～125°E 海域。12 月中下旬到翌年 1 月中下旬，鱼群继续缓慢向南和东南移动，移动速度大约为 2n mile/d。12 月和翌年 1 月越冬场鱼群相对最为集中和稳定，为黄海越冬场捕捞的最佳渔期，其范围大致在 33°30′N～35°00′N、122°45′E～124°30′E。进入 2 月，鲐向东南移动速度加快，部分鲐进入对马（通过济州海峡）和东海水域，鱼群相对零散而不稳定。3 月，随着温度的回升，越冬场鲐开始向西北扩散移动，相继进入 40m 以浅水域。4 月，黄海、渤海近海增温迅速，黄海中南部，包括部分东海北部的鲐迅速北上。4 月中旬前后大批绕过成山头，4 月下旬分别抵达黄海北部和渤海的各产卵场。分布偏西的鳀则沿 20m 等深线附近向北再向西进入海州湾。5 月上旬，鳀已大批进入黄海北部和渤海的各近岸产卵场。与此同时，在黄海中南部仍有大量后续鱼群。5 月中旬鳀进入产卵盛期。沿岸定置网陆续出现大量鳀，5 月中旬至 6 月下旬为鳀产卵盛期。其后逐步外返至较深水域索饵。7 月、8 月大部分鳀产卵结束，主要分布于渤海中部、黄海北部、石岛东南和海州湾中部的索饵场索饵。同时在黄海中南部仍有部分鳀继续产卵。9 月分布于渤海和黄海北部的鳀开始向中部深水区移动。黄海中南部的鳀开始由 20～40m 的较浅水域向 40m 以深水域移动并继续索饵。10 月鳀相对集中在石岛东南的黄海中部和黄海北部深水区，同时黄、渤海仍有鳀广泛分布。11 月，随着水温的下降，鳀开始游出渤海，与黄海北部的鳀汇合南下。11 月中旬密集群移至成山头附近。在黄海中部的开阔水域，来自周边的鳀在 60m 等深线附近形成多个密集群体。同时，黄海中南部的鳀也开始向深水区集结。12 月上旬，黄海北部的大部分鳀已绕过成山头，进入黄海中南部。随着冷空气的频繁南下和日照的逐日缩短，黄海中北部水温迅速下降。上述各路鳀的主群逐步汇集于 35°N 以南、水深 60m 以深的深水域，结成大范围的密集群，形成越冬场。鳀的洄游分布如图 7-15 所示。

根据调查资料，大致推测东海的鳀洄游分布情况：春季，鳀主要分布在长江口、浙江北部沿海及济州岛西南部海域，中心分布区约在 29°30′N 一线；夏季，鳀的主要分布区域有明显的向北移动现象；秋季，鳀分布较少，仅在济州岛西南部及浙江南部和福建北部沿海有少量鳀出现；冬季，鳀主要分布于东海沿海海域，集中在 28°N～32°30′N、123°E～125°E 的范围内。

吴常文和吕永林（1993）认为浙江近海鳀主要有两个群体：一个群体为生殖群体，主要出现在 1～6 月，分布在 10m 等深线以东海域，群体组成以 90～114mm 为优势体长组。另一个群体为当年生稚幼鱼群体，出现于 5～9 月，其分布与其他很多鱼类相反，分布区域偏外，集中在 15～30m 等深线附近海区，主要由优势体长组 40～64mm 的个体组成。

鳀有垂直分布的变化和昼夜间分布的变化。一般昼间分布水层较深而夜间较浅；昼间呈相互间离的小群分布而夜间则呈弥漫状分布。鳀的上述特性主要取决于光线的变化，产生变化的时间因季节而不同，与天文晨光始和昏影终关系密切。鳀垂直移动的特性不是绝对的，常有垂直移动不明显甚至逆向的情况。例如，在黄海中东部的深水区，鳀往往昼夜都分布于近底层。

（三）年龄与生长

鳀属生命周期短的小型鱼类，根据朱德山等（1990）的研究结果，黄海和东海鳀的最大年龄可达 4 龄。

利用 1986 年和 1987 年 3 月的调查资料拟合得出鳀的体长 L_t 的生长方程为

$$L_t = 16.3[1-e^{-0.8(t+0.2)}]$$

鳀的体长、体重关系式为

$$W = 4.0 \times 10^{-3} \times L^{3.08}$$

而根据东海调查 196 尾鳀体长、体重资料拟合得到鳀体长、体重关系为

$$W = 3 \times 10^{-5} \times L^{2.6774}$$

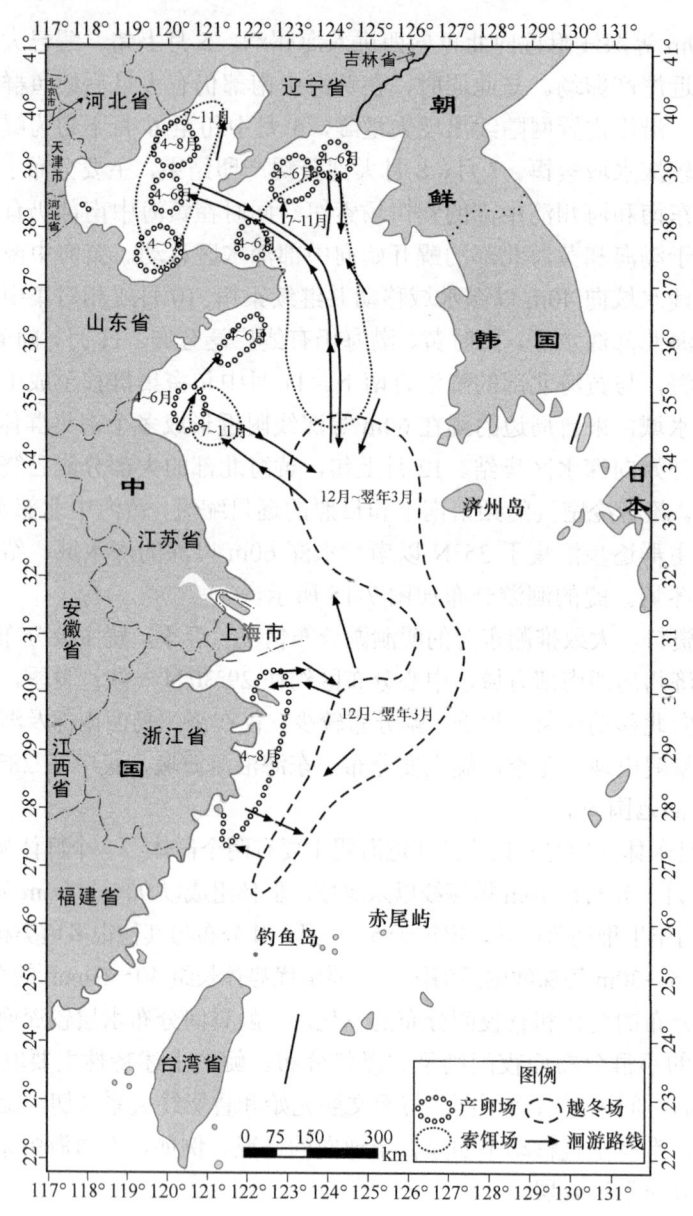

图 7-15 鳀洄游分布示意图

式中：L_t 为年龄 t 的体长；W 为体重；L 为体长。

（四）繁殖

鳀属多峰连续排卵类型，产卵期较长。黄海鳀产卵期为 4 月底至 10 月中旬。5 月中旬至 6 月下旬为鳀的产卵盛期。3 月上旬性腺开始发育，10 月中旬产卵结束。鳀在生殖活动期间雌雄比大致为 1∶1。产卵盛期来临之际雌雄比为 51∶49，盛期过后至 8 月为 49∶51。10 月中旬至翌年 3 月初性腺处于 Ⅱ 期的未发育状态。雌性性腺成熟度 Ⅴ 期者出现在 4 月底至 10 月上旬。5 月中下旬性腺成熟度 Ⅴ 期的占 49%，Ⅳ 期、Ⅵ 期和 Ⅲ 期分别占 36%、9%和 6%。黄海鳀的主要产卵场在海州湾、山东半岛周围、辽东近海和渤海的近海。在海州湾，产卵场亲鱼、鱼卵和仔鱼主要分布于水深 20m 左右的海洋潮锋带附近，但较深水域也有鳀产卵。与此同时黄海中南部仍有大量后续鳀北上。实际上产卵季节在整个黄海条件适合的水域都有鳀产卵。根据黄海 1985~1988 年 16 个航次 800 个站次的大面调查和近岸产卵场调查，鳀卵分别占总卵量的 94.19%和 92.43%。

东海区鳀的产卵期略早于黄海，开始于每年的 3 月底和 4 月初。吴光宗（1989）于 1985 年 8 月至 1986 年 8 月在长江口海区（30°45′N~32°00′N、124°00′E 以西）周年的生态调查表明：鳀卵和仔稚幼鱼的出现数量，占该区各种鱼卵和仔稚幼鱼总量的首位。其中，垂直网采集的鳀卵和仔稚幼鱼分别占该网型采集总量的 82.72%和 45.90%，而表层网则分别为 82.73%和 54.64%。鳀卵出现于 4 月中旬至 10 月中旬，以 5 月、6 月为高峰期，这说明长江口鳀卵期始于 4 月中旬，产卵盛期为 5 月、6 月。鳀卵分布区的表层水温为 17.0~24.5℃，表层盐度为 22.5~30.5。

产卵期间大量鳀性腺样品的观察结果证实，东海、黄海的鳀 1 龄可达性成熟，雌性性腺成熟度达Ⅲ期者最小叉长为 60mm，纯体重为 1.8g，达Ⅴ期者最小叉长为 9.0mm，纯体重为 5.0g。

（五）食性

12 月中下旬，黄海鳀已进入越冬阶段，鱼群相对密集稳定，基本不摄食或少量摄食，摄食等级为零的占 73%，摄食等级从Ⅰ到Ⅳ分别占 16%、4%、4%、2%。4 月上旬鳀已开始北上洄游并大量摄食。摄食等级Ⅰ到Ⅳ共占 75%，分别为 31%、22%、13%和 9%。空胃率仅占 25%。5 月中下旬鳀产卵盛期开始。进行产卵的鳀暂时停止摄食，摄食等级为零的约占 58%；摄食等级为Ⅰ、Ⅱ级的分别占 25%、13%；Ⅲ、Ⅳ级的分别约占 4%和 1%。夏季（8 月），绝大部分鳀已结束产卵，进入索饵阶段，但仍有少量鳀产卵。摄食等级为零的约占 20%，Ⅰ、Ⅱ级的分别占 63%和 10%，Ⅲ、Ⅳ级的分别占 4%和 2%以上。

鳀的摄食强度随季节而变化，黄海中南部鳀摄食等级的变化以越冬期（12 月至翌年 2 月）最低，空胃率达 90%以上。此时，鳀腹腔内充满脂肪块，能量消耗依赖体内积累的脂肪；3 月起随着性腺的发育，摄食强度增加，4 月达到最高峰。5~6 月鳀产卵高峰期摄食强度下降，但仍摄食。7~8 月进入索饵期，摄食强度再增强，10 月以后又逐渐降低。

根据调查，初冬（12 月下旬至翌年 1 月上旬）黄海鳀摄食的饵料主要种类依次为太平洋磷虾（幼体为主）、细长脚䗢、中华哲水蚤、墨氏胸棘水蚤等。冬季（2 月）主要种类为太平洋磷虾（幼体）和长额刺糠虾等。春季（5 月、6 月）为鳀的产卵盛期，大部分鳀处于相对近岸的较浅水域，饵料以强壮箭虫为主。夏季（8 月）为鳀的索饵期，主要饵料种类依次为太平洋磷虾、中华哲水蚤、细长脚䗢、长额刺糠虾等。近岸水域的则以强壮箭虫占第一位。当年生幼鱼的饵料组成以蚤状幼体为主。与历史资料相比较，除春、夏季近岸水域外，原来在鳀饵料中占第一位的中华哲水蚤近年来由太平洋磷虾所取代。

根据朱德山等（1990）的研究结果，黄海中南部及东海北部鳀摄食的饵料组成有50余种，以浮游甲壳类为主，按重量计占60%以上，其次为毛颚类的箭虫、双壳类幼体等。以胃含物的重量组成和出现频率两个指标分析，成鳀主要饵料生物为太平洋哲水蚤、强壮箭虫、太平洋磷虾、细长脚蚁、长额刺糠虾等。饵料组成具明显的区域性和季节性变化，突出表现为饵料组成与鳀栖息水域的浮游生物组成相一致。秋、冬季在黄海中南部深水区，其饵料组成较单纯，主要为太平洋哲水蚤、太平洋磷虾和细长脚蚁等；春、夏季鳀进入近岸浅水域后，饵料组成主要为近岸低盐性浮游动物，如强壮箭虫、长额刺糠虾、腹针刺镖水蚤、日本大眼剑水蚤及涟虫类等。

（六）群体组成变动趋势

根据报道，鳀属生命周期短的小型鱼类，一般只有4个年龄组。仅个别年份出现5个年龄组，4龄鱼数量仅占1%左右。1992~2000年黄海、东海各年龄鳀的资源数量如表7-16所示。从多年的各年龄资源数量分布分析，鳀各年龄组的尾数比例与年龄成反比，即年龄越高尾数比例越小。但调查中少数年份出现最低龄鱼尾数比例小于次低龄鱼

表7-16 黄东海鳀历年各年龄资源数量（引自唐启升，2006）

年度		1991~1992	1992~1993	1993~1994	1994~1995	1995~1996	1998~1999	1999~2000	2000~2001
月份		1992.01	1992.12	1993.12	1994.12	1995.12	1999.02	1999.12	2000.10
0龄	$N \times 10^9$尾	—	185.6	122.8	198.0	113.3	—	56.6	77.1
	所占比例(%)	—	40.5	35.4	50.7	44.0	—	36.7	49.2
	$W(\times 10^4 t)$	—	92.8	83.6	130.0	82.8	—	25.3	58.6
	所占比例(%)	—	21.7	22.4	33.9	32.3	—	16.9	40.2
1龄	$N(\times 10^9$尾)	104.2	168.7	66.4	133.3	69.1	30.1	58.8	42.2
	所占比例(%)	36.2	36.8	19.1	34.1	27.0	36.1	38.1	37.2
	$W(\times 10^4 t)$	64.0	170.4	75.6	168.9	69.9	13.3	63.6	52.9
	所占比例(%)	23.0	39.8	20.2	43.9	27.2	16.3	42.6	36.3
2龄	$N(\times 10^9$尾)	161.6	80.4	114.7	58.6	66.5	38.4	36.5	18.8
	所占比例(%)	56.1	17.5	33.1	15.0	26.1	46.0	23.7	12.0
	$W(\times 10^4 t)$	182.1	113.4	149.5	85.4	91.6	44.0	54.4	29.9
	所占比例(%)	65.5	26.5	40.0	22.2	35.7	54.0	36.4	20.5
3龄	$N(\times 10^9$尾)	19.9	24.1	43.0	0.4	5.7	14.0	2.4	2.5
	所占比例(%)	6.9	5.2	12.4	0.1	2.2	16.8	1.6	1.6
	$W(\times 10^4 t)$	28.6	35.2	65.3	0.6	10.7	22.8	5.7	4.7
	所占比例(%)	10.3	8.2	17.5	0.2	4.2	28.0	3.8	3.2
4龄	$N(\times 10^9$尾)	2.2	—	—	—	—	0.9	0.9	—
	所占比例(%)	0.8	—	—	—	—	1.1	0.1	—
	$W(\times 10^4 t)$	3.5	—	—	—	—	1.4	0.4	—
	所占比例(%)	1.2	—	—	—	—	1.7	0.3	—
	ΣN	287.9	458.8	346.9	391.0	254.7	83.4	154.3	156.8
	ΣW	278.2	428.5	374.0	384.7	256.5	81.5	149.4	145.8

注：N为资源尾数，W为资源重量；"—"表示无数据。

的情况。从 0 龄到 3 龄各年龄尾数所占比例多年平均分别为 41.1%、36.8%、18.9%和 3.1%。从每一年龄组尾数比例的年际变化来看，年际变化的趋势不显著。仅在高龄鱼组可以看出近 3 年尾数比例有所降低。这说明自然和人为因素对鳀这种生命周期短的小型鱼类在年龄组成上的影响不大，但对其他较大型经济鱼类则完全不同，如黄海的小黄鱼、带鱼、蓝点马鲛和鲐，大型鱼已十分罕见甚至绝迹。

鳀最大体长（全长）170mm、最大体重 46g（怀卵雌鱼），优势叉长组各季节有所不同，春季为 120mm 左右；夏、秋季则为 100mm 左右。年际变化不显著。幼鱼数量的变化趋势随总资源量的变化而变化，近年来亦呈下降趋势。最小性成熟个体叉长为 60mm（性腺发育Ⅲ期）和 90mm（性腺发育Ⅴ期）。根据 1987 年的资料，黄海中南部鳀（叉长 90～127mm）的个体绝对生殖力在 600～13 600 粒，平均为 5500 粒。鳀卵径和初孵仔鱼近年均有变小的趋势。

二、种群数量变动

我国黄海、东海蕴藏着丰富的鳀资源，朱德山等（1990）曾根据 1985～1988 年对黄海和东海北部的调查，用探鱼仪积分值结合拖网渔获物组成情况评估得出鳀资源量为 2.2×10^4～2.82×10^6t，表明 20 世纪 80 年代黄海、东海的鳀资源是相对丰富的。在 80 年代以前，黄海、东海鳀资源基本上处于未开发状态，仅有少量的幼鱼专捕作业，在黄海的作业方式主要为沿岸大拉网、近岸小围网和近岸流网等。在东海的作业方式主要是海蜒对网、海蜒网和张网等，鱼汛期在 5～8 月，渔场分布在沿岸岛屿、港湾附近浅水区，因此没有单独的统计产量。

我国大规模的鳀资源利用始于 20 世纪 90 年代，主要作业方式为机轮变水层拖网，产量呈直线上升趋势，如图 7-16 所示。从 1990 年的不到 6.0×10^4t，至 1995 年增加到 4.5×10^5t，1997 年突破 1.0×10^6t 大关（1.2×10^6t），1998 年达到最高的 1.373×10^6t，成为我国单鱼种产量最高的一种鱼类。黄海是鳀的主要分布区，黄海鳀的产量占全国产量的 80%以上，1998 年以后，在捕捞力量继续加大的情况下，鳀产量反而下降 20%以上，2000 年全国鳀产量为 1.14×10^6t，其中黄海鳀产量降到 9.6×10^5t。

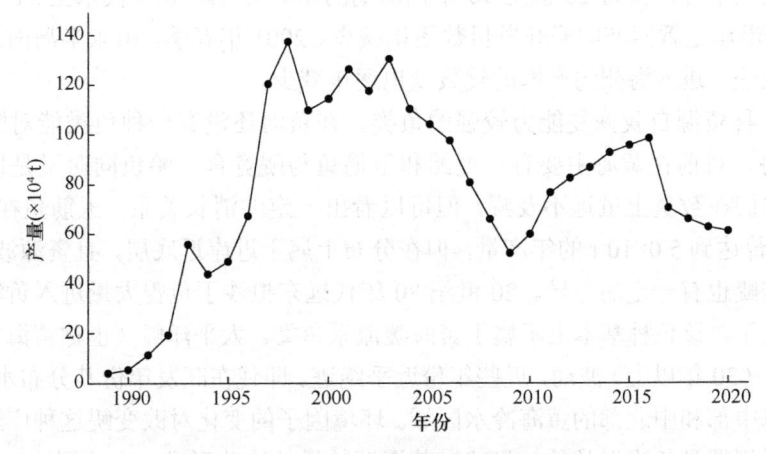

图 7-16　全国历年鳀捕捞产量变化趋势

在东海，对于鳀成体资源的利用，从 20 世纪 60 年代开始，曾几次进行鳀资源开发试捕，但是都没有推广成功，主要原因是其价值低、保质期短，渔具渔法不适用以及对其渔场不熟悉，因此仅为近海底拖网作业兼捕对象，鱼汛期为 12 月至翌年 6 月。进入 90 年代以后，东海开始发展规模性专捕鳀生产，作业渔具除了传统的海蜒对网、海蜒网等外，也开始应用大马力变水层拖网捕捞鳀，到 1996 年，仅浙江省投入的生产船就达 96 对，产量 $3.74×10^4$t；1998 年达到了 308 对船，产量达到了 $2.196×10^5$t。1998 年，东海鳀产量达到最高，为 $3.2×10^5$t，但随后的两年又下降到了 $2.0×10^5$t 以下，年间波动很大。

黄海鳀的主要作业渔场为黄海中南部的越冬场，黄海中部夏、秋季的索饵场和春夏之交的近岸产卵场。由于黄海鳀的越冬、繁殖和索饵主要都是在黄海进行的，实际上在黄海一年四季均可生产。

鳀属小型中上层鱼类，生殖周期短，对环境条件适应范围广，分布水域广阔，因此资源的自我恢复能力强。其资源变动主要取决于自然条件的变化，包括种间竞争。但在黄海这样半封闭的较浅水域对其进行全年性的大规模捕捞已对鳀资源造成影响。具体表现为 CPUE 下降，资源量减少。根据"北斗"号连续多年的声学资源评估结果，1992～1993 年度黄海鳀资源水平最高，达 $4.28×10^6$t。而到了 20 世纪 90 年代后期，根据海洋勘测生物资源补充调查的底拖网资料，应用扫海面积法进行估算，得出黄海鳀资源量：春季为 $9.4×10^4$t，夏季为 $1.383×10^6$t，秋季为 $5.5×10^4$t，冬季为 $7.0×10^4$t；利用声学法评估得出春季为 $4.66×10^5$t，夏季为 $1.908×10^6$t，秋季为 $1.522×10^6$t，冬季为 $2.016×10^6$t。在东海，根据扫海面积法和声学评估结果，最高的 1998 年春季，东海整个调查区域（127 468 平方海里）内的鳀资源量为 $1.233×10^5$t（扫海面积法）、$1.320×10^5$t（声学法）。而最低的秋季，整个调查区域内的资源量仅为 20.6t（扫海面积法）、634.9t（声学法）。与 80 年代及 90 年代前期相比，均有较大幅度的下降。出现上述结果，除了因调查方法等对鳀资源的估算可能偏低外，也可能是由黄海、东海的鳀资源经过 20 世纪 90 年代的高强度捕捞，开始呈现资源衰退所致。

生产实践也表明，经历了 90 年代后期的大规模高强度捕捞之后，21 世纪初，鳀捕捞产量大幅度下降，仅为 20 世纪 90 年代前期的 1/4 左右。90 年代末至 21 世纪初的三年间，春季沿岸定置网产卵鳀旺发日数逐年减少。2001 年春季，山东半岛南岸定置网几乎没有鳀渔获。进入海州湾产卵的鳀数量也逐年减少。

鳀是一种资源自我恢复能力较强的鱼类，在黄海还没有一种鱼类能对鳀构成种间竞争的威胁。目前在黄海主要有小型鲐和玉筋鱼与鳀竞食。鲐鱼同时又是以幼鳀和成鳀为食，它们在数量上虽远不及鳀，但可以看出一定的消长关系。玉筋鱼在 20 世纪初（2000 年）曾达到 $5.0×10^5$t 的年产量，但在分布上属于近岸近底层，且资源波动性较大，饵料种类与鳀也有一定的差异。20 世纪 80 年代远东拟沙丁鱼曾大量进入黄海，但很快就销声匿迹了。该鱼种基本上不属于黄海暖流系鱼类。太平洋鲱（也称黄海鲱）在黄海呈长周期性（30 年以上）波动，近些年份近乎绝迹。即使在旺发年份其分布水域也有限，仅限于黄海中部和中北部的黄海冷水区域。环境因子的变化对改变鳀这种广适应性鱼类的地位来说周期是相当漫长的，只能对其资源数量的波动形成一定的影响。也就是说，鳀在黄海的地位是无可替代的。自 20 世纪 90 年代中期以来，鳀产量呈现下降趋势，其原因主要有两个方面：一是该期间正是鲐和玉筋鱼资源的上升阶段，形成了一定的消长关系；二是人为的大量捕捞超过了资源的承受能力，导致鳀资源因过度捕捞开始呈现衰退趋势。东海区鳀资源数量变动趋势也是如此。

第八节　三疣梭子蟹

一、生物学特性

三疣梭子蟹是西北太平洋特有种，是一种暖温性蟹类，在我国沿海的分布很广，北起辽东半岛，南至福建、广东沿海。另外日本、朝鲜半岛、马来群岛附近海域也有分布。三疣梭子蟹是东海特别是浙江的主要捕捞对象之一，每年有一定数量出口国外，在浙江沿岸海域以 3~5 月和 9~10 月为生产旺季；在渤海湾辽东半岛则以 4~5 月的产量为较多。

（一）洄游分布

渤海三疣梭子蟹是一个地方性种群。冬季主要在渤海的中部海域越冬，分布比较分散。春季则开始生殖洄游，主要游向渤海湾和莱州湾近岸，在浅水区河口附近产卵，产卵后则在近岸索饵生长。

在东海，根据宋海棠等（2012）报道，冬季三疣梭子蟹分布在底层水温 12℃ 以上的深水海区越冬，比较集中的越冬场有两处，一处是在鱼山、温台渔场水深 40~70m 一带海域，底层水温 15~18℃，盐度 32.00~34.00；另一处是在福建沿海 25~50m 水深一带海域。在东海北部海域，尤其是在秋末冬初（11~12 月）还有较多的越冬群体分布，主要中心在舟山渔场的浪岗、东福和洋安一带海域，11 月渔场水温仍比较高，底层水温 20~21℃，盐度 32.00~34.00，翌年 1~2 月渔场水温下降到 10~12℃，梭子蟹向南部越冬场洄游，北部海区数量大大减少。

春季随着水温回升，三疣梭子蟹的性成熟个体自南向北，从越冬海区向近岸浅海、河口、港湾作产卵洄游，产卵场遍布沿岸浅海及岛屿周围水域。3~4 月在福建沿岸海区 10~20m 水深海域，4~5 在浙江中南部沿岸海域，5~6 月在舟山、长江口 30m 以浅海区形成三疣梭子蟹产卵场和产卵期。产卵场底质以砂质和泥砂质为主，水色浑浊，透明度较低，底层水温一般在 13~17℃，底层盐度 16.00~30.00。

产卵后的群体，分布在沿海索饵，索饵群体包括幼蟹和成蟹。由于个体大小不同，其分布海域也不一样，6~8 月孵出的幼蟹分布在沿岸浅海区，成蟹分布在外侧海域。成蟹群体除剩余群体外，还有部分幼蟹长大之后移向深水海区与成蟹一起进行索饵活动，一般分布在 30~60m 水深一带。8~9 月，其中心分布区在长江口、吕泗、大沙渔场和海礁北部一带海域，中心渔场底层水温 19~22℃，底层盐度 30.00~34.00。秋季个体逐渐长大并向深水海区移动，8~9 月近海水温继续上升，外海高盐水向北推进，产卵后的索饵群体和当年生的群体一起，北移至长江口、吕泗、大沙渔场。中心渔场底层水温为 20~25℃，盐度为 30.00~33.00。10 月份以后，随着北方冷空气南下，沿岸水温逐渐下降，索饵群体开始自北向南，自内侧浅水区向外侧深水区作越冬洄游，在长江口、舟山渔场的佘山、花鸟、嵊山、浪岗一带海域形成渔场，12 月以后，大部分群体移向东南较深海区越冬，还有一部分群体进入福建近海越冬。三疣梭子蟹洄游分布如图 7-17 所示。

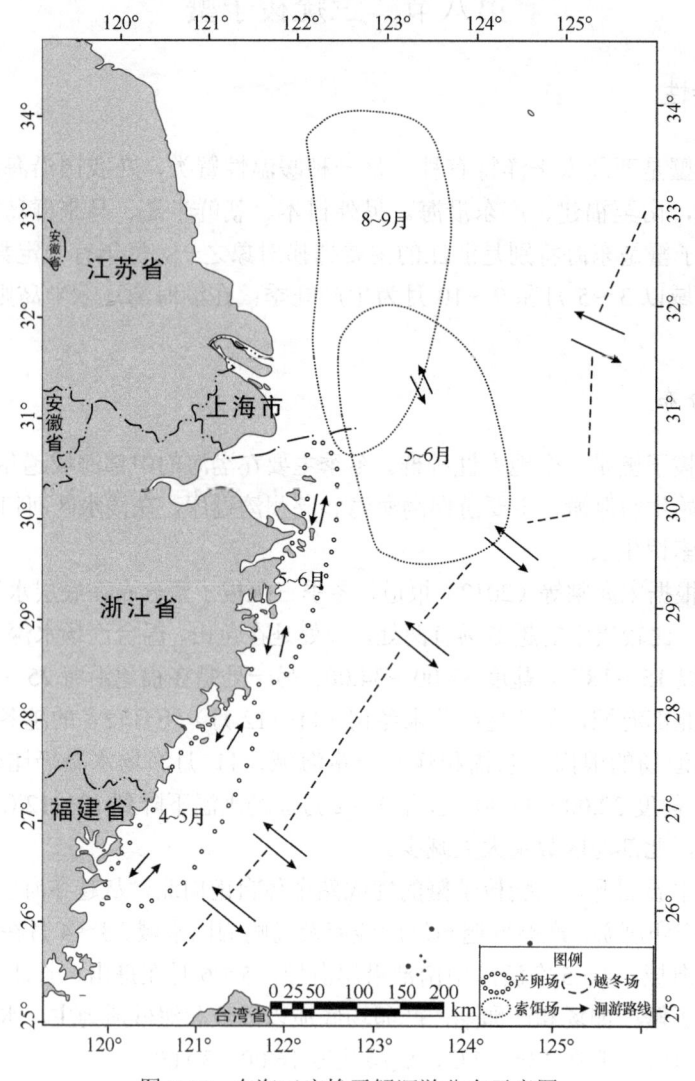

图 7-17　东海三疣梭子蟹洄游分布示意图

（二）年龄与生长

三疣梭子蟹靠脱壳生长，没有年龄标志，通过大量的生物学测定资料，从甲宽、甲长的分布频率可估计其年龄。据戴爱云等（1977）报道，三疣梭子蟹可越过 1~3 个冬天，每年春季（4~5 月）在沿岸海区除了生殖群体外，还有一部分甲宽 120mm 以下未交配的小蟹，这是上一年第二次产卵孵出的群体。这一群体的幼蟹已越过一个冬天，与当年夏季出生的群体一起,经过索饵、成长、交配,组成第二年春季的产卵群体。在浙江南部近海春季抱卵雌蟹中,有两个优势甲长组,一组为 57~71mm,另一组为 73~84mm,前者可以认为是 1 龄蟹,后者为 2 龄蟹,越冬 3 个冬天的为数较少,梭子蟹的捕捞群体主要由 1、2 龄蟹组成。

梭子蟹的生长属于非连续性生长,从幼蟹长至甲宽 110~130mm,大致要经过 13 次蜕壳(安东生雄,1982)。秋季交配后,雌蟹不再蜕壳,至第二年春、夏季产卵后,再蜕壳生长。图 7-18 是幼蟹群体和成蟹群体甲宽逐月分布,从图中可以看出,幼蟹出现有两个高峰季节,即春季高峰和夏季高峰。夏季幼蟹高峰是当年生殖高峰期(4~6 月)孵化出生的,东海北部沿岸海区,从 6 月底开始出现甲宽 20mm 左右的幼蟹,7~10 月都有甲宽 40mm、体重 10g 左右的幼蟹出现。幼蟹体色深紫色。7~8 月,幼蟹生长最快,7 月其甲宽平均增长 28.8mm,增长率为 88.6%;体重平均增长 11.5g,平均增长率为 460%。8 月甲宽平均增长 21.6mm,增长率为 35.2%,体重平均增长 25.5g,增长率为 182.1%,以后逐月递减。9~10 月,甲宽达到 100mm 左右的较大个体开始移向深水海区,加入成蟹群体,成为捕捞对象。夏季高峰幼蟹数量最多,是当年梭子蟹主要的补充来源。由于梭子蟹在一个生殖期内多次排卵,产卵期较长,除了产卵高峰期集中在 4~6 月外,早春和秋季也有少数个体产卵,因此,早春和晚秋也有幼蟹出现。在晚秋孵

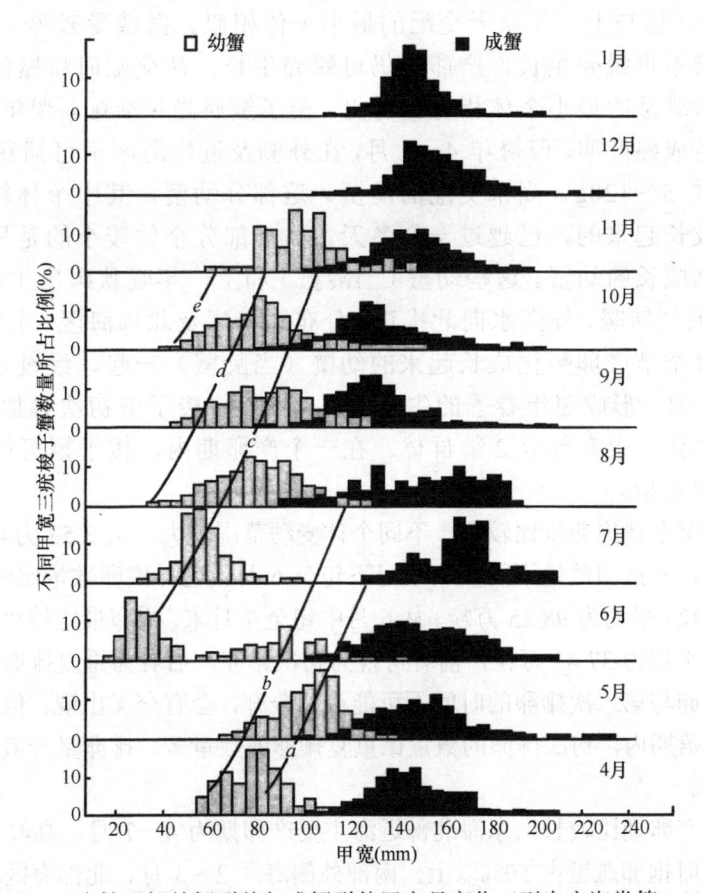

图 7-18　三疣梭子蟹幼蟹群体与成蟹群体甲宽月变化(引自宋海棠等,2012)

化出的幼蟹，因入冬后渔场水温下降，幼蟹生长缓慢或停止生长，至翌年春季水温上升才继续蜕壳生长，并与早春孵出成长的幼蟹一起，组成春季幼蟹高峰。春季高峰的幼蟹体色灰白。4～5 月，甲宽范围 45～145mm，体重范围 5～180g；5 月平均甲宽 102.4mm，平均体重 63.4g；6 月开始部分较大个体移向深水海区，加入成蟹群体；7～8 月，大部分已成捕捞对象。但春季高峰幼蟹数量比夏秋季高峰少。

（三）繁殖

三疣梭子蟹雌雄异体，其性腺发育特性和中国对虾一样，雌雄性腺发育非同步。雄蟹当年秋季性成熟交配，交配期 7～11 月，以 9～11 月为交配盛期，雄蟹将精荚输入雌蟹的储精囊中，而当年成长的雌蟹，交配时性腺尚未发育，交配后雌蟹性腺发育迅速，至翌年春、夏季性成熟，受精产卵，产卵后的个体还能继续蜕壳交配。所以，梭子蟹的生殖活动有交配和产卵两个时期。从调查样品中发现，在梭子蟹交配盛期（9～10 月）的群体中，带有精荚的雌蟹最小个体，甲宽为 110～120mm，甲长为 50～60mm，体重 80～100g。这些个体腹部呈三角形，是当年孵出长成的蟹。次年 5～6 月浙江北部海区捕获的生殖群体样品中，已排卵的抱卵雌蟹最小个体，甲宽为 115～130mm，甲长为 55～65mm，体重为 60～80g，抱卵重量为 20～30g，这与上一年秋天交配的最小个体相似。据戴爱云等（1977）报道，交配后的雌蟹不再蜕壳生长，产卵后仍可蜕壳生长，从交配时雌蟹的最小个体与翌年春天抱卵雌蟹的最小个体相符合看出，梭子蟹属当年交配，翌年性成熟产卵，即 1 龄达到性成熟产卵。但每年 4～5 月，在外侧及近岸海区常可捕获到甲宽 45～135mm、体重 5～120g、尚未交配的幼蟹，这部分幼蟹，其中个体较大的是上一年晚秋孵化成长起来的，已越过一个冬天。另一部分个体较小的是早春在南部及外侧海区孵化成长的幼蟹。这些幼蟹（当龄蟹）和上一年晚秋孵出生长的幼蟹（越年蟹），随着天气转暖，外洋水向北推进，分布到沿岸及北部海区。上述幼蟹与 4～7 月生殖高峰季节产卵孵化成长起来的幼蟹（当龄蟹）一起，经过夏、秋季的蜕壳、生长、交配，形成翌年春季的生殖群体，所以，梭子蟹初次参加产卵活动的，主要为 1 龄群体，也有部分 2 龄群体。在一个产卵期内，梭子蟹可排卵 1～3 次，属于多次排卵类型。

三疣梭子蟹个体抱卵量比较多，不同个体变动范围较大，从 3.53 万粒至 266.30 万粒。不同时期，其抱卵数量不同，从 4 月下旬至 6 月上旬，抱卵数量比较多，在 18.01 万～266.30 万粒，平均为 98.25 万粒。从 6 月中旬至 7 月末，抱卵量比较少，在 3.53 万～132.40 万粒，平均为 37.43 万粒，前者可视为初次排卵，后者为重复排卵。然而，不同个体第一次排卵与第二次排卵的时间不可能截然分开，会有交叉出现，但从总体上反映出，在同一生殖期内，初次排卵的数量比重复排卵的数量多。排卵量一般随甲宽、体重的增长而增加。

梭子蟹的产卵期比较长，东海北部近海主要产卵期为 4～7 月，高峰期在 4 月下旬至 6 月底，这时抱卵雌蟹占 50%以上。南部外侧海区 2～3 月、北部海区 8 月也有一定数量的抱卵个体，占群体组成的 5%左右，秋冬季也能捕到抱卵雌蟹，但数量很少，仅在渔获物中偶尔发现。梭子蟹抱卵期间，卵的颜色开始为浅黄色，逐渐变为橘黄色，最后变为黑色，接着便开始"撒仔"。从黑色抱卵蟹出现的数量，可以看出东海近海梭子蟹的"撒仔"期在 5 月中旬到 7 月底，高峰期在 6 月上旬至 7 月中旬。产卵场在浙江北部海区 20～40m 水深海域，尤其是沙质和泥沙质海区数量较多。产卵场底层水温 13～17℃，底层盐度外侧海区为 31.0～33.0，内侧海区为 16.0～30.0。

（四）食性

三疣梭子蟹具有昼伏夜出和冬匿的习性，并有明显的趋光习性，多在夜间摄食，摄食强度以幼蟹生长肥育阶段最高。7～10 月当年生群体，摄食强度以 II 级为主，占 46.5%，其次是 III 级（29.3%）和 I 级（19.3%），空胃率较少，只占 4.9%。10～12 月越冬过路群体，摄食等级也较高，I 级占 31.0%，II 级 21.0%，III 级占 19.1%，空胃率为 29.0%。

三疣梭子蟹食性较杂，既吃鱼类、蟹类、虾类、腹足类、瓣鳃类、多毛类、口足类，又吃水母类、海星、海胆、海蛇尾等。根据王复振（1964）调查，梭子蟹吃沙蟹及玉螺最多，吃鱼类、蛤类也不少，其出现频率以腹足类（23.5%）、瓣鳃类（22.5%）、短尾类（21.2%）最多，其次是蛇尾类（9.0%）和鱼类（8.3%）。

二、种群数量变动

三疣梭子蟹是我国重要的经济蟹类，主要作业渔具为蟹笼、流刺网，同时也为底拖网、桁杆拖虾网和定置张网等所兼捕。生产汛期主要为春汛和秋汛，春汛捕捞的是越年生的生殖群体，产量比较低；秋汛在近岸以捕捞当年生的补充群体为主，在外海以捕捞越年生的蟹为主，在黄渤海的主要作业渔场有吕泗渔场、海州湾、胶州湾、海洋岛渔场以及渤海渔场。据不完全统计，黄渤海的三疣梭子蟹产量，1991 年以前为 1.8×10^4～2.0×10^4t，1992 年增加至 2.9×10^4t，1993 年以后在 1.9×10^4～7.3×10^4t 波动。

东海三疣梭子蟹资源丰富，是重要的传统捕捞对象，开发利用历史悠久，历史上以流刺网作业捕捞为主，也为拖网、张网作业所兼捕。20 世纪 60 年代至 70 年代前期，流刺网作业曾一度衰落，70 年代后期又得以恢复，进入 80 年代以后，随着东海传统主要经济鱼类资源的衰退，流刺网作业迅速发展，至 90 年代末，仅浙江省就有流刺网渔船 4000 多艘，成为捕捞梭子蟹的主要渔具，同时，80 年代初兴起的桁杆拖虾网作业，也成为兼捕三疣梭子蟹的一种作业。到了 90 年代初，蟹笼试验成功，取得明显的经济效益，蟹笼作业得到迅速推广，又成为捕捞梭子蟹的主要渔具之一。且随着蟹笼渔船吨位、功率的逐年增大，装载蟹笼数量越来越多，每艘渔船装载蟹笼数从 1000～2500 只，增加到 3000～5000 只，个别高的达 7000 只，至 1999 年，浙江省有蟹笼渔船 1280 多艘，蟹笼数 160 多万只，流刺网 1200 万张。因此，在东海，三疣梭子蟹成为流刺网、蟹笼为主捕，底拖网、桁杆拖虾网和定置张网兼捕的对象，捕捞压力十分强大。

自 20 世纪 80 年代后期开始，由于过度捕捞，东海中南部海区的三疣梭子蟹资源出现衰退，90 年代以后，随着蟹笼、流刺网作业的迅速发展，捕捞强度不断增强，东海北部海区的梭子蟹资源也逐渐遭到破坏，特别是 90 年代中期以后，总渔获量和 CPUE 持续下降，资源已经利用过度。为了保护梭子蟹资源，各地曾先后出台过各种管理措施，如浙江省舟山地、县两级政府早在 1983 年就专门发文，规定每年 5~6 月为梭子蟹禁捕期，保护梭子蟹抱卵亲蟹；1993 年浙江省水产局曾发布了《关于加强蟹笼作业管理有关问题的通知》，对蟹笼作业渔场、船只数作了具体规定；1999 年针对梭子蟹资源利用现状和投产规模，浙江省水产局又发布了梭子蟹蟹笼、定刺网生产规模（渔船数和渔具数）控制及禁渔期政策、保护区规定；2006 年国家在东海区实施了拖虾休渔期政策，近几年，各地还投入大量资金，放流三疣梭子蟹苗种等，对保护和恢复梭子蟹资源都起到了积极的作用。在 2013 年、2014 年浙江渔场都出现了三疣梭子蟹旺发景象。

三疣梭子蟹具有生命周期短、世代交替快、个体性成熟早、繁殖力强、生长迅速等特点，当年生幼蟹秋后即可加入捕捞群体，翌年春季即可参加产卵活动。因此，三疣梭子蟹是一种资源补充迅速、自我恢复能力强、经济价值高的渔业资源。但是，它又是一种易受捕捞因素和环境条件变化，尤其是在幼体发育阶段易受气象、海况条件、人为的滥捕等影响而产生种群数量年间波动的资源。从图 7-19 浙江省三疣梭子蟹历年捕捞产量变化情况可以看出，三疣梭子蟹产量年间波动明显，如 1999 年浙江省三疣梭子蟹渔获产量大幅减产，比 1998 年约减产 29.2%；2000 年春、夏汛也难觅梭子蟹踪影，蟹笼、流刺网等以梭子蟹等为捕捞对象的作业因产况欠佳而纷纷转产或停产，1~6 月梭子蟹与 1998 年同比减产 50.0%以上。但是，到了下半年，东海区突然出现梭子蟹旺发，产量迅猛上升，成为自 1996 年以后梭子蟹的第一个高产年，浙江省 2000 年梭子蟹产量比 1999 年约增产 69.8%，比 1998 年约增产 22.1%，比 90 年代梭子蟹平均年产量约高出 30.0%。2001 年开始，浙江省实施三疣梭子蟹增殖放流政策，2005 年，三疣梭子蟹放流量约 500 万只，2008 年约 2000 万只，到 2014 年放流量近 1 亿只。2010 年之后，浙江省三疣梭子蟹捕捞产量持续增加，这可能是开展三疣梭子蟹增殖放流和实施伏季休渔产生的效果。但是，三疣梭子蟹种群数量的年间波动受环境条件制约与人为因素影响较大，至于波动的原因以及增殖放流和伏季休渔的效果等，尚有待深入研究。

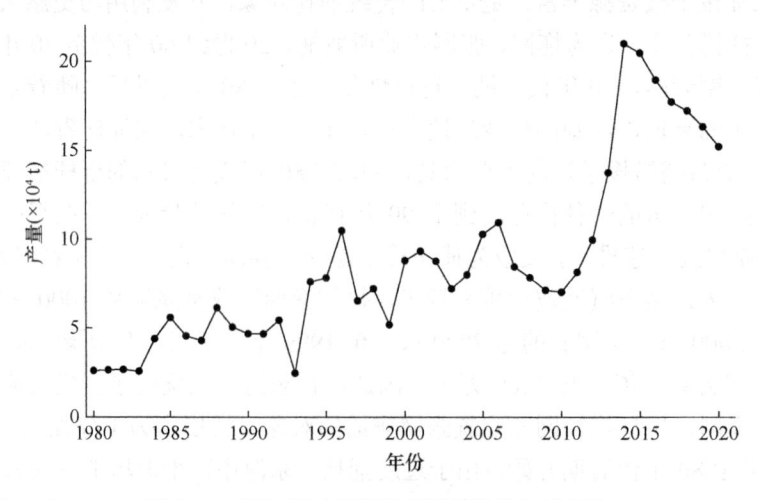

图 7-19　浙江省三疣梭子蟹历年捕捞产量变化

第九节 金枪鱼类

金枪鱼类广泛分布于中低纬度的太平洋、印度洋、大西洋的近海、外海及大洋的中上层，属于高度洄游性鱼类。金枪鱼类是世界上重要的商业性鱼类之一，经济价值高，主要以罐装、生鱼片、熟制、烟熏、风干等多种形式为人类提供优质蛋白质。金枪鱼渔业作为海洋渔业特别是远洋渔业的重要组成部分，其发展一直受到各个渔业国家和地区，尤其是远洋渔业国家和地区的高度重视和大力支持，目前已有80多个国家和地区的渔民从事金枪鱼渔业。从20世纪50年代开始，在日本、美国等远洋渔业大国的推动下，金枪鱼渔业从传统的竿钓拓展到延绳钓、围网等捕捞效率较高的作业方式（其中围网、竿钓主要捕捞中上层金枪鱼，如鲣和个体相对较小的黄鳍金枪鱼、长鳍金枪鱼和蓝鳍金枪鱼等，延绳钓主要捕捞分布水层较深的金枪鱼，如个体相对较大的蓝鳍金枪鱼、大眼金枪鱼、黄鳍金枪鱼、长鳍金枪鱼和剑鱼等），作业范围从过去的沿海国在本国水域的季节性捕捞向周边国家扩展，并逐渐延伸为过洋性或大洋性渔业。并且，随着人工集鱼装置、直升机、超低温冷冻等现代技术的应用，对金枪鱼资源的开发利用程度日益加强，渔获量持续上升。1988年，世界金枪鱼及类金枪鱼产量突破 $4.0×10^6$t，1996年达 $4.58×10^6$t，到2014年接近 $7.7×10^6$t，约占世界海洋捕捞总产量（$8.15×10^7$t）的10%。其中，经济价值较高，对渔业影响较大的主要有黄鳍金枪鱼（*Thunnus albacares*）、大眼金枪鱼（*Thunnus obesus*）、长鳍金枪鱼（*Thunnus alalunga*）和鲣（*Katsuwonus pelamis*）4个种类，2010～2019年，这4种金枪鱼捕捞产量为 $4.429×10^6$～$5.658×10^6$t，平均年产量为 $4.946×10^6$t，最高的是2019年，达 $5.658×10^6$t。

一、黄鳍金枪鱼

（一）生物学特性

黄鳍金枪鱼为大洋洄游性鱼类，常集群。有昼夜垂直移动习性，一般活动于中上层，白天潜入较深水层，夜间上浮至水表层。最大体长可达3m，一般体长60～100cm。

黄鳍金枪鱼分布于太平洋、大西洋和印度洋的热带与亚热带海域。数量较多的海域有：在大西洋，主要分布在几内亚海流区、加那利海流区、北赤道海流区、赤道逆流区、南赤道海流区以及西非大陆架边缘（塞内加尔至科特迪瓦一带）、美洲沿岸北至佛罗里达半岛。在印度洋，主要分布在非洲东部沿海、马达加斯加群岛、阿拉伯海、印度半岛沿海以及印度-澳大利亚群岛海域。在太平洋，主要分布在赤道海流区、太平洋西部和夏威夷、加拉帕戈斯群岛以南、菲克斯群岛附近海域，在黑潮流域北到35°N，美洲沿岸 20°S～32°N 的外海水域。在我国，分布于南海诸岛和台湾省附近海域（如图7-20所示）。

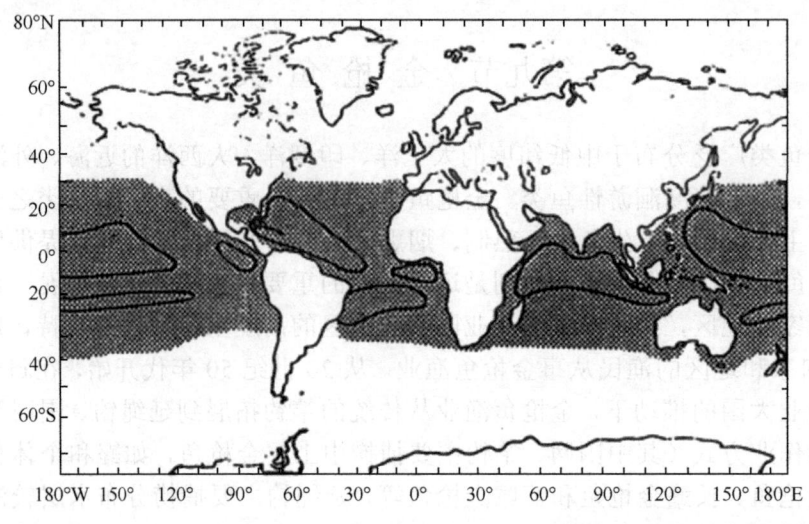

图 7-20　黄鳍金枪鱼的分布和产卵海域示意图（引自苗振清和黄锡昌，2003）

大西洋的黄鳍金枪鱼和印度洋-太平洋的黄鳍金枪鱼可能是两个亚种。据有关资料分析表明，黄鳍金枪鱼分布海域的水温为 18～31℃，大量密集区水温为 20～28℃。黄鳍金枪鱼的产卵期因海域而异，表 7-17 为不同海区的产卵期。其中大西洋佛得角群岛的黄鳍金枪鱼产卵期为 5～9 月，推测不同年龄组的产卵期可能各不相同。个体大小为 25～30kg 的黄鳍金枪鱼在 4～8 月进行产卵，而 80～95kg 的较大型个体则在冬季产卵。

表 7-17　黄鳍金枪鱼在不同海区的产卵期（引自陈新军，2014）

海区	0°N～10°N 170°W～130°E	0°N～8°N 170°E～150°W	0°S～10°S 140°E～110°W	15°S～25°S 150°E～130°W	10°S～20°S 143°E～155°E	20°S～30°S 澳洲东岸至 160°E
产卵期（月）	7 月至翌年 5 月	6～11 月	4 月至翌年 1 月	11 月至翌年 3 月	8 月至翌年 6 月	8 月至翌年 2 月
产卵盛期（月）	7～11 月	6～10 月	4～8 月	12 月至翌年 3 月	11 月至翌年 2 月	11 月至翌年 2 月

大西洋的幼鱼向北洄游。体重 24～29kg 的性成熟个体也进行洄游，到达加那利群岛，体重 50～60kg 的个体洄游不超出 20°N 的范围，而大型的个体不离开盐度 36.60～37.00 的赤道海域。

在太平洋，已知产卵场位于夏威夷群岛和马绍尔群岛的赤道海流北部、苏拉威西海、哥斯达黎加沿岸和加拉帕戈斯群岛。太平洋黄鳍金枪鱼的产卵期和大西洋相同，也随年龄和体长而变化，体长 67～77cm 的个体在 4～6 月产卵，77～79cm 的个体则在 5～8 月产卵，较大型的个体在冬季产卵。

在太平洋热带海域，黄鳍金枪鱼可全年捕捞，其中以 5～9 月为盛渔期；太平洋北部夏季为捕捞季节，小笠原群岛的渔期为 6～7 月及 11 月；台湾海峡以南的巴士海峡及吕宋西部外海、台湾省东部海域的渔期为 3 月至 6 月上旬；苏禄海及苏拉威西海为 9 月至翌年 5 月。美洲西岸的加利福尼亚海区渔期为 7～8 月；巴拿马、哥斯达黎加外海的渔期为 2～3 月。在印度洋中部及东部的渔期为 12 月至翌年 1 月；印度洋西部的塞舌尔群岛是黄鳍金枪鱼的重要生产渔场，几乎全年均可捕捞，以 1～3 月和 8～12 月为盛渔期。

黄鳍金枪鱼在夏季洄游到近海，在热带海域栖息于深处，温带海域则栖息于浅处，夏季栖息水层较浅，冬季则栖息水层较深。黄鳍金枪鱼经常游泳水层为 100～150m。进行长距离洄游时，洄游路线与海流的季节变化关系密切。对盐度变化极敏感。在日本东北部海区的集群形式不完全一样，有时在黑潮暖流与低温水团交汇海区集群，有时集群上方有海鸟飞翔，有时追逐饵料鱼集群。

黄鳍金枪鱼的仔鱼，主要分布于以厄瓜多尔为中心的热带海域。从非洲到中美洲的整个大西洋和太平洋热带海域常年也有仔鱼分布，在夏季由热带海域逐渐向高纬度扩展。仔鱼分布的最低水温约为 26℃，昼夜均分布于表层 20～30m 水层。

黄鳍金枪鱼食性很广，随饵料生物的数量而变换，以头足类、小型鱼类和甲壳类为主。黄鳍金枪鱼作长距离洄游，但尚未发现其横跨太平洋的移动。有的学者认为，在太平洋黄鳍金枪鱼有 3 个很大的亚种群，即：东部亚种群，分布于 125°W 水域附近；中部亚种群，分布于 125°W～170°W 水域；西部亚种群，分布于 170°E 以西水域。后两个亚种群，其作业渔场在 35°N～25°S 的水域中。

（二）资源开发利用现状

黄鳍金枪鱼是金枪鱼属产量最大的一种，主要作业方式为围网和延绳钓。2010～2019 年全球黄鳍金枪鱼产量为 $1.2064×10^6$～$1.5788×10^6$t，平均为 $1.3907×10^6$t，呈现逐步上升趋势，2019 年达最高，为 $1.5788×10^6$t。如图 7-21 所示。

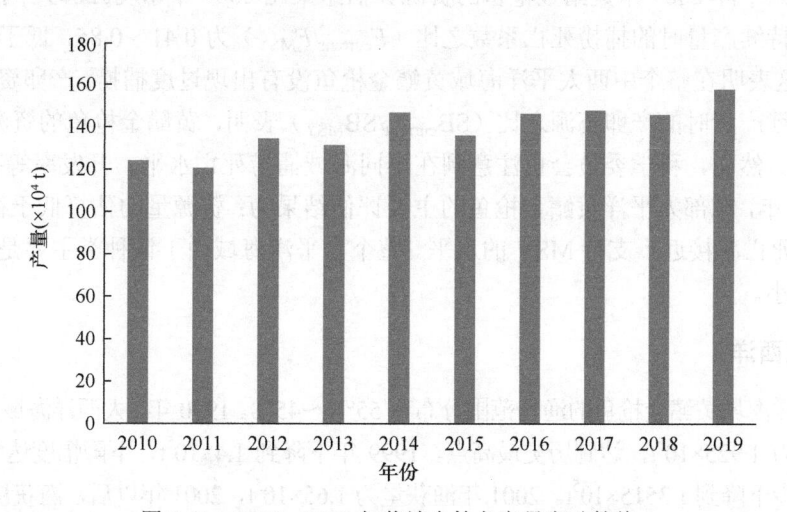

图 7-21　2010～2019 年黄鳍金枪鱼产量变动趋势

1. 太平洋

黄鳍金枪鱼资源量以太平洋最丰富，1994～1998 年，东太平洋黄鳍金枪鱼产量在 $2.18×10^5$～$2.49×10^5$t，1999 年上升到 $3.046×10^5$t，已经超过 $2.97×10^5$t 最大持续产量（MSY）的上限，对于中西太平洋（WCPO）的黄鳍金枪鱼资源，有关专家认为存在许多不确定因素，确定 MSY 有困难。但也有专家曾经评估，中西太平洋黄鳍金枪鱼的 MSY 超过 $6.5×10^5$ t，2004 年有关专家评估得出中西太平洋黄鳍金枪鱼的 MSY 为 $2.48×10^5$～$3.1×10^5$ t。1994～1999 年，中西太平洋黄鳍金枪鱼捕捞产量在 $2.98×10^5$～$3.967×10^5$ t，2003 年产量为 $4.57×10^5$ t。

2007 年中西太平洋黄鳍金枪鱼的产量达到 $4.327\,50×10^5$ t，占三大洋总渔获量的 18%，低于 2006 年的 $4.371\,99×10^5$ t。2008 年中西太平洋黄鳍金枪鱼的渔获量达到 $5.394\,81×10^5$ t，占三大洋总渔获量的 22%，比历史最高纪录的 1998 年还多 7700t（如表 7-18 所示）。

表 7-18 太平洋黄鳍金枪鱼历年渔获量（单位：t）（引自陈新军，2014）

年份	中西太平洋	东太平洋	总计
2000	424 097	288 834	712 931
2001	420 955	423 774	844 729
2002	403 923	443 677	847 600
2003	423 147	413 846	850 993
2004	370 349	293 897	664 246
2005	433 927	286 097	720 024
2006	437 199	178 844	616 043
2007	432 750	182 292	615 042
2008	539 481	187 797	727 278

中西太平洋 2009 年黄鳍金枪鱼的资源评估结果比 2007 年乐观。2009 年捕捞死亡系数与最大持续产量时的捕捞死亡系数之比（$F_{current}/F_{MSY}$）为 0.41～0.85，低于 2007 年评估结果，这表明在整个中西太平洋海域黄鳍金枪鱼没有出现过度捕捞。产卵资源量（SB）与最大持续产量时的产卵资源之比（$SB_{current}/SB_{MSY}$）表明，黄鳍金枪鱼的资源没有出现过度捕捞。然而，科学委员会也注意到在不同海域捕捞死亡水平、开发率等有差异。

2009 年，东部太平洋黄鳍金枪鱼的主要评估结果为：资源量的估算低于往年的估算值；捕捞死亡率接近于支持 MSY 的水平。整个太平洋海域由于该种类主要是围网捕捞，开发潜力小。

2. 大西洋

大西洋海域黄鳍金枪鱼的渔场范围分布在 55°N～45°S。1990 年，大西洋海域黄鳍金枪鱼总渔获量为 $1.925×10^5$ t，达到历史最高点。1999 年下降到 $1.4×10^5$ t，下降幅度达 27%。2000 年，进一步下降到 $1.351\,5×10^5$ t。2001 年渔获量为 $1.65×10^5$ t，2001 年以后，渔获量继续下降，2005～2008 年渔获量波动在 $1.0×10^5$ t 左右，其中，2007 年为 $9.97×10^4$ t。

东大西洋黄鳍金枪鱼产量波动较大，且在 2008 年之前的 15 年中，平均总渔获量的 80%是由围网捕捞的，1981 年和 1982 年的捕捞量均为 $1.38×10^5$ t 左右，为历史最高。但 1984 年产量急剧下降到 $7.6×10^4$ t，1990 年又回升到 $1.57×10^5$ t，2003 年以来，产量在 $7.5×10^4$～$1.0×10^5$ t 波动。西大西洋总渔获量波动相对较小，1980 年以来的最高产量为 1994 年的 $4.62×10^4$ t，2003 年以来，产量波动在 $1.7×10^4$～$1.0×10^5$ t。2008 年之前的 15

年中，西大西洋黄鳍金枪鱼的35%是由围网捕捞的，30%由延绳钓捕捞，15%由竿钓捕捞，20%由其他渔具捕获。

据大西洋金枪鱼委员会科学与统计常设委员会（SCRS）报告，大西洋黄鳍金枪鱼的MSY为$1.3×10^5$～$1.46×10^5$t。2008年产量为$1.078×10^5$t，低于最大持续产量。对大西洋黄鳍金枪鱼的管理措施包括最小体重不少于3.2kg，有效捕捞努力量不得超过1992年的水平。

由于大西洋的黄鳍金枪鱼主要是围网渔业捕捞，延绳钓捕捞量较少，进一步发展和开发潜力较小。

3. 印度洋

印度洋黄鳍金枪鱼资源量仅次于太平洋，其产量自1981年以来迅速增加。1980年黄鳍金枪鱼产量为$3.51×10^4$t，1984年迅速增加到$1.0×10^5$t。1994年达到$3.98×10^5$t，为历史新高。之后，产量有所回落，1994～1996年，产量波动在$3.1×10^5$～$3.2×10^5$t。1998年产量为$7.4×10^4$t，1999年上升到$3.11×10^5$t。2003～2007年平均渔获量为$4.348×10^5$t。印度洋海域黄鳍金枪鱼MSY为$2.5×10^5$～$3.6×10^5$t。

印度洋黄鳍金枪鱼资源种群接近或很可能已进入过度捕捞状态。印度洋金枪鱼管理委员会建议，渔获量不要超过1998～2002年的平均渔获量（$3.3×10^5$t），捕捞努力量不要超过2007年的水平。

二、大眼金枪鱼

（一）生物学特性

大眼金枪鱼又称肥壮金枪鱼、副金枪鱼，是一种高度洄游的热带大洋性中上层鱼类，广泛分布于太平洋、印度洋和大西洋的热带与亚热带海域，但在地中海未见有分布。在大西洋，大眼金枪鱼分布于摩洛哥群岛、马德拉群岛、亚速尔群岛和百慕大群岛附近海域，大量分布在赤道海流、赤道逆流和巴西海流区，而在几内亚海流区未曾发现。在印度洋，分布在南赤道流及其以北、非洲东岸和马达加斯加岛附近海域，常见于印度-澳大利亚群岛海域。在太平洋，主要分布在亚热带辐合区和北太平洋流系的海域内，南北向的宽度达12～13个纬度，东西向则呈带状，延伸至太平洋东西两岸；在太平洋的马绍尔群岛、帕劳群岛、中途岛、夏威夷岛、日本近海、中国南海东部及台湾省东部、苏禄海、苏拉威西海、爪哇海和班达海等海域均有分布。其适温范围为13～27℃，喜集群，在水温21～22℃时往往集成大群。昼夜有垂直移动现象，白天栖息于深水区，夜间浮至近表层。

大眼金枪鱼最高年龄为10～15龄，最大叉长超过200cm，太平洋最大个体体重可达197.3kg、大西洋最大个体体重可达170.3kg。大眼金枪鱼性成熟年龄为3龄、体长为0.9～1.0m。产卵场分布在赤道附近，大部分在太平洋东部10°N～10°S、120°E～100°W的海域产卵。此外，在夏威夷群岛和加拉帕戈斯群岛一带，也有大眼金枪鱼的产卵场。主要产卵场的表层水温在24℃以上。大眼金枪鱼几乎全年均可产卵，西部产卵场的高峰期在 4～9 月，东南部在 1～3 月。幼鱼周期性地集聚于大陆或岛屿周围附近水域。在北美西部热带与亚热带水域，主要栖息着性腺未发育成熟个体，这些鱼作东南向的季节性洄游。在北太平洋，大眼金枪鱼在冲绳及我国台湾岛附近产卵，2～3 龄时东游横跨太平洋到加利福尼亚沿海，6～7 龄时又按原路线重返产卵场。在印度洋，鱼群沿赤道在东西方向上呈密集的带状分布，几乎都是产卵群体。

在北太平洋流系和亚热带辐合线以南海域中栖息的大眼金枪鱼，两者在生态上的关系是：前者是索饵群，后者为产卵群。索饵群体待性腺发育成熟后，即越过亚热带辐合线南下，补充到产卵群体中；分布在产卵海域的稚鱼则突破亚热带辐合线北上，加入到索饵群体中。这种洄游情况，同长鳍金枪鱼相似，但也有所不同，即大眼金枪鱼在南下途中，要在亚热带辐合线海域内滞留一段时间，至 1～2 月以后继续向 20°N 以南的海域南下。大眼金枪鱼的分布海域如图 7-22 所示。

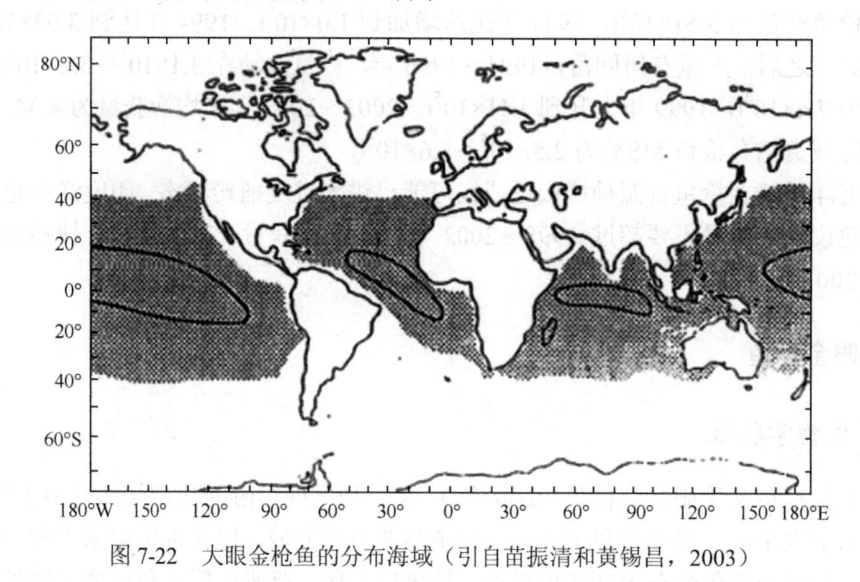

图 7-22　大眼金枪鱼的分布海域（引自苗振清和黄锡昌，2003）

大眼金枪鱼是金枪鱼延绳钓渔业中的重要鱼种之一。各海区的渔期以 12 月至翌年 5 月为盛期，夏季为淡季。我国南海盛渔期为 1 月后的冬季。太平洋赤道海域的盛渔期为 2～4 月，4～9 月较少，10 月至翌年 2 月增多。夏威夷及赤道以南以 8～12 月为盛渔期，印度洋的东部海区以 6～9 月为盛渔期。

大眼金枪鱼以鱼类、甲壳类和头足类为食饵，根据党莹超（2020）报道，北太平洋亚热带海域的大眼金枪鱼摄食的饵料生物有 36 种，优势饵料物种为帆蜥鱼、发光柔鱼、舒蜥鱼和眶灯鱼，它们的相对重要性指数（IRI%）分别为 25.65%、14.48%、7.56% 和 6.77%。大眼金枪鱼摄食强度以叉长 100～110cm 者为最高，从性腺成熟度来看，以 III 期的摄食强度为最高，以 V 期的摄食强度为最低；此外，大眼金枪鱼在 150～250m 水层中的摄食强度较高。大眼金枪鱼最适水层为 152.3～199.6m。最适表面水温为 20～22℃。而根据王啸（2020）报道，分布在中西太平洋公海的大眼金枪鱼的胃含物主要包括虾类、鱼类、头足类和其他未鉴定的物种。主要栖息水层为 200～350m，水温为 10～16℃。温跃层上界深度范围为 115.89～175.49m，平均深度为 153.12m；温度范围为 25.62～

28.77℃，平均温度为 27.31℃。温跃层下界深度范围为 234.14～324.91m，平均深度为 286.69m；温度范围为 10.52～14.91℃，平均温度为 12.51℃。海表温度为 29.27～30.40℃ 时，大眼金枪鱼 CPUE 随着海水表层温度上升逐渐增大；海表温度大于 30.40℃时，大眼金枪鱼 CPUE 随着海表温度上升逐渐减小。叶绿素 a 浓度的变化对大眼金枪鱼 CPUE 几乎没有影响。海表盐度为 33.43～34.25 时，大眼金枪鱼 CPUE 随着海表盐度增加而增大；海表盐度大于 34.25 时，海表盐度的变化对大眼金枪鱼 CPUE 的影响减弱。

另据李波等（2019）报道，我国南海大眼金枪鱼主要以头足类和鱼类为食，其摄食习性与季节和个体发育相关，饵料生物包括茎乌贼、帆蜥鱼、金色小沙丁鱼、飞鱼、竹荚鱼、鲐、小公鱼属、圆鲹属以及不可辨别的鱼类与虾类。主要饵料生物为茎乌贼，其次为金色小沙丁鱼和帆蜥鱼。大眼金枪鱼在食物链中处于较高营养位置。空胃率与平均饱满指数随季节变化明显，空胃率在春季时会达到顶峰（37.9%），秋季时最低（16.7%），呈先下降后上升趋势，同时平均饱满指数也在春季达到最高值（0.33），随季节下降并在夏、秋、冬季稳定于 0.1。空胃率随性腺成熟度的提高有明显上升趋势，平均饱满指数在性成熟度Ⅰ期与Ⅵ期均呈现高值（1.18、1.04）。

（二）资源开发利用现状

大眼金枪鱼产量约占全球金枪鱼产量的 10%，主要分布在太平洋、大西洋、印度洋的 55°N～45°S 海域，捕捞作业方式为延绳钓、竿钓及围网。2010～2019 年全球大眼金枪鱼产量在 3.757×10^5～4.729×10^5t 波动，平均为 4.102×10^5t，2017 年最高，达 4.729×10^5t，如图 7-23 所示。总体来说，自 1950 年以来，三大洋的大眼金枪鱼捕捞产量呈持续上升趋势，但三大洋的开发过程及利用程度各不相同。历史上，大眼金枪鱼捕捞产量以太平洋为最高，大西洋次之，但是自 20 世纪 80 年代后期至 90 年代初期，随着新型围网渔业在西印度洋兴起，之前在东大西洋的一部分重要捕捞力量，尤其是法国围网渔船，转向印度洋捕捞生产，印度洋大眼金枪鱼产量快速增加，1997 年已超过大西洋。

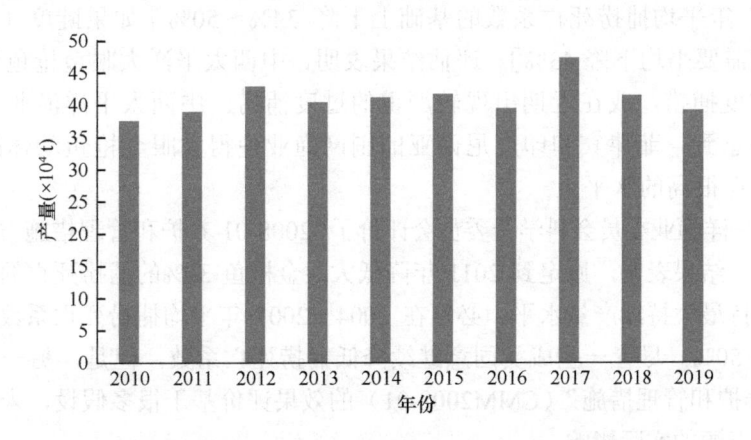

图 7-23 2010～2019 年大眼金枪鱼产量变动趋势

1. 太平洋

太平洋一直是大眼金枪鱼捕捞渔获量最高的海域，自 1998 年以来，整个太平洋的大眼金枪鱼渔获量一直处于上升趋势，到 2000 年，达到 $2.617\,51\times10^5$ t，其中中西太平洋和东太平洋分别为 $1.138\,36\times10^5$ t 和 $1.479\,15\times10^5$ t，均比 1999 年要高，中西太平洋围网越来越多使用人工集鱼装置围网捕捞（FAD）技术，2000 年围网渔获量高达 2.8745×10^4 t，加上延绳钓捕捞产量为 6.8091×10^4 t，使得中西太平洋大眼金枪鱼的产量创下了历史纪录（如表 7-19 所示）。

表 7-19　太平洋海域大眼金枪鱼历年渔获量（单位：t）（引自陈新军，2014）

年份	中西太平洋	东太平洋	总计
2000	113 836	147 915	261 751
2001	105 238	131 184	236 422
2002	120 222	132 825	253 047
2003	110 260	116 297	226 557
2004	146 069	113 018	259 087
2005	129 536	113 234	242 770
2006	134 369	120 330	254 699
2007	143 059	95 062	238 121
2008	157 054	97 330	254 384

2007 年中西太平洋大眼金枪鱼渔获量达到 $1.430\,59\times10^5$ t，占中西太平洋金枪鱼总渔获量的 6%。2008 年渔获量达到 $1.570\,54\times10^5$ t，是历史上第二高纪录。2003～2006 年东太平洋大眼金枪鱼渔获量稳定在 1.1×10^5～1.2×10^5 t，2007 年下降到 9.5062×10^4 t，2008 年渔获量为 9.7330×10^4 t。2000 年以来，太平洋海域大眼金枪鱼渔获量稳定在 2.3×10^5～2.6×10^5 t。

在 21 世纪初，中西太平洋大眼金枪鱼捕捞死亡系数与 MSY 时的捕捞死亡系数之比（$F_{\text{current}}/F_{\text{MSY}}$）为 1.51～2.01，这表明要达到最大持续产量水平，必须要求在 2004～2007 年平均捕捞死亡系数的基础上下降 34%～50%［如果陡度（steepness）在 0.98，则需要平均下降 43%］。评估结果表明，中西太平洋大眼金枪鱼资源已经出现轻微的过度捕捞，或在近期出现较严重的过度捕捞。中西太平洋渔业委员会科学分委员会注意到，菲律宾和印度尼西亚的围网渔业使得大眼金枪鱼幼体的捕捞死亡率一直保持在很高的水平上。

中西太平洋渔业委员会科学分委员会评价了"2008-01 养护和管理措施"（CMM2008-01）的效果，结果表明，原定到 2011 年降低大眼金枪鱼 30%的捕捞死亡的目标不会实现。如果保持最大持续产量水平，必须在 2004～2007 年平均捕捞死亡系数的基础上再降低 34%～50%。尽管一些成员同意继续降低捕捞死亡系数，但是，另一些成员认为"2008-01 养护和管理措施"（CMM2008-01）的效果评价基于很多假设，未能有效地评价渔业对于资源的实际影响。

对于东太平洋大眼金枪鱼资源，0.75 龄以上的资源在 1975～1986 年逐渐增加，1986 年达到最大值 6.3×10^5 t，之后一直下降，到 2009 年初降至接近历史最低水平，此时，产卵群体生物量与未开发时产卵群体生物量的比值（即 SBR 值）为 0.17，低于支持 MSY 的 SBR 值（11%）。大眼金枪鱼资源状况较差，主要是由于围网捕捞大量大眼金枪鱼幼鱼，导致资源量下降。在太平洋，对大眼金枪鱼实施了严格的配额管理制度。

2. 大西洋

在大西洋海域，20 世纪 70 年代中期之前，大眼金枪鱼年渔获量逐年增加，达到 6.0×10^4t。而在之后的 15 年内大眼金枪鱼年渔获量一直处在波动之中，到 1991 年，其渔获量超过 9.5×10^4t，到 1994 年达到历史最高产量（约 1.32×10^5t）。之后，大眼金枪鱼渔获量呈下降趋势，2001 年低于 1.0×10^5t，2006 年下降到 6.6×10^4t，这也是 1998 年以来的最低渔获量，2008 年渔获量回升，达到 6.98×10^4t。

2007 年，大西洋金枪鱼渔业管理委员会应用多种评估方法，包括产量模型、世代分析（VPA）和统计综合模型，对大西洋大眼金枪鱼的资源量进行了评估，评估结果认为，其 MSY 为 $9.0 \times 10^4 \sim 9.3 \times 10^4$t。同时，在 $2005 \sim 2008$ 年，对大西洋大眼金枪鱼制定了一系列管理规定，包括总许可渔获量的设定以及船只数的限制。2007 年、2008 年总渔获量分别为 7.96×10^4t 和 6.98×10^4t，比总许可渔获量低近 $1.0 \times 10^4 \sim 2.0 \times 10^4$t。其资源已处于充分开发利用状态，在大西洋，对大眼金枪鱼实施了严格的配额管理制度以及船只数的控制。

3. 印度洋

尽管印度洋大眼金枪鱼的开发相对较晚，但 20 世纪 80 年代后期发展迅速，年捕捞量从 1991 年的 6.81×10^4t 增加到 1999 年的 1.434×10^5t，其中延绳钓产量为 $5.17 \times 10^4 \sim 1.033 \times 10^5$t，围网产量为 $1.56 \times 10^4 \sim 3.83 \times 10^4$t。$2003 \sim 2007$ 年平均渔获量为 1.22×10^5t，2007 年渔获量为 1.18×10^5t。根据 2008 年的资源评析，印度洋大眼金枪鱼的 MSY 为 $9.5 \times 10^4 \sim 1.28 \times 10^5$t。而据赵蓬蓬等（2020）资源评估分析，2016 年印度洋大眼金枪鱼的资源量为 8.12×10^5t，MSY 为 1.63×10^5t，远高于同年渔获量 (8.68×10^4) t，两次资源评析均可见目前大眼金枪鱼捕捞数量尚在 MSY 之下，其资源处于"健康"状态。目前还没有实施配额制度。

三、长鳍金枪鱼

（一）生物学特性

长鳍金枪鱼为一种快速游泳的温带大洋性中上层鱼类，具有高度洄游性，喜集群，一般活动于 $50 \sim 150$m 的水层中，有时较深可达 $150 \sim 250$m，有昼夜垂直移动习性，白天下沉，傍晚上浮分布在近表层水域。在大西洋、印度洋和太平洋的热带、亚热带和温带大洋（包括地中海）50°N~30°S 的海域均有分布，但在赤道附近（10°N~10°S）表层海域分布很少。三大洋的长鳍金枪鱼性成熟年龄为 $5 \sim 6$ 龄，最大年龄达 10 龄以上；最大叉长达 127cm。主要捕食鱼类、头足类和甲壳类。

在大西洋，自几内亚湾至比斯开湾均可见到长鳍金枪鱼，主要分布在加那利海流水域和地中海海域以及亚速尔、加那利、马德拉群岛海域；在南半球，特里斯坦-达库尼亚群岛海域中分布较少；在西部，沿美洲沿岸向北从佛罗里达半岛到马萨诸塞州、百慕大群岛、巴哈马群岛、古巴，大量分布在巴西海流水域中。长鳍金枪鱼在大西洋的分布特点是：低龄鱼群栖息在高纬度海域，即比斯开湾附近海域；高龄鱼群则分布于低纬度海域。

在北大西洋，长鳍金枪鱼产卵场位于 10°N～25°N 海域，索饵场位于 25°N～40°N 海域；在南大西洋，长鳍金枪鱼产卵场位于 10°S～25°S 海域（产卵期为春夏季），索饵场位于 25°S～40°S 海域。大西洋（加那利群岛附近海域）最大个体叉长达 123cm，体重达 40kg。

在印度洋，马达加斯加岛、塞舌尔、印度尼西亚和澳大利亚西部海域均有长鳍金枪鱼分布。其产卵场位于 10°S～25°S 海域，索饵场位于 30°S～40°S 海域。也就是说，产卵群体主要分布在以赤道为中心的海域内，而高纬度海域可能是低龄群体的分布海域。

在太平洋，长鳍金枪鱼分布在西部的赤道逆流、北赤道流和太平洋海流水域中，从 45°N 线到夏威夷群岛、智利北部外海、日本东部、印度尼西亚、澳大利亚东部海域等均有分布（如图 7-24 所示）。在较暖的年份，长鳍金枪鱼的分布区域可扩大到更远的高纬度海域；而在寒冷年份，其分布区域则缩小。

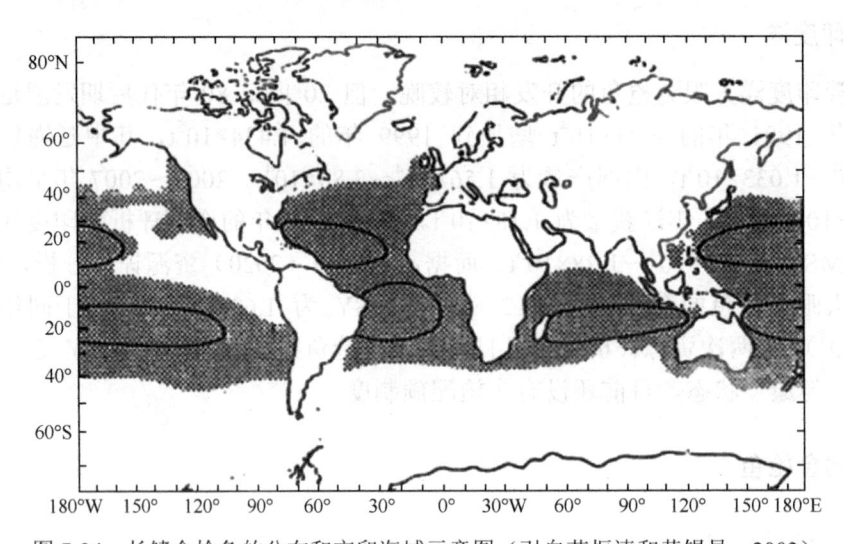

图 7-24　长鳍金枪鱼的分布和产卵海域示意图（引自苗振清和黄锡昌，2003）

分布在太平洋的长鳍金枪鱼有两个种群，即北方种群和南方种群。北方种群分布区的南界是亚热带辐合区；南方种群分布到赤道以南，主要栖息于两个海区：15°S～20°S 和 25°S～32°S。北方种群个体长约 120cm，体重约 40kg；南方种群长约 110cm，体重约 30kg。在渔获物中，高龄个体从西向东逐渐增多。在北太平洋中部和东部（30°N～40°N），常可见到性未成熟个体和未产卵的成鱼。产卵群和幼鱼群大致分布在以 20°N～20°S 为中心的海域内。体长 80～120cm、体重 14～40kg 的产卵个体，分布在夏威夷群岛附近。幼鱼体长组达 30cm 时，其分布海域大致在 30°N 的温带海域。北美和智利沿岸常见到三个体长组：55cm、65cm 和 75cm 的鱼群，所以，该海域为低龄鱼群良好的栖息场所。在日本沿海水域多是 1 龄左右、体长 25～35cm 的幼鱼。

在亚热带辐合线以北海域，没有发现长鳍金枪鱼的产卵迹象。而在亚热带辐合线以南海域均为大型个体，是秋冬季南下鱼群中的大型鱼群，而中小型鱼群则不超过亚热带辐合线，在翌年 3～4 月又北上洄游，产卵的大型鱼群不作北上洄游，而是越过亚热带辐合线继续南下。12 月至翌年 3 月，在北太平洋流系海域中的大型鱼群逐渐集中在北赤道流系海域，6 月，鱼群密度达到最大，并在北赤道流系海域内产卵。稚鱼生长至一定大小后，即越过亚热带辐合线向北侧的北太平洋流系海域移动，并在此滞留数年，成熟时即作南下洄游，越过亚热带辐合线，于北赤道流系海域内产卵。因此，在亚热带辐合线以南海域中捕获的长鳍金枪鱼，其个体较大，大部分体长为 90～120cm；在北太平洋流系海域中捕获的长鳍金枪鱼，其体长均在 90cm 以下。长鳍金枪鱼约在 6 龄时达性成熟，体长达 90cm。在北半球的产卵期为 5～6 月，在南半球的产卵期推测为 11～12 月。产卵场在加那利群岛、马德拉群岛、中途岛、夏威夷群岛和日本中部诸岛等海区。

长鳍金枪鱼的洄游路线与洋流的季节变化关系密切，常在水温不低于 14℃和盐度 35.50 的水域中洄游。其最适水温为 18.5～22℃，在日本近海为 16～26℃。长鳍金枪鱼常集群在大洋中作长距离洄游。太平洋标志放流研究的结果表明，长鳍金枪鱼从加利福尼亚向小笠原群岛沿亚热带辐合线北侧，横跨太平洋洄游，距离长达 1000n mile（如图 7-25 所示）。在印度洋和大西洋的洄游分布如图 7-26 所示。

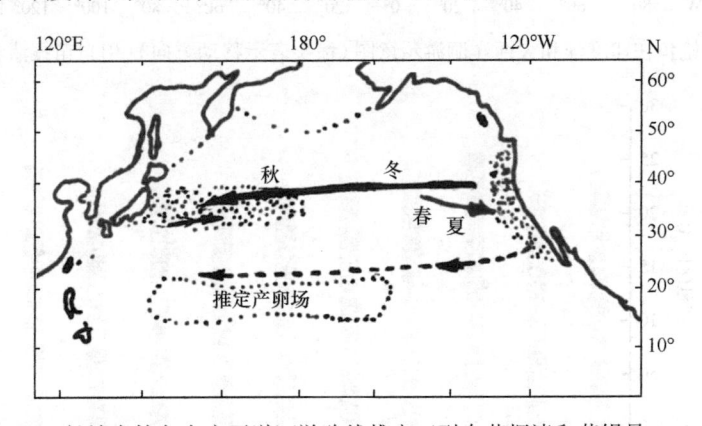

图 7-25　长鳍金枪鱼在太平洋洄游路线推定（引自苗振清和黄锡昌，2003）

（二）资源开发利用现状

长鳍金枪鱼的渔获物主要被加工成罐头产品，主要作业方式为延绳钓和曳绳钓。长鳍金枪鱼的年渔获量，在金枪鱼属中仅次于黄鳍金枪鱼、大眼金枪鱼，与青干金枪鱼相当。自 20 世纪 80 年代起，多数年份的产量保持在 2.0×10^5t 以上，2010～2019 年全球长鳍金枪鱼产量在 2.223×10^5～2.574×10^5t 波动，平均年产量为 2.335×10^5t，以 2012 年为最高，达 2.574×10^5t，如图 7-27 所示。

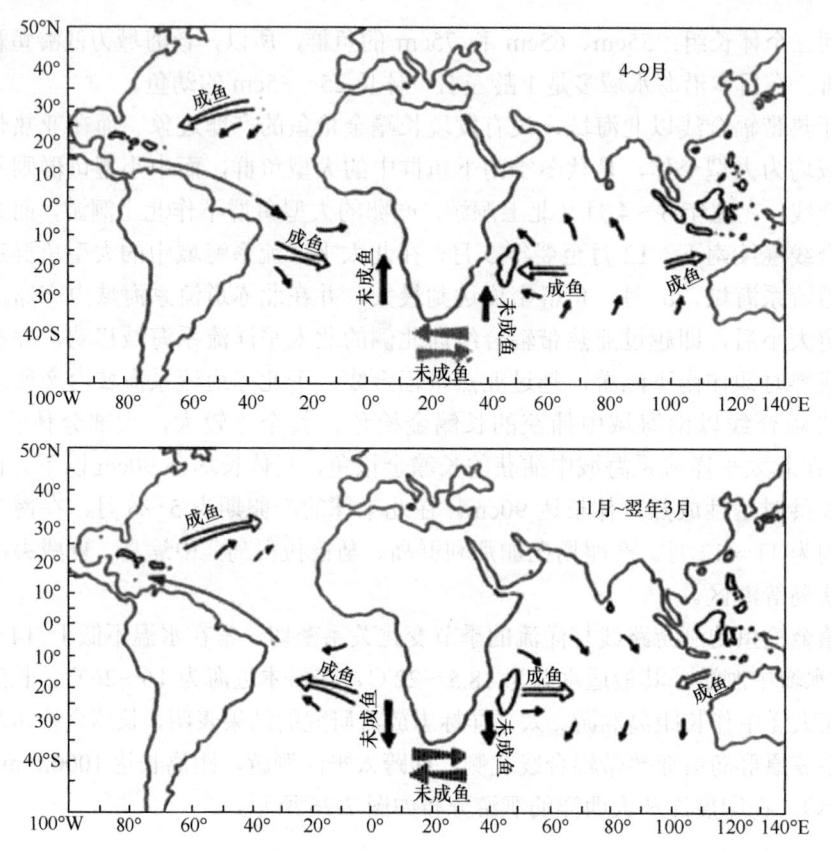

图 7-26　长鳍金枪鱼在印度洋和大西洋洄游示意图（箭头表示移动方向）（引自苗振清和黄锡昌，2003）

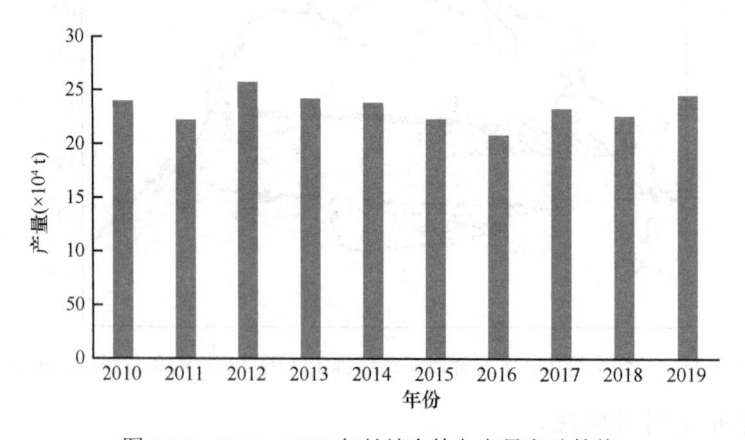

图 7-27　2010~2019 年长鳍金枪鱼产量变动趋势

不同海域的长鳍金枪鱼开发状况如下。

1. 太平洋

据渔业科学家评估，在太平洋，长鳍金枪鱼的 MSY 为 $1.045 \times 10^5 \sim 1.047 \times 10^5 t$（其中北太平洋 $7.18 \times 10^4 t$）。太平洋海域长鳍金枪鱼的捕捞量 1997 年为 $9.77 \times 10^4 t$，1999 年增加到约 $1.32 \times 10^5 t$，其中，南太平洋为 $3.7 \times 10^4 t$，北太平洋为 $9.5 \times 10^4 t$。南太平洋的长

鳍金枪鱼多分布在 10°S 以南海域，其资源量由补充量决定。根据太平洋共同体秘书处（SPC）2001 年报告的研究结果，长鳍金枪鱼开发率适中，渔获量可持续，尚有进一步发展的余地。

2007 年，太平洋海域的长鳍金枪鱼达到 1.245×10^5t（包括北太平洋和南太平洋），其中中西太平洋区域占 77%，东太平洋占 23%。2008 年太平洋长鳍金枪鱼达到 1.252×10^5t（包括北太平洋和南太平洋），其中中西太平洋区域占 76%，东太平洋占 24%。

分布在太平洋的长鳍金枪鱼的两个种群（北方种群和南方种群），2000～2007 年渔获量变化如表 7-20、表 7-21 所示。

表 7-20 北太平洋长鳍金枪鱼历年渔获量（单位：t）（引自陈新军，2014）

年份	中西太平洋	东太平洋	总计
2000	68 080	14 710	82 790
2001	70 386	15 214	85 600
2002	87 950	15 902	103 852
2003	71 512	21 231	92 743
2004	65 071	22 799	87 870
2005	46 194	16 097	62 291
2006	41 595	22 707	64 302
2007	43 383	21 735	65 118

表 7-21 南太平洋长鳍金枪鱼历年渔获量（单位：t）（引自陈新军，2014）

年份	中西太平洋	东太平洋	总计
2000	31 913	8 565	40 478
2001	35 895	18 121	54 016
2002	51 082	14 252	65 334
2003	37 070	24 038	61 378
2004	47 313	18 035	65 348
2005	51 860	8 467	60 327
2006	62 189	7 013	69 202
2007	53 069	6 062	59 131

如今，南、北太平洋长鳍金枪鱼资源没有出现过度捕捞，管理措施是控制捕捞能力，限制进一步发展。在太平洋海域，长鳍金枪鱼还有一定的开发空间，但是，南部长鳍金枪鱼主要渔场位于斐济南部太平洋岛国管辖区域，因此，渔业的进一步发展受到了限制。北部公海长鳍金枪鱼有一定的发展空间。

2. 大西洋

大西洋海域长鳍金枪鱼最高产量达 8.85×10^4t（1986 年），之后产量逐年下降并出现波动，1991 年为 5.67×10^4t，为 1976 年以来的最低年产量。1999 年渔获量为 6.7×10^4t，2000 年为 7.11×10^4t，2001 年以后产量逐渐下降，产量在 4.1×10^4～6.99×10^4t 波动，2006 年、2007 年和 2008 年产量分别为 6.7×10^4t、4.8×10^4t 和 4.1×10^4t。

2008 年长鳍金枪鱼产量为 4.1387×10^4t，其中北大西洋为 2.02×10^4t，南大西洋为 1.86×10^4t，地中海为 0.25×10^4t。据大西洋金枪鱼委员会（ICCAT）研究和统计常设委员

会（SCRS）的报告（2009 年），北部大西洋长鳍金枪鱼资源可能已充分开发，但也不排除已过度开发的可能性。而南部大西洋长鳍金枪鱼资源接近充分开发，建议控制捕捞努力量。资源评估表明：北大西洋长鳍金枪鱼 MSY 约为 2.9×10^4 t。实施的管理措施为作业船数限制在 1993～1995 年的平均水平，总许可渔获量控制在 3.02×10^4 t 之内。南大西洋长鳍金枪鱼 MSY 约为 3.33×10^4 t，管理措施是将总许可渔获量控制在 2.99×10^4 t 之内。该海域的长鳍金枪鱼实施了严格的配额制度。

3. 印度洋

在印度洋，1990 年长鳍金枪鱼产量为 3.237×10^4 t，之后三年产量均下降。1994 年起资源逐步得到恢复，我国台湾省在印度洋捕捞长鳍金枪鱼的产量，占印度洋捕捞产量的 60%左右。1998 年以来，我国台湾省在印度洋捕捞的长鳍金枪鱼产量连续三年超过 2×10^4 t，其中，1999 年为 2.25×10^4 t。2003～2007 年印度洋长鳍金枪鱼平均渔获量为 2.55×10^4 t，2007 年渔获量达到 3.22×10^4 t。MSY 为 2.83×10^4～3.44×10^4 t。

如今，印度洋长鳍金枪鱼资源种群大小和捕捞压力在可接受范围内。渔获量、平均体重、渔获率在最近 20 多年来一直处于稳定状态。在印度洋南部公海海域，长鳍金枪鱼尚有一定的开发潜力。

四、鲣

（一）生物学特性

鲣为中大型大洋性分布种类，广泛分布于热带和亚热带海域，季节性分布于温带海域，三大洋均有分布。

在大西洋，鲣出现于亚速尔群岛、马德拉群岛、加那利群岛、佛得角群岛和地中海，主要分布在非洲西岸南到开普敦和非洲的大西洋沿岸；在北大西洋，常见于美国的马萨诸塞州，向东到不列颠群岛和斯堪的纳维亚海域。

在印度洋，出现于莫桑比克到亚丁的整个非洲东岸，还分布在红海、塞舌尔、印度-澳大利亚群岛海域的斯里兰卡、苏门答腊和苏拉威西等海域，如图 7-28 所示。

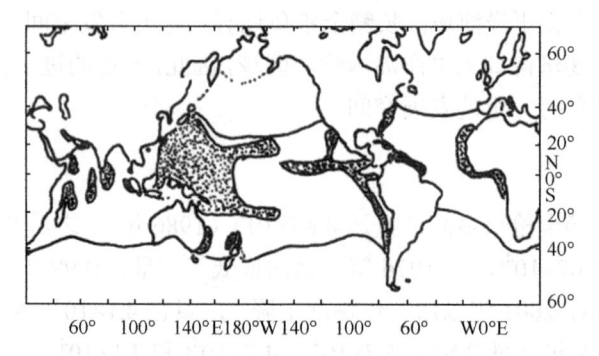

图 7-28　鲣的分布和渔场示意图（引自苗振清和黄锡昌，2003）

在太平洋，鲣的分布和渔场与黑潮暖流密切相关。夏季分布区域扩大到 42°N，此外，夏威夷群岛和澳大利亚沿岸、美国中部沿岸、墨西哥沿岸以及智利北部海域均有分布。在太平洋，鲣分成两个群体，即西部群体和中部群体。西部群体分布于马里亚纳群岛和加罗林群岛附近，向日本、菲律宾和新几内亚洄游。中部群体栖息于马绍尔群岛和土阿莫土群岛附近，向非洲西岸和夏威夷群岛洄游，如图 7-29 所示。主要渔场分布在日本和美国距岸 50~500n mile 范围内，东海的冲绳海区、萨南海区 200m 等深线以东向南海域。日本沿岸的渔期为 4~8 月、9~11 月；小笠原群岛海区及南海为 3~12 月；我国台湾近海渔期为 4~7 月，以 5~6 月为盛渔期。

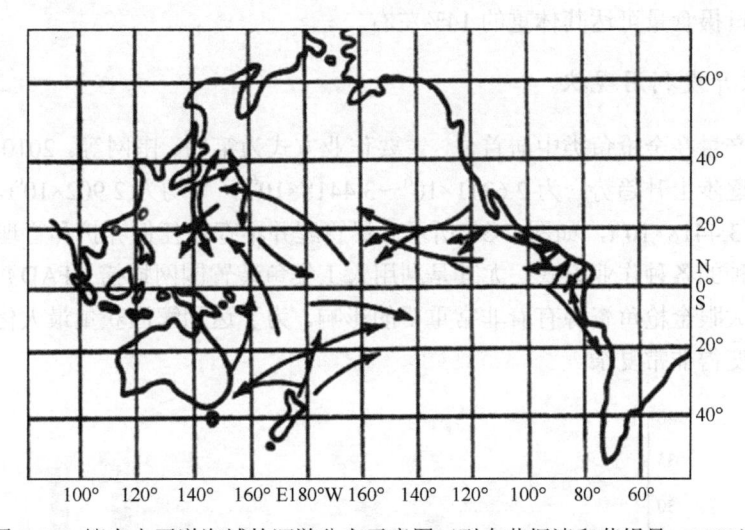

图 7-29　鲣在太平洋海域的洄游分布示意图（引自苗振清和黄锡昌，2003）

在 20°N 以南，表层水温 20℃以上的热带岛屿附近饵料丰富的海区为鲣产卵场。在太平洋，常年产卵于马绍尔群岛和中美洲的热带海域。在大西洋，分布于非洲西岸佛得角群岛等海域产卵。

鲣体长 40cm 左右时开始产卵，热带水域常年产卵，亚热带水域只在温暖季节（晚春到早秋）产卵，主要产卵场在 150°E 和 150°W 之间的中部太平洋。鲣的产卵受暖水团影响很大。大多数鲣的仔鱼发现在表温 24℃以上的水域中，在低于 23℃的水域中则很少发现。仔鱼广泛分布于大西洋、印度洋和太平洋三大洋，但以太平洋为最多。太平洋西部和中部均有仔鱼分布，主要集中在 145°W 以西、20°N~20°S 的赤道水域；在 145°W 以东的南北分布范围为 10°N~10°S 的狭窄水域。仔鱼栖息水深范围为 0~100m，通常集群于水域上层，很少下降到 40m 以下水深。形成围网渔场的鲣群体，多游泳于水深为 7~8m 的水层，密集群可达 5 万尾。常作长距离的索饵洄游，不在一个海区久留。鲣游速快，每小时可达 40km 左右。群游性强，对温度、盐度感觉灵敏。

鲣是金枪鱼类中最喜温暖的种类之一。在大西洋、印度洋和太平洋均栖息于表层水温 15~30℃海区，喜栖息在水温 20~26℃、盐度 34.00~35.50 的海区。在我国台湾海区栖息于表层水温 19~26℃水域，最适水温为 24~26℃。吹北向和东北向的冷风或降大雨时不集群于水面，而栖息于水面下 4~9m 水层。也有的学者认为，鲣的适温范围为

17~28℃，密集区水温为 19~23℃，在几内亚湾表层盐度为 32.00~35.00 区域有大量鲣，盐度低于 32.00 的区域则很少见。

鲣生态类型有 3 种：一为个体大的高龄鱼，属热带性的固定类型；二为在一定热带区域内定期洄游的鲣；三为属温带性的随季节变化作长距离洄游类型的鲣。据日本生产经验认为，鲣鱼群中常有带群的鱼，小个体鱼在前，大个体鱼在后，不容易和其他鱼种混群。鲣视觉灵敏，不喜光，需氧量大，仅次于舵鲣。夏季表面水温高、含氧量少时，下沉或转移栖息场所。鲣以沙丁鱼或其他鱼类的幼鱼、头足类和小型甲壳类为食，摄食量很大，每日摄食量可达其体重的 14% 左右。

（二）资源开发利用现状

鲣的年产量在金枪鱼类中居首位，主要作业方式为竿钓、围网等。2010~2019 年全球鲣产量呈逐步上升趋势，为 $2.6211×10^6$~$3.4418×10^6$t，平均为 $2.902×10^6$t，以 2019 年为最高，达 $3.4418×10^6$t，如图 7-30 所示。尽管鲣并不存在任何养护和管理问题，但以鲣为目标鱼种的各种作业方式，尤其是利用人工集鱼装置围网捕捞（FAD）作业，对黄鳍金枪鱼和大眼金枪鱼资源有着非常重要的影响。为了达到鲣渔获量最大化，对这些资源的管理也变得非常复杂。

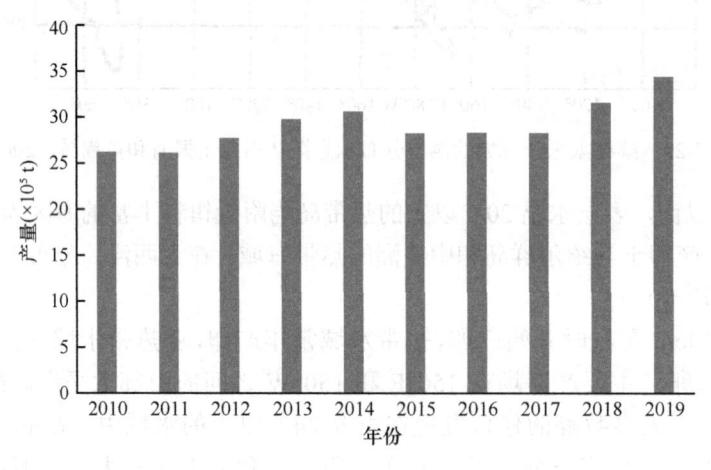

图 7-30 2010~2019 年鲣产量变动趋势

1. 太平洋

太平洋海域鲣资源最丰富。在 20 世纪 90 年代至 21 世纪头 10 年，其年产量都在 $1.0×10^6$t 以上，1996 年曾达 $1.14×10^6$t，1998 年和 1999 年分别为 $1.39×10^6$t 和 $1.36×10^6$t。1997 年中西太平洋鲣产量为 $9.47×10^5$t，1998 年急剧上升到 $1.244×10^6$t，为历史最高纪录。2000 年回落到 $1.2×10^6$t。2005 年以来，中西太平洋鲣渔获量都在 $1.5×10^6$t 以上，2007 年达到 $1.717×10^6$t（如表 7-22 所示）。

从当时的补充量和资源量来看，鲣渔业对于中西太平洋鲣资源的影响较低，属于低至中等开发状态。东部太平洋鲣是美洲沿岸国家的传统捕捞种类，其他国家没有进一步发展的空间。

表 7-22　太平洋鲣历年渔获量（单位：t）（引自陈新军，2014）

年份	中西太平洋	东太平洋	总计
2000	1 237 701	229 181	1 466 882
2001	1 136 413	158 072	1 294 485
2002	1 132 532	166 804	1 299 336
2003	1 134 787	301 030	1 435 817
2004	1 403 856	218 193	1 622 049
2005	1 526 860	282 318	1 809 178
2006	1 590 656	311 456	1 902 112
2007	1 717 301	216 619	1 933 920
2008	1 694 617	305 524	2 000 141

2. 大西洋

在大西洋海域，1991 年鲣的产量超过 2.0×10^5 t，1995～2008 年产量稳定在 1.16×10^5～1.67×10^5 t。2008 年鲣产量达到 1.489×10^5 t，其中，东部大西洋产量为 1.268×10^5 t，西部大西洋为 2.2×10^4 t。根据资源量评估认为，东部大西洋鲣 MSY 为 1.43×10^5～1.7×10^5 t，西部大西洋鲣 MSY 为 3.0×10^4～3.6×10^4 t。由于大西洋鲣是欧盟围网的传统捕捞种类，受到捕捞能力的限制，没有进一步发展和开发的潜力。

3. 印度洋

印度洋海域鲣资源量仅次于太平洋。自 20 世纪 90 年代以来，印度洋鲣产量均在 2.3×10^5 t 以上，1994 年产量最高，超过 3.0×10^5 t。2003～2007 年平均渔获量为 5.14×10^5 t，2007 年渔获量达到 4.471×10^5 t。目前，尚无法估算其 MSY。由于鲣是高生产力的鱼种，渔获量随着捕捞压力的增加而增加。但是，尚没有迹象表明资源处于过度开发状态，目前的资源种群大小和捕捞压力在可接受的范围内。

第十节　鳕　　类

鳕类广泛分布于世界各大洋，属于鳕形目，是一类生活在海洋底层和深海中下层的冷水性鱼类，全球已知有 500 多种，其中，在鳕科和无须鳕科中有许多是经济价值极高的重要经济鱼类，是世界上年渔获量最大的主要捕捞对象之一。1999 年全球鳕类产量达到最高，为 1.077×10^7 t，2000 年鳕类的产量下降到 8.72×10^6 t，占海洋渔业产量的 9.2%。主要捕捞种类为鳕科、无须鳕科和长尾鳕科鱼类。已知全球鳕科经济鱼类有 50 种，主要分布在北大西洋、北太平洋的寒冷海域，重要种类有太平洋鳕（*Gadus macrocephalus*）、大西洋鳕（*Gadus morhua*）、黑线鳕（*Melanogrammus aeglefinus*）、蓝鳕（*Micromesistius poutassou*）、绿青鳕（*Pollachius virens*）、牙鳕（*Merlangius merlangus*）、挪威长臀鳕（*Trisopterus esmarkii*）和狭鳕（*Theragra chalcogramma*）等。无须鳕科的主要捕捞种类有银无须鳕（*Merluccius bilinearis*）、欧洲无须鳕（*Merluccius merluccius*）、智利无须鳕

（*Merluccius gayi*）、阿根廷无须鳕（*Merluccius hubbsi*）、太平洋无须鳕（*Merluccius products*）和南非无须鳕（*Merluccius capensis*）等。长尾鳕科是鳕类中种类最多的一个科，有 300 种以上，多数栖息于深海的底层或近底层，主要捕捞对象有突吻鳕（*Coryphaenodes rupestris*）等。

目前的主要出产国是冰岛、加拿大、俄罗斯、挪威及日本。在我国的渤海、黄海和东海北部也有鳕分布，主要渔场在黄海北部、山东高角东南偏东和海洋岛南部及东南海域。

一、大西洋鳕

大西洋鳕是一种群体数量较多、渔获量较大的重要经济鱼类，主要分布于大西洋的东北部、西北部和北冰洋，集中分布在沿海大陆架海域，如图 7-31 所示。2010～2019 年大西洋鳕产量呈波动趋势，2014 年前逐年上升，之后逐年下降，波动范围为 $9.519 \times 10^5 \sim 1.3735 \times 10^6$ t，平均年产量为 1.2137×10^6 t，图 7-32 为 2010～2019 年大西洋鳕的产量变动趋势。

图 7-31 大西洋鳕的分布示意图（彩图请扫封底二维码）

在大西洋东北部，主要分布于比斯开湾至巴伦支海一带的欧洲沿岸，包括冰岛和熊岛周围，以及格陵兰岛东南部 600m 以浅的海域，这一海域的鳕资源一直维持在群体数量较高的水平，冰岛和挪威等周边国家的鳕渔业始终处在一个健康发展的状态，1998 年大西洋东北部的渔获量占整个大西洋鳕渔获量的 96.6%。在大西洋西北部，主要分布在美国的哈特拉斯角至加拿大的昂加瓦湾一带，以及格陵兰岛西南部 600m 以浅海域。历史上，这一海域的鳕资源曾经成就了世界四大渔渔场之一的纽芬兰渔场，但是，由于近百年来的过度捕捞，导致鳕资源严重衰退乃至枯竭。下面的纽芬兰渔场鳕资源兴衰过程为例进行介绍。

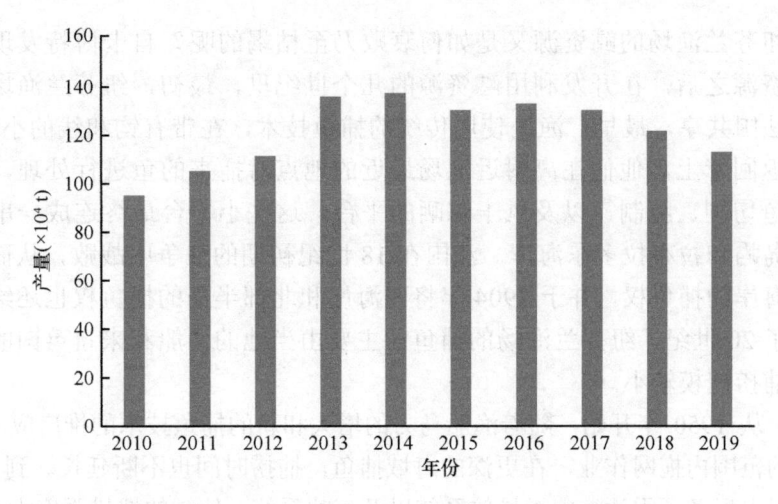

图 7-32 2010~2019 年大西洋鳕产量变动趋势

1. 纽芬兰渔场的成因

纽芬兰是北美大陆东海岸的大西洋岛屿，位于圣劳伦斯湾东部，是加拿大最大的岛屿。在纽芬兰岛的南部和东南部，由于圣劳伦斯河水入海带来的泥沙以及拉布拉多寒流带来的浮冰中泥沙沉积，形成了一个水深相对较浅（25~100m）的大浅滩。同时，来自北冰洋的拉布拉多寒流在沿拉布拉多半岛南下流往新斯科舍的过程中，在纽芬兰岛东南40°N 附近，与起源于墨西哥湾沿着美国的东部海域与加拿大纽芬兰岛流向北冰洋的墨西哥暖流相交汇。一方面造成这一海域经常大雾弥漫，另一方面由于寒暖流相交汇产生海洋峰，在峰区一带即会出现涡流和上升流现象，把沉积在深层的营养盐带到海水上层，加上圣劳伦斯河入海带来大量的营养盐，从而使浮游植物在光合作用中能充分利用营养盐进行大量的生产、繁殖，形成高生产力海区，为不同生态习性的鱼类资源（如温水性和冷水性鱼类）在此聚集栖息提供了丰富的物质基础和良好的生态环境。另外，平坦的浅滩有利于捕捞作业生产，因此，在纽芬兰大陆架海域形成了世界著名的纽芬兰渔场。盛产鳕、鲱、龙虾和蟹类等。

2. 鳕资源的枯竭

纽芬兰渔场鳕资源的开发利用，最早可追溯到 15 世纪，根据记载，1497 年，意大利的航海家卡博特一行在布里斯托尔起航前往巴西寻找香料的途中发现了纽芬兰岛，同时，也发现了种群数量庞大的鳕资源，据卡博特的日志记载，"只要把石头放在篮子里，把它沉到水里，提上来的篮子里马上就装满了鳕"。据称，当时人"踩在水中鳕群的鱼背上就可以走上岸"。卡博特的这一发现，不仅为英国拓展了新领土，在 1583 年，英国宣布纽芬兰为其第一块海外殖民地；同时，更是拓展了英国原有的渔业作业区，为英国人（特别是不断扩充数量的英国海军）提供了充沛的蛋白质来源。当卡博特发现了纽芬兰渔场的鳕资源后，英国渔船便纷纷来到这里捕捞鳕，并在岛上或船上将鳕制成欧洲人喜欢的腌鱼干，再出口到欧洲去，为当时深陷对欧洲大陆国家贸易逆差中的英国扭转了局面，也成为英国称霸全球的第一桶金。

那么纽芬兰渔场的鳕资源又是如何衰败乃至枯竭的呢？自卡博特发现纽芬兰渔场及其鳕资源之后，在开发利用鳕资源的几个世纪里，最初，纽芬兰渔场的鳕资源由英国和法国共享，最早，渔民使用传统的捕鱼技术，在带有钩和线的小船上钓鱼，每天晚上返回岸上，他们在离附近渔场最近的地点对捕来的鱼进行处理，然后慢慢建立了将鱼切割、腌制，以及风干晾晒的平台，这些小平台最终连成一串定居点，遍布整个岛屿和拉布拉多东海岸。法国在18世纪初期的战争中战败，从而放弃了在纽芬兰南海岸的捕鱼权，并于1904年将西海岸和北部半岛的捕鱼权也还给了纽芬兰渔民。到了20世纪，纽芬兰渔场的捕鱼业主要由当地的渔船和来自英国的季节性渔船组成，捕捞规模较小。

然而，从1950年开始，随着渔船马力的增大和新的捕鱼技术的推广应用，允许渔民在更大的范围内拖网作业，在更深的海域捕鱼，捕捞时间也不断延长。到1960年，在拖网渔船上配备了雷达、电子导航系统以及声呐系统，使鳕的捕捞强度大大增加，加拿大的鳕捕捞产量不断上升，并在20世纪70年代达到顶峰。到80年代后期，尽管捕鱼技术仍有大幅提高，但鳕捕捞产量却同比下降。捕捞渔场范围也在不断缩小，仅在纽芬兰岛南部一块较小的区域内仍有较高的捕获率。种种迹象表明，鳕的种群数量在减少，生存的地理范围在缩小。

同时，从1987年开始，加拿大联邦渔业和海洋部的专家小组得出纽芬兰渔场鳕种群数量在迅速减少的结论，并提出了大幅减少合法渔获量的建议。然而，由于考虑到渔业是纽芬兰地区的支柱产业，减少渔获量会直接影响人们的收入，进而影响社会经济发展。因此，减少捕捞强度、限制捕捞产量、保护鳕资源的建议大多数都没有被政府采纳，人们继续维持原有的捕捞水平。在20世纪80年代后期到1992年，北部鳕的实际捕捞产量始终比政府的合法捕捞配额高出30%~50%。

长期的过度捕捞，导致鳕资源崩溃，到1992年的夏天，纽芬兰渔场的鳕产量降至先前水平的百分之一。于是，加拿大联邦渔业和海洋部宣布暂停捕捞鳕两年，以促使纽芬兰渔场的鳕资源恢复，渔业得以持续。到了1993年，纽芬兰渔场常见的6个鳕种群已经崩溃。因此，1994年，加拿大联邦渔业和海洋部不得不宣布彻底关闭拥有500年捕鱼历史的纽芬兰渔场。

纽芬兰渔场关闭之后，有大约4万名纽芬兰人失去了工作，他们不得不离开家乡寻求其他的工作机会。这一事件，对纽芬兰和拉布拉多的居民产生了重大而深远的影响，也深刻地改变了加拿大大西洋地区的经济和社会文化结构。

导致纽芬兰渔场鳕资源枯竭的原因，一是典型的"公地悲剧"，即诸如鱼类、森林或水之类的共有资源，任何人都可以使用但又没有人真正拥有，当具有相同的使用者竞争时，因为缺乏约束的条件和人类的私心及贪欲，将导致资源的过度利用而产生公有资源的衰败乃至枯竭的灾难。二是加拿大联邦政府在纽芬兰地区渔业的监管过程中，也有一定的失职。自1977年以来，加拿大联邦政府一直是纽芬兰地区的渔业管理者，但是联邦政府根据错误的数据，发放了大量的捕捞许可，设置了过高的合法捕捞配额。政府对渔业的管理不善，最终导致了鳕因过度捕捞而衰退，鳕渔业崩溃。

通过关闭纽芬兰渔场以及实施严格的配额捕捞等渔业管理措施，自2012年起，纽芬兰渔场的鳕开始出现种群数量增加、资源缓慢恢复的迹象，之后连续三年出现鳕捕捞产量增长，但是，到了 2017 年，鳕捕捞产量又大幅下降 30%，加拿大联邦政府马上采取行动，将 2018 年的纽芬兰北部鳕捕捞配额削减 25%。2019 年，鳕种群数量又再一次回升，联邦政府又宣布提高纽芬兰地区 2019 年的渔业捕捞配额，比 2018 年同比增长了 30%。

如今，纽芬兰渔场的渔业虽然在缓慢复苏，但是已远不及当年的辉煌，渔业资源基础十分脆弱。而纽芬兰渔场的鳕资源，从 1992 年到 2020 年一直未能得以恢复。2019 年，加拿大参议院审查并且通过了《渔业法案》的修正案，该修正案概述了加拿大联邦政府渔业和海洋部新的义务和期望，并制定了加拿大历史上的首次重建鳕渔业的目标。

二、太平洋鳕

太平洋鳕，又称大头鳕。主要分布在太平洋北部沿岸海域，从北太平洋西南部的黄海，经韩国至白令海峡和阿留申群岛，以及沿太平洋东海岸的阿拉斯加、加拿大至美国的洛杉矶一带沿海均有分布，在我国主要产于黄海北部。

太平洋鳕为典型的冷水性底层经济鱼类，常栖息于大陆架和大陆斜坡上部水深 10～550m 海域，以阿拉斯加和白令海的 100～400m 深海区最为密集，也栖息于深水海域的中上层。太平洋鳕不作长距离洄游，仅作短距离的移动，夏末太平洋鳕向大陆架浅海移动，冬季则集中分布在大陆架边缘较深海域。

根据姜志强等（2012）研究报道，与其他地区的太平洋鳕的繁殖季节相似，在我国大连海域的太平洋鳕繁殖期为每年的 1～2 月，即在一年中水温最低的环境下性腺才能达到最终的成熟。主要产卵场在近岸，少数鱼群分散在海州湾外海产卵。绝对怀卵量分布在 39 万～285 万粒，平均为 81 万粒。而在北美地区和白令海中的太平洋鳕，绝对怀卵量平均在 200 万粒左右；在远东地区的太平洋鳕则高达 140 万～640 万粒，平均为 400 万粒左右。从卵径分布来看，太平洋鳕与大西洋鳕一样，同属一次产卵类型。

2010～2019 年太平洋鳕产量稳定在 $3.943×10^5$～$4.445×10^5$t，平均年产量为 $4.468×10^5$t，最高的是 2014 年，近几年呈略有下降趋势，图 7-33 为 2010～2019 年太平洋鳕的产量变动趋势。

三、阿根廷无须鳕

阿根廷无须鳕属于无须鳕科中种群数量最多的种类之一。主要分布在大西洋西南部沿海，即南美洲南部东海岸 28°S～54°S 的大陆架海域。阿根廷无须鳕栖息于水深 50～500m 海域，集中分布于水深 100～200m 海域。产卵场位于 42°S～45°S 的 100m 以浅海域。在产卵季节（南半球夏季），阿根廷无须鳕密集于 40°S 以南 50～150m 的浅海，冬季（南半球冬季）向北移动，集中分布在 35°S～40°S 的水深 70～500m 海域。

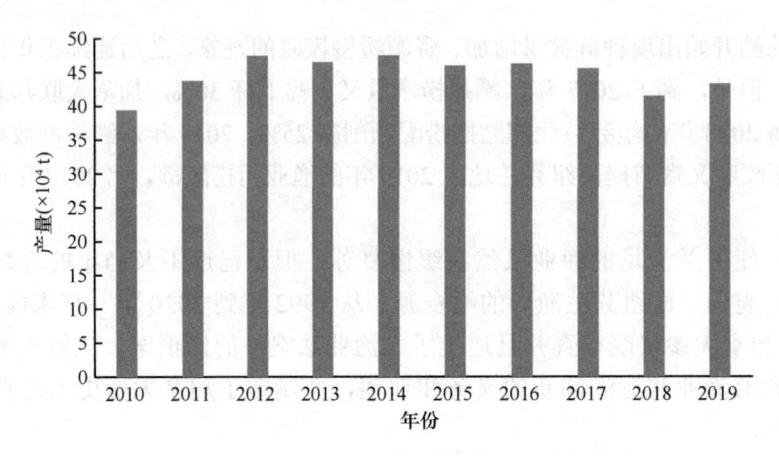

图 7-33　2010~2019 年太平洋鳕的产量变动趋势

阿根廷无须鳕是西南大西洋海域的重要经济鱼类之一，在 20 世纪 80 年代末期，为各远洋渔业国家的重要捕捞对象。目前主要由阿根廷等国家和地区所捕捞。

2010~2019 年阿根廷无须鳕比较稳定，分布在 $3.179×10^5$~$4.49×10^5$t，平均年产量为 $3.563×10^5$t，近几年呈上升趋势，特别是 2019 年，阿根廷无须鳕产量达到最高，为 $4.49×10^5$t。图 7-34 为 2010~2019 年阿根廷无须鳕的产量变动趋势。

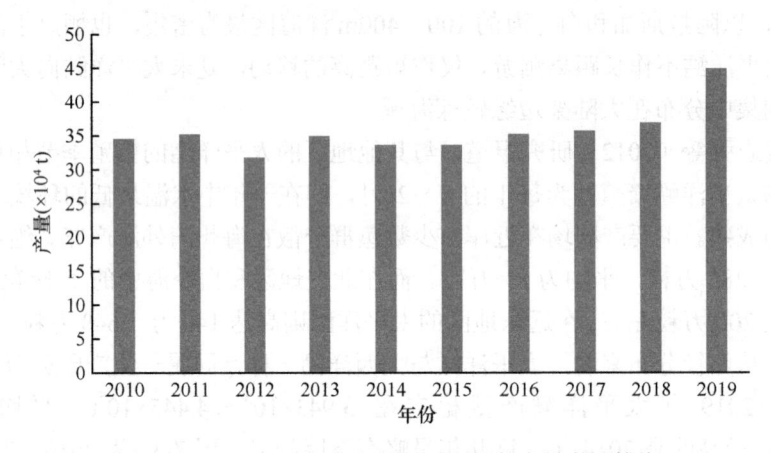

图 7-34　2010~2019 年阿根廷无须鳕的产量变动趋势

四、狭鳕

狭鳕广泛分布于太平洋北部，从日本海南部向北沿俄罗斯东部沿海，经白令海和阿留申群岛、阿拉斯加南岸、加拿大西海岸至美国加利福尼亚中部。历史上主要捕捞区域为东白令海渔场、阿拉斯加湾渔场和白令海公海渔场。目前，主要有两个重要生产渔场，一是白令海渔场，占狭鳕总渔获量的 25%~30%，二是鄂霍茨克海。

狭鳕出生后的前 5 年栖息于海洋中上层或半中上层水域。性成熟后转为底层生活，一般栖息于 30~400m 水深区的底层。通常在 50~150m 水深区域产卵。产卵季节为 2~7 月，1~3 月大多在乔治亚海峡和阿留申盆地产卵。狭鳕有昼夜垂直移动现象。

狭鳕是鳕类中年渔获产量最高的一种经济鱼类，根据 1979 年和 1982 年日美进行的联合拖网调查和水声调查，评估东北太平洋狭鳕资源量为 $7.7×10^6$~$1.0×10^7$ t，另据日本拖网船 1976~1981 年单方调查评估，狭鳕资源量大约在 $1.0×10^7$ t。狭鳕资源早期主要为日本所捕捞利用，渔获量并不高，20 世纪 60 年代是狭鳕捕捞产量逐年上升阶段，进入 70 年代，捕捞产量趋于稳定，年均捕捞产量约为 $9.77×10^5$ t，80 年代以后年均捕捞产量稳中有升，达到 $1.139×10^6$ t，当时，日本是东北太平洋诸渔场最重要的狭鳕捕捞国，多年来一直处于垄断地位，占该区域各国狭鳕总捕捞产量的 50% 以上。后来，美国成为狭鳕捕捞大国，另外，捕捞狭鳕的国家还有韩国、苏联、加拿大、德国、波兰、中国等。我国于 1985 年首次派遣 3 艘远洋拖网加工船，开始在白令海公海渔场捕捞狭鳕资源，至今已在东北太平洋开展狭鳕捕捞 37 年。历史上狭鳕最高年捕捞产量超过 $6.0×10^6$ t，目前已被开发利用过度。2010~2019 年狭鳕产量分布在 $2.8332×10^6$~$3.4964×10^6$ t，呈逐年升高趋势，平均年产量为 $3.2999×10^6$ t，图 7-35 为 2010~2019 年狭鳕的产量变动趋势。

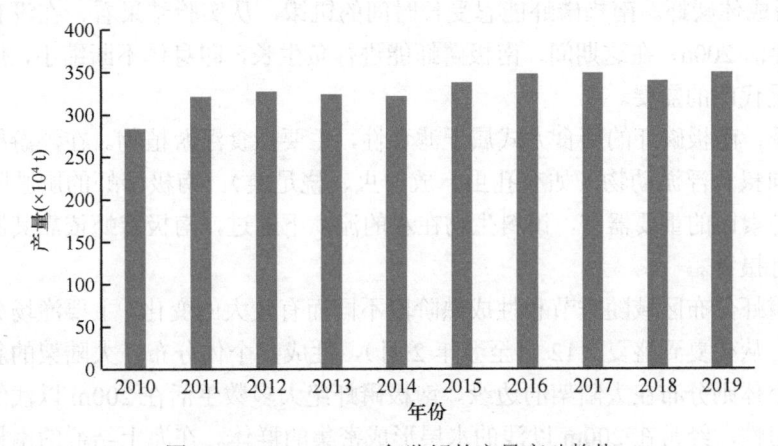

图 7-35　2010~2019 年狭鳕的产量变动趋势

第十一节　南极磷虾

一、生物学特性

在南极海域，磷虾资源十分丰富，现已知有大磷虾（*Euphausia superba*）、晶磷虾（*E. cystallorophisa*）、冷磷虾（*E. frigida*）、三刺磷虾（*E. triacantha*）、瓦氏磷虾（*E. vallentini*）、长额磷虾（*Bentheuphausia amblyops*）、长额樱磷虾（*Thysanoessa macrura*）、近樱磷虾（*Thysanoessa vicina*）等 8 种。其中以大磷虾在数量上占绝对优势。我们说的南极磷虾通常指的是南极的大磷虾，隶属节肢动物门（Arthropoda）甲壳纲（Crustacea）磷虾目（Euphausiacea）磷虾科（Euphausiidae）磷虾属（*Euphausia*）。南极磷虾是海洋里资源量最大、繁衍最成功的一种海洋生物，在南极生态系统中，仅南极磷虾这一种生物就足以维持以它为饵料的鲸鱼、海豹、企鹅的生存和繁衍。根据最新估计，南极磷虾的生物量为 $6.5×10^8$~$1.0×10^9$ t，因其巨大的生物量和潜在的渔业资源，以及在南极生态系统中的特殊地位而日益受到人们的关注（黄洪亮等，2007）。

生活状态的南极磷虾，身体几乎透明，壳上点缀着许多鲜艳的红色斑点。因摄食含有叶绿素的浮游藻类，消化系统清晰可见，并呈鲜艳的草绿色，黑色的眼睛大而突出。渔业中捕捞的南极磷虾体长主要为 40~60mm，其个体最大体长可达 65mm，体重达 2g。

南极磷虾为多年生浮游动物，寿命为 5~7 年，2 龄以后即可达性成熟。南极磷虾雌雄异体，成体雌虾略大于雄虾。性成熟后的个体，在夏季（11 月至翌年 4 月）产卵繁殖，繁殖期长达 5 个半月。南极磷虾的体形与十足目的真虾类相似，但其生殖交配与对虾相似，即雄虾将一对精荚留在雌虾的储精囊内，一旦雌虾卵子成熟便开始授精，雌虾的怀卵量一般在 3000~13 000 粒，平均约为 7000 粒，曾发现有一只高达 23 000 粒。在 1 个繁殖季节可以产几次卵，一次产卵 2000~10 000 粒，受精卵在大洋表层排出后，边下沉边孵化，卵沉降到 1000m 以下水深处，经过 1 个星期左右，孵化成磷虾幼体。然后，开始其漫长的上浮历程到达有阳光和饵料的表层水后，迅速生长、变态，直到仔虾。生长一年后的幼虾体长可达 20~30mm、体重 0.6~0.7g，两年后可长到 45~60mm、体重 0.7~1.5g，即为成体磷虾。南极磷虾能忍受长时间的饥饿，从实验结果看，在没有饵料的情况下，能存活 200d，在这期间，南极磷虾能进行负生长，即身体不断缩小，用消耗体内物质来满足代谢的需要。

在夏季，南极磷虾的摄食方式属于滤食性，主要摄食浮游植物。在浮游植物较少的冬季，转向摄食浮游动物（如有孔虫、放射虫、桡足类）。南极磷虾的胸肢除了用于游泳外，还是索饵的重要器官，饵料生物在水的流动下通过，南极磷虾依靠其胸肢上发达的外肢进行摄食。

南极磷虾分布区域随季节和性成熟阶段不同而有较大的变化，主要渔场分布在南极半岛附近，从初夏到盛夏（12 月至翌年 2 月），性成熟个体分布在大陆架的斜面上，而性未成熟个体则分布在大陆架的边缘。南极磷虾绝大多数生活在 200m 以浅的水层，且有结群的习性，经常在 200m 以浅的水层形成密集的群体。在海上结群的南极磷虾使海水呈红色斑块，有时会延伸到方圆几千米。南极磷虾具有昼夜垂直移动的习性，白天一般生活在深水中，夜幕降临后才浮到水面摄食。

南极磷虾呈环南极分布，密集区常出现于陆架边缘、冰边缘及岛屿周围。主要分布在南极大西洋水域，具体而言，南乔治亚群岛（48.3 小区）磷虾渔业活动基本限制在沿北部陆架向外约 20km 的狭长带水域内。这个狭长的分布带与声学调查所报告的分布有着明显的差异，声学调查表明磷虾出现在陆架及其边缘以及近海较深水层中。

南极磷虾的主渔场主要位于南设得兰群岛水域和南奥克尼群岛水域，冬季这两处渔场会被海冰所覆盖，因此作业时间通常是在夏季。在南乔治亚水域，冬季不会有海冰覆盖，所以可以成为南极磷虾冬季的良好生产渔场。

二、资源评价及开发利用现状

（一）南极磷虾资源量评估

南极磷虾是一种小型的海洋经济甲壳动物，资源量相当丰富。南极磷虾主要生活在距南极大陆不远的南大洋水域中（50°S 以南），尤其在威德尔海，其磷虾更为密集。国外的调查结果表明,夏季,东风带高纬度沿岸流和威德尔海低纬度洋流海区的磷虾资源最为丰富,布兰斯菲尔德海峡和南乔治亚海区的磷虾资源也比较丰富。

自 1972 年开始大规模商业开发利用南极磷虾资源以来,不少国家的科学家以及各种国际海洋生物资源组织机构都对南极磷虾资源量进行了调查与评估,估算方法主要有以下几种。

(1) 利用被鲸等捕食动物的捕食量推算法。南极磷虾直接被须鲸类、海豹类、海鸟类、鱼类及头足类等捕食,根据以上生物的捕食量来推算南极磷虾的资源量。如早年苏联学者娜比莫娃根据这种推算方法估算出南极磷虾资源量有 $1.5×10^8$～$5.0×10^9$t。

(2) 浮游植物初级生产力推算法。根据浮游植物含碳量换算出浮游植物总量,并由此进一步推算出摄食浮游植物的浮游动物总量,同时按照南极磷虾在浮游动物中所占比例,推算出其资源量。如联合国专家古兰德曾根据南极海的初级生产力来推算南极磷虾的资源量约有 $5.0×10^8$t,可捕量为 $1.0×10^8$～$2.0×10^8$t。

(3) 网获量法和探鱼仪积分统计法。这是估计南极磷虾资源量最重要的方法之一,有学者曾采用这种方法估算了澳大利亚以南海域的南极磷虾资源量,用探鱼仪记录了磷虾群数、集群的平均尺度、群间的平均距离、虾群内的平均密度等,推算出该海域南极磷虾资源密度为 $65.1t/km^2$。用该值计算南极磷虾整个分布海域($1.838×10^7km^2$)的资源量为 1200t。

关于南极磷虾的资源量到底有多少,不同的调查有不同的结果,有调查显示是 $6.5×10^8$～$1.0×10^9$t,也有说是 $1.25×10^8$～$7.25×10^8$t,至今尚没有一个令人信服的定论,并且不同时期不同学者得出的评估结果差距很大。这主要可能是与调查评估海区的地理位置、范围大小不同,采用的评估方法不同,调查时间(年份)不同等有关。

目前,对南极磷虾主要分布区 48 海区的资源量评估结果主要有:1981 年开展的国际生物量综合调查计划(FIBEX 计划)评估结果表明,48 海区南极磷虾资源量约有 $1.51×10^7$t,这个资源量后来被修正为 $3.54×10^7$t。

1982 年,国际南极海洋生物资源养护委员会(CCAMLR)成立之后,日本、英国、美国和苏联四国调查船在斯科舍海进行了调查,结果表明 48 海区南极磷虾资源量为 $4.429×10^7$t,但调查面积较 1981 年大。此后,CCAMLR 对结果进行了修正,为 $3.728×10^7$t。2007 年,CCAMLR 采纳了这个修正后的结果。此外,印度洋 58 海区的南极磷虾资源也被评估过。其他海区的南极磷虾资源并未得到很好的评估。

(二)资源开发利用现状

南极磷虾的开发始于 20 世纪 60 年代初期,由苏联率先赴南极试捕磷虾。到了 70 年代初(1972～1973 年),真正开始大规模商业开发利用南极磷虾资源,到 80 年代初南极磷虾捕捞产量达到最高峰,1982～1983 年产量超过 $5.0×10^5$t,1992～1993 年的产量由 1991～1992 年的 $3.0×10^5$t 剧降至 $8.0×10^4$t,此后南极磷虾年产量一直维持在 $1.0×10^4$t 左右,造成这一现象的主要原因是因为苏联解体后,作为最大渔捞国的苏联船队大幅减少。到了 2010 年以后,南极磷虾的捕捞产量又呈上升趋势,2010～2019 年南极磷虾产量分布在 $1.81×10^5$～$3.657×10^5$t,2020 年更是高达 $4.5×10^5$t,2010～2019 年南极磷虾产量变动趋势如图 7-36 所示。到目前为止，已有日本、智利、波兰、韩国、德国、乌克兰、挪威和中国等 22 个国家或地区相继开展了南极磷虾的开发。

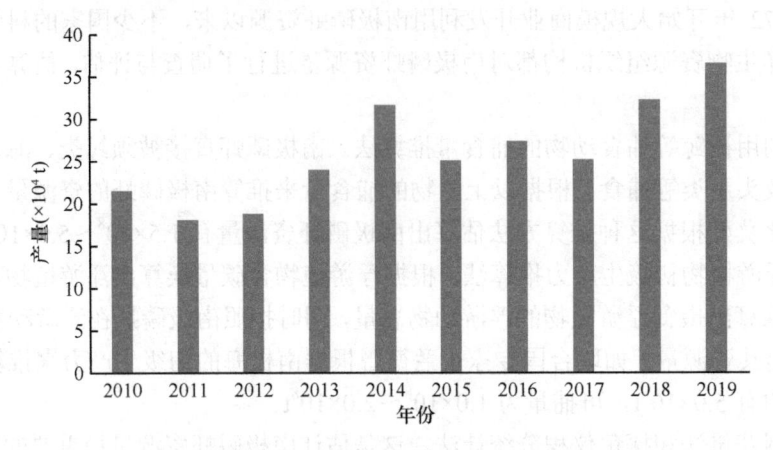

图 7-36　2010~2019 年南极磷虾产量变动趋势

过去，80%以上的南极磷虾渔获量均产于大西洋区西侧的斯科舍海海域。作业方式主要是拖网-冷冻加工一体化，由于磷虾体内含有活性很强的消化酶，这些酶在磷虾死后会立即将身体组织分解，因此，在磷虾捕获后必须立即进行加工。如果是作为人的食品，那么在磷虾捕获后的 3h 内必须加工完毕，如果是作为动物饲料，则必须在 10h 内加工完毕。因此无法使用加工船或陆地上的加工设备，整个加工过程必须在拖网船上完成。加工产品主要有生鲜冷冻、煮熟冷冻、去皮虾肉、鱼粉等，主要用途为水产养殖饵料、游钓渔饵以及人类食品。

如今，全球海洋生物资源，尤其是传统海洋生物资源日趋衰退或严重衰退，同时随着世界人口持续增长对食物需求的不断增加，人类把注意力转移到前所未及且资源蕴藏量巨大的南极磷虾资源开发上，南极磷虾捕捞产量大幅提高，表明各国加大了南极磷虾资源的开发力度，新一轮南极磷虾资源开发竞争已展开。虽然南极磷虾目前资源丰富，但是，CCAMLR 仍采取了预防性限额管理措施，如 2001 年 CCAMLR 在斯科舍海（整个 48 海区）设定南极磷虾的渔获限制量为 5.61×10^6 t，为了考虑企鹅等的摄食影响，采取小海区管理方式对 48 海区进行渔获量限制管理，即 48.1 海区为 1.55×10^5 t，48.2 海区和 48.3 海区为 2.79×10^5 t，48.4 海区为 9.3×10^4 t，合计限制渔获量在 6.2×10^5 t 以下。近十年，全球南极磷虾平均渔获量仅为 2.605×10^5 t，远低于捕捞限额量。因此，从 MSY 管理角度来看，资源量仍处于较高水平。

为了缓解我国人口增长、食物短缺、近海资源枯竭的矛盾，利用南极磷虾在医药、化工和功能食品方面的巨大开发前景，培育战略新兴产业，更为了争夺深海、极地"战略新疆域"，切实维护国家安全和利益，我国从 1984 年首次开展南极考察，就把南极磷虾资源的研究作为重要的考察内容，从"八五"至今，我国对南极磷虾资源的考察已进入了较系统的研究阶段。通过以南极磷虾生态系为重点的南大洋生态系统考察，对南极普里斯湾海洋生态系统的功能与结构有了系统认识，通过我国科学家对南极磷虾多年的研究，已初步了解了南极磷虾的生态习性、分布规律、渔场形成条件、渔具渔法、保鲜加工，为我国商业性开发南极磷虾打下了较好的基础。

自 2009 年年底农业部启动"南极磷虾生物资源开发利用"专项，首次进入南极海域试捕南极磷虾以来，我国先后投入资金开展了"863"计划项目"南极磷虾快速分离与深加工关键技术"（2011~2015 年）和"南极磷虾拖网加工船总体设计关键技术研究"（2012~2016 年）、国家科技支撑计划项目"南极磷虾开发利用关键技术集成与应用"（2013~2017 年）、国家重点研发计划项目"南极磷虾渔场形成机制与资源高效利用关键技术"（2018~2021 年）等研究。重点对大西洋南极海域的 48.1 和 48.2 海区进行了探捕调查，并取得了良好效果。我国进入国际南极海洋生物资源养护委员会（CCAMLR）辖区生产的大型拖网渔船数量连年增加，入渔申请最多年份达 8 艘。2019 年我国南极磷虾捕捞产量为 5.0×10^4 t，2020 年翻了一番多，达到 1.18×10^5 t，仅次于挪威的 2.45×10^5 t，排在第二位。

目前，我国对南极磷虾资源开发利用存在的主要问题，一是对环南极海域磷虾资源分布掌握不足。由于目前我国开展南极磷虾资源调查主要使用渔船进行调查，缺乏专业科研调查船，调查范围有限，对环南极海域磷虾资源未开展评估，对渔场的掌握与发达国家存在差距。二是捕捞效率与国际先进水平差距明显。我国仍以传统拖网作业方式为主，与挪威先进的高效泵吸捕捞技术差距明显；缺乏较成熟的成套专业捕捞装备，捕捞效率仅为挪威的四分之一。三是大型拖网渔船专业化程度低，产品加工能力严重不足。我国南极磷虾船主要由原捕捞鱼类捕捞船兼作，在产品加工过程中缺乏专业设备，日加工能力（含冻结）仅 300t 左右，与挪威等专业船设计日加工能力可达 1000t 相比，磷虾转化成虾粉出成率低，为挪威的 1/2~3/4，产品质量不高；同时，产品结构单一，市场认知度低，制约了产业发展与国内销售。

思 考 题

1. 简述东海种群带鱼生物学特征及其种群数量变动状况。
2. 简述黄渤海种群及东海种群小黄鱼资源开发利用状况及其种群数量变动状况。
3. 试述岱衢族大黄鱼开发利用状况及其种群数量变动状况。
4. 简述黄渤海蓝点马鲛开发利用状况及其种群数量的变动状况。
5. 简述我国鲐资源开发利用状况及其种群数量变动的原因及其状况。
6. 简述南海蓝圆鲹资源开发利用状况及其种群数量变动的状况。
7. 简述黄海区鳀资源开发利用及其种群数量变动状况。
8. 简述浙江近海三疣梭子蟹开发利用状况及其种群数量变动状况。
9. 简述世界金枪鱼资源的开发利用现状。
10. 简述世界鳕资源的开发利用现状。
11. 简述南极磷虾资源的开发利用现状。

第八章 渔业资源管理与养护技术

本章提要：主要从渔业资源合理利用和渔业可持续发展角度，介绍渔业资源管理与养护技术等，包括如何进行渔业决策和渔业管理；如何通过增殖放流、海洋牧场建设来增加渔业资源发生量、改善海洋生态环境、恢复渔业资源。通过渔业资源管理与环境监测，为不断改进和完善渔业管理措施提供科学依据。

第一节 渔业决策与渔业管理

人们通过渔业管理达到合理利用渔业资源和持续发展渔业的目标。为了实现这一目标，一般需要渔业决策和渔业管理两个步骤。

一、渔业决策

在渔业决策过程中，科学家的作用、参与的程度，各国有所不同。渔业决策需要渔业资源评估资料，这些评估资料大多由本国的科学研究机构提供。也有许多国际性组织对渔业资源进行研究和评估，如中东大西洋渔业委员会（Fishery Committee for the Eastern Central Atlantic，CECAF）、东北大西洋渔业委员会（North East Atlantic Fisheries Commission，NEAFC）、南太平洋委员会（South Pacific Commission，SPC）、地中海综合渔业委员会（General Fisheries Council for the Mediterranean，GFCM）、印度洋金枪鱼委员会（Indian Ocean Tuna Commission，IOTC）等。我国的渔业资源研究和决策所需的渔业资源调查和评估资料主要由中国水产科学研究院下属的黄海、东海、南海三个海区所，沿海各省（市）水产研究所以及相关海洋类高校提供。

渔业资源评估资料，包括对种群的损害性影响、判别对资源的利用程度以及预测种群在捕捞方式的影响下其动态特征和渔业发展前景、提高选择范围等内容。科学家如何将这些资料介绍给决策者，决策者如何利用这些资料制定管理政策，以保证渔业资源的可持续利用，其间都会遇到不少亟待思考的问题和困难。

（一）问题

在渔业决策过程中，科学家和决策者会面临以下几个难题。

1. 非独家经营

所有的渔业资源评估方法和相应结果的应用，都是建立在一个没有明确说出来的限制条件的基础上，这个限制条件就是独家经营。过去，似乎只有在 Clark（1976）的 *Mathematical Bioeconomics：the Optimal Management of Renewable Resources* 中谈及这个问题。渔业生产是开发利用渔业资源,渔业资源具有再生能力,表现为繁殖和生长,有资本特性。想要保持渔业的可持续发展,必须要保护渔业资源。保护渔业资源实质上是在一定时间内的动态最优化控制问题。渔业资源利用不合理,指的是渔业资源利用在时间上分配错误,其结果或是产量下降,或是经济效益不佳,还有可能导致种群衰退。产生这种现象的主要原因是经济利益引发的竞争。这种情况,在世界渔业发展史上随处可见,并且至今为止,仍然还在不断发生。

多数种群在系统发育过程中形成了跨度很大的时空动态特性。生产者利用这种特性,在任何时间的某一地理位置上都可以进行捕捞作业。在多数情况下,这种作业也是在管理政策允许范围内的。例如,黄海、渤海的中国对虾,其产卵场在黄海、渤海区内各湾沿岸浅水区,越冬场在黄海中南部。每年在5月中、下旬产卵,仔、幼虾在近岸水深小于5m的浅水区成长,到7月下旬外泛到水深10m以内水域索饵,10月交尾,交尾后雄虾大量死亡。随着水温下降,11月中、下旬开始进行越冬洄游,越冬期在12月至翌年3月中旬。春季,随着其性腺逐渐发育成熟而开始进行生殖洄游,4月上、中旬绕过山东半岛,4月下旬抵达渤海各产卵场。在中国对虾的整个生命活动和洄游过程中的不同海区,都可以进行捕捞作业,在20世纪50~60年代,中国主要在春汛捕捞生殖洄游进入各产卵场的生殖群体。日本则在冬汛捕捞越冬洄游群体以及在越冬期的虾群。当时,中日两国的中国对虾产量比约为4∶6。从1961年开始,中国将春捕改成秋捕,执行春保秋捕管理政策,并制定了详细的管理措施,希望在保护中国对虾资源基础上持续利用该资源,发展对虾渔业。进入20世纪80年代,由于该渔业利润大,吸引投资,渔船数量过多,捕捞力量长期失控,且各省、各业体之间竞争激烈,特别是大捕亲虾用于育苗养殖,使该种群长期处于补充型捕捞过度状态,产卵亲体数量严重不足,最终导致种群数量在一个极低的水平上波动,从年产$2×10^4$~$3×10^4$t下降到20世纪90年代后期的不足千吨水平。

原农业部、原黄渤海区渔政渔港监督管理局和辽宁省、山东省、河北省、天津市都十分重视中国对虾的科学研究,经费支持强度很大,研究工作比较深入,从种群渔业生物学、种群动态特征和如何在捕捞时间上的合理分配,如何开发利用对虾资源,如何动态最优控制到如何管理对虾资源等,都有相应的研究结果和管理措施。这一切都在非独家经营的竞争中变成了历史,同时对虾资源最终还是衰败了。

2. 时间尺度冲突

渔业决策面临的许多问题,在很大程度上是由于对某些因素缺乏控制能力所致。这些因素有冲突的时间尺度、自然环境和社会背景中的一些不确定因素等。自然环境将在渔业资源监测中阐述。

渔业决策时要考虑并妥善处理时间尺度。时间尺度有两方面的含义,一是种群数量变化的时间尺度不同,二是在一个渔业系统中各种人为的时间尺度不同。

一个渔业系统中的人大体由三类组成。第一类是生产者,包括大型渔业企业和个体生产者;第二类是科学研究人员;第三类是决策者和管理人员。这三类人在处理某种渔业资源开发利用过程中,时间尺度是各不相同的。

生产者的时间尺度很小，一些大型企业考虑的时间尺度约为 1 年，以年为单位评价企业经营成效。一些个体生产者，考虑的时间尺度更短，可能就是一个鱼汛，甚至以几天来评价渔业成效。而科学研究人员考虑的时间尺度很长，可能要几年、十几年，讲的是持续利用渔业资源，他们重视如何控制捕捞力量和网目尺寸（开捕时间）的搭配，在最优动态控制理论范围内开发渔业资源，获得最大的长期利益，满足社会需求。决策者和管理者选择的时间尺度受各种因素的影响，是个均衡问题。

在作渔业决策时，绝对不能低估种群数量变化时间尺度的重要性。我们这里不讲捕捞对种群损害性影响而造成种群的衰败速度，以及去掉这种损害性影响后种群的恢复速度。不同种群这种速度差别很大。我们这里讲的是没有这种损害性影响的种群数量变化的时间尺度。一般来说，中上层鱼类种群数量波动有突变性质，又有较高的潜在增长率，且有较明显的周期性特征。在我国的鱼类种群数量变化中，鲱可能是一个比较经典的例子，黄海鲱栖息于黄海，1900 年前后，曾有一次较大的旺发，此后不久，其资源衰败，1938 年后，黄海鲱资源出现回升，大约 6~7 年后，其资源再次衰败，20 世纪 70~80 年代，黄海鲱资源又旺发。表 8-1 是黄海鲱 17 个世代 1 龄鱼的渔获量数据，从表 8-1 中可以看出，这 17 个世代 1 龄鱼的平均数量为 9318×10^4 尾，标准差为 $12\,269\times10^4$ 尾，它比平均值还大，表明数据变化幅度极大。20 世纪 80 年代以后，这个种群的数量已经不多，变成了兼捕鱼种。黄海鲱的这种周期性变化以及在旺发期内世代数量相差悬殊的特征，即使我们查明了影响因素，把握了它们的变化规律，也难以有一个与此完全相应的应对策略，何况我们对此并不十分了解。在这种情况下，决策者考虑的时间尺度是变化多端的，既要对十几年的渔业发展水平作出估计，也需要对几年内的短期渔业政策作出决断。这种时间尺度的冲突是比较难以控制和协调的。

表 8-1 黄海鲱 1967~1984 年 17 个世代 1 龄鱼的渔获尾数（引自邓景耀和叶昌臣，2001）

世代	1967	1968	1969	1970	1971	1972	1973	1974	1975
渔获量（$\times10^4$尾）	2 751	1 120	2 840	2 089	36 486	1 276	13 190	6 909	44 015
世代	1976	1977	1978	1979	1980	1981	1982	1983	1984
渔获量（$\times10^4$尾）	2 675	3 890	5 656	23 618	1 933	10 208	4 662	3 166	1 236

3. 资料问题

资料问题主要是个可靠性问题。资料可靠性属于科学审定范畴，科学家提供给渔业决策部门的渔业资源评估资料，其可靠性理应被确认，但是，往往由于不可控因素的干扰，以及受到各种条件的限制，如方法问题、经费支持问题等，从而导致收集到的资料不一定全面，可能还有误差。对于一种特定渔业资源的研究过程，大体上是先收集基础资料，包括渔业统计、环境条件、市场经济和若干海上现场调查资料等，然后，经过几个层次分析，最终提交给决策部门结论性的资料大体有：种群动态特征、对渔业资源的利用程度、捕捞方式、环境和亲体对种群数量的影响，以及在此基础上的应对策略、管理措施和选择范围，相应的对渔业资源和渔业发展前景的预测等。收集原始资料时的方法等误差，经过误差传递，最终导入结论性资料中。

按理说，科研人员要对寓于原始资料中的误差加以审定。但是，往往由于各种原因，科研人员也说不清这种误差程度和对结果的具体影响，仅由统计分析资料给出一个可置信限和标准差，并且可置信限和标准差有时会很大。决策者要从这些资料中挑选出适于决策用的资料，可能是很困难的。另外，还有可能渔业资源评估资料不十分符合当前经济、政治和社会需要。这就使得实施合理的科学建议变得困难。这是由于科学家往往着眼于保护渔业资源，维护现有的生态平衡，着重考虑从渔业资源获得长期社会效益，而忽视了当前的社会需要。可以说，要求决策者权衡方方面面，把各种利益调节到当前社会可接受的水平是一件相当困难的事情。

由于上述问题和困难影响渔业决策，在采取措施时往往犹豫不决，再加上难以协调国与国、省与省和地区与地区生产者之间的利益，即使有些合理的有充分科学证据且要采取紧急措施的建议，也往往由于一时难以接受和实施，以致造成有些种群在捕捞的影响下，逐渐衰退甚至灭绝了。

为了解决上述问题和困难，以下几点需要特别提醒注意。

（1）决策者和科学家之间的信息渠道要随时畅通，要建立相互之间的信任。科学家要理解政治经济问题和当前社会需求，决策者要掌握有关渔业资源评估的基本知识和基本过程。

（2）提供的渔业资源评估资料应尽量有一个适当的选择范围，以适应决策需要。渔业资源具有资本性质，开发渔业资源基本上是一个处理经济效益的问题，在各种管理选择范围中应确定增加投资所产生的效益和效率。例如，确定最大受益相应的捕捞死亡是不是会比最大纯收益的捕捞死亡更好，或者是不是比渔船最佳收入的捕捞死亡更好，如果能够提供这样的选择范围，就能更有利于渔业决策。

（3）减少生产者对渔业决策的干扰。个别企业领导人和渔民往往重视当年，甚至一个季度的产量，而忽视从渔业资源获得长期效益，并有"我保护不一定我受益"的心理，从而对渔业决策施加影响，干扰决策。

（二）管理方案

渔业决策属于广泛的决策科学范畴，理解有关渔业管理方案，对于决策者和科学家都是有利的，也有利于对一个特定渔业资源的评估和选择范围的确定。

1. 管理目标

渔业管理目标指的是控制多种因素从渔业资源获得预期的社会利益，这种利益通过保护渔业资源在所需的持续数量水平上，以食品价格、渔获物价值、就业人数和从事渔业者的收入等形式表现，达到投入和产出之间的平衡。社会在发展，社会需要和价值认同在变化，所以，即使在同一国家、同一地区，其具体的管理目标也会随时发生变化。以捕虾业为例，因不同国家的社会发展和社会情况不同，期待从虾类资源中获得的社会利益也就不同，管理目标也不相同。美国虾渔业的管理目标是在最大持续产量基础上，考虑食品生产和娱乐消遣机会，以达到最大国家利益；墨西哥的虾渔业管理目标是最大产量和最多就业；澳大利亚的虾渔业管理目标是保持最大持续产量水平，适当注意捕捞企业经济活力和利润。当然，有些国家的管理目标也是自相矛盾的，如墨西哥要求最大产量和最大就业目标，这两者往往是不能兼得的，想要获得最大就业机会，必将影响产量。

渔业管理目标与国家希望从渔业资源获得何种社会利益有关。一般来说，有三种具体的管理目标可供选择（叶昌臣等，1984；叶昌臣和黄斌，1990）。

（1）简单生物项。它是以 MSY 为渔业管理目标，这也是国内外沿用的传统渔业管理目标。我国最早在 20 世纪 60 年代初就以世代最大产量为管理目标，如辽东湾小黄鱼的管理。从 70 年代开始，MSY 已广泛应用于我国东海、黄海、渤海和南海的一些主要种群的渔业管理中。这个渔业管理目标，作为对渔业的一般性指导是有意义的，能有效防止补充型捕捞过度，防止种群衰退。但是，这个目标考虑的系统范围太小，不能与广泛的社会利益相适应，并且还有一些经济学上的缺陷。

（2）最大经济效益。考察一个渔业的效果，衡量它对社会的贡献，至少要考虑渔获量大小和它的价值，以及考虑取得这个渔获量支付的总消耗，考虑投入和产出两个方面和两者之间的差值大小、利润和亏损。渔业利润是衡量渔业成就的最好标准，所以，以最大经济效益为渔业管理目标是比较合理的。由于一个种群的数量有限，要使渔业利润最大化，只有限制渔船数量才能达到目的。这个允许投入的渔船数往往比简单生物项为管理目标所允许的渔船数要少得多。例如，黄海、渤海蓝点马鲛渔业，以最大经济效益为管理目标，应控制的捕捞力量为 2863 个单位；以最大持续产量为管理目标，应控制的捕捞力量为 3911 个单位（叶昌臣等，1984）。前者约比后者少 27%。一个已经发展起来了的渔业，用行政措施消减捕捞力量，如果处理不当，可能会带来更大的社会问题，以最大经济效益为渔业管理目标，虽然较合理，但是，至少在短期内不会受社会普遍接受。

（3）增加就业机会。几乎世界上所有政府都面临一个如何减少失业人数、增加就业机会的问题。所以，在基本上不影响渔业资源再生产的情况下，选定以增加就业机会为渔业管理目标是有价值的，也是比较容易被社会普遍接受和欢迎的。

以上三种渔业管理目标所期望的社会利益各不相同，且彼此矛盾，应控制的最佳条件也有很多差异。想要从某种渔业资源中获得最大经济效益和理想的能源消耗，就必须严格控制渔船数量。想从某种渔业资源中获得增加就业机会的社会利益，就必须以牺牲渔业的经济效益和增加额外的能源消耗为代价，有时还要冒种群衰退的风险。

国家的具体情况和执行的政策，基本上决定了采用何种管理目标。决策者的责任是在某种水平上决定如何从渔业资源中获得何种社会利益，提出明确的管理目标。科学家的职责是根据决策者提出的管理目标和若干要求解决的具体问题，提出选择范围和相应的科学证据，以及对渔业资源和渔业发展前景的预测，供决策者参考。

2. 选择范围

在渔业决策中，最重要的一个控制变量是捕捞力量（f），关于网目尺寸（相当于首次被大量捕捞个体的平均体长）在初级渔业管理中已经解决了。科学家提供的渔业管理选择范围实际上就是控制捕捞力量大小的范围。其实在这个问题上科学家并无太大活动余地，选择范围基本上受种群增长特性和经济性质（成本和鱼价）的控制，这个选择范围受下式约束。

$$f_{u=0} \geqslant f \geqslant f_{\text{eop}}$$

这个约束条件不能解除。式中，$f_{u=0}$ 称经济无效捕捞力量，f_{eop} 是与最佳经济效益相匹配的捕捞力量，称最佳经济捕捞力量。这个不等式表示，捕捞力量（f）的选择范围最大等于 $f_{u=0}$，最小等于 f_{eop}，若种群增长可用不对称"S"形曲线描绘，我们有 $2f_{\text{eop}} = f_{u=0}$。$f_{u=0}$ 和 f_{eop} 的具体数值取决于种群增长特性和价格成本比。现以黄海、渤海蓝点马鲛为例，讨论在这个选择范围内选择不同的捕捞力量对种群数量、经济效益的影响。f_{eop} 和 $f_{u=0}$ 如图 8-1 所示。这里仅表示 $f_{u=0}$、f_{eop} 和 f_{MSY}（最大持续产量捕捞力量）相应的资源状况，产量和渔业利润如表 8-2 所示，有关具体资料的详细情况可以参阅文献（邓景耀和叶昌臣，2001）。从表 8-2 中可以看出，如果选取 $f_{u=0}$ 控制渔业，可支持捕捞力量最大，约 5725 个单位（捕捞力量单位按 100 片流网/船计），渔业利润为 0，由于成本包括了从业人员的工资和生产设备的折旧，所以，$f_{u=0}$ 控制可以维持最大就业机会和企业简单再生产，而无扩大再生产能力和无投资回报。在平衡状态时，资源数量约 29 629t，渔获量约为 26 024t，比 f_{eop} 或 f_{MSY} 控制，渔获量分别下降了 15% 和 22%。如果选择 f_{eop} 控制，捕捞力量 2863 个单位，比 $f_{u=0}$ 控制下降了 50%，即就业机会减少了 50%，渔业利润最大达 1954 万元，资源数量也比较高，约为 70 084t，渔获量为 30 778t。如果选择 f_{MSY} 控制，捕捞力量约为 3931 个单位，比 f_{eop} 控制增加约 37%，比 $f_{u=0}$ 控制减少 31%，即就业人员比 f_{eop} 多，比 $f_{u=0}$ 少，渔获量最大，约达 33 161t，比 f_{eop} 控制增加 8%，比 $f_{u=0}$ 控制增加 27%。总的来看，f_{MSY} 控制，在平衡条件下，资源量、渔获量、捕捞力量和渔业利润都比较适中，而 f_{eop} 或 $f_{u=0}$ 控制都偏向一个极端。除非有特殊情况，决策一般都不会接受这种极端情况。

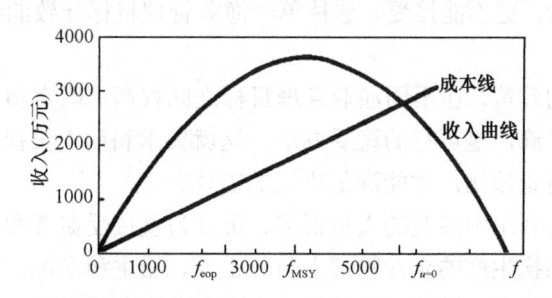

图 8-1 Gordon-Schaefer 模型曲线显示 f_{eop} 和 $f_{u=0}$（引自邓景耀和叶昌臣，2001）

表 8-2 黄海、渤海蓝点马鲛渔业资料（引自叶昌臣等，1984；叶昌臣和黄斌，1990）

控制类别	种群数量水平（t）	渔获量（t）	捕捞力量（f）	渔业利润（万元）
f_{eop}	70 084	30 778	2 863	1954
f_{MSY}	55 269	33 161	3 931	1682
$f_{u=0}$	29 629	26 024	5 725	0

为什么渔业决策不能选取小于 f_{eop} 或大于 $f_{u=0}$ 控制呢？若选取 f（值）< f_{eop} 的 20% 时，平衡状态产量 27 470t，比 f_{eop} 产量减少 10%，渔业利润减少 4%。显然决策者不会

作这种不合算的选择。若选取比 $f_{u=0}$ 大 20%的 f 控制渔业,产量为 14 226t,约比 $f_{u=0}$ 时的产量下降 45%,渔业亏损 1870 万元。在这种条件下,政府需采取补贴政策以维持过多的捕捞力量继续运行,防止失业,最终将得不偿失。

3. 满意管理方案

任何渔业决策都不会采纳单一目标的最佳方案。单一目标只能满足一种社会利益,有顾此失彼之虞,还会冒较大的风险。一般都选取满意管理方案。对于一种能由我国控制,并由我国渔民独自利用的种群,对于这种渔业,制定一个满意管理方案,需要权衡考虑的因素有以下几项。

(1) 不同管理目标之间权衡。决策都将涉及投入和产出之间的均衡,以求达到最满意的效果。就渔业决策来讲,这个问题主要反映在对不同渔业管理目标之间的权衡上。单一的渔业管理目标,如产量最高、效益最大或就业最多,只反映了一种社会利益。社会利益是一个广泛概念,包含许多内容,而且各内容之间相互关联,也可能彼此矛盾。渔业的特征和它的生产特性,决定了想要从渔业资源获得非此即彼的单种最大社会利益,同时牺牲其他社会利益,至少在目前还难以被社会所接受。由单一渔业管理目标所制定的管理策略和相应的管理措施可能是最佳的。但是,在多数情况下却不是满意的管理方案。这种情况比较普遍,如当年渤海秋汛对虾渔业,如单纯考虑渔业的最大经济效益,节约能源,必须削减现有渔船的 55%左右,预测当年产量基本不下降,渔业利润增加 50%左右,经济效益十分显著(叶昌臣和朱德山,1984;邓景耀等,1990)。然而削减 55%左右的渔船,相当于减少 1000 对标准机帆渔船,按每对机帆渔船 26 人计算,损失 26 000 个就业机会。这就减少了从中国对虾资源获得就业机会的社会利益。换句话说,就是把这些人的利益无条件地转移到保留的从业渔船的渔民身上。权衡一下,这可能比不削减渔船维持现状,更不能接受。这种单一渔业管理目标导致的顾此失彼现象,执行起来比较困难。

根据国家当前的政策,在不同渔业管理目标之间权衡,确定满意的管理目标,制定相应的管理策略和措施,是可行的稳妥办法。这就要求科研人员提供足够的选择范围、相应的科学证据和前景预测,才能满足决策的需要。

渔业资源的开发利用中涉及的人员很多,可分为直接受益者和间接受益者两类。直接受益者包括从事捕捞生产的企业管理人员、工人、船主和渔民、加工和消费者等。间接受益者包括渔船修造者、渔港建设者等。他们在渔业资源开发中都有各自的利益和目标。且将通过各种渠道对决策施加影响。渔业决策不能受他们左右,但必须充分考虑到他们的正当利益和合理要求。

(2) 长期利益和短期利益的均衡。决策的另一个内容是涉及短期利益与长期利益之间的均衡。渔业决策失误原因之一,就是对这个问题处理不当。短期利益主要指的是当前的渔获量和经济效益等内容。长期利益指的是今后数年或更长时期内稳定的渔获量、经济效益和就业等内容。这些利益要在稳定的种群生物量基础上才能获得。在生产者看来,这两种利益是难以协调的,渔业生产者和捕捞企业领导看重当年利益是合情合理的,但是,渔业决策者在决定渔业管理策略时,如何平衡短期利益和长期利益之间的关系至关重要。特别是从渔业资源具有显著的延续性影响这一特点看，凡是在渔业决策和制定管理策略时都必须考虑这种特点，应考虑到如果当年少捕些鱼，今后几年的补偿情况如何？能增加多大的渔获量，有多大的经济效益？

在决策时，如何达到短期利益和长期利益之间的平衡，即如何确定最优种群数量水平和与此相应的捕捞力量？这主要由贴现率（δ）取值来决定。我们举例说明，表 8-3 是黄海、渤海蓝点马鲛种群的资源评估资料。这个资料是假定初始资源量 $x(0)$ > 渔业利润最大时的种群数量（x_{eop}）计算的，具体计算过程可参阅文献（邓景耀和叶昌臣，2001）。最多就业相当于贴现率（δ）取 ∞（即开放式渔业）。平衡时的捕捞力量为 5725 单位（捕捞力量单位按 100 片流网/船计）。取 $\delta=\infty$，着眼于渔业的当前利益，不考虑长期利益。最大经济效益相当于取零贴现率。平衡时的捕捞力量为 2862 单位。取 $\delta=0$，着眼于渔业的长期利益。这个资料说明为什么渔业决策不能接受 $\delta=\infty$ 或 $\delta=0$ 的两种极端情况。取 $\delta=\infty$，是牺牲长期利益换取当前利益，如表 8-3 所示，产量和利润都会受到损失，特别是利润损失太大。取 $\delta=0$，要消减一半捕捞力量，也难以进行生产安排。渔业决策必将选取一个合适的贴现率（$0<\delta<\infty$），把当前利益和长期利益调节到当前社会可接受的水平。这是渔业决策中不可避免的调和和折中办法。由这个 δ 值连同鱼价和成本决定了最优种群数量水平（x^*），再根据 x^* 进一步决定应采取的管理策略和措施，把控制变量控制在允许的水平范围内。因此，几乎全部问题将集中在如何确定贴现率（δ 值）。如果决策者根据各种因素能确定一个渔业的短期利益和长期利益的相对百分比，我们就能用数学分析方法确定这个贴现率和决策需要的有关其他资料。

表 8-3　黄海、渤海蓝点马鲛种群资源评估资料（引自叶昌臣和黄斌，1990）

时间	管理目标			
	最多就业		最大经济效益	
	产量（t）	利润（万元）	产量（t）	利润（万元）
第一年	61 552	3 908	30 078	1 954
第五年	27 958	213	30 078	1 954
五年总计	183 973	5 924	153 893	9 771
第十年	26 281	28	30 078	1 954
十年总计	316 401	6 288	300 787	19 543
第十五年	26 204	0	30 078	1 954
十五年总计	446 996	6 339	461 680	29 314

（3）资源合理分配。鱼类种群的时空分布跨度很大，不同的捕捞企业可用不同的网具在不同海域、不同时间内进行捕捞作业，这样就形成了固定的资源分配格局。渔业管理上采取某些管理措施，将涉及资源的分配或再分配，涉及海区间、不同作业方式渔民间的利益。如属于国际共享渔业资源，还涉及国家之间的利益。所以说渔业管理决策是确定一个特定渔业的管理策略，必须要考虑资源的合理分配和传统的渔业利益。例如，渤海秋汛对虾渔业由三类网具组成——虾流网、机帆船拖网和机轮拖网，这三类网具的捕虾效率和作业特点不同，可通过执行不同开捕期以均衡三者之间的资源分配。虾流网

为9月5日，机帆船拖网为9月20日，机轮拖网为10月5日。各类网具开捕均相隔15天，在20世纪80年代前，这三种网具的产量比例约为机帆船拖网占50%，机轮拖网比例不到50%，虾流网的产量很少。80年代初开始，虾流网大量发展，技术有了改进，扩大了作业海域，三种网具的产量比例发生了变化：虾流网产量占30%，机帆船拖网仍占50%左右，机轮拖网产量则大幅度下降，只占20%左右。这种比例与资源丰歉关系不大，主要取决于开捕期。所以说这种资源分配与渔业管理措施有关。在决策时要考虑这种资源分配的变化以及原有的资源分配是否合理。

如果从社会利益出发，必定要影响某些传统渔业的利益。在渔业决策时，要考虑给予补偿，并在政策上予以肯定，但非传统渔业不受此限。要确定传统渔业与非传统渔业的界限，在渔业政策公布之前发展的渔业，称传统渔业；凡是违反现有渔业管理政策兴起的渔业，称非传统渔业（叶昌臣，1986）。例如，秋汛捕捞幼马鲛渔业，早春于旅顺小龙山水域捕捞越冬三疣梭子蟹都属于非传统渔业，应禁止这些渔业，更不应补偿。

渔业管理可能要对渔业资源实施再分配，这不是把一部分渔民的传统利益无代价地转移给另一部分渔民。渔业管理的目的，是用政策形式缓和渔民之间利用资源引起的矛盾。如果无代价地转移利益，即使对整个社会利益有好处，也将加剧渔民之间的矛盾，会给执行政策带来困难。在利用一个渔业资源时，生产者之间是有矛盾和争执的。在渔业决策和制定管理措施时，要考虑如何缓和矛盾、减少争执。

（三）政策

任何一个国家都希望能控制经济和生产活动在社会可接受的范围内，除了一些具体管理措施外，基本上采取投资、征税和补贴等政策来达到这一目标。即我们常用的一个术语——宏观调控，渔业也不例外。

1. 投资

开发某种渔业资源，或者发展一个特定的渔业，都需要渔船、网具和加工等设备，都需要资本投资。在渔业发展中，资本投资会有多种形式，如建造渔船、投资建设加工厂等，一个渔业的最大捕捞力量决定于渔船的数量和大小，而渔业的最大产量不仅与捕捞力量有关，有时还受加工设备的限制。所以，对一个渔业的投资大小基本上控制了对渔业资源的利用水平。如果希望种群数量保持在最优数量水平（x^*），需要有一个最优投资相匹配。投资渔业的资金可粗略分成两部分，一部分是内部资金，指的是从渔业获得的利润转而投资于该渔业；另一部分是除内部资金以外的资金，称外部资金。Clark（1976）曾用数学方法讨论区别这两部分不同的资金对渔业投资策略的影响。考虑到对一个具体渔业的投资，由于外部资金与内部资金的投资是同时进行的，因此，我们在这里不将两种资金分开描述。如果一个渔业的初始资源量 $x(t)$ 大于种群最优数量水平（x^*），在这种情况下，渔业有利润，将会吸引投资，添加新船，使捕捞力量达到投资所允许的最大值 f_{max}。与此关联的最优收获策略为：

$$f(t) = \begin{cases} f_{\max}(t) & x(t) > x^* \\ f^* = F(x^*)/x^* & x(t) = x^* \end{cases}$$

上式表明，当 $x(t) > x^*$ 时，争取最大投资，用尽可能多的捕捞力量开发资源，使种群数量尽快下降到种群最优数量水平（x^*）。此时要求减少渔船，捕捞力量下降到 f^*，将使渔业处于平衡状态。由于渔业投资的不可逆性，渔船很少有机会转向其他行业，出售的机会也不多，再加上渔业投资存在时滞性，已经达到的最大捕捞力量（$f_{\max}$）难以消减，产生超额能力问题。渔业中的超额能力现象（指捕捞力量过大）是很普遍的。有人认为这种现象是由于不加任何控制的开放式开发的结果。学术分析证明，甚至在渔业的最优控制下，超额能力现象也可能发生。为了不使超额能力闲置而产生浪费，在多数情况下，现存的超额能力会被继续使用。这是以消耗渔业资源的存贮、牺牲渔业经济效益和增加额外能源消耗为代价，换取的超额设备的继续使用，这样做必将得不偿失。关于超额设备是否继续使用，涉及国家利益等许多问题，宜慎重。

这种讨论既简单又典型，是出自独家经营和开发利用单一种群的假定，其实，渔业的实际情况要复杂得多。渔业生产的特殊性在于它的生产活动范围很广，可利用的种群很多，投资所需资本的来源也很多。一种普遍的现象是只要开发某种渔业资源有利润，就能吸引投资，增船添网，同时又可兼捕其他种群，最终使捕捞力量失控，损害渔业资源的再生能力并导致资源衰败。国家采取限制投资的方式保护渔业资源，必须配合其他有效措施才能奏效。

2. 征税

政府为了从开发自然资源中得到公共积累，可采取多种形式，其中之一是征税。征税的另一功能是为了发展或控制某种产业活动，经济学家对税收形式特别感兴趣，一部分原因是它的灵活性，另一部分原因是征税比其他办法更有利于保持竞争的经济系统的平衡。更重要的是，从原则上说，征税可使企业在合乎社会需要的范围内进行生产活动。在渔业中征税，主要目的是驱动渔业趋向所需要的平衡。

现在假定，政府对单位渔获量征收的税金为 a。征税是对开放式渔业的唯一控制形式。因此在开放式渔业中，在满足条件下确立新的平衡。

$$p' = p^{-a} = c(x) \tag{8-1}$$

式中，p 为鱼价；$c(x) = c/x$；x 为种群数量；c 为单位成本；c/x 为减函数。根据式（8-1），对税金 a 的适当选择，可驱动种群数量 (x) 到所希望的平衡水平；如果鱼价 $p < c(x)$，则渔业亏损，不能作业。税金为负值，称负税金。负税金通常称津贴。从国家利益考虑，如果种群数量太少，需渔获量 $y(t) = 0$，渔业停止活动，直到促使种群数量增加到 x^*（最优种群数量水平）为止。式（8-1）是指在平衡条件下的情况，为了讨论动态最优化政策，我们必须讨论渔业对于征税所造成的不平衡状态的反应。为使简单化，假定这种反应是瞬时的，记 $a' = a'(t)$ 表示在时间 t 的税金，由式（8-1），我们有

$$P - c[x(t)] = a(t) \tag{8-2}$$

对于给定的税金方案，有

$$dx/dt = -a'(t)/c'(t), \quad x(0) = x$$
$$y(t) = F(x) - dx/dt = F(x) + a'(t)/c'(t) \tag{8-3}$$

式中，$F(x)$是种群增长函数，式（8-3）给出了渔获率$y(t)$与税金的关系。若$x(t) \leqslant x^*$，为使x增加到最优种群数量水平(x^*)，理论上的最优收获策略$y(t)=0$，根据式（8-3），税金为

$$a(t) = \begin{cases} \int_0^t -c'(x)[x(t)]F[x(t)]dt & x(t) < x^* \\ a^* = p - c(x^*) & x(t) = x^* \end{cases} \tag{8-4}$$

式（8-4）表示，如果种群数量$x(t)$小于最优种群数量水平(x^*)，税金由式（8-4）的上式确定；如果种群数量$x(t)$等于最优种群数量水平(x^*)，取固定税金，以保持所需的平衡，税金由式（8-4）的下式给出。请注意，式（8-3）和式（8-4）是假定把渔业的纯益全部转为税金，而不分配给开放式渔业中的渔民。这很不现实，会导致渔业不能维持再生产。合理的征税方案应是渔民和国家共同分享渔业利润，且能保持平衡。数学分析结果是，渔民所得部分为$[(p-a)x-c]f$，税收所得为axf，f为捕捞力量。这个问题是控制变量a的线性问题，受如下形式约束

$$a_{\max} \leqslant a \leqslant a_{\min}$$

在$a_{\min} < 0$的情况下，对于发展某些渔业，可以考虑采取补贴政策。

现在的问题是如何确立税收政策，以促进渔业系统向最优平衡(x^*, f^*)发展，当达到平衡后又如何保持平衡。用图解说明，图8-2是最优税收问题的解。图8-2的纵轴是捕捞力量(f)，横轴是种群数量(x)，x^*和f^*分别是种群数量最优数量水平和与此相应的最优捕捞力量。绘制此图首先要确定通过点(x^*, f^*)的最小控制轨线和最大控制轨线。如图8-2所示，如果初始点(x_0, f_0)恰巧位于这些曲线的某一条曲线上，如A点或D点，可分别应用适当的税金，在A点取a最大，在D点取a最小，以驱动系统到达最优平衡(x^*, f^*)。然后在平衡点处，税金转成相应的固定税金a^*，保持系统在平衡状态。

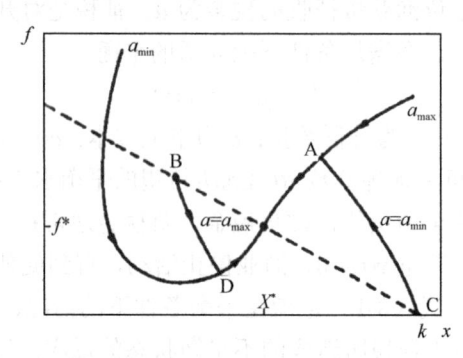

图8-2 最优税收问题的解（引自邓景耀和叶昌臣，2001）
"---"表示非控制轨线

如果初始位置x_0和f_0不在控制轨线上，如在B点或C点，C点表示系统处于原始

的未开发状态，捕捞力量 $f=0$，种群数量 $x=k$（k 是 Schaefer 模型中的一个待定参数，负载容量）。在这种情况下，应该先采取最小控制轨线 $a=a_{min}$，刺激渔业发展，促使系统发展到位于通过(x^*, f^*)的轨线上，如到 A 点。然后，将税金 a 转换成税金 a_{max}，迫使渔业减少捕捞力量，驱动系统向最佳点(x^*, f^*)发展，待系统达到(x^*, f^*)时，将税金转换成 a^*，保持系统处于平衡状态。执行这样的税收政策，要注意在种群数量水平减至 x^* 以前应适当控制渔业的扩展速度。否则扩展过程的惯性不可避免地会引起经济学捕捞过度。因此，在种群未开发状态下，最优的税收政策要求对渔业发展过程的某一早期阶段采用最大税金（a_{max}）。掌握这个时期很重要。

如果面临的渔业已经过度开发，捕捞力量太多，如图 8-2 中的 B 点，渔业的现有捕捞力量大于最佳捕捞力量，$f>f^*$。种群现有的数量水平低于种群最优数量水平，$x^*>x$。这种情况下的税收政策应增加税金，采用 a_{max}，迫使渔业减少捕捞力量，种群数量会相应增加。在种群数量达到 x^* 之前的某个阶段，在最小轨线的某一点，如图 8-2 中的 D 点，税金应减少，取 a_{min}，驱动系统向平衡点(x^*, f^*)发展，待系统达到平衡点，改用最优税金 a^*，以保持系统的最优平衡。

一般地说，渔业的最优税收政策是由最大（或最小）和最小（或最大）税率部分以及最后的平衡税率 a^* 三个部分组成。对于一个特定的渔业，可以用模型确定 a_{min}、a_{max} 和 a^*。

3. 补贴

在渔业上，补贴作为一种政策有重要作用。发展一种渔业，或因需要减少一种渔业规模，往往要采取某些经济上的刺激、鼓励措施，补贴政策十分有效，但是要慎用。渔业上有三种情况需要实施补贴政策。

（1）发展一种渔业，开发某种渔业资源时，有时需要补贴。通常在渔业发展的初始阶段，由于前景不明，没有足够的吸引力，外部资金投资不足，内部资金有短缺，在这种情况下，政府宜采取不同政策，促使这种渔业的发展。例如，多数国家在发展远洋渔业的初始阶段，都采取补贴政策。

（2）促使多余的捕捞力量、劳动力离开某种渔业时，也要实施补贴政策。由于对渔业投资的惯性等原因，多数渔业的设备和劳动力都是超容量的。应该从渔业资源获得的经济效益，往往被过多的捕捞力量所消耗。为了提高这种渔业的经济效益，要使过多的设备和劳动力离开这种渔业，由于对渔业投资的不可逆性，以及从事渔业生产的劳动力，其中一部分在物质上和市场技术方面与其他产业部门隔离，这种隔离的劳动力，其中一部分或全部被固定在渔业中，难以自由流动。渔业中多余的劳动力靠自身的力量离开渔业是很困难的。所以，政府要采取鼓励政策，吸引渔业中特别是开放式渔业中的渔民离开渔业，可供选择的政策是补贴政策。

（3）采取补贴政策的目的是维持一种特定渔业的超容量捕捞。有些国家已实行这种政策。奉行这种政策是为了降低捕鱼行业的失业率。

在第一和第二种情况下，补贴政策的效果是积极的，一旦这种补贴产生效果，补贴将不断减少，到某一个时刻，补贴将减少到零。这种补贴的一部分或全部将转化成社会效益——税金。但是，在第二种情况下，如果补贴不能使渔民离开渔业，转入其他产业，补贴政策不仅不能变成物质生产利益的杠杆，反而会成为社会的长期负担，有时还容易转成相反效果，补贴就不再是合理的了。

实施补贴政策时要考虑它的两重性，即积极和消极两个方面，要考虑一旦实行补贴，但当条件改变或不再存在补贴理由时，撤销补贴常常会有困难。

二、渔业管理

如果从较小的范围来理解渔业管理，它是渔业决策的继续，是将决策所确定的满意管理方案和相应的政策，通过一些具体的管理措施，组织执行，实现既定目标。如果从较大的范围来理解，渔业管理是渔业决策的一部分。下面分别从渔业发展期、管理系统以及管理策略和措施阐述有关渔业管理问题。

（一）渔业发展期

根据对渔业资源的利用程度，可将一种渔业划分成几个发展期。在不同的发展期内，管理策略和管理措施都不尽相同。Csirke（1984）将渔业的发展过程分成六期。

第一期：发展初期（predevelopment phase），捕捞力量少，产量低，尚未形成渔业，资源处于未开发的原始状态。

第二期：增长期（growth phase），在这个时期内，捕捞力量增加很快，单位捕捞力量渔获量很高，渔业利润大，渔民收入多；渔业资源数量丰富，没有下降迹象。

第三期：充分利用期（full exploitation phase），在这个时期内，渔业资源数量明显下降，但捕捞力量仍在继续增加；总渔获量由于捕捞力量增加仍能维持一定水平，单位捕捞力量渔获量下降；渔业资源已被充分利用。

第四期：过度开发期（over-exploitation phase），如果在充分利用期内捕捞力量不加严格控制，捕捞力量失控，增加很快，就会造成对渔业资源的过度开发，渔业资源数量大幅下降，总渔获量和单位捕捞力量渔获量都随之下降，渔业经济效益差；种群生物学特征也将发生变化。

第五期：资源衰败期（collapse phase），渔业资源衰败的特征是渔业资源数量水平低，平均补充量减少，产量低，渔业生产亏损。渔业资源衰败期会延续很长时间。

第六期：恢复期（recover phase），在恢复期内，资源恢复的程度与渔业管理、环境条件等有关。

一种渔业资源，从开发利用发展到资源衰败，多数是由于管理失误造成的。环境因素、经济性状则在管理失误的情况下加重影响。在特殊情况下，这种影响是巨大的。图 8-3 表示各种因素对渔业发展的影响，圆圈中的数字表示渔业的发展期，菱形表示渔业管理（或渔业决策）、环境和经济性状对渔业发展期的影响。图 8-3 由几个循环组成。例如，在图 8-3 的顶部，在渔业发展初期，如果经济效益差，渔业不能发展，形成一个小循环，产量始终很低。从图 8-3 中可以看出，如果渔业决策正确，管理得好，环境与经济性状比较稳定，就有可能使渔业在一个合适的循环内维持运行。

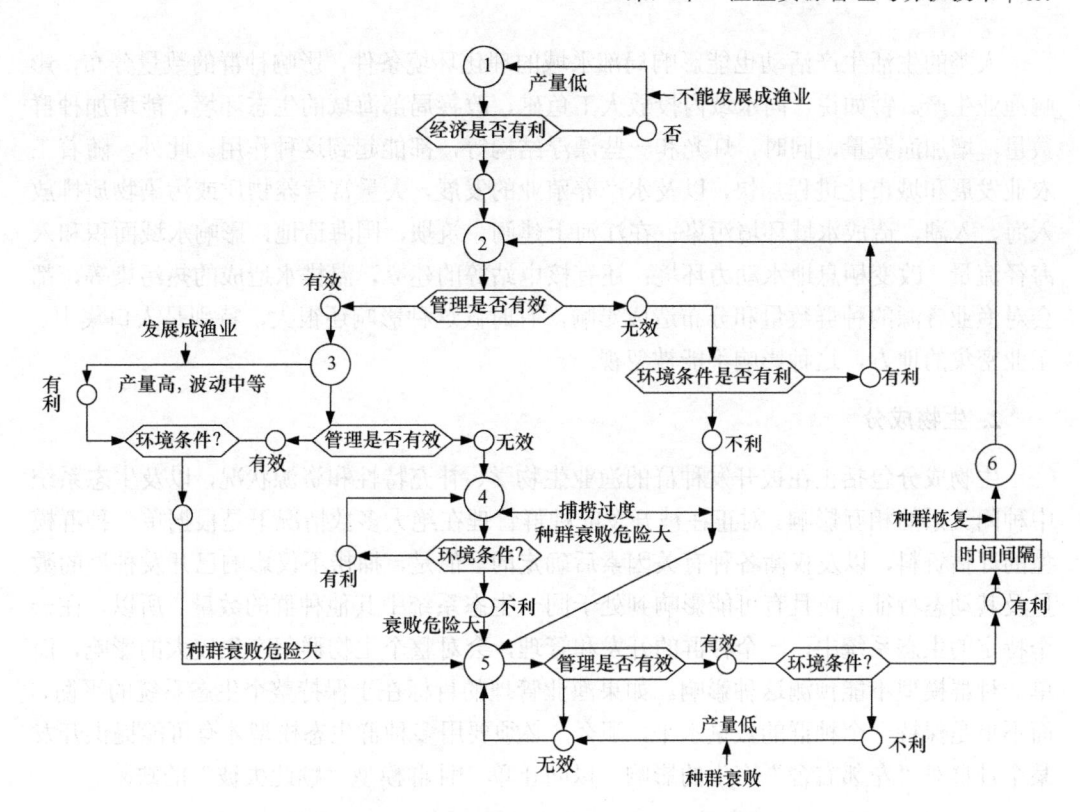

图 8-3　决策、环境和渔业发展的关系（引自邓景耀和叶昌臣，2001）

（二）管理系统

过去，渔业管理主要集中在生物学方面，集中在被捕捞的个别主要种群上。执行的管理措施是为了保持原有的平衡或改变原有的平衡，建立一个新的平衡来替代，以达到预期的目标。管理措施通常是控制渔获量，或限制捕捞力量，或限制网目尺寸（相当于限制允许第一次被捕捞的个体大小），可供选择的范围不大。如果把管理系统范围放大，管理系统由三个部分组成：物理成分（physical component），包括气象、物理、水文、化学和动力学等，这些因素将会影响和改变生物生产力及生产过程和捕捞作业条件；生物成分（biological component），包括种群本身的生物学和补充特征以及种间关系的相互影响等；社会成分（human component），包括社会的、经济的和管理中的习惯势力等。

1. 物理成分

天气系统、内陆和海洋水域的物理特性等的变化都会对种群的数量和分布产生重要影响。例如，秘鲁的鳀、日本和美国加利福尼亚近海的沙丁鱼，都在这种物理成分，即周期性地发生在太平洋中部的厄尔尼诺现象的影响下产生过灾难性的后果。浙江近海冬汛带鱼渔获量的高峰年与厄尔尼诺现象的对应关系也十分明显；而拉尼娜现象则使当年带鱼减产。目前，虽然还不能控制天气状况和海洋，但是，有可能预测这种灾难性的变化。根据这种预测，渔业管理机构应该拟订出一个应急预案，以便对灾难性的天气状况和海洋物理状况变化作出反应，以减少损失。

人类的生活生产活动也能影响局部水域的理化环境条件，影响种群的数量分布，影响渔业生产。譬如说，向水域内投放人工鱼礁，改善局部海域的生态环境，能增加种群数量，增加渔获量，同时，灯光和一些漂浮结构等，都能起到这种作用。此外，随着工农业发展和城市化进程加快，以及水产养殖业的发展，大量富营养物质或污染物质排放入海、入湖，造成水域环境污染；在江河上建闸、筑坝、围海造地，影响水域面积和入海径流量，改变栖息地水动力环境；还有核电站等的建立，温排水造成的热污染等，都会对渔业资源的种群数量和分布造成影响，有时候这种影响还很大，特别是人口集中、工业密集的地方，这种影响不能被忽视。

2. 生物成分

生物成分包括正在被开发种群的渔业生物学、补充特性和资源状况，以及生态系统中种间关系的相互影响。对正在被开发的种群管理在绝大多数情况下是根据单一种群模型的评估资料，以及权衡各种有关因素后确定的。但是，捕捞不仅影响已开发种群的数量及其动态特征，而且有可能影响到处于同一生态系统中其他种群的数量。所以，在一个特定的生态系统中，一个种群的开发和管理，会对整个生物群落产生较大的影响，而单一种群模型不能预测这种影响。如果渔业管理的目标在于保持整个生态系统的平衡，而不单是保持一个种群的数量水平，那么，必须要用多种群生态模型才有可能提供开发某个种群对"左邻右舍"产生的影响，以防止单一种群模型"顾此失彼"的缺陷。

3. 社会成分

渔业管理系统中的社会成分，实际上是指人的作用。开发利用一个渔业资源将涉及许多人的利益，包括直接生产者（渔民、渔工和船主）、间接生产者（建造渔船、渔港等的工人）和消费者等，他们会通过各种方式影响渔业决策，维护自身的利益。渔业管理机构有责任照顾到各方面的利益，可通过提出管理目标，制定政策，合理分配资源，确定渔业管理措施来均衡各方面的利益。捕捞活动一方面影响渔业种群数量，干扰海洋生态系统；另一方面，也能改变人类社会某种范围内的经济状况。只有把捕捞活动控制在可接受的水平，才能从渔业资源中获得预期的利益。所以，须对捕捞力量和作业范围进行调节和控制，这种调节和控制要有人来执行。自然因素的变化，有时能导致渔业的灾难性后果，同样，如果渔业管理不妥，也能导致渔业的灾难性后果，所以，在渔业管理系统中社会成分很重要。

（三）管理策略和措施

1. 管理策略

管理策略指的是采取何种管理措施达到既定的管理目标，叶昌臣和黄斌（1990）根据渔业不同发展期，将其归纳为三种策略，即促进渔业发展策略、维持渔业稳态策略和重建渔业策略。这三种策略基本上是把动态最优化（或称最优收获策略）分成三个特殊时期加以讨论，采取不同的对策，达到不同的目标。

（1）稳态最优化。稳态最优化收获策略主要是指捕捞死亡系数为常量，确定后不变，它是以 Gordon-Schaefer 模型为基础，用式（8-5）描绘已开发种群的数量变化。

$$dx/dt = F(x) - y(t) \qquad (8-5)$$

式中，$F(x) = rx(1-x/k)$；$y(t)$ 为渔获率，也称收获率；x 为种群数量；r 和 k 为两个参数，分别是种群内禀增长率和最大负载容量。我们有

$$PV = \int_0^\infty e^{-\delta t}[p - c(x)][F(x) - dx/dt]dt \qquad (8-6)$$

式中，PV 为现值；$c(x) = c/x$；δ 为贴现率；p 为鱼价；c 为单位成本。用欧拉方程可得

$$F'(x) - c'(x) F(x) / [p - c(x)] = \delta \qquad (8-7)$$

式（8-7）对种群 x 来说是一个隐式，有唯一解 $x = x^*$，x^* 称最优平衡种群数量水平，简称最优种群数量水平。它与贴现率取值、经济参数鱼价和成本、种群参数以及种群数量有关。我们可以用式（8-7）确定在任何渔业管理目标下的最优种群数量水平（x^*），并使渔业在这个水平上持续进行。如果初始资源 x 大于 x^*，则采取鼓励政策，促使资本向这个渔业流动，增船添网，使当前的资源量趋向于 x^*。如果初始资源量小于 x^*，则采取控制措施，使种群数量增加到 x^*。要从两个方向趋近于 x^*，而后渔业在 x^* 水平上持续进行。这是一种趋向于平衡的管理策略，如图 8-4 所示。

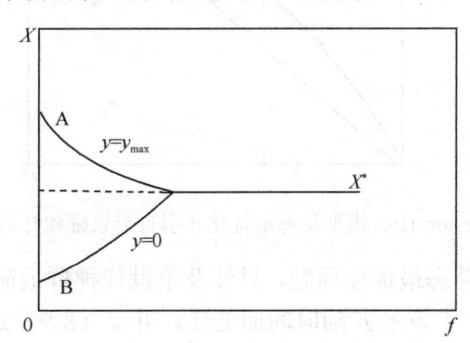

图 8-4　最优种群数量水平（引自邓景耀和叶昌臣，2001）

这种趋向平衡的最优收获策略，还可表述如下。采用最优收获率 $y^*(t)$，驱使种群水平 $x = x(t)$ 尽可能地趋向 x^*。以 y_{max} 表示最大允许收获率，则有

$$y^*(t) = \begin{cases} y_{max} & \text{当} x > x^* \\ F(x^*) & \text{当} x = x^* \\ 0 & \text{当} x < x^* \end{cases} \qquad (8-8)$$

如果 $x(0)$ 在 A 点，则最大收获率 y_{max} 使 x 减少到 x^*；如果 $x(0)$ 在 B 点，则关闭渔业（$y=0$）直到 x 增加到 x^*。从这一点看，这个简单控制不太现实。但也不可否认，多数渔业在这个动态安排中，会有一个最优的平衡渔获量。在渔业资源评估中，估算种群数量是件很难做到的工作，实际上不是通过式（8-7）和式（8-8）控制渔业，而是用渔获量和捕捞力量之间的抛物线关系，确定最大持续产量（MSY）、最大经济产量（MEY）或与某一管理目标相应的渔获量，通过调整捕捞力量而达到平衡。这一简单的办法目前还在普遍应用，但是，其局限性也是显而易见的。

（2）动态最优化。以单世代模型讨论最优化收获策略。Beverton-Holt 模型性质上属于单世代模型，它表示从单世代种群一生获得的总生物量（渔获量），或在稳定种群状态下同一年各年龄组成的多世代群体渔获量，相当于世代渔获量。它要求每一捕捞死亡系数（F）与要求的网目尺寸搭配，可获得尽可能大的世代持续渔获量。也即捕捞曲线有一峰值，大于或小于相应的捕捞死亡系数，世代产量都将下降。渔业管理部门根据这种评估资料，控制捕捞力量和网目尺寸或控制渔获量管理资源，促使渔业资源在时间上的合理分配，达到保护渔业资源的目的。为了得到比较实用的最优捕捞的定义，Beverton-Holt 引入了优度收获曲线概念，这条曲线是所有收获曲线上峰值连成的包络线。按定义，这条曲线代表在任意给定的捕捞力量（有相应的 F 值）水平可能获得的最大持续产量，可见只要是位于优度收获曲线上的点都可以认为是"最优的"。但是，很明显，优度收获曲线对动态最优化问题的意义可能是很小的。现在我们求出稳态最优值，假定价格不变，捕捞成本与捕捞力量成正比，于是有一个简单的成本-收益图（图 8-5），最优捕捞作业发生在捕捞力量 f_0 处，在这一点，捕捞力量和网目尺寸都被确定为最优。

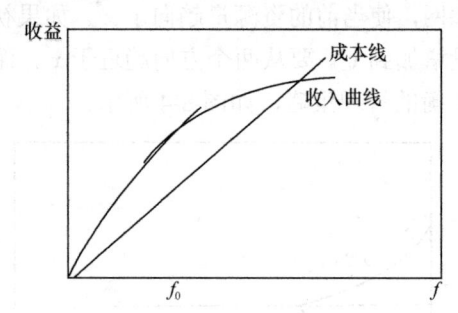

图 8-5 Beverton-Holt 模型动态最优化（引自邓景耀和叶昌臣，2001）

我们现在开始讨论动态最优化问题，只涉及单世代种群最简单的情况，按捕捞死亡系数为 F，令 $F=F(t)$，它表示 F 随时间而变化，并受（8-9）式约束。

$$0 \leqslant F(t) \leqslant F_{\max} \tag{8-9}$$

约束上限根据需要可以假定有限或无限，后者产生脉冲式控制。单世代种群的数量满足

$$dN/dt = -[M + F(t)]N(t), \quad N(0)=R \tag{8-10}$$

这是动态问题的状态方程，$F(t)$ 是控制变量，目标函数为

$$PV = \int_0^\infty e^{-\delta t}\left[pN(t)W(t)-c\right]F(t)dt \tag{8-11}$$

式中，N 为种群数量；M 为自然死亡系数；δ 为贴现率；PV 为现值；p 为鱼价；W 为一条鱼的体重；可用平均重量代替；c 为单位捕捞成本。现在的问题是求最优解 $F^*(t)$，使由式（8-11）给出的目标函数达到最大。请注意，在式（8-11）中没有网目尺寸，但无影响。可以假定，对于小于某个年龄 t_δ 的 t，令 $F^*(t)=0$，最优化策略不捕捞小于一定规格的幼鱼。

求式（8-11）线性最优化问题的奇异解 $N^*(t)$，我们有

$$N^*(t) = \frac{\delta c p^{-1}/W^*}{W(t)\left[\delta + M - W^*(t)/W(t)\right]}$$

$$W^*(t) = \frac{dW(t)}{dt}$$

式中，$W/(t)$为体重生长函数。

用$B^*(t)=N^*(t)W(t)$记为相应的奇异生物量曲线，可得

$$B^*(t) = \delta + cp^{-1} / [\delta + M - W(t)/W^*(t)] \tag{8-12}$$

图 8-6 表示的是用生物量最优策略。式（8-12）的奇异轨线 $B^*(t)$，在 $t=t_\delta$ 处有垂直渐近线，其中

$$W^*(t_\delta) / W(t_\delta) = M + \delta \tag{8-13}$$

假定 W^*/W 是时间的减函数，式（8-13）有唯一解 t_δ，$0 \leq t_\delta \leq t_0$，且 t_δ 随着贴现率 δ 的增加而减少，当 $t = t_0$ 时自然生物量曲线达到它的最大值。由于 W^*/W 是递减的，所以式（8-12）给定的奇异轨线 $B^*(t)$ 也是随时间的减函数。注意到：

$$W^*(t_0) / W(t_0) = M$$

有 $B^*(t_0) = p^{-1}c$，即

$$p\,B^*(t_0) = c \tag{8-14}$$

图 8-7 是按式（8-12）绘制的渤海中国对虾最优生物量曲线，和按式 $B(t)=N_0 e^{-Mt}W(t)$ 绘制的中国对虾自然生物量曲线。中国对虾生物量曲线由三段组成，第一段，没有捕捞作业，$F=0$，最优生物量曲线与自然生物量曲线相同；第二段，在某一时刻 $t_\delta^* > t_\delta$，最优生物量曲线与自然生物量曲线相交，在图 8-7 中，自然生物量曲线交于奇异轨线 $B^*(t)$，施加一个正的捕捞死亡系数 $F^*(t)$（奇异控制），驱动 $B(t)$ 沿奇异轨线 $B^*(t)$ 走向移动；第三段，当 $t=t_0$ 时，停止捕捞，因为对以后的 t，在任何情况下有 $pB(t)<c$，产值小于成本，捕捞得不到正的收益，最优生物量曲线走向将恢复到自然生物量曲线。因此最优捕捞死亡系数 $F^*(t)$ 可以描述为

$$F^*(t) = \begin{cases} 0 & 0 < t < t_\delta^* \\ 正的奇异控制 & t_\delta^* \leq t \leq t_0 \\ 0 & t > t_0 \end{cases}$$

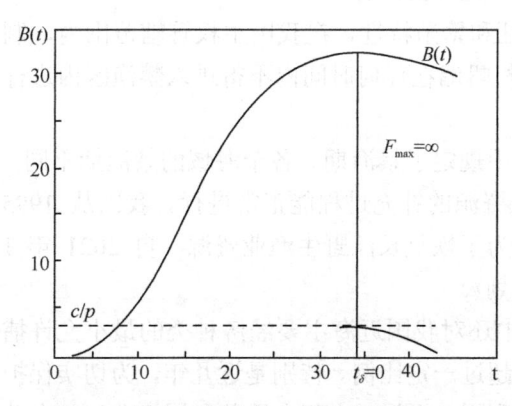

图 8-6　渤海对虾最优生物量曲线（$\delta=0$）

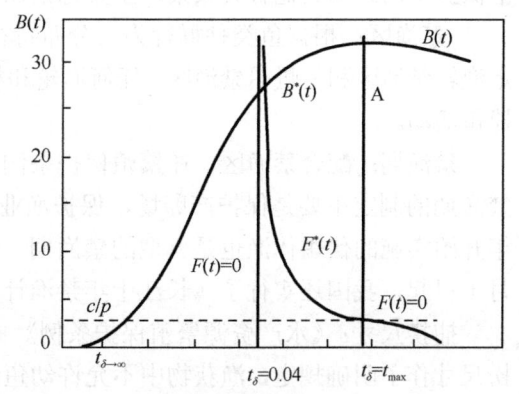

图 8-7　渤海中国对虾最优生物量曲线
（引自邓景耀和叶昌臣，2001）
自然死亡系数$(M)=0.019$，$\delta=0.044$，$p=3\times10^4 t$，$c=9$万元

概括地说，上述讨论中，一种是稳态最优化收获策略，另一种是动态最优化收获策略。两者的主要区别在于前者捕捞死亡系数是个常数；后者则是个随时间变化的量，且受条件约束。两者相同之处在于都是以持续产量为基本出发点，或者说以持续产量为收获策略。

（3）脉冲式捕捞收获策略。如果考虑获得最大产量，且有一定的延续性，我们可能需要一个称之为脉冲式收获策略，而不是持续产量策略。脉冲式捕捞指的是在自然生物量曲线顶端施加一个无限大的捕捞力量，捕出尽可能多的生物量。可以证明，无论是单世代还是多世代组成的种群，脉冲式捕捞的产量要比持续产量大（Clark，1976）。

据式（8-12），我们可以看到，当 $\delta \to 0$ 时（请注意，贴现率 δ 取 0 为开放式渔业），垂直线 $t=t_\delta$ 向右移，趋近于 t_0（生物量曲线顶端的时间），奇异曲线 $B^*(t)$ 逐渐变陡，但总要经过点 $(t_0, p^{-1}c)$。在极限情况下 $B^*(t)$ 转化成垂直线 $t=t_0$。在零贴现率的情况下，最优收获策略是脉冲式收获策略（$F_{max}=\infty$）。脉冲式控制是动态最优化的一个特例。图 8-6 是图 8-7 中当 $\delta=0$ 时渤海对虾最优生物量曲线，从两条曲线所围的面积看，$\delta \to 0$ 时曲线面积要大得多。

对于多世代组成的种群，脉冲式控制具有震荡特性和实施网具选择的特殊困难，还难以找到一个实例可供参考。但是，在增殖放流中是否能通过脉冲式控制来提高种群数量是值得考虑的。

2. 管理措施

世界各国国情虽有不同，但是，合理开发利用渔业资源，实施渔业管理的理念，基本上大同小异。中国有两种不同的管理形式，一种是对整个我国近海渔业资源的保护性管理，另一种是对特定渔业或特定水域的渔业资源进行管理。两种管理目标和管理措施也不相同。

1）保护性管理措施

我国政府为了保护渔业资源，保护其在补充过程中不被破坏，制定了《水产资源繁殖保护条例》和其他有关政策，主要包括以下几方面内容。

禁渔区：根据鱼类种群行为、分布特征和繁殖特性，在我国主权管辖范围内，制定渔轮禁渔区和机帆船禁渔区，任何渔轮和机帆船在任何时间内不得进入禁渔区内进行捕鱼活动。

禁渔期：配合禁渔区，在繁殖保护条例中规定了禁渔期。各个海域的禁渔期不同。禁渔期的制定主要是保护产卵场，保护渔业资源的补充过程能正常进行。我国从 1995 年开始实施的伏季休渔也是典型的禁渔期。为了恢复长江野生渔业资源，自 2021 年 1 月 1 日起，我国还实行了《长江十年禁渔计划》。

捕捞尺寸：《水产资源繁殖保护条例》中还对我国近海主要经济种类的最小允许捕捞尺寸作了明确规定，渔获物中不允许幼鱼超过一定比例。特别是近几年，为切实保护幼鱼资源，促进海洋渔业资源恢复和可持续利用，根据《中华人民共和国渔业法》有关规定和《中国水生生物资源养护行动纲要》要求，农业农村部（原农业部）决定自 2018 年起实施带鱼等 15 种重要经济鱼类最小可捕标准及幼鱼比例管理规定。

建造渔船：我国政府在不同时期都明确规定各级政府对建造渔船的批准权限，以控制渔船数量。

沿海各省市还根据《中华人民共和国渔业法》以及本省市渔业资源状况，制定了本省市的渔业管理条例等，以确保本省市管辖范围内的渔业资源不被破坏。

2）特定渔业的管理

对一个特定渔业的管理，大体上是根据渔业资源评估资料，确定管理策略而后决定采取何种管理措施。管理措施约有以下几种可供选择。

（1）产量分配系统。产量分配系统又称定额分配，是把剩余产量分配给生产者。这种分配只涉及一定时间内的某一种群，且有范围限制，这种分配可以在国际进行，也可以在国内分配。200海里专属经济区内的渔业资源管辖权，应归沿海所属国。渔业资源如何分配，别国不得干涉。国与国之间共享水域的渔业资源分配则通过双边或多边协议协商进行，合理分配。至于公海的渔业资源分配，则通过国际机构协商，达成协议，共同遵守。

（2）渔船登记系统。在一个划定的水域，一定时间范围内，获准许可的渔船才能进入该水域生产作业。采用这种措施管理渔业，只限制渔船数量，不限制产量。过去，我国基本上采取这种措施管理主要渔业，如渤海秋汛中国对虾渔业、东海带鱼渔业等。

（3）生物学控制。生物学控制属于一种有力的辅助性管理措施，大体上有两种控制，第一种是规定最小允许捕捞尺寸，通常用开捕期控制；第二种是控制捕捞亲体数量，在规定时间内的某特定水域里不准捕捞。例如，禁止捕捞春汛进入山东半岛以北水域的中国对虾。

第二节　渔业资源增殖

一、渔业资源增殖的定义

渔业资源增殖是指用人工方法直接向海洋、滩涂、江河、湖泊、水库等天然水域投放或移殖鱼、虾、蟹、贝等渔业生物的受精卵、幼体或成体，增加渔业生物种群数量的措施。这是恢复因过度捕捞或涉水（海）工程等而遭受破坏或衰退的渔业资源，优化水域的群落结构，保持生物多样性的一种有效手段。

20世纪60年代以来，尤其是进入21世纪后，受过度捕捞、气候变化、建闸筑坝、江湖隔离、围海造地等人类社会发展和经济活动对渔业资源栖息地生态环境的破坏，以及城市化进程加快和工农业及水产养殖业发展等造成的环境污染等因素影响，致使许多渔业资源已经处于明显衰退甚至枯竭的危险境地。针对这种态势，世界各国均在探索各种渔业管理和渔业资源保护及修复措施，以恢复和增加渔业资源补充量，维持渔业资源可持续利用。

渔业资源增殖放流包括苗种培育和放流。其"原理"就是在人工培育的条件下避开鱼类种群早期生活阶段的"危险期"，充分利用短缺的亲体资源，大幅度提高苗种的成活率。此外，水生生态系统中的生物群落，经过了一系列的演替阶段，形成了顶级群落。

但占领着各个生态位的各类生物种群有的是可为人类利用的水产资源,有的则是非但没有经济价值,而且还直接或间接危害水产资源的种群。为了使水生生态系统中发生的生物学过程尽可能地纳入经济生物生产的轨道,从而提高由初级生产至顶级生产的能量转换效率,就有必要根据水域的生态条件引进新的经济生物,改变原有的生物群落组成,增加水产资源的种类和资源量,优化水域的生物群落结构。

从渔业发展的角度看,依靠人工养殖和资源增殖来维持和增加渔业产量是未来的发展趋势。但是,发展养殖业有空间、密度和病害等许多限制因素,过度养殖还极易导致环境污染。相对来说,渔业资源增殖具有投资风险小、利润大、易于管理等优点,并能最大限度地满足当前社会的需要,从可持续发展的长期目标看,增殖渔业比养殖业具有更广阔的发展前景。

增殖渔业在日本被称为"栽培渔业",与传统渔业的显著差异是增殖资源的发生量(投放受精卵)或补充量(放流种苗)是已知的,是一个可控的变量,而一般的渔业资源的初状态-补充量是一个不确定的值。不同的生物种类,其增殖放流的策略也不同,有些种类需每年开展放流来维持种群数量,而有些种类则只需放流一次或几次即可。但是,这两类不同的渔业资源的动态特点是相同的,应当采取的收获和管理策略则有异同,对于多数需要每年通过放流维持种群数量的种类(如河蟹、虾夷扇贝)收获的策略应与野生种群不同,而对于只需要通过一次或几次放流即可"定居"成群的,通过自然繁殖形成了渔业规模的种群(如太湖新银鱼)可采取与其他野生种群相同的收获策略。

1981年,曾呈奎等提出了海洋农牧化的设想,并把增殖渔业区分为农化和牧化两个部分。一般来说,可以把贝类的底播、筏式养殖、网箱养殖等称为"农化",而把游泳动物的放流称为"牧化";广义上讲,不投饵的养殖业[如牡蛎和扇贝的筏式、插竹(石)、底播养殖]应属于增殖渔业的范畴。因此,根据水域的生态容量,在确定和估算合理的放流数量的同时要估算上述养殖种群的合理养殖密度。

二、渔业资源增殖的生态学原理

在自然环境中某一特定种群生物量的增长会受到各种环境因素的限制,不可能无限地增长。生物种群资源量增长过程可以用逻辑斯谛方程描述,其公式为

$$dN/dt = rN(1 - N/k)$$

式中,N为种群资源量;t为时间;r为种群增长率;k为负载容量,亦称为资源量增长曲线的渐近值,代表了种群资源量增长的最高水平,届时资源量增长速度趋于零。

逻辑斯谛增长模式告诉我们,在自然环境中,一个特定的种群在一个时期内,在特定的环境条件下,生态系统所能支持的种群数量是有限的,不可能无限增长。在生物群落中,种群之间存在着相互制约的关系,并保持相对的生态平衡,而捕食、竞争、空间异质性以及各种干扰(环境、捕捞、苗种放流)对群落结构和生态平衡有重要影响。在这种平衡遭到环境干扰或人为的某种破坏后,将产生一种新的平衡。进行渔业资源增殖首先必须清楚了解种群资源量和群落结构变动的各种影响因素,种群资源量的变动包括种群补充量变化、群体增长和个体增长,而种群资源量增长过程还反映了种群与外界环

境之间的相互关系。种群补充量和个体生长状况则对种群的资源量产生直接影响。

开展种群的苗种放流主要是通过人为的手段增加补充量,在人为控制的条件下渡过苗种高死亡率的早期生活阶段以提高苗种的成活率,同时,通过改善栖息地的生态环境条件,如清除敌害和增加饵料生物量提高水域的生产潜力和生态容纳量,达到恢复、增加水域渔业生物种群资源量和优化群落结构的目标,建立相应的增殖渔业。

三、渔业资源增殖发展现状

世界上渔业资源增殖放流历史悠久,早在古罗马时代,就从亚洲移殖鲤至欧洲、澳大利亚和北美洲,以增加内陆水域的水产资源。19世纪中期美国人首先建立了鱼类孵化场,对加拿大红点鲑进行了移殖孵化实验,1860~1880年,以增加商业捕捞渔获量为目的,大规模的溯河性鲑科鱼类(以太平洋大麻哈鱼类和大西洋鲑为主)增殖计划在美国、加拿大、俄国及日本等国家实施,随后在澳大利亚、新西兰等展开。后来,又把一种溯河性鲱的幼鱼从北美的大西洋沿岸移殖到太平洋沿岸。10多年后在太平洋各河川中形成了有渔业价值的自然种群。19世纪末随着人类在海水鱼类人工繁育技术领域实现突破,欧洲、美国、日本等地区和国家先后开始从事鳕、鲆鲽类等鱼类的增殖放流工作,尝试通过人工投放种苗的方式来增加天然水域的野生种群资源量,或者形成自然种群。丹麦人将英国北海幼鲽移殖到丹麦饵料丰富的海湾,经过多年努力在该海区形成了鲽渔业(徐恭昭,1979)。

进入20世纪后,随着水生生物人工繁育技术的进一步发展和人工繁育种类的不断增加,世界上许多国家诸如美国、挪威、英国、澳大利亚、日本、韩国和中国等开展了大规模的增殖放流活动。放流种类涵盖鱼类、甲壳类和软体动物等100多个种类。在20世纪60年代初,日本把在近海推行"栽培渔业"作为国家行为,并确定濑户内海为国家振兴沿岸渔业的综合试验海区,开展日本对虾、真鲷、三疣梭子蟹、鲍等的增殖放流,并取得了明显的效果,成为日本增殖放流技术开发成功的一个范例。在未开展人工增殖放流之前,濑户内海的渔获量长期停滞在 2.0×10^5 多吨,从1962年开展增殖放流试验后,产量迅速增长,1969年达到 3.735×10^5 t,1978年上升到 7.27×10^5 t,1982年增至 1.25×10^6 t。特别是珍贵种类的产量有了明显的增长。例如,日本对虾,1970年的产量为470t,到1976年达到1140t;真鲷的产量1970年为2000t,到1976年达到3000t。在数十年时间里,日本为发展近海"栽培渔业"先后开展的种苗放流、增殖和移殖的主要种类有虾夷扇贝、盘鲍、文蛤、海胆、对虾、真鲷、三疣梭子蟹、褐菖鲉、红鳍东方鲀、石斑鱼、香鱼、鲑鳟等,其中鲑鳟和虾夷扇贝的增殖也是日本增殖放流技术开发成功的两个范例。围绕"栽培渔业"渔场环境的改造和建设开展了大量工作,包括岩礁资源的附着基、栖息地、产卵场和人工潮间带的建造,盘鲍和海胆饵料"藻林"的形成、人工鱼礁的构筑和设置等。

美国也是开展渔业资源增殖较早的国家,大麻哈鱼人工种苗的增殖放流已有100多年的历史。据报道,在美国已经建成全自动化的鲑苗种场,用计算机控制水质、水流,并根据鱼类代谢、生长情况对饵料组成和投喂量进行自动调节。

苏联也十分重视渔业资源增殖工作，在北太平洋沿岸就建有 50 多个大麻哈鱼的苗种场。1948～1972 年，苏联共移殖了 76 种鱼类到 456 个湖泊、水库、河流和内海中，有四十余种定居。此外，在移殖软体动物、甲壳类和多毛类方面也做了许多工作，这是通过提高水域的饵料基础达到间接增加渔业资源的一种有效手段。

根据 FAO 统计，在 1984～1997 年全世界 64 个国家和地区共放流了约 180 个种类，在 2011～2016 年，增殖放流的种类数变化不大（187 种），但在东亚、地中海等地区增殖放流活动增长迅速。目前，世界上许多国家都开展了大规模增殖放流项目，某些种类的放流数量达到每年十几亿尾。其中鲑是全球放流规模最大的种类，美国、加拿大、俄罗斯、挪威、韩国和日本等国均有相关放流项目。

在中国，内陆水域的增殖放流历史悠久，早在 10 世纪末就有从长江捕捞青鱼、草鱼、鲢、鳙四大家鱼的野生苗种放流到湖泊中生长的文字记载，但真正的渔业资源增殖应当始于 20 世纪 50 年代，即在四大家鱼人工繁殖取得成功，从而有可能为增殖放流提供大量的苗种以后才蓬勃发展起来。在湖泊和水库中先后增殖放流和移殖的种类有青鱼、草鱼、鲢、鳙、鲤、鲂、鳊、鲑、鳗等大型鱼类。50 年代末开始进行的湖泊鱼类苗种生产性增殖放流，通常是多品种搭配按比例混放的，一般来说，青鱼、草鱼占 20%，鲤、鲂、鳊占 30%，鲢、鳙占 50%。其中，鲤的回捕率为 15% 左右，草鱼的回捕率为 28% 左右，鲢、鳙的回捕率为 26%～30%。放流群体的产量成为许多大中型湖泊和水库渔业产量的主体。

在 20 世纪 50 年代，由于开展了大规模的水利建设，先后在多数通海江河筑坝建闸，隔断了蟹苗的洄游通道，导致河蟹资源严重衰退，河蟹在许多湖泊中销声匿迹。20 世纪 60 年代中期实施河蟹苗种人工增殖放流以来，取得了十分明显的效果，几乎绝迹的河蟹资源得以迅速恢复，单是长江下游的太湖和洪泽湖，1966～1980 年就累计放流河蟹苗种 7.0×10^9 余尾，1969～1981 年累计产量达到 14 000t，江苏省 1979 年河蟹产量高达 7700t，达到了历史最高水平。洪泽湖 1982 年的河蟹产量高达 2550t，占该湖总渔获量的 20%，苗种放流的回捕率在 0.49%～15.27%，1969～1982 年的平均回捕率为 2.6%。

太湖新银鱼移殖滇池取得显著经济效益是湖泊资源增殖放流成功的又一典型案例。1979 年、1981 年和 1982 年太湖新银鱼分别从其原产地太湖移殖到海拔 1886m 的滇池，先后三次共放流 6.8×10^5 尾银鱼仔入滇池，1980 年开始形成产量，继而形成了滇池特有的移殖银鱼渔业，1984 年产量达 3500t，单位面积产量高达 11.6t/km^2，群体密度为原产地（太湖）的 13 倍。随后银鱼又从滇池移入云南高原大部分不同营养型的湖泊、水库，均相继形成能够自然繁殖的野生种群，云南全省 90% 以上的湖泊、水库均有银鱼生长繁殖，年产量高达 6500t。至今，太湖新银鱼已经移殖到南至江西、湖南、福建、浙江，北至河南、吉林、内蒙古、辽宁、黑龙江等省（自治区）的许多湖泊和水库中。

20 世纪 80 年代中期开始亚洲公鱼从其原产地鸭绿江水丰水库先后移殖到我国北方的吉林、河北、山西、内蒙古、湖北、新疆的柴窝堡湖以及青藏高原海拔 2800 余米的可鲁克湖等各种营养类型的湖泊和水库，均获得成功，平均回捕率达到了 8.8%。鉴于移入湖泊和水库饵料生物丰富，一般来说，移入的亚洲公鱼生长发育状况均优于原产地，形成了进行自然繁殖的自然种群和一定的渔业规模。

早在 1956 年，我国就在乌苏里江饶河段建立了第一个大麻哈鱼增殖放流站，先后在乌苏里江、图们江和绥芬河放流大麻哈鱼、马苏大麻哈鱼和细鳞大麻哈鱼，但是增殖放流效果不太明显，1985 年起在辽东半岛的大洋河下游建立增殖放流站，连续四年累计移殖放流 $2.566×10^6$ 尾大麻哈鱼、马苏大麻哈鱼和细鳞大麻哈鱼。1987～1989 年分别在大洋河内和河口浅水区捕获 8 尾马苏大麻哈鱼和 7 尾大麻哈鱼，回捕率甚低。1987～1988 年在绥芬河放流从俄罗斯移殖的驼背大麻哈鱼苗种 $7.2×10^5$ 尾，1989 年在我国境内捕获 647 尾，增殖放流效果比较明显；1988～1989 年又从俄罗斯引种大麻哈鱼苗种 $6.2×10^5$ 尾，1991～1993 年在我国境内回捕 2969 尾，放流后渔获量明显增加。

相对来说，我国近海渔业资源增殖起步较晚。20 世纪 20 年代末，海带通过航船从日本传入辽东半岛大连附近水域，定居生长形成了野生种群；50 年代向南移殖到烟台、青岛，并进一步扩大到我国东南沿海。而规模化近海渔业资源增殖始于 20 世纪 70～80 年代，最早主要是在黄渤海增殖放流中国对虾。之后又将放流对象扩展至海蜇、三疣梭子蟹、金乌贼、黑鲷、真鲷、大黄鱼、褐牙鲆、石斑鱼、贝类以及海参等。进入 21 世纪后，我国渔业资源增殖放流事业受到了越来越多的关注和重视，2006 年，国务院印发了《中国水生生物资源养护行动纲要》，将水生生物增殖放流作为水生生物资源养护的重要措施，为了贯彻落实《中国水生生物资源养护行动纲要》确定的增殖放流的目标任务，促进水生生物增殖放流事业科学有序发展，农业部印发了《全国水生生物增殖放流总体规划（2011—2015 年）》，明确了"十二五"期间增殖放流的指导思想、目标任务、适宜物种、适宜区域布局和保障措施等。各省、市及地方政府纷纷制定各项水生生物增殖放流的规范性文件，发布增殖放流技术操作规范。2013 年，国务院召开全国现代渔业建设工作电视电话会议，明确现代渔业由水产养殖业、捕捞业、水产品加工流通业、增殖渔业、休闲渔业五大产业体系组成。作为现代渔业体系建设中的一个新的组成部分，渔业资源增殖放流取得迅速发展，从过去区域性、小规模、试验性发展到全国性、大规模的增殖放流活动，放流种类也不断增加。据统计，至 2015 年，全国累计投入增殖放流资金近 50 亿元，放流各类水生生物种苗 1600 多亿单位。

2016 年，农业部印发《农业部关于做好"十三五"水生生物增殖放流工作的指导意见》，进一步强调了增殖放流的重要性，提出初步构建"区域特色鲜明、目标定位清晰、布局科学合理、评估体系完善、管理规范有效、综合效益显著"的水生生物增殖放流体系。并确定全国适宜放流物种 230 种，其中淡水广布种 21 种，淡水区域性物种 93 种，海水物种 52 种，珍稀濒危物种 64 种。全国布局重要适宜增殖放流水域 419 片，其中内陆 6 个区规划重要江河、湖泊、水库等重点水域 333 片，近岸海域 4 个区规划重要水域 86 片。"十三五"期间全国水生生物增殖放流工作深入持续开展，放流规模和社会影响不断扩大，累计放流各类水生生物 1900 多亿单位。

2022 年 4 月，农业农村部印发了《农业农村部关于做好"十四五"水生生物增殖放流工作的指导意见》，提出主要目标是到 2025 年，增殖放流水生生物数量保持在 1500 亿尾左右，逐步构建"区域特色鲜明、目标定位清晰、布局科学合理、管理规范有序"的增殖放流苗种供应体系；确定一批社会放流平台，社会化放流活动得到规范引导；与增殖放流工作相匹配的技术支撑体系初步建立，增殖放流科技支撑能力不断增强；增殖放流成效进一步扩大，成为恢复渔业资源、保护珍贵濒危物种、改善生态环境、促进渔民增收的重要举措和关键抓手。

综上，世界渔业资源增殖历史悠久，在内陆水域中取得很多成功的案例和显著的经济效益。但是，对于海洋渔业增殖来说，根据张崇良等（2022）报道，有学者（Kitada，2018；Arnason，2001）研究回顾了海洋渔业资源增殖的长期效果，发现很多增殖放流项目对于提升种群数量收效甚微，或在经济效益上收支不抵，有些甚至导致了遗传多样性丧失、病害多发等负面效果。例如，日本学者在2013年对其增殖渔业50年的发展进行了回顾，认为总体上未能完成"增殖与恢复渔业资源"的目标。事实上，目前大规模增殖放流的成功案例较少，仅见于日本与新西兰扇贝渔业、美国阿拉斯加鲑渔业以及中国海蜇和中国对虾等。有学者分析了世界渔业增殖放流实践的案例，总结了增殖放流失败的主要原因，其中包括：低估了自然生态系统的复杂性，对增殖目标物种的生物学、生态学特征认识不足，未根据资源种群衰退的原因进行针对性修复，未考虑增殖对于野生群体和生态系统的影响，缺乏明确的增殖目标或目标不合理，增殖效果的评估不完善或缺少有计划的评估，增殖项目未能有效结合其他渔业管理措施等。

四、渔业资源增殖的基本内容及决策过程

（一）基本内容

渔业资源增殖的动机可以归纳为因过度捕捞、环境恶化（包括环境污染、栖息地破坏等）使渔业资源衰退，从而导致传统渔业不能持续，政府为了养护渔业资源和修复生态环境，制定了相关鼓励或补救政策。目标是增加生物量、恢复渔业资源和修复水域生态系统。基本内容包括：增殖放流种类选择、苗种培育、增殖放流技术（如放流规格、放流时间和地点、放流方式、放流密度、放流种质）研究、统筹决策（规模、区域布局等）、实施方案及效果评估等。

目前，国内外增殖放流策略研究较多的主要集中在增殖放流时间和地点选择、放流苗种规格、放流方式及放流密度等方面（张崇良等，2022）。

1. 地点和时间选择

放流幼体在初期较为脆弱，受环境影响大，在放流后的一段时间对于生境的水温、溶解氧、水流速、底质以及食物和避害等有特殊的要求。有研究报道，日本对虾在放流后的数个小时内，受鱼类等捕食而经受很高的死亡率，因此增殖放流中需参考自然群体的栖息习性，选取理化环境条件适宜、饵料资源丰富的季节和区域进行放流，以提高幼体的存活率。一些研究基于生产实践，指出不同苗种的放流季节各不相同，如鲑科鱼类、刺参、文蛤和海蜇等适宜在春季放流，而中国对虾和黑鲷等适宜在夏秋季放流。此外，人类活动对于放流环境的选择具有一定影响，如 Hamasaki 和 Kitada（2006）回顾了自20世纪60年代以来日本对虾的放流历史，指出对虾数量受近海海洋环境质量影响显著，潮滩的填海利用和杀虫剂造成的水污染等严重影响放流效果。

2. 放流苗种规格

幼体的自然死亡率与其体长呈现反函数关系（Lorenzen，2006），苗种规格越大，适应环境和逃避敌害的能力越强，存活率越高。因此放流幼体的大小对于增殖效果具有重要影响。有学者通过标志放流跟踪了夏威夷鲻（*Mugil cephalus*）放流后 10 个月的存活率，在其放流的 5 个体长组中（45～120mm），大个体组的重捕率显著高于小个体组，18 周之后小于 70mm 个体组基本再无捕获。培育大规格苗种必然会增加生产成本，从而降低增殖项目总体的经济收益。因此，在资源增殖中需要综合考虑幼体的存活率与生长率、培育与放流成本，以及渔获的经济与社会价值，以确定最优放流规格。

3. 放流方式

放流过程可能对幼体造成物理损伤，导致额外的死亡，因此放流方式也是增殖放流中必须考虑的因素。目前，渔业增殖放流主要有三种方式：海面直接放流、船载装置放流和人工潜水放流。海面直接放流成本和工作量较低，但幼体易受物理损伤，被捕食率和死亡率较高；人工潜水放流与之相反。此外，许多研究指出幼体放流之前在模拟野生环境中暂养（即中间培育），能够很大程度上提高放流成活率，但是在目前的许多增殖放流工作中被忽视了。Agnalt 等（2017）通过一系列放流试验证明，欧洲龙虾（*Homarus gammarus*）幼体在底质与遮盖物更为复杂的环境中暂养一段时间后，其躲避捕食者的能力显著增强，从而大大提高放流后的存活率。

4. 放流密度

近年来许多研究强调了放流密度的重要性，指出密度影响了个体的相对栖息空间和饵料丰富度，从而决定幼体存活率。如 Lorenzen（2008）汇总了不同地区的 16 种鱼类调查资料，分析其年龄-体长组成与生物量的长时间序列数据，发现其中的 9 个种类呈现显著的密度依赖性生长，并指出密度依赖性对种群数量调节具有重要作用。因此对于饵料基础受限的资源群体，大规模增殖放流可能导致野生群体摄食条件进一步恶化，起不到资源修复的效果。此外，增殖放流的最优密度是很难估算的，因为密度制约效应与栖息地的水文、底质等理化环境，以及饵料基础、竞争者、捕食者等生物环境密切相关。一些研究根据历年最大世代产量来确定最大的放流数量，也有研究利用较为复杂的模型，通过数值模拟的方法估算最优放流密度。如 Yamashita 等（2017）利用一个生理生态模型（Ecophys. Fish），评估了放流量、饵料生物与竞争者对牙鲆（*paralichthys olivaceus*）生长的影响，估算出了对牙鲆生长率不造成显著影响的放流密度，即最大放流密度。

5. 放流种质

放流幼体由数量有限的亲体繁育而来，而亲体基因组成上较为相近，因此大规模放流可能导致种群基因频率改变、遗传多样性丧失、遗传适应度下降等问题，特别是处于衰退状态的自然群体受到的影响更为严重。有研究将这一现象称为 Ryman-Laikre 效应（Waples et al.，2016），即选择性培育、放流特定基因型的个体会导致种群有效数量下降，增加了基因漂变和多样性丧失的风险。增殖放流在基因层面的影响是普遍的，如 Araki 和 Schmid（2010）梳理了全球近 50 年发表的 70 项研究，其中 23 项表明培育过程对于放流个体的适应度具有显著的负面影响，28 项表明种群的遗传变异性出现下降。Kitada（2018）分析了 38 个增殖放流基因效应的案例，其中，50%报道了资源增殖的负面效应，包括改变等位基因频率、基因渗透、改变种群结构和繁殖洄游时间等。

6. 交互作用

研究表明，放流时间、地点、规格、密度等均对增殖效果具有重要影响，而这些因素之间还存在交互效应，其影响不是独立存在的。例如，不同时间或海域中，最佳放流规格和密度也不尽相同，这在许多研究中常常被忽视。Johnson 等（2008）利用栓系放流实验（tethering experimental release），研究了美国切萨皮克湾的蓝蟹（*Callinectes sapidus*）在不同季节和放流规格下的存活率和生长率，得知在春秋两季，幼体的存活率与个体大小关联性较小，但在夏季存活率随个体增大而显著提高。这一结果与蓝蟹敌害生物数量的季节性变化有关。交互效应进一步说明了资源增殖的复杂性，在增殖策略的规划中应慎重加以考虑。

7. 效果评估

增殖放流效果是渔业资源增殖放流的核心问题，也是资源增殖放流规划和实施的出发点。合理构建增殖放流评估体系，选取科学的评估方法是进行增殖放流效果评价的基础，以往的评估方法很多，如标志重捕的评估方法、基于 YPR 模型的方法、基于种群动态模型的方法和基于生态系统模型的方法等。这些方法在长期的增殖放流效果评估研究中，不断被开发、应用及完善，取得了长足发展。但是，在我国，尽管增殖放流事业推进了几十年，可是，对于增殖放流的效果评估，过去做的研究并不尽如人意，评估体系中的评价指标单一，多就增殖放流苗种的存活率状况进行分析，无法全面掌握增殖放流所产生的生态效益和经济效益。增殖放流的效果到底如何，至今还没有一个比较令人信服的评价体系和评价结论。今后，应考虑增殖生态系统的复杂性，以及必要的生态过程与交互作用，从生态、经济和社会效益多种角度来评价增殖放流的效果。

（二）决策过程

渔业资源增殖涉及很多生态过程，既包括增殖种类的种群动态，又包括其生存所依赖的理化环境和生物群落，还涉及苗种繁育、渔业过程、产品市场、管理机构以及其他利益相关者等，形成了一个具有层次结构与相互作用的复杂系统，可称之为"增殖生态系统"。因此，渔业资源增殖是一个复杂的系统工作，需要水产养殖、渔业管理、海洋工程等多个部门、科学家、管理者及相关利益者的协同配合，更需要渔业生物学、种群动力学和海洋生态学等交叉学科研究作为支撑。在开展渔业资源增殖放流过程中，需要深入认识放流对象的迁移散布、种群密度制约和营养级联、增殖种群数量动态、生态交互作用、社会-经济效益，同时，需要做好统筹规模、合理布局，构建严格的管理制度体系。这就需要决策者和科学家的紧密配合。图 8-8 为叶昌臣和邓景耀（1995）提出的一种渔业资源增殖放流系统框架,可以看出:开展渔业资源增殖需要科研人员与决策(或管理)者协同配合,他们需要分别承担各自的职责。

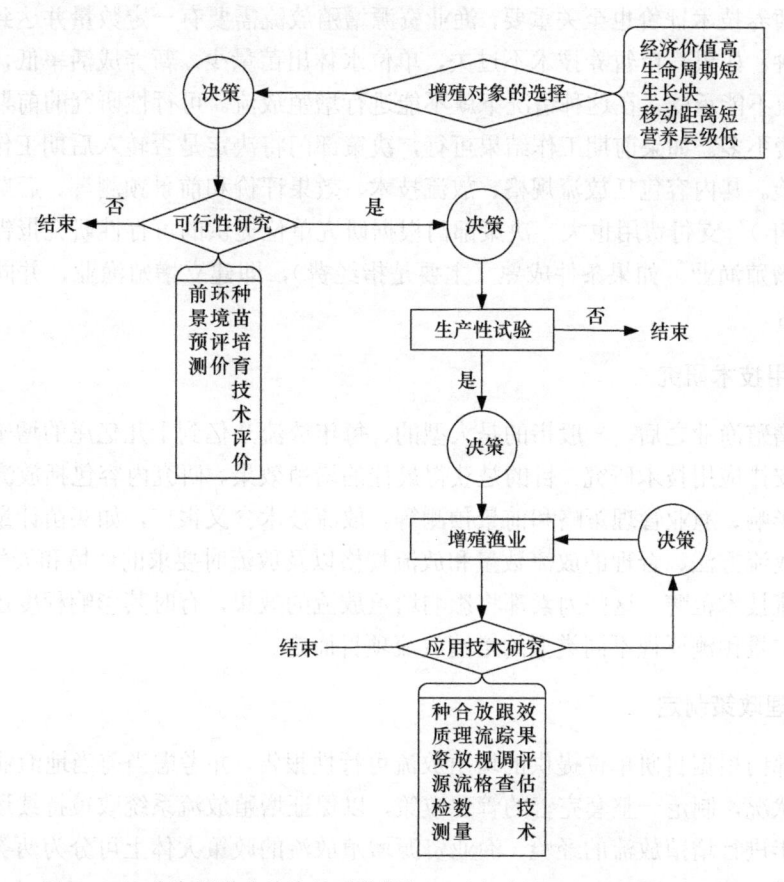

图 8-8　渔业资源增殖放流的系统框架(引自叶昌臣和邓景耀,1995)

下面简述渔业资源增殖放流的基本过程。

1. 可行性研究

可行性研究是开展渔业资源增殖放流的前提,分前后两期。前期包括种的选择(即使是管理部门已确定的增殖种类,也要进行研究),如果是移殖,应研究移殖到新水域后的适应性、放流个体的尺寸、育苗暂养技术评价等内容。特别需要注意的是增殖对象的选择,它是可行性研究中最重要的内容,基本上决定了增殖放流能否成功和是否可持续发展增殖渔业。过去,第一类优选的增殖对象是中华绒螯蟹和大麻哈鱼等降海和溯河性种类,这些种类因河道、江湖隔离,河口和河流的繁殖环境条件恶化,其种群资源数量衰减严重,进行苗种人工增殖放流是增加补充量的重要手段。第二类优选的增殖对象是银鱼、对虾和海蜇等,这些种类生命周期短、营养层级低、经济价值高,这是这些种类能够迅速实施规模化放流,并取得显著经济效益的根本原因。第三类优选的增殖对象是虾夷扇贝、鲍、海参等海珍品,这些种类属于活动范围很小的定居性种类,是易于进行划区确权管理并可"独家经营"的渔业资源,因此,理所当然可以被列为底播增殖或移殖的重要对象。没有显著的经济效益，就得不到广大生产者的支持，或者说生产者的投入得不到应有的回报，也就不能保证整个系统的正常运转。

育苗暂养技术评价也至关重要，渔业资源增殖放流需要有一定数量并达到一定规格尺寸的苗种，如果育苗暂养技术不过关，单位水体出苗量少，暂养成活率低，苗种价格较高，放流不能承受，在这种情况下就不能进行增殖放流。可行性研究的前期工作时间不长，花费不多。如果前期工作结果可行，决策部门将决定是否转入后期工作，即生产性放流试验。其内容包括放流规格、放流技术、效果评价和前景预测等。后期工作时间长（2~3年），支付费用也大。决策部门根据研究单位提供的可行性研究报告，决定是否要建立增殖渔业。如果条件成熟（主要是指经费），即建立增殖渔业，并同时安排应用技术研究。

2. 应用技术研究

建成增殖渔业之后，一般指的是大型的、每年放流几亿到十几亿尾的增殖系统，决策部门应安排应用技术研究，目的是获得最佳的增殖效果。研究内容包括放流技术对增殖效果的影响、渔业管理策略和前景预测等。放流技术含义很广，如买苗计量方法、放流位置、放流方法、合理的放流数量和放流规格以及放流时要求的环境和天气状况等，都属于放流技术范畴。这些因素都将影响增殖放流的效果，有时其影响程度还很大。管理策略和前景预测要视不同类型的增殖放流项目而定。

3. 管理政策制定

决策部门根据科研单位提供的增殖放流可行性报告，并考虑当前当地渔业的具体条件和社会状况，制定一整套完善的管理政策，以保证增殖放流系统政策持续运转。根据我国几十年进行增殖放流的经验，渔业资源增殖放流的政策大体上可分为两类，即经济政策和管理政策。

经济政策主要考虑增殖放流的资金筹集、平衡、优惠等。其中平衡是指在增殖放流系统内部各方以及其增殖放流系统有关的社会各方之间的利益均衡。要均衡各类作业网具所有者之间的利益分配，特别要注意，为了提高增殖放流效果，在放流个体入海后要禁止损害性网具的作业。这些网具是原有政策允许其在这个时期内在这个水域内进行捕捞作业的，所以在政策上要给予认定和补偿。这里可以有两种选择，一种是补贴，但国内不宜采取；另一种是从渔业管理政策上考虑，国内大多采用这种办法，在制订开捕期时加以照顾。处理一个大型增殖放流系统在经济上合理均衡分配是很复杂的。渔民是直接受益者，间接受益的有育苗暂养企业、收购加工企业以及国家等。例如，黄海北部中国对虾增殖，1985~1992年，共放流 $9.72×10^9$ 尾，产量 17 987t，直接出售产值 5.86亿元，共收益 7.41亿元，利益分配如下：渔民 61.3%，国家税收 28.5%，收购加工 8.7%，育苗暂养 1.5%；或者说，增殖放流系统占 62.8%（渔民加育苗暂养），社会效益占 37.2%。优惠主要是在初始阶段，由于渔民没有获利，生产习惯没有形成，往往要采取优惠政策，以引发渔民积极性，鼓励渔民参加增殖渔业。初始阶段的优惠政策，大体上有政府投资、减免税收等。在初始阶段政府投资非常必要。例如，生产性放流试验，相应的调查研究费用，以及第一次生产放流的费用，都需政府投资。这种投资是无偿的。

管理政策是增殖放流系统中相对容易处理的问题。科学家根据决策部门安排的科研项目，提供一份详细的报告，包括采取不同管理措施后的前景预测。决策部门根据这个报告制定相应的管理政策。譬如说渔业资源增殖可以分三类，即放流增殖、移殖增殖和底播增殖。对于前两类增殖，如果是需每年放流维持种群数量，管理策略应是控制开捕期，不控制渔船数量，捕捞尽可能多的生物量。例如，黄海北部中国对虾增殖渔业，经捕捞后，游出黄海北部的数量仅约占放流量的 0.7%。如果增殖后能形成种群（如云南滇池的银鱼移殖），延续后代，可被长期利用，管理策略则应按一般自然种群管理。底播增殖渔业，符合"独家经营"条件，管理策略可采用脉冲式采捕，能大幅度提高产量。

4. 资金筹集

资金筹集可能是决策部门最困难的工作，从启动一个增殖放流系统，到形成增殖渔业的第一年，包括可行性研究、标志放流和生产性放流试验等，这些费用通常由政府支付。形成增殖渔业之后，无论是增殖放流或者是移殖，除少数例外，通常都要每年进行放流以维持种群数量，购买放流苗种的费用很大，另外尚需一笔管理费用和科研调查与评价费用。维持一个大型增殖放流系统的正常运行，每年需要巨额资金。这笔钱由谁支付通常有几种选择，一种是政府支付，一种是渔民自己支付，一种是企业生态补偿金支付。

政府支付是把渔业资源增殖放流视为一种社会公益事业，所有费用由政府支付。日本和北欧一些国家就采取这种办法。中国至今为止也是如此，如中国对虾移殖增殖的费用是由政府通过科研经费的形式支付的。浙江省象山港移殖的中国对虾是一个实例，1986～1989 年共放流 $6.8×10^8$ 尾，秋汛共回捕 $6.2×10^7$ 尾，捕回产卵亲虾 $5.8×10^5$ 尾。共回捕 1142t，总产值 2944 万元，其中包括了育苗暂养等社会效益。四年放流总投入 504 万元。说明政府支付增殖放流费是可以接受的一种政策性选择，这种选择即使单纯从经济角度评价也是令人赞赏的。

开展渔业资源增殖放流，恢复渔业资源种群数量，建立增殖渔业，渔民能从中获得巨大利益。所以，增殖放流资金可以从参加增殖渔业的渔民处征集，由渔民自己支付。我们认为这是较好的经济政策。1988 年，农业部、财政部和国家物价局联合发布了《渔业资源增殖保护费征收使用办法》，要求凡在中华人民共和国的内水、滩涂、领海以及中华人民共和国管辖的其他海域采捕天然生长和人工增殖水生动植物的单位和个人，必须依照本办法缴纳渔业资源增殖保护费。每年从渔民处征集增殖放流资金，按照"取之于渔、用之于渔"的原则，开展增殖放流，建立增殖渔业，这是一种很好的渔业资源增殖放流资金筹措做法。

企业生态补充金支付是因为有关企业在开展涉海（含内陆）项目建设过程中，对水域生态环境及其水生生物造成了破坏和损害，根据国家的相关法律法规应该支付的生态补偿金，目前，在我国，用海单位缴纳的生态补偿金很大一部分也用于渔业资源增殖放流事业。

(三）决策者和科学家的责任

纵观渔业资源增殖放流发展的成功经验和失败教训，决策者和科学家分工合作，各尽其责至关重要。

1. 决策者的责任

渔业资源增殖和移殖的功能与目标：主要是通过苗种放流的手段恢复和增殖已经或正在衰败的种群或者移入适于在某一特定水域繁殖生长的外来种群，充分发掘水域的生产潜力，提高水域生产力水平。纵观全球渔业资源增殖放流的发展历程，增殖效果不明显、收益有限等情况是普遍的而非个例，一些盲目的增殖放流项目甚至带来了负面效果，这就要求决策者在进行渔业资源增殖规划和实施中应更为谨慎。

决策者的责任首先要根据种群的渔业生物学资料和持续发展的需要确定和选取增殖对象，其次指派科学家进行可行性研究并提供可行性及前景预测的报告，在整个决策过程中主要的决策活动是根据科学家提出的建议进行科学试验，以考察是否和如何组织实施生产性的规模化放流，并根据各项应用技术的研究水平，不断改进和调整这个系统，使之处于合理的、当前社会可以接受的状态。发展增殖渔业的决策者（或称管理者），为了确保增殖系统在水域环境允许的条件下正常、高效地运转，必须制定相应的经济和管理政策或措施。具体地说就是要建立苗种繁殖基地，筹集和征收增殖放流资金，调整和均衡有关各方面的经济利益，制定符合社会需要、能够被大多数渔民（纳税人、增殖放流出资者）接受的增殖资源的保护和开发利用策略和措施。

2. 科学家的责任

渔业资源增殖放流是较渔业资源开发更为复杂的系统，增加了不少人为干涉的内容，也就为科学家带来了更多的挑战。从增殖对象的选择到进行可行性研究，随后开展各项放流应用技术的研究，进行不同规模的放流试验，都是科学家要做的工作和职责。在启动和保证增殖渔业系统运作的过程中，科学实验和应用基础研究都处于不可或缺的地位，甚至这个系统能否正常运行、能否达到预期的目标都取决于实验研究工作能否满足正确决策的需要。这个系统中人为可控的影响因素是研究工作的重点，大体包括苗种的培育、放流苗种的规格、放流水域和时间的选择、放流水域的生态容量或合理的放流数量、放流效果评估、渔业开捕的时间、适宜的捕捞力量、放流群体种质和资源监测及管理措施等。对于大规模苗种放流特别是移殖性的放流对放流水域群落结构以至整个生态系统产生的影响等深层次的基础研究工作同样是十分重要、势在必行的。

我国的渔业资源增殖放流特别是在内陆水域的增殖放流有着悠久的历史，近海渔业资源增殖放流在最近 40 年迅速发展，特别是进入 21 世纪之后，近海渔业资源增殖放流事业异常活跃，并取得了显著的效果。但是，回顾渔业资源增殖系统的发展过程，也有很多遗憾和不足之处，有许多经验教训可鉴。最重要的一点就是决策的科学性不强，整个系统的运作过程缺乏科学指导。加之对环境和种质资源的管理措施不力，资金和苗种质量低下等，限制了增殖渔业安全、健康、有效的发展。

在 20 世纪 90 年代，Blankenship 和 Leber（1995）提出了理性的（responsible approach）

海洋生物资源增殖的概念，阐述了如何安全、健康地实施苗种放流的一些基本规则，即在启动一个种群增殖系统时决策者和科学家应当全面考虑并进行的科研和管理工作。主要包括如下要素。

（1）优先确定增殖对象。

（2）设计增殖对象的管理计划，以便确定开捕期、资源补充目标和遗传特征管理目标。

（3）选用合适的定量方法评价增殖效果。

（4）运用种质资源管理，避免有害的遗传效应。

（5）建立病害防治和健康苗种管理体系。

（6）在增殖对象和增殖策略形成时就必须开始研究放流对象的生态学、生物学和生活史模型。

（7）标志放流与增殖效果评估。

（8）通过大量实验数据，确定最适放流策略。

（9）建立经济评估模型，预测苗种放流增殖的经济效益。

（10）运用动态管理，及时完善和控制增殖放流效果。

第三节　海 洋 牧 场

地球水域面积辽阔，约占地球表面积的71%，水生生物资源丰富，根据FAO统计资料，2019年世界水产品产量高达2.14×10^8t，其中，捕捞产量为0.94×10^8t，养殖产量为1.20×10^8t。但是，受过度捕捞、气候变化、环境污染及生境破坏等因素的影响，20世纪60年代以来，全球传统渔业资源相继出现衰退甚至枯竭的状态。早在1998年就有研究者发现超过50%的渔业资源种类已被充分开发或过度开发（Grimes，1998）；2008年FAO发现世界上有评估信息的523种鱼类种群，其中80%已被完全或过度开发，仅有20%的种群仍具有继续开发的潜力。我国近海渔业资源衰退也很严重，至20世纪80年代，许多传统的底层经济鱼类渔场、鱼汛消失，CPUE下降，渔获物组成小型化、低龄化现象明显。与此同时，水域环境恶化、养殖病害频发等导致传统的海水养殖业难以适应我国经济社会健康发展和海洋生态环境现状的要求。因此，进入21世纪后，我国与世界上诸多沿海国家一样，把海洋牧场建设作为海洋渔业产业升级的重大发展战略。

一、海洋牧场的定义

目前为止，学术界尚未对海洋牧场作出统一的定义，反映出对海洋牧场的认识还在不断深化和完善。日本有学者认为广义的海洋牧场包括养殖式和增殖式两种生产方式，将各种类型的养殖也视为海洋牧场的类型。而有的学者则认为海洋牧场是指在广阔的水域中，控制鱼类的行动，从苗种投放到采捕收获进行全程管理的渔业系统，人工鱼礁、大型增殖场和栽培渔业都是海洋牧场技术的主要部分（刘卓和杨纪明，1995）。《韩国养殖渔业育成法》将海洋牧场定义为"在一定的海域综合设置水产资源养护的设施，人工繁殖和采捕水产资源的场所"（杨宝瑞和陈勇，2014）。20世纪90年代以后，中国学者在海洋牧业的基础上吸收了日本等国外学者的思想，更为明确地定义了海洋牧场。陈永茂等（2000）认为海洋牧场是指为增加海洋渔业资源，而采用增殖放流和移殖放流的方法将人工培育和人工驯化的生物种苗放流入海，通过以海洋内的天然饵料为食物，并营造适于鱼类生存的生态环境（如投放人工鱼礁、建设涌升流构造物），利用声学和光学等生物自身的生物学特征对鱼群进行控制，通过对环境的检测和科学的管理，以达到增加海洋渔业资源和改善海洋渔业结构的一种系统工程和渔业增殖模式。张国胜等（2003）认为海洋牧场是指在一定的海域内，建设适应海洋渔业生态的人工生息场所，通过人工培育、增殖和放流的方法，将生物种苗人工驯化后放流入海，利用海洋自然的微生物饵料和微量投饵养育，并且运用先进的鱼群控制技术和环境检测技术对其进行科学的管理，从而达到增加海洋渔业资源、进行高效率捕捞活动的目的。阙华勇等（2016）将现代海洋牧场定义为在特定海域，基于区域海洋生态系统特征，通过生物栖息地养护与优化技术，有机组合增殖与养殖等多种渔业生产要素，形成环境与产业的生态耦合系统；通过科学利用海域空间，提升海域生产力，建立生态化、良种化、工程化、高质化的渔业生产与管理模式，实现陆海统筹、三产贯通的海洋渔业新业态。《海洋牧场分类》（SC/T 9111—2017）中则把海洋牧场定义为"基于海洋生态系统原理，在特定海域，通过人工鱼礁、增殖放流等措施，构建或修复海洋生物繁殖、生长、索饵或避敌所需的场所，增殖养护渔业资源，改善海域生态环境，实现渔业资源可持续利用的渔业模式。"杨红生（2021）综合国内外学者的观点，认为海洋牧场主要包括以下6个要素：①以增加渔业资源量为目的，表明海洋牧场建设是追求效益的经济活动，资源量变化反映海洋牧场建设成效，强调监测评估的重要性；②明确的边界和权属，该要素是投资建设海洋牧场、进行管理并获得收益的法律基础，如果边界和权属不明，就会陷入"公地的悲剧"，投资、管理和收益都无法保证；③苗种主要来源于人工育苗或驯化，区别于完全采捕野生渔业资源的海洋捕捞业；④通过放流或移殖进入自然海域，区别于在人工设施形成的有限空间内进行生产的海水养殖业；⑤饵料以天然饵料为主，区别于完全依赖人工投饵的海水养殖业；⑥对资源实施科学管理，区别于单纯增殖放流、投放人工鱼礁等较初级的资源增殖活动。并由此衍生出海洋牧场的六大核心工作：绩效评估、行为管理、繁育驯化、生境修复、饵料增殖和系统管理，如图8-9所示。据此，他把海洋牧场定义为"基于海洋生态学原理和现代海洋工程技术，充分利用自然生产力，在特定海域科学培育和管理渔业资源而形成的人工渔场"。认为现代的海洋牧场不等同于增殖放流和人工鱼礁建设。增殖放流是海洋牧场建设的一个环节，是将人工孵育的幼体释放入海的过程。人工鱼礁是为入海生物提供栖息地的人造设施，是海洋牧场建设过程中采用的一种技术手段。它们是海洋牧场的一部分，海洋牧场建设不是简单地投放人工鱼礁或增殖放流，而是要注重苗种繁育、初级生产力提升、生境修复、全过程管理等一系列问题。

但是，也有学者认为国内外对"渔业资源增殖""海洋牧场""增殖渔业"等基本术语的表述是一致的，它们的共同目标是增加生物量、恢复资源和修复海洋生态系统。虽然在实际使用和解释上有时有些差别，但仅是操作方式层面的差别，如现在国内实施的

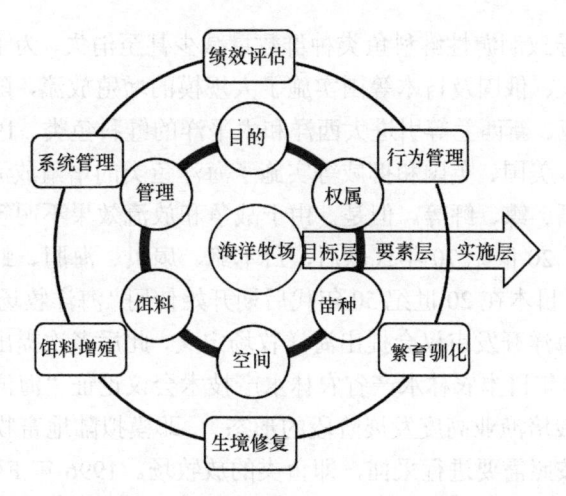

图 8-9　海洋牧场的六大核心工作（引自杨红生，2016）

海洋牧场示范区就是人工鱼礁的一种形式（或者说是一个扩大版），其科学性质没有根本差别。在发展过程中，这些基本术语的使用也有些微妙的变化，如海洋牧场的英文，在很长一段时间里是使用 sea ranching，21 世纪初则出现了 marine ranching 和 ocean ranching 用词，似乎意味着海洋牧场将走向一个更大的发展空间，但至今尚未看到一个具有深远意义的发展实例。而在日本，自 20 世纪 60 年代之后的几十年里一直使用"栽培渔业"或"海洋牧场"来推动渔业资源增殖的发展，但 21 世纪这些用词在日本逐渐被淡化，更多的使用"资源增殖"（唐启升，2019）。

为了增加渔业生物量、恢复渔业资源、修复和改善海洋生态环境，进入 21 世纪以来，我国海洋牧场建设得到了中央高度重视，2002 年中央财政即安排了专项资金支持海洋牧场建设，2006 年，国务院印发《中国水生生物资源养护行动纲要》，将海洋牧场建设作为水生生物资源养护的重要措施，2015 年开始实施国家级海洋牧场示范区建设。海洋牧场建设呈现快速发展态势。为了从学术层面厘清海洋牧场的概念，为现代化海洋牧场建设提供科学依据，2019 年 3 月底，国家自然科学基金委员会在舟山组织召开了以"现代化海洋牧场建设与发展"为主题的第 230 期双清论坛，会议成果之一就是进一步明晰了海洋牧场的概念与内涵，认为"海洋牧场是基于生态学原理，充分利用自然生产力，运用现代工程技术和管理模式，通过生境修复和人工增殖，在适宜海域构建的兼具环境保护、资源养护和渔业持续产出功能的生态系统。"

二、国内外海洋牧场建设的发展现状

随着海洋渔业资源的衰退及生态环境的恶化，人类对海洋水产品需求的不断增加，海洋农牧化成为人类耕海牧渔、保持海洋水产品持续供应的战略构想。而伴随着鱼类增殖放流和人工鱼礁建设的实施，海洋牧场建设也应运而生。回顾海洋牧场的发展历程，它主要与增殖放流和人工鱼礁建设密切相关，其形态和内涵又在建设过程中由简单到系统不断丰富，由初级到成熟不断演进。

从世界范围看，海洋牧场可追溯到 19 世纪的"海鱼孵化运动"，1860～1880 年，由于水电开发和污染导致洄游性鲑科鱼类种群数量减少甚至消失，为了增加商业捕捞渔获量，在美国、加拿大、俄国及日本等国实施了大规模的增殖放流，随后在世界其他区域展开，如在澳大利亚、新西兰等引进大西洋和太平洋的鲑科鱼类。1900 年前后，为了稳定近海渔业资源量，美国、英国和挪威等实施了海洋鱼类的增殖放流计划，增殖种类包括鳕、黑线鳕、狭鳕、鲽、鲆等。但是，由于战争和放流效果不明等，鱼类增殖放流并没有取得显著效果。20 世纪 70 年代以后，日本鲍、扇贝、海胆、虾等海洋经济动物增殖放流也相继展开。日本在 20 世纪 50 年代后期开始使用"海洋牧场（marine ranching）"用语。1971 年日本海洋开发审议会提出海洋牧场定义，此后多次提出的海洋牧场定义均较为抽象，至 1980 年日本农林水产省农林水产技术会议论证"海洋牧场化计划"时把海洋牧场理解为"栽培渔业高度发展阶段的形态"，即模拟陆地畜牧业，在自然水域中放养水产资源，并按照需要进行采捕，即鱼类的放牧场。1996 年 FAO 在日本召开的海洋牧场国际研讨会将"资源增殖（或增殖放流）（stock enhancement）"视为"海洋牧场（marine ranching）"。

20 世纪 30 年代以后，美国、日本等国家相继开展人工鱼礁建设，在其沿岸海域投放人工鱼礁，以改善生态环境，保护渔业资源，振兴沿岸渔业。1935 年，美国在新泽西州建造了世界上第 1 座人工鱼礁；二战后建礁范围从美国东北部逐步扩大到西部和墨西哥湾及夏威夷；1968 年美国政府提出建造海洋牧场计划，1972 年以法律形式保障人工鱼礁发展；1972~1974 年在加利福尼亚建成巨藻海洋牧场；1980 年通过在美国沿海建设人工鱼礁的公共法令；1985 年美国《国家人工鱼礁计划》出台，将人工鱼礁纳入国家发展计划。1975 年日本颁布《沿岸渔场储备开发法》，使人工鱼礁建设以法律的形式确定下来，1978~1987 年日本水产厅制定《海洋牧场计划》，在日本列岛沿海兴建 5000km 的人工鱼礁带，把整个日本沿海建设成为广阔的"海洋牧场"。1971 年韩国开始在沿海投放人工鱼礁，1982 年曾推进沿岸牧场化工作，1994~1995 年实施沿岸渔场牧场化综合开发计划，1994~1996 年进行了海洋牧场建设的可行性研究，20 世纪 90 年代中期制订了《韩国海洋牧场事业的长期发展计划（2008~2030）》，并从 1998 年起正式在韩国南部的庆尚南道南岸建造海洋牧场。世界七大洲诸多国家先后开展了以人工鱼礁为基础的海洋牧场建设。人工鱼礁已从较单纯的诱集鱼类捕获功能，拓展为海洋牧场生境保护和修复功能，目标是渔业资源增殖和利用。东北亚国家如日本、韩国建设人工鱼礁的目标是大规模增殖和捕获渔业资源，欧美诸多发达国家建设人工鱼礁的目标是增殖保护渔业资源和开发休闲渔业。

我国在 20 世纪 60 年代就提出了海洋牧场理念，1963 年，朱树屏在中央人民广播电台播放的节目中提出"海洋、湖泊捕鱼不是一种采矿业，而是一种畜牧业""海洋、湖泊就是鱼虾等水生动物生活的牧场"。1965 年，曾呈奎和毛汉礼提出"必须大力研究重要种类的生物学特性和它们在人工控制条件下的生长、发育、繁殖，以解决人工养殖的一系列问题，培育新的优良品种，使海洋成为种植藻类和贝类的'农场'，养鱼、虾的'牧场'，达到'耕海'目的。"1978 年，曾呈奎在中国水产学会恢复大会和科学讨论会、山东省水产学会恢复暨学术交流大会上分别作了"我国海洋专属经济区实现水产生产农牧化"和"我国海洋专属经济区实现水产生产'农牧化'问题"的报告。

他将海洋农牧化定义为"通过人为干涉改造海洋环境,以创造经济生物生长发育所需的良好环境条件,同时,也对生物本身进行必要的改造,以提高它们的质量和产量"。此外,20 世纪 70 年代末至 80 年代,毛汉礼(1979)、黄文沣(1979)、王树渤(1979)、刘星泽(1984)、徐绍斌(1987)、陆忠康(1995)等也相继提出了与海洋农牧化相似的理念,部分学者进一步从生物遗传、水环境等角度对实现海洋农牧化提出了自己的见解。这些理念及概念与 20 世纪 70 年代日本的"海洋牧场"概念的核心思想是基本一致的。

中国海洋牧场理念的形成以及建设发展历程与时代背景和科学技术发展密切相关。同样也经历了渔业资源增殖放流、投放人工鱼礁和系统化等发展阶段。不同的是,我国的海洋牧业在 1976 年后恢复并兴起,增殖放流、人工鱼礁多种产业形态同时发展,国内外海洋牧场理念和经验交融互鉴,在短时间内走过了其他国家几十年的发展道路。

20 世纪 70 年代中后期,我国开展对虾增殖放流,到 80 年代后增殖放流活动渐成规模,2000 年以后增殖放流发展迅速。增殖放流种类包括大黄鱼、石斑鱼、黑鲷、真鲷、褐牙鲆、黄盖鲽、许氏平鲉、六线鱼、鲅、海蜇、三疣梭子蟹、金乌贼、曼氏无针乌贼、虾夷扇贝、刺参、皱纹盘鲍等。2016 年农业部印发《农业部关于做好"十三五"水生生物增殖放流工作的指导意见》,确定"十三五"期间全国适宜增殖放流的海水物种有 52 种。总体来看,近年来开展增殖放流活动取得了良好效果,所产生的生态、经济和社会效益已日益显现,增殖放流活动得到社会各界人士的普遍认可和支持。

我国真正意义上的人工鱼礁建设起步于 20 世纪 70 年代末,1979 年在广西北部湾开始了我国人工鱼礁实验研究,之后广东、辽宁、山东、浙江、福建、广西等地普遍开展。1984 年人工鱼礁被列入国家经委开发项目,成立了以中国水产科学研究院南海水产研究所为组长单位的全国人工鱼礁技术协作组,在全国建立了 23 个人工鱼礁试验点。到 1990 年,全国人工鱼礁建设由于资金等多种原因而中断。进入 21 世纪,随着对海洋渔业资源开发利用与养护的日益重视,广东、浙江、江苏、山东、辽宁等地又兴起新一轮人工鱼礁建设热潮,2001 年 2 月,广东省九届人大四次会议通过了《关于建设人工鱼礁保护海洋资源环境的议案》,2002 年 5 月广东省海洋与渔业局编制了《广东省人工鱼礁建设总体规划》,启动大规模人工鱼礁建设;山东省结合渔船报废制度开展人工鱼礁建设,据不完全统计,2008 以来,中国人工鱼礁建设规模超过 3×10^7 空方,礁区面积超过 500km^2,投入资金达到二三十亿元,广东、山东、河北等地都颁布了相应的人工鱼礁管理的地方规章。

在增殖放流和人工鱼礁建设的基础上,涵盖育种、育苗、养殖、增殖、回捕全过程,重视生境修复和资源养护的海洋牧业形态,即海洋牧场在全国出现。例如,20 世纪 80 年代,辽宁大连的獐子岛开始虾夷扇贝的育苗和底播,90 年代起,獐子岛海洋牧场开始营造海藻场,设置人工鱼礁、人工藻礁,修复与优化海珍品等增养殖生物的栖息场所,对确权海域进行功能区划,布设了潜标、浮标,建成了水文数据实时观测平台,至今已开发超过 2000km^2 的海域。

2006 年国务院印发的《中国水生生物资源养护行动纲要》提出的三大行动之一"渔业资源保护与增殖行动"中的"渔业资源增殖",实施措施是增殖放流、人工鱼礁和海洋牧场。根据《中国水生生物资源养护行动纲要》和 2013 年《国务院关于促进海洋渔业持续健康发展的若干意见》有关规定，2015 年，农业部组织开展国家级海洋牧场示范区创建活动，推进以海洋牧场建设为主要形式的区域性渔业资源养护、生态环境保护和渔业综合开发，以人工鱼礁和海洋生物增殖为基础的海洋牧场建设逐渐为人瞩目。至 2021 年，全国已批准 7 批共 155 个国家级海洋牧场示范区建设项目。

与此同时，良种选育和苗种培育技术、海藻场生境构建技术、增养殖设施与工程装备技术、精深加工与高值化技术等海洋牧场建设的关键技术逐渐成熟，离岸深水大型海洋牧场平台成为离岸型海洋牧场的发展方向与趋势，新技术与新工艺在海洋牧场工程设施中逐渐得以应用，信息化、自动化、抗老化、抗腐蚀技术等大大提高了海洋牧场养殖设施的性能和管理水平。

三、海洋牧场的基本分类

海洋牧场的正确分类对确定海洋牧场的设施与功能配置、科学开展海洋牧场的规划与建设具有重要的指导意义。不同国家和地区的海洋牧场建设目标的侧重点不同，因此海洋牧场建设的类型也不同。

日本是世界上开展人工渔场构建和人工鱼礁投放最早的国家，其建设以营造人工渔场为目标，开展渔业资源保护和增殖，主要种类包括鱼类、海藻和贝类等，但目前涉及其分类的报道还很有限，仅从增殖技术角度划分为繁殖保护型（以限制捕捞为主）、放流增殖型（以投放苗种为主）、生境修复型（以修复生物栖息地为主）和多种技术复合型。

近几年韩国海洋牧场建设发展进程很快，其很多建设经验借鉴日本，建设的目的也是以近海渔业资源保护和营造人工渔场为主，如韩国的统营海洋牧场整体布局借鉴了日本鱼类驯化型海洋牧场的设计理念。基于该理念，韩国针对近海不同自然环境特点和建设目的、性质、规模等对海洋牧场进行了细致分类，如表 8-4 所示。

表 8-4 韩国海洋牧场分类一览表（引自杨宝瑞和陈勇，2014）

分类依据	区域类型
海域位置	沿岸型、近海型
海域特点	东海型、南海型、西海型、济州型
海域形态	多岛海型、滩涂型、内湾型、开放型
建设目的	捕捞型、观光型、捕捞观光型
建设性质	示范区建设、开发事业、一般事业
建设规模	大规模、中规模、小规模
牧场位置	沿岸渔村型、城市近郊型、城市型
目标资源	鱼类型、贝类型、鱼贝型、观光资源型

美国的人工鱼礁建设历史悠久，至今已有 100 多年的历史，但其在海洋牧场建设方面并未达到日本和韩国的水平。目前人工鱼礁建设的主要目的除了恢复渔业资源，更多的是开展休闲游钓，同时也进行海藻场恢复与构建。因此，其海洋牧场的建设类型主要

分为资源养护型、休闲游钓型和海藻林生境修复型。

我国海洋牧场的建设目标主要包括3类：以增养殖经济海产品为主、以资源养护为主和以构建休闲渔业产业园区开展旅游开发为主。基于不同的建设目标，建成的海洋牧场也就具备了不同的功能。总体来说，海洋牧场的分类可基于建设目标，依据牧场的设置区域、主体功能和建设水平等原则分为不同的类型（杨红生，2021）。

（一）依据设置区域划分

1. 近岸海湾型海洋牧场

多依托天然海湾进行设置，其优点是风浪小、受极端海况影响小，依托于近岸天然岩礁或投放人工礁体，底栖初级生产力高，可进行海珍品等底播增殖。牧场海区具有较丰富的陆源有机质输入，初级生产力较高。其缺点是水体较易受到陆源污染的影响，部分海湾如封闭程度较高则会造成水流交换不畅，影响水质条件，限制了海洋牧场的生态容纳量。该类型海洋牧场海域水深一般较浅，多在15m以内，因此多以海珍品底播增殖为主，同时适度配套投放人工鱼礁，养护野生经济鱼类。山东青岛的崂山湾国家级海洋牧场示范区就属于该类型。

2. 滩涂河口型海洋牧场

在河流入海口或近海滩涂区域设置的海洋牧场，水深较浅，一般在10m以内，潮间带滩涂面积广阔，水体温度、盐度波动范围较大，浑浊度较高，以底播或增殖广温性、广盐性贝类（如牡蛎、贻贝和其他滩涂贝类等）为主，也可投放石块等附着基附着贝类后形成天然礁体，从而增殖其他海洋经济动物。山东芙蓉岛西部海域国家级海洋牧场示范区就属于该类型。

3. 远岸岛礁型海洋牧场

依托离岸较远的岛屿或岛礁进行海洋牧场建设，除了具有离岸深水型海洋牧场的优点之外，由于天然海岛对海流的阻挡，会在近岛区产生丰富的上升流和湍流区，海底富含营养盐的底层水会被输送至表层，促进了水体浮游植物和近岛浅水陆架区的大型藻类的繁生，形成了相对旺盛的生物生产力，使得岛周围海域成为"沙漠中的绿洲"，为各种鱼类、大型底栖生物提供了得天独厚的索饵场和育幼场。同时，岛礁周边的天然海湾也可为各类船舶提供靠泊地，方便船只及人员的避风和生产管理。该区域可以岛礁为核心，根据距岛的远近进行功能设计，如近岛浅水海藻床区域以植食性海珍品（如鲍）增殖及野生经济鱼类稚幼鱼资源养护为主。远岛深水区域以底栖滤食性双壳贝类、沉积食性刺参或杂食性经济生物增养殖和游泳动物资源养护与增殖为主，配合适宜的人工鱼礁区域建设。该类型较有代表性的是大连獐子岛海域、浙江舟山中街山列岛海域、马鞍列岛海域国家级海洋牧场示范区。

4. 离岸深水型海洋牧场

一般设置在距岸较远（10km以上）的开放海域，其优点是受陆源输入影响较小，较近岸海湾型水流交换条件更好，水质条件优良。其缺点是受外海风浪影响较大，海上设施较易遭受灾害天气破坏造成损失。海域水深较大也会造成底播增殖海产品的采捕难度较大。由于没有天然的岛、礁等依托，管理人员前往现场比较困难，管理难度较大。该区域水深明显增大，可达 40~50m，水体可利用空间大，因此上层可设置浮鱼礁进行鱼类资源养护，底层空间一方面可投放大型人工鱼礁进行经济鱼类资源养护与增殖，另一方面也可进行贝类、刺参等海珍品的底播增殖。

（二）依据建设目标划分

1. 海珍品增殖型海洋牧场

以增殖收获海参、鲍、高值贝类（如虾夷扇贝、魁蚶）等海珍品为主。海珍品增殖通常与海藻床养护、自然牡蛎礁恢复相结合，礁区建设多以布设海珍品增殖礁为主，如石块礁、混凝土构件礁等，为增殖的海珍品提供良好的栖息生境，从而获得最大的产品产出。我国北方（辽宁、河北、山东）沿海的海洋牧场多以此类型为主。如大连獐子岛海洋牧场、山东莱州湾芙蓉岛西部海域海洋牧场、青岛崂山湾海洋牧场等。

2. 渔业资源养护型海洋牧场

以养护野生经济鱼类、贝类、虾蟹类资源并适量捕捞为主要目的。牧场区域以人工鱼礁建设和资源增殖放流为核心，通过建设人工鱼礁区开展增殖放流，建立面积广阔的贝类和虾蟹类资源养护与底播增殖区，可有效恢复野生鱼类、贝类、虾蟹类等资源。部分海域可根据实际需要，开展配套的海藻场或海草床建设，可显著提升生物资源养护水平。我国南方（浙江、广东）沿海海洋牧场多属于此类型，如舟山附近的海洋牧场、广东沿岸的海洋牧场等。

3. 休闲游钓型海洋牧场

该类型海洋牧场的功能主要结合海上旅游开发而不是收获海产品。通过生境修复、投放资源养护型人工鱼礁、增殖放流恋礁型鱼类等手段，形成拥有丰富经济鱼类资源的游钓场，吸引游客进行休闲垂钓。海洋牧场建有完善的休闲娱乐和餐饮食宿等配套设施，为游客提供舒适的旅游环境。海洋牧场构建完成后可承担游钓相关的国内外赛事，获得可观的经济效益。美国的海洋牧场多以此类型为主，如佛罗里达州所属墨西哥湾沿岸的人工鱼礁区海洋牧场。韩国庆尚北道的蔚珍海洋牧场也属于此类型。近几年，国家对休闲渔业产业大力支持，该类型的海洋牧场在我国也逐步兴起，国内较有代表性的如大连獐子岛海洋牧场、海南蜈支洲岛海洋牧场等。

（三）依据建设水平划分

1. 初级海洋牧场

初级海洋牧场面积一般较小，船只配备较少，牧场大多仅依托人工鱼礁区或海珍品礁区而建，且投放的设施多为就地取材，缺乏科学设计，一般仅从事资源生物的放流与养成阶段的生产，牧场区域增养殖生物种类较为单一，仅涉及 1～2 个营养级，增养殖生态系统结构不稳定，生产过程中的科技支撑力度不足，缺少资源环境监测保障技术，管理水平较为初级，牧场经营仅以盈利为目的。我国北方沿海 2010 年之前兴建的海洋牧场或人工鱼礁示范区大多属于此类型。

2. 中级海洋牧场

中级海洋牧场具有一定规模的海域面积，一般达到 1 万亩以上，从事生产和管理的船只配备较为齐全，牧场的人工鱼礁区或海珍品礁区布局较为合理，设施水平显著提高。除了海上区域，还配建有完备的陆上基地，可进行苗种中间培育；牧场区域增养殖生物种类较初级海洋牧场增加，涉及初级生产者、初级消费者或次级消费者，搭配较为合理，可达到 2～3 个营养级，增养殖生态系统稳定性显著增加；牧场运作的科技支撑力度增强，配建了基本的资源与环境自动监测系统和应急中心，管理水平显著提高，牧场经营除了盈利之外，也开展生境修复与资源养护，兼顾与海洋生物资源的和谐共存，产品品质和加工水平显著提高，初步建立了产品追溯体系。

3. 高级海洋牧场

高级海洋牧场具有相当规模的海域面积，可达到 10 万亩以上。船只、码头等各项生产保障设施设备一应俱全。牧场的海基和陆基部分均基于生态系统原理进行科学规划，布局合理、运行高效。牧场不仅可以进行资源生物的放流与养成生产，而且拥有专用原良种场，可开展良种选育和苗种培育，同时配建有先进的产品深加工基地，实现苗种-中培-增养殖-深加工全链条运作。牧场区域增养殖生物种类较多（5 种以上）且搭配合理，包含初级生产者、初级消费者和次级消费者 3 个营养级，构成连续食物链，增养殖生态系统稳定性优良，各种生物采捕量设置合理，资源生物基本实现自繁殖补充；海洋牧场具有很强的科技支撑与先进成果转化应用能力，拥有先进的生物制御与跟踪监测技术，可实时监控生物状况；配建完善的资源与环境自动监测系统，覆盖海域面积超过 70%，可实现数据实时传输和自动监测报警，风险防控与应急处置能力强；牧场拥有科学高效的管理制度和严格的产品追溯体系，兼具景观生态、科普教育、休闲渔业等功能，以保护近海生境和养护生物资源为己任。

（四）其他分类方式

我国 2017 年 6 月发布了水产行业标准《海洋牧场分类》（SC/T 9111—2017），该标准综合考虑海洋牧场的主要功能和目的、所在海域、主要增殖对象和主要开发利用方式，按照功能分异、区域分异、物种分异、利用分异原则，将海洋牧场划分为 2 级 3 类 12 种类型。现简述如下。

1 级：按功能分异原则分类，分为养护型海洋牧场、增殖型海洋牧场和休闲型海洋牧场。

2 级：养护型海洋牧场按区域分异原则分为 4 类；增殖型海洋牧场按物种分异原则分为 6 类；休闲型海洋牧场按利用分异原则分为 2 类。

1. 养护型海洋牧场

养护型海洋牧场是以保护和修复生态环境、养护渔业资源或珍稀濒危物种为主要目的的海洋牧场。

（1）河口养护型海洋牧场：建设于河口海域的养护型海洋牧场。

（2）海湾养护型海洋牧场：建设于海湾的养护型海洋牧场。

（3）岛礁养护型海洋牧场：建设于海岛、礁周边或珊瑚礁内外海域，距离海岛、礁或珊瑚礁 6km 以内的养护型海洋牧场。

（4）近海养护型海洋牧场：建设于近海但不包括河口型、海湾型、岛礁型的养护型海洋牧场。

2. 增殖型海洋牧场

增殖型海洋牧场是以增殖渔业资源和产出渔获物为主要目的的海洋牧场。

（1）鱼类增殖型海洋牧场：以鱼类为主要增殖对象的增殖型海洋牧场。

（2）甲壳类增殖型海洋牧场：以甲壳类为主要增殖对象的增殖型海洋牧场。

（3）贝类增殖型海洋牧场：以贝类为主要增殖对象的增殖型海洋牧场。

（4）海藻增殖型海洋牧场：以海藻为主要增殖对象的增殖型海洋牧场。

（5）海珍品增殖型海洋牧场：以海珍品为主要增殖对象的增殖型海洋牧场。

（6）其他物种增殖型海洋牧场：以除鱼类、甲壳类、贝类、海藻、海珍品以外的海洋生物为主要增殖对象的增殖型海洋牧场。

3. 休闲型海洋牧场

休闲型海洋牧场是以休闲垂钓和渔业观光等为主要目的的海洋牧场。

（1）休闲垂钓型海洋牧场：以休闲垂钓为主要目的的海洋牧场。

（2）渔业观光型海洋牧场：以渔业观光为主要目的的海洋牧场。

四、海洋牧场的选址原则与布局设计

建设海洋牧场的初衷是在维持海洋生态系统健康的前提下，收获更多的海产品，增加经济效益。因此在海洋牧场的规划与建设时必须考虑到生态系统健康和获得经济产出的平衡问题。海洋牧场的选址需要充分考虑海域原有的资源与环境状况，遵循"生态优先"的原则，依托天然海域的环境与资源特征，因地制宜进行设计。

（一）选址原则

（1）海域选择应符合有关涉海法律法规的规定，拟设立海域应符合国家和地方的海域使用总体规划与渔业发展规划。

（2）建设海域不与水利、海上开采、航道、港区、锚地、通航密集区、倾倒区、海底管线及其他海洋工程设施和国防用海等功能区划相冲突。

（3）建设海域应无污染源，水质良好，适宜对象生物栖息、繁育和生长。牧场建成后能保持较好的稳定性与安全性,建成后不易发生生物入侵、超出环境容量、引入病原微生物及寄生虫等不良现象。

为保护原有生物多样性丰富或者脆弱的生态系统,选择前应确定拟建海域的生态系统类型、生物多样性状况和拟恢复的生物资源种类,同时获得海洋生物、物理、化学等方面的本底状况。

(二)布局设计

海洋牧场的布局和功能设计主要取决于建设目标,这里主要介绍海珍品增殖型海洋牧场、渔业资源养护型海洋牧场、休闲游钓型海洋牧场3种不同建设目标的海洋牧场的布局设计思路。

1. 海珍品增殖型海洋牧场

这类海洋牧场以增殖底栖海珍品为主,主要种类有刺参、鲍、魁蚶等。不同的海珍品种类会建设不同的增殖礁体,礁区的布局首先应考虑海区流场特征和礁体的阻流效应,选用的礁体类型和礁体大小均会产生不同的阻流效应;其次应根据底质类型调查结果,在适宜进行海珍品增殖的区域建设礁区,同时确定单个礁群的单体礁个数。礁区内部应留出专用通道以保证水流交换通畅,将生物的代谢废物及时带出,保证礁区内部优良的小环境。礁群布局大多采用平行线设计方式,该方式定位方便,布放快速。当海流流速不大时,垂直于海流设置人工鱼礁带能够最大限度地保证礁区有营养丰富且高溶氧含量的海水供给,可为礁区生物提供丰富的饵料,促进礁体上附着的各类生物卵的孵化。如海域海流过强以至于会影响礁体安全,可平行于海流方向或与其稍呈一定角度布放设施。另外也可采用等距散布设计方式。礁体投放面积应进行严格限制,尽量减少对原有底质和底栖生境可能的负面影响。一般来说,礁体所占用的海底面积在海区总体面积所占比例应低于30%。礁区根据生产需要可划分为不同的产区,每个产区面积根据海域面积和底质类型特征而定,一般在几百亩到两三千亩不等。不同产区均留出空白区域以利于产区划分和水流交换。

2. 渔业资源养护型海洋牧场

这类海洋牧场的主要目的是增殖鱼、虾蟹、贝类等,牧场的海域除部分依托于自然礁、滩涂等生境的布局外,也需要科学规划人工鱼礁区。人工鱼礁的选型需要根据增殖养护的生物习性而定,有的鱼类喜欢聚集在礁区上部,有的鱼类喜欢聚集在礁体内部,选用的礁体必须与其相适应。人工鱼礁一般采用混凝土构件材料,礁体较重且规格较大,布局时多个单体礁集中投放在一起组成一个礁群,不同礁群规范化布局后形成规模化礁区。应对单个礁群的高度和面积进行界定,以保证鱼类高效聚集,礁群的布局多采用散布方式,投放前在设计图纸上精确定位每个礁群的坐标并进行编号,投放时严格按照坐标布放。与海珍品增殖型海洋牧场相似,礁体占用的面积也应低于海区面积的30%,礁区内部同时也应划分不同的产区,便于生产管理。滩涂资源养护与增殖区域主要在近岸潮间带布设,有条件的海域应尽可能地沿等深线规划建设海藻礁区或恢复海草床,充分利用近岸海域的高生产力，营造良好的生境，开展鱼、虾、蟹、贝、藻类资源的增殖。

3. 休闲游钓型海洋牧场

这类海洋牧场一般基于渔业资源养护型海洋牧场进行建设，人工鱼礁区也是海洋牧场的核心。礁区构建区域水深不宜过深，一般在20m以内，除了满足渔业资源养护型海洋牧场的礁区布局原则外，礁区布局和礁体选型可根据满足海底观光的要求进行专门设计。礁区可按照特定的图案进行布局美化，建构成心形、梅花形、八卦形、迷宫形等；礁体选型也可更加多样化，如可做成仿古建筑、民居、雕塑等，以满足潜水观光旅游者的猎奇和探险心理。礁区一般无须进行产区规划，而是以不同功能区进行划分，如休闲游钓区、潜水观光区、海底探险区等。

五、海洋牧场建设存在的问题及发展对策

根据2006年国务院印发的《中国水生生物资源养护行动纲要》，提出的"积极推进以海洋牧场建设为主要形式的区域性综合开发，建立海洋牧场示范区，以人工鱼礁为载体，底播增殖为手段，增殖放流为补充，积极发展增养殖业，并带动休闲渔业及其他产业发展，增加渔民就业机会，提高渔民收入，繁荣渔区经济"的发展理念和战略。我国积极着力开展海洋牧场建设，设立国家级海洋牧场示范区，海洋牧场建设的技术和理论取得了长足的发展，但是在发展与实践过程中也出现了诸多问题。譬如说海洋牧场的概念不清晰或者说泛化，导致我国海洋牧场遍地开花，部分地方将单纯的底播增殖、网箱养殖以及筏式养殖也作为海洋牧场上报进行建设；海洋牧场的技术水平和含量低，没有因地制宜，盲目模仿，同质性过高。另外，人工鱼礁的构筑、增殖放流的实施、休闲渔业的开发、产业链的形成和渔民的转产增收等方面还有诸多关键问题尚未解决；增殖物种和野生物种的驯控、现代化监测管理技术与装备开发等问题更需加强研究。

今后，海洋牧场建设必须坚持"生态优先、陆海统筹、三产贯通、四化同步、创新跨越"的原则，集成应用环境监测、安全保障、生境修复、资源养护、综合管理等技术，实现海洋环境的保护和生物资源的养护及可持续利用。在国家层面，要加强海洋牧场建设的宏观引导，编制我国管辖海域海洋牧场建设的中长期规划，出台海洋牧场建设和运行管理的国家和行业标准，明确我国海洋牧场的定义、范畴和类型，将财政资金投向真正意义上的海洋牧场建设中。在沿海省市层面，要根据海域自然条件，海洋功能区属性、环境质量等做好海洋牧场的选址和区划，推动海洋牧场海域确权，形成政府扶持、企业主导、渔民受益的海洋牧场建设模式，加强海洋牧场绩效评估和统计。

同时，统筹安排增殖放流和人工鱼礁建设，提高增殖放流苗种的存活率和人工鱼礁建设的针对性和科学性。逐步实现底播种类以海珍品为主转变为海珍品、鱼类、藻类多营养层次相结合，提高单位海域的经济与生态效益。我国近岸水域环境污染和富营养化日趋严重，海洋工程建设等造成了海底荒漠化、生物资源的栖息地被破坏，因此，海洋牧场建设应将近海生态系统的重建纳入工作重点，注重生境修复、天然饵料增殖、海草床及海藻场的恢复。加强海洋牧场资源与环境的实时在线监测和生态灾害的预警预报。

加强公益性海洋牧场配额制度管理研究,严格实施限定产出规格、收获量等制度。

另外,改变目前海洋牧场建设主要由政府投资的局面,通过财税政策、特许经营等途径吸引企业投资运营海洋牧场,财政资金由直接投入海洋牧场建设转向栖息地保护、基础科学研究和监测评估等方面。推动构建企业、科研院所、行业协会共同参与的产业联盟,实现产学研结合,企业和渔民共同获益。将单一水产品生产向休闲渔业、生态工程等相关产业拓展。

第四节 渔业资源调查与动态监测

渔业资源调查是渔业资源开发利用的先导,是人类认识、了解和掌握渔业资源的主要手段和工具,同时,也是开发渔业资源必须要进行的一个重要环节,是进行科学评估渔业资源蕴藏量和可捕量的基础。没有综合和专项的渔业资源调查及其对各种鱼类、虾类、蟹类等的长期调查与研究,就无法了解和掌握其种群数量的动态变化和进行渔业资源评估及渔情预报,更不可能为渔业资源的保护、增殖、管理和可持续利用提供科学依据。通过渔业资源调查,掌握水域环境条件与渔业资源分布之间的规律以及渔场形成的机制和原理,从而为渔业资源开发利用提供服务。另外,通过渔业资源调查,掌握各种渔业对象的生物学特性,可为进一步研究其种群动态和科学管理提供理论依据;掌握和了解渔业生态系统,可为持续利用和保护渔业资源,特别是保护水生生物多样性提供基础支撑。

同时,对于一个特定渔业资源进行调查与评估,并根据调查与评估的结果实施有效管理,之后还要对种群的动态进行常规的监测。并根据种群的资源变化状况不断改进和完善管理措施。

渔业资源具有再生的特性,种群的世代数量是衡量种群资源状态的重要指标,渔业资源除其自身的变动规律如亲体-补充量关系外,还受外界环境特别是栖息地环境因素及人类活动特别是捕捞因素等多种因素的影响,在不同时期内会有不同的变化。有周期性变化也有非周期性的变化。实践证明,种群的数量及其与捕捞或开发利用之间的关系是可以预测的,但是环境因素的多变性却为这种可预测的关系增加了不稳定性,使之更加复杂化。通过常规的渔业资源监测,可以及时、准确地发现生态环境和捕捞强度的变化对渔业资源带来的危害及其严重程度,从而采取适当的措施,防止渔业资源衰退和恶化的加剧,保持渔业资源的可持续利用。

一、调查与监测的目的

渔业管理技术和管理措施都有明显的实用性质。所有的渔业分析和建议都是针对当前特定渔业的具体情况的,而分析用的资料,大都是历史的和近年的调查与监测资料。由于渔业资源受生态环境、种间竞争以及捕捞等因素影响,且这些因素都是不稳定的,必须对过去的研究结果以及相应的建议进行及时修正,所以,渔业资源调查与监测的目的是根据当前资料,检查过去分析结果的可靠性,估计渔业及渔业资源的发展趋势。这种资料对于修正原有渔业政策和渔业管理措施、稳定渔业资源都有重要作用。

从另一角度看,一项渔业政策在实施的初始阶段,会对渔业资源以及与它有关的社会经济利益产生积极作用。但是，任何一项政策都会有某些副作用。随着时间的推移以及情况的变化，这种副作用的影响可能会变得严重到社会不能接受的程度。所以，渔业政策和相应的管理措施都应不断地进行调整，以适应新的情况。渔业资源调查与监测能提供修改政策所需的科学证据。

渔业资源调查与监测常常涉及选择何种生物学变量进行监测。选择的标准是假设被监测变量的变化能反映渔业资源状态的变化信息。为了评定渔业资源监测活动的实用性，须分析生物学变量和渔业资源变化原因之间的关系。两者之间的关系包括以下几个方面。

第一，种内动态。包括群体-补充量关系、密度-独立增长、同种自残等特征。

第二，种间竞争。这种现象很重要，但实际应用中难以获得具体的结论性意见。

第三，掠食性。通常作为自然死亡处理。

第四，捕捞，开发。

第五，自然环境因素。特别要注意非生物因素以及热带地区生物因素的影响。

经验表明，种群与开发利用之间的关系是可以监测的。但是，环境因素的多变性，相当于在这个系统中增加了一组不稳定因素，使这个系统复杂化了。渔业和渔业资源的某些特征的反映有相似性质。例如，随着捕捞力量的增加，种群数量减少，平均年龄和平均体长也相应减小，性成熟年龄提前等。这些可观察到的生物学数值和统计资料反映了渔业与补充量的关系以及对渔业资源的利用程度。有可能根据这种渔业生物学的观察资料，结合历史上的波动状况推断当前的渔业资源水平。

一种被开发的渔业资源，当受到捕捞的损害性影响和生态环境变化较大时，会显现出资源恶化的某些症状。通过监测及时发现并采取措施，防止资源的继续恶化。表 8-5 列举的资源恶化特征，有些是通用的，有些仅适用于某些特定的鱼类。

表 8-5　资源恶化和潜在问题最常见的特征（引自邓景耀和叶昌臣，2001）

资源恶化特征	可能原因	危机程度
A. 资源减少		注意
（1）单位捕捞努力量渔获量（CPUE）下降	环境变化	注意
	可捕量、可捕性的改变	
	捕捞力量的历史状况	
（2）种群分布范围缩小	环境影响	注意
（3）群体组成变化	环境影响	注意
	市场和捕捞方式改变	
（4）捕食者的变化	环境影响	注意
	捕食者的可捕量	
B. 补充量减少		
（1）平均年龄减小	环境影响	注意
	可捕量、可捕性	危险
	市场、管理和捕捞方式改变	
（2）异常脂肪增加	环境影响；正常	危险
C. 捕捞死亡率接近自然死亡率		
（1）平均年龄/平均体长接近初次	环境影响；可捕量、可捕性变化	危险
（2）性成熟提前/体长减小	环境影响；市场、管理、捕捞方式改变	危险
D. 捕捞力量变化	环境影响；市场、管理方式的变化	注意
E. 生物学特性的变化		注意
（1）产卵期、补充量的改变	环境变化，可捕量变化	
（2）性成熟年龄/体长的变化	环境变化	
（3）生殖力的变化	环境变化	
（4）渔获物组成改变	环境、可捕量、市场、捕捞方式等的变化	注意

渔业资源数量通常是种群状态最重要的指标。如果没有直接的判别资源量的指标，可以用其他资料，如捕捞死亡率、种群分布范围等。但是，由于这些资料不是判别资源量的直接指标，都不很精确。所以，最好用多种资料进行对比分析，以便作出正确的判断。

补充量是鱼类种群数量的主要来源。它补偿种群由于捕捞和自然死亡的损失。总死亡率越高，渔业资源对补充量的变化越敏感。相对地说，种群中成鱼较多，占的比例大，则补充量的波动对种群数量的影响就较小，由于环境变化引起补充量的波动是不可避免的。当种群的补充量与成鱼的减少量呈平行状态时，资源就有衰败的潜在危险。

捕捞对种群的影响主要通过死亡率。这种影响在生物学上的反映是渔获物平均年龄（相应的体长）变小。在极端情况下，将接近初次性成熟的平均年龄。这种情况表明，由于缺少成鱼而补充不足，是种群衰退的特征。

二、调查与监测的内容和方法

调查与监测大体上包括数量监测、生物学监测、环境监测和经济学监测等四方面内容。每项监测都应该包括收集资料和分析。所有资料最终都将汇集于判断种群状态，预测其发展趋势。

监测有时针对一个海域，如渤海、浙江近海、北部湾等，有时针对一个渔业，如黄海蓝点马鲛渔业、东海带鱼渔业等。监测主要涉及一个种群以及由它支持的一个渔业。一种渔业捕捞对象包括许多种群时，如拖网渔业，监测涉及多种群。无论何种情况，监测都涉及以下4个内容。

（一）数量监测

种群的数量是种群状态的重要参数，渔业统计资料是反映种群数量的最好指标。应注意收集分析渔获量统计资料，它主要包括以下几个方面：一是分鱼种的渔获量统计，这是基本资料；二是分渔区产量统计，它能反映出资源的分布状况；三是单网产量（CPUE），它能反映出资源密度。另外，要注意兼捕鱼种的产量统计。单一种群的渔业管理缺陷较多，特别当渔业发生变化时，一些原来在渔业中不占主要地位的种群，或因数量变化，或因这种鱼的价格上涨，它在渔业中的地位发生了变化，其资料数据尤为重要。

捕捞力量统计也十分重要。捕捞力量统计应包括特定渔业的渔船数量、网具类型、渔船马力及投网次数等，并注意捕捞方式和捕捞工具的变化情况。

建立捕捞日志系统是必要的。设计良好和执行严格的日志系统可以提供关于渔业资源研究与分析的定性、定量资料。

（二）生物学监测

生物学参数反映了种群动态特征。生物学资料能提供确定当前种群状态和预测种群发展趋势的间接证据。按表8-5的渔业资源恶化症状，生物学监测项目有生长（体长和体重）、年龄、种间关系、性腺发育情况、产卵特征、繁殖力、胃含物以及死亡动态等。对于某一特定的鱼类种群，可根据具体情况对上述监测项目进行增添和删减。上述生物学参数和种群动态资料主要从实际调查、渔获物分析和生物学测定中获得。

（三）环境监测

　　渔业资源是要在一个适宜的环境条件下才能生存和发展的。持续利用渔业资源必须要保障鱼类种群补充过程的正常进行。除了要有足够的亲体数量，还要有一个适宜补充过程的环境。前一个条件在多数情况下是可控的，后一个条件是不可控的。

　　种群生活在特定的水域，它的数量和分布受生态环境的影响。对于一个已经开发利用的种群，人类的捕捞活动和环境条件共同决定这个种群的动态和分布特征。渔业资源评估在于确定当前捕捞方式对种群的影响程度，预测如果按某种意图改变捕捞方式，种群状态会产生何种变化。这都必须假定环境的影响与捕捞的影响相比可忽略不计。由于没有考虑环境因素的多变性，如厄尔尼诺现象对秘鲁鳀的影响、径流量对海蜇的影响、小清河污染对河口邻近水域毛蚶资源的影响等。这就降低了这种预测的可靠性。所以，在渔业资源评估中，要尽可能提出和确认环境因素的影响。随着社会和工农业的发展，特别是随着21世纪海洋大开发时代的到来，筑堤坝、围海造地等各种海洋工程，临港工业、生活和养殖业发展对水域的污染日趋严重，对栖息地生态环境破坏不断加剧。有关大风、降水、日照和河水径流量等栖息地的生态环境因素对一些种群补充量的影响已经被确认（吴敬南和程传申，1956；吴敬南等，1982；刘海映等，1990），至于厄尔尼诺现象对秘鲁鳀和其他海域渔业资源动态的影响，则是世界公认的事实。

　　应当充分了解环境污染和栖息地环境破坏对渔业资源的破坏性影响。这种影响是灾难性的，且具有突发性。多数发生在江河、湖泊以及港湾和河口水域。养殖业是典型的利用环境的产业。养殖生物在生长过程中要利用水中的某些物质，同时排放代谢产物，如果排放代谢产物的速度超过了海水自净能力和交换能力，水质将被污染，这种污染有累加性质。环境对种群数量的影响基本上是对补充数量的影响，只有查清了栖息地环境对补充过程的影响及其影响过程的机制，才能持续发展渔业，合理利用渔业资源。

　　天气系统和气象会影响海洋状况。气象资料包括温度、日照、径流、降水和大风等，都可以从就近的气象部门抄录。海洋要素作为环境考虑有生物和非生物因素，其中多数可从海洋观测站台，海洋调查机构，以及NASA、ESA、NOAA的Aqua卫星等获得。从渔业角度，可以根据实际需要进行专项调查，也可结合渔业资源调查与监测同步进行，同时要注意历史资料的应用。

（四）经济学监测

　　渔业资源具有资本特性。渔业资源管理可作为资本运作/管理的一个特殊问题处理。时间贴现是一种可取的办法。在既定贴现率情况下，鱼的价格和成本的比例对渔业资源会产生出乎意料的影响。据报道，黄渤海蓝点马鲛种群，由于鱼价上涨，而使资源量下降到很低水平。

　　所以，对渔业资源的调查与监测，渔业经济性状是不能忽视的因素。经济学监测包含对一个渔业劳动力的流入流出情况、投资情况、市场供求情况、供应数量与价格的关系、成本组成、对成本的影响以及能源消耗等内容。要获得一个渔业的有关上述内容的详细定量资料，可能十分困难。但经过努力，获得一个渔业中几个主要捕捞企业或渔业合作社的资料还是有可能的。

监测结果主要是对补充量作出估计和预测，常用的方法是作幼鱼（待补充部分）数量分布调查。处理资料有几种方式，采用何种方式，要视资料而定。

（1）连续方式。补充量被作为一个具有统计置信限度的连续变量来估算。估算结果有两种，一是相对补充量；二是当比例可确定时，为实际的补充量。

（2）离散方式。预测补充量趋势，在一个范围内预测补充量，将某一个补充量作为标准，预测"高于""低于"这个补充量。这种方式的好处是所需的资料、投资都比连续方式要少。

（3）精确方式。是离散方式的一种变形，它适用于防止大波动的出现。补充量按照高于或低于一个临界值来进行分类。

当我们把补充量（R）低于临界值作为零点假设，我们会有两种错误。一是不采取必要的保护措施而继续捕捞；二是在没有必要进行保护时采取了保护措施。如果我们采用使得第一类错误不能发生的标准，则在同样的取样精度下势必增加另一类错误。管理者必须认清两类错误的相关性，以防止大波动的出现。

表 8-6 是根据 MacCall（1984）资料改写的，它包含了种群资源动态监测方法及评价。表中列出的资源衰退征兆并不与监测方法相对应。

表8-6　种群资源动态监测方法及评价（引自邓景耀和叶昌臣，2001）

资源衰退征兆	监测方法	评价	费用
（a）资源量下降 渔获率下降 群体分布范围缩小 种类组成变化 捕食者指标变化	（a）单位捕捞努力量渔获量（CPUE）	适用于底层鱼类，不适用集群性鱼类	低
	（b）世代分析（VPA）	适用于对历史情况的分析和校正其他指标	低
	（c）与渔船合作调查	适用于常规调查	低
（b）补充量下降 平均年龄变化 异常多脂周期	（d）声学调查	适用于中层和声学信号反应强的种类	高
（c）捕捞死亡接近自然死亡、平均年龄或长度接近性成熟年龄或长度	（e）航空调查	快速评估表层鱼类	低
	（f）试捕	与其他方法结合，可提供较详细的资料，如年龄结构等	高
（d）渔获量波动			
（e）反常情况： 补充量及产卵方式的变化	（g）卵子、仔鱼调查	可作为产卵群体生物量指数	高
性成熟年龄和长度的变化	（h）卵子生产力法	可用于估计产卵群体或总资源量	高
个体大小和渔获物组成的变化	（i）捕食者指数	可作为被捕食种类资源量指数	低

无论从渔业发展及渔业管理的实际需要，还是从调查研究的角度，都希望实施定期、全面、系统和详尽的监测，但是，实际上往往很难做到。在我国，过去实施了两种类型的监测，并取得了明显的效果。

（1）整体渔业资源监测。如自 1987 年开始组织进行的东海渔业资源监测。确立了带鱼、大黄鱼、小黄鱼、鲳、绿鳍马面鲀、蓝点马鲛和头足类作为主要监测对象；设置了 8 个张网监测点，在长江口渔场及其邻近海域进行渔业资源常规调查。并根据监测调查取得的结果，先后提出了对东海区的拖网、浮拖网、灯光鱿鱼钓、帆张网及其定置网作业的调整和管理意见。又如 1982~1983 年和 1998 年在渤海进行的周年和季节性渔业生态系统动态监测调查，通过调查评价了渤海的生态环境和渔业资源 20 余年来的年间和季节性变化；2006~2007 年在舟山渔场进行的周年春夏秋冬四季渔业生态综合调查，掌握了典型海域渔业资源群落结构特点及优势种演替变化状况等。这些工作都为保护和改善各水域的生态环境，加强渔业资源管理和增殖放流、海洋牧场建设，保证渔业资源的可持续利用提供了科学依据。

（2）重点种类资源监测。自 1965 年以来，每年 8 月初在渤海中国对虾主要栖息地进行的相对资源量调查，准确评估和预报了种群的补充量和秋汛渔获量；适时地调整和完善渤海秋汛渔业管理的措施；1984~1995 年在黄海南部和东海北部鳀越冬场，采用先进的回声积分系统估算了黄东海区鳀资源蕴藏量及其年间变化，为合理开发鳀资源、制定鳀资源管理措施提供了主要依据。

思 考 题

1. 在渔业决策过程中，科学家和决策者都会遇到哪些问题？又应该注意什么并加以妥善解决？
2. 针对目前中国近海渔业资源利用状况及国情，应采取哪些管理策略来达到渔业管理目标？
3. 简述渔业资源增殖放流的生态学原理。
4. 简述国内外渔业资源增殖放流状况。
5. 试述海洋渔业资源增殖放流的基本内容及方法。
6. 简述在渔业资源增殖放流事业实施过程中科学家及决策者的责任。
7. 简述海洋牧场的背景及国内外海洋牧场建设现状。
8. 简述海洋牧场的选址原则与布局设计。
9. 简述中国海洋牧场建设面临的问题及发展对策。
10. 试述渔业资源调查与动态监测的目的、内容和方法。

第九章 典型海洋环境要素对渔场的影响

本章提要： 本章主要介绍渔场环境要素及其对渔业资源的影响。重点介绍海表温度及其梯度、上升流、叶绿素浓度、盐度、悬浮物浓度、潮流以及岛礁和近岸跨海工程等要素对渔业资源的影响及其机制。

研究表明，渔业资源、渔场分布受环境因子影响较为明显，环境因子主要包括时间、经度、纬度、水温、水深、盐度、叶绿素 a 浓度、温度梯度、涡旋等，此外厄尔尼诺、拉尼娜、黑潮、季风、海洋变暖等现象对某些渔业资源有较为突出的影响。渔获量除了受环境因素影响之外，还与渔业船队规模、作业时间、作业面积、捕捞过度等有着极其密切的联系。因此，研究海洋环境对提升渔业效率和保护渔业资源有着重要的意义。

时间与空间作为重要的环境因子，间接对水温、叶绿素 a 浓度、气候变化等造成影响，是影响因素中不可分割的一部分。时间被排在了影响鲐资源丰度的环境因子的第一位，短鳄齿鱼生物量的季节性变化较为明显，东海鲐、南极磷虾、梭子蟹等海洋生物的渔场分布与时间有着较为密切的联系。空间同样是影响渔业资源的重要环境因子。对东海鲐鱼资源和渔场的时空分布特征进行分析发现，作业渔场在经度上分布无差异，在纬度上分布差异明显。

温度是影响渔业的重要因素之一，温度很大程度上决定了渔场的分布和各个渔场的渔业资源。在分析了产卵期及越冬期蓝点马鲛渔场分布变化后，得出 CPUE 分布与海表温度（sea surface temperature，SST）的异常存在相关性。东海北部秋季小黄鱼分布与温度紧密相关，小黄鱼更倾向于生活在水温高于 25℃的水域中。东海鲐鱼的 CPUE 年际变化与 SST 间有着显著的相关性。当 SST 上升时，近海鲐适宜栖息地有明显的北移现象。鲐资源量和持续产量的变动受产卵场 SST 和捕捞努力量影响。鲐产量和当年 SST 成正比，东海 SST 的高低基本上决定了当年鲐产量的高低。水平温度梯度、100~300m 层垂直温度梯度、20℃等温线深度则成为大眼金枪鱼预测的重要因素。在毛里塔尼亚附近，沙丁鱼的时空变化更多地是由热量而不是生产力梯度控制的。HIS 模型划定了乌贼的最佳栖息环境，对海温和深度都进行了最优值选取。其他环境因素，如盐度、涡旋等也是影响渔业资源的重要环境因子。东海北部秋季小黄鱼分布与水体盐度有关。中尺度涡旋在某些海域对渔业资源分布有着重要影响。科学家对中尺度涡旋对太平洋沙丁鱼产卵空间分布的影响进行研究，发现中尺度涡旋在温度、叶绿素、涡旋动能（EKE）适当的条件下会将鱼卵移至不适生存的区域。水深对渔业资源同样会产生影响。鱼类丰度、生物量和丰富度均随海拔升高而降低，海面高度也会影响鲐渔场。

渔业资源分布同时受到气候变化等自然现象的影响。东海短鳄齿鱼生物量分布和季节变化受台湾暖流影响。适宜的温度和盐度范围、锋的辐聚和卷夹作用是影响鱼卵和仔稚鱼数量分布以及密集分布区形成的主要因素。厄尔尼诺与次年南部作业渔场 CPUE 之间存在着显著的正相关关系。全球气候变化引起的 SST 上升，可能会对近海鲐鱼栖息地造成严重的影响。拉尼娜、厄尔尼诺、黑潮、台湾暖流、印度洋季风对受影响的渔场的渔业资源分布均有不可忽视的影响。

渔获量除了受到环境因素的影响，也与人为因素密不可分。人类捕捞是影响东海、黄海鲐 CPUE 的重要因素。鲐资源出现低谷可能与前一年捕捞产量过高所造成的亲鱼量急剧下降有关。通过改善放网时间、拖曳速度、拖曳水深等因素，可以显著提升南极磷虾的 CPUE。渔业的国际合作将更好地估计最佳产量和管理渔业，最大限度地利用海洋食物资源的前提在于更广泛地应用合理的控制捕鱼的方法。

综上，如何大面积、长时序地监测渔场的环境因子成为我们面对的主要问题。遥感技术可促进渔业的可持续管理和发展。卫星遥感技术在渔业中的应用研究热点主要集中在以下几个区域：美国东北部海域，北大西洋公海区域，法国、西班牙、葡萄牙周边海域，印度洋周边地区，我国台湾以北的东海、黄海、渤海海域。主要研究区域是大西洋，其次是印度洋和太平洋（Yen and Chen，2021）。

遥感技术对网箱养殖业有很大的应用价值。首先，遥感有助于选择发展网箱养殖的地点。利用高分辨率遥感监测网箱分布，还可以根据季节风场来评估笼子部署的最有利时期。一旦选定了地点，遥感将持续发挥作用，提供水团出现的早期迹象（不利水团和有害藻华），从而保证网箱养殖的安全性使潜在损失降到最低。其次，遥感的新发展使我们能够解决必需脂肪酸供需平衡的一般性问题，以及使用野生鱼类来作为笼养鱼类的补充（Gernez et al.，2021）。因此，我们将侧重使用遥感技术作为对渔场环境因子的观测手段。

第一节　温度对渔场的影响

海表温度（sea surface temperature，SST）即海水表层的水温，常以℃表示，是描述海洋表层热状况最为重要的参数，是卫星遥感技术在海洋渔业领域应用最成功最广泛的海洋环境因子，对海表温度的测定和研究对我们研究海洋渔业具有非常实用的价值。鱼是变温动物，基本上不能自身调节体温，大多数鱼的体温与周围水温相差不超过 1℃，因此它们对水温的依赖性大于恒温动物。当环境温度发生较大变化时，它们就会游到温度合适的水域去。水温是影响鱼类洄游和分布的最重要因素。卫星遥感技术能够实现对地表信息连续大范围、高精度、全天候的同步采集，因此应用卫星遥感技术获取 SST 等海洋因素进行海洋渔场环境分析或预报得到了迅速发展和广泛应用。

海洋锋，即特性明显不同的两种或几种水体之间的狭窄过渡带。可用温度、盐度、密度、速度、颜色、叶绿素等要素的水平梯度，或它们的更高阶微商来描述，海洋锋扰动海水，带来丰富的营养物质，在锋带附近的特定水团中，常有浮游植物大量繁殖，从而为浮游生物和动物提供丰富的饵料，不仅吸引鱼群，也十分有利于养殖业发展。

温跃层（thermocline）是位于海面以下一定深度范围内温度和密度有巨大变化的水层，是上层的薄暖水层与下层的厚冷水层间出现水温急剧下降的层。温度和密度在温跃层发生迅速变化，使得温跃层成为生物以及海水环流的一个重要分界面。

一、海表温度监测研究进展

基于卫星遥感测定 SST 的方法可分为热红外测量和被动微波测量，两种方法各有其优点和缺点。热红外测量 SST 的优点：①较高的分辨率；②较长的使用历史。缺点：①云的遮挡；②需要做大气校正。被动微波测量的优点：①可以在很大程度上穿透云层；②对大气的影响不那么敏感。缺点：①精度和分辨率略低于热红外测量；②对地表粗糙和降水敏感。

热红外影像反演 SST 方法有单通道法、多通道法（劈窗算法）和多时相法等。常用的方法主要是辐射传输方程法、单窗算法以及劈窗算法。辐射传输方程法的基本原理：首先估算大气对表面热辐射的影响，然后从卫星传感器观测到的热辐射总量中减去这部分大气效应，以获得表面热辐射强度，然后将该热辐射强度转换为对应的海表温度。

多通道海表温度遥感反演的原理：由于大气对不同波长不同时间的红外遥感有不同的影响效应，根据大气对不同波段的电磁辐射影响不同，可以用不同波段测量的线性组合来消除大气的影响，从而得到海表温度。早在 1984 年，有学者依据大气在 AVHRR 第四、第五通道两个相邻的波谱具有不同的吸收特性提出了这种方法。在以前的针对 NOAA/AVHRR 卫星数据分裂窗算法反演地球表面温度的基础上，改进并提出了适用于 MODIS 卫星数据的地球表面温度反演算法：

$$\text{SST} = C_0 + C_1 \times T_{31} - C_2 T_{32}$$

式中，T_{31} 和 T_{32} 分别是 MODIS 第 31 和 32 波段的亮度温度；C_0、C_1 和 C_2 是模型参数。它们是通过 MODIS 第 31 和 32 波段的地表比辐射率（ε）和大气透过率（τ）计算得到的。

根据地表热辐射传导在 Landsat TM 影像第 6 波段区间内的特征,发展了单窗算法，利用 Landsat TM 影像第 6 波段数据反演地表温度，单窗算法需要 3 个基本参数，即地表比辐射率、大气透射率和大气平均作用温度；利用中红外数据反演海表温度的单通道算法，由于 MODIS 热红外波段与 NOAA/AVHRR 非常接近，利用 MODIS 反演 SST，国外常用分裂窗算法，比如使用 MODIS 数据的大气窗口对海表温度进行反演；国内提出了一种基于 Apache Spark 的 MODIS 海表温度快速反演方法，实现了一种海表温度快速反演的机制；基于深度学习搭建了反演 SST 的模型，反演了渤海海域的海表温度，得到了精度较高的反演结果。利用红外遥感数据和微波遥感数据对 SST 融合方法进行研究，得出贝叶斯最大融合法精度稍微高一点。在以上基础上建立了适用于风云三号卫星的海表温度反演的分裂窗算法。并在提取 GMS-4 红外通道晴空亮温的基础上，用 3 种分割法对 1993 年 8 月西北太平洋海表温度进行了反演试验，经过对比分析后，建立了一个单通道统计方法，精度上优于同类方法；还将 TOVS 资料与 GMS 数据结合起来，建立海温多通道统计反演方法。基于多通道反演算法，结合 NOAA/TOVS 卫星数据以及 GMS 数据，在太平洋区域内开展了海表温度反演试验。也有学者基于 HJ-1B IRS4 数据的特征，对 SST 反演算法进行了分析和建模，并将模型应用于热污染研究中，分别对单通道法、辐射传输方程法（RTM）、单窗算法和劈窗算法4种算法进行海表温度反演模型参数修订与数据处理，发现 RTM 法对此区域的温度反演效果较好，监测效果较好。

二、渔场海表温度分布影响

（一）渔场海表温度分布及影响研究

由于鱼类对海水温度的适应性最为敏感，当水温在 0.1~0.2℃变化时，就会引起鱼类行动的变化。海水温度的变化会影响渔场位置、鱼群集群与散群、鱼群停留渔场时间长短、洄游时间、洄游路线的偏移和渔场转移等方面。

根据实测数据研究海水温度和海面高度对金枪鱼渔场分布的影响，利用 SPSS 正态性检验金枪鱼渔获量与各水层温度、海面高度之间的关系，并获得渔场的适宜温度、海面高度范围，研究发现，相应海域内各水层均存在金枪鱼渔场的适宜温度范围，其中海洋表层温度与金枪鱼渔场分布情况最为密切，呈现较好的正态分布情况；研究海域内金枪鱼渔场的适宜海面高度为 41~60cm。其他鱼种，比如智利竹荚鱼渔场分布情况与海表温度有着密切联系。我国东海南部中上层鱼类的渔获量与海表温度和梯度的关系表明，温度梯度相比平均温度而言，对东海南部的渔业资源有着更重要的影响，但是两者的相关性都不明显。

基于 Landsat 8 卫星数据来反演缅因州沿海的海表温度、叶绿素浓度等数据，并利用已经制定的监测浮标和程序对现场数据进行采集，验证了遥感数据的可信性，结果表明，缅因州海岸许多地区都存在适合牡蛎生长的生物物理条件。利用 MODIS 卫星数据确定 2015~2019 年弗洛雷斯海海面温度，使用 GAM 模型分析海表温度的变化对弗洛雷斯海金枪鱼栖息地的影响。研究发现，在过去 15 年中弗洛雷斯海的海表温度增加了 2.5℃，这一变化影响了这些水域的中上层鱼类栖息地，使得渔获量减少，说明 SST 的增加改变了金枪鱼的栖息地。

结合南太平洋长鳍金枪鱼延绳钓生产统计数据和海表温度数据，发现长鳍金枪鱼中心渔场最适 SST 为 27.0~30.5℃，次适 SST 为 20~24℃。通过研究东太平洋各国 SST 变化对金枪鱼捕鱼量的影响，应用生产函数方法建立了海表温度与使用围网的黄鳍金枪鱼和鲣捕鱼量之间的关系，研究发现，随着海表温度的增加，所有国家的金枪鱼捕获量都有所增加。同时，研究发现在大西洋和太平洋的西缘，物种数量与海温梯度的陡度呈显著正相关性，而在大西洋和太平洋的东缘则没有显著的正相关性。急剧的纬向温度梯度可能对沿大西洋和太平洋西部边缘的扩散和范围扩张构成障碍，但在东部边缘则影响不显著。同时发现水温和叶绿素 a 浓度对金枪鱼丰度的影响与上升流和厄尔尼诺事件有关。引入 ENSO 信息可以提高生物量预测的精度，而且海表温度的变化会影响渔业的捕获量，渔民有必要调整他们的捕鱼行为来应对这样的变化。

巴西南部海岸鲣渔业的海表温度与 CPUE 之间的关系表明鱼群仅出现在海表温度

为 17~30℃的区域，发生频率与海表温度呈高斯分布，最高 CPUE 出现在海表温度为 22~26.5℃的水域，且鱼汛发生与海表温度的关系呈季节性变化。当不考虑季节周期时，海表温度的年际变化与 CPUE 之间的关系变得明显。

（二）渔场海表温度分布影响研究意义

我国是海洋大国，拥有丰富的海洋资源。海洋生物无时无刻不影响着人类的生活，海洋渔业经久不衰。有了海洋渔业，沿海地区的人们才会由此得到生存和发展的机会。海洋正以它丰富的生物来影响着人类的生活，但同时，由于人类过度捕捞，海洋生物逐渐减少，所以我们对海洋必须有更深刻的了解，然后再实现人与海洋和谐共处，更好地利用海洋。

卫星遥感技术能够实现对地表信息连续大范围、高精度、全天候的同步采集，对于监测海洋是很好的手段，我们应当充分发挥其作用，利用遥感技术获取海洋温度信息并加以分析，最终应用于渔场的合理开发以及可持续发展管理。

三、舟山渔场海表温度分布特征

舟山渔场海表温度呈现明显的季节性变化。在一月，该海域南部有一明显的向北的舌状突入区域，使得舟山渔场及其以东海域的温度较沿岸的海表温度明显高出 3~5℃。这股强大的暖流突入使得舟山渔场及其附近海域的海面最低温度在冬季能保持在 10℃左右，比沿岸及内陆径流附近海域的温度高出 3℃左右。进入春季之后，太阳辐射增强使海面温度逐渐升高，黄海冷水团的温度也相对升高，高温等温线也不断向北移动。同时，在白天黄海暖流的舌状突入开始消失，夜间较为明显，温度的整体升高使得黄海暖流的影响变得不太显著。进入 4 月之后海水中的等温线变得更为模糊，海表温度差整体减小，整体上升到 15℃左右（图 9-1）。

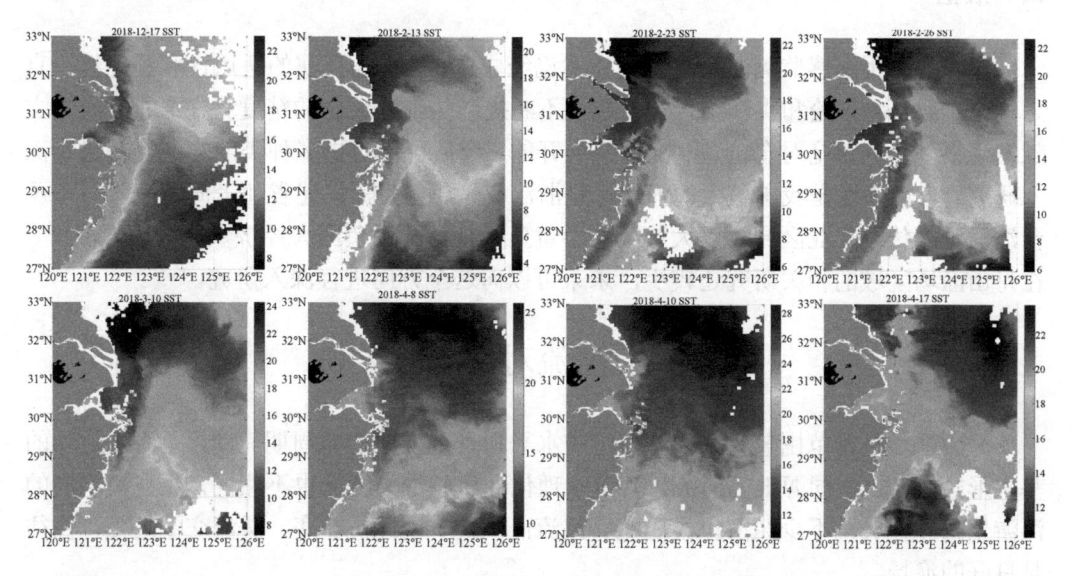

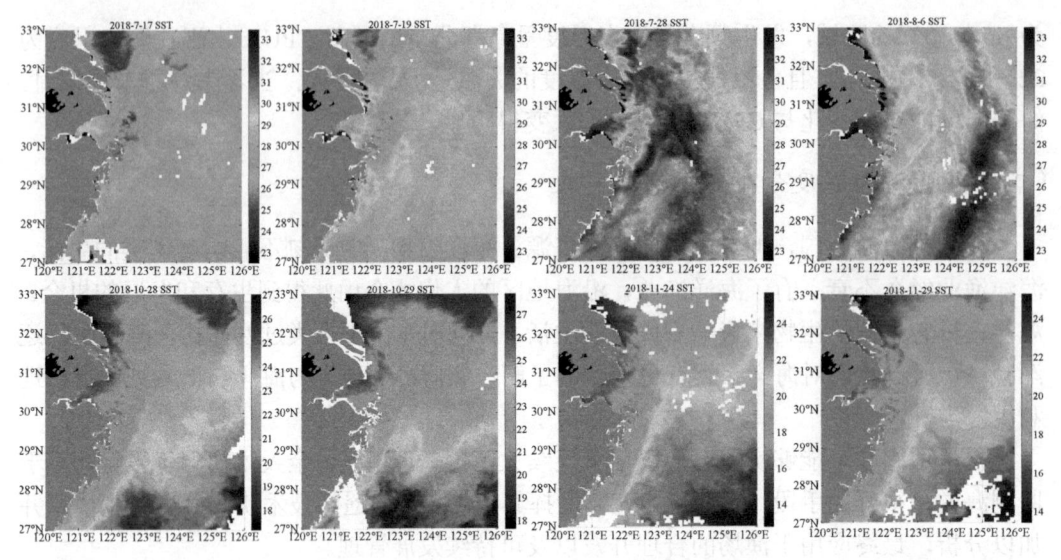

图 9-1　东海渔场及其附近海域海表温度图（彩图请扫封底二维码）

到了夏季，大陆径流温度不断升高且流量也不断加大，此时舟山渔场靠近内陆的海域主要受到大陆径流的影响。同时，进入夏季之后，海面温度逐渐升高、黄海暖流的影响也不断减弱，台湾暖流形成暖舌伸向长江口。进入秋季之后太阳高度角逐渐减小，研究海域的海表温度整体开始降低，黄海冷水团及黑潮的影响逐渐显露，海水温度开始出现明显的界线。特别是到了夜间海表温度的等温线更为明显。

从舟山渔场海表温度月平均昼夜变化分布图中可以看出，舟山渔场及其附近海域受黑潮的分支黄海暖流、黄海冷水团及内陆径流的共同影响。其中台湾暖流可以看到明显的舌状突入。

四、展望

国内外利用遥感监测海表温度的技术已经成熟，但提高反演的适用性和稳定性一直是一个难题，将理论和实际结合在一起，不断提高热红外遥感的精度势在必行。查阅文献发现很多研究都是对金枪鱼、牡蛎等展开的，今后可以对更多种类的渔业产品进行深入研究。舟山渔场是我国最大的渔场，是浙江省、江苏省、福建省和上海市三省一市及台湾渔民的传统作业区域，以大黄鱼、小黄鱼、带鱼和墨鱼四大经济鱼类为主要渔产。在舟山渔场区域的相关研究还较少，未来可以向这个方向进行深入研究。

第二节　海流对渔场的影响

海流通常是指范围较大、相对稳定的水平和垂直方向的非周期流动，是海水运动的基本形式之一。不同源地的海流，其海水理化性质和生物特征也不相同，生息着不同的浮游生物和鱼类，不少经济鱼类还随着海流而洄游。因此，在寒、暖流交汇之处，往往是良好的渔场。

沿着局部浅海海岸流动的洋流称沿岸流，包括由于风力作用或河流入海作用形成的沿着局部海岸流动的洋流，以及在海岸带由于波浪作用形成的近岸流系。沿岸流是大体与岸线走势相平行的定向流。它的成因比较复杂，一与盛行风有关，二与风浪的折射有关，三与河流携入悬浮物质或海水冲淡有关，因此产生不同密度的水团。我国沿海有冬季向南为主的黄海沿岸流、东海沿岸流、南海东北季风漂流，夏季向北为主的南海西南季风漂流、东海沿岸流，以及黄海沿岸流。西南季风漂流使得流系得以稳定增强。我国的沿岸流系大体可分为渤海沿岸流、黄海沿岸流、东海沿岸流和南海沿岸流，沿岸流的最大特点是，具有低盐特性（冬季兼有低温性质），同时，海水水质肥沃，水生生物茂盛。因各沿岸流所处的地理环境和江河入海径流量的不同，因而其分布和变化规律也不尽相同（孙湘平，2006）。

一、渤海沿岸流

渤海沿岸流有辽东沿岸流和渤莱沿岸流之别。

辽东沿岸流是指流动在辽东湾沿岸的海流，它是辽东湾内环流的一部分。一年内有两次方向上的改变。夏季，沿岸流为西北和西南向，其余季节为东南向或西南向。辽东沿岸流不仅在路径上有季节变化，在海流的性质上也有差异。冬季，低盐水沿水舌南下，属非密度流性质，且流层深度较厚。夏季，带有密度流性质，流速为 15cm/s 左右，且流层较浅。

渤莱沿岸流是指流动在渤海南部、渤海湾、莱州湾一带的海流，该环流终年沿逆时针方向流动，流向稳定，6 月流速稍强，约为 10cm/s；3 月较弱，为 5cm/s 左右。

二、黄海沿岸流

黄海沿岸流有黄海北岸沿岸流、黄海西岸沿岸流和黄海东岸沿岸流之分。

黄海北岸沿岸流分布在辽东半岛南岸的近岸海域，自鸭绿江口向西流向渤海海峡北部，是由多种海流成分组成的混合形式的流动。流速和流幅均有明显的季节变化。夏季，流速较强，流幅窄；冬季，流速较小，流幅宽。该沿岸流在流动过程中，受地形影响，流速逐渐增大。在长山列岛东侧，流速小于西侧，东侧表层至 10m 层，流速在 15cm/s 以下，西侧流速可达 30cm/s 左右。

黄海西岸沿岸流是一支低盐水向东海输送的水流，上接渤莱沿岸流，路径几乎终年不变，但在成因上，冬夏却不相同。冬季，该沿岸流是表层低盐水，受偏北风的作用，在山东半岛堆积而成的，是盐度差形成的，表现为坡度流和密度流混合的产物。夏季，该沿岸流主要是作为黄海冷水团密度环流的边缘而出现的，是温度差形成的，表现为密度流和风海流混合的产物。黄海西岸沿岸流与东海沪浙沿岸流相汇于长江浅滩附近。

黄海东岸沿岸流也是一支低盐水流，分布在朝鲜半岛西海岸海域，该沿岸流大致沿 20~40m 等深线由北往南流动。

三、东海沿岸流

东海沿岸流为沪浙闽沿岸流，该沿岸流源于长江口、杭州湾一带，主要由长江、钱塘江的入海径流与海水混合而成，沿途还有瓯江、闽江等河流的淡水加入。主要分布在长江口及其以南的浙闽沿岸。尤其是长江口、杭州湾一带，海水盐度特别低，水体浑浊，透明度小，其水文要素的年变幅也大。在与台湾暖流交汇之处，水文要素的水平梯度较大，形成明显的锋面。

沪浙闽沿岸流的性质也随季节而异：冬季，因为低盐水堆积于近岸，使等压面由沿岸向外海下倾，产生密度流；但因此时受偏北风的作用，还带有风海流的性质。夏季，因偏南风的作用，低盐水不在沿岸堆积，呈舌状往北流，此时不具备密度流性质。

四、南海沿岸流

南海沿岸流有广东沿岸流、北部湾沿岸流、中南半岛沿岸流、泰国湾沿岸流，马来半岛沿岸流、加里曼丹沿岸流及吕宋沿岸流等。本书仅就广东沿岸流和北部湾沿岸流的情况加以简介。

广东沿岸流的路径及方向，与季风、珠江径流有关。习惯上以珠江口为界，将其划分为粤东沿岸流和粤西沿岸流。该沿岸流主要源自珠江、韩江等河川径流入海与海水混合而成，盐度低于 33.00，最低仅 10.00（夏季）。冬季，在强劲的东北季风吹刮下，广东沿岸流由东北流向西南，东北向与浙闽沿岸流相接，向西南流至雷州半岛东岸受阻而分为两支，一只折西进入琼州海峡流入北部湾。

北部湾沿岸流具有独特的形态，尤其表层，受季风的影响很大：在偏南风作用下，表层流流向偏北；在偏北风作用下，表层流流向偏南，具有明显的风海流性质。除此之外，北部湾海流还具有相当成分的密度流。该湾的海水密度分布，东高、西低、南高、北低，即南部海水高盐、高密，终年由南部湾口中部和东侧流入北部湾；北部湾的西岸则为江河径流入海后的冲淡水，低盐、低密的堆积地段，使等压面自岸向海下倾，出现由西北岸沿西海岸南下的沿岸流，最终流出北部湾。

五、外海流系及暖流

外海流系主要指黑潮及其分支。黑潮为北太平洋的西边界流，与大西洋中的湾流齐名，并称世界上两大海流。黑潮主要是来自北赤道流的北上分支，源地一般认为在台湾东南和吕宋海峡以东海域。黑潮具有流速强、流量大、流幅狭窄和高温、高盐等特点。

（一）东海黑潮

源自台湾省东南海域的黑潮，沿台湾岛东岸北上，经苏澳-与那国岛之间的水道进入东海，大体沿 100～1000m 等深线陡峻的大陆坡朝东北方向流动，厚度为 800～1000m，流轴常位于海底陡坡最陡处。温度场水平梯度最大的地方便是流轴所在之处。黑潮表面路径的流幅也存在明显的时空差异，总体上来讲，春季和夏季的流幅较宽，冬季次之，秋季流幅最窄。黑潮以流速强和流向稳定为其特征。

（二）对马暖流

对马暖流源于东海，但具体源头尚无定论。据传统说法，对马暖流是黑潮的一个分支，是在九州岛西南海域从黑潮主干中分离出来的一小支北上，然后在济州岛东南分成两支：右支向东北流动，左支向西北流入黄海。

（三）黄海暖流及其余脉

黄海、渤海是我国近海的强潮流海区之一。黄海暖流的流速很弱，一般为 5~6cm/s，最大为 10~15cm/s，仅为黄海、渤海潮流的 1/10 左右。尤其在表层，流向易受风的影响而多变，流场比较零乱、不稳定。黄海暖流的路径存在季节变化和年际变化，多数年份黄海暖流的路径偏于黄海槽的西侧，少数年份黄海暖流的路径沿黄海槽北上。黄海暖流作为一支补偿流，其路径的变化与冬季偏北季风的强弱有关。

（四）台湾暖流

台湾暖流是指长江口以南浙闽近海沿岸流的外侧，终年存在的一支由西南流向东北具有高温、高盐特性的海流。该海流流向稳定，流速较强。冬、春、秋三季，大体可用 32.00 等盐线来区分台湾暖流和浙闽沿岸流的边界；但夏季，因浙闽沿岸流与台湾暖流流向相同，从而分界线不明显。台湾暖流在接近深、底层时，爬坡和趋岸现象比较明显，海水容易产生上升运动。

（五）南海暖流

南海暖流是指南海北部大陆架坡折附近，广东沿岸流的外侧，从海南岛以东开始，终年存在的一支沿等深线走向，自西南流向东北的海流，这支海流因冬季水温高于沿岸流水温，故称南海暖流。南海暖流是终年存在的，即使在东北季风强盛的冬季，除受表层风影响，流向可能偏南或者出现不稳定外，表层以下均流向东北。

六、潮汐

海水在月球、太阳引潮力作用下所产生的周期性涨落称为潮汐，潮汐现象最显著的特征是具有明显的规律性。海水在产生潮汐现象的同时，还产生周期性的水平运动潮流（图 9-2）。前者表现在垂直方向的潮位升降运动，后者表现在水平方向的潮流涨落。在多数情况下，潮汐升降和潮流涨落的类型是一致或是相似的，即潮位上升是由外海海水涨潮潮流流入引起的，而潮位下降是海水由湾内、内海向外海流动的结果。但也有一些海域，两者并不一致，即潮汐类型和潮流类型并不相同。

舟山渔场受半日潮流影响，潮流方向和流速随时间规律变化，在一个太阴日，有两次涨潮和两次退潮。一天内最高潮位可达 24.5m，对应的最低潮位为 20.6m，平均潮差为 3.9m。两个相邻的涨潮在涨潮和退潮期间都有昼夜不等的现象（Huang et al., 2020）。

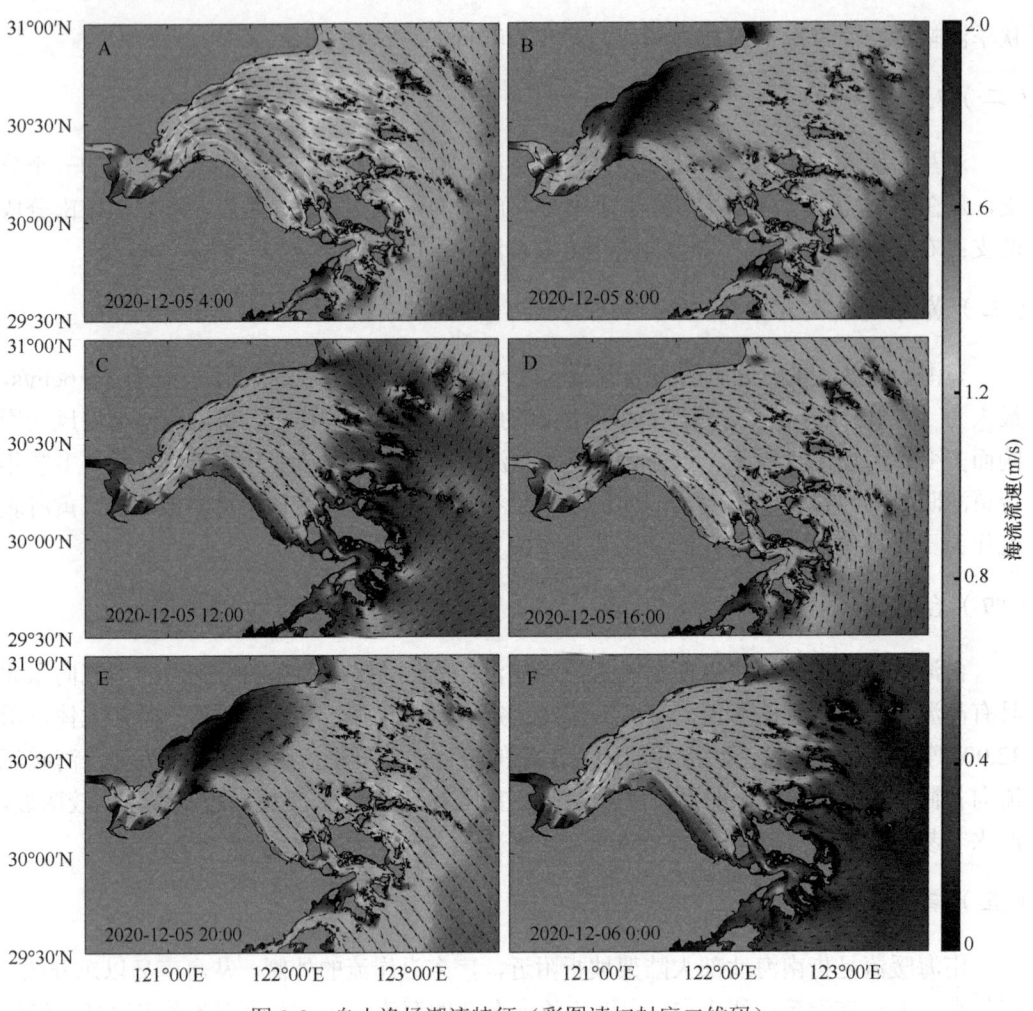

图 9-2 舟山渔场潮流特征（彩图请扫封底二维码）

第三节 上升流对渔场的影响

上升流又名涌升流，是由表层流场产生水平辐散所造成。上升流通常发生在沿岸地区，是一种垂直向上逆向运动的海流。由于受风力吹送，将表层海水推离海岸，致使海面略有下降，为达到水压的均衡，深层海水就在这里补偿上升，形成上升流（冯士筰等，1999）。

一、上升流的成因与分布

海洋上升流可以分为沿岸上升流和河口上升流。从国外上升流的研究发展来看，沿岸上升流的研究工作开展得较早，而河口上升流的研究工作开展得较晚。已有的研究表明，有多种动力因子，如沿岸风应力、沿岸的底摩擦及海底地形、沿岸压力梯度、峰区分层流体的内摩擦等都可以引起上升流。上升流的发生与风有着密切的关系。

上升流一般出现在大洋的东海岸，这是因为这种上升运动主要是由南风的作用产生的，如美国东海岸沿岸的南风会产生一个远离海岸的表面埃克曼（Ekman）流流过内部的大陆架，向着岸边的深层水流补充了散开的表面流，同时把更冷和富含营养物的深层水带到海面上。如果这是持续性的，则在夏季上升流区成为一个重要跨陆架交换通道。一般而言，风所持续的时间和风的强度决定了风生海流所持续的时间和强度。大气长波（Rossby 波）变形的半径和风压的水平倾斜度是决定这个过程水平规模的重要因素。上升流不但能把含有丰富营养盐的中、深层海水带到上表层，使上升流区的强光作用层利于海洋生物栖息和繁殖，形成良好的渔场（如秘鲁渔场），而且还能把深层低温水带到上表层，使上升流区的海水温度降低，从而影响局地小气候的变化。在有上升流的地方，海水的温度比周围低些，在夏季或是热带海域，能比周围低 5～8℃；盐度相比周围海水有显著增高。一般上升流的形成还有以下几种原因。

1. 地形对海流的抬升

我国沿岸海域主要海流的流向并非都与沿岸海底地形等深线平行，如台湾暖流流经浙江沿岸时就存在垂直于等深线运动的流速分量。当海水由深水区流向浅水区时，在海底地形的抬升作用下，底层海水会逆坡爬升，实现动能到势能的转换。这种上升运动的形成是能量守恒所要求的。

2. 侧（底）摩擦作用

受沿岸海域海底地形侧（底）摩擦的影响，近岸近底层流动中科氏力与压强梯度力之间原有的地转平衡被破坏，形成了一个向岸方向的剩余压强梯度力，在该力作用下，近底层海水被迫向岸流动，岸边界的限制导致底层水的上升运动，浙江沿岸上升流主要是由这种机制形成的。

3. 海流绕岛运动——绕流及离心力的作用

海流绕岛运动可分两种情况，即绕岛屿运动和绕半岛运动。由于岛屿两侧边界的黏滞效应，使流经岛屿两侧的海水在距岛屿不同的距离上产生不同的加速度，因此导致平移运动的不一致而形成"力偶"，这是岛屿背流一面产生涡旋的原因。通常在岛屿背流方向出现的上升流，其形成的直接原因是气旋式涡旋辐散北半球，海水自涡旋中心流向四周，下层海水向上涌升补偿。例如，秋冬季节，澎湖群岛背流侧的近表层可见封闭状分布的冷水域，这是上升流存在的明显迹象。当潮流绕半岛运动时，由于底边界摩擦影响，使海底边界层内潮流离心力与水平压强梯度力之间的平衡被破坏（在一个潮周期内，科氏力的作用相互抵消），潮流离心力减小，而压强梯度力基本不变，因此，底边界层附近将出现向岸流进而在侧边界附近引起上升流。

二、上升流的监测

遥感监测上升流需要综合考虑海表温度、盐度、风矢量和海洋表面粗糙度等的信息。通过海水温度、盐度的分析，就能检测到上升流的存在。因为海底的水温一般比较低，盐度也比较高，上升流能把海洋下层的水带到海面上来。所以在有上升流的地方，海水的温度比周围低，在夏季或是热带海域，能比周围低5~8℃；盐度比周围海水要高。卫星上的红外（IR）传感器，如NOAA上的AVHRR，常用来探测上升流的活动，可见光传感器用来探测与上升流区因生物活动增加有关的海洋水色要素。云的覆盖经常限制了可见和红外传感器观测的有效性。相比而言，SAR等主动式卫星传感器能全天候地观测一系列海洋学家感兴趣的海表和沿岸特征，包括表面波和内波的信号、洋流、海冰和大气现象。

利用AVHRR、MODIS、SeaWiFS获取的高分辨率的卫星遥感数据监测舟山及长江口海域上升流短周期的物理特征及时空分布，结合海面风场资料，发现夏季研究海域内分布有两处上升流。其中，浙江近海的上升流稳定存在，而长江口外海的上升流并非稳定存在，很多时候这两处上升流连在一起，呈长舌状分布在浙江、长江口一带，上升流沿西南-东北走向的两侧具有明显的海洋温度锋。上升流海域除了具有低温现象，还有高叶绿素浓度分布。浙江、长江口沿岸一带低温区对应着高叶绿素浓度区，两者在时间、位置和强度上具有对应关系。从遥感图像反演的SST、叶绿素a浓度等海洋参数与上升流的关系来看，利用遥感图像来检测舟山、长江口一带的上升流现象，具有一定的可行性。风是影响上升流强弱变化的一个重要因子。夏季盛行的西南季风长期作用于海面，使得本海区7~8月上升流现象明显，9~10月，东北风长期作用于海面，使得该海区的上升流现象逐渐消失。短周期的SST观测表明，上升流存在于研究海域的时间为6~9月（胡明娜和赵朝方，2008）。

对南海中部热红外影像的研究发现，由上升流冷水区的总热量损失来确定的海岸上升流与风应力之间的关系表明，上升流强度与总海岸风应力呈良好的线性关系，而与跨海岸风应力分量相关性较低，沿岸风应力是将冷水泵入海面的主要因素。观测期间冷水质心南移，上升流区大小也发生了变化。上升流区的演变与南海西部两个反气旋环流的发展密切相关。研究表明，在夏、秋季节，越南沿岸会出现较强的上升流现象，在当地形成越南冷涡，表层冷水还有向外海扩展的趋势。

三、上升流的影响及其与渔场的关系

上升流海域是世界海洋最肥沃的海域，虽然其面积仅占海洋总面积的1‰，但渔获量却约占世界海洋总渔获量的50%（Ryther，1969）。浙江近海沿岸上升流具有输送营养物质的作用，而受其影响的盐度锋和上升流锋又有集结营养物质及饵料的作用，从而为渔场的形成准备了必要的条件。另外上升流所导致的台湾暖流下层水自调查区东南向西北的伸展，又有驱赶底层鱼在其前锋海区形成渔场的作用（曹欣中，1985）。

琼海沿岸上升流一般发生在1~9月，强盛期在6~7月。1978年的上升流较弱，出现的时间短。上升流的强弱程度和持续时间各年不一。这与季风的水文因子有密切关系，该区域的上升流主要是在西南季风的作用下产生的。琼海沿岸上升流区是良好的天然渔场，上升流位置大体就是清澜鱼汛的传统渔场作业区，汛期也在 4~9 月。浮游生物集聚的数量一般随上升流的生消过程而增减，其密集区的范围与同期出现的低温高盐区位置大体一致。上升流区的竹荚鱼、鲐等的渔获量较高（邓松等，1995）。通过对秘鲁鳀上升流流速的反演并结合水温因素探究了上升流对渔场的影响，研究表明，秘鲁鳀渔场的形成需要适宜的海表风速、上升流流速以及上升流造成的海域适宜渔场水温环境的共同作用（陈芃等，2018）。

低温、高盐的上升流带来丰富的营养盐，影响浮游植物数量及其种群结构，大大提高了初级生产力，导致近岸发生季节性的水华。Pennington 和 Chavez（2000）探究了美国加州蒙特雷湾中部 H3/M1 站 1989~1996 年的温度、盐度、硝态氮、初级生产力和叶绿素的时间序列，并计算了每个参数的年平均值。海表水（0~5m）在春季最冷（10~11℃），盐度最高（33.40~33.80），在夏季变暖（14℃），在秋季保持温暖但盐度下降（33.30~33.40），在冬季温度（13℃）和盐度进一步降低（32.90~33.30）。硝态氮的时间序列研究显示，在春季和夏季表现出较高的浓度；低浓度在秋季和冬季会发生。高初级生产力发生在海水上部 20m，而高叶绿素延伸到 25~30m。

南海近岸上升流区营养盐注入主要为 Ekman 抽吸，此外还可能包括陆地径流、大气沉降和海流携带，在光合作用下，浮游植物大量生长，浮游动物量也会增加，鱼类饵料生物丰富，为鱼类聚集栖息提供保障，形成渔场。在离岸上升流区，底层冷水上升，水温下降，表层盐度增加，营养盐不断补充，促进了浮游植物的繁殖，因此，含有丰富营养盐的底层水上升多的地方，就是初级生产力高的场所，进而形成良好渔场。历史上，南海北部曾有万山、甲子、汕尾、清澜、昌化和北部湾等传统鱼汛，其中清澜鱼汛就是由于琼东上升流形成的良好渔场。资料显示，琼东上升流期间，上升流区及其附近水域的渔获量也较高（王新星等，2015）。

基于海洋遥感对西北印度洋鸢乌贼渔场进行研究，发现渔场形成的内在动力在于上升流的存在，它使深海缺氧、营养丰富的海水上涌到表层，上升流影响区域 SST 低，表层藻类繁盛，海表叶绿素 a（Chl-a）浓度值高。溶解氧缺乏，驱使鸢乌贼朝溶解氧比较丰富的区域即向 SST 高和 Chl-a 低的区域聚集，但鸢乌贼也有朝食物丰富区域即 Chl-a 高和 SST 低区域觅食的习性。鱼群易集中在 SST 梯度较大且 Chl-a 梯度较大的狭长区域。同时，当该海域附近上升流发生后，低压扰动有利于较大的 SST 梯度及 Chl-a 梯度的出现和维持，渔场海洋环境复杂，鱼群迅速聚集，形成中心渔场（杨晓明等，2006）。

在长江口海区大约在 122°20′E~123°10′E、31°N~32°N 存在着明显的上升流现象，而在其东侧为下降流区。该上升流的存在使底层的低溶氧水抬升到 5m 层以上水域，而在其东侧由于下降流影响，表层的高溶氧水可下沉到 10~25m 层水域。上升流现象使深底层的高营养盐水抬升到 10m 层以上水域，并在 10m 层形成等值线封闭的高营养盐中心。在长江口海区观测到的高叶绿素区和高浮游植物个体数分布区同上升流分布区的位置基本一致，两者大约只差 15~20km，造成这种偏离的原因可能与上升流中心区温度较低有关，影响了浮游植物的生长。长江口上升流现象还将改善上层冲淡水区的光照条件，这对初级生产力的发展也是十分关键的（赵保仁等，2001）。科学家通过多种遥感资料的综合分析,研究了越南沿岸夏季上升流和近海冷水传播的季节和年际变化。Xie 等(2003)指出越南沿岸冷水向东扩展的主轴位置和离岸急流最大值的位置基本一致,表明越南离岸急流将沿岸冷水带到了外海。在夏季,当西南风撞击科迪勒拉山脉时,在西贡以东近海的南端出现了一股强风急流,形成了对海岸外的海洋上涌很重要的强风卷流。7~8 月,一个反气旋性海洋涡旋向东南发展,使近海冷水平流进入南海开放海域。这个冷水扩散的中心始终位于最大风速以北,这表明上升流使得海表温度降低。在对海色的观察中发现了冷水扩散的确证性证据。这一冷水扩散的发展干扰了南海的夏季增温,导致海温出现明显的半年度循环。此外,冷水扩散在夏季南海温度年际变化中起着重要作用。

沿海上升流是海洋生态系统和渔业繁荣的原因,加利福尼亚洋流系统沿着美国西海岸运行,有多样的海洋生态系统,提供了可观的社会经济效益。背后的过程是由风驱动的沿海上升流,它将富含营养的深层水输送到阳光照射的表层,并刺激构成海洋食物网基础的浮游植物的生长。由于上升流在生态上的重要性,监测其强度的指数在 50 年前被引入。虽然这些指数已被证明非常有用,但它们有一些局限性,因为它们是从分辨率相对较低的大气压力场导出的。特别是,在估算风应力和忽略海洋环流的影响时,会产生不确定性。此外,历史指数只估计了上涌水量,而不是水的营养成分。因此有学者提出了利用海洋模型、卫星数据和现场观测的新指标,以更准确地估计上升流强度以及上升流硝酸盐的含量。这对近实时遥感监测上升流和了解其对海洋生态系统的影响很有价值(Jocox et al.,2018)。

四、舟山渔场上升流特征

舟山渔场及邻近海域水文状况复杂:北部是长江入海口,以长江冲淡水为主的江浙沿岸流随长江径流量的变化而对渔场产生影响;南部有高温、次高盐的台湾暖流水流,使得海水处于强烈交换和更新状态;受东亚季风的影响,舟山渔场水域内夏季盛行西南风。上述因子共同作用,使得舟山渔场内出现了独特的上升流(图 9-3)。

北半球,当风吹的方向平行于沿岸(左侧的风向),在地转偏向力的作用下,形成的 Ekman 输运使表层水离开海岸,导致低海岸附近的海水上升,形成上升流。舟山渔场上升流区,6~7 月,风向从南到北;从 7 月开始主导南风,在夏天风力和风速频率最高,8 月也呈现出上升流区域,但比 7 月弱。同时,海温显示,6~9 月为上升流期,7~8 月为强期,6 月与 9 月为增强和衰减期。另外,随着台湾暖流向北移动,沿途水深逐渐变浅,海水会被海床抬升,不可避免地向斜坡上升。

上升流会对海洋环境产生很大的影响(胡明娜和赵朝方,2008)。首先,上升流将低温高盐度海水带至海面,使上升流区域的温度低于周边海域。浙江沿海和长江口低温区对应叶绿素浓度高的区域,两者在时间、位置和强度上有对应关系。上升流可以输送营养物质。浙江沿海海域上升流可使上升流区的营养物质增加,因此,上升流区及其边缘的海水是肥沃的,这往往导致大量浮游生物与高叶绿素浓度相关现象的出现。这样就形成了一个很好的索饵和产卵的渔场。因此在研究舟山渔场产卵场及索饵场方面,上升流区域可以重点考虑。

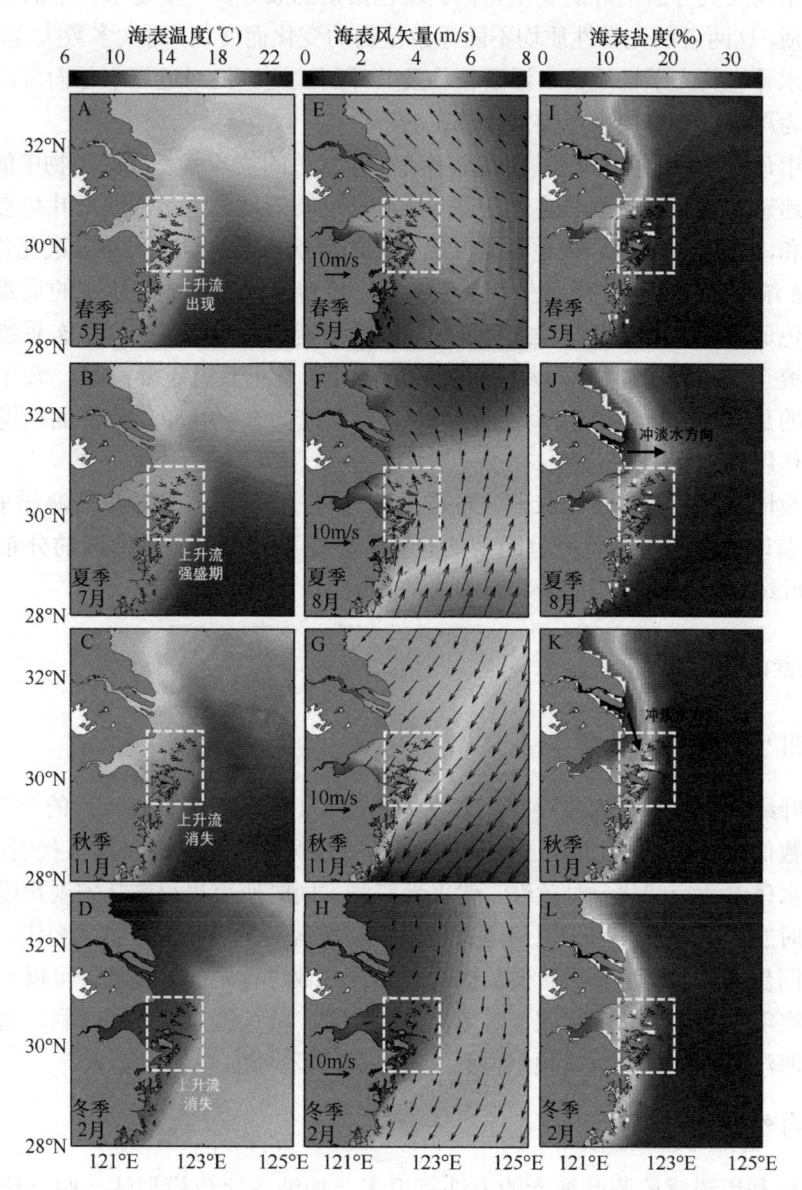

图 9-3　舟山渔场 7 月海面温度、风场及盐度变化（白色框区域为上升流影响区域，箭头表示风向）
（彩图请扫封底二维码）

第四节　叶绿素浓度对渔场的影响

根据 Morel 等首先提出的双向分类法，可将大洋水分为一类水体和二类水体。对一类水体的光学性质变化起作用的主要是水体中的浮游植物及其分解时产生的碎屑物，这些碎屑物与浮游植物是相关的。二类水体相对一类水体要复杂得多，其光学性质不仅仅是由浮游植物及其分解的碎屑物决定的，还包括别的成分，主要是水体中的无机悬浮物和黄色物质，这两者的光学性质均不随浮游植物的变化而变化。对大多数大洋水体而言，属于一类水体，其光学性质仅由浮游植物及其碎屑决定。但对近岸水体而言，由于受城市污染较为严重，大多属于二类水体的范畴。

海水中最具特色、并以一定方式影响着海洋水色的物质就是浮游植物中的叶绿素。对于水色遥感而言，需要考虑的一个重要指标是色素浓度。色素浓度指叶绿素 a 和褐色素浓度之和，常用 C 表示。褐色素是叶绿素 a 的降解产物，由叶绿素 a 酸化作用产生。海水 Chl-a 浓度是用于测定浮游生物散布情况、度量海水富营养化水平的重要参数，也是海洋水色遥感反演的重要参数之一。海水中叶绿素浓度测定对海洋生态系统中初级生产力的研究至关重要，对海洋-大气系统中碳循环研究也具有重要意义。海洋水色遥感的根本目的是监测海洋初级生产力的变化。初级生产力表示在单位海洋面积里浮游植物通过光合作用固定碳的净速率。

在多数情况下，海水中叶绿素分布是不均匀的。海水叶绿素浓度受海洋水文环境、营养盐分布以及浮游植物种类等因素共同影响，在不同季节不同海区的分布有较大差异。而且叶绿素浓度对渔场的分布有很大的影响。

一、叶绿素的监测

（一）监测叶绿素的方法

水体叶绿素浓度的常规监测方法主要是通过人工手段对采样点水质的分析，实现水体水质参数信息的获取，然而由于水体的强流动性、采样点数量以及样点代表性的局限，难以实现水体参数空间化、时效性、代表性监测，同时研究也很难从宏观尺度展开，缺乏有效的时空层面分析。由于卫星遥感技术能够实现对地表信息连续大范围、高精度、全天候的同步采集，利用遥感影像数据对水体各参数进行空间化反演，可以有效解决这一问题，实现水体水质的全区域、时效性、多参数、持续性呈现，同时利用遥感监测叶绿素进行海洋渔场环境分析或预报得到了发展和广泛应用。

（二）国内外研究进展

国内外利用遥感监测叶绿素的方法有很多，如波段比值模型法、归一化植被指数模型法、经验算法等，国内研究主要采用水色验证模型、光谱分析法、神经网络技术等方法。

利用 Landsat TM 图像和海洋真实数据，以 TM 波段 1 与 TM 波段 3 的对数比值为基础，建立叶绿素浓度的回归及反演模型，实现叶绿素浓度的测定（Huang et al., 2020）。在浑浊的沿海水域，由于存在高浓度的悬浮沉积物和溶解的有机物质，这些物质的光谱信号超过了叶绿素的信号，所以获取叶绿素数据就很困难。应用神经网络来模拟叶绿素和泥沙浓度与卫星接收辐射之间的传递函数。研究发现，使用三个可见 Landsat 专题制图仪波段作为输入的具有两个隐藏节点的神经网络能够比多元回归分析更准确地建模传递函数。

利用中等分辨率成像光谱仪（MODIS），通过半解析算法计算地表水的光谱吸收特性，然后用浮游植物吸收系数推导出叶绿素 a 的浓度，并利用高光谱遥感技术将小波分析方法应用于叶绿素的反射光谱，对叶绿素浓度进行定量预测。

小波分析作为一种从高光谱数据中提取有意义的定量信息的方法值得进一步研究，小波分析在叶绿素高光谱传感中有很大的应用潜力。从 1994 年初至 1997 年，根据实际和应用出发，乐华福等（1999）选择适合我国验证的典型海区，进行了光谱水色遥感的验证工作。经过验证，三个验证区各水色模式的验证偏差均小于 20%，各种水色模式具有用于我国海域 SeaWiFS 水色遥感的价值。所以在我国近海海域，使用海洋反射光谱监测水质的方法是可行的。水质遥感监测是通过研究水体反射光谱特征与水质参数浓度之间的关系，建立水质参数反演算法进行的，乐华福等（1999）研究发现用光谱分离法能较好地分离出藻类叶绿素 a 和悬浮物的特征光谱，并且由此建立的高光谱定量遥感模型在藻类叶绿素 a 和悬浮物浓度的定量遥感上取得了良好的效果。

以南海近岸水域中的藻类为研究对象，通过利用多源遥感图像对藻类叶绿素 a 进行分析，采用 BP 神经网络技术，研究海洋藻类叶绿素 a 浓度的遥感反演方法。基于野外实测数据、雷达影像和光学遥感影像数据，建立海洋藻类叶绿素 a 浓度的遥感反演模型，为监测海洋生态环境提供参考。利用 GF-4 数据反演珠江口叶绿素 a，通过辐射传递方程的数值计算软件 Hydrolight 模拟数据进行比对，发现该算法具有较好的适用性（R^2=0.92；RMSE=0.23）（杨超宇等，2017）。

二、渔场叶绿素浓度分布及其影响

海水叶绿素浓度是用于测定浮游生物散布情况、度量海水富营养化水平的重要参数，也是海洋水色遥感反演的重要参数之一。通过人工手段对采样点水质的分析，实现水体水质参数信息的获取，这种方法很有局限性。利用卫星遥感技术可以实现水体水质的全区域、时效性、多参数、持续性呈现。

北太平洋渔场的亲潮和黑潮间的辐合带存在明显的叶绿素 a 浓度锋面，而且叶绿素 a 浓度的梯度分布特征与中心渔场分布存在相关性。在 150°E～160°E、40°N 附近，夏秋两季该区域有叶绿素锋面边缘存在。40°N 附近的区域是锋面活动的分界线，柔鱼渔场则分布在锋面的边缘。我国北海柔鱼的渔获量与海洋环境因素关系密切。柔鱼渔获量在其北上洄游时与 SST 呈正相关，南下时呈负相关；叶绿素的分布与柔鱼中心渔场渔获量分布存在较好的对应关系。摩洛哥沿岸渔场的不同渔获物的 CPUE 存在明显的月变化，中心渔场范围为 23°30′N～25°30′N、15°30′W～17°00′W。CPUE 高值区的最适叶绿素浓度范围为 1.5～6mg/m^3，部分月份的站位 CPUE 高值区叶绿素浓度可达 11～16mg/m^3。在我国东海，鲐产量集中分布在叶绿素 a 浓度较低、SST 较高的南部渔场和叶绿素 a 浓度较高、SST 较低的北部长江口渔场。

柔鱼每年6~8月的北上索饵洄游和10~11月的南下活动与环境因素的关系表现出不同的特征：渔获量与经度变化无显著相关性，而与纬度有较高的相关性；柔鱼渔获量在其北上洄游时与SST呈正相关，南下时呈负相关；叶绿素的分布与柔鱼中心渔场渔获量分布存在较好的对应关系，因此使用卫星遥感技术探究海表温度和海洋水色，可以将这些遥感数据信息用于渔场渔情的分析中。

在温度锋面渔场的研究方面，研究发现在亲潮和黑潮间的辐合带存在明显的叶绿素a浓度锋面，而且叶绿素a浓度的梯度分布反映出该海区的锋面和涡流分布特征，这些特征与中心渔场分布存在相关性。因此，卫星遥感叶绿素a浓度分布在生物学和物理海洋学两方面都与中心渔场存在密切相关。卫星遥感叶绿素a浓度产品在大洋渔业方面具有良好的应用潜力，将成为大洋渔业海况速报的重要产品。

结合MODIS数据获取的北太平洋的叶绿素和SST的锋面，分析了锋面的特性并和鱿渔场作比较。根据2013年叶绿素的季平均和2010年、2012年叶绿素的月平均图分析，在40°N以北区域夏秋两季的叶绿素含量都比较高，1.0mg/m^3含量的地区分布比较广，叶绿素的锋面在该区域也比较活跃，而在40°N以南区域的叶绿素含量则非常低，锋面也就不存在了。因此40°N附近的区域是锋面活动的分界线。鱿渔场则分布在锋面的边缘，而且经常在150°E~160°E、40°N附近，夏秋两季该区域有叶绿锋面边缘存在。利用海表温度、叶绿素a浓度及海平面高度（SSH）数据，陈新军等分析了鲐渔场分布与其SST、叶绿素a浓度和SSH之间的关系。统计各月鲐产量在SST、叶绿素a浓度上的频次分布，以确定各月中心渔场的最适SST和叶绿素a浓度范围，并对不同月份鲐产量与SST和叶绿素a浓度关系进行分析和比较。但并未发现叶绿素a浓度越高渔获量也越高的规律，说明叶绿素a浓度并非鲐渔场形成的最主要因素。夏季东海SST、叶绿素a浓度分布状况及其分布的季节变化决定了夏季东海鲐作业渔场在东海南部和北部，但各年渔场SST以及叶绿素a浓度分布的总体趋势一致，鲐产量集中分布在叶绿素a浓度较低、SST较高的东海南部渔场和叶绿素a浓度较高、SST较低的东海北部长江口渔场；7月、8月鲐中心渔场分布在东海南部海域，最适SST分别为27~29℃和28~30℃，最适叶绿素a浓度均为$0.10~0.30\text{mg/m}^3$；9月东海南部渔场最适SST为27~28℃，最适叶绿素a浓度为$0.10~0.30\text{mg/m}^3$，东海北部渔场最适SST为26~27℃，最适叶绿素a浓度为$1.00~3.00\text{mg/m}^3$。

第五节　盐度对渔场的影响

海表盐度（sea surface salinity，SSS）是研究大洋环流和海洋对全球气候影响的重要参量，是决定海水基本性质的重要因素之一。海洋环流和全球水循环是海洋-气候系统中的两个重要组成部分，它们的相互作用导致盐度发生变化，从而影响海洋储存和释放热能的能力，并且影响海洋调节地球气候的能力。海洋盐度是描述海洋环流的关键变量，对海洋盐度进行观测可以加强对全球水循环的理解，同时它也是研究水团的重要流量示踪物（Martin，2008）。

渤海为我国近海盐度最低的海区，年平均值为30.00左右。渤海沿岸盐度受沿岸水控制，中部及东部受黄海暖流余脉高盐水支配，其盐度分布为中央、东部高，向北、西、南三面递减的形式。

黄海因入海的大河少，盐度状况主要取决于黄海暖流高盐水的消长，除鸭绿江口附近盐度较低外，黄海盐度比渤海的要高，年平均值为30.00～30.20。黄海暖流带来的高盐水，由南黄海沿黄海中央北上延伸，并西侵进入渤海，高盐水是由南向北突出而西伸的，这是黄海盐度分布的主要特点。

东海的盐度分布又是另一种面貌。除长江口、杭州湾、舟山群岛一带外，东海的盐度高于黄海，年平均值为33.00左右。其中，黑潮区更高，在34.00以上；长江口附近一般在22.50以下。在台湾以东海域，终年为高盐区，变化较小，年平均盐度为34.50。

总体上来讲，南海的盐度高于渤海、黄海、东海，年平均值约为34.00。南海西边界为亚洲大陆，入海河流众多，尤其是南海北部沿岸，表层盐度较低，等盐线密集，除局部海域外，同纬度相比，南海西侧表层盐度低于东侧盐度。

春秋两季舟山沿岸渔场的盐度偏低，水平盐差偏大，春季近岸海域盐度低，等盐线自西向东递增，秋季表层盐度比春季更低，水平盐差更大；垂直分布上，春秋季变化规律相似，表层盐度最低，5m水层以下盐度随着深度的增加均匀递增，其中秋季的20m水层之下出现势力较弱的盐跃层。长江口、舟山渔场形成夏汛带鱼中心渔场要具有适当的盐度。1980～1983年连续4年中心渔场始终位于34等盐线附近，高于34等盐线的海区，带鱼汇集不多。34等盐线随海洋环境的变化而改变，也导致了带鱼中心渔场的变化。

盐度对大洋性渔场也有一定的影响。印度洋西北海域的鸢乌贼中心作业渔场处在冷水涡的边缘海域，盐度为35.96～36.03，水深100m的盐度范围为35.70～35.80。在马尔代夫海域捕获的大眼金枪鱼的盐度范围为35.00～35.79；渔获率最高盐度范围为35.70～35.79；捕获时已死鱼的盐度推算数据为34.94～35.42，主要集中在35.30～35.42。中东太平洋大眼金枪鱼最适宜的海表盐度范围为35.00～35.50，7月盐度范围为34.82～35.53；8月盐度范围为34.93～35.96；9月盐度范围为35.36～35.51。海表温度和叶绿素浓度等因素对北太平洋柔鱼渔场影响明显，盐度与中心渔场的关系不明显。东海、黄海鲐、鲹南部渔场高产期集中在8～9月，北部渔场高产期集中在10～11月。鲐、鲹适温范围为9.5～29.5℃，最适范围为28.5～29.5℃；适盐范围为30.90～34.40，最适范围为32.80～34.20。北太平洋中东部海域位于海洋锋区，锋区以南是高温高盐的副热带海水，以北是低温低盐的亚寒带海水，锋区作为不同水文特征海水的过渡区，冷性低盐、暖性高盐水舌活动频繁。来自高纬度的低温低盐海水，携带了丰富的营养盐和浮游生物，为随高温、高盐海水北上索饵洄游的鱿提供了良好的饵料环境，从而使锋区内冷性低盐、暖性高盐水舌交汇区的暖水一侧形成良好的鱿钓中心渔场。

一、海表盐度监测研究

影响盐度反演精度的因素主要有太空辐射、电离层法拉第旋转、大气、海面粗糙度等。其中，海面粗糙度对盐度反演影响很大，海面粗糙度处理模型可以分为三大类：理论算法（间接发射率模型、直接发射率模型）、经验算法、半经验半理论算法（Hollinger 半经验模型、Wise 半经验模型、Gabarró 模型）。

使用传统的观测手段获取 SSS 信息非常不便，遥感是更为方便有效的获取 SSS 的方式，而卫星微波遥感更是目前可行的大范围、连续观测的方法。海面盐度微波遥感反演算法主要有两种：基于海表发射率估算海表盐度的算法和基于贝叶斯定理提出的反演算法，通常使用 L 波段进行监测精度较高。

对于微波辐射计波段的选择，相关研究表明，较低的射频频率对于盐度测定比较敏感，但是低射频对于电离层的法拉第旋转更加敏感，需要很大的天线孔径来保持同样的空间分辨率。所以合理的折中之后选择频率以 1.413GHz 为中心的宽度为 20MHz 的波段。该波段在通常所说的 L 波段中，是受到国际条约保护的，用于无线电天文学研究的波段，不存在人为信号的干扰；此外，云对该波段的影响可以忽略，除了大雨天气外，可以进行全天候观测，因此该波段是盐度遥感的首选波段。

基于 SMAP 卫星 L1B 大气顶端亮温数据、海表温度数据、HY-2A 卫星 L2 级有效波高以及风矢量数据进行了海表亮温仿真，并利用神经网络模型对 SMAP 卫星海表盐度进行了反演。研究结果表明：大气对海表盐度遥感存在一定的影响，需进行校正。

使用神经网络基于 SMOS 卫星的 Level 1 产品观测到的土壤水分和海洋盐度亮度温度（TBs）可以反演海面盐度，这提供了独立于任何理论发射率模型的可能性。由于入射角变化很大，需要多个网络，并需要一个预处理阶段使观测到的 TBs 适应网络的输入。当使用第一个斯托克斯参数作为输入时，检索到的盐度具有很好的准确性。通过研究海面风因子对海表辐射影响，研究者进一步解释了海面风速和风向与海表微波亮温 TII.V 及其变化量 ΔT 之间的关系。在此基础上，发展了利用微波传感器的双极化多角度观测数据反演海表温度和盐度的新算法。在反演海表温度和盐度的新算法中，风对海表辐射的影响已经通过使用多角度观测数据的运算被剔除，风速和风向不再是反演算法的输入参数。因此，新算法不受制于散射计或辐射计反演海面风速和风向的误差影响。

为了研究外界环境因素（海表盐度、温度、海面风场、海面气压、海表气温、大气水汽含量、降雨以及法拉第旋转角等）对盐度计观测亮温的影响，王迎强等（2017）基于 L 波段盐度计辐射传输正演模型以及 MPM93 大气毫米波传播模型，通过敏感性分析，研究星载盐度计在不同环境条件下的参数敏感性，为减小外界因素对海表盐度反演精度的不利影响提供理论依据。同时，研究发现以 1.400~1.427GHz 为海水盐度遥感的首选波段，采用 L 波段（1.4GHz）和 S 波段（2.65GHz）组成的双波段、双极化、较大入射角的天线工作方式有助于提高盐度遥感的精度。影响盐度遥感的三个主要因素是太空、海面和大气。

二、渔场海表盐度分布与影响研究

通过对舟山沿岸渔场测得的温盐数据进行分析研究，发现舟山沿岸渔场的水温季节变化规律是春季为增温期，秋季为降温期，秋季水温高于春季，且秋季水平温差更大，春季近岸海域出现低温中心，外侧水温度高于近岸，秋季，舟山沿岸渔场中北部出现若干低温区；无论春秋，温度的垂直分布都比较均匀，春季温度随水层深度的增大而减小，秋季表层至 20m 水层出现逆温现象。春秋两季舟山沿岸渔场的盐度偏低，水平盐差偏大，春季近岸海域盐度低，等盐线自西向东递增，秋季表层盐度比春季更低，水平盐差更大；垂直分布上，春秋季变化规律相似，表现为表层盐度最低，5m 水层以下盐度随着深度的增加均匀递增，其中，秋季 20m 水层之下出现势力较弱的盐跃层。

利用现场测得的数据，侯伟芬等（2013）分析了舟山渔场盐度的分布特征。发现渔场外海表层盐度高，分布均匀；近岸盐度低、梯度大。冬季，盐度锋位于渔场近岸，强度强、范围广，走向大致与岸线平行，长江口附近海域有低盐水舌向东伸展；夏季，盐度锋强度减弱、范围缩小，最强处位于 30°30′N、122°E 附近海域，略呈东北-西南走向。春秋季是盐度锋的消长期。垂直分布上，冬季表层盐度高，随深度增加盐度缓慢增高，近底层略有降低；夏季，表层盐度低，随深度增加盐度迅速增高，至底层又明显降低。春秋季变化和夏季相似，只是秋季表层盐度更低，变化更显著，春季变化相对缓和。

根据 2003 年 9~11 月在印度洋西北海域鸢乌贼资源的探捕生产情况，陈新军和叶旭昌（2005）分海区初步分析了海洋环境因子与中心渔场之间的关系。10 月中下旬中心渔场分布在 15°N~16°N、61°E 附近海域，平均日产在 5t 以上。中心作业渔场处在冷水涡的边缘海域，其温盐结构如下：表温为 27~29℃，盐度为 35.96~36.03，0~100m 的温度梯度为 0.07℃/m，100~200m 的温度梯度为 0.04℃/m。100m 的水温、盐度范围分别为 19.5~23℃、35.70~35.80。各海域的作业渔场，其最适表温不同。在 2°~14°N 海域，高产量出现在表温 26.4~27.0℃海域；在 14°N~18°N 海域，高产量出现在 26.7~29.0℃海域。宋利明和高攀峰（2006）根据 2004 年 3 月 16 日至 6 月 8 日广东广远渔业集团有限公司玻璃钢大滚筒冷海水金枪鱼延绳钓渔船"华远渔 19 号"对印度洋马尔代夫海域进行的金枪鱼渔业调查。根据 121 尾大眼金枪鱼的取样数据，推算出各水层、水温段、盐度段的渔获率。分析结果表明：在马尔代夫海域，捕获大眼金枪鱼的水层为 50~210m、水温范围为 13.0~29.9℃、盐度范围为 35.00~35.79；渔获率最高的水层为 70~90m、水温范围为 27.0~27.9℃、盐度范围为 35.70~35.79；捕获时已死鱼的捕获水层、水温和盐度推算数据分别为 63~203m、14.0~27.0℃和 34.94~35.42，主要集中在 63~134m、16.0~27.0℃和 35.30~35.42。

有学者对舟山近海鮸胚胎和早期仔鱼的发生及盐度对其发育的影响进行了连续观察，并较为详细地描述了舟山近海鮸胚胎和早期仔鱼发育各期的形态特征（罗海忠等，2006）。结果表明：受精卵为圆球形，透明，油球 1 个位于卵中央，卵径 1000μm 左右，油球直径 330μm 左右。在水温 22~23℃、盐度 26.60 时，孵化时间约 22.5h；初孵仔鱼，肌节约 32 对，全长约 2075μm，心跳约 116 次/min；孵出后第 3 天开始开口，第 5 天卵黄囊完全消失，第 7 天油球完全消失。在盐度 10.00~50.00，鮸胚胎发育的快慢无显著差异，均在 22.5~23h。胚胎在此盐度范围内都能孵出仔鱼，但盐度对孵化后仔鱼成活率及畸形率影响较大，孵化率与盐度变化呈正抛物线形分布，畸形率呈反抛物线形分布。

程家骅和黄洪亮（2003）于2001年5~8月对北太平洋柔鱼渔场进行了渔业资源与渔场环境特征调查。研究的渔场环境特征要素主要为各站点的温度、盐度、浮游植物、浮游动物和叶绿素a含量。调查海域的柔鱼资源密度采用渔场海域每个经纬度的单位捕捞力量渔获量表示。结果显示，北太平洋柔鱼中心渔场中部渔场表温为18℃左右，100m水温为9℃左右；西部渔场表温为16~20℃，100m水温为7~8℃；在有温跃层海域的跃层面下易形成高产渔场。浮游动物生物量较高的海域与中心渔场的位置基本保持一致；浮游植物生物量较高的海域和叶绿素a含量高于$0.1mg/m^3$的海域，以及它们东侧的海域易形成高产渔场；盐度与中心渔场的关系不明显。

对鲐、鲹产量分布及作业渔场与表层温度、盐度的关系进行分析，发现鲐、鲹高产（2000t）区域主要在122°E~125°E、26°E~28°N和123°E~125°E、32°N~38°N之间的海域（张良成等，2018）。整个渔场的产量分布呈南部和北部高而中部低的态势。南北渔场汛期差异明显，南部渔场高产期集中在8~9月，北部渔场高产期集中在10~11月，且北部渔场高产期的产量比南部渔场高出22.7%。鲐、鲹适温范围为9.50~29.50℃，最适范围为28.5~29.5℃；适盐范围为30.90~34.40，最适范围为32.80~34.20。根据1980~1983年连续4年6~7月在长江口、舟山渔场的生产资料及盐度资料，研究发现形成夏汛带鱼中心渔场不但要具有适宜的温度，而且要具有适当的盐度。4年来中心渔场始终位于34等盐线附近，高于34等盐线的海区，带鱼聚集不多。同时由于黄海、东海的海洋环境变化，34等盐线不但有季节变化，而且有年际变化，这也导致了带鱼中心渔场的位置变化。北太平洋鱿钓数据及海水盐度、温度等数据表明，北太平洋中东部海域位于海洋锋区，锋区以南是高温高盐的副热带海水，以北则是低温低盐的亚寒带海水，因而锋区作为不同水文特征海水的过渡区，冷性低盐、暖性高盐水舌活动频繁。尤其是来自高纬度的低温低盐海水，携带了丰富的营养盐和浮游生物，为随高温、高盐海水北上索饵洄游的柔鱼提供了良好的饵料环境，从而锋区内冷性低盐、暖性高盐水舌交汇区的暖水一侧往往形成良好的鱿钓中心渔场。

三、舟山渔场盐度分布特征

舟山渔场海域的等盐线呈东北–西南方向蛇形分布（图9-4）。在杭州湾东部，等盐线弯曲入湾。在杭州湾中部，等盐线向外弯曲。杭州湾中部北部的等盐线也有向湾内微弯的趋势。河口水体盐度的年变化主要取决于径流的年变化。钱塘江口盐度受五月汛期的影响，一年有两个低盐度期。同时杭州湾盐度也受潮汐的影响（侯伟芬等，2013）。

冬季，受季风影响，沿海低盐水沿海岸南下，而台湾暖流对沿海的影响相对较弱，使得浙江沿海呈低盐水分布。此外，由于钱塘江河口径流的影响，杭州湾西部等盐度线逐渐变薄。在夏天，台湾暖流强劲，与此同时，长江冲淡水的主轴从东北到西南，结合南风的影响，所以沿海低盐水对浙江的沿海地区影响较弱。但在河口附近的沿海地区低盐水仍占一定优势。浙江北部沿海北临长江，西临钱塘江，各季节水体盐度梯度相差较大。

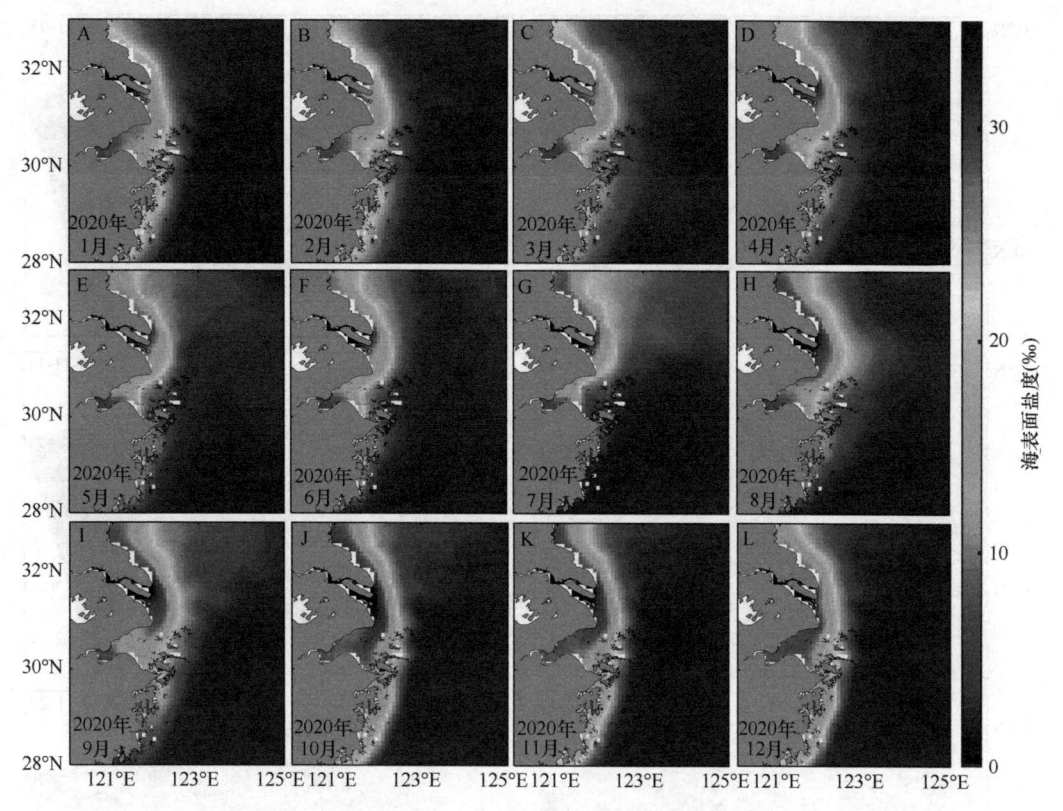

图 9-4 舟山渔场海表盐度变化（彩图请扫封底二维码）

第六节 其他因素对渔场的影响

舟山渔场悬浮物质浓度（SSC）在 100~1600mg/L，表现出较高的浑水特征（图 9-5）。杭州湾中部水深较浅（5~9m），悬浮物质浓度较高，为 1100~1500mg/L。随着潮流的变化，杭州湾的 SSC 也发生了明显的变化。在退潮前期和后期，研究区 SSC 相对较低，约为 100~500mg/L。而在涨潮期和退潮期，SSC 偏高，其值在 900~1200mg/L。退潮期的高 SSC 区向东移；涨潮期的高 SSC 区分布与退潮期的高 SSC 区分布会西移。同时，流速越低，SSC 越低。当潮流经过舟山各岛屿时，无论是退潮还是涨潮，潮流都会与岛屿发生相互作用，导致岛屿附近沉积物的再悬浮，岛屿下游水体含沙量增大。

在涨潮期间，潮流的方向和速度不断变化。涨潮时，尤其在涨潮中后期，水流向西流动。高 SSC 区域分布在杭州湾西侧、南侧、东北部及靠近海湾中部。退潮期间，除最西侧高 SSC 区域外，其余所有高 SSC 区域均向东移动（Cai et al.，2020b）。

舟山渔场是典型的岛-礁型渔场。舟山群岛是东海海域中最重要的群岛，也是我国最大的群岛，位于浙江沿海，包括舟山嵊泗马鞍列岛岛群、东极中街山列岛岛群等。大量的岛屿、岛礁势必对舟山渔场环境产生影响。

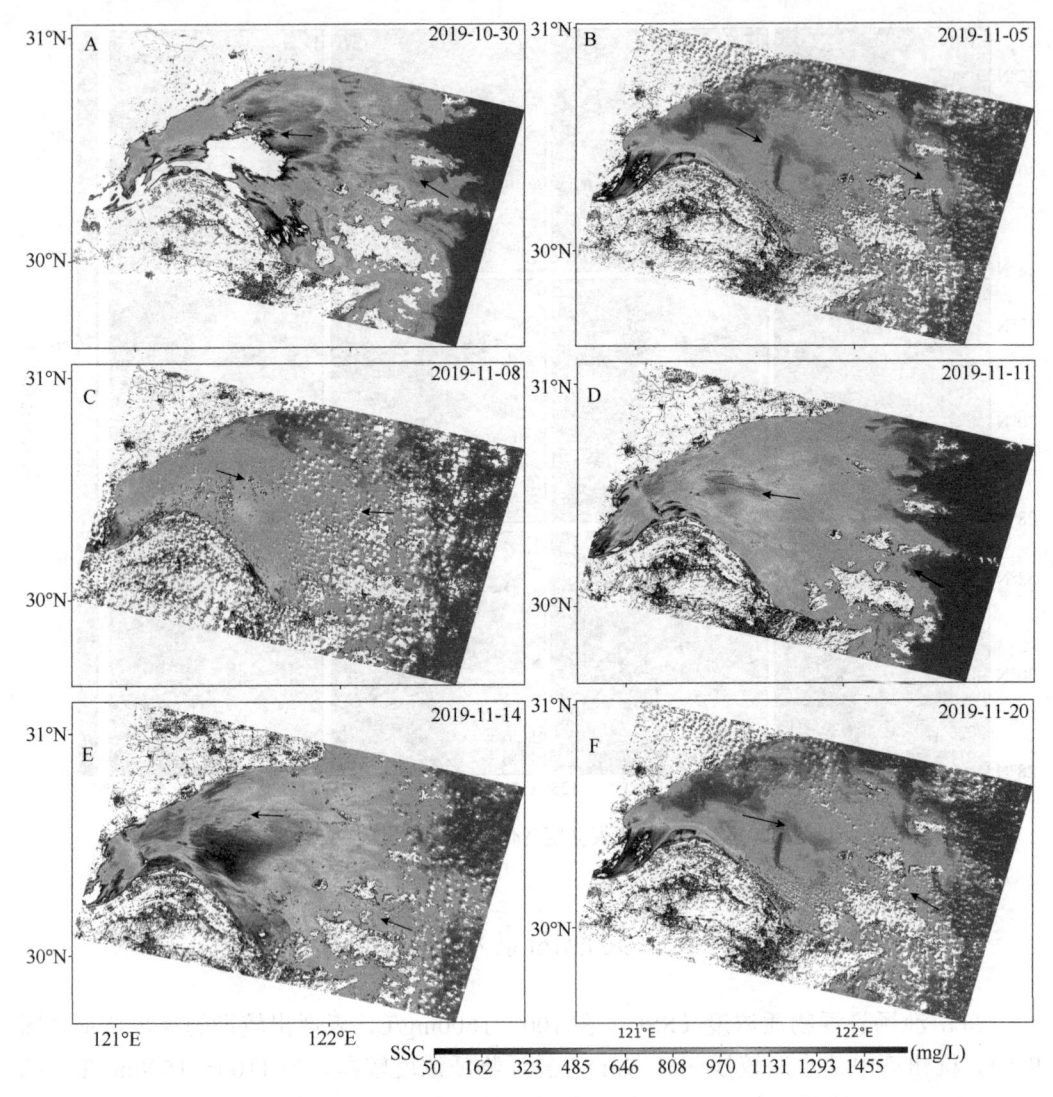

图 9-5　潮流对舟山渔场 SSC 分布的影响（彩图请扫封底二维码）

　　舟山渔场内岛礁数量众多，形状没有规律性，对环境的影响也较为复杂。通过对岛礁附近的鱼群活动进行跟踪观察发现，岛礁的迎流面会产生一定程度的上升流，促使礁区附近水体垂直交换，从而加快了营养物质的循环速度（Seaman，2000；冯吉南和王云新，2002），在岛礁下游，叶绿素浓度会有一定的上升，岛礁周围由于多样流的形成，使得海水交换充分，不但形成了理想的营养盐运转环境，而且形成了可供鱼类选择的不同水流条件，为鱼类提供了优良的庇护所、索饵场、繁殖场或栖息场所，从而对渔业资源增殖产生影响（王宏等，2009）。在研究海洋地形控制峰时发现，岛礁的背面流会产生背涡流，导致岛礁背面产生负压区，由此使得海底泥沙、悬浮物等在此停滞，从而引来鱼群（Wolanski and Hmaner，1988）。

　　研究发现，当水流经过岛屿时，岛屿会产生速度相对较快的卡门涡街。涡街区域的水深主要在 7~16m。由于与岛屿的相互作用，海流冲刷岛屿周围的海底，悬浮的沉积物重新悬浮（图 9-6）。从 HY-1C 卫星影像中，在岛屿周围发现多个卡门涡街。

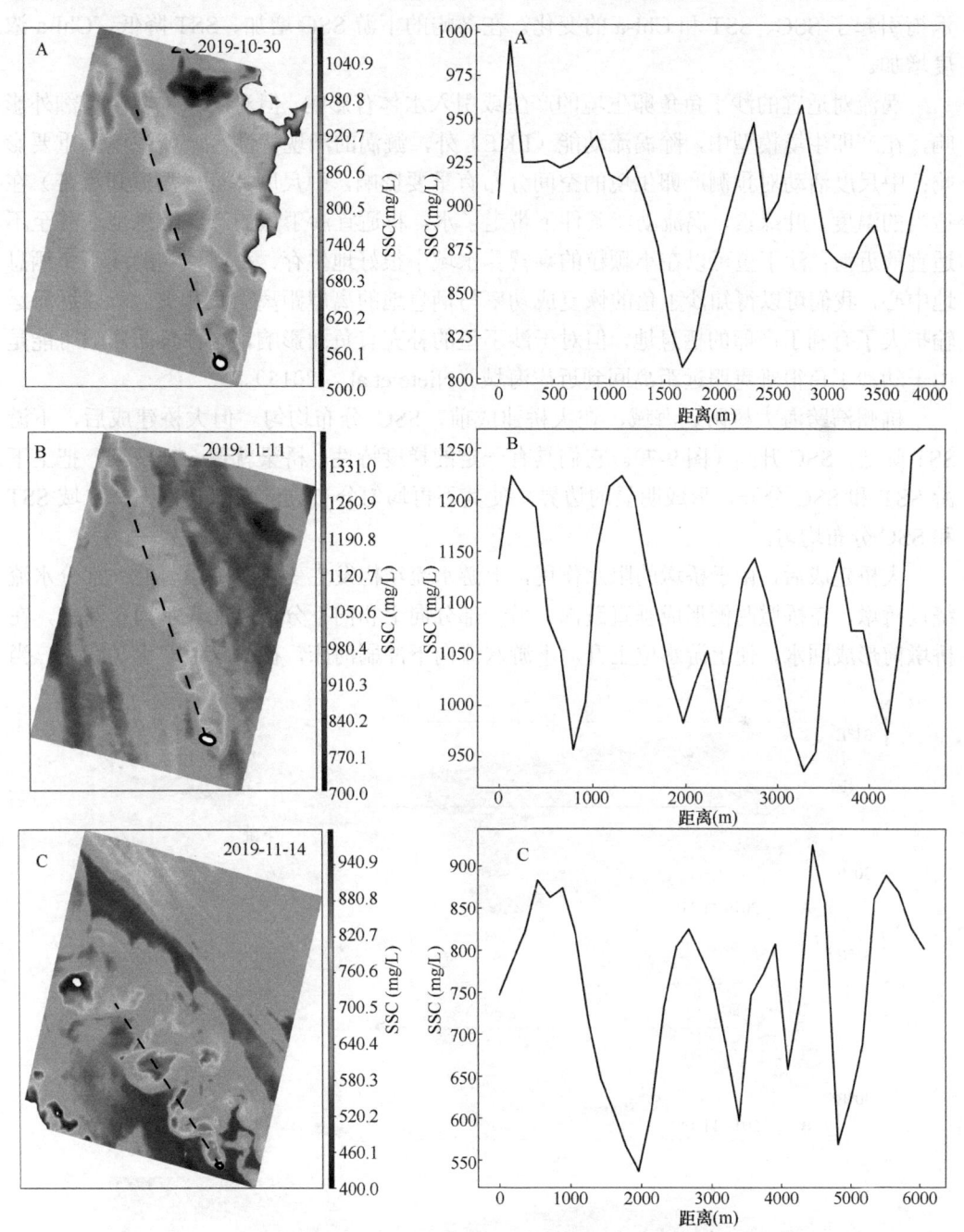

图 9-6 岛屿诱发涡街影响舟山渔场悬浮物质浓度分布（彩图请扫封底二维码）
图上虚线表示涡街中轴线

SSC 在涡街的不同位置明显不同。涡街的外部 SSC 高于中心，漩涡外围的 SSC 高于周边水域。因此，我们可以从 SSC 图像中清晰地识别出涡街。在涨潮中期涡街尤为明显。SSC 随涡街长度的增加而变化，沿着岛屿下游的涡街，SSC 先增大，然后减小，增大，减小，重复，直到涡街消失。舟山渔场涡街的长度一般在 1000~8000m。涡街引起了 SSC、SST 和 Chl-a 的变化。在岛屿的下游 SSC 增加、SST 降低、Chl-a 浓度增加。

涡流对适宜的沙丁鱼鱼卵生境的产生或引入水体有影响，但对产卵生境没有额外影响，在产卵生境模型中，除涡流动能（EKE）外，漩涡的涌现特性对产卵生境无重要影响；中尺度活动对预测产卵生境的空间分布有重要影响，中尺度特征（涡流和流带）在适当的温度、叶绿素、涡流动能条件下带走了水，将适宜沙丁鱼的产卵栖息地迁移至不适宜的近海；沙丁鱼可以在小颗粒的寡营养水域中很好地生存，利用预测的沙丁鱼栖息地中心，我们可以得知沙丁鱼的恢复成功率与栖息地的离岸距离呈负相关，所以近海运输扩大了有利于产卵的栖息地，但对于沙丁鱼的补充有负面影响，这种负面影响可能是由于幼沙丁鱼很难克服远距离回到近岸海域（Nieto et al., 2015）。

杭州湾跨海大桥附近海域，在大桥建成前，SSC 分布均匀。但大桥建成后，下游 SST 降低，SSC 升高（图 9-7）。它们具有一定的梯度特性。桥梁就像一把剪刀，把上下游 SST 和 SSC 分开，形成明显的边界，使其不再均匀分布。杭州湾其他无桥水域 SST 和 SSC 分布均匀。

大桥建成后，由于桥墩的阻水作用，上游水流结构发生变化。桥墩前的一部分水流绕过桥墩，在桥墩两侧形成垂直漩涡。另一部分向上和向下分散。地表水向上弯曲，在桥墩前形成回水，使上游水位上升。下游水流向下冲刷河床，在河床上产生马蹄涡。当

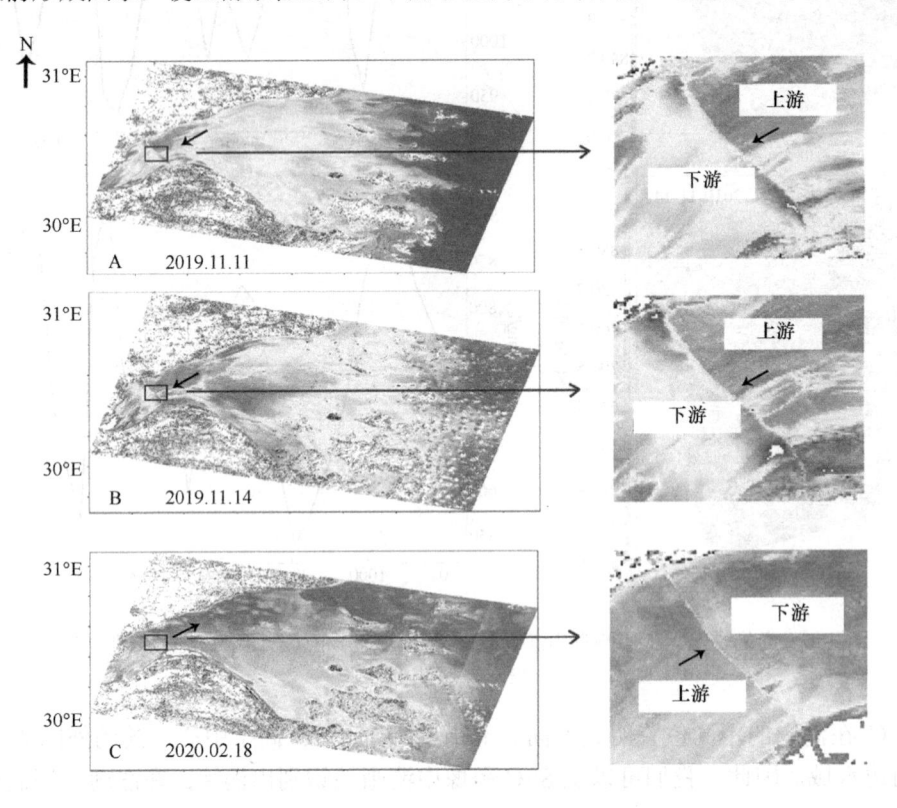

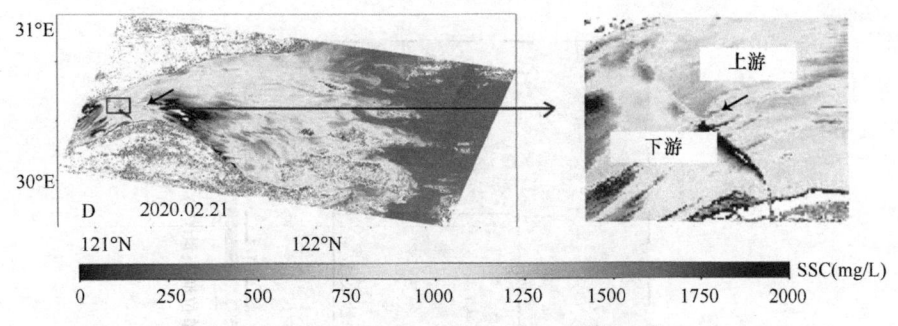

图 9-7　大桥影响舟山渔场悬浮物质浓度分布（彩图请扫封底二维码）

箭头表流向

水流通过桥墩时，由于桥墩的压缩，水流横截面变得更窄，桥墩之间的流速升高，在桥墩的前部和侧面产生具有高速特性的局部水流。局部水流猛烈冲刷桥墩前端。当其流速大于河床泥沙起动流速时，桥墩周围的泥沙开始移动，形成局部冲刷坑。冲刷坑扩大并加深，直到冲走的泥沙与上游泥沙平衡。桥墩前端冲刷停止，同时冲刷坑深度达到最大值。然而，桥墩后面的冲刷仍在继续，桥墩后部的向上水流将从坑中冲出的泥沙和底部冷水带到下游，这降低了下游 SST，增加了下游 SSC。

涡流系统包括桥墩前面的马蹄形涡流和桥墩下游的尾迹涡流。由于不稳定剪应力层的存在，上游水流在桥墩两侧分离。尾迹涡在主流分离边界和桥墩之间不断释放。每当尾迹涡释放时，就会出现一个低压中心。尾迹涡在水流的作用下，影响马蹄涡区内的流体作横向、垂直和背靠背的摆动。尾迹涡流促进沉积物再悬浮，从而增加了下游 SSC。

夏季气温升高导致海温较高，表层与深层温差较大，当底层冷水被带到海面时，下游海温变化更明显；冬季气温降低导致海温较低，表层与深层温差较小，因此下游 SST 变化不大。杭州湾跨海大桥桥墩间距大多在 50~90m，主航道附近部分桥墩间距大于 150m，桥墩至海湾回水面积达 7%。1428 个桥墩的局部冲刷降低了下游 0.3~4.0km 的 SST。

第七节　渔场研究案例

一、案例一

（一）数据选取

渔业数据来自于 2006~2010 年春季罩网渔船的商业捕捞记录，数据单位为 0.5°×0.5°，数据包括识别信息、日期、经纬度、渔获量、鱼类种数等。研究区域如图 9-8 所示（Yu et al.，2019a）。

卫星数据则包括 2006~2010 年 3~5 月的 SST、Chl-a、海平面温度异常（SSHA）数据。前两者来自于 MODIS 三级数据产品，时间分辨率为 1d，空间分辨率为 4km。SSHA

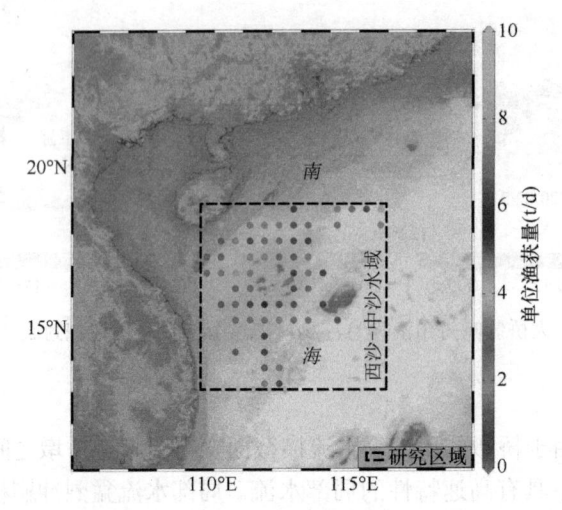

图 9-8 研究区域与捕捞量分布示意图（引自 Yu 等，2019a）（彩图请扫封底二维码）

数据来自于哥白尼海洋环境监测服务中心，时间分辨率为 1d，空间分辨率为 0.25°×0.25°。计算 El Niño 和 La Niña 指数作为 Niño3.4 区域的 SSTA。数据来自于 NOAA。并通过以下公式实现不同分辨率遥感数据的融合。

$$\text{Ave}_j = \frac{\sum_{i=1}^{m} \text{value}(i)_j}{m}$$

式中，Ave_j 为研究区融合到 0.5°×0.5° 分辨率后的平均海表温度（或 Chl-a、SSHA）数据；m 为 0.5°×0.5° 分辨率下的平均海表温度（或 Chl-a、SSHA）像元数；value(i) 为研究区单位像元值；j 为空间分辨率为 0.5°×0.5° 的捕捞区。

（二）处理方法

案例使用 GAM 模型研究环境对鱼类时空变异的影响。表达式如下：

$$\lg(\text{CPUE}+1) = s(X_{\text{Year}}) + s(X_{\text{Month}}) + s(X_{\text{Lat}}) + s(X_{\text{Lon}}) + s(X_{\text{SST}}) + s(X_{\text{Chl-a}}) + s(X_{\text{SSHA}})$$

式中，我们使用 CPUE 的对数变换来对不对称的频率（计数）分布进行归一化，并在所有 CPUE 值上加 1，以解释 CPUE 数据为零的原因。其中，$s(X)$ 表示协变量 X 的样条平滑函数；Year 表示特定年份；Month 表示特定月份（从 3 月到 5 月）；Lat 表示特定纬度；Lon 表示特定经度。

（三）结果展示

1. 乌贼 CUPE 的时空分布及其环境因子

案例展示并分析了 SST、Chl-a、SSHA（海面高度异常）等环境因子的时间空间的变化（图 9-9，图 9-10），并说明乌贼趋向于在高海温、低叶绿素，SSHA 位于 0~0.1m 的范围内生存。

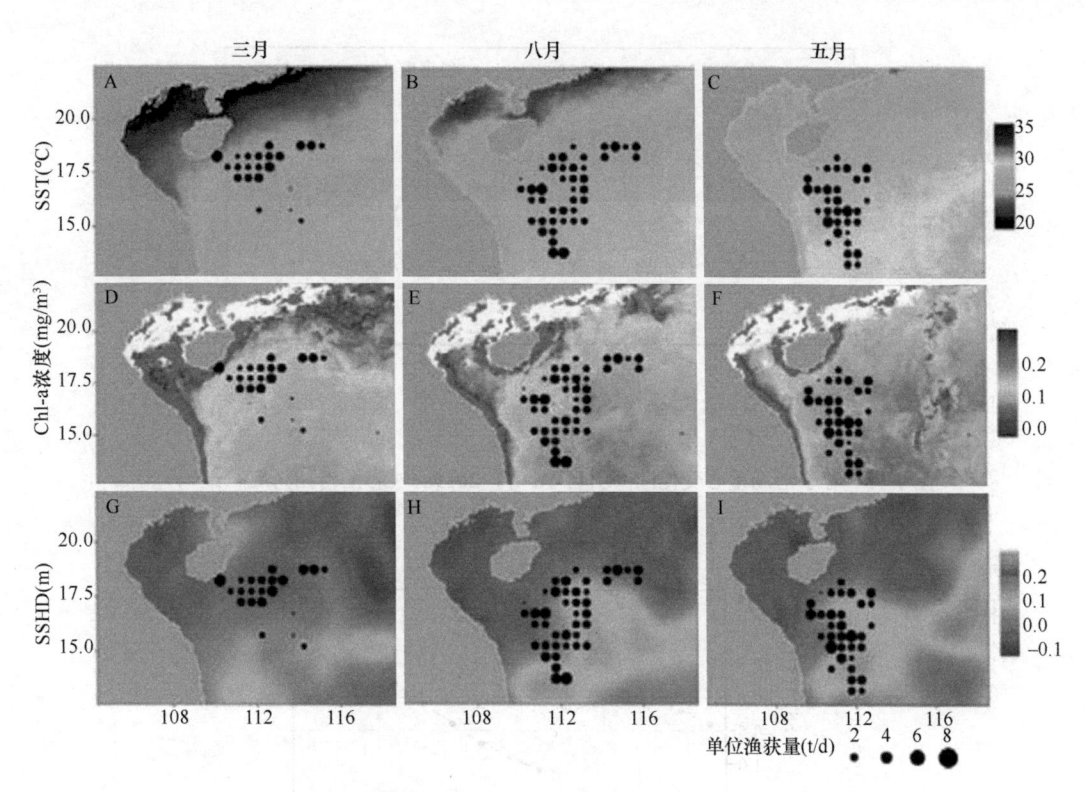

图 9-9 捕捞量空间分布与环境因子示意图（引自 Yu 等，2019a）（彩图请扫封底二维码）

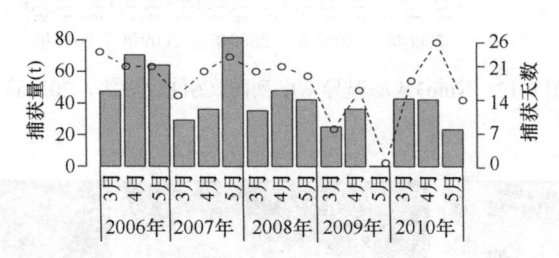

图 9-10 捕捞量月平均值（引自 Yu 等，2019a）

2. 鸢乌贼渔场的时空分布

如图 9-11 所示，在 3~5 月，渔场的重心向南部和西部移动，3 月渔场重心经纬度变化较小，4~5 月变化较大。2008 年 4~5 月的波动明显大于其他年份（图 9-12）。

海温分析表明，2008 年 3~5 月西沙-中沙海域发生了 El Niño 事件，导致较高的海温向低纬度迁移。2008 年 SSHA 为 0.06~0.2m，高于其他年份，且向低纬度移动（图 9-13）。同时，乌贼渔场向南移动了 2 个纬度（图 9-14）。

3. GAM 模型分析

图 9-15 和图 9-16 为各个因子与乌贼 SCPUE 的关系示意图。时间因素对模型的贡献率为 8.91%，月份为主要影响因素；SCPUE 在 14°N~15°N 范围内随纬度增大而增大，

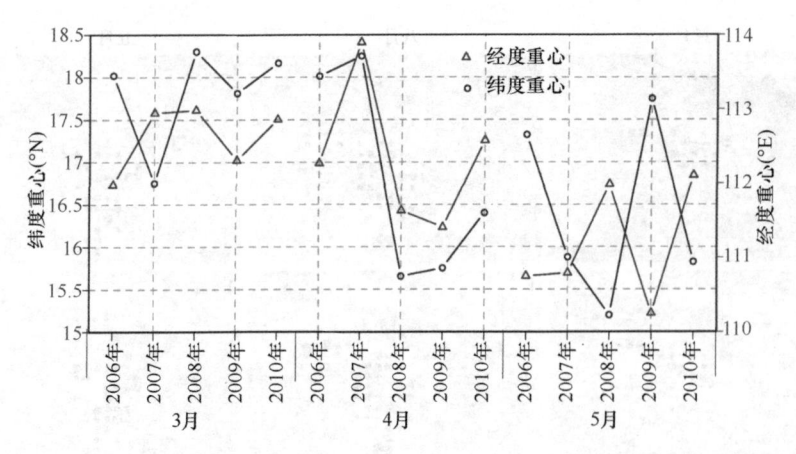

图 9-11　春季渔场重心变化图（引自 Yu 等，2019a）（彩图请扫封底二维码）

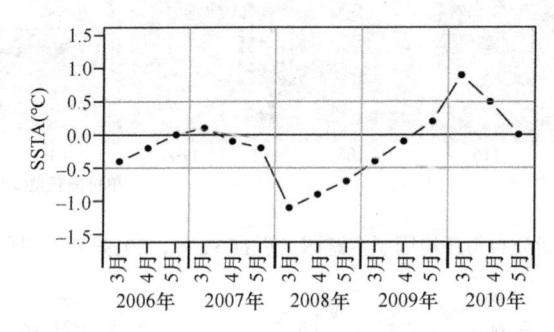

图 9-12　Niño3.4 海温异常序列图（引自 Yu 等，2019a）

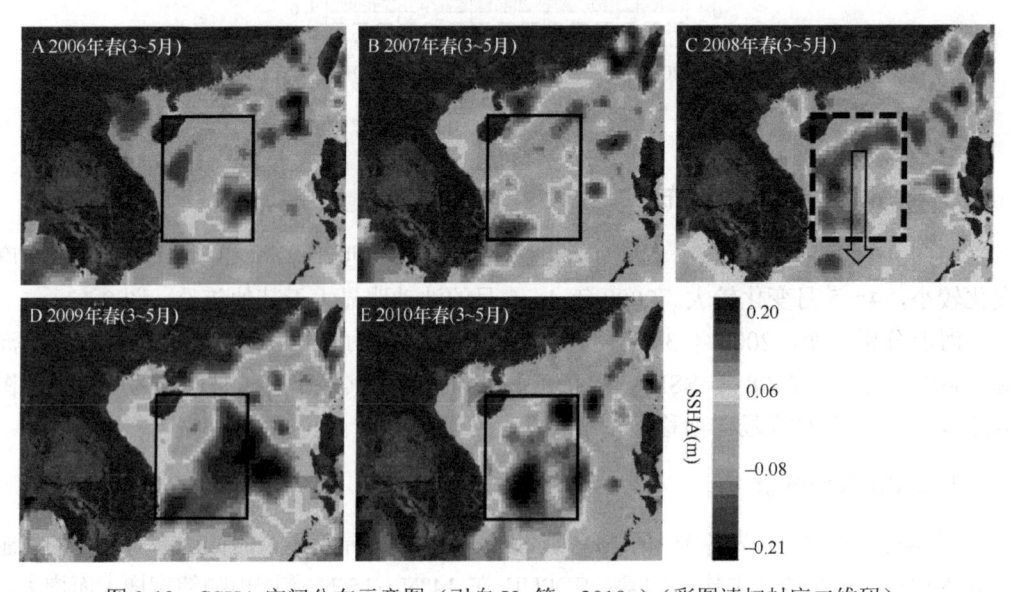

图 9-13　SSHA 空间分布示意图（引自 Yu 等，2019a）（彩图请扫封底二维码）

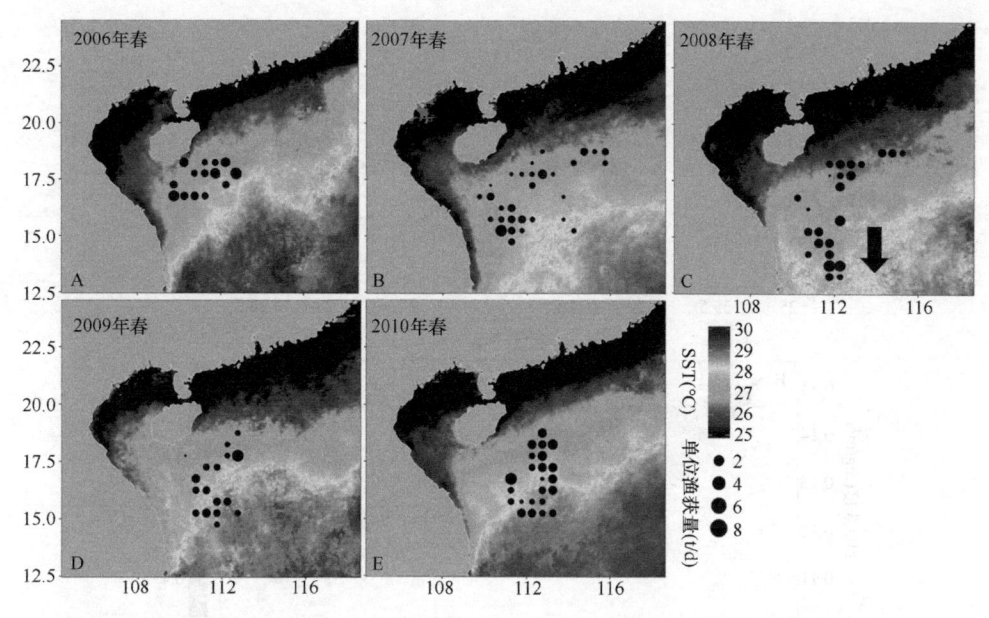

图 9-14 捕捞量空间分布与 SST 的关系（引自 Yu 等，2019a）（彩图请扫封底二维码）

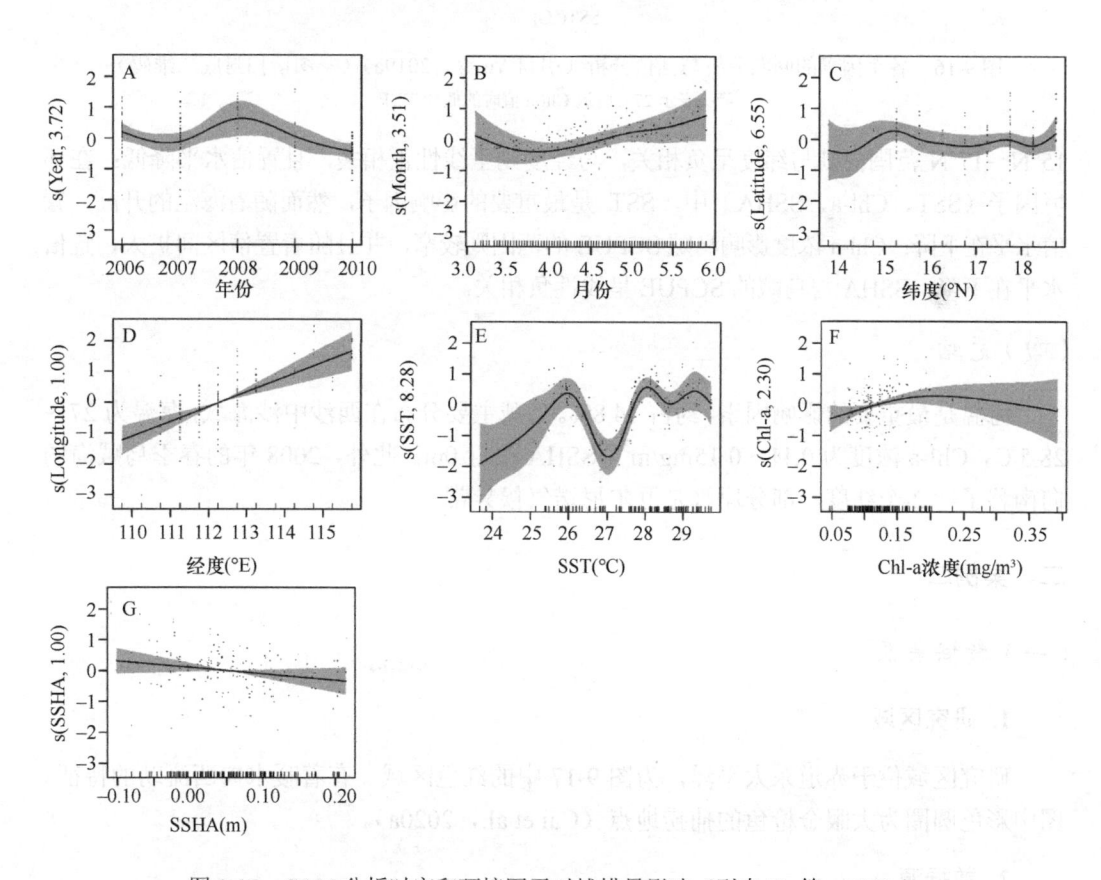

图 9-15 GAM 分析时空和环境因子对捕捞量影响（引自 Yu 等，2019a）
纵坐标为模型拟合的结果

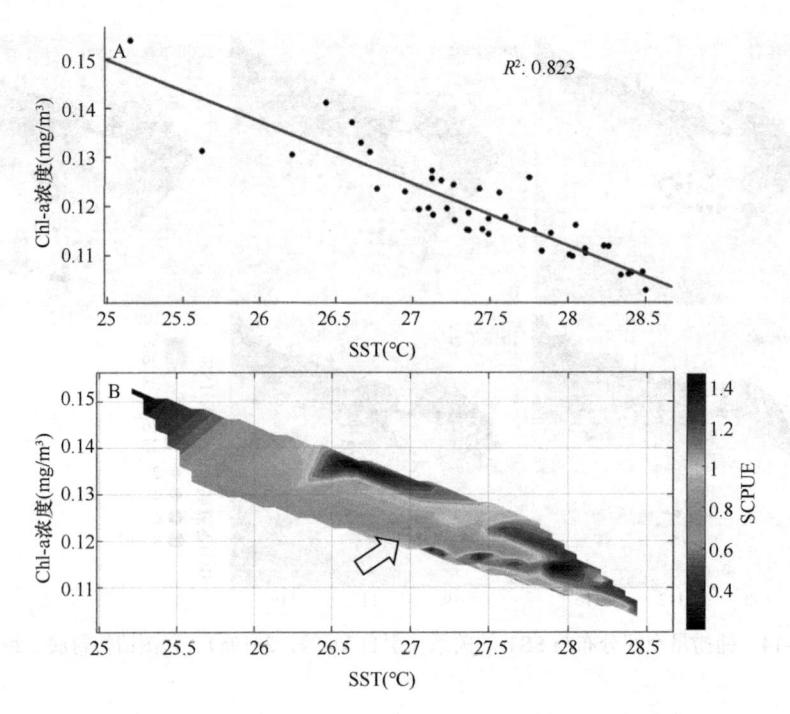

图 9-16　各个因素的回归分析与插值分析（引自 Yu 等，2019a）（彩图请扫封底二维码）

箭头表示 27℃附近 Chl-a 值时的低 SCPUE

15°N～17°N 范围内则与纬度呈负相关，与经度则呈线性正相关，且置信水平降低；在环境因子（SST、Chl-a、SSHA）中，SST 是最重要的影响因子，然而随着海温的升高，置信水平在下降；Chl-a 浓度影响乌贼 SCPUE 的范围则较窄，并且随着置信区间扩大，置信水平在下降；SSHA 与乌贼的 SCPUE 呈线性负相关。

（四）总结

海温是最重要的影响因素，约占 14.8%。乌贼主要分布在西沙中沙海域，海温为 27～28.5℃，Chl-a 浓度为 0.11～0.15mg/m^3，SSHA 接近 0m。此外，2008 年的春季乌贼渔场向南移了约 2 个纬度，部分原因是厄尔尼诺气候异常。

二、案例二

（一）数据来源

1. 研究区域

研究区域位于赤道东太平洋，为图 9-17 中的红色区域，有着暖水向西流动的特征。图中彩色圆圈为大眼金枪鱼的捕捞地点（Cai et al.，2020a）。

2. 数据源

现场勘探数据由 15 艘渔业调查船在 2010 年 2～3 月和 6～9 月收集的数据组成，包括大眼金枪鱼捕鱼量、原位海平面高度（SSH）和 100m、150m、200m、300m 深度的垂直水温。

2010 年 2~9 月的月平均叶绿素 a 浓度和月平均海温数据从 NASA 的 Ocean Color 下载。2010 年 2~9 月逐日海温数据（基于高分辨率海温组数据）从亚太数据研究中心下载。500m 以下海水温度的垂直剖面数据则从热带太平洋海域的 Argo 浮标计划 TAO/TRITON 获得。

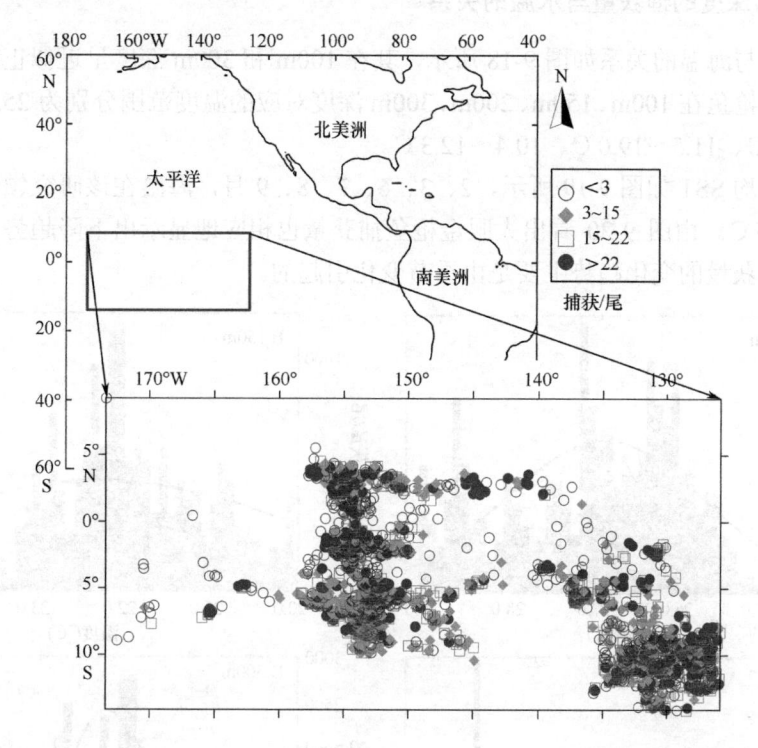

图 9-17 捕鱼位置与研究区域（引自 Cai 等，2020a）（彩图请扫封底二维码）

（二）处理过程

使用 Kriging 插值方法计算每一深度的水平温度梯度，在 150~200m 层中发现了一个强烈的温度锋面，定义为最大水平温度梯度的轨迹。利用 SPSS 软件分析了 4 个深度的温度与渔获量之间的关系。案例的 CPUE 是基于以经纬度 5°×5° 为单位曲面的渔获量计算得出的单位面积每 1000 钩平均渔获量。案例使用如下公式计算 100~300m 深度的垂直温度梯度：

$$G_{(j)} = \frac{T_{300(j)} - T_{100(j)}}{200}$$

式中，$G_{(j)}$ 为垂直温度梯度；$T_{300(j)}$、$T_{100(j)}$ 分别为第 j 个测量位置的 300m 和 100m 深度的温度。

案例利用 1999 年发射的 NASA Aqua 卫星上的中分辨率成像光谱辐射计（MODIS）数据，获得了 4km 分辨率的月复合海表叶绿素 a 浓度和月平均海表温度。

（三）结果展示

1. 渔获量的空间分布

研究区大眼金枪鱼的渔获量主要集中在两个区域，如图 9-17 所示。CPUE 值的空间分布与大眼金枪鱼渔获量的空间分布一致。

2. 不同深度的渔获量与水温的关系

渔获量与海温的关系如图 9-18 所示，其在 100m 和 300m 深度呈近似正态分布。分析得大眼金枪鱼在 100m、150m、200m、300m 深度对应的温度范围分别为 25.3～29.0℃、19.6～25.6℃、11.5～19.0℃、10.4～12.3℃。

每月平均 SST 如图 9-19 所示，2、3、6、7、8、9 月，海温在该研究领域从 33.5℃降低到 26.5℃。由图 9-20 看出大眼金枪鱼捕获量也相应地显示出下降趋势。分析得大眼金枪鱼捕获量的变化趋势主要是由季节变化引起的。

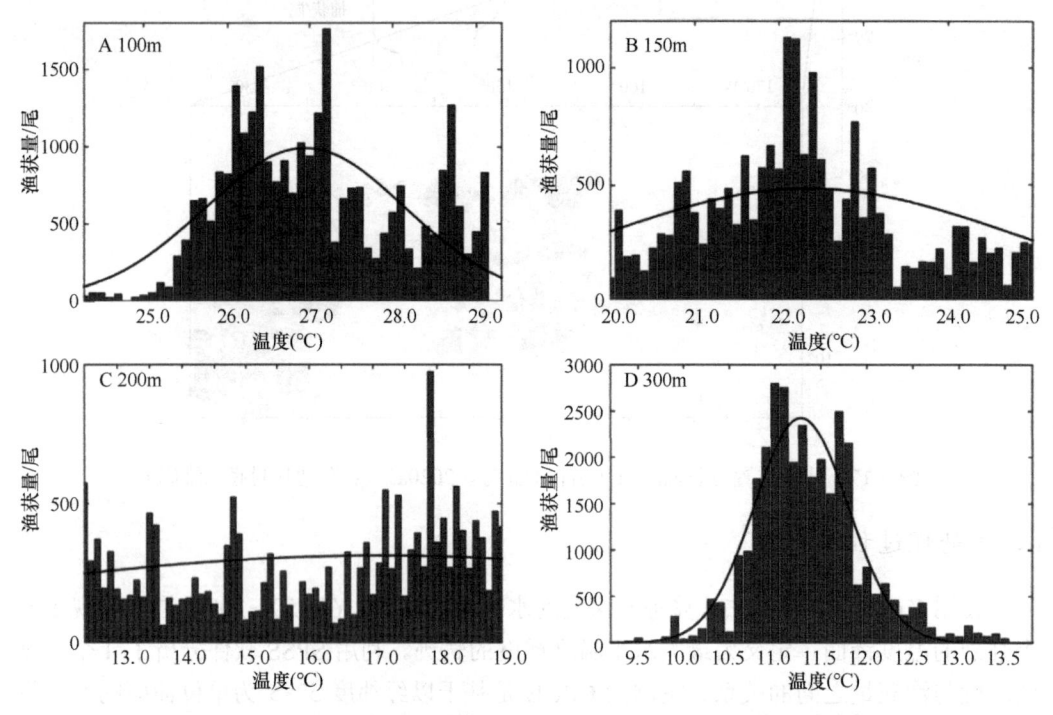

图 9-18　不同深度下渔获量与温度的函数（引自 Cai 等，2020a）

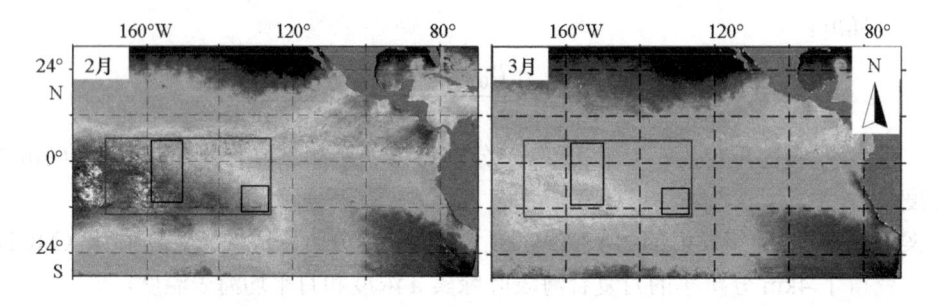

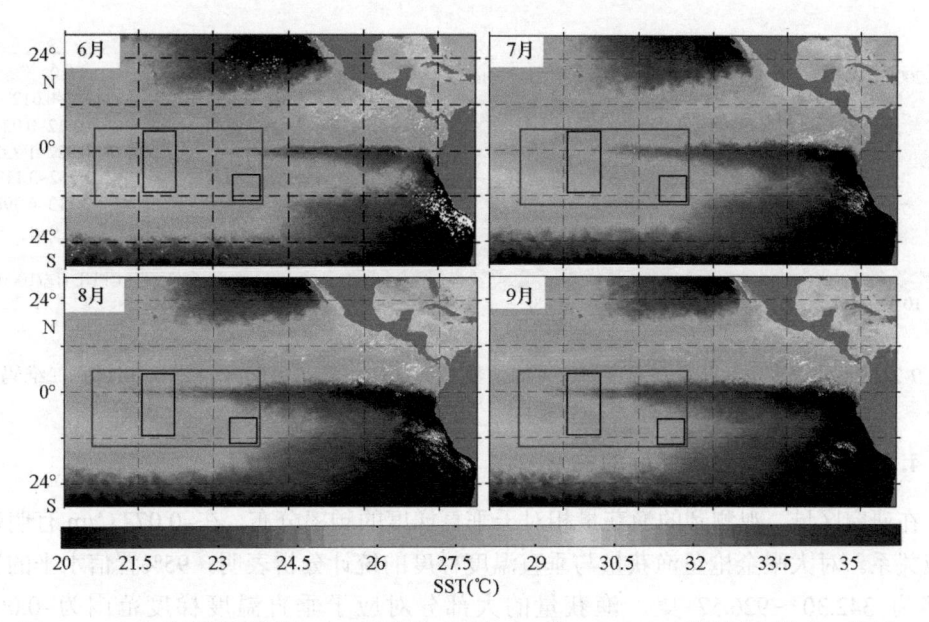

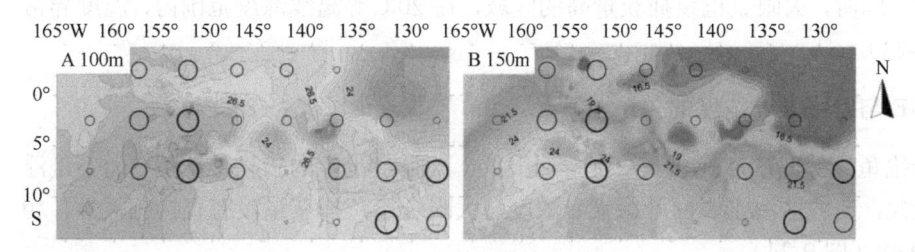

图 9-19　2010 年研究地区的 SST 月平均（引自 Cai 等，2020a）（彩图请扫封底二维码）

图中方框代表高渔获量区域

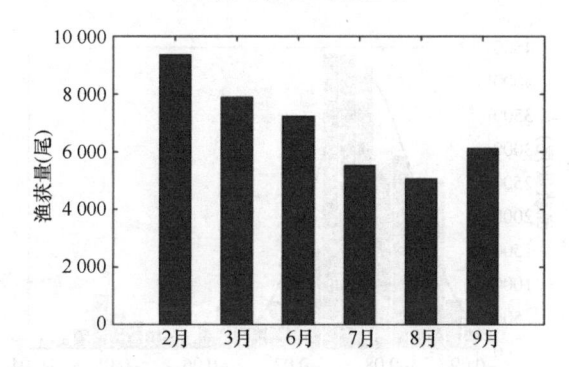

图 9-20　渔获量随月份的变化情况（引自 Cai 等，2020a）

3. 不同深度 CPUE 与水平温度梯度的关系

由图 9-21 可以得到 150~200m 层有一个明显的温度锋面。该锋面最大水平温度梯度在 150m 深度为 0.021℃/km，在 200m 深度为 0.019℃/km。高渔获量区域集中在这一锋面附近。

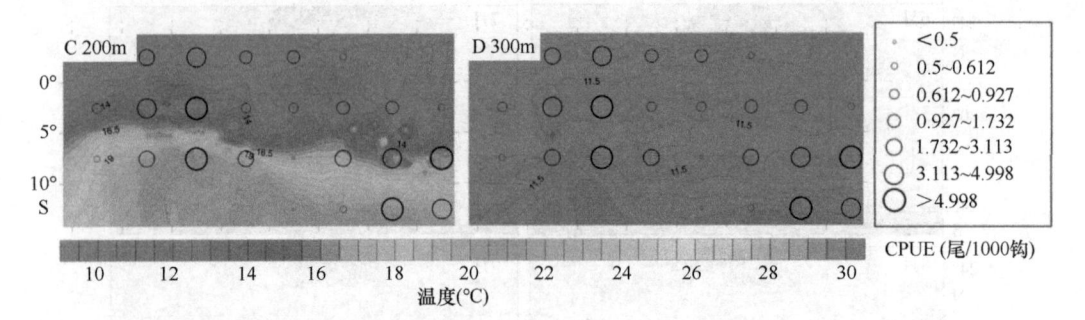

图 9-21　不同深度下渔获量与温度和位置的函数（引自 Cai 等，2020a）（彩图请扫封底二维码）

4. CPUE 与垂直温度梯度的关系

在研究区域，观测到的渔获量相对于垂直梯度的频率分布，在–0.077℃/m 有明确的对应关系。对大眼金枪鱼渔获量与垂直温度梯度的统计分析表明，95%置信水平的置信区间为 342.30～926.57 尾。渔获量的大部分对应于垂直温度梯度范围为–0.066～–0.088℃/m（图 9-22）。

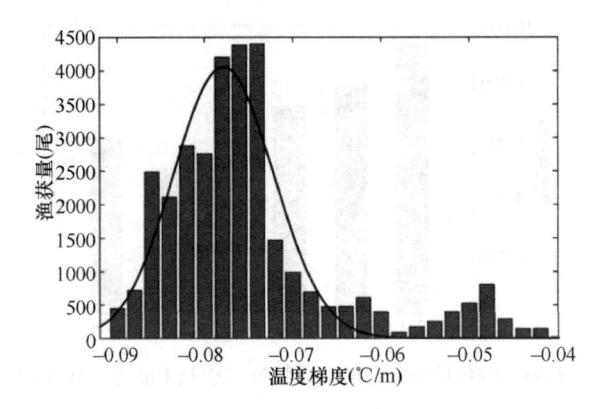

图 9-22　垂直温度梯度与渔获量的函数

5. CPUE 与 20℃等温线深度的关系

研究区 20℃等温线深度随纬度增加而增加。2～9 月 20℃等温线深度减小，渔获量也相应减少。同时，大眼金枪鱼捕获量高的区域，在 20℃等温线深度范围内，温度异常明显（图 9-23）。

6. CPUE 与叶绿素 a 浓度的关系

大眼金枪鱼高捕获区叶绿素 a 浓度普遍很低。大眼金枪鱼的猎物是小鱼，而不是浮游植物。因此，研究区海水表面叶绿素 a 浓度与大眼金枪鱼捕获量没有直接相关性，相关系数为–0.48（图 9-24）。

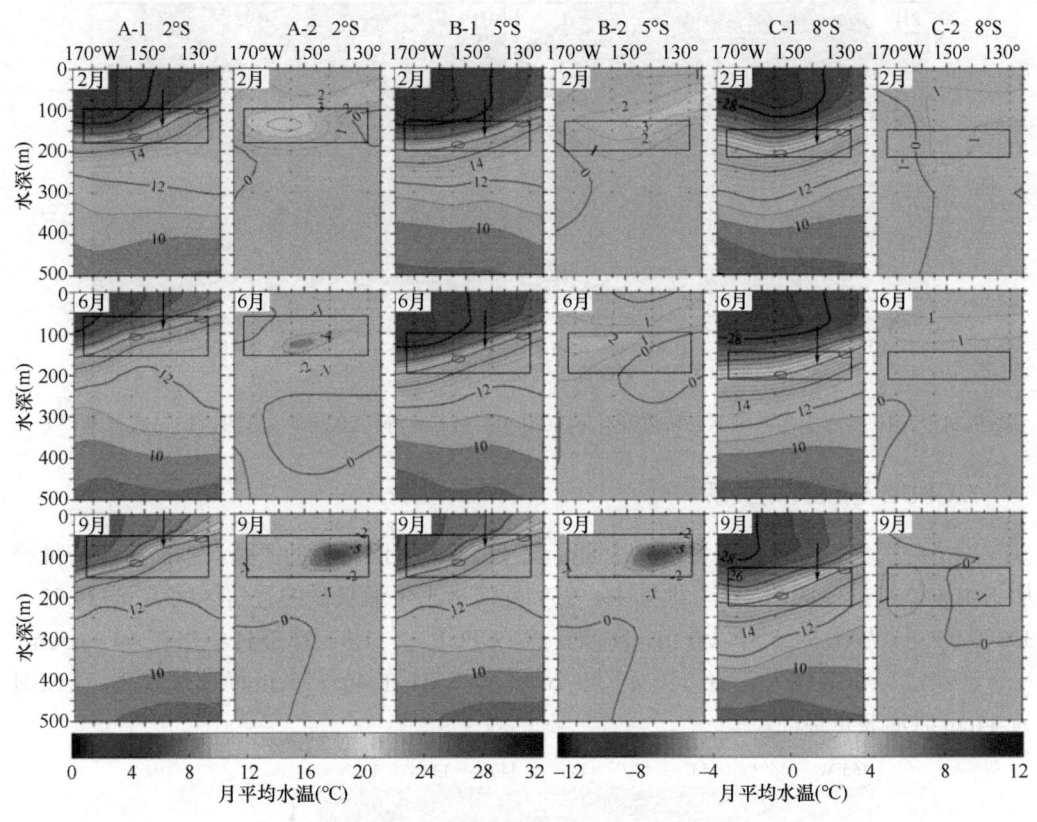

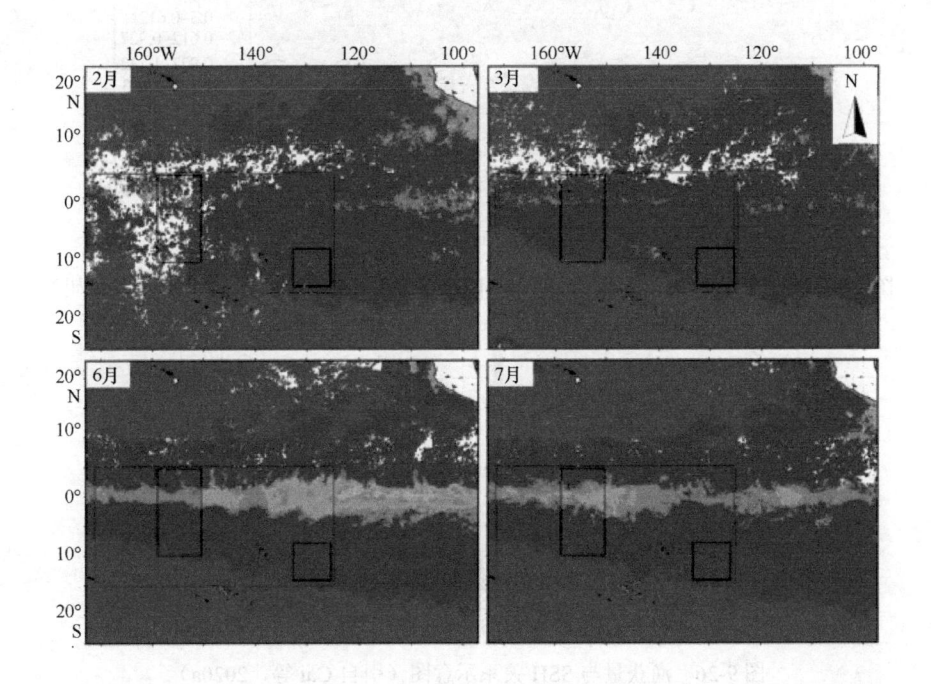

图 9-23　2010 年月平均水温变化示意图（引自 Cai 等，2020a）（彩图请扫封底二维码）
方框和箭头表示 20℃等温线所在的深度范围

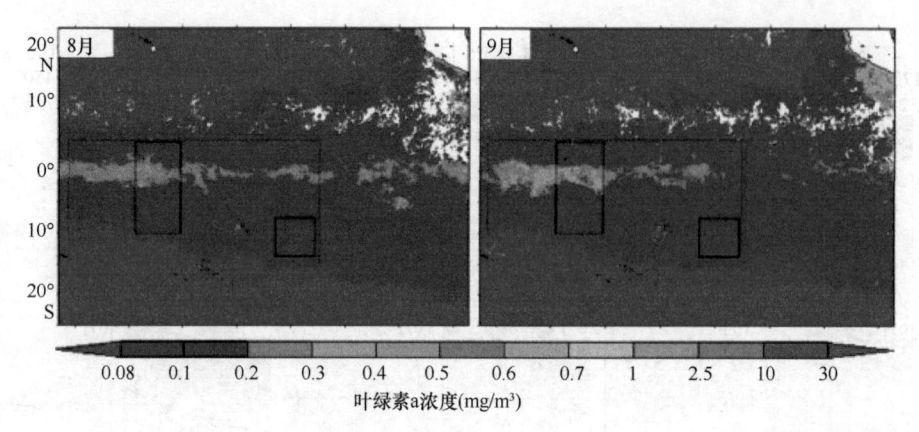

图 9-24 2010 年月平均叶绿素 a 浓度变化示意图（引自 Cai 等，2020a）（彩图请扫封底二维码）

7. CPUE 与 SSH 的关系

为了可视化金枪鱼捕捞量与海平面高度（SSH）之间可能的关系，本文将捕捞量叠加到由原位数据生成的 SSH 地图上。95%置信水平下渔获量的置信区间为 8424.03～30870.03 尾。从图 9-25 可以看出，高渔获点（CPUE ＞ 1.8）的 SSH 集中在 40～65cm。

渔获量与 SSH 的频率直方图如图 9-26 所示，SSH 在 40～55cm 渔获量较高，在 SSH 为 44cm 时渔获量最高。

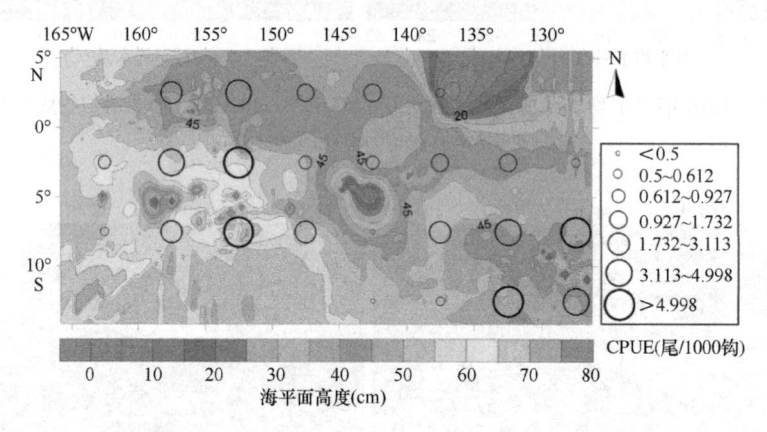

图 9-25 海平面高度与捕捞量的关系（引自 Cai 等，2020a）（彩图请扫封底二维码）

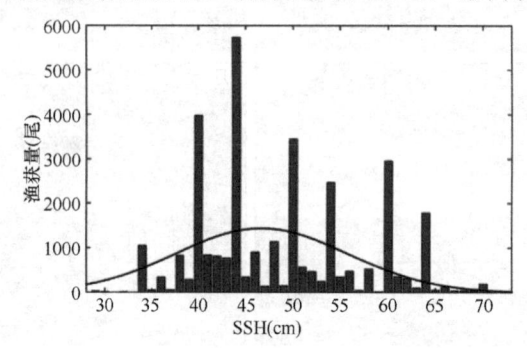

图 9-26 渔获量与 SSH 关系示意图（引自 Cai 等，2020a）

（四）结论

本案例揭示了对金枪鱼渔场的立体温度因子预测。最大渔获量出现在以下位置：①垂直方向 150～200m 深度存在强烈的次表层温度锋，水平温度梯度高达 0.020℃/km 左右；②垂直温度梯度在 –0.088～–0.066℃/m 区域。海洋温度对大眼金枪鱼渔场的分布有重要影响，因为海洋温度的变化会引起海洋生物和海水物理性质的许多变化。在大眼金枪鱼渔场预测中，首先要考虑以下参数：水平温度梯度，100～300m 层垂直温度梯度，然后是 20℃等温线深度。其他因素，如 SSH、大眼金枪鱼的体形或年龄以及海洋环境因素的季节或年变化也可以帮助预测大眼金枪鱼渔场。

三、案例三

（一）数据来源

1. 调查数据

数据来自大型落网渔船"琼文昌 33180"号的监测记录（Yu et al., 2019b），图 9-27 为采样站位置及 CPUE 大小（Yu et al., 2019b）。

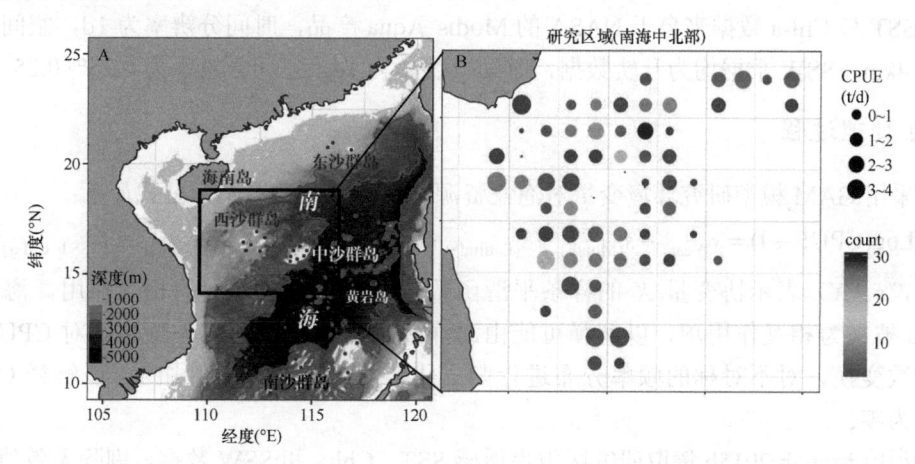

图 9-27　研究区域（引自 Yu 等，2019b）（彩图请扫封底二维码）

2. 捕捞航次数据

捕捞航次数据如表 9-1 所示，数据按照 0.5°×0.5°网格单元分组，包括作业时间和航次号信息。

表 9-1　大型轻船的拖网时间和航次号

年份	月份	拖网时间	航次号
2006	3 月	99	18、19、20
	4 月	145	20、21、22
	5 月	120	22、23

续表

年份	月份	拖网时间	航次号
2007	3月	59	18、19
	4月	79	20
	5月	136	21、22
2008	3月	67	14、15
	4月	102	15、16、17
	5月	75	17、18、19
2009	3月	52	21
	4月	66	22
	5月	4	23
2010	3月	86	19
	4月	80	21、22
	5月	48	23

3. 环境数据

SST 与 Chl-a 数据来自于 NASA 的 Modis Aqua 产品，时间分辨率为 1d，空间分辨率为 4km。SSW 数据均为升轨数据，时间分辨率为 1d，空间分辨率为 0.25°×0.25°。

（二）处理过程

采用 GAM 模型研究环境变量对渔业资源丰度和分布的影响，公式如下：

$$\text{Log(CPUE}+1) = s_{(\text{Year})} + s_{(\text{Month})} + s_{(\text{Latitude})} + s_{(\text{Longitude})} + s_{(\text{STT})} + s_{(\text{Chl-a})} + s_{(\text{SST, Chl-a})}$$

式中，$s(X)$ 表示协变量 X 的样条平滑函数或两个协变量之间的相互作用。海温和 Chl-a 被视为相互作用项，以解释可能由海洋环境变量驱动的物种变化。对 CPUE 进行对数变换，对不对称的频率分布进行归一化，对所有 CPUE 值加 1，以解释 CPUE 数据为零。

利用 Matlab 2015b 读取研究区卫星遥感 SST、Chl-a 和 SSW 数据，剔除无效值。以 10 天为基本时间单位，利用梯度软件绘制 SSW、SST、Chl-a 和标准化 CPUE（SCPUE）的时空分布图。

（三）结果展示

1. CPUE 标准化

CPUE 在对数变换后总体符合正态分布，于是在标准化之前进行了对数变换。可以得到 CPUE 的整体变化趋势与数值缺失情况。

2. GAM 分析

由图 9-28 可以看出各个变量的变化所带来的 CPUE 的变化。

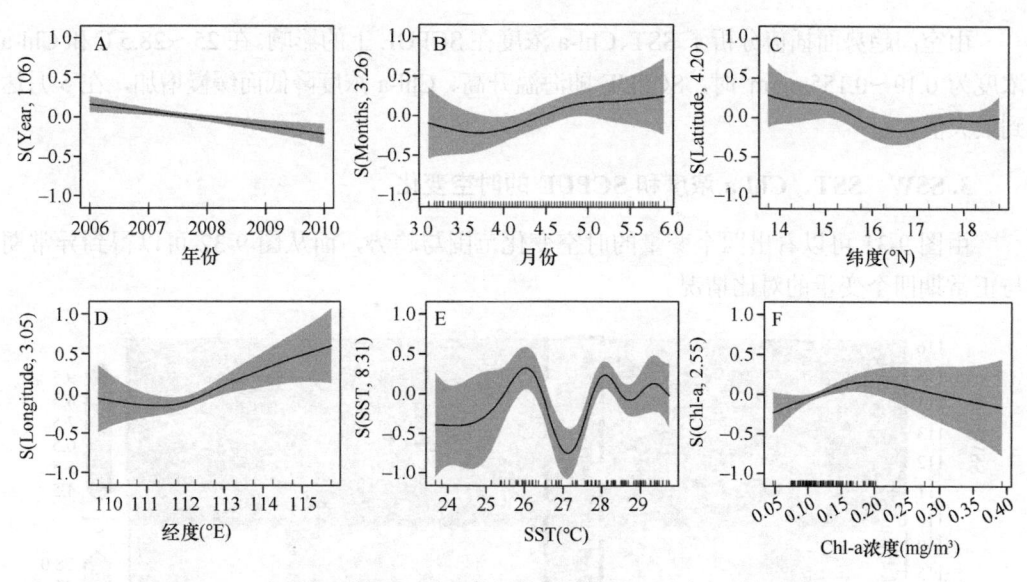

图 9-28　空间和环境因子对渔获量的影响效果（引自 Yu 等，2019b）

由图 9-29 和图 9-30 可以看出变量 SST、Chl-a 浓度和 SCPUE 之间的相互关系。SCPUE 随 SST 的升高和 Chl-a 浓度的降低而逐渐减小。

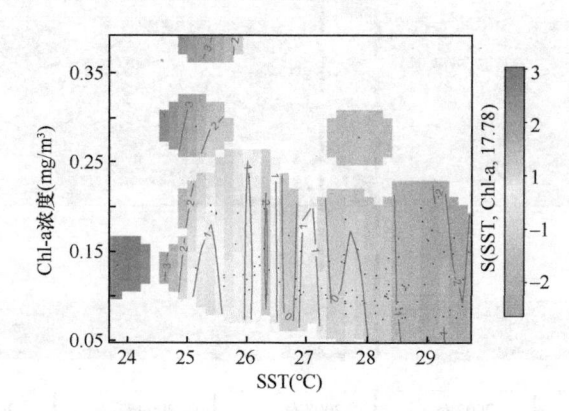

图 9-29　渔获量与环境因子的相互效应（引自 Yu 等，2019b）（彩图请扫封底二维码）

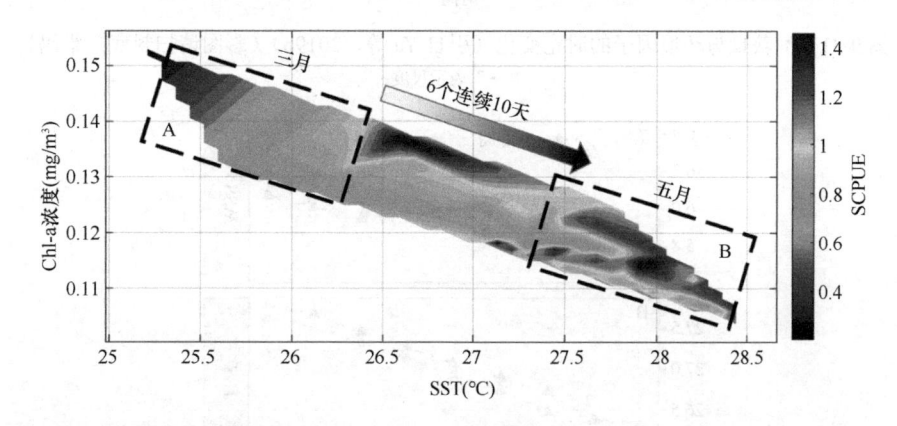

图 9-30　渔获量与环境因子的相互关系（引自 Yu 等，2019b）（彩图请扫封底二维码）
箭头表示从三月过渡到五月，方框分别表示三月和五月渔获量与环境因子关系

由空间趋势面插值分析了 SST、Chl-a 浓度在 SCPUE 上的影响。在 25~28.5℃和 Chl-a 浓度为 0.10~0.155mg/m³ 时，SCPUE 随海温升高、Chl-a 浓度降低而缓慢增加，在 5 月达到最大值。

3. SSW、SST、Chl-a 浓度和 SCPUE 的时空变化

由图 9-31 可以看出四个变量的时空变化范围与趋势，而从图 9-32 可以得到异常期与正常期四个变量的对比情况。

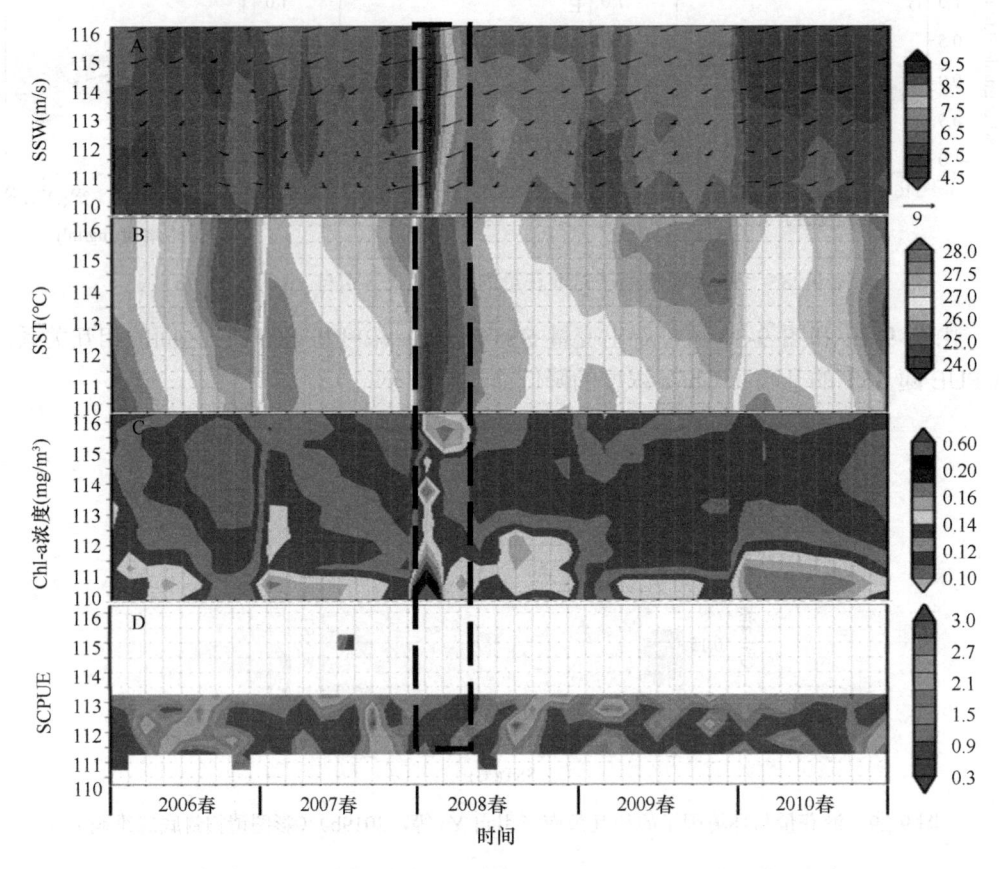

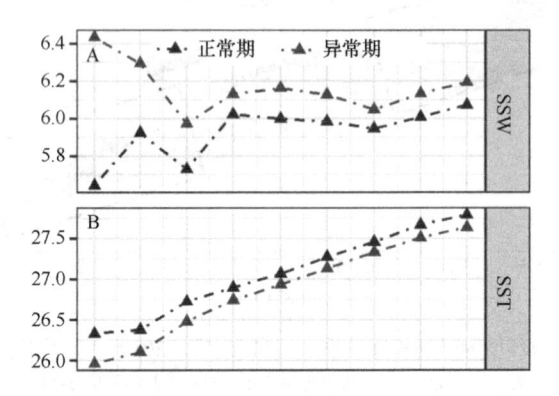

图 9-31　渔获量与环境因子的时空变化（引自 Yu 等，2019b）（彩图请扫封底二维码）
"→"表示尺度

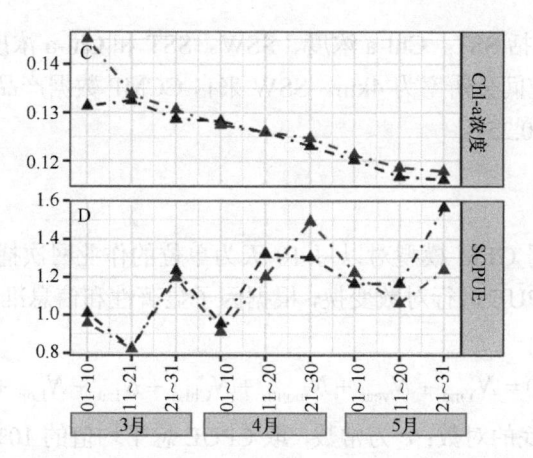

图 9-32　渔获量与环境因子的时间序列分布图（引自 Yu 等，2019b）（彩图请扫封底二维码）

4. 结论

（1）当 SST 为 24~28℃和 Chl-a 浓度为 0.10~0.35mg/m^3 时，SST 对 CPUE 有积极影响；当 SST 为 28~29.5℃和 Chl-a 浓度为 0.05~0.20mg/m^3 时，SST 对 CPUE 有消极影响。

（2）3~5 月，CPUE 逐渐增加，5 月达到最大值。南海中北部春季最大 SCPUE 对应最大 Chl-a 浓度的响应时间约为两个月。

（3）2008 年 3 月上旬的 Chl-a 浓度升高和种群规模减小是由于 SSW 升高和 SST 降低所致，这与春季拉尼娜引起的气候异常有一定的关系。

四、案例四

（一）数据选取

渔业资源数据来自大型灯光罩网渔船 2011~2015 年 1 月、2 月、8 月和 9 月在粤西海域的生产监测记录（图 9-33）。调查数据以一个渔区（0.5°×0.5°）为统计单位，包括作业日期、航次、经度、纬度和各鱼种产量等（刘祝楠等，2019）。

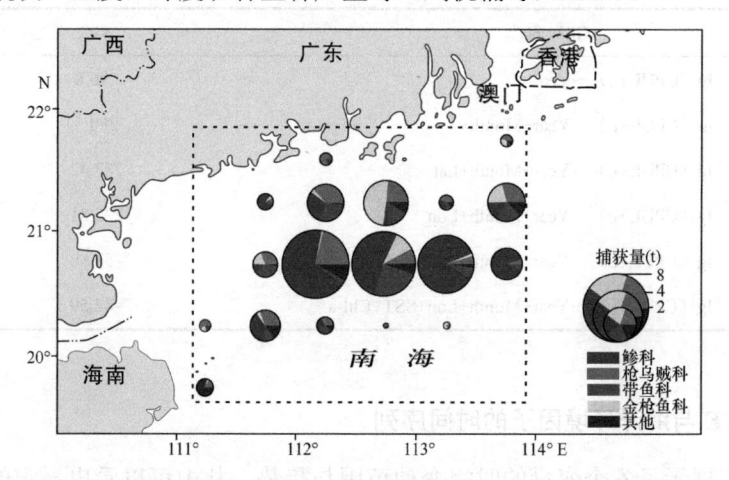

图 9-33　研究区域及其渔获量分布情况（引自刘祝楠等，2019）（彩图请扫封底二维码）

卫星遥感数据包括 SST、Chl-a 浓度、SSW。SST 和 Chl-a 浓度来自 Mapped 数据，时间分辨率为 1d，空间分辨率为 4km。SSW 来自 CCMP 数据产品，时间分辨率为 1d，空间分辨率为 0.25°×0.25°。

（二）处理方法

使用 R 语言，用 GLM 模型对以每 10 天为单位的作业网次捕捞产量进行标准化处理，标准化前先对 CPUE 进行对数变换，根据因子显著性和信息准则值选择 GLM 模型。GLM 表达为

$$\lg(CPUE + c) = N_{Ymd} + N_{year} + N_{month} + N_{Chl\text{-}a} + N_{Lat} + N_{Lon} + N_{SST} + error$$

式中，lg 取以 10 为底的对数；c 为常数，取 CPUE 总平均值的 10%（官文江等，2014）；Year 为年效应；Month 为月效应；Lat 为纬度效应；Lon 为经度效应；SST 为海表温度效应；Chl-a 为叶绿素 a 浓度效应；error 为 N（0，σ^2）。

应用 R 软件对 SSW、SST、Chl-a 和 SCPUE 进行多元线性回归分析，并用单因素分析法检验各变量之间的显著性。运用 Matlab 软件读取研究区域的 SST、Chl-a 浓度及 SSW 数据，去除无效值，以 10 天为单位计算其平均值，并绘制各环境因子和 SCPUE 热图。通过空间趋势面插值分析 SST、Chl-a 浓度和 SCPUE 的关系。

（三）结果展示

1. CPUE 标准化

如表 9-2 所示，结果表明，年（Year）、月（Month）、纬度（Lat）、经度（Lon）、SST 和 Chl-a 等因子加入后模型 AIC 降低，能解释 CPUE 变化的 98%。根据 AIC，构建的最佳 GLM 模型为

$$\lg(CPUE + c) = Year + Month + Lon + SST + Chl\text{-}a + error$$

表 9-2 各 GLM 模型的赤池信息量准则（Akaike information criterion，AIC）

GLM 模型	AIC	R^2
lg（CPUE+c）～Year	296.8	0.05
lg（CPUE+c）～Year+Month	280.5	0.15
lg（CPUE+c）～Year+Month+Lat	283.42	0.17
lg（CPUE+c）～Year+Month+Lon	225.81	0.39
lg（CPUE+c）～Year+Month+Lon+SST	−56.86	0.97
lg（CPUE+c）～Year+Month+Lon+SST+Chl-a	−82.59	0.98

2. SCPUE 与海洋环境因子的时间序列

图 9-34 展示了各个变量的时空变动范围与趋势，从中可以看出一定的变化范围与

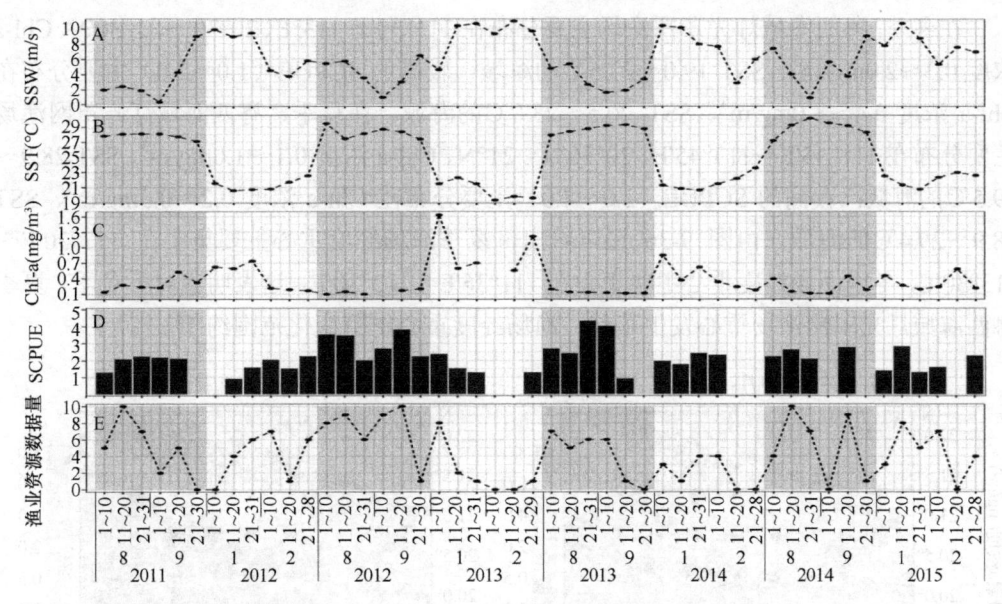

趋势，渔业资源每旬的数据量主要为 5～10 个，夏季数据量较多，冬季较少。

图 9-34　2011～2015 年夏季（8～9 月）和冬季（1～2 月）粤西海域 SSW、SST、Chl-a 浓度、SCPUE 及渔业资源数据量变化趋势（引自刘祝楠等，2019）

3. SCPUE 与海洋环境因子的相关性

分析表明，在冬季，较高 SCPUE（>3.0）的海域 SST 为 17.0～24.0℃，Chl-a 浓度为 0.2～0.6mg/m³。最高 SCPUE（4.47）出现在 SST 17.4℃、Chl-a 浓度 0.3mg/m³ 的海域。在夏季，较高 SCPUE（>5.0）海域的 SST 为 27.0～29.0℃，Chl-a 浓度为 0.5～2.0mg/m³；最高 SCPUE（8.12）海域的 SST 为 28.5℃、Chl-a 浓度为 1.0mg/m³（图 9-35）。

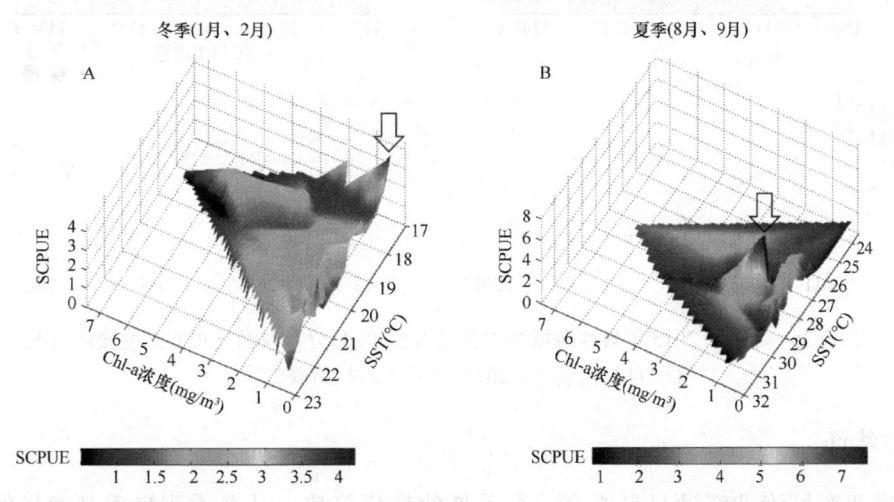

图 9-35　粤西海域 SCPUE 与 Chl-a 浓度和 SST 的相关性（引自刘祝楠等，2019）
（彩图请扫封底二维码）
箭头指示最高值位置

4. 灯光罩网渔场的时空分布情况

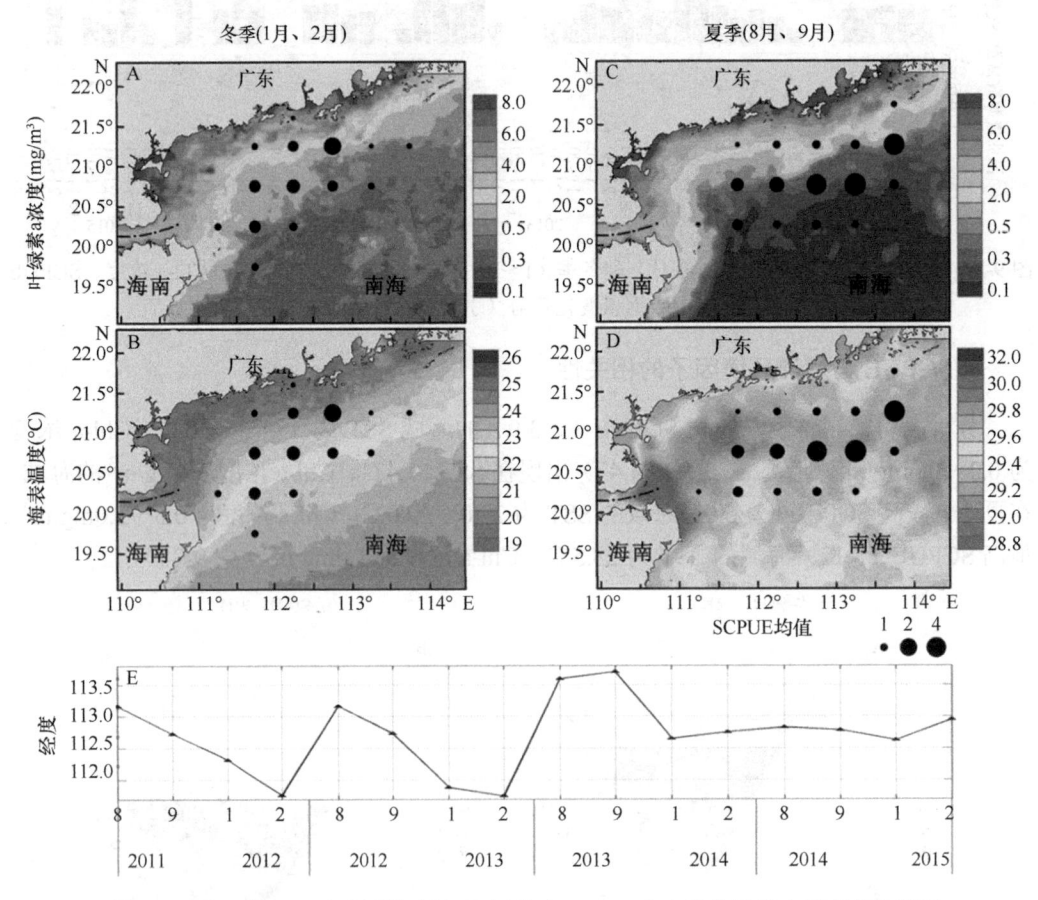

在冬季,粤西海域灯光罩网渔场主要分布在 111°30′~113°E、20°30′~21°30′N、Chl-a 浓度 0.3~2.0mg/m³、SST 19.0~23.5℃的海域;较高的 SCPUE(1.0~2.0)主要分布在 Chl-a 浓度 0.4~1.0mg/m³、SST 20.5~23.0℃的海域。在夏季,粤西海域灯光罩网渔场主要分布在 111°45′E~113°45′E、20°30′N~21°N、Chl-a 浓度 0.1~1.0mg/m³、SST 28.9~29.5℃的海域;较高的 SCPUE(2.0~4.0)主要分布在 Chl-a 浓度 0.2~0.5mg/m³、SST 28.9~29.4℃的海域。由图 9-36 还可看出,夏季渔场经度重心主要集中在 112°30′E~113°30′E,冬季渔场经度重心主要集中在 111°36′E~112°30′E,这表明相对于冬季,夏季粤西海域灯光罩网渔场重心发生东移,渔场经度重心季节变化范围约 1°。

图 9-36 2011~2015 年粤西海域冬季和夏季 SCPUE 分布及渔场重心经度变化情况
(引自刘祝楠等,2019)(彩图请扫封底二维码)

(四)结论

粤西海域渔业资源呈夏季高、冬季低的变化趋势,从冬季到夏季其渔场经度重心约东移 1°,主要与琼东-粤西上升流、粤西沿岸流及主要捕捞种类(鲹科鱼类)等有关。

五、案例五

（一）数据来源

1. 调查数据

中国枪乌贼数据来源于位于 19.15°N～22.15°N、111.12°E～115.37°E 广东西部海域渔船的观测记录（图 9-37），数据变量包括工作时间、航程、经度、纬度、渔获种类和渔获量，空间分辨率为 0.25°×0.25°，并按天进行汇总（Wang et al.，2021）。

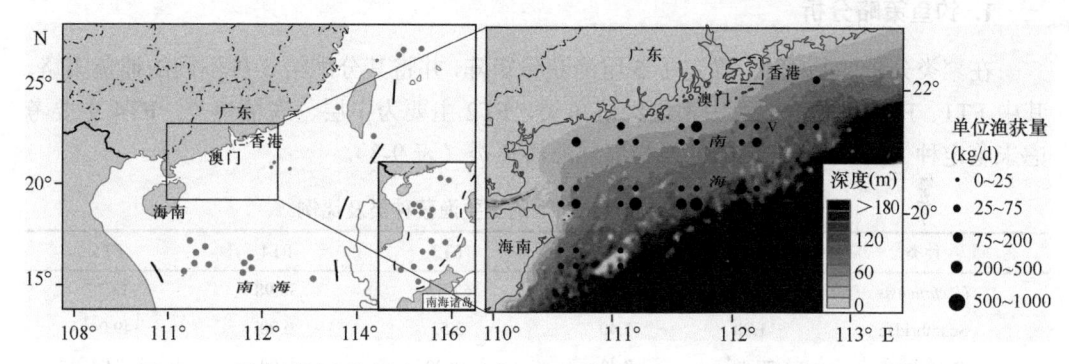

图 9-37 研究区域和渔网中心（引自 Wang 等，2021）（彩图请扫封底二维码）

2. 卫星遥感数据

SST 数据来自于 NASA 的 Modis Aqua 产品，时间分辨率为 1d，空间分辨率为 4km。由全球海洋物理再分析产品获得海表和海流数据，空间分辨率为 0.083°×0.083°。初级生产力（net primary productivity，NPP）和 Chl-a 浓度数据由 CMEMS 网站（http://marine.copernicus.eu/）获得，空间分辨率为 0.25°×0.25°，且时间条件相同。

（二）处理过程

使用 R 软件对 SST、SSS、Chl-a 浓度和渔业数据进行空间融合和匹配，并使用 ArcGIS 10.3 绘制流场和 NPP 分布图。不同分辨率遥感数据的数据融合可以通过以下公式计算：

$$Ave_j = \frac{\sum_{i=1}^{m} value(i)_j}{m}$$

式中，Ave_j 为数据融合后研究区各环境因子的平均值，分辨率为 0.25°×0.25°；"m" 为区域内各环境因子像素数，分辨率为 0.25°×0.25°；$value(i)$ 为研究区域的单位像素值，"j" 为捕捞区域，均具有相同的空间分辨率，均为 0.25°×0.25°。

采用 GAM 模型研究环境变量对渔业资源丰度和分布的影响，公式如下：

$$\begin{cases} CPUE \sim TWp(\theta, \varphi) \\ \ln(\mu_{CPUE}) = s(Month, SST) + s(Month, Depth) + s(Chl\text{-}a) + s(SSS) + s(FT) + s(year) + \varepsilon \end{cases}$$

式中，μ_{CPUE} 为 CPUE 的 Tweedie 分布均值；s 为光滑样条函数；$s(Month，SST)$表示月份与海面温度的相互作用效应；$s(Month，Depth)$为月份与水深的交互效应；$s(Chl\text{-}a)$表示 Chl-a 的效应；$s(SSS)$表示 SSS 效应；$s(FT)$表示钓鱼策略的效果；$s(year)$表示年份的影响；ε 表示模型误差。

（三）结果展示

1. 钓鱼策略分析

在聚类分析的基础上，确定了 5 组渔获量矩阵，并将其分配给 5 种不同的捕鱼策略。其中 FT1、FT3 主要为近海中上层经济鱼类，FT2 主要为中层、底栖鱼类，FT4 主要考虑未鉴定种（68.44%），FT5 主要为海洋洄游鱼类（表 9-3）。

表 9-3　五种捕鱼策略下的主要渔获种类及比例

种类	FT1	FT2	FT3	FT4	FT5
U. chinensis	9.00	13.37	62.02*	30.98	13.77
Scombridae	1.88	1.40	2.52	0.00	49.04*
Decapterus	77.08*	8.43	18.22	0.00	8.08
Trichiurus haumela	2.39	75.57*	9.74	0.58	10.18
Rastrelliger kanagurta	5.86	0.00	0.63	0.00	2.17
Formio niger	0.32	0.38	0.78	0.00	11.04
Sparidae	1.69	0.00	1.32	0.00	1.08
Navodon	1.38	0.06	1.83	0.00	3.48
unidentified species	0.39	0.79	2.93	68.44*	1.17

*代表比重最高的鱼种。

2. GAM 分析

从图 9-38 可以看出各个变量的变化所带来的 CPUE 的变化。

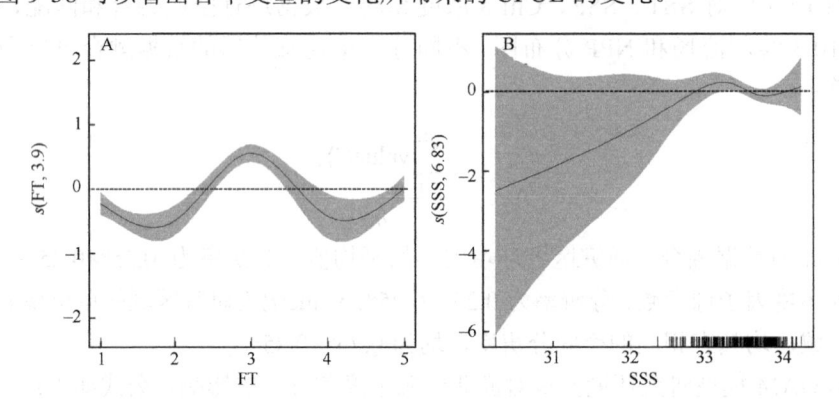

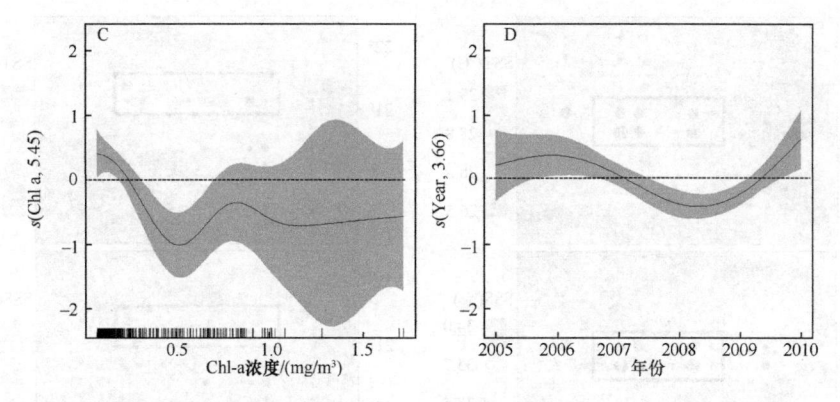

图 9-38　渔获量影响因素的 GAM 分析（引自 Wang 等，2021）

由图 9-39 可以看出，变量 SST 与月份、深度与月份之间的相互作用效应。在一定时间段内 SST 与深度起到了积极影响。

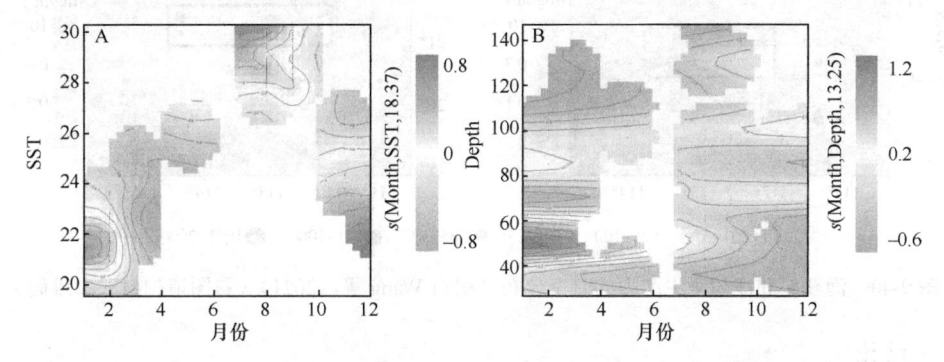

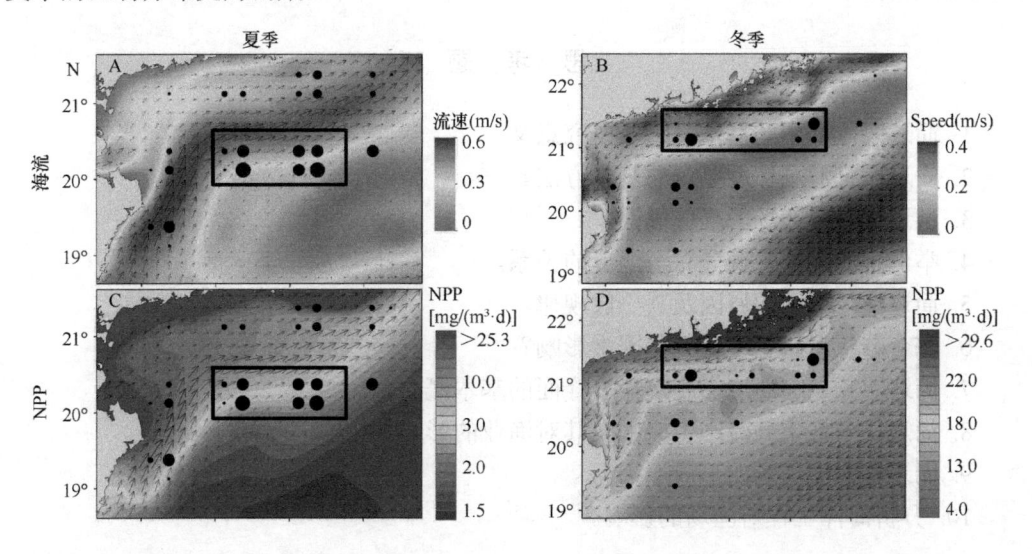

图 9-39　基于 GAM 的相互作用效应（引自 Wang 等，2021）（彩图请扫封底二维码）

3. 渔场分布的季节性变化

由图 9-40 可以看出两个季节渔场的鱼类分布对比情况，可以发现，相比于冬季，夏季的渔场分布更为密集。

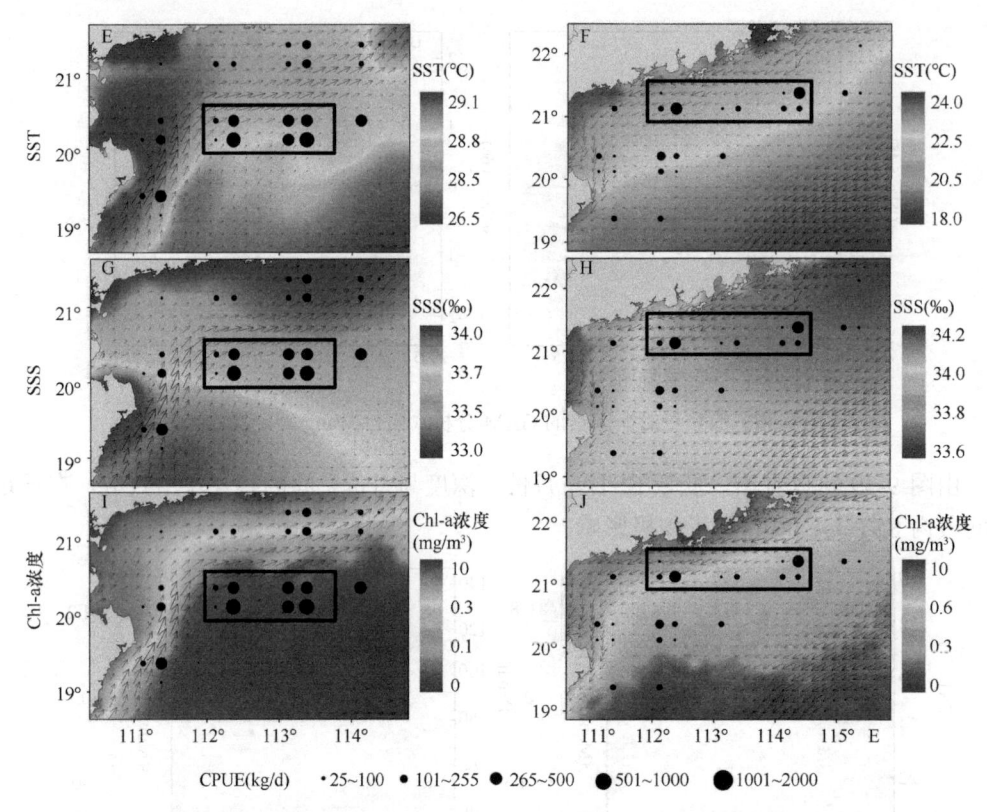

图 9-40 渔获量和净初级生产力的时空分布（引自 Wang 等，2021）（彩图请扫封底二维码）

（四）结论

结果表明，海温和月份的交互作用是影响中国枪乌贼种群数量的最主要环境因子（占 CPUE 的 26.7%），其次是深度和月份的交互作用（占 CPUE 的 12.8%）。在前海区，主要分布在海温 22~29℃、SSS 为 32.50~34.00、Chl-a 浓度为 0~0.3mg/m^3、水深 40~140m 的海域。

思 考 题

1. 简述温度锋面的基本概念及研究意义。
2. 简述研究渔场环境要素的基本方法。
3. 试述上升流渔场的形成原因。
4. 举例说明渔业资源分布与温度的关系。
5. 简述渔场变动的原因及其一般规律。
6. 综合分析渔获量会受哪些因素影响？
7. 简述温跃层、温度梯度及盐度锋面的基本概念。
8. 简述季节性上升流产生原因及其对渔业的影响。
9. 简述岛礁型渔场的形成原因。
10. 分析海洋工程对渔场的影响。

第十章　渔业资源学发展趋势及展望

本章提要：主要从 21 世纪渔业生产需求、渔业科学与技术发展角度介绍渔业资源学的发展趋势。重点介绍基于生态系统水平的渔业资源监测、评估及管理研究；渔业资源补充量的动态及优势种演替机制研究；基于限额捕捞的渔业资源量评估方法与技术研究的动态。同时，展望了渔业生物资源可持续利用的未来趋势。

渔业资源学是伴随着渔业的兴起和发展萌发与形成的一门科学。渔业生物资源具有再生、洄游和共有的特性。内陆水域的渔业资源是国土资源的重要组成部分，资源的兴衰主要受水域环境和人类社会经济活动扰动的影响。淡水渔业有显著的"独家经营"的特点，因此整个淡水生态系统易于遭到人为损害，而在采取有力措施的情况下，也易于得到恢复或者达到新的平衡。而对海洋渔业而言，因其具有的国际性、洄游性和共享性等特性尤其突出，一些与之有关的复杂和敏感因素增加了资源管理的难度。追溯中国或世界渔业发展的历史，首先是内陆淡水渔业的发展，而海洋渔业的发展则促进了渔业科学技术的革新与发展。海洋特别是大陆架是渔业资源学形成和发展的"摇篮"。进入 21 世纪后，世界渔业资源的现状为内陆水域、内海、领海、大陆架和专属经济区、大陆斜坡，包括大洋的渔业资源结构都发生了令世人瞩目的变化。传统的经济鱼类特别是大陆架底层鱼类资源衰退，种群数量不断减少，捕捞对象替代频繁。公海渔业资源特别是跨界和高度洄游的种群同样面临着捕捞过度的威胁。相应地，渔业资源评估和管理则由种群向群落即多种群（类）直至生态系统方面发展。

20 世纪 80 年代初通过的《联合国海洋法公约》以及随后确立的《大陆架公约》《公海公约》等有关海洋渔业的国际公约，把渔业资源管辖的范围逐步扩大到整个大陆架直至公海水域，公海捕鱼自由的原则受到严重挑战。为了养护生物资源，沿海国家享有对内加强渔业资源探察、开发、保护和管理，对外限制他国渔船在其专属经济区的捕鱼活动和维护国家的渔业权益已在全球范围内成为现实。世界渔业已由过去"狩猎式"的开发型转变为现在管理型的生态渔业。渔业资源及其管理的现状将在很大程度上决定 21 世纪渔业资源研究和发展的方向。"海洋生物资源可持续开发与保护"已经列入《中国 21 世纪议程》。围绕渔业生物资源可持续利用这个明确的国家目标开展渔业资源调查与研究，保证渔业生产健康、稳定和持续发展，不断丰富完善渔业资源学的理论和内涵，是中国 21 世纪渔业资源学的主攻方向和发展趋势。

在我国，自中华人民共和国成立以来，随着渔业生产的迅速发展，渔业科学获得了长足的进步，积累和取得了丰富的渔业统计、渔业生物学、主要经济种类的种群特征、种群动态、资源评估、管理和增殖放流等方面的资料与成果，推动了渔业资源学研究水平的提高和学科的深入发展。从理论和应用方面形成了我国渔业资源学科研究体系。20 世纪末我国已经开始了海洋生态系统动态的研究和渔业生物多样性及其保护的研究，到

21世纪10年代又着手开展海洋牧场建设，重建海洋生态系统，恢复受损生态环境和渔业资源。这是跟踪国际前沿的海洋生态学最为活跃的研究领域，目标是回答渔业生物资源开发、保护、重建及持续利用中存在和出现的一系列渔业生态学和资源学问题。这些研究项目和研究成果都为21世纪渔业资源学研究和进一步发展奠定了重要的基础。

第一节　基于生态系统水平的渔业资源监测、评估及管理研究

生态系统管理起源于传统的林业资源管理，是自20世纪初期以来，随着生态学的迅速发展和人们对环境破坏、资源利用方面的认识加深而逐渐形成的。Agee和Johnson出版了第一本生态系统管理专著，1993年3月美国总统召开林业大会后，森林生态系统管理评价工作组（FEMAT）发表了题为"*Ecosystem Management: An Ecological, Economic, and Social Assessment*"的报告，在美国社会各界引起强烈反响，并在学术研究上兴起了巨大的研究热潮，标志着生态系统管理的基本框架的形成。至今为止，尽管生态系统管理概念的提出已有30年，但其定义和理论框架尚处在争议之中，由于研究对象、目的和专业角度的不同，生态系统管理的定义也存在较大的差异。纵观前人对生态系统管理的定义，多数将生态系统与社会经济系统之间的协调发展作为生态系统管理的核心，而将对生态系统的组成、结构和功能的最佳理解作为实现生态系统管理目标的基础。

基于生态系统水平的管理目的是维持自然资源与社会经济系统之间的平衡，确保生态服务和生物资源不会因为人类活动而不可逆转地逐渐被消耗，从而实现生态系统的长期可持续性。生态系统管理的核心内涵是以一种社会、经济、环境价值平衡的方式来管理生物资源，包括生态学的相互关系、复杂的社会经济和政策结构、价值方面的知识等。其本质是保持系统的健康和恢复力，使系统既能够调节短期的压力，也能够适应长期的变化。由此可见，基于生态系统水平的管理不仅具有丰富的科学内涵，而且还具有迫切的社会需求和广阔的应用前景，并越来越受到管理者、科学家以及各国政府和国际组织的高度重视。针对水生生态系统管理，必须开展基于生态系统水平的渔业资源监测、评估及管理研究。

一、渔业资源调查、监测和评估

开展定期或不定期的渔业资源调查，全面了解渔业资源的动态变化，对渔业资源状况作出评价，目的是为生产经营、渔业开发、投资以及管理者制定和采取开发、投资、保护和管理的政策和措施提供科学依据。在不同的渔业发展阶段，根据渔业发展的水平，从事渔业资源研究工作的人员建立了各种渔业资源评估模式。在渔业发展阶段，主要是摸清主要经济种类的行为、分布、生活史、资源量大小和生产潜力及其动态特征，及时提供渔场、渔期和渔获量预报，为渔业开发服务；在渔业充分开发特别是过度开发阶段，主要是以研究捕捞与渔获量、亲体与补充量、单位补充渔获量与捕捞死亡之间的关系，估算最大持续产量（MSY）和最适产量为主题。当前，世界渔业资源都面临着全面衰退的威胁，绝大多数经济鱼虾类资源量急剧减少，资源处于完全或过度开发阶段。随着《联

合国海洋法公约》及其相关国际渔业法规的生效和实施,渔业管辖的范围扩大到整个大陆架水域,并把大陆架水域95%以上的渔业产量置于沿海国家管理之下。渔业资源管理已经成为沿海国家的重要职责,大陆架水域专属经济区的渔业资源调查、监测和评估研究必将围绕渔业资源合理有效的管理和最适利用的原则广泛而深入的进行。

坚持在特定水域进行常规的渔业资源、渔场环境监测调查,收集和获取系统的渔业统计及渔场环境,种群生物学、分布、补充特征和群落结构的动态资料,建立经济种群渔业统计和生物学资料的数据信息库;弄清重要种群亲体与补充量的关系及其栖息地环境变化对补充量和早期补充过程的影响及其机制;评估和预测补充量及其短期和长期变化。上述工作无论在渔业资源的理论研究还是在实际应用中都具有十分重要的现实意义。

渔业经历了大发展时期之后,渔业资源结构发生了全球性的显著变化。这种变化在我国内陆和大陆架水域表现得特别明显和突出。经济鱼类资源衰退,多获性的低值鱼类数量上升,大中型底层鱼类数量减少,小型中上层鱼类数量增加,单纯对经济种群动态和资源评估的研究已经不能满足渔业资源开发和管理的实际需要。渔业生态系统、群落、多种群渔业资源评估模式的研究应运而生,早已风行于世界渔业发达的国家。我国在南海北部大陆架水域开展了这方面的研究(费鸿年等,1981),但尚属初级阶段。如20世纪60~70年代我国主要经济种群动态研究一样,在21世纪,多种群资源评估和管理的研究将成为我国渔业资源研究的主攻方向。由于计算机模拟、卫星遥感和声学资源评估等高新技术的不断涌现和发展,应用生态学及其他边缘学科最新的研究成果将为该项研究提供重要的理论、方法和手段。多种群或渔业生态系统的研究主要包括:①群体、种群和种间营养关系,即所谓"捕食"和"竞食"关系的研究,不同种群"消长"规律的研究;②渔业生物资源与环境的相互作用的研究。

二、渔业生态系统健康状况评估、监测和优化

当前能够用于判断水域生态系统健康状况的通用准则凤毛麟角,迫切需要深入开展研究,建立有关的方法和准则,获取生态系统、渔业生物种群、群落结构的动态资料,建立水域生态系统的数值模拟模型是开展这方面工作的一种重要手段。它将为我们提供一种对环境与生物种群和群落相互影响、量化的评价方法。

内陆水域生态系统范围狭小,相互隔离较强,栖息的渔业生物种群的分布范围有限,生态系统的稳定性较差,对环境的变迁或干扰有更高的脆弱性。因此,生态环境的任何变化都将对渔业资源产生重要影响。当前,内陆水域生态系统退化主要表现为以下几个方面。

(1)湖泊生态系统萎缩消亡十分严重。气候干旱导致许多湖泊水位下降,缩小甚至干涸,淡水变咸。围湖造田导致湖泊面积缩小,破坏了鱼类的产卵场和栖息地。

(2)江湖阻隔对栖息地有毁灭性影响。以青鱼、草鱼、鲢、鳙为代表的通江湖泊鱼类,以及中华绒螯蟹、鲚、鳗鲡、鲥等溯河(降海)洄游性种群,是内陆水域重要的经济种类及内陆渔业的主体,建闸筑坝造成的江湖阻隔首先是切断了鱼类的洄游通道,切

断了江湖洄游鱼类生活史中肥育场和产卵场之间的关系，使无法在湖内自然繁殖的种群丧失了自然补充的机能，导致江湖洄游渔业资源严重衰退以致近于灭绝。从而直接威胁到像长江这样特有的经济鱼类种质资源的永续利用和中国乃至世界淡水渔业的支撑体系。

（3）栖息地生态环境污染。江河成为工业和生活污水有机物和有毒污染物的主要排放地，湖泊富营养化加速导致蓝藻"水华"大量发生和蔓延，浮游植物群落的生产力上升，浮游生物群落多样性下降。

（4）湖泊"水下森林"的破坏与优势种群的替代。内陆水域生态系统的生物群落中物种之间存在相互依存、制约和竞争与捕食关系，这种相对平衡的关系一旦遭到人为的破坏，不仅会使物种本身还会因此引起其他物种的毁灭。过量放养草鱼破坏了湖泊水生高等植物的生存基础。水草的消失不仅对以螺类为代表的底栖生物有重要影响，而且，由于产黏性卵的鲤、鲫、鳜等鱼类以水草作为其卵粒的附着基质，因此，也必然引起上述经济鱼类补充量的变化。大量放养草鱼同时也破坏了草食性鱼类的饵料基础，"草型湖泊"逐渐变为"藻型湖泊"。草食性草鱼逐渐被鲢、鳙等滤食性种类所替代。

（5）近交引起的种质资源退化。长江四大家鱼的野生群体和种苗资源长期处于衰退状态，放养的种苗主要来源于人工近亲繁殖，已经出现了生长变慢、性成熟提前、亲体变小、鱼病高发、成活率降低等种质退化的征兆。而亲体数量减少和小型化又增加了野生群体发生近交的可能性，对种群的遗传变异有重要影响。

（6）捕捞过度。多年来过度捕捞是大中型湖泊野生种群资源量下降的最重要的原因，高强度的捕捞导致湖泊渔业生物的种群和群落结构的低龄化、早熟化和个体小型化。渔获物中主要经济鱼类趋于低龄小型化，其当年生的幼鱼和各种小型低值鱼类成为主要捕捞对象。

生物特别是渔业生物多样性是人类赖以生存的重要蛋白质来源，随着人类经济活动的不断增加，生态环境日趋恶化，捕捞强度不断加剧，我国内陆水域的物种和种质资源，以及生态系统都在急剧衰退中。与海洋生态系统相比，一方面淡水生态系统因其范围狭小，更易于遭到破坏；另一方面因其封闭性较强，可控程度较高，也易于进行保护并得到恢复。

当前，海洋特别是近海水域生态系统也面临着类似于内陆水域的问题。近海的河口及其邻近水域是多种海洋经济鱼类和溯河（降海）洄游性鱼类的产卵场和栖息地，这里也是有机物和重金属污染最严重的水域，许多江河成为陆源污染物以及池塘养殖业残存有机物的主要排放通道。随着有机物污染的加剧，赤潮频发，且其面积不断扩大，严重破坏了产卵场和栖息地的生态环境，对多种渔业生物，主要是贝类资源和在河口水域产卵的经济鱼虾蟹类的早期补充过程和补充量，产生灾难性影响并成为近海渔业资源衰退的重要影响因素。这种影响特别是进入 21 世纪后日渐加剧，而捕捞过度的影响尤其是对种群和群落结构的影响导致优势种群更替频繁的问题，则是早在 20 世纪 60~70 年代就已经非常明显了。

无论如何，对水域生态系统健康状况的监测，应当列为与渔业资源监测同样重要和同步进行的基础科研工作，这是渔业资源由开发型转为管理型，把水域管理从单一种群向多种群（群落）管理，转向包括生态环境在内的生态系统管理，从而为达到渔业资源可持续利用这个总目标提供科学依据的需要。

水域的生态系统、生物群落结构、种间关系随着气候和环境的变化以及人类经济活动的干扰发生时空变化，经常发生种群替代，即高营养层次的经济种类被低营养层次的低值种类所替代，以保持其动态平衡。一旦这种平衡遭到破坏要想恢复到其原始的状态既没有可能也没有必要。当前，在世界性内陆和近海水域环境恶化、生态平衡遭到破坏、生态系统功能退化、渔业生物资源普遍衰退、优势种群更替变频的情况下，恢复、重建和优化已经退化或遭到破坏的生态系统、生物群落结构已经成为世人关注的热点。为了重建和优化水域的生物群落结构，保证渔业生物资源可持续利用，生产实践证明，开展人工增殖放流或移殖成为行之有效的途径。高度洄游性鲑、鳟类的增殖放流是世界上最为成功的例子。此外，早在20世纪60年代，在日本濑户内海和中国内陆水域的鱼虾贝类的种苗放流也取得了令人瞩目的效果，通过人工增殖放流，可以选择优良的种群，充分发掘水域的生产潜力，提高水域的生产力。按照增殖的种类，可以区分为"农化"和"牧化"两大部分，在近海底播和吊养、插养经济贝类，在中小型湖库中放养蟹类和经济鱼类，可以完全置于人为管理之下，具有明显的"独家经营"的特点，可视为"农化"；在近海和大型湖泊中放流鱼虾蟹等洄游性或移动性较强的种类，因其活动范围较大，属于"牧化"。当前无论是"农化"还是"牧化"，在理论和应用技术上都还存在一些科学问题和"卡脖子"技术，阻碍着其向规模化和集约化方向发展。诸如环境的生态容纳量或称合理的放流数量，种质资源保护和管理，敌害种类清除，引种和外源物种入侵，增殖放流技术以及效果评价技术，增殖放流对水域生物群落结构和功能的影响，等等。上述都还需要持续进行攻关研究。

当前，在渔业生物资源衰退、群落结构发生很大变化、水域生态系统退化的条件下，应正确评估过度捕捞、环境污染和全球气候变化对渔业生物种群的补充、群落结构、生物多样性的影响程度；确定水域生态系统的健康状况、生态容纳量和资源增殖潜力的评估方法；探索受损及退化的生态系统，特别是生物资源的恢复能力及其重建和优化途径与技术；开展内陆和近海水域渔业资源增殖放流，探讨不同水域的最佳经济开发模式，最终达到建立管理型可持续利用的"生态渔业"目标。

第二节 渔业资源补充量的动态及优势种演替机制研究

一、种群补充量动态及补充机制的研究

生物资源是一种再生型资源，种群通过产卵繁殖、发育生长，延续和补偿因自然死亡和人为捕捞而减少及损失的数量。补充量的大小是种群长期以来对栖息地环境形成的一种适应特性，是判断资源生产力的关键。掌握种群补充量的动态及其机制十分重要。种群的补充量大小与亲体数量及产卵场和栖息地的环境因素有关，对一些生命周期短、发生量较大、补充量波动剧烈、对外界环境变化适应能力较弱、在河口附近水域产卵的种类来说，通常认为种群补充量仅仅依赖栖息地的环境因素而与亲体数量无关，这导致在强调环境对补充量的影响时往往忽视和掩盖了亲体的作用；一些生命周期较长、发生

量小、补充量变动不大、对外界环境变化抵抗能力较强的或在较稳定水域中繁殖和生活的种群，则与亲体有着十分密切的相关关系；对大多数种群来说，亲体数量和环境都是影响补充量的重要因素，但是，在传统的亲体-补充量模型中往往将各种复杂的环境因素简化为一个常数。我们已经知道，可用两种不同类型的数学模型来描述种群的补充或繁殖曲线。其中，Ricker 型补充曲线（1954 年）为一条有明显隆起的曲线，当补充量达到最大值以后，随着亲体数量增加，补充量不仅不增加反而迅速减少，这与模型中的依种群密度变化的参数 b 有关；而 Beverton-Holt 型补充量曲线（1957 年）则为一条有渐近值的曲线，当亲体数量增加到一定水平后，补充量趋于稳定。上述的两种模型除了描述亲体-补充量的关系之外，还可以计算诸如种群最大的补充量及其所需的亲体数量和最大持续产量（MSY）等用于进行资源评估、渔获量预报和资源管理的重要特征值。但前提是，必须有较长的渔业统计资料系列，需要积累到有足够的亲体数量变化范围很大的资料，否则将会产生很大的误差，从而对亲体-补充量的关系和种群的资源状况及动态特征产生偏差甚至错误的认识。

在研究亲体-补充量的过程中，除了环境因素的作用，还要考虑捕捞活动的影响。不言而喻，亲体数量本身就与捕捞强度密切相关，尤其是在一个种群被高度开发利用之后，捕捞也是影响补充量的一个重要因素。

种群进入渔业的补充形式是十分复杂的，主要有以下几种。

（1）一次性补充。一个世代的补充量在一个很短的时间内一次完全补充到渔业资源种群里，如中国对虾、曼氏无针乌贼等。

（2）分批补充。同一世代的补充量分批于不同年份进入渔场，如南海北部万山渔场春汛的蓝圆鲹。

（3）连续补充。一个世代的补充量在一年或多年内逐渐补充进入渔场，如大多数热带和亚热带水域的鱼类。

种群的自然死亡主要发生在其对外界环境适应能力很差的生活史的早期发育阶段，这个阶段对外界环境有较大的依附性。因此，产卵场和栖息地的气候、水温、海流、盐度、营养盐等物理化学因素以及饵料和敌害生物量的异常变化，对补充量有直接或间接的影响。在以往的研究中已经证实与此有关的环境因素包括辐射能、径流量、盐度、降水量、气温、水温、日照、大风强度及持续时间等，而其中的一些因素又是相互关联的，如气温与水温、日照与辐射能、盐度与降水量和径流量等。在这些影响因素中对补充量影响和作用的形式又是各不相同的，其中大风或者突然降温会导致死亡率增加；至于降雨和径流则可能与携带陆源污染物入海引起栖息地生态环境恶化和盐度骤降有关。伴随着工业发展发生的水域富营养化和污染无疑也是影响种群补充量的重要因素。污染对于一些在河口邻近水域繁殖栖息，特别是活动性不大的种群如底栖贝类的补充量甚至亲体都将产生灾难性的影响。

进入 21 世纪后，随着海洋产业和海洋经济的发展，围海造地、临港工业的发展，致使沿岸水域被挤占、产卵场和仔稚鱼栖息地碎片化、水动力环境改变、水体交换能力减弱以及污染加剧等，也成为影响种群补充量的重要因素。关于生物与非生物环境因素对亲体-补充量关系的影响引起了越来越多的渔业资源学家的重视。所谓"全球变化"

包括大气环流、气候干旱直至厄尔尼诺等引起海洋的周期性变化导致鲱、沙丁鱼和鳀等鱼类周期性世代发生量激烈变化的事实已经或正在得到证实。各种复杂多变的、利害不同的环境因素，改善或者损害了栖息地的生态环境，扩大或者缩小了栖息地的范围和面积，从而在种群的亲体-补充量关系中导入了许多不确定的影响因素，增加了这种繁殖模型的复杂和不稳定性。因此，深入探讨种群的亲体-补充量的关系特别是各种环境因素的影响和开展种群生活史早期阶段的补充机制和过程的研究是 21 世纪渔业科学研究的发展趋势。

21 世纪渔业科学研究主要内容包括：种群早期生活史阶段的动态变化与饵料和敌害生物的关系及其变化机制；早期发育阶段种群的自然死亡，包括饵料不足引起的饥饿死亡，捕食者对鱼卵、仔稚鱼的捕食死亡的发生机制及其对种群补充量的调控作用；栖息地的关键物理化学过程，如温度、盐度、河口冲淡水的层化与混合的特性，营养和污染物质的输送，有机物降解和营养物质在食物链中累积与迁移等及其对生物过程的作用；气候变异对栖息地关键生物和理化过程的影响等。这样也就把种群补充量动态研究纳入到水域生态系统和生物群落动态研究的范畴，通过建立生态学数值模型，模拟生态系统对渔业的反应，探索和理解栖息地的各种关键过程对种群的亲体-补充关系、补充机制以及补充量和生长的调控作用。

二、生物群落结构的动态和优势种交替规律及其机制

随着渔业的迅速发展，我国乃至世界的渔业资源结构都发生了世人瞩目的变化。经济鱼类资源急剧衰退，低值鱼类资源大幅度上升，主要捕捞对象和优势种替代频繁，周期趋短，向低值化、低营养阶层转换。在黄海、渤海，20 世纪 50 年代末的优势种如带鱼、小黄鱼、黄姑鱼和白姑鱼等大型底层鱼类逐渐为斑鲦、黄鲫、青鳞、鳀、赤鼻棱鳀等中上层小型鱼类所替代。其中，带鱼几近绝迹，小黄鱼等石首鱼类数量大幅下降，渔获幼鱼化。渤海的肉食性鱼类的营养级平均值由 20 世纪 80 年代初的 2.93 降至 90 年代初的 2.73（邓景耀等，1997）。

东海舟山渔场有世界著名的带鱼、大黄鱼、小黄鱼、曼氏无针乌贼四大渔业。如今，大黄鱼已几近绝迹。为了恢复浙江渔场大黄鱼资源，1998 年，浙江省在宁波象山港口部的万礁至野龙山水域首次投放 14.3×10^4 尾大黄鱼鱼苗，实施大黄鱼增殖放流试验。进入 21 世纪后，大黄鱼作为浙江生产性增殖放流的一个重要种类，其放流的数量规模和区域不断扩大。据不完全统计，2018～2020 年，浙江省就放流大黄鱼鱼苗 2.78577×10^8 尾。虽然近些年渔民普遍反映自然海区大黄鱼日渐增多，在东海捕到野生大黄鱼的新闻也时见报端，但总体来说，大黄鱼资源没有得以根本好转，捕捞产量一直处在不足千吨的极低水平状态。自 20 世纪 60 年代以来，东海带鱼资源状况发生了明显变化，表现在带鱼群体结构日趋不合理，群体组成低龄化、小型化，性成熟提前，初次性成熟肛长趋小，产卵期延长、产卵场分散，位置有所外扩。1995 年，我国在东海率先实施"伏季休渔"政策，之后东海带鱼资源量虽有增加，但主要是当年鱼资源增幅明显，而 2 龄以上鱼的数量未见增加，其比重反而下降。当年鱼和 1 龄鱼这两部分鱼群构成了 20 世纪 90 年代

带鱼组成的主体，是捕捞生产的主要对象。带鱼的开发利用率较高，历史上其最大年龄可达 8 龄，但目前带鱼组成主要为当年鱼和 1 龄鱼，说明海洋中带鱼剩余群体数量严重缺乏。一个世代的资源量几乎经过 2~3 年时间的捕捞就没有了，这种情况说明带鱼的资源状况十分令人担忧（唐启升，2006）。小黄鱼在 20 世纪 50 年代末期开始衰退，到 1989 年东海区的小黄鱼年产量跌至 $4.4×10^3$t，为历史最低谷。为了促进这一渔业资源的振兴，1981 年，我国采取了对小黄鱼最大产卵场（吕泗渔场）实行封港休渔措施，经过 6 年保护后，小黄鱼资源才开始缓慢回升，加上从 1995 年起东海区实施了伏季休渔制度，有力地保护了小黄鱼资源，从 20 世纪 90 年代开始小黄鱼资源开始慢慢回升。1992 年的小黄鱼产量为 $2.35×10^4$t，1996 年达到 $9.49×10^4$t，2000 年高达 $1.595×10^5$t，之后曾波动下降，到 2020 年又达 $1.597×10^5$t，创历史最高纪录。另外，根据 1991 年 1~2 月中日两国渔业调查资料反映，小黄鱼在东海越冬场的分布不仅范围大，而且数量也多。1997~2000 年调查中也发现小黄鱼数量比 1991 年增多，分布范围也在扩大，日本也认为在中国一侧小黄鱼数量正在增加。但是，从渔获物组成来看，渔获物组成小型化、低龄化、性成熟提前的迹象十分明显，小黄鱼资源基础仍十分脆弱。一年生的曼氏无针乌贼在 20 世纪 70 年代末北移到黄海甚至渤海产卵繁殖并形成了相当数量的补充群体，可在东海则日趋减少，到 80 年代彻底衰落，并为金乌贼、针乌贼、虎斑乌贼、剑尖枪乌贼、太平洋褶柔鱼和鸢乌贼等种类所替代。同样地，绿鳍马面鲀资源衰落的同时也逐渐被黄鳍马面鲀所替代，三疣梭子蟹为细点圆趾蟹所替代。

在生物资源高度多样性的北部湾水域，从 20 世纪 60 年代初到 90 年代初的 30 多年里，渔业资源群落结构发生了显著的变化。红鳍笛鲷、短尾鳍金线鱼、黄带绯鲤、长棘银鲈、断斑石鲈等大中型的底层经济鱼类被以发光鲷为代表的小型底层鱼类所替代。50 多年来种类更替的结果是一些个体大、寿命长、经济价值和营养层次较高的种类被个体小、寿命短、经济价值和营养层次低的种类所替代。

导致这种替代的重要因素主要是捕捞过度，包括捕捞力量的不断增加，捕捞结构、捕捞方式不合理，网目尺寸过小等。解决这个问题要从压缩和控制捕捞力量、调整捕捞结构、改革捕捞方式，特别是要从开发安全捕捞技术入手。其次，大气环流、气候、降水等周期性变化，人类活动导致海湾、河口及近岸养殖水域的富营养化，赤潮和污染也对渔业生物群落中的种类替代产生一定影响；生态系统的营养结构，生物群落中种类之间的食物关系、捕食与被捕食的关系、竞争关系都对种群动态、群落结构特别是优势种替代产生直接或间接的影响。因此，水域生物群落的基本结构特别是食物链和食物网的结构，食物的定量关系，始于初级生产的不同营养等级之间的能量流动、收支和转换都是调控生态系统的重要机制。探讨渔业生物优势种更替的规律，捕捞强度和种间关系对优势种的控制程度以及优势种更替的机制和过程；量化环境变化，建立物理-化学-生物耦合的生态系统数值模式，仿真分析和模拟预测水域生态系统结构和时空变化，将为生物资源持续利用提供重要的理论基础和科学依据。

我国大陆架水域跨越热带、亚热带和温带，不仅地处热带、亚热带的南海北部水域，而且渤海、黄海、东海的温带水域的渔业资源均以多种类为特征。渔获物种类少则数十种（渤海、黄海），多则上百种（东海、南海）。南海大陆架水域没有明显的优势种，黄海、东海虽有像带鱼、鳀等年产量 $1.0×10^6$t 左右的优势种群，但是，与寒温带水域渔获种类少，优势种占据绝对优势，年产量高达数百万吨截然不同。多种类是某些特定水域渔业生物种群的集合，具有生物群落的一些基本特征，故也可称之为渔业生物群落。国际上这方面的研究开展得较早，我国是在 20 世纪 80 年代开始在南海北部和闽南-台湾浅滩、东海深水域和黄海（费鸿年等，1981；施并章和黄宗强，1987；黄宗强和施并章，1986；唐启升，1989）研究底层和中上层鱼类群落结构的时空变化、多样性和优势度指数，21 世纪以后，对渔业生物群落结构特征、多样性及优势度的研究进入蓬勃发展时期，渔业生物种类不仅局限于鱼类，还开展了虾蟹类、头足类等群落结构及其生物多样性的研究。但是，以上这些研究远远没有涉足多种类渔业的基本模型问题。鉴于我国大陆架水域渔业资源高多样性的特点和当前的渔业资源现状，多种类渔业的研究应当成为渔业科学发展的热点。由于对渔业资源及其生态环境之间的相互关系和作用特别是对种群的早期补充和优势种更替的规律和机制所知甚少，很难确定和预测特定水域生态系统发生的各种变化与种群和生物群落结构动态之间的相互影响及作用。20 世纪 90 年代以来，世界各国开展的海洋科学跨学科的"全球海洋生态系统动力学研究计划"（GLOBEC）就是要全面了解渔业水域物理化学过程对生物生产过程的影响和作用；初级生产、次级生产及其与渔业资源动态变化的关系，主要是捕食与被捕食者的关系，及其对种群补充量和渔业生物群落结构的影响，并在此基础上，建立渔业生物资源评估和预测模型，从而确定和预测水域生态系统发生的各种变化，也就是对渔业开发利用的反映。

生态系统模拟说明了必须确定水域生态系统中大尺度自然变动的幅度和周期，这种自然变动是指与人类活动无关的自然存在的变动，如果不对这些自然变动作出适当的评价，就无法评价人类活动对种群资源量与时空分布的影响。而这些模拟却可用来全面评价和预测渔获物的种类组成对生态系统的影响。生态系统模拟使得人们既可提前对渔业直至生态系统管理方案的实施作出决策，又可对该系统或渔业进行连续监控。同时，也就可以对渔业管理的效能及其所受到的影响作出评价和判断，就能使捕捞力量适应水域的资源状况。

第三节 基于限额捕捞的渔业资源量评估方法与技术研究

一、渔业管理现状及发展趋势

渔业资源是人类的一种重要动物蛋白质来源，在约占地球总面积71%的海洋里，渔业资源十分丰富。过去，许多学者对渔业资源蕴藏量有各种不同估计，总可捕量从几亿到几十亿吨，保守估计至少有 $1.0×10^8 \sim 2.0×10^8$t（在保持资源能再生的情况下，每年可捕捞生产 $1.0×10^8 \sim 2.0×10^8$t），曾一度被视为是一种不会枯竭的自然资源。在 20 世纪 80 年代之前，世界海洋渔业产量从 20 世纪初的 $3.5×10^6$t，到 1950 年的 $1.889×10^7$t，1964 年的 $5.3×10^7$t，1970 年的 $6.1×10^7$t，再到 1987 年超过 $8.0×10^7$t 大关，呈持续上升趋势。但是，自 20 世纪 60 年代以来，随着社会的发展和人口的快速增加，人们对水产品的需求逐渐增强，导致捕捞强度不断增大，特别是由于科技的进步使捕捞生产技术快速提升，捕捞渔船、网具和探鱼设备实现现代化；工农业生产迅速发展，环境污染加剧，世界范围内近海渔业资源和传统捕捞对象已相继出现衰退问题。从 20 世纪 90 年代开始，世界海洋捕捞也出现持续的不景气，1990 年全球海洋捕捞产量第一次出现下降，比 1989 年减少 3%，这种趋势在以后几年内持续存在，1990~1992 年，平均年下降 1.5%。此外，统计表明，1950~1994 年海洋渔业资源平均营养级每 10 年约下降 0.1 级，捕捞渔获物也从高营养级的长寿命肉食性底层鱼类转变为低营养级的短寿命无脊椎动物和浮游动物食性鱼类。根据 2019 年 FAO 完成的评估报告，在 200 多种世界传统的主要渔业资源中，目前已有 35.4%处于过度开发状态，57.4%处于充分开发状态，7.2%处于低开发状态，全球面临着严重的海洋渔业资源过度消耗危机。

也是自 20 世纪 60 年代起，如何解决海洋渔业资源衰退、捕捞过度和维持渔业资源的可持续利用问题就已引起人们的高度重视，世界各国十分重视渔业管理，并在过去的半个世纪里不断丰富和完善海洋渔业管理理念和模式，设计、实施各种渔业管理制度，以确保海洋渔业资源的合理开发与可持续利用。例如，限制渔业从业人数、控制捕捞渔船数和功率数、控制网具数量等投入控制制度，规定最小网目尺寸、渔获物最小可捕规格，设立禁渔期、禁渔区、保护区等技术性控制措施，被世界绝大部分国家和国际渔业管理组织广泛采用，这些制度和措施虽然对世界渔业资源的保护和恢复能起到一定的作用，但是，实践中各国都意识到，它们不能有效地控制捕捞力量的持续增长，实施这些制度的渔业资源仍然继续衰退。针对这一现实，改革渔业管理制度和管理措施迫在眉睫。特别是进入 20 世纪 70 年代以后，随着海洋渔业资源衰退加剧，许多国家或地区的渔业管理模式在使用投入控制和技术性措施进行渔业管理的同时，逐步开始在其渔业管理中运用总可捕量制度（total allowable catch，TAC）等产出控制手段。1982 年第三次联合国海洋法会议通过的《联合国海洋法公约》（以下简称《公约》）确立了 200 海里专属经济区制度，在专属经济区概念及制度的实施中，全球约 90%的渔业资源开始划归各沿海国管理，因此，《公约》强调了海洋渔业资源的保护和施行限额捕捞的必要性，并预示了世界海洋渔业的生产秩序和管理制度的深刻变化及其管理趋势。无论是发达国家还是发展中国家都纷纷引入渔获量限制制度、总可捕量制度（TAC）、个体渔获配额制度（system of individual quota，IQ）、个体可转让渔获配额制度（system of individual transferable quota，ITQ）等产出控制制度。如今，欧洲几乎将所有主要渔获水产品定为 TAC 种类进行产出控制管理，冰岛限额捕捞水产品的产量达到总产量的 98%。美国分为 8 个管理区，特别是在 2006 年对《马格努森-史蒂文斯渔业保护和管理法》进行修改，明确了 TAC 规制种类的捕捞量上限。新西兰 ITQ 制度管理下的产出管理数量相当于该国总捕捞量的 70%，日本确定了 7 个种类、韩国确定了 8 个种类的 TAC 管理。

另外，1992 年，在墨西哥坎昆召开的国际负责任捕捞会议上通过了《坎昆宣言》，明确了负责任捕捞应包含：渔业资源的可持续利用和环境相协调的观念；使用不损害生态系统、资源或其品质的捕捞及水产养殖方法；符合卫生标准的加工，以提高水产品的附加值；为消费者提供价廉物美的产品。1995 年，联合国大会通过了《负责任渔业行为守则》，宣布在捕捞方面都要遵守的原则，以确保各种做法是负责的和可持续的。在这种背景下，今后的国际渔业管理趋势：在近海海域实施限额捕捞将是保持海洋渔业资源可持续利用的重要手段；遵守国际渔业规则将成为国际上获得渔获配额的重要指标；观察员制度将会得到进一步加强；与市场相关的措施在国际渔业管理中将得到应用；渔业管理将引进生态系统办法；在国际渔业管理中民间力量将进一步加强（刘小兵和孙海文，2008a，2008b）。

我国在20世纪50年代之前，由于生产力水平低或者战争等因素，渔业管理几乎处于半停顿状态，即使颁布了一些渔业法规，也基本没有施行。自中华人民共和国成立起，中央及各级人民政府开始着手渔业管理，特别是到了20世纪80年代以后，随着我国渔业生产规模的不断增大，海洋渔业资源的相继衰退，迫使我国开始重视渔业管理，建立渔业管理制度，以维护渔业生产秩序，保障渔业生产者的合法权益，维持捕捞能力和渔业资源的动态平衡，防止渔业资源衰退加剧，以达到渔业资源可持续利用的目标。

据不完全统计，自中华人民共和国成立以来，我国制定和颁布的全国性和地方性渔业法律法规和规章近千项。内容涉及渔业管理的方方面面，包括渔业生产管理、渔业资源养护、渔业水域环境保护与管理、渔业船舶管理、渔港管理、远洋渔业管理、涉外渔业管理、渔业行政执法监督管理、水产养殖管理等。其中，涉及渔业资源保护的主要可分为四类，一是投入控制制度，如1979年国家水产总局颁布的《渔业许可证若干问题的暂行规定》；1987年国务院批转农牧渔业部的《关于近海捕捞机动渔船控制指标的意见》；1997年农业部印发《农业部关于"九五"期间控制海洋捕捞强度指标的实施意见》；2004年浙江省政府印发的《浙江省2203~2010年海洋捕捞渔船控制工作实施意见》和2008年浙江省政府办公厅印发的《关于禁止擅自购置省外海洋捕捞渔船的通知》等。二是技术管理措施，如1955年国务院颁布的《国务院关于渤海、黄海及东海机轮拖网渔业禁渔区的命令》；1957年水产部颁布的《水产资源繁殖保护暂行条例（草案）》；同年国务院颁布的《国务院关于渤海、黄海及东海机轮拖网渔业禁渔区的命令的补充规定》；1962年水产部发布的《关于制止在浙江敲罟作业的通知》《渤海区对虾资源繁殖保护试行办法》；1963年国务院发布的《关于禁止敲罟的命令》；1979年国务院颁布的《水产资源繁殖保护条例》；1981年国务院批转农业部《关于东、黄、渤海主要渔场、渔汛生产安排的暂行规定》和国家水产总局颁布的《东、黄海区渔业资源保护的几项暂行规定》，设立了大黄鱼和带鱼两个幼鱼保护区；1995年经国务院同意，农业部宣布的对东海、黄海海域实施伏季休渔；2020年农业农村部发布的《长江十年禁渔计划》；以及禁止使用电捕鱼、毒鱼、炸鱼等捕捞方法；规定最小可捕规格，限制渔获物幼鱼比例；设立保护区；开展渔业资源增殖放流、人工鱼礁和海洋牧场建设等措施。三是经济手段控制，如1988年农业部、财政部和国家物价局联合发布的《渔业资源增殖保护费增收使用办法》。以上这些渔业管理制度，特别是伏季休渔的实施及增殖放流活动的开展等对渔业资源的保护和恢复起到了一定的积极作用，取得了一定的效果，但是，由于投入控制制度本身具有一定的局限性，加上渔业执法力度不够，所实施的渔业保护措施未被很好执行，从而未能解决捕捞强度过大和渔业资源持续衰退的根本性问题，捕捞强度依然没得到有效压减，渔业资源依然不断衰退。

为了弥补投入控制制度和众多技术性措施等在实施中的不足，借鉴其他国家的先进渔业管理经验，导入TAC等渔获量产出控制的先进渔业管理模式成为必然趋势。特别是中国于1996年宣布实施200海里专属经济区制度,并与日本、韩国、越南分别签订了新的《中日渔业协定》、《中韩渔业协定》和《中越北部湾渔业合作协定》。根据中日、中韩渔业协定对东海、黄海的"暂定措施水域"和中越渔业协定对北部湾的"共同水域"规定的实施渔获产量量化管理要求,如何具体实施这些捕捞管理制度,成为中国渔业资源管理制度改革面临的重要任务。因此,中国的渔业管理应在继续推行实施投入控制制度和技术性措施的同时,逐步将产出控制制度提上议事日程。

首先,在1998年12月召开的全国农业工作会议渔业专业会明确提出:从1999年起海洋捕捞产量实行"零增长"计划,2000年起又提出实行"负增长"计划,开启实施海洋渔业资源总量控制管理的新征途。同时,2000年,全国人大常委会对《中华人民共和国渔业法》进行首次修订,在"第三章捕捞业"中新增了第二十二条"实行捕捞限额制度",明确规定捕捞限额的确定应依据捕捞量低于渔业资源增长量的原则,且适用于"中华人民共和国内海、领海、专属经济区和其他管辖海域"。《中华人民共和国渔业法》中虽然已经明确了海洋渔业限额捕捞的合法性,但是由于我国的渔业多属多鱼种渔业且渔船数量庞大,执法管理措施存在难以匹配、配额分配对渔业经营体制的改变等方面的困难,同时,还存在海洋渔业资源总可捕量难以科学准确地评估确定等问题,所以我国对限额捕捞这一制度的实施采取审慎和积极探索的态度。

2017年,农业部印发《关于进一步加强国内渔船管控实施海洋渔业资源总量管理的通知》,选择浙江省北部渔场梭子蟹和山东省莱州湾海蜇两个种类,启动限额捕捞管理试点工作。试点工作尝试了总可捕量的确定,捕捞配额的分配,建立了捕捞日志填报制度,渔获物定点交易制度,限额捕捞试点渔船检查流程,渔业观察员制度,海上监管制度,渔船奖惩制度和捕捞限额预警机制。2018年捕捞限额试点扩大到了浙江、山东、辽宁、福建和广东5个省,限额捕捞试点种类:浙江省将限额捕捞试点种类扩大到了丁香鱼;山东省继续实施海蜇的限额捕捞试点工作;辽宁省选取大连市普兰店区部分海域的中国对虾作为限额捕捞试点种类;福建省选取厦门漳州湾海域的梭子蟹为限额捕捞试点种类;广东省则选取珠江口海域的白贝为限额捕捞试点种类。这些试点工作是推进限额捕捞制度在我国实施的具体步骤,为在我国实施限额捕捞破解难题,为切实养护渔业资源寻找可行之路,为我国渔业资源的合理利用探索新的模式。

二、限额捕捞的类型及其渔业资源总可捕量研究

当前,世界主要渔业捕捞国大都采用以渔业资源总可捕量为基础的产出控制制度,并且根据本国的实际,实施总可捕量制度(TAC)、个体渔获配额制度(IQ)、个体可转让渔获配额制度(ITQ)等产出控制制度。无论限额捕捞的实施采取何种形式,都必须以最大持续产量(maximum sustainable yield, MSY)、最大经济产量(maximum economic yield, MEY)和最适产量(optimal yield, OY)为其理论基础。MSY是指在不损害种群再生产能力的情况下,可持续获得的年最高渔获量,一般来说,年渔获量低于最大持续产量时,渔业资源尚有一定的开发潜力;年渔获量超过最大持续产量时,则会造成渔业资源衰退,即所谓的过度捕捞。MSY被认为是渔业管理的基本理论,也是评价渔业

资源开发利用合理程度的主要理论。如果把渔业资源及其环境当成一个整体，只要开发利用适当，渔业资源就可以不断自我更新与补充，持续地为人类提供水产品。但是，如果在一定的时间和空间内人类对渔业资源捕捞过度，就会破坏资源的再生能力，造成渔业资源衰退。MSY 是 TAC 制度制定的基础理论。

MEY 是在 MSY 的理论基础上，考虑最大经济效益而提出来的，是获得最大经济利润时的渔获量，MEY 是渔业资源评估和管理的重要指标之一，它低于单纯从生物学角度考虑的 MSY。

OY 则是在 MSY 的理论基础上，根据生物、经济、社会和政治等因素进行综合考虑后确定的渔获量。OY 不一定是持续的，必须根据不同时期的因素加以调整。

今后，我国渔业管理发展的一个主要趋势就是要实施渔业资源总量控制，而要实施这一制度的前提，首先必须确定与渔业资源相适应的总可捕量，只有确定了适宜的总可捕量而且严格按照总可捕量进行控制，渔业资源才可能恢复到可持续发展水平。因此，科学准确评估 MSY 是实施限额捕捞等产出控制制度的前提，也将是我国学者今后研究的焦点和热点问题。而要科学准确评估 MSY 和确定 TAC，为渔业的科学管理服务，需要大量的渔业资源调查和监测资料及渔获量统计数据，为此，积极组织有关专家加强对中国专属经济区内有关渔业生产、渔业资源分布与开发利用状况的调查，准确掌握渔业资源变化动态，探索并完善渔捞日志制度、渔获物交易及渔业数据的设计、收集制度，研究渔业资源评估模型和方法等，都将是迫切需要政府增加科研投入，加强调查研究的重要任务，也是我国渔业资源专家必须潜心研究与探索的课题。譬如说渔业资源评估，它可以分为两种类型，一类是生产性的，主要研究和预测下个年度或下个捕捞季节的种群数量，预测渔获量和渔场位置变化，供当地当时生产参考。另一类是决策性的，主要研究捕捞方式和环境对种群数量的长期影响，供决策者所需要的从渔业资源获得不同社会利益的选择范围和相应的科学证据。而社会利益要通过管理目标来实现，因此，管理目标不同，渔业资源评估时所用的模型和资料也必会有所差异，渔业资源专家的职责是根据不同阶段的管理目标和决策者提出的若干要求提供解决具体问题的途径和相应的科学证据，这就需要渔业资源专家根据渔业发展的不同阶段、渔业管理发展需求，研究与发展渔业资源评估模型和评估方法。

另外，我国渔业大多是多鱼种渔业，因此，在确定总可捕量时存在着不少困难，是按鱼种确定可捕量还是不分鱼种按海区确定总可捕量仍需要探索，需要更多的理论研究和试点实践。即使确定了总可捕量，如何分配这些可捕量，如何保证可捕量限额分配的公正合理，如何准确监管每一艘渔船的限额捕捞鱼种的渔获量，也是渔业资源管理总量控制的难点。

第四节　渔业生物资源的可持续利用

在 1992 年 6 月联合国环境与发展大会通过的《21 世纪议程》中，中国政府做出了"保护海洋环境和生物多样性，保证生物资源持续利用"的庄严承诺。据此制定的《中国 21 世纪议程》中，把"生物多样性保护"和"自然资源保护与可持续利用"列为渔业发展的国家目标，我们清醒地认识到中国渔业生物资源可持续利用和保护面临着严峻的挑战。由于缺乏规范管理、捕捞力量失控及环境污染加剧，导致水域生态环境趋于恶化，渔业生物资源衰退。加之中国渔业资源的开发有着非常复杂的社会、经济原因，要实现渔业资源的可持续利用和渔业生产的可持续发展是一个长期的、渐进的过程，必须从现在开始行动。并严格控制陆源和海上污染物的排放，防止、减少和控制水域生态环境的退化，强化渔业资源管理，调整捕捞结构，控制和压缩捕捞强度，实行限额捕捞，以维持水域的生态平衡和渔业生物资源永续利用，作为行动的目标。

在《中国 21 世纪议程》的"生物多样性保护"中，明确提出中国自然资源和生物多样性保护的总方针和政策，全面规划、积极保护、科学管理、永续利用，自然资源开发利用与保护增殖并重，主要目标是保护内陆水域和海洋水生生物多样性，并确定珊瑚礁、红树林、河口、高原湖泊生态系统为重点保护的特殊生境和生态系统，寻求生物多样性保护与生物资源持续利用相协调的途径，重点解决资源保护与无度开发的矛盾，开展受损和退化生态系统的恢复和重建工作。

特别是进入 21 世纪以后，水生生物资源养护和合理利用更加受到重视，渔业资源恢复与重建的举措更加强劲，实践的内容与类型不断增多，技术方法逐步提升。例如，2006 年，国务院关于印发《中国水生生物资源养护行动纲要》的通知，针对目前我国水生生物资源严重衰退，水域生态环境不断恶化，部分水域呈现生态荒漠化趋势，外来物种入侵危害也日益严重，养护和合理利用水生生物资源已经成为一项重要而紧迫的任务的现实问题，明确提出捕捞强度控制、增殖放流以及省级以上保护区建设数量的目标任务：①近期目标。到 2010 年，水域生态环境恶化、渔业资源衰退、濒危物种数目增加的趋势得到初步缓解，过大的捕捞能力得到压减，捕捞生产效率和经济效益有所提高。全国海洋捕捞机动渔船数量、功率和国内海洋捕捞产量，分别由 2002 年底的 22.2 万艘、1270 万千瓦和 1306 万吨压减到 19.2 万艘、1143 万千瓦和 1200 万吨左右；每年增殖重要渔业资源品种的苗种数量达到 200 亿尾（粒）以上；省级以上水生生物自然保护区数量达到 100 个以上；渔业水域污染事故调查处理率达到 60%以上。②中期目标。到 2020 年，水域生态环境逐步得到修复，渔业资源衰退和濒危物种数目增加的趋势得到基本遏制，捕捞能力和捕捞产量与渔业资源可承受能力大体相适应。全国海洋捕捞机动渔船数量、功率和国内海洋捕捞产量分别压减到 16 万艘、1000 万千瓦和 1000 万吨左右；每年增殖重要渔业资源品种的苗种数量达到 400 亿尾（粒）以上；省级以上水生生物自然保护区数量达到 200 个以上；渔业水域污染事故调查处理率达到 80%以上。③远景展望。经过长期不懈努力，到本世纪中叶，水域生态环境明显改善，水生生物资源实现良性、高效循环利用，濒危水生野生动植物和水生生物多样性得到有效保护，水生生态系统处于整体良好状态。基本实现水生生物资源丰富、水域生态环境优美的奋斗目标。

为此，中国沿海各省（市）积极大力压减捕捞强度，保护渔业资源，开展人工鱼礁和海藻（草）场建设，大力发展海洋牧场活动。例如，2014 年，浙江省政府为有效压减严重过剩的海洋捕捞强度，保护海洋生态环境，修复振兴浙江渔场，全面启动了浙江渔场修复振兴计划和"一打三整治"专项执法行动，决定从 2014 年开始，综合施策、打治并举、堵疏结合，力争用 6 年左右时间，使浙江渔场渔业资源水平明显得到恢复，海洋捕捞与资源保护进入良性发展轨道。2016年5月，浙江省发起保护幼鱼资源的行动，由海洋渔业和公安边防、海警等开展联合执法，从捕捞、收购、运销、经销、使用等多个环节入手严管实查，打响"取缔禁用渔具、保护幼鱼资源"攻坚战，取得了良好成效。同时，鉴于近海渔业资源状况持续恶化，海洋工程建设项目日益增多，为了进一步遏制渔业资源衰退，修复受损生态环境，增殖放流作为通过人为干预，达到渔业资源恢复和生态环境修复的有效途径，更是受到了人们的普遍关注，政府重视度和支持力度也大幅提升。自2003年农业部发出《农业部关于加强渔业资源增殖放流工作的通知》后，沿海各省（市）愈加重视增殖放流工作，生产性增殖放流进入快速发展阶段。特别是2006年国务院印发的《中国水生生物资源养护行动纲要》中明确了增殖放流的目标任务后，浙江省先后制定了《浙江省渔业资源增殖放流"十一五"规划》《浙江省渔业资源增殖放流区布局规划》《浙江省渔业资源保护与增殖行动计划（2009～2012）》《浙江省水生生物增殖放流实施方案（2018～2020年）》等规范性文件，成立了浙江省渔业资源增殖放流工作领导小组（2005年），建立了舟山渔场省级渔业资源增殖放流区（2006），制定了《渔业资源增殖放流技术操作手册》《大黄鱼增殖放流技术规范》《三疣梭子蟹增殖放流技术规范》《浙江省水生生物增殖放流工作规程》等技术规范，出台了《浙江省渔业资源增殖放流项目与资金管理办法》，海洋渔业资源增殖放流进入规模化、常规化、法制化阶段。至今，已在舟山海域增殖放流中国对虾、大黄鱼、石斑鱼、日本黄姑鱼、黄姑鱼、真鲷、条石鲷、黑鲷、黄鳍鲷、半滑舌鳎、鮸、曼氏无针乌贼、三疣梭子蟹、日本对虾、葛氏长臂虾、海蜇、厚壳贻贝、等边浅蛤、小刀蛏、彩虹明樱蛤等20多种鱼虾蟹贝类。"十三五"期间，舟山市共投入增殖放流资金1.03亿元，放流大黄鱼、曼氏无针乌贼、黑鲷、三疣梭子蟹、日本对虾、海蜇、厚壳贻贝等苗种近$8.0×10^9$尾（粒），渔民普遍反映海里的大黄鱼、三疣梭子蟹、乌贼、海蜇等资源量在增加。

为了在短期内实现修复海洋生态环境、养护和增加渔业资源数量，满足人们对优质海洋水产品的消费需求，进入21世纪后，我国沿海各省（市）积极开展人工鱼礁和海洋牧场建设。从2015年起，农业部已经分6批次在我国渤海、黄海、东海、南海四大海域设立国家级海洋牧场示范区136个。主要是通过投放人工鱼礁，改善水动力及生态环境，辅之增殖放流，达到海域生物资源养护、生态环境修复的目标。

另外，早在20世纪60年代，我国就开始建立海洋保护区，保护海洋生物资源和海洋生物多样性。至2011年，全国已建成各级各类海洋保护区212个，其中，各级海洋自然保护区172个（国家级33个），各级海洋特别保护区40个（国家级28个）。在舟山渔场内现有3个海洋特别保护区（国家级2个）。为了依法保护水生生物资源和水域生态环境，多年来，我们按照《渔业法》、《中国水生生物资源养护行动纲要》、《国务院关于促进海洋渔业持续健康发展的若干意见》（国发〔2013〕11号）有关要求，积极开展了水产种质资源保护区的划定与建设工作，特别是海洋类水产种质资源保护区的建设，抢救性保护一批重要水产种质资源及其关键栖息地。至2020年，全国已建立水产种质资源保护区535个。为了维护国家和区域生态安全及经济社会可持续发展，提升生态功能、改善环境质量、促进资源高效利用等，我国科学家提出生态红线的创新举措，将重要海洋生态功能区、生态敏感区和生态脆弱区划定为重点管控区域，制定了分类、分区管控措施，明确了重点任务和保障措施，以加强海洋生态环境保护和管理，维护海洋生态健康与生态安全。目前，我国沿海各省（市）都已完成海洋生态红线的划定，并将陆续发布实施。为了保护浙江渔场主要经济鱼类资源，修复振兴浙江渔场，2017年，浙江省海洋与渔业局还发文在浙江近岸海域设立10个产卵场保护区，保护区内明确规定禁止捕捞作业网具和禁止捕捞生产的时间。

党的十九大报告提出的"坚持陆海统筹、加快建设海洋强国""坚持人与自然和谐共生""加快生态文明体制改革"基本方略，更是为海洋渔业资源恢复与重建指明了方向，明确了目标和任务。2017年，经农业部批准舟山市成为我国首个国家绿色渔业实验基地；近几年，国家实施的海洋牧场建设、"蓝色港湾""生态岛礁""南红北柳"等生态修复工程，2020年实施"长江十年禁渔计划"等，都要求今后渔业资源恢复与重建需要以可持续发展、生态系统健康理论为指导思想，要根据不同水域的生物与环境特点，运用系统论方法，开展渔业资源恢复与重建的技术创新，实现水域生态环境改善，水生生物资源良性、高效循环利用，濒危水生野生动植物和水生生物多样性得到有效保护，水生生态系统处于整体良好状态，水生生物资源丰富、水域生态环境优美的奋斗目标。

以渔业开发为中心的人类活动带来一系列的资源与环境问题，内陆水域和近海渔业资源严重捕捞过度，陆源污染物不断增加，栖息地污染和破坏加剧，生态环境不断趋于恶化，对可持续利用的影响越来越突出。生物多样性是过去、现在，也是将来社会经济发展的物质基础，保护和合理开发利用生物多样性是当代社会经济发展的必然。世界自然资源保护大纲（WCS）提出生物资源保护的三大目标：①保持基本的生态过程和生命支持系统；②保存遗传多样性；③保证物种和生态系统的永续利用。这与我国对可更新的渔业生物资源合理利用和环境保护政策与持续发展的原则是一致的。在制定了《中国21世纪议程》后，我国加强了对生物多样性和渔业资源保护的力度，并于1996年5月15日正式批准了《联合国海洋法公约》在我国实施。这标志着现代国际海洋法制度的建立，为全球海洋渔业资源与环境的可持续发展奠定了国际海洋法律基础。"资源与环境保护"的目标为：对生物资源的开发应不超过其生态系统耐性和稳定性的阈限，保持其再生更新能力，即不破坏后代人生存繁荣的当今资源与环境的利用。渔业资源科学研究的总目标就是要寻求水生生物资源可持续发展的调控途径。

第一步是采集理化、生物环境及种群生长死亡、补充特性、生物群落组成、种间关系、优势种更替的空间结构和动态变化等有关的数据和信息，建立数据信息库。

第二步是研究对资料的处理分析方法、生态系统健康状况和渔业资源分析评估技术。

第三步是根据存在的问题对种群资源状况和渔业生物群落结构的动态变化进行评价和预测。

第四步是根据渔业资源的经常变化，通过建立各种模型确定各渔业水域的捕捞限额、最适捕捞力量和总允许渔获量，提出负责任的、合理的开发措施。

第五步是根据生态系统模拟预测生态系统的动态变化，采用环境、资源与经济相结合的方法，改进决策过程，提出科学的管理方案，并对渔业管理的效能作出评价。

强有力的现代渔业管理是达到生物资源可持续利用的重要保证。应当认识到，渔业资源管理上的问题通常不仅仅涉及生物学（渔获量）的问题，而且还涉及经济（渔业的成本、价格、利润等)、社会(就业)和政治(稳定)上的问题,而对生态系统的管理涉及的学科范围更加广泛,问题更加复杂和多样化。

21世纪中国渔业发展和生物资源持续利用的总目标也就是合理利用渔业生物资源的基本管理目标:规范远洋渔业发展,探索开发新的渔场和捕捞对象;压缩和控制近海捕捞力量,调整捕捞作业结构,改革捕捞方式,开发和推行安全的捕捞技术;保护和改善栖息地的生态环境,保护内陆水域和近海渔业资源,实施和强化现代渔业管理,开展安全的种苗放流,增殖渔业资源,加强海洋牧场建设,优化水域生物群落结构,恢复、重建退化的水域生态系统。

渔业科学技术必须面向渔业环境和生物资源的可持续发展。要做到科学的管理生态系统和渔业资源,就必须对生态系统和渔业资源变化的规律和原因以及气候和环境的变化,特别是人类活动的影响程度、机制和过程有充分的了解。要达到兴利除弊、化害为利的目标,以及如何保持、恢复生态系统的平衡和如何建立新的生态系统的平衡都是十分必要的。中国渔业资源可持续利用这个事关社会和经济发展的极其重要的科学命题,面临着来自环境和资源方面的严峻挑战,还受控于错综复杂的社会和经济因素。21世纪的渔业科学家任重道远,展现在大家面前的是其施展才华的广阔天地。

思 考 题

1. 针对中国近海渔业发展所处的阶段,简述今后一段时期渔业资源学研究的重点方面。
2. 简述中国水域生态系统退化及重要渔业资源的衰退状况。
3. 简述东海渔业生物群落结构的动态变化、优势种交替规律及其影响因素。
4. 简述限额捕捞的类型及实施限额捕捞需要解决哪些问题?
5. 简述中国近海渔业管理现状及发展趋势。

第十一章 海洋渔业资源的调查方法

本章提要：本章主要学习渔业资源的调查内容和调查方法，包括海洋水文、气象、化学环境调查，浮游生物、底栖生物调查以及渔业资源（游泳动物）调查等，要求掌握渔业资源调查的基本类型、具体实施的计划制定及实施的步骤，各个项目调查的具体方法，海上采样调查的注意事项，了解调查资料整理与调查报告撰写方法、各种调查仪器设备以及操作规程。

第一节 海洋渔业资源调查的基本概念及主要内容

一、海洋渔业资源调查的基本概念

海洋渔业资源调查是指根据项目任务制订调查计划，按时在选定的目标水域上使用适当的观测和取样手段，获取海洋渔业生物的种类组成、数量分布、群落结构、生物学特性等资源要素资料和样品，同时获取相关的理化和生物环境要素资料和样品，以及进行室内的样品分析和鉴定、资料整理和分析、资源量评估等，并写出调查报告的全过程。

海洋渔业资源的调查技术与方法是从事海洋渔业科学与技术的工作者（包括渔业资源、海洋捕捞）必须掌握的一项基本技能。因为，渔业资源调查是渔业资源开发和利用的先导，是人类作为认识、了解和掌握海洋渔业资源的主要手段和工具，同时也是开发海洋渔业资源必须要进行的一个重要环节。同时，渔业资源调查是从事渔业资源生物学研究的一项基础性工作，没有综合和专项的渔业资源调查及其对各种鱼类、虾类、蟹类、头足类等的长期监测与研究，就无法了解和掌握渔业资源的生物学特性，如种群、年龄、生长、食性及洄游分布规律等，同时也无法掌握其种群数量的动态变化和进行渔情预报，更不可能为渔业资源的保护、增殖、管理和可持续利用提供理论依据。通过海洋渔业资源调查，掌握海洋环境条件与渔业资源分布之间的规律以及渔场形成的机制和原理，从而为渔业资源开发和合理利用提供服务，另外，通过海洋渔业资源调查，掌握各种渔业对象的生物学特性，可为进一步研究其种群动态和科学管理提供理论依据；掌握和了解海洋渔业生态系统，可为持续利用和保护渔业资源，特别是保护海洋生物多样性提供技术支撑。

二、海洋渔业资源调查的主要内容与基本类型

1. 海洋渔业资源调查的主要内容

（1）鱼类、虾类、蟹类和头足类等游泳动物，贝类、棘皮类和星虫类等经济底栖无脊椎动物以及毛虾、海蜇等经济浮游动物的种类组成和数量分布。

（2）渔业生物的群落结构特征及其生物多样性。

（3）主要渔业生物种类的生物学特征，包括体长、体重、年龄、生长、性别、性腺成熟度、繁殖力、摄食等级及食性等。

（4）种群结构、主要渔业种类的资源量、可捕量评估。

（5）鱼卵、仔稚鱼的种类组成、数量分布以及主要渔业生物种类的早期补充过程等。

（6）主要渔业资源种类的种群数量动态变化及其与栖息环境之间的关系。

（7）主要渔业生物种类的时空分布与渔场环境之间的关系。渔场环境包括温度、盐度、海流等理化环境以及浮游生物种类和数量等生物环境。

（8）温度、盐度、海流、营养盐以及浮游生物等理化环境与生物环境的同步观测调查。

2. 海洋渔业资源调查的基本类型

通常，根据海洋渔业资源调查的目的不同可分为综合性调查、区域调查和专项调查三类。

（1）综合性调查。是指调查内容包括有海洋水文（水温、盐度、水色、透明度、海流等）、海洋气象（天气、气温、风力、风向、气压、湿度、能见度等）、海洋化学（溶解氧、pH、悬浮物、溶解态氮、溶解态磷、硝酸盐、亚硝酸盐、铵盐、活性磷酸盐、活性硅酸盐、总有机碳、总氮、总磷等）、油类及重金属（铜、铅、锌、铬、镉、汞、砷等）、海洋生物（浮游植物、浮游动物、底栖生物）以及渔业资源（经济鱼类、虾类、蟹类、头足类和其他无脊椎动物等）等多学科、多专业、多内容的联合调查。这种调查往往需要多个部门（学科、研究单位）共同参与。例如，1872～1876年，英国"挑战者"号科学考察船开展的首次环球海洋考察。1958～1960年在我国开展的"全国海洋综合调查"，这次调查的范围包括我国大部分近海区域。在28°N以北的渤海、黄海、东海海区，布设了47条调查断面333个大面积巡航调查观测站和270个连续观测站；在南海海区内布设了36条调查断面、237个大面观测站和57个连续观测站。另外，在浙江、福建沿海的两个海区内布设了8条调查断面和54个大面观测站，进行了8个月的探索性大面调查，这次调查共获得各种资料报表和原始记录9.2万多份，图表（各种海洋要素平面分布图、垂直分布图、断面图、周日变化图、温盐曲线图、温深记录图等）7万多幅，样品（沉积物底质表层样品、底质垂直样品、悬浮物样品及其他地质分析样品）和标本（浮游生物标本、底栖生物标本）1万多份。国家科学技术委员会海洋组海洋综合调查办公室对这些资料进行整编，于1964年出版了《全国海洋综合调查报告》（10册）、《全国海洋综合调查资料》（10册）和《全国海洋综合调查图集》（14册），成为我国首次系统整理、编绘和出版的海洋调查资料汇编和海洋环境图集；还有1980～1986年开展的"中国渔业资源调查和区划"以及1997～2001年开展的"中国专属经济区和大陆架勘测"等也属于渔业资源综合性调查。

（2）区域性调查。是指为了解和掌握某海域的渔业资源及其栖息环境状况而开展的局部海域调查。例如，1953～1955年开展的"烟威渔场调查"，调查内容包括海洋水文、化学、浮游生物、底栖生物及鲐的渔业生物学特性、渔场、渔期等，通过调查研究不但积累了大批资料,为鲐渔场开发与管理提供了依据,而且为我国培养了第一批海洋生物资源与渔场环境调查研究的科技队伍,这是一次具有开创性和奠基意义的调查。另外,1959~1960年开展的"渤海诸河口渔业综合调查"、1960~1961年开展的"浙江近海渔业资源调查"、1975~1978年开展的"闽南-台湾浅滩渔场调查"以及1980~1981年开展的"东海大陆架外缘和大陆坡深海渔场综合调查"等都属于区域性渔业资源调查。

(3)专项调查。是指针对某一鱼种或为达到某一目标而开展的调查。例如,1960~1966年和1979~1984年为查明东海带鱼的产卵场范围和中心产卵场、产卵期和产卵盛期、鱼卵的漂浮水层与分布密度,分析带鱼产卵场的环境特征,鱼卵、仔稚鱼数量与资源量的关系,以及为达到合理利用和保护带鱼资源而开展的东海带鱼产卵场调查;还有1979~1981年开展的"鲐鲹鱼外海渔场的调查和开发"、1986~1989年开展的"东黄海及外海远东拟沙丁鱼资源调查和开发利用的研究"、1986~1988年开展的"浙江近海虾类资源调查和合理利用研究"以及1988~1990年开展的"东海近海外侧海区大中型虾类资源调查和渔具渔法研究",上海水产大学与舟山海洋渔业公司、上海海洋渔业公司、烟台海洋渔业公司、宁波海洋渔业公司等联合,先后派出了10多个船次在西北太平洋海域进行柔鱼资源以及渔场环境调查。2003~2004年为印度洋开发鸢乌贼资源而进行的"鸢乌贼资源调查"以及2006~2008年开展的"浙江南部外海渔业资源调查与作业方式研究"等都属于渔业资源专项调查。

三、海洋渔业资源调查工作的组织与实施

1. 调查前的准备工作

渔业资源调查通常是使用渔业资源调查船或海洋调查船、渔业试捕(生产)船联合进行的调查,调查与作业时间一般较长,有的还远离渔业基地;同时由于渔业资源调查的成本很高,不确定因素较多。因此,在出航前必须充分做好各项准备工作,以便在出海调查期间能够圆满地完成各项调查任务。准备工作主要有以下几项。

1)编制调查计划与方案

在出航之前,首先要根据渔业资源调查任务编制调查计划与方案,其内容包括调查海域范围、调查项目、调查内容、调查站位、调查时间、调查方法、调查航次次数、预期成果、调查人数及专业素质、调查船只要求(如航速、导航、助渔设备以及淡水舱容积)、仪器设备以及记录表格等。要特别注重海上采样和室内分析的技术要求和保障措施。

为了更为科学与合理地编制好调查计划,事先要尽可能多地搜集国内外有关调查资料和已经取得的成果,如国内外有关渔业资源调查的计划和报告、观测资料及有关文献、档案等,以便在此基础上编制出更为经济、合理的调查计划。

2)调查所需的仪器设备配备

为了保证调查计划的顺利进行,必须根据调查计划要求,详细列出所需仪器设备及消耗品的名单以及所需的数量,并考虑到海上调查工作的特殊性(无法补充、购买)及不确定性,必须配备有一定的余量。调查所需的仪器设备和数量则视调查任务及内容而定,具体可参考《海洋渔业资源调查规范》(SC/T 9403—2012)和《海洋调查规范》

(GB/T 12763.6—2007) 等。

出航前须对所有的仪器设备进行详细的检查和校正，发现故障必须及时修理或更换，必要时可在仪器设备安装好后进行试航、试测，对试航中出现的问题，在返回基地后应迅速采取措施加以解决。

3）调查人员组织与分工

调查人员是完成调查任务的基本保证，因而必须精心组织并进行合理分工，要充分发挥每一位调查人员的专业素养、技术能力及积极性。至于调查人数则按照具体调查项目、任务和内容来确定，一般来说应该包括海洋学、海洋生物学、渔业资源学、捕捞学、气象学等专业的技术人才。为确保调查计划与任务的有效实施，可设一位首席科学家，对各学科调查项目的执行及其他事务进行统一指挥与协调。在执行调查任务时，一般是昼夜连续工作的，因此调查人员要进行分班作业，每班定岗人数在完成任务的前提下以精简为原则，有效地开展各项调查工作。

2. 调查站位的设置与调查航线的设计

在海洋渔业资源调查中，某一个调查站位的资料是否能代表这一海域的生物资源、海洋理化因素以及渔场环境特征，这是我们开展海洋渔业资源调查之前必须要考虑和设计的问题，因为这直接关系到我们调查所获得的资料的有效性和代表性。由于海洋生物资源的时空分布并不是均匀的，它是根据不同的地理位置、水文环境、理化因子和生物环境呈块状分布。因此，在设置调查站位时，我们有必要事先对调查项目与内容有关的地理、水深、海流等进行一些了解，如果以往在该海域曾进行相同或相近内容的调查研究的，还可以通过资料收集与查找，掌握过去调查时的调查站位设置，以便使调查站位设置更加科学与合理、更加具有代表性。以海洋水文调查站位设置为例，在外海，由于水温、盐度等水文要素分布较均匀，其调查站位的站距可设置大些，一般可设置站距为20～40n mile；而在近岸海域或两水团的交界区，由于水温、盐度等水文要素变化较显著，其调查站位的站距应设置小些，一般可设置站距为5～15n mile。此外，调查站位的设置还取决于要求观测精度。调查站距可由下式表示：

$$D \geqslant \frac{\Delta P}{r}$$

式中，ΔP 为某要素观测的许可误差；r 为该要素的水平梯度；D 为站距。

例如，水温测定的许可平均误差为 0.1℃，而表面水温每一海里的水平梯度为 0.05℃，则 $D > 2$n mile，由于最大误差约为平均误差的 3 倍，故 D 的最小值应为 6n mile。其他化学、地质、生物等项目的观察与采样，原则上与之同步。

渔业资源调查的站位可根据渔场分布与渔场类型有所增减。例如，产卵场调查的站位要求密一些，站距要求就小一些。站位分布可按棋盘格竖、横布置或结合渔区划分进行布置，也可根据水深分布情况或相邻断面错开布设。

关于调查航线的设计，一般要以既经济又不漏点为原则，同时还要考虑实际出海调查时海上风、波浪等情况。一般情况走矩形、"之"字形航线，亦可根据具体情况灵活掌握。

3. 值班制度和观测记录

为了保证不间断地进行观测，并保证海上调查专业人员的有效休息，可视情况建立值班制度。但分班及值班应该注意下列事项。

（1）值班人员必须做到按时交接班，不得迟到或早退。值班时不得擅自离开岗位，不得做与任务无关的其他工作。如接班人未能按时到位，原值班人仍应坚持工作，以保证调查任务的完成及记录的完整性。

（2）交班前，值班人应将全部记录、仪器设备和采样工具等保持良好状态，交班时交代清楚。

（3）交班后，接班人员除完成规定的值班任务外，还应检查上一班的全部观测记录与统计等，如有遗漏、错误，应查明原因，及时补充、改正或加以注释；观测记录和资料是海上全体人员艰辛劳动所获得的成果，因此必须力求正确、完整、统一。为此，必须做到以下几点：①海上调查观测都应按各项记录表格的规定要求进行填写；②每次调查观测结果必须立即记入规定表格中，不得凭记忆或临时在记录表以外的纸张上记录，或以后再进行补记；③填写记录最好采用 HB 型的铅笔，字迹力求整齐、清晰，如需改正时，不能擦涂原记录，而是在记录上划一线，再在其上方填写正确的数字，以便查考；④为了保证记录的准确性，在一人读数、一人记录情况下，记录者应向读数人复诵，并在每张记录纸上共同签名；⑤调查观测所得资料，必须妥善保存，严防遗失，待调查观测告一段落后，其资料应指定专人保管。

如果走航调查时遇到特殊情况不能按计划进行调查时，站位顺序可能会颠倒，记录的资料一定要与站位相对应，记录切不可有差错。

第二节　海洋环境调查

海洋环境调查是对海洋物理过程、化学过程、生物过程等及海洋诸要素间的相互作用所反映的现象进行观测。其主要任务是观测海洋要素以及与之有关的气象要素，通过整理分析观测资料，绘制各类海洋要素图，查清所观测的海域中各种要素的分布状况和变化规律。由于海洋环境非常复杂，发生在海洋中的各种自然现象之间关系密切，因此要求海洋环境调查必须既要研究和观测发生在海洋和大气中的各种现象，又要研究空间每一点上在同一时刻所发生的物理现象，还要对发生在海洋中的各种自然现象连续地或在一定时间里重复地进行观测。海洋观测一般采用海滨观测和海上观测的形式。最近几年，由于遥感技术和深潜技术的发展，又采用了卫星、飞机、潜水器等工具进行空中和水下观测。观测项目除常规项目外，还有涡旋、污染物质、海水异常、海底和海洋中各种特征值的变化过程等。

一、海洋环境调查系统的构成

海洋环境调查工作作为一个完整的系统，主要包括 5 个方面：被测对象、传感器、平台、施测方法和数据信息处理。其中，被测对象实际上是系统的工作对象，传感器和平台是系统的"硬件",而施测方法和数据信息处理则是一定意义上的"软件"。

1. 被测对象

海洋环境调查中的被测对象是指各种海洋学过程以及取决于它们的各种特征变量场,即渔业资源调查中的各环境因子,如温度、盐度、水深、波浪、潮流、海流、地形、底质、溶解氧、pH等。这些被测对象可分为以下5类。

(1) 基本稳定的。这类被测对象随着时间的推移,其变化极为缓慢,以至可以看成是基本不变的,如各种岸线、海底地形和底质分布。它们在几年或几十年的时间里通常不会发生显著的变化。

(2) 缓慢变化的。这类被测对象一般对应海洋中的大尺度过程,它们在空间上可以跨越几千千米,在时间上可以有季节性的变化。如"湾流""黑潮"以及其他一些大洋水团等。

(3) 变化的。这类被测对象对应于海洋中的中尺度过程,它们的空间跨度可以达几百千米,而时间周期约几个月。典型的如大洋的中尺度涡、浅海和近海的区域性水团(如我国的黄海冷水团)以及大尺度过程的中尺度振动(如湾流、黑潮的蛇形大弯曲等)。

(4) 迅变的。这类被测对象对应于海洋中的小尺度过程。它们的空间尺度在十几到几十千米,而存在周期则在几天到十几天。典型的如海洋中的羽状扩散现象、水团边界(锋)的运动等。

(5) 瞬变的。这类被测对象对应于海洋中的微细过程,其空间尺度在米的量级以下,时间尺度则在几天到几小时甚至分、秒的范围内,常规的海洋调查手段很难描述它们。典型的如海洋中对流混合过程等。

被测对象的分类有助于人们合理地计划海洋调查工作和有目的的发展海洋调查技术。历史实践经验证明,人类对海洋过程的认识,从时空尺度上来说,主要是由慢而快、由大到小的。可以认为,解决中尺度变动的海洋过程监测问题是当前海洋学的重要问题。

2. 传感器

这里所指的是广义上的传感器,即能获取各海洋数据信息的仪器设备和装置。按提供资料特点的不同,可大致分为以下三种。

(1) 点式传感器。感应空间某一点被测量的对象,如温度、盐度(电导率)、压力、流速、浮游生物量、化学要素的浓度等。典型的如南森采水器,一条钢缆上按一定间隔悬挂着的采水瓶和颠倒温度表可以采得不同深度点上的水样和测得各深度点的水温。

(2) 线式传感器。可以连续地感应被测量的对象,当传感器沿某一方向运动时,可以获得某种海洋特征变量沿这一方向的分布。例如,常用的投弃式温盐深仪(XCTD)、投弃式深温仪(XBT)以及温盐深自动记录仪(CTD)。这些仪器可以提供温度随深度变化的分布曲线,其他各种走航拖曳式仪器则可给出温度、盐度等海洋特征变量沿航行方向上的分布。如果传感器固定在某一测点时,还可提供该点海洋特征量随时间变化的曲线,如水位计和测波仪。

(3) 面式传感器。可以提供二维空间上海洋特征变量的分布信息，也就是可以直接提供某海洋特征变量的二维场。例如，20 世纪 60 年代发展的测温链（拖曳式热电阻链）可以给出垂直剖面 (X, Z) 或 (Y, Z) 上的水温等值线分布，而近代航空和航天遥感器则能提供某些海洋特征量在一定范围内海面上的 (X, Y) 分布，如经过处理的红外照相可显示等温线的平面分布。

3. 平台

平台是调查观测的仪器设备的载体和支撑，也是海洋调查工作的基础，在海洋调查系统中平台是一个重要的环节。平台一般分为以下两类。

(1) 固定式平台。是指空间位置固定的调查观测工作台。在这种平台上，传感器可以连续工作以获取固定站位（或测点）上不同时间的海洋过程有关的数据和信息。常用的固定平台有沿海海洋观测站、海上定点水文气象观测浮标、海上固定平台等。

(2) 活动平台。是指空间位置可以不断改变的调查观测工作台或载体活动平台，还可细分为主动式和被动式两种。主动式可以根据人的意志主观地改变位置，如水面的海洋调查船、水下的潜水装置，被动式如自由漂浮观测浮标、按固定轨道运行的观测卫星等。

4. 施测方法

对于一定的被测对象，用所掌握的传感器和平台来选定合理的施测方式是海洋调查工作中极为重要的内容。施测方法一般说来有以下 4 种。

(1) 随机方法。随机调查是早期的一种调查方式，组成随机调查的站位是不固定的。这种调查大多是一次完成的，如英国"挑战者"号在 1872～1876 年开展的环球海洋考察，或者各航次之间并无确定联系的调查，如商船进行的大量随机辅助观测。虽然一次随机调查很难提供关于海洋中各种尺度过程的正确认识，但是大量的随机观测数据可以统计给出大尺度（甚至中尺度）过程的有用信息。

(2) 定点方法。定点调查观测是至今仍大量采用的海洋调查方法。除了岸站的定点连续观测之外，早在 20 世纪 30 年代便有固定的断面调查（如日本人在日本近海和我国黄海、东海进行的长达数十年的断面观测）。定点调查通常采取站位阵列或固定断面的形式，或者每月一次或者根据特殊需要的时间进行施测，或进行一日一次、多日一次甚至长年的连续观测。定点海洋调查使得调查观测数据在时空上分布比较合理，从而有利于提供各种尺度过程的认识数据，特别是多站位同步观测和观测浮标阵列可以提供同一时间的海况分布，但由于海况险恶，采用定点调查的成本是相当高的。

(3) 走航施测方法。随着传感器和数据信息处理技术的不断现代化，走航施测成为可取的方式。根据预先合理计划的航线，使用单船或多船携带走航式传感器（如 XBT、走航式温盐自记仪、声学多普勒流速剖面仪等）采集海洋学数据，然后用现代数据信息处理方法加工，可以获得被测海区的海洋信息。走航施测方式具有耗资少、时间短、数据量大等特点。

(4) 轨道扫描方法。航天和遥感技术的发展为海洋调查提供了一种新的施测方式，即利用海洋卫星或资源卫星上的海洋遥感设备对全球海洋进行轨道扫描,大面积监测海洋中各种尺度过程的分布变化。它几乎可以全天候地提供局部海区的良好的天气式数据信息,但是遥感技术在监测项目、观测准确度和空间分布等方面还有待进一步拓展和提高。

5. 数据信息处理

随着海洋技术的发展,海洋数据和信息的数量、种类的猛增,如何科学地处理这些数据和信息已成为一个重要课题。数据信息处理技术的发展,反过来也促进了传感器和施测方式的改进。例如,良好的数据信息处理技术可以补偿观测手段的不足或者向新的观测手段提出要求。数据信息处理技术大致可分为 4 种。

(1) 初级数据处理。海洋调查的初级信息处理是将最初始的调查观测读数订正为正确数值,如颠倒温度表和海流的读数订正等。另外,某些传感器提供的某些海洋特征连续模拟量,也应将它们按需要转化为数字资料。初级数据处理是对第一手资料的处理,因此也是最基础的工作。

(2) 进一步的数据处理。是指对初级处理完毕的数据作进一步加工处理,如空缺数据的填补、各种统计参数的计算、延伸资料的求取(如从水温、盐度中计算出密度、声速等)。最后,要求将各种海洋调查数据整理并存储为能直接提供给用户使用的数据,可存放在海洋数据信息中心的数据库中,供用户随时查询索取。

(3) 初级信息的处理。初级信息的处理目的是从观测值或计算出来的延伸资料中提取初步的海洋学信息。一般是将有关的海洋学特征变量样本以恰当的方式构成该特征变量直观的时空分布,如根据水温、盐度等的离散值用空间插值方法绘制水温和盐度的大面、断面分布图或过程曲线图等。在海洋遥感系统中,将传感器发送回来的代码还原成图像而不作进一步处理,也属于初级信息处理的范畴。

(4) 进一步的信息处理。其目的是从处理后的数据中或经初级信息处理的信息中,提取进一步的海洋信息,如根据水温、盐度的实况分布可以用恰当的方式估计出水团界面的分布(锋)。对海流数据和上述实况的恰当分析处理还可得出被测区的环流模型。在遥感系统中的电子光学解译技术、计算机解译技术,也都属于进一步的信息处理技术。

随着海洋调查技术的发展,特别是在海洋渔场等应用上的需要,目前更普遍趋向于"实时方式",即将观测数据以最快捷的方式(如卫星中转)传到数据信息中心,并及时加以处理,以形成现场实况交付海洋渔业主管部门、渔民用户等使用。"实时方式"提高了海洋观测数据的使用价值,在实况通报和海况预报上可发挥更大的作用。

二、海洋水文观测的分类及内容

海洋水文观测是指以空间位置固定和活动的方式在海上观察和测量海洋水文环境要素的过程。目前,常用的海洋水文观测方式有以下几种。

1) 大面观测和断面观测

为了了解某海区水文要素的分布情况和变化规律,在该海区布设若干个调查站位。在一定的时间内对各站位观测一次,这种调查方式称为大面观测。观测时间应尽可能地短，以保证调查资料具有良好的同步性。大面观测站的站点布设位置一般按直线分布，由此直线所构成的断面称为水文断面。水文断面的位置一般应垂直于陆岸或主要海流方向。关于它的密集程度和站距，原则上是在近海岸线区域需密一些，外海深水区域可稍疏一些。

对每一个大面调查站位的观测，一般要求抛锚进行，但在流速不大或者水深较浅的海区，可以不抛锚测流。利用声学多普勒流速剖面仪（acoustic doppler current profiler, ADCP）进行各水层流速的测定，也可以不抛锚。

大面观测的主要项目有水深、水温、盐度、水色、透明度、海发光、海浪、风、气温、湿度、云、能见度、天气现象等，有时还进行表面流的观测。随着观测手段与方法的发展，目前应用航空和卫星遥感手段进行大面积的海洋观测也属于大面观测的范畴。

大面观测的工作量一般很大，要多次重复地进行观测是有困难的，因而它多用于对海区的水文、气象、化学、生物等要素综合性普查上。当初步摸清该海区的水团与海流系统之后，为了进一步探索该海区各种海洋水文要素的长期变化规律，可在大面观测中选择一些具有代表性的断面进行长期重复观测，这种调查方式称为断面观测。具有代表性的断面称为标准断面。断面观测的观测项目、观测时间、设站疏密程度及连续性要求均视具体情况而定。

2）连续观测

为了了解水文、气象、生物、化学要素的周日或逐日变化规律，在调查海区内选定具有代表性的站位，连续进行一日以上的观测称为连续观测。连续观测的观测项目，除了大面观测的观测项目外，还需进行海流观测，而且一般以海流观测为主。根据所需资料的要求不同，连续观测又分为周日连续观测和多日连续观测。周日连续观测是连续观测24个小时以上，其中水深每小时观测一次；潮流至少应取25次记录，水温、水色、透明度每两小时观测一次，取13个记录；波浪、气象要求每三个小时观测一次，取7~8个记录，海发光在夜间观测三次。多日连续观测是指连续两天或两天以上的观测。目前，世界上采用的海洋水文气象遥测浮标站、固定式平台等都是连续观测站的新发展。

3）同步观测

同步观测即用两艘或两艘以上的调查船同时进行的海洋观测。它的优点在于可以获得海洋要素同步或准同步的分布，对深入了解海洋现象的本质以及诸现象在时间和空间上的相互联系具有重要意义。对于海洋要素的时间变化比较显著的近岸浅海区，这种方法更为重要。同步观测的方法可以多种多样，可以用一艘船进行定点连续观测，另外船只配合进行断面或者大面观测；也可以由多艘船同时在各个测站上进行观测。

4）辅助观测

为了获得较多的同时观测资料，以补充大面观测和连续观测的不足，更真实地掌握水文、气象要素的分布情况，可利用商船、军舰等非专门调查船只在海上活动的机会，定时地进行一些简单的水文、气象观测，这种观测称为辅助观测。

以上4种观测方法是基本的，随着自记仪器、遥测浮标站、航空遥测技术、深潜技术等的发展和应用，观测方法又有新的发展。例如，全球海洋观测系统，就是由空中的卫星和飞机、气球、海面的调查船和观测浮标、水下的潜水器等所组成的立体观测体系。

三、海洋水文、气象要素的调查方法

（一）水深测量

最常用的有机械测深、回声探测仪测深等方法。

1）机械测深法

机械测深是指用水文绞车上系有重锤（或铅锤）的钢丝绳进行的水深测量。绞车是供升降各种海洋仪器和采样工具以及水深测量用的，它是调查船上最基本的设备之一。

具体方法是：将测深锤装置于水文绞车的钢丝绳上，开启绞车放下测深锤，可通过卷扬机上的计数器，记录调查站位的水深（图 11-1）。当然在水深、水流大的海区，还应考虑水流影响而予以修正。此法在测深锤回收时，尚可据重锤（或铅锤）底部的沾泥，确定该处底质。

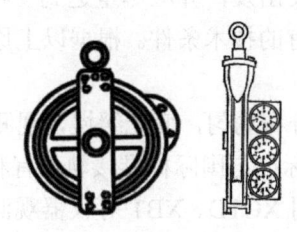

图 11-1　绳索计数器及倾角器

2）回声测深仪测深法

回声测深仪是利用声波在海水中以一定的速度直线传播，并由海底反射回来的特性制成的回声测深仪。其测深原理如图 11-2 所示。在实际使用中，可直接在回声测深指示器上读取深度数据。在渔业生产船作试捕调查船时，通常利用探鱼仪测深。

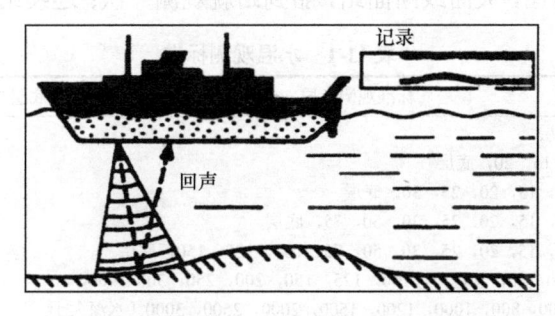

图 11-2　回声测深法

（二）水温测量

1. 温度观测的基本要求

1）水温观测的准确度

海洋水温的单位均采用摄氏温标（℃）。由于密度对水温影响显著，密度的微小变化都可导致海水大规模的运动，因此，在海洋学上，大洋水温的测量，特别是深层水温的观测，要求达到很高的准确度。一般来说，下层水温的准确度必须在 0.05℃ 以下，在某些情况下，甚至要求达到 0.01℃。为此，温度计必须十分稳定和灵敏，同时还须经常加以仔细的校准。对于大陆架和近岸浅海区，其水温的变化幅度相对较大，用于测定表层水温的温度计，其准确度不一定要求那么高。

在实际工作中，根据各自要求制定测温的准确度范围。一般来说，除了根据海区具体情况外，首先必须从客观需要出发，并应尽量达到一种资料多种用途的效果；其次，规定观测准确度还应考虑到现有的技术条件。根据以上原则，世界上对海洋水温的调查形成了以下共识。

（1）对于大洋，因其水温分布均匀，变化缓慢，观测准确度要求较高。一般水温应精确到一级，即±0.02℃。这个标准与国际标准接轨，有利于与国外交换资料。但是，对于用遥感手段观测的海温，或用 XCTD、XBT 等仪器观测上层海水的温跃层情况时，可适当放宽要求。

（2）在浅海，因海洋水温时空变化剧烈，梯度或变化率要比大洋的大百倍甚至千倍，水温观测的准确度可适当放宽。对于一般水温分布与变化剧烈的海区，水温观测准确度为±0.1℃。对于那些有特殊要求，如水团界面和跃层的细微结构调查等，应根据各自的要求确定水温观测准确度，如二级准确度为±0.05℃，三级准确度为±0.2℃。

2）水温观测的时次与标准层次

水温观测分表层水温观测和表层以下水温观测。为了资料的统一使用，对表层以下各层的水温观测，我国作出了专门的规定（表 11-1）。其中，表层是指海表面以下 1m 以内的水层。底层的规定如下：水深不足 50m 时，底层为离底 2m 的水层；水深在 50～100m 时，底层离底的距离为 5m；水深在 100～200m 时，底层离底的距离为 10m；水深超过 200m 时，底层离底的距离，根据水深测量误差、海浪状况、船只漂移等情况和海底地形特征等进行综合考虑，在保证仪器不触底的原则下尽量靠近海底，通常不小于 25m。

在观测的时次方面，大面或断面站，船到站就观测一次；连续站每两小时观测一次。

表 11-1　水温观测标准

水深范围（m）	标准观测水层	底层与相邻标准水层的距离（m）
<10	表层，5，底层	2
10～25	表层 5，10，15，20，底层	2
25～50	表层，5，10，15，20，25，30，底层	4
50～100	表层，5，10，15，20，25，30，50，75，底层	4
100～200	表层，5，10，15，20，25，30，50，75，100，125，150，底层	5
>200	表层，10，20，30，50，75，100，125，150，200，250，300，400，500，600，700，800，1000，1200，1500，2000，2500，3000（水深大于3000m每1000m加一层），底层	10

2. 表面温度计测温

表面温度计用于测量表层水温，它的测量范围为 –6℃～40℃，分度值为 0.2℃，准确度为 0.1℃。

（1）仪器结构。表面温度计是由一支普通的水银温度计安装在一个金属外壳内构成（图 11-3），外壳的下端是一个直径约 5cm、高约为 6cm 的金属圆桶，桶外壳上有数个小孔，供海水进出。外壳的上部是一根长约 20cm 的金属管，其直径约为 2cm，金属管上有两条长约 15cm、宽约 1cm 的缝隙，从缝隙可以看到置于其内的温度计的刻度。外壳的上下两部分是用螺丝互相连接的，能任意卸下或装上。

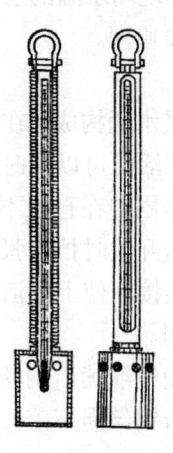

图 11-3　表面温度计

（2）观测与使用。使用表面温度计测温，可在台站或在船上进行。不论在台站观测或在船上观测，既可以把温度计直接放入水中进行，也可以用水桶取水进行。前者用于风浪较小的条件下，后者用于风浪较大的时候。观测水温的方法和步骤如下。

把水温表直接浸入海中进行测温时，首先将金属管上端的圆环用绳拴住，在离开船舷 0.5m 以外的地方放入水中，然后提上，把金属圆桶内的水倒掉，再重新放入水中，并浸泡在 0～1m 深度处感温 5min 后取上读数。为了避免外界气温、风及阳光的影响，读数应在背阳光、背风处进行，并力求迅速，要求从温度计离开水面到读数完毕的时间不得超过 20s。根据准确度要求，读数要精确到 0.1℃。为此，在读数时眼睛应与水银柱的顶端处于同一水平面，视线要与温度计垂直。读数完毕后，将金属圆桶内的海水全部倒掉，并把表面温度计放在阴暗的地方。

在用水桶取水观测时，应将取上的一桶海水放于阴影处，把表面温度计放入桶内搅动，感温 1～2min 后，将海水倒掉，再重新取上一桶海水并把表面温度计放入桶内（此时必须注意，在把温度计放入桶内之前，应将温度计贮水筒内的海水倒尽）。表面温度计在水桶内感温 3min 后，即可进行读数，读数时温度计不可离开水面。第一次读数后，过 1min 后再读数一次，当气温高于水温时取偏低的一次；反之，取偏高的一次。

用水桶测温时，水桶应以木质、塑料等不宜传热的材料制成，其容积约为 5～10L。上述所读取的温度读数须经器差订正后才为实测的表层水温值，器差订正值可在每支表面温度计的检定书中获取。

为了获取真实可靠的水温资料,在用表面温度计测温或读数时还应注意:①感温或取水应避开船只排水的影响,读数时应避免阳光的直接照射;②冬天取水时不应取上冰块或使雪落入桶中,观测完毕应将水桶倒置;③表面温度计应每年检定一次。

3. 颠倒温度计测温

颠倒温度计是水温测量的主要仪器之一,把装在颠倒采水器上的颠倒温度计沉放到预定的各水层中。在一次观测中,可同时取得各水层的温度值。颠倒温度计在观测深水层水温时,需要颠倒过来,此时表示现场水温的水银柱与原来的水银柱分离。这就是颠倒水银温度计能观测深层温度的主要原因。

1)颠倒采水器的结构和原理

颠倒采水器由一个具有活门的采水桶构成,在上下活门的两端装有平行杠杆,通过连接杆将平行杆连接在一起,使上下活门可以同时启闭,通过仪器下端的固定夹杆和上端的释放器及穿索切口把颠倒采水器固定在直径不大于5mm的钢丝绳上。

当投下使锤,击中释放器的撞击开关时挡钩张开,仪器上端离开钢丝绳,整个仪器以固定点为中心旋转180°。这时,连接杆使上下活门自动关闭,即当连接杆移动过圆锥体的金属片之后,上下活门自动关闭。

仪器上端离开钢丝绳的同时,使锤继续沿钢丝绳下落,击中固定夹体上的小杠杆,使锤在钢丝钩上的第二个击锤又沿着钢丝绳下落,击中下一个采水器的撞击开关,使下一个采水器也自动颠倒、采水。

附在采水器上的温度计架用插销固定在采水筒上,温度计可以放在该架中,通过调节螺丝固定。图11-4即为颠倒采水器的工作示意图。

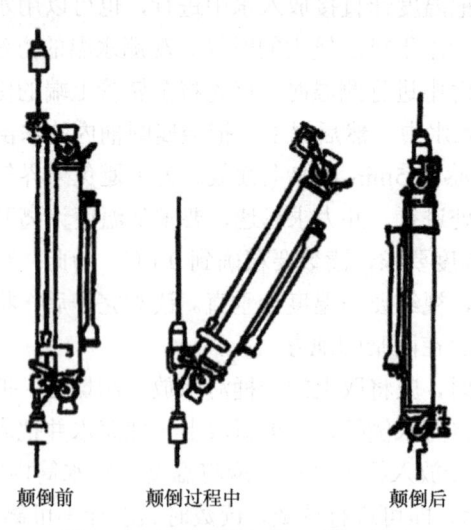

颠倒前　　颠倒过程中　　颠倒后

图11-4　颠倒采水器的工作示意图

2)观测与使用方法

颠倒采水器和颠倒温度计是采水样和观测水温的重要仪器。应用颠倒采水器并装上颠倒温度计可以分层进行测温和采水；若同时将数个颠倒采水器沉放到预定的各水层中，在一次观测中可同时取到各水层的水温值和水样。

（1）为保证观测准确度和仪器安全，在观测前需要做好以下准备工作。①挑选两支颠倒温度计（图11-5），装在同一采水器的套筒中。当水深超过100m时，应更换采水器的温度计套筒，增加一支开端颠倒温度计。在挑选时还应检查温度计的性能，其基本要求是：颠倒时水银断裂灵活，断点位置固定；复正时接受泡的水银全部回流，主、辅温度计固定牢靠。②打开采水器的温度计架压板，将颠倒温度计轻轻放入套筒，套筒上下两端须用海绵或棉纱垫好，不要让它们在套筒内旋转。安装时主温度计的贮蓄泡应在下端，同时温度计的刻度应恰好对着套筒的宽缝，使之能清晰地看到温度计的全部刻度，盖上表架压板，上好压板上的调整螺钉，然后将温度计架固定好。③按采水器编号顺序，自左向右将采水器安置在采水器架上（水龙头在上）。④检查采水器的活门密封是否良好，活门弹簧松紧是否适宜，水龙头是否漏水，气门是否漏气，固定夹和释放器有无故障。检查钢丝绳是否符合规格（直径约4mm）和有无折断的钢丝，有扭折痕迹或细刺、不符合规格和有断裂危险的应予更换；检查绞车转动是否灵活，刹车和排绳器性能是否良好，经检查合格后，方可使用。

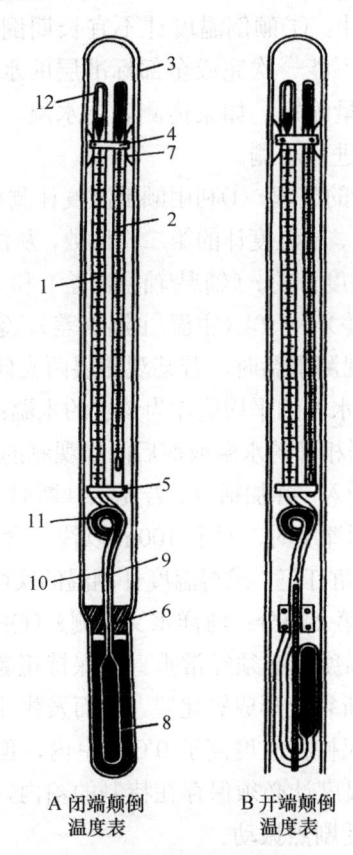

图11-5 颠倒温度计
1. 主温表；2. 辅温表；3. 外表管；4、5. 金属箍；6. 软木塞；7. 弹簧片；8. 贮蓄泡；9. 狭窄处；10. 盲枝；11. 圆环；12. 接受泡

(2) 观测水温和采取水样的方法与步骤。①将装有温度计的采水器从表层至深层集中安放在采水器架上，根据测站水深确定观测层次，并将各层的采水器编号、颠倒温度计的器号和值记入颠倒温度计测温记录中。②观测时，将绳端系有重锤的钢丝绳移至舷外，将底层采水器挂在重锤以上 1m 处的钢丝绳上，然后根据各观测水层之间的间距下放钢丝，并将采水器依次挂在钢丝绳上。若存在温跃层时，在温跃层内可以适当增加观测水层。③当水深在 100m 以上时，在悬挂表层采水器之前，应先测量钢丝绳倾角；倾角大于 10°时，应求得倾角订正值。若订正值大于 5m，应每隔 5m 加挂一个采水器。当底层采水器离预定的底层在 5m 以内时，再挂表层采水器，最后将其下放到表层水中。④颠倒温度计在各预定水层感温 7min，测量钢丝倾角，投下使锤，记下钢丝绳倾角和打锤时间。待各采水器全部颠倒后，依次提取采水器，并将其放回采水器架原来的位置上，立即读取各层温度计的主、辅温度值，记入颠倒温度计测温记录表内。⑤如需取水样，待取完水样后，第二次读取温度计的主、辅温度值，并记入观测记录表的第二次读数栏内，第二次读数应换人复核。若同一支温度计的主温读数相差超过 0.02℃，应重新复核，以确认读数无误。⑥若某预定水层的采水器未颠倒或某层水温读数可疑，应立即补测。若某水层的测量值经计算整理后，两支温度计之间的水温差值多次超过 0.06℃，应考虑更换其中可疑的温度计。⑦颠倒温度计不宜长期倒置，每次观测结束后必须正置采水器。如因某种原因，不能一次完成全部标准层的水温观测时，可分两次进行，但两次观测的间隔时间应尽量缩短。如果需测表层水温，除颠倒温度计外，还可用表面温度计或电测表面温度计进行观测。

(3) 颠倒温度计测温记录的整理。①利用颠倒温度计测标准层水温时，温度计读数须作器差订正。订正时先根据主、辅温度计的第二次读数，从温度计检定书中分别查得相应的订正值，再计算闭端颠倒温度计的 t（辅温/辅温器差）和 T（主温/主温器差）及开端颠倒温度计的 t'（辅温/辅温器差）和 T'（主温/主温器差）。②颠倒温度计读数经器差订正后尚须作还原订正。③确定观测水温时，若某观测层两支颠倒温度计实测水温的差小于 0.06℃时，取两支温度计实测水温的平均值作为该层的水温；当两支颠倒温度计实测水温的差值大于 0.06℃时，可根据相邻的水温或前后两次观测的水温（连续观测时）的比较，取两者中合理的一个温度值计入，并加括号。若无法判断时，可将两个水温值都记入记录表。④确定温度计测温的实际深度时，对于 100m 以浅（含 100m）的水层，当钢丝绳倾角在 10°时，须作钢丝绳的倾角订正，求得温度计测温的实际深度。上述整理过程和有关公式可参见《海洋调查规范 第 2 部分：海洋水文观测》（GB/T 12763.2—2007）。

(4) 注意事项。①颠倒温度计必须经常垂直地保持正置状态，否则，断裂的水银柱与整个水银体长期相隔会在断裂处形成氧化膜，从而发生不正常断裂，影响颠倒温度计的正确性。②颠倒温度计要保持在温度高于 0℃的室内，但室内的最高温度不要超过温度计刻度的最大值。③颠倒温度计必须保存在特制的箱内，使颠倒温度计在搬运时能保持正置状态，并使温度计免受剧烈振动。

4. 温深系统测温

利用温深系统可以测量水温的垂直连续变化。常用的仪器有电子式温盐深自记仪

（CTD）、电子温深仪（EBT）和投弃式温深仪（XBT）等。利用温深系统测水温时，每天至少应选择一个比较均匀的水层与颠倒温度计的测量结果对比一次，如发现温深系统的测量结果达不到所要求的准确度，应调整仪器零点或更换仪器探头，对比结果应记入观测值班日志。

（1）电子式温盐深自记仪（CTD）

CTD 自 1974 年问世后很快被应用于海洋调查中，并在一些大规模的海洋调查中做出了贡献。近年来在我国海洋调查中也被广泛使用。CTD 和其他一些高准确度、快速取样仪器以及卫星观测手段的应用，使得海洋调查和海洋学研究进入了一个全新的阶段，并推动了海洋中、小尺度过程和海洋微细结构的研究。

目前国内外广泛使用的 CTD 有 Neil/Brown MarkIII 型和 SeaBird911 型。MarkIII 型 CTD 由水下部分和船上接受部分组成，两部分之间由绞车电缆连接。水下部分（也称探头）用来感应需测量的物理量并将它们转换成移频信号，通过铠装电缆传送到船上的接受部分。水下部分主要包括压强（D）、温度（T）和电导率（C）传感器相应的接口、10Hz 振荡器、精密的 AC 数字化器、格式器、控制器及移频调节器等电子元件器件和线路。

与其他同类观测仪器相比，CTD 具有长期稳定性好、噪声低、所得资料具有极高的准确度和分辨率等优点。

（2）投弃式温深仪（XBT）

XBT 是一种常用的测量温深系统，它由探头、信号传输线和接收系统组成。探头通过发射架投放，探头感应的温度通过导线输入接收系统并根据仪器的下沉时间得到深度值。利用 XBT 进行温深观测时，可以在船舶航行时使用的 XBT，称船用投弃式温深仪（SXBT）；利用飞机投弃的 XBT，称航空投弃式温深仪（AXBT）。XBT 易投放，并能快速地获得温深资料，因而被广泛应用。

XBT 的主要优点是成本低、可以安装在各种船只上；缺点是容易发生多种故障：①由于导线通过海水地线形成回路，如果记录仪接触不良，就记录不到信号；②如果导线碰到船体边缘，将绝缘漆磨损掉，这可能使记录出现尖峰或上凸现象；③如果导线暂时被挂住，导线拉长，也会出现温度升高现象。

（三）海水透明度与水色观测

透明度是表示海水透明的程度（即光在海水中的衰减程度）。水色是表示海水的颜色。研究水色和透明度也有助于识别洋流的分布，因为不同的大洋洋流有与其周围海水不同的水色和透明度。例如，墨西哥湾流在大西洋中像一条天蓝色的带子；黑潮，即因其水色蓝黑而得名；美洲达维斯海流色青，故又称青流。研究透明度和水色对于渔业具有重要的意义。

1. 透明度观测

1）透明度定义

用白色的圆盘来观测水中的透明程度，最早是由利布瑙（Liburnau）发明的，意大利神父塞克（A. Secchi）在地中海首先使用，随后被广泛应用。后人习惯地称其为塞克透明度盘。这是一种用直径为 30cm 的白色圆板（透明度盘），在船上背阳一侧，垂直放入水中，直到刚刚看不见为止，透明度盘"消失"的深度叫透明度。这一深度，是白色透明度板的反射、散射和透明度板以上水柱及周围海水的散射光相平衡时的结果。所以，用透明度板观测而得到的透明度是相对透明度。

应用白色圆板测量透明度虽然简便、直观，但也有不少缺点，如受海面反射光、人眼识别误差等的影响，因此测量的结果缺乏客观的代表性，而且透明度盘只能测到垂直方向上的透明度，不能测出水平方向上的透明度。所以，近年来国际上多采用仪器来观测光能量在水中的衰减，以确定海水透明程度，并对透明度作出新的定义。

2）透明度观测

观测透明度的透明度盘（图 11-6）是一块漆成白色的木质或金属圆盘，直径 30cm，盘下悬挂有铅锤（约 5kg），盘上系有绳索，绳索上标有以分米为单位的长度记号。绳索长度应根据海区透明度值大小而定，一般可取 30～50m。

在主甲板的背阳光处，将透明度盘放入水中，沉到刚好看不见的深度，然后再慢慢地提到隐约可见时，读取绳索在水面的标记数值，有波浪时应分别读取绳索在波峰和波谷处的标记数值。读到一位小数，重复 2～3 次，取其平均值，即为观测的透明度值，记入水温观测记录表中。若倾角超过 10°，则应进行深度订正。当绳索倾角过大时，盘下的铅锤应适当加重。

图 11-6　透明度盘示意图

透明度的观测只在白天进行，观测时间为：连续观测站，每 2 小时观测一次；大面观测站，船到站观测。观测地点应选择在背阳光的地方，观测时必须避免船上排出的污水的影响。

3）观测注意事项

观测注意事项有：①出海前应检查透明度盘的绳索标记，新绳索使用前须经缩水处理（将绳索放在水中浸泡后拉紧晾干），使用过程中需增加校正次数；②透明度盘应保持洁白，当油漆脱落或脏污时应重新刷油漆；③每航次观测结束后，透明度盘应用淡水冲洗，绳索须用淡水浸洗，晾干后保存。

2. 水色观测

1）水色及其成因

海面的颜色主要取决于海面对光线的反射，因此，它与当时的天空状况和海面状况有关。而海水的颜色（水色）是由水分子及悬浮物质的散射和反射出来的光线所决定的。因此，水色和海色两者应加以区别。

海水是半透明的介质，太阳光线射达海面时，一部分被海面反射，反射能量的多少与太阳高度有关，太阳高度越大，反射能量越小；另一部分则经折射而进入海水中，而后被海水的水分子和悬浮物质吸收和散射。各种光线在进入海水中后被吸收和散射的情况不同，因此就产生了各种水色。

在大洋水中，悬浮物数量少，颗粒粒径也小，蓝光散射能量大，故海水的颜色多呈蓝色。在近岸海水中，由于悬浮物增多，颗粒变大，黄光散射能量增大，所以水色多呈黄色、浅蓝或绿色。

2）水色观测

水色观测是用水色标准液进行的。它由瑞士湖沼学家福莱尔（F. A. Forel）发明，于1885 年在康斯坦茨湖使用后被广泛应用。

水色根据水色计目测确定。水色计有蓝色、黄色、褐色三种溶液按一定比例配制的21 种不同色级（图 11-7），分别密封在 22 支内径 8mm、长 100mm 的无色玻璃管内，置于敷有白色衬里的两开盒中（左边为 1~11 号、右边为 12~21 号）。其中，1~2 号为蓝色；3~4 号为天蓝色；5~6 号为绿天蓝色；13~14 号为绿黄色；15~16 为号黄色；17~18 号为褐黄色；19~20 号为黄褐色。

图 11-7　水色计（彩图请扫封底二维码）

观测透明度后，将透明度盘提到透明度值一半的位置，根据透明度盘上所呈现的海水颜色，在水色计中找出与之最相似的色级号码，并计入水色观测记录表中。水色的观测只在白天进行，观测时间为：连续观测站，每 2 小时观测一次；大面观测站，船到站观测。观测地点应选择在背阳光的地方，观测时必须避免船上排出污水的影响。

3）注意事项

注意事项：①观测时，水色计内的玻璃管应与观测者的视线垂直；②水色计必须保存在阴暗干燥的地方，切忌日光照射，以免褪色，每航次观测结束后，应将水色计擦净并装在里红外黑的布套里；③使用的水色计在 6 个月内至少用标准水色校准一次，发现褪色现象，应及时更换，作为标准用的水色计，平时应封装在里红外黑的布套中，并保存在阴暗处。

（四）海流的观测

海水运动是乱流、波动、周期性潮流与稳定的"常流"综合作用的结果。这些流动具有不同尺度、速度和周期，且随风、季节和年份而发生变化。其强度一般由海表面向深层递减。

在进行海流观测时，要按一定时间间隔持续观测一昼夜或多昼夜，所得到的结果是常流和潮流运动的合成。可通过计算，将它们分开。水平方向周期性的流动称为潮流，其剩余部分称为常流，也称余流或统称海流。

掌握海水流动的规律是非常重要的，它可以直接为海洋渔业生产等服务。海流与渔业的关系很密切，在寒流和暖流交汇的地方往往形成良好的渔场。

1. 海流观测方法

海流的观测包括流向和流速。单位时间内海水流动的距离称为流速，单位为 m/s 或 cm/s。海流的流向是指海水流去的方向，单位为度（°），正北为 0°，正东为 90°，正南为 180°，正西为 270°。海流观测层次参照水温观测层次或根据需要确定。但海流观测的表层，规定为 0~3m 的水层，由于船体的影响，往往使得流速、流向测量不准。随着科学技术和海洋学科本身的不断发展，观测海流的方式也在不断地改进和提高。按所采用的方式和手段，观测海流的方法可分为随流运动进行观测的拉格朗日法和定点的欧拉法。

浮标漂流测流法主要适用于表层流的观测，它是根据自由漂流物随海水流动的情况来确定海水的流速、流向，主要包括漂流瓶测表层流、双联浮筒测表层流、跟踪浮标法和中性浮子测流 4 种方法。

在海洋观测中，通常采用定点方法测流，以锚定的船只或浮标、海上平台或特制固定架等为承载工具，悬挂海流计进行海流观测。

2. 监测海流的仪器

监测海流的仪器类型很多，主要有以下几种。

（1）双联浮筒测流装置（图 11-8）。是根据漂流法测流原理，将该浮筒从船尾甲板上放入水中，以观测表层流的平均流速与流向。

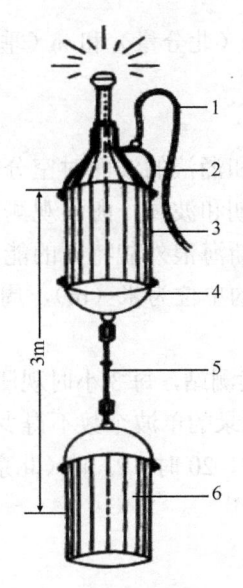

图 11-8 双联浮筒测流装置
1. 测绳；2. 上索环；3. 上浮筒；4. 下索环；5. 联结索；6. 下浮筒

（2）旋桨式海流计。是一种可测量不同深度海流的仪器，利用水文绞车钢缆将其固定于某一深度，测定在观测期间的平均流速与流向。如 HLM1 型旋桨海流计的测量范围：流速 3~350cm/s，精度±2cm/s；流向 0°~360°，精度±10°；起动流速为 2~4cm/s。

（3）印刷海流计。是一种机械式自动记录测流器，用于锚定的船只或悬挂在浮标上连续自动记录一段时间内的平均流速和瞬时流向。如 HLJ1 型印刷海流计的测量范围，流速为 3~148cm/s，流向为 0°~360°，起动流速为 2cm/s。

此外还有电磁海流计、电传海流计等。

3. 声学多普勒海流剖面仪（ADCP）

声学多普勒海流剖面仪是目前观测多层海流剖面的最有效方法。其特点是准确度和分辨率高、操作方便。自 20 世纪 70 年代末以来，ADCP 的观测技术迅速发展，国际上出现了多种类型的 ADCP。目前国际上的大型海洋研究项目中如 TOGA、WOCE、WEPOCS 等都采用 ADCP。ADCP 已被联合国教科文组织政府间海洋学委员会（IOC）正式列为几种新型的先进海洋观测仪器之一。

ADCP 测流原理是由于超声源（或发射器）和接收器（散射体）之间有相对运动，而接收器所接收到的频率和声源的固有频率是不一致的。若它们是相互靠近的，则接收频率高于发射频率，反之则低，这种现象称为多普勒效应。接收频率和发射频率之差叫多普勒频移。把上述原理应用到声学多普勒反向散射系统时，如果一束超声波能量射入非均匀液体介质时，液体中的不均匀体把部分能量散射回接收器，反向散射声波信号的频率与发射频率将不同，产生多普勒频移，它如同于发射器/接收器和反向散射体的相对运动速度，这就是声学多普勒速度传感器的原理。

利用回声束（至少三束）测得水体散射的多普勒频移，可以求得三维流速并可以转

换为地球坐标下的 u（东分量）、v（北分量）和 w（垂直分量）。

（五）海浪观测

海浪观测的主要内容是风浪和涌浪的波面时空分布及其外貌特征。观测项目主要包括海面状况、波型、波向、周期和波高。海浪观测有目测和仪测两种。目测要求观测员具有正确估计波浪尺寸和判断海浪外貌特征的能力。仪测则观测波高、波向和周期，而其他项目仍用目测。波高的单位为米（m），周期的单位为秒（s），观测数据取至一位小数。

海浪观测的时间为：海上连续测站，每 3 小时观测一次（目测只在白天进行，仪测每次记录的时间为 10～20min，记录的单波个数不得少于 100 个），观测时间为 02 时、05 时、08 时、11 时、14 时、17 时、20 时、23 时（北京时间）；大面（或断面）的测站，船到站即观测。

1. 海面状况观测

海面状况（简称海况）是指在风力作用下的海面外貌特征。根据波峰的形状、峰顶的破碎程度和浪花，可将海况分为 10 级（表 11-2）。观测时应尽量注意到广大海面，避免局部区域的海况受暗礁、浅滩及强流的影响。

表 11-2 海况等级

海况等级	海面特征
0	海面光滑如镜，或仅有涌浪存在
1	波纹或涌浪和小波纹同时存在
2	波浪很小，波峰开始破裂，浪花不显白色而仅呈玻璃色
3	波浪不大，但很触目，波峰破裂，其中有些地方形成白色浪花
4	波浪具有明显的形状，到处形成白浪
5	出现高大波峰，浪花占了波峰上很大面积，风开始削去波峰上的浪花
6	波峰上被风削去的浪花，开始沿着波浪斜面伸长成带状，波峰出现风暴波的长波形状
7	风削去的浪花布满了波浪斜面，有些地方到达波谷，波浪上布满了浪花层
8	稠密的浪花布满了波浪的斜面，海面变成白色，只有波谷某些地方没有浪花
9	整个海面布满了稠密的浪花层，空气中充满了水滴和飞沫，能见度显著降低

2. 波型观测

（1）波型

1）风浪：波形极不规则，背风面较陡，迎风面较平缓，波峰较大，波峰线较短，4～5 级风时，波峰翻倒破碎，出现"白浪"，波向一般与平均风向一致，有时偏离平均风向 20°左右。

2）涌浪：波形较规则，波面圆滑，波峰线较长，波面平坦，无破碎现象。

（2）波型记法。波型为风浪时记 F，波型为涌浪时记 U。风浪和涌浪同时存在并分别具备原有的外貌特征时，波型分三种记法：①当风浪波高和涌浪波高相差不多时记 FU；②当风浪波高大于涌浪波高时记 F/U；③当风浪波高小于涌浪波高时记 U/F。

发展成熟的风浪，很像方向一致的风浪和涌浪叠加，此时应根据风情（风速等）变化来判断波型（无浪时，波型填"空白"）。

3. 波向观测

波向一般分为 16 个方位（表 11-3）。

表 11-3　十六方位与度数换算表

方位	度数	方位	度数	方位	度数	方位	度数
N	348.9°~11.3°	E	78.9°~101.3°	S	168.9°~191.3°	W	258.9°~281.3°
NHE	11.4°~33.8°	ESE	101.4°~123.8°	SSW	191.4°~213.8°	WNW	281.4°~303.8°
NE	33.9°~56.3°	SE	123.9°~146.3°	SW	213.9°~236.3°	HW	303.9°~326.3°
ENE	56.4°~78.8°	SE	146.4°~168.8°	WSW	236.4°~258.8°	NHW	326.4°~348.8°

测定波向时，观测员站在船只较高的位置，用罗经的方位仪，使其瞄准线平行于离船较远的波峰线，转动 90°后，使其对着波浪的来向，读取罗经刻度盘上的度数，即为波向（用磁罗经测波向时，须经磁差校正）。然后，根据表 11-3 将度数换算为方位，波向的测量误差不大于±5°。当海面无浪或波向不明时，波向栏记 C，风浪和涌浪同时存在时，波向应分别观测。

（六）海洋气象观测

从渔业角度看，主要是提供作业海区气象情报和分析水文要素变化，尽管它包括气温、湿度、气压、风情、云量和能见度等许多项目，但可根据调查计划要求，选择一些必测项目进行观测。

1. 气象观测的目的

海面气象观测的目的是为天气预报和气象科学研究提供准确的情报和资料，同时还要提供海洋水文等观测项目所需要的气象资料。因此，凡承担发送气象预报任务的调查船要按照有关规定，准时编发天气预报。

2. 观测的项目

海面气象观测的项目有：能见度、云、天气现象、风、空气的温度和湿度、气压等。

3. 观测的次数和时间

（1）担任气象观测的调查舰船（不论是走航还是定点观测），每日都要进行 4 次绘图天气观测。观测的时间是 02 时、08 时、14 时、20 时（北京时间）。

（2）在连续站观测中，除 4 次绘图天气观测外，还要进行 4 次辅助绘图天气观测。观测的时间是 05 时、11 时、17 时、23 时（北京时间）。

（3）在大面观测中，一般是到站后即进行一次气象观测。如果到站时间是在绘图天气观测后（或前）半小时内，则不进行观测，可使用该次天气观测资料代替。

4. 能见度观测

（1）能见度。能见度通常是指人的正常视力在当时天气条件下所能见到的最大水平距离。有效能见度是指周围一半以上视野里都能见到的最大水平距离。

（2）能见度的观测。当船在开阔海区时，主要是根据水平线的清晰程度，对照表 11-4 的标准对能见度等级进行估计。当水平线完全看不清楚时，则按经验进行估计。

表 11-4　能见度等级

海天水平线清晰程度	眼高出海面≤7m	眼高出海面>7m
十分清晰	>50.0	
清晰	20.0～50.0	>50.0
比较清晰	10.0～20.0	20.0～50.0
隐约可辨	4.0～10.0	10.0～20.0
完全看不清	<4.0	<10.0

当船在海岸附近时，首先应借助视野内的可以从海图上量出或用雷达测量出距离的单独目标物（如山脉、海角、灯塔等），估计向岸方面的能见度，然后以水平线的清晰程度进行向海方向的能见度估计。

5. 云的观测

1）云的分类

按云底高度，一般可分为低云、中云及高云三种。各种云的云底平均高度，可参考云种高度表（表 11-5）。根据外形、结构和成因的不同，上述三种云又可分为 10 属及 29 类主要云状。各属及主要云状的特征简介如下。

表 11-5　云种高度表

云族	云底高度(m)	云属 中文学名	云属 国际名	云属 国际名缩写	降水特点
高云	>5000	卷云	Cirrus	Ci	
		卷层云	Cirro-stratus	Cs	
		卷积云	Cirro-cumulus	Cc	
中云	2500～5000	高层云	Alto-stratus	As	连续性或间歇性的雨、雪
		高积云	Alto-cumulus	Ac	
低云	<2500	层积云	Stratus-cumulus	Ss	微弱雨、雪
		层云	Stratus	St	毛毛雨
		雨层云	Nimbo-stratus	Ns	连续性中～大的雨、雪
		碎雨云	Fracto-nimbus	Fn	
		积云	Cumulus	Cu	
		积雨云	Cumulo-nimbus	Cb	阵性降水

（1）低云：低云包括积云、积雨云、层积云、层云、碎雨云及雨层云 6 种。低云多由水滴组成，厚的或垂直发展旺盛的低云则由水滴、过冷水滴、冰晶混合组成；云底高度一般在 2500m 以下，但会随季节、天气条件及纬度的不同而发生变化。大部分低云都可能产生降水，雨层云常有连续性降水，积雨云多阵性降水，有时降水量很大。

（2）中云：中云包括高层云和高积云两种。中云多由水滴、过冷水滴与冰晶混合组成，有的高积云也由单一的水滴组成。云底高度通常在 2500～5000m。高层云常产生降水，薄的高积云一般无降水产生。

（3）高云：高云包括卷云、卷层云和卷积云三种。高云全部由细小冰晶组成。云底高度通常在 5000m 以上。高云一般不产生降水，冬季北方的卷积云、密卷云偶有降雪。

2）云状的判断

云状主要是根据上述云的外形、结构及成因并参照云图进行判断。为使判断准确，观测应保持一定的连续性，注意观察云的发展过程。各种云所伴随的天气现象也是识别云的一条线索。

3）云状的记法

（1）将观测到的各云状按云量多少用云状的国际简写依次记录。如果云量相等，按高云、中云和低云的顺序记录。

（2）无云时云状栏不填。因黑暗无法判断云状时，云状栏内记 "–"。

（3）云量不到天空的 1/20 时，仍须记云状。

4）云量的观测和记录

云量以天空被云遮蔽的比例表示，用十分法估计。观测内容包括总云量和低云。总云量记为：全天无云或有云但不到天空的 1/20，记 "0"；云量占全天的 1/10，记 "1"；云量占全天的 1/5，记 "2"；其余依次类推。全天为云遮盖无缝隙，记 "10"。

6. 风的观测

空气的流动称为风，而本章是指风在水平方向上的分量。测风是观测一段时间内风向、风速的平均值。测风应选择在周围空旷、不受建筑物影响的位置上进行。仪器安装高度以距海面 10m 左右为宜。

风向即风的来向，单位用（°）。风速是单位时间风行的距离，单位用 "m/s"。无风时（0.0～0.2m/s），风速记 "0"，风向记 "C"。

用船舶气象仪测风，可测定风向、风速（平均风速和瞬时风速）、气温和湿度等。

7. 空气温度和湿度的观测

1）空气温度和湿度的观测要求

对空气温度和湿度的观测可得到空气的温度、绝对湿度、相对湿度和露点 4 个量值。在船上观测空气的温度、湿度，通常是采用百叶箱内的干湿球温度表或通风干湿表观测。此外，还可以使用船舶气象仪。

空气温度和湿度的观测，要求温度表的球部与所在甲板间的距离一般在 1.5～2.0m。为了避免烟囱及其他热源（如房间热气流等）的影响，安装的位置应选择在空气流畅的迎风面，距海面高度一般在 6～10m 为宜。另外，仪器四周 2m 范围内不能有特别潮湿或反射率强的物体，以免影响观测记录的代表性。

2）百叶箱的作用与构造

百叶箱的作用是使仪器免受太阳直接照射、降水和强风的影响，减少来自甲板上的垂直热气流的影响，同时保持空气在百叶箱里自由流通。

船用百叶箱的构造和内部仪器的安置与陆地气象台（站）使用的基本相同，但船上的百叶箱是可以转动的，以便在观测时把箱门转到背太阳的方向打开。

8. 气压的观测

1）气压的定义

气压是作用在单位面积上的大气压力，单位是百帕（hPa）。

在定时观测、大面观测和断面观测中，要观测当时的气压。在定点连续观测中观测各定时的气压，同时从自计记录中求出逐时的气压并挑选出日最高和最低气压。

船上气压的观测主要用空盒气压表，有时也可采用船用水银气压表。

2）空盒气压表观测

（1）结构：空盒气压表的感应部分是一个有弹性的密封金属盒，盒内抽去空气并有一个弹簧支撑着。当大气压力变化时，金属盒随之发生形变，使其弹性与大气压力平衡。金属盒的微小形变由气压表的杠杆系统放大，并传递给指针，以指示出当时的气压。刻度盘上有一附属温度表，指示观测时仪器本身的温度，用于进行温度订正。

（2）放置位置：空盒气压表应水平放置在温度均匀少变、没有热源、不直接通风的房间里，要始终避免太阳的直接照射。气压表下应有减震装置，以减轻震动，不观测时要把空盒气压表盒盖盖上。

（3）观测步骤：打开盒盖，先读附属温度表，读数要快。要求读至小数点后一位，然后用手指轻击气压表玻璃面，待指针静止后，读取指针所指示的气压值。读数时视线要通过指针并与刻度面垂直，要求读至小数点后一位。

（4）空盒气压表读数的订正。包括刻度订正、补充订正和高度订正。刻度订正在检定书上列表给出，一般每隔 10hPa 对应一个订正值。当指针位于已给定订正值的两个刻度之间时，其刻度订正值由内插法求得。补充订正也由检定书给出。高度订正为海平面气压。

第三节　海洋生物调查

一、初级生产力的测定

初级生产力是评价水域生产力大小的一项十分重要的指标，近年来已被列为调查测定的主要项目之一。其测定主要方法如下。

1. 生物量的计算

水域初级生产力的高低，主要取决于水域植物光合作用的数量，尤其是它的生产率，在海洋中浮游植物占据首要地位，底栖植物、自养细菌也占一定比例。它们是水域有机物（有机碳）的初级生产者，也是水域中能量的主要供应者。以上述生物为食的浮游动物和其他生物的生产力称为次级生产力。其生物产量是指单位体积（如 m^3）内，浮游植物、浮游动物的数量或重量，单位分别为"个/m^3"或"g/m^3"。底栖生物通常用"个/m^2"或"g/m^2"表示。海洋浮游生物的产量，一般在 0~50m 水层最高。

2. 测氧法（又称黑白瓶法）

测氧法是根据含氧量（浮游植物进行光合作用所产生的氧和进行呼吸作用所消耗的氧）的变化来测定初级生产力。一般用每天（也有用小时或年）在 $1m^3$ 水中产生的有机碳的数量（mg 或 g）来表示。

众所周知，植物在光合作用时吸收 CO_2 释放出氧气，其光合作用过程的平衡方程为

$$6CO_2 + 6H_2O \rightarrow C_6H_{12}O_6 + 6O_2$$

该反应式表达了植物光合作用每固定一个碳原子，便释放出两个氧原子。因此，可根据氧的生成量来换算出有机物的生产量。

3. 营养盐平衡计算法

根据几种基本营养盐（如氮、磷、硅等）在天然水域中的含量变化以及与浮游植物（或底栖植物）生产的相关关系，以营养盐的消耗作为有机质生产的指标，通过定期或连续对氮、磷等含量的监测来估算水域初级生产力。

4. 同位素测定法

在盛有观测水样的瓶中加入一定量的含有 ^{14}C 的碳酸盐，并将瓶沉入一定深度的水中，经曝光一定时间（通常为 4h）后取出水样，将浮游生物滤出，测定其中所含 ^{14}C 的量，用所得的 ^{14}C 含量计算在曝光时间内，浮游植物同化作用所吸收的 CO_2 量。该方法假定浮游植物在曝光时间内所吸收的 ^{14}C、O_2 和 CO_2 的比例相同，从而获得该时间内浮游植物的生产量。

5. 叶绿素 a 的测定法

该方法是以植物体叶绿素浓度的高低来测算水域初级生产力的方法，由于叶绿素含量是利用比较颜色深浅的比色法来测定的，因此它可借助船舶、航空甚至海洋卫星的遥感手段对有关水域的初级生产力情况进行调查。

二、海洋微生物调查

微生物是个体微小、形态结构简单的单细胞或接近单细胞的生物。从广义上讲，它应包括海洋中的细菌、放线菌、酵母、霉菌、原生动物和单细胞藻类，但一般仅指前四类生物特别是细菌。根据营养类型的不同，细菌又可分自养和异养细菌两大类。目前已知的海洋细菌，绝大部分属于异养菌，因此调查对象通常也主要是这类细菌。由于它们数量多，不仅在水域生态循环中有着极其重要的作用，而且在水域生产力中也具有不可忽视的作用。因此在近年的海洋调查中都把它列为主要测定项目之一。

但由于微生物个体微小，调查与观测难度大，所以从采水和采泥取样之后，需要经过超滤膜器过滤，该样品经稀释接种于进口 Manine 2216E 琼脂成品培养基或自制 2216E 培养基上培养，然后置电光菌落计数器下计数。种类鉴定尚需染色置油镜下观察形态结构，并需做过氧化氢酶反应、葡萄糖发酵测定等特征分析，最后查阅《伯杰氏系统细菌手册》（1994），确定和进入资料整理工作。

鉴于微生物分析需要的仪器设备较复杂，技术要求较高，通常在无菌条件下完成，所以本项目也通常由微生物研究人员承担。

三、浮游生物调查

浮游生物包括浮游植物和浮游动物两大类，是各种渔业生物直接或间接的饵料，其数量、分布不仅与鱼类的分布与迁移有着密切关系，而且浮游生物量的多少，在一定程度上还标志着水域生产力的高低。因此通常作为海洋调查中最为重要的项目。

1. 调查内容

主要包括浮游生物的种类组成、数量分布和季节变化，特别是优势种、饵料种类的数量更替监测。浮游动物体型较大，一般用大、中型浮游生物网采集，浮游植物个体体型较小，除用小型浮游生物网外，还需用采水沉淀法采集。

2. 调查方法

根据调查要求不同，通常采用以下几种主要方法。

（1）大面观测。其目的是了解调查海区各类浮游生物的水平分布状况。用大、中、小型浮游生物网分别进行自底至海面的垂直拖网各一次。分层采水，可分 5m、15m、35m、50m、100m、200m。水量每次采 500~1000ml。

（2）断面观测。其目的是了解浮游生物的垂直分布情况。可分不同水层采样，水层可分 0~10m、10~20m、20~35m、35~50m、50~100m、100~200m 等。

（3）定点连续观测。其目的是了解浮游动物昼夜垂直移动情况。观测时间每隔 2h 或 4h，按规定水层进行分段采集 1 次，如此连续网采 24h，共计 7 次或 13 次。

3. 采集工具

采集工具主要有如下几种。

（1）颠倒采水器。主要用来采集浮游植物的种类和数量，以弥补网采微型浮游植物的不足。

（2）大型浮游生物网。主要采集箭虫、端足类、磷虾类、大型桡足类、水母类、鱼卵及仔、稚鱼等。水平拖网时间为 10min，拖速为 1000m/h 左右。垂直拖网时拖速约为 0.3m/s。

（3）中型浮游生物网。主要拖捕中、小型浮游动物，操作方法同大型浮游生物网。

（4）小型浮游生物网。主要拖捕浮游植物及浮游动物的幼体，操作方法同大型浮游生物网。

（5）垂直分段生物网。使用闭锁器与锤相配合，以拖曳一定水层间的浮游生物标样，作定量网使用。

（6）其他采集器。如浮游生物指示器（plankton indicator）、哈代连续采集器（Hardy's continuous plankton recorder）等，多为定量采集而专门设计的浮游生物调查工具。

4. 资料整理

（1）样品的处理。当采集小型浮游植物样品时，在静置 5d 后，用玻璃泵抽去沉淀物上层清水，留下 20～30ml 水样。样品每 10ml 加入 0.5ml 的中性福尔马林溶液保存。其他浮游动物的样品，经筛选过滤后，直接用中性福尔马林溶液保存，福尔马林溶液的浓度为 5%。

（2）样品的分析。即室内进行样品的定性与定量分析。定性分析系通过形态解剖与观察，经查阅检索表，鉴定浮游生物的名称，并列出调查海区的浮游生物名录。定量分析即通过个体计数、称重或体积测定等方法，分析该海区、季节或不同水层的浮游生物丰度、生物量的组成及变化趋势。特别需要指出，在分析时应注重对优势种、饵料种以及稀有种或指标种的分析与观察。

四、底栖生物调查

1. 底栖生物的类型

底栖生物是指栖息于海域底上和不能长时间在水中游动的各种生物类群。其门类十分复杂，底栖动物包括原生动物、海绵动物、腔肠动物、纽形动物、线形动物、环节动物、苔藓动物、软体动物、甲壳动物、棘皮动物等无脊椎动物和原索动物。底栖植物主要是包括红藻门、褐藻门和绿藻门在内的大型藻类和水生维管植物如海韭菜等。按底栖动物的生态类型，主要可分为以下几种。

（1）底内动物。主要栖息在水底的泥沙或岩礁中，又可分两类：①管栖或穴居种类，是指栖息于管内或穴内的种类，如多毛类的巢沙蚕和磷沙蚕，甲壳类的蝼蛄虾和许多蟹类等；②埋栖种类，是指自由潜入泥沙中的种类，如软体动物中的蛤类、螺类、星虫类，甲壳动物的蝉蟹类、端足类、涟虫以及棘皮动物等。此外，钻孔动物、钻蚀动物的海笋、船蛆、蛀木水虱等，亦属底内动物。

（2）底上动物。主要栖息在水底岩礁或泥沙的表面上，也分为两类：①营固着生活的种类，如固着于水底岩礁或其他动植物身上的种类，也有的种类将部分身体埋在泥沙中，如贻贝、扇贝、牡蛎、水螅虫、海葵、海胆、藤壶等；②营漫游性生活，其中有的在水底缓慢爬行或蠕动，有的在固着底栖生物丛中活动。这类动物一般移动缓慢，如腹足类、蠕虫、棘皮动物等。

（3）底游动物。虽栖息在水底但又能作游泳活动的动物，如甲壳类的虾类和底层鱼类中的比目鱼、虾虎鱼类等。

2. 采集工具

开展底栖生物调查时，首先应考虑调查海区的海底地形与底质，并根据调查的任务性质与内容，设站站距一般在 10n mile 左右，可根据需要而适当放宽或缩小，通常每季度（月）调查一次。

（1）船上设备。①绞车和吊杆：要求调查船具有能负荷拖网和采泥器的绞车和吊杆。近海调查一般负荷 200kg 的绞车和吊杆，绞车工作速度以 0.2～1.0m/s 为宜。绞车上装有自动排绳设备及绳索计数器。吊杆一般装在主甲板后部，高出船舷 5m 左右，伸出舷外约 1m，能作回转运动，而专用采泥器取样的绞车及吊杆应能负荷 500kg。深海采集时，要使用大型网具和采泥器，其负荷量还需相应增加。②钢丝绳：一般底栖生物拖网可用直径 8~10mm 的软钢丝绳。其长度依据调查海区的水深而定，通常为水深的 2~3 倍。在专供采泥器用的绞车上，一般用直径 4~6mm 的钢丝绳。③冲水设备：在工作甲板上需装配有水龙头和胶皮水管，以供采泥和拖网后筛选底栖生物和冲洗网具及采泥器之用。

（2）采集工具。主要有拖网和采泥器两类。①拖网类。有阿氏拖网、双刃拖网、桁拖网等多种形式，可根据调查海区底质和要求选用其中一种，以拖捕底上生物（图 11-9）。②采泥器。通常由两个颚瓣构成，也有曝光型采泥器和弹簧采泥器等，以前者使用较多。采泥面积分为 $0.25m^2$ 和 $0.10m^2$ 两种，前者多安装在大型调查船上，后者一般在近岸调查时使用，在内湾水域也可用 $0.05m^2$ 的小型采泥器。

图 11-9　底上生物拖网

（3）套筛。套筛是由不同孔径的金属网或尼龙网制成的复合式筛子，专供冲洗过滤泥沙样品和分离动植物标本之用。套筛一般由两层组成，可分可合。筛框为木质或铝质。两层筛网的网孔大小不同，上层为 5~6mm，下层为 1mm，以便分离获取不同大小的标样。

3. 资料分析与整理

（1）定性分析。根据采集标样进行分类鉴定。由于底栖生物如纽虫类、沙蚕、蠕虫类结构脆弱，取样筛选后通常只得生物体片段，造成鉴定的困难，因此必须十分细致、认真。

（2）定量分析。根据分类鉴定，按门类分别计算个体数量和称取生物量。由于各门类生物的性质不同，经过福尔马林或乙醇固定后通常有一定失水率，故在计算重量组成时，应先查阅不同生物的失水率表，然后把固定样品重量换算为当场重量，再汇入总表，以免产生失真。

在定性、定量分析之后，可进行资料整理，列写底栖生物名录，计算种类的个体数量组成、重量组成、出现频率、密度指数，估计总生物量以及调查所要求的其他参数。

第四节　游泳动物调查

鱼类、虾类、蟹类、头足类等游泳动物资源调查是海洋渔业类专业海洋调查的主体，旨在了解和掌握调查海区的鱼类、虾类、蟹类、头足类等渔业资源种类组成与数量分布状况，并通过对调查对象的渔业生物学特征的研究，为渔业资源的开发利用、保护管理以及研究种群数量动态变化与渔情预报提供依据。

一、调查前的准备工作

除了本章第一节叙述的共性准备工作外，根据各专题调查的需要，再予以重申。具体调查方法可根据《海洋渔业资源调查规范》（SC/T 9403—2012）进行。

（1）全面查阅资料。查阅拟调查海区的鱼类、虾类、蟹类、头足类等渔业资源分布，主要经济种类的生物学特征资料，包括鱼类分类图谱以及相关的专著等。

（2）开展专业培训。出海前要抽出一定时间，对参加本专题调查的全体人员进行业务培训。从调查计划和已掌握的鱼类、虾类、蟹类、头足类等渔业资源资料，鱼类、虾类、蟹类、头足类等标本检索和鱼类、虾类、蟹类、头足类等生物学测定的操作进行培训，使调查人员能了解和初步掌握过去已有的调查资料和本航次的调查工作要求及操作基本规范。

（3）工具与器材准备。配合培训，把渔捞日志等各种表格、鳞片袋、量鱼板、体长刺孔纸、标签、纱布、福尔马林和标本采集箱，按计划要求提前准备和完成，并经复核后装箱，准备上船。

二、海上调查工作

（1）海上调查要任命一位专业组长或首席科学家，负责调查计划实施与协调，包括与各专业组的现场协调工作，组织成员按分工进行调查作业。

（2）各调查人员在保证安全的情况下，努力克服晕船等困难，认真执行所分工的本职工作，必须一丝不苟地完成各项计划任务。

（3）在水文、生物等专业组开始进行观测的同时，本专业负责人就应与船长或大副将该站位的渔业资源试捕调查工作作具体布署。

（4）待上述专业观测完毕，船只起锚向下一测站航行时，在渔捞长指挥下，由船员执行放网试捕调查，如拖网通常拖曳 1h、航速约为 3kn，围网则视该站位附近游泳动物集群情况而定。

（5）在航行中应经常打开探鱼仪，有条件的调查船如"北斗号"，在遇到鱼群时还应启动探鱼积分仪及与网上悬挂的网位仪相配合，以调查了解海域鱼群分布、数量特征及网获等重要参数。

（6）起网时，调查人员应按计划分工，做好各项准备工作。

（7）起网后，调查人员一边帮助渔工清理渔获物，一边由指定的调查专业人员当场填写渔捞日志（表 11-6）。渔获分类计数完毕，按鱼箱或样品袋加附标签，入鱼舱低温保存；如该站位标样数量少，则全部装入事先编号的塑料标本桶，加 5%～8% 的福尔马林固定（对其中较大个体标本，还应切腹或作腹腔注射），带回实验室待分析。

表 11-6　拖网卡片

船名_____ 航次_____ 区域_____ 站号_____ 拖网号次_____ 日期_____
风向风力_____ 波浪_____ 云量_____ 气温_____ ℃
总渔获量_____kg（估计）_____kg（正确重量）每小时拖网渔获量_____kg/h
放网时间_____　　　　　　起网时间_____
位置_____ 拖网规格_____　　位置_____
时间_____ 拖网方向和曳纲长度____　时间_____
深度_____　　　　　　　　　　　　深度_____
底质_____ 拖网时间及航速_____　底质_____

渔获物种的组成

种类	尾数	重量（kg）	长度（mm）从___到___	备注

记录：　　　　　　测定：

（8）对各站位的调查目标鱼种或主要渔获物，应随机抽取 50 尾（最少不低于 25 尾，不足时全部测定）进行生物学测定，并把性腺、胃含物及耳石、鳞片等分别固定或包装好，连同记录表（表 11-7）带回实验室供分析研究；如调查船限于人力紧张、难以进行生物学测定时，亦应尽量多进行体长刺孔与平均体重的测定工作。

（9）有条件的调查船应及时把拖网卡片及生物学测定资料等数据输入电脑保存，并作初步数据处理，待航次调查结束时，连同有关资料全部带回。

（10）船只返航后，应及时把全部样品、资料和小型调查用具清理、集中，并做好交接手续及航次小结工作。根据下一航次调查时间表，作下一航次的调查准备工作，直到整个调查结束。

表 11-7 鱼类生物学测定记录表

海区___ 船名___ 航次___ 种名___ 站号___ 水深___ 采样时间___ 网具___ 渔获量___ kg

编号	长度（mm）		重量（g）			性别		性腺成熟度	摄食强度	年龄	备注
	全长	体长	全重	纯体重	性腺重	雌	雄				

测定：　　记录：　　校对：　　年　月　日

三、资料整理与调查报告撰写

1. 鱼类、虾类、蟹类、头足类等生物的区系分类

分类工作是一项细致费时的工作。由于海上站次相隔时间短，填写拖网卡片时往往只有大类的记录，因此回到实验室仍需将渔获物标样全部再进行仔细分类鉴定。在上述分类鉴定的基础上进行生物区系分析，以了解调查海区的渔业生物区系性质。

2. 生物学测定及其生物学特性的研究

因受到海上工作条件的限制，除少数目标鱼种外，多数种类的生物学测定工作均需

在陆上进行，记录表格以鱼类为例（表 11-7）。

对耳石、鳞片等年龄材料，胃含物的饵料分析标样以及研究性成熟的性腺材料等，则分别交给各有关研究人员进行分析研究，记录表格以鱼类为例（表 11-8 至表 11-11）。

表 11-8　鱼类生物学测定统计表

海区＿＿＿＿　船名＿＿＿＿　航次＿＿＿＿　站号＿＿＿＿　水深＿＿＿＿m
种名＿＿＿＿　采样时间＿＿＿＿　网具＿＿＿＿　渔获量＿＿＿＿kg

体长组（mm）								合计
尾数								
占比（%）								

平均体长＿＿＿＿mm　最大体长＿＿＿＿mm　最小体长＿＿＿＿mm

体重（g）								合计
尾数								
占比（%）								

平均体重＿＿＿＿g　最大体重＿＿＿＿g　最小体重＿＿＿＿g

性成熟度（雌）								合计
尾数								
占比（%）								

性成熟度（雄）								合计
尾数								
占比（%）								

年龄组成								合计
尾数								
占比（%）								

摄食强度	0	1	2	3	4	合计
尾数						
占比（%）						

性别	雌	雄	合计
尾数			
占比（%）			

计算：　　　校对：　　　年　月　日

表 11-9 鱼类体长测定统计表

海区_____船名_____航次_____站号_____种名_____采样时间：____年__月__日

年龄 尾数体长组（mm）	1		2		3		共计		各体长组	
	雌	雄	雌	雄	雌	雄	雌	雄	总尾数	占比（%）
各年龄组雌或雄所占尾数										
各年龄组总尾数										
各年龄组占总尾数比例（%）										

计算：　　校对：　　年　月　日

表 11-10 鱼类体重测定统计表

海区_____ 船名_____ 航次_____ 站号_____ 种名_____ 采样时间： 年 月 日

年龄 尾数体重组（g）	1		2		3		共计		各体重组	
	雌	雄	雌	雄	雌	雄	雌	雄	总尾数	%
各年龄组雌或雄所占尾数										
各年龄组总尾数										
各年龄组占总尾数比例（%）										

计算： 校对：   年 月 日

表 11-11 鱼类怀卵量记录表

海区_____ 船名_____ 航次_____ 站号_____ 种名_____ 采样时间： 年 月 日

编号	长度（mm）	重量（g）		年龄	成熟度	性腺重（g）	取样重（g）	绝对怀卵量		相对怀卵量	备注
		全重	纯重					取样卵数	全部卵数		

测定：　　记录：　　校对：

3. 资料整理

海上调查资料与陆上的分析资料均是以原始数据形式输入电脑，以数据库方式存储于电脑中。之后各有关专业人员根据研究需要，调用原始数据或已初步处理的数据，进一步进行数据处理或作信息处理、绘制图表，形成调查报告的基本素材，供撰写调查报告及作相关分析与评价使用。

4. 调查报告撰写

调查报告是海洋调查的最终产物，是以文字、数据、图表和模型的形式，提供调查的结果与结论，供有关决策、研究和生产部门参考。它的主要内容应包括调查的时间与海区、调查的目的与要求、调查海区的背景要旨、调查的内容与方法以及调查结果和存在的问题、建议。调查所得结果是报告的重点内容，要求图文并茂。此外，尚要写明调查中存在的问题、调查的结论与提要等。对于本调查重点研究或较深入研究的问题，可另辟专题，分别进行撰写，以提供更系统的资料与信息。对于综合性、大型调查报告尤应如此，至于各类调查报告的内容与形式等可参考各类相关或相同调查报告而撰写。

思 考 题

1. 试述渔业资源调查的目的及其在渔业科学研究中的重要性。
2. 简述渔业资源调查的基本类型。
3. 如何制定渔业资源调查计划及应注意的事项？
4. 海洋环境调查包括哪些主要项目，温、盐、深观测的技术要点是什么？
5. 海洋生物调查包括哪些内容，如何进行浮游生物和底栖生物采样？
6. 游泳动物调查如何开展及其应该注意的事项是什么？
7. 到野外潮间带开展生物资源调查，并写出调查报告。
8. 开展沿海渔业资源定点调查，并写出渔业资源调查报告。

主要参考文献

安东生雄. 1982. 三疣梭子蟹养殖的可能性. 阎小眉译. 国外水产, (3): 7-9.
白雪娥. 1966. 渤海小黄鱼仔幼鱼的摄食习性//太平洋西部渔业研究委员会中国委员专家办公室. 太平洋西部渔业研究委员会第八次全体会议论文集. 北京: 科学出版社.
白艳勤, 陈求稳, 许勇, 等. 2013. 光驱诱技术在鱼类保护中的应用. 水生态学杂志, 33(4): 85-88.
曹启华. 1999. 渔业资源学. 湛江海洋大学(内部资料).
曹欣中. 1985. 浙江近海沿岸上升流与渔场的关系. 海洋湖沼通报, (1): 25-28.
陈必哲, 龚祖成. 1983. 闽南渔场大黄鱼资源概况. 福建水产, 4: 17-19.
陈必哲, 张澄茂. 1984. 闽南渔场大黄鱼渔业生物学基础的初步研究. 福建水产, 4: 6-16.
陈长胜. 2003. 海洋生态系统动力学与模型. 北京: 高等教育出版社.
陈大刚. 1991. 黄渤海渔业生态学. 北京: 海洋出版社.
陈大刚. 1997. 渔业资源生物学. 北京: 中国农业出版社.
陈大刚, 刘长安, 张树本. 1981. 黄渤海比目鱼类的消化器官与食性特征的比较分析. 山东海洋学院学报, 11(1): 87-106.
陈芃, 陈新军, 雷林. 2018. 秘鲁上升流对秘鲁鳀渔场的影响. 水产学报, 42(9): 1367-1377.
陈丕茂, 舒黎明, 袁华荣, 等. 2019. 国内外海洋牧场发展历程与定义分类概述. 水产学报, 43(9): 1851-1869.
陈俅, 李培军. 1978. 黄渤海区日本鲐(*Pneumatophorus japonicus*)的生长. 辽宁省海洋水产研究所调查报告, 41.
陈时华. 1990. 南极磷虾资源开发研究现状及对今后研究的建议. 东海海洋, 8(2): 63-73.
陈世骧. 1978. 关于物种定义. 动物学分类学报, (4): 425-426.
陈小庆, 俞存根, 宋海棠, 等. 2010. 东海中北部海域虾类群聚结构特征及空间分布. 海洋学研究, 28(4): 50-57.
陈新军. 2004. 渔业资源与渔场学. 北京: 海洋出版社.
陈新军. 2014. 渔业资源与渔场学. 第2版. 北京: 海洋出版社.
陈新军, 叶旭昌. 2005. 印度洋西北部海域鸢乌贼渔场与海洋环境因子关系的初步分析. 上海水产大学学报, (1): 55-60.
陈新军, 周应祺. 2018. 渔业导论(修订版). 北京: 科学出版社.
陈亚瞿, 朱启琴. 1984. 东海带鱼摄食习性、饵料基础及与渔场的关系. 水产学报, (2): 135-145.
陈永茂, 李晓娟, 傅恩波. 2000. 中国未来的渔业模式——建设海洋牧场. 资源开发与市场, 2: 78-79.
陈宗雄. 1974. 台湾产马加鲭*Scomberomorus niphonius* (Cuvier et Valenciennes)年龄、成长、生殖腺成熟度和产卵初步研究. 台湾省水产试验所试验报告第23号: 21-36.
程济生. 2004. 黄渤海近岸水域生态环境与生物群落. 青岛: 中国海洋大学出版社.
程家骅. 2011. 伏季休渔理论与实践. 上海: 上海科学技术出版社.
程家骅, 黄洪亮. 2003. 北太平洋柔鱼渔场的环境特征. 中国水产科学, 10(6): 507-512.
楚克林, 马晓萍, 张泽伟, 等. 2018. 中国淡水蟹分类及分布名录(十足目: 拟地蟹科、溪蟹科). 生物多样性, (3): 274-282.
崔青曼, 袁春营, 董景岗, 等. 2008. 渤海湾银鲳年龄与生长的初步研究. 天津科技大学学报, (3): 30-32.
戴爱云, 冯钟琪, 宋玉枝, 等. 1977. 三疣梭子蟹渔业生物学的初步调查. 动物学杂志, (2): 30-33.
戴庆年, 张其永, 蔡友义, 等. 1988. 福建沿岸海域赤点石斑鱼年龄和生长的研究. 海洋与湖沼, (3):

215-224, 302.
党莹超. 2020. 北太平洋大眼金枪鱼摄食生态及其栖息环境的研究. 上海: 上海海洋大学硕士学位论文.
邓景耀, 姜卫民, 杨纪明, 等. 1997. 渤海主要生物种间关系及食物网的研究. 中国水产科学, 4(4): 1-7.
邓景耀, 孟田湘, 任胜民. 1986. 渤海鱼类食物关系的初步研究. 生态学报, 4: 356-364.
邓景耀, 叶昌臣. 2001. 渔业资源学. 重庆: 重庆出版社.
邓景耀, 叶昌臣, 刘永昌. 1990. 渤黄海的对虾及其资源管理. 北京: 海洋出版社.
邓景耀, 赵传絪. 1991. 海洋渔业生物学. 北京: 农业出版社.
邓思明, 臧增嘉, 詹鸿禧, 等. 1997. 太湖敞水区鱼类群落结构特征和分析. 水产学报, 21(2): 134-142.
邓松, 钟欢良, 王名文, 等. 1995. 琼海沿岸上升流及其与渔场的关系. 台湾海峡, (1): 51-56.
丁耕芜, 贺先钦. 1964. 辽东湾小黄鱼的繁殖力的研究. 辽宁省海洋水产研究所调查研究报告, (21): 1-7.
窦硕增. 1992. 鱼类胃含物分析的方法及其应用. 海洋通报, 11(2): 28-31.
窦硕增. 1996. 鱼类摄食生态研究的理论及方法. 海洋与湖沼, 27(5): 556-561.
杜金瑞, 陈勃气, 张其永. 1983. 台湾海峡西部海区带鱼 *Trichiurus haumela* (Forskål)的生殖力. 台湾海峡, (1): 122-132.
方宗熙. 1973. 生物的进化. 北京: 科学出版社.
费鸿年, 何宝全. 1990. 水产资源学. 北京: 中国科学技术出版社.
费鸿年, 何宝全, 陈国铭. 1981. 南海北部大陆架底栖鱼群聚的多样度以及优势种区域和季节变化. 水产学报, 5(1): 1-20.
费鸿年, 郑修信. 1982. 鲻食性的初步研究//梭鱼鲻鱼研究文集征集组. 梭鱼鲻鱼研究文集. 北京:农业出版社, 96-107.
冯吉南, 王云新. 2002. 鱼礁和生物环境——鱼礁渔场的鱼群分布和活动. 水产科技, (1): 22-24.
冯士筰, 李凤岐, 李少菁. 1999. 海洋科学导论. 北京: 高等教育出版社.
龚启祥, 郑国生, 王苋初, 等. 1984. 东海群成熟带鱼卵巢变化的细胞学观察. 水产学报, 8(3): 185-196.
谷庆义, 仇潜如. 1987. 太湖鱼类区系的特点及其改造和调整的初步探讨. 淡水渔业, (6): 33-37.
顾洪, 李军. 1992. 黄鲫的年龄与生长研究. 海洋科学, (1): 53.
关金藏, 柯才焕, 陈能光. 1984. 东吾洋内湾长毛对虾和东方对虾越冬场的初步调查. 海洋渔业, (1): 3-6.
官文江, 田思泉, 王学昉, 等, 2014. CPUE 标准化方法与模型选择的回顾与展望. 中国水产科学, 21(4): 852-862.
洪港船, 陈必哲, 张澄茂. 1983. 闽东、闽中渔场越冬大黄鱼资源状况. 福建水产, (4): 12-16.
洪港船, 陈必哲, 张澄茂. 1985. 福建近海越冬大黄鱼资源状况. 福建水产, 4: 12-16.
洪惠馨, 秦忆芹, 陈莲芳, 等. 1962. 黄海南部、东海北部小黄鱼摄食习性的初步研究. 海洋渔业资源论文选集, 北京: 农业出版社.
洪秀云. 1980. 渤、黄海带鱼年龄与生长的研究. 水产学报, (4): 361-370, 403-404.
洪秀云, 丁耕芜. 1977. 一种耳石磨片新方法. 水产科技, 第四期, 辽宁省海洋水产研究所.
侯伟芬, 俞存根, 陈小庆. 2013. 舟山渔场盐度分布特征分析. 浙江海洋学院学报(自然科学版), 32(5): 388-392.
胡明娜, 赵朝方. 2008. 浙江近海夏季上升流的遥感观测与分析. 遥感学报, (2): 297-304.
胡雅竹, 钱世勤. 1982. 灰鲳年龄和生长的研究. 水产科技情报, (2): 2-6.
胡银茂. 2006. 东海海区大黄鱼种质资源的历史演变和现状分析. 绍兴文理学院学报, 26(7): 49-53.
华元渝, 胡传林. 1981. 鱼种质量与体长相关公式($W=bL^a$)的生物学意义及其应用//中国鱼类学会. 鱼类学论文集(第一辑). 北京: 科学出版社: 125-132.
黄长江, 董巧香, 林俊达. 1999. 全球变化对海洋渔业的影响及对策. 台湾海峡, 18(4): 481-494.
黄海水产研究所. 1981. 海洋水产资源调查手册. 上海: 上海科学技术出版社.

黄洪亮, 陈雪忠, 冯春雷. 2007. 南极磷虾资源开发现状分析. 渔业现代化, (1): 48-51.
黄硕琳, 唐议. 2019. 渔业管理理论与中国实践的回顾与展望. 水产学报, 43(1): 211-231.
黄文洋. 1979. 栽培渔业的理论和实践. 福建水产科技, 1: 6-21.
黄晓龙, 白艳勤, 崔磊, 等. 2021. 电驱鱼技术在鱼类保护中的应用. 生态学杂志, 40(10): 3364-3374.
黄宗强, 施并章. 1986. 闽南-台湾浅滩渔船中上层趋光鱼类群聚结构的时间变化. 台湾海峡, 5(2): 175-182.
贾晓平, 李纯厚, 陈作志, 等. 2012. 南海北部近海渔业资源及其生态系统水平管理策略. 北京: 海洋出版社.
江素菲, 周朝根, 朱耀光. 1980. 闽南-台湾浅滩渔场带鱼种群问题初探. 厦门大学学报, 19(2): 89-96.
姜志强, 谭淑荣. 2002. 不同光照强度对花鲈幼鱼摄食的影响. 水产科学, 21(3): 4-5.
姜志强, 张志明, 赵翀, 等. 2012. 太平洋鳕性腺发育及营养来源的初步研究. 大连海洋大学学报, 27(4): 315-320.
金显仕, 程济生, 邱盛尧, 等. 2006. 黄渤海渔业资源综合研究与评价. 北京: 海洋出版社.
金显仕, 唐启升. 1998. 渤海渔业资源结构、数量分布及其变化. 中国水产科学, 3: 19-25.
柯福恩, 胡德高, 张国良. 1984. 葛洲坝水利枢纽对中华鲟的影响——数量变动调查报告. 淡水渔业, 14(3): 16-19.
孔祥雨. 1985. 浙江近海渔场大黄鱼生长的研究. 东海海洋, 3(1): 56-63.
李波, 阳秀芬, 王锦溪, 等. 2019. 南海大眼金枪鱼(*Thunnus obesus*)摄食生态研究. 海洋与湖沼, 50(2): 336-346.
李城华. 1982. 东海带鱼的生物学——Ⅰ. 卵巢周年变化的初步研究. 海洋与湖沼, 13(5): 461-472.
李城华. 1983. 东海带鱼个体生殖力及其变动的研究. 海洋与湖沼, 14(3): 220-239.
李城华, 沙学绅, 尤锋, 等. 1993. 梭鱼仔鱼耳石日轮形成及自然种群日龄的鉴定. 海洋与湖沼, 24(4): 345-349.
李富国. 1987. 黄海中南部鳀鱼生殖习性的研究. 海洋水产研究, (8): 41-50.
李培军, 秦玉江, 陈介康. 1982. 黄海北部日本鳀的年龄与生长. 水产科学, (1): 1-5.
李思发. 1981. 中国淡水鱼类分布区划. 北京: 科学出版社.
李思发, 吕国庆. 1998. 长江中下游缝编草青四大家鱼线粒体DNA多样性分析. 动物学报, 44(1): 82-93.
李思发, 王强, 陈永乐. 1986. 长江、珠江、黑龙江三水系的鲢、鳙、草鱼原种种群的生化遗传结构与变异. 水产学报, 10(4): 351-372.
林浩然. 2011. 鱼类生理学. 广州: 中山大学出版社.
林景祺. 1962. 小黄鱼幼鱼和成鱼摄食习性及其摄食条件的研究. 海洋渔业资源论文集, 北京: 农业出版社, 34-43.
林景祺. 1985. 带鱼. 北京: 农业出版社.
林景祺. 1991. 中国海洋渔业资源(四). 海洋科学, 4: 25-27.
林景祺. 1996. 海洋渔业资源导论. 北京: 海洋出版社.
林龙山. 2004. 东海区小黄鱼现存资源量分析. 海洋渔业, 26(1): 18-23.
林龙山. 2007. 长江口近海小黄鱼食性及营养级分析. 海洋渔业, 1: 44-48.
林龙山, 程家骅. 2004. 东海区小黄鱼渔业生物学现状的分析. 中国海洋大学学报, 34(4): 555-570.
林龙山, 严利平, 凌建忠, 等. 2005. 东海带鱼摄食习性的研究. 海洋渔业, 3: 187-192.
林龙山, 张寒野, 李惠玉, 等. 2006. 东海带鱼食性的季节变化. 中国海洋大学学报(自然科学版), 6: 932-936.
林新濯, 邓思明, 黄正一. 1965a. 小黄鱼种族生物学测定的研究. 海洋渔业资源论文选集. 北京: 农业出版社: 84-108.
林新濯, 王福刚, 潘家模, 等. 1965b. 中国近海带鱼 *Trichiurus haumela* (Forskål)种族的调查. 水产学报, 2(4):11-23.

刘蝉馨. 1981. 黄、渤海蓝点马鲛年龄的研究. 鱼类学论文集(第二辑), (2): 129-136.

刘蝉馨, 张旭, 杨开文. 1982. 黄海和渤海蓝点马鲛生长的研究. 海洋与湖沼, 13(2): 170-178.

刘海映, 李培军, 叶昌臣, 等. 1990. 辽东湾海蜇数量变动的初步探讨. 水产科学, 9(4): 1-4.

刘瑞玉. 2008. 中国海洋生物名录. 北京: 科学出版社.

刘小兵, 孙海文. 2008a. 国际渔业管理现状和趋势(一). 中国水产, (10): 30-32.

刘小兵, 孙海文. 2008b. 国际渔业管理现状和趋势(二). 中国水产, (11): 38-40.

刘小琳. 2022. 基于稳定同位素的海洋生物食物网分析和大黄鱼地理种群判定. 舟山: 浙江海洋大学硕士学位论文.

刘小琳, Rutakumwa ES, 徐靖昂, 等. 2021. 舟山外海重要海洋动物的碳氮稳定同位素特征和食物网营养结构. 浙江海洋大学学报(自然科学版), 40(5): 415-423.

刘效舜, 杨丛海, 叶冀雄. 1965. 黄海北部渤海小黄鱼的鳞片和耳石年轮特征及其形成周期的初步研究//海洋渔业资源论文选集. 北京: 农业出版社.

刘效舜, 张进上, 丁仁福, 等. 1990. 中国海洋渔业区划. 杭州: 浙江科学技术出版社: 170.

刘星泽. 1984. 渔业要走农牧化的道路——渔捞专家谈开发海洋渔业生产. 瞭望周刊, 43: 25.

刘勇, 严利平, 胡芬, 等. 2005. 东海北部和黄海南部鲐鱼年龄和生长的研究. 海洋渔业, 27(2): 133-138.

刘祝楠, 余景, 陈丕茂, 等. 2019. 粤西海域灯光罩网渔场时空分布与海洋环境的关系. 南方农业学报, 50(4): 867-874.

刘卓, 杨纪明. 1995. 日本海洋牧场(Marine Ranching)研究现状及其进展. 现代渔业信息, 10(5): 14-18.

卢继武, 罗秉征, 黄颂芳. 1983. 台湾浅滩海域带鱼种群的探讨. 海洋与湖沼, 14(4): 378-287.

陆忠康. 1995. 我国海洋牧场(Marine Ranching)开发研究的现状、面临的问题及其对策. 现代渔业信息, 9: 6-9.

罗秉征. 1966. 浙江近海大黄鱼的季节生长. 海洋与湖沼, 8(2): 121-139.

罗秉征, 黄颂芳, 卢继武. 1983b. 东海北部带鱼种群结构与特性. 海洋与湖沼, 14(2): 148-159.

罗秉征, 卢继武, 黄颂芳. 1981. 中国近海带鱼耳石生长的地理变异与地理种群的初步探讨//海洋与湖沼论文集. 北京: 科学出版社: 181-194.

罗秉征, 卢继武, 黄颂芳. 1983a. 东海北部带鱼性成熟的研究 I. 雌鱼的成熟过程与特性. 海洋与湖沼, (1): 59-63, 105-106.

罗秉征, 卢继武, 黄颂芳. 1985. 东海带鱼春、夏和秋季产卵群体的生殖周期特性与种群问题. 动物学报, 31(4): 348-357.

罗秉征, 卢继武, 兰永伦, 等. 1993. 中国近海主要鱼类种群变动与生活史型的演变. 海洋科学集刊, 34: 123-137.

罗海忠, 傅荣兵, 陈波, 等. 2006. 舟山近海鮸鱼胚胎和早期仔鱼的发生及与盐度的关系. 浙江海洋学院学报: 自然科学版, 25(1): 8.

毛汉礼. 1979. 海洋科学近二十年来的进展. 海洋科学, 1: 1-9.

蒙子宁, 庄志猛, 金显仕, 等. 2003. 黄海和东海小黄鱼遗传多样性的 RAPD 分析. 生物多样性, 11(3): 197-203.

孟庆闻, 苏锦祥, 李婉端. 1987. 鱼类比较解剖. 北京: 科学出版社.

孟田湘, 任胜民. 1986. 渤海黄盖鲽的年龄与生长. 海洋学报(中文版), 2: 223-231, 263.

宓崇道. 1988. 东海区渔业资源动态监测网工作总结会议在沪召开. 海洋渔业, 10(3): 127.

宓崇道. 1997. 东海带鱼资源状况、群体结构及繁殖特性变化的研究. 中国水产科学, 4(1): 7-14.

宓崇道, 钱世勤, 秦忆芹. 1987. 东海绿鳍马面鲀繁殖习性的初步研究. 东海绿鳍马面鲀论文集: 81-89.

苗振清, 黄锡昌. 2003. 远洋金枪鱼渔业. 上海: 上海科学技术文献出版社.

倪正雅, 徐汉祥. 1985. 东海曼氏无针乌贼种群的研究. 海洋科学, (4): 41-45.

宁修仁. 1997. 微型生物食物环. 东海海洋, 15(1): 66-68.

宁修仁, 刘子琳. 1995. 渤、黄、东海初级生产力和潜在渔业生产量的评估. 海洋学报, 17(3): 72-84.

农牧渔业部水产局, 农牧渔业部东海区渔业指挥部. 1987. 东海区渔业资源调查和区划. 上海: 华东师范大学出版社.
农业大词典编辑委员会. 1998. 农业大词典. 北京: 中国农业出版社.
彭士明, 施兆鸿, 尹飞, 等. 2011. 利用碳氮稳定同位素技术分析东海银鲳食性. 生态学杂志, 30(7): 1565-1569.
丘书院. 1997. 论东海渔业资源量的估算. 海洋渔业, (2): 49-51.
邱盛尧, 叶懋中. 1993. 黄渤海蓝点马鲛当年幼鱼的生长特性. 水产学报, 17(1): 14-23.
邱望春, 蒋定和. 1965. 东海带鱼 *Trichiurus haumela* (Forskål)个体生殖力的研究. 水产学报, (2): 13-25.
邱永松, 曾晓光, 陈涛, 等. 2008. 南海渔业资源与渔业管理. 北京: 海洋出版社.
阙华勇, 陈勇, 张秀梅, 等. 2016. 现代海洋牧场建设的现状与发展对策. 中国工程科学, 3: 79-84.
单国桢. 1983. 动物繁殖生态学. 北京: 科学出版社.
沈国英, 黄凌风, 郭丰, 等. 2010. 海洋生态学. 北京: 科学出版社.
沈国英, 施并章. 2002. 海洋生态学. 北京: 科学出版社.
沈金鳌, 程炎宏. 1987. 东海深海底层鱼类群落及其结构的研究. 水产学报, 11(4): 293-306.
施并章, 黄宗强. 1987. 闽南-台湾浅滩渔场中上层趋光鱼类群聚的空间结构. 台湾海峡, 6(1): 69-77.
石振广, 李文龙, 王云山, 等. 2002. 我国鲟类资源状况及保护利用. 上海水产大学学报, (4): 317-323.
水柏年. 2000. 小黄鱼个体生殖力及其变化的研究. 浙江海洋学院学报(自然科学版), (1): 58-69.
水柏年. 2003. 黄海南部、东海北部小黄鱼的年龄与生长研究. 浙江海洋学院学报, 22(1): 16-20.
宋海棠, 陈阿毛, 丁天明, 等. 1995. 浙江渔场鲐鲹鱼资源利用研究. 浙江水产学院学报, (1): 2-13.
宋海棠, 俞存根, 薛利建, 等. 2006. 东海经济虾蟹类. 北京: 海洋出版社.
宋海棠, 俞存根, 薛利建. 2012. 东海经济虾蟹类渔业生物学. 北京: 海洋出版社, 161-176.
宋利明, 高攀峰. 2006. 马尔代夫海域延绳钓渔场大眼金枪鱼的钓获水层、水温和盐度. 水产学报, (3): 335-340.
宋林生, 倪多娇, 胥炜, 等. 2002. 栉孔扇贝不同地理种群遗传结构及其遗传分化的研究//中国动物学会甲壳动物学分会成立20周年暨刘瑞玉院士从事海洋科教工作55周年学术研讨会论文(摘要)集: 52.
孙儒泳, 李博, 诸葛阳, 等. 2000. 普陀生态学. 北京: 高等教育出版社.
孙湘平. 2006. 中国近海区域海洋. 北京: 海洋出版社: 95.
唐启升. 1972. 太平洋鲱年龄的初步观察. 青岛海洋水产研究所调查报告 721 号.
唐启升. 1980. 黄海鲱鱼的性成熟、生殖力和生长特性的研究. 海洋水产研究, 1: 59-76.
唐启升. 1988. 黄海渔业资源生态优势度和多样性的研究. 中国水产科学研究学院学报, 1(1): 47-58.
唐启升. 1989. 黄海渔业资源评估. 中日渔业联合委员会第十三次会议. 日本: 东京.
唐启升. 2006. 中国专属经济区海洋生物资源与栖息环境. 北京: 科学出版社.
唐启升. 2019. 渔业资源增殖、海洋牧场、增殖渔业及其发展定位.中国水产, (5): 28-29.
田红艳. 2018. 光照与投喂策略对团头鲂幼鱼摄食、生长及免疫的影响研究. 南京: 南京农业大学博士学位论文.
田明诚, 徐恭昭, 余日秀. 1962. 大黄鱼形态特征的地理变异和地理种群问题. 海洋科学集刊, 2: 79-92.
汪伟洋. 1980. 闽南、粤东近海蓝圆鲹个体生殖力的初步研究. 福建水产科技, (2): 46-54.
王复振. 1964. 浙江近海重要经济鱼类食性研究. 浙江近海渔业资源调查报告——主要捕捞对象和渔业资源概况: 70-90.
王复振. 1965. 带鱼产卵期的食性//中国动物学会. 中国动物学会三十周年学术讨论会论文摘要汇编. 北京: 科学出版社.
王宏, 陈丕茂, 章守宇, 等. 2009. 人工鱼礁对渔业资源增殖的影响. 广东农业科学, (8): 18-21.
王树渤. 1979. 海洋生物学的成就与展望. 辽宁师院学报(自然科学版), 3: 8.
王为祥. 1980. 日本近海的远东拟沙丁鱼 *Sardinopus melanosticta* (Temminck et Schlegel). 国外水产, (2):

37-41.

王为祥. 1991. 鲐鱼//邓景耀, 赵传纲. 海洋渔业生物学. 北京: 农业出版社: 413-448.

王为祥, 朱德山. 1984. 黄海鲐鱼渔业生物学Ⅱ. 黄渤海鲐鱼行动分布于环境关系的研究. 海洋水产研究, (6): 59-78.

王啸. 2020. 中西太平洋公海大眼金枪鱼生物学与栖息分布的研究. 上海: 上海海洋大学硕士学位论文.

王新星, 于杰, 李永振, 等. 2015. 南海主要上升流及其与渔场的关系. 海洋科学, 39(9): 131-137.

王尧耕, 钱世勤, 熊国强. 1965. 小黄鱼鳞片的年龄鉴定. 海洋渔业资源论文选集, 北京: 农业出版社.

王迎强, 严明, 严卫, 等. 2017. 环境参数对L波段盐度计观测亮温的影响研究. 海洋技术学报, 36(6): 1-8.

韦晟. 1980a. 黄海带鱼(*Trichiurus haumela* Forskål)的摄食习性. 海洋水产研究, (1): 49-57.

韦晟. 1980b. 蓝点马鲛在黄、渤海的渔场、渔期与环境的关系. 海洋湖沼通报, (2): 32-40.

韦晟. 1986. 黄、渤海鲅鱼的利用现状及保护措施. 齐鲁渔业, (1): 46-47.

韦晟, 周彬彬. 1988a. 黄、渤海蓝点马鲛种群鉴别的研究. 动物学报, 34(1): 71.

韦晟, 周彬彬. 1988b. 黄、渤海蓝点马鲛短期渔情预报的研究. 海洋学报, 10(2): 216-221.

吴常文, 吕永林. 1993. 浙江近海日本鳀鱼群体组成与资源分布. 海洋科学, (2): 68-69.

吴光宗. 1989. 长江口海区鳀鱼和康氏小公鱼鱼卵和仔、稚鱼分布的生态特征. 海洋与湖沼, (3): 23-35.

吴鹤洲. 1965. 浙江近海大黄鱼性成熟与生长的关系. 海洋与湖沼, 7(3): 220-234.

吴鹤洲, 成贵书, 周建魁, 等. 1985. 带鱼生长的研究. 海洋与湖沼, (2): 156-168.

吴家雅. 1997. 渔业产业化的经营形式和科技支撑. 浙江经济, (11): 15.

吴敬南, 程传申. 1956. 辽东湾毛虾生活史及其渔获量预报方法的探讨. 辽宁省海洋水产研究所试验场报告: 1.

吴敬南, 王有君, 崔维喜. 1982. 辽东湾对虾补充量的变动. 海洋渔业, (4): 147.

吴佩秋. 1981. 小黄鱼不同产卵类型卵巢成熟期的组织学观察. 水产学报, (2): 161-169, 193-194.

伍献文. 1962a. 太湖水产资源概况. 江苏水产, (1): 1-9.

伍献文. 1962b. 五里湖1951年湖泊调查五: 鱼类区系及其分析. 水生生物学集刊, (1): 109-113.

夏世福. 1983. 海洋渔业资源结构变化的探讨//中国水产学会. 全国海洋渔业资源学术会议多种类渔业资源论文报告集: 13-22.

肖武汉. 2014. 低氧信号传导途径与鱼类低氧适应. 中国科学: 生命科学, 44(12): 1227-1235.

徐恭昭. 1979. 海洋鱼类资源增殖研究的几个问题. 海洋科学, (2): 1-6.

徐恭昭. 1983. 种下群(Subpopulation). 海洋科学, (4): 9.

徐恭昭, 罗秉征, 黄颂芳, 等. 1984a. 大黄鱼生殖季节体长与体重关系的种内变异. 海洋科学集刊, 22: 1-8.

徐恭昭, 罗秉征, 吴鹤洲, 等. 1984b. 大黄鱼生长的种内变异. 海洋科学集刊, 22: 9-27.

徐恭昭, 田明诚, 郑文莲, 等. 1963. 大黄鱼 *Pseudosciaena crocea* (Richardson)的种族. 太平洋西部渔业研究委员会第四次全体会议论文集. 北京: 科学出版社: 39-46.

徐恭昭, 吴鹤洲. 1962. 浙江近海大黄鱼的性成熟特性. 海洋科学集刊, 2: 50-58.

徐恭昭, 张孝威, 刘效舜, 等. 1959. 烟台外海鲐鱼生殖鱼群的分析. 中国科学院海洋研究所(油印本).

徐恭昭, 郑文莲, 王玉珍, 等. 1980. 大黄鱼种群生殖力的比较研究. 海洋科学集刊, 16: 71-80.

徐恭昭, 罗秉征, 王可玲. 1962. 大黄鱼种群结构的地理变异. 海洋科学集刊, 2: 1-8.

徐开达, 刘子藩. 2007. 东海区大黄鱼渔业资源及资源衰退原因分析. 大连水产学院学报, 22(5): 392-396.

徐绍斌. 1987. 海洋牧场及其开发展望. 河北渔业, 2: 14-20.

薛莹, 金显仕, 张波, 等. 2004a. 黄海中部小黄鱼的食物组成和摄食习性的季节变化. 中国水产科学, 11(3): 237-242.

薛莹, 金显仕, 张波, 等. 2004b. 黄海中部小黄鱼摄食习性的体长变化与昼夜变化. 中国水产科学,

11(5): 420-424.

严利平, 胡芬, 凌建忠, 等. 2006a. 东海北部和黄海南部小黄鱼年龄与生长的研究. 中国海洋大学学报, 36(1): 95-100.

严利平, 李建生, 沈德刚, 等. 2006b. 黄海南部、东海北部小黄鱼饵料组成和摄食强度的变化. 海洋渔业, 28(2): 117-123.

严利平, 刘尊雷, 张辉, 等. 2014. 小黄鱼生物学特征与资源数量的演变. 海洋渔业, 36(6): 481-488.

杨宝瑞, 陈勇. 2014. 韩国海洋牧场建设与研究. 北京: 海洋出版社: 2.

杨超宇, 唐丹玲, 叶海彬. 2017. 基于GF-4遥感数据的叶绿素浓度反演算法研究. 热带海洋学报, 36(5): 33-39.

杨红生. 2016. 我国海洋牧场建设回顾与展望. 水产学报, 40(7): 1133-1140.

杨红生. 2021. 海洋牧场构建原理与实践. 北京: 科学出版社.

杨红生, 章守宇, 张秀梅, 等. 2019. 中国现代化海洋牧场建设的战略思考. 水产学报, 43(3): 1255-1262.

杨纪明. 1985. 渤、黄、东海鱼类资源的变化. 齐鲁渔业, (4): 3.

杨晓明, 陈新军, 周应祺, 等. 2006. 基于海洋遥感的西北印度洋鸢乌贼渔场形成机制的初步分析. 水产学报, (5): 669-675.

叶昌臣. 1986. 关于渔业决策问题. 渔政, (2): 16-20.

叶昌臣, 邓景耀. 1995. 渔业资源增殖——理论、方法、评估、管理. 基隆: 水产出版社.

叶昌臣, 邓景耀, 韩光祖, 等. 1984. 渤海对虾渔业的最佳开捕期、过度捕捞和渔业管理问题. 海洋水产研究, (6): 85-90.

叶昌臣, 丁耕芜. 1964. 辽东湾小黄鱼生长的研究. 辽宁省海洋水产研究所调查研究报告 19.

叶昌臣, 黄斌. 1990. 渔业生物学——资源评估与管理. 北京: 农业出版社.

叶昌臣, 孟庆祥, 陈檀, 等. 1998. 发展渔业资源增殖. 海洋渔业, (2): 53-57.

叶昌臣, 朱德山. 1984. 蓝点鲅渔业的最佳经济效益. 水产学报, 8(2): 171-177.

叶金清, 徐兆礼, 陈佳杰, 等. 2012. 基于生长和死亡参数变化的官井洋大黄鱼资源现状分析. 水产学报, 36(2): 238-246.

殷名称, 缪学祖, 1991. 太湖常见鱼类生态学特点和增殖措施探讨. 湖泊科学, 13(1): 25-34.

殷勇勤, 吕友林, 赵传达, 等. 2017. 声学驱鱼技术研究. 船舶与海洋工程, 33(4): 26-31.

俞存根. 2011. 舟山渔场渔业生态学. 北京: 科学出版社.

俞存根, 宋海棠, 姚光展, 等. 2005. 东海蟹类群落结构特征的研究. 海洋与湖沼, 36(3): 213-220.

俞存根, 严小军, 蒋巧丽, 等. 2022. 东海岱衢族大黄鱼资源变动的原因探析及重建策略. 水产学报, 46(4): 616-625.

俞存根, 叶振江, 韩志强, 等. 2016. 渔业资源与渔场学. 北京: 中国农业出版社.

乐华福, 赵太初, 陈立娣 等. 1999. Sea WiFS资料水色辐射模式验证的研究. 海洋环境科学, 18 (4): 57-61.

翟婉婷. 2021. 不同光质下吉富罗非鱼的行为、生长及生理响应. 上海: 上海海洋大学硕士学位论文.

张波, 唐启升, 金显仕, 等. 2005. 东海和黄海主要鱼类的食物竞争. 动物学报, 4: 616-623.

张彩明. 2013. 几种常见重金属对日本黄姑鱼和脊尾白虾的毒性效应研究. 舟山: 浙江海洋学院硕士学位论文.

张崇良, 徐宾铎, 薛莹, 等. 2022. 渔业资源增殖评估研究进展与展望. 水产学报, 46(8): 1509-1524.

张春光, 赵亚辉, 等. 2016. 中国内陆鱼类物种与分布. 北京: 科学出版社.

张国胜, 陈勇, 张沛东, 等. 2003. 中国海域建设海洋牧场的意义及可行性. 大连水产学院学报, (2): 141-144.

张杰, 张其永. 1985. 闽南-台湾浅滩渔场蓝圆鲹种群的年龄结构和生长特性. 台湾海峡, (2): 209-218.

张进上. 1980. 南海北部的鲉鱼. 海洋渔业, (1): 1-4.

张镜海, 王卫东, 王忠义, 等. 1966. 华东海域带鱼种群繁殖力初步分析. 水产学报, 27(6): 722-726.

张立修, 毕定邦. 1990. 浙江当代渔业史. 杭州: 浙江科学技术出版社.
张良成, 郭爱, 陈新军, 等. 2018. 基于气候和环境因子的近海鲐鱼资源评估. 广东海洋大学学报, 38(1): 32-38.
张其永, 蔡泽平. 1983. 台湾海峡和北部湾二长棘鲷种群鉴别研究. 海洋与湖沼, 14(4): 511-521.
张其永, 戴庆年, 黄金龙, 等. 1986. 赤点石斑鱼人工繁殖和仔鱼培育试验. 水产科学, 1986(1): 1-4.
张其永, 林秋眠, 林尤通, 等. 1981. 闽南-台湾浅滩渔场鱼类食物网研究. 海洋学报(中文版), 2: 275-290.
张其永, 林双淡, 杨高润. 1966. 我国东南沿海带鱼种群问题的初步研究. 水产学报, 3(2): 106-118.
张其永, 张雅芝. 1983. 闽南—台湾浅滩二长棘鲷年龄和生长研究. 水产学报, (2): 131-143.
张秋华, 程家骅, 徐汉祥, 等. 2007. 东海区渔业资源及其可持续利用. 上海: 复旦大学出版社.
张哲. 2018. 海七鳃鳗(*Petromyzon marinus*)嗅觉受体与配体关系鉴定及其功能研究. 上海: 上海海洋大学博士学位论文.
张震东, 杨森. 1983. 中国海洋渔业简史. 北京: 海洋出版社.
赵保仁, 任广法, 曹德明, 等. 2001. 长江口上升流海区的生态环境特征. 海洋与湖沼, (3): 327-333.
赵传絪, 刘效舜, 曾炳光, 等. 1990. 中国海洋渔业资源. 杭州: 浙江科学技术出版社: 109-111.
赵蓬蓬, 田思泉, 麻秋云, 等. 2020. 应用贝叶斯状态空间剩余产量模型框架评估印度洋大眼金枪鱼的资源状况. 中国水产科学, 27(5): 579-588.
赵盛龙, 王日昕, 刘绪生, 等. 2002. 舟山渔场大黄鱼资源枯竭原因及保护和增殖对策. 浙江海洋学院学报(自然科学版), 21(2): 160-165.
《浙江通志》编纂委员会. 2020. 渔业志//余匡军, 严寅央, 徐君卓, 等. 浙江通志(第四十四卷). 杭州: 浙江人民出版社: 554-627, 900-925.
郑文莲, 徐恭昭. 1962. 浙江岱衢洋大黄鱼 *Pseudosciaena crocea* (Richardson)个体生殖力的研究. 海洋科学集刊, (2): 59-78.
郑文莲, 徐恭昭. 1964. 福建官井洋大黄鱼个体生殖力的研究. 水产学报, 1(1-2): 1-17.
郑元甲, 陈雪忠, 程家骅, 等. 2003. 东海大陆架生物资源与环境. 上海: 上海科学技术出版社: 488-497.
中国科学院海洋研究所. 1959. 大黄鱼种族问题的研究. 科学通报, (20): 697.
中国科学院海洋研究所. 1962. 中国经济动物志: 海产鱼类. 北京: 科学出版社: 80-84.
中国科学院南京地理研究所. 1965. 太湖综合调查初步报告. 北京: 科学出版社.
中国农业百科全书总编辑委员会水产业卷编辑委员会. 1994. 中国农业百科全书(水产业卷). 北京: 农业出版社.
中华人民共和国水产部南海水产研究所. 1966. 南海北部底拖网鱼类资源调查报告第五册(海南岛以东). 广州: 南海水产研究所: 1-45.
朱德林, 薄治礼, 周婉霞. 1987. 浙江海域蓝圆鲹年龄和生长的研究. 水产学报, (3): 215-223.
朱德山. 1982. 海州湾带鱼生殖习性的研究. 海洋水产研究丛刊, 28: 19-26.
朱德山, 韦晟. 1983. 渤、黄、东海蓝点马鲛 *Scomberomorus niphonius* (Cuvier et Valenciennes)渔业生物学及其渔业管理. 海洋水产研究, 8(1): 41-62.
朱德山, S.伊文森, 陈毓桢, 等. 1990. 黄、东海鳀鱼及其他经济鱼类资源声学评估的调查研究. 海洋水产研究, (11): 1-141.
朱建成, 赵宪勇, 李富国. 2007. 黄海鳀鱼的生长特征及其年际与季节变化. 海洋水产研究, (3): 64-72.
朱耀光. 1985. 闽南台湾浅滩渔场带鱼的生物学特性和资源概况//《东海区带鱼资源论文集》编辑组. 东海区带鱼资源调查、渔情预报和渔业管理论文集: 61-68.
朱元鼎. 1957. 中国主要海洋渔业生物学基础的参考资料. 太平洋西部渔业研究委员会第二次全体会议论文集. 北京: 科学出版社: 116-121.

川崎健. 1978. 浮鱼资源. 东京: 恒星社厚生阁.
川崎健. 1982. 漁業科学は理性漁業の応用科学として. 海洋政策, 6(1): 44-47.
川崎健. 1999. 渔业资源. 东京: 成山堂书店.
久保伊津男. 1961. 水产资源总论. 东京: 垣星社厚生阁.
久保伊津男, 吉原友吉. 1957. 水産資源学. 東京: 共立出版株式会社
久保伊津男, 吉原友吉. 1972. 水産資源学(改訂版). 東京: 共立出版株式会社.
堀川搏史, 郑元甲, 孟田湘, 等. 2001. 東シナ海・黄海主要资源の生物、生态特性——中日间见解比较. 長崎: 日本紙工印刷: 398-415.
鈴木秋果. 1961. マグロ類の血液型に関する研究. 東京大学.
鈴木智之. 1967. マアジの生態学的研究, Ⅱ. 成長と食物消費量との関係、日水研報告, (17): 33-48.
农林水产技术会议事务局. 1989. 海洋牧场——マリーンランチング计画. 东京: 恒星社厚生阁.
平山信夫. 1996. 资源管理型渔业. 东京: 成山堂书店.
平野敏行. 1975. 海洋生物资源环境. 东京: 东京大学出版社.
三栖宽. 1959. 東海、黄海産タチウオ資源の研究, 第二報, 成熟と産卵について. 西水研究報, (16): 21-33.
三栖宽. 1961. 东海、黄海タチウオ资源の研究. 第三報, 分布·洄游と population 考察. 西海区水产研究所研究报告, 20: 115-131.
三尾真一, 田川勝, 篠原富美子. 1984. 東シナ海·黄海における底魚類の食物関係に基づく群集生態学的研究. 西水研研報, (61): 1-221.
三尾真一. 1975. 主要底鱼の成长および成熟の经年变化. 西海区水产研究所研究报告, (47): 75-81.
田村保. 1977. 鱼类生物学概论. 东京: 恒星社厚生阁.
田中昌一. 1985. 水产资源学总论. 东京: 恒星社厚生阁.
相川広秋. 1941. 水產資源学. 東京: 水産社.
相川広秋. 1949. 水產資源学総論. 東京: 產業図書.
相川広秋. 1960a. 资源生物学. 东京: 金原出版株式会社.
相川広秋. 1960b. 海洋魚類資源無尽蔵論. 漁業経済, (5): 1-10.
Agnalt AL, Grefsrud ES, Farestveit E, et al. 2017. Training camp—a way to improve survival in European lobster juveniles. Fisheries Research, 186: 531-537.
Allee WC, Park O, Emerson AE, et al. 1949. Principles of Animal Ecology. Philadelphia and London: W B Saunders Company: xii, 837.
Amundsen PA, Gabler HM, Staldvik FJ. 1996. A new approach to graphical analysis of feeding strategy from stomach contents data—modification of the Costello (1990) method. Journal of Fish Biology, 48(4): 607-614.
Aoyama T. 1973. The demersal fish stocks and fisheries of the South China Sea. Rome, FAO/UNDP, SCS/DEV/73/3: 80.
Araki H, Schmid C. 2010. Is hatchery stocking a help or harm? Evidence, limitations and future directions in ecological and genetic surveys. Aquaculture, 308(S1): S2-S11.
Arnason R. 2001. The economics of ocean ranching experiences, outlook and theory. Rome: Food and Agriculture Organization.
Barton BA. 2002. Stress in fishes: a diversity of responses with particular reference to changes in circulating corticosteroids. Integrative & Comparative Biology, 42(3): 517-525.
Begon M, Harper JL, Townsend CR. 1990. Ecology: Individuals, Populations and Communities. London: Blackwell Science Ltd.
Beverton RJH, Holt SJ. 1959. A review of the lifespans and mortality rates of fish in nature, and their relation to growth and other physiological characteristics// Ciba Foundation Symposium-the Lifespan of Animals (Colloquia on Ageing). Chichester, UK: John Wiley & Sons Ltd, (5): 142-180.

Beverton RJH, Holt SJ. 1957. On the dynamics of exploited fish populations. Ministry of Agriculture, Fishery and Food—Fishery Investigations (Ser. 2), 19: 1-53.

Beyer JE. 1981. Aquatic ecosystems: An operational research approach. Washington: University of Washington Press.

Biswas AK, Seoka M, Ueno K, et al. 2008. Growth performance and physiological responses in striped knifejaw, *Oplegnathus fasciatus*, held under different photoperiods. Aquaculture, 279(1-4): 42-46.

Blankenship LH, Leber KM. 1995. A responsible approach to marine stock enhancement. American Fisheries Society Symposium, 15: 167-175.

Borkholder BD, Morse SD, Weaver HT, et al. 2002. Evidence of a year-round resident population of lake sturgeon in the Kettle River, Minnesota, based on radiotelemetry and tagging. North American Journal of Fisheries Management, 22(3): 888-894.

Bourdier GG, Amblard CA. 1989. Lipids in *Acanthodiaptomus denticornis* during starvation and fed on three different algae. Journal of Plankton Research, 11(6): 1201-1212.

Cai LN, Xu LL, Tang DL, et al. 2020a. The effects of ocean temperature gradients on bigeye tuna (*Thunnus obesus*) distribution in the equatorial eastern Pacific Ocean. Advances in Space Research, 65(12): 2749-2760.

Cai LN, Zhou MR, Liu JQ, et al. 2020b. HY-1C Observations of the impacts of islands on suspended sediment distribution in Zhoushan coastal waters, China. Remote Sensing, 12(11): 1766.

Cardinale BJ, Srivastava DS, Emmett DJ, et al. 2006. Effects of biodiversity on the functioning of trophic groups and ecosystems. Nature, 443(7114): 989-992.

Chai F, Dugdale RC, Peng TH, et al. 2002. One-dimensional ecosystem model of the equatorial Pacific upwelling system. Part I: model development and silicon and nitrogen cycle. Deep Sea Research Part II: Topical Studies in Oceanography, 49(13-14): 2713-2745.

Cilleros K, Valentini A, Allard L, et al. 2019. Unlocking biodiversity and conservation studies in high-diversity environments using environmental DNA (eDNA): a test with Guianese freshwater fishes. Molecular Ecology Resources, 19: 27-46.

Clark CW. 1976. Mathematical Bioeconomics; the Optimal Management of Renewable Resources. Hoboken New Jersey: John Wiley & Sons Inc.

Clark FN. 1928. The weight-length relationship of the California sardine (*Sardina caerulea*) at San Pedro. Division of Fish and Game, Fish Bull, (12): 59.

Connor WP, Burge HL, Waitt R, et al. 2002. Juvenile life history of wild fall Chinook salmon in the Snake and Clearwater rivers. North American Journal of Fisheries Management, 22(3): 703-712.

Cooley SR, Doney SC. 2009. Anticipating ocean acidification's economic consequences for commercial fisheries. Environmental Research Letters, 4(2): 024007.

Csirke J. 1984. Report of the working group on fisheries management, implications and interactions. FAO Rep, 1(291): 69-90.

Culha ST, Karaduman FR. 2020. The influence of marine fish farming on water and sediment quality: Ildır Bay (Aegean Sea). Environmental Monitoring Assessment, 192(8): 1-10.

Cushing DH. 1968a. Direct estimation of a fish population acoustically. Journal of the Fisheries Board of Canada, 25(11): 2349-2364.

Cushing DH. 1968b. Fisheries Biology: A Study in Population Dynamics. Madison: University of Wisconsin Press.

Dempster JP. 1975. Animal Population Ecology. London: Academic Press.

Dineshram R, Wong K, Xiao S, et al. 2012. Analysis of Pacific oyster larval proteome and its response to high-CO_2. Marine Pollution Bulletin, 64(10): 2160-2167.

Ehrenbaum E. 1928. Rare fishes in the North Sea. Nature, 121(3053): 709.

Emmel TC. 1976. Population Biology. New York: Harper & Row.

Fennel K, Wilkin J, Previdi M, et al. 2008. Denitrification effects on air-sea CO_2 flux in the coastal ocean: Simulations for the northwest North Atlantic. Geophysical Research Letters, 35(24).

Firestein S. 2001. How the olfactory system makes sense of scents. Nature, 413(6852): 211-218.

Franks PJS, Chen C. 1996. Plankton production in tidal fronts: a model of Georges Bank in summer. Journal of Marine Research, 54(4): 631-651.

Froese R, Pauly D. 2014. Fishbase. http://www.fishbase.org/ [2015-05-28].

Fulton T. 1902. Rate of growth of seas fishes. Sci Invest Fish Div Scot Rept, 20:1035-1039.

Gernez P, Palmer SCJ, Thomas Y, et al. 2021. Editorial: Remote sensing for aquaculture. Frontiers in Marine Science, 7. doi: 10.3389/fmars.2020.638156.

Graeve M, Kattner G, Wiencke C, et al. 2002. Fatty acid composition of Arctic and Antarctic macroalgae indicator of phvlogenetic and trophic relationships. Marine Ecology Progress Series, 231: 67-74.

Grimes CB. 1998. Marine stock enhancement: Sound management or techno-arrogance. Fisheries, 23(9): 18-23.

Groot SJD. 1971. On the interrelationships between morphology of the alimentary tract, food and feeding behaviour in flatfishes (Pisces: Pleuronectiformes). Netherlands Journal of Sea Research, 5(2): 121-196.

Gulland JA, Carroz J E. 1969. Management of fishery resources//Michael PL. Advances in Marine Biology. New York: Academic Press, (6): 1-71.

Gulland JA. 1969. Manual of methods for fishstock assessment. Part 1. Fish population analysis. FAO Manual Fisheries Science.

Gulland JA. 1975. Manual of methods for fisheries resource survey and appraisal. Part 5. Objectives and basic methods. FAO Fish Tech Pap, No145.

Gulland JA. 1983. Fish Stock Assessment: A Manual of Basic Methods. New York: FAO/Wiley, Ser. 1: 223

Hamasaki K, Kitada S. 2006. A review of kuruma prawn *Penaeus japonicus* stock enhancement in Japan. Fisheries Research, 80(1): 80-90.

Hänfling B, Handley LL, Read DS, et al. 2016. Environmental DNA metabarcoding of lake fish communities reflects long-term data from established survey methods. Molecular Ecology, 25: 3101-3119.

Hansen C, Samuelsen A. 2009. Influence of horizontal model grid resolution on the simulated primary production in an embedded primary production model in the Norwegian Sea. Journal of Marine Systems, 75(1-2): 236-244.

Heincke F. 1898. Naturgeschichte des Herings Teil I. Die Lokalformen und die Wanderungen des Herings in den europaischen Meeren. Deutcher Seefischerei-Verein. Band II. Heft, II. Berlin: Verlag von Otto Salle.

Hemmings CC. 1966. Olfaction and vision in fish schooling. Journal of Experimental Biology, 45(3): 449-464.

Henderson HF, Hasler AD, Chipman GG. 1966. An ultrasonic transmitter for use in studies of movements of fishes. Transactions of the American Fisheries Society, 95(4): 350-356.

Hjort J. 1910. Report on herring-investigations until January 1910. Publications de Circonstance, 1(53): 1-6.

Huang SY, Liu JQ, Cai LN, et al. 2020. Satellites HY-1C and Landsat 8 combined to observe the influence of bridge on sea surface temperature and suspended sediment concentration in Hangzhou Bay, China. Water, 12(9): 2595.

Hunter GW, Hodges EP, Jahnes WG, et al. 1948. Studies on schistosomiasis. II. summary of further studies on methods of recovering eggs of *S. japonicum* from stools. Bull US Army Med Dept, 8(2): 128-131.

Ihssen PE. 1977. Physiological and behavioural genetics and the stock concept for fisheries management. Proc. a. Meet. int. Assn. Gt Lakes Res: 27-30.

Jacox MG, Edwards CA, Hazen E L, et al. 2018. Coastal upwelling revisited: Ekman, Bakun, and improved upwelling indices for the U.S. West Coast, 123(10): 2169-2175.

Jensen AJC. 1939. Fluctuations in the racial characters of the Plaice and the Dab. ICES Journal of Marine Science, 14(3): 370-384.

Jepsen N, Koed A, Thorstad E B, et al. 2002. Surgical implantation of telemetry transmitters in fish: how much have we learned? Hydrobiologia, 483: 239-248.

Ji R, Chen CS, Budd JW, et al. 2002. Influences of suspended sediments on the ecosystem in lake michigan: a 3-D coupled bio-physical modeling experiment. Ecological Modelling, 152: 169-190.

Johnson EG, Hines AH, Kramer MA, et al. 2008. Importance of season and size of release to stocking success

for the blue crab in Chesapeake Bay. Reviews in Fisheries Science, 16(1-3): 243-253.
Khorana HG, Ohtsuka E, Kleppe R, et al. 1971. Studies on polynucleotides: XCVI. Repair replication of short synthetic DNA's as catalyzed by DNA polymerases. Journal of Molecular Biology, 56(2): 341-361.
Kitada S. 2018. Economic ecological and genetic impacts of marine stock enhancement and sea ranching a systematic review. Fish and Fisheries, 19(3): 511-532.
Kleerekoper H. 1967. Some aspects of olfaction in fishes, with special reference to orientation. American Zoologist, 7(3): 385-395.
Kozlovsky DG. 1969. Productivity and terrestrial ecosystems. Ecology, 346-348.
Krebs CJ. 1978. Ecology: the Experimental Analysis of Distribution and Abundance. 2nd ed. New York: Harper and Row.
Krebs NF, Hambidge KM, Jacobs MA, et al. 1985. The effects of a dietary zinc supplement during lactation on longitudinal changes in maternal zinc status and milk zinc concentrations. The American Journal of Clinical Nutrition, 41(3): 560-570.
Kuo CM, Nash CE. 1975. Recent progress on the control of ovarian development and induced spawning of the grey mullet (*Mugil cephalus*). Aquaculture, 5(1): 19-29.
Laevastu T, Larkins HA. 1981. Marine fisheries ecosystem, Its quantitative evaluation and management. Farnham, Surrey, England: Fishing News Books Ltd: 162.
Larkin FM. 1972. Gaussian measure in Hilbert space and applications in numerical analysis. Rocky Mountain Journal of Mathematics, 2(3): 379-422.
Le Cren ED. 1958. Observations on the growth of perch (*Perca fluviatilis*) over twenty-two years with special reference to the effects of temperature and changes in population density. The Journal of Animal Ecology, 287-334.
Lehodey P, Bertignac M, Hampton J, et al. 1997. El Niño Southern Oscillation and tuna in the western Pacific. Nature, 389: 715-718.
Lenhart HJ, Radach G, Ruardij P. 1997. The effects of river input on the ecosystem dynamics in the continental coastal zone of the North Sea using ERSEM. Journal of Sea Research, 38(3-4): 249-274.
Leonard CL, McClain CR, Murtugudde R, et al. 1999. An iron-based ecosystem model of the central equatorial Pacific. Journal of Geophysical Research: Oceans, 104(C1): 1325-1341.
Lewis TR. 1982. Stochastic Modeling of Ocean Fisheries Resource Management. Washington: University of Washington Press.
Li W, Scott AP, Siefkes MJ, et al. 2002. Bile acid secreted by male sea lamprey that acts as a sex pheromone. Science, 296(5565): 138-141.
Linssen EF. 1934. The Races of herring in the North Atlantic. Journal du Conseil de l'Union Internationale pour l'Exploration de la Mer, 9(1): 81-95.
Lorenzen K. 2006. Population management in fisheries enhancement gaining key information from release experiments through use of a size-dependent mortality mode. Fisheries Research, 80(1): 19-27.
Lorenzen K. 2008. Fish population regulation beyond "stock and recruitment": the role of density-dependent growth in the recruited stock. Bulletin of Marine Science, 83(1): 181-196.
Lutcavage ME, Brill RW, Skomal GB, et al. 1999. Results of pop-up satellite tagging of spawning size class fish in the Gulf of Maine: do North Atlantic bluefin tuna spawn in the mid-Atlantic. Canadian Journal of Fisheries and Aquatic Sciences, 56(2): 173-177.
MacCall AD, Csirke J, Sharp G D. 1984. Report of the working group on resources study and monitoring. FAO Fish Rep, 291(1): 3-39.
Mahapatra KD, Gjerde B, Reddy P, et al. 2001. Tagging: on the use of passive integrated transponder (PIT) tags for the identification of fish. Aquaculture Research, 32(1): 47-50.
Martin S (马丁). 2008. 海洋遥感导论. 蒋兴伟译. 北京: 海洋出版社: 367.
Mayr E. 1970. Populations, Species, and Evolution: an Abridgment of Animal Species and Evolution. Boston: Harvard University Press.
Mcfarlane GA, Wydoski RS, Prince ED. 1990. Historical review of the development of external tags and marks. Proceedings of the International Symposium and Workshop on Fish Marking Techniques.

American Fisheries Society, Symposium, 7.

Meek A. 1916. The migrations of fish. Nature, 99(2474): 81-82.

Møller P. 2006. Lipids and stable isotopes in marine food webs in West Greenland: trophic relations and health implications. Technical University of Denmark.

Morris RG, Beeman JW, VanderKooi SP, et al. 2003. Lateral line pore diameters correlate with the development of gas bubble trauma signs in several Columbia River fishes. Comparative Biochemistry and Physiology Part A: Molecular & Integrative Physiology, 135(2): 309-320.

Musyl MK, Brill RW, Boggs CH, et al. 2003. Vertical movements of bigeye tuna (*Thunnus obesus*) associated with islands, buoys, and seamounts near the main Hawaiian Islands from archival tagging data. Fisheries Oceanography, 12(3): 152-169.

Nelson JS. 2006. Fishes of the World. 4th. New York: John Wiley and Sons Inc.

Nichol DG, Somerton DA. 2002. Diurnal vertical migration of the Atka mackerel *Pleurogrammus monopterygius* as shown by archival tags. Marine Ecology Progress, (239): 193-207.

Nicholson AJ. 1954. An outline of the dynamics of animal populations. Australian J Zool, 2: 9-65.

Nieto K, Mcclatchie S, Weber E D, et al. 2015. Lennert-Cody, effect of mesoscale eddies and streamers on sardine spawning habitat and recruitment success off Southern and central California. Journal of Geophysical Research, Oceans, 119: 6330-6339.

Odum EP. 1971. Fundamentals of Ecology. 3rd. Philadelphia, Pennsylvania: WB Saunders Co.

Parsons JW. 1973. History of salmon in the great lakes, 1850-1970. Technical Paper.

Partridge BL. 1982. The structure and function of fish schools. Scientific American, 246(6): 114-123.

Pennington JT, Chavez FP. 2000. Seasonal fluctuations of temperature, salinity, nitrate, chlorophyll and primary production at station H3/M1 over 1989–1996 in Monterey Bay, California. Deep Sea Research Part II: Topical Studies in Oceanography, 47(5-6): 947-973.

Peterson R. 1895. The Need of More Medical Reference-Libraries and the Way in Which They Can Be Established. New York: American Medico-Surgical Bulletin.

Pinkas L, Oliphant MS, Iverson IL. 1971. Food habits of albacore, bluefin tuna, and bonito in California waters. Fish Bulletin, 152: 1-105.

Pitcher TJ, Hart PJB. 1982. Fisheries Ecology. London & Canberra: Croom Helm Ltd.

Poisot T, Mouquet N, Gravel D. 2013. Trophic complementarity drives the biodiversity-ecosystem functioning relationship in food webs. Ecology letters, 16(7): 853-861.

Pope JG. 1979a. A modified cohort analysis in which constant natural mortality is replaced by estimates of predation levels. International Council for the Exploration of the Sea, Pelagic Fish Committee.

Pope J. 1979b. Stock assessment in multispecies fisheries, with special reference to the trawl fishery in the Gulf of Thailand. South China Sea Fisheries Development and Coordinating Programs, SCS/DEY/29/19, Manila.

Prozorovskaya ML. 1952. On the method of determining the fat content of the roach from the quantity of fat on the intestines. Bull Inst Fish USSR, (1): 1-6.

Qu P, Wang Q, Pang M, et al. 2016. Trophic structure of common marine species in the Bohai Strait, North China Sea, based on carbon and nitrogen stable isotope ratios. Ecological Indicators, 66: 405-415.

Radach G, Moll A. 1993. Estimation of the variability of production by simulating annual cycles of phytoplankton in the central North Sea. Progress in Oceanography, 31(4): 339-419.

Ricker WE. 1975. Computation and interpretation of biological statistics of fish populations. Fish Res Board Can Bull, (191): 1-382.

Riley GA. 1949. Quantitative ecology of the plankton of the western North Atlantic. Bull Bingham Oceanogr Collection, 12: 1-169.

Rothschild BJ. 1986. Dynamics of Marine Fish Populations. Cambridge, Massachusetts, and London: Harvard University Press.

Russell ES. 1932. Fishery research: Its contribution to ecology, Journal of Ecology, 20(1): 128-151.

Ryther JH. 1969. Photosynthesis and fish production in the sea. Science, 166(3901): 72-76.

Saiki RK, Scharf S, Faloona F, et al. 1985. Enzymatic amplification of β-globin genomic sequences and

restriction site analysis for diagnosis of sickle cell anemia. Science, 230(4732): 1350-1354.
Schaefer MB. 1954. Some aspects of the dynamics of populations important to the management of the commercial marine fisheries. Bull Inter Amer Trop Tuna Comm, 1(2): 27-56.
Schaefer MB. 1957. A study of the dynamics of the fishery for yellowfin tuna in the eastern tropical Pacific Ocean. Bull Inter Amer Trop Tuna Comm, 2: 247-268.
Schaefer KM, Fuller D W. 2002. Movements, behavior, and habitat selection of bigeye tuna (*Thunnus obesus*) in the eastern equatorial Pacific, ascertained through archival tags. Fishery Bulletin-National Oceanic and Atmospheric Administration, 100(4): 765-788.
Seaman Jr W. 2000. Artificial Reef Evaluation: with Application to Natural Marine Habitats. Boca Raton: CRC Press: 246.
Shen Y, Hubert N, Huang Y, et al. 2019. DNA barcoding the ichthyofauna of the Yangtze River: insights from the molecular inventory of a megadiverse temperate fauna. Molecular Ecology Resources, 19: 1278-1291.
Shindo S. 1973. General review of the trawl fishery and the demersal fish stocks of the South China Sea. FAO Fish Tech Pap, No.124.
Shmida A, Wilson MV. 1985. Biological determinants of species diversity. Journal of Biogeography, 12(1): 1-20.
Sorensen PW, Fine JM, Dvornikovs V, et al. 2005. Mixture of new sulfated steroids functions as a migratory pheromone in the sea lamprey. Nature Chemical Biology, 1(6): 324-328.
Southworth M, Hursh CR. 1979. Population ecology, first principles. American Naturalist, 113(1): 13-19.
Stasko AB, Pincock DG. 1977. Review of underwater biotelemetry, with emphasis on ultrasonic techniques. Journal of the Fisheries Board of Canada, 34(9): 1261-1285.
Steele JH. 1974. The Structure of Marine Ecosystems. Boston: Harvard University Press.
Tang Q. 1993. Effects of long term physical and biological perturbation on the contemporary biomass yields of the Yellow Sea ecosystem. Large Marine Ecosystem: stress mitigation and sustainability Part II (chapter 10): 376.
Tesch FW. 1978. Telemetric observations on the spawning migration of the eel (*Anguilla anguilla*) west of the European continental shelf. Environmental Biology of Fishes, (3): 203-209.
Tester AL. 1938. Variation in the mean vertebral count of herring (*Clupea pallasii*) with water temperature. ICES Journal of Marine Science, 13(1): 71-75.
Varela RA, Cruzado A, Gabaldón JE. 1995. Modelling primary production in the North Sea using the European regional seas ecosystem model. Netherlands Journal of Sea Research, 33(3-4): 337-361.
Walsh JJ, Dieterle DA, Maslowski W, et al. 2005. A numerical model of seasonal primary production within the Chukchi/Beaufort Seas. Deep Sea Research Part II: Topical Studies in Oceanography, 52(24-26): 3541-3576.
Wang DL, Yao LJ, Yu J, et al. 2021. The role of environmental factors on the fishery catch of the squid *Uroteuthis chinensis* in the Pearl River estuary, China. Journal of Marine Science and Engineering, 9(2): 131.
Wang S, Brose U. 2018. Biodiversity and ecosystem functioning in food webs: the vertical diversity hypothesis. Ecology Letters, 21(1): 9-20.
Wang S, Yan Z, Hänfling B, et al. 2021. Methodology of fish eDNA and its applications in ecology and environment. Science of the Total Environment, 755, 142622.
Wang T, Cheng Y, Liu Z, et al. 2013. Effects of light intensity on growth, immune response, plasma cortisol and fatty acid composition of juvenile *Epinephelus coioides* reared in artificial seawater. Aquaculture, 414-415: 135-139.
Waples RS. Hindar K, Karlsson S, et al. 2016. Evaluating the Ryman-Laikre effect for marine stock enhancement and aquaculture. Current Zoology, 62(6): 617-627.
Weir CJ. 2010. Ion channels, receptors, agonists and antagonists. Anaesthesia & Intensive Care Medicine. 11(9): 377-383.
Wilkins NP, Cotter D, O'maoiléidigh N. 2001. Ocean migration and recaptures of tagged, triploid, mixed-sex

and all-female Atlantic salmon (*Salmo salar*) released from rivers in Ireland. Genetica, (111): 197-212.

Williams JGK, Kubelik AR, Livak KJ, et al. 1990. DNA polymorphisms amplified by arbitrary primers are useful as genetic markers. Nucleic Acids Research, 18(22): 6531-6535.

Wilson KG. 1975.The renormalization group: Critical phenomena and the Kondo problem. Reviews of Modern Physics, 47(4): 773-840.

Wittmann AC, Pörtner HO. 2013. Sensitivities of extant animal taxa to ocean acidification. Nature Climate Change, 3(11): 995-1001.

Wolanski E, Hamner WM. 1988. Topographically controlled fronts in the ocean and their biological influence. Science, 241(4862): 177-181.

Xie SP, Xie Q, Wang D, et al. 2003. Summer upwelling in the South China Sea and its role in regional climate variations. Journal of Geophysical Research: Oceans, 108(C8): 3261.

Yamashita Y, Kurita Y, Yamada H, et al. 2017. A simulation model for estimating optimum stocking density of cultured juvenile flounder *paralichthys olivaceus* in relation to prey productivity. Fisheries Research, 186: 572-578.

Yen KW, Chen CH. 2021. Research gap analysis of remote sensing application in fisheries: prospects for achieving the sustainable development goals. Remote Sensing, 5(13): 1013.

Yu J, Hu QW, Tang DL, et al. 2019a. Environmental effects on the spatiotemporal variability of purpleback flying squid in Xisha-Zhongsha waters, South China Sea. Marine Ecology Progress Series, 623: 25-37.

Yu J, Hu QW, Tang DL, et al. 2019b. Response of *Sthenoteuthis oualaniensis* to marine environmental changes in the north-central South China Sea based on satellite and *in situ* observations. PloS One, 14(1): e0211474.

Zhang X, Li S, He J, et al. 2022. Microalgal feeding preference of *Mytilus coruscus* and its effects on fatty acid composition and microbes of the digestive gland. Aquaculture Reports, 23: 101024.

Zigler SJ, Dewey MR, Knights BC, et al. 2003. Movement and habitat use by radio-tagged paddlefish in the upper Mississippi River and tributaries. North American Journal of Fisheries Management, 23(1): 189-205.

Г.В. 尼科里斯基. 1982. 鱼类种群变动理论. 黄宗强, 洪港船, 张寿山, 译. 北京: 农业出版社.

Н И. Чугунова (丘古诺娃). 1956. 鱼类年龄和生长的研究方法. 刘建康, 陈佩薰, 译. 北京: 科学出版社.